실내건축
산업기사 필기

I권 | 이론

예문사

실내건축산업기사는 출제기준 변경에 따라 실내디자인 계획, 실내디자인 시공 및 재료, 실내디자인 환경 등 3과목으로 구성됩니다.

본 교재는 건축분야 전공자는 물론이고 비전공자인 수험생도 쉽게 이해할 수 있도록 개정된 과목의 출제경향을 철저히 분석하여 이론개념, 실전문제, 기출문제, CBT 모의고사의 4단계로 단기간에 시험을 확실하게 준비할 수 있도록 하는 데 중점을 두었습니다.

이에 본 교재는 다음과 같이 구성하였습니다.

[이론개념]
- 기출문제를 꼼꼼하게 분석하여 핵심개념 위주로 요약정리
- 이해를 돕기 위해 표, 그림 등 시각자료 다수 활용
- 이해도를 높이는 상세한 실전문제 풀이

[문제 풀이]
- 과년도 기출문제, CBT 모의고사 풀이
- 빈출문제로만 엄선한 콕집 90제

[동영상 강의 및 CBT 온라인 모의고사]
- 최근 과년도 3회분 기출문제 동영상 강의
- CBT 온라인 모의고사 5회분 무료 제공

이 교재를 통하여 실내건축산업기사 필기시험을 대비하는 수험생들이 효과적으로 지식을 습득할 수 있길 바라며 모두 합격하시기를 진심으로 응원합니다.

끝으로 이 책을 출간하는 데 애써 주신 도서출판 예문사 직원 여러분의 많은 노고에 다시 한 번 감사드립니다.

저자 일동

FEATURE ● 이 책의 특징

1 기출문제를 꼼꼼하게 분석한 핵심이론

• 기출문제를 철저하게 분석하여 핵심이론 요약정리
• 신규문제 해결능력을 향상해 주는 심화 개념 수록
• 이해를 돕는 표, 그림 등 시각자료 활용

2 개념을 탄탄하게 다지는 핵심문제 · TIP

• 이론 내용과 연계되는 핵심문제로 개념 확립 → 적용 → 이해과정을 반복하여 확실하게 개념 잡기
• 이론 내용을 보충하는 용어 설명, TIP으로 학습효과 올리기

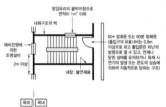

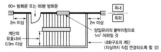

실/전/문/제

❸ 단기 실력 완성을 돕는 실전문제

- 실전문제를 통해 실력 점검 및 단기 실력 완성
- 유형이 비슷한 문제를 나열하여 문제 적응력 향상

배경의 중심에 있는 하단 시선을 집중시키고 정착인 효과를 느끼게 한다.
답 ③

01 점의 조형효과에 대한 설명 중 옳지 않은 것은? [10년 3회]

① 점이 연속되면 선으로 느끼게 한다.
② 두 개의 점이 있을 경우 두 점의 크기가 같을 때 주의력은 균등하게 작용한다.
③ 배경의 중심에 있는 하나의 점은 시선을 집중시키고 역동적인 효과를 느끼게 한다.
④ 배경의 중심에서 벗어난 하나의 점은 점을 둘러싼 영역과의 사이에 시각적 긴장감을 생성한다.

수직선이 강조된 실내에서는 구조적 높이감을 주어 심리적으로 강한 의지의 느낌을 준다(엄격성, 위엄성, 절제, 위험, 단정, 남성적, 엄숙, 의지, 신장, 상승).
답 ③

02 실내디자인의 요소에 관한 설명으로 옳지 않은 것은? [15년 2회]

① 디자인에서의 형태는 점, 선, 면, 입체로 구성되어 있다.
② 벽면, 바닥면, 문, 창 등은 모두 실내의 면적 요소이다.
③ 수직선이 강조된 실내에서는 아늑하고 안정감이 있으며 평온한 분위기를 느낄 수 있다.
④ 실내공간에서의 선은 상대적으로 가느다란 형태를 나타내므로 폭을 갖는 창틀이나 부피를 갖는 기둥도 선적 요소이다.

곡선의 효과
우아함, 유연함, 부드러움을 나타내고 여성적인 섬세함을 준다.
답 ③

03 점과 선에 관한 설명으로 옳지 않은 것은? [17년 3회]

① 선은 면의 한계, 면들의 교차에서 나타난다.
② 크기가 같은 두 개의 점에는 주의력이 균등하게 작용한다.
③ 곡선은 약동감, 생동감 넘치는 에너지와 속도감을 준다.
④ 배경의 중심에 있는 하나의 점은 시선을 집중시키는 효과가 있다.

선은 길이와 방향은 있으나 폭의 개념은 없다.
답 ④

04 선에 대한 설명으로 옳지 않은 것은? [03년 2회]

① 수직선은 구조적인 높이와 존엄성을 느끼게 한다.
② 수평선은 편안하고 안락한 느낌을 준다.
③ 선은 점이 이동한 궤적이며 면의 한계, 교차에서 나타난다.
④ 선은 폭과 길이는 있으나 방향성은 없다.

2024년 1회 실내건축산업기사

❹ 과년도 기출문제 · CBT 모의고사

- 정답을 바로 확인하고 오답을 체크할 수 있도록 해설 구성
- 건축, 소방 관련 최신 개정 법령 반영
- 계산문제는 계산과정을 상세하게 풀이

1과목 실내디자인 계획

01 실내디자인의 정의에 해당되지 않는 사항은?

① 실내디자인은 건축의 내부공간을 생활목적에 맞게 계획하는 것이다.
② 실내공간은 안전하고 편리하며 쾌적해야 한다.
③ 실내공간은 추상적이며 개념적일 때 더욱 개성적이 된다.
④ 실내디자인은 실내공간을 구성하는 전반적인 내용을 포함한다.

해설
실내디자인
인간이 거주하는 공간을 보다 능률적이고 쾌적하게 계획하는 작업으로 추상적인 개념이 아닌 인간 생활을 위한 물리적 환경적 기능적 심미적 경제적 조건 등을 고려하여 공간을 창출해내는 창조적인 전문분야이다.

02 다음 중 실내디자인을 평가하는 기준과 가장 관계가 먼 것은?

① 기능성   ② 경제성
③ 주관성   ④ 심미성

해설
실내디자인
인간 생활과 밀접한 관계가 있으므로 1차적인 해결 대상은 기능에 있으며, 이와 더불어 심미성, 경제성 모두 충족되어야 한다.

03 게슈탈트 심리학에서 인간의 지각원리와 관련하여 설명한 그룹핑의 법칙에 속하지 않는 것은?

① 유사성   ② 폐쇄성
③ 단순성   ④ 연속성

해설
게슈탈트의 법칙의 지각원리
근접성, 유사성, 연속성, 폐쇄성, 단순성, 공동 운명성, 대칭성의 법칙

04 아일랜드형 부엌에 관한 설명으로 옳지 않은 것은?

① 부엌의 크기에 관계없이 적용 가능하다.
② 개방성이 큰 만큼 부엌의 청결과 유지관리가 중요하다.
③ 가족 구성원 모두가 부엌일에 참여하는 것을 유도할 수 있다.
④ 부엌의 작업대가 식당이나 거실 등으로 개방된 형태의 부엌이다.

해설
아일랜드형 부엌
작업대를 부엌 중앙공간에 설치한 것으로 주로 대규모 부엌 및 개방된 공간의 오픈 시스템이다.

05 주택의 거실에 대한 설명이 잘못된 것은?

① 다목적 기능을 가진 공간이다.
② 전체 평면의 중앙에 배치하여 각 실로 통하는 통로로서의 기능을 부여한다.
③ 거실의 면적은 가족수와 가족의 구성 형태 및 거주자의 사회적 지위나 손님의 방문 빈도와 수등을 고려하여 계획한다.
④ 가족들의 단란의 장소로서 공동사용공간이다.

정답 01 ③ 02 ③ 03 ③ 04 ① 05 ②

직무 분야	건설	중직무 분야	건축	자격 종목	실내건축산업기사	적용 기간	2025.1.1.~2027.12.31.

○ 직무내용 : 기능적, 미적 요소를 고려하여 건축 실내공간을 계획하고, 제반 설계도서를 작성하며, 완료된 설계도서에 따라 시공 및 공정 관리를 수행하는 직무

필기검정방법	객관식	문제수	60	시험시간	1시간 30분

필기과목명	문제수	주요항목	세부항목	세세항목
1. 실내디자인 계획	20	1. 실내디자인 기본계획	1. 디자인 요소	1. 점, 선, 면, 형태 2. 질감, 문양, 공간 등
			2. 디자인 원리	1. 스케일과 비례 2. 균형, 리듬, 강조 3. 조화, 대비, 통일 등
			3. 실내디자인 요소	1. 고정적 요소(1차적 요소) 2. 가동적 요소(2차적 요소)
			4. 공간 기본 구상	1. 조닝 계획 2. 동선 계획
			5. 공간 기본 계획	1. 주거공간 계획 2. 업무공간 계획 3. 상업공간 계획 4. 전시공간 계획
		2. 실내디자인 색채계획	1. 색채 구상	1. 색채 기본 구상 2. 부위 및 공간별 색채구상
			2. 색채 적용 검토	1. 부위 및 공간별 색채 적용 검토 2. 색채 지각 3. 색채 분류 및 표시 4. 색채 조화 5. 색채 심리 6. 색채 관리
			3. 색채계획	1. 부위 및 공간별 색채계획 2. 용도와 특성에 맞는 색채계획
		3. 실내디자인 가구계획	1. 가구 자료 조사	1. 가구 디자인 역사 · 트렌드 2. 가구 구성 재료
			2. 가구 적용 검토	1. 사용자의 행태적 · 심리적 특성 2. 가구의 종류 및 특성
			3. 가구계획	1. 공간별 가구계획 2. 업종별 가구계획

필기과목명	문제수	주요항목	세부항목	세세항목
		4. 실내건축설계 시각화 작업	1. 2D 표현	1. 2D 설계도면의 종류 및 이해
				2. 2D 설계도면 작성 기준
			2. 3D 표현	1. 3D 설계도면의 종류 및 이해
				2. 3D 설계도면 작성 기준
			3. 모형제작	1. 모형제작 계획
2. 실내디자인 시공 및 재료	20	1. 실내디자인 마감계획	1. 목공사	1. 목공사 조사 분석
				2. 목공사 적용 검토
				3. 목공사 시공
				4. 목공사 재료
			2. 석공사	1. 석공사 조사 분석
				2. 석공사 적용 검토
				3. 석공사 시공
				4. 석공사 재료
			3. 조적공사	1. 조적공사 조사 분석
				2. 조적공사 적용 검토
				3. 조적공사 시공
				4. 조적공사 재료
			4. 타일공사	1. 타일공사 조사 분석
				2. 타일공사 적용 검토
				3. 타일공사 시공
				4. 타일공사 재료
			5. 금속공사	1. 금속공사 조사 분석
				2. 금속공사 적용 검토
				3. 금속공사 시공
				4. 금속공사 재료
			6. 창호 및 유리공사	1. 창호 및 유리공사 조사 분석
				2. 창호 및 유리공사 적용 검토
				3. 창호 및 유리공사 시공
				4. 창호 및 유리공사 재료
			7. 도장공사	1. 도장공사 조사 분석
				2. 도장공사 적용 검토
				3. 도장공사 시공
				4. 도장공사 재료
			8. 미장공사	1. 미장공사 조사 분석
				2. 미장공사 적용 검토
				3. 미장공사 시공
				4. 미장공사 재료
			9. 수장공사	1. 수장공사 조사 분석
				2. 수장공사 적용 검토
				3. 수장공사 시공
				4. 수장공사 재료

필기과목명	문제수	주요항목	세부항목	세세항목
2. 실내디자인 시공 및 재료	20	2. 실내디자인 시공관리	1. 공정 계획 관리	1. 설계도 해석 · 분석 2. 소요 예산 계획 3. 공정계획서 4. 공사 진도관리 5. 자재 성능 검사
			2. 안전관리	1. 안전관리 계획 수립 2. 안전관리 체크리스트 작성 3. 안전시설 설치 4. 안전교육 5. 피난계획 수립
			3. 실내디자인 협력 공사	1. 가설공사 2. 콘크리트공사 3. 방수 및 방습공사 4. 단열 및 음향공사 5. 기타 공사
			4. 시공 감리	1. 공사 품질관리 기준 2. 자재 품질 적정성 판단 3. 공사 현장 검측 4. 시공 결과 적정성 판단 5. 검사장비 사용과 검 · 교정
		3. 실내디자인 사후관리	1. 유지관리	1. 하자요인 유지관리지침 2. 하자 대처방안
3. 실내디자인 환경	20	1. 실내디자인 자료 조사 분석	1. 주변 환경 조사	1. 열 및 습기 환경 2. 공기환경 3. 빛환경 4. 음환경
			2. 건축법령 분석	1. 총칙 2. 건축물의 구조 및 재료 3. 건축설비 4. 보칙
			3. 건축관계법령 분석	1. 건축물의 설비기준 등에 관한 규칙 2. 건축물의 피난 · 방화구조 등의 기준에 관한 규칙 3. 장애인 · 노인 · 임산부 등의 편의증진 보장에 관한 법률
			4. 소방시설 설치 및 관리에 관한 법령 분석	1. 총칙 2. 소방시설 등의 설치 · 관리 및 방염

필기과목명	문제수	주요항목	세부항목	세세항목
3. 실내디자인 환경	20	2. 실내디자인 조명계획	1. 실내조명 자료 조사	1. 조명 방법 2. 조도 분포와 조도 측정
			2. 실내조명 적용 검토	1. 조명 연출
			3. 실내조명 계획	1. 공간별 조명 2. 조명 설계도서 3. 조명기구 시공계획 4. 물량 산출
		3. 실내디자인 설비 계획	1. 기계설비 계획	1. 기계설비 조사 · 분석 2. 기계설비 적용 검토 3. 각종 기계설비 계획
			2. 전기설비 계획	1. 전기설비 조사 · 분석 2. 전기설비 적용 검토 3. 각종 전기설비 계획
			3. 소방설비 계획	1. 소방설비 조사 · 분석 2. 소방설비 적용 검토 3. 각종 소방설비 계획

CONTENTS ● 목차

제1권 이론

2 문제
제 권

PART 4

과년도 기출문제

PART 5

CBT 모의고사

STUDY PLAN • 학습 계획

20일 스터디 플랜

1과목 실내디자인계획	Day-1	☐ 디자인요소, 디자인 원리, 공간 기본 구상
	Day-2	☐ 실내디자인요소, 공간 기본 계획
	Day-3	☐ 색채구성, 색채 적용, 색채계획
	Day-4	☐ 가구 자료조사, 가구 적용 검토, 가구계획
	Day-5	☐ 실내건축설계 시각화 작업
2과목 실내디자인 시공 및 재료	Day-6	☐ 목공사, 석공사, 조적공사
	Day-7	☐ 타일공사, 금속공사
	Day-8	☐ 창호 및 유리, 도장공사 및 미장공사
	Day-9	☐ 수장공사, 합성수지
	Day-10	☐ 시공관리계획, 구조체공사
	Day-11	☐ 실내디자인 협력공사
3과목 실내디자인 환경	Day-12	☐ 주변 환경 조사, 건축법령분석
	Day-13	☐ 소방시설 설치 및 관리에 관한 법령 분석
	Day-14	☐ 조명의 기초사항, 조명설계
	Day-15	☐ 위생설비계획, 공기조화설비계획
	Day-16	☐ 전기설비계획, 소방설비계획
기출문제	Day-17	☐ 2018년, 2019년 기출문제
	Day-18	☐ 2020년, 2021년 기출문제
	Day-19	☐ 2022년, 2023년 기출문제
	Day-20	☐ 2024년 기출문제

실내디자인 계획

실내디자인 기본계획

핵심 문제 01 ◆◇◇

디자인 요소 중 점에 관한 설명으로 옳은 것은?   [23년 1회]
① 같은 점이라도 밝은 점은 작고 좁게, 어두운 점은 크고 넓게 보인다.
② 두 점의 크기가 같을 때 주의력은 주 시력의 한 점에만 작용한다.
③ 가까운 거리에 위치하는 두 개의 점은 장력의 작용으로 선이 생긴다.
④ 점은 어떤 형상을 규정하거나 한정하고, 면적을 분할한다.

해설

두 점 사이에는 상호 간의 인장력이 발생하여 보이지 않는 선이 생기며, 크기가 다른 두 개의 점에서 작은 점은 큰 점에 흡수되는 것으로 지각한다.

정답 ③

핵심 문제 02 ◆◇◇

실내디자인 요소 중 점에 관한 설명으로 옳지 않은 것은?   [20년 1·2회]
① 점이 많은 경우에는 선이나 면으로 지각된다.
② 공간에 하나의 점이 놓여지면 주의력이 집중되는 효과가 있다.
③ 점의 연속이 점진적으로 축소 또는 팽창 나열되면 원근감이 생긴다.
④ 동일한 크기의 점인 경우 밝은 점은 작고 좁게, 어두운 점은 크고 넓게 지각된다.

해설

동일한 크기의 점인 경우 밝은 점은 크고 넓게, 어두운 점은 작고 좁게 지각된다.

정답 ④

❶ 디자인요소

1. 점, 선, 면, 형태

1) 점

(1) 점의 특징

① 점은 가장 단순하고 작은 시각적 요소로서 형태의 가장 기본적인 생성원이며 2·3차원의 공간에 위치하는 가장 작은 시각표시이다.

② 크기가 없고 위치만 있으며, 정적이고 방향성이 없어 자기중심적이며, 어떠한 크기, 치수, 넓이, 깊이가 없고 위치와 장소만을 가지고 있다.

③ 두 점의 크기가 같을 때 주의력은 균등하게 작용하고 나란히 있는 점의 간격에 따라 집합, 분리의 효과를 얻는다.

④ 명암 또는 색채에 의해 부각되는 가장 작은 면이라고도 할 수 있다.

(2) 점의 조형효과

① 하나의 점은 관찰자의 시선을 집중시키는 효과가 있다.

② 점을 연속해서 배열하면 선의 느낌을 받는다.

③ 많은 점을 근접시켜 배열하면 면으로 느껴진다.

④ 점에 약간의 선을 가하면 방향성이 생긴다.

⑤ 크고 작은 점이 집결될 때 구조성과 종속성이 생긴다.

⑥ 두 점 사이에는 상호 간 인장력이 발생하여 보이지 않는 선이 생긴다.

⑦ 크기가 다른 두 개의 점에서 작은 점은 큰 점에 흡수되는 것으로 지각된다.

⑧ 가까운 거리에 있는 점은 선으로 지각되어 도형을 느끼게 한다.

⑨ 선의 양 끝, 교차, 굴절, 면과 선의 교차에서도 나타난다.

2) 선

(1) 선의 특징

① 선은 1차원으로 디자인의 가장 기본적인 요소이며 두 점 사이에 놓인 점들의 집합으로 직선, 곡선, 수직선, 사선으로 분류되어 방향성을 가지고 있다.

② 점들의 집합이며, 점 이동한 자취가 선을 이루고, 길이와 방향은 있으나 높이, 깊이, 넓이, 폭의 개념은 없다.

③ 많은 선을 근접시키면 면이 되고, 굵기를 늘리면 입체 또는 공간이 된다.

④ 면의 한계, 교차, 굴절부분에서 나타나고 형상을 규정하거나 면적을 분할한다.

⑤ 여러 개의 선을 이용하여 움직임, 속도감, 방향을 시각적으로 표현할 수 있다.

⑥ 선의 굵기와 간격, 방향을 변화시키면 2차원에서 부피와 깊이를 표현할 수 있다.

⑦ 패턴 및 장식을 위한 기본이 되며 명암, 색채, 질감 등의 특성을 표현할 수 있다.

⑧ 점이 이동한 궤적에 의한 선을 포지티브선(Positive Line), 면의 한계 또는 면들의 교차에 의한 선을 네거티브선(Negative Line)으로 구분하기도 한다.

(2) 선의 조형효과

① **수평선** : 한 평면이나 공간의 길이를 길어 보이게 하며 주로 정적인 느낌을 준다(안정, 균형, 정적, 무한, 확대, 평등, 영원, 안정, 고요, 평화, 넓음).

② **수직선** : 구조적 높이감을 주며 심리적으로 강한 의지의 느낌을 준다(엄격성, 위엄성, 절대, 위험, 단정, 남성적, 엄숙, 의지, 신앙, 상승).

③ **사선** : 생동감 넘치는 에너지와 속도감를 주며, 불안정한 느낌을 준다(생동감, 운동감, 약동감, 불안함, 불안정, 변화, 반항).

④ **곡선** : 우아함, 유연함과 부드러움을 나타내고, 여성적인 섬세함을 준다.

3) 면

(1) 면의 특징

① 면은 2차원의 평면으로 모든 방향으로 펼쳐진 무한히 넓은 영역이다.

② 형태가 없어 선의 고유한 방향과 다른 방향으로 움직임에 따라 생성된다.

③ 점이나 선으로 간주되지 않는 평면의 형태이다.

④ 절단에 의해서 새로운 면을 얻을 수 있다.

⑤ 셋 이상의 점이 연결된 면에 의해 정의된 공간이다.

⑥ 면적을 지닌 2차원의 평면으로 사물의 외곽을 나타낸다.

⑦ 면에 의하여 형, 형태가 형성되며 면이 입체화되면 덩어리(부피감)를 나타낸다.

⑧ 깊이는 없고 길이와 폭(높이)은 가지고 있으며, 공간을 구성하는 기본단위이다.

(2) 면의 조형효과

① **사각형**

㉠ 단순함, 합리성, 구조의 내연성, 최적의 활용력이 있고 안정적이다.

㉡ 정돈된 아름다움, 순수성, 시대를 초월하는 영원불변의 상징을 부여한다.

핵심 문제 03 ◆◆◆

선에 관한 설명으로 옳지 않은 것은?
[14년 3회]

① 선의 외관은 명암, 색채, 질감 등의 특성을 가질 수 있다.

② 많은 선을 근접시키거나 굵기 자체를 늘리면 면으로 인식되기도 한다.

③ 기하학적 관점에서 높이, 깊이, 폭이 없으며 단지 길이의 1차원만을 갖는다.

④ 점이 이동한 궤적에 의한 선은 네거티브선, 면의 한계 또는 면들의 교차에 의한 선은 포지티브선으로 구분하기도 한다.

해설

점이 이동한 궤적에 의한 선을 포지티브선(Positive Line), 면의 한계 또는 면들의 교차에 의한 선을 네거티브선(Negative Line)으로 구분하기도 한다.

정답 ④

핵심 문제 04 ◆◆◆

선의 종류별 조형효과로 옳지 않은 것은?
[14년 1회]

① 사선 – 생동감

② 곡선 – 우아, 풍요

③ 수직선 – 평화, 침착

④ 수평선 – 안정, 편안함

해설

수직선
상승, 위엄, 엄숙, 긴장감, 존엄성

정답 ③

핵심 문제 05 ◆◆◆

디자인의 요소 중 면에 관한 설명으로 옳은 것은?
[19년 2회]

① 면 자체의 절단에 의해 새로운 면을 얻을 수 있다.

② 면이 이동한 궤적으로 물체가 점유한 공간을 의미한다.

③ 점이 이동한 궤적으로 면의 한계 또는 교차에서 나타난다.

④ 위치만 있고 크기는 없는 것으로 선의 한계 또는 교차에서 나타난다.

해설

면
깊이는 없고 길이와 폭(높이)은 가지고 있으며 공간을 구성하는 기본단위이다. 또한 절단에 의해 새로운 면을 얻을 수 있다.

정답 ①

ⓒ 가옥들의 방, 창문, 문, 가구들의 모양들이 사각형을 이루고 있다.

② 삼각형

ⓐ 속도감과 방향성을 가지고 있으며 운동감을 갖는다.

ⓑ 꼭짓점을 향해 측선이 가기 때문에 방향을 암시하여 매우 역동적이다.

ⓒ 날카로운 각도의 지나친 사용은 불안감과 피로감을 준다.

③ 곡면형

ⓐ 곡면의 성질에 움직임과 방향성이 포함되어 유연성과 부드러움을 준다.

ⓑ 표현주의적 창조성이 강력하고 자연과 자연물의 형상을 표현하기도 한다.

ⓒ 유기적인 형태의 자연스러운 곡선과 볼륨감으로 미적 감수성을 준다.

4) 형태

(1) 형태의 특징

형태는 구성된 윤곽, 내부구조 등 3차원적인 덩어리(Mass)와 연관 지어 방향이나 각도에 따라 공간과 구분된다. 즉, 모양, 부피, 구조로써 정의한다.

(2) 형태의 종류

① 이념적 형태

기하학적으로 취급하는 도형으로 직접적으로 지각할 수 없는 형태이다.

순수형태	시각과 촉각 등으로 직접 느낄 수 없고 개념적인 형태인 점, 선, 면, 입체 등이 이에 속한다.
추상형태	구체적 형태를 생략 또는 과장의 과정을 거쳐 재구성한 형태로 재구성 전 원래의 형태를 알아보기 어렵다.

② 현실적 형태

우리 주위에 시각적으로나 촉각적으로 느껴지는 모든 존재의 형태이다.

자연형태	• 주위에 존재하는 모든 물상을 말하며 자연현상에 따라 끊임없이 변화하며 새로운 형태를 만들어 낸다. • 기하학형태는 불규칙한 형태보다 가볍게 느껴지고, 인간의 의지와 요구에 관계없이 변화하며 운동하고 있는 형태이다.
인위형태	• 인간이 인위적으로 만들어 낸 사물로서 구조체에서 볼 수 있는 형태이다. • 시대성을 가지고 있으며 인간이 만들어 낸 3차원적인 물체의 형태이다.

(3) 형태의 지각심리

게슈탈트 심리학(Gestalt Psychology)은 독일의 베르트하이머에 의해 이론화되었다. 시지각, 기억과 연상, 학습과 사고 심리학 등 주요사항을 다루고 있다.

① 그룹의 법칙(Law of Grouping)

ㄱ 근접성 : 일정한 간격으로 규칙적으로 반복되어 있을 경우, 이를 그룹화
하여 평면처럼 지각하고 가까이 있는 시각요소들이 그룹이나 패턴으로
보이는 현상을 말한다.

ㄴ 유사성 : 형태, 규모, 색채, 질감, 명암, 패턴 등 비슷한 성질의 요소들이 떨
어져 있더라도 동일한 집단으로 그룹화되어 지각하려는 경향을 말한다.

ㄷ 연속성 : 유사한 배열로 구성된 형들이 방향성을 지니어 하나의 묶음으
로 인식되는 현상을 말한다. 공동운명의 법칙이라고도 한다.

ㄹ 폐쇄성 : 도형의 선이나 외곽선이 끊어져 있다고 해도 불완전한 시각적
요소들이 완전한 하나의 형태로 그룹되어 지각되는 법칙을 말한다.

② 프래그넌츠의 법칙(The law of Pragnanz)

ㄱ 관찰자가 형태를 지각하는 데 최소한의 에너지(시간)가 요구되어야 하
며 이미지를 좀 더 쉽게 파악할 수 있도록 여러 개의 부분으로 나누는 법
칙이다.

ㄴ 단순성 : 대상을 가능한 간단한 구조로 지각하려는 것으로 눈에 익숙한
간단한 형태로 도형을 지각하게 되는 것이다.

③ 도형과 배경의 법칙(The Law of Figure‒Ground)

서로 근접하는 두 가지의 영역이 동시에 도형으로 되어 자극조건을 충족시
키고 있는 경우, 어느 쪽 하나는 도형이 되고 다른 것은 바탕으로 보인다.

[반전도형의 원리]

루빈의 항아리는 항아리와 얼굴의 옆모습이 반전되어 나타나며 형과 배경
이 교체하는 것을 모호한 형(Ambiguous Figure) 또는 반전도형(反轉圖形)
이라고도 한다.

(4) 형태의 착시현상

시각의 착오라는 뜻으로 눈이 받은 자극의 지각이 다르게 보이는 현상을 말한다.

① 기하학적 착시

ㄱ 거리의 착시 : 같은 형태의 요소지만, 크기에 따라 공간감, 거리, 깊이를
느끼게 한다.

착시현상의 사례 중 분트도형의 내용으로
옳은 것은? [18년 3회]
① 같은 길이의 수직선이 수평선보다 길
 어 보인다.
② 같은 길이의 직선이 화살표에 의해 길
 이가 다르게 보인다.
③ 사선이 2개 이상의 평행선으로 중단되
 면 서로 어긋나 보인다.
④ 같은 크기의 2개의 부채꼴에서 아래쪽
 의 것이 위의 것보다 커 보인다.

해설

분트(Wundt) 도형
동일한 길이의 수직선이 수평선보다 길어
보인다.

정답 ①

ⓛ 길이의 착시

뮐러 – 리어 (Muller Lyer) 도형	동일한 두 개의 선분이 화살표 머리의 방향 때문에 길이가 달라져 보인다. 바깥쪽으로 향한 화살표 선분이 더 길게 보인다.
분트(Wundt) 도형	동일한 길이의 수직선이 수평선보다 길어 보인다.

ⓒ 방향의 착시

포겐도르프 (Poggendorf) 도형	사선이 두 개 이상의 평행선으로 인해 어긋나 보인다.
췰너(Zollner) 도형	평행하는 수직선들이 교차하는 사선으로 인해 비스듬하게 보인다.
헤링(Hering) 도형	두 직선은 실제로는 평행이지만 사선 때문에 휘어져 보인다.

ⓔ 크기의 착시

자스트로(Jastrow) 도형	같은 크기의 두 개 도형 중 아래에 있는 도형이 더 커 보인다.
폰초(Ponzo) 도형	주변의 사선 때문에 같은 크기이지만 뒤에 있는 것이 더 길어 보인다.

ⓜ 위치의 착시

쾨니히(Koning)의 목걸이	원을 동일 선상에 배열하면 목걸이처럼 보인다.
카니자(Kanizsa) 삼각형	가운데에 삼각형이 보이지만 아무것도 없는 빈 공간이다.

ⓗ 대비의 착시

동일한 두 요소가 주변상황에 따라 상반된 느낌을 갖게 하며 선의 길이,
원의 길이, 활모양의 곡률 등 부가도형으로 인해 과대, 과소하게 보이는
착시현상이다.

[뮐러 – 리어 도형]　[분트 도형]　[포겐도르프 도형]　[췰너 도형]　[헤링 도형]

[자스트로 도형]　[폰초 도형]　[쾨니히의 목걸이]　[카니자 삼각형]　[대비의 착시]

② 역리도형 착시

모순도형, 불가능한 도형이라고 하며 펜로즈의 삼각형(Penrose Triangle)처럼 2차원적 평면 위에 나타나는 안길이의 특징을 부분적으로 보면 해석이 가능하지만 전체적인 형태는 3차원적으로 불가능한 것처럼 보이는 도형이다.

③ 운동의 착시

어떤 움직이는 물체를 지각할 때 실제의 움직임과 우리가 느끼는 움직임과의 차이에 의해 일어나는 현상으로 대표적인 예로 가현운동 착시, 유도운동 착시 등이 있다.

ⓖ 가현운동 착시 : 움직이지 않는데 움직이는 것처럼 느껴지는 현상을 말한다.

ⓛ 유도운동 착시 : 정지해 있는 것을 움직이는 것으로 느끼거나 반대로 운동하고 있는 것을 정지해 있는 것으로 느끼는 현상을 말한다.

2. 질감, 문양, 공간

1) 질감

(1) 질감의 특징

① 물체가 갖고 있거나 인위적으로 만들어 낸 표면적 성격 또는 특징으로 시각적 환경에서 여러 종류의 물체들을 구분하는 데 큰 도움을 줄 수 있는 중요한 특성이다.

② 질감의 선택에서 스케일, 빛의 반사와 흡수, 촉감 등이 중요하며 효과적인 질감 표현을 위해서는 색채와 조명을 동시에 고려해야 한다.

③ 질감의 대비를 통해 실내공간의 변화와 다양성을 표현할 수 있고, 통일시킬 수 있다.

④ 나무, 돌, 흙 등의 자연재료는 인공적인 재료에 비해 따뜻함과 친근감을 준다.

(2) 질감의 유형

① 촉각적 질감

ⓖ 실제 손으로 만져서 느낄 수 있는 질감을 의미하며 촉각적인 경험을 통한 피부감각으로 빛의 반사와 흡수, 스케일 촉감 등에 따라 분위기가 변하며 질감 선택 시 고려해야 할 사항이다.

ⓛ 피부에 닿음으로써 재료의 질감을 피부로 느끼며 이러한 많은 감각들이 우리의 머릿속에 저장되어 있다가 유사한 표면을 시각적으로 볼 때 느낌을 기억에서 떠올리는 것이다.

핵심 문제 12 ◆◆◆

펜로즈의 삼각형과 가장 관련이 깊은 착시의 종류는? [16년 3회]
① 운동의 착시   ② 다의도형 착시
③ 역리도형 착시   ④ 기하학적 착시

해설

역리도형 착시

모순도형, 불가능한 도형이라고 하며 펜로즈의 삼각형(Penrose Triangle)처럼 2차원적 평면 위에 나타나는 안길이의 특징을 부분적으로 보면 해석이 가능하지만 전체적인 형태는 3차원적으로 불가능한 것처럼 보이는 도형이다.

정답 ③

핵심 문제 13 ◆◆◆

질감에 대한 설명 중 옳지 않은 것은? [07년 2회]
① 질감의 선택 시 고려해야 할 사항은 스케일, 빛의 반사와 흡수, 촉감 등의 요소이다.
② 질감은 만져서만 느껴지는 디자인 요소이다.
③ 유리, 거울 같은 재료는 높은 반사율을 나타내며 차갑게 느껴진다.
④ 질감은 실내디자인을 통일시키거나 파괴할 수도 있는 중요한 디자인 요소이다.

해설

질감

촉각 또는 시각으로 지각할 수 있는 어떤 물체 표면상의 특징을 말하며 질감의 선택에서 스케일, 빛의 반사와 흡수, 촉감 등이 중요하며 효과적인 질감 표현을 위해서는 색채와 조명을 동시에 고려해야 한다.

정답 ②

핵심 문제 14 ◆◆◆

촉각 또는 시각으로 지각할 수 있는 어떤 물체 표면상의 특징을 의미하는 것을? [10년 3회, 21년 2회]
① 모듈   ② 패턴
③ 스케일   ④ 질감

해설

질감

손으로 만져서 느낄 수 있는 촉각적 질감과 시각적으로 느껴지는 재질감으로 윤곽과 인상이 형성된다.

정답 ④

② **시각적 질감**

     ⊙ 시각적으로 느껴지는 재질감으로서, 모든 실내공간은 시각적 질감에 의해 그 윤곽과 인상이 형성되며, 질감에 대한 시각적 반응은 재료의 표면이 빛을 반사하거나 흡수하는 정도에 따라서도 다르게 나타난다.

     ⓛ 질감이 거칠수록 빛을 흡수하여 무겁고 안정된 시각적 느낌을 주며, 표면이 매끄러울수록 빛을 많이 반사하여 가볍고 환한 느낌을 준다.

③ **구조적 질감**

     ⊙ 실내공간의 표면에서 인간감각에 부딪치는 모든 재료는 일단 구조적 질감으로 와닿는다. 물질의 표면질감은 형성된 본질이나 구성 상태가 나타나는데, 이는 그것을 만드는 방법이나 재료로부터 나오게 되기 때문이다.

     ⓛ 유리계통은 유리를 구성하는 성분의 조밀성 때문에 소리, 빛 등을 반사하며, 반대로 카펫은 이들을 흡수하는데, 이는 재료의 구조적 특징 때문에 나타나는 물리적 현상이다.

2) 문양

(1) 문양의 특징

① 선, 형태, 공간, 빛, 색채의 사용으로 만들어진 패턴은 2차원적이거나 3차원적인 장식의 질서를 부여하는 배열이다.

② 시각적 효과가 상호작용을 일으켜 결정적 영향을 미친다. 문양의 양식에는 자연적, 양식적, 추상적 문양이 있다.

(2) 문양의 양식

① **자연적 문양**

자연의 형상을 묘사한 것으로 자연계에 있는 모든 생물을 소재로 하여 만든 문양이다.

② **양식적 문양**

자연을 모티브로 디자인에 적용한 것으로 경쾌하고 현대적 감각을 주는 문양이다.

③ **추상적 문양**

자유스러운 형태, 기하학적 형태를 복합한 것으로 사물의 형태와 상관없이 상상력에 의해 디자인되어 크기, 형태, 컬러, 배열 등 자유로운 발상으로 표현되는 문양이다.

(3) 문양의 속성

① 일반적으로 연속성에 의한 운동감이 있어 전체적 리듬과 어울리게 하고 운동감을 지닌다(연속성, 운동감, 형태를 보완하는 기능).

② 공간에서 서로 다른 문양의 혼용을 피하는 것이 좋으며 작은 공간일수록 문양을 배제하고 단순하게 처리해야 넓게 보인다.

③ 수직 줄무늬는 공간을 좁고 높게 보이며, 수평 줄무늬는 더 넓고 낮게 보인다.

④ 긴 벽체에 수직선을 사용하여 지루한 느낌을 줄일 수 있다.

⑤ 두 개 이상의 패턴이 겹쳐지면 무아레(Moires) 패턴이 만들어진다.

3) 공간

(1) 공간의 특징

공간이란 3차원으로 길이, 폭, 깊이가 있으며, 규칙적 형태와 불규칙 형태로 구분되고, 모든 물체의 안쪽이며, 항상 보는 사람과 일정한 관계를 가지고, 인상이나 어떤 메시지를 준다. 또한 인간이 거주하고 있는 모든 삶의 공간을 창조한다.

(2) 공간의 형태

공간의 형태는 바닥, 벽, 천장의 수평, 수직의 요소에 의해 구성되어 평면, 입면, 단면의 비례에 의해 내부공간의 특성이 달라지며 사람은 심리적으로 다르게 영향을 받는다. 내부공간의 형태에 따라 가구 유형과 형태, 배치 등 실내의 요소들이 달라진다.

① 규칙적 형태

질서 있게 서로 관련되고 일반적으로 한 개 이상의 축을 가지며 자연스럽고 대칭적이어서 안정되어 있다.

② 불규칙적 형태

복잡하고 많은 면으로 이루어져 변화가 많고 여러 개의 대칭축을 갖는다.

(3) 공간의 분할과 연결

① 공간의 분할

공간에서의 분할은 일반적으로 입구, 동선축을 기본으로 구성하며, 공간 성격에 따라 완전히 차단하는 방법과 간접적인 공간구획으로 차단효과를 얻는 방법이 있다.

상징적 분할	가구, 기둥, 벽, 난로, 식물, 화분 등과 같은 실내 구성요소 또는 바닥의 레벨차, 천장의 높이차 등을 이용하여 공간을 분할하는 방법이다.

지각적 분할	조명, 색채, 마감재료의 변화, 패턴을 이용하여 공간의 형태를 분할하는 방법이다.
차단적 분할	칸막이에 의해 내부공간을 수평, 수직방향으로 구획해서 분할하는 방법으로 높이에 따라 영향을 받게 되며 눈높이가 1.5m 이상 되어야 한다.

② 공간의 연결

공간을 칸막이로 구획하여 분할하지 않고 목적에 맞는 공간을 연결할 수 있다.

인접된 공간으로 연결	공간을 구분하는 벽에 개구부를 두어 직접 연결하는 방법이다.
공유공간으로 연결	두 공간을 공유공간으로 두 공간을 연결하는 방식이다.
공통공간으로 연결	분리되어 있는 두 공간을 제3의 매개공간으로 상호 연결하여 확장시키는 방식이다.
공간 속에 공간을 두어 연결	크기가 큰 공간 속에 작은 공간을 두는 방식이다.

❷ 디자인 원리

1. 스케일, 비례

1) 스케일

① 공간이나 물건의 크기에 대한 상대적인 크기를 말한다.
② 실내의 크기나 내부에 배치되는 가구, 집기 등을 인간의 척도와 인간의 동작범위를 고려하는 공간관계 형성의 측정기준이 된다.
③ 휴먼스케일은 인간의 신체를 기준으로 측정되는 척도의 기준으로, 인간의 크기에 비해 너무 크거나 작지 않은 쾌적한 비율을 나타낸다.

2) 비례

(1) 비례의 개념

① 선이나 면, 형태를 균형적으로 분할하여 조화로운 상태를 만들고, 황금분할의 비례를 사용하는 경우를 말한다.
② 대소의 분량, 장단의 차이, 부분과 부분 또는 부분과 전체와의 수량적 관계를 비율로 표현한 것이다.
③ 형태의 부분과 부분, 부분과 전체 사이의 크기, 모양 등의 시각적 질서, 균형을 결정하는 데 유효하게 사용되고 있다.

핵심 문제 19 • • •

실내디자인의 원리 중 휴먼스케일에 관한 설명으로 옳지 않은 것은? [19년 1회]
① 인간의 신체를 기준으로 파악되고 측정되는 척도의 기준이다.
② 공간의 규모가 웅대한 기념비적인 공간은 휴먼스케일의 적용이 용이하다.
③ 휴먼스케일이 잘 적용된 실내공간은 심리적, 시각적으로 안정된 느낌을 준다.
④ 휴먼스케일의 적용은 추상적, 상징적이 아닌 기능적인 척도를 추구하는 것이다.

해설

휴먼스케일
인간의 신체를 기준으로 파악하고 측정되는 척도의 기준이며 공간의 규모가 웅대한 기념비적인 공간은 휴먼스케일의 적용이 용이하지 않다.

정답 ②

(2) 비례의 종류

① 황금비례

1 : 1.618의 비율로서 고대 그리스인들이 발명해 낸 기하학적 분할법으로, 선이나 면적을 나눌 때, 작은 부분과 큰 부분의 비율이 큰 부분과 전체에 대한 비율과 동일하게 되는 방식이다.

② 루트직사각형 비례

대각선에 직각을 이루는 또 다른 대각선이 긴 변에 교차되는 점을 중심으로 작은 직사각형을 만들 수 있으며 그 작은 직사각형 또는 동일한 방법으로 세분화할 수 있다.

③ 정수비례

1, 2, 3과 같은 정수에 의한 비례로 일정한 배수관계가 있어 원리가 간단하고, 정적균형에 의한 단순한 반복이 요구될 때 적합하며 실용가치가 높다.

④ 수열에 의한 비례(피보나치 수열)

수열은 각 항이 앞의 항과 일률적인 법칙에 의해 관련되어 연속적으로 진행되는 수를 의미한다. 1 : 2 : 3 : 5와 같이 앞의 두 항의 합이 다음 수와 같다.

2. 균형, 리듬, 강조

1) 균형

(1) 균형의 개념

① 중량을 갖고 있는 두 개의 요소가 나누어져 하나의 지점에서 지탱되었을 때 역학적으로 평형을 이루는 상태를 말한다.
② 서로 다른 디자인요소들의 시각적 무게의 평행상태를 의미하고 실내공간에 침착함과 평형감을 부여하는 데 가장 효과적인 디자인 원리이다.

(2) 균형의 원리

① 수평선이 수직선보다 시각적 중량감이 크다.
② 작은 것은 큰 것보다 가볍고, 크기가 큰 것은 중량감이 크다.
③ 밝은색은 시각적 중량감이 작고, 어두운 색은 무겁게 느껴진다.
④ 불규칙적인 형태가 시각적 중량감이 크고, 기하학적인 형태는 가볍게 느껴진다.
⑤ 부드럽고 단순한 것은 가볍게 느껴지고, 복잡하고 거친 질감은 무겁게 느껴진다.

핵심 문제 20 ◆◆◆

황금비례에 관한 설명으로 옳지 않은 것은? [20년 3회]
① 1 : 1.618의 비율이다.
② 고대 로마인들이 창안했다.
③ 몬드리안의 작품에서 예를 들 수 있다.
④ 건축물과 조각 등에 이용된 기하학적 분할방식이다.

해설

황금비례
고대 그리스인들이 발명해 낸 기하학적 분할방법으로 작은 부분과 큰 부분의 비율이 큰 부분과 전체에 대한 비율과 동일하게 되는 방식이며 1 : 1.618의 비율이다.

정답 ②

핵심 문제 21 ◆◆◆

피보나치 수열에 관한 설명으로 옳지 않은 것은? [15년 2회]
① 디자인 조형의 비례에 이용된다.
② 1, 2, 3, 5, 8, 13, 21…의 수열을 말한다.
③ 황금비와는 전혀 다른 비례를 나타낸다.
④ 13세기 초 이탈리아의 수학자인 피보나치가 발견한 수열이다.

해설

인접한 두 피보나치 수의 비율이 황금비가 되어 여러 분야에서 응용된다.

정답 ③

핵심 문제 22 ◆◆◆

균형의 원리에 관한 설명으로 옳지 않은 것은? [22년 1회]
① 수직선이 수평선보다 시각적 중량감이 크다.
② 크기가 큰 것이 작은 것보다 시각적 중량감이 크다.
③ 불규칙적인 형태가 기하학적 형태보다 시각적 중량감이 크다.
④ 복잡하고 거친 질감이 단순하고 부드러운 것보다 시각적 중량감이 크다.

해설

균형의 원리
수평선이 수직선보다 시각적 중량감이 크다.

정답 ①

(3) 균형의 유형

① 대칭균형

    ㉠ 가장 완전한 균형의 상태로 공간에 질서를 주기가 용이하다.

    ㉡ 좌우에 같은 크기, 형태를 이루고 있는 것이다.

    ㉢ 완고하거나 여유, 변화가 없이 엄격, 경직될 수 있다.

② 비대칭균형

    ㉠ 좌우의 균형이 다르지만 시각적으로 균형 잡힌 듯이 느껴지는 것이다.

    ㉡ 풍부한 개성을 표현할 수 있어 능동의 균형이라고도 한다.

③ 방사균형

    중앙을 중심으로 방사향으로 균형을 이루는 형태이다.

2) 리듬

(1) 리듬의 개념

규칙적인 요소들의 반복에 의해 통제된 운동감으로 디자인에 시각적인 질서를 부여하며, 청각적 요소의 시각화를 꾀한다. 어떤 공간에 규칙성의 흐름을 주어 경쾌하고 활기 있는 표정을 준다.

(2) 리듬의 원리

① **반복** : 디자인 구성요소인 선, 면, 형태, 질감, 무늬 등을 일정하게 반복하여 사용한다.

② **점이(점진)** : 형태의 크기, 방향, 색상 등의 점차적인 변화로 생기는 증가 또는 감소함에 따라 나타나는 변천을 말한다(점이는 점진, 점증, 계조라고도 한다).

③ **대립** : 서로 다른 성격의 디자인요소가 교차할 때 나타난다.

④ **변이** : 상반된 분위기가 형성될 수 있도록 형태, 크기, 방향 등을 변화시키는 원리를 말하며 대조라고도 한다.

⑤ **방사** : 중심축으로부터 외부로 퍼져나가는 리듬감으로, 생동감 있는 분위기를 준다.

3) 강조

① 시각적인 힘의 강약에 단계를 주어 디자인 일부분에 주어지는 초점이나 흥미를 부여하는 것이다.

② 공간에서 색채나 형태를 강조함으로써 전체의 성격을 명백하게 규정하며 평범하고 단순한 실내를 흥미롭게 만드는 데 가장 효과적이다.

③ 균형과 리듬의 기초가 되어 명백하게 해주는 역할을 하고 비대칭적 균형에 많이 나타나며 대칭적이고 단조로움을 깨뜨려 흥미로운 형식을 만들어 낸다.

④ 강조는 두 곳 이상은 피하도록 하며 다른 디자인 원리가 깨지지 않도록 주의해야 한다.

⑤ 최소한의 표현으로 최대의 가치를 표현하고 미의 상승효과를 가져오게 한다.

3. 조화, 대비, 통일

1) 조화

(1) 조화의 개념

① 둘 이상의 요소들이 상호 관련성에 의해 어울림을 느끼게 되는 상태이다.

② 디자인요소의 상호관계에 미적 현상을 발생시킨다. 즉, 형태, 질감, 조명, 색, 등의 디자인요소들 중 대부분이 일관성을 띠면서도 한두 개씩 다를 때 이루어지며, 통합적으로 일체감을 느끼게 되는 현상이다.

③ 전체적인 조립이 모순 없이 질서를 갖는 것으로 다양성의 통일이다.

④ 유사조화(동일한 요소의 조합)와 대비조화(복합조화)가 있다.

(2) 조화의 종류

① 유사조화
ⓐ 형식적이나 외형적으로 동일한 요소의 조합에 의하여 만들어지는 것이다.
ⓑ 여성적인 편안함과 온화함, 안정감을 느끼게 하며, 단조로움과 진부함을 주의해야 한다.

② 대비조화
ⓐ 질적, 양적으로 상반된 두 개의 요소가 조합되었을 때 반대성에 의해 성립하는 것이다.
ⓑ 화려하고, 남성적인 이미지를 주며 지나친 사용은 난잡, 혼란스럽고 통일성을 방해한다.

③ 단순조화
ⓐ 형식적 · 외형적으로 시각적 제반요소의 단순화를 통하여 성립되다
ⓑ 온화하며 부드럽고 안정감이 있으나 단조로울 경우 신선함을 상실할 우려가 있다.

④ 복합조화
ⓐ 다양한 주제와 이미지들이 요구될 때 주로 사용하는 방식이다.
ⓑ 일반적으로 다양한 요소를 사용하므로 풍부한 감성과 다양한 경험을 줄 수 있다.

핵심 문제 26 ◆◆◆

디자인의 원리 중 강조에 관한 설명으로 가장 알맞은 것은? [14년 3회]
① 서로 다른 요소들 사이에서 평형을 이루는 상태이다.
② 규칙적인 요소들의 반복으로 디자인에 시각적인 질서를 부여한다.
③ 이질의 각 구성요소들이 전체로서 동일한 이미지를 갖게 하는 것이다.
④ 최소한의 표현으로 최대의 가치를 표현하고 미의 상승효과를 가져오게 한다.

해설

강조
시각적인 힘의 강약에 단계를 주어 디자인의 일부분에 주어지는 초점이나 흥미를 부여하는 것으로 최소한의 표현으로 최대의 가치를 표현하고 미의 상승효과를 가져오게 한다.

정답 ④

핵심 문제 27 ◆◆◆

디자인의 원리 중 대비에 대한 설명으로 옳지 않은 것은? [20년 3회]
① 극적인 분위기를 연출하는데 효과적이다.
② 상반 요소가 밀접하게 접근하면 할수록 대비의 효과는 감소된다.
③ 강력하고 화려하며 남성적인 이미지를 주지만 지나치게 크거나 많은 대비의 사용은 통일성을 방해할 우려가 있다.
④ 질적, 양적으로 전혀 다른 둘 이상의 요소가 동시에 혹은 계속적으로 배열될 때 상호의 특징이 한층 강하게 느껴지는 통일적 현상이다.

해설

대비
상반된 요소의 거리가 가까울수록 대비의 효과는 증대된다.

정답 ②

핵심 문제 28 ◆◆◆

전혀 성질이나 질량이 다른 둘 이상의 것이 동일 공간에 배열되어 서로의 특징을 더욱 돋보이게 하는 디자인의 원리는?
[03년 1회]

① 강조　　　　② 비례
③ 균형　　　　④ 대비

해설

대비
전혀 다른 둘 이상의 요소가 계속적으로 배열될 때 상호의 특징이 한층 강하게 느껴지는 현상을 말한다.

정답 ④

핵심 문제 29 ◆◆◆

다음 설명에 알맞은 디자인 원리는?
[23년 3회]

• 디자인 대상의 전체에 미적 질서를 주는 기본 원리이다.
• 변화와 함께 조형에 대한 미의 근원이 된다.

① 리듬　　　　② 통일
③ 균형　　　　④ 대비

해설

통일
디자인 대상의 전체에 미적 질서를 부여하는 것으로 모든 형식의 출발점이며 구심점이다.

정답 ②

핵심 문제 30 ◆◆◆

이질(異質)의 각 구성요소들이 전체로서 동일한 이미지를 갖게 하는 것으로, 변화와 함께 모든 조형에 대한 미의 근원이 되는 원리는?
[03년 3회]

① 조화　　　　② 강조
③ 통일　　　　④ 균형

해설

통일
이질의 각 구성요소들이 동일한 이미지를 갖게 하는 것으로 변화와 함께 모든 조형에 대한 미의 근원이 되며 하나의 완성체로 종합하는 것을 말한다.

정답 ③

2) 대비

① 질적, 양적으로 다른 둘 이상의 요소가 동시적 혹은 계속적으로 배열될 때 상호의 특징이 한층 강하게 느껴지는 통일적 현상을 말한다.

② 상반된 형상은 이질성과는 다른 것으로 색상 내에서 흑과 백, 질감에서 거칠고 부드러움, 거리상으로는 멀고 가까움, 촉감에서 차고 따뜻함 등과 같이 동일 영역 내에서 반대되는 개념의 대비가 그 대상이 된다.

③ 성질이나 질량이 전혀 다른 둘 이상의 것이 동일한 공간에 배열될 때 서로의 특징을 한층 돋보이게 하는 현상이다.

④ 대비(대조)는 모든 시각적 요소에 대하여 극적 분위기를 주는 상반된 성격의 결합에서 극적인 분위기를 연출하는 데 효과적이다.

3) 통일

(1) 통일의 개념

① 이질의 각 구성요소들이 전체로서 동일한 이미지를 갖게 하는 것으로, 변화와 함께 모든 조형에 대한 미의 근원이다.

② 다양한 요소, 소재 혹은 조건을 선택하고 정리하여 서로 관계를 맺도록 하여 하나의 완성체로 종합하는 것을 말한다.

③ 여러 요소에는 서로 관계없거나 제약, 배제되는 것 등이 있으나 이들을 원만히 연관 지어 하나의 전체로 결합시키는 계기가 통일이다.

④ 디자인 대상의 전체에 미적 질서를 주는 기본원리로 모든 형식의 출발점이다.

(2) 통일의 유형

① 정적통일

동일한 디자인요소가 적용되거나 균일한 대상물이 연속적으로 반복하여 적용될 때 나타나는 디자인 유형으로 안정감을 느끼게 한다.

② 동적통일

변화가 있고 성장성이 있는 흐름의 전개가 가능한 디자인 유형으로 생동감을 준다.

③ 양식통일

동시대적 양식을 나열하거나 기능의 유사성을 이용하여 통일감을 형성한다.

❸ 공간 기본 구상

1. 조닝계획

1) 조닝(Zoning)의 개념

공간은 비슷한 기능을 가진 공간끼리 인접하여 배치하거나 인간의 행동, 사용빈도, 사용시간 등을 고려하여 연관되어 사용할 수 있도록 '공간을 구획'할 수 있다. 이를 공간의 구역화(Zoning) 또는 존(Zone)이라고 한다.

2) 조닝계획 시 고려사항

단위공간 사용자의 특성, 사용목적, 사용시간, 사용빈도, 행동반사

2. 동선계획

1) 동선의 개념

사람이나 물건이 움직이는 선을 연결한 것으로 평면공간 구상에서 동선의 표현을 통해 필요 없는 가구, 장애물을 확인하여 제거하거나 재배치하는 것을 동선(Circulation)이라 한다.

2) 동선의 계획

① 인간의 움직임을 평면도에 선을 이용하여 표현한 것으로, 동선의 시작에서 목적지에 도달하는 지점까지 자연스럽고 원활한 흐름이 되어야 한다.
② 동선이 복잡해질 경우는 별도의 통로공간을 두어 동선을 독립시키며 동선은 대체로 짧을수록 효율적이지만 공간의 성격에 따라 길게 하여 오래 머물도록 유도되기도 한다.
  ㉠ 짧아야 하는 동선 : 주택에서 주부의 동선, 상업공간에서 종업원의 동선
  ㉡ 길어야 하는 동선 : 상업공간에서의 손님의 동선(충동구매의 효과, 판매 증대의 효과)
③ 서로 다른 동선은 가능한 분리시키고 필요 이상의 교차는 피한다.
④ 중요한 동선부터 우선 처리하고 교통량이 많은 동선은 직선으로 최단거리로 한다.

3) 동선의 3요소

빈도, 하중, 속도

---

4) 동선의 유형

(1) 직선형

최단거리의 연결로 통과시간이 가장 짧다.

(2) 방사형

중앙에서 시작하여 바깥쪽으로 주위를 회전하면서 목적지로 가는 동선이다.

(3) 격자형

규칙적인 간격을 두고 정방형 공간을 가짐으로써 평행하는 동선이다.

(4) 혼합형

모든 형을 종합하여 사용하며, 통로 간에 위계질서를 갖도록 한다.

❹ 실내디자인요소

1. 고정적 요소

1차적 요소는 바닥, 벽, 천장, 기둥, 보, 계단, 개구부를 말한다.

1) 바닥

(1) 바닥의 개념

① 실내공간을 구성하는 기초적 요소로서 수평적 요소이다.
② 인간 생활을 지탱하며 시각적, 촉각적 요소와 밀접한 관계를 갖는다.

(2) 바닥의 기능

① 습기와 추위로부터 보호하며 사람의 보행과 가구배치를 위한 기준면을 제공한다.
② 벽이나 천장에 비해 변형이 쉽지 않고 제약을 많이 받아 고정적이다.
③ 고저차가 가능하여 필요에 따라 공간의 영역을 조정할 수 있다.
④ 안정성, 견고성, 내구성, 유지관리성 등을 고려하여 선택해야 한다.

2) 벽

(1) 벽의 개념

① 실내공간을 에워싸는 수직적 요소로 수평방향을 차단하여 공간을 형성한다.
② 공간의 형태와 크기를 결정하며 공간과 공간을 구분한다.

핵심 문제 34 ◆◆◆

실내공간을 형성하는 기본 요소 중 바닥에 관한 설명으로 옳지 않은 것은?

[23년 1회]

① 바닥은 모든 공간의 기초가 되므로 항상 수평면이어야 한다.
② 하강된 바닥면은 내향적이며 주변의 공간에 대해 아늑한 은신처로 인식된다.
③ 다른 요소들이 시대와 양식에 의한 변화가 현저한데 비해 바닥은 매우 고정적이다.
④ 상승된 바닥면은 공간의 흐름이나 동선을 차단하지만 주변의 공간과는 다른 중요한 공간으로 인식된다.

해설

바닥
실내공간을 구성하는 수평적 요소로 바닥의 고저차가 가능하여 필요에 따라 공간의 영역을 조정할 수 있다.

정답 ①

핵심 문제 35 ◆◆◆

벽에 관한 설명으로 옳지 않은 것은?

[17년 3회, 19년 2회]

① 실내공간의 형태와 규모를 결정하는 기본적인 요소이다.
② 외부환경으로부터 인간을 보호하고 프라이버시를 지켜준다.
③ 다른 요소들에 비해 시대와 양식에 의한 변화가 거의 없다.
④ 일반적으로 벽의 높이가 600mm 정도이면 공간을 한정할 수 있지만 감싸는 효과는 없다.

해설

벽은 다른 요소들에 비해 조형적으로 가장 자유롭고 바닥은 다른 요소들에 비해 시대와 양식에 변화가 없다.

정답 ③

(2) 벽의 기능

① 실내공간 구성요소 중 가장 많은 면적을 차지하며 일반적으로 가장 먼저 인지된다.

② 인간의 시선이나 동선을 차단하고 외부의 침입 방어·안전 및 프라이버시를 확보한다.

③ 공간과 공간을 구분하고 공간의 형태에 영향을 끼치는 윤곽적 요소이다.

④ 단열 및 소음 차단, 도난 방지 등에 중요한 역할을 한다.

⑤ 시각적 대상물이 되거나 공간에 집중이 되는 요소가 되기도 한다.

⑥ 가구, 조명 등 실내에 놓이는 설치물에 대해 배경적 요소가 되기도 한다.

(3) 높이에 따른 종류

벽의 높이에 따라 시각적 특성을 달리하게 되며 높이를 결정할 때에는 공간의 용도와 목적에 맞게 심리적인 면을 충분히 고려해야 한다.

① 상징적 벽체 – 600mm 이하

두 공간을 상징적으로 분리하고 구분하여 공간 상호 간에는 통행이 용이하다.

② 개방적 벽체 – 1,200mm 이상 1,500mm 이하

공간을 감싸는 분위기 조성과 시선의 개방 및 프라이버시를 제공하는 데 유효하다. 눈높이 정도가 1,500mm인 벽은 공간을 분할하기 시작한다.

③ 차단적 벽체 – 1,800mm 이상

눈높이보다 높은 벽체로 시각적으로 완전히 차단되어 프라이버시가 보장된다.

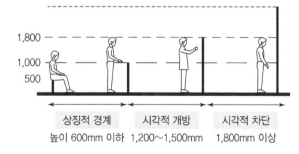

| 상징적 경계 | 시각적 개방 | 시각적 차단 |
| 높이 600mm 이하 | 1,200~1,500mm | 1,800mm 이상 |

[벽의 높이에 따른 시각적 특성]

3) 천장

(1) 천장의 개념

① 상부층 슬래브(Slab)의 아래에 조성되어 실내공간을 형성하는 수평적 요소이다.

핵심 문제 36 ◆◆◆◆

실내공간을 구성하는 기본 요소 중 벽에 관한 설명으로 옳지 않은 것은? [19년 1회]

① 외부로부터의 방어와 프라이버시의 확보 역할을 한다.

② 수직적 요소로서 수평방향을 차단하여 공간을 형성한다.

③ 다른 요소들이 시대와 양식에 의한 변화가 현저한데 비해 벽은 매우 고정적이다.

④ 인간의 시선이나 동선을 차단하고 공기의 움직임, 소리의 전파, 열의 이동을 제어한다.

해설

바닥

다른 요소들이 시대와 양식에 의한 변화가 현저한데 비해 바닥은 매우 고정적이다.

정답 ③

핵심 문제 37 ◆◆◆

실내공간을 형성하는 기본 요소 중 천장에 관한 설명으로 옳지 않은 것은?

[19년 1회]

① 공간을 형성하는 수평적 요소이다.

② 다른 요소에 비해 조형적으로 가장 자유롭다.

③ 천장을 낮추면 친근하고 아늑한 공간이 되고 높이면 확대감을 줄 수 있다.

④ 인간의 동선을 차단하고 공기의 움직임, 소리의 전파, 열의 이동을 제어한다.

해설

벽

인간의 시선이나 동선을 차단하고 단열 및 소음차단, 도난, 방지 등에 중요한 역할을 한다.

정답 ④

② 접촉빈도가 낮으나 소리, 빛, 열 및 습기환경의 중요한 조절매체가 된다.

(2) 천장의 기능

① 시각적 흐름이 최종적으로 멈추는 곳이다.
② 조형적으로 형태, 패턴, 색채의 변화를 통해 다양한 공간의 변화를 줄 수 있다.
③ 천장의 일부를 높이거나 낮추는 것을 통해 공간의 영역을 한정할 수 있다.
④ 낮은 천장은 아늑한 느낌을, 높은 천장은 확대감을 준다.

(3) 천장의 유형

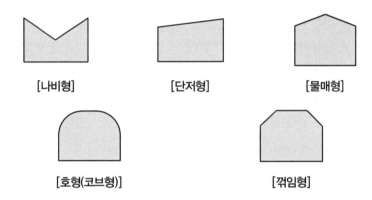

[나비형]   [단저형]   [물매형]

[호형(코브형)]   [꺾임형]

4) 기둥

① 기둥은 공간 내의 수직적인 요소로 상부의 하중을 지지하는 구조적인 요소이다.
② 상부로부터의 하중, 특히 보가 전달하는 하중을 받고 이에 수직 전달한다.
③ 내부공간에 위치한 기둥은 수와 위치에 따라 공간을 분할하거나 동선을 유도한다.

5) 보

① 보는 바닥판(Slab) 아래에 위치한 수평적 요소이다.
② 상부로부터의 하중을 받아 기둥으로 전달하는 중요한 구조재이다.
③ 바닥에 작용하는 하중을 기둥이나 벽에 전달하는 역할을 한다.

6) 계단

(1) 계단의 개념

수직적으로 공간을 연결하는 상하 통행공간이다.

(2) 계단 설치 시 고려사항

① 통행자의 밀도, 빈도, 연령, 통행자의 상태에 따라 고려되어야 한다.

② 큰 규모의 공간일 경우 계단실을 내부에 도입해서 동적인 공간으로 처리한다.

③ 재료나 구조방법은 공간의 성격, 공간구성, 내구성, 경제성을 고려해야 한다.

④ 직선계단, 꺾인 계단, U자 계단, 나선계단, 곡선계단 등이 있다.

⑤ 계단의 단 높이, 단 너비는 건물의 용도에 따라 다르며 건축법(제15조 계단의 설치기준)에 규정되어 있다.

◆ 계단의 설치기준

계단의 종류	유효폭	단 높이	단 너비
공동으로 사용하는 계단	120cm 이상	18cm 이하	26cm 이상
건축물의 옥외계단	90cm 이상	20cm 이하	24cm 이상

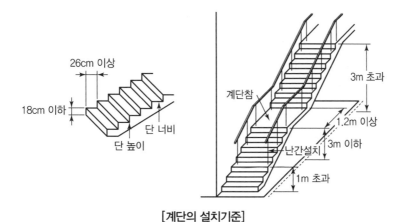

[계단의 설치기준]

⑥ 연면적 200m²를 초과하는 건축물에 설치하는 계단의 설치기준(건축물의 피난·방화구조 등의 기준에 관한 규칙 제15조제2항)

　㉠ 높이 3m를 넘는 계단에는 높이 3m 이내마다 유효너비 120cm 이상의 계단참을 설치한다.

　㉡ 높이 1m를 넘는 계단 및 계단참의 양옆에는 난간(벽 또는 이에 대치되는 것 포함)을 설치한다.

　㉢ 너비 3m를 넘는 계단에는 계단의 중간에 너비 3m 이내마다 난간을 설치한다(단, 계단의 단 높이가 15cm 이하이고, 계단의 단너비가 30cm 이상인 경우에는 예외).

　㉣ 계단의 유효높이(계단의 바닥면부터 상부 구조의 하부 마감면까지의 연직방향의 높이)는 2.1m 이상으로 설치한다.

핵심 문제 38 ◆◆◆

다음 중 최소한의 공간을 차지하는 계단 방식은? [10년 3회]
① 직선계단
② U형 꺾인 계단
③ L형 꺾인 계단
④ 나선계단

해설

나선계단
좁은 공간을 이용하여 위층으로 올라가기 위하여 고안된 계단으로 각 층마다 돌아서 올라가는 형태로 되어 있다.

정답 ④

핵심 문제 39 ◆◆◆

계단 및 경사로의 계획 시 우선적으로 고려하지 않아도 될 사항은? [09년 2회]
① 각 실과의 동선관계
② 건축법규에 의한 설치 규정
③ 통행자의 빈도, 연령 및 성별
④ 강도, 내구성, 경제성

해설

계단 설치 시 고려사항
통행자의 밀도, 빈도, 연령, 통행자의 상태에 따라 고려되어야 한다.

정답 ③

한 공간과 인접된 공간을 연결시키고, 공기와 빛을 통과시켜 통풍과 채광이 가능토록 하며, 전망 및 프라이버시를 제공하는 기능을 가진 실내건축 요소는?

[06년 1회]

① 벽   ② 개구부
③ 발코니   ④ 보

해설

개구부
공간과 공간을 연결하는 기능과 통풍과 채광의 기능을 가지고 있다.

정답 ②

문(門)에 관한 설명으로 옳지 않은 것은?

[18년 1회]

① 문의 위치는 가구배치에 영향을 준다.
② 문의 위치는 공간에서의 동선을 결정한다.
③ 회전문은 출입하는 사람이 충돌할 위험이 없다는 장점이 있다.
④ 미닫이문은 문틀에 경첩을 부착한 것으로 개폐를 위한 면적이 필요하다.

해설

• 미닫이문 : 상부나 바닥의 트랙으로 지지되며 문짝을 상하문틀에 홈을 파서 끼우거나 밑틀에 레일을 밀어서 문이 개폐되어 열리고 닫히는 문이다.
• 여닫이문 : 문틀에 경첩을 부착한 것으로 개폐를 위한 면적이 필요하다.

정답 ④

출입구에 통풍기류를 방지하고 출입인원을 조절할 목적으로 설치하는 문은?

[16년 1회]

① 접이문   ② 회전문
③ 여닫이문 ④ 미닫이문

해설

회전문
원통형의 중심축으로 서로 직교하는 4짝문을 달아 회전시키는 문으로 냉방과 보온에 유리하여 출입구에 통풍기류를 방지하고 출입인원의 조절을 목적으로 설치한다.

정답 ②

7) 개구부

(1) 개구부의 개념

① 문, 창문같이 벽의 일부분이 오픈된 부분을 말한다.
② 건축물의 표정과 실내공간의 성격을 규정하는 요소로, 프라이버시 확보의 역할을 한다.

(2) 개구부의 기능

① 공간과 공간을 연결하는 기능과 통풍 및 채광의 기능을 가지고 있다.
② 문, 창문, 특수개구부가 있으며 특수개구부에는 점검구, 환기구 등이 포함되어 있다.

(3) 문

사람과 물건이 실내외로 출입하기 위한 개구부로, 실의 성격과 사용목적, 공간의 동선계획, 실내분위기, 실내외부의 연관성 등에 따라 문의 크기나 형태가 결정되며 사람이 출입할 수 있는 폭은 $600 \sim 900\text{mm}$ 정도 치수로 계획한다.

① 문의 기능

    ㉠ 공간을 연결하는 개구부로서 실내공간의 구성 패턴, 사용목적 등에 의해 결정된다.
    ㉡ 실내공간을 규정짓는 중요한 요소로서 프라이버시 확보의 역할을 한다.
    ㉢ 문의 치수는 사람이나 물건의 동선, 빈도에 따라 계획한다.
    ㉣ 문의 위치는 가구배치와 동선에 결정적인 영향을 미친다.

② 문의 종류

여닫이문	안여닫이, 밖여닫이로 구분하며 개폐 시 허용공간이 필요하다.
미서기문	두 줄로 홈을 파서 문 한짝을 다른 한짝 옆에 밀어붙이게 한 것이다.
미닫이문	문짝을 밑틀에 레일을 밀어서 문이 개폐되어 열리고 닫히는 문이다.
접이문	문짝이 접히거나 펼쳐지는 형식으로 개폐되는 문이다(주름문, 아코디언 도어, 폴딩 도어).
회전문	원통형의 중심축으로 서로 직교하는 4짝문을 달아 회전시키는 문이다.
자동문	출입자의 움직임을 감지하여 자동으로 개폐되는 문이다.

(4) 창문

채광, 통풍, 환기, 전망을 주목적으로 설치되는 것으로 실의 용도나 방위, 기후, 장식적 효과 등을 고려하여 크기, 형태, 위치 등이 결정된다.

① 창문의 기능

    ㉠ 인접한 공간과 공간을 시각적으로 연결, 확장한다.

    ㉡ 창의 크기와 위치, 형태는 창에서 보이는 시야를 결정짓는다.

    ㉢ 실내공간에 교차환기가 이루어질 수 있도록 계획해야 한다.

    ㉣ 창문의 방향은 냉난방을 해결하는 데 최선의 방법이다.

② 개폐방식에 의한 종류

고정창	열리지 않는 고정된 창으로 채광과 조망을 위해 설치하여 빛을 유입시키는 기능을 한다(종류 : 베이 윈도, 픽처 윈도, 고창 등).
여닫이창	좌우측의 창을 각각 여닫으며 창문이 열리는 만큼 여유공간이 필요하다.
미서기창	두 줄의 홈을 파서 두 장의 창문을 좌우로 움직여 개폐되는 방식이다.
오르내리기창	창을 상하로 오르내릴 수 있도록 개폐의 방향이 수직인 창문이다.
회전창	회전축을 설치하여 창의 넓이만큼 개폐를 자유롭게 조절 가능하다.

③ 위치에 의한 종류

측창	채광량이 적어 눈부심이 적고 물체의 명암을 확실하게 해주어 입체감이 좋으며 일반적인 창으로 편측창, 양측창, 고정창, 정측창이 있다. • 정측창 : 직사광선의 실내 유입이 많아 미술관, 박물관에서 사용된다. • 편측창 : 실 전체의 조도 분포가 비교적 균일하지 못하다는 단점이 있다.
고창	• 눈높이보다 높고 창의 상부가 천장면이나 그 아래에 설치하여 조도 분포가 균일하게 할 수 있어 채광 및 프라이버시 확보에 유리하다. • 천장면 가까이에 높게 위치한 창으로 주로 환기를 목적으로 설치된다.
천창	• 지붕이나 천장면에 채광·환기를 목적으로 설치하여 조도 분포를 균일하게 할 수 있으며 벽면의 활용성을 높일 수 있다. • 빗물처리 및 비막 유지보수가 용이하지 않다.

핵심 문제 43 ◆◆◆

측창에 관한 설명으로 옳지 않은 것은?

[10년 1회, 21년 1회]

① 천창에 비해 채광량이 많다.
② 천창에 비해 비막이에 유리하다.
③ 편측창의 경우 실내 조도 분포가 불균일하다.
④ 근린의 상황에 의한 채광 방해의 우려가 있다.

해설

측창
창의 면이 수직벽면에 설치되는 창으로, 같은 면적의 천창에 비해 채광량이 적어 눈부심이 적다.

정답 ①

핵심 문제 44 ◆◆◆

천창(天窓)에 대한 설명으로 옳지 않은 것은?

[21년 2회]

① 벽면을 다양하게 활용할 수 있다.
② 같은 면적의 측창보다 채광량이 많다.
③ 차열, 통풍에 불리하고 개방감도 적다.
④ 시공과 개폐 및 기타 보수관리가 용이하다.

해설

천창
지붕이나 천장면에 수평 또는 수평에 가까운 창으로 채광 환기를 목적으로 설치하며 시공과 개폐 및 보수관리가 용이하지 않다.

정답 ④

2. 가동적 요소

2차적 요소는 일광조절장치, 직물, 장식물, 가구 등이며, 그중 일광조절장치는 창문을 통해 입사되는 빛의 조절기능, 열과 음의 차단, 온도의 조절기능, 실내의 프라이버시를 차단하고 인테리어적인 기능이 있다.

1) 커튼

(1) 드레이퍼리 커튼(Drapery Curtain)

창문에 느슨하게 걸려 있는 무거운 커튼으로 방음성, 보온성, 차광성 등의 효과를 가지는 커튼이다.

(2) 글라스 커튼(Glass Curtain)

투시성이 있는 소재의 얇은 커튼으로 유리면 바로 앞에 설치하여 실내에 빛을 유입하는 형태의 커튼이다.

(3) 드로우 커튼(Draw Curtain)

반투명하거나 불투명한 직물로 창문 위에 설치하여 좌우로 끌어당겨 개폐하는 형태의 커튼이다.

(4) 새시 커튼(Sash Curtain)

창문 전체를 반 정도만 가리도록 만든 형태의 커튼이다.

2) 블라인드

(1) 베네시안 블라인드(Venetian Blind)

수평블라인드로 날개각도를 조절하여 일광, 조망 그리고 시각의 차단 정도를 조정할 수 있지만, 날개 사이에 먼지가 쌓이기 쉽다.

(2) 버티컬 블라인드(Vertical Blind)

수직블라인드로 수직의 날개가 좌우로 동작이 가능하여 좌우 개폐 정도에 따라 일광, 조망의 차단 정도를 조절한다.

(3) 롤 블라인드(Roll Blind)

셰이드라고도 하며 천을 감아올려 높이 조절이 가능하고, 칸막이나 스크린의 효과도 얻을 수 있다.

(4) 로만 블라인드(Roman Blind)

천의 내부에 설치된 체인에 의해 당겨져 아래가 접혀 올라가는 것으로 풍성한 느낌과 우아한 분위기를 조성할 수 있다.

3) 루버

평평한 부재를 전면에 설치하여 일조를 차단하는 것으로 창 전면에 설치하여 환기, 일조량을 조절하며 수직형, 수평형, 격자형 등이 있다.

3. 심미적 요소

3차적 요소는 조명, 재료와 질감, 색채, 그래픽 등을 말한다.

1) 조명의 정의

조명은 물체의 형태를 지각하고 쾌적한 활동이 이루어질 수 있도록 양적으로는 적정 조도를 부여하고 질적으로는 광원들의 스펙트럼 구성에 따른 빛의 내용을 파악, 효율적인 공간 연출의 매개수단이 된다. 또한 개구부를 통한 태양광의 자연조명과 인공광원을 사용한 인공조명으로 구분할 수 있다.

구분	내용	단위
조도 (Illuminance)	밝기를 표시한 것으로 작업면에 도달하는 빛을 양	lx(lux)
휘도 (Luminance)	빛을 발하거나 빛을 받아 반사하는 표면의 밝기	nt(nit), cd/m²

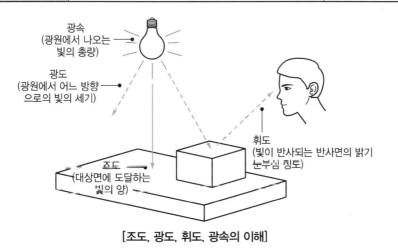

[조도, 광도, 휘도, 광속의 이해]

핵심 문제 48 ◆◆◆

다음 중 점광원에서 어떤 물체나 표면에 도달하는 빛의 단위면적당 밀도로 빛을 받는 면의 밝기를 나타내는 것은?

[15년 2회]

① 휘도   ② 광도
③ 조도   ④ 명도

해설

조도(Illuminance)
밝기를 표시한 것으로 작업면에 도달하는 빛을 양을 나타내며 단위는 럭스(lux, 기호는 lx)이다.

정답 ③

2) 조명의 4요소

명도, 대비, 크기, 움직임(노출시간)

3) 조명의 분류

(1) 조명방식에 의한 분류

① **전반조명(전체조명)**

조명기구를 일정한 높이의 간격으로 배치하여 실 전체를 균등하게 조명하는 방법으로 전체조명이라고도 한다. 대체로 편안하고 온화한 분위기를 조성한다.

② **국부조명**

일정한 장소에 높은 조도로 집중적인 조명효과를 주는 방법으로 하나의 실에서 영역을 구획하거나, 물품을 강조하기 위한 악센트조명으로 구분된다.

③ **장식조명**

실내에 생동감을 주고 조명기구 자체가 장식품과 같은 분위기를 연출한다. 펜던트(Pendant), 샹들리에(Chandelier), 브래킷(Bracket) 등이 있다.

(2) 배광방식에 의한 분류

① **직접조명**

빛의 90~100%를 사용하고자 하는 방향으로 직접 투사시키는 방식으로 경제적이며 조명효율은 높으나 조도 분포가 불균일하다. 눈부심현상과 강한 그림자가 생기는 단점이 있다.

② **반직접조명**

빛의 60~90%를 사용하고자 하는 방향으로 향하도록 투사하는 방식이다. 직접 표면을 향해 아래로 비추고 적은 양의 빛은 천장면으로 향한다. 광원을 감싸는 조명기구에 의해 상하 모든 방향으로 빛이 확산된다.

③ **전반확산조명(직접간접조명)**

빛의 40~60%로 균등하게 확산 분배되는 조명방식이다. 직접간접조명과 간접조명방식을 병용하여 위·아래로 향하는 빛 전반확산조명이라고 한다.

④ **간접조명**

빛의 90~100%를 반사면에 투과시켜 반사광으로 조도를 구하는 조명방식이다. 천장이나 벽에 투사하여 반사, 확산된 광원을 이용하는 것으로 눈부심이 없고 조도 분포가 균등하나 조명의 효율이 낮고 유지보수가 힘들어 비경제적이다.

핵심 문제 49

사무실의 조명방식 중 부분적으로 높은 조도를 얻고자 할 때 극히 제한적으로 사용하는 것은? [19년 1회]
① 전반조명방식 ② 간접조명방식
③ 국부조명방식 ④ 건축화조명방식

해설

국부조명
일정한 장소에 높은 조도로 집중적인 조명효과를 주는 방법으로 하나의 실에서 영역을 구획하거나 물품을 강조하기 위한 악센트 조명이다.

정답 ③

핵심 문제 50

조명의 배광방식에 의한 분류에 대한 설명 중 옳지 않은 것은? [21년 3회]
① 직접조명 – 눈부심이 일어나기 쉽고 균등한 조도분포를 얻기 힘들다.
② 반직접조명 – 60~90% 광량이 직접 표면을 향하여 아래로 비추고 적은 양의 빛이 위쪽의 천장면으로 향한다.
③ 간접조명 – 조명의 효율이 적고 보수 유지가 어려워 비경제적이다.
④ 반간접조명 – 직접조명과 간접조명을 함께 사용하는 것으로 조명이 모든 방향으로 균등하게 배분된다.

해설

• 반간접조명 : 빛의 60~90%를 반사면에 투사시킨 반사광과 함께 나머지를 직접 조명분으로 조명하는 방식으로 조도가 균일하고 은은하며 부드러워 눈부심 현상도 거의 생기지 않는다.
• 전반확산조명 : 직접조명과 간접조명 방식을 병용하여 위아래로 향하는 빛으로 모든 방향으로 균등하게 배분된다.

정답 ④

⑤ **반간접조명**

빛의 60~90%를 반사면에 투사시킨 반사광과 나머지는 직접 투사되는 조명방식이다. 조도의 균질성이 있고 그늘짐이 부드러우며 눈부심이 적다.

직접조명	반직접조명	전반확산 조명	반간접조명	간접조명
↑ 0~10%	↑ 10~40%	↑ 40~60%	↑ 60~90%	↑ 90~100%
↓ 90~100%	↓ 60~90%	↓ 40~60%	↓ 10~40%	↓ 10~0%

(3) 설치방식에 의한 분류

① **매입형**

조명기구를 천장 속에 매입시켜 조명기구가 보이지 않는 방식으로 빛이 수직으로 하향 직사한다. 일명 다운라이트(Downlight)라고 한다.

② **직부형**

조명기구를 천장면에 부착시키는 방식으로 배광이나 조명효율은 좋으나 매입등보다 눈부심현상이 일어나는 단점이 있다.

③ **벽부형**

조명기구를 벽체에 부착하여 빛이 투사하는 방식으로 브래킷(Bracket)으로 불린다. 부착되는 위치가 시선 내에 있으므로 휘도 조절이 가능한 조명기구나 휘도가 낮은 광원을 사용한다.

④ **펜던트**

천장에 파이프나 와이어로 조명기구를 매단 방식으로 시야 내에 조명이 위치하면 눈부심현상이 일어나므로 휘도를 조절하거나 상하이동이 가능한 것이 좋다.

⑤ **이동형**

조명기구를 필요에 따라 자유로이 이동시켜 사용 시 융통성이 좋다. 배광방식에 따라 장식적, 기능적, 보조 조명 등으로 다양하게 사용된다. 테이블스탠드, 플로어스탠드 등이 있다.

핵심 문제 51　◆◆◇

실내의 빛을 천장면이나 벽면에 부딪친 다음 조명면에 비치도록 하는 조명법은?
[10년 3회]

① 직접조명법　　② 간접조명법
③ 전반조명법　　④ 국부조명법

해설

간접조명법
빛의 90~100%를 반사면에 투과시켜 반사광으로 조도를 구하는 조명방식으로, 천장이나 벽에 투사하여 반사, 확산된 광원을 이용하며 눈부심이 없고 조도 분포가 균등하나 조명의 효율이 낮고 유지보수가 힘들어 비경제적이다.

정답 ②

핵심 문제 52　◆◆◇

펜던트조명에 관한 설명으로 옳지 않은 것은?
[19년 1회]
① 천장에 매달려 조명하는 조명방식이다.
② 조명기구 자체가 빛을 발하는 액세서리 역할을 한다.
③ 노출 펜던트형은 전체조명이나 작업조명으로 주로 사용된다.
④ 시야 내에 조명이 위치하면 눈부심이 일어나므로 조명기구에 의해 휘도를 조절하는 것이 좋다.

해설

노출 펜던트형은 작업조명으로 주로 사용되며 시야 내에 조명이 위치하면 눈부심현상이 일어나므로 휘도를 조절하는 것이 좋다.

정답 ③

건축화조명이란 건축구조체의 일부분이나 구조적인 요소를 이용하여 조명하는 방식으로 조명이 건축과 일체가 되고 건축의 일부가 광원화되는 것을 말한다.

(1) 광천장조명(Luminous Ceiling Light)

건축구조체로 천장에 조명기구를 설치하고 그 밑에 루버나 유리, 플라스틱 같은 확산투과판으로 천장을 마감처리하는 조명방식이다. 천장면 전체가 발광면이 되고 균일한 조도의 부드러운 빛을 얻을 수 있다.

(2) 광창조명(Luminous Beam Light)

광원을 넓은 면적의 벽면 또는 천장에 매입하는 조명방식으로 비스타(Vista)적인 효과를 낼 수 있다. 또한 광원을 확산판이나 루버로 걸러 은은한 분위기를 낸다.

(3) 코브조명(Cove Light)

천장, 벽의 구조체 안에 조명기구를 매입시키고 광원의 빛을 가린 후 반사광으로 간접 조명하는 방식이다. 조도가 균일하며 눈부심이 없고 보조조명으로 주로 사용된다.

(4) 밸런스조명(Balance Light)

창이나 벽의 커튼 상부에 설치하는 방식의 조명이다. 상향 조명일 경우 천장에 반사하는 간접조명으로 전체조명 역할을 하고 하향 조명일 경우 벽이나 커튼을 강조한다.

(5) 코니스조명(Cornice Light)

벽면의 상부에 위치하여 모든 빛이 아래로 직사하도록 하는 조명방식이다.

---

(6) 캐노피조명(Canopy Light)

벽면이나 천장면의 일부에 돌출로 조명을 설치하여 강한 조명을 아래로 비추는 조명방식이다. 카운터 상부, 욕실의 세면대 상부 등에 설치된다.

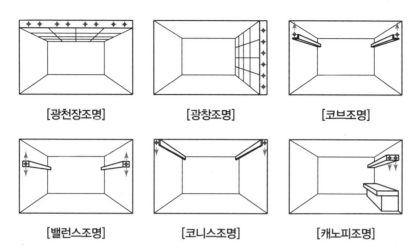

[광천장조명]　　　[광창조명]　　　[코브조명]

[밸런스조명]　　　[코니스조명]　　　[캐노피조명]

5) 광원의 종류

(1) 백열등

① 전류를 필라멘트에 흘려보내서 빛을 얻는 광원으로 연색성이 좋고 점등이 빠르며 배광의 억제가 용이하다.

② 전력소비가 많아 효율이 낮으며 실온 상승의 원인이 된다.

(2) 형광등

① 수은과 아르곤의 혼합가스를 봉입한 방전등의 일종으로 발광 시 열이 발생되지 않는다.

② 연색성이 좋고 경제적이며 비교적 수명이 길고 눈부심이 없는 편이다.

③ 조명의 효율이 좋아 실내조명에 많이 사용한다.

(3) 할로겐램프

① 백열등의 단점을 개량한 것으로 전구에 할로겐을 넣어 필라멘트의 소모를 억제하고 수명이 길다.

② 연색성이 좋아 안정된 빛을 얻을 수 있으며, 태양광과 흡사하다.

③ 흑화현상을 방지하는 램프이다.

(4) 수은등

① 방전등의 일종으로 휘도가 높고 자외선을 다량으로 발하므로 효율이 비교적 높다.

② 수명이 길고 가격이 저렴하지만, 점등시간이 다소 걸리며 연색성이 떨어진다.

③ 주로 스포츠시설, 강당, 전시장, 특히 천장이 높은 실내에 적합하다.

(5) 메탈할라이드등

① 고압수은등의 효율 및 연색성을 한층 더 개선하기 위하여 수은 외에 메탈펄라이트를 첨가한 수은등의 일종이다.

② 발광효율과 연색성이 우수하여 미술관, 상점, 경기장 등에 사용된다.

(6) 나트륨등

① 다른 광원에 비해 발광효율이 높으며 수명도 길지만 연색성이 나쁘고 설비비, 유지비가 비싼 편이다.

② 주로 가로등, 터널, 체육관, 도로, 광장 등에 사용된다.

6) 조명의 연출요소

(1) 연색성

① 광원에 의하여 조명되어 나타나는 물체의 색을 연색이라 하고, 태양광(주광)을 기준으로 하여 어느 정도 주광과 비슷한 색상을 연출할 수 있는지 나타내는 지표를 말한다.

② 어떠한 물체든지 자연광과 인공조명에서 비교해 보면 색감이 서로 다르게 보이는데 이를 연색성이라 한다.

③ 백열등의 조명에서는 빨간색, 노란색이 강조되어 대체로 붉은 계통의 색은 생생하게 보이는 반면, 회색, 푸른색 계통의 색은 침체되어 보인다.

④ 형광등의 조명에서는 파란색, 녹색이 강조되어 푸른 계통의 색은 선명하고 보다 서늘하게 보이고 빨간색은 흐릿하게 보인다.

⑤ 단일 광원으로 전체를 조명하는 것보다 2종류 이상의 광원을 혼합하여 사용하는 것이 연색성을 좋게 한다.

(2) 색온도

① 물체의 온도에 따라 빛의 색이 변하는데 저온도의 경우 발생하는 빛의 색은 붉은색으로 변하고 온도가 높아지면 빛이 달라진다. 이와 같이 온도에 따라 색이 변하는 것을 색온도라 한다.

② 온도에 따라 어두운 빨강 → 빨강 → 오렌지 → 노랑 → 흰색 → 파랑의 과정으로 변한다.

핵심 문제 58 ◆◆◆

광원의 연색성에 관한 설명으로 옳지 않은?
[17년 3회]
① 연색성을 수치로 나타낸 것을 연색평가수라고 한다.
② 평균 연색평가수(Ra)가 100에 가까울수록 연색성이 나쁘다.
③ 연색성은 기준광원 밑에서 본 것보다 색의 보임이 나빠질수록 떨어진다.
④ 물가 광원에 의하여 조명될 때, 그 물체의 색의 보임을 정하는 광원의 성질을 말한다.

해설

광원의 연색성
광원이 물체에 비추어질 때 그 물체의 색감에 영향을 미치는 현상을 말한다(연색지수(Ra) 100에 가까울수록 연색성이 좋은 것을 의미한다).

정답 ②

핵심 문제 59 ◆◆◆

다음 중 색의 온도감이 가장 낮은 것은?
[08년 2회]
① 연두 　　　② 흰색
③ 녹색 　　　④ 노랑

해설

온도에 따라 어두운 빨강 → 빨강 → 오렌지 → 노랑 → 흰색 → 파랑의 과정으로 변한다.

정답 ②

(3) 조명과 마감재료

① 재료와 마감 처리에 따라 재질감이 다르게 나타나기 때문에 표면재질감의 광택과 요철은 조명과 깊은 관계를 가지고 있다.

② 백열등은 지향성(指向性)의 빛이어서 광택이 뚜렷하고 요철이 명쾌하게 나타나 질감의 효과가 뚜렷이 표현된다.

③ 형광등은 확산되는 빛을 발하므로 부드러운 재질감을 느끼게 한다.

④ 조도가 크면 음영이 뚜렷해 재질감, 입체감이 강조되므로 확산광이 필요하다.

⑤ 밝은 고명도의 마감재일 경우 반사율이 높아져 더욱 밝게 느껴지며 어두운 저명도일 경우는 반사율이 낮아져 빛을 흡수하게 되므로 실내가 어두워 보인다.

(4) 조명과 공간감

① 조명은 주어진 공간을 축소 · 확대시키거나 긴장, 이완시키므로 시각적, 심리적 효과의 연출요소로 해석이 가능하다.

② 조명에 의한 실내의 벽, 바닥, 천장면의 명암은 천장의 높이 변화 등에 영향을 미치는 중요한 요소이다.

③ 어두운 벽면은 공간을 축소시켜 보이게 하는 반면 밝은 벽면은 확장시켜 보이고 어두운 천장은 시각적으로 낮게 보인다.

7) 조명의 연출기법

(1) 강조(Highlighting)기법

물체를 강조하거나 시야 내의 어느 한 부분에 주의를 집중시키고자 할 때 사용하는 기법이며 하이라이팅(Highlighting)이라고도 한다.

(2) 빔플레이(Beam Play)기법

강조하고자 하는 물체에 광선을 비추어 광선 그 자체가 시각적인 특성을 지니게 하는 기법으로 공간에 생동감을 준다.

(3) 월워싱(Wall Washing)기법

① 균일한 조도의 빛을 수직벽면에 빛으로 쓸어내리는 듯하게 비추는 기법이다.

② 공간 확대의 느낌을 주며 광원과 조명기구의 종류에 따라, 어떤 건축화조명으로 처리하느냐에 따라 다양한 효과를 가질 수 있다.

③ 바닥이나 천장에도 조명을 비추어 같은 효과를 가질 수 있는데 이를 플로어 워싱(Floor Washing), 실링워싱(Ceiling Washing)이라 한다.

핵심 문제 60 ◆◆◆

조명의 연출기법 중 강조하고자 하는 물체에 의도적인 광선을 조사시킴으로써 광선 그 자체가 시각적인 특성을 지니게 하는 기법은? [20년 1 · 2회]

① 강조기법　　② 월워싱기법
③ 빔플레이기법　④ 그림자연출기법

해설

빔플레이기법(Beam Play)
강조하고자 하는 물체에 광선을 비추어 광선 그 자체가 시각적인 특성을 지니게 하는 기법으로 공간에 생동감을 준다.

정답 ③

핵심 문제 61 ◆◆◆

다음 설명에 알맞은 조명의 연출기법은? [18년 2회]

수직벽면을 빛으로 쓸어내리는 듯한 효과를 주기 위해 비대칭 배광방식의 조명기구를 사용하여 수직벽면에 균일한 조도의 빛을 비추는 기법

① 빔플레이　　② 월워싱 기법
③ 실루엣 기법　④ 스파클 기법

해설

월워싱기법
균일한 조도의 빛을 수직벽면에 빛으로 쓸어내리는 듯하게 비추는 기법으로 공간 확대의 느낌을 주며 광원과 조명기구의 종류에 따라, 어떤 건축화조명으로 처리하느냐에 따라 다양한 효과를 가질 수 있다.

정답 ②

(4) 그림자연출(Shadow Play)기법

빛과 그림자를 이용하여 시각적 의미를 전달하고 질감과 깊이를 표현한 기법이다.

(5) 실루엣(Silhouette)기법

물체의 형상만을 강조하는 기법으로 눈부심은 없으나 세밀한 묘사에는 한계가 있다.

(6) 글레이징(Glazing)기법

① 빛의 각도를 조절함으로써 마감의 재질감을 강조하는 기법으로 수직면과 평행한 조명을 벽에 비춤으로써 마감재의 질감을 효과적으로 연출한다.

② 조명에 의하여 벽면의 윗부분은 어둡고 아랫부분은 밝은 형태로 벽면이 시각적으로 이분화되어 천장이 낮아 보인다.

③ 마감재의 질감이 클수록 음영효과가 크며, 빛의 각도를 변화시킴에 따라 시각적 효과도 다양해진다. 매입등은 천장 끝에서 150~300mm 정도 거리를 두고 설치한다.

(7) 후광조명(Back Lighting)기법

아크릴, 스테인드글라스와 같이 반투명 재료와 불투명 재료를 대조하여 빛을 통과시켜 효과를 얻는 기법이다. 무광택의 반투명 확산판을 통해 빛을 분산시켜 상품의 배경조명으로 효과적이다.

(8) 상향 조명(Up Lighting)기법

빛 방향을 위로 향하는 상향등을 이용하여 윗부분을 강조하고자 할 때 사용하는 기법이다. 공간의 벽면, 천장면을 간접적으로 비추며 낭만적이고 은은한 느낌의 공간 분위기를 자아낸다.

(9) 스파클(Sparkle)기법

어두운 배경에서 광원 자체의 흥미로운 반짝임(스파클)을 이용해 연출하는 기법이다. 호기심을 유발하나 장기간 사용 시 눈이 피로하고 불쾌감을 줄 수 있다.

8) 조명의 설계

(1) 조명의 설계순서

소요조도 결정 → 광원의 선택 → 조명기구 선택 → 조명기구 배치 → 검토

(2) 조명의 설계과정

프로젝트 분석 및 소요조도 결정	공간의 성격, 용도, 조건 등을 조사 · 분석하고 소요조도를 산출한다.
조명방식 및 조명기구 구성	전반적인 조명방식 및 기법을 결정한다.
광원의 선택	공간에 적합한 광원의 종류를 선택한다.
조명기구의 선택	조명방식의 기법을 고려하여 조명기구를 선택한다.
설계도면 작성	광원의 수, 조명기구의 배치, 위치 등을 결정하고 소요조도를 재검토하여 이를 도면화한다.

(3) 조명의 선택기준

배광 특성을 고려하고, 설치방법 및 운영경비, 전기적 안전성, 공간 및 가구와 조화성, 관리의 편이성, 조명의 용도 및 목적에 따라 적합한 디자인 등을 고려하여 선택한다.

❺ 공간 기본 계획

1. 주거공간

1) 주거공간의 계획

(1) 주거공간의 개념

주거공간 디자인은 사람의 거주를 목적으로 하므로 심리적 안정감과 안락함 그리고 편리함을 제공해야 한다. 아울러 사용자의 심리적 만족감을 위하여 심리적, 물리적, 경제적 요인을 분석하여 공간구성과 표현요소로 제공할 수 있도록 한다.

(2) 주거공간의 기능

① 가족생활을 영위하기 위한 인간생활의 가장 기본적인 안식처이다.
② 일정한 장소를 점유하여 생활의 편리함과 쾌적한 환경을 생활할 수 있는 장소이다.
③ 자연적, 인위적 환경에 생명과 재산을 보호하고 재충전의 휴식을 위한 장소이다.

핵심 문제 63 ◆◆◇◇

다음 중 작업장의 조명 설계에 관한 설명으로 틀린 것은? [10년 1회]
① 광원 및 물건에서도 눈부심이 없도록 한다.
② 작업 부분과 배경 사이에는 콘트라스트가 없도록 한다.
③ 광원의 휘도를 줄이고, 광원의 수를 늘린다.
④ 작업 중 손 가까이를 적당한 밝기로 비춘다.

해설

작업 부분과 배경 사이에 콘트라스트(대비)가 있어야 한다. 대상과 배경 사이에는 충분한 밝음의 차이가 있어야 물체를 제대로 볼 수 있다.

정답 ②

핵심 문제 64 ◆◆◇◇

주거공간의 개념계획도에 대한 설명으로 옳지 않은 것은? [04년 3회]
① 공간을 부엌, 식당, 연결 공간 등 다이어그램으로 표시한다.
② 동선을 선으로 연결하여 개념적인 공간을 보여준다.
③ 한번 계획된 개념도는 가능하면 수정하지 않는 것이 좋다.
④ 개념계획도기 획정뇌번 평면도를 그린다.

해설

개념계획도는 요구조건에 따라 수정을 할 수 있다.

정답 ③

④ 삶과 가치, 인격 등 개개인의 정체성이 표현되는 곳이며 가족생활의 터전이다.

⑤ 개인생활의 프라이버시를 고려해야 한다.

(3) 주거공간계획 시 고려사항

① 사용자의 특성과 거주계획

② 가족구성원의 인원과 요구사항

③ 클라이언트의 경제적 가용 예산

④ 거주자 개성과 취향 등

(4) 주거공간의 조닝방법

① 사용자 특성에 따른 구분

② 사용빈도에 따른 구분

③ 주 행동에 따른 구분

④ 사용시간에 따른 구분

⑤ 프라이버시 정도에 따른 구분

(5) 주거공간의 동선계획

① 동선의 3요소 : 속도, 빈도, 하중에 따라 거리의 장단, 폭의 대소가 결정된다.

② 서로 다른 동선은 가능한 한 분리하고 필요 이상의 교차는 피한다. 동선이 짧을수록 효율적이나 공간의 성격에 따라 길게 유도하기도 한다.

③ 주부는 실내에 머무는 시간이 길고 작업량이 많으므로 짧고 직선적으로 처리한다.

④ 동선의 분기점이 되는 곳은 거실이며 가구배치계획에 따라 동선이 변하기도 한다.

2) 주거공간의 공간구성

(1) 주거공간의 행동에 의한 분류

① 정적공간

소음 및 시각적, 청각적 프라이버시가 확보되어야 하며 독립성을 추구한다.

• 개인공간 : 침실, 서재, 경의실(Dressing Room)

② 공적공간

실의 활동과 능률을 중요시하며 독립성보다 개방성을 필요로 한다.

㉠ 공동공간(사회적 공간) : 거실, 식사실, 가족실, 현관, 복도

㉡ 작업공간 : 부엌, 세탁실, 다용도실

핵심 문제 65 ◆◆◆

다음 중 조닝(Zoning)계획 시 고려해야 할 사항과 가장 거리가 먼 것은?

[17년 2회]

① 행동반사   ② 사용목적

③ 사용빈도   ④ 지각심리

해설

조닝계획 시 고려사항

사용자의 특성, 사용목적, 사용시간, 사용빈도 행위의 연결 등

정답 ④

핵심 문제 66 ◆◆◆

주거공간을 주 행동에 따라 개인공간, 사회공간, 노동공간 등으로 구분할 경우, 다음 중 사회공간에 속하지 않는 것은?

[20년 1·2회]

① 거실   ② 식당

③ 서재   ④ 응접실

해설

• 개인공간 : 서재, 침실, 자녀방, 노인방

• 작업공간 : 주방, 세탁실, 가사실, 다용도실

• 사회공간 : 거실, 응접실, 식사실

정답 ③

③ 생리위생공간

세면실, 욕실, 화장실

(2) 현관

① 현관의 기능

㉠ 주출입구의 기능과 내방객을 처음 맞이하는 접객공간으로서 방범의 기능도 갖고 있다.

㉡ 외부출입에 필요한 일상용품(우산, 신발)을 수납할 수 있는 기능도 겸한다.

② 현관의 위치

㉠ 도로의 위치와 경사도에 따라 영향을 받으며 방위의 영향이 거의 없다.

㉡ 입지조건, 도로의 위치, 대지의 형태 등에 영향을 받아 결정되는 경우가 많다.

㉢ 현관을 열었을 때 실내가 지나치게 노출되지 않도록 계획한다.

㉣ 거실이나 침실의 내부와 연결되지 않도록 배치한다.

③ 현관의 세부계획

㉠ 면적구성 : 연면적 7%

㉡ 최소면적 : 1,200 × 900mm

㉢ 현관의 바닥차 : 150~210mm

㉣ 마감재 : 청소 및 유지관리가 용이한 재료(타일, 테라초, 대리석 등)를 사용해야 한다.

(3) 거실

① 거실의 기능

㉠ 다목적, 다기능적인 공간으로 생활공간의 중심이 되며 실과 실을 연결해준다.

㉡ 가족의 단란한 장소이며 휴식, 접객, 독서, 사교 등이 이루어지는 장소이다.

② 거실의 위치

㉠ 남향, 남동향, 남서향으로 다른 방의 중심적 위치이며, 침실과는 대칭된 위치가 좋다.

㉡ 중앙에 거실을 배치하면 독립된 실로서 면적 손실이 적고 동선 절약의 효과가 있다.

㉢ 현관, 복도, 계단에 근접하게 위치하되 직접 면하는 것은 피하는 것이 좋다.

㉣ 거실과 연결되는 테라스는 유지관리상 10~12cm 정도의 바닥차를 준다.

㉤ 동쪽 및 서쪽 끝에 배치하면 다른 공간과 분리가 되어 독립적 안정감 조성에 유리하다.

핵심 문제 67 ◆◆◆

단독주택의 현관에 관한 설명으로 옳은 것은? [18년 3회]

① 거실의 일부를 현관으로 만드는 것이 좋다.

② 바닥은 저명도·저채도의 색으로 계획하는 것이 좋다.

③ 전실을 두지 않으며 현관문은 미닫이문을 사용하는 것이 좋다.

④ 현관문은 외기와의 환기를 위해 거실과 직접 연결되도록 하는 것이 좋다.

해설

바닥

바닥재료의 색채는 저명도, 중채도 및 저채도를 선택하는 것이 좋다.

정답 ②

핵심 문제 68 ◆◆◆

주택의 거실에 대한 설명이 잘못된 것은? [24년 1회]

① 다목적 기능을 가진 공간이다.

② 전체 평면의 중앙에 배치하여 각실로 통하는 통로로서의 기능을 부여한다.

③ 거실의 면적은 가족수와 가족의 구성형태 및 거주자의 사회적 지위나 손님의 방문 빈도와 수 등을 고려하여 계획한다.

④ 가족들의 단란의 장소로서 공동사용공간이다.

해설

거실

다목적, 다기능의 공간으로 생활공간의 중심이 되며 실과 실을 연결해준다. 또한 가족의 단란한 장소이며 휴식, 접객, 독서, 사교 등이 이루어지는 장소이다.

정답 ②

핵심 문제 69 ◆◆◇◇

다음 설명에 알맞은 거실의 가구배치 유형은?
[17년 3회]

• 가구를 두 벽면에 연결시켜 배치하는 형식으로 시선이 마주치지 않아 안정감이 있다.
• 비교적 적은 면적을 차지하기 때문에 공간 활용이 높고 동선이 자연스럽게 이루어지는 장점이 있다.

① 대면형　　② 코너형
③ U자형　　④ 복합형

해설

코너형
가구를 두 벽면을 연결시켜 배치하는 형식으로 시선이 마주치지 않아 안정감이 있으며, 비교적 적은 면적을 차지하기 때문에 공간 활용이 높고, 동선이 자연스럽게 이루어지는 장점이 있다.

정답 ②

핵심 문제 70 ◆◆◇◇

주택에서 부엌과 식탁을 겸용하는 다이닝 키친의 가장 큰 장점은?
[10년 1회]
① 평면계획이 자유롭다.
② 이상적인 식사공간 분위기 조성이 용이하다.
③ 공사비가 절약된다.
④ 주부의 동선이 단축된다.

해설

다이닝키친(Dining Kitchen)
부엌 일부에 식탁을 배치한 형태로 주부의 동선을 단축하여 가사 노동력을 경감할 수 있다.

정답 ④

핵심 문제 71 ◆◆◇◇

주택계획에서 LDK(Living Dining Kitchen) 형에 관한 설명으로 옳지 않은 것은?
[20년 3회]
① 동선을 최대한 단축시킬 수 있다.
② 소요면적이 많아 소규모 주택에서는 도입이 어렵다.
③ 거실, 식탁, 부엌을 개방된 하나의 공간에 배치한 것이다.
④ 부엌에서 조리를 하면서 거실이나 식탁의 가족과 대화할 수 있는 장점이 있다.

해설

리빙다이닝키친(LDK : Living Dining Kitchen)
거실과 부엌, 식탁을 한 공간에 집중시킨 경우로 소규모 주거공간에서 사용된다. 최대한 면적을 줄일 수 있고 공간의 활용도가 높다.

정답 ②

③ 거실의 세부계획

　㉠ 면적구성 : 연면적 20~30%

　㉡ 최소면적 : 1인당 소요면적 4~6m²

　㉢ 천장의 높이 : 2,100mm 이상

　㉣ 규모 : 가족수, 가족구성, 전체 주택의 규모

④ 거실의 가구배치

　㉠ 대면형 : 중앙의 테이블 중심으로 좌석이 마주 볼 수 있게 배치하여 동선이 길어진다.

　㉡ 코너형 : 두 벽면을 연결시켜 배치하는 형식으로 공간의 활용도가 높다.

　㉢ U자형(ㄷ자형) : 한 방향을 바라보게 하는 배치형식으로 단란한 분위기를 형성한다.

　㉣ 직선형 : 좌석을 일렬로 배치하는 형식으로 면적을 가장 작게 차지한다.

　㉤ 복합형 : 규모가 넓은 거실에 사용되며 여러 유형으로 조합이 가능하다.

(4) 식당 및 부엌

① 식당의 유형

　㉠ 독립형 식당

　　• 거실과 완전히 독립된 식사실이다.

　　• 동선이 길고 대규모의 주택에 적합하다.

　㉡ 리빙다이닝(LD : Living Dining)

　　• 거실, 식탁으로 혼합된 형태이다.

　　• 실을 효율적으로 이용할 수 있고 능률적이다.

　㉢ 다이닝키친(DK : Dining Kitchen)

　　• 부엌 일부에 식탁을 배치한 형태이다.

　　• 주부의 동선을 단축하여 가사 노동력을 경감할 수 있다.

　㉣ 리빙다이닝키친(LDK : Living Dining Kitchen)

　　• 거실, 식탁, 부엌의 기능을 한 곳에 집중시킨 형태이다.

　　• 공간의 활용이 가능하며 소규모 주거에서 이용되고 있다.

　㉤ 다이닝알코브(Dining Alcove)

　　• 거실 일부에 식탁을 꾸미는 것이다.

　　• 보통 6~9m² 정도의 크기이다.

　　• 한 구석에 ㄷ자형태로 식탁을 꾸미는 것

　㉥ 다이닝포치(Dining Porch)

　　옥외의 테라스에 식사공간으로 식탁을 설치한 형태이다.

② 부엌의 위치

    ㉠ 남쪽 및 동쪽으로 햇빛이 잘 들고 일광에 의한 건조소독을 할 수 있어야 한다.

    ㉡ 일사가 긴 서쪽은 음식물이 부패하기 쉬워 피해야 한다.

③ 부엌의 세부계획

    ① 면적구성 : 연면적 8~10%

    ② 주택의 연면적, 작업대의 면적 등 패턴에 맞는 부엌의 유형으로 설계한다.

    ③ 전기, 물, 가스(불)를 사용하는 공간이므로 안전하고 편리하도록 해야 한다.

    ④ 조리작업의 흐름에 따른 작업대의 배치와 작업자의 동선에 맞게 계획한다.

부엌크기의 결정기준	• 작업대의 면적 • 작업인의 동작에 필요한 공간 • 수납공간 • 연료의 종류와 공급방법 • 주택의 연면적, 가족수, 평균 작업인수, 경제수준

④ 부엌의 작업대 배치유형

    ㉠ 일렬형

      • 소규모 부엌에서 사용된다.

      • 경제적이나 동선이 길어지므로 길이가 3,000mm 이상 되지 않도록 한다.

    ㉡ L자형

      • 두 벽면을 이용하여 작업대를 배치한 형식이다.

      • 작업공간을 여유롭게 할 수 있고 동선을 짧게 처리할 수 있다.

    ㉢ ㄷ자형(U자형)

      • 인접한 3면의 벽에 작업대를 배치하는 형식이다.

      • 가장 편리하고 능률적인 배치나 소요면적이 크다.

      • 작업면이 넓어 작업효율이 가장 좋은 작업대의 배치이다.

    ㉣ 병렬형

      • 양쪽 벽면에 작업대를 마주 보도록 배치하는 형식이다.

      • 동선을 짧게 처리할 수 있어 효율적인 배치유형이다.

      • 작업대 사이의 간격은 1,000~1,200mm 정도로 한다.

    ㉤ 아일랜드형

      기존 부엌에 독립적인 작업대를 실치하는 형식이다.

⑤ 부엌의 작업순서

    ㉠ 준비대 – 개수대 – 조리대 – 가열대 – 배선대의 순서로 배치한다.

    ㉡ 작업대의 길이는 3.6~6.6m 범위로 하는 것이 능률적이다.

    ㉢ 작업 삼각형(Work Triangle)인 냉장고 – 개수대 – 가열대의 합이 짧을수록 유리하다.

핵심 문제 72 ◆◆◆

다음 중 주거공간의 부엌을 계획할 경우 계획초기에 가장 중점적으로 고려해야 할 사항은?   [19년 1회]

① 위생적인 급배수 방법
② 실내분위기를 위한 마감재료와 색채
③ 실내 조도 확보를 위한 조명기구의 위치
④ 조리순서에 따른 작업대의 배치 및 배열

해설

부엌(Kitchen)
조리작업의 흐름에 따른 작업대의 배치와 작업자의 동선에 맞게 합리적인 치수와 수납계획이 이루어져야 한다.

정답 ④

핵심 문제 73 ◆◆◆

부엌 작업대의 배치유형에 관한 설명 중 옳은 것은?   [23년 3회]

① 일렬형은 부엌의 폭이 넓은 경우에 주로 사용된다.
② 병렬형은 작업대가 마주 보고 있어 동선이 짧아 가사노동 경감에 효과적이다.
③ ㄱ자형은 인접한 세 벽면에 작업대를 붙여 배치한 형태로 비교적 규모가 큰 공간에 적합하다.
④ ㄷ자형은 식당과 부엌이 개방되지 않고 외부로 통하는 출입구가 필요한 경우에 적합하다.

해설

• 일렬형은 부엌의 폭이 좁은 경우에 주로 사용된다.
• ㄷ자형은 인접한 세 벽면에 작업대를 붙여 배치한 형태로 비교적 규모가 큰 공간에 적합하다.
• 병렬형은 식당과 부엌이 개방되지 않고 외부로 통하는 출입구가 필요한 경우에 적합하다.

정답 ②

핵심 문제 74 ◆◆◆

부엌에서의 작업순서에 따른 작업대의 효율적인 배치순서로 가장 알맞은 것은?   [22년 1회]

① 준비대 – 조리대 – 개수대 – 가열대 – 배선대
② 준비대 – 개수대 – 조리대 – 가열대 – 배선대
③ 준비대 – 배선대 – 개수대 – 조리대 – 가열대
④ 준비대 – 조리대 – 개수대 – 배선대 – 가열대

해설

부엌의 작업순서
준비대 – 개수대 – 조리대 – 가열대 – 배선대의 순서로 배치한다.

정답 ②

ⓔ 개수대는 창에 면하는 것이 좋고, 작업순서는 오른쪽 방향으로 하는 것이 편리하다.

ⓜ 작업대의 크기 : 작업대의 높이는 800~850mm, 폭은 550~600mm이다.

(5) 침실

① 침실의 기능
  ㉠ 하루의 일과를 마친 후 긴장을 풀고 에너지를 재충전할 수 있는 정적인 공간이다.
  ㉡ 취침, 휴식, 수납 등 사적이고 독립성이 있다.

② 침실의 위치
  ㉠ 남향 또는 동남향에 위치하여 통풍, 일조, 환기, 조건이 유리하도록 한다.
  ㉡ 침실은 가장 내측에 위치하며 소음과 동선이 복잡한 공간과 멀리한다.
  ㉢ 현관에서 떨어진 조용한 곳으로 교통소음과 복잡한 시선을 피해 가로변에 두지 않는다.
  ㉣ 외부에서 출입문을 통해 침실이 직접 보이지 않도록 배치한다.

③ 침실의 세부계획
  ㉠ 최소면적 : 1인은 5m², 2인은 7m², 3인은 10~13m²이다.
  ㉡ 침실의 사용 인원수에 따른 1인당 소요 바닥면적
    성인 1인당 필요로 하는 신선 공기 요구량은 50m³/h(시간당)이다.

소요 공간의 크기	자연 환기횟수를 2회/h로 가정하면 50m³/h ÷ 2 = 25m³
1인당 소요 바닥면적	천장높이가 2.5m인 경우 25m³ ÷ 2.5m = 10m²(아동은 1/2)

  ㉢ 기능별 분류로 부부침실, 아동침실, 노인침실로 분류할 수 있다.
  ㉣ 소음이 작고, 가구 및 액세서리로 인해 어수선하지 않도록 계획되어야 한다.

④ 침대의 배치
  ㉠ 침대에 누운 채로 출입문이 보이도록 하는 것이 좋다.
  ㉡ 침대 머리 쪽에는 창이 없는 외벽에 면하도록 한다.
  ㉢ 통로폭은 여유공간을 900mm 정도 확보하고 양쪽 통로일 경우 750mm 이상이 되어야 한다.
  ㉣ 싱글베드는 1,500~1,800mm, 더블·트윈베드는 2,100~2,600mm의 벽면이 확보되어야 한다.

핵심 문제 75 ◆◆◆

다음 중 2인용 침대인 더블베드(Double Bed)의 크기로 가장 적당한 것은?
[04년 3회]

① 1,000mm × 2,100mm
② 1,150mm × 1,800mm
③ 1,350mm × 2,000mm
④ 1,600mm × 2,400mm

해설
침대의 규격
• 싱글베드(Single Bed)
  1,000mm×2,000mm
• 더블베드(Double Bed)
  1,350~1,400mm×2,000mm
• 퀸베드(Queen Bed)
  1,500mm×2,000mm
• 킹베드(King Bed)
  2,000mm×2,000mm

정답 ③

(6) 욕실

① 욕실의 위치

㉠ 북쪽에 면하게 설비배관상 부엌과 인접하게 형성한다.

㉡ 가족 모두가 사용하기 쉽도록 공동생활구역과 개인생활구역의 중간지점에 위치한다.

② 욕실의 세부계획

㉠ 표준면적 : 1.6～1.8m × 2.4～2.7m

㉡ 최소면적 : 0.9 × 1.8m 및 1.8 × 1.8m

㉢ 욕조, 세면기, 변기를 한 공간에 둘 경우 : 4m²

㉣ 100lux 전후의 방습형 조명기구를 사용한다.

㉤ 방수성, 방오성이 큰 마감재료인 타일을 주로 사용한다.

(7) 복도 및 계단

① 복도

㉠ 내부의 통로 및 방을 차단하는 역할로 소규모 주택에는 비경제적이다.

㉡ 면적구성 : 연면적 10%

㉢ 최소폭 : 900mm 이상

② 계단

㉠ 최소폭 : 750mm 이상(900～1,200mm가 적당)

㉡ 챌판높이 : 180mm 이하

㉢ 디딤바닥 폭 : 260mm 이상

2. 업무공간

1) 업무공간의 계획

(1) 업무공간의 개념

업무공간은 사무노동이 이루어지는 사무공간으로 각종 데이터의 수집과 기록, 분류, 정리, 분석함으로써 정보를 발생시켜 교환하고 보관하는 기능을 갖는다. 특히, 기업의 업무형태 및 용도에 따라 차이는 있으나 업무 능률을 극대화하기 위해 다양하게 계획되고 있나.

(2) 업무공간의 면적구성

① 연면적(총면적)

㉠ 건축물 각 층의 바닥면적을 합계로 지하층, 지상층의 주차용, 주민공동시설, 초고층 건축물의 피난안전구역은 제외한다.

핵심 문제 76 ◆◆◆

주거공간에 있어 욕실에 대한 설명 중 틀린 것은? [06년 1회]

① 조명은 방습형 조명기구를 사용하도록 한다.

② 욕실의 색채는 한색계통보다 난색계통을 사용하는 것이 바람직하다.

③ 방수·방오성이 큰 마감재를 사용하는 것이 기본이다.

④ 변기 주위에는 냄새가 나므로 책, 화분 등을 놓는다.

해설

변기 주위에는 냄새가 나므로 책, 화분 등을 놓지 않는 것이 좋다.

정답 ④

핵심 문제 77 ◆◆◆

실내 치수 계획으로 가장 부적절한 것은? [19년 2회]

① 주택 출입문의 폭 : 90cm

② 부엌 조리대의 높이 : 85cm

③ 주택 침실의 반자높이 : 2.3m

④ 상점 내의 계단 단높이 : 40cm

해설

계단의 설치기준

공동으로 사용하는 계단의 단높이는 18cm 이하로 한다.

정답 ④

핵심 문제 78 ◆◆◆

실내계획에 있어서 그리드 플래닝(Grid Planning)을 적용하는 전형적인 프로젝트는? [18년 3회]

① 사무소 ② 미술관

③ 단독주택 ④ 레스토랑

해설

그리드 플래닝(Grid Planning)

사무소 평면배치의 기본은 격자치수(그리드 플래닝), 계획모듈이나 기본적 치수 단위에 기준을 정한다.

정답 ①

핵심 문제 79 ◆◆◇

사무소 건축의 실단위 계획 중 개실시스템에 관한 설명으로 옳지 않은 것은?

[18년 2회]

① 독립성이 우수하다는 장점이 있다.
② 일반적으로 복도를 통해 각 실로 진입한다.
③ 실의 길이와 깊이에 변화를 주기 용이하다.
④ 프라이버시의 확보와 응접이 요구되는 최고 경영자나 전문직 개실에 사용된다.

해설

개실배치

실의 길이 변화 가능하나 실의 깊이는 변화를 주기 용이하지 않다. 특히 독립성 우수하며 프라이버시의 확보가 용이하며, 공사비 고가이다.

정답 ③

핵심 문제 80 ◆◆◇

사무소 건축의 실단위 계획 중 개방식 배치에 관한 설명으로 옳지 않은 것은?

[20년 3회]

① 소음의 우려가 있다.
② 프라이버시의 확보가 용이하다.
③ 모든 면적을 유용하게 이용할 수 있다.
④ 방의 길이나 깊이에 변화를 줄 수 있다.

해설

개방식시스템

• 개방된 공간으로 설계하고 부분적으로 공간을 두는 방법이다.
• 전면을 유효하게 이용할 수 있어 공간절약상 유리하다.
• 공사비 절약이 가능하며 방길이, 깊이에 변화가 가능하다.
• 독립성이 떨어져 프라이버시의 확보가 용이하지 않다.

정답 ②

핵심 문제 81 ◆◆◇

개방식 배치의 한 형식으로 업무와 환경을 경영관리 및 환경적 측면에서 개선한 것으로 오피스 작업을 사람의 흐름과 정보의 흐름을 매체로 효율적인 네트워크가 되도록 배치하는 방법은? [10년 1회]

① 세포형 오피스
② 집단형 오피스
③ 싱글 오피스
④ 오피스 랜드스케이프

해설

오피스 랜드스케이프

고정된 칸막이를 쓰지 않고 이동식 파티션이나 가구, 식물 등으로 공간이 구분되는 형식으로 적당한 프라이버시를 유지하는 동시에 효율적인 사무공간을 연출할 수 있다.

정답 ④

ⓒ 연면적은 유효면적과 공용면적으로 나눌 수 있다.

유효면적 (대실면적)	건축물 전체의 면적 중 목적에 적합하게 사용될 수 있는 면적을 의미한다.
공용면적	복도, 계단, 엘리베이터 등 공동으로 사용하는 부분의 바닥면적을 말한다.

② 유효율(Rentable Ratio, %)

$$유효율 = \frac{대실면적}{연면적} \times 100\%$$

㉠ 연면적에 대한 대실면적의 비율이다.
ⓒ 연면적에 대해서는 70~75%이고 기준층에 대해서는 80% 정도이다.

③ 사무실의 크기

건축의 규모와 사원 수에 따라 결정된다.

㉠ 임대면적 : 5.5~6.5m²/인(1인당)
ⓒ 연면적 : 8~11m²/인(1인당)

2) 업무공간의 평면구성

(1) 실단위에 의한 분류

① 개실시스템(복도형, 세포형 오피스)

복도를 통해서 각 층, 각 실로 들어가는 형식으로 복도를 따라 구성되어 있다.

장점	• 독립성이 우수하고 쾌적성 및 자연채광 조건이 좋다. • 공간의 길이에 변화를 줄 수 있다.
단점	• 공사비가 높고 직원 간의 소통이 불리하다. • 연속된 복도 때문에 방의 깊이에는 변화를 줄 수 없다.

② 개방시스템

공간분할을 위한 칸막이나 벽을 설치하지 않은 단일공간에 직급별 · 업무별로 책상이나 사무기기를 배치하여 서열에 따라 일정하게 평행 배치된다.

장점	• 동선이 자유롭고 소통에 유리하다. • 전면적을 사용할 수 있어 실의 길이나 깊이에 변화를 줄 수 있다. • 공용의 커뮤니티 형성이 쉽다. • 칸막이벽이 없어 공사비가 저렴하다.
단점	• 소음 및 프라이버시의 확보가 떨어진다. • 인공조명이 필요하다.

③ 오피스 랜드스케이프

고정된 칸막이를 쓰지 않고 이동식 파티션이나 가구, 식물 등으로 공간이 구분되는 형식으로 적당한 프라이버시를 유지하는 동시에 효율적인 사무공간을 연출할 수 있다.

장점	• 동선이 자유롭고 소통에 유리하다. • 전면적을 사용할 수 있어 실의 길이나 깊이에 변화를 줄 수 있다.
단점	• 소음 및 프라이버시의 확보가 떨어진다. • 인공조명이 필요하다.

(2) 복도에 의한 분류

① 편복도식(단일지역 배치)

자연채광이 좋으며 통풍이 유리하고, 경제성보다 건강, 분위기 등이 필요한 경우에 적당하나 비교적 고가이다.

② 중복도식(2중 지역 배치)

중간 정도 크기의 사무실에 적당하고, 방향을 동서로 사무실을 면하게 한다. 또한 주계단, 부계단을 두어 사용할 수 있고 유틸리티 코어의 설계에 주의한다.

③ 2중 복도식, 중앙홀식(3중 지역 배치)

방사선형태의 평면형식으로 고층 전용 사무실에 주로 하며 교통시설, 위생설비는 건물 내부의 제3 또는 중심지역에 위치하고, 사무실은 외벽을 따라서 배치한다.

3) 업무공간의 코어계획

(1) 코어의 개념

사무실의 공간 효율성에 대한 유효면적을 높이기 위해 집중된 공간으로 오피스빌딩의 핵이 되는 부분을 말한다. 코어에 해당되는 제실과 기능은 계단실, 엘리베이터, 화장실, 설비실, 공조실 등이다.

(2) 코어의 종류

① 편심코어형

㉠ 코어가 한쪽으로 치우친 형태로 기준층 면적이 작은 경우에 적합하다.
㉡ 코어의 위치를 사무소 평면상의 어느 한쪽에 편중하여 배치한 유형이다.
㉢ 설비 덕트 및 배관을 코어로부터 사무실 공간으로 연결하는데 제약이 많다.
㉣ 고층일 때 구조상 불리하다.

핵심 문제 82 ・・・

사무소 건축의 평면유형에 관한 설명으로 옳지 않은 것은? [22년 2회]

① 2중 지역 배치는 중복도식의 형태를 갖는다.
② 3중 지역 배치는 저층의 소규모 사무소에 주로 적용된다.
③ 2중 지역 배치에서 복도는 동서방향으로 하는 것이 좋다.
④ 단일지역 배치는 경제성보다는 쾌적한 환경이나 분위기 등이 필요한 곳에 적합한 유형이다.

해설

3중 지역 배치(2중 복도식, 중앙홀식)
방사선형태의 평면형식으로 고층 전용 사무실에 주로 하며 교통시설, 위생설비는 건물 내부의 제3 또는 중심지역에 위치하고, 사무실은 외벽을 따라서 배치한다.

정답 ②

핵심 문제 83 ・・・

사무소 건축의 코어 유형 중 코어 프레임(Core Frame)이 내력벽 및 내진구조의 역할을 하므로 구조적으로 가장 바람직한 것은? [17년 1회]

① 독립형　　② 중심형
③ 편심형　　④ 분리형

해설

중심코어형
코어가 중앙에 위치한 형태로 구조적으로 바람직한 형식이다. 코어 프레임이 내력벽 및 내진구조가 가능하므로 구조적으로 바람직한 유형으로 고층, 초고층의 대규모 사무소 건축에 주로 사용된다.

정답 ②

② 중심코어형

⑤ 코어가 중앙에 위치한 형태로 내진구조가 가능함으로써 구조적으로 바람직한 형식이다.

ⓒ 바닥면적이 클 경우 적합하며 고층·초고층에 적합하다.

ⓒ 유효율이 높은 계획이 가능한 형식이다.

③ 독립코어형

⑤ 코어를 업무공간에서 분리, 독립시킨 유형으로 공간활용의 융통성이 높다.

ⓒ 대피·피난의 방재계획이 불리하다.

ⓒ 설비덕트나 배관을 코어로부터 사무실 공간으로 연결하는 데 제약이 많다.

ⓔ 경제성보다는 쾌적한 환경이나 분위기 등이 필요한 곳에 적합한 유형이다.

④ 양단코어형

⑤ 공간의 분할, 개방이 자유로운 형태로 재난 시 두 방향으로 대피가 가능하다.

ⓒ 단일용도의 대규모 전용 사무소에 적합한 유형이다.

ⓒ 2방향피난에 이상적인 형태로 방재, 피난상 유리하다.

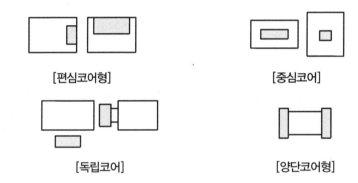

[편심코어형] [중심코어]

[독립코어] [양단코어형]

4) 업무공간의 가구계획

(1) 가구계획

① 워크스테이션(Work Station)

⑤ 업무공간에 대한 가구는 일반적인 사무공간의 전체 배치를 결정한다.

ⓒ 책상, 의자 등 업무를 위한 점유면적을 말하며, 업무유형에 따라 면적은 달라진다.

② OA가구(Office Automation)

⑤ 한 사람의 작업공간면적은 책상, 컴퓨터 테이블, 의자로 구성되어 $4.8m^2$가 필요하다.

ⓒ 사무기능의 합리화, 정보의 효율화, 시스템화, 사무작업의 기계화로 요약할 수 있다.

핵심 문제 84   • • •

다음 설명에 알맞은 사무소 건축의 코어 형식은?   [19년 2회]

• 중, 대규모 사무 건축에 적합하다.
• 2방향 피난에 이상적인 형식이다.

① 외코어형   ② 중앙코어형
③ 편심코어형   ④ 양단코어형

해설

양단코어형(분리코어형)
코어가 분리되어 2방향 피난에 유리하며 방재계획상 가장 유리하다.

정답 ④

핵심 문제 85   • • •

OA(Office Automation)에 관한 설명 중 틀린 것은?   [02년 2회]
① 기기의 사용으로 업무절차가 간소화된다.
② 생산성은 증대하나 개인과 조직의 융통성은 결여된다.
③ 개인의 프라이버시가 침해당할 수 있다.
④ 업무의 정확성이 개선된다.

해설

OA(Office Automation)
생산성이 증대하고 사무기능을 자동화해서 사무 처리의 생산성을 높여 개인과 조직의 융통성을 발휘한다.

정답 ②

(2) 책상배치유형

사무공간은 동료들과 지속적으로 커뮤니케이션하는 데 동선적으로 편리하고 팀워크 정신을 살릴 수 있는 사무공간시스템(가구 및 사무용품 등)이 필요하다.

① 동향형
 ⊙ 책상을 같은 방향으로 배치하는 형태로 면적효율이 떨어진다.
 ⊙ 비교적 프라이버시 침해가 적으며 통로를 명확하게 구분한다.

② 대향형
 ⊙ 면적효율이 좋고 커뮤니케이션 형성에 유리하다.
 ⊙ 공동작업으로 자료를 처리하는 영업관리에 적합하다.
 ⊙ 전기배선관리가 용이하지만 대면시선에 의해 프라이버시를 침해할 우려가 있다.

③ 좌우대향형
 ⊙ 조직의 관리가 용이하며 정보처리 등 독립성이 있는 데이터 처리업무에 적합하다.
 ⊙ 비교적 면적손실이 크며 커뮤니케이션 형성이 어렵다.

④ 십자형
 ⊙ 4개의 책상이 맞물려 십자를 이루도록 배치하는 형태이다.
 ⊙ 팀작업이 요구되는 전문직 업무에 적합하다.

⑤ 자유형
 ⊙ 개개인의 작업을 위하여 독립된 영역이 주어지는 형태로 독립성이 요구되는 형태이다.
 ⊙ 낮은 칸막이로 독립성을 요하는 전문직이나 간부급에 적합하다.

(3) 세부공간계획

① 로비
 ⊙ 처음 맞이하는 공간으로 내외부를 유기적으로 연결해주는 공간이다.
 ⊙ 기업의 이미지 표현이 중요한 부분이다.
 ⊙ 도로와의 관계, 건물의 평면, 코어의 위치 등을 고려하여 계획하여야 한다.

② 회의실
 ⊙ 회의실은 독립적이면서, 공통적 성격이 동시에 존재한다.
 ⊙ 룸형태의 공간으로 의견을 나누어 협업을 이끌어내는 공간이다.
 ⊙ 회의에 필요한 배선계획은 가구를 통해 계획되어야 한다.

③ 엘리베이터

    ㉠ 주요 출입구홀에 직면 배치하도록 한다.

    ㉡ 교통동선의 중심에 설치하여 보행거리가 짧도록 배치한다.

    ㉢ 4대 이하는 일렬배치(직선)로 하며, 4~8대인 경우에는 알코브, 대면배치로 한다.

    ㉣ 대면배열 시 대면거리는 3.5~4.5m로 한다.

    ㉤ 고층과 저층으로 분리하여 그룹별로 한다.

    ㉥ 정원 합계의 50% 정도를 수용하며 1인당 점유면적은 0.5~0.8m²로 계산한다.

    ㉦ 한곳에 집중 배치하여 외래자에게 잘 알려질 수 있는 위치로 계획해야 한다.

    ㉧ 교통수량이 많은 경우에는 출발기준층이 1개 층이 되도록 계획한다.

④ 에스컬레이터

    ㉠ 건축적 점유면적이 가능한 한 작도록 배치한다.

    ㉡ 출발 기준층에서 쉽게 눈에 띄도록 하고 보행동선 흐름의 중심에 설치한다.

    ㉢ 수직이동서비스 대상인원의 70~80% 정도를 부담하도록 계획한다.

(4) 은행계획

서비스가 영업의 근본이기 때문에 능률화, 쾌적성 신뢰감, 친근감에 중점을 두어야 하며 카운터를 경계로 고객과 접하며 능률적인 업무처리가 되도록 계획한다.

① 평면계획

    ㉠ 면적비율 = 영업장 : 객장(3 : 2, 1 : 0.8~1.5)

    ㉡ 영업실 면적 = 행원수 × 4~6m²

    ㉢ 객장(고객용 로비)면적 = 1일 평균 고객수 × 0.13~0.2m²

② 세부계획

    ㉠ 현관 및 주출입구

       • 겨울철과 여름철을 위한 냉난방과 방풍스크린 작업이 필요하다.

       • 출입문은 도난 방지상 안여닫이로 한다.

       • 전실(방풍실)을 둘 경우 바깥문은 바깥여닫이 또는 자재문, 회전문으로 한다.

    ㉡ 객장

       • 객장은 은행의 구성공간 중 고객이 많이 출입하는 공간이다.

       • 객장 내에는 대기를 위한 충분한 여유가 있어야 하며 최소폭은 3.2m 정도로 한다.

       • 방풍실문, 회전문 근처에는 계단을 설치하지 않으며 방풍실문은 옥외 측을 반투명유리, 옥내 측을 투명유리로 한다.

ⓒ 영업장

- 1인당 영업장면적 : 10m²
- 소요조도 : 책상면 300~400lux를 표준으로 한다.
- 영업장 후방과 벽 사이는 2m 정도의 공간이 필요하다.
- 양측 벽면으로 1.5m의 통로를 확보한다.
- 책상의 뒤나 옆은 최소 600mm 이상의 여유공간을 확보한다.
- 시선을 차단시키는 구조벽체나 기둥은 피하여 배치한다.
- 채광은 좌측 또는 전면에 오는 것을 원칙으로 한다.

ⓔ 영업 카운터

- 카운터 크기 : 고객방향으로 높이는 1,000~1,100mm, 업무방향으로 높이는 900~950mm, 폭은 600~750mm, 길이는 1,500~1,800mm이다.
- 영업장 면적 1m²당 카운터 길이 : 1,000mm

ⓜ 금고

- 구조 : 벽, 천장, 바닥 모두 철근 콘크리트 구조
- 구조두께 : 300~450mm, 대규모 은행은 600mm 이상을 표준으로 한다.
- 금고 종류 : 현금고, 증권고, 보호금고, 대여금고, 화재고, 야간금고, 서고
- 지하 또는 외부에 배치할 때는 외벽을 2중으로 하여 다습한 환경에 대처한다.
- 사고에 대비해서 전선 케이블을 금고 벽체 안에 위치해 경보장치와 연결한다.
- 금고는 밀폐된 공간이기 때문에 환기설비를 한다.

핵심 문제 91 ◆◆◆

은행의 영업 카운터의 전체 높이로 가장 알맞은 것은? [04년 1회]
① 700~800mm
② 500~650mm
③ 600~700mm
④ 1,000~1,050mm

해설

은행의 영업 카운터
고객방향으로 높이는 1,000~1,100mm
이다.

정답 ④

3. 상업공간

1) 상업공간의 계획

(1) 상업공간의 개념

상업공간은 이윤을 추구하는 목적으로 운영되는 공간으로 목적의 주체가 되는 상품과 브랜드의 종류, 점포의 규모, 판매방식 등에 따라 소비자에게 상품 또는 브랜드의 가치와 이미지를 전달하여 구매를 유도하도록 디자인한다.

(2) 상업공간의 기능

생산과 소비를 연결하는 매개역할로 구매의욕을 증가시켜 이윤을 얻는 것이 목적이며, 기업의 이념이나 상품의 이미지를 부각시키기 위해 독창적인 공간 계획이 필요하다.

핵심 문제 92 ◆◆◆

소비자 구매심리 5단계의 순서로 옳은 것은? [21년 1회]

① 주의(A)–흥미(I)–욕망(D)–확신(C)–구매(A)
② 흥미(I)–주의(A)–욕망(D)–확신(C)–구매(A)
③ 확신(C)–욕망(D)–흥미(I)–주의(A)–구매(A)
④ 욕망(D)–흥미(I)–주의(A)–확신(C)–구매(A)

해설

소비자 구매심리 5단계(AIDMA 법칙)
• A(Attention, 주의) : 상품에 대한 관심으로 주의를 갖게 한다.
• I(Interest, 흥미) : 고객의 흥미를 갖게 한다.
• D(Desire, 욕망) : 구매욕구를 일으킨다.
• M(Memory, 기억) : 개성적인 공간으로 기억하게 한다.
• A(Action, 행동) : 구매의 동기를 실행하게 한다.

정답 ①

핵심 문제 93 ◆◆◆

상업공간 실내계획의 조건설정 단계에서 고려해야 할 사항으로 옳은 것은? [09년 2회]

① 대상 고객층 및 취급상품의 결정
② 가구배치 및 동선계획
③ 파사드 이미지 설정
④ 재료마감과 시공법의 확정

해설

상업공간 실내계획의 조건설정 단계
시장조사와 트렌드 파악, 주변상권 및 교통분석, 대상 고객층 및 취급상품의 결정 등

정답 ①

핵심 문제 94 ◆◆◆

상업공간의 동선계획에 관한 설명으로 옳지 않은 것은? [22년 1회]

① 고객동선은 가능한 길게 배치하는 것이 좋다.
② 판매동선은 고객동선과 일치하도록 하며 길고 자연스럽게 구성한다.
③ 상업공간 계획 시 가장 우선순위는 고객의 동선을 원활히 처리하는 것이다.
④ 관리동선은 사무실을 중심으로 매장, 창고, 작업장 등이 최단거리로 연결되는 것이 이상적이다.

해설

판매동선은 고객동선과 교차하지 않도록 하며 짧게 구성한다.

정답 ②

(3) 상업공간의 광고요소(소비자의 구매심리 5단계, AIDMA의 법칙)

A(Attention, 주의)	상품에 대한 관심으로 주의를 갖게 한다.
I(Interest, 흥미)	고객의 흥미를 갖게 한다.
D(Desire, 욕망)	구매욕구를 일으킨다.
M(Memory, 기억)	개성적인 공간으로 기억하게 한다.
A(Action, 행동)	구매의 동기를 실행하게 한다.

(4) 상업공간계획 시 고려사항

① 시장조사와 트렌드 파악
② 주변상권 및 교통분석
③ 목표고객과 운영방법
④ 경제적 타당성 검토
⑤ 클라이언트의 요구사항 그리고 예산

2) 상업공간의 공간계획

(1) 상업공간의 공간구성

① 판매부분
  도입공간, 통로공간, 상품전시공간, 서비스공간
② 부대부분
  상품관리공간, 종업원공간, 영업관리공간, 시설관리공간, 주차장 등
③ 동선계획
  ㉠ 고객동선
  • 가장 우선순위는 고객의 동선을 원활히 처리하는 것이다.
  • 충동구매를 유도하기 위해 길게 하며, 종업원동선과 교차되지 않도록 한다.
  • 고객을 위한 주 통로는 900mm(90cm)가 적당하고, 두 사람의 통로폭은 1,200mm가 적당하다.
  ㉡ 판매원동선
  • 종업원의 판매행위를 위한 동선으로 고객동선과 교차되지 않도록 한다.
  • 동선을 최대한 짧게 하여 작업의 효율성과 피로도를 줄인다.
  ㉢ 상품동선
  • 상품을 반입 또는 반품, 포장, 발송하는 동선이다.
  • 매장, 창고 등이 최단거리로 연결되는 것이 이상적이다.

(2) 상업공간의 판매형식

① 대면판매

고객과 종업원이 진열장을 사이로 상담, 판매하는 형식이다(귀금속, 시계, 화장품, 카메라 같은 소형 고가품판매점에 적합).

ㄱ 장점 : 고객과 마주하기 때문에 상품설명이 용이하고, 카운터를 별도로 둘 필요가 없다.

ㄴ 단점 : 진열면적이 감소하고 쇼케이스가 많으면 분위기가 부드럽지 않다.

② 측면판매

진열상품을 같은 방향으로 보며 판매하는 형식이다(서적, 의류, 침구, 운동용품, 문방구류, 전기제품판매점에 적합).

ㄱ 장점 : 상품에 직접 접촉하므로 선택이 용이하며 상품에 친근감을 느낄 수 있다.

ㄴ 단점 : 판매원의 위치를 정하기 어렵고 포장대, 카운터가 별도로 요구된다.

(3) 상업공간의 평면배치형태

① 굴절배열형

ㄱ 진열케이스와 고객동선이 곡선, 굴절형으로 구성된 형식이다.

ㄴ 대면판매와 측면판매의 조합에 의해 이루어진다.

예 안경점, 문방구점, 양품점 등

② 직렬배열형

ㄱ 입구에서 안으로 직선적으로 배치되므로 상품진열이 용이하다.

ㄴ 부분별로 상품진열이 용이하고 대량 판매방식에 적합하다.

예 전자대리점, 서점, 주방용품점, 의류점, 침구용품점 등

③ 환상배열형

ㄱ 중앙부분에 진열대를 직선이나 곡선에 의한 고리모양으로 배치하는 형식이다.

ㄴ 중앙에는 소형 고가상품을 배치하고, 벽면에는 대형 저가상품을 진열한다.

예 수예품, 민속용품점 등

④ 복합형

직렬 · 굴절 · 환상 형태를 소합시킨 형식으로 접객용 카운터나 대면판매대를 둔다.

예 서점, 피혁제품점, 부인복점 등

 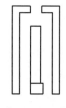 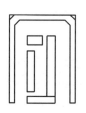 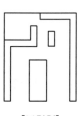

[굴절배열형]　　　[직렬배열형]　　　[환상배열형]　　　[복합형]

(4) 상업공간의 파사드(Facade)

① 파사드 디자인 시 고려사항

㉠ 상품의 판매 증진을 위해 개성적인 측면과 경제적인 측면을 고려하여 계획함으로써 고객에게 깊은 인상을 주어 구매욕구를 불러일으키고 도시 미관적 측면도 고려해야 한다.

㉡ 개성, 인상적 감각표현, 상점 내로 고객유도, 상점의 취급상품에 대한 시각적 표현을 고려해야 한다.

② 파사드 구성요소

간판, 네온, 쇼윈도가 있다.

(5) 상업공간의 쇼윈도(Show Window)

쇼윈도는 도로변에 설치하여 상점의 얼굴부분의 역할을 하는 파사드의 일부분으로 취급상품이나 상점의 특색 등 새로운 정보를 고객에게 제공한다. 또한 상품이 돋보이도록 전시하여 구매욕구를 촉구시켜 상점 내로 유도하게 하는 중요한 역할을 한다.

① 쇼윈도계획 시 고려사항

㉠ 상점의 위치, 보도폭과 교통량, 출입구, 상품의 종류 및 크기, 진열방법 및 상태를 고려하여 상점의 규모와 전면의 폭너비에 따라 결정한다.

㉡ 창대의 높이는 0.3~1.2m(보통 0.6~0.9m), 유리의 크기는 2.0~2.5m이다.

㉢ 상품이 작은 경우 쇼윈도의 면적을 작게 하고 시선의 높이에 맞게 바닥의 높이를 올린다.

㉣ 진열대높이는 스포츠용품점·구두점은 낮게, 시계·귀금속은 높게 계획한다.

㉤ 주상품은 사람의 눈높이보다 약간 낮게 하여 주목성을 준다.

② 쇼윈도의 평면형식

㉠ 평형 : 기본형으로 눈부심이 일어나기 쉽고 상점 내의 면적활동이 좋다.

㉡ 곡면형 : 곡면유리를 사용하여 형태의 변화로 시선을 유도하고 흥미를 유발한다.

ⓒ 경사형 : 경사지게 처리하여 눈부심이 적고 시선·동선을 자연스럽게 유도한다.

ⓓ 만입형 : 입구가 깊이 들어가 있어 혼잡한 도로에서 진열상품을 볼 수 있도록 한 형식으로 점두의 진열면이 크다.

ⓔ 홀형 : 만입형의 만입부를 넓게 잡아 진열창을 둘러놓고 홀을 두는 형식이다.

ⓕ 혼합형 : 곡면형, 경사형을 전면의 크기·계획의 처리에 따라 혼합한 형식이다.

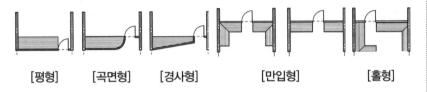

[평형]　**[곡면형]**　**[경사형]**　**[만입형]**　**[홀형]**

③ 쇼윈도의 단면형식

ⓐ 단층형 : 건물 한 층의 전면에 쇼윈도를 설치하는 형식이다.

ⓑ 다층형 : 2~3개 층의 전면에 쇼윈도를 설치하는 형식으로 넓은 도로폭을 지닌 상점에 적용하는 것이 좋다.

ⓒ 오픈 스페이스형 : 다층과 유사하나 건물의 전면에 쇼윈도를 설치하는 형식이다.

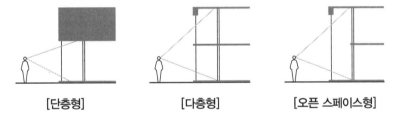

[단층형]　　　**[다층형]**　　　**[오픈 스페이스형]**

④ 쇼윈도의 배면처리

ⓐ 개방형 : 밖에서 내부를 볼 수 있어 상점 내부의 인상이 고객한테 전달되어 친근감을 줄 수 있으며 고객이 상점 내 잠시 머물거나 출입이 많은 곳에 적합하다(서점, 제과점, 철물점 등).

ⓑ 폐쇄형 : 상점 내부가 보이지 않고 쇼윈도의 디스플레이에 대한 주목성이 커지므로 상품에 대한 강조효과가 크다. 고객이 상점 내에 오래 머물거나 출입이 적은 업종에 적합하다(이발소, 미용실, 보석점, 귀금속점, 카메라매장).

ⓒ 반개방형 : 개방형과 폐쇄형이 혼합된 형태로 가장 많이 사용되고, 쇼윈도와 상점 내 판매공간의 영역을 구분한 형식으로 개구부 일부는 개방하고 안쪽을 폐쇄한 형태이다.

핵심 문제 100　　　◆ ◆ ◆

쇼윈도에 대한 다음 설명 중 옳지 않은 것은?　　　　　　　[21년 1회]

① 쇼윈도의 바닥높이는 진열되는 상품의 종류에 따라 고저를 결정하며 운동용구, 구두, 시계 및 귀금속은 높게 할수록 좋다.

② 쇼윈도는 상점 파사드의 일부분으로 통행인에게 상점의 특색이나 취급상품을 알리는 기능을 담당한다.

③ 쇼윈도의 눈부심을 방지하기 위해 외부 측에 차양을 설치하여 그늘을 만들어 준다.

④ 쇼윈도의 바닥면에 사용되는 재료는 상품의 색상과 재질의 특성에 따라 달리하는 것이 바람직하다.

해설

쇼윈도의 바닥높이는 스포츠용품점, 구두점은 낮게, 시계, 귀금속은 높게 계획한다.

정답 ①

⑤ 쇼윈도의 눈부심 방지

    ㉠ 쇼윈도의 상부에 차양 설치로 햇빛을 차단한다.

    ㉡ 쇼윈도의 외부 도로면보다 내부를 더 밝게 한다.

    ㉢ 가로수를 심어 도로 건너편의 건물이 비치지 않도록 한다.

    ㉣ 곡면유리를 사용하거나 유리를 경사지게 처리한다.

    ㉤ 상점 내부의 전체 조명보다 2~4배 높은 조도로 한다.

⑥ 쇼윈도의 조명계획

    ㉠ 근접한 상점의 조도, 보행자의 속도에 상응하여 주목성 있는 조도를 결정한다.

    ㉡ 진열상품의 입체감은 밝은 하이라이트 부분과 그림자 부분이 명확히 구분되어 형상의 입체감이 강조되도록 한다.

    ㉢ 자연광에서 보는 것과 같이 연색성이 좋아야 하며 풋라이트는 상부 조도의 약 20%로 한다.

    ㉣ 광원이 보는 사람의 눈에 직접적으로 보이지 않게 한다.

(6) 상업공간의 디스플레이

① 디스플레이(Display)

상품판매를 위해 상품의 특징과 성격을 효과적으로 나타내어 판매공간에 진열함으로써 구매의욕을 돋궈 판매에 이르도록 하는 판매촉진수단이다.

    ㉠ 상품진열범위

      • 눈높이 1,500mm를 기준으로 시야범위는 상향 10°에서 하향 20° 사이가 가장 좋다.

      • 상품의 진열범위는 바닥에서 600~2,100mm이다.

      • 가장 편안한 높이는 850~1,250mm이며, 이 범위를 골든 스페이스(Golden Space)라고 한다.

      • 고객의 시선은 왼쪽에서부터 오른쪽으로 움직인다.

      • 시선을 고려하여 작은 상품은 앞에, 큰 상품은 뒤에 배치한다.

    ㉡ 상품진열위치

      • 상품의 진열위치는 통로 측, 중간, 벽면에 위치한다.

      • 통로측 높이는 1,200mm 이하로 중점상품을 소량으로 진열한다.

      • 중간부 진열은 1,200~1,500mm의 높이로 다량의 상품을 진열한다.

      • 벽면부 진열은 2,200~2,700mm의 높이로 할 경우 다양한 상품을 수납식으로도 진열이 가능하다.

② VMD

　㉠ VMD의 개념

　　VMD는 V(Visual : 전달기술로서의 시각화), MD(Merchandising : 상품계획)를 조합한 말로, 상품과 고객 사이에서 치밀하게 계획된 정보전달 수단으로 장식된 시각과 통신을 꾀하고자 하는 디스플레이의 기법으로 상품계획, 상점계획, 판촉 등을 시각화시켜 상점이미지를 고객에게 인식시키는 판매전략이다.

　㉡ VMD의 3요소

구분	역할	위치
IP (Item Presentation)	상품의 분류정리	각종 집기 (선반, 행거)
PP (Point of Sale Presentation)	한 유닛에서 대표되는 상품진열	벽면 상단 및 집기류 상단 디스플레이 테이블
VP (Visual Presentation)	상점의 이미지, 패션테마의 종합적인 표현	쇼윈도, 파사드

③ POP(Point Of Purchase)

　㉠ 상점 내에서 상품의 사용법과 특성, 가격, 브랜드에 대한 정보 제공 등 상품과 관련된 것과 원하는 부분으로 안내하는 역할을 하는 모든 것을 말한다.

　㉡ 특별 행사나 특매 등의 행사 분위기를 연출하기도 하며 시선을 끌 수 있도록 기업의 이미지와 배색의 기능을 높여 매장의 환경을 좋게 해야 한다.

4. 전시공간

1) 전시공간의 계획

(1) 전시공간의 개념

　전시공간은 전시물의 구성과 공간연출을 통해 관람객의 흥미와 관심을 유발하여 전시기획의 메시지를 전달하는 공간디자인이다.

(2) 전시공간의 기능

① 주제나 이미지를 전달할 목적으로 진열이라는 전달의 행위수단이 이루어지는 공간이다.

② 전시매체를 통해 대상물인 전시자료가 관람자와 커뮤니케이션이 이루어지는 장소이다.

③ 기업 상품이미지 전달, 판매율 향상, 효율적인 매장구성, 전시효과를 극대화할 수 있으며 박물관, 미술관, 박람회, 전람회, 쇼룸 등의 유형이 있다.

④ 규모에 영향을 주는 요인

전시방법, 전시의 목적, 전시자료의 크기와 수량 등이 있다.

(3) 전시공간의 공간유형

① 비영리적 전시

일반 대중을 상대로 한 교육 및 문화적 행사를 목적으로 한다.

② 영리적 전시

상품 판매, 브랜드 홍보를 목적으로 한다.

(4) 전시공간의 규모

① 면적 : 최소 50m², 폭 5.5m 이상, 천장높이 3.6~4m 이상

② 길이 : 폭의 1.5~2배 정도(소형 : 1.8m 이상, 대형 6.0m 이상)

③ 벽면의 총길이 : 300m 이하, 단위 전시규모의 최대한도 300~500m

④ 벽면 간의 거리 : 7.5~10m, 한쪽 벽만 사용하는 경우 5.5~6m

(5) 전시공간 계획 시 고려사항

① 전시목표에 따른 관람층이 설정되고 전시에 대한 기초가 조사되어 그 결과를 계획에 반영해야 한다.

② 전시물의 특징, 관람객, 관람객의 동선, 관람형식을 중심으로 고려한다.

③ 전시의 기본이념 설정 → 전시주제 설정 → 전시자료 설정 → 전시방법 설정 → 전시시나리오 작성 → 전시공간의 계획단계별로 진행하는 것이 바람직하다.

④ 자료보존을 위하여 직사광선에 노출되지 않도록 한다.

⑤ 바닥의 마감재는 벽보다 어둡고 반사율이 낮은 것이 좋고, 요철이나 잦은 단차는 피하며 미끄럽지 않고 발소리가 나지 않는 재료를 사용한다.

⑥ 천장의 마감재는 메시(Mesh)나 루버(Louver)로 처리하면 설비기기가 눈에 잘 띄지 않아 시각적으로 편안감을 준다.

(6) 전시공간의 동선계획

① 전체 동선체계는 관람객 동선, 관리자 동선, 자료의 동선으로 구분된다.

② 관람객뿐만 아니라 전시품 이동을 고려하여 복도는 3m 이상의 폭과 높이가 요구된다.

③ 관람객 동선은 일반적으로 접근, 입구, 전시실, 출구, 야외전시 순으로 연결된다.

④ 감상의 방향과 이동의 방향이 일치되도록 하며 왼쪽에서 오른쪽으로 계획 되어야 한다.

⑤ 지그재그식의 동선이 발생되지 않도록 한다.

⑥ 동선의 정체현상은 일반적으로 입구부분에서 가장 심하므로 입구와 출구를 분리한다.

(7) 전시공간의 순회형식

① 연속 순회형

㉠ 긴 직사각형 또는 다각형 평면의 전시실이 연속적으로 관람할 수 있도록 동선이 연결되는 형태로 단순하고 공간을 절약할 수 있는 장점이 있다.

㉡ 전시벽면이 최대화되고 공간 절약효과가 있어 소규모 전시실에 적당하다.

㉢ 많은 실을 순서에 따라 관람해야 하고 한 실을 폐쇄하면 다음 실로의 이동이 불가능한 단점이 있다.

② 갤러리 및 복도형

㉠ 중앙에 중정이나 오픈 스페이스를 중심으로 형성된 복도를 통해 각 실로 연결되는 형태로 실의 폐쇄가 가능한 형태이다.

㉡ 관람자가 자유로이 선택하여 관람할 수 있고 전시규모, 교체 등 필요에 따라 각 실을 독립적으로 폐쇄할 수 있다.

㉢ 복도의 벽을 전시공간으로 이용할 수 있다는 장점이 있다.

③ 중앙홀형

㉠ 중심부에 하나의 큰 홀을 두고 주위에 전시실을 배치하여 자유로이 출입하는 형식이다.

㉡ 대지 이용률이 크고 중앙홀이 크면 동선의 혼잡이 없으나 장래의 확장에는 무리가 있다.

㉢ 중앙의 홀에 높은 천장을 설치하여 채광하는 형식이 많다.

[연속 순회형]

[갤러리 및 복도형]

[중앙홀형]

핵심 문제 107 ◆◆◆

전시실의 순회유형 중 연속 순회형식에 대한 설명으로 옳은 것은? [22년 1회]

① 뉴욕의 근대미술관, 뉴욕의 구겐하임 미술관이 대표적이다.

② 동선이 단순하고 공간을 절약할 수 있는 장점이 있다.

③ 중심부에 하나의 큰 홀을 두고 그 주위에 각 전시실을 배치한 형식으로 장래의 확장에 유리하다.

④ 각 실에 직접 들어갈 수 있는 점이 유리하며, 필요시에는 자유로이 독립적으로 폐쇄할 수가 있다.

해설

연속 순회형식

전실을 연속적으로 관람할 수 있도록 동선이 연결되는 형태로 동선이 단순하고 공간을 절약할 수 있는 장점이 있다. 1실을 폐쇄할 경우 전체 동선이 막히게 되므로 비교적 소규모의 전시실에 적합하다.

정답 ②

핵심 문제 108 ◆◆◆

전시공간의 순회유형에 관한 설명으로 옳지 않은 것은? [19년 1회]

① 연속 순회형식에서 관람객은 연속적으로 이어진 동선을 따라 관람하게 된다.

② 갤러리 및 복도형은 각 실을 독립적으로 폐쇄시킬 수 있다는 장점이 있다.

③ 연속 순회형식은 한 실을 폐쇄하면 다음 실로의 이동이 불가능한 단점이 있다.

④ 중앙홀형은 대지 이용률은 낮으나, 중앙홀이 작아도 동선의 혼란이 없다는 장점이 있다.

해설

중앙홀형

대지 이용률이 크고 중앙홀이 크면 동선의 혼잡이 없으나 장래의 확장에는 무리가 있다. 또한 중앙의 홀에 높은 천장을 설치하여 채광하는 형식이 많다.

정답 ④

2) 전시공간의 평면구성

(1) 평면형태

① **직사각형**

공간의 형태가 단순하여 주제를 확실하게 나타낼 수 있고 체계적인 경로를 따라 이동할 수 있다. 또한 관리적 측면에서 통제와 감시가 다른 유형에 비해 수월하다.

② **부채꼴형**

형태가 복잡하여 한눈에 전체를 파악하는 것이 어렵지만 관람객에게 폭넓은 관람의 선택을 제공할 수 있으며 소규모의 전시장에 적합하다.

③ **자유형**

형태가 복잡하여 대규모 공간에는 부적합하며 내부를 전체적으로 볼 수 있는 제한된 공간에서 사용한다.

④ **작은 실의 조합형**

관람자가 자유롭게 관람할 수 있도록 공간형태에 의한 동선 유도가 필요하다.

⑤ **원형**

고정된 축이 형성되지 않아 산만해질 우려가 있으며 위치 파악이 어려워 방향감각을 잃어버릴 수 있기에 중앙에 전시물을 배치하여 공간이 주는 불확실성을 극복할 수 있다.

(2) 전시방법

① **개별전시**

공간을 구성하는 바닥, 벽, 천장의 면에 의지하거나 이용하여 전시하는 방법으로, 벽면전시, 바닥전시, 천장전시로 구분된다.

② **입체전시**

벽체와 독립되어 전시하는 방법으로 전시의 시각이 사방에서 개방되어 전시물과 가까운 거리에서 관람이 가능하며 전시물의 크기, 상태, 보존성에 따라 진열장, 전시대, 전시스크린 등을 이용하는 방법이 있다.

③ **특수전시**

전시매체가 복잡하고 종합적으로 구성되며 빛(조명), 음향, 영상 등의 연출요소를 적극 활용하는 전시형식을 특수전시라고 한다.

핵심 문제 109

다음 설명에 알맞은 전시공간의 평면형태는? [21년 1회]

- 관람자는 다양한 전시공간의 선택을 자유롭게 할 수 있다.
- 관람자에게 과중한 심리적 부담을 주지 않는 소규모 전시장에 사용한다.

① 원형 ② 선형
③ 부채꼴형 ④ 직사각형

해설

전시공간의 평면구성(부채꼴형)
형태가 복잡하여 한눈에 전체를 파악하는 것이 어렵지만 관람객에게 폭넓은 관람의 선택을 제공할 수 있으며 소규모의 전시장에 적합하다.

정답 ③

디오라마 전시	현장감을 실감나게 표현하는 방법으로 하나의 사실 또는 주제의 시간상황을 고정시켜 연출하는 전시방법이다.
파노라마 전시	연속적인 주제를 표현하기 위해 선형으로 연출되는 전시기법으로 전시물의 전경으로 펼쳐 전시하는 방법이다.
아일랜드 전시	벽이나 바닥을 이용하지 않고 섬형으로 바닥에 배치하는 형태로 대형 전시물, 소형 전시물의 경우 배치하는 전시방법이다.
하모니카 전시	하모니카의 흡입구와 같은 모양으로 동일 종류의 전시물을 연속하여 배치하는 전시방법이다.
영상전시	실물을 직접 전시하지 못할 때 영상매체(멀티비전, 스크린)를 사용하여 전시하는 방법이다.

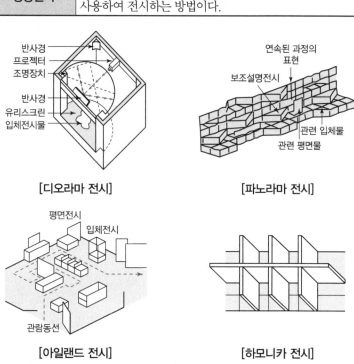

[디오라마 전시]　　　[파노라마 전시]

[아일랜드 전시]　　　[하모니카 전시]

핵심 **문제 110**　◆◆◆

전시공간의 특수전시방법 중 사방에서 감상해야 할 필요가 있는 조각물이나 모형을 전시하기 위해 벽면에서 띄어 놓아 전시하는 방법은?　[17년 2회]
① 디오라마 전시　② 파노라마 전시
③ 하모니카 전시　④ 아일랜드 전시

해설

아일랜드 전시
벽이나 바닥을 이용하지 않고 섬형으로 바닥에 배치하는 형태로 대형 전시물, 소형 전시물의 경우 배치하는 전시방법이다.

정답 ④

핵심 문제 111

전시공간의 채광과 조명에 대한 기술 중 옳지 않은 것은?

[00년 1회]

① 전시공간 내의 창은 직사광선이 전시물에 직접 닿지 않도록 계획할 필요가 있다.
② 천장은 채광량이 많아 입체전시물에 효과적이다.
③ 반사광선에 의한 채광은 직사광선보다 실내에 균일한 조도분포를 준다.
④ 전시공간의 조명은 자연광에 의한 채광이 바람직하다.

해설

전시공간의 조명은 인공조명을 병용하여 벽면은 균일한 조도분포가 되도록 하고 바닥면과 벽면의 휘도 대비가 적정해야 한다.

정답 ④

핵심 문제 112

다음 설명에 알맞은 극장의 평면형식은?

[20년 1·2회]

• 무대와 관람석의 크기, 모양, 배열 등을 필요에 따라 변경할 수 있다.
• 공연작품의 성격에 따라 적합한 공간을 만들어 낼 수 있다.

① 가변형   ② 애리나형
③ 프로세니움형   ④ 오픈 스테이지

해설

가변형
상황에 따라 무대와 객석이 변화될 수 있어 최소한의 비용으로 극장표현이 가능하다.

정답 ①

(3) 조명계획

① 창에 의한 자연채광방식과 광원의 위치에 따라 정광창형식, 측광창형식, 고측광창형식, 정측광창형식, 특수채광형식으로 분류할 수 있다.
② 인공조명은 자연채광의 단점을 보완하며 부분조명, 국부조명방식으로 사용된다.
③ 광원에 의한 현휘를 방지하며 관람객의 그림자가 전시물에 생기지 않도록 해야 한다.
④ 시야 내 고휘도 광원이나 주광창을 설치하지 않는다.
⑤ 전반조도를 낮추고 균제도를 높여 부분적으로 고휘도가 되지 않도록 한다.
⑥ 적당한 조도로 균등하게 조명하며, 눈부심이 적어야 한다.
⑦ 연색성이 좋아야 하며, 입체물인 경우는 입체감을 살려준다.

3) 극장 및 공연장 계획

(1) 평면계획

① 프로시니엄형(Proscenium)

ㄱ 프로시니엄벽에 의해 공간이 분리되어 무대 정면을 관람객들이 바라보는 형태이다.

ㄴ 연기자와 관객의 접촉면이 한정되어 있으며 많은 관람석을 두려면 거리가 멀어져 객석수용능력에 있어서 제한을 받는다.

② 아레나형(Arena)

ㄱ 중앙무대형으로 관객이 연기자를 360° 둘러싸서 관람하는 형식이다.

ㄴ 무대배경이 없는 형태로 관객이 공연자와 밀접한 위치에서 공연을 관람할 수 있으며, 많은 인원을 수용할 수 있다.

③ 오픈 스테이지형(Open Stage)

ㄱ 관객이 3방향으로 둘러싸인 형태로 연기자에게 근접하게 관람할 수 있는 형태이다.

ㄴ 공연자가 다소 산만한 분위기를 느낄 수 있고 혼란스러운 방향감 때문에 전체적인 통일효과를 내는 것이 쉽지 않다.

④ 가변형

ㄱ 상황에 따라서 무대와 객석이 변화될 수 있어 최소한의 비용으로 극장표현이 가능하다.

ㄴ 공연작품의 성격에 따라 가장 적합한 공간을 만들어 낼 수 있다.

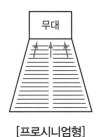

[프로시니엄형]

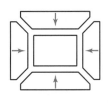

[아레나형]

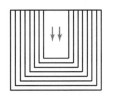

[오픈 스테이지형]

(2) 관람석계획

① 관람석 크기

㉠ 건축 연면적의 50% 정도

㉡ 1인당 바닥면적 : 0.5~0.6m²

㉢ 관람석의 의자크기 : 폭 45~50cm

㉣ 전후의 간격

횡렬 6석 이하	80cm 이상
횡렬 7석 이상	85cm 이상

㉤ 통로폭

가로	100cm 이상
세로	80cm 이상

② 관람거리

A구역 (생리적 한계)	연기자의 세밀한 표정, 몸동작을 볼 수 있는 생리적 한계는 일반적으로 15m 정도이다(인형극, 아동극).
B구역 (제1차 허용한도)	많은 관람객을 수용하고자 할 때 22m까지를 허용한도로 할 수 있다(국악, 실내악, 소규모 오페라).
C구역 (제2차 허용한도)	동작만 보이며 감상할 수 있는 거리로 최대 35m의 범위에 객석을 만든다(오페라, 발레, 뮤지컬, 국악, 고전무용).

※ 무대 중심의 수평 편각의 허용도는 중심선에서 60° 이내 범위

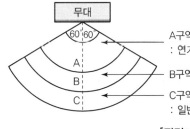

[관람거리]

다음과 같은 평면형의 극장 무대를 무엇이라고 하는가? [97년 2회]

① 아레나형 ② 가변형
③ 프로시니엄형 ④ 오픈 스테이지

해설

아레나형

중앙무대형으로 관객이 연기자를 360° 둘러싸서 관람하는 형식이다. 무대배경이 없는 형태로 관객이 공연자와 밀접한 위치에서 공연을 관람할 수 있으며, 많은 인원을 수용할 수 있다.

정답 ①

핵심 **문제 114** ◆◆◆

극장에서 대규모 오페라와 발레 등과 같이 배우의 일반적인 동작만 보이면 감상할 수 있는 경우 무대와 객석 간의 최대거리는? [97년 2회]

① 15m ② 22m
③ 35m ④ 50m

해설

제2차 허용한도(C구역)

동작만 보이며 감상할 수 있는 거리로 최대 35m의 범위에 객석을 만든다(오페라, 발레, 뮤지컬, 국악, 고전무용).

정답 ③

실 / 전 / 문 / 제

배경의 중심에 있는 점은 시선을 집중시키고 정적인 효과를 느끼게 한다.
답 ③

01 점의 조형효과에 대한 설명 중 옳지 않은 것은? [10년 3회]

① 점이 연속되면 선으로 느끼게 한다.

② 두 개의 점이 있을 경우 두 점의 크기가 같을 때 주의력은 균등하게 작용한다.

③ 배경의 중심에 있는 하나의 점은 점에 시선을 집중시키고 역동적인 효과를 느끼게 한다.

④ 배경의 중심에서 벗어난 하나의 점은 점을 둘러싼 영역과의 사이에 시각적 긴장감을 생성한다.

수직선이 강조된 실내에서는 구조적 높이감을 주며 심리적으로 강한 의지의 느낌을 준다(엄격성, 위엄성, 절대, 위험, 단정, 남성적, 엄숙, 의지, 신앙, 상승).
답 ③

02 실내디자인의 요소에 관한 설명으로 옳지 않은 것은? [15년 2회]

① 디자인에서의 형태는 점, 선, 면, 입체로 구성되어 있다.

② 벽면, 바닥면, 문, 창 등은 모두 실내의 면적 요소이다.

③ 수직선이 강조된 실내에서는 아늑하고 안정감이 있으며 평온한 분위기를 느낄 수 있다.

④ 실내공간에서의 선은 상대적으로 가느다란 형태를 나타내므로 폭을 갖는 창틀이나 부피를 갖는 기둥도 선적 요소이다.

곡선의 효과
우아함, 유연함, 부드러움을 나타내고 여성적인 섬세함을 준다.
답 ③

03 점과 선에 관한 설명으로 옳지 않은 것은? [17년 3회]

① 선은 면의 한계, 면들의 교차에서 나타난다.

② 크기가 같은 두 개의 점에는 주의력이 균등하게 작용한다.

③ 곡선은 약동감, 생동감 넘치는 에너지와 속도감을 준다.

④ 배경의 중심에 있는 하나의 점은 시선을 집중시키는 효과가 있다.

선은 길이와 방향은 있으나 폭의 개념은 없다.
답 ④

04 선에 대한 설명으로 옳지 않은 것은? [03년 2회]

① 수직선은 구조적인 높이와 존엄성을 느끼게 한다.

② 수평선은 편안하고 안락한 느낌을 준다.

③ 선은 점이 이동한 궤적이며 면의 한계, 교차에서 나타난다.

④ 선은 폭과 길이는 있으나 방향성은 없다.

05 형태의 지각에 관한 설명으로 옳지 않은 것은? [20년 3회]

① 폐쇄성 : 폐쇄된 형태는 빈틈이 있는 형태들보다 우선적으로 지각된다.

② 근접성 : 거리적, 공간적으로 가까이 있는 시각적 요소들은 함께 지각된다.

③ 유사성 : 비슷한 형태, 규모, 색채, 질감, 명암, 패턴의 그룹은 하나의 그룹으로 지각된다.

④ 프래그넌츠의 원리 : 어떠한 형태도 그것이 될 수 있는 단순하고 명료하게 볼 수 있는 상태로 지각하게 된다.

폐쇄성
도형의 선이나 외곽선이 끊어져 있다고 해도 불완전한 시각적 요소들이 완전한 하나의 형태로 그룹되어 지각되는 법칙을 말한다. **답** ①

06 형태의 지각에 관한 설명으로 옳지 않은 것은? [19년 2회]

① 대상을 가능한 한 복합적인 구조로 지각하려고 한다.

② 형태를 있는 그대로가 아니라 수정된 이미지로 지각하려고 한다.

③ 이미지를 파악하기 위하여 몇 개의 부분으로 나누어 지각하려고 한다.

④ 가까이 있는 유사한 시각적 요소들을 하나의 그룹으로 지각하려고 한다.

단순성
대상을 가능한 간단한 구조로 지각하려는 것으로 눈에 익숙한 간단한 형태로 도형을 지각하게 되는 것이다. **답** ①

07 형태의 분류 중 인간의 지각, 즉 시각과 촉각으로는 직접 느낄 수 없고 개념적으로만 제시될 수 있는 형태로서 순수형태라고도 하는 것은? [16년 2회]

① 인위적 형태

② 현실적 형태

③ 이념적 형태

④ 직설적 형태

형태의 종류
㉠ 이념적 형태 : 기하학적으로 취급하는 도형으로 직접적으로 지각할 수 없는 형태이다.
㉡ 현실적 형태 : 우리 주위에 시각적 · 촉각적으로 느껴지는 모든 존재의 형태이다. **답** ③

08 다음 중 다의도형 착시의 사례로 가장 알맞은 것은? [15년 3회]

① 루빈의 항아리

② 펜로즈의 삼각형

③ 쾨니히의 목걸이

④ 포겐도르프의 도형

다의도형 착시
같은 도형이지만 음영변화에 따라 다른 도형으로 보이는 현상으로 대표적인 사례로 루빈의 항아리가 있다. **답** ①

09 다음 중 다의도형 착시와 가장 관계가 깊은 것은? [17년 1회]

① 루빈의 항아리

② 포겐도르프 도형

③ 쾨니히의 목걸이

④ 펜로즈의 삼각형

도형과 배경의 법칙
루빈의 항아리는 항아리와 얼굴의 옆모습이 반전되어 나타나며 형과 배경이 교체하는 것을 모호한 형 또는 반전도형이라고도 한다. **답** ①

10 펜로즈의 삼각형에서 나타나는 착시의 유형은? [16년 3회]

① 길이의 착시

② 방향의 착시

③ 역리도형 착시

④ 다의도형 착시

11 게슈탈트 이론 중 다음 그림은 무엇에 관한 그림인가? [03년 3회]

① 폐쇄성 ② 근접성

③ 유사성 ④ 반전도형

12 다음의 게슈탈트 이론에 대한 설명 중 옳지 않은 것은? [04년 1회]

① 접근성 : 보다 더 가까이 있는 2개 이상의 시각요소들은 패턴이나 그룹으로 지각될 가능성이 크다.

② 연속성 : 창호의 완자살이 좋은 예이다.

③ 유사성 : 형태, 규모, 색채, 질감이 완전히 다르더라도 접근성에 의해 하나 의 패턴으로 지각된다.

④ 폐쇄성 : 폐쇄된 형태는 폐쇄되지 않은 형태보다 시각적으로 더 안정감이 있다.

13 실내디자인의 원리 중 휴먼스케일에 관한 설명으로 옳지 않은 것은?

[19년 1회]

① 인간의 신체를 기준으로 파악되고 측정되는 척도의 기준이다.
② 공간의 규모가 웅대한 기념비적인 공간은 휴먼스케일의 적용이 용이하다.
③ 휴먼스케일이 잘 적용된 실내공간은 심리적, 시각적으로 안정된 느낌을 준다.
④ 휴먼스케일의 적용은 추상적, 상징적이 아닌 기능적인 척도를 추구하는 것이다.

휴먼스케일
인간의 신체를 기준으로 파악하고 측정되는 척도의 기준이며 공간의 규모가 웅대한 기념비적인 공간은 휴먼스케일의 적용이 용이하지 않다.
📖 ②

14 황금비례에 대한 설명 중 맞는 것은?

[03년 3회]

① 황금비례는 종교건물에서만 사용하는 비례이다.
② 고대 그리스인들이 창안한 기하학적 분할방식이다.
③ 선이나 면적을 나눌 때 큰 부분과 작은 부분의 비율이 작은 부분과 전체에 대한 비율과 같은 것이다.
④ 1 : 3.14의 비율을 갖는다.

황금비례
고대 그리스인들이 발명해 낸 기하학적 분할방법으로 작은 부분과 큰 부분의 비율이 큰 부분과 전체에 대한 비율과 동일하게 되는 방식이며 1 : 1.618의 비율이다.
📖 ②

15 디자인의 원리 중 균형에 관한 설명으로 옳지 않은 것은?

[18년 3회]

① 대칭적 균형은 가장 완전한 균형의 상태이다.
② 비대칭 균형은 능동의 균형, 비정형 균형이라고도 한다.
③ 방사형 균형은 한 점에서 분산되거나 중심점에서부터 원형으로 분산되어 표현된다.
④ 명도에 의해서 균형을 이끌어 낼 수 있으나 색채에 의해서는 균형을 표현할 수 없다.

균형
명도, 채도 및 색채(색상)에 의해서도 균형을 표현할 수 있으며, 색채, 명암 형태, 질감 등의 시각적 처리방법에 의하여 이루어질 수 있다.
📖 ④

16 다음 중 비정형균형에 대한 설명으로 옳은 것은?

[11년 2회]

① 좌우대칭, 방사대칭으로 주로 표현된다.
② 내칭의 구성형식이며, 가장 완전한 균형의 상태이다.
③ 단순하고 엄숙하며 완고하고 변화가 없는 정적인 것이다.
④ 물리적으로는 불균형이지만 시각적으로 힘의 정도에 의해 균형을 이룬 것이다.

비정형균형(비대칭균형)
물리적으로 불균형이지만 시각적으로 힘의 정도에 의해 균형을 이룬 것으로 풍부한 개성을 표현할 수 있어 능동의 균형이라고도 한다.
📖 ④

17 실내디자인의 원리 중 조화에 관한 설명으로 옳지 않은 것은? [14년 3회]

① 복합조화는 동일한 색채와 질감이 자연스럽게 조합되어 만들어진다.

② 유사조화는 시각적으로 성질이 동일한 요소의 조합에 의해 만들어진다.

③ 동일성이 높은 요소들의 결합은 조화를 이루기 쉬우나 무미건조, 지루할 수 있다.

④ 성질이 다른 요소들의 결합에 의한 조화는 구성이 어렵고 질서를 잃기 쉽지만 생동감이 있다.

18 디자인의 원리 중 일반적으로 규칙적인 요소들의 반복에 의해 나타나는 통제된 운동감으로 정의되는 것은? [16년 3회]

① 강조   ② 균형

③ 비례   ④ 리듬

19 어떤 공간에 규칙성의 흐름을 주어 경쾌하고 활기 있는 표정을 주고자 한다. 다음의 디자인 원리 중 가장 관계가 깊은 것은? [16년 2회]

① 조화   ② 리듬

③ 강조   ④ 통일

20 다음 중 조닝(Zoning)계획 시 고려해야 할 사항과 가장 거리가 먼 것은? [17년 2회]

① 행동반사   ② 사용목적

③ 사용빈도   ④ 지각심리

21 디자인의 원리 중 대비에 관한 설명으로 옳지 않은 것은? [16년 2회]

① 극적인 분위기를 연출하는 데 효과적이다.

② 상반 요소가 밀접하게 접근하면 할수록 대비의 효과는 감소된다.

③ 강력하고 화려하며 남성적인 이미지를 주지만 지나치게 크거나 많은 대비의 사용은 통일성을 방해할 우려가 있다.

④ 질적, 양적으로 전혀 다른 둘 이상의 요소가 동시에 혹은 계속적으로 배열될 때 상호의 특질이 한층 강하게 느껴지는 통일적 현상이다.

22 이질의 각 구성요소들이 전체로서 동일한 이미지를 갖게 하는 것으로, 변화와 함께 모든 조형에 대한 미의 근원이 되는 원리는? [03년 3회]

① 대비(Contrast)
② 통일(Unity)
③ 강조(Emphasis)
④ 균형(Balance)

23 다음의 동선계획에 대한 설명 중 옳지 않은 것은? [11년 1회]

① 동선의 유형 중 직선형은 최단거리의 연결로 통과 시간이 가장 짧다.
② 많은 사람들이 통행하는 곳은 공간 자체에 방향성을 부여하고 주요 통로를 식별할 수 있도록 한다.
③ 통로가 교차하는 지점은 잠시 멈추어 방향을 결정할 수 있도록 어느 정도 충분한 공간을 마련해 준다.
④ 동선의 유형 중 혼합형은 직선형과 방사형을 혼합한 것으로 통로 간의 위계적 질서를 고려하지 않고 단순하게 동선을 처리한다.

24 실내기본요소 중 바닥에 관한 설명으로 옳지 않은 것은? [19년 2회]

① 공간을 구성하는 수평적 요소이다.
② 촉각적으로 만족할 수 있는 조건을 요구한다.
③ 고저차를 통해 공간의 영역을 조정할 수 있다.
④ 다른 요소들에 비해 시대와 양식에 의한 변화가 현저하다.

25 실내공간의 구성요소인 벽에 관한 설명으로 옳지 않은 것은? [20년 3회]

① 벽면의 형태는 동선을 유도하는 역할을 담당하기도 한다.
② 벽체는 공간의 폐쇄성과 개방성을 조절하여 공간감을 형성한다.
③ 비내력벽은 건물의 하중을 지지하며 공간과 공간을 분리하는 칸막이 역할을 한다.
④ 낮은 벽은 영역과 영역을 구분하고 높은 벽은 공간이 폐쇄성이 요구되는 곳에 사용된다.

천장

실내공간을 형성하는 수평적 요소로 시각적 흐름이 최종적으로 멈추는 곳이며 내부공간요소 중 가장 자유롭게 조형적으로 공간의 변화를 줄 수 있다. 답 ④

26 실내디자인의 요소 중 천장의 기능에 관한 설명으로 옳은 것은? [20년 3회]

① 바닥에 비해 시대와 양식에 의한 변화가 거의 없다.

② 외부로부터 추위와 습기를 차단하고 사람과 물건을 지지한다.

③ 공간을 에워싸는 수직적 요소로 수평방향을 차단하여 공간을 형성한다.

④ 접촉빈도가 낮고 시각적 흐름이 최종적으로 멈추는 곳으로 다양한 느낌을 줄 수 있다.

천장

건물 내부의 상부층 슬래브 아래에 조성되어 있어 천장을 높이거나 낮추는 것을 통해 시각적 요소가 가장 많이 차지한다. 답 ③

27 다음의 실내공간 구성요소 중 촉각적 요소보다 시각적 요소가 상대적으로 가장 많은 부분을 차지하는 것은? [20년 1회]

① 벽　　　　　　　② 바닥

③ 천장　　　　　　④ 기둥

천장의 유형

나비형　단저형　경사형

답 ④

28 다음과 같은 단면을 갖는 천장의 유형은? [15년 3회]

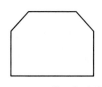

① 나비형　　　　　② 단저형

③ 경사형　　　　　④ 꺾임형

계단 및 경사로

각 실과의 동선관계, 건축법규에 의한 설치균형, 강도 및 내구성, 경제성을 우선적으로 고려해야 한다. 답 ③

29 계단 및 경사로 계획 시 우선적으로 고려하지 않아도 될 사항은? [09년 2회]

① 각 실과의 동선관계　　　　② 건축법규에 의한 설치 규정

③ 통행자의 빈도, 연령 및 성별　④ 강도, 내구성, 경제성

이동창은 기능뿐만 아니라 크기와 형태를 고려하여 프라이버시, 실내공간 분위기, 건물 표정까지 고려하여 디자인해야 한다. 답 ③

30 문과 창에 관한 설명으로 옳지 않은 것은? [20년 1 · 2회]

① 문은 공간과 인접공간을 연결시켜 준다.

② 문의 위치는 가구배치와 동선에 영향을 준다.

③ 이동창은 크기와 형태에 제약 없이 자유로이 디자인할 수 있다.

④ 창은 시야, 조망을 위해서는 크게 하는 것이 좋으나 보온과 개폐의 문제를 고려하여야 한다.

31 문에 관한 설명으로 옳지 않은 것은? [18년 1회]

① 문의 위치는 가구배치에 영향을 준다.

② 문의 위치는 공간에서의 동선을 결정한다.

③ 회전문은 출입하는 사람이 충돌할 위험이 없다는 장점이 있다.

④ 미닫이문은 문틀에 경첩을 부착한 것으로 개폐를 위한 면적이 필요하다.

④는 여닫이문에 대한 설명이다.

※ **미닫이문**
상부나 바닥의 트랙으로 지지되며 문짝을 상하문틀에 홈을 파서 끼우거나 밑틀에 레일을 밀어서 문이 개폐되어 열리고 닫히는 문이다. **답** ④

32 창에 관한 설명으로 옳지 않은 것은? [18년 2회]

① 고정창은 비교적 크기와 형태에 제약 없이 자유로이 디자인할 수 있다.

② 창의 높낮이는 가구의 높이와 사람의 시선 높이에 영향을 받는다.

③ 충분한 보온과 개폐의 용이를 위해 창은 가능한 한 크게 하는 것이 좋다.

④ 창은 채광, 조망, 환기, 통풍의 역할을 하며 벽과 천장에 위치할 수 있다.

창문이 많고 클수록 난방효과 및 에너지 효율 측면에서 불리하다.
답 ③

33 커튼(Curtain)에 관한 설명으로 옳지 않은 것은? [11년 3회]

① 드레이퍼리 커튼은 일반적으로 투명하고 막과 같은 직물을 사용한다.

② 새시 커튼은 창문 전체를 커튼으로 처리하지 않고 반 정도만 친 형태이다.

③ 글라스 커튼은 실내로 들어오는 빛을 부드럽게 하며 약간의 프라이버시를 제공한다.

④ 드로우 커튼은 창문 위의 수평 가로대에 설치하는 커튼으로 글라스 커튼보다 무거운 재질의 직물로 처리한다.

드레이퍼리 커튼(Drapery Curtain)
창문에 느슨하게 걸려 있는 무거운 커튼으로 방음성, 보온성 차광성 등의 효과가 있다. **답** ①

34 날개의 각도를 조절하여 일광, 조망, 시각의 차단 정도를 조정하는 것은? [19년 1회]

① 드레이퍼리

② 롤 블라인드

③ 로만 블라인드

④ 베네시안 블라인드

베네시안 블라인드
수평 블라인드로 날개각도를 조절하여 일광, 조망 그리고 시각의 차단 정도를 조정할 수 있지만 날개 사이에 먼지가 쌓이기 쉽다. **답** ④

35 투시성이 있는 얇은 커튼의 총칭으로 창문의 유리면 바로 앞에 얇은 직물로 설치하기 때문에 실내에 유입되는 빛을 부드럽게 하는 것은? [19년 3회]

① 새시 커튼

② 드로우 커튼

③ 글라스 커튼

④ 드레이퍼리 커튼

글라스 커튼
투시성이 있는 소재의 얇은 커튼으로 유리면 바로 앞에 설치하여 실내에 빛을 유입하는 형태의 커튼이다.
답 ③

펜던트(Pendant)
천장에 파이프나 와이어로 조명기구를 매단 방식으로 생동감을 주고 조명 자체가 장식품과 같은 분위기를 연출한다. 특히, 시야 내에 조명이 위치하면 눈부심현상이 일어나므로 휘도를 조절하는 것이 좋다.

답 ③

36 펜던트조명에 관한 설명으로 옳지 않은 것은?　　　　　[19년 1회]

① 천장에 매달려 조명하는 조명방식이다.

② 조명기구 자체가 빛을 발하는 액세서리 역할을 한다.

③ 노출 펜던트형은 전체조명이나 작업조명으로 주로 사용된다.

④ 시야 내에 조명이 위치하면 눈부심이 일어나므로 조명기구에 의해 휘도를 조절하는 것이 좋다.

펜던트(Pendant)
천장에 파이프나 와이어로 조명기구를 매단 방식으로 생동감을 주고 조명 자체가 장식품과 같은 분위기를 연출한다.

답 ③

37 조명기구의 설치방법에 따른 분류에서 천장에 매달려 조명하는 방식으로 조명기구 자체가 빛을 발하는 액세서리 역할을 하는 것은?　　　　　[10년 2회]

① 코브　　　　　　　② 브래킷

③ 펜던트　　　　　　④ 스탠드

할로겐전구(램프)
증발하는 텅스텐을 할로겐화물질의 열과학적인 순환반응(할로겐 사이클)을 이용하여 흑화현상의 발생을 방지하는 램프이다.

답 ②

38 할로겐전구에 관한 설명으로 옳은 것은?　　　　　[15년 1회]

① 백열전구보다 수명이 짧다.

② 흑화가 거의 일어나지 않는다.

③ 휘도가 낮아 현휘가 발생하지 않는다.

④ 소형, 경량화가 불가능하여 사용 개소에 제한을 받는다.

할로겐전구
- 광색과 연색성이 뛰어나서 특별한 점등장치 없이도 소켓에 꽂음으로써 점등할 수 있다.
- 연색성이 좋아 안정된 빛을 얻을 수 있다(Ra : 100).
- 예열시간 없이 즉시 켜진다.
- 수명이 길어져 교체비용이 절감된다.
- 소형 크기로 간편하게 설치가 가능하다.
- 기존 백열등보다 수명이 길다.

답 ②

39 할로겐전구에 관한 설명으로 옳지 않은 것은?　　　　　[17년 1회]

① 소형화가 가능하다.

② 안정기와 같은 점등장치를 필요로 한다.

③ 효율, 수명 모두 백열전구보다 약간 우수하다.

④ 일반적으로 점포용, 투광용, 스튜디오용 등에 사용된다.

40 다음 설명에 알맞은 건축화조명방식은? [11년 1회]

> • 천장, 벽의 구조체에 의해 광원의 빛이 천장 또는 벽면으로 가려지게 하여 반사광으로 간접조명하는 방식이다.
> • 천장고가 높거나 천장높이가 변화하는 실내에 적합하다.

① 광천장조명   ② 코브조명
③ 코니스조명   ④ 캐노피조명

41 다음과 같은 특징을 갖는 조명의 연출기법은? [16년 2회]

> 물체의 형상만을 강조하는 기법으로 시각적인 눈부심은 없으나 물체면의 세밀한 묘사는 할 수 없다.

① 스파클기법   ② 실루엣기법
③ 월워싱기법   ④ 글레이징기법

42 다음 설명에 알맞은 조명의 연출기법은? [18년 2회]

> 수직벽면을 빛으로 쓸어내리는 듯한 효과를 주기 위해 비대칭 배광방식의 조명기구를 사용하여 수직벽면에 균일한 조도의 빛의 비추는 기법이다.

① 빔플레이기법   ② 월워싱기법
③ 실루엣기법   ④ 스파클기법

43 주거공간을 주 행동에 의해 구분할 경우, 다음 중 사회적 공간에 속하지 않는 것은? [11년 2회]

① 거실   ② 식당
③ 서재   ④ 응접실

개인공간은 침실, 서재, 공부방이고 주방은 작업공간에 속한다.

답 ②

44 주거공간을 개인공간, 작업공간, 사회적 공간으로 구분할 경우, 다음 중 개인공간에 대한 설명으로 옳지 않은 것은? [09년 1회]

① 개인의 기호, 취미나 개성이 나타나도록 계획한다.
② 침실, 주방, 서재, 공부방 등을 말한다.
③ 프라이버시가 존중되어야 한다.
④ 욕실, 화장실, 세면실 등의 생리위생공간도 개인공간에 해당된다.

주거공간의 행동에 의한 분류
㉠ 개인공간 : 서재, 침실, 자녀방, 노인방
㉡ 작업공간 : 주방, 세탁실, 가사실, 다용도실
㉢ 사회공간 : 거실, 응접실, 식사실
답 ②

45 주거공간의 주 행동에 따른 분류에 속하지 않는 것은? [18년 1회]

① 개인공간   ② 정적 공간
③ 작업공간   ④ 사회공간

현관
동쪽이나 북쪽에 현관을 배치하고 남쪽에 주요 실을 배치하는 것이 유리하다.
답 ②

46 주택의 현관에 관한 설명 중 옳은 것은? [10년 2회]

① 출입문의 폭은 최소 600mm 이상이 되도록 한다.
② 남쪽에 현관을 배치하는 것은 가급적 피하는 편이 좋다.
③ 현관문은 외기와의 환기를 위해 거실과 직접 연결되도록 하는 것이 좋다.
④ 전실을 두지 않으며 출입문은 스윙 도어(Swing Door)를 사용하는 것이 좋다.

거실
가족 구성원 모두가 공동으로 사용하는 다목적, 다기능적인 공간으로 전체 생활공간의 중심부에 두고 각 실을 연결하는 통로기능이 아닌 동선의 분기점 역할을 하도록 한다.
답 ②

47 주택의 거실에 관한 설명으로 옳지 않은 것은? [19년 1회]

① 현관에서 가까운 곳에 위치하되 직접 면하는 것은 피하는 것이 좋다.
② 주택의 중심에 두어 공간과 공간을 연결하는 통로기능을 갖도록 한다.
③ 거실의 규모는 가족수, 가족구성, 전체 주택의 규모, 접객 빈도 등에 따라 결정된다.
④ 평면의 동쪽 끝이나 서쪽 끝에 배치하면 정적인 공간과 동적인 공간의 분리가 비교적 정확히 이루어져 독립적 안정감 조성에 유리하다.

문제 47번 해설 참고   답 ②

48 일반적으로 주거공간 계획에서 동선처리의 분기점이 되는 곳은? [15년 2회]

① 침실   ② 거실
③ 식당   ④ 다용도실

49 다음과 같은 거실의 가구배치의 유형은?   [17년 1회]

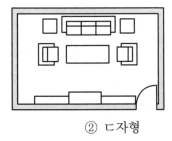

① ㄱ자형　　　　　　　② ㄷ자형
③ 대면형　　　　　　　④ 직선형

ㄷ자형
한 방향을 바라보게 하는 배치형식
으로 단란한 분위기를 주며 여러 사
람과의 대화 시에 적합하다.
답 ②

50 부엌의 효율적인 작업 진행에 따른 작업대의 배치 순서로 가장 알맞은 것은?
[16년 1회]

① 준비대 → 개수대 → 조리대 → 가열대 → 배선대
② 준비대 → 조리대 → 개수대 → 가열대 → 배선대
③ 준비대 → 가열대 → 개수대 → 조리대 → 배선대
④ 준비대 → 개수대 → 가열대 → 조리대 → 배선대

부엌의 작업순서
준비대 → 개수대 → 조리대 → 가
열대 → 배선대의 순으로 배치한다.
답 ①

51 일반적인 부엌의 작업순서에 따른 작업대 배치 순서로 가장 알맞은 것은?
[15년 3회]

㉠ 개수대	㉡ 조리대	㉢ 준비대	㉣ 배선대	㉤ 가열대

① ㉠ → ㉡ → ㉢ → ㉣ → ㉤　　② ㉡ → ㉣ → ㉢ → ㉤ → ㉠
③ ㉢ → ㉠ → ㉡ → ㉤ → ㉣　　④ ㉣ → ㉤ → ㉡ → ㉠ → ㉢

문제 50번 해설 참고　　　답 ③

52 소규모 주택에서 식탁, 거실, 부엌을 하나의 공간에 배치한 형식은?
[19년 3회]

① 다이닝키친　　　　　② 리빙다이닝
③ 다이닝테라스　　　　④ 리빙다이닝키친

리빙다이닝키친(LDK : Living Dining Kitchen)
거실과 부엌, 식탁을 한 공간에 집중
시킨 경우로 소규모 주거공간에서
사용된다. 최대한 면적을 줄일 수 있
고 공간의 활용도가 높다.　답 ④

문제 52번 해설 참고　　답 ②

53 주택계획에서 LDK(Living Dining Kitchen)형에 관한 설명으로 옳지 않은 것은?

[20년 3회]

① 동선을 최대한 단축시킬 수 있다.

② 소요면적이 많아 소규모 주택에서는 도입이 어렵다.

③ 거실, 식탁, 부엌을 개방된 하나의 공간에 배치한 것이다.

④ 부엌에서 조리를 하면서 거실이나 식당의 가족과 대화할 수 있는 장점이 있다.

문제 52번 해설 참고　　답 ①

54 거실과 식탁, 부엌을 한 공간에 모아 집중시킨 주거공간의 형식은? [10년 3회]

① LDK 형식　　　　　② LD 형식

③ DK 형식　　　　　④ LK 형식

다이닝 키친(Dining Kitchen)
부엌 일부에 식탁을 배치한 형태로 주부의 동선을 단축하여 가사 노동력을 경감할 수 있다.　　답 ④

55 주택에서 부엌과 식당을 겸용하는 다이닝 키친의 가장 큰 장점은? [10년 1회]

① 평면계획이 자유롭다.

② 이상적인 식사 공간 분위기 조성이 용이하다.

③ 공사비가 절약된다.

④ 주부의 동선이 단축된다.

노인침실계획
바닥에 단 차이가 없도록 해야 하며, 특히 문턱 제거, 미끄럼방지 등 노인의 활동에 편리하게 배치해야 한다.　　답 ③

56 노인침실계획에 관한 설명으로 옳지 않은 것은?

[15년 2회]

① 일조량이 충분하도록 남향에 배치한다.

② 식당이나 화장실, 욕실 등에 가깝게 배치한다.

③ 바닥에 단 차이를 두어 공간에 변화를 주는 것이 바람직하다.

④ 소외감을 갖지 않도록 가족공동공간과의 연결성에 주의한다.

그리드 플래닝(Grid Planning)
사무소 평면배치의 기본은 격자치수(그리드 플래닝), 계획모듈이나 기본적 치수 단위에 기준을 정한다.
답 ①

57 실내계획에 있어서 그리드 플래닝(Grid Planning)을 적용하는 전형적인 프로젝트는?

[18년 3회]

① 사무소　　　　　② 미술관

③ 단독주택　　　　④ 레스토랑

58 사무소 건물의 엘리베이터 계획에 관한 설명으로 옳지 않은 것은? [16년 1회]

① 조닝영역별 관리운전의 경우 동일 조닝 내의 서비스층은 같게 한다.

② 서비스를 균일하게 할 수 있도록 건축물의 중심부에 설치한다.

③ 교통수요량이 많은 경우는 출발기준층이 2개 층 이상이 되도록 계획한다.

④ 초고층, 대규모 빌딩인 경우는 서비스 그룹을 분할(조닝)하는 것을 검토한다.

엘리베이터 계획
교통수요량이 많은 경우는 출발기준층이 1개 층이 되도록 계획한다.
답 ③

59 사무소 건축의 실단위 계획 중 개방식 배치에 관한 설명으로 옳지 않은 것은? [17년 1회]

① 독립성 확보가 용이하다.

② 방의 길이나 깊이에 변화를 줄 수 있다.

③ 오피스 랜드스케이핑은 일종의 개방식 배치이다.

④ 전면적을 유효하게 이용할 수 있어 공간절약상 유리하다.

개방식 배치
계획된 큰방으로 설계하고 중역들을 위해 분리된 작은방을 두는 방법으로 독립성이 떨어지고 자연채광 및 인공조명이 필요하다. 답 ①

60 개방식 배치의 한 형식으로 업무와 환경을 경영 관리 및 환경적 측면에서 개선한 것으로 오피스작업을 사람의 흐름과 정보의 흐름을 매체로 효율적인 네트워크가 되도록 배치하는 방법은? [20년 1·2회]

① 싱글 오피스

② 세포형 오피스

③ 집단형 오피스

④ 오피스 랜드스케이프

오피스 랜드스케이프
고정된 칸막이를 쓰지 않고 이동식 파티션이나 가구, 식물 등으로 공간이 구분되는 개방형 배치의 형식으로 적당한 프라이버시를 유지하는 동시에 효율적인 사무공간을 연출할 수 있다.

※ **세포형 오피스** : 1~2인을 위한 개실규모는 20~30m² 정도로 소수를 위해 부서별로 개별적인 사무실을 제공한다. 답 ④

61 사무소 건축의 오피스 랜드스케이핑(Office Landscaping)에 관한 설명으로 옳지 않은 것은? [16년 2회]

① 공간을 절약할 수 있다.

② 개방식 배치의 한 형식이다.

③ 조경 면적 확대를 목적으로 하는 친환경 디자인 기법이다.

④ 커뮤니케이션의 융통성이 있고, 장애요인이 거의 없다.

문제 60번 해설 참고 답 ③

개실시스템

복도를 통해 각 층의 여러 부분으로 들어가는 방법으로 실의 길이에 변화를 줄 수 있다. 특히, 독립성이 우수하여 소음이 적고 프라이버시 확보에 유리하며 쾌적성 및 자연채광 조건이 좋다.

※ 연속된 복도 때문에 방의 깊이에는 변화를 줄 수 없다. 답 ③

62 사무소 건축의 실단위 계획 중 개실시스템에 관한 설명으로 옳지 않은 것은?

[18년 2회]

① 독립성이 우수하다는 장점이 있다.

② 일반적으로 복도를 통해 각 실로 진입한다.

③ 실의 길이와 깊이에 변화를 주기 용이하다.

④ 프라이버시의 확보와 응접이 요구되는 최고 경영자나 전문직 개실에 사용된다.

OA(Office Automation)

생산성이 증대하고 사무기능을 자동화해서 사무처리의 생산성을 높여 개인과 조직의 융통성을 발휘한다. 답 ②

63 OA(Office Automation)에 관한 설명 중 틀린 것은?

[02년 2회]

① 기기의 사용으로 업무절차가 간소화된다.

② 생산성은 증대하나 개인과 조직의 융통성은 결여된다.

③ 개인의 프라이버시가 침해당할 수 있다.

④ 업무의 정확성이 개선된다.

중심코어형

코어가 중앙에 위치한 형태로 내진구조가 가능함으로써 구조적으로 바람직한 형태이며 바닥면적이 클 경우 적합하며 고층·초고층에 적합하다. 답 ②

64 사무소 건축의 코어 유형 중 코어 프레임(Core Frame)이 내력벽 및 내진구조의 역할을 하므로 구조적으로 가장 바람직한 것은?

[20년 3회]

① 독립형   ② 중심형

③ 편심형   ④ 분리형

문제 64번 해설 참고 답 ①

65 다음과 같은 특징을 갖는 사무소 건축의 코어 형식은?

[17년 3회]

> • 유효율이 높은 계획이 가능하다.
> • 코어 프레임이 내력벽 및 내진 구조가 가능하므로 구조적으로 바람직한 유형이다.

① 중심코어   ② 편심코어

③ 양단코어   ④ 독립코어

양단코어형

공간의 분할, 개방이 자유로운 형태로 재난 시 두 방향으로 대피가 가능하고 2방향 피난에 이상적인 관계로 방재, 피난상 유리하다. 답 ④

66 다음 설명에 알맞은 사무소 코어의 유형은?

[18년 2회]

> • 단일용도의 대규모 전용사무실에 적합하다.
> • 2방향 피난에 이상적이다.

① 편심코어형   ② 중심코어형

③ 독립코어형   ④ 양단코어형

67 사무소 건축에서 코어의 기능에 관한 설명으로 옳지 않은 것은? [19년 3회]

① 내력적 구조체로서의 기능을 수행할 수 있다.

② 공용부분을 집약시켜 사무소의 유효면적이 증가된다.

③ 엘리베이터, 파이프 샤프트, 덕트 등의 설비요소를 집약시킬 수 있다.

④ 설비 및 교통 요소들이 존(Zone)을 형성함으로써 업무공간의 융통성이 감소된다.

설비 및 교통요소들이 존을 형성함으로써 업무공간의 융통성이 좋아진다.

사무소 - 코어
코어시스템의 활용으로 업무공간의 활용도가 높아지며, 공간 낭비와 배선·배관의 절약효과를 도모한다.
답 ④

68 다음 설명에 알맞은 사무소 건축의 구성 요소는? [18년 1회]

> 고대 로마건축의 실내에 설치된 넓은 마당 또는 주위에 건물이 둘러 있는 안마당을 뜻하며 현대건축에서는 이를 실내화한 것을 말한다.

① 몰(Mall)

② 코어(Core)

③ 아트리움(Atrium)

④ 랜드스케이프(Landscape)

아트리움(Atrium)
사무소 아트리움 공간은 내외부 공간의 중간영역으로서 개방감을 확보하고 외부의 자연요소를 실내로 도입할 수 있도록 계획한다. 특히, 아트리움은 휴게공간으로 중앙홀을 활용하여 휴식 및 소통의 공간으로 활용한다.
답 ③

69 사무소의 로비에 설치하는 안내데스크에 대한 설명으로 옳지 않은 것은? [19년 3회]

① 로비에서 시각적으로 찾기 쉬운 곳에 배치한다.

② 회사의 이미지, 스타일을 시각적으로 적절히 표현하는 것이 좋다.

③ 스툴 의자는 일반 의자에 비해 데스크 근무자의 피로도가 높다.

④ 바닥의 레벨을 높여 데스크 근무자가 방문객 및 로비의 상황을 내려볼 수 있도록 한다.

사무실 로비의 안내데스크 근무자가 방문객을 아래로 내려다보게 되는 식으로 바닥의 레벨 차를 두어서는 안 된다.
답 ④

70 다음 설명에 알맞은 사무공간의 책상배치 유형은? [20년 1·2회]

> - 대향형과 동향형의 양쪽 특성을 절충한 형태이다.
> - 조직관리자 면에서 조직의 융합을 꾀하기 쉽고 정보처리나 집무동작의 효율이 좋다.
> - 배치에 따른 면적 손실이 크며 커뮤니케이션의 형성에 불리하다.

① 좌우대향형

② 십자형

③ 자유형

④ 삼각형

좌우대향형
조직의 관리가 용이하며 정보처리 등 독립성이 있는 데이터 처리 업무에 적합하나 비교적 면적 손실이 크며 커뮤니케이션 형성이 어렵다.
답 ①

상업공간 실내계획의 조건설정 단계
시장조사와 트렌드 파악, 주변상권
및 교통분석, 대상 고객층 및 취급상
품의 결정 등 **답** ①

71 상업공간 실내계획의 조건설정 단계에서 고려해야 할 사항으로 옳은 것은?

[09년 2회]

① 대상 고객층 및 취급상품의 결정
② 가구배치 및 동선계획
③ 파사드 이미지 설정
④ 재료마감과 시공법의 확정

파사드(Facade)
상점 내로 고객유도, 상점의 취급상
품에 대한 시각적 표현을 고려해야
하며 구성요소에는 아케이드, 광고
판, 네온사인, 쇼윈도, 출입구 등이
있다. **답** ②

72 상점에서 쇼윈도, 출입구 및 홀의 입구부분을 포함한 평면적인 구성요소와 아케이드, 광고판, 사인 및 외부장치를 포함한 입면적인 구성요소의 총체를 뜻하는 용어는?

[17년 3회]

① VMD
② 파사드
③ AIDMA
④ 디스플레이

문제 72번 해설 참고 **답** ③

73 상점의 파사드(Facade) 구성요소에 속하지 않는 것은?

[18년 1회]

① 광고판
② 출입구
③ 쇼케이스
④ 쇼윈도

상점 동선계획
고객동선은 충동구매를 유도하기
위해 길게 배치하는 것이 좋으며, 종
업원동선은 고객동선과 교차되지
않도록 하고 고객을 위한 통로 폭은
900mm 이상으로 한다. **답** ②

74 상점의 동선계획에 관한 설명으로 옳지 않은 것은?

[18년 2회]

① 종업원동선은 가능한 한 짧고 간단하게 하는 것이 좋다.
② 고객동선은 가능한 한 짧게 하여 고객이 상점 내에 오래 머무르지 않도록 한다.
③ 고객동선과 종업원동선이 만나는 위치에 카운터나 쇼케이스를 배치하는 것이 좋다.
④ 상품동선은 상품의 운반·통행 등의 이동에 불편하지 않도록 충분한 공간 확보가 필요하다.

문제 74번 해설 참고 **답** ①

75 상품을 판매하는 매장을 계획할 경우 일반적으로 동선을 길게 구성하는 것은?

[19년 2회]

① 고객동선
② 관리동선
③ 판매종업원동선
④ 상품 반출입동선

76 상점 디스플레이에서 주력 상품의 진열과 관련된 골든 스페이스의 범위로 알맞은 것은? [18년 2회]

① 300~600mm
② 650~900mm
③ 850~1,250mm
④ 1,200~1,500mm

골든 스페이스(Golden Space)의 범위는 850~1,250mm이다.
답 ③

77 쇼윈도 조명계획에 대한 설명 중 가장 부적당한 것은? [03년 3회]

① 근접한 타 상점의 조도, 통과하는 보행자의 속도에 상응하여 주목성 있는 조도를 결정한다.
② 상점 내부의 전체 조명보다 2~4배 정도 높은 조도로 한다.
③ 진열상품의 입체감은 밝은 하이라이트 부분과 그림자 부분이 명확히 구분되어 형상의 입체감이 강조되도록 한다.
④ 광원이 보는 사람의 눈에 직접 보이게 한다.

쇼윈도 조명계획 시 광원이 보는 사람의 눈에 직접적으로 보이지 않게 한다.
답 ④

78 상점계획에 관한 설명 중 옳지 않은 것은? [11년 1회]

① 매장바닥은 요철, 소음 등이 없도록 한다.
② 대면판매형식은 판매원 위치가 안정된다.
③ 측면판매형식은 진열면이 협소한 반면 친밀감을 줄 수 있다.
④ 레이아웃은 고객에게 심리적 부담감이나 저항감이 생기지 않도록 한다.

측면판매
진열상품을 같은 방향으로 판매하는 형식으로 넓은 진열면적의 확보가 가능하며 상품에 직접 접촉하므로 선택이 용이하고, 상품에 친근감을 느낄 수 있다(서적, 의류, 침구, 운동용품, 문방구류, 전기제품판매점에 적합).
답 ③

79 상점의 판매형식 중 측면판매에 관한 설명으로 옳지 않은 것은? [17년 1회]

① 직원동선의 이동성이 많다.
② 고객이 직접 진열된 상품을 접촉할 수 있다.
③ 대면판매에 비해 넓은 진열면적의 확보가 가능하다.
④ 시계, 귀금속점, 카메라점 등 전문성이 있는 판매에 주로 사용된다.

문제 78번 해설 참고
답 ④

80 상점의 숍 프런트(Shop Front) 구성형식 중 출입구 이외에는 벽 등으로 외부와의 경계를 차단한 형식은? [19년 3회]

① 개방형
② 폐쇄형
③ 돌출형
④ 만입형

폐쇄형
출입구 외에는 벽, 장식장으로 차단되는 형식이다.
답 ②

디스플레이 테이블(Display Table)
상품의 특성, 감각, 포인트를 살려 친근감을 주고 보기 쉬울 뿐 아니라 만져볼 수 있도록 한다. 🔑 ④

81 상업공간 진열장의 종류 중에서 시선 아래의 낮은 진열대를 말하며 의류를 펼쳐 놓거나 작은 가구를 이용하여 디스플레이할 때 주로 이용되는 것은?

[20년 3회]

① 쇼케이스(Showcase)

② 하이 케이스(High Case)

③ 샘플 케이스(Sample Case)

④ 디스플레이 테이블(Display Table)

고객동선과 주방과 연관된 서비스 동선이 서로 접근 · 교차되지 않도록 한다. 🔑 ④

82 상업공간 중 음식점의 동선계획에 관한 설명으로 옳지 않은 것은? [20년 3회]

① 주방 및 팬트리의 문은 손님의 눈에 안 보이는 것이 좋다.

② 팬트리에서 일반석의 서비스의 동선과 연회실의 동선을 분리한다.

③ 출입구 홀에서 일반석으로의 진입과 연회석으로의 진입을 서로 구별한다.

④ 일반석의 서비스동선은 가급적 막다른 통로 형태로 구성하는 것이 좋다.

전시공간의 천장
천장의 조명 및 설비기기가 눈에 잘 띄지 않도록 시각적으로 편안함을 주는 색채 및 마감재를 사용한다. 🔑 ②

83 전시공간에서 천장의 처리에 관한 설명으로 옳지 않은 것은? [15년 2회]

① 천장 마감재는 흡음 성능이 높은 것이 요구된다.

② 시선을 집중시키기 위해 강한 색채를 사용한다.

③ 조명기구, 공조설비, 화재경보기 등 제반 설비를 설치한다.

④ 이동스크린이나 전시물을 매달 수 있는 시설을 설치한다.

가변형
상황에 따라 무대와 객석이 변화될 수 있어 최소한의 비용으로 극장표현이 가능하며 공연작품의 성격에 따라 가장 적합한 공간을 만들어 낼 수 있다. 🔑 ①

84 다음 설명에 알맞은 극장의 평면형식은? [20년 3회]

> • 무대와 관람석의 크기, 모양, 배열 등을 필요에 따라 변경할 수 있다.
> • 공연작품의 성격에 따라 적합한 공간을 만들어 낼 수 있다.

① 가변형

② 아레나형

③ 프로시니엄형

④ 오픈 스테이지

아일랜드 전시
벽이나 바닥을 이용하지 않고 섬형으로 바닥에 배치하는 형태로 대형 전시물, 소형 전시물의 경우 배치하는 전시방법이다. 🔑 ①

85 사방에서 감상해야 할 필요가 있는 조각물이나 모형을 전시하기 위해 벽면에서 띄어놓아 전시하는 방법은?

[17년 3회]

① 아일랜드 전시

② 하모니카 전시

③ 파노라마 전시

④ 디오라마 전시

86 다음 설명에 알맞은 전시공간의 특수전시기법은? [18년 3회]

> • 연속적인 주제를 시간적인 연속성을 가지고 선형으로 연출하는 전시기법이다.
> • 벽면전시와 입체물이 병행되는 것이 일반적인 유형으로 넓은 시야의 실경을 보는 듯한 감각을 준다.

① 디오라마 전시　　　　　② 파노라마 전시
③ 아일랜드 전시　　　　　④ 하모니카 전시

파노라마 전시
연속적인 주제를 표현하기 위해 선형으로 연출되는 전시기법으로 전시물의 전경으로 펼쳐 전시하는 방법이다.　　🔲 ②

87 특수전시방법 중 전시내용을 통일된 형식 속에서 규칙적으로 반복시켜 배치하는 방법으로, 동일 종류의 전시물을 반복하여 전시할 경우 유리한 것은? [11년 1회]

① 디오라마 전시　　　　　② 파노라마 전시
③ 아일랜드 전시　　　　　④ 하모니카 전시

하모니카 전시
하모니카의 흡입구와 같은 모양으로 동일 종류의 전시물을 연속하여 배치하는 전시방법이다.　🔲 ④

88 전시공간의 순회유형에 관한 설명으로 옳지 않은 것은? [19년 1회]

① 연속순회형식에서 관람객은 연속적으로 이어진 동선을 따라 관람하게 된다.
② 갤러리 및 복도형은 각 실을 독립적으로 폐쇄시킬 수 있다는 장점이 있다.
③ 연속순회형식은 한 실을 폐쇄하면 다음 실로의 이동이 불가능한 단점이 있다.
④ 중앙홀형은 대지이용률은 낮으나, 중앙홀이 작아도 동선의 혼란이 없다는 장점이 있다.

중앙홀형
대지이용률이 크고 중앙홀이 크면 동선의 혼잡이 없으나 장래의 확장에는 무리가 있다. 또한 중앙의 홀에 높은 천장을 설치하여 채광하는 형식이 많다.　🔲 ④

89 전시실의 순회형식 중 연속순회형식에 대한 설명으로 옳은 것은? [11년 2회]

① 연속된 전시실의 한쪽 복도에 의해서 각 실을 배치한 형식이다.
② 각 실에 직접 들어갈 수 있으며 필요시에는 자유로이 독립적으로 폐쇄할 수 있다.
③ 1실을 폐쇄할 경우 전체 동선이 막히게 되므로 비교적 소규모의 전시실에 적합하다.
④ 중심부에 하나의 큰 홀을 두고 그 주위에 각 전시실을 배치하여 자유로이 출입하는 형식이다.

연속순회형
긴 직사각형 전시실로 전시벽면이 최대화되고 공간의 절약효과가 있어 소규모 전시에 적합하다. 많은 실을 순서에 따라 관람해야 하고 1실을 폐쇄하면 다음 실로 이동이 불가능한 단점이 있다.　🔲 ③

전시공간의 규모에 영향을 주는 요인
전시방법, 전시의 목적, 전시자료의
크기와 수량 등이 있다.　**답** ③

90 다음 중 전시공간의 규모 설정에 영향을 주는 요인과 가장 거리가 먼 것은?

[16년 2회]

① 전시방법
② 전시의 목적
③ 전시공간의 평면형태
④ 전시자료의 크기와 수량

컨벤션
다수의 사람들이 특정한 활동을 하
거나 협의하기 위해 한 장소에 모이
는 것을 말한다.　**답** ④

91 다음 중 전시목적 공간에 해당하지 않는 것은?

[11년 3회]

① 쇼룸
② 박물관
③ 박람회
④ 컨벤션

박물관의 기능
박물관은 비영리적인 공공기관으
로 영리적 판매촉진을 하지 않는다.
　답 ④

92 다음 중 박물관의 기본적인 기능과 가장 거리가 먼 것은?

[09년 3회]

① 학술 조사 및 연구 기능
② 자료의 보존 및 전시 기능
③ 지식의 전달 기능
④ 영리적인 판매촉진 기능

미술관 실내계획 시 고려사항
관람자의 동선계획, 전시품의 조명
계획, 전시방법, 관람형식 등이다.
　답 ④

93 미술관의 실내계획 시 고려사항과 가장 관계가 적은 것은?

[09년 2회]

① 전시장 내 관람자들의 동선계획
② 전시장의 전시품들을 위한 조명계획
③ 효과적인 전시를 위한 전시방법계획
④ 전시품에 집중할 수 있는 음향계획

CHAPTER 02 실내디자인 색채계획

❶ 색채구성

1. 색채의 지각

1) 색채의 이해

(1) 색채의 지각원리

색채지각은 외부환경으로부터 인간이 다양한 정보를 받아들이는 과정 중 색채 정보를 파악하는 과정으로 색채지각을 위한 시각의 3요소는 빛, 물체, 눈(시각 기관)이 있다.

(2) 색채의 지각과정

실내공간 속에서 사용자가 색을 눈으로 보거나 느끼는 행위는 단순한 물리적 빛의 자극이 아니며 매우 복잡하고 체계적인 과정을 거쳐 사용자 개인이 기억 하고 있는 색채정보와의 결합으로 나타난다.

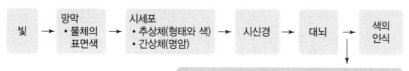

[색채의 지각과정]

① 빛과 색

색은 빛의 한 현상이며 우리가 지각하는 색은 가시광선범위의 파장(380~ 780nm)으로 물체의 표면 특성에 따라 파장을 반사, 흡수, 투과하는지에 의 해 물체의 색이 결정된다.

㉠ 자외선 : 380nm 이하의 짧은 파장으로 살균작용을 하며 눈에 보이지 않 는다.

㉡ 가시광선 : 380nm 이상~780nm 이하 범위의 파장으로 인간의 눈으로 지각할 수 있다.

핵심 문제 01 ◆◆◆

사람이 물체의 색을 지각하는 3요소는?

[11년 4회]

① 광원, 관찰자, 물체
② 관찰자, 흡수판, 물체
③ 광원, 관찰자, 반사판
④ 반사판, 물체, 광원

해설

색채지각을 위한 3요소
광원(빛), 물체, 관찰자(눈)

정답 ①

핵심 문제 02 ◆◆◆

색지각을 일으키는 가장 기본적인 요건은?

[12년 1회]

① 물체   ② 프리즘
③ 빛   ④ 망막

해설

색지각
물체의 표면에서 반사된 빛을 눈에서 받아 들임으로써 우리 뇌가 색을 인식하는 과정 을 말한다.

정답 ③

핵심 문제 03 ◆◆◆

단색광과 파장의 범위가 틀리게 짝지어진 것은?

[17년 2회]

① 파랑 : 450~500nm
② 빨강 : 360~450nm
③ 초록 : 500~570nm
④ 노랑 : 570~590nm

해설

빨강(장파장) : 620~780nm

정답 ②

사람의 눈으로 지각되는 가시광선의 범위는? [05년 1회]

① 250nm~550nm
② 300nm~600nm
③ 380nm~780nm
④ 420nm~820nm

해설

가시광선
380mm~780mm 범위의 파장으로 전자파 중에서 인간의 눈으로 지각할 수 있는 전자기파의 영역을 말한다.

정답 ③

인간의 눈의 구조에서 색을 구별하는 기능을 가진 것은? [19년 1회]
① 각막   ② 간상세포
③ 수정체   ④ 원추세포

해설

원추세포(추상체)
낮처럼 조도 수준이 높을 때 기능을 하며 색을 구별하고, 황반에 집중되어 있다. 특히 색상을 구분(이상 시 색맹 또는 색약이 나타남)한다.

정답 ④

터널의 출입구 부분에는 조명이 집중되어 있고, 중심부에 갈수록 광원의 수가 적어지며 조도 수준이 낮아진다. 이것은 어떤 순응을 고려한 설계인가? [15년 4회]
① 색순응   ② 명순응
③ 암순응   ④ 무채순응

해설

암순응
밝은 곳에서 어두운 곳으로 들어갈 때 순간적으로 보이지 않는 현상으로 이를 방지하기 위해 터널 출입구에 조명을 집중적으로 사용하며 중심부에 갈수록 광원의 수를 적게 한다.

정답 ③

단파장역		중파장역		장파장역	
보라	파랑	초록	노랑	주황	빨강
380~450	450~500	500~570	570~590	590~620	620~780

ⓒ 적외선 : 780nm 이상의 파장으로 열효과가 있고 라디오 전파에 이용된다.

			380~780			
감마선	X선	자외선	가시광선	적외선	초단파	라디오파

← 파장이 짧고 진동이 크다.　　　　　　　　　파장이 길고 진동이 작다. →

[빛의 파장범위]

② 눈의 시세포
ㄱ 원추세포(추상체)
• 낮처럼 조도 수준이 높을 때 기능을 한다.
• 색을 구별하며, 황반에 집중되어 있다.
• 색상을 구분(이상 시 색맹 또는 색약이 나타남)한다.
• 카메라의 컬러필름
ㄴ 간상세포(간상체)
• 1억 3,000만 개의 간상세포가 망막 주변에 있다.
• 밤처럼 조도 수준이 낮을 때 기능을 한다.
• 흑백의 음영만을 구분하며 명암을 구분한다.

2) 색채의 자극과 반응

(1) 순응
① 명순응
어두운 곳에서 밝은 곳으로 나가게 되면 눈이 부시지만 주위의 밝기에 적응하여 정상적으로 보이게 되는 현상으로 추상체만 움직인다(예 터널조명 배치).

② 암순응
밝은 곳에서 어두운 곳으로 들어가면 앞이 제대로 보이지 않지만 시간이 흐르면 주위의 물체를 식별할 수 있는 현상으로 간상체만 움직인다(예 영화관 입장 시).

③ 색순응
눈이 조명, 빛, 색광에 대하여 익숙해지면서 순응하는 것으로 색이 순간적으로 변해 보이는 현상이지만, 원래의 사물색으로 돌아간다(예 선글라스를 벗을 때).

④ 박명시

명순응과 암순응이 동시에 활동하는 시점으로 추상체와 간상체가 모두 활동하고 있을 때를 말한다(예 동틀 무렵, 해 질 무렵).

(2) 푸르킨예현상

해 질 무렵 낮에 화사하게 보이던 빨간꽃은 어둡게 보이고 그 대신 파랑이나 초록의 물체들이 밝게 보이는 현상으로 암순응 전에는 빨간 물체가 잘 보이다가, 암순응 후에는 파란 물체가 더 잘 보이는 현상이다.

(3) 항상성

광원이나 조명이 되는 빛의 강도와 조건이 달라져도 색의 본래 모습 그대로 지각하는 현상을 말한다. 일종의 색순응현상으로 실제로 물리적 자극의 변화가 있음에도 사물의 성질에는 아무런 변화가 없는 것처럼 보인다.

3) 색의 지각효과

(1) 연색성

조명이 물체의 색감에 영향을 미치는 현상으로, 같은 물체색이라도 어떤 조명에서 보느냐에 따라 색감이 달라진다.

(2) 조건등색(메타메리즘)

두 가지의 물체색이 다르더라도 어떤 조명 아래에서는 같은 색으로 보이는 현상이다.

(3) 애브니효과

파장이 같아도 색의 채도가 변함에 따라 색상이 변화하는 현상으로 색의 순도(채도)가 높아질수록 색상의 변화를 함께 해야 같은 색상임을 느낀다.

(4) 색음현상

물체의 그림자에서 보색의 색상을 느끼는 현상으로 작은 면적의 회색이 채도가 높은 유채색으로 둘러싸일 때 회색이 유채색의 보색으로 보인다.

(5) 허먼그리드효과(명도대비)

흰색 바탕에 검은색 정방향을 일정 간격으로 나열하면 격자가 교차되는 지점에 회색 잔상이 보이는 현상으로 명도대비에 의한 착시라고 한다.

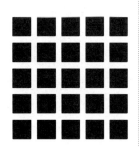

핵심 문제 07 ◆ ◆ ◆

다음 중 푸르킨예 현상(Purkinje Effect)이 적용되는 것은? [15년 1회]
① 명도대비   ② 착시현상
③ 암순응   ④ 시선의 이동

해설

암순응
밝은 곳에서 어두운 곳으로 들어가면 앞이 제대로 보이지 않고, 시간이 흘러야 주위의 물체를 식별할 수 있는 현상이다.

정답 ③

핵심 문제 08 ◆ ◆ ◆

다음 중 (   )의 내용으로 옳은 것은?
[16년 2회]

우리가 백열전구에서 느끼는 색감과 형광등에서 느끼는 색감의 차이가 나는 이유는 색의 (   ) 때문이다.

① 순응성   ② 연색성
③ 항상성   ④ 고유성

해설

연색성
광원이 물체에 비추어질 때 그 물체의 색감에 영향을 미치는 현상을 말한다(연색지수(Ra) 100에 가까울수록 연색성이 좋은 것을 의미한다.

정답 ②

핵심 문제 09 ◆ ◆ ◆

사람이 짙은 색 옷을 입으면 얼굴이 희게 보이고, 밝은 색 옷을 입으면 얼굴이 검게 보이는 현상은? [04년 2회]
① 명도대비   ② 채도대비
③ 색상대비   ④ 계시대비

해설

명도대비
명도가 다른 두 색이 인접하여 서로 영향을 주는 것으로 배경색에 따라 색채가 변하여 인지된다.

정답 ①

① 명도는 빨강, 노랑, 파랑 등과 같은 색감을 말한다.
② 채도는 색의 강도를 나타내는 것으로 순색의 정도를 의미한다.
③ 채도는 빨강, 노랑, 파랑 등과 같은 색상의 밝기를 말한다.
④ 명도는 빨강, 노랑, 파랑 등과 같은 색상의 선명함을 말한다.

해설

채도는 색의 선명함 정도, 색감의 강약 정도를 의미한다.

정답 ②

색의 속성 가운데 온도감의 효과를 내는 데 주로 작용하는 것은? [03년 1회]
① 색상　　　② 명도
③ 채도　　　④ 휘도

해설

색의 온도감은 색의 3속성 중 색상의 영향을 많이 받는다.

정답 ①

무채색의 설명 중 올바른 것은? [03년 1회]
① 밝고 어두움만을 나타내며 색상과 채도가 없다.
② 무채색의 명도는 1～14단계로 되어 있다.
③ 밝은 쪽을 저명도, 어두운 쪽을 고명도라 한다.
④ 검정색과 같이 흰색도 따뜻한 색에 속한다.

해설

무채색
색이 구별되는 성질인 색상을 갖고 있지 않으며 밝고 어두움만을 갖는 색을 말한다.

정답 ①

(6) 리프만효과

색상 차이가 커도 명도가 비슷하면 두 색의 경계가 모호해서 명시성이 떨어져 보이는 현상이다.

2. 색채의 구조 및 분류

1) 색의 3속성

(1) 색상

색상은 빛의 파장에 의해 식별되는 빨강(R), 주황(YR), 노랑(Y), 초록(G), 파랑(B), 남색(PB), 보라(P)처럼 색을 구별하는 명칭이다.

(2) 명도

색의 밝고 어두운 정도를 말하며 밝음의 감각을 척도화한 것이라고 할 수 있다. 먼셀 색체계에서 흰색을 10, 검정을 0으로 하고 그 사이의 회색단계를 11단계로 나눈다.

(3) 채도

채도는 색의 선명함 정도, 색감의 강약 정도로 순도가 높은 색에서 순도가 낮은 탁색에 이르기까지 단계별로 표현되는 색의 속성이다. 채도 정도에 따라 고채도, 중채도, 저채도로 구분한다.

2) 색채의 분류

색에는 빛의 색(Light, 색광)과 물체의 색(Color, 색료)이 있다. 물체의 색을 색채라 하며, 색채에는 무채색과 유채색이 있다.

(1) 무채색

① 색이 구별되는 성질인 색상을 갖지 않으며 밝고 어두움만을 갖는 색을 말한다.
② 흰색, 회색, 검은색 등과 같은 색상이 전혀 섞이지 않은 색이며 색의 밝기(명도)만 존재하고, 빛의 반사율에 의해 결정된다.

(2) 유채색

① 색상, 명도, 채도가 모두 존재하며 순수한 무채색을 제외한 모든 색, 색감을 가진 모든 색을 말한다.
② 인간이 볼 수 있는 가시광선 범위의 색인 빨강, 주황, 노랑, 초록, 파랑, 보라 등의 색과 이 색들의 혼합에서 나오는 색들은 모두 유채색에 포함된다.
　㉠ 한색 : 저채도일수록 차분한 느낌을 준다.

ⓛ 난색 : 고채도일수록 따뜻한 느낌을 준다.

(3) 색의 물리적 분류

독일의 심리학자 카츠(D. Katz 1884~1953)는 현상학적 관찰, 즉 편견 없는 태도로 직접 경험한 것을 있는 그대로 관찰하여 지각적인 색을 분류하였다.

① 평면색(면색)

면색이라고도 불리며 순수하게 색 자체만 끝없이 보이는 색으로, 하늘의 색과 같이 넓이의 느낌은 있으나 거리감은 불확실하고, 물체감 없이 색채만 느끼게 하는 색이다.

② 표면색

물체 표면에 빛이 반사하여 나타나는 색으로, 방향감, 거리감, 입체감, 질감 등을 확인할 수 있다.

③ 공간색

유리컵이나 아크릴액자와 같은 투명체 속의 일정한 공간에 3차원적인 덩어리가 꽉 차 있는 듯한 부피감을 느끼게 해주는 색이다.

④ 경영색

어떤 물체 위에서 빛이 투과하거나 흡수되지 않고 거의 완전반사에 가까운 색을 볼 수 있는 경우로서 거울에 나타나는 색이다.

(4) 색의 현상(빛의 현상)

① 굴절

하나의 매질로부터 다른 매질로 진입하는 파동이 그 경계면에서 진행하는 방향을 바꾸는 현상이다. 예 아지랑이, 무지개, 프리즘현상

② 회절

파동이 장애물을 만났을 때 빛이 물체의 그림자부분에 휘어들어 가는 현상이다. 예 CD표면색, 곤충 날개색

③ 투과

색유리와 같이 빛을 투과하여 나타내는 현상이다.

④ 간섭

얇은 막에서 빛이 확산 또는 반사되어 나타나는 현상이다.
예 진주조개, 전복 껍질, 비누거품

⑤ 산란

빛이 거친 표면에 입사했을 경우 여러 방향으로 빛이 분산되어 보이는 현상이다. 예 노을, 흰구름, 먹구름

3. 색의 혼합(혼색)

2가지 이상의 색광이나 색채를 혼합하여 새로운 색을 만들어 내는 것으로 색의 혼합이라고 한다. 컬러 TV, 사진이나 인쇄물, 직물 등은 혼색의 법칙을 활용한 것이다.

1) 가법혼색(가산혼합, 색광혼합)

(1) 가법혼색의 개념

① 빛의 혼합으로 빨강(Red), 초록(Green), 파랑(Blue) 3종의 색광을 혼합했을 때 원래의 색광보다 밝아지는 혼합이다.

② 백색 스크린에 비춰 보면 색광의 겹침으로 인한 혼합색을 볼 수 있다(컬러모니터, 빔프로젝터, 컬러 TV, 무대조명 등 사용).

(2) 가법혼색의 종류

동시 가법혼색	2종류 이상의 색자극이 망막의 같은 곳에 동시에 입사하여 생기는 색자극의 혼합방법이다(무대조명 등).
계시 가법혼색	2종류 이상의 색자극이 망막의 같은 곳에 급속히 교대로 입사하여 생기는 색자극의 혼합방법이다(바람개비, 팽이, 회전원판 등).
병치 가법혼색	2종류 이상의 색자극이 눈으로 구별할 수 없을 정도로 선이나 점이 조밀하게 병치되어 인접색과 혼합하는 방법이다(컬러 TV 등).

(3) 빛의 3원색의 원색

① 빨강(R) + 초록(G) = 노랑(Y)

② 초록(G) + 파랑(B) = 시안(C)

③ 파랑(B) + 빨강(R) = 마젠타(M)

④ 빨강(R) + 초록(G) + 파랑(B) = 흰색(W)

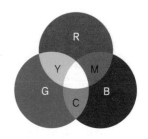

2) 감법혼색(감산혼합, 색료혼합)

(1) 감법혼색의 개념

색료혼합으로 시안(Cyan), 마젠타(Magenta), 노랑(Yellow)이 기본색으로 3종의 색료를 혼합하면 명도와 채도가 낮아져 어두워지고 탁해진다.

특징	• 혼합하면 혼합할수록 명도, 채도가 저하된다. • 색상환에서 근거리혼합은 중간색이 나타난다. • 원거리색상의 혼합은 명도, 채도가 저하되어 회색에 가깝다. • 보색끼리의 혼합은 검은색에 가까워진다.

(2) 색료의 3원색의 원색

① 노랑(Y) + 시안(C) = 초록(G)

② 노랑(Y) + 마젠타(M) = 빨강(R)

③ 시안(C) + 마젠타(M) = 파랑(B)

④ 시안(C) + 마젠타(M) + 노랑(Y) = 검정(B)

※ 색료를 혼합해서 만들 수 없는 색 : 노랑

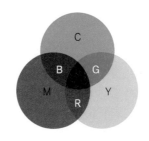

3) 중간혼색(회전판혼합, 병치혼합)

(1) 회전판 혼합

다른 2가지 색을 회전판에 적당한 비례로 붙이고 2,000~3,000회/min의 속도로 돌리면 판면은 혼색되어 보인다. 이러한 현상을 맥스웰 회전판이라고 한다.

특징	• 명도는 두 색의 중간 명도가 된다. • 색상은 두 색의 중간 색상이 된다. • 채도는 채도가 강한 쪽보다도 약해진다. • 보색관계의 혼합은 중간 명도의 회색이 된다. • 가법혼합(가산혼합)에 속한다.

(2) 병치혼합

색이 조밀하게 병치되어 있어 서로 혼합되어 보이는 현상을 말한다. 색이 직접적으로 혼합하는 것이 아닌, 공간적으로 인접 배치함으로써 색이 혼합되어 보이는 현상으로 색점이 서로 인접해 있으므로 명도와 채도가 저하되지 않는다[점묘파 화가인 쇠라(G. P. Seurat)와 시냐크(P. Signac) 등이 이 혼색의 법칙을 사용].

4. 색채의 체계

1) 먼셀 표색계(Munsell Color System)

(1) 먼셀 표색계의 정의

① 색상, 명도, 채도의 3속성에 의해 색을 기술하는 체계로 1905년 미국의 화가이자 색채연구가였던 먼셀(Albert. H. Munsell)에 의해 처음 창안되었다.

② 1929년 《색표집(The Munsell Book of Color)》으로 출판되고 그 후 여러 차례 개량을 거쳐 1943년 미국광학회(OSA)의 측색학회에 의해 수정된 《수정 먼셀 색체계》는 현재 세계적으로 가장 널리 사용되며 한국산업표준으로 채택되어, 교육용으로 제정된 색체계이다.

③ H V/C로 표시하며 H(Hue, 색상), V(Value, 명도), C(Chroma, 채도) 순서대로 기호화해서 표시한다. 예 5R 4/14 : 색상은 5R, 명도는 4, 채도는 14

먼셀의 색채조화 이론의 핵심인 균형 원리에서 각색이 가장 조화로운 배색을 이루는 평균 명도는?   [23년 2회]

① N4
② N3
③ N5
④ N2

해설

먼셀
무채색의 명도단계는 평균명도 N5, 저명도 N1~N3, 중명도 N4~N6, 고명도 N7~N9를 사용하고 있다.

정답 ③

다음 중 중간혼합에 해당하지 않는 것은?   [14년 3회]

① 회전혼색
② 병치혼색
③ 감법혼색
④ 점묘화

해설

중간혼합
실제로 색이 혼합되는게 아니라 착시를 일으켜 색이 혼합된 것처럼 보이는 현상으로 회전혼색, 병치혼색, 점묘화법이 속한다.

정답 ③

먼셀 색입체에 관한 설명 중 옳지 않은 것은?   [21년 2회]
① 먼셀의 색입체를 Color Tree라고도 부른다.
② 물체색의 색감각 3속성으로 색상(H), 명도(V), 채도(C)로 나눈다.
③ 무채색을 중심으로 등색상 삼각형이 배열되어 복원추체 색입체가 구성된다.
④ 세로축에는 명도(V), 주위의 원주상에는 색상(H), 중심의 가로축에서 방사상으로 늘이는 추를 채도(C)로 구성한다.

해설

먼셀 색체계의 색입체
수직으로 절단하면 동일색상면이 나타나고, 수평으로 절단하면 명도의 채도 단계를 관찰할 수 있다. 나무의 형태를 닮아 Color Tree라고 한다.

정답 ③

(2) 색상(H, Hue)

① 적(R), 황(Y), 녹(G), 청(B), 자(P)의 5가지 기본색에 보색을 추가하여 R(적), YR(주황), Y(황), GY(황록), G(녹), BG(청록), B(청), PB(청자), P(자), RP(적자)의 10색상을 나누어 척도화하였다.

② 10색상을 각각 10등분하여 전체가 100색상이 되는데 색상 표시는 R은 1R, 2R, 3R …… 10R과 같이 숫자로 먼저 표시하고 각 색상의 대표색 5는 색표에 표시할 때 5R, 5YR …… 5RP와 같은 10색상을 표시한다.

(3) 명도(V, Value)

① 명도는 빛의 반사율에 따른 색의 밝고 어두운 정도를 말하며 검은색을 0, 흰색을 10으로 하고 그 사이를 밝기의 감각치가 시각적으로 등간격이 되도록 9단계의 무채색으로 분할하였다.

② 1단계씩의 변화로 숫자가 높을수록 밝은 명도이고 숫자가 낮아질수록 어두운 명도를 나타내며 총 11단계의 명도단계를 적용하였다.

③ 무채색임을 나타내기 위하여 Neutral의 머리글자인 N에 숫자를 붙여 나타낸다. 무채색의 명도단계는 평균명도 N5, 저명도 N1~N3, 중명도 N4~N6, 고명도 N7~N9를 사용하고 있다.

(4) 채도(C, Chroma)

① 채도는 회색을 띠고 있는 정도로, 색의 맑고 탁한 정도를 나타낸다. 무채색의 채도를 0으로 잡았을 때 2단계씩 변화하면서 채도가 높아지도록 구성하고 있다.

② 14단계로 나누는 채도는 2, 4, 6, 8, 10, 12, 14 등과 같이 등보간격을 2단위로 구분하였으나 저채도부분에는 1, 3을 추가하였다.

③ 번호가 증가하면 채도가 높게 되지만 가장 채도가 높은 색의 번호는 색상에 따라 달라진다. 각 색상에서 가장 채도가 높은 색을 순색이라고 하는데 현재 가능한 색표에서는 적색의 채도 14, 황색 12, 청색 8로 되어 있다.

2) 먼셀 색입체(Munsell Color Tree)

① 색의 삼속성에 기반을 두고 색채를 3차원적 공간에 질서 정연하게 계통적으로 배치한 3차원적 표색구조물을 말한다.

② 수직방향은 명도, 원주방향은 색상, 중간의 명도축에서 방사상으로 뻗는 축에는 채도를 설정하여 각각에 있어서 지각적인 차이가 등간격이 되도록 척도화되어 있다.

③ 먼셀의 색입체를 수직으로 절단하면 동일 색상면이 나타나고, 수평으로 절단하면 명도의 채도단계를 관찰할 수 있다.

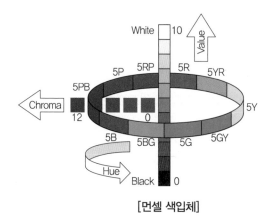

[먼셀 색입체]

❷ 색채 적용

1. 색채의 조화

1) 색채조화론

(1) 색채의 개념 및 목적

① 2색 또는 3색 이상의 다색배색에 질서를 부여하는 것으로 통일과 변화, 질서와 다양성과 같은 반대요소를 모순이나 충돌이 일어나지 않도록 조화시키는 것이다.

② 조화로운 배색을 위해서는 색채조화와 배색감정과의 관계, 구성색과 기호와의 관계, 개인의 색채에 있어서 조화의 특수성을 이해해야 한다.

③ 색의 3속성(색상, 명도, 채도)을 고려해야 하며 색상이 다르면 색조를 유사하게 한다. 또한 면적비에 따라 조화의 느낌이 달라질 수 있다.

(2) 색채조화의 원리

① 질서의 원리

색채조화는 의식할 수 있고, 질서 있는 계획에 따라 선택된 색채들이 생긴다.

② 비모호성(명료성)의 원리

명료한 두 색 이상의 색을 선택하여 배색을 선택할 때 생긴다.

③ 동류의 원리

가까운 색채끼리의 배색은 친근감을 주고, 조화를 느끼게 한다.

④ 유사의 원리

배색된 색채들이 서로 공통되는 상태·속성에 관계되어 있을 때 조화를 느끼게 한다.

핵심 문제 25 ◆◆◆

정성적(定性的) 색채조화론에서 공통되는 원리의 조합으로 올바른 것은?
[15년 4회]

① 질서성–친근성–동류성–명료성
② 질서성–자연성–동류성–상대성
③ 주관성–동류성–비모호성–객관성
④ 동류성–비모호성–자연성–합리성

해설
색채조화의 원리
질서성, 친근성, 동류성, 명료성, 대비성 등이 있다.

정답 ①

핵심 문제 26 ◆◆◆

색채조화에서 공통되는 원리가 아닌 것은?
[09년 2회]

① 부조화의 원리 ② 질서의 원리
③ 동류의 원리   ④ 유사의 원리

해설
색채조화의 원리
질서의 원리, 비모호성(명료성)의 원리, 동류의 원리, 유사의 원리, 대비의 원리가 있다.

정답 ①

⑤ 대비의 원리

배색된 색채들의 상태와 속성이 반대됨에도 불구하고 조화를 느끼게 되는 것이다.

2) 슈브뢸(M. E. Chevreul)의 색채조화론

(1) 정의

프랑스 화학자 슈브뢸(M. E. Chevreul)은 색의 조화와 대비의 법칙 및 4가지 조화의 법칙을 발표하였다. 1839년 ≪색채조화와 대비의 법칙≫이라는 책을 통해 색의 배색으로 인하여 여러 가지 효과를 낼 수 있다는 이론을 유사와 대비의 조화를 분류하여 설명하였다.

(2) 4가지 조화의 법칙

① 동시대비의 원리 : 명도가 비슷한 인접 색상을 동시에 배색하면 조화를 이룬다.
② 도미넌트 컬러의 조화 : 지배적인 색조의 느낌, 즉 통일감이 있어야 조화를 이룬다.
③ 세퍼레이션 컬러의 조화 : 두 색이 부조화일 때 그 사이에 흰색, 검은색을 더하면 조화를 이룬다.
④ 보색배색의 조화 : 두 색이 원색에 강한 대비로 성격을 강하게 표현하면 조화를 이룬다.

3) 저드(D. B Judd)의 색채조화론

(1) 정의

1955년 미국의 색채학자 저드(D. B. Judd, 1900∼1972)는 색채조화에 대한 견해와 이론을 조사 및 정리하여 색채조화 4원칙을 발표하였다. 색채조화는 좋고 싫음의 기호문제이며, 배색에 싫증 나거나 자주 보게 되면 기호가 변할 수 있다고 주장하였다.

(2) 색채조화 4원칙

① 질서의 원리 : 색상이나 톤의 일정한 질서나 규칙이 있을 때 색들의 조합은 대체로 조화한다는 원리이다.
② 비모호성의 원리(명료성의 원리) : 색에서 명도 차이가 크게 나는 배색은 애매함이 없고 명료함을 주어 조화롭다는 원리이다.
③ 친근성의 원리 : 빛의 명암 또는 자연에서 느껴지는 익숙한 색의 배색은 조화롭다는 원리이다.
④ 유사의 원리 : 배색된 색채 간의 색상이나 톤의 공통성을 부여하면 조화한다는 원리이다.

핵심 문제 27 ● ● ●

슈브뢸(M. E. Chevreul)의 색채조화원리가 아닌 것은?
[22년 3회]
① 분리효과
② 도미넌트 컬러
③ 등간격 2색의 조화
④ 보색배색의 조화

해설
슈브뢸의 색채조화론
동시대비의 원리, 도미넌트 컬러의 조화, 세퍼레이션(분리) 컬러의 조화, 보색배색의 조화

정답 ③

핵심 문제 28 ● ● ●

저드(D.B. Judd)의 색채조화 4원리가 아닌 것은?
[16년 1회]
① 대비의 원리   ② 질서의 원리
③ 친근감의 원리   ④ 명료성의 원리

해설
저드의 색채조화 4원칙
친근감의 원리, 유사의 원리, 질서의 원리, 명료성(비모호성)의 원리

정답 ①

4) 파버 비렌(Faber Birren)의 색채조화론

(1) 정의

① 미국 색채학자 파버 비렌(Faber Birren, 1900~1988)은 인간은 단순히 기계적인 지각이 아닌 심리적인 반응에 의해 색을 지각한다고 주장하였다.

② 비렌의 색삼각형(Birren Color Triangle)으로 불리는 개념도를 통해 조화론이 필요하다고 주장하였다. 또한 장파장의 색상은 시간의 경과를 길게 느끼고 단파장의 색상은 시간의 경과를 짧게 느낀다는 색채의 기능주의적 사용법을 주장하였다.

(2) 7개의 기본개념

톤(Tone), 흰색(White), 검정(Black), 회색(Gray), 순색(Color), 틴트(Tint), 색조(Shade)가 필요하다고 하였다. 이 이론은 PCCS 색체계의 근본이라고 할 수 있다.

Tone(Color + White + Black)	순색과 흰색 그리고 검은색이 합쳐진 톤이다.
White	흰색을 말한다.
Black	검은색을 말한다.
Gray(White + Black)	흰색과 검은색이 합쳐진 회색조이다.
Color	색상의 순수한 순색이다.
Tint(Color + White)	순색과 흰색이 합쳐진 밝은 색조를 말한다.
Shade(Color + Black)	순색과 검은색이 합쳐진 어두운 농담이다.

① Color(순색) – Shade(색조) – Black(검정) : 색채의 깊이와 풍부함과 관련한 배색조화이다.

② Color(순색) – Tint(틴트) – White(흰색) : 인상주의처럼 밝고 깨끗한 느낌의 배색조화이다.

③ Tint(틴트) – Tone(톤) – Shade(색조) : 가장 세련되고 미묘하며, 감동적인 배색조화이다.

④ White(흰색) – Gray(회색) – Black(검정) : 무채색을 이용한 안정된 조화이다.

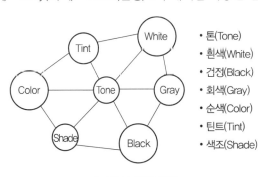

- 톤(Tone)
- 흰색(White)
- 검정(Black)
- 회색(Gray)
- 순색(Color)
- 틴트(Tint)
- 색조(Shade)

[비렌의 색삼각형]

핵심 문제 29 ◆◆◆

파버 비렌(Faber Birren)의 색채조화론 중 순색과 흰색의 조화로 이루어지는 용어는?

① Tint ② Shade
③ Tone ④ Gray

해설

파버 비렌의 색채조화론
① Tint : 순색과 흰색이 합쳐진 밝은 색조를 말한다.
② Shade : 순색과 검은색이 합쳐진 어두운 농담이다.
③ Tone : 순색과 흰색 그리고 검은색이 합쳐진 톤이다.
④ Gray : 흰색과 검은색이 합쳐진 회색조이다.

정답 ①

핵심 문제 30 ◆◆◆

비렌의 색채조화 원리에서 가장 단순한 조화이면서 일반적인 깨끗하고 신선해 보이는 조화는? [10년 1회]

① Color – Shade – Black
② Tint – Tone – Shade
③ Color – Tint – White
④ White – Gray – Black

해설

파버 비렌의 조화론
① Color : 색상의 순수한 순색이다.
② Tint : 순색과 흰색이 합쳐진 밝은 색조를 말한다
③ White : 흰색을 말한다.

정답 ③

(3) 색채와 형태

색과 형태는 빨강은 정사각형(중량감, 안정감), 주황은 직사각형(긴장감), 노랑은 삼각형(주목성), 녹색은 육각형(원만함), 파랑은 원형(유동성), 보라는 타원형(유동성)이라고 하였다.

빨강	주황	노랑	초록	파랑	보라
정사각형	직사각형	삼각형	육각형	원형	타원형

5) 문 · 스펜서의 색채조화론

(1) 정의

① 정량적 색채 조화론으로 1944년에 발표되었으며, 문(P. Moon)과 스펜서(D. E. Spencer)가 먼셀 시스템을 바탕으로 한 색채조화론을 미국광학회 'OSA'의 학회지에 발표하였는데 이것을 문 · 스펜서의 색채조화론이라고 부른다.

② 고전적인 색채조화의 기하학적 공식화, 색채조화의 면적, 색채조화에 적용되는 심미도 등의 내용으로 구성되어 있고 배색의 아름다움에 관한 면적비나 아름다움의 정도의 문제를 과학적이고 정량적인 방법의 조화론을 주장하였다.

③ 지각적으로 고른 감도의 오메가 공간을 만들어 조화를 이루는 색채와 그렇지 않은 색채의 두 종류로 나누었다. 이러한 오메가 공간은 먼셀의 색입체와 같은 개념으로 먼셀 표색계의 3속성에 대응될 수 있으며, H, V, C 단위로 설명하였고 조화이론을 정량적으로 다루는 데 색채연상, 색채기호 색채의 적합성을 고려하지 않았다.

(2) 조화와 부조화의 범위

미적 가치가 있는 것을 조화라고 부르고 좋은 배색을 위해서는 2색의 간격이 애매하지 않고, 오메가 색공간에 나타난 점이 기하학적 관계에 있도록 선택된 배색이 조화롭다고 하였다.

① 조화

동일조화(Identity)	같은 색의 조화
유사조화(Similarity)	유사한 색의 조화
대비조화(Contrast)	반대색의 조화

핵심 문제 31 ◆◆◆

문 · 스펜서의 색채조화론에 대한 설명 중 틀린 것은? [18년 1회]
① 먼셀 표색계로 설명이 가능하다.
② 정량적으로 표현이 가능하다.
③ 오메가 공간으로 설정되어 있다.
④ 색채의 면적관계를 고려하지 않았다.

해설

문 · 스펜서의 면적효과
무채색의 중간 지점이 되는 N5(명도5)를 순응점으로 하고 작은 면적의 강한 색과 큰 면적의 약한 색은 잘 어울린다고 생각하여 색의 균형점을 찾았다.

정답 ④

② 부조화

제1부조화(First Ambiguity)	아주 유사한 색의 부조화
제2부조화(Second Ambiguity)	약간 다른 색의 부조화
눈부심의 부조화(Glare)	극단적 반대색의 부조화

(3) 면적효과

① 무채색의 중간 지점이 되는 N5(명도5)를 순응점으로 하고 작은 면적의 강한 색과 큰 면적의 약한 색은 잘 어울린다고 생각하여 색의 균형점을 찾는다.

② 색의 균형점(Balance Point)으로 배색의 심미적 효과를 결정한다. 균형점은 어떤 배색에서 전체의 색조를 말하는 것으로 선택된 색이 면적비에 따라 회전혼색 되었을 때 나타나는 색을 의미한다.

③ N5 순응점을 중심으로 저채도의 색은 넓게 배색하는 것이 조화롭고, 순응점으로부터 지정된 색까지의 입체적 거리는 스칼라 모멘트(Scalar Moment)라고 하며 이 면적비례를 적용하였다.

(4) 미도

① 버크호프(G. D. Birkhoff)의 공식

미의 원리를 수량적으로 표현하기 위해 다음과 같은 미도를 구하는 공식을 제안하였으며 미도(M)가 0.5를 기준으로 그 이상이 되면 좋은 배색이라고 한다.

$$미도(M) = \frac{질서의\ 요소(O)}{복잡성의\ 요소(C)}$$

- 질서의 요소(O) = 색상의 미적계수 + 명도의 미적계수 + 채도의 미적계수
- 복잡성의 요소(C) = 색의 수 + 색상차가 있는 색조합의 수
    + 명도차가 있는 색조합의 수
    + 채도차가 있는 색조합의 수

② 미도의 특징

㉠ 등색상의 조화는 매우 쾌적한 경향이 있으며 동일색상은 조화롭다.

㉡ 균형 있게 잘 선택된 무채색의 배색은 아름다움을 나타내며 미도가 높다.

㉢ 색상, 채도를 일정하게 하고 명도만 변화시키는 경우, 많은 색상 사용 시보다 미도가 높다. 즉, 등색상 및 등채도의 단순한 배색이 미도가 높다.

핵심 문제 32 ••••

문·스펜서의 색채조화론의 부조화의 종류가 아닌 것은? [10년 2회]
① 제1부조화   ② 제2부조화
③ 제3부조화   ④ 눈부심의 부조화

해설

부조화
㉠ 제1부조화 : 아주 유사한 색의 부조화
㉡ 제2부조화 : 약간 다른 색의 부조화
㉢ 눈부심의 부조화 : 극단적 반대색의 부조화

정답 ③

핵심 문제 33 ••••

"M = O/C"는 문스펜서의 미도를 나타내는 공식이다 "O"는 무엇을 나타내는가? [24년 2회]
① 환경의 요소   ② 복잡성의 요소
③ 구성의 요소   ④ 질서의 요소

해설

미도(M)= $\dfrac{질서의\ 요소(O)}{복잡성의\ 요소(C)}$

정답 ④

6) 오스트발트의 색채조화론

(1) 정의

① 오스트발트(Ostwald)는 조화는 질서와 같다는 기본 원리를 바탕으로 색채조화의 조직화에 대하여 정립하였으며 색상은 헤링의 4원색(노랑, 빨강, 파랑, 초록)을 기본으로 24색상환으로 1~24로 표기하였고 명도는 8단계를 기본으로 하였다.

② 혼합비를 흰색량(W) + 검정량(B) + 순색량(C) = 100%로 하며 어떠한 색이라도 혼합량의 합이 항상 일정하다고 주장하였다.

③ 오스트발트의 색입체 모양은 삼각형을 회전시켜 만든 복원추(마름모형)로 명도를 축으로 수직절단하여도 마름모형이며, 중심축은 무채색이다.

(2) 색채계의 기호법

17gc
색상번호 : 17, 백색량 : g, 흑색량 : c

기호	a	c	e	g	i	l	n	p
백색량	89	56	35	22	14	8.9	5.6	3.5
흑색량	11	44	65	78	86	91.1	94.4	96.5

(3) 색채조화의 범위

① 무채색의 조화

8단계의 무채색 계열에서 등간격(연속, 2간격, 3간격)으로 선택한 3색에 의한 조화로 28가지가 있다(예 연속간격 a−c−e, 2간격 a−e−i, 3간격 a−g−n, 이간격 c−g−n).

② 동일색상의 조화(등색상 삼각형의 조화)

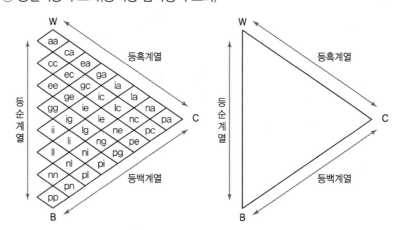

[오스트발트의 등색상 삼각형]

ⓒ 등색상 삼각형의 정의

등백색 계열의 조화	단일 색상면 삼각형 내에 동일한 양의 백색을 가지는 색채를 일정한 간격으로 선택하여 배색하면 조화를 이루며 기호의 앞 글자가 같으면 백색량이 같다. 예 pl－pg－pc
등흑색 계열의 조화	단일 색상면에 삼각형 내에서 동일한 양의 흑색을 가지는 색채를 일정한 간격으로 선택하여 배색하면 조화를 이루며 뒤의 기호가 같으면 흑색량이 같다. 예 c－gc－lc
등순색 계열의 조화	단일 색상면 삼각형 내에서 동일한 양의 순색을 가지는 색채를 일정한 간격으로 선택하여 배색하면 조화를 이루며 함유된 순색의 양이 같다. 예 ga－le－pi

ⓛ 등색상 삼각형의 특징
- 현실에 존재하지 않는 이상적인 3가지 요소(B, W, C)를 가정하여 물체의 색을 체계화하였다.
- 등색상 삼각형에서 BC와 평행선상에 있는 색들은 백색량이 같은 색계열이다.
- 등색상 삼각형에서 WB와 평행선상에 있는 색들은 순색량이 같은 색계열이다.
- WB 측에서 백색의 혼량비는 베버와 페흐너의 법칙에 따라 등비급수적인 변화를 한다.

(4) 다색조화(윤성조화)

① 색입체의 삼각형 속에서 임의의 색을 지나는 수직선상의 등순 계열, 이 점을 지나는 등흑 계열, 등백색 계열 및 수평 절단면에 놓인 색들은 조화를 이룬다.

② 윤성에 의해서 각 등백, 등흑, 등순 계열의 지점에서 등가색환을 다양하게 얻을 수 있으므로 조화색을 찾아낼 수 있다.

(5) 등가색환에서의 조화

① **유사색조화** : 색상차가 2~4 범위에 있는 색은 조화를 이룬다. 예 2ic－4ic

② **이색조화** : 색상차가 6~8 범위에 있는 색은 조화를 이룬다. 예 8ni－14ni

③ **보색조화** : 색상차가 12 이상인 경우 두 색은 조화를 이룬다. 예 2Pa－14Pa

2. 색채의 심리

1) 시지각적 특성

(1) 대비효과

어떤 색이 다른 색의 영향으로 본래의 색과 다르게 보이는 현상이다.

① 동시대비

서로 가까이 놓인 두 개 이상의 색을 동시에 볼 때 일어나는 색의 대비로 주변의 색의 영향을 받아 본래의 색과는 다른 현상으로 지각되는 현상이다.

명도대비	명도가 다른 두 색이 인접하여 서로 영향을 주는 것으로 밝은색은 더 밝게, 어두운색은 더 어둡게 보이는 현상이다. 예 흰색 배경의 회색보다 검은색 배경의 회색이 더 밝게 보인다.
색상대비	색상이 다른 두 색을 대비시켰을 때 색상 차이가 더욱 크게 느껴지는 것 현상이다. 예 주황색 위에 초록색을 놓으면 주황색은 더욱 붉게 보이고, 초록색은 파랑 기미가 있는 초록으로 보인다.
채도대비	어떤 색이 같은 색상의 선명한 색 위에 위치하면 원래의 색보다 훨씬 탁한 색으로 보이고 무채색 위에 위치하면 원래의 색보다 맑은 색으로 보이는 대비현상이다. 예 중간채도의 빨간색을 회색 바탕 위에 놓은 것보다 선명한 빨강 바탕 위에 놓았을 때 채도가 더 낮아 보인다.
보색대비	색상이 서로 정반대되는 두 색을 주위에 놓으면, 서로의 영향으로 각각의 채도가 더 높게 보이는 현상이다.

② 계시대비

일정한 색채자극이 사라진 이후에도 지속적으로 자극을 느끼는 현상으로 이전의 자극이 망막에 남아 다음 자극에 영향을 준다. 특히, 유채색의 경우 보색의 잔상의 영향으로 먼저 본 색의 보색이 나중에 보는 색에 혼합되어 보인다.

예 적색을 본 후 황색을 보면 색상이 황록색으로 보인다.

③ 연변대비

㉠ 어떤 두 색이 맞붙어 있을 때 경계부분에 색상, 명도, 채도 대비의 현상이 더욱더 강하게 일어나는 현상으로 두 색 사이에 무채색의 테두리를 만들면 연변대비를 감소시킬 수 있다.

㉡ 마하 밴드(Mach Band) : 대비가 감소하는 띠가 서로 인접했을 때, 띠의 경계에서 색이 더 진해 보이거나 더 밝게 보인다.

핵심 문제 38 ◆◆◆

중간채도의 빨간색을 회색바탕 위에 놓은 것보다 선명한 빨강바탕 위에 놓았을 때 채도가 더 낮아 보이는 현상은?

[11년 1회]

① 채도대비　　② 색상대비
③ 명도대비　　④ 보색대비

해설

채도대비
채도가 다른 두 색이 배색되어 있을때 채도가 높은 색은 더욱 선명해 보이고 채도가 낮은 색은 흐리게 보이는 현상이다.

정답 ①

핵심 문제 39 ◆◆◆

3색 이상 다른 밝기를 가진 회색을 단계적으로 배열했을 때 명도가 높은 회색과 접하고 있는 부분은 어둡게 보이고 반대로 명도가 낮은 회색과 접하고 있는 부분은 밝게 보인다. 이들 경계에서 보이는 대비현상은?

[16년 2회]

① 보색대비　　② 채도대비
③ 연변대비　　④ 계시대비

해설

연변대비
어떤 두 색이 맞붙어 있을 때 경계부분에 색상, 명도, 채도 대비의 현상이 더욱더 강하게 일어나는 현상으로 두 색 사이에 무채색의 테두리를 만들면 연변대비를 감소시킬 수 있다.

정답 ③

[마하 밴드]

(2) 잔상효과

눈에 색자극을 없앤 뒤에도 남는 색감각을 잔상이라고 한다. 자극으로 색각이 생기면 자극을 제거한 후에도 상이 나타나는 것을 말하며 잔상 출현은 원래 자극의 세기, 관찰시간, 크기에 의존한다.

부의 잔상 (음성잔상)	• 망막의 자극이 사라진 후 원래 자극과 모양은 닮았지만 밝기나 색상은 반대로 나타난다. 즉, 어떤 색을 응시하다가 눈을 옮기면 먼저 본 색의 반대색이 잔상으로 생긴다. • 음성잔상은 원래 색상과 보색관계로 나타나는 심리적 보색이다.
정의 잔상 (양성잔상)	원래 자극과 색상이나 밝기가 같은 잔상을 말하며 부의 잔상보다 오래 지속된다(예 TV, 영화, 횃불이나 성냥불을 돌릴 때).

(3) 지각효과

색채의 3속성이 인간의 시지각에 영향을 미쳐서 나타나는 효과이다.

① 명시성(시인성)

대상의 존재나 형상이 보이기 쉬운 정도를 말하며 멀리서도 잘 보이는 성질이다. 명시성에 영향을 주는 순서는 명도 – 채도 – 색상 순이며 보색에 가까운 색상차가 있는 배색일수록 시인성이 높아진다. 흑색바탕에는 황색 > 백색 > 주황색 > 적색 순으로 명시도가 높다.

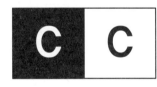 

② 주목성(유목성)

사람들의 수의나 주목을 끄는 성질로 위험방지, 안전정보를 전달해야 하는 장소에서 필요하며 서냉노보다는 고명도의 색, 저채도보다는 고채도의 색, 무채색보다는 유채색이 주목성이 높다.

핵심 문제 40 ◆◆◆

색의 동화작용에 관한 설명 중 옳은 것은?
[22년 1회]
① 잔상 효과로서 나중에 본 색이 먼저 본 색과 섞여 보이는 현상
② 난색 계열의 색이 더 커 보이는 현상
③ 색들끼리 영향을 주어서 옆의 색과 닮은 색으로 보이는 현상
④ 색점을 섬세하게 나열 배치해 두고 어느 정도 떨어진 거리에서 보면 쉽게 혼색되어 보이는 현상

해설

동화현상
두 색을 서로 인접 배색했을 때 서로의 영향으로 실제보다 인접 색에 가까운 것처럼 지각되는 현상으로 옆에 있는 색이나 주위의 색과 닮아 보인다.

정답 ③

핵심 문제 41 ◆◆◆

색채의 시인성에 가장 영향력을 미치는 것은?
[23년 1회]
① 배경색과 대상 색의 색상차가 중요하다.
② 배경색과 대상 색의 명도차가 중요하다.
③ 노란색에 흰색을 배합하면 명도차가 커서 시인성이 높아진다.
④ 배경색과 대상 색의 색상 차이는 크게 하고, 명도차는 두지 않아도 된다.

해설

명시성(시인성)
대상의 존재나 형상이 보이기 쉬운 정도를 말하며 멀리서도 잘 보이는 성질이다. 특히 명시성에 영향을 주는 순서는 명도–채도–색상 순이며 보색에 가까운 색상차가 있는 배색일수록 시인성이 높아진다.

정답 ②

핵심 문제 42 ◆◆◆

공장 내의 안전색채 사용에서 가장 고려해야 할 점은?
[20년 4회]
① 눈부심 ② 항상성
③ 연색성 ④ 주목성

해설

안전색채
한국산업규격(KS)에 의해 적용범위에 따라 색을 지정하여 규정한 것으로 안전색채로 사용되는 색들은 사람의 생명과 안전에 직결되어 있기 때문에 간결하고 주목성을 고려해야 한다.

정답 ④

다음 중 가장 큰 팽창색은? [15년 2회]
① 고명도, 저채도, 한색계의 색
② 저명도, 고채도, 난색계의 색
③ 고명도, 고채도, 난색계의 색
④ 저명도, 고채도, 한색계의 색

해설

고명도는 색의 밝기가 매우 밝고, 고채도
는 색의 선명도가 매우 선명하다는 뜻으
로, 특히 따뜻한 난색계의 고명도, 고채도
는 팽창성, 진출성이 있는 색이다.

정답 ③

색의 지각과 감정효과에 관한 설명으로
틀린 것은? [19년 2회]
① 색의 온도감은 빨강, 주황, 노랑, 연두,
녹색, 파랑, 하양 순으로 파장이 긴 쪽
이 따뜻하게 지각된다.
② 색의 온도감은 색의 삼속성 중 명도의
영향을 많이 받는다.
③ 난색계열의 고채도는 심리적 흥분을 유
도하나 한색계열의 저채도는 심리적으
로 침정된다.
④ 연두, 녹색, 보라 등은 때로는 차갑게,
때로는 따뜻하게 느껴질 수도 있는 중
성색이다.

해설

색의 온도감은 색의 삼속성 중 색상의 영향
을 많이 받는다.

정답 ②

색채의 온도감에 대한 설명 중 틀린 것은?
[21년 1회]
① 색의 세 가지 속성 중에서 주로 채도에
영향을 받는다.
② 무채색에서 고명도보다 저명도의 색이
따뜻하게 느껴진다.
③ 장파장쪽의 색은 따뜻하고, 단파장쪽
의 색은 차갑게 느껴진다.
④ 흑색이 흰색보다 따뜻하게 느껴진다.

해설

색의 온도감은 색의 삼속성 중 색상의 영향
을 많이 받는다.
※ 중량감 : 명도/ 강약감, 경연감 : 채도/
온도감 : 색상

정답 ①

③ 진출과 후퇴성, 팽창과 수축성

같은 거리에서 색에 따라 거리감과 면적의 차이가 나타나는 효과이다.

진출색	가깝게 보이는 색이다.
후퇴색	멀리 있는 것처럼 보이는 색이다.
팽창색	하나의 색이 실제 지니고 있는 면적보다 더 크게 보이는 색이다.
수축색	실제 면적보다 작게 보이는 것이다.

④ 면적효과

면적의 크고 작음에 따라 색채가 서로 다르게 보이는 현상으로 면적이 커지
면 명도 및 채도가 더욱 증대되어 보인다. 따라서 넓은 면적은 채도가 낮은
색으로, 좁은 면적은 채도가 높은 색으로 하는 것이 좋다.

(4) 감정효과

① 온도감

색채를 통해 느껴지는 따뜻하고 차가운 감정을 말하며 인간의 경험과 심리
에 의존하는 경향이 많고 자연현상에 근원을 두며 색상의 영향이 가장 크다.

난색	따뜻한 느낌을 주는 색(빨강, 주황, 노란색) – 흥분, 팽창, 진출
한색	차갑고 추운 느낌을 주는 색(청록, 파랑, 청자색) – 후퇴, 진정, 수축
중성색	어느 성질도 갖고 있지 않은 색(연두나 녹색, 보라) – 안정감

② 중량감

중량감은 색채를 대할 때 느끼는 가볍고 무거운 느낌을 말하며 명도에 의해
결정되어 고명도일수록 가볍게, 저명도일수록 무겁게 보인다.

③ 강약감

강약감은 색의 속성에 따라 강한 느낌과 약한 느낌을 주며 채도와 관련되어
고채도는 강하게, 저채도는 약하게 보인다.

④ 경연감

경연감은 딱딱한 느낌과 부드러운 느낌의 효과를 말하며 색조개념에 적용되어 고명도 저채도의 색은 부드럽게 느껴지고, 저명도 고채도의 색은 딱딱하게 느껴진다.

⑤ 시간성과 속도감

난색 계열의 배색공간은 시간의 흐름을 길게 느끼며, 한색 계열은 시간을 짧게 느낀다.

| 난색 계열 | 상업공간은 고객 회전율을 높일 수 있다. |
| 한색 계열 | 병동의 병실색채는 환자들의 입원기간 동안의 지루함을 덜어줄 수 있다. |

2) 연상과 상징

(1) 연상효과

① 색의 자극으로 생기는 인상 및 감정의 일종으로 사물이나 사건 또는 경험을 떠올리는 느낌을 말하며 구체적인 연상, 추상적인 연상으로 나눌 수 있다.

② 색의 연상은 경험적이기 때문에 기억색과 밀접한 관련이 있으며 같은 색이라도 생활양식이나 문화적인 배경, 지역과 풍토는 물론 성별, 학력, 직업, 연령 등의 개인차가 있다.

③ 색채연상의 역할은 제품정보, 기능정보, 사회·문화정보, 언어적 기능, 국제언어로서의 역할을 한다.

④ 빨강, 주황 등은 식욕을 증진하는 데 효과적인 색이고, 파랑, 하늘색 등은 일반적으로 청결한 이미지를 나타낸다. 또한 금속색(주로 은회색 등)은 첨단적·현대적인 이미지를 나타낸다.

◆ 색채의 연상효과

구분	연상효과	치료효과
빨강	정열, 위험, 혁명, 분노, 사랑	노쇠, 빈혈, 무활력
주황	원기, 만족, 풍부, 건강	위험표식, 강장제, 초점색
노랑	희망, 광명, 명랑, 유쾌, 명쾌, 발달, 주의, 경계(안전색채)	신경제, 안화제, 피로회복
연두	위안, 친애, 젊음, 자연	위안, 피로회복, 강장제
초록	건강, 자연, 산뜻함, 안식, 안정, 평화, 이상, 청춘, 희망, 휴식	해독, 피로회복, 안전색
청록	이지, 냉철, 바다, 질투	이론적인 사고 도모, 기술상담실의 벽
청색(Cyan)	우울, 소극, 냉담, 불안	마취성, 격정 저하

핵심 문제 46 ◆ ◦ ◦

다음 중 가장 부드러운 느낌을 주는 색은?
[10년 1회]

① 저명도, 고채도의 색
② 저명도, 저채도의 색
③ 고명도, 저채도의 색
④ 고명도, 고채도의 색

해설

고명도, 저채도의 색상은 부드러운 느낌을 준다.

정답 ③

핵심 문제 47 ◆ ◦ ◦

다음 색채가 지닌 연상 감정에서 광명, 희망, 활동, 유쾌 등의 색은?
[11년 3회]

① 빨강(Red)
② 주황(Yellow Red)
③ 노랑(Yellow)
④ 자주(Red Purple)

해설

• 노랑 : 희망, 광명, 명랑, 유쾌, 명쾌, 발랄 등
• 빨강 : 정열, 위험, 혁명, 분노, 사랑
• 주황 : 원기, 만족, 풍부, 건강

정답 ③

구분	연상효과	치료효과
파랑	미래지향적, 전진, 차가움, 심원, 명상, 청결, 젊음, 성실	눈의 피로회복, 맥박 저하
보라	창조, 신비, 우아, 신성, 나팔꽃	예술성, 신앙적
자주	애정, 창조, 그리움	저혈압, 노이로제, 우울증
백색	순수, 청결, 그리움	고독감
회색	겸손, 우울, 점잖음, 금속	우울함
검은색	허무, 절망, 불안, 암흑	예복, 상복

핵심 문제 48 ◆◆◇

다음 중 이성적이며 날카로운 사고나 냉정함을 표현할 수 있는 색은? [16년 1회]
① 연두　　　② 파랑
③ 자주　　　④ 주황

해설

파랑
파란색은 차가움, 전진, 날카로운 사고, 냉정함을 표현할 수 있는 색이다.

정답 ②

(2) 상징효과

눈에 보이지 않는 추상적인 개념이나 사상을 형태나 색을 가진 다른 것으로 직감적이고 알기 쉽게 표현한 것이다. 즉, 기억이나 연상과 관계가 있다. 또한 신분·계급의 구분, 방위의 표시, 지역 구분, 건물의 표시, 주의표시, 국가·단체의 상징 등으로 사용되며 기업의 아이덴티티를 강조하기 위해 하나의 색채로 이미지를 계획하여 사용하기도 한다.

① 색채상징의 역할
　㉠ 공간감 추상적 개념의 표현역할 : 언어로는 표현하기 어려운 공간감각이나 사회적·종교적 규범 같은 추상적 개념을 색으로 표현하였다.
　㉡ 전달기호로서의 역할 : 교통신호의 색이나 안전색채 등은 국제적으로 공통되는 의미를 가진 색으로 한가지의 상징적 의미를 가진다.
　㉢ 지역의 정체성을 대변하는 역할 : 지역색은 특정 지역의 자연환경과 자연스럽게 어울리고 선호되는 색채로 국가나 지방의 특성과 이미지를 부각시킨다.

② 문화별 상징색(오륜기)
　㉠ 청색, 황색, 흑색, 적색, 초록의 오색고리가 서로 얽혀 있는 형태로 세계를 뜻하는 월드(World)의 이니셜인 W를 시각적으로 형상화하였다.
　㉡ 오륜기

　　　　• 청색 : 유럽
　　　　• 황색 : 아시아
　　　　• 적색 : 아메리카
　　　　• 흑색 : 아프리카
　　　　• 녹색 : 오세아니아

핵심 문제 49 ◆◆◇

대륙을 연상시키는 색이 잘못 연결된 것은? [06년 1회]
① 아시아 – 노랑
② 유럽 – 파랑
③ 아프리카 – 빨강
④ 오스트레일리아 – 녹색

해설

• 아시아 : 노랑(황색)
• 유럽 : 파랑(청색)
• 오스트레일리아 : 녹색
• 아프리카 : 검정(흑색)
• 아메리카 : 적색

정답 ③

③ 종교별 상징색
종교별로 고유한 상징색을 가지고 있다.

      ㉠ 이슬람 : 녹색

      ㉡ 불교 : 노란색

      ㉢ 기독교 : 빨간색, 청색

      ㉣ 천주교 : 흰색, 검은색

(3) 한국의 전통색(오방색)

오방정색이라고도 하며 청, 백, 적, 흑, 황의 5가지 색을 말한다. 음과 양은 하늘과 땅을 의미하고 음양의 두 기운이 화, 수, 목, 금, 토의 오행을 생성한다는 음양오행사상을 바탕으로 한다.

색채	오행	방위
청색(파랑)	목(木)	동쪽
백색(흰색)	금(金)	서쪽
적색(빨강)	화(火)	남쪽
흑색(검정)	수(水)	북쪽
황색(노랑)	토(土)	중앙

3. 색채의 조절

색채조절은 색채의 생리적·심리적 효과를 적극적으로 활용하여 안전하고 효율적인 작업환경과 쾌적한 생활환경의 조성을 목적으로 하는 색채의 기능적 사용법을 의미한다. 미국의 기업체에서 먼저 개발하였고 기능배색이라고도 하며 환경색 또는 안전색 등으로 나누어 활용한다. 특히, 색채조절효과는 직접적인 효과 이외에도 부가적으로 발생하는 다양한 간접적 효과가 있을 수 있다.

1) 색채조절의 4요소

(1) 능률성

조명을 효율화시키며 시야에 적절한 배색으로 시각적 판단을 쉽게 하도록 한다.

(2) 안전성

화재, 충격사고, 오염을 방지하고 위험물과 위험장소에 안전색채로 배색한다.

(3) 쾌적성

공간의 기능과 작업심리에 어울리는 기능적인 배색을 한다.

(4) 심미성

시각전달의 목적에 맞게 배색한다.

핵심 문제 50 ◆◆◆

한국의 전통색의 상징에 대한 설명으로 옳은 것은? [16년 2회]
① 적색 – 남쪽   ② 백색–중앙
③ 황색 – 동쪽   ④ 청색 – 북쪽

해설
- 적색 : 남쪽
- 백색 : 서쪽
- 황색 : 중앙
- 청색 : 동쪽
- 흑색 : 북쪽

정답 ①

핵심 문제 51 ◆◆◆

색채조절(Color Conditioning)에 관한 설명 중 가장 부적합한 것은? [22년 3회]
① 미국의 기업체에서 먼저 개발했고 기능배색이라고도 한다.
② 환경색이나 안전색 등으로 나누어 활용한다.
③ 색채가 지닌 기능과 효과를 최대로 살리는 것이다.
④ 기업체 이외의 공공건물이나 장소에는 부적당하다.

해설
공공건물(공장, 학교, 병원) 등의 효율적이고 쾌적한 생활환경의 조성을 목적으로 색채조절이 필요하다.

정답 ④

색채조절의 효과로서 기대되는 것과 가장 거리가 먼 것은?
[02년 2회]
① 생산의 증진   ② 결근의 감소
③ 피로의 경감   ④ 재해율의 증가

해설

색채조절의 효과
재해율의 감소, 생산의 증진, 결근의 감소, 피로의 경감, 깨끗한 환경 제공 등

정답 ④

핵심 문제 53 ◆◆◆

다음 안전색채의 조건이 아닌 것은?
[06년 2회]
① 기능적 색채효과를 잘 나타낸다.
② 색상 차가 분명해야 한다.
③ 재료의 내광성과 경제성을 고려해야 한다.
④ 국제적 통일성은 중요하지 않다.

해설

안전색채
위험이나 재해를 방지하기 위해 사용하는 색으로 특정 국가나 지역의 문화를 넘어 국제언어로 국제적 통일성이 중요하다.

정답 ④

2) 색채조절의 효과

(1) 생산성 증진

일에 대한 집중력을 높일 수 있어 실수가 적어진다.

(2) 피로의 경감

신체의 피로를 줄이고 눈의 피로를 막아주는 역할을 한다.

(3) 재해율 감소

안전색채를 사용하므로 안전이 유지되고 사고가 줄어들며 벽, 천장의 색채계획을 밝게 하여 조명의 효율을 높인다.

(4) 쾌적한 환경

건물 내외를 보호하고 유지하는 데 효과적이고 깨끗한 환경을 제공하므로 정리정돈 및 청소가 쉬워진다.

3) 색채조절의 활용

(1) 안전색채(한국공업규격)

안전색채는 광원 자체의 색이나 투과색이 아닌, 물체의 표면색으로 적용범위, 색채의 종류 및 사용개수와 색의 지정이 규정되어 있다. 안전색채는 다른 물체의 색과 쉽게 식별되어야 하며 제품안전 라벨에 안전색을 사용하여 주목성을 높인다. 또한 노랑과 검정의 안전표시는 잠재적 위험을 경고하는 의미를 가진다.

(2) 안전색채의 특성

색명	기준표색계	표시사항	사용장소
빨강	5R 4/13	방화, 멈춤, 금지	방화, 멈춤, 금지를 표시하는 장소
주황	2.5YR 6/13	위험	재해, 상해를 일으킬 위험성이 있는 것이나 장소
노랑	2.5Y 8/12	경계, 주의	충돌, 추락, 걸려서 넘어질 수 있는 것이나 장소
녹색	2G 5.5/6	안전, 진행, 구급, 구호	위험하지 않거나 위험을 방지·구급과 관계가 있는 것 또는 장소
파랑	2.5PB 5/6	조심	아무렇게 다루어서는 안 되는 것이나 장소
자주	2.5RP 4.5/12	방사능	방사능이 있는 것이나 장소
흰색	N9.5	통로, 정돈	정돈과 청소가 필요한 장소
검정	N1.5	화살표, 금지	주황, 노랑, 흰색을 잘 보이게 하는 보조색

※ 한국산업표준 KS A 3501에 의한 지정된 안전색채규정은 2010년에 폐기되었으나 국제적으로 사용된다.

4. 색채의 배색계획

1) 배색의 구성요소

(1) 주조색

일반적으로 배색의 대상이 되는 부위에서 가장 넓은 면적부분을 차지하는 색으로 주로 바탕색이나 전체적인 느낌을 전달하는 주가 되는 색을 말한다.

(2) 보조색

주조색 다음으로 넓은 면적을 차지하고 보조요소들을 배합색으로 취급함으로써 변화를 주는 역할을 한다. 동일, 유사, 대비, 보색 등의 관계가 생기게 된다.

(3) 강조색

차지하고 있는 면적으로 보면 가장 작은 면적에 사용되지만, 배색 중에서는 가장 눈에 띄는 악센트를 주는 포인트 역할을 하는 색으로 집중시키는 효과가 있다.

2) 배색의 기법

(1) 색상에 의한 배색

동일색상의 배색	동일색상의 범위에서 명도와 채도를 달리하여 배색하는 방법으로, 따뜻함, 차가움, 부드러운 느낌을 준다.
유사색상의 배색	색상환 바로 옆에 있는 인접 색상의 자연스러운 연결로 부드러운 느낌을 준다.
반대색상의 배색	반대색상 관계에 있는 색을 배색하는 방법으로, 화려하고 자극이 강하며 역동적이고 대담한 느낌을 준다.

(2) 명도에 의한 배색

고명도의 배색	맑고 명쾌하며 깨끗한 느낌을 준다.
명도차가 큰 배색	뚜렷하고 확실하며 명쾌한 느낌을 준다.

(3) 채도에 의한 배색

고채도의 배색	화려하고 자극적이며 산만한 느낌을 준다.
저채도의 배색	부드럽고 온화한 느낌을 준다.

(4) 동일한 톤에 의한 배색

차분하고 정적이며 통일감의 효과를 가진다.

핵심 문제 54 ◆ ◆ ◆

다음 중 유사색상 배색의 느낌이 아닌 것은? [11년 3회]
① 화합적 ② 평화적
③ 안정적 ④ 자극적

해설

유사색상의 배색
색상환에서 서로 근접한 거리에 있는 색상 간의 관계를 유사색상이라 하며 무난하고 부드러우며 화합적, 평화적, 안정적, 온화함, 상냥함의 감정이다.

정답 ④

핵심 문제 55 ◆ ◆ ◆

다음 중 유사색상의 배색은? [18년 1회]
① 빨강 – 노랑 ② 연두 – 녹색
③ 흰색 – 흑색 ④ 검정 – 파랑

해설

연두(GY) – 녹색(G)

정답 ②

다음 배색 중 가장 차분한 느낌을 주는 것은? [20년 1·2회]
① 빨강 – 흰색 – 검정
② 하늘색 – 흰색 – 회색
③ 주황 – 초록 – 보라
④ 빨강 – 흰색 – 분홍

해설

톤인톤(Tone in Tone)배색
비슷한 톤의 조합에 의한 배색으로 색상은 동일 톤을 원칙으로 하여 인접 또는 유사색상의 범위 내에서 선택한다.

정답 ②

분리배색효과에 대한 설명이 틀린 것은? [14년 1회]
① 색상과 톤이 유사한 배색일 경우 세퍼레이션 컬러를 선택하여 명쾌한 느낌을 줄 수 있다.
② 스테인드글라스는 세퍼레이션 색채로 무채색을 이용한 금속색을 적용한 대표적인 예이다.
③ 색상과 톤의 차이가 큰 콘트라스트 배색인 빨강과 청록사이에 검은색을 넣어 온화한 이미지를 연출한다.
④ 슈브럴의 조화이론을 기본으로 한 배색방법이다.

해설

색상과 톤의 차이가 큰 콘트라스트 배색인 빨강과 청록 사이에 검은색을 넣어 명쾌한 이미지를 연출한다.

정답 ③

배색방법 중 하나로 단계적으로 명도, 채도, 색상, 톤의 배열에 따라서 시각적인 자연스러움을 주는 것으로 3색 이상의 다색 배색에서 이와 같은 효과를 낼 수 있는 배색방법은? [16년 2회, 22년 2회]
① 반복배색　　　② 연속배색
③ 강조배색　　　④ 트리콜로 배색

해설

연속배색(그라데이션배색)
한 가지 색이 다른 색으로 옮겨갈 때 진행되는 색의 변조를 뜻하는 것으로 점진적인 변화를 주어 리듬감을 얻는 배색법이다.

정답 ②

3) 배색의 방법

(1) 톤온톤(Tone on Tone)배색, 톤인톤(Tone in Tone)

① **톤온톤** : 동일색상으로 두 가지 톤의 명도차를 비교적 크게 잡은 배색이다.

② **톤인톤** : 동일색상, 인접 또는 유사색상에서 비슷한 톤의 조합에 따른 배색이다.

(2) 토널(Tonal)배색

중명도, 중채도의 덜(Dull)톤을 사용하여 차분하고 안정된 이미지의 배색이다.

(3) 카마이외(Camaieu)배색, 포 카마이외(Faux Camaieu)배색

색조와 색상 차이가 거의 없어 유사하고 희미한 배색으로 미묘한 색차의 배색을 말하며 온화하고 조화로운 이미지의 배색이다.

① **카마이외배색** : 거의 동일한 색상에 약간의 톤 변화가 있다.

② **포 카마이외배색** : 약간의 색상차가 있다.

(4) 비콜로(Bicolore)배색, 트리콜로(Tricolore)배색

① **비콜로배색** : 2색 배색으로 주로 고채도를 사용하며 대립적이고 산뜻한 배색이다.

② **트리콜로배색** : 3색 배색으로 주로 하나의 무채색과 고채도를 사용한 강렬한 배색이다.

(5) 강조배색(Accent Color), 분리배색(Separation Color)

① **강조배색** : 단조로운 배색에 반대색상 또는 반대색조를 사용하여 악센트를 준 배색이다.

② **분리배색** : 색상과 톤이 비슷하여 배색이 명료하지 못하거나 차이가 너무 강한 경우 색과 색 사이에 분리색을 삽입하여 조화를 이루게 하며 무채색을 넣어 색을 분리시키는 방법이다.

(6) 그라데이션배색(Gradation Color), 반복배색(Repetition Color)

① **그라데이션배색** : 한 가지 색이 다른 색으로 옮겨갈 때 진행되는 색의 변조를 뜻하는 것으로, 점진적인 변화를 주어 리듬감을 얻는다.

② **반복배색** : 2색 이상을 반복하여 리듬감을 주는 배색이다.

❸ 색채계획

1. 색채계획과정

사용목적에 맞는 색을 선택하고 배색을 위한 자료수집과 환경분석을 통해 효율적이고 아름다운 배색효과를 얻기 위한 전반적인 계획을 말한다.

[색채계획의 기본과정]

1) 색채분석 및 조사

색채를 선정하는 데 영향을 줄 수 있는 다양한 환경을 분석하고 사용자들의 색채에 대한 심리적 반응을 분석해 그 자료를 바탕으로 전달계획을 기획하여 디자인에 적용하는 순서대로 한다.

(1) 색채환경분석
① 기업색, 상품색, 선전색, 포장색 등 업체의 관용색 분석·색채 예측 데이터를 수집한다.
② 색채의 예측 데이터 수집능력, 색채 변별 조색능력이 필요하다.

(2) 색채심리분석
① 기업 이미지, 색채 이미지, 상품 이미지, 형태 이미지, 유행 이미지를 측정한다.
② 심리조사능력, 색채구성능력이 필요하다.

(3) 색채전달계획
① 상품의 색채와 광고 색채를 결정한다.
② 타사의 제품과 차별화하는 마케팅능력과 컬러능력이 필요하다.

(4) 디자인 적용
① 색채의 규격과 시방서의 작성 및 컬러 매뉴얼의 작성이 필요하다.
② 아트 디렉션의 능력이 필요하다.

2) 색채계획 시 고려사항
① 개인적인 기호에 의하지 않고 객관성이 있어야 한다.
② 주변지역과 조화로운 색채를 사용한다.
③ 전체적으로 질서가 있어야 하며 적당한 변화가 있어야 한다.
④ 주거민을 위한 편안한 색채디자인이 되어야 한다.

2. 공간별 색채계획

1) 주거공간

(1) 거실

① 공용영역으로 편안한 느낌을 주는 따뜻하고 부드러운 색의 사용이 적합하다.

② 공간의 규모가 작은 경우는 단색이나 유사색을 계획하여 넓어 보이게 할 수 있으며 규모가 큰 경우는 대비색을 이용하여 공간의 활기를 줄 수 있는 색채 선택도 가능하다.

(2) 침실

① 천장이나 넓은 벽면적에는 강렬한 색의 사용을 피하는 것이 좋으며 베개, 침대커버, 쿠션 등의 소품영역들은 계절색을 이용할 수 있다.

② 색채 사용은 2~3가지로 제한하는 것이 좋으며, 단일색의 명도, 채도단계의 변화만으로 큰 효과를 볼 수 있다.

③ 순백색보다는 눈에 자극도 적고, 피로도 낮은 한색계열로 배색한다.

(3) 자녀실

① 놀이, 학습, 취침 등이 이루어지는 곳으로 밝고 따뜻하며 깨끗한 색채를 사용한다.

② 어린이들의 선호색을 적용하고자 하는 경우에는 정서적 안정감을 떨어뜨리는 채도가 높은 색채 사용을 피하도록 한다.

(4) 주방, 식당

① 부엌가구는 사용자의 취향을 고려한 색상을 선택하고 난색 계열을 사용한다.

② 청결한 느낌을 주기 위해 밝은 톤이나 자연색을 적용한다. 활동의 폭이 넓은 공간이기 때문에 강렬하고 활기 있는 색상계획도 가능하다.

(5) 욕실

① 청결함과 위생적인 측면의 고려와 정서적 안정감과 편안함을 위한 색채선정이 중요하다.

② 강한 색은 피부색에 반사되고 사용자의 모습을 변화시키는 경향이 있으므로 사용 시 신중해야 한다.

2) 공공공간

생리적 · 심리적 효과를 적극적으로 활용하여 안전하고 효율적인 작업환경과 쾌적한 생활환경의 조성을 목적으로 '능률성, 안전성, 쾌적성, 심미성'을 고려해야 한다.

핵심 문제 62 ◆◆◆

다음 중 식당의 실내배색에 있어서 식욕을 돋우는 색으로 가장 좋은 색은?

[03년 1회]

① RP 바탕에 Y ② YR 바탕에 R
③ G 바탕에 B   ④ P 바탕에 Y

해설

색채 – 미각

식욕을 돋우는 색은 오렌지, 주황색 같은 난색계열이고, 식욕을 감퇴시키는 색은 파란색 같은 한색계열이다.

정답 ②

(1) 병원

① 수술실

ㄱ 녹색계통은 빨간색의 보색으로 잔상을 줄여주며, 눈의 피로를 고려한 진정색이다.

ㄴ 잔상이라는 생리적 현상과 진정색이라는 심리적 효과를 잘 연결시켜 색채를 선택한 색채조절의 전형적인 컬러이다.

② 환자 입원실

ㄱ 어두운 조명, 시원한 색(녹색, 청색)으로 휴식을 제공하므로 백열등은 황달기운이 있는 환자의 피부색을 볼 수 없으므로 고려해야 한다.

ㄴ 약간 어두운 조명과 시원한 색은 휴식을 요하는 환자에게 적합하다.

ㄷ 병원이나 역대합실의 배색 중 지루함을 줄일 수 있는 색은 청색 계열이 적합하다.

③ 복도 및 대기실

ㄱ 크림색(5.5YB 5/3.5)을 사용하여 따뜻한 공간을 형성하고 청결함을 유지하는 기능 외에도 병원의 분위기를 부드럽게 하여 심리적 압박감을 줄인다.

ㄴ 전체적으로 온화하고 안정된 분위기를 창출하도록 조도는 700lux 정도가 필요하다.

(2) 공장

① 공장의 기계류와 핸들의 색을 주변과 다르게 함으로써 실수와 오류를 줄여주며 위험개소는 주의를 집중시키고 식별이 잘 되도록 주황색으로 명시하고 통로는 흰색선으로 표시하여 생산효율의 향상을 보여준다.

② 좁은 면적을 시원하고 넓게 보이게 하려면 밝은색을 적용하고, 실내온도가 높은 직장에서는 한색 계통을 주로 사용한다.

③ 작업장에서는 무거운 물건을 밝은색으로 도장하면 가볍게 느껴지게 하여 작업능률을 높일 수 있고 석유나 가스의 저장탱크는 반사율이 높기 때문에 흰색이나 은색으로 칠한다.

④ 공장에서는 쾌적성과 생산성 향상을 위해 공정의 색채는 초점색, 기계색, 환경색으로 나누어 고려하는 경우가 많다.

초점색	핸들 등 조작의 중심이 되는 부분의 색이다.
기계색	기계 본체의 색으로 초점색과 대비 및 환경색과 조화한다.
환경색	차분한 느낌의 색으로 고온에서 작업하는 곳은 한색으로 한다.

색채환경분석 → ( ) → 색채전달계획 → 디자인에 적용

① 소비계층 선택 ② 색채심리분석
③ 생산심리 분석 ④ 디자인 활동 개시

해설

색채계획의 기본과정
색채 환경분석 → 색채심리분석 → 색채전달계획 → 디자인의 적용

정답 ②

기업의 브랜드 아이덴티티를 높이기 위해 사용되는 색 중 가장 사용빈도가 높은 색에 대한 설명으로 맞는 것은? [09년 1회]
① 회색으로 고난, 의지, 암흑을 상징한다.
② 보라색으로 여성적인 이미지와 부를 상징한다.
③ 파란색으로 미래지향, 전진, 젊음을 상징한다.
④ 노란색으로 도전과 화합, 국제적인 감각을 상징한다.

해설

파란색은 미래지향, 전진, 젊음을 상징하며 많은 기업들이 많이 사용하는 색상이다. '보안'이나 '책임감'과 같은 긍정적인 심리적 효과를 유발한다.

정답 ③

초등학교 교실의 실내계획에 대한 설명 중 옳지 않은 것은? [03년 1회]
① 교실문이 여닫이일 때는 밖여닫이로 하는 것이 좋다.
② 교실 색채계획은 중간색을 쓰는 것이 좋다.
③ 천장 색채는 어둡게 하여 차분한 분위기를 유도한다.
④ 바닥재는 내마모성이 있고 소음이 나지 않는 재료로 한다.

해설

천장 색채는 밝은색을 사용하여 밝고 차분한 분위기를 유도한다.

정답 ③

---

(3) 오피스

① **색채의 지역 구분(Color Zoning)** : 색채의 특성별로 실내환경을 구획화한다.
② 조명의 효율을 높이기 위해 벽을 흰색으로 하는 경우 눈동자가 축소되고 잘 보이지 않아 주의가 산만해지기 쉽기 때문에 중간 명도의 색을 사용하여 지속된 긴장을 풀어 심리적인 즐거움과 휴식을 준다.
③ 활력이 필요한 영업직의 환경색은 의식이 활발해지는 난색계가 적당하고, 사무의 집중도가 높은 사무는 한색계, OA 기기를 주로 사용하는 작업은 피로를 경감하는 녹색계 색채를 사용한다.
④ 작업자들이 고온의 작업환경에서 일하는 경우 녹색, 파랑 같은 한색을 사용하고 그 반대로 베이지색, 크림색 같은 난색은 천장이 높거나 썰렁한 곳의 분위기를 부드럽게 해주고 자연광의 부족을 보상하기 위해 사용한다.

(4) 학교

① 벽, 바닥, 가구, 설비물 등 휘도비율을 균등하게 해야 하며 학교는 50∼60% 빛을 반사할 수 있는 색을 선택하여 바닥은 20∼30%의 반사율, 책상, 설비물은 25∼40%의 반사율을 갖는 것이 바람직하다.
② 교실명도는 6∼7 정도의 밝은 색상이 어울리나 고채도의 색은 좋지 않고 연노랑, 산호색, 복숭아색 등의 온색의 밝은 환경을 권장한다.
③ 복도는 자유롭고 대담한 색채를 사용하고 식당은 산호색 계열의 식욕을 돋우는 색을 사용한다.
④ 도서실, 교무실은 엷은 그린색 등의 차분한 색조를 사용하고 사무실은 한색이 안정적이며, 흰색벽은 눈의 피로를 가져오므로 피한다.

3. 환경색채디자인

1) 환경색채

인간이 살아가는 삶의 현장과 자연 그리고 지구 전체와 우주까지 포함한다. 인간의 생활공간을 아름답고 쾌적하며 기능적으로 생기 있게 만드는 활동으로 인간과 환경을 조화롭게 구축하는 생활터전에 관한 분야의 디자인이라 할 수 있다.

2) 디자인과정

입지조건 조사 분석 → 환경색채 조사 분석 → 색채설계 → 색채 결정 및 시공

4. 디지털색채

1) 디지털(Digital)

(1) 디지털의 정의

문자나 음성, 영상 등을 0과 1이라는 수치로 처리하거나 숫자로 나타내는 것으로 색채를 수치화하여 표현한다. 컴퓨터 모니터, TV, 프린터, 휴대폰, PDA, DMB, 모바일 등이 모두 디지털색채에 포함된다.

(2) 디지털의 색채체계

① 수치와 논리의 구성이므로 현색계에서 표현할 수 없는 색좌표를 입출력할 수 있으며 이러한 상태를 컴퓨터의 최소단위인 비트(bit)로 나타낸다.
② 디지털색채는 빛을 디스플레이할 경우에는 R, G, B 색채영상을 이용하고 프린트와 같이 오프라인에서 재현할 때는 C, M, Y를 이용한다.

2) 비트(bit)

(1) 비트의 정의

컴퓨터 데이터의 가장 작은 단위이며 하나의 2진수값(0, 1)을 가진다. 1bit는 모니터상 1개의 픽셀(pixel)당 2진수값을 표현할 수 있으므로 흑과 백, 2가지만 표현할 수 있다.

(2) 비트의 특징

① 많은 비트(bit)를 시스템이 추가하면 할수록 가능한 조합의 수가 늘어나 생성되는 컬러의 수가 증가된다.
② 24비트(bit) 컬러는 사람의 육안으로 볼 수 있는 전체 컬러를 망라하지는 못하지만 거의 가깝게 표현할 수 있다.
③ 2bit는 1bit 2개를 조합하여 흑과 백, 두 단계의 회색이 추가되어 4가지 음영을 표현하고 총 256가지의 다양한 농도를 표현할 수 있으며 256 음영단계라고 한다.

◆ 비트(bit)와 표현색상

1bit	2색(검정, 흰색)
2bit	4색(검정, 흰색, 회색 2단계)
8bit	256색(Index Color)
16bit	6만 5천 색(High Color)
24bit	1,677만 7천 색(True Color)

핵심 문제 68 ◆◆◆

4개의 대안이 존재하는 경우 정보량은 몇 비트인가? [17년 3회]
① 0.5비트   ② 1비트
③ 2비트   ④ 4비트

해설

비트(Bit)와 표현색상
• 1비트 : 2색(검정, 흰색)
• 2비트 : 4색(검정, 흰색, 회색 2단계)
• 8비트 : 256색(Index Color)
• 16비트 : 6만 5천 색(High Color)
• 24비트 : 1,677만 7천 색(True Color)

정답 ③

핵심 문제 69 ◆◆◆

디지털 이미지에서 색채 단위 수가 몇 이상이면 풀컬러(Full Color)를 구현한다고 할 수 있는가? [24년 1회]
① 4비트 컬러   ② 8비트 컬러
③ 16비트 컬러   ④ 24비트 컬러

해설

24비트(bit) 컬러
사람이 육안으로 볼 수 있는 건게 컬러를 망라하지는 못하지만 거의 가깝게 표현할 수 있다.

비트(Bit)와 표현색상
• 1비트 : 2색(검정, 흰색)
• 2비트 : 4색(검정, 흰색, 회색 2단계)
• 8비트 : 256색(Index Color)
• 16비트 : 6만 5천 색(High Color)
• 24비트 : 1,677만 7천 색(True Color)

정답 ④

3) 픽셀(pixel)

(1) 픽셀의 정의

그림(Picture)과 요소(Element)의 합성어로 디지털이미지를 이루는 최소한의 점을 화소라 하며 이를 픽셀(pixel)이라는 단위로 나타낸다. X, Y좌표로 된 평면 위에 나타낼 수 있는 이미지의 최소단위가 픽셀이며 더 이상 쪼갤 수 없는 디지털 이미지의 기본요소이다.

(2) 픽셀의 특징

① 자기만의 위치가 있으며 하나의 픽셀은 하나의 점 공간을 차지하고 좌표계를 일반적으로 비트맵이라고 한다.
③ 모니터 등에 나타나는 디지털 이미지는 마치 수많은 타일로 구성된 모자이크 그림과 같이 사각형 픽셀의 집합으로 구성된 것이다.

4) 해상도(Resolution)

(1) 해상도의 정의

화면을 구성하고 있는 화소의 수를 해상도라 하며 어떤 패턴을 어느 정도의 세밀한 밀도로 기록 또는 표시할 수 있는 그 밀도를 나타내는 척도로서 그래픽 화면의 선명도를 말한다.

(2) 해상도의 특징

① 해상도는 픽셀의 집합이므로 시스템 내에서 최소단위의 픽셀 개수가 정해져 있지만, 일반적으로 모니터가 고해상도일수록 선명한 색채영상을 제공한다.
② 해상도의 표현방법은 가로 화수와 세로 화수로 나타내며, 디스플레이 모니터 안에 있는 픽셀의 숫자로 가로방향과 세로방향의 픽셀 개수를 곱하면 된다.
③ 1인치×1인치 안에 들어 있는 픽셀의 수가 바로 해상도이며 단위는 ppi를 사용한다. 모니터상의 해상도인 ppi(pixel per inch)와 프린터 인쇄물의 해상도인 dpi(dot per inch)가 주로 쓰인다.
④ 화면에 디스플레이된 색채영상의 선명도는 해상도와 모니터의 크기에 좌우되며 동일한 해상도에서는 크기가 작은 모니터에서 더 선명하고, 큰 모니터로 갈수록 선명도가 떨어지는데, 그 이유는 면적이 더 크면서도 같은 개수의 픽셀이 분포되어 있기 때문이다.

핵심 문제 70 ◦◦◦

해상도에 대한 설명으로 틀린 것은?
[14년 3회, 17년 3회]

① 한 화면을 구성하고 있는 화소의 수를 해상도라고 한다.
② 화면에 디스플레이된 색채 영상의 선명도는 해상도와 모니터의 크기에 좌우된다.
③ 해상도의 표현방법은 가로 화소수와 세로 화소수로 나타낸다.
④ 동일한 해상도에서 모니터가 커질수록 해상도는 높아져 더 선명해진다.

해설

해상도
동일한 해상도에서 모니터가 작을수록 해상도는 높아져 더 선명해진다.

정답 ④

5) 디지털의 색채체계(Digital Color System)

(1) RGB 모드

① 컴퓨터 모니터와 스크린 같은 빛의 원리로 컬러를 구현하는 장치에서 사용하며 색광을 혼합해 이루어져 2차색은 원색보다 밝아지므로 가법혼색으로 표현하는 방법이다.

② RGB는 각 8비트 색채인 경우 0~255까지 256단계를 갖는다. R, G, B 각 채널당 8비트를 사용하는 경우 1,600만 컬러의 표현이 가능하며 각각 세계의 컬러가 별도로 작용하여 색의 표현이 가능하다.

③ 컴퓨터 화면의 스크린은 24비트 색배열 조정장치를 사용할 경우 최대 약 1,677만 가지의 색을 만들어 낼 수 있다.

④ 디지털 색채시스템 중 가장 안정적이고 널리 쓰이며, 각각에 R=0, G=0, B=0과 같은 수치를 주어 디스플레이 하면 전압영역이 검은색이 된다.

0, 0, 0	검은색	255, 255, 255	흰색

(2) CMYK 모드

① 빛의 일부 파장을 흡수하고 표현색만 반사하는 잉크의 특성을 이용하여 색을 표현한다. 그림이나 인쇄물 출력 시 사용하며 특히 프린터, 잉크 그리고 종이의 성질에 따라 매우 많이 변한다.

② 색료에 기초한 색상 구현원리인 감법혼색을 사용하고 모두 혼합해도 순수한 검정을 얻을 수 없으며 별도의 검정(K)잉크를 추가하여 색을 나타낸다.

(3) HSB시스템

① 먼셀의 색채개념인 색상, 명도, 채도를 중심으로 선택하도록 되어 있다.

② 프로그램상에서는 H모드, S모드, B모드를 볼 수 있다.

    ㉠ H(Hue) : 색상

    ㉡ S(Saturation) : 채도

    ㉢ B(Brightness) : 밝기

(4) L*a*b*

① 1976년 CIE가 추천하여 시각적으로 서의 균등한 간격을 가신 색공산으로 색체 측정 및 색채관리에 가장 널리 이용되고 있으며 직업속도가 빠르다.

② 균일 색모델(Uniform Color Model)로 Lab, Luv 등이 존재한다.

③ 색공간에서 L*(명도), a*(빨강과 초록), b*(노랑과 파랑)을 나타내며, 다른 환경에서도 최대한 색상을 유지시켜 주기 위한 디지털 색채체계이다.

④ CYMK 모드를 모두 수용할 수 있는 색영역을 가지기 때문에 RGB 모드로 변환 시에 중간단계로 사용된다.

핵심 문제 71 ◆ ◆ ◆

디지털 색채체계에 대한 설명 중 옳은 것은? [24년 2회]

① RGB 색공간에서 각 색의 값을 0~100%로 표기한다.

② RGB 색공간에서 모든 원색을 혼합하면 검정색이 된다.

③ L*a*b* 색공간에서 L*은 명도를, a*는 빨강과 초록, b*는 노랑과 파랑을 나타낸다.

④ CMYK 색공간은 RGB 색공간보다 컬러의 범위가 넓어 RGB 데이터를 CMYK 데이터로 변환하면 컬러가 밝아진다.

해설

Lab 컬러모드

헤링의 4원색설에 기초로 L*(명도), a*(빨강/녹색), b*(노랑/파랑)으로 다른 환경에서도 최대한 색상을 유지시켜주기 위한 디지털 색채체계이다.

정답 ③

핵심 문제 72 ◆ ◆ ◆

디지털색채시스템에서 CMYK 형식에 대한 설명으로 옳은 것은? [18년 2회]

① CMYK 4가지 컬러를 혼합하면 검정이 된다.

② 가법혼합방식에 기초한 원리를 사용한다.

③ RGB 형식에서 CMYK 형식으로 변환되었을 경우 컬러가 더욱 선명해 보인다.

④ 표현할 수 있는 컬러의 범위가 RGB 형식보다 넓다.

해설

CMYK

색료는 물체의 색으로 시안(Cyan), 마젠타(Magenta), 노랑(Yellow)이 기본색으로 3종의 색료를 혼합하면 명도와 채도가 낮아져 어두워지고 탁해진다.

정답 ①

6) 그래픽이미지(Graphic Image)

(1) 비트맵(Bitmap)

BMP 파일형식은 PC의 표준 그래픽 파일형식으로 불리며 윈도우가 기동하거나 종료될 때 보이는 이미지들이나 바탕화면의 배경그림 등을 표현한다.

(2) JPG

컬러 이미지의 손상을 최소화시키며 압축할 수 있는 기술 또는 포맷을 말한다. 또한 파일 용량이 작고 색감의 표현이 가능해 이미지 제작 프로그램 웹디자인 시 많이 사용되지만 압축률을 높일수록 이미지의 손상이 커지므로 사용 시 압축 정도를 조절해야 한다.

(3) GIF

256 이하의 컬러만을 사용하여 파일을 최소화할 수 있고, 압축력은 떨어지지만 전송속도가 빠르다. 이미지 손상이 작으며 간단한 애니메이션효과를 낼 수 있는 포맷이다.

(4) PNG

JPG, GIF의 장점을 합쳐놓은 그래픽 파일 포맷으로 무손실 압축방식을 사용해 이미지의 변형 없이 원래의 이미지를 웹에서 그대로 표현할 수 있는 저장방식이며 8, 24, 32비트로 나누어 저장할 수 있기 때문에 풍부한 색상표현이 가능하다.

(5) EPS

전자출판의 대표적인 포맷형식으로 인쇄 시 4도 분판기능이 있어 주로 고품질 인쇄를 목적으로 사용되며 비트맵과 백터그래픽 파일을 함께 저장할 수 있다.

7) 디지털의 색채조절(Digital Color Control)

디지털의 색채조절에 대한 CMS(Color Management System)를 살펴보면 다음과 같다.

① 디바이스(장치) 간의 색채재현의 불일치를 보정하거나 조정하여 색상표현을 균일하게 하는 소프트웨어 또는 하드웨어 시스템으로 색일치 모듈을 포함하고 있어 장치 간에 ICC 프로파일을 항상 최적으로 색상재현 및 일치시키는 시스템이다.

② 컬러로 된 그래픽의 작성이나 화상의 준비에 각종 프로그램과의 호환성을 필요로 한다.

③ 주된 목적은 색장치 간에 있어 양호한 일치점을 얻는 것으로 비디오 한 프레임의 색들은 컴퓨터 LCD 모니터, 플라스마 TV 화면, 인쇄된 포스터에 동일하게 나타나야 한다.

핵심 문제 73 ◆◆◆

다음 중 정보이론에 있어 정보량의 단위로 옳은 것은? [15년 3회]
① Code ② Bit
③ Byte ④ Character

해설

비트(Bit)
컴퓨터에서 Bit는 정보량의 기본단위이며, 0과 1을 가지기 때문에 이진수와 연계되어 표현되는 경우가 많다.

정답 ②

핵심 문제 74 ◆◆◆

디지털색채시스템에서 CMYK 형식에 대한 설명으로 옳은 것은? [18년 2회]
① CMYK 4가지 컬러를 혼합하면 검정이 된다.
② 가법혼합방식에 기초한 원리를 사용한다.
③ RGB 형식에서 CMYK 형식으로 변환되었을 경우 컬러가 더욱 선명해 보인다.
④ 표현할 수 있는 컬러의 범위가 RGB 형식보다 넓다.

정답 ①

해설

CMYK
색료는 물체의 색으로 시안(Cyan), 마젠타(Magenta), 노랑(Yellow)이 기본색으로 3종의 색료를 혼합하면 명도와 채도가 낮아져 어두워지고 탁해진다.

정답 ③

실/전/문/제

01 **색의 3속성에 대한 설명으로 가장 관계가 적은 것은?** [19년 3회]

① 색의 3속성이란 색자극요소에 의해 일어나는 세 가지 지각성질을 말한다.

② 색의 3속성은 색상, 명도, 채도이다.

③ 색의 밝기에 대한 정도를 느끼는 것을 명도라 부른다.

④ 색의 3속성 중 채도만 있는 것을 유채색이라 한다.

색의 3속성 중 명도만 있는 것을 무채색이라 한다. **🔑** ④

02 **빛의 특성에 관한 설명 중 올바른 것은?** [02년 3회]

① 색으로도 느낄 수 있다.

② 파동성이 없다.

③ 프리즘에 의해 둥근 띠를 형성한다.

④ 물체에 닿으면 모두 반사된다.

빛의 특성
빛은 입자성과 파동성을 동시에 가지고 있으며 프리즘의 단면 모양은 정삼각형으로 빛이 프리즘을 통과할 때 파장에 따라 다른 각도로 굴절된다. 또한 물체의 표면 특성에 따라, 파장을 반사, 흡수, 투과하는지에 따라 물체의 색이 결정된다. **🔑** ①

03 **빛의 성질에 대한 설명 중 틀린 것은?** [15년 2회]

① 빛은 전자파의 일종이다.

② 빛은 파장에 따라 서로 다른 색감을 일으킨다.

③ 장파장은 굴절률이 크며 산란하기 쉽다.

④ 빛은 간섭, 회절현상 등을 보인다.

장파장은 굴절률이 작고 산란하기 어렵다. 반면 파장이 짧은 단파장이 굴절률이 크고 산란하기 쉽다. **🔑** ③

04 **빛이 프리즘을 통과할 때 나타나는 분광현상 중 굴절현상이 제일 큰 색은?** [14년 1회]

① 보라   ② 초록

③ 빨강   ④ 노랑

빛이 프리즘을 통과할 때 단파장인 보라색이 굴절률이 크고, 장파장인 붉은색이 가장 굴절률이 작다. **🔑** ①

05 **파장과 색명의 관계에서 보라의 파장범위는?** [14년 3회]

① 380~450nm   ② 480~500nm

③ 530~570nm   ④ 640~780nm

보라(단파장)의 파장범위는 380~450nm이다. **🔑** ①

물체의 색이 여러 가지 색으로 보이는 것은 물체의 표면에 반사하는 빛의 분광분포에 의해 결정된다.
답 ①

06 물체의 색이 한 가지가 아닌 여러 가지 색으로 보이는 이유는? [10년 3회]

① 물체의 표면에서 반사하는 빛의 분광분포 때문이다.

② 가시광선뿐만 아니라 적외선이나 자외선이 부분적으로 눈에 지각되기 때문이다.

③ 물체가 고유색을 가지고 있어서 색의 차이가 눈에 지각되기 때문이다.

④ 보는 사람의 느낌에 따라 물체의 색이 다르게 보이기 때문이다.

가시광선
380~780mm 범위의 파장으로 전자파 중에서 인간의 눈으로 지각할 수 있는 전자기파의 영역을 말한다.
답 ①

07 우리 눈으로 지각할 수 있는 빛을 호칭하는 가장 적당한 말은? [15년 2회]

① 가시광선   ② 적외선

③ X선   ④ 자외선

간상체
밤처럼 조도수준이 낮을 때 기능을 하며 흑백의 음영과 명암을 구분하고 1억 3,000만 개의 간상세포가 망막 주변에 있다.
답 ②

08 우리 눈의 시세포 중에서 색의 지각이 아닌 흑색, 회색, 백색의 명암만을 판단하는 시세포는? [09년 3회]

① 추상체   ② 간상체

③ 수평세포   ④ 양극세포

원추세포(추상체)
낮처럼 조도 수준이 높을 때 기능을 하며 색을 구별하고, 황반에 집중되어 있다. 특히, 색상을 구분(이상 시 색맹 또는 색약이 나타남)한다.
답 ④

09 인간의 눈의 구조에서 색을 구별하는 기능을 가진 것은? [19년 1회]

① 각막   ② 간상세포

③ 수정체   ④ 원추세포

암순응
밝은 곳에서 어두운 곳으로 들어갈 때 순간적으로 보이지 않는 현상으로 이를 방지하기 위해 터널 출입구에 조명을 집중적으로 사용하며 중심부에 갈수록 광원의 수를 적게 한다.
답 ③

10 밝은 곳에서 어두운 곳으로 이동하면 주위의 물체가 잘 보이지 않다가 어둠 속에서 시간이 지나면 식별할 수 있는 현상과 관련 있는 인체의 반응은? [17년 2회]

① 항상성   ② 색순응

③ 암순응   ④ 고유성

11 영화관에 들어갔을 때 한참 후에야 주위 환경을 지각하게 되는 시지각현상은? [09년 3회]

① 명순응
② 색순응
③ 암순응
④ 시순응

문제 10번 해설 참고 **답** ③

12 다음 중 푸르킨예(Purkinje Effect)현상이 적용되는 것은? [15년 1회]

① 명도대비
② 착시현상
③ 암순응
④ 시선의 이동

푸르킨예현상
명소시에서 암소시로 갑자기 이동할 때 빨간색은 어둡게, 파란색은 밝게 보이는 현상이다. **답** ③

13 푸르킨예현상에 대한 설명으로 옳은 것은? [20년 3회]

① 어떤 조명 아래에서 물체색을 오랫동안 보면 그 색의 감각이 약해지는 현상
② 수면에 뜬 기름이나, 전복껍질에서 나타나는 색의 현상
③ 어두워질 때 단파장의 색이 잘 보이는 현상
④ 노랑, 빨강, 초록 등 유채색을 느끼는 세포의 지각 현상

푸르킨예현상
명소시에서 암소시로 갑자기 이동할 때 빨간색은 어둡게, 파란색은 밝게 보이는 현상으로 추상체가 반응하지 않고 간상체가 반응하면서 발생한다. **답** ③

14 조명이나 색을 보는 객관적 조건이 달라져도 주관적으로는 물체색이 달라져 보이지 않는 특성을 가리키는 것은? [18년 2회]

① 동화현상
② 푸르킨예현상
③ 색채 항상성
④ 연색성

항상성
광원이나 조명이 되는 빛의 강도와 조건이 달라져도 색의 본래의 모습 그대로 지각하는 현상을 말한다. **답** ③

15 빨간 사과를 태양광선 아래에서 보았을 때와 백열등 아래에서 보았을 때 빨간색은 동일하게 지각되는데 이 현상을 무엇이라고 하는가? [15년 2회]

① 명순응
② 대비현상
③ 항상성
④ 연색성

문제 14번 해설 참고 **답** ③

16 색의 항상성(Color Constancy)을 바르게 설명한 것은? [19년 2회]

① 배경색에 따라 색채가 변하여 인지된다.

② 조명에 따라 색채가 다르게 인지된다.

③ 빛의 양과 거리에 따라 색채가 다르게 인지된다.

④ 배경색과 조명이 변해도 색채는 그대로 인지된다.

17 다음은 색의 어떤 성질에 대한 설명인가? [19년 3회]

> 흔히 태양광선 아래에서 본 물체와 형광등 아래에서 본 물체는 색이 다르게 보일 수 있는데 이는 광원에 따라 다른 성질을 보인 것이다.

① 조건등색 ② 색각이상

③ 베졸트효과 ④ 연색성

18 적색의 육류나 과일이 황색 접시 위에 놓여 있을 때 육류와 과일의 적색이 자색으로 보여 신선도가 낮아지고 미각이 떨어진다. 이것을 무엇 때문에 일어나는 현상인가? [19년 2회]

① 항상성 ② 잔상

③ 기억색 ④ 연색성

19 KS(한국산업표준)의 색명에 대한 설명이 틀린 것은? [18년 1회]

① KS A 0011에 명시되어 있다.

② 색명은 계통색명만 사용한다.

③ 유채색의 기본색이름은 빨강, 주황, 노랑, 연두, 초록, 청록, 파랑, 남색, 보라, 자주, 분홍, 갈색이다.

④ 계통색명은 무채색과 유채색 이름으로 구분한다.

20 색채의 중량감에 관한 설명 중 잘못된 것은? [24년 2회]

① 색의 3속성 중 명도의 효과가 지배적이다.

② 명도와 채도가 높을수록 가벼워 보인다.

③ 색채의 중량감이나 온도감은 자연의 현상이나 사물의 연상에서 온다.

④ 색상의 차이에서만 중량감을 크게 느낄 수 있다.

중량감
색의 무겁고 가벼운 느낌으로 명도에 의한 영향이 가장 크며 명도가 높을수록 가볍게 느껴지고, 낮을수록 무겁게 느껴진다. 답 ④

21 색의 요소 중 시각적인 감각이 가장 예민한 것은? [18년 1회]

① 색상   ② 명도

③ 채도   ④ 순도

빛의 밝기(명도)로 지각하는 것으로 인간의 눈은 명도에 대한 감각이 가장 예민하다. 답 ②

22 명도와 채도에 관한 설명으로 틀린 것은? [17년 3회]

① 순색에 검정을 혼합하면 명도와 채도가 낮아진다.

② 순색에 흰색을 혼합하면 명도와 채도가 높아진다.

③ 모든 순색의 명도는 같지 않다.

④ 무채색의 명도 단계도(Value Scale)는 명도 판단의 기준이 된다.

순색에 흰색을 혼합하면 명도는 높아지고, 채도는 낮아진다. 답 ②

23 다음 중 ( )에 들어갈 말로 옳은 것은? [18년 2회]

> 빨강 물감에 흰색 물감을 섞으면 두 개 물감의 비율에 따라 진분홍, 분홍, 연분홍 등으로 변화한다. 이런 경우에 혼합으로 만든 색채들의 ( )는 혼합할수록 낮아진다.

① 명도   ② 채도

③ 밀도   ④ 명시도

채도
색의 선명하거나 흐리고 탁한 정도를 말하며 채도가 가장 높은 색은 순색이며 무채색을 섞는 비율에 따라 채도는 점점 낮아진다. 답 ②

24 유리컵에 담겨 있는 포도주나 얼음 덩어리를 보듯이 일정한 공간에서 3차원적인 덩어리가 꽉 차 있는 부피감에서 보이는 색은? [09년 2회]

① 표면색   ② 투명면색

③ 경영색   ④ 공간색

공간색
유리컵 같은 투명체 속에 일정한 공간에 3차원 덩어리가 꽉 차 있는 듯한 부피감을 느끼게 해주는 색이다. 답 ④

표면색
물체색으로 스스로 빛을 내는 것이 아니라 물체의 표면에서 빛이 반사되어 나타나는 물체 표면의 색으로 사물의 질감이나 상태를 알 수 있도록 한다. 답 ③

25 표면색(Surface Color)에 대한 용어의 정의는? [20년 1 · 2회]

① 광원에서 나오는 빛의 색

② 빛의 투과에 의해 나타나는 색

③ 물체에 빛이 반사하여 나타나는 색

④ 빛의 회절현상에 의해 나타나는 색

RGB(가법혼색)
컴퓨터 모니터와 스크린 같은 빛의 원리로 컬러를 구현하는 장치에서 사용하며 색광을 혼합해 이루어져 2차색은 원색보다 밝아지므로 가법혼색으로 표현하는 방법이다. 답 ①

26 다음 (   )에 들어갈 용어를 순서대로 짝지은 것은? [19년 2회]

> 일반적으로 모니터상에서 (   ) 형식으로 색채를 구현하고, (   )에 의해 색채를 혼합한다.

① RGB – 가법혼색   ② CMY – 가법혼색

③ Lab – 감법가법혼색   ④ CMY – 감법혼색

가법혼색
빛의 혼합으로 빨강(Red), 초록(Green), 파랑(Blue)을 기본색으로 한다. 답 ③

27 가법혼색의 3원색은? [14년 1회]

① Red, Yellow, Cyan   ② Magenta, Yellow, Blue

③ Red, Green, Blue   ④ Red, Yellow, Green

문제 27번 해설 참고 답 ④

28 혼색에 대한 설명 중 옳은 것은? [09년 3회]

① 가법혼색을 하면 채도가 증가한다.

② 여러 장의 색필터를 겹쳐서 내는 투과색은 가법혼색이다.

③ 병치혼색을 하면 명도가 증가한다.

④ 가법혼색의 3원색은 빨강(R), 녹색(G). 파랑(B)이다.

감산혼합(감법혼색, 색료혼합)
색료혼합으로 시안(Cyan), 마젠타(Magenta), 노랑(Yellow)이 기본색이며, 3종의 색료를 혼합하면 명도와 채도가 낮아져 어두워지고 탁해진다. 답 ①

29 다음 중 감산혼합을 바르게 설명한 것은? [19년 2회]

① 2개 이상의 색을 혼합하면 혼합한 색의 명도는 낮아진다.

② 가법혼색, 색광혼합이라고도 한다.

③ 2개 이상의 색을 혼합하면 색의 수에 관계없이 명도는 혼합하는 색의 평균 명도가 된다.

④ 2개 이상의 색을 혼합하면 색의 수에 관계없이 무채색이 된다.

30 감법혼색의 설명 중 틀린 것은? [09년 2회]

① 색을 더할수록 밝기가 감소하는 색혼합으로 어두워지는 혼색을 말한다.

② 감법혼색의 원리는 컬러슬라이드 필름에 응용되고 있다.

③ 인쇄 시 색료의 3원색인 C, M, Y로 순수한 검은색을 얻지 못하므로 추가적으로 검은색을 사용하며 K로 표기한다.

④ 2가지 이상의 색자극을 반복시키는 계시혼합의 원리에 의해 색이 혼합되어 보이는 것이다.

④는 회전혼합에 대한 설명이다.
문제 29번 해설 참고　　답 ④

31 감법혼색에서 모든 파장이 제거될 경우 나타날 수 있는 색은? [17년 1회]

① 흰색　　　　　　② 검정

③ 마젠타　　　　　④ 노랑

감법혼색
혼색할수록 빛이 감산되어 어두워지는 경우로 모든 파장이 제거될 경우 검은색을 나타낸다.　답 ②

32 나뭇잎이 녹색으로 보이는 이유를 색채 지각적 원리로 옳게 설명한 것은? [18년 2회]

① 녹색의 빛은 투과하고 그 밖의 빛은 흡수하기 때문이다.

② 녹색의 빛은 산란하고 그 밖의 빛은 반사하기 때문이다.

③ 녹색의 빛은 반사하고 그 밖의 빛은 흡수하기 때문이다.

④ 녹색의 빛은 흡수하고 그 밖의 빛은 반사하기 때문이다.

색채의 지각원리
나뭇잎이 녹색으로 보이는 이유는 햇빛에 자외선보다 가시광선이 훨씬 많기 때문이다. 빨강, 주황, 노랑, 초록, 파랑, 남색, 보라 등으로 구성된 가시광선 중 녹색 가시광선이 물체에 흡수되지 않고 반사되었기 때문이다.　답 ③

33 컬러 TV의 화면이나 인상파 화가의 점묘법, 직물 등에서 발견되는 색의 혼색방법은? [15년 3회]

① 동시감법혼색　　　② 계시가법혼색

③ 병치가법혼색　　　④ 감법혼색

병치가법혼색
2종류 이상의 색자극이 눈으로 구별할 수 없을 정도로 선이나 점이 조밀하게 병치되어 인접색과 혼합하는 방법으로 컬러 TV 등이 있다.　답 ③

34 작은 점들이 무수히 많이 있는 그림을 멀리서 보면 색이 혼색되어 보이는 현상은? [19년 1회]

① 마이너스 혼색　　　② 감법혼색

③ 병치혼색　　　　　④ 계시혼색

병치혼색(병치혼합)
색이 조밀하게 병치되어 있어 서로 혼합되어 보이는 현상으로 점묘화 또는 모자이크 벽화에는 작은 점이나 무수한 선이 조밀하게 배치되어 먼 거리에서 보면 색이 혼색되어 다른 색으로 보인다.　답 ③

35 현재 우리나라 KS규격 색표집이며 색채교육용으로 채택된 표색계는?

[19년 1회]

① 먼셀 표색계   ② 오스트발트 표색계

③ 문 · 스펜서 표색계   ④ 저드 표색계

36 1950년에 색상, 명도, 채도의 3속성에 기반한 색채분류 척도를 고안한 미국의 화가이자 미술교사였던 사람은?

[18년 1회]

① 오스트발트   ② 헤링

③ 먼셀   ④ 저드

37 먼셀의 색입체 수직단면도에서 중심축 양쪽에 있는 두 색상의 관계는?

[17년 1회]

① 인접색   ② 보색

③ 유사색   ④ 약보색

38 먼셀의 색채조화이론 핵심인 균형원리에서 각 색들이 가장 조화로운 배색을 이루는 평균 명도는?

[17년 1회]

① N4   ② N3

③ N5   ④ N2

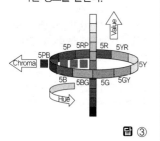
39 다음은 먼셀의 표색계이다. (A)에 알맞은 요소는?

[19년 2회]

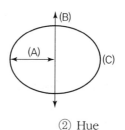

① White   ② Hue

③ Chroma   ④ Value

40 먼셀 표색계에서 정의한 5개의 기본 색상 중에 해당되지 않는 것은? [18년 1회]

① 빨강
② 보라
③ 파랑
④ 주황

먼셀 기본색
적(R), 황(Y), 녹(G), 청(B), 자(P) 등 5가지 색상이다. 답 ④

41 먼셀 색체계의 설명으로 옳은 것은? [18년 2회]

① 먼셀 색상환의 중심색은 빨강(R), 노랑(Y), 녹색(G), 파랑(B), 자주(P)이다.
② 먼셀의 명도는 1~10까지 모두 10단계로 되어 있다.
③ 먼셀의 채도는 처음의 회색을 1로 하고 점차 높아지도록 하였다.
④ 각각의 색상은 채도 단계가 다르게 만들어지는데 빨강은 14개, 녹색과 청록은 8개이다.

① 먼셀 색상환의 기본색은 빨강(R), 노랑(Y), 녹색(G), 파랑(B), 자주(P)이다.
② 먼셀의 명도는 0~10까지 모두 11단계로 되어 있다.
③ 먼셀의 채도는 처음의 회색을 0으로 하고 색의 순도가 증가할수록 1, 2, 3 등으로 숫자를 높여간다.
※ **채도(C, Chroma)**
색의 맑고 탁한 정도를 말하며 색깔이 없는 무채색을 0으로 기준하여 색의 순도에 따라 채도 값을 1~14단계로 표기한다. 색표에서는 적색의 채도 14, 황색은 12, 청색은 8로 되어 있다. 답 ④

42 먼셀 표색계의 특징에 관한 설명 중 틀린 것은? [15년 2회]

① 명도 5를 중간 명도로 한다.
② 실제 색입체에서 N9.5는 흰색이다.
③ R과 Y의 중간색상은 O로 표시한다.
④ 노랑의 순색은 5Y 8/14이다.

R과 Y의 중간색상은 YR(주황)로 표시한다. 답 ③

43 색채조화 이론에서 보색조화와 유사색조화 이론과 관계있는 사람은? [18년 1회]

① 슈브뢸(M. E .Chevreul)
② 베졸트(Bezold)
③ 브뤼케(Brucke)
④ 럼포드(Rumford)

슈브뢸의 색채조화론
프랑스 화학자 슈브뢸(M. E. Chevreul)은 색의 조화와 대비의 법칙 및 4가지 조화의 법칙을 발표하였다. 1839년 ≪색채조화와 대비의 법칙≫이라는 책을 통해 색의 배색으로 인하여 여러 가지 효과를 낼 수 있다는 이론을 유사와 대비의 조화를 분류하여 설명하였다. 답 ①

슈브뢸의 색채조화론
동시대비의 원리, 도미넌트 컬러조화, 세퍼레이션 컬러조화, 보색배색의 조화가 있다. **답** ③

44 슈브뢸(M. E. Chevreul)의 색채조화 원리가 아닌 것은? [19년 2회]

① 동시대비의 원리

② 도미넌트 컬러

③ 등간격 2색의 조화

④ 보색배색의 조화

친근감(친근성)의 원리
빛의 명암 또는 자연에서 느껴지는 익숙한 색의 배색은 조화롭다는 원리이다. **답** ③

45 '가을의 붉은 단풍잎, 붉은 저녁놀, 겨울 풍경색 등과 같이 친숙한 것들을 아름답게 생각하는 것'을 저드의 색채조화이론으로 설명한다면 어느 원리인가? [17년 2회]

① 질서의 원리   ② 비모호성의 원리

③ 친근감의 원리   ④ 동류성의 원리

저드의 색채조화 4원칙
질서의 원리, 명료성의 원리(비모호성의 원리), 친근감의 원리, 유사의 원리 **답** ①

46 저드(D .B. Judd)의 색채조화의 4원리가 아닌 것은? [16년 1회]

① 대비의 원리   ② 질서의 원리

③ 친근감의 원리   ④ 명료성의 원리

문제 46번 해설 참고 **답** ④

47 색채조화의 원리 중 가장 보편적이며 공통적으로 적용할 수 있는 원리인 저드(D .B. Judd)가 주장하는 정성적 조화론에 속하지 않는 것은? [11년 1회]

① 질서의 원리   ② 친근성의 원리

③ 명료성의 원리   ④ 보색의 원리

파버 비렌의 색채조화
㉠ Color-Shade-Black : 색채의 깊이와 풍부함과 관련한 배색조화이다
㉡ Tint-Tone-Shade : 가장 세련되고 미묘하며 감동적인 배색조화이다.
㉢ Color-Tint-White : 인상주의처럼 가장 밝고 깨끗한 느낌의 배색조화이다.
㉣ White-Gray-Black : 무채색을 이용한 조화로 명도의 연속으로 안정된 조화이다. **답** ③

48 비렌의 색채조화 원리에서 가장 단순한 조화이면서 일반으로 깨끗하고 신선해 보이는 조화는? [20년 1·2회]

① Color – Shade – Black

② Tint – Tone – Shade

③ Color – Tint – White

④ White – Gray – Black

49 문 · 스펜서의 색채조화론에 대한 설명 중 틀린 것은? [18년 1회]

① 먼셀 표색계로 설명이 가능하다.

② 정량적으로 표현이 가능하다.

③ 오메가공간으로 설정되어 있다.

④ 색채의 면적관계를 고려하지 않았다.

문 · 스펜서의 면적효과
무채색의 중간지점이 되는 N5(명도 5)를 순응점으로 하고 작은 면적의 강한 색과 큰 면적의 약한 색은 잘 어울린다고 생각하여 색의 균형점을 찾았다. 답 ④

50 "$M = O/C$"는 버크호프(G. D. Birkhoff) 공식이다. 여기서 "O"는 무엇을 나타내는가? [17년 2회]

① 환경의 요소 ② 복잡성의 요소

③ 구성의 요소 ④ 질서의 요소

문 · 스펜서의 미도
"미(美)는 복잡성 속의 질서성을 가진 것이다"라고 하는 명제를 분석하여 $M = O/C$(M은 미도, O는 질서의 요소, C는 복잡성의 요소)로 나타내고 있다. 답 ④

51 문 · 스펜서의 색채조화론 중 조화의 영역이 아닌 것은? [17년 3회]

① 동일조화 ② 유사조화

③ 대비조화 ④ 눈부심

문스펜서의 색채조화론 - 조화
㉠ 동일조화 : 같은 색의 조화
㉡ 유사조화 : 유사한 색의 조화
㉢ 대비조화 : 반대색의 조화 답 ④

52 문 · 스펜서(P. Moon and D. E. Spencer)의 색채조화론 중 거리가 먼 것은? [18년 2회]

① 동일의 조화(Identity) ② 유사의 조화(Similarity)

③ 대비의 조화(Contrast) ④ 통일의 조화(Unity)

문제 51번 해설 참고 답 ④

53 문 · 스펜서의 색채조화 이론에서 조화의 내용이 아닌 것은? [16년 3회]

① 입체조화 ② 동일조화

③ 유사조화 ④ 대비조화

문제 51번 해설 참고 답 ①

54 문 · 스펜서의 조화론에서 모든 색의 중심이 되는 순응점은? [10년 1회]

① N5 ② N7

③ N9 ④ N10

무채색의 중간 지점이 되는 N5(명도 5)를 순응점으로 하고 작은 면적의 강한 색과 큰 면적의 약한 색은 잘 어울린다고 생각하여 색의 균형점을 찾았다. 답 ①

유사조화
유사한 인접 색상끼리 배색하여 조화하는 방법으로 기본색인 R(빨강)과 Y(노랑) 사이에 있는 YR(주황)이 유사한 색상에 해당된다. **답 ①**

55 문 · 스펜서의 조화론 중 유사조화에 해당되는 색상은?(단, 기본색이 R인 경우)　　　　　　　　　　　　　　　　　　　　　　　　[15년 3회]

① YR　　　　　　　　　　　② P

③ B　　　　　　　　　　　④ G

오메가공간
문 · 스펜서는 색을 지각적으로 고른 감도의 오메가공간을 만들어 조화를 이루는 색채와 그렇지 않은 색채의 두 종류로 나누었다. 이러한 오메가 공간은 먼셀의 색입체와 같은 개념으로 먼셀 표색계의 3속성에 대응될 수 있으며, H, V, C 단위로 설명하였다. **답 ③**

56 색을 지각적으로 고른 감도의 오메가공간을 만들어 조화시킨 색채학자는?　　　　　　　　　　　　　　　　　　　　　　[17년 1회]

① 오스트발트　　　　　　　② 먼셀

③ 문 · 스펜서　　　　　　　④ 비렌

오스트발트 색체계 표기법
색각의 생리, 심리원색을 바탕으로 하는 기호표시법으로 색을 나타낼 때 "색상기호(C) − 백색량(W) − 흑색량(B)"으로 표기한다. **답 ④**

57 오스트발트 색체계에 관한 설명 중 틀린 것은?　　　　　　[17년 3회]

① 색상은 Yellow, Ultramarine, Blue, Red, Sea Green을 기본으로 하였다.

② 색상환은 4원색의 중간색 4색을 합한 8색을 각각 3등분 하여 24색상으로 한다.

③ 무채색은 백색량＋흑색량＝100%가 되게 하였다.

④ 색표시는 색상기호, 흑색량, 백색량의 순으로 한다.

오스트발트 색채조화
무채색의 조화, 등가색환에서의 조화, 다색조화(윤성조화), 동일색상의 조화 **답 ④**

58 오스트발트의 조화론과 관계가 없는 것은?　　　　　　　　[17년 3회]

① 다색조화　　　　　　　　② 등가색환에서의 조화

③ 무채색의 조화　　　　　　④ 제1부조화

문제 58번 해설 참고 **답 ④**

59 오스트발트의 색채조화론에 관한 내용으로 틀린 것은?　　[19년 1회]

① 무채색 조화

② 등색상 삼각형에서의 조화

③ 등가색환에서의 조화

④ 대비조화

60 오스트발트의 색상환을 구성하는 4가지 기본색은 무엇을 근거로 한 것인가?

[19년 1회]

① 헤링(Hering)의 반대색설
② 뉴턴(Newton)의 광학이론
③ 영·헬름홀츠(Young−Helmholtz)의 색각이론
④ 맥스웰(Maxwell)의 회전색 원판 혼합이론

오스트발트
색상은 헤링의 4원색(노랑, 빨강, 파랑, 초록)을 기본으로 24색상환으로 1~24로 표기하였다. 🖅 ①

61 오스트발트 색상환은 무채색 축을 중심으로 몇 색상이 배열되어 있는가?

[19년 1회]

① 9
② 10
③ 24
④ 35

오스트발트
헤링의 4원색설을 기초로 빨강, 노랑, 파랑, 초록을 기본으로 중간에 주황, 청록, 자주, 황록을 배치하였다. 8색의 주요 색상을 3등분하여 24색상으로 명도는 8단계를 기본으로 하였다. 🖅 ③

62 오스트발트는 색상과 명도 단계를 몇 등분하여 등색상 삼각형이 되게 하고 이를 기본으로 색채조화의 이론을 발표하였는가?

[09년 1회]

① 24색상, 명도 10단계
② 24색상, 명도 8단계
③ 20색상, 명도 7단계
④ 20색상, 명도 5단계

문제 61번 해설 참고 🖅 ②

63 다음 그림과 같은 색입체는?

[19년 3회]

① 오스트발트
② 먼셀
③ L*a*b*
④ 괴테

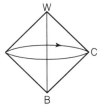

오스트발트 색입체
삼각형을 회전시켜 만든 복원추체, 마름모형 모양으로 무채색 축을 중심으로 수평으로 절단하면 백색량과 흑색량이 같은 28개의 등가색환 계열이 된다. 🖅 ①

64 오스트발트의 등색상 삼각형에서 흰색(W)에서 순색(C)방향과 평행한 색상의 계열은?

[16년 2회]

① 등순색 계열
② 등흑색 계열
③ 등백색 계열
④ 등가색 계열

등흑색 계열
등색상 삼각형에서 흰색(W)에서 순색(C)과 평행선싱에 있는 색으로 검정량이 모두 같은 색의 계열이다. 🖅 ②

등순색 계열의 조화
단일 색상면 삼각형 내에서 동일한 양의 순색을 가지는 색채를 일정한 간격으로 선택하여 배색하면 조화를 이루며 함유된 순색의 양이 같다.
예 ga－le－pi

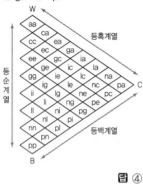

답 ④

65 오스트발트 색체계에서 등순계열의 조화에 해당하는 것은? [16년 3회]

① ca－ea－ga－ia
② pa－pc－pe－pg
③ ig－le－ne－pa
④ gc－ie－lg－ni

면적대비
면적의 크고 작음에 따라 색채가 서로 다르게 보이는 현상으로 면적이 커지면 명도 및 채도가 더욱 증대되어 보인다. 따라서 그 색은 실제보다 더욱 밝고 채도가 높아 보이며, 반대로 면적이 작아지면 명도와 채도가 더욱 감소되어 보인다. 답 ④

66 옷감을 고를 때 작은 견본을 보고 고른 후 옷이 완성된 후에는 예상과 달리 색상이 뚜렷한 경우가 있다. 이것은 다음 중 어느 것과 관련이 있는가? [19년 3회]

① 보색대비
② 연변대비
③ 색상대비
④ 면적대비

보색대비
색상이 서로 정반대되는 두 색을 주위에 놓으면, 서로의 영향으로 각각의 채도가 더 높게 보이는 현상으로 청록의 보색은 빨간색이므로 두 색의 대비가 강하게 느껴진다. 답 ①

67 다음 중 보색대비의 효과가 가장 크게 나타나는 배색은? [09년 1회]

① 빨강, 청록
② 빨강, 노랑
③ 빨강, 검정
④ 빨강, 보라

채도대비
채도가 다른 두 가지 색이 배색되어 있을 때 생기는 대비로 어떤 색이 같은 색상의 선명한 색 위에 위치하면 원래의 색보다 탁한 색으로 보이고, 무채색 위에 위치하면 원래 색보다 맑은 색으로 보이는 현상이다. 답 ①

68 중간채도의 빨간색을 회색 바탕 위에 놓은 것보다 선명한 빨간 바탕 위에 놓았을 때 채도가 더 낮아 보이는 현상은? [11년 1회]

① 채도대비
② 색상대비
③ 명도대비
④ 보색대비

69 검정 바탕 위의 회색이, 흰 바탕 위의 같은 회색보다 밝게 보이는 현상은?

[15년 2회]

① 명도대비
② 채도대비
③ 색상대비
④ 보색대비

70 유채색의 경우 보색잔상의 영향으로 먼저 본 색의 보색이 나중에 보는 색에 혼합되어 보이는 현상은?

[17년 1회]

① 계시대비
② 명도대비
③ 색상대비
④ 면적대비

71 다음 그림과 같이 검정 4각형 사이의 교차하는 흰 부분에 약간 희미한 검은 점이 보이는 착각이 일어나는 현상과 가장 관계있는 것은?

[03년 1회]

① 계시대비
② 부의 잔상
③ 연변대비
④ 면적대비

72 원래의 감각과 반대의 밝기 또는 색상을 가지는 잔상은?

[18년 1회]

① 정의 잔상
② 양성적 잔상
③ 음성적 잔상
④ 명도적 잔상

73 왼쪽 검은 원반 중심을 40초 동안 바라보다 오른쪽 검은 점으로 옮기면 무슨 현상이 일어나는가?

[10년 1회]

① 명도대비
② 부의 잔상
③ 면적대비
④ 정의 잔상

저명도 장파장인 빨간색 · 주황색 · 황색 등의 색상들로서 팽창 · 진출성이 있어 크게 보이고, 고명도, 단파장의 색인 파란색 계열, 청록색 등의 색상은 수축 · 후퇴성이 있어 작게 보인다. **답** ④

74 다음 중 색채에 대한 설명이 틀린 것은? [18년 3회]

① 난색계의 빨강은 진출, 팽창되어 보인다.

② 노란색은 확대되어 보이는 색이다.

③ 일정한 거리에서 보면 노란색이 파란색보다 가깝게 느껴진다.

④ 같은 크기일 때 파랑, 청록 계통이 노랑, 빨강계열보다 크게 보인다.

문제 74번 해설 참고 **답** ③

75 다음 중 뚱뚱한 체격의 사람이 피해야 할 의복의 색은 무엇인가? [19년 3회]

① 청색　　　　　　　　② 초록색

③ 노란색　　　　　　　④ 바다색

배경색의 채도가 낮은 것에 대하여 높은 색은 진출되어 보인다. **답** ④

76 다음 색의 진출, 후퇴의 일반적인 성질 중 틀린 것은? [10년 1회]

① 배경색과의 명도차가 큰 밝은색은 진출되어 보인다.

② 무채색보다는 난색계의 유채색이 진출되어 보인다.

③ 난색계는 한색계보다 진출되어 보인다.

④ 배경색의 채도가 높은 것에 대하여 낮은 색은 진출되어 보인다.

한색은 청록, 파랑 계통으로 후퇴색, 진정색, 수축색이며 보라 계통은 중성색으로 어느 성질도 갖고 있지 않는 색이다. **답** ③

77 다음 중 한색과 난색에 대한 설명이 잘못된 것은? [15년 3회]

① 노랑 계통은 난색이고 진출색, 팽창색이다.

② 파랑 계통은 한색이고 후퇴색, 수축색이다.

③ 보라 계통은 한색이고 후퇴색, 수축색이다.

④ 빨강 계통은 난색이고 진출색, 팽창색이다.

중량감
색의 무겁고 가벼운 느낌으로 명도에 의한 영향이 가장 크며 명도가 높을수록 가볍게 느껴지고, 낮을수록 무겁게 느껴진다. **답** ②

78 다음 이미지 중에서 주로 명도와 가장 상관관계가 높은 것은? [18년 1회]

① 온도감　　　　　　　② 중량감

③ 강약감　　　　　　　④ 경연감

79 색의 중량감에 관한 설명 중 잘못된 것은?　[02년 3회]

① 명도가 낮은 것은 무거움을 느낀다.
② 명도보다는 색상의 차이가 크게 좌우된다.
③ 채도보다는 명도의 차이가 크게 좌우된다.
④ 명도가 높은 것은 가벼움을 느낀다.

색의 중량감은 색의 속성 중 명도, 채도에 영향을 받는다.　圓 ②

80 색의 경연감과 흥분 진정에 관한 설명으로 틀린 것은?　[16년 1회]

① 고명도, 저채도 색이 부드러운 느낌을 준다.
② 난색계, 고채도 색은 흥분색이다.
③ 라이트(Light) 색조는 부드러운 느낌을 준다.
④ 한색보다 난색이 딱딱한 느낌을 준다.

경연감
딱딱한 느낌과 부드러운 느낌의 효과를 말하며 색조개념에 적용되어 난색 계열의 고명도 저채도의 색은 부드럽게 느껴지고, 한색 계열의 저명도 고채도의 색은 딱딱하게 느껴진다.　圓 ④

81 색채의 상징에서 빨강과 관련이 없는 것은?　[18년 3회]

① 정열　　　　　　　② 희망
③ 위험　　　　　　　④ 흥분

색의 상징
㉠ 빨강 : 정열, 사랑, 흥분, 위험
㉡ 노랑 : 희망, 명랑, 주의, 경계
　圓 ②

82 일반적으로 떠오르는 빨간색의 추상적 연상과 관계있는 내용으로 맞는 것은?　[19년 1회]

① 피, 정열, 흥분　　　② 시원함, 냉정함, 청순
③ 팽창, 희망, 광명　　④ 죽음, 공포, 악마

문제 81번 해설 참고　圓 ①

83 다음 중 나팔꽃, 신비, 우아함을 연상시키는 색은?　[16년 2회]

① 청록　　　　　　　② 노랑
③ 보라　　　　　　　④ 흰새

보라색의 상징
창조, 신비, 우아, 신성, 나팔꽃
　圓 ③

84 다음 색채가 수반하는 일반적 연상 중 잘못된 것은?　[02년 3회]

① 적색 – 정열, 사랑, 혁명　　② 청색 – 희열, 즐거움, 신선
③ 녹색 – 청춘, 평화, 이상　　④ 노랑 – 명쾌, 발랄, 희망

청색 – 냉철, 질투, 바다　圓 ②

85 한국 전통색의 상징에 대한 설명으로 옳은 것은?　[16년 2회]

① 적색 – 남쪽　　　　　② 백색 – 중앙

③ 황색 – 동쪽　　　　　④ 청색 – 북쪽

86 색의 지각과 감정효과에 관한 설명으로 틀린 것은?　[19년 2회]

① 색의 온도감은 빨강, 주황, 노랑, 연두, 녹색, 파랑, 하양 순으로 파장이 긴 쪽이 따뜻하게 지각된다.

② 색의 온도감은 색의 삼속성 중 명도의 영향을 많이 받는다.

③ 난색 계열의 고채도는 심리적 흥분을 유도하나 한색 계열의 저채도는 심리적으로 침정된다.

④ 연두, 녹색, 보라 등은 때로는 차갑게, 때로는 따뜻하게 느껴질 수도 있는 중성색이다.

87 색채조절 시 고려사항으로 관계가 적은 것은?　[19년 1회]

① 개인의 기호　　　　　② 색의 심리적 성질

③ 사용 공간의 기능　　　④ 색의 물리적 성질

88 인류생활, 작업상의 분위기, 환경 등을 상쾌하고 능률적으로 꾸미기 위한 것과 관련된 용어는?　[20년 3회]

① 색의 조화 및 배색(Color Harmony and Combination)

② 색채조절(Color Conditioning)

③ 색의 대비(Color Contrast)

④ 컬러 하모니 매뉴얼(Color Harmony Manual)

89 색채조절(Color Conditioning)에 관한 설명 중 가장 부적합한 것은?　[11년 2회]

① 미국의 기업체에서 먼저 개발하였고 기능배색이라고도 한다.

② 환경색이나 안전색 등으로 나누어 활용한다.

③ 색채가 지닌 기능과 효과를 최대로 살리는 것이다.

④ 기업체 이외의 공공건물이나 장소에는 부적당하다.

90 일반적인 색채조절의 용도별 배색에 관한 내용으로 가장 거리가 먼 것은?

[11년 2회]

① 천장 : 빛의 발산을 이용하여 반사율이 가장 낮은 색을 이용한다.
② 벽 : 빛의 발산을 이용하는 것이 좋으나 천장보다 명도가 낮은 것이 좋다.
③ 바닥 : 아주 밝게 하면 심리적 불안감이 생길 수 있다.
④ 걸레받이 : 방의 형태와 바닥면적의 스케일감을 명료하게 하는 것으로 어두운 색채가 선택된다.

천장은 빛의 발산을 이용하여 반사율이 가장 높은 재료 및 색을 이용한다.

※ 천장(80~90%)>벽(40~60%) >바닥(20~40%) 순으로 추천 반사율이 높다.

답 ①

91 병원의 대합실 색채조절에 있어서 명도와 채도는 다음 중 어떻게 하는 것이 가장 바람직한가?

[02년 3회]

① 명도 4 전후, 채도 10
② 명도 6 전후, 채도 7
③ 명도 8 전후, 채도 3
④ 명도 10 전후, 채도 0

병원의 대합실 색채조절은 지루함을 줄일 수 있는 청색 계열로 명도 8 전후, 채도는 3이 적합하다.

답 ③

92 다음 중 유사색상의 배색은?

[18년 1회]

① 빨강 – 노랑
② 연두 – 녹색
③ 흰색 – 흑색
④ 검정 – 파랑

유사색상의 배색
연두(GY)와 녹색(G)은 색상환에서 서로 근접한 거리에 있는 색상 간의 관계로 무난하고 부드러우며 온화하다.

답 ②

93 다음 중 유사색상 배색의 특징은?

[18년 2회]

① 동적이다.
② 자극적인 효과를 준다.
③ 부드럽고 온화하다.
④ 대비가 강하다.

문제 92번 해설 참고

답 ③

94 다음 중 식당의 실내배색에 있어서 식욕을 돋우는 색으로 가장 좋은 색은?

[03년 1회]

① RP 바탕에 Y
② YR 바탕에 R
③ G 바탕에 B
④ P 바탕에 Y

빨강(R), 주황(YR) 등은 식욕을 증진하는 데 효과적인 색이다.

답 ②

95 다음 중 가장 주목성이 높은 배색은?　　　　　　　[03년 1회]

① 자극적이고 대조적인 느낌의 배색

② 온화하고 부드러운 배색

③ 빨강, 주황 계통의 배색

④ 중성색, 고명도의 배색

96 다음 배색 중 가장 차분한 느낌을 주는 것은?　　　　　[20년 1 · 2회]

① 빨강 – 흰색 – 검정

② 하늘색 – 흰색 – 회색

③ 주황 – 초록 – 보라

④ 빨강 – 흰색 – 분홍

97 다음 중 명시도를 가장 중요시하는 분야는?　　　　　　[09년 2회]

① 안전사고 방지표시　　　　② 실내장식

③ 포장디자인　　　　　　　④ 마크디자인

98 색채계획에 있어 효과적인 색 지정을 하기 위하여 디자이너가 갖추어야 할 능력으로 거리가 먼 것은?　　　　　　　　　　　　[20년 1 · 2회]

① 색채변별능력　　　　　　② 색채조색능력

③ 색채구성능력　　　　　　④ 심리조사능력

99 색채계획 과정의 올바른 순서는?　　　　　　　　　　[19년 1회]

① 색채계획 및 설계 → 조사 및 기획 → 색채관리 → 디자인에 적용

② 색채심리분석 → 색채환경분석 → 색채전달계획 → 디자인에 적용

③ 색채환경분석 → 색채심리분석 → 색채전달계획 → 디자인에 적용

④ 색채심리분석 → 색채상황분석 → 색채전달계획 → 디자인에 적용

100 교통기관의 색채계획에 관한 일반적인 기준 중 가장 타당성이 낮은 것은?

[15년 2회]

① 내부는 밝게 처리하여 승객에게 쾌적한 분위기를 만들어준다.
② 출입이 잦은 부분에는 더러움이 크게 부각되지 않도록 색을 사용한다.
③ 차량이 클수록 쉬운 인지를 위하여 수축색을 사용하여야 한다.
④ 운전실 주위에는 반사량이 많은 색의 사용을 피한다.

차량이 클수록 쉬운 인지를 위하여 팽창색을 사용하여야 한다.

답 ③

101 초등학교 교실의 실내계획에 대한 설명 중 옳지 않은 것은?

[03년 1회]

① 교실문이 여닫이일 때는 밖여닫이로 하는 것이 좋다.
② 교실 색채계획은 중간색을 쓰는 것이 좋다.
③ 천장 색채는 어둡게 하여 차분한 분위기를 유도한다.
④ 바닥재는 내마모성이 있고 소음이 나지 않는 재료로 한다.

천장 색채는 흰색 계통으로 밝게 하여 넓고 차분한 분위기를 유도한다.

답 ③

102 외과병원 수술실 벽면의 색을 밝은 청록색으로 처리한 것은 어떤 현상을 막기 위한 것인가?

[10년 3회]

① 푸르킨예현상   ② 연상작용
③ 동화현상   ④ 잔상현상

수술실 색채
녹색 계통은 빨간색의 보색으로 잔상을 줄여주며, 눈의 피로를 고려한 진정색이다.

답 ④

103 컴퓨터 화면상의 이미지와 출력된 인쇄물의 색채가 다르게 나타나는 원인으로 거리가 먼 것은?

[17년 1회 산업기사]

① 컴퓨터상에서 RGB로 작업했을 경우 CMYK 방식의 잉크로는 표현될 수 없는 색채범위가 발생한다.
② RGB의 색역이 CMYK의 색역보다 좁기 때문이다.
③ 모니터의 캘리브레이션 상태와 인쇄기, 출력용지에 따라서도 변수가 발생한다.
④ RGB 데이터를 CMYK 데이터로 변환하면 색상 손상현상이 니타난다.

CMYK
색료혼합방식으로 보통 인쇄 또는 출력 시 사용된다. 특히 잉크를 기본 바탕으로 표현되는 색상이다. 색역은 RGB가 CMYK보다 넓다.

※ 색역 : 디스플레이에서 표현 가능한 색상의 범위이다.

답 ②

104 디지털 컬러모드인 HSB 모델의 H에 대한 설명이 옳은 것은? [20년 1·2회]

① 색상을 의미, 0~100%로 표시
② 명도를 의미, 0~255°로 표시
③ 색상을 의미, 0~360°로 표시
④ 명도를 의미, 0~100%로 표시

105 디지털 이미지에서 색채 단위 수가 몇 이상이면 풀컬러(Full Color)를 구현한다고 할 수 있는가? [17년 2회]

① 4비트 컬러
② 8비트 컬러
③ 16비트 컬러
④ 24비트 컬러

106 디지털 색채시스템에서 CMYK 형식에 대한 설명으로 옳은 것은? [18년 2회]

① CMYK 4가지 컬러를 혼합하면 검정이 된다.
② 가법혼합방식에 기초한 원리를 사용한다.
③ RGB 형식에서 CMYK 형식으로 변환되었을 경우 컬러가 더욱 선명해 보인다.
④ 표현할 수 있는 컬러의 범위가 RGB 형식보다 넓다.

107 디지털 색채시스템에서 RGB 형식으로 검정을 표현하기에 적절한 수치는? [15년 3회]

① R=255, G=255, B=255
② R=0, G=0, B=255
③ R=0, G=0, B=0
④ R=255, G=255, B=0

CHAPTER
03
실내디자인 가구계획

❶ 가구 자료조사

1. 가구의 개념 및 기능

1) 가구의 개념

① 실내디자인에서 중요한 요소의 하나로 인간의 생활을 보다 안락하고 능률적으로 행한다.

② 인간과 건축물을 연결하며 물건을 보관 및 정리하는 수납의 기능을 가지고 있으며 장식적인 요소로 작용하여 미적 기능을 준다.

2) 가구의 기능

휴식, 착석, 수면 등을 할 수 있는 인체지지 구조물로서 사용자의 다양한 행위에 적합하도록 하는 기능과 사용자의 활동에 편리하도록 도움을 주며 공간을 나누거나 형태를 만드는 기능이 있다.

구분	내용
대인적 기능	인간행위의 척도에 맞는 기능
대환경적 기능	생활환경의 질을 높이기 위한 기능
대공간적 기능	수납공간을 형성하거나 각 공간을 분할하는 기능
대사회적 기능	환경적으로 재생에 대해 대처할 수 있는 기능

(1) 가구 선택기준

기능성과 이동성, 경제성, 미와 개성

(2) 가구 신택 시 주의사항

청소가 용이하고 마보성이 좋은 소재를 선택해야 하며 휴먼스케일을 근거로 실용적·기능적으로 편안해야 한다.

핵심 문제 03

다음 중 인체지지용 가구가 아닌 것은?

[22년 2회]

① 소파   ② 침대
③ 책상   ④ 붙박이의자

해설

인체지지용 가구
인체와 밀접하게 관계되어 가구 자체가 직접 인체를 지지하는 가구이다(의자, 침대, 소파).

정답 ③

핵심 문제 04

다음의 가구에 관한 설명 중 ( ) 안에 들어갈 말로 알맞은 것은?

[21년 1회]

자유로이 움직이며 공간에 융통성을 부여하는 가구를 (㉠)라 하며, 특정한 사용목적이나 많은 물품을 수납하기 위해 건축화된 가구를 (㉡)라 한다.

① ㉠ 고정가구, ㉡ 가동가구
② ㉠ 이동가구, ㉡ 가동가구
③ ㉠ 이동가구, ㉡ 붙박이가구
④ ㉠ 붙박이가구, ㉡ 이동가구

해설

• 이동가구 : 일반적인 형태로 자유로이 움직일 수 있는 단일가구이다.
• 붙박이가구 : 건물과 일체화시킨 가구로 공간을 활용, 효율성을 높일 수 있다.

정답 ③

핵심 문제 05

특정한 사용목적이나 많은 물품을 수납하기 위해 건축화된 가구를 의미하는 것은?

[22년 2회]

① 유닛가구   ② 모듈러가구
③ 붙박이가구   ④ 수납용가구

해설

붙박이가구
건물과 일체화시킨 가구로 공간을 활용, 효율성을 높일 수 있고 특정한 사용 목적이나 많은 물품을 수납하기 위한 건축화된 가구를 의미한다.

정답 ③

2. 가구의 분류

1) 인간공학적 분류

(1) 인체계 가구

인체와 밀접하게 관계되어 가구 자체가 직접 인체를 지지하는 가구를 말하며 의자, 침대, 소파 등이 있다.

(2) 준인체계 가구

인간과 간접적으로 관계하고 동작의 보조적인 역할을 하는 가구를 말하며 테이블, 카운터, 책상 등이 있다.

(3) 건축계 가구

건축물의 일부로서의 성격을 지니고 수납크기, 수량, 중량 등과 관계하는 가구를 말하며 벽장, 선반, 붙박이가구 등이 있다.

2) 이동성에 의한 분류

(1) 이동가구

자유롭게 움직일 수 있는 단일가구로 현대가구의 대부분이 여기에 속한다.

(2) 붙박이가구

건물과 일체화시킨 가구로 공간을 활용, 효율성을 높일 수 있고 특정한 사용목적이나 많은 물품을 수납하기 위한 건축화된 가구를 의미한다.

(3) 유닛가구

고정적이며 이동적인 성격을 가지고 있어 공간의 조건에 맞도록 원하는 형태로 조합하여 공간의 효율을 높여준다.

(4) 시스템가구

① 기능에 따라 여러 형태의 조립 및 해체가 가능하며 공간의 융통성을 도모할 수 있다.
② 규격화된 단위구성재의 결합으로 가구의 통일과 조화를 도모할 수 있다.
③ 모듈계획으로 규격화된 부품을 구성하여 시공기간 단축 등의 효과를 가져올 수 있다.
④ 단순미가 강조된 가구로 수납기능이 좋다(종류 : 모듈러가구, 유닛가구 포함).

(5) 모듈러가구

기능에 따라 여러 가지 형태로 조립 및 해체가 가능하며 공간의 융통성을 가지고 있다.

❷ 가구 적용 검토

1. 가구의 종류 및 특성

1) 의자

(1) 라운지 체어

가장 편안하게 앉을 수 있는 휴식용 의자이다.

(2) 이지 체어

라운지 체어보다 작으며 가볍게 휴식을 취할 수 있는 의자이다.

(3) 사이드 체어

암체어보다 크기가 작고 팔걸이가 없는 의자이며 학습용 의자로 적합하다.

(4) 풀업 체어

필요에 따라 이동시켜 사용할 수 있는 간이의자이다.

(5) 오토만

등받이와 팔걸이가 없는 형태로 발을 올려놓는 보조의자이다.

(6) 스툴

등받이와 팔걸이가 없고 다리만 있는 형태의 보조의자로, 가벼운 작업이나 잠시 걸터앉아 휴식을 취할 때 사용된다.

2) 의자설계의 원칙

① 의자폭은 체구가 큰 사람에게 적합하게 설계해야 하며 최소한 의자폭은 앉은 사람의 허벅시너비가 되어야 한다.
② 사용 시의 95% 엉덩이너비에 맞도록 규격을 정한다.

핵심 문제 06 ◆◆◇◇

스툴(Stool)의 종류 중 편안한 휴식을 위해 발을 올려놓는 데도 사용되는 것은?

[22년 1회]

① 세티 　　② 오토만
③ 카우치 　　④ 체스터필드

해설

오토만
등받이와 팔걸이가 없는 형태의 보조의자로 발을 올려놓는데도 사용된다.

정답 ②

3) 소파

(1) 체스터필드

소파의 쿠션성능을 높이기 위해 솜, 스펀지 등을 속에 채워 넣은 형태로 안락성이 좋고, 비교적 크기가 크다.

(2) 카우치

침대와 소파의 기능을 겸한 것으로 몸을 기댈 수 있도록 좌면의 한쪽 끝이 올라간 형태이고, 고대 로마시대에서 음식을 먹거나 잠을 자기 위해 사용했던 긴 의자이다.

(3) 라운지 소파

편히 누울 수 있도록 쿠션이 좋으며 머리와 어깨부분을 받칠 수 있도록 한쪽 부분이 경사진 형태이다.

(4) 세티

동일한 두 개의 의자를 나란히 합하여 2인이 앉을 수 있도록 한 것이다.

(5) 다이밴

등받이와 팔걸이부분은 없지만 기댈 수 있을 정도로 큰 소파이다.

2. 디자이너 의자

1) 토넷 의자(1859)

목재기술자 및 가구 디자이너인 미하엘 토넷(Michael Thonet)이 나무에 증기를 씌어 구부리는 공법인 벤트우드(Bent Wood) 가공방식으로 최초 대량생산한 가구이다.

2) 레드블루 의자(1918)

네덜란드 건축가 및 가구 디자이너인 게리트 리트벨트(Gerrit Rietveld)가 몬드리안의 3원색(적, 청, 황)을 사용하여 디자인한 의자로 대량생산이 가능한 형태로 근대화운동의 상징이 되었다.

3) 바실리 의자(1925)

미국 건축가 및 가구 디자이너인 마르셀 브로이어(Marcel Breuer)가 강철파이프를 휘어 골조를 만들고 가죽으로 좌판, 등받이, 팔걸이를 만든 의자로, 모더니즘 상징과도 같은 존재이다.

4) 체스카 의자(1928)

미국 건축가 및 가구 디자이너인 마르셀 브로이어(Marcel Breuer)가 강철파이프를 구부려 지지대 없이 만든 캔버터리식 의자이다.

5) 바르셀로나 의자(1929)

독일 건축가인 미스 반 데어 로에(Mies van der Rohe)가 디자인하였고 X자로 된 강철파이프 다리 및 가죽으로 된 등받이와 좌석으로 구성되어 있다.

6) 파이미오 의자(1929)

핀란드 건축가인 알바 알토(Alvar Aalto)가 디자인하였고 자작나무 합판을 성형하여 접합 부위가 없고 목재의 재료특성을 최대한 살린 의자이다.

3. 전통가구(장)

장(欌)은 농(籠)과 더불어 한국의 수납가구로 농(籠)은 각 층이 분리되는 데 비해 장(欌)은 층수에 관계없이 각 층이 측판과 기둥에 의해 고정된다는 점이 가장 큰 특징이다.

구분	내용
의걸이장	보통 2칸으로 구성되며 주로 사랑방에서 사용되었고 외관의장에 따라 만살의걸이, 평의걸이, 지장의걸이로 구분할 수 있다.
머릿장	주로 안방에 놓여 여성용품의 수장기능을 담당하였다.
단층장	한 층으로 된 장으로 머릿장이라고도 불린다.
이불장	금침과 베개를 겹겹이 쌓아두는 장으로 보통 2층으로 된 것이 많다.
경축장	서책 및 문서를 보관하는 단층장이다.
반닫이	앞면의 반만 여닫도록 만든 수납용 목가구로, 앞닫이라고도 불렀다. 신분계층의 구분 없이 널리 사용되었고 반닫이 위에 이불을 얹거나 기타 가정용구를 올려놓고 실내에서 다목적으로 쓰는 집기였다.
서안	책을 보거나 글씨를 쓰는 데 필요한 사랑방용의 평좌식 책상이다.
사방탁자	책이나 완성품을 진열할 수 있도록 여러 층의 층널이 있고 사랑방에서 쓰인 문방가구로 선반이 정방형에 가깝다.
소반	"작은 상"이라는 뜻으로 식기를 받쳐 나르거나 음식을 차려 먹을 때 사용했다.

※ 남성공간(사랑방) : 서안, 책장, 의걸이장, 사방탁자 등
※ 여성공간(안방) : 머릿장(단층장, 경축장), 반닫이 등

❸ 가구계획

1. 실내공간의 가구계획과정

1) 기획 및 분석

핵심 문제 13 ◆◆◆

다음 중 가구계획과정에서 기획 및 분석의 순서로 옳은 것은?
① 사전준비－자료수집 및 조사－분석 및 종합－결과 도출 및 콘셉트설정
② 자료 수집 및 조사－사전준비－분석 및 종합－결과 도출 및 콘셉트설정
③ 사전준비－분석 및 종합－자료 수집 및 조사－결과 도출 및 콘셉트설정
④ 결과 도출 및 콘셉트설정－자료 수집 및 조사－사전준비－분석 및 종합

해설

가구계획의 기획 및 분석
사전준비－자료 수집 및 조사－분석 및 종합－결과 도출 및 콘셉트설정

정답 ①

(1) 사전준비
전체 일정 확인 후 계약

(2) 자료 수집 및 조사
내외부 환경분석, 사용자 요구사항 조사, 사례 및 트렌드 조사

(3) 분석 및 종합
조사자료 정리 및 분석, 도면분석

(4) 결과 도출 및 콘셉트 설정
분석결과에 따른 콘셉트 설정

2) 제안 및 검증

(1) 가구 레이아웃 제안
도면 작성, 제안서 작성, 가구사양 제안

(2) 검토 및 평가
계획안 검토 및 수정, 최종안 확정

(3) 가구제작 및 시공
견본품 시공, 가구발주, 가구납품 및 시공

(4) 사후평가 및 관리
품질기준 및 안전기준 준수 여부 검토

2. 실내공간의 가구계획 시 고려사항

1) 사용자의 행태적 · 심리적 특성

핵심 문제 14 ◆◆◆

다음 중 가구계획 시 공간의 형태, 크기, 조도, 색채 등에 따라 인간의 행동이 다양하게 변화하는 것을 고려한 특성은 무엇인가?
① 행태적 특성   ② 심리적 특성
③ 디자인적 특성   ④ 인간공학적 특성

해설

심리적 특성
공간의 형태, 크기, 조도, 색채 등에 따라 인간의 행동이 다양하게 변화하는 것을 고려한다.

정답 ②

행태적 특성	특정 집단이나 개인의 행동 특성에 근거하여 적합한 공간의 형태와 가구, 집기, 마감재, 각종 설비 등을 계획해야 한다.
심리적 특성	공간의 형태, 크기, 조도, 색채 등에 따라 인간의 행동이 다양하게 변화하는 것을 고려하여 디자인해야 한다.

2) 가구의 트렌드

실내공간별 사용자의 다양한 행위에 대한 사회적인 경향을 파악하고, 디자인 분야 트렌드를 인터넷, 문헌자료, 방송매체 등을 통해 주기적으로 조사한다.

3) 인간공학적 분석

사용자의 행위, 행동 등에 불편함을 최소화하기 위해 가구 자체에 대한 형태와 구조, 기능 등 인간공학적인 분석이 이루어져야 한다.

4) 사용자의 시선방향

프라이버시를 유지할 수 있는 시선의 방향이 좋은지를 판가름하는 등 사용자의 시선방향에 대하여 고려한 가구계획이 이루어져야 한다.

5) 공간별 · 영역별 가구 레이아웃

공간 실사용자의 목적에 부합하는 가구 레이아웃을 하기 위해 공간의 형태, 비율 등을 고려하여 사용자와 공간에 합리적인 레이아웃을 한다.

6) 실내공간의 디자인적 조화 검토

공간의 심미적 요소로서 실내공간의 바닥, 벽, 천장 등의 마감재와의 디자인적인 조화가 이루어지는 조건을 갖춘 가구인지를 검토해야 한다.

7) 색채 콘셉트 및 마감재료 검토

실내공간을 구성하고 있는 기본요소인 바닥, 벽, 천장의 마감재와 색채에 따라 전체적인 조화를 이루게 할 수 있는 가구의 선택 혹은 가구의 마감재 선정이 중요하다.

8) 전기 및 설비시설과의 조화 검토

이동식 가구의 경우 배치방식에 따라 유동성 있는 조명의 위치를 고려해야 하고, 로비 카운터, 드레스룸 화장대 등과 같은 붙박이식 가구의 경우 조명 등의 배치에 큰 영향을 준다.

9) 가구의 시공성 및 경제성

설치기준을 정리한 가이드북을 제작하여 현장 시공성이 용이하도록 하며, 저렴하고 유지관리가 쉬우며 수명이 긴 마감재를 사용한다.

핵심 문제 15 • • •

다음 중 가구계획 시 고려사항이 아닌 것은?
① 사용자의 시선방향을 고려한다.
② 가구의 트렌드를 고려한다.
③ 대지의 위치를 고려한다.
④ 전기 및 설비시설과의 조화를 검토한다.

해설

가구계획 시 고려사항
사용자의 행태적 · 심리적 특성, 가구의 트렌드, 인간공학적 분석, 사용자의 시선방향, 공간별 · 가구별 레이아웃, 디자인적 조화, 전기 및 설비시설, 시공성 및 경제성을 고려해야 한다.

정답 ③

핵심 문제 16 ◆◆◆

가구배치에 대한 설명 중 옳지 않은 것은?

[10년 3회]

① 가구배치방법은 크게 집중적 배치와 분산적 배치로 분류할 수 있다.
② 가구사용자의 동선에 적당하게 놓으며 타인의 동작을 차단하는 위치가 되도록 한다.
③ 큰 가구는 가능한 한 벽면과 평행되게 놓아 방의 통일감을 주도록 한다.
④ 가구가 너무 많으면 실내가 답답해 보이고 너무 적으면 허전한 느낌을 주므로 심적 균형을 고려하여 배치한다.

해설

가구사용자의 동선에 알맞게 배치하되 타인의 동작을 방해해서는 안된다.

정답 ②

핵심 문제 17 ◆◆◆

가구배치 시 유의할 사항으로 거리가 먼 것은?

[22년 3회]

① 가구는 실의 중심부에 배치하여 돋보이도록 한다.
② 사용목적과 행위에 맞는 가구배치를 해야 한다.
③ 전체 공간의 스케일과 시각적, 심리적 균형을 이루도록 한다.
④ 문이나 창문이 있을 경우 높이를 고려한다.

해설

가구배치 시 유의사항

가구는 실의 중심에 배치하지 않고, 사용자의 동선에 맞게 배치하되 타인의 동작을 방해해서는 안 된다.

정답 ①

3. 실내공간의 가구배치

1) 가구배치의 유형

(1) 분산적 배치

행동이나 목적이 자유로운 경우에 사용되며 혼란스러운 느낌을 준다.

(2) 집중적 배치

행동이나 목적이 분명한 경우에 사용되며 딱딱하고 경직된 느낌을 준다.

2) 가구 배치 시 유의사항

① 실의 사용목적과 행위에 적합한 가구배치를 한다.
② 가구 사용 시 불편하지 않도록 충분한 여유공간을 준다.
③ 데드 스페이스(Dead Space)가 생기지 않도록 공간활용을 극대화한다.
④ 가구의 크기와 형태는 공간의 스케일과 심리적 균형에 어울리도록 한다.
⑤ 사용자의 동선에 알맞게 배치하되 타인의 동작을 방해해서는 안 된다.
⑥ 큰 가구는 벽체에 붙여 실의 통일감을 갖도록 한다.
⑦ 문이나 창이 있는 경우 높이를 고려한다.
⑧ 평면도와 입면계획을 모두 고려해야 한다.

실/전/문/제

01 가구배치계획에 관한 설명으로 옳지 않은 것은? [16년 2회]

① 평면도에 계획하며, 입면계획은 고려하지 않는다.

② 실의 사용목적과 행위에 적합한 가구배치를 한다.

③ 가구 사용 시 불편하지 않도록 충분한 여유공간을 두도록 한다.

④ 가구의 크기 및 형상은 전체 공간의 스케일과 시각적, 심리적 균형을 이루도록 한다.

> 가구배치계획 시 평면도와 입면계획을 모두 고려해야 한다. 답 ①

02 가구배치 시 유의사항으로 거리가 먼 것은? [03년 3회]

① 가구는 실의 중심부에 배치하여 돋보이도록 한다.

② 사용목적과 행위에 맞는 가구배치를 해야 한다.

③ 전체 공간의 스케일과 시각적, 심리적 균형을 이루도록 한다.

④ 문이나 창문이 있을 경우 높이를 고려한다.

> **가구배치 시 유의사항**
> 가구는 실의 중심에 배치하지 않고, 사용자의 동선에 맞게 배치하되 타인의 동작을 방해해서는 안 된다.
> 답 ①

03 다음 중 가구배치에 대한 설명 중 옳지 않은 것은? [10년 3회]

① 가구배치방법은 크게 집중적 배치와 분산적 배치로 분류할 수 있다.

② 가구 사용자의 동선에 적당하게 놓으며 타인의 동작을 차단하는 위치가 되도록 한다.

③ 큰 가구는 가능한 한 벽면과 평행되게 놓아 방의 통일감을 주도록 한다.

④ 가구가 너무 많으면 실내가 답답해 보이고 너무 적으면 허전한 느낌을 주므로 심적 균형을 고려하여 배치한다.

> 가구 사용자의 동선에 알맞게 배치하며 타인의 동작을 방해해서는 안된다. 답 ②

04 합리적인 가구배치에 대한 설명으로 옳지 않은 것은? [10년 2회]

① 사용목적 이외의 것은 놓지 않는다.

② 크고 작은 가구를 적절히 조화롭게 배치한다.

③ 의자나 소파 옆에 조명기구를 배치한다.

④ 작은 가구는 벽에 붙이고 큰 가구는 벽으로부터 여유공간을 두어 공간의 변화를 주도록 배치한다.

> 큰 가구는 벽체에 붙여 통일감을 갖도록 하며 작은 가구는 공간의 변화를 주도록 배치한다. 답 ④

05 다음 중 2인용 침대인 더블베드(Double Bed)의 크기로 가장 적당한 것은?

[04년 3회]

① 1,000mm × 2,100mm
② 1,150mm × 1,800mm
③ 1,350mm × 2,000mm
④ 1,600mm × 2,400mm

06 정지된 인체치수와 동작을 중심으로 한 인간공학적 측면에 따른 가구의 분류에 속하지 않는 것은?

[10년 2회]

① 인체지지용 가구
② 작업용 가구
③ 칸막이용 가구
④ 수납용 가구

07 다음 중 인체지지용 가구가 아닌 것은?

[16년 3회]

① 소파
② 침대
③ 책상
④ 작업의자

08 붙박이가구에 관한 설명으로 옳지 않은 것은?

[16년 3회]

① 공간의 효율성을 높일 수 있다.
② 건축물과 일체화하여 설치하는 가구이다.
③ 실내 마감재와의 조화 등을 고려해야 한다.
④ 필요에 따라 그 설치장소를 자유롭게 움직일 수 있다.

09 건축계획 시 함께 계획하여 건축물과 일체화하여 설치되는 가구는?

[19년 3회]

① 유닛가구
② 붙박이가구
③ 인체계 가구
④ 시스템가구

10 인테리어 디자인의 측면에서 공간을 효율적으로 사용할 수 있는 가장 좋은 가구는? [03년 1회]

① 업홀스터리 가구
② 붙박이가구
③ 조립식 가구
④ 원목가구

문제 9번 해설 참고 **답** ②

11 특정한 사용목적이나 많은 물품을 수납하기 위해 건축화된 가구는? [10년 1회]

① 붙박이가구
② 가동가구
③ 이동가구
④ 유닛가구

문제 9번 해설 참고 **답** ①

12 필요에 따라 가구의 형태를 변화시킬 수 있어 고정적이면서 이동적인 성격을 갖는 가구로, 규격화된 단일가구를 원하는 형태로 조합하여 사용할 수 있으므로 다목적으로 사용이 가능한 것은? [19년 2회]

① 유닛가구
② 가동가구
③ 원목가구
④ 붙박이가구

유닛가구
고정적이며 이동적인 성격을 가지고 있어 공간의 조건에 맞도록 원하는 형태로 조립, 분해가 가능하다.
답 ①

13 유닛가구(Unit Furniture)에 관한 설명으로 옳지 않은 것은? [18년 2회]

① 고정적이면서 이동적인 성격을 갖는다.
② 필요에 따라 가구의 형태를 변화시킬 수 있다.
③ 규격화된 단일가구를 원하는 형태로 조합하여 사용할 수 있다.
④ 특정한 사용목적이나 많은 물품을 수납하기 위해 건축화된 가구이다.

④는 붙박이가구에 대한 설명이다.
유닛가구
공간의 조건에 맞도록 원하는 형태로 조립, 분해가 가능하며 가구의 형태를 고정 및 이동할 수 있다.
답 ④

14 시스템가구에 관한 설명 중 옳지 않은 것은? [03년 3회]

① 건물, 가구, 인간과의 상호관계를 고려하여 치수를 산출한다.
② 건물의 구조부재, 공간구성 요소들과 함께 표준화되어 기변성이 작다.
③ 한 가구는 여러 유닛으로 구성되어 모든 치수가 규격화, 모듈화된다.
④ 부엌가구, 사무용가구, 수납가구들에 적용된다.

시스템가구
기능에 따라 조립 및 해체가 가능하며 공간의 융통성을 도모할 수 있어 가변성이 크다.
답 ②

의자의 종류

㉠ 스툴 : 등받이와 팔걸이가 없고 다리만 있는 형태의 보조의자이다.

㉡ 오토만 : 등받이와 팔걸이가 없는 형태로 발을 올려놓는 보조의자이다. **답** ①

15 다음의 가구에 관한 설명 중 ( ) 안에 알맞은 용어는? [16년 1회]

> (㉠)은 등받이와 팔걸이가 없는 형태의 보조의자로 가벼운 작업이나 잠시 걸터앉아 휴식을 취할 때 사용된다. 더 편안한 휴식을 위해 발을 올려놓는 데 사용되는 (㉠)을 (㉡)이라 한다.

① ㉠ 스툴, ㉡ 오토만   ② ㉠ 스툴, ㉡ 카우치

③ ㉠ 오토만, ㉡ 스툴   ④ ㉠ 오토만, ㉡ 카우치

의자의 종류

㉠ 세티 : 동일한 두 개의 의자를 나란히 합하여 2인이 앉을 수 있는 의자이다.

㉡ 오토만 : 등받이와 팔걸이가 없는 형태로 발을 올려놓는 보조의자이다.

㉢ 카우치 : 몸을 기댈 수 있도록 좌면의 한쪽 끝이 올라간 형태의 의자이다.

㉣ 이지체어 : 가볍게 휴식을 취할 수 있는 의자이다. **답** ②

16 스툴(Stool)의 종류 중 편안한 휴식을 위해 발을 올려놓는 데 사용되는 것은? [18년 1회]

① 세티   ② 오토만

③ 카우치   ④ 이지체어

④는 카우치에 대한 설명이다.

※ **체스터필드(Chesterfield)**
소파의 쿠션성능을 높이기 위해 솜, 스펀지 등을 속에 채워 넣은 형태로 안락성이 좋은 소파이다. **답** ④

17 의자 및 소파에 관한 설명으로 옳지 않은 것은? [17년 2회]

① 소파가 침대를 겸용할 수 있는 것을 소파베드라 한다.

② 세티는 동일한 두 개의 의자를 나란히 합해 2인이 앉을 수 있도록 한 것이다.

③ 라운지 소파는 편히 누울 수 있도록 쿠션이 좋으며 머리와 어깨부분을 받칠 수 있도록 한쪽 부분이 경사져 있다.

④ 체스터필드는 고대 로마시대에 음식물을 먹거나 잠을 자기 위해 사용했던 긴 의자로 좌판의 한쪽 끝이 올라간 형태이다.

암체어

쿠션감을 높인 안감과 팔걸이가 있는 안락한 1인용 의자이다. **답** ②

18 소파 및 의자에 관한 설명으로 옳지 않은 것은? [15년 2회]

① 스툴은 등받이와 팔걸이가 없는 형태의 보조의자이다.

② 2인용 소파는 암체어라고 하며 3인용 이상은 미팅시트라 한다.

③ 세티는 동일한 두 개의 의자를 나란히 합하여 2인이 앉을 수 있도록 한 것이다.

④ 카우치는 고대 로마시대에 음식물을 먹거나 잠을 자기위해 사용했던 긴 의자이다.

19 각종 의자에 관한 설명으로 옳지 않은 것은? [19년 1회]

① 스툴은 등받이와 팔걸이가 없는 형태의 보조의자이다.

② 풀업 체어는 필요에 따라 이동시켜 사용할 수 있는 간이의자이다.

③ 이지 체어는 편안한 휴식을 위해 발을 올려놓는 데 사용되는 스툴의 종류이다.

④ 라운지 체어는 비교적 큰 크기의 의자로 편하게 휴식을 취할 수 있도록 구성되어 있다.

③은 오토만(Ottoman)에 대한 설명이다.

※ **이지 체어(Easy Chair)**
가볍게 휴식을 취할 수 있는 의자로 라운지 체어보다 작으며 기계적인 장치가 없지만 등받이 각도를 원만하게 하여 휴식을 취할 수 있다. 　답 ③

20 다음 내용은 어떤 가구에 관한 설명인가? [03년 2회]

> 필요에 따라 이동시켜 사용할 수 있는 긴 의자로 크지 않으며, 가벼운 느낌을 주는 형태를 사용하며, 이동하기 쉽도록 잡기 편하도록 들기에 가볍다.

① 카우치(Couch)

② 오토만(Ottoman)

③ 라운지 체어(Lounge Chair)

④ 풀업 체어(Pull-up Chair)

풀업 체어
필요에 따라 이동시켜 사용할 수 있는 간이의자이다.
　답 ④

21 필요에 따라 이동시켜 사용할 수 있는 간이의자로 크지 않으며 가벼운 느낌의 형태를 갖는 것은? [15년 1회]

① 세티　　　　　　　② 카우치

③ 풀업 체어　　　　　④ 라운지 체어

문제 20번 해설 참고　답 ③

22 각종 의자에 관한 설명으로 옳지 않은 것은? [20년 1·2회]

① 풀업 체어는 필요에 따라 이동시켜 사용할 수 있는 간이의자이다.

② 오토만은 스툴의 일종으로 편안한 휴식을 위해 발을 올려놓는 데 사용된다.

③ 세티는 고대 로마시대 음식물을 먹거나 잠을 자기 위해 사용했던 긴 의자이다.

④ 라운지 체어는 비교적 큰 크기의 의자로 편하게 휴식을 취할 수 있는 안락의자이다.

③은 카우치에 대한 설명이다.

※ **세티(Settee)**
동일한 두 개의 의자를 나란히 합하여 2인이 앉을 수 있는 의자이다. 　답 ③

다이밴

등받이와 팔걸이 부분은 없지만 기
댈 수 있을 정도로 큰 소파이다.

답 ②

23 등받이와 팔걸이 부분은 없지만 기댈 수 있을 정도로 큰 소파의 명칭은?

[18년 2회]

① 세티

② 다이밴

③ 체스터필드

④ 턱시도 소파

엔드 테이블(End Table)

소파 옆에 놓는 작은 보조용 테이블
이다.

답 ②

24 소파나 의자 옆에 위치하며 손이 쉽게 닿는 범위 내에 전화기, 문구 등 필요한 물품을 올려놓거나 수납하며 찻잔, 컵 등을 올려놓기도 하여 차탁자의 보조용으로도 사용되는 테이블은?

[18년 3회]

① 티 테이블(Tea Table)

② 엔드 테이블(End Table)

③ 나이트 테이블(Night Table)

④ 익스텐션 테이블(Extension Table)

바르셀로나 의자

미스 반 데어 로에가 디자인하였고
X자로 된 강철파이프 다리 및 가죽
으로 된 등받이와 좌석으로 구성되
어 있다.

답 ④

25 미스 반 데어 로에에 의하여 디자인된 의자로 X자로 된 강철파이프 다리 및 가죽으로 된 등받이와 좌석으로 구성되어 있는 것은?

[15년 3회]

① 바실리 의자

② 체스카 의자

③ 파이미오 의자

④ 바르셀로나 의자

문제 25번 해설 참고

답 ③

26 바르셀로나 체어를 디자인한 건축가는?

[11년 2회]

① 마르셀 브로이어(Marcel Breuer)

② 루이스 설리반(Louis Sullivan)

③ 미스 반 데어 로에(Miss van der Rohe)

④ 프랭크 로이드 라이트(Frank Lloyd Wright)

① 바실리 의자 : 마르셀 브로이어
② 파이미오 의자 : 알바 알토
③ 레드블루 의자 : 게리트 리트벨트
④ 바르셀로나 의자 : 미스 반 데어
　　로에

답 ①

27 다음 중 마르셀 브로이어(Marcel Breuer)가 디자인한 의자는?

[17년 1회]

① 바실리 의자

② 파이미오 의자

③ 레드블루 의자

④ 바르셀로나 의자

28 알바 알토가 디자인한 의자로 자작나무 합판을 성형하여 만들었으며, 목재가 지닌 재료의 단순성을 최대한 살린 것은? [16년 2회]

① 바실리 의자
② 파이미오 의자
③ 레드 블루 의자
④ 바르셀로나 의자

29 다음 설명에 알맞은 전통가구는? [17년 1회]

- 책이나 완성품을 진열할 수 있도록 여러 층의 층널이 있다.
- 사랑방에서 쓰인 문방가구로 선반이 정방형에 가깝다.

① 서안
② 경축장
③ 반닫이
④ 사방탁자

30 한국 전통가구 중 수납계 가구에 속하지 않는 것은? [19년 3회 산업기사]

① 농
② 궤
③ 소반
④ 반닫이

실내디자인 프로세스를 기획, 설계, 시공, 사용 후 평가단계의 4단계로 구분할 때, 디자인의 의도와 고객이 추구하는 방향에 맞추어 대상 공간에 대한 디자인을 도면으로 제시하는 단계는? [22년 2회]

① 기획단계 　　② 설계단계
③ 시공단계 　　④ 사용 후 평가단계

해설

설계단계
기본계획 대안들의 도면화로 디자인의 의도와 고객이 원하는 방향으로 디자인을 도면으로 제시하는 단계이다.

정답 ②

실내디자인 프로세스의 일반적인 과정으로 옳은 것은? [94년 1회]

① 조건설정 → 기본설계 → 개요설계 → 실시설계 → 감리설계
② 개요설계 → 기본설계 → 실시설계 → 조건설정 → 감리설계
③ 기본설계 → 개요설계 → 조건설정 → 실시설계 → 감리설계
④ 조건설정 → 개요설계 → 기본설계 → 실시설계 → 감리설계

해설

조건설정 – 개요설계 – 기본설계 – 실시설계 – 감리설계

정답 ④

다음 중 실시설계의 도면순서로 옳은 것은?

① 평면도-천장도-입면도-단면도-협력도면
② 협력도면-평면도-천장도-입면도-단면도
③ 평면도-입면도-천장도-협력도면-단면도
③ 천장도-평면도-입면도-단면도-협력도면

해설

실시설계의 도면순서
평면도 – 천장도 – 입면도 – 단면도 – 협력도면

정답 ①

❶ 2D 표현

1. 2D 설계도면의 종류 및 이해

1) 기본설계도면

기획설계 방향과 기본적인 중요사항만 집약하여 나타낸 도면으로 실내공간을 측정하여 설계의 방향을 선정하고 공간의 구분, 가구와 집기의 선택과 배치, 조명과 설비의 위치 등을 고려하여 기본적인 실내계획을 완료한 도면을 말한다.

문서 (제안서)	• 디자인 개요(디자인 설계에 대한 설명서 작성, 이미지 사례 첨부) • 스펙북 작성(마감재료 및 조명 등 해당 이미지 및 제품명 기입) • 시방서 작성(공사비 예산 및 공정표 작성)
도면	• 평면도(면적표시, 레이아웃, 실명, 기구 및 집기 표시, 마감재, 기호 등) • 천장도(천장형태와 구조, 마감재, 조명 및 설비 표시, 범례표 등) • 입면도(4방향 벽면 표현, 벽면 높이, 가구집기, 마감재료 표시) • 투시도(공간 및 물체를 3차원적으로 표현하고 마감재, 색채 등을 실감 나게 표현)

2) 실시설계도면

기본설계도서를 바탕으로 실내디자인 시공에 필요한 구체적인 치수와 마감이 표기된 상세도면, 건축구조도면 및 협력설계도면(전기, 설비, 소방) 등을 종합하여 실시설계도면이 작성되며 설계자는 마감재 시공방법 및 도면작성기준에 관한 지식 등을 기반으로 실시설계도서를 작성해야 한다.

문서 (제안서)	• 스펙북 작성(재료, 구입가구, 하드웨어, 조명 등의 사양서) • 내역서 작성(공종에 따른 수량 산출 및 공사비 작성) • 시방서 작성(시공기술, 재료 및 품질, 성능, 공사 시행을 위한 사항 등) • 공정표 작성(공사기간에 공사를 진행시키고자 관리하는 계획)

도면	• 주요 범례표(도면목록표, 약어표기표, 마감재료표, 기호, 일반사항) • 평면도(레이아웃, 실명, 치수, 창호, 출입문, 가구배치, 마감재, 패턴 및 기호화된 도면정보 등) • 천장도(천장의 형태와 높이, 치수, 마감재, 조명, 설비, 범례표 등) • 입면도(벽면형태와 마감재, 패턴, 창호, 출입문, 기호 등) • 단면도(바닥, 벽두께 및 구조 천장구조, 설치방법, 상세한 마감재 기입 등) • 상세도(구조 및 설치방법, 마감재기입, 전기 및 설비 설치방법 등) • 가구도(가구 구조 및 설치방법, 마감재 등) • 창호도(위치, 종류, 치수, 수량, 하드웨어, 색상 등) • 협력설계도면(소방, 전기, 공조, 냉난방, 급배수-위치, 수량, 설치방법 등)

2. 2D 설계도면 작성기준

1) 평면도

① 평면도는 건축물을 지면이나 슬래브면의 1.2m 높이에서 잘라낸 모습을 그린 도면이다.

② 건축물의 평면상의 배치를 한눈에 알아볼 수 있도록 그린 것이다.

③ 구조평면도, 마감평면도, 가구배치도, 전기 · 설비기구배치도 등으로 분류할 수 있다.

④ 출입구의 위치, 개구부의 크기 및 개폐방법과 위치, 재료의 표시와 각 실의 명칭을 표현한다.

[평면도(마감평면도, 패턴도)]

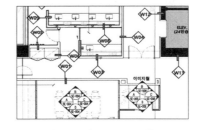

[평면도(기호 평면도)]

[마감재기호]

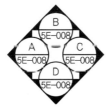

[입면기호]

[벽체 상세기호]

핵심 문제 04 ◆◆◆

평면계획 시 고려해야 할 사항과 거리가 먼 것은? [97년 2회]
① 동선처리
② 조명분포
③ 가구배치
④ 출입구와 위치

해설

평면계획 시 고려사항
공간의 동선처리, 가구배치, 실의 배치, 출입구의 위치 등

정답 ②

핵심 문제 05 ◆◆◆

평면도에서 알 수 있는 사항이 아닌 것은?
① 공간의 배치
② 공간의 형태와 크기
③ 동선
④ 문의 높이

해설

문의 크기는 평면도에서 알 수 있지만, 높이는 입면도에서 표시하는 사항이다.

정답 ④

2) 천장도

① 평면도와 동일한 형태로 표현한 도면이다.

② 천장의 형태, 높이를 포함한 단차, 치수, 마감재, 소재 패턴 및 취부방향을 표현한다.

③ 등 박스 및 커튼박스 등 천장의 높이 차이는 해치선을 활용해 단면을 표현하고 상세도를 위한 인출기호와 치수를 표시한다.

④ 설비(공조, 소방, 방송, 전기)도면을 취합하여 충돌이 일어나는 부분을 체크한다.

[마감재기호]　　　　　　　　　　[천장도 표기법]

3) 입면도

① 실내의 벽면을 일정한 면이 기준이 되도록 펼쳐 전개하여 그린 도면이다.

② 벽면의 형태와 창호 및 도어 위치 표기를 하며 4면의 방향을 표현한다.

③ 벽면이 꺾인 경우 면의 위치에 '▼' 표기를 하여 꺾인 위치를 알 수 있게 한다.

④ 입면 전개 방향은 단위 실에서 윗면을 기준으로 하여 시계 반대방향으로 전개한다.

⑤ 건축도면에서 입면도는 정면도, 측면도, 배면도에 속한다.

⑥ 벽면 마감재료에 대한 패턴을 규격 및 치수에 비례하여 표현하고 기입한다.

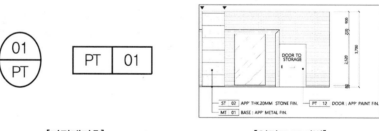

[마감재기호]　　　　　　　　　　[입면도 표기법]

4) 단면도

① 건축물 또는 구조물을 절단하여 그 절단된 면을 보이는 그대로 작도한 도면이다.

　㉠ 단면도 : 건축물의 전체 공간의 형태를 설명하기 위한 도면이다.

　㉡ 단면상세도 : 실내건축 시공을 위해 구조체의 내부에 제작방법을 제시하는 도면이다.

② 전체 도면을 1장의 도면에 표현하기 위하여 보통 1/30 이하의 축척을 사용한다.

③ 건축물의 높이, 천장의 높이, 창의 높이 등을 표현한다.

핵심 문제 06 ••••

실내디자인의 도면 중 벽을 바라본 수직적 실내의 그림은? [96년 2회]

① 평면도　　② 투시도
③ 입면도　　④ 배치도

해설

입면도

실내 벽면을 바라본 수직적 실내를 전개하여 그린 도면이다.

정답 ③

핵심 문제 07 ••••

다음 중 입면도에 속하지 않는 것은?

[03년 1회]

① 정면도　　② 측면도
③ 배면도　　④ 단면도

해설

건축도면에서 입면도에는 정면도, 측면도, 배면도가 속한다.

정답 ④

핵심 문제 08 ••••

건물을 세로로 절단한 후 수평방향에서 본 도면으로 실내공간의 바닥, 천장 등의 내부구조를 나타내주는 도면은?

[03년 2회]

① 입면도　　② 측면도
③ 전개도　　④ 단면도

해설

단면도

건축물 또는 구조물을 절단하여 그 절단된 면을 보이는 바닥, 천장 등의 내부구조를 상세하게 작성하는 도면이다.

정답 ④

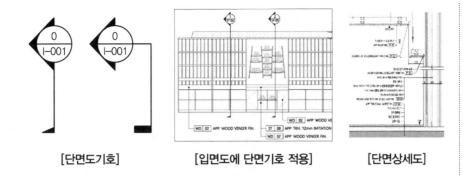

| [단면도기호] | [입면도에 단면기호 적용] | [단면상세도] |

5) 표준단면상세도

① 실내를 구성하는 기본 벽체 구조들의 단면 형태를 일괄 표기한 도면이다.

② 벽면 형태를 절단한 모습으로 표기하고, 축척은 1/3 또는 1/5로 도면을 작도한다.

③ 내부 재료의 표기는 가는 선으로 하고 최종 외부마감의 형태를 굵은 선으로 표기 한다.

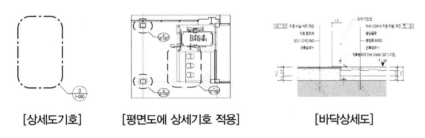

| [상세도기호] | [평면도에 상세기호 적용] | [바닥상세도] |

6) 창호도

창호의 제작, 설치에 관련된 도면으로 창호일람표와 창호 단면상세도로 구성된다.

① **창호일람표** : 실내공간에 있는 창호에 일련번호를 부여하고 규격, 마감재료의 종류, 하드웨어의 종류, 디자인 형태, 디테일 안내 등을 구체적으로 표기한다.

② **창호 단면상세도** : 시공 디테일을 상세히 표기한다.

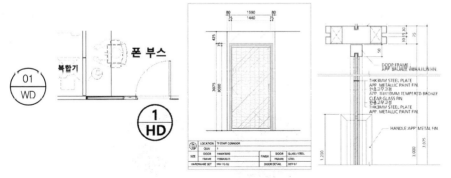

[창호기호] [평면도에 창호기호 적용]   [창호일람표, 창호 단면상세도]

다음 중 실시설계에서 표준단면상세도에 관한 내용으로 옳지 않은 것은?

① 실내를 구성하는 기본 벽체 구조들의 단면 형태를 일괄 표기한 도면이다.

② 벽면 형태를 절단한 모습으로 표기 한다.

③ 축척은 1/100 또는 1/200로 도면을 작도한다.

③ 내부 재료의 표기를 상세하게 기입한다.

해설

표준단면상세도

벽면 형태를 절단한 모습으로 표기하고, 축척은 1/3 또는 1/5로 도면을 작도한다.

정답 ③

핵심 문제 10 •••

다음 중 2D 그래픽 소프트웨어가 아닌 것은?
① 포토숍(Photoshop)
② 페인터(Painter)
③ 일러스트레이터(Illustrator)
④ 스트라타 스튜디오 프로(Strata Studio Pro)

해설

2D 그래픽 소프트웨어의 종류
• 포토숍(Photoshop)
• 페인터(Painter)
• 일러스트레이터(Illustrator)

정답 ④

✖ 픽셀(Pixel)
최소단위의 점인 픽셀이 모여 화면을 구성하고 있어 이미지의 크기에 따라 출력에 영향을 주고 압축을 통해 해상도와 파일 크기의 조절이 가능한 방식이다.

핵심 문제 11 •••

Photoshop에서 레이어와 알파 채널 등을 모두 저장할 수 있는 파일 포맷은?
① JPEG   ② PSD
③ GIF   ④ BMP

해설

PSD
포토샵의 기본 파일 포맷으로 이미지 정보 및 레이어와 알파 채널을 수정 및 저장할 수 있다.

정답 ②

✖ 벡터(Vector)
베지어 곡선(Bezier Curve)을 이용하여 표현하며 이미지를 확대하거나 축소해도 이미지 정보가 그대로 보존되고 용량이 작은 이미지 표현방식이다.

핵심 문제 12 •••

심벌, 로고, 캐릭터 등의 디자인 시 가장 많이 사용되는 프로그램은?
① Quark Xpress ② Illustrator
③ Painter   ④ Photoshop

해설

Illustrator(일러스트레이터)
심벌, 로고 캐릭터와 같이 디자인 시 가장 적합한 프로그램으로 벡터방식이다.

정답 ②

---

3. 2D 그래픽

2D 그래픽 프로그램을 통해 해당 도면에 마감재 및 색채를 넣어서 표현하는 것으로, 도면의 형태와 마감재를 한눈에 파악하기 용이하다. 일반적인 평면도면과 차별화를 둘 수 있으며 동선과 특정공간을 구분할 때 사용된다.

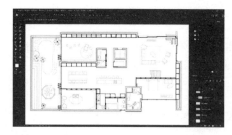
[CAD 도면 → EPS 파일로 저장]

[포토숍을 활용한 2D 그래픽화]

1) 2D 그래픽 프로그램

(1) 포토숍(Photoshop)

사진 작업을 하거나 이미지 합성과 편집 시 사용하는 프로그램으로 기본적인 드로잉 툴과 필터의 기능도 있어 이를 활용하여 그림도 그릴 수 있다. 픽셀(Pixel)을 기본단위로 하는 비트맵 방식의 툴로 이미지를 확대하면 깨지는 현상으로 계단모양으로 보인다.

(2) 일러스트레이터(Illustrator)

그래픽 디자인 툴로 도형을 그리거나 자르고 합치는 기능을 사용하여 자유롭게 사용할 수 있어 로고, 아이콘, 그래픽 등 디자인을 위한 프로그램이다. 벡터(Vector)를 기본단위로 흐려지거나 선명도를 잃지 않으면서 무한대로 확대하거나 축소할 수 있는 그래픽 제작에 적합한데, 픽셀이 아니라 점, 선, 곡선으로 구성되기 때문이다.

2) 제안서 및 패널

설계도면을 비롯해서 2D 컬러링 클라이언트가 쉽게 알아보고 비교해 볼 수 있도록 각종 마감재를 포함하여 출력 사이즈에 맞게 제작한 판을 말한다. 디자이너의 취향과 의도에 따라 레이아웃이 달라지지만, 투시도, 평면도, 다이어그램 등 패널 요소들의 크기와 방향에 따라 패널을 더욱 효과적으로 나타낼 수 있도록 한다.

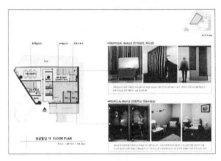

[제안서 – 평면계획]

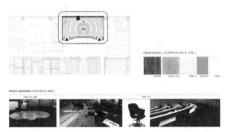

[제안서 – 가구계획]

❷ 3D 표현

1. 3D 설계도면의 종류 및 이해

1) 투시도(Perspective)

(1) 개념

① 건축물을 사람의 눈높이에 맞춰서 직접 카메라로 찍은 모습 또는 그대로 그린 그림으로 실외뿐만 아니라 실내에서도 쓰이며 실내투시도, 실외투시도로 구분한다.

② 투시도를 통해 설계사, 시공사, 발주자가 쌍방향, 다방향 대화의 도구로서 원활한 커뮤니케이션 진행이 가능하다.

(2) 투시도의 종류

투시도는 원근 표현, 즉 가까이 있는 것은 크게 보이고, 멀리 있는 것은 작게 보이게 한다는 원리를 기본으로 한다. 멀리 있는 것이 작게 보인다는 것은 어떤 형태가 어떤 점으로 소멸되는 것을 의미하니, 이 소멸되는 점을 소점 또는 소실점(V.P)이라고 한다. 투시도는 2소점을 원칙으로 한다.

① 1소점 투시도(평행투시)

㉠ 1소점 투시도에서 정면으로 보이는 면은 수평, 수직으로 보이게 되고 나머지 선들은 모두 소점(소실점)으로 향하는 기울기가 있는 선으로 보인다.

㉡ 내부공간에 배치된 구조 및 가구들도 입체감 있게 표현하며 각 요소들을 구성하는 수평선과 수직선도 소점으로 향한다.

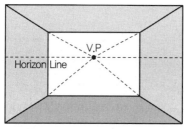

② 2소점 투시도(유각투시)

　ㄱ 수직은 평행이 되며 그 외의 좌표는 두 소실점으로 진행되고 어떤 사물을 비스듬히 놓고 보았을 때 적용되는 것을 말한다.

　ㄴ 모든 선들은 좌측과 우측에 위치한 소점방향으로 연결되거나 지평면에 직교하는 수직 상태이다.

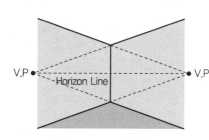

③ 투시도법 용어

EP(Eye Point, 시점)	물체를 보는 사람의 눈 위치
SP(Standing Point, 입점)	관찰자가 서 있는 위치
PP(Picture Plane, 화면)	지표면에 수직으로 세운 면
GL(Ground Line, 기선)	화면과 지면이 만나는 선
HL(Horizontal Line, 지평선)	눈의 높이와 같은 화면상의 수평선
VL(Visual Line, 시선)	물체와 시점 간의 연결선
VP(Vanishing Point, 소점)	원근 거리감에 따라 하나의 점에 결집되는 곳
GP(Ground Plane)	기준이 되는 지반면

2) 조감도 및 아이소메트릭

(1) 조감도

높은 곳에서 지상을 내려다본 것처럼 지표를 공중에서 비스듬히 내려다보았을 때의 모양을 그린 그림을 뜻하며 건축물의 모습을 토대로 이 건축물이 주변 현황에 대해 어떠한 크기, 비례를 가지며 어떠한 모습을 나타낼 것인가를 알 수 있다.

핵심 문제 15　• • •

투시도법에서 화면을 나타내는 기호는?
① HL　　　② GL
③ VP　　　④ PP

해설

PP(Picture Plan, 화면)
지표면에 수직으로 세운 면이다.

정답 ④

핵심 문제 16　• • •

투시도법의 용어 중 물체의 각 점이 수평선상에 모이는 점은?
① 입점(SP)　　② 시점(EP)
③ 소점(VP)　　④ 측점(MP)

해설

VP(Vanishing Point, 소점)
원근거리감에 따라 하나의 점에 결집되는 곳을 말한다.

정답 ③

(2) 아이소메트릭(Isometric)

실내공간에서 일정한 높이 이상에서 건물을 절단하여 내부를 볼 수 있도록 한 것으로 오브제에 재질을 입히거나 실제와 같은 느낌을 받을 수 있도록 이미지를 연출하는 것이다. 마감재로 사용되는 것들을 특성이 맞도록 편집하고 보정할 수 있다.

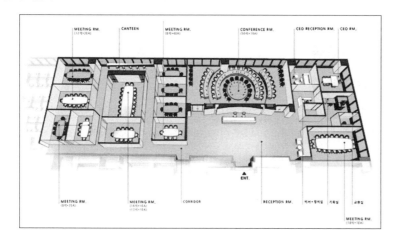

3) 렌더링

(1) 정의

설계도면을 토대로 공간을 구성하고, 3차원 오브젝트를 모델링한 후 색상, 음영, 질감을 입혀 사실감 있는 물체로 표현하는 것으로 최종 디자인을 결정하려는 표현전달의 단계이다.

(2) 렌더링 사이즈

최종 렌더링 작업은 출력과 직결되어 있으며 렌더링의 사이즈는 픽셀(Pixel)이 기준이므로 종이 출력 사이즈와 렌더링 이미지의 사이즈가 매칭되도록 출력 사이즈를 결정한다.

◆ 렌더링 출력 사이즈

종이 사이즈	가로×세로(mm)	렌더링(Pixel)
A4	297 × 210	1,754 × 1,240
A3	420 × 297	2,480 × 1,754
A2	594 × 420	3,508 × 2,480
A1	841 × 594	4,967 × 3,508
A0	1,189 × 841	7,022 × 4,967

❸ 모형제작

설계단계 중 제작되는 모형은 공간의 흐름, 성격, 조형적 의미, 스케일, 가상현실 등을 검토해주는 기능과 설계자가 클라이언트에게 의사전달 수단으로 시각 체험을 제공할 수 있다. 실내투시도보다 더욱 다양하게 관찰할 수 있고 외관과 내부공간의 관계도 동시에 검토할 수 있으며 수정이 용이하다.

1. 모형의 종류

1) 스터디모형

기초모형으로 자신이 생각한 디자인을 머릿속에만 그려내지 않고 간편하게 만들어서 디자인을 확인해보고 디자인을 변경하는 것을 말한다. 스터디모형은 연구용 모형이므로 손질하기 쉬운 재료를 선택하여 완성하는 것이 특징이다.

2) 전시모형

기본설계가 끝난 단계에서 완성했을 때의 모습을 확인하고 클라이언트에게 보여주기 위해 만드는 최종 모형을 의미한다. 스터디모형에서 오차와 수정을 통해 변경된 디자인에 최종 콘셉트를 부합하여 디테일하게 모형을 제작하여 완성한다.

2. 모형제작 계획

1) 모형의 제작순서

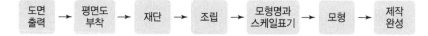

① 도면출력 : CAD 프로그램으로 정리한 도면을 모형 스케일에 맞도록 출력한다.
② 평면도 부착 : 출력된 도면을 모형종이나 기타 모형재료에 붙인다.
③ 재단 : 모형칼, 열선 커팅기 등을 이용하여 모형재료를 자른다.
④ 조립 : 평면도를 참고하여 재단된 모형을 바닥, 벽체, 가구를 조립한다.
⑤ 모형명과 스케일 표기 : 모형제작 완성 후 모형명과 스케일을 표시한다.

2) 모형의 재료

① 우드록 : 스티로폼의 일종으로 건축모형의 가장 기본이 되는 재료며 가볍고 간단하게 절단 가공할 수 있다.
② 폼보드 : 일반 우드록의 양면에 종이를 붙인 형태로 우드록보다 단단하고 강한 것이 특징이다.

③ **목재** : 베이스우드, 각종 목재류로 기초모형부터 미세한 디테일의 모형까지 조립이 용이하다.

④ **아크릴** : 투명, 불투명 등 색채와 종류가 풍부하다.

⑤ **종이** : 골판지, 하드보드지, 라이싱지 등 모든 단계에서 사용하기 적합하다.

⑥ **접착제** : 모형에 쓰이는 접착제는 재료가 제한을 받지 않기 때문에 거의 모든 용도의 접착제가 사용된다.

3) 모형의 제작공구

칼, 자, 쇠자, 톱, 스케일, 템플릿, 사포, 테이프, 스펀지 등 다양하게 준비하는 것이 좋다.

실 / 전 / 문 / 제

기본설계도면
평면도, 천장도, 입면도, 투시도
🖎 ②

01 다음 중 실내디자인 설계도서에서 기본설계도면에 해당하지 않는 것은?

[예상문제]

① 평면도 작성　　　　　　　② 전기설비도 작성
③ 천장도 작성　　　　　　　④ 입면도 작성

스터디 모델링(Study Modeling) 작업은 기본설계에 속하는 작업이다.
🖎 ④

02 다음 중 실내디자인 과정에서 실시설계 단계의 내용에 속하지 않는 것은?

[예상문제]

① 창호도 작성
② 평면도 작성
③ 재료 마감표 작성
④ 스터디 모델링(Study Modeling) 작업 실시

실시설계의 도면순서
평면도 – 천장도 – 입면도 – 단면도
– 협력도면　　　　　　　🖎 ①

03 다음 중 실시설계의 도면순서로 옳은 것은?

[예상문제]

① 평면도 – 천장도 – 입면도 – 단면도 – 협력도면
② 협력도면 – 평면도 – 천장도 – 입면도 – 단면도
③ 평면도 – 입면도 – 천장도 – 협력도면 – 단면도
④ 천장도 – 평면도 – 입면도 – 단면도 – 협력도면

문의 크기는 평면도에서 알 수 있지만, 높이는 입면도에서 표시하는 사항이다.
🖎 ④

04 평면도에서 알 수 있는 사항이 아닌 것은?

[예상문제]

① 공간의 배치　　　　　　　② 공간의 형태와 크기
③ 동선　　　　　　　　　　　④ 문의 높이

05 다음 중 천장도에 관한 설명으로 틀린 것은? [예상문제]

① 평면도와 동일한 형태로 표현한 도면이다.

② 천장의 형태, 높이를 포함한 단차, 치수, 마감재를 표현한다.

③ 등 박스 및 커튼박스 등 천장의 높이 차이는 해치선을 활용해 단면을 표현한다.

④ 상세도를 위한 인출기호와 치수를 표시할 필요 없다.

상세도를 위한 인출기호와 치수를 표시한다. 답 ④

06 다음 중 입면도에 속하지 않는 것은? [03년 1회]

① 정면도 ② 측면도

③ 배면도 ④ 단면도

건축도면에서 입면도에는 정면도, 측면도, 배면도가 속한다. 답 ④

07 건물을 세로로 절단한 후 수평방향에서 본 도면으로 실내공간의 바닥, 천장 등의 내부구조를 나타내주는 도면은? [03년 2회]

① 입면도 ② 측면도

③ 전개도 ④ 단면도

단면도
건축물 또는 구조물을 절단하여 그 절단된 면을 보이는 그대로 바닥, 천장 등의 내부구조를 상세하게 작성하는 도면이다. 답 ④

08 다음 중 실시설계에서 표준단면상세도에 관한 내용으로 옳지 않은 것은? [예상문제]

① 실내를 구성하는 기본 벽체 구조틀의 단면형태를 일괄 표기한 도면이다.

② 벽면 형태를 절단한 모습으로 표기한다.

③ 축척은 1/100 또는 1/200로 도면을 작도한다.

④ 내부 재료의 표기를 상세하게 기입한다.

표준단면상세도
벽면 형태를 절단한 모습으로 표기하고, 축척은 1/3 또는 1/5로 도면을 작도한다. 답 ③

09 결정된 디자인으로 견적, 입찰, 시공 등 설계 이후의 후속 작업과 시공을 위한 제반 도서를 제작하는 설계 과정은? [예상문제]

① 기획설계 ② 기본설계

③ 실시설계 ④ 기본계획

실시설계 단계
기본설계에서 분석된 자료를 바탕으로 도면화한다. 답 ③

시방서
도면상에서 나타낼 수 없는 세부 사항을 명시한 문서로 재료의 특성, 성능, 품질, 시공방법, 공법 등을 표시한다. **답** ②

10 설계도로 나타낼 수 없는 재료의 특성, 제품(공사)성능, 제조(시공)방법 등을 문장, 숫자로 표시한 것은? [예상문제]

① 견적서   ② 시방서

③ 평면도   ④ 명세서

투시도
사람의 눈으로 보는 것과 같이 먼 곳에 있는 것은 작게, 가까이 있는 것은 크게 표현한다. **답** ③

11 투시도에 대한 설명으로 틀린 것은? [예상문제]

① 시점과 대상물 사이의 화면에 상을 맺게 만든다.

② 회화 공간에 표현한 대표작으로 '최후의 만찬'을 들 수 있다.

③ 먼 곳에 있는 것은 크게, 가까이 있는 것은 작게 표현한다.

④ 기본 요소는 눈의 위치, 대상물, 거리로 성립된다.

1소점 투시도(평행투시도)
물체에서 나오는 모든 선들이 하나의 소점으로 모여 깊이를 나타내도록 하는 방법이다.

※ 2소점 투시도(유각투시도), 3소점 투시도(사각투시도) **답** ④

12 1소점 투시도법에 관한 설명으로 가장 옳은 것은? [예상문제]

① 양면에 특징이 있는 제품 등을 표현하기에 알맞다.

② 화면에 대한 경사각에 따라 45°, 30~60° 등의 표현방법이 있다.

③ 유각투시도법이라고 한다.

④ 한쪽 면에 특징이 집중되어 있는 물체를 표현하기에 알맞다.

VP(Vanishing Point, 소점)
투시도에서 원근 거리감에 따라 하나의 점에 결집된 곳을 말한다. **답** ③

13 투시도법에서 물체의 각 점이 수평선상에 모이는 점은? [예상문제]

① 시점(E)   ② 입점(SP)

③ 소점(VP)   ④ 측점(MP)

㉠ GP(Ground Plane) : 기준이 되는 지반면
㉡ EP(Eye Point, 시점) : 물체를 보는 사람의 위치
㉢ HL(Horizontal Line) : 눈의 높이와 같은 화면상의 수평선 **답** ③

14 투시도법에서 물체를 보는 눈의 위치를 표시하는 것은? [예상문제]

① GP   ② SL

③ EP   ④ HL

15 다음 중 2D 그래픽 소프트웨어가 아닌 것은? [예상문제]

① 포토숍(Photoshop)

② 페인터(Painter)

③ 일러스트레이터(Illustrator)

④ 스트라타 스튜디오 프로(Strata Studio Pro)

2D 그래픽 소프트웨어의 종류
포토숍(Photoshop), 페인터(Painter), 일러스트레이터(Illustrator) 답 ④

---

16 비트맵 이미지의 특징으로 거리가 먼 것은? [예상문제]

① 깊이 있는 색조와 부드러운 질감을 나타낼 수 있다.

② 이미지의 크기에 따라 출력에 영향을 준다.

③ 압축을 통해 해상도와 파일 크기의 조절이 가능하다.

④ 베지어 곡선의 오브젝트로 구성된다.

④는 벡터 방식의 특징이다.

비트맵
여러 개의 점들로 표현되기 때문에 화면에서 이미지나 글자를 확대했을 때 매끄럽지 못한 모습을 보게 되는 것이다. 답 ④

---

17 비트맵 방식의 프로그램에서 화면을 구성하고 있는 최소 단위는? [예상문제]

① 픽셀(Pixel)　　　　　② 페인팅(Painting)

③ 필터(Filter)　　　　　④ 채널(Channel)

픽셀(Pixel)
비트맵 이미지의 기본 단위이며, 픽셀이 모여 화면을 구성하고 있는 최소 단위의 점을 의미한다. 답 ①

---

18 다음 중 벡터(Vector) 이미지에 관한 설명 중 틀린 것은? [예상문제]

① 축소, 확대, 회전과 같은 변형이 용이하다.

② 그림이 복잡할수록 파일 크기가 증가한다.

③ 점, 선, 면을 각각 수학적 데이터로 인식하여 표현한다.

④ 픽셀들의 집합이다.

픽셀들의 집합은 비트맵 방식이다.

벡터(Vector)
점·선·면을 수학적 표현을 통해 데이터로 인식하여 나타내는 방식으로 베지어 곡선(Bezier Curve)을 이용하여 표현하며 이미지를 확대하거나 축소해도 이미지 정보가 그대로 보존되고 그림이 복잡할수록 파일 크기가 증가한다. 답 ④

---

19 크기를 변화시켜 출력해도 이미지 데이터의 해상도가 손상되지 않는 이미지는? [예상문제]

① Bitmap Image　　　　② Vector Image

③ TIFF Image　　　　　④ PICT Image

문제 18번 해설 참고 답 ②

벡터(Vector)
이미지를 확대하거나 축소해도 이미지 정보의 손상 없이 크기를 변경할 수 있고, 그대로 보존된다.
답②

20 벡터(Vector)에 대한 설명으로 옳은 것은? [예상문제]

① 캔버스에 작업하듯이 이미지를 페인팅하는 방식이다.

② 이미지 질의 손상 없이 크기를 변경할 수 있다.

③ Painter, Photoshop 등이 대표적인 벡터방식 프로그램이다.

④ 자연스러운 색상이나 명암 단계를 표현하기에 좋다.

래스터 이미지는 컴퓨터가 이미지를 표현하는 하나의 방법으로 비트맵 방식의 특성이다.
답④

21 벡터 방식(Vector Type) 데이터의 특성이 아닌 것은? [예상문제]

① 데이터를 표현하는 데 필요한 수학적인 내용을 갖고 있다.

② 축소, 확대해도 해상도가 떨어지지 않는다.

③ 오브젝트 단위의 형태 변경이 쉽다.

④ 래스터 방식의 프로그램에서 많이 사용하는 데이터이다.

PSD
포토샵의 기본 파일포맷으로 이미지 정보 및 레이어와 알파채널을 수정 및 저장할 수 있다.
답②

22 Photoshop에서 레이어와 알파 채널 등을 모두 저장할 수 있는 파일 포맷은? [예상문제]

① JPEG ② PSD

③ GIF ④ BMP

포토샵(Photoshop)
픽셀로 구성되어 있는 비트맵 방식의 2D 이미지 편집 프로그램으로 사진의 색상, 명암을 수정하고 이미지 축소 및 확대, 수정이 자유롭다.
답③

23 포토샵 프로그램에 대한 설명이 틀린 것은? [예상문제]

① 사진 이미지 수정 및 변환이 자유롭다.

② 대표적인 2D 이미지 편집 프로그램이다.

③ 벡터 방식의 도형생성 및 편집에 주로 사용된다.

④ 사진의 색상, 명암, 채도 등을 수정할 수 있다.

문제 23번 해설 참고
답③

24 다음 중 픽셀로 구성되어 있는 사진 이미지의 편집, 수정에 가장 적합한 프로그램은? [예상문제]

① 일러스트레이터 ② 3D 스튜디오 맥스

③ 포토샵 ④ Quark 익스프레스

25 래스터 방식의 비트맵 이미지 편집 프로그램으로 적합하지 않은 것은?

[예상문제]

① Adobe Photoshop   ② PaintShop Pro

③ Corel Painter   ④ Adobe Illustrator

비트맵 방식 프로그램
Adobe Photoshop(포토샵), Paint Shop Pro(페인트샵), Corel Painter (코렐 페인터)

※ Adobe Illustrator(일러스트레이터)는 벡터 방식 프로그램이다.
답 ④

26 심벌, 로고, 캐릭터 등의 디자인 시 가장 많이 사용되는 프로그램은?

[예상문제]

① Quark Xpress   ② Illustrator

③ Painter   ④ Photoshop

Illustrator(일러스트레이터)
심벌, 로고, 캐릭터와 같이 디자인 시 가장 적합한 프로그램으로 벡터 방식이다.

※ Quark Xpress는 인쇄를 목적으로 하는 편집 프로그램이고, Painter, Photoshop은 비트맵 형식으로 이미지를 수정 및 보정하는 프로그램이다.
답 ②

27 도면작성에서 CAD 프로그램을 사용함으로써 갖는 장점이 아닌 것은?

[예상문제]

① 정밀한 도면 및 데이터 작성이 가능하다.
② 풍부한 아이디어가 제공된다.
③ 규격화와 데이터 관리가 용이하다.
④ 입력 및 수정이 편리하다.

CAD 프로그램
컴퓨터를 이용해 설계하는 목적의 프로그램으로 정밀한 도면 및 데이터 작성이 가능하고 규격화된 데이터 관리가 용이하다. 특히, 설계입력 및 수정이 편리하여 다양한 분야에서 사용된다.
답 ②

28 컴퓨터그래픽에서 3차원 오브젝트를 모델링한 후 색상을 입혀 좀 더 사실감 있는 물체를 표현하는 것은?

[예상문제]

① 와이어프레임(Wire Frame)
② 렌더링(Rendering)
③ 이미지프로세싱(Image Processing)
④ 히든 라인(Hidden Line)

렌더링(Rendering)
3차원 오브젝트를 모델링한 후 색상, 음영, 질감을 입혀 사실감 있는 물체로 표현하는 것으로 최종 디자인을 결정하려는 표현전달의 단계이다.
답 ②

29 디자인 표현기법 중 최종 디자인을 결정하려는 표현전달의 단계로 실물과 같이 충실하게 표현하는 것은?

[예상문제]

① 렌더링   ② 정밀묘사

③ 투시도   ④ 정투상도

문제 28번 해설 참고
답 ①

매핑(Mapping)
대상물의 표면에 사실감을 더하기 위해 표현하는 방법으로 2D 이미지를 3D 오브젝트 표면에 입히는 것을 말한다. **답** ①

30 입체 프로그램에서 매핑(Mapping)을 가장 잘 설명한 것은? [예상문제]

① 2D 이미지를 3D 오브젝트 표면에 입히는 것

② 2D로 된 지도나 도형을 3D 입체로 전환하는 것

③ 3D 입체물을 여러 각도에서 단면을 볼 수 있도록 2D의 수치를 기입하는 것

④ Extrude한 입체를 다시 한 번 Revolve 시키는 것

문제 30번 해설 참고 **답** ②

31 다음 중 3차원 프로그램에서 대상물의 표면에 사실감을 더하기 위해 재질감을 표현하는 방법은? [예상문제]

① Modeling ② Mapping

③ Lighting ④ Morphing

와이어프레임 모델링(Wire Frame Modeling)
3차원 그래픽에서 시각적으로 꼭짓점들을 연결하는 선으로 물체를 표현하는 방법으로, 데이터 구조가 간단하고 처리속도가 빠르다. **답** ③

32 3차원 모델링 중 물체를 점과 선만으로 표현하는 방식은? [예상문제]

① 목업 모델링(Mock-up Modeling)

② 매핑(Mapping)

③ 와이어프레임 모델링(Wire Frame Modeling)

④ 서피스 모델링(Surface Modeling)

2

실내디자인
시공 및 재료

실내디자인 마감계획

❶ 목공사

1. 목재의 분류 및 성질

1) 목재의 특징

장점	단점
• 비중에 비해 강도가 크다. • 열전도율이 작다. • 나무 고유의 색깔과 무늬가 있어 아름답다. • 건물의 무게가 가볍고 시공이 용이하다. • 가공속도가 빠르고 보수가 용이하다. • 보강철물을 이용하여 구조접합이 용이하다. • 이축, 개축이 용이하다. • 음을 흡수하여 반사하는 성질이 작다.	• 가연성이 있어 화재에 취약하다. • 함수율에 따른 변형이 크다. • 부패 및 충해가 생기기 쉽다. • 고층 건축이나 간사이가 큰 건축에는 곤란하다. • 천연재료이므로 옹이, 결 등이 있다. • 압축응력을 받으면 뒤틀리는 현상이 발생한다.

참고

옹이(목재의 결함)
• 수목이 성장하는 도중 줄기에서 가지가 생기면 세포가 변형을 일으켜 발생한다.
• 죽은 옹이가 산 옹이보다 압축강도가 떨어진다.
• 옹이의 지름이 클수록 압축강도가 감소한다.

핵심 문제 01 • • •

목재의 흠의 종류 중 가지가 줄기의 조직에 말려 들어가 나이테가 밀집되고 수지가 많아 단단하게 된 것은?

[19년 3회, 24년 1회]

① 옹이   ② 지선
③ 할렬   ④ 잔적

정답 ①

2) 목재의 주요 조직

(1) 나이테

① 목재의 횡단면상에 나타나는 동심원형의 조직이다.

② 1쌍은 춘재와 추재로 구성된다.

③ 수목의 성장연수를 보여주며 강도를 표시하는 기준이다.

④ 춘재는 봄, 여름에 걸쳐 성장이 빨라 그 부분의 색이 연하고 세포막이 유연하다.

⑤ 추재는 가을, 겨울에 생긴 세포로서 성장이 늦고 단단하며 짙은 색이다.

⑥ 평균 연륜폭(mm)은 나이테가 포함되는 길이를 나이테수로 나눈 값을 말한다.

(2) 심재

① 수심부 쪽의 색깔이 진한 암갈색이다.

② 변재에서 변화된 것으로서 수목의 강도를 크게 한다.

③ 수분의 함량이 적어 단단하고 부패하지 않는다.

(3) 변재

① 수목의 횡단면에서 표피 쪽의 연한 색이다.

② 수분이 많아 부패되기 쉬우며, 강도가 약하고 수축률이 크다.

3) 목재의 물리적 성질

(1) 비중

① 보통 목재의 비중은 기건재의 단위용적중량(g/cm^2)에 상당하는 값이다.

② 동일 수종이라도 연륜, 밀도, 생육지, 수령, 심재, 변재에 따라 다르다.

③ 세포 자체의 비중은 수종에 관계없이 1.54이다.

(2) 함수율

① 목재 자신의 중량에 대한 목재 중에 함유된 수분의 중량비

$$함수율(\%) = \frac{함유된\ 수분의\ 중량}{절건중량} \times 100\%$$

② 함수율에 따른 목재의 상태

섬유포화점	• 목재가 건조하게 되면 유리수가 증발하고 세포수만 남게 되는 시점(약 30%의 함수상태) • 섬유포화점 이하에서는 목재의 수축, 팽창 등 재질의 변화가 일어나고 섬유포화점 이상에서는 불변 • 목재의 강도는 섬유포화점 이하에서는 함수율이 감소하면 증가하고 섬유포화점 이상에서는 불변
기건상태	목재를 건조하여 대기 중에 습도와 균형 상태가 된 것(함수율 약 15%)
절건상태	완전히 건조(함수율 0%)

(3) 공극률

$$공극률(\%) = \left(1 - \frac{목재의\ 절건비중}{1.54}\right) \times 100\%$$

(4) 강도

① 목재의 강도 : 인장강도 > 휨강도 > 압축강도 > 전단강도 순이다.

② 비중이 큰 목재일수록 각종 강도도 크다.

핵심 문제 02 •••

그림과 같은 나무의 무게가 14kg이다. 이 나무의 함수율은?(단, 나무의 절건비중은 0.50이다) [24년 2회]

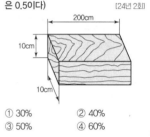

① 30% ② 40%
③ 50% ④ 60%

해설

함수율
$$= \frac{함유된\ 수분의\ 중량}{절건중량} \times 100\%$$
$$= \frac{전체중량 - 절건중량}{절건중량} \times 100\%$$
$$= \frac{14kg - \{(2 \times 0.1 \times 0.1) \times 500kg/m^3\}}{(2 \times 0.1 \times 0.1) \times 500kg/m^3} \times 100\%$$
$$= 0.4 \times 100 = 40\%$$

정답 ②

핵심 문제 03 •••

목재의 절대건조비중이 0.3일 때 이 목재의 공극률은?

① 약 80.5% ② 약 78.7%
③ 약 58.3% ④ 약 52.6%

해설

공극률
$$= \left(1 - \frac{목재의\ 절건비중}{1.54}\right) \times 100\%$$
$$= \left(1 - \frac{0.3}{1.54}\right) \times 100\% = 80.5\%$$

정답 ①

다음 목재의 강도 중 가장 큰 것은?
① 응력방향이 섬유방향에 평행한 경우의 압축강도
② 응력방향이 섬유방향에 평행한 경우의 인장강도
③ 응력방향이 섬유방향에 평행한 경우의 전단강도
④ 응력방향이 섬유방향에 직각인 경우의 압축강도

해설

응력방향이 섬유방향에 평행할 경우가 직각인 경우보다 크며, 인장강도 > 휨강도 > 압축강도 > 전단강도 순으로 큰 강도를 갖는다.

정답 ②

다음과 같은 목재의 3종의 강도에 대하여 크기의 순서를 옳게 나타낸 것은?

- A : 섬유 평행방향의 압축강도
- B : 섬유 평행방향의 인장강도
- C : 섬유 평행방향의 전단강도

① A > C > B ② B > C > A
③ A > B > C ④ B > A > C

해설

목재의 강도
인장강도 > 휨강도 > 압축강도 > 전단강도

정답 ④

목재의 인화에 있어 불꽃이 없어도 자체 발화하는 온도는 대략 몇 ℃ 이상인가?
① 100℃ ② 150℃
③ 250℃ ④ 450℃

해설

발화점온도
불꽃이 없어도 자체 발화하는 온도를 의미하며, 목재에서는 약 400~490℃ 정도이다.

정답 ④

③ 섬유포화점(30%) 이상에서는 강도가 일정하다.
④ 섬유포화점 이하에서는 함수율의 감소에 따라 강도가 증대한다.
⑤ 나무섬유의 평행방향에 대한 강도가 나무섬유의 직각(수직)방향에 대한 강도보다 크다.
⑥ 목재를 휨부재로 사용하여 외력에 저항할 때는 압축, 인장, 전단력이 동시에 일어난다.
⑦ 목재의 전단강도는 섬유 간의 부착력, 섬유의 곧음, 수선의 유무 등에 의해 결정된다.

(5) 습도

① 부패균은 40~50%인 때가 발육이 가장 왕성하다.
② 15% 이하로 건조하면 번식을 중단한다.

(6) 인화점 및 착화점, 발화점

① 인화점온도는 약 225~260℃, 착화점온도는 230~280℃, 발화점온도는 400~490℃이다.
② 가연성 가스의 발생이 많아지고 불꽃을 가깝게 하면 목재에 불이 붙는다.

(7) 목재의 부패조건

① 목재에 부패균이 번식하기에 가장 최적의 온도조건은 35~45℃로, 부패균은 70℃까지 대다수 생존한다.
② 부패균류가 발육 가능한 최저습도는 65% 정도이다(40~50%일 때가 가장 왕성).
③ 하등생물인 부패균은 산소가 없어도 생육이 가능하므로, 지하수면 아래에 박힌 나무말뚝에서도 부식이 발생하게 된다.
④ 변재는 심재에 비해 고무, 수지, 휘발성 유지 등의 성분을 포함하고 있어 내식성이 크고, 부패되기 어렵다.

4) 목재의 건조 및 방부

(1) 목재의 건조

① 건조의 필요성 : 강도 증가, 수축·균열·비틀림 등 변형 방지, 부패균 방지, 경량화

② 건조법의 분류

수액제거법	• 벌목현장에서 벌목한 나무를 그대로 방치 • 비와 이슬에 의해 수액 제거
자연건조법	옥외에 엇갈리게 수직으로 쌓거나 일광이나 비에 직접 닿지 않게 옥내에서 건조하는 방법
인공건조법	• 건조실에 제재품을 넣어 건조하는 방법 • 열기법, 증기법, 훈연법, 진공법 등

③ 자연(천연)건조 시 유의사항

　㉠ 지상에서 20cm 이상 이격하여 건조

　㉡ 그늘지고 서늘한 곳에서 건조

　㉢ 마구리에 페인트칠하여 급격한 건조 방지

④ 인공건조의 종류

구분	내용
증기법	가장 많이 사용되며, 건조실을 증기로 가열하여 건조하는 방법
열기법	건조실 내의 공기를 가열하여 건조하는 방법
훈연법	짚이나 톱밥을 태운 연기를 건조실에 도입하여 건조하는 방법
진공법	원통형 탱크 속에 목재를 넣고 밀폐하여 고온·저압상태에서 수분을 없애는 방법

⑤ 자연(천연)건조와 인공건조의 비교

구분	자연(천연)건조	인공건조
건조시간	길게 소요	짧게 소요
건조장소 크기	큰 장소 필요	상대적으로 작은 장소
변형	크게 발생	작게 발생
비용	적게 소요	많이 소요
품질	상대적으로 불균일	균일
건조량	대량 건조	소량 건조

(2) 목재의 방부

① 목재를 균류로부터 보호하기 위해 사용하는 약제를 목재방부제라 한다.

② 방부법의 종류

　㉠ 일광직사법 : 자외선 살균

　㉡ 침지법 : 물속에 넣어 공기를 차단

　㉢ 표면탄화법 : 목재의 표면을 태워서 하는 방법

핵심 문제 07 ◆◆◆

목재건조의 목적 및 효과가 아닌 것은?
① 중량의 경감　② 강도의 증진
③ 가공성 증진　④ 균류 발생의 방지

해설

건조의 필요성
강도 증가, 수축·균열·비틀림 등 변형 방지, 부패균 방지, 경량화

정답 ③

③ 방부제의 종류

크레오소트 오일 (Creosote Oil)	• 유성 방부제의 일종으로 도장이 불가능 • 독성이 작음 • 자극적인 냄새가 나서 실내에 사용할 수 없음 • 토대, 기둥, 도리 등에 사용
수성 방부제	황산동 1% 용액, 염화아연 4% 용액, 염화제2수은 1% 용액, 불화소다 2% 용액 등이 있음
유기계 방충제 (PCP : Penta – Chloro Phenol)	• 무색이고 방부력이 가장 우수 • 침투성이 매우 양호 • 수용성 및 유용성이 있음 • 페인트칠 가능 • 고가이며, 석유 등의 용제에 녹여서 써야 함 • 자극적인 냄새 및 독성이 있어 사용이 규제되고 있음 • 처리재는 황록색

2. 목재의 접합

1) 목재접합부 개요

① 큰 재료나 긴 재료가 필요할 때 두 개 이상의 재료를 이어서 한 개의 부재로 만드는 과정을 접합이라고 한다.
② 접합방법으로는 이음, 맞춤, 쪽매가 있다.

2) 접합부설계 일반사항

① 길이를 늘이기 위하여 길이방향으로 접합하는 것을 이음이라고 하고, 경사지거나 직각으로 만나는 부재 사이에서 양 부재를 가공하여 끼워서 맞추는 접합을 맞춤이라고 한다.
② 맞춤부위의 목재에는 결점이 없어야 한다.
③ 맞춤부위에서 만나는 부재는 빈틈없이 서로 밀착되도록 접합한다.
④ 맞춤부위의 보강을 위하여 접착제 또는 파스너를 사용할 수 있으며, 이 경우 사용하는 재료에 적합한 설계기준을 적용한다.
⑤ 접합부에서 만나는 모든 부재를 통하여 전달되는 하중의 작용선은 접합부의 중심 또는 도심을 통과하여야 하며, 그렇지 않은 경우 편심의 영향을 설계에 고려해야 한다.
⑥ 인장을 받는 부재에 덧댐판을 대고 길이이음을 하는 경우에 덧댐판의 면적은 요구되는 접합면적의 1.5배 이상이어야 한다.
⑦ 구조물의 변형으로 인하여 접합부에 2차 응력이 발생할 가능성이 있는 경우 이를 설계에서 고려한다.

⑧ 맞춤접합부의 종류에는 맞댐과 장부, 쐐기, 연귀 등이 있으며, 접합부의 상세구조에 따라 다시 여러 가지로 세분할 수 있다.

⑨ 재는 될 수 있는 한 적게 깎아 내어 약해지지 않게 한다.

⑩ 이음과 맞춤의 위치는 응력이 작은 곳으로 하여야 한다.

⑪ 공작이 간단하고 튼튼한 접합을 선택한다.

⑫ 접합부분에 작용하는 응력이 균일하도록 배치한다.

⑬ 접합단면은 그 부분에 작용하는 외력의 방향에 직각이 되도록 하여야 한다.

3) 목재의 접합 보강재

구분	연결 사항
안장쇠	큰보와 작은보의 연결
주걱볼트	처마도리＋평보＋깔도리 연결
양나사볼트	평보와 ㅅ자보 연결
감잡이쇠	평보와 왕대공 연결(평보를 대공에 달아맬 때 사용하는 ㄷ자형 접합철물)
꺾쇠	빗대공과 ㅅ자보의 맞춤부 보강철물
띠쇠	• 띠형 철판에 못구멍을 뚫은 보강철물 • 기둥(평기둥, 샛기둥 등)과 층도리, ㅅ자보와 왕대공 사이에 주로 사용됨

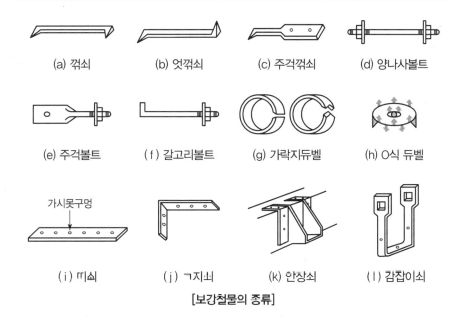

(a) 꺾쇠 (b) 엇꺾쇠 (c) 주걱꺾쇠 (d) 양나사볼트

(e) 주걱볼트 (f) 갈고리볼트 (g) 가락지듀벨 (h) O식 듀벨

가시못구멍

(i) 띠쇠 (j) ㄱ지쇠 (k) 안장쇠 (l) 감잡이쇠

[보강철물의 종류]

핵심 문제 09

목재접합 시 주의사항이 아닌 것은?

[20년 3회]

① 접합은 응력이 적은 곳에서 만들 것
② 목재는 될 수 있는 한 적게 깎아 내어 약하게 되지 않게 할 것
③ 접합의 단면은 응력방향과 평행으로 할 것
④ 공작이 간단한 것을 쓰고 모양에 치중하지 말 것

해설

목재접합의 단면은 응력방향과 직각이 되게 해야 한다.

정답 ③

핵심 문제 10

목구조의 맞춤에 사용되는 보강철물의 연결이 틀린 것은?

① 띠쇠－왕대공과 ㅅ자보
② 감잡이쇠－왕대공과 평보
③ 안장쇠－큰보와 작은보
④ 듀벨－샛기둥과 층도리

해설

샛기둥과 층도리를 연결하는 보강철물은 띠쇠이다.

정답 ④

3. 목재의 이용

1) 합판

(1) 정의

얇은 판(단판)을 1장마다 섬유방향과 직교하게 3, 5, 7, 9 등의 홀수겹으로 겹쳐 접착제로 붙여 댄 것이다.

(2) 특성

① 판재에 비해 균질하고, 목재의 이용률을 높일 수 있다.
② 단판을 서로 직교로 붙인 구조이다.
③ 강도가 크며 방향에 따른 강도차가 작다.
④ 너비가 큰 판을 얻을 수 있다.
⑤ 곡면가공을 해도 균열이 없고 무늬도 일정하다.
⑥ 표면가공법으로 흡음효과를 낼 수 있고 의장적 효과도 높일 수 있다.
⑦ 함수율변화에 따른 팽창, 수축의 방향성이 없다.

(3) 종류

① **보통합판** : 일반용 합판, 무취·방충·난연합판, 콘크리트 거푸집용 합판, 구조용 합판
② **특수합판** : 표면을 인쇄한 특수가공 화장합판, 프린트합판, 천연무늬 화장합판

2) 집성목재

① 1.5~5cm의 두께를 가진 단판을 섬유방향이 서로 평행하도록 겹쳐서 접착한 것이다.
② 필요에 따라 아치와 같은 굽은 용재를 만들 수 있다.
③ 강도상 요구에 따라 단면과 치수를 변화시킨 구조재료의 설계, 제작이 가능하다.
④ 충분히 건조된 건조재를 사용하므로 비틀림, 변형 등이 생기지 않는다.

3) 인조목재

가공하고 남은 나무톱밥이나 부스러기 등을 고열압축하여 원료 자체의 리그닌 등으로 목재섬유를 고착시켜 만든 판이다.

핵심 문제 11

합판에 관한 설명으로 옳지 않은 것은?

[24년 1회]

① 함수율변화에 의한 신축변형이 크고 방향성이 있다.
② 3장 이상의 홀수의 단판(Veneer)을 접착제로 붙여 만든 것이다.
③ 곡면가공을 하여도 균열이 생기지 않는다.
④ 표면가공법으로 흡음효과를 낼 수가 있고 의장적 효과도 높일 수 있다.

해설

합판은 함수율변화에 따른 팽창, 수축이 작으며, 그에 따른 방향성이 없는 특징을 갖고 있다.

정답 ①

핵심 문제 12

집성목재의 장점이 아닌 것은?
① 목재의 강도를 인공적으로 조절할 수 있다.
② 응력에 따라 필요한 단면을 만들 수 있다.
③ 톱밥, 대팻밥, 나무부스러기를 이용하므로 경제적이다.
④ 길고 단면이 큰 부재를 만들 수 있다.

해설

집성목재
톱밥, 대팻밥, 나무부스러기를 이용한 것이 아닌 약 1.5~5cm의 두께를 가진 단판을 서로 평행하도록 겹쳐서 접착하여 제작한다.

정답 ③

4) 파티클보드(칩보드)

① 목재 또는 폐재, 부산물 등을 절삭 또는 파쇄하여 소편(나뭇조각이 보임)으로 하여 충분히 건조시킨 후, 합성수지 접착제와 같은 유기질 접착제를 첨가하여 열압 제판한 목재제품이다.

② 섬유방향에 따른 강도의 차이는 없다.

③ 두께는 비교적 자유롭게 선택할 수 있다.

④ 흡음성과 열의 차단성이 좋으며, 표면이 평활하고 경도가 크다.

5) 중밀도섬유판(MDF)

① 목섬유(Wood Fiber)에 액상의 합성수지 접착제, 방부제 등을 첨가·결합시켜 성형·열압하여 만든 인조목재판이다.

② 내수성이 작고 팽창이 심하며, 재질도 약하고, 습도에 의한 신축이 크다는 결점이 있으나, 비교적 값이 싸서 많이 사용되고 있다.

6) 코펜하겐리브

① 두께 3~5cm, 넓이 10cm 정도의 긴 판에 표면을 리브로 가공한 것이다.

② 강당, 극장, 집회장 등에 음향조절용과 동시에 벽 수장재로 사용한다.

❷ 석공사

1. 석재의 분류 및 성질

구분		성질
화성암	화강암	• 질이 단단하고 내구성 및 강도가 크고 외관이 수려함 • 견고하고 절리의 거리가 비교적 커서 대형 석재의 생산이 가능 • 바탕색과 반점이 미려하여 구조재, 내외장재로 많이 사용 • 내화도가 낮아 고열을 받는 곳에는 적당하지 않음(600℃ 정도에서 강도 저하) • 세밀한 가공이 난해
	안산암	• 강도, 경도가 크고 내화력이 우수하며 구조용 석재로 사용(1,200℃ 에서 파괴) • 조직과 색조가 균일하지 않아 내새를 얻기 어려움 • 가공이 용이하여 조각을 필요로 하는 곳에 적합 • 갈아도 광택이 나지 않음(화강석보다 열에 강하나 광택이 없음)
	현무암	판석(板石)재로 많이 사용

핵심 문제 13 ◆◆◆

목재의 작은 조각을 합성수지 접착제와 같은 유기질의 접착제를 사용하여 가열압축해 만든 목재제품을 무엇이라고 하는가?
① 집성목재　② 파티클보드
③ 섬유판　　④ 합판

정답 ②

핵심 문제 14 ◆◆◆

목섬유(Wood Fiber)를 합성수지 접착제, 방부제 등을 첨가·결합시켜 만든 것으로 밀도가 균일하기 때문에 측면의 가공성이 매우 좋으나, 습기에 약하여 부스러지기 쉬운 것은? [24년 2회]
① MDF　　　② 파티클보드
③ 침엽수 제재목　④ 합판

정답 ①

핵심 문제 15 ◆◆◆

질이 단단하고 내구성 및 강도가 크며 외관이 수려하나 함유광물의 열팽창계수가 달라 내화성이 약한 석재로 외장, 내장, 구조재, 도로포장재, 콘크리트 골재 등에 사용되는 것은? [24년 2회]
① 응회암　　② 화강암
③ 화산암　　④ 대리석

정답 ②

핵심 문제 16 ◆◆◆

강도, 경도, 비중이 크며 내화적이고 석질이 극히 치밀하여 구조용 석재 또는 상식재로 널리 쓰이는 것은? [18년 2회]
① 화강암　　② 응회암
③ 캐스트스톤　④ 안산암

정답 ④

다음 석재 중 박판으로 채취할 수 있어 슬레이트 등에 사용되는 것은?

[20년 1 · 2회]

① 응회암　　② 점판암
③ 사문암　　④ 트래버틴

정답 ②

트래버틴(Travertine)에 관한 설명으로 옳지 않은 것은?　　[24년 1회]
① 석질이 불균일하고 다공질이다.
② 변성암으로 황갈색의 반문이 있다.
③ 탄산석회를 포함한 물에서 침전, 생성된 것이다.
④ 특수 외장용 장식재로서 주로 사용된다.

해설

트래버틴
대리석의 한 종류로 다공질이고, 석질이 균질하지 못하며 암갈색무늬가 있고, 특수한 실내장식재로 이용되고 있다.

정답 ④

구분		성질
수성암	점판암	점토가 바다 밑에 침선, 응결된 것을 이판암이라 하고, 이판암이 다시 오랜 세월 동안 지열, 지압으로 변질되어 층상으로 응고된 것으로 청회색의 치밀한 판석이며 방수성이 있어 기와 대신의 지붕재로 사용됨
	석회암	주로 시멘트의 원료로 사용
	사암	흡수율이 높고 가공성이 좋음
	응회암	화산재, 화산모래 등이 퇴적, 응고되거나 물에 의하여 운반되어 암석 분쇄물과 혼합 후 침전된 것으로, 구조재로 적합하지 않고 주로 내화재 또는 장식재로 많이 사용
변성암	대리석	• 석회암이 변성된 것으로 강도가 높고 색채와 결이 아름다우며, 풍화하기 쉬우므로 주로 내장재로 사용 • 열, 산에 약하며 실외용으로는 적합하지 않음(내화도 700~800℃)
	석면	사문석에 속하는 섬유질광물로 내화성, 보온성이 우수
	사문암	감람석이 변질된 것으로 색조는 암녹색바탕에 흑백색의 아름다운 무늬가 있고 경질이나 풍화성이 있어 외벽보다는 실내장식용으로 사용
	트래버틴	대리석의 한 종류로 다공질이고, 석질이 균질하지 못하며 암갈색무늬가 있음(특수한 실내장식재로 이용)

2. 석재의 특징 및 성질, 가공

1) 석재의 특징

① 불연성이고 압축강도가 큼
② 인장강도가 압축강도의 1/10~1/20 정도여서 장대재를 얻기 어려움
③ 중량이 크고 견고하여 가공하기가 어려움
④ 내수성, 내구성, 내화학성이 풍부하고 내마모성이 큼
⑤ 외관이 장중하고 치밀하며, 갈면 아름다운 광택이 남
⑥ 고열에 약하여 화열이 닿으면 균열 발생

다음 석재 중 압축강도가 일반적으로 가장 큰 것은?
① 화강암　　② 사문암
③ 사암　　　④ 응회암

정답 ①

TIP

응회암은 1,000℃ 이상에서도 변색만 되고 파괴되지 않는다.

2) 석재의 성질

(1) 석재의 압축강도

> 화강암 > 대리석 > 안산암 > 사문암 > 점판암 > 사암 > 응회암

(2) 석재의 내화성

> 응회암 > 대리석 > 화강암

(3) 석재의 비중

$$사문암 > 점판암, 대리석 > 화강암 > 안산암 > 사암 > 응회암$$

(4) 석재의 흡수율

$$응회암 > 사암 > 안산암 > 화강암 > 점판암 > 대리석$$

3) 석재의 가공

(1) 가공순서 및 가공방법

혹두기 → 정다듬 → 도드락다듬 → 잔다듬 → 물갈기

① 혹두기 : 원석의 두드러진 부분을 쇠메나 망치로 대강 다듬는 것이다.

② 정다듬 : 혹두기면을 정으로 곱게 쪼아서 대략 평탄하게 하는 것이다.

③ 도드락다듬 : 거친 정다듬한 면을 도드락망치로 더욱 평탄하게 다듬는 것이다.

④ 잔다듬 : 정다듬한 면을 날망치를 이용하여 평행방향으로 치밀하고 곱게 쪼아 표면을 평판하게 다듬는 것이다.

⑤ 물갈기 : 화강암, 대리석과 같은 치밀한 돌은 갈면 광택이 나며, 일반적으로 숫돌로 거친 갈기, 마무리 갈기 등을 한다.

(2) 석재가공품

구분	내용
암면	• 석회, 규산을 주성분으로 흡음, 단열성이 우수한 불연재 • 단열재, 보온 및 보랭재, 음향의 흡음재, 흡음 천장판의 용도로 사용
테라초	• 대리석, 사문암, 화강암 등의 아름다운 쇄석(종석)과 백석 시멘트, 안료, 돌가루 등을 혼합하여 물로 반죽해 만든 것 • 미려한 광택을 나타냄

❸ 조적공사

1. 조적(벽돌)구조 일반사항

1) 벽돌구조의 특징

장점	단점
• 구조, 시공이 용이하고 외관이 수려함 • 방한, 방서, 내화, 내구 구조	• 건물의 무게가 중량임 • 벽체에 습기 발생 우려 • 횡력(지진 등)에 취약하여 고층 구조가 부적합 • 벽체의 두께가 두꺼워 실내 효용 면적이 작아짐

핵심 문제 20 ◆◆◆

표준형 점토벽돌의 치수로 옳은 것은?

[19년 3회]

① 210×90×57mm
② 210×110×60mm
③ 190×100×60mm
④ 190×90×57mm

해설

벽돌의 규격
㉠ 기본형(재래식) 벽돌 : 210×100×60mm
㉡ 표준형 벽돌 : 190×90×57mm

정답 ④

핵심 문제 21 ◆◆◆

1종 점토벽돌의 압축강도는 최소 얼마 이상인가?

[20년 1·2회, 24년 2회]

① 8.87MPa   ② 10.78MPa
③ 20.59MPa   ④ 24.50MPa

정답 ④

2) 벽돌의 규격

(1) 기본형(재래식) 벽돌 : 210×100×60mm

(2) 표준형 벽돌 : 190×90×57mm

(3) 벽돌두께 산출 예시

① 1.0B 공간쌓기(70mm) 두께 산출식

90(0.5B)+70(공간)+90(0.5B)=250mm

② 1.5B 공간쌓기(70mm) 두께 산출식

190(1.0B)+70(공간)+90(0.5B)=350mm

3) 벽돌의 품질(점토벽돌 기준)

구분	1종	2종	3종
압축강도(MPa, N/mm²)	24.50 이상	20.59 이상	10.78 이상
흡수율(%)	10 이하	13 이하	15 이하

4) 줄눈 벽돌쌓기의 분류

막힌줄눈	• 세로줄눈과 위아래가 막힌 줄눈 • 상부에서 오는 하중을 하부에 골고루 분산 • 벽체가 집중하중을 받는 것을 방지
통줄눈	• 세로줄눈과 위아래가 통하는 줄눈 • 상부에서 오는 하중을 집중적으로 받게 되어 균열 가능성이 높음 • 구조용으로는 부적합
치장줄눈	• 벽돌쌓기가 완료된 후에 벽돌면을 10mm 정도 줄눈 파기하고 치장용 모르타르로 마무리 • 제물치장줄눈이라고도 함

5) 각종 벽돌쌓기의 양식

영식 쌓기	한 켜는 길이, 다음 켜는 마구리로 쌓는 방법으로, 마구리 켜의 모서리는 반절 또는 이오토막을 사용함(가장 튼튼한 쌓기공법, 내력벽)
화란(네덜란드)식 쌓기	쌓기방법은 영식 쌓기와 같으나, 모서리 또는 끝부분에 칠오토막을 사용(가장 많이 사용, 작업성 좋음)
불(프랑스)식 쌓기	한 켜에 길이와 마구리를 번갈아서 같이 쌓는 방법으로 통줄눈이 발생하여 구조적으로 튼튼하지 못함(비내력벽, 장식용 벽돌담에 사용)
미식 쌓기	5켜 정도 길이쌓기, 다음 한 켜는 마구리쌓기로 하며, 뒷면을 영식 쌓기로 물리는 방식(외부를 붉은 벽돌, 내부를 시멘트 벽돌로 쌓는 경우)

영롱쌓기	벽돌면에 구멍을 내어 쌓는 방식으로 장식적인 효과가 우수한 쌓기 (장식적인 벽돌담)
엇모쌓기	벽돌쌓기 중 담 또는 처마부분에서 내쌓기를 할 때에 벽돌을 45° 각도로 모서리가 면에 돌출되도록 쌓는 방식(장식적 벽돌담)

6) 시공 시 주의사항

① 하루 쌓기 높이 : 평균 1.2m(18켜)에서 최대 1.5m(22켜), 블록조는 1.5m인 7켜 정도

② 막힌줄눈을 적용하여 응력 분산을 하는 것을 원칙으로 한다.

③ 테두리보를 설치하여 벽돌 벽체를 일체로 한다.

④ 1시간 이상 경과한 모르타르 적용을 금지한다.

⑤ 급격한 양생에 따른 수축을 막기 위해 물 축이기를 실시한다.

7) 특수벽돌의 종류

구분	내용
다공질 벽돌 (경량벽돌)	• 방음벽, 단열층, 보온벽, 칸막이벽에 사용 • 점토에 톱밥, 목탄가루 등을 혼합하여 성형한 벽돌 • 비중 및 강도가 보통 벽돌보다 작음 • 톱질과 못박기가 가능
포도벽돌	• 아연토, 도토 등을 사용 • 식염유를 시유 · 소성하여 성형한 벽돌 • 마멸이나 충격에 강하며 흡수율은 작음 • 내구성이 좋고 내화력이 강함 • 도로, 포장용, 건물 옥상 포장용 및 공장 바닥용으로 사용
내화벽돌	• 내화성이 높은 원료인 내화점토로 성형한 벽돌(내화도 1,500~2,000℃, 황색계열) • 용광로, 시멘트 소성 가마, 굴뚝 등에 사용
미장벽돌	미장벽돌 제작 시 속이 빈 벽돌은 하중 지지면의 유효단면적이 전체 단면적의 50% 이상이 되도록 제작함
치장벽돌	외부에 노출되는 마감용 벽돌로서 벽돌면의 색깔, 형태, 표면의 질감 등의 효과를 얻기 위한 것

8) 벽놀벽의 백화현상

① 벽돌 벽체 표면에 흰색가루가 나타나는 현상

② 벽에 빗물이 침투하여 모르타르(줄눈)의 석회분과 공기 중의 탄산가스(CO_2)가 결합하여 발생

2. 벽돌조

1) 벽돌조의 벽체

(1) 내력벽

① 수직하중 지지 : 벽, 지붕, 바닥 등
② 수평하중 지지 : 풍력, 지진 등

(2) 비내력벽

칸막이 역할과 자체 하중만 지지하는 벽으로, 장막벽이라고도 한다.

(3) 대린벽

서로 직각으로 교차되는 벽이다.

(4) 벽의 홈파기 원칙

① 층 높이의 3/4 이상 연속되는 홈을 세로로 팔 때는 벽두께의 1/3 이하의 깊이로 파야 한다.
② 가로로 홈을 팔 때는 길이 3mm로 하고 그 벽두께의 1/3 이하의 깊이로 파야 한다.

2) 벽돌조의 개구부 및 아치

(1) 개구부

① 건물 각 층의 내력벽 위의 춤은 철골구조 또는 철근 콘크리트구조로 벽두께의 1.5배 이상을 적용한다.
② 인방보의 설치기준
　　㉠ 개구부가 1.8m 이상의 폭일 경우 설치한다.
　　㉡ 인방보 설치 시 양쪽 벽체에 20cm 이상 물려야 한다.
③ 대린벽으로 구획된 벽에서의 개구부 : 개구부의 폭 합계는 그 벽길이의 1/2 이하로 한다.
④ 개구부 간 수직거리 : 60cm 이상으로 한다.
⑤ 개구부 간 수평거리(개구부와 대린벽 중심과의 수평거리) : 그 벽두께의 2배 이상으로 한다.

핵심 문제 24 ◆◆◆

조적식 구조에서 각 층의 대린벽으로 구획된 각 벽에 있어서 개구부 폭의 합계는 그 벽의 길이의 최대 얼마 이하로 하여야 하는가?

① 1/5　　② 1/3
③ 1/2　　④ 2/3

해설

대린벽으로 구획된 벽에서의 개구부의 폭 합계는 그 벽 길이의 1/2 이하로 한다.

정답 ③

(2) 아치

① 벽이나 수직의 조적조건물의 개구부 적용

② 상부의 하중을 지지하기 위하여 돌 또는 벽돌 여러 개를 맞대어 곡선형으로 쌓아 올리는 건축구조

③ 상부에서 오는 수직압축력이 아치구조의 중심선을 따라 좌우로 나누어 전달

④ 하부에 인장력이 생기지 않는 구조

⑤ 아치의 종류

    ㉠ 본아치 : 주문하여 제작한 아치벽돌을 사용하여 쌓는 아치

    ㉡ 거친아치 : 보통벽돌을 사용하고 줄눈을 쐐기모양으로 하여 쌓은 아치

    ㉢ 막만든아치 : 아치벽돌처럼 보통벽돌을 다듬어 쌓는 아치

    ㉣ 숨은아치 : 개구부의 인방 위에 설치한 아치

3. 내력벽 및 테두리보

1) 내력벽의 구조 제한사항

① 내력벽의 길이는 10m 이하로 한다.

② 내력벽두께는 벽높이의 1/20 이상으로 한다.

③ 토압을 받는 내력벽은 조적식 구조로 하여서는 안 된다. 단, 토압을 받는 부분의 높이가 2.5m를 넘지 아니하는 경우에는 조적식 구조인 벽돌구조로 할 수 있다.

④ 조적조건물에서의 벽량은 바닥면적에 대한 내력벽 총길이의 비를 의미하며, 이때의 최소벽량기준은 15cm/m² 이상이다.

⑤ 조적식 구조의 담의 높이는 3m 이하로 하며, 일정 길이마다 버팀벽을 설치해야 한다.

⑥ 조적식 구조인 건축물 중 2층 건축물에 있어서 2층 내력벽의 높이는 4m를 넘을 수 없다.

⑦ 조적식 구조인 내력벽으로 둘러싸인 부분의 바닥면적은 80m²를 넘을 수 없다.

⑧ 조적식 구조인 내력벽의 두께는 바로 위층의 내력벽의 두께 이상이어야 한다.

⑨ 조적식 구조인 내력벽의 기초 중 기초판은 철근 콘크리트구조 또는 무근 콘크리트구조로 한다.

2) 테두리보 쌓기

① 분산된 벽체를 일체화함으로써, 하중을 균등히 배분하여 수직균열을 방지한다.

② 최상층을 철근 콘크리트 바닥으로 할 때를 제외하고는 철근 콘크리트의 테두리보 설치가 필요하다.

③ 세로철근의 끝부분을 정착한다.

핵심 문제 25 ◆◆◆

조적식 구조의 설계에 적용되는 기준으로 옳지 않은 것은? [20년 1 · 2회]

① 조적식 구조인 각 층의 벽은 편심하중이 작용하지 아니하도록 설계하여야 한다.

② 조적식 구조인 건축물 중 2층 건축물에 있어서 2층 내력벽의 높이는 4m를 넘을 수 없다.

③ 조적식 구조인 내력벽으로 둘러싸인 부분의 바닥면적은 80m²를 넘을 수 없다.

④ 조적식 구조인 내력벽의 길이는 8m를 넘을 수 없다.

해설

조적식 구조인 내력벽의 길이는 10m를 넘을 수 없다.

정답 ④

핵심 문제 26 ◆◆◆

건축물의 구조기준 등에 관한 규칙에 따른 조적식 구조에 관한 기준으로 옳지 않은 것은?

① 조적식 구조인 내력벽의 기초는 연속 기초로 하여야 한다.

② 조적식 구조인 건축물 중 2층 건축물에 있어서 2층 내력벽의 높이는 3m를 넘을 수 없다.

③ 조적식 구조인 내력벽의 길이는 10m를 넘을 수 없다.

④ 조적식 구조인 내력벽으로 둘러싸인 부분의 바닥면적은 80m²를 넘을 수 없다.

해설

내력벽의 높이 및 길이(건축물의 구조기준 등에 관한 규칙 제31조)

• 조적식 구조인 건축물 중 2층 건축물에 있어서 2층 내력벽의 높이는 4미터를 넘을 수 없다.

• 조적식 구조인 내력벽의 길이(대린벽(對隣壁 : 서로 직각으로 교차되는 벽)의 경우에는 그 접합된 부분의 각 중심을 이은 선의 길이를 말한다)는 10미터를 넘을 수 없다.

• 조적식 구조인 내력벽으로 둘러싸인 부분의 바닥면적은 80제곱미터를 넘을 수 없다.

정답 ②

❹ 타일공사

1. 타일의 종류

1) 성분에 따른 분류

종류	흡수성	제품	소성온도
토기	20~30%	붉은 벽돌, 토관, 기와	800~1,000℃
도기	15~20%	내장 타일	1,000~1,200℃
석기	8% 이하	클링커 타일	1,200~1,300℃
자기	1% 이하	외장 타일, 바닥 타일, 모자이크 타일	1,300~1,400℃

2) 크기에 따른 분류

① 대형 외부(벽돌형) 타일
② 대형 내부(각형) 타일
③ 소형 타일
④ 모자이크 타일

3) 용도에 따른 분류

① 외부용 : 흡수성이 작고 외기에 대한 저항이 큰 것
② 내부용 : 아름답고 위생적인 것
③ 바닥용 : 마모에 강하며 미끄러지지 않는 것

4) 특수타일

구분		내용
보더 타일		가늘고 긴 형상의 타일
클링커 타일		고온으로 소성한 석기질 타일로서 타일면에 홈줄을 새겨 넣어 테라스바닥 등 타일로 사용
면처리 타일	태피스트리 타일	타일 표면에 무늬를 넣어 입체화시킨 타일
	스크래치 타일	타일 표면을 긁어서 처리한 타일
	천무늬 타일	타일 표면을 천무늬처럼 가로, 세로방향을 긁어서 거친 면으로 처리한 타일
카보런덤 타일		전기로에서 만들어진 검은 결정체인 카보런덤을 이용한 타일로서 내마모성이 뛰어나 Non-Slip용 등으로 사용되는 타일

핵심 문제 27

건축용 점토제품에 관한 설명으로 옳은 것은? [18년 3회]
① 저온 소성제품이 화학저항성이 크다.
② 흡수율이 큰 제품이 백화의 가능성이 크다.
③ 제품의 소성온도는 동해저항성과 무관하다.
④ 규산이 많은 점토는 가소성이 나쁘다.

해설

① 고온 소성제품일수록 화학저항성이 크다.
③ 제품의 소성온도가 높을수록 흡수율이 작고 이에 따라 동해저항성이 커지게 된다.
④ 규산이 많은 점토는 가소성이 좋다.

정답 ②

2. 타일 선정 및 시공

1) 타일의 선정

(1) 타일 선정 시 주의사항

① 치수, 빛깔, 형상, 흠집 등을 엄선한다.

② 유약이 묻지 않은 부분은 동절기에 수분이 흡수되어 결손되기 쉽다.

③ 색조가 같은 것을 몰아붙이지 말고 분산하여 붙인다.

④ 외부벽용 타일은 흡수성이 작고 마모에 대한 저항이 큰 것을 취한다.

⑤ 내부벽용 타일은 흡수성, 마모저항성이 다소 떨어지더라도 미려하고 위생 적인 것으로 한다.

⑥ 바닥용 타일은 마모에 강하며 흡수성이 약간 있는 무유 타일을 쓴다.

(2) 타일 검사 및 시험항목

KS L 1001 규정시험		도면, 시방서 지정 시험
• 치수검사	• 흡수율시험	• 마모동결시험
• 외관검사	• 오토 클레이브시험	• 내산시험

2) 타일의 시공

(1) 타일의 시공순서

타일처리 → 재료 조정 → 타일 나누기 → 타일 붙이기 → 치장줄눈 → 정리·보양

(2) 타일 시공 시 주의사항

① 흡수성이 있는 타일에는 적당히 물을 뿌려서 사용한다.

② 타일은 전체 온장을 쓸 수 있도록 계획한다.

③ 모르타르는 건비빔을 한 후 3시간 이내에 사용하며 물을 부어 반죽한 후 1시 간 이내에 사용한다. 1시간 이상을 경과한 것은 사용하지 아니한다.

④ 기온이 2℃ 이하인 때는 시공부분을 보양한다.

⑤ 바닥 타일을 붙인 후 톱밥으로 보양하고, 7일간 진동이나 보행을 금한다.

⑥ 타일의 동해 방지를 위해 다음과 같이 조지한다.

　㉠ 소성온도가 높은 타일을 사용한다.

　㉡ 흡수율이 낮은 타일을 사용한다.

　㉢ 줄눈누름을 충분히 하여 우수의 침투를 방지한다.

　㉣ 모르타르의 단위수량을 적게 한다.

　㉤ 바탕면과 접착모르타르의 접착성을 좋게 한다.

TIP

타일붙임공법

㉠ 떠붙임공법(적재공법) : 타일 이면에 붙임 모르타르를 얹어서 바탕면에 직접 붙이는 공법으로, 타 공법에 비해 시공관리가 용이하다.

㉡ 개량 떠붙임공법(개량 적재붙임공법) : 벽돌 벽면 또는 거친 콘크리트면에 먼저 평활하게 미장바름한 다음, 타일 이면에 붙임 모르타르를 3~6mm 정도로 비교적 얇게 발라 붙이는 공법이다.

㉢ 압착공법 : 바탕면은 미리 바탕면 고름 모르타르 미장바름하여 평활하게 하고, 그 위에 붙임 모르타르를 얇게 바른 후, 타일을 한 장씩 눌러 붙이는 공법이다.

㉣ 개량 압착붙임공법 : 바탕면에 모르타르 나무흙손바름 후, 타일 이면과 흙손바름면에 붙임 모르타르를 발라, 눌러 붙여 타일 주변에 모르타르가 빠져나오게 하는 공법이다.

㉤ 접착붙임공법(접착제 붙임공법) : 유기질 접착제(Organic Adhesives Bonding Agent) 또는 수지 모르타르(Resin Mortar)를 바탕면에 바르고, 그 위에 타일을 붙이는 공법이다.

㉥ 타일 거푸집 선부착공법 : 사전에 거푸집에 타일 또는 유닛 타일을 배치하고, 콘크리트를 타설하여 구조체와 타일을 일체화시키는 공법이다.

㉦ TPC(타일 선붙임 PC판 공법) : PC판 제작 시에 타일을 거푸집 위에 미리 배치하고, 콘크리트를 타설한 후 양생하여 완료하는 공법으로 커튼월에 주로 사용된다.

(3) 시공검사

구분	내용
두들김검사	• 붙임 모르타르의 경과 후 검사봉으로 전면적을 두들겨 본다. • 들뜸, 균열 등이 발견된 부위는 줄눈부분을 잘라내어 다시 붙인다.
접착력시험	• 타일의 접착력시험은 $600m^2$당 한 장씩 시험한다. • 시험할 타일은 먼저 줄눈부분을 콘크리트면까지 절단하여 주위의 타일과 분리시킨다. • 시험할 타일을 부속장치의 크기로 하되 그 이상은 180×60mm 크기로 콘크리트면까지 절단한다. 단, 40mm 미만의 타일을 4매를 1개 조로 하여 부속장치를 붙여 시험한다. • 시험은 타일시공 후 4주 이상일 때 행한다. • 시험결과의 판정은 접착강도가 0.4MPa 이상이어야 한다.

❺ 금속공사

1. 금속재료의 분류 및 성질

1) 철의 성질 및 열처리

(1) 탄소량에 따른 철의 분류

① 탄소가 적을수록 강도는 작고 연질이며, 신장률은 좋다.
② 탄소량이 증가할수록 **열팽창계수** 감소, 열전도도 감소, 비중 감소, 내식성 감소
③ 탄소량이 증가할수록 비열 증가, 전기저항 증가, 항자력 증가

(2) 온도에 따른 인장강도 변화

① 100℃ 이상이 되면 강도가 증가하여 250℃에서 최대가 됨
② 500℃에서는 강도가 1/2로 감소
③ 600℃에서는 강도가 1/3로 감소
④ 900℃에서는 강도가 0으로 감소

(3) 강의 열처리

구분	내용
풀림	• 조직이 조잡한 강을 726℃ 이상(800~1,000℃)으로 가열하여 노 속에서 서서히 냉각 • 강을 연화하고 결정조직을 균질화하며 내부응력을 제거
불림	• 강을 800~1,000℃ 이상 가열한 후 공기 중에서 냉각 • 강의 조직이 표준화, 균질화되어 내부 변형이 제거됨

구분	내용
담금질	• 가열 후 물이나 기름에서 급속히 냉각하는 것 • 강도와 경도가 증가하고 신장률과 단면 수축률이 감소
뜨임	• 담금질한 강을 변태점 이하(600℃)로 가열 후 서서히 냉각시켜 강조직을 안정한 상태로 만드는 것 • 담금질한 강에 인성을 부여하여 강의 변형을 작게 하고 강하게 함

2) 비철금속

(1) 구리(동)

① 전성과 연성이 커서 쉽게 성형할 수 있다.

② 전기 및 열전도율이 크다.

③ 건조공기에는 부식이 안 되고 습기가 있으면 광택을 소실하고 녹청색이 된다.

④ 알칼리성(암모니아 등) 용액에는 침식이 잘되며, 산성 용액에는 잘 용해된다.

⑤ 지붕잇기, 홈통, 철사, 못, 철망 등에 쓰인다.

(2) 황동

① 구리와 아연의 합금이다.

② 내식성이 크고 외관이 아름답다.

③ 황색 또는 금색을 띠며 구리보다 단단하고 주조가 잘되며, 가공성이 좋다.

④ 창호철물, 판, 관, 선 및 주조품, 논슬립, 줄눈대(인조석 갈기 및 테라초 현장 갈기 등에 사용되는 줄눈), 코너 비드 등에 쓰인다.

(3) 청동

① 구리와 주석의 합금이다.

② 황동보다 내식성이 크고 주조가 쉽다.

③ 특유의 아름다운 청록색 광택을 띤다.

④ 장식철물, 공예재료 등에 사용된다.

(4) 알루미늄

① 은백색계 반사율이 큰 금속이다.

② 가볍고 비중에 비해 강도가 크고, 비중이 철의 약 1/3로서 경량이다.

③ 열, 전기전도성이 크며, 전성 및 연성이 좋아 가공성이 양호하다.

④ 공기 중 표면에 산화막이 생겨 내부를 보호한다.

⑤ 맑은 물에 대해서는 내식성이 크나 해수에 침식되기 쉽다.

⑥ 공작이 자유롭고 기밀성이 좋으며, 열팽창계수가 강의 약 2배 정도이다.

⑦ 산, 알칼리에 침식되며 콘크리트에 부식된다.

⑧ 창호, 커튼레일, 가구, 실내장식 등에 사용된다.

(5) 납

① 비중이 11.4로 가장 크고 연성, 전성이 좋아 압연가공성이 풍부하다.

② 방사선 차폐효과가 콘크리트의 100배 정도이다.

③ 대기 중 보호막이 형성되어 부식되지 않는다.

④ 내산성이며 알칼리에 침식된다.

⑤ 증류수에 용해되며 인체에도 유독하다.

(6) 두랄루민

두랄루민은 알루미늄 합금의 일종으로 구리, 마그네슘, 망간, 아연 등을 혼합한다.

(7) 주석

주석은 단독으로 사용하는 경우는 드물고, 철판에 도금을 할 때 사용된다.

(8) 아연

① 건조한 공기 중에서는 거의 산화되지 않는다.

② 묽은 산류에 쉽게 용해된다.

③ 철판의 아연도금으로 사용된다.

(9) 스테인리스강(Stainless Steel)

① 스테인리스강 표면에는 눈에는 보이지 않지만 치밀한 보호막이 형성되어 있으며 이 피막을 부동태피막이라고 한다.

② 이 피막은 아주 얇은 피막이며 크롬산화물로 구성되어 있다(크롬양이 약 12% 이상이 되면 현저하게 부식속도가 떨어지게 됨).

③ 특성

㉠ 부동태피막 형성에 따른 내식성이 우수하다.

㉡ 염산에 약하다.

㉢ 표면 광택효과가 있다.

㉣ 별도의 표면처리 없이 사용이 가능하다.

3) 금속재료의 부식과 방식방법

(1) 부식작용

① 물에 의한 부식   ② 대기에 의한 부식

③ 흙 속에서의 부식   ④ 전기작용에 의한 부식

핵심 문제 31

금속재에 관한 설명으로 옳지 않은 것은?
[18년 1회]

① 알루미늄은 경량이지만 강도가 커서 구조재료로도 이용된다.

② 두랄루민은 알루미늄 합금의 일종으로 구리, 마그네슘, 망간, 아연 등을 혼합한다.

③ 납은 내식성이 우수하나 방사선 차단효과가 작다.

④ 주석은 단독으로 사용하는 경우는 드물고, 철판에 도금을 할 때 사용된다.

해설

납

내산성으로서 알칼리에 침식되는 특징을 가지고 있으며, 방사선 차폐효과가 일반 콘크리트에 비해 100배 정도 좋다.

정답 ③

핵심 문제 32

스테인리스강(Stainless Steel)은 어떤 성분의 금속이 많이 포함되어 있는 금속재료인가?
[20년 1·2회, 24년 1회]

① 망간(Mn)   ② 규소(Si)

③ 크롬(Cr)   ④ 인(P)

정답 ③

(2) 방식방법

① 다른 종류의 금속을 서로 잇대어 사용하지 않는다(균일한 재료).

② 표면을 깨끗이 하고, 물기나 습기가 없도록 한다.

③ 금속 표면을 화학적으로 처리한다.

④ 방청 및 피복방법

  ㉠ 방청도료(규산염도료) 또는 아스팔트를 표면에 도포한다.

  ㉡ 내식, 내구성이 있는 금속으로 도금한다.

  ㉢ 자기질 법랑을 입힌다.

  ㉣ 모르타르나 콘크리트로 강철 피복한다.

2. 금속재료의 이용

1) 금속제품

(1) 철근

① 콘크리트 속에 묻어서 콘크리트의 인장력을 보강하기 위해 쓰는 강재이다.

② 원형 철근 : 철근의 표면에 리브 또는 마디 등의 돌기가 없는 원형 단면의 봉강이다.

③ 이형 철근

  ㉠ 콘크리트와의 부착강도를 높이기 위하여 철근 표면에 리브 또는 마디의 돌기를 붙인 봉강이다.

  ㉡ 원형 철근보다 부착강도가 2배 정도이다.

  ㉢ 표시는 D로 하고 mm 단위의 치수를 기입한다.

(2) 와이어 메시(Wire Mesh)

① 연강철선을 전기 용접하여 정방형 또는 장방형으로 만든 것으로 블록을 쌓을 때나 보호 콘크리트를 타설할 때 사용한다.

② 콘크리트 균열을 방지하고 교차부분을 보강하기 위해 사용하는 금속제품이다.

(3) 목조이음철물

① 이음철물 : 목구조에서 2개의 부재를 연결할 때 이음이나 맞춤부분에 쓰이는 철물

② 듀벨 : 목재와 목재 사이에 끼워서 전단력을 보강하는 철물

핵심 문제 33 • • •

목재의 이음에 사용되는 듀벨(Düwel)이 저항하는 힘의 종류는? [19년 3회, 24년 1회]

① 인장력 ② 전단력

③ 압축력 ④ 수평력

정답 ②

2) 주요 가공품

① 메탈 라스(Metal Lath) : 얇은 철판에 많은 절목을 넣어 이를 옆으로 늘여서 만든 것으로 도벽 바탕에 쓰이는 금속제품이다.

② 코너 비드(Corner Bead) : 벽, 기둥 등의 모서리를 보호하기 위하여 미장공사 전에 사용하는 철물로서 아연도금 철제, 스테인리스 철제, 황동제, 플라스틱 등이 있다.

③ 와이어 라스(Wire Lath) : 철선 또는 아연도금 철근을 가공하여 그물처럼 만든 것으로 미장 바탕용에 사용되며 마름모형, 귀갑형, 원형 등이 있다.

④ 인서트(Insert) : 콘크리트 슬래브에 묻어 천장의 반자를 잡아주는 달대의 역할을 한다.

⑤ 조이너(Joiner) : 천장, 벽 등에 보드를 붙이고 그 이음새를 감추고 누르는 데 사용한다.

⑥ 펀칭 메탈(Punching Metal) : 얇은 판에 여러 가지 모양으로 도려낸 철물로서 환기구・라디에이터 커버 등에 이용한다.

핵심 문제 34 ◆ ◆ ◆

보통 철선 또는 아연도금철선으로 마름모형, 갑옷형으로 만들며 시멘트 모르타르 바름 바탕에 사용되는 금속제품은?

[20년 3회]

① 와이어 라스(Wire Lath)
② 와이어 메시(Wire Mesh)
③ 메탈 라스(Metal Lath)
④ 익스팬디드 메탈(Expanded Metal)

정답 ①

❻ 창호 및 유리

1. 창호공사

1) 목재 창호

(1) 재료

홍송, 삼송, 적송, 가문비나무, 나왕, 느티나무, 티크 등의 재료로 함수율 13~18%인 곧은결무늬인 목재가 좋다.

(2) 주문치수

설계도에서 표시된 창호재치수는 마무리된 치수이므로, 도면치수보다 3mm 정도 더 크게 주문한다.

(3) 접착제

① 요소수지접착제
② 페놀수지접착제

(4) 창호공작

① **마중대** : 미닫이, 여닫이 문짝이 서로 맞닿는 선대
② **여밈대** : 미서기, 오르내리기창이 서로 여며지는 선대
③ **풍소란** : 마중대, 여밈대가 서로 접하는 부분의 틈새의 바람막이 부재

(5) 목재 창호제작 시공순서

공작도 완성 → 창문틀 실측 → 재료 주문 → 마름질 → 바심질 → 창호 조립 → 마무리

2) 강재 창호

(1) 재료

새시바 및 두께가 1.2~2.3mm인 강판을 가공하여 사용한다.

(2) 시공 및 주의사항

① 창호교정을 위한 앵커간격은 60cm 정도로 한다.

② 창호의 현장설치는 나중 세우기로 한다.

③ 가공된 창호는 녹막이 처리를 한다.

④ 창면적이 클 때는 스틸바만으로는 약하므로 보강과 외관을 좋게 하기 위해 멀리온을 댄다.

(3) 강재 창호 나중 세우기 시공순서

설치 → 정착 → 모르타르 사춤 → 유리 끼우기 및 창호철물 달기 → 보양

3) 알루미늄재 창호

(1) 재료

① 내식 알루미늄합금을 사용한다.

② 재질이 다른 재료와 결합하거나 접촉할 경우에는 미리 녹막이칠을 한다(징크로메이트, 카드뮴도금).

(2) 특징

장점	단점
• 비중은 철의 약 1/3로 가볍다. • 녹슬지 않고 수명이 길다. • 공작이 자유롭고 기밀성이 있다. • 여닫음이 경쾌하고 미려하다.	• 용접부가 철보다 약하다. • 콘크리트, 모르타르 등의 알칼리성에 대단히 약하다. • 전기학학작용으로 이질금속재와 접촉하면 부식된다. • 알루미늄 새시 표면에 철이 잘 부착되지 않는다.

💡 TIP

강재창호 설치공법
① 나중 세우기 공법
 • 벽체를 먼저 시공하고, 창문틀을 나중에 설치하는 공법
 • 일반적으로 나중 세우기 공법을 많이 적용하고 있음
② 먼저 세우기 공법
 ㉠ 용접법
 • 철골철근 콘크리트조에 쓰이며, 소정 위치에 앵글을 용접하여 창문틀 설치
 • 콘크리트 부어넣기에 변형이동이 없고, 콘크리트가 돌아들어 밀실하게 채워짐
 ㉡ 지지법
 • RC조, 벽돌, 블록조 등에 쓰임
 • 창문틀은 가설지지틀을 써서 먼저 설치하고, 벽체 구성
 • 벽체 또는 상부의 하중이 직접 창문틀에 가해지지 않게 보강
 • 공기단축이 가능하지만 변형·이동 등이 발생할 수 있음

💡 TIP

알루미늄 창호의 제작 순서
창호표를 기준으로 공작도 작성 → 가공 → 조립 → 녹막이 처리 → 보양 → 운반

4) 문의 종류

(1) 목재문의 종류

구분	내용
플러시문(Flush Door)	울거미를 짜고 중간살을 간격 30cm 이내로 배치하며 양면에 합판을 교착한 것이다. 뒤틀림 변형이 적으며, 울거미를 작은 오림목으로 쪽매를 하여 쓰며 뒤틀림이 더욱 적어진다.
양판문(Panel Door)	문울거미(선대, 중간선대, 웃막이, 밑막이, 중칸막이, 띠장, 말 등)를 짜고 그 중간에 양판(넓은 판)을 끼워 넣은 문이다.
도듬문	울거미를 짜고 그 중간에 가는 살을 가로, 세로 약 20cm 간격으로 짜대고 종이를 두껍게 바른 문이다.

(2) 특수문의 종류

구분	내용
주름문	문을 닫았을 때 창살처럼 되는 문으로 세로살, 마름모살로 구성되며 상하 가드레일을 설치, 방도용
회전문	• 원통형의 중심축에 돌개철물을 대어 자유롭게 회전시키는 문 • 바닥과 동시에 자동적으로 회전하는 것과 문짝을 손으로 밀거나 자동으로 회전하는 것 • 손이나 발이 끼는 사고에 대비하여 회전날개는 140cm, 1분에 8회 회전 • 틈새공간을 일정하게 하고 끼는 사고 시 즉시 중단되는 시스템이어야 함
양판철재문	각종 방화문으로 적용
행거도어	창고, 격납고, 차고, 현장의 정문 등 대형문에 이용하고 중량문일 때는 레일 및 바퀴를 설치하기도 함
아코디언 도어	칸막이용 가변적 구획을 할 수 있음
무테문	테두리에 울거미가 없는 일반용, 현관용 문
접문	문짝끼리 경첩으로 연결하고 상부에 도어행거 사용, 칸막이용

5) 창호 철물

구분	내용
자유정첩(Spring Hinge)	안팎 개폐용 철물로 자재문에 사용
레버터리 힌지 (Lavatory Hinge)	공중용 변소, 전화실 출입문에 쓰이며 저절로 닫히지만 15cm 정도 열려 있게 된 것
도어클로저, 도어체크 (Door Closer, Door Check)	자동으로 문이 닫히는 장치
크레센트(Cresent)	오르내리기창이나 미서기창의 자물쇠

구분	내용
피봇 힌지, 지도리 (Pivot Hinge)	중량문에 사용되며 용수철을 사용하지 않고 볼베어링이 들어 있음. 자재 여닫이 중량문에 사용
플로어 힌지 (Floor Hinge)	중량이 큰 여닫이문에 사용되고, 힌지장치를 한 철틀함이 바닥에 설치됨
함자물쇠	손잡이를 돌리면 열리는 자물통, 즉 래치볼트(Latch Bolt)와 열쇠로 회전하여 잠그는 데드볼트(Dead Bolt)가 있음
실린더 자물쇠 (Cylinder Lock)	자물통이 실린더로 된 것으로 텀블러(Tumbler) 대신 핀(Pin)을 넣은 실린더록(Cylinder Lock)으로 고정하고, 핀텀블러록(Pin Tumbler Lock)이라고도 함

2. 유리의 성질 및 이용

1) 유리의 특징

① 유리의 강도는 휨강도를 의미한다.

② 약한 산에는 침식되지 않지만 염산, 질산, 황산 등에는 서서히 침식한다.

2) 성분에 따른 유리의 종류

(1) 소다 석회유리

① 용융되기 쉬우며 산에 강하고 알칼리에 약하다.

② 풍화되기 쉬우며, 비교적 팽창률 및 강도가 크다.

③ 일반건축용, 창유리, 일반병 종류 등에 적용한다.

(2) 칼륨 석회유리

① 용융되기 어렵고 약품에 침식되지 않으며 투명도가 크다.

② 고급용 장식품, 공예품, 식기, 이화학용 기기 등에 적용한다.

(3) 칼륨 납유리[연(鉛)유리]

① 내산, 내열성이 낮고 비중이 크다.

② 가공이 쉽고 광선굴절률, 분산율이 크다.

③ 광화학용 렌즈, 모조석 등에 적용한다.

④ 판유리제품 중 경노(硬度)가 가상 작다.

(4) 석영유리

① 내열, 내식성이 크며 자외선 투과가 양호하다.

② 전등, 살균등용, 유리면의 원료 등에 적용한다.

핵심 문제 35 ◆◆◆

용융하기 쉽고, 산에는 강하나 알칼리에 약하며 창유리, 유리블록 등에 사용하는 유리는? [18년 2회, 19년 3회]

① 물유리 　　② 유리섬유
③ 소다 석회유리 ④ 칼륨 납유리

해설

소다 석회유리
• 용융되기 쉬우며 산에 강하고 알칼리에 약하다.
• 풍화되기 쉬우며, 비교적 팽창률 및 강도가 크다.
• 일반건축용, 창유리, 일반병 종류 등에 적용한다.

정답 ③

핵심 문제 36 ••

강화유리에 관한 설명으로 옳지 않은 것은? [19년 1회]

① 보통 판유리를 600℃ 정도 가열했다가 급랭시켜 만든 것이다.
② 강도는 보통 판유리의 3~5배 정도이고 파괴 시 둔각파편으로 파괴되어 위험이 방지된다.
③ 온도에 대한 저항성이 매우 약하므로 적당한 완충제를 사용하여 튼튼한 상자에 포장한다.
④ 가공 후 절단이 불가하므로 소요치수대로 주문 제작한다.

해설
강화유리는 온도에 대한 저항성이 크다.

정답 ③

(5) 물유리

소다 석회유리에서 석회분을 제거한 것으로 방수도료, 내산도료 등에 적용한다.

3) 가공형태에 따른 유리의 종류

(1) 강화유리(열처리유리)

판유리를 약 650~700℃로 가열했다가 급랭하여 기계적 성질을 증가시킨 유리로서, 보통 유리강도의 3~4배 정도로 크며, 충격강도는 7~8배 정도이다 (단, 현장에서 손으로는 절단이 불가능).

(2) 복층유리(Pair Glass)

2장 또는 3장의 판유리를 일정한 간격을 두고 금속테두리(간봉)로 기밀하게 접해서 내부를 건조공기로 채운 유리로서 단열성, 차음성이 좋고 결로현상을 예방할 수 있다.

(3) 망입유리

유리액을 롤러로 제판하고 그 내부에 금속망을 삽입하여 성형한 유리로서 도난(방도용) 및 화재방지용(방화용)으로 적용하며, 내부 삽입한 금속망 때문에 깨지더라도 비산되지 않는 특성이 있다.

(4) 열선흡수유리

① 철, 니켈, 크롬 등을 첨가하여 만든 유리로 차량유리, 서향의 창문 등에 적용한다.
② 단열유리라고도 불리며 태양광선 중 장파부분을 흡수한다.

(5) 자외선흡수유리

산화제이철(Fe_2O_2)을 10% 정도 함유하여, 변색 등을 방지하기 위해 사용하는 것으로 진열장, 용접공 및 컴퓨터 보안경 등에 적용한다.

(6) 유리블록(Glass Block)

① 벽돌, 블록모양의 상자형 유리를 맞댄 후 저압의 공기를 불어 넣고 녹여서 붙여 만든다.
② 실내의 투시를 어느 정도 방지하면서 벽에 붙여 간접채광, 의장벽면, 방음, 단열, 결로 방지의 목적이 있다.

(7) 프리즘유리(Prism Glass)

투사광의 방향을 변화시키거나 집중 또는 확산시킬 목적으로 프리즘의 이론을 이용하여 만든 제품으로 지하실, 옥상의 채광용으로 사용된다.

(8) 스팬드럴유리(Spandrel Glass)

판유리의 한쪽 면에 세라믹도료를 코팅한 다음 고온에서 융착, (반)강화시킨 불투명한 색상을 가진 유리로, 주로 커튼월 건축물의 스팬드럴구간에 적용되는 유리이다.

(9) 로이유리(Low－E Glass)

유리 표면에 금속 또는 금속산화물을 얇게 코팅한 것으로 열의 이동을 최소화해주는 에너지 절약형 유리이며 저방사유리라고도 한다.

(10) 스테인드글라스(Stained Glass)

① 각종 색유리의 작은 조각을 도안에 맞춰 절단하여 조합해서 만든 것으로 성당의 창 등에 사용된다.
② 세부적인 디자인은 유색의 에나멜유약을 써서 표현한다.

(11) 에칭유리(Etching Glass)

화학적인 부식작용을 이용한 가공법으로 만든 유리로, 5mm 이상의 후판유리에 그림이나 글 등을 새겨 넣은 유리를 말한다.

(12) 접합유리(Laminated Glass)

2장 또는 그 이상의 판유리 사이에 유연성이 있는 강하고 투명한 플라스틱 필름을 넣고 판유리 사이에 있는 공기를 완전히 제거한 진공상태에서 고열로 강하게 접착하여 파손되더라도 그 파편이 접착제로부터 떨어지지 않도록 만든 유리이다.

❼ 도장공사 및 미장공사

1. 도장재료의 종류 및 특징

1) 수성 페인트

아교(접착제), 카세인, 녹말, 안료, 물을 혼합한 페인트로, 용제형 도료에 비해 냄새가 없어 안전하고 위생적이다.

핵심 문제 37 ◆ ◆ ◆

아래 설명에 해당하는 유리를 무엇이라고 하는가? [20년 3회]

2장 또는 그 이상의 판유리 사이에 유연성이 있는 강하고 투명한 플라스틱 필름을 넣고 판유리 사이에 있는 공기를 완전히 제거한 진공상태에서 고열로 강하게 접착하여 파손되더라도 그 파편이 접착제로부터 떨어지지 않도록 만든 유리이다.

① 연마판유리 ② 복층유리
③ 강화유리   ④ 접합유리

정답 ④

2) 유성 페인트

① 안료와 건조성 지방유를 주원료로 하는 것이다(안료＋보일드유＋희석제).
② 지방유가 건조되어 피막을 형성하게 된다.
③ 붓바름 작업성 및 내후성이 우수하며, 건조시간이 길다.
④ 내알칼리성이 약하므로 콘크리트 바탕면에 사용하지 않는다.

3) 합성수지도료(염화비닐수지도료)

① 합성수지와 안료 및 휘발성 용제를 혼합하여 사용한다.
② 건조시간이 빠르고(1시간 이내), 도막이 견고하다.
③ 붓바름이 간편하다.
④ 내산, 내알칼리에 침식되지 않아 콘크리트나 플라스터면에 사용할 수 있다.
⑤ 도막은 인화할 염려가 적어 방화성이 우수하다.

✖ 용제
도료의 도막을 형성하는 데 필요한 유동
성을 얻기 위해 첨가한다.

4) 에나멜 페인트

① 보통 페인트안료에 니스를 용해한 착색도료이다.
② 광택이 잘 나고 내후성과 내수성이 좋다.
③ 금속면, 목재면 등에 사용한다.

5) 방청도료(녹막이 페인트)

① 철재와의 부착성을 높이기 위해 사용되며 철강재, 경금속재 바탕에 산화되어 녹이 나는 것을 방지한다.
② 에칭 프라이머, 아연분말 프라이머, 알루미늄도료, 징크로메이트도료, 아스팔트(역청질)도료, 광명단 조합 페인트 등이 속한다.

6) 방화도료

목재의 착화를 지연하여 연소를 방지하는 데 사용한다.

7) 에폭시도료

① 에폭시수지를 성분으로 한 도료로 상온건조용과 소부용이 있다.
② 내약품성, 내후성이 있는 단단한 도막을 형성한다.
③ 에폭시도료계 도장 중 내수, 내해수를 목적으로 할 경우 가장 알맞은 것은 2액형 타르에폭시도료이다.

핵심 문제 38 ◆◆◆

유성 에나멜 페인트에 관한 설명으로 옳지 않은 것은?
① 유성 바니시에 안료를 첨가한 것을 말한다.
② 내알칼리성이 우수하여 콘크리트면에 주로 사용된다.
③ 유성 페인트와 비교하여 건조시간, 도막의 평활 정도가 우수하다.
④ 유성 페인트와 비교하여 광택, 경도가 우수하다.

해설

유성 에나멜 페인트는 알칼리에 부식되는 특성이 있어, 콘크리트면보다는 금속면, 목재면 등에 적용된다.

정답 ②

핵심 문제 39 ◆◆◆

특수도료 중 방청도료의 종류와 가장 거리가 먼 것은? [18년 1회]
① 인광도료
② 알루미늄도료
③ 역청질도료
④ 징크로메이트도료

정답 ①

8) 유성 바니시(유성 니스)

① 유성 바니시라고도 하며, 수지류 또는 섬유소를 건섬유, 휘발성 용제로 용해한 도료이다.

② 무색 또는 담갈색 투명도료로, 목재부의 도장에 사용한다.

③ 목재를 착색하려면 스테인 또는 염료를 넣어 마감한다.

9) 클리어 래커

① 건조가 빠르므로 스프레이시공이 가능하다.

② 안료가 들어가지 않으며, 주로 목재면의 투명도장에 사용한다.

③ 내수성, 내후성이 약한 단점이 있다.

2. 미장재료의 성질 및 이용

1) 미장재료의 분류

(1) 수경성 재료

수화작용에 따라 물만 있으면 공기 중이나 수중에서도 굳는 것을 말하며 시멘트계와 석고계 플라스터가 이에 속한다.

① 시멘트계 : 시멘트 모르타르, 인조석, 테라초 현장바름

② 석고계 플라스터 : 순석고 플라스터, 혼합석고 플라스터, 보드용 플라스터, 경석고 플라스터

(2) 기경성 재료

충분한 물이 있더라도 공기 중(탄산가스와 반응)에서만 경화하고, 수중에서는 굳지 않는 것을 말하며 석회계 플라스터와 흙반죽, 섬유벽 등이 이에 속한다.

① 석회계 플라스터 : 회반죽, 회사벽, 돌로마이트 플라스터

② 흙반죽 및 섬유벽 : 진흙, 새벽흙

2) 미장재료의 구성

(1) 고결재

독자적으로 물리적, 화학적으로 경화하여 미장재료의 주체가 되는 재료이다.

① 소석회(기경성 재료) : 소석회에 물을 가하여 미장하면 수분이 증발하며 대기 중의 이산화탄소(CO_2)와 반응하여 경화한다(일종의 기경성 시멘트).

핵심 문제 40 • • •

다음 미장재료 중 수경성에 해당되지 않는 것은? [20년 3회]
① 보드용 석고 플라스터
② 돌로마이트 플라스터
③ 인조석 바름
④ 시멘트 모르타르

해설
돌로마이트 플라스터는 석회계 플라스터로 공기 중에서 경화하는 기경성 재료에 해당한다.

정답 ②

핵심 문제 41 • • •

지하실과 같이 공기의 유통이 원활하지 않은 장소의 미장공사에 적당한 재료는?
① 시멘트 모르타르
② 회반죽
③ 돌로마이트 플라스터
④ 회사벽

해설
지하실과 같이 공기의 유통이 원활하지 않은 장소의 미장공사 시 수경성 재료로 시공하여야 한다. 보기 중의 수경성 재료는 시멘트 모르타르이다.

정답 ①

돌로마이트 플라스터에 관한 설명으로 옳지 않은 것은?
① 건조수축에 대한 저항성이 크다.
② 소석회에 비해 점성이 높고 작업성이 좋다.
③ 변색, 냄새, 곰팡이가 없으며 보수성이 크다.
④ 회반죽에 비해 조기강도 및 최종강도가 크다.

해설

돌로마이트 플라스터는 건조, 경화 시에 수축률이 가장 커서 균열 보강을 위한 여물을 꼭 사용해야 한다.

정답 ①

핵심 문제 43 ◆◆◆

다음 미장재료 중 공기 중의 탄산가스와 반응하여 화학변화를 일으켜 경화하는 것은?
① 소석회
② 시멘트 모르타르
③ 혼합석고 플라스터
④ 경석고 플라스터

해설

소석회
기경성 재료로서 소석회에 물을 가하여 미장하면 수분이 증발하며 대기 중의 이산화탄소(CO_2)와 반응하여 경화(일종의 기경성 시멘트)된다.

정답 ①

---

② **돌로마이트 석회(돌로마이트 플라스터, 기경성 재료)**

ⓐ 돌로마이트 석회＋모래＋여물 또는 시멘트를 혼합 사용하여 마감표면의 경도가 회반죽보다 크다.

ⓑ 소석회보다 점성이 높아 풀을 넣을 필요가 없고 작업성이 좋다.

ⓒ 변색, 냄새, 곰팡이가 생기지 않는다.

ⓓ 회반죽에 비하여 조기강도 및 최종강도가 크다.

ⓔ 건조, 경화 시에 수축률이 가장 커서 균열 보강을 위한 여물을 꼭 사용해야 한다.

ⓕ 공기 중의 탄산가스와 결합하여 변화가 일어나 굳어지며 중성화되므로 미장 후 6~12개월은 알칼리성으로 유성 페인트 마감을 한다.

③ **마그네시아 시멘트(기경성 재료)** : 마그네사이트($MgCO_3$)를 800~900℃로 구우면 산화마그네슘으로 변화하며, 여기에 간수(소금물)와 혼합하여 사용한다.

④ **점토(기경성 재료)** : 흙재료는 진흙, 풍화토, 모래, 짚여물 등을 사용하고 물로 이겨 반죽하여 초벌바름 한다.

⑤ **석고 플라스터(수경성 재료)**

ⓐ 다른 미장재료보다 응고가 빠르며 팽창한다.

ⓑ 미장재료 중 점성이 가장 많아 해초풀을 사용할 필요가 없다.

ⓒ 약산성이므로 유성 페인트 마감을 할 수 없다.

ⓓ 경화, 건조 시 치수안정성과 내화성이 뛰어나다.

ⓔ 경석고 플라스터는 고온 소성의 무수석고에 특별한 화학처리를 한 것으로 경화 후 아주 단단해진다.

ⓕ 반수석고는 가수 후 20~30분에서 급속 경화하지만, 무수석고는 경화가 늦기 때문에 경화촉진제를 필요로 한다.

(2) 결합재

시멘트, 플라스터, 소석회, 벽토, 합성수지 등 다른 미장재료를 결합하여 경화시키는 재료이다.

① **여물** : 바름벽의 보강 및 균열을 분산, 경감시키기 위해 사용한다.

② **풀** : 풀을 혼합하여 점성을 늘려 주어 끈기가 없고 잘 붙지 않고 떨어지며 표면이 매끈하게 발리지 않는 것을 보강한다.

3) 미장바름의 종류

(1) 단열 모르타르

① 바닥, 벽, 천장 등의 열손실 방지를 목적으로 사용된다.

② 골재는 경량골재를 주재료로 사용한다.

③ 시멘트는 보통 포틀랜드 시멘트, 고로슬래그 시멘트 등이 사용된다.

④ 구성재료를 공장에서 배합하여 만든 기배합 미장재료로서 적당량의 물을 더하여 반죽상태로 사용하는 것이 일반적이다.

(2) 회반죽

① 소석회＋모래＋해초풀＋여물 등이 배합된 미장재료이다.

② 경화건조에 의한 수축률이 크기 때문에 여물로 균열을 분산·경감한다.

③ 실내용으로 목조 바탕, 콘크리트블록 및 벽돌 바탕 등에 사용한다.

(3) 석고 플라스터

① 혼합용 석고 플라스터 : 소석회＋돌로마이트 플라스터＋아교질(응결지연재로 사용) 재료를 공장에서 미리 섞어서 만든다.

② 보도용 석고 플라스터

ㄱ 혼합 석고 플라스터보다 소석고의 함유량을 많게 하여 접착성을 크게 한 제품이다.

ㄴ 습기에 약하여 물을 사용하는 공간에는 피하는 것이 좋다.

③ 킨즈 시멘트(경석고 플라스터)

ㄱ 고온 소성의 무수석고를 특별하게 화학처리한 것이다.

ㄴ 응결과 경화의 속도가 소석고에 비하여 매우 늘어 경화촉진제로 화학처리하여 사용하며 경화 후 강도와 경도가 높고 광택을 갖는 미장재료이다.

❽ 수장공사

1. 석고보드

1) 정의

소석고에 톱밥 혹은 기타의 경량재를 85 : 15의 비율로 섞고, 물로 비빈 것을 두꺼운 종이 사이에 끼우고 판모양으로 성형시켜 만든 판이다.

2) 특징

장점	단점
• 준불연재료 • 단열성 및 방화성이 우수 • 가공이 용이	• 내수성이 낮아 습기에 약함 • 접착제 시공 시 온도, 습도에 의한 동절기 작업 우려 • 못 사용 시 녹막이 필요

핵심 문제 44 ◆◆◆

단열 모르타르에 관한 설명으로 옳지 않은 것은? [18년 1회]
① 바닥, 벽, 천장 등의 열손실 방지를 목적으로 사용된다.
② 골재는 중량골재를 주재료로 사용한다.
③ 시멘트는 보통 포틀랜드 시멘트, 고로슬래그 시멘트 등이 사용된다.
④ 구성재료를 공장에서 배합하여 만든 기배합 미장재료로서 적당량의 물을 더하여 반죽상태로 사용하는 것이 일반적이다.

해설

단열 모르타르는 경량골재를 주재료로 사용한다.

정답 ②

핵심 문제 45 ◆◆◆

석고계 플라스터 중 가장 경질이며 벽 바름재료뿐만 아니라 바닥 바름재료로도 사용되는 것은? [20년 3회]
① 킨즈 시멘트
② 혼합석고 플라스터
③ 회반죽
④ 돌로마이트 플라스터

정답 ①

핵심 문제 46 ◆◆◆

석고보드에 관한 설명으로 옳지 않은 것은?
① 주원료인 소석고에 혼화제를 넣고 물로 반죽하여 2장의 강인한 보드용 원지 사이에 채워 넣어 제조한 것이다.
② 내수성, 탄력성은 우수하나 단열성, 방수성은 좋지 않다.
③ 벽, 천장, 칸막이 등에 주로 사용된다.
④ 연하고 부서지기 쉬우므로 고정할 때에는 못 등이 주로 사용되지만 그 부근이 파손될 우려가 있다.

해설

석고보드는 내수성, 탄력성, 방수성이 작고 국부적 충격에 약하나, 단열성, 방화성이 강한 특징을 나타낸다.

정답 ②

핵심 문제 47 ◆◆◆

석고보드에 관한 설명으로 옳지 않은 것은?

① 소석고와 혼화제를 반죽하여 2장의 강인한 보드용 원지 사이에 채워 만든다.
② 내화성 및 차음성은 낮으나 외부충격에 매우 강하다.
③ 벽, 천장, 칸막이벽 등에 주로 사용된다.
④ 성능에 따라 방수 석고보드, 미장 석고보드, 방균 석고보드 등으로 나뉠 수 있다.

해설

핵심문제 46번 해설 참고

정답 ②

핵심 문제 48 ◆◆◆

합성수지의 일반적인 특성에 관한 설명으로 옳지 않은 것은? [19년 1회]

① 경량이면서 강도가 큰 편이다.
② 연성이 크고 광택이 있다.
③ 내열성이 우수하고, 화재 시 유독가스의 발생이 없다.
④ 탄력성이 크고 마모가 적다.

해설

합성수지
내화, 내열성이 작고 비교적 저온에서 연화되는 특징이 있다.

정답 ③

2. 도배

1) 도배공사 시공순서

재료 확인 및 준비 → 바탕면 조정 → 초배 → 정배 → 마무리 → 건조

2) 시공 전 준비사항

① 적정 실내온도 유지　　　② 벽면 적정 건조상태 7~12% 유지
③ 주변 환경에 따른 영향성 검토　④ 선 및 면잡기 보완
⑤ 초배 전 실내 건청소 실시　　⑥ 곰팡이 발생원 제거

❾ 합성수지

1. 합성수지의 개념 및 특징

1) 개념

화학적인 합성에 의하여 인공적으로 만들어진 수지와 유사한 합성 고분자화합물로, 열가소성 수지와 열경화성 수지가 있다.

2) 특징

① 내화, 내열성이 작고 비교적 저온에서 연화, 연질된다.
② 흡수성이 작고 투수성이 없으므로 습기가 많은 곳에 적합하다.
③ 일반적으로 투명 또는 백색이므로 안료나 염료에 의해 다양한 착색이 가능하다.
④ 성형성, 가공성이 좋아 형상이 자유롭고 대량생산이 가능하다.
⑤ 비중이 철이나 콘크리트보다 작다.
⑥ 플라스틱재료는 내마모성이 우수하고 탄성이 크다.

2. 합성수지의 종류별 특징

1) 열가소성 수지

(1) 특징

① 가열하면 연화되어 가소성이 생기지만 냉각하면 원래의 고체로 돌아가는 고분자물질이다.
② 용제에 녹으며, 성형가공법은 사출성형법을 사용한다.
③ 결정성인 것에는 폴리에틸렌수지, 나일론수지, 폴리아세탈수지 등이 있으며, 유백색이다.

④ 비결정성인 것에는 염화비닐수지, 폴리스티렌수지, ABS수지, 아크릴수지 등이 있는데, 투명한 것이 많다.

(2) 종류

구분	내용
염화비닐수지	• 내수 · 내약품성, 전기절연성이 양호하고 내후성도 열가소성 수지 중에는 우수한 편임 • 파이프, 튜브, 물받이통 등의 제품에 가장 많이 사용
폴리에틸렌수지 (P.E)	• 저온에서도 유연성이 있으며 내충격성은 일반 플라스틱의 5배 정도 • 물보다 가볍고 백색의 우윳빛을 띠며 내약품성, 내수성이 아주 좋음 • 건축용 성형품, 방수필름과 벽체 발포 보온판에 주로 사용
폴리프로필렌수지	비중이 가장 작고, 기계적 강도가 뛰어남
폴리스티렌수지	• 유기용제에 침해되고 취약하며, 내수, 내화학약품성, 전기절연성, 가공성이 우수 • 건축벽 타일, 천장재, 블라인드, 도료 등에 사용되며, 특히 발포제품은 저온단열재로 쓰임
아크릴수지 (메타크릴수지)	• 투명도가 85~90% 정도로 좋고, 무색투명하므로 착색이 자유로움 • 내충격강도는 유리의 10배 정도로 크며 절단, 가공성, 내후성, 내약품성, 전기절연성이 좋음 • 평판 성형되어 글라스와 같이 이용되는 경우가 많아 유기글라스라고도 함 • 각종 성형품, 채광판, 시멘트 혼화재료 등에 사용
ABS수지	충격성, 치수안정성, 경도 등이 우수하며, 파이프, 판재, 전기부품, 변성재료 등에 사용함
메탈아크릴산	투명도가 매우 높고 내후성, 착색이 자유로우며, 항공기의 방풍유리, 조명기구, 도료, 접착제, 의자 등에 사용
폴리카보네이트	• 내충격성, 내열성, 내후성, 자기소화성, 투명성 등의 특징이 있고, 강화유리의 약 150배 이상의 충격강도를 지니고 있으며, 유연성 및 가공성이 우수 • 톱라이트, 온수풀의 옥상, 아케이드 등에 유리의 대용품으로 사용

2) 열경화성 수지

(1) 특징

가열하면 경화되고 일단 경화되면 아무리 가열하여도 연화되거나 용매에 녹지 않는 성질을 가진다.

핵심 문제 49 ◦◦◦

합성수지 중 무색투명판으로 착색이 자유롭고 내충격강도가 무기유리의 10배 정도가 되며 내약품성이 우수한 수지제품으로 유기유리라고도 하는 것은?
① 초산비닐수지
② 폴리에스테르수지
③ 멜라민수지
④ 아크릴수지

정답 ④

핵심 문제 50 ◦◦◦

다음 중 열가소성 수지가 아닌 것은?
[23년 3회]
① 아크릴수지
② 염화비닐수지
③ 폴리스티렌수지
④ 페놀수지

해설
페놀수지는 열경화성 수지이다.

정답 ④

핵심 문제 51 ◆ ◆ ◆

주로 합판, 목재제품 등에 사용되며, 접착력, 내열·내수성이 우수하나 유리나 금속의 접착에는 적당하지 않은 합성수지계 접착제는?

[19년 1회]

① 페놀수지 접착제
② 에폭시수지 접착제
③ 치오콜
④ 카세인

해설

페놀수지(베이클라이트)
• 전기절연성, 내후성, 접착성이 크고 내열성이 0~60℃ 정도, 석면혼합품은 125℃ 이다.
• 내수합판의 접착제, 화장판류 도료 등으로 사용한다.

정답 ①

핵심 문제 52 ◆ ◆ ◆

플라스틱재료의 열적 성질에 관한 설명으로 옳지 않은 것은?

① 내연온도는 일반적으로 열경화성 수지가 열가소성 수지보다 크다.
② 열에 의한 팽창 및 수축이 크다.
③ 실리콘수지는 열변형 온도가 150℃ 정도이며, 내열성이 낮다.
④ 가열을 심하게 하면 분자 간의 재결합이 불가능하여 강도가 현저하게 저하되는 현상이 발생한다.

해설

실리콘수지
내열성이 우수하고 −60~260℃까지 탄성이 유지되며, 270℃에서도 수시간 이용이 가능하다.

정답 ③

(2) 종류

구분	내용
페놀수지 (베이클라이트)	• 전기절연성, 내후성, 접착성이 크고 내열성이 0~60℃ 정도, 석면혼합품은 125℃임 • 내수합판의 접착제, 화장판류 도료 등으로 사용
폴리우레탄수지	열경화성 수지이며 내충격성, 내마모성, 강성 등이 우수하고 단열성이 있음(도막방수재료 등에 사용)
요소수지	• 무색으로 착색이 자유롭고 내수성, 전기적 성질이 페놀수지보다 약함 • 일용품(완구, 장식품), 마감재, 가구재, 접착제(준내수합판) 등에 사용
멜라민수지	• 성질은 요소수지보다 우수하고 무색투명하여 착색이 자유로움 • 내수·내약품성, 내용제성이 크고, 내후성, 내노화성, 내열성이 우수 • 기계적 강도, 전기적 성질이 우수하여 카운터나 조리대 등을 만드는 데 사용
불포화 폴리에스테르수지	• 기계적 강도와 비항장력이 강과 비등한 값으로 100~150℃에서 −90℃의 온도 범위에서 이용 가능하며, 내수성이 우수 • 주요 성형품으로 유리섬유로 보강한 섬유강화 플라스틱(FRP) 등이 있음 • 강도와 신도를 제조공정상에서 조절할 수 있음 • 영계수가 커서 주름이 생기지 않음 • 다른 섬유와 혼방성이 풍부 • 항공기, 선박, 차량재, 건축의 천장, 루버, 아케이드, 파티션 접착제 등의 구조재로 쓰이며, 도료로도 사용
실리콘수지	• 내열성이 우수하고 −60~260℃까지 탄성이 유지되며, 270℃에서도 수시간 이용 가능 • 탄력성, 내수성이 좋아 방수용 재료, 접착제 등으로 사용 • 방수성이 가장 좋음
에폭시수지	• 접착성이 매우 우수하고 휘발물의 발생이 없음 • 금속, 유리, 플라스틱, 도자기, 목재, 고무 등의 접착성이 좋음 • 알루미늄과 같은 경금속 접착에 좋음 • 주형 재료, 접착제, 도료, 유리섬유의 보강품 등에 사용

실 / 전 / 문 / 제

01 목재의 강도에 관한 설명으로 옳지 않은 것은? [19년 3회]

① 심재의 강도가 변재보다 크다.

② 함수율이 높을수록 강도가 크다.

③ 추재의 강도가 춘재보다 크다.

④ 절건비중이 클수록 강도가 크다.

목재
섬유포화점(30%) 이상에서는 강도가 일정하며, 섬유포화점 미만에서는 함수율의 감소에 따라 강도가 증대된다. **답** ②

02 목구조의 장점에 해당되지 않는 것은? [18년 3회]

① 재료의 강도, 강성에 대한 편차가 작고 균일하기 때문에 안전율을 매우 작게 설정할 수 있다.

② 경량이며, 중량에 비해 강도가 일반적으로 큰 편이다.

③ 외관이 미려하고 감촉이 좋다.

④ 증 · 개축이 용이하다.

재료의 강도, 강성에 대한 편차가 크고, 균일하지 않기 때문에 안전율을 크게 설정해야 한다. **답** ①

03 전건(全乾) 목재의 비중이 0.4일 때, 이 전건(全乾) 목재의 공극률은? [18년 1회]

① 26%　　　　② 36%

③ 64%　　　　④ 74%

공극률(%)
$$= \left(1 - \frac{목재의\ 절건비중}{1.54}\right) \times 100\%$$
$$= \left(1 - \frac{0.4}{1.54}\right) \times 100(\%) = 74\%$$
답 ④

04 중밀도 섬유판을 의미하는 것으로 목섬유(Wood Fiber)에 액상의 합성수지 접착제, 방부제 등을 첨가 · 결합시켜 성형 · 열압하여 만든 것은? [18년 3회]

① 파티클보드　　　　② MDF

③ 플로어링보드　　　　④ 집성목재

중밀도 섬유판(MDF : Medium Density Fiberboard)
• 목섬유(Wood Fiber)에 액상의 합성수지 접착제, 방부제 등을 첨가 결합시켜 성형 열압하여 만든 인조목재판이다.
• 내수성이 작고 팽창이 심하며, 재질도 약하고, 습도에 의한 신축이 크다는 결점이 있으나, 비교적 값이 싸서 많이 사용되고 있다. **답** ②

듀벨은 목재와 목재 사이에 끼워서 전단력을 보강하는 철물이다.

답 ②

05 목재의 이음에 사용되는 듀벨(Dubel)이 저항하는 힘의 종류는? [19년 3회]

① 인장력   ② 전단력

③ 압축력   ④ 수평력

파티클보드(칩보드)
• 목재 또는 폐재, 부산물 등을 절삭 또는 파쇄하여 소편(나뭇조각이 보임)으로 만들어 충분히 건조시킨 후, 합성수지 접착제와 같은 유기질 접착제를 첨가하여 열압 제판한 목재제품이다.
• 섬유방향에 따른 강도의 차이는 없다.
• 두께는 비교적 자유롭게 선택할 수 있다.
• 흡음성과 열의 차단성이 좋으며, 표면이 평활하고 경도가 크다.

답 ②

06 목재의 작은 조각을 합성수지 접착제와 같은 유기질의 접착제를 사용하여 가열 압축해 만든 목재 제품을 무엇이라고 하는가? [20년 3회]

① 집성목재   ② 파티클보드

③ 섬유판   ④ 합판

불꽃이 없어도 자체 발화하는 온도는 발화점 온도를 의미하며, 목재에서는 약 400~490℃ 정도이다.

답 ④

07 목재의 인화에 있어 불꽃이 없어도 자체 발화하는 온도는 대략 몇 ℃ 이상인가? [20년 1·2회]

① 100℃   ② 150℃

③ 250℃   ④ 450℃

건조의 목적(필요성)
강도 증가, 수축·균열·비틀림 등 변형 방지, 부패균 방지, 경량화

답 ③

08 목재건조의 목적 및 효과가 아닌 것은? [20년 3회]

① 중량의 경감   ② 강도의 증진

③ 가공성 증진   ④ 균류 발생의 방지

유기계 방충(방부)제(PCP : Penta-Chloro Phenol)
• 무색이고 방부력이 가장 우수하다.
• 침투성이 매우 양호하다.
• 수용성 및 유용성이 있다.
• 페인트칠이 가능하다.
• 고가이며, 석유 등의 용제에 녹여 써야 한다.
• 자극적인 냄새 및 독성이 있어 사용이 규제되고 있다.
• 처리재는 황록색이다.

답 ①

09 목재의 유용성 방부제로서 자극적인 냄새 등으로 인체에 피해를 주기도 하여 사용이 규제되고 있는 것은? [예상문제]

① PCP 방부제   ② 크레오소트유

③ 아스팔트   ④ 불화소다 2% 용액

10 석재의 일반적인 성질에 관한 설명으로 옳지 않은 것은? [예상문제]

① 석재 중 석회암 · 대리석 등은 풍화에 약한 편이다.

② 흡수율은 동결과 융해에 대한 내구성이 지표가 된다.

③ 인장강도는 압축강도의 1/10~1/30 정도이다.

④ 단위용적질량이 클수록 압축강도는 작고, 공극률이 클수록 내화성이 작다.

석재는 단위용적질량이 클수록 압축강도가 크고, 공극률이 클수록 내화성이 크다. 답 ④

11 다음 석재 중 압축강도가 일반적으로 가장 큰 것은? [19년 2회]

① 화강암　　　　　② 사문암

③ 사암　　　　　　④ 응회암

석재의 압축강도 크기 순서
화강암 > 대리석 > 안산암 > 사문암 > 점판암 > 사암 > 응회암　　답 ①

12 인조석이나 테라초바름에 쓰이는 종석이 아닌 것은? [19년 1회]

① 화강석　　　　　② 사문암

③ 대리석　　　　　④ 샤모트

• 인조석은 대리석, 사문암 등의 아름다운 쇄석(종석)과 백색 시멘트, 안료, 돌가루 등을 혼합하여 물로 반죽해 만든 것이다.
• 샤모트는 인조석의 종석이 아닌 점토 등에 배합하여 가소성을 조절하는 역할을 하는 재료이다.　답 ④

13 도로나 바닥에 깔기 위해 만든 두꺼운 벽돌로서 원료로 연화토, 도토 등을 사용하여 만들며 경질이고 흡습성이 작은 특징이 있는 것은? [19년 1회]

① 이형벽돌　　　　② 포도벽돌

③ 치장벽돌　　　　④ 내화벽돌

포도벽돌
• 아연토, 도토 등을 사용한다.
• 식염유를 시유 · 소성하여 성형한 벽돌이다.
• 마멸이나 충격에 강하며 흡수율은 작다.
• 내구성이 좋고 내화력이 강하다.
• 도로 포장용, 건물 옥상 포장용 및 공장 바닥용으로 사용한다.
답 ②

14 표준형 점토벽돌의 치수로 옳은 것은? [19년 3회]

① 210 × 90 × 57mm

② 210 × 110 × 60mm

③ 190 × 100 × 60mm

④ 190 × 90 × 57mm

벽돌의 규격
㉠ 기본형(재래식) 벽돌 :
　210×100×60mm
㉡ 표준형 벽돌 :
　190×90×57mm　　답 ④

15 점토벽돌에 관한 설명으로 옳지 않은 것은? [23년 1회]

① 적색 또는 적갈색을 띠고 있는 것은 점토 내에 포함되어 있는 산화철에 의한 것이다.

② 1종 점토벽돌의 압축강도 기준은 14.70MPa 이상이다.

③ KS표준에 의한 점토벽돌의 모양에 따른 구분은 일반형과 유공형으로 나뉜다.

④ 2종 점토벽돌의 흡수율 기준은 15.0% 이하이다.

16 블록의 빈속에 철근을 배근하고 콘크리트를 부어 넣어 수직하중과 수평하중에 안전하게 견딜 수 있도록 보강한 것으로 가장 이상적인 블록구조는? [예상문제]

① 보강블록조 ② 조적식 블록조

③ 블록장막벽 ④ 거푸집 블록구조

17 점토제품 중 소성온도가 가장 높고 흡수성이 작으며 타일이나 위생도기 등에 쓰이는 것은? [18년 3회]

① 토기 ② 도기

③ 석기 ④ 자기

18 타일의 제조공법에 관한 설명으로 옳지 않은 것은? [20년 1·2회]

① 건식 제법에는 가압성형과정이 포함된다.

② 건식 제법이라 하더라도 제작과정 중에 함수하는 과정이 있다.

③ 습식 제법은 건식 제법에 비해 제조능률과 치수·정밀도가 우수하다.

④ 습식 제법은 복잡한 형상의 제품제작이 가능하다.

19 클링커 타일(Clinker Tile)이 주로 사용되는 장소에 해당하는 곳은? [19년 3회, 24년 1회]

① 침실의 내벽 ② 화장실의 내벽

③ 테라스의 바닥 ④ 화학실험실의 바닥

20 금속가공제품에 관한 설명으로 옳은 것은? [18년 3회, 23년 2회, 24년 2회]

① 조이너는 얇은 판에 여러 가지 모양으로 도려낸 철물로서 환기구 · 라디에이터 커버 등에 이용된다.

② 펀칭 메탈은 계단의 디딤판 끝에 대어 오르내릴 때 미끄러지지 않게 하는 철물이다.

③ 코너 비드는 벽 · 기둥 등의 모서리부분의 미장바름을 보호하기 위하여 사용한다.

④ 논슬립은 천장 · 벽 등에 보드류를 붙이고 그 이음새를 감추고 누르는 데 쓰이는 것이다.

①은 펀칭 메탈, ②는 논슬립, ④는 조이너에 대한 설명이다. 답 ③

21 보통 철선 또는 아연도금철선으로 마름모형, 갑옷형으로 만들며 시멘트 모르타르 바름 바탕에 사용되는 금속제품은? [20년 3회]

① 와이어 라스(Wire Lath)

② 와이어 메시(Wire Mesh)

③ 메탈 라스(Metal Lath)

④ 익스팬디드 메탈(Expanded Metal)

와이어 라스(Wire Lath)
철선 또는 아연도금 철근을 가공하여 그물처럼 만든 것으로 미장 바탕용에 사용되며 마름모형, 귀갑형, 원형 등이 있다. 답 ①

22 인조석 갈기 및 테라초 현장갈기 등에 사용되는 줄눈철물의 명칭은? [예상문제]

① 인서트(Insert)

② 앵커볼트(Anchor Bolt)

③ 펀칭 메탈(Punching Metal)

④ 줄눈대(Metallic Joiner)

줄눈대(Metallic Joiner)
황동성분으로 만들어지며, 인조석 갈기 및 테라초 현장갈기 등에 사용되는 줄눈이다. 답 ④

23 강의 열처리방법 중 조직을 개선하고 결정을 미세화하기 위해 800~1,000℃로 가열하여 소정의 시간까지 유지한 후에 대기 중에서 냉각하는 것을 무엇이라 하는가? [예상문제]

① 불림   ② 풀림

③ 담금질   ④ 뜨임질

불림
• 강을 800~1,000℃ 이상 가열한 후 공기 중에서 냉각한다.
• 강의 조직이 표준화, 균질화되어 내부 변형이 제거된다.
답 ①

24 금속의 부식방지를 위한 관리대책으로 옳지 않은 것은?

① 가능한 한 이종금속을 인접 또는 접촉시켜 사용할 것

② 큰 변형을 준 것은 가능한 한 풀림하여 사용할 것

③ 표면을 평활하고 깨끗이 하며, 가능한 한 건조상태를 유지할 것

④ 부분적으로 녹이 발생하면 즉시 제거할 것

25 금속재에 관한 설명으로 옳지 않은 것은? [19년 2회]

① 알루미늄은 경량이지만 강도가 커서 구조재료로도 이용된다.

② 두랄루민은 알루미늄 합금의 일종으로 구리, 마그네슘, 망간, 아연 등을 혼합한다.

③ 납은 내식성이 우수하나 방사선 차단 효과가 작다.

④ 주석은 단독으로 사용하는 경우는 드물고, 철판에 도금을 할 때 사용된다.

26 다음 설명에 해당하는 유리는? [24년 2회]

> 열적외선을 반사하는 은(銀)소재 도막으로 코팅하여 방사율과 열관류율을 낮추고 가시광선 투과율을 높인 유리

① 강화유리

② 접합유리

③ 로이유리

④ 배강도유리

27 강화유리에 관한 설명으로 옳지 않은 것은? [18년 3회]

① 판유리를 600℃ 이상의 연화점까지 가열한 후 급랭시켜 만든다.

② 파괴 시 파편이 예리하여 위험하다.

③ 강도는 보통 유리의 3~5배 정도이다.

④ 제조 후 현장가공이 불가하다.

28 스팬드럴유리에 관한 설명으로 옳지 않은 것은? [예상문제]

① 건축물의 외벽 층간이나 내외부 장식용 유리로 사용한다.

② 판유리 한쪽 면에 세라믹질의 도료를 도장한 후 고온에서 융착, 반강화한 것으로 내구성이 뛰어나다.

③ 색상이 다양하고 중후한 질감을 갖고 있으며 건축물의 모양에 따라 선택의 폭이 넓다.

④ 열깨짐의 위험이 있으므로 유리 표면에 페인트 도장을 하거나, 종이테이프 등을 부착하지 않는다.

스팬드럴유리
골조 및 단열재 등을 가려주는 역할을 하기 때문에 색유리를 쓰거나 필름을 붙이는 등의 시공을 하고, 이때 발생할 수 있는 열깨짐의 위험을 최소화하기 위해 배강도 이상의 강도를 가진 유리를 적용한다. **답 ④**

29 각종 색유리의 작은 조각을 도안에 맞추어 절단하여 조합해서 만든 것으로 성당의 창 등에 사용되는 유리제품은? [19년 2회]

① 내열유리   ② 유리타일

③ 샌드블라스트유리   ④ 스테인드글라스

스테인드글라스
다양한 색의 표현이 가능하며 세부적인 디자인은 유색의 에나멜 유약을 써서 표현한다. **답 ④**

30 보통 판유리의 조성에 산화철, 니켈, 코발트 등의 금속산화물을 미량 첨가하고 착색이 되게 한 유리로서, 단열유리라고도 불리는 것은? [20년 3회]

① 망입유리   ② 열선흡수유리

③ 스팬드럴유리   ④ 강화유리

열선흡수유리
• 철, 니켈, 크롬 등을 첨가하여 만든 유리로 차량유리, 서향의 창문 등에 적용한다.
• 단열유리라고도 불리며 태양광선 중 장파부분을 흡수한다. **답 ②**

31 유리의 표면을 초고성능 조각기로 특수 가공처리하여 만든 유리로 5mm 이상의 후판유리에 그림이나 글 등을 새겨 넣은 유리는? [20년 1·2회]

① 에칭유리   ② 강화유리

③ 망입유리   ④ 로이유리

에칭유리(Etching Glass)
화학적인 부식작용을 이용한 가공법을 이용한 유리로, 5mm 이상의 후판유리에 그림이나 글 등을 새겨 넣은 유리를 말한다. **답 ①**

32 각종 유리의 성질에 관한 설명으로 옳지 않은 것은? [19년 1회]

① 유리블록은 실내의 냉난방에 효과가 있으며 보통 유리창보다 균일한 확산광을 얻을 수 있다.

② 열선반사유리는 단열유리라고도 불리며 태양광선 중 장파부분을 흡수한다.

③ 자외선차단유리는 자외선의 화학작용을 방지할 목적으로 의류품의 진열창, 식품이나 약품의 창고 등에 쓴다.

④ 내열유리는 규산분이 많은 유리로서 성분은 석영유리에 가깝다.

33 유리에 관한 설명으로 옳지 않은 것은? [24년 1회]

① 망입유리는 화재 시 개구부에서의 연소를 방지하는 효과가 있으며, 유리파편이 거의 튀지 않는다.

② 복층유리는 단판유리보다 단열효과가 우수하므로 냉난방부하를 경감시킬 수 있다.

③ 강화유리는 파손 시 파편이 작기 때문에 파편에 의한 손상사고를 줄일 수 있다.

④ 열선흡수유리는 유리 한 면에 열선반사막을 입힌 판유리로, 가시광선의 투과율이 30% 정도 낮아 외부로부터 시선을 차단할 수 있다.

34 수지를 지방유와 가열융합하고, 건조제를 첨가한 다음 용제를 사용하여 희석하여 만든 도료는? [20년 3회]

① 래커
② 유성 바니시
③ 유성 페인트
④ 내열도료

35 금속면의 보호와 금속의 부식 방지를 목적으로 사용되는 도료는? [18년 3회, 23년 2회]

① 방화도료
② 발광도료
③ 방청도료
④ 내화도료

36 합성수지도료에 관한 설명으로 옳지 않은 것은? [18년 3회]

① 일반적으로 유성 페인트보다 가격이 매우 저렴하여 널리 사용된다.

② 유성 페인트보다 건조시간이 빠르고 도막이 단단하다.

③ 유성 페인트보다 내산, 내알칼리성이 우수하다.

④ 유성 페인트보다 방화성이 우수하다.

합성수지도료는 유성 페인트에 비해 성능면에서는 우수하나 상대적으로 가격이 고가이다.
답 ①

37 합성수지도료의 특성에 관한 설명으로 옳지 않은 것은? [예상문제]

① 건조시간이 빠르고 도막이 단단하다.

② 내산성, 내알칼리성이 있어 콘크리트, 모르타르면에 바를 수 있다.

③ 도막은 인화할 염려가 있어 방화성이 작은 단점이 있다.

④ 투명한 합성수지를 사용하면 더욱 선명한 색을 낼 수 있다.

합성수지도료(도막)는 인화할 염려가 적어 방화성이 우수하다.
답 ③

38 유성 페인트에 관한 설명으로 옳은 것은? [19년 1회]

① 보일유에 안료를 혼합시킨 도료이다.

② 안료를 적은 양의 물로 용해하여 수용성 교착제와 혼합한 분말상태의 도료이다.

③ 천연수지 또는 합성수지 등을 건성유와 같이 가열·융합시켜 건조제를 넣고 용제로 녹인 도료이다.

④ 니트로셀룰로오스와 같은 용제에 용해시킨 섬유계 유도체를 주성분으로 하여 여기에 합성수지, 가소제와 안료를 첨가한 도료이다.

유성 페인트
• 안료와 건조성 지방유를 주원료로 하는 것이다(안료＋보일드유＋희석제).
• 지방유가 건조되어 피막을 형성하게 된다.
• 붓바름 작업성 및 내후성이 우수하며, 건조시간이 길다.
• 내알칼리성이 약하므로 콘크리트 바탕면에 사용하지 않는다.
답 ①

39 벽체 초벌미장에 대한 검측내용으로 옳지 않은 것은? [예상문제]

① 하절기에는 초벌미장 후 살수양생을 검토한다.

② 벽체의 선형 및 평활도를 위하여 규준점을 설치한다.

③ 면을 잡은 후 쇠빗 등으로 가늘고 고르게 긁어 준다.

④ 신속한 건조를 위하여 통풍이 잘되도록 조치한다.

통풍이 잘되는 곳에 놓으면 급격한 건조로 인해 균열 등이 발생할 수 있다.
답 ④

석고 플라스터(수경성 재료)
• 경화, 건조 시 치수안정성과 내화
  성이 뛰어나다.
• 경석고 플라스터는 고온 소성의
  무수석고에 특별한 화학처리를 한
  것으로 경화 후 아주 단단해진다.
• 반수석고는 가수 후 20~30분에
  서 급속 경화하지만, 무수석고는
  경화가 늦기 때문에 경화촉진제
  를 필요로 한다.
                    답 ④

40 수경성 미장재료로 경화 · 건조 시 치수안정성이 우수한 것은?   [18년 3회]

① 회사벽

② 회반죽

③ 돌로마이트 플라스터

④ 석고 플라스터

회반죽
• 소석회＋모래＋해초풀＋여물 등
  이 배합된 미장 재료이다.
• 경화건조에 의한 수축률이 크기
  때문에 여물로서 균열을 분산 ·
  경감시킨다.
• 실내용으로 목조 바탕, 콘크리트
  블록 및 벽돌 바탕 등에 사용한다.
                    답 ①

41 다음 중 회반죽에 여물을 넣는 가장 주된 이유는?   [20년 3회, 24년 1회]

① 균열을 방지하기 위하여

② 강도를 높이기 위하여

③ 경화속도를 높이기 위하여

④ 경도를 높이기 위하여

소석회는 돌로마이트 플라스터에
비해 점성이 낮아 작업 시 (해초)풀
을 혼합하여 부착력 등의 작업성을
확보하여야 한다.   답 ③

42 미장재료의 종류와 특성에 관한 설명으로 옳지 않은 것은?   [18년 1회]

① 시멘트모르타르는 시멘트를 결합재로 하고 모래를 골재로 하여 이를 물과
   혼합하여 사용하는 수경성 미장재료이다.

② 테라초 현장바름은 주로 바닥에 쓰이고 벽에는 공장제품 테라초판을 붙인다.

③ 소석회는 돌로마이트 플라스터에 비해 점성이 높고 작업성이 좋기 때문에
   풀을 필요로 하지 않는다.

④ 석고 플라스터는 경화 건조 시 치수안정성이 우수하며 내화성이 높다.

플라스틱재료는 내마모성이 우수하
고 탄성이 크다.   답 ④

43 플라스틱재료의 특징으로 옳지 않은 것은?   [18년 3회]

① 가소성과 가공성이 크다.

② 전성과 연성이 크다.

③ 내열성과 내화성이 작다.

④ 마모가 작으며 탄력성도 작다.

44 석탄산과 포르말린의 축합반응에 의하여 얻어지는 합성수지로서 전기절연성, 내수성이 우수하여 덕트, 파이프, 접착제, 배전판 등에 사용되는 열경화성 합성수지는?

[18년 1회]

① 페놀수지
② 염화비닐수지
③ 아크릴수지
④ 불소수지

페놀수지(베이클라이트)
• 전기절연성, 내후성, 접착성이 크고 내열성이 0~60℃ 정도, 석면 혼합품은 125℃이다.
• 내수합판의 접착제, 화장판류 도료 등으로 사용한다. **답** ①

45 합성섬유 중 폴리에스테르섬유의 특징에 관한 설명으로 옳지 않은 것은?

[20년 1·2회, 24년 2회]

① 강도와 신도를 제조공정상에서 조절할 수 있다.
② 영계수가 커서 주름이 생기지 않는다.
③ 다른 섬유와 혼방성이 풍부하다.
④ 유연하고 울에 가까운 감촉이다.

폴리에스테르섬유(불포화 폴리에스테르수지)
섬유보강 플라스틱, 건축의 천장 등의 재료에 쓰이는 비교적 강성재료로서 유연하고 울에 가까운 감촉을 띠지는 않는다. **답** ④

46 발포제로서 보드상으로 성형하여 단열재로 널리 사용되며 천장재, 전기용품 등에도 쓰이는 열가소성 수지는?

[예상문제]

① 불포화 폴리에스테르수지
② 실리콘수지
③ 아크릴수지
④ 폴리스티렌수지

폴리스티렌수지
• 유기용제에 침해되고 취약하며, 내수, 내화학품성, 전기절연성, 가공성이 우수하다.
• 건축벽 타일, 천장재, 블라인드, 도료 등에 사용되며, 특히 발포제품은 저온단열재로 쓰인다. **답** ④

47 다음 중 방수성이 가장 우수한 수지는?

[19년 2회]

① 푸란수지
② 실리콘수지
③ 멜라민수지
④ 알키드수지

실리콘수지
• 내열성이 우수하고 −60~260℃까지 탄성이 유지되며, 270℃에서도 수 시간 이용이 가능하다.
• 탄력성, 내수성이 좋아 방수용 재료, 접착제 등으로 사용한다. **답** ②

48 급경성으로 내알칼리성 등의 내화학성 및 접착력, 내수성이 우수한 고가의 합성수지 접착제로 금속, 석재, 도자기, 유리, 콘크리트, 플라스틱재 등의 접착에 모두 사용되는 것은?

[예상문제]

① 에폭시수지 접착제
② 멜라민수지 접착제
③ 요소수지 접착제
④ 폴리에스테르수지 접착제

에폭시수지
• 접착성이 매우 우수하고 휘발물의 발생이 없다.
• 금속, 유리, 플라스틱, 도자기, 목재, 고무 등의 접착성이 좋다.
• 알루미늄과 같은 경금속 접착에 좋다.
• 주형 재료, 접착제, 도료, 유리섬유의 보강품 등에 사용된다. **답** ①

실내디자인 시공관리

❶ 시공관리계획

1. 공정관리

1) 개요

공정관리(공정계획)란 건축물을 지정된 공사기간 내에 공사예산에 맞추어 정밀도가 높은 우수한 질의 시공을 위하여 작성하는 계획이다. 즉, 우수하게, 값싸게, 빨리, 안전하게 각 건설물의 세부계획에 필요한 시간과 순서, 자재, 노무 및 기계설비 등을 일정한 형식에 따라 작성, 관리함을 목적으로 한다.

2) 공정표의 종류

(1) 열기식 공정표

기본 또는 상세 공정표에 계획된 대로 공사를 진행시키기 위하여 재료, 노무자 등이 필요한 시기까지 반입, 동원될 수 있도록 작성한 나열식 공정표이다.

(2) 사선식 공정표

① 세로에 공사량, 총인부 등을 표시하고 가로에 월, 일 일수를 취하여 일정한 절선을 가지고 공사진행상태를 수량적으로 표시한다.
② 작업 관련성을 나타낼 수는 없으나, 공사의 기성고를 표시하는 데에는 편리하다.
③ 노무자와 재료의 수배에 알맞은 공사지연에 대한 조속한 대처가 가능하다.

(3) 횡선식 공정표

작업＼기간	1	2	3	4	5	6	7	8	9
A	━	━							
B	━	━	━						
C			━	━	━	━	━		
D								━	━

① 횡선에 의해 진도관리가 되고, 공사 착수 및 완료일이 시각적으로 명확하다.

핵심 **문제 01**

다음은 공사현상에서 이루어지는 업무에 관한 설명이다. 이 업무의 명칭으로 옳은 것은?
[24년 2회]

공사내용을 분석하고 공사관리의 목적을 명확히 제시하여 작업의 순서를 반영하며 실내공사의 작업을 세분화하고 집약시킨다. 공사의 종류에 따라 기술적인 순서와 상호관계를 정리하고 설계도서, 시방서, 물량산출서, 견적서를 기초로 작업에 투여되는 인력, 장비, 자재의 수량을 비교·검토한다.

① 실행예산 편성　② 공정계획
③ 작업일보 작성　④ 입찰참가 신청

해설

공정계획(공정관리)
• 공정관리(공정계획)란 건축물을 지정된 공사기간 내에 공사예산에 맞추어 정밀도가 높은 우수한 질의 시공을 위하여 작성하는 계획이다.
• 즉, 우수하게, 값싸게, 빨리, 안전하게 각 건설물을 세부계획에 필요한 시간과 순서, 자재, 노무 및 기계설비 등을 일정한 형식에 따라 작성, 관리함을 목적으로 한다.

정답 ②

② 전체 공정시기가 일목요연하고 경험이 적은 사람도 이용하기 쉽다.

③ 공기에 영향을 주는 작업의 발견이 어렵다.

④ 작업 상호 간에 관계가 불분명하다.

⑤ 사전 예측 및 통계기능이 약하다.

(4) 네트워크 공정표

네트워크 공정표는 작업의 상호관계를 ○표와 화살표(→)로 표시한 망상도로서, 각 화살표나 ○표에는 그 작업의 명칭, 작업량, 소요시간, 투입자재, 코스트 등 공정상 계획 및 관리상 필요한 정보를 기입하며, 프로젝트 수행에 관련하여 발생하는 공정상의 제 문제를 도해나 수리적 모델로 해명하고, 진척사항을 관리하는 것이다. 네트워크 공정표에는 CPM(Critical Path Method)과 PERT(Program Evaluation & Review Technique)수법이 대표적으로 사용된다.

① 네트워크 공정표의 특징

ⓐ 공사계획의 전모와 공사 전체의 파악을 용이하게 할 수 있다.

ⓑ 각 작업의 흐름과 공정이 분해됨과 동시에 작업의 상호관계가 명확하게 표시된다.

ⓒ 계획단계에서부터 공정상의 문제점이 명확하게 파악되고 작업 전에 수정을 가할 수 있다.

ⓓ 공사의 진척상황이 누구에게나 쉽게 알려지게 된다.

ⓔ 작성 시간이 길며, 작성 및 검사에 특별한 기능이 요구된다.

② PERT와 CPM의 비교

구분	PERT	CPM
개발 및 응용	• 미군수국 특별계획부(S,P)에서 개발 • 함대탄도탄(FBM) 개발에 응용	• Walker(Dupont)와 Kelly(Reming-ton)에서 개발 • 듀폰 사에서 보전에 응용
대상계획 및 사업종류	신규사업, 비반복사업, 경험이 없는 사업 등에 이용	반복사업, 경험이 있는 사업 등에 이용
소요시간 추정	3점 시간 추정 $$t_e = \frac{t_0 + 4t_m + t_p}{6}$$ 여기서, t_e : 평균기대시간 t_0 : 낙관시간치 t_m : 정상시간치 t_p : 비관시간치	1점 시간 추정 $t_e = t_m$ 여기서, t_e : 평균기대시간 t_m : 정상시간치

TIP

네트워크식 공정표에서 일정의 종류

ⓐ EST(Earliest Start Time)
 : 최초 개시시각
 작업을 시작할 수 있는 가장 빠른 시각

ⓑ EFT(Earliest Finishing Time)
 : 최초 종료시각
 작업을 종료할 수 있는 가장 빠른 시각

ⓒ LST(Latest Start Time)
 : 최지 개시시각
 프로젝트의 공기에 영향이 없는 범위에서 작업을 가장 늦게 시작하여도 좋은 시각

ⓓ LFT(Latest Finish Time)
 : 최지 종료시각
 프로젝트의 공기에 영향이 없는 범위에서 작업을 가장 늦게 종료하여도 좋은 시각

CP 및 CPM
① CP(Critical Path)
개시결합점에서 종료결합점에 이르
는 경로 중 가장 긴 경로이며, 주공정
선이라고 한다.
② CPM(Critical Path Method)의 활용
처 및 목적
  ㉠ 활용처 : 반복사업, 경험사업
  ㉡ 목적 : 공사비 절감

구분	PERT	CPM
일정 계산	단계 중심의 일정 계산 • 최조(最早)시간 　(ET : Earliest Expected Time) • 최지(最遲)시간 　(LT : Latest Allowable Time)	요소작업 중심의 일정 계산 • 최조(最早) 개시시간 　(EST : Earliest Start Time) • 최지(最遲) 개시시간 　(LST : Lastest Start Time) • 최조(最早) 완료시간 　(EFT : Earliest Finish Time) • 최지(最遲) 완료시간 　(LFT : Latest Finish Time)
MCX (최소비용)	이 이론에 없다.	CPM의 핵심이론이다.

LOB
① LOB의 용도
반복작업이 많은 다음과 같은 공사
를 관리하는 데 주로 사용된다.
  ㉠ 건축 : 아파트 공사, 초고층 빌딩
  ㉡ 토목 : 공항 활주로, 도로, 터널,
　 송수관, 지하철
② LOB의 특징
  ㉠ 장점
    • 네트워크에 비해 작성하기 쉽다.
    • 바 차트에 비해 많은 정보를 제
　 공한다.
    • 진도율을 표현할 수 있다.
    • 각 작업의 세부일정을 알 수 있다.
  ㉡ 단점
    • 예정과 실적을 비교할 수 없다.
    • 주공정선과 각 작업의 여유시
　 간 파악이 쉽지 않다.
    • 간섭을 받을 때는 효율적이지
　 못하다.

(5) LOB(Line Of Balance)

① 고층 건축물 또는 도로공사와 같이 반복되는 작업들에 의하여 공사가 이루
어질 경우에는 작업들에 소요되는 자원의 활용이 공사기간을 결정하는 데
큰 영향을 준다.

② LOB 기법은 반복작업에서 각 작업조의 생산성을 유지시키면서, 그 생산성
을 기울기로 하는 직선으로 각 반복작업의 진행을 표시하여 전체 공사를 도
식화하는 기법이며 LSM(Linear Scheduling Method) 기법이라고도 한다.

③ 각 작업 간의 상호관계를 명확히 나타낼 수 있으며, 작업의 진도율로 전체
공사를 표현할 수 있다.

(6) 공기단축

① 공기단축시기
　㉠ 지정공기보다 계산공기가 긴 경우
　㉡ 진도관리에 의해 작업이 지연되고 있음을 알았을 경우

② 시간과 비용과의 관계
　㉠ 총공사비는 직접비와 간접비의 합으로 구성된다.
　㉡ 시공속도를 빨리하면 간접비는 감소되고 직접비는 증대된다.
　㉢ 직접비와 간접비의 총합계가 최소가 되도록 한 시공속도를 최적 시공속
　도 또는 경제속도라 한다.

③ 비용구배
　㉠ 비용구배란 공기 1일 단축 시 증가비용을 말한다.
　㉡ 시간 단축 시 증가되는 비용의 곡선을 직선으로 가정한 기울기의 값이다.

ⓒ 비용구배＝$\dfrac{특급비용 － 표준비용}{표준공기 － 특급공기}$

ⓓ 단위는 원/일이다.

ⓔ 공기단축 가능일수＝표준공기－특급공기

ⓕ 특급점이란 더 이상 단축이 불가능한 시간(절대공기)을 말한다.

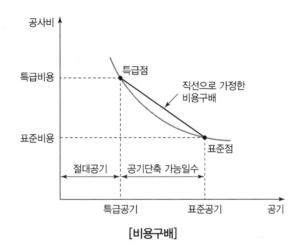

[비용구배]

④ 공기단축법(MCX : Minimum Cost Expediting)

ⓐ 네트워크 공정표를 작성한다.

ⓑ 주공정선(CP)을 구한다.

ⓒ 각 작업의 비용구배를 구한다.

ⓓ 주공정선(CP)의 작업에서 비용구배가 최소인 작업부터 단축가능일수 범위 내에서 단축한다.

ⓔ 이때 주공정선(CP)이 바뀌지 않도록 주의해야 한다(부공정선이 추가로 주공정선이 될 수 있음).

2. 품질관리

1) 품질관리순서(Deming Cycle)

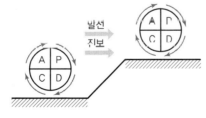

[품질관리 단계]

(1) Plan(계획) 단계 : 목적달성을 위한 수단과 방법의 결정(작업 표준화)

(2) Do(실시) 단계 : 작업 표준화에 대한 교육과 훈련 및 작업 실시

(3) Check(검사) 단계 : 결과와 실시방법을 대상으로 검사(품질의 검사 및 평가)

(4) Action(조치) 단계 : Check 사항에 대한 시정조치 및 원인분석 결과를 Feedback

※ P → D → C → A 과정을 Cycle화하여 단계적으로 목표를 향해 진보ㆍ개선ㆍ유지해 나간다.

2) 품질관리수법

수법	내용
히스토그램	계량치의 분포(데이터)가 어떠한 분포로 되어 있는지 알아보기 위하여 작성하는 것이다.
특성 요인도	결과에 원인이 어떻게 관계하고 있는가를 한눈에 알아보기 위하여 작성하는 것이다(체계적 정리, 원인 발견).
파레토도	불량, 결점, 고장 등의 발생건수를 분류항목별로 나누어 크기 순서대로 나열해 놓은 것이다(불량항목과 원인의 중요성 발견).
체크시트	계수치의 데이터가 분류항목별 어디에 집중되어 있는가를 알아보기 쉽게 나타낸 것이다(불량항목 발생, 상황 파악데이터의 사실 파악).
그래프	품질관리에서 얻은 각종 자료의 결과를 알기 쉽게 그림으로 정리한 것이다.
산점도	서로 대응되는 두 개의 짝으로 된 데이터를 그래프용지에 점으로 나타내어 두 변수 간의 상관관계를 짐작할 수 있다.
층별	집단을 구성하고 있는 많은 데이터를 어떤 특징에 따라 몇 개의 부분집단으로 나눈 것이다.

3. 원가관리

1) 원가계산서의 구성

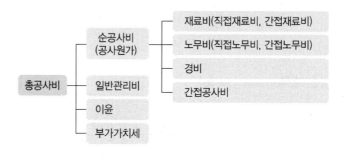

핵심 문제 02 ◆ ◆ ◆

공사원가계산서에 표기되는 비목 중 순공사원가에 해당되지 않는 것은?

① 직접재료비   ② 노무비
③ 경비   ④ 일반관리비

해설

공사원가계산서의 구성요소

정답 ④

구분		세부사항
재료비	직접재료비	공사목적물의 기본적 구성형태를 이루는 물품의 가치
	간접재료비	공사에 보조적으로 소비되는 물품의 가치(재료 구입 시 소요되는 운임, 보험료, 보관비 등)
노무비	직접노무비	작업(노무)만을 제공하는 하도급에 지불되는 금액
	간접노무비	현장관리인원의 노무비(감독비, 감리비, 현장직원 임금)
경비		• 공사현장에서 발생하는 순공사비 이외의 현장관리비용 • 전력비, 운반비, 기계경비, 가설비, 특허권사용료, 기술료, 시험검사비, 안전관리비 등 • 외주가공비 : 외주업체에 발주된 재료에서 가공비만 경비로 산정 • 감가상각비
간접공사비		4대 보험, 산업안전보건관리비, 환경보전비, 기타
일반관리비		• 기업의 유지를 위한 관리활동부분에서 발생하는 제 비용 • 임원급료, 직원급료, 제수당, 퇴직금, 충당금, 복리후생비 • 여비, 교통통신비, 경상시험 연구개발비 • 본사 수도광열비, 감가상각비, 운반비, 차량비 • 지급임차료, 보험료, 세금공과금
이윤		• 영업이윤을 지칭 • 공사규모, 공기, 공사의 난이도에 따라 변동 • 일반적으로 총공사비의 10% 정도
부가가치세		물건을 사다가 파는 과정에서 부가된 가치(이윤)에 대하여 부과되는 세금(국세, 보통세, 간접세)

2) 실행예산

실행예산이란 공사현장의 제반조건(자연조건, 공사장 내외의 제 조건, 측량결과 등)과 공사시공의 제반조건(계약내역서, 설계도, 시방서, 계약조건 등) 등에 대한 조사 결과를 검토, 분석한 후 계약내역과 별도로 시공사의 경영방침에 입각하여 당해 공사의 완공까지 필요한 실제 소요공사비를 말한다.

3) 공정별 내역서

공정별 내역서에는 각 공정에 따른 품명, 규격, 수량, 단가(재료, 노무, 경비)가 기재되어 있다.

4. 안전관리

1) 안전관리 총괄책임자 지정 대상사업 및 직무

(1) 안전관리 총괄책임자 지정 대상사업

상시 근로자수 100명 이상 또는 총공사금액이 20억 원 이상인 건설업

(2) 안전관리 총괄책임자의 직무

① 위험성 평가의 실시에 관한 사항
② 작업의 중지
③ 도급 시 산업재해 예방조치
④ 산업안전보건관리비의 사용에 관한 협의 · 조정 및 그 집행의 감독
⑤ 안전인증 대상기계 등과 자율안전확인 대상기계 등의 사용 여부 확인

2) 안전시설의 설치

구분	정의
낙하물 방지망	바닥, 도로, 통로 및 비계 등에서 자재, 공구 등의 낙하로 인한 피해를 방지하기 위하여 개구부 및 비계 외부에 수평면과 20° 이상 30° 이하로 설치하는 망
낙하물 투하설비	높이 3m 이상인 장소에서 낙하물을 안전하게 던져 아래로 떨어뜨리기 위해 설치되는 설비
방호선반	상부에서 작업 도중 자재나 공구 등의 낙하로 인한 재해를 방지하기 위하여 낙하물 방지망 대신 개구부 및 비계 외부 안전통로의 출입구 상부에 설치하는 목재 또는 금속판재
수직보호망	가설구조물의 바깥면에 설치하여 낙하물 및 먼지의 비산 등을 방지하기 위하여 수직으로 설치하는 보호망
수직형 추락방망	건설현장에서 근로자가 위험장소에 접근하지 못하도록 수직으로 설치하여 추락의 위험을 방지하는 방망
추락방호망	고소작업 중 근로자의 추락 및 물체의 낙하를 방지하기 위하여 수평으로 설치하는 보호망. 단, 낙하물 방지 겸용 방호망은 그물코의 크기가 20mm 이하일 것
안전난간	추락의 우려가 있는 통로, 작업발판의 가장자리, 개구부 주변 등의 장소에 임시로 조립하여 설치하는 수평난간대와 난간기둥 등으로 구성된 안전시설
안전대 부착설비	추락할 위험이 있는 높이 2m 이상의 장소에서 근로자에게 안전대를 착용시킨 경우 안전대를 안전하게 걸어 사용할 수 있는 설비

❷ 구조체공사

1. 콘크리트공사의 일반사항

1) 콘크리트의 개요

(1) 정의

시멘트, 물, 잔골재, 굵은 골재 및 필요에 따라 혼화재료를 혼합하여 만든 것이다.

(2) 특징

장점	단점
• 압축강도가 크고 내화성, 내구성, 수밀성이 있음 • 자유로운 형태를 만들 수 있고, 강재와의 접착이 잘되며 방청력이 큼 • 큰 부재가 가능하고 구조용 재료로 사용	• 무게가 많이 나가며, 인장강도가 작음(압축강도의 1/10) • 경화할 때 수축에 의한 균열이 발생하기 쉽고, 이들의 보수, 제거가 곤란함 • 강도의 발현에 많은 시간이 소요됨

(3) 콘크리트의 압축강도

① 콘크리트의 강도라 하면 압축강도를 말한다.

② 일반구조물에서 콘크리트의 강도는 표준양생을 한 재령 28일의 압축강도를 기준으로 한다.

③ 고강도 콘크리트라 함은 보통 콘크리트의 경우 압축강도가 40MPa 이상일 때, 경량(골재) 콘크리트의 경우 27MPa 이상을 말한다.

(4) 콘크리트의 선팽창(열팽창)계수

$1 \times 10^{-5}/℃$

> **참고**
>
> **콘크리트의 배합설계순서**
> 요구성능의 설정 → 계획배합의 설정 → 시험배합의 실시 → 현장배합의 결정
>
> **콘크리트의 배합비 산정과정**
> 설계기준강도(소요강도) 결정 → 배합강도 결정 → 시멘트강도 산정 → 물시멘트비 산정 → 슬럼프값 결정 → 골재입도 결정 → 배합의 결정 → 보정 → 재료계량 → 배합의 변경

핵심 문제 04 ◆◆◆

고강도 콘크리트란 설계기준 압축강도가 일반적으로 최소 얼마 이상인 콘크리트를 지칭하는가?(단, 보통 콘크리트의 경우)

① 27MPa ② 35MPa
③ 40MPa ④ 45MPa

해설

고강도 콘크리트
보통 콘크리트의 경우 압축강도가 40MPa 이상일 때, 경량(골재) 콘크리트의 경우 27MPa 이상인 콘크리트를 의미한다.

정답 ③

핵심 문제 05 ◆◆◆

주로 수량의 다소에 의해 좌우되는 굳지 않은 콘크리트의 변형 또는 유동에 대한 저항성을 무엇이라 하는가?

[20년 1·2회, 23년 3회]

① 컨시스턴시   ② 피니셔빌리티
③ 워커빌리티   ④ 펌퍼빌리티

해설

컨시스턴시
주로 수량의 다소에 따라 반죽이 질고 된 정도를 나타내는 콘크리트의 성질로, 유동성의 정도를 나타낸다.

정답 ①

핵심 문제 06 ◆◆◆

굳지 않은 콘크리트의 성질을 표시하는 용어 중 거푸집 등의 형상에 순응하여 채우기 쉽고 재료의 분리가 일어나지 않는 성질을 말하는 것은?

① 워커빌리티(Workability)
② 컨시스턴시(Consistency)
③ 플라스티시티(Plasticity)
④ 피니셔빌리티(Finishability)

해설

Plasticity(성형성)
구조체에 타설된 콘크리트가 거푸집에 잘 채워질 수 있는지의 난이 정도를 나타낸다.

정답 ③

2) 굳지 않은 콘크리트의 성질

구분	내용
Workability (시공연도)	• 묽기 정도 및 재료분리에 저항하는 정도 등 복합적 의미에서의 시공난이 정도 • 워커빌리티에 영향을 미치는 요인 : 시멘트의 성질과 양, 골재의 입도와 모양, 혼화재료의 종류와 양, 물시멘트비, 배합 및 비비기 정도, 혼합 후의 시간 • 워커빌리티의 측정방법(컨시스턴시의 측정방법) : 슬럼프시험, 흐름시험, 비비(Vee-Bee Test)시험, 다짐계수(Compaction Factor) 시험 등
Consistency (반죽질기, 유동성)	컨시스턴시는 주로 수량의 다소에 따라 반죽이 질고 된 정도를 나타내는 콘크리트의 성질로 유동성의 정도
Compactability (다짐성)	콘크리트 묽기에 따른 다짐의 용이한 정도
Plasticity(성형성)	구조체에 타설된 콘크리트가 거푸집에 잘 채워질 수 있는지의 난이 정도
Pumpability(압송성)	펌프에서 콘크리트가 잘 밀려가는지의 난이 정도
Stability(안정성)	Bleeding, 재료분리에 대한 저항성
Finishability(마감성)	도로포장 등에서 골재의 최대치수에 따르는 표면정리의 난이 정도
Mobility(가동성)	점성(Viscosity), 응집력, 내부저항 등에 관한 유동변형의 용이성

3) 주요 시공하자 및 내구성 저하현상

(1) 시공 중 재료분리현상

① **블리딩(Bleeding)** : 콘크리트 타설 후 시멘트와 골재입자 등이 침하함으로써 물이 분리 상승되어 콘크리트 표면에 떠오르는 현상으로서, 골재와 페이스트의 부착력 저하, 철근과 페이스트의 부착력 저하, 콘크리트의 수밀성 저하의 원인이 된다.

② **레이턴스(Laitance)** : 콘크리트 타설 후 블리딩에 의해서 부상한 미립물이 콘크리트 표면에 얇은 피막이 되어 침착하는 것이다.

(2) 크리프현상

① **정의** : 경화 중인 콘크리트에 하중이 지속적으로 작용하여 하중의 증가가 없어도 콘크리트의 변형이 시간에 따라 증대하는 현상이다.

② **원인** : 단위시멘트량이 많을수록, 물시멘트비가 클수록, 작용하중이 클수록, 외부습도가 낮고 온도가 높을수록 크다.

(3) 콘크리트의 탄산화(중성화)

① 탄산가스, 산성비 등의 영향으로 콘크리트가 수산화칼슘(강알칼리) 상태에서 탄산칼슘(약알칼리) 상태로 변하는 현상으로 철근의 부식을 가져와 구조물의 내구성이 저하된다.

② 콘크리트의 탄산화(중성화) 억제방법

㉠ 물시멘트비를 작게 한다.
㉡ 피복두께를 두껍게 한다.
㉢ 혼화재 사용을 억제한다.

(4) 콘크리트의 건조수축

① 콘크리트 타설 시 콘크리트 수화반응 후 블리딩(Bleeding)현상에 의하여 콘크리트 속에 있던 자유수가 증발함에 따라 콘크리트가 수축하는 현상이다.

② 콘크리트의 건조수축은 단위수량과 단위시멘트량의 영향을 크게 받는다.

③ 철근에는 압축응력이 일어나고 콘크리트에는 인장응력이 일어난다.

④ 건조수축에 영향을 주는 요인

㉠ 콘크리트는 습기를 흡수하면 팽창하고, 건조하면 수축하게 된다. 이것은 시멘트풀이 수축하고 팽창하기 때문이다.
㉡ 건조수축량은 초기에는 증가하고, 점차 감소한다.
㉢ 단위수량, 단위시멘트량이 적을수록 건조수축이 감소한다.
㉣ 습윤양생을 하면 건조수축이 감소한다.
㉤ 철근을 많이 사용하면 건조수축이 감소한다.
㉥ 부재 단면치수 및 골재 최대치수가 클수록 건조수축이 감소한다.
㉦ 흡수율이 큰 골재를 사용하면 수축이 증가한다.

4) 콘크리트의 이용

(1) ALC(Autoclaved Lightweight Concrete)

① 보통 콘크리트에 비해 다공질로서 중량이 가볍고 단열성능 및 내화성능이 우수하다.

② 습기가 많은 곳에서의 사용은 곤란하며, 중성화의 우려가 높다.

③ 플라이애시(Fly Ash) 시멘트 등 특수 시멘트를 사용하여 제조한다.

(2) PS 콘크리트(프리스트레스트 콘크리트)

① 콘크리트의 인장응력이 생기는 부분에 미리 인장력을 주어 콘크리트의 인장강도를 증가시켜 휨저항을 크게 한 콘크리트이다.

② 고강도의 PC 강재나 피아노선과 같은 특수 선재를 사용하여 재축방향으로 콘크리트에 미리 인장력을 준 콘크리트이다.

핵심 문제 07 • • •

콘크리트의 건조수축에 관한 설명으로 옳은 것은? [23년 1회]
① 골재가 경질이고 탄성계수가 클수록 건조수축은 커진다.
② 물시멘트비가 작을수록 건조수축이 크다.
③ 골재의 크기가 일정할 때 슬럼프값이 클수록 건조수축은 작아진다.
④ 물시멘트비가 같은 경우 건조수축은 단위시멘트량이 클수록 커진다.

해설
① 골재가 경질이고 탄성계수가 클수록 콘크리트의 강성은 커지므로 건조수축은 작아진다.
② 물시멘트비가 작을수록 건조수축이 작아진다.
③ 골재의 크기가 일정할 때 슬럼프값이 클수록 건조수축은 커진다.

정답 ④

③ 특징

㉠ 장점 : 장스팬(Span)구조가 가능하여 넓은 공간의 설계가 가능, 구조물의 자중 경감, 부재단면 감소 가능, 내구성, 복원성이 우수하고 공기단축 가능, 고강도재료를 사용하므로 강도와 내구성이 크다.

㉡ 단점 : 제작하는 데 인력이 많이 들고, 숙련이 필요하며, 공사가 복잡하고 고도의 품질관리가 요구된다. 열에 약하여 내화피복(5cm)이 필요하다.

④ 종류

㉠ Pre−tention 방법 : 인장력을 준 PC 강재의 주위에 콘크리트를 치고 완전경화 후 PC 강재의 정착부를 풀어 콘크리트와 PC 강재의 부착력에 의해 Prestress를 주는 것이다.

㉡ Post−tention 방법 : 콘크리트 타설, 경화 후 미리 묻어 둔 시스(Sheath) 내에 PC 강재를 삽입하여 긴장시킨 후 정착하고 그라우팅하는 방법이다.

(3) 프리팩트 콘크리트

① 미리 거푸집 속에 적당한 입도배열을 가진 굵은 골재를 채워 놓은 후, 모르타르를 펌프로 압입하여 굵은 골재의 공극을 충전시켜 만드는 콘크리트이다.

② 재료분리, 수축이 보통 콘크리트의 1/2 정도로 작다.

(4) 레디믹스트 콘크리트

콘크리트 전문공장의 배치플랜트에서 생산하여 트럭이나 혼합기로 현장에 공급하는 콘크리트를 의미한다.

2. 콘크리트의 구성

콘크리트 = 물 + 시멘트 + 골재 + 혼화재료

1) 시멘트

(1) 일반적 성질

① 수화열 및 조기강도의 순서는 알루민산 3석회($3CaO \cdot Al_2O_3$) > 규산 3석회($3CaO \cdot SiO$) > 규산 2석회($2CaO \cdot SiO_2$)이며, 알루민산철 4석회($4CaO \cdot Al_2O_3 \cdot Fe_2O_3$)는 색상과 관계된 성분이다.

② 시멘트의 응결시간은 실제 공사에 영향을 미치므로 응결 개시와 종결시간을 측정할 필요가 있다. 일반적으로 온도 $20 \pm 3℃$, 습도 80% 이상 상태에서 시험하며, 일반적인 응결시간은 1(초결)~10(종결)시간 정도이다.

(2) 종류

① 포틀랜드 시멘트

구분	명칭	주요 특징
1종	보통 포틀랜드 시멘트	일반 시멘트
2종	조강 포틀랜드 시멘트	• 조기강도가 큼 • 한중공사 및 긴급공사에 적용
3종	중용열 포틀랜드 시멘트	• 초기 수화반응속도가 느림 • 수화열이 작음 • 건조수축이 작음
4종	저열 포틀랜드 시멘트	중용열 시멘트에 비해 수화열이 10% 정도 더 작음
5종	내황산염 포틀랜드 시멘트	황산염에 대한 저항성능이 큼(온천지대나 하수관로공사에 적용)

② 혼합 시멘트(보통 포틀랜드 시멘트 + 혼화재)

구분	주요 특징
플라이애시 시멘트	• 보통 포틀랜드 시멘트 + 플라이애시 • 초기 수화반응이 늦고, 건조수축이 작으며, 장기강도가 우수
고로슬래그 시멘트	• 보통 포틀랜드 시멘트 + 고로슬래그 분말 • 내식성 우수, 내열성 우수, 장기강도 우수

③ 특수 시멘트

구분	주요 특징
백색 포틀랜드 시멘트	줄눈용, 타일 줄눈 마감
팽창 시멘트	팽창재를 혼입하여 수축작용 최소화
알루미나 시멘트	긴급공사용으로서 재령 1일에 보통 포틀랜드 시멘트는 재령 28일에 강도 발현
초속경 시멘트	긴급공사용으로서 재령 1시간에 7MPa, 3시간 만에 25MPa 강도가 발현

(3) 성능시험

구분	시험 방법
비중시험	르샤틀리에 비중병
분말도시험	체가름시험, 비표면적 시험(마노미터, 브레인장치)
안정성 시험	오토클레이브(Auto Clave) 팽창도시험
강도시험	표준모래를 사용하여 휨시험, 압축강도시험
응결시험	길모아 바늘, 비카 바늘에 의한 이상응결시험

핵심 문제 10 ◆◆◆

시멘트의 발열량을 저감시킬 목적으로 제조한 시멘트로 매스 콘크리트용으로 사용되며, 건조수축이 작고 화학저항성이 큰 것은? [23년 2회]
① 중용열 포틀랜드 시멘트
② 조강 포틀랜드 시멘트
③ 실리카 시멘트
④ 알루미나 시멘트

정답 ①

핵심 문제 11 ◆◆◆

조강 포틀랜드 시멘트를 사용하기에 가장 부적절한 것은? [24년 2회]
① 긴급공사
② 프리스트레스트 콘크리트
③ 매스 콘크리트
④ 동절기공사

핵설

매스 콘크리트
80cm 이상의 두께를 가진 콘크리트로서 내부와 외부의 온도 차이가 커 온도균열이 발생할 우려가 있다. 이에 이 온도 차이를 최소화하기 위해 경화속도가 상대적으로 느린 중용열 포틀랜드 시멘트를 적용하고 있다.

※ 조강 포틀랜드 시멘트는 경화 속도가 빨라 긴급공사 등에 적용한다.

정답 ③

핵심 문제 12 ◆◆◆

다음 중 시멘트의 안정성 측정시험법은? [19년 2회, 23년 3회, 24년 2회]
① 오토클레이브 팽창도시험
② 브레인법
③ 표준체법
④ 슬럼프시험

정답 ①

2) 콘크리트 골재

(1) 골재의 종류

구분	내용
천연골재	• 천연작용에 의해 암석에서 생긴 골재 • 강모래, 강자갈, 바닷모래, 바닷자갈, 산모래, 산자갈 등
인공골재	• 암석을 부수어 만든 부순 모래 • 깬자갈, 슬래그 깬자갈 등

(2) 콘크리트용 골재에 요구되는 성질

① 모양이 구형에 가까운 것으로, 표면이 거친 것이 좋다.

② 골재의 강도는 콘크리트 중의 경화 시멘트 페이스트의 강도 이상인 것이 좋다.

③ 내마모성이 있는 것을 선택한다.

④ 풍화와 강도를 떨어뜨리지 않도록 하기 위해 석회석, 운모 등의 함유량이 적은 것을 선택한다.

⑤ 입도는 조립에서 세립까지 연속적으로 균등히 혼합되어 있어야 한다.

⑥ 유해량의 먼지, 흙, 유기불순물 등을 포함하지 않은 것이 좋다.

⑦ 골재의 입도는 골재의 작고 큰 입자의 혼합된 정도를 의미한다.

⑧ 적당한 입도의 사용이 필요하다.

⑨ 골재의 치수가 너무 클 경우 철근과 철근 사이에 골재가 끼여, 낀 골재 밑으로 콘크리트 타설이 되지 않아 콘크리트 속에 텅 빈 공간이 생기게 된다. 그래서 이러한 현상을 방지하기 위해 굵은 골재에 대한 최대치수 규정을 설정하고 있다.

(3) 골재의 함수상태

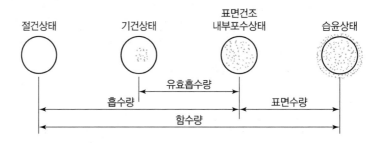

핵심 문제 13 ◆◆◆

철근 콘크리트에 사용하는 굵은 골재의 최대치수를 정하는 가장 중요한 이유는?
① 철근의 사용수량을 줄이기 위해서
② 타설된 콘크리트가 철근 사이를 자유롭게 통과 가능하도록 하기 위해서
③ 콘크리트의 인장강도 증진을 위해서
④ 사용골재를 줄이기 위해서

해설

골재의 치수가 너무 클 경우 철근과 철근 사이에 골재가 끼여, 낀 골재 밑으로 콘크리트 타설이 되지 않아 콘크리트 속에 텅 빈 공간이 생기게 된다. 그래서 이러한 현상을 방지하기 위해 굵은 골재에 대한 최대치수 규정을 설정하고 있다.

정답 ②

핵심 문제 14 ◆◆◆

골재의 함수상태에 관한 식으로 옳지 않은 것은?
① 흡수량 = (표면건조상태의 중량) − (절대건조상태의 중량)
② 유효흡수량 = (표면건조상태의 중량) − (기건상태의 중량)
③ 표면수량 = (습윤상태의 중량) − (표면건조상태의 중량)
④ 전체 함수량 = (습윤상태의 중량) − (기건상태의 중량)

해설

전체 함수량은 습윤상태의 중량에서 절대건조상태의 중량을 뺀 값이다.

정답 ④

구분	수식
흡수량	표면건조상태의 중량 − 절대건조상태의 중량
흡수율	$\dfrac{흡수량}{절대건조상태의 중량} \times 100\%$
유효흡수량	표면건조상태의 중량 − 기건상태의 중량
함수량	습윤상태의 중량 − 절대건조상태의 중량
표면수량	함수량 − 흡수량
표면수율	$\dfrac{표면수량}{표면건조 \ 내부포수상태의 \ 중량} \times 100\%$

(4) 공극률과 실적률

① 공극률(%) $= 100 - 실적률 = \left[1 - \dfrac{단위용적중량}{비중(절대건조밀도)} \right] \times 100\%$

② 실적률(%) $= \dfrac{단위용적중량}{비중(절대건조밀도)} \times 100\%$

3) 혼화재료

(1) 혼화제

① 콘크리트 속 시멘트중량의 5% 미만인 극히 적은 양을 사용하며(배합계산에 포함되지 않음) 화학제품이 많다.

② 종류 : AE제, 분산제, AE감수제 등의 표면활성제, 유동화제, 응결경화촉진 제, 응결지연제, 방청제, 방동제 등

ㄱ AE제
  - 콘크리트용 표면활성제로 콘크리트 속에 독립된 미세한 기포를 생성 하여 골고루 분포시킨다.
  - 블리딩을 감소시키며, 시공연도가 좋아짐에 따라 작업성이 향상된다.
  - 많이 사용하면 강도가 저하된다.
  - 동결융해에 대한 저항성이 개선된다.

ㄴ 방청제 : 철근의 부식을 억제할 목적으로 사용되며, 철근 표면의 보호피 막을 보깅하는 용도로 사용한다.

ㄷ 증점제 : 점성, 응집작용 등을 향상시켜 재료분리를 억제하여 수중 콘크 리트에 사용한다.

핵심 문제 15 ◆◆◆◆

굵은 골재의 단위용적중량이 1.7kg/L, 절 건밀도가 2.65g/cm³일 때, 이 골재의 공 극률은?

① 25% ② 28%
③ 36% ④ 42%

해설

공극률(%)
$= 100 - 실적률$
$= \left[1 - \dfrac{단위용적중량}{비중(절대건조밀도)} \right]$
$\times 100\%$
$= \left[1 - \dfrac{1.7 \text{kg/L} \times 10^3}{2.65 \text{g/cm}^3 \times 10^{-3} \times 10^6} \right]$
$\times 100\%$
$= 36\%$

정답 ③

핵심 문제 16 ◆◆◆◆

혼화제 중 AE제의 특징으로 옳지 않은 것 은?

① 굳지 않은 콘크리트의 워커빌리티를 개 선시킨다.
② 블리딩을 감소시킨다.
③ 동결융해작용에 의한 파괴나 마모에 대 한 저항성을 증대시킨다.
④ 콘크리트의 압축강도는 감소하나, 휨 강도와 탄성계수는 증가한다.

해설

AE제를 적용할 때 적정량을 넘어서게 되 면 압축강도가 감소하고, 동시에 휨강도 와 탄성계수도 감소할 수 있어 이에 대한 주의가 필요하다.

정답 ④

핵심 문제 17 ◆◆◆

플라이애시가 콘크리트에 미치는 작용에
관한 설명으로 옳지 않은 것은?
① 입자가 구형이므로 유동성이 증가되어
　콘크리트의 워커빌리티가 개선된다.
② 플라이애시의 치환율이 증가하면 콘크
　리트의 초기강도가 증가한다.
③ 수산화칼슘과 반응함에 따라 알칼리성
　을 감소시켜, 저알칼리 시멘트의 효과
　를 나타낸다.
④ 알칼리 골재반응에 의한 팽창을 억제
　하고, 해수 중의 황산염에 대한 저항성
　을 높인다.

해설

플라이애시의 치환율(적용 비율)이 증가
하면 초기 수화열이 감소하고 장기강도가
증가된다.

정답 ②

(2) 혼화재

① 시멘트중량의 5% 이상이며(배합계산에 포함) 광물질분말이 많다.

② **종류** : 고로슬래그, 플라이애시, 실리카퓸, 착색재, 팽창재, 포졸란 등

　㉠ 포졸란
　　• 화산회 등의 광물질(Silica)분말로 된 콘크리트 혼화재의 일종이다.
　　• 조기강도는 작으나 장기간 습윤양생하면 장기강도, 수밀성 및 염류에
　　　대한 화학적 저항성이 커진다.
　　• 시공연도가 좋아지고 블리딩, 재료분리현상이 감소한다.

　㉡ 플라이애시
　　• 분탄이 보일러 내에서 연소할 때 부유하는 회분을 전기집진기로 채집
　　　한 표면이 매끄러운 구형의 미세립분말이다.
　　• 비중이 1.95~2.40 정도로 작고, 적용 시 유동성이 개선된다.
　　• 수화열이 감소하며 장기강도가 증가된다.
　　• 알칼리 골재반응의 억제, 황산염에 대한 저항성 및 수밀성의 향상을 기
　　　대할 수 있다.

　㉢ 고로슬래그
　　• 선철을 제조하는 과정에서 발생되는 부유물질인 슬래그를 냉각시켜
　　　분말화한 것이다.
　　• 수축균열이 적고 해수·동결융해에 대한 저항성이 크다.

　㉣ 실리카퓸(Silica Fume)
　　전기로에서 금속규소나 규소철을 생산하는 과정 중 부산물로 생성되는
　　매우 미세한 입자로서 고강도 콘크리트 제조 시 사용되는 포졸란계 혼화
　　재이다.

3. 구조체공사의 종류 및 구성

1) 철근 콘크리트

(1) 철근 콘크리트(RC : Reinforced Concrete)의 정의

① 콘크리트는 압축에 강하고 인장에 약하다. 인장력에 강한 철근을 인장측에
　배치하여 압축은 콘크리트가, 인장은 철근이 부담하도록 한 일체식 구조를
　철근 콘크리트(RC)구조라고 한다.

② 취성재인 콘크리트는 압축을 부담하고, 연성재인 철근은 인장을 부담한다.

③ 철근 콘크리트는 철근과 콘크리트의 서로 다른 재료가 일체로 거동하여 외
　력에 저항한다.

(2) 철근 콘크리트의 성립 이유

① 철근과 콘크리트 사이의 부착강도가 크다.

② 콘크리트 속의 철근은 부식되지 않는다(콘크리트의 불투수성).

③ 철근과 콘크리트 두 재료의 열팽창계수(온도변화율)가 거의 같다.

④ 취성재료인 콘크리트와 연성재료인 철근을 결합하여 구조부재의 연성파괴를 유도할 수 있다.

(3) 철근 콘크리트의 특징

장점	단점
• 내구성, 내화성, 내진성을 가진다.	• 콘크리트에 균열이 발생한다.
• 임의 형태, 모양, 크기, 치수의 시공이 가능하다.	• 중량이 비교적 크다.
• 강구조에 비해 경제적이고, 구조물의 유지·관리가 쉽다.	• 부분적(국부적)인 파손이 일어나기 쉽고, 구조물의 시공 후에 검사·개조·보강·해체하기가 어렵다.
• 일체식 구조로서 강성이 큰 재료를 만들 수 있다.	• 시공이 조잡해지기 쉽다.
• 압축강도가 크다.	• 크리프(Creep), 건조수축(Dry Shrink-age) 등의 소성 변형이 크다.
• 재료의 공급이 용이하며 경제적이다.	

(4) 철근의 응력 – 변형률 선도

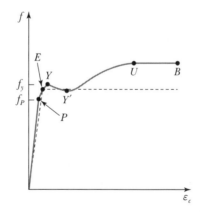

① **비례한도점**(P) : 응력과 변형률이 직선비례하는 훅의 법칙(Hook's Law)이 성립하는 시점이다.

② **탄성한도점**(E) : 외력을 세거하면 영구변형을 남기지 않고 원상태로 복귀되는 응력의 최고한계이다.

③ **상하 항복점**(Y, Y') : 외력의 증가 없이 변형률이 급격히 증가하고 잔류변형을 일으키는 지점이다.

④ **극한강도점**(U) : 최대응력, 즉 인장강도를 말한다.

⑤ **파괴점**(B) : U점을 지나면 응력은 감소하나 변형은 증가한다.

핵심 문제 18 ◆◆◆

강의 기계적 성질과 관련된 항복비를 옳게 설명한 것은?(단, 응력 – 변형률 곡선 상 명칭을 기준으로 한다)
① 항복점과 인장강도의 비
② 항복점과 압축강도의 비
③ 비례한계점과 인장강도의 비
④ 비례한계점과 압축강도의 비

정답 ①

2) 거푸집

(1) 거푸집 설치목적

① 콘크리트를 일정한 형상과 치수로 유지시킨다.

② 경화에 필요한 수분 누출을 방지한다.

③ 외기의 영향을 방지한다.

(2) 거푸집의 종류

핵심 문제 19 • • •

굴뚝 또는 사일로 등 평면형상이 일정한 구조물에 가장 적합한 거푸집은?
① 유로폼　　② 워플폼
③ 터널폼　　④ 슬라이딩폼

해설

슬라이딩폼(Sliding Form)
평면형상이 일정한 구조물에 연속적인 수직적 상승을 통해 적용이 가능한 거푸집이다.

정답 ④

구분	세부 종류	내용
벽 전용 거푸집	갱폼(Gang Form)	대형의 일체식으로 조립하여 적용하는 거푸집
	클라이밍폼(Climing Form)	거푸집과 비계를 인양시키면서 작업이 가능한 거푸집
일체식 거푸집	테이블폼(Table Form)	바닥판과 지보공을 일체화하여 Table 모양으로 만든 거푸집
	플라잉폼(Flying Form)	거푸집, 장선, 멍에 등을 일체화하여 수평 및 수직으로 이동할 수 있게 만든 거푸집
벽체 및 바닥 일체형	터널폼(Tunnel Form)	ㄱ자, ㄷ자 모양으로 슬래브와 벽거푸집이 일체로 되어 있는 거푸집
연속공법	슬라이딩폼(Sliding Form)	평면형상이 일정한 구조물에 연속적인 수직적 상승을 통해 적용이 가능한 거푸집
	트래블링폼(Traveling Form)	연속적인 수평적 이동이 가능한 거푸집
무지주공법	보우빔(Bow Beam), 페코빔(Pecco Beam)	받침기둥을 쓰지 않고 보를 걸어서 거푸집 널을 지지하는 형태

3) 철골구조

(1) 철골구조의 정의

① 강철로 제작된 구조물로 주로 장대교량, 고층 구조물에 사용된다. 각종 교량, 건축물, 송배전탑, 철탑, 탱크, 댐의 수문 등의 부재로서 많이 사용되며, 그 외에도 선박, 항공기, 로켓, 우주선, 자동차 등에 다양하게 이용되고 있다.

② 건물의 뼈대를 강재 및 각종 형강을 볼트, 고력볼트, 용접 등의 접합방법으로 조립하거나 또는 단일 형강을 사용하여 구성하는 구조 또는 건축물을 말하며 철골구조라고도 한다.

(2) 철골구조의 특징

장점	단점
• 단위면적당 강도가 대단히 크다. • 재료가 균질성을 가지고 있다. • 다른 구조재료보다 탄성적이며 설계 가정에 가깝게 거동한다. • 내구성이 우수하다. • 커다란 변형에 저항할 수 있는 연성을 가지고 있다. • 손쉽게 구조변경을 할 수 있다. • 리벳, 볼트, 용접 등 연결재를 사용하여 체결할 수 있다. • 사전조립이 가능하며 가설속도가 빠르다. • 다양한 형상과 치수를 가진 구조로 만들 수 있다. • 재사용이 가능하며, 고철 등으로도 재활용이 가능하다.	• 부식되기 쉽고 정기적으로 도장을 해야하므로 유지비용이 많이 든다. • 강재는 내화성이 약하다. • 압축재로 사용한 강재는 단면에 비해 부재가 길고 두께가 얇아 좌굴 위험성이 높다. • 반복하중에 의해 피로(Fatigue)가 발생하여 강도의 감소 또는 파괴가 일어날 수 있다. • 처짐 및 진동을 고려해야 한다. • 접합부의 신중한 설계와 용접부의 검사가 필요하다.

(3) 강재의 치수표기법

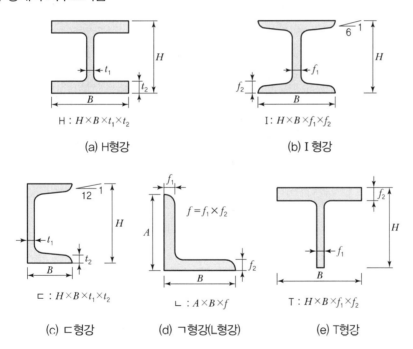

H : $H \times B \times t_1 \times t_2$

(a) H형강

I : $H \times B \times f_1 \times f_2$

(b) I 형강

ㄷ : $H \times B \times t_1 \times t_2$

(c) ㄷ형강

$f = f_1 \times f_2$

ㄴ : $A \times B \times f$

(d) ㄱ형강(L형강)

T : $H \times B \times f_1 \times f_2$

(e) T형강

철골부재 간 접합방식 중 마찰접합 또는 인장접합 등을 이용한 것은?

[18년 2회, 23년 3회]

① 메탈터치　　　② 컬럼쇼트닝
③ 필릿용접접합　④ 고력볼트접합

해설

고력볼트접합
접합시키는 양쪽 재료에 압력을 주고, 양쪽 재료 간의 마찰력에 의하여 응력이 전달되도록 하는 방법이다(마찰, 인장, 지압력 작용).

정답 ④

철골조에서 스티프너를 사용하는 이유로 가장 적당한 것은?　　[18년 2회]

① 콘크리트와의 일체성 확보
② 웨브플레이트의 좌굴 방지
③ 하부 플랜지의 단면계수 보강
④ 상부 플랜지의 단면계수 보강

해설

철골조에서 스티프너는 웨브플레이트의 좌굴 방지로 사용되고, 커버플레이트는 플랜지의 단면계수 보강을 통한 휨저항성 증대를 목적으로 한다.

정답 ②

철골보와 콘크리트 바닥판을 일체화시키기 위한 목적으로 활용되는 것은?

[20년 1·2회, 23년 2회, 24년 3회]

① 시어 커넥터　　② 사이드 앵글
③ 필러플레이트　④ 리브플레이트

해설

시어 커넥터(Shear Connector)
철골보와 콘크리트 바닥판을 일체화시켜 전단력에 대응하는 역할을 한다.

정답 ①

강재(鋼材)의 인장강도가 최대로 되는 지점의 온도는 약 얼마인가?

① 상온
② 약 100℃ 정도
③ 약 250℃ 정도
④ 약 500℃ 정도

정답 ③

(4) 접합방법

구분	내용
볼트접합, 핀접합, 리벳접합	접합시키는 양쪽 재료 사이에 매개체인 파스너를 두고, 이를 통하여 응력이 전달되도록 하는 방법이다.
고력볼트접합	접합시키는 양쪽 재료에 압력을 주고, 양쪽 재료 간의 마찰력에 의하여 응력이 전달되도록 하는 방법이다(마찰, 인장, 지압력 작용).
용접접합	접합시키는 양쪽 재료를 야금적으로 용융하고 일체화시켜 응력이 전달되도록 하는 방법이다.
접착제접합	접합시키는 양쪽 재료 사이에 접착제(고분자재료)를 사용하여 접착에 의해 응력이 전달되도록 하는 방법이다.

(5) 철골(강재)보의 응력분담

철골(강재)보의 응력분담은 플랜지(Flange)가 휨모멘트를 주로 부담하며 플랜지의 단면이 부족할 경우 커버플레이트로 보강한다. 웨브(Web)는 전단력을 주로 부담하며 웨브의 단면이 부족할 경우 스티프너로 보강한다.

(6) 합성보(Composite Beam)

① 콘크리트 슬래브와 강재보를 전단연결재(Shear Connector)로 연결하여 외력에 대한 구조체의 거동을 일체화시킨 구조이다. 장스팬에 가장 유리하다.
② 합성보 설계 시 동바리를 사용하지 않는 경우, 콘크리트의 강도가 설계기준강도의 75%까지 도달하기 전에 작용하는 모든 시공하중은 강재단면만으로 지지될 수 있어야 한다.
③ 강재보와 데크플레이트 슬래브로 이루어진 합성부재에서 데크플레이트의 공칭 골깊이는 75mm 이하이어야 한다.
④ 합성단면의 공칭강도를 결정하는 데에는 소성 응력분포법과 변형률적합법의 2가지 방법이 사용될 수 있다.

(7) 강재의 온도 특성

온도	특징
130~200℃	강재의 성질변화가 크지 않음
200~250℃	200℃ 이상에서 강재의 거동이 비선형적으로 되고 연신율은 최소이며, 청열취성 현상이 발생
250~300℃	인장강도가 최대
500~600℃	상온 인장강도 및 항복강도의 1/2로 감소

❸ 실내디자인 협력공사

1. 가설공사

1) 가설공사의 정의

공사기간 중 임시로 설비하며 공사를 완성할 목적으로 쓰이는 제반시설 및 수단의 총칭이고, 공사가 완료되면 해체, 철거, 정리되는 제설비공사를 말한다.

2) 가설공사계획

(1) 반복사용의 중시(전용성)

가설재를 강재화하고, 보관 · 수리 · 정리를 철저히 한다.

(2) 재료강도의 고려(소요강도)

경제성과 안정성의 균형을 유지한다.

(3) 시공성 확보

조립 · 해체를 용이하게 계획한다.

(4) 경제성

한 개의 현장에서 벗어나 전사적 개념의 경제성을 고려한다.

(5) 안전성

임시시설물이므로 재해사고가 일어나지 않도록 설치한다.

항목	내용
가설운반로	도로, 교량, 구름다리, 배수로, 토사적치장 등
차용지	작업장, 재료적치장, 기타용지
대지 측량과 정리	대지 측량, 전주와 장애물 이설, 수목이식 등
가설울타리	판장, 가시철망, 대문 등
비계발판	비계, 발돋음, 낙하물 방지망 등
가설건물	사무소, 차고, 숙소 등
보양 및 인접건물 보상	콘그리드면 보양, 수깅새, 돌출부 등
물푸기와 시험	배수, 재료시험, 지질시험 등
시공장비 설치	토공사용 중장비, 가설물, 타워 등
운반 및 종말처리 청소	재료 운반, 기계 운반, 불용잔물처리 등
기계기구, 동력전등설비, 용수설비	변전소, 배전판, 가설용수
위험방지 및 안전설비	낙하물 방지망, 방호선반, 방호철망, 방호시트

3) 가설공사항목

(1) 공통가설공사

공사 전반에 걸쳐 여러 공종에 공통으로 사용되는 공사로서 울타리, 가설건물, 가설전기, 가설용수 등이 있다.

(2) 직접가설공사

특정 공정에 사용되는 공사로서 규준틀, 비계, 먹매김, 양중, 운반, 보양 등이 있다.

4) 착공시점의 인허가항목

(1) 공통 인허가

① 도로점용 허가신청　　　　② 방화관리자 선임 신고
③ 건설폐기물 처리계획 신고　④ 사업장폐기물배출자 신고
⑤ 비산먼지 발생사업 신고　　⑥ 품질시험계획서
⑦ 유해위험 방지계획서　　　⑧ 안전관리계획서
⑨ 특정 공사 사전 신고(소음 · 진동)

(2) 건축 인허가

① 건축물 착공 신고　　　　　　　② 경계측량
③ 가설건축물 축조 신고 및 사용승인　④ 품질관리계획서
⑤ 화약류 사용 허가신청　　　　　⑥ 화약류 운반 신고

5) 가설울타리

비산먼지 발생 신고대상 건축물로서 공사장 경계에서 50m 이내에 주거 · 상가 건축물이 있는 경우 높이 3m 이상 방진벽을 설치한다.

2. 방수 및 방습공사

1) 아스팔트방수의 종류

(1) 천연 아스팔트

석유질 원유가 지구 표면에 흘러나오거나 암석에 스며들어 오랜 시간 동안 휘발성 유류가 태양, 기후, 바람 등의 영향으로 증발하여 자연적으로 생성된 것이다.

구분	내용
레이크 아스팔트	지표의 낮은 곳에 괴어 생긴 것
록 아스팔트	다공질의 암석 사이에 스며들어 생긴 것
샌드 아스팔트	모래 속에 스며들어 생긴 것
아스팔타이트	• 천연석유가 암석의 갈라진 틈에 스며들어 지열이나 공기 등의 작용으로 오랜 기간 동안 화학반응을 일으켜서 생긴 것 • 중합 또는 축합 반응을 일으켜 탄성력이 풍부한 블론 아스팔트와 성질이 비슷 • 길소나이트(Gilsonit), 그래하마이트(Grahamite), 그랜스 피치(Grance Pitch) 등

핵심 문제 24 ◆◆◆

아스팔트 방수재료로서 천연 아스팔트가 아닌 것은?
① 아스팔타이트(Asphaltite)
② 록 아스팔트(Rock Asphalt)
③ 레이크 아스팔트(Lake Asphalt)
④ 블론 아스팔트(Blown Asphalt)

해설

블론 아스팔트(Blown Asphalt)는 석유 아스팔트의 한 종류이다.

정답 ④

(2) 석유 아스팔트

석유 아스팔트는 암갈색 혹은 검정의 결합성이 있는 고형 또는 반고형 물질의 원유를 인공적인 증류에 의해 얻은 잔유물의 역청으로 되어 있다.

구분	내용
아스팔트 프라이머	솔, 롤러 등으로 용이하게 도포할 수 있도록 블론 아스팔트를 휘발성 용제에 희석한 흑갈색의 저점도액체로서, 방수시공의 첫 번째 공정에 쓰이는 바탕처리재
스트레이트 아스팔트	• 신축성이 우수하고 교착력도 좋지만 연화점이 낮고, 내구력이 떨어져 옥외 적용이 어려우며 주로 지하실 방수용으로 사용 • 연화점이 비교적 낮고 온도에 의한 변화가 큼
아스팔트 펠트	목면, 마사, 양모, 폐지 등을 원료로 만든 원지에 스트레이트 아스팔트를 침투시켜 롤러로 압착하여 만든 것(아스팔트 방수 중간층 재로 이용)
아스팔트 루핑	아스팔트제품 중 펠트의 양면에 블론 아스팔트를 피복하고 활석분말 등을 부착하여 만든 제품(지붕에 기와 대신 사용)
아스팔트 싱글	돌입자로 코팅한 루핑을 각종 형태로 절단하여 경사진 지붕에 사용하는 스트레이트형 지붕재료로서, 색상이 다양하고 외관이 미려한 지붕에 사용
블론 아스팔트	• 스트레이트 아스팔트 정제 이전의 잔류유에 파라핀계 석유 찌꺼기 기름을 200~320℃로 가열하여 공기를 불어 넣어 아스팔트를 화학적으로 안정시킨 것 • 융점이 높고, 감온성이 작고, 탄력성이 크며 연화점이 높음 • 방수재료, 접착제, 방식 도장용, 옥상 방수 등에 사용
아스팔트 컴파운드	블론 아스팔트에 동식물성 유지나 광물성 분말 등을 혼합하여 내열성, 탄성, 접착성, 내구성 등을 개량한 것으로 신축이 크며 최우량품임

핵심 문제 25 ◆◆◆

목면, 마사, 양모, 폐지 등을 혼합하여 만든 원지에 스트레이트 아스팔트를 침투시킨 두루마리 제품으로 주로 아스팔트방수의 중간층 재료로 이용되는 것은?
① 아스팔트 펠트   ② 아스팔트 루핑
③ 아스팔트 싱글   ④ 아스팔트 블록

정답 ①

❋ 감온성
온도에 따라 반죽질기가 변하는 성질이다.

구분	내용
아스팔트 타일	• 아스팔트와 쿠마론인덴수지, 염화비닐수지에 석면, 돌가루, 탄산칼슘, 안료 등을 혼합한 후 고열 및 고압으로 녹여 얇은 판으로 만든 것을 규격에 맞게 재단한 것 • 내수성이 크고 내화성이 좋음 • 전기절연성이 높고 내산성이 부족하며 내알칼리성은 좋음 • 방수재료로 사용하기는 곤란하며 마모성이 작은 편임

2) 도막방수

도료상태의 방수재를 바탕면에 여러 번 칠하여 얇은 수지피막을 만들어 방수효과를 얻는 것으로 에멀션형, 용제형, 에폭시계 형태의 방수공법이다.

3) 벤토나이트방수

① 화산재물질로 응회암 적성작용, 퇴적된 물질이 2차, 3차 변화된 것이나 유리질 유문암이 열수작용을 받아 생성된 무기재료이다.
② 토목용 및 방수자재로는 소듐계 벤토나이트를 사용한다.
③ 소듐 벤토나이트는 물과 반응하여 체적이 13~16배 팽창하며 무게의 5배까지 물을 흡수한다.
④ 벤토나이트는 실런트로 사용하며 토사와 섞어 층을 만들면 물이 침투하지 못한다.
⑤ 벤토나이트와 토사 또는 시멘트와의 혼합으로 지하구조물(Top-Down 공법의 슬러리월)의 방수에 사용된다.
⑥ 소듐 벤토나이트는 그 층의 두께가 4~9mm일 경우 $1 \times 10^{-10} \sim 1 \times 10^{-12}$cm/sec의 특수계수에 달하는 불투수층을 형성한다.
⑦ 염분이 포함된 물에서는 벤토나이트 팽창반응이 저하되어 차수력이 저하된다.

4) 주요 공법 및 특성 표기

(1) 멤브레인(Membrane)방수공법

아스팔트 루핑, 시트 등의 각종 루핑류를 방수바탕에 접착시켜 막모양의 방수층을 형성시키는 공법이다(합성고분자계 시트방수층, 도막방수층, 아스팔트 방수층 등이 있음).

(2) 특성 표기

① 신도
  ㉠ 아스팔트의 연성을 나타내는 것이다.
  ㉡ 규정된 모양으로 한 시료의 양끝을 규정한 온도, 규정한 속도로 인장했을 때까지 늘어나는 길이를 cm로 표시한다.

② 인화점 : 시료를 가열하여 불꽃을 가까이했을 때 공기와 혼합된 기름증기에 인화된 최저온도이다.

③ 연화점 : 유리, 내화물, 플라스틱, 아스팔트, 타르 따위의 고형(固形) 물질이 열에 의하여 변형되어 연화를 일으키기 시작하는 온도이다.

④ 침입도

ㄱ 아스팔트의 경도를 표시하는 것이다.

ㄴ 규정된 침이 시료 중에 수직으로 진입된 길이를 나타내며, 단위는 0.1mm 를 1로 한다.

핵심 문제 27 ···

다음 중 아스팔트의 물리적 성질에 있어 아스팔트의 견고성 정도를 평가한 것은?
① 신도   ② 침입도
③ 내후성   ④ 인화점

정답 ②

3. 단열공사

1) 단열원리 및 단열효과의 특징

(1) 단열원리

구분	세부사항
저항형 단열	• 열전도율이 낮은 다공질 또는 섬유질의 단열재를 이용하는 것으로 건축물 단열재로 보편적으로 이용되고 있다. • 현재 사용되고 있는 대부분의 단열재가 저항형 단열에 해당되며, 열전달을 억제하는 성질이 뛰어나다. • 종류로는 유리섬유(Glass Wool), 스티로폼(Polystyrene Foam Board), 폴리우레탄(Polyurethane Foam), 암면(Rock Wool) 등이 있으며, 이 중 스티로폼(압출법, 비드법보온판)이 가장 일반적으로 사용된다.
반사형 단열	• 방사율과 흡수율이 낮은 광택성 금속박판을 이용하여 복사의 형태로 열이동이 이루어지는 공기층에서 열전달을 억제하는 단열재이다. • 알루미늄박판 처리 석고보드, 열반사코팅, 시트(Sheet) 등이 사용된다.
용량형 단열	• 주로 중량구조체의 큰 열용량을 이용하는 단열방식으로, 벽체를 통과하는 열을 구조체가 흡수하여 열전달을 지연시키는 것으로 비열이 크고 중량이 클수록 단열효과가 크다. • 두꺼운 흙벽, 콘크리트벽 등이 사용된다.

핵심 문제 28 ···

반사형 단열재에 관한 설명으로 옳지 않은 것은?
① 반사하는 표면이 다른 재료와 접촉될 때 단열효과가 증가한다.
② 반사형 단열은 복사의 형태로 열이동이 이루어지는 공기층에 유효하다.
③ 중공벽 내의 중앙에 알루미늄박을 이중으로 설치하면 큰 단열효과가 있다.
④ 중공벽 내의 고온측면에 복사율이 낮은 알루미늄박을 설치하면 표면 열전달 저항이 증가한다.

해설

반사하는 표면이 다른 재료와 일부 이격되어 있을 때 복사열의 반사가 일어날 수 있다.

정답 ①

(2) 단열효과의 특징

① 공기층의 단열효과는 밀도가 작을수록 커진다.

② 공기층의 두께는 2cm까지 두께에 비례하여 단열효과가 좋다.

③ 재료의 열전도율이 작을수록 단열효과가 크다.

④ 재료의 두께가 두꺼울수록 단열효과가 크다.

⑤ 재료의 열전도율이 같을 경우 흡수성이 작은 재료가 단열효과가 크다.

⑥ 일반적으로 재료에 습기가 있을 경우 열전도율의 상승으로 단열효과가 저하된다.

⑦ 결로를 방지하여 단열성능을 높이기 위해서는 단열재는 저온부에 설치하고, 방습재는 고온부에 설치한다.

핵심 문제 29 •••

단열재가 구비해야 할 조건으로 옳지 않은 것은?
① 불연성이며, 유독가스가 발생하지 않을 것
② 열전도율 및 흡수율이 낮을 것
③ 비중이 높고 단단할 것
④ 내부식성과 내구성이 좋을 것

해설

단열재는 어느 정도 기계적 강도가 있어야 하나, 다공질형태로서 단열성능을 나타내기 위해서는 비중이 작아야 한다.

정답 ③

핵심 문제 30 •••

단열재료에 관한 설명으로 옳지 않은 것은?
① 단열재료는 보통 다공질의 재료가 많으며, 열전도율이 낮을수록 단열성능이 좋은 것이라 할 수 있다.
② 암면은 변질되지 않고 내구성이 뛰어나지만, 불에 타고 무겁다는 단점이 있다.
③ 단열재료의 대부분은 흡음성도 우수하므로 흡음재료로도 이용된다.
④ 유리면은 일반적으로 결로수가 부착되면 단열성이 크게 저하되므로 방습성이 있는 시트로 감싼 상태에서 사용된다.

해설

암면은 변질되지 않고 내구성이 뛰어나고 불에 타지 않고 가볍다는 장점이 있다.

정답 ②

핵심 문제 31 •••

무기질 단열재료 중 내열성이 높은 광물섬유를 이용하여 만드는 제품으로 불에 타지 않으며 가볍고, 단열성, 흡음성이 뛰어난 것은?
① 연질섬유판   ② 암면
③ 셀룰로오스섬유판   ④ 경질우레탄폼

해설

암면
• 암석으로부터 인공적으로 만들어진 내열성이 높은 광물섬유를 이용하여 제작한다.
• 열전도율은 약 0.040W/m · K 내외로 밀도에 따라 달라진다.
• 보온성, 내화성, 내구성, 흡음성, 단열성이 우수하다.
• 음이나 열의 차단재로 사용한다.

정답 ②

2) 단열재의 구비조건

① 열전도율이 작고, 흡수율이 낮은 재료를 사용한다.
② 보통 다공질 재료가 많이 쓰이며, 흡수성 및 내화성이 우수해야 한다.
③ 어느 정도 기계적인 강도가 있어야 하며, 비중이 작아야 한다.

3) 단열공법

(1) 내단열

① 구조체를 중심으로 실내 측에 단열재를 설치하는 공법이다.
② 열교가 발생할 수 있는 부분이 생길 수 있어 결로에 취약하다.
③ 구조체의 열용량이 작아 난방 및 냉방 시 온도변화가 크다.
④ 간헐난방에 적합하다.

(2) 외단열

① 구조체를 중심으로 실외 측에 단열재를 설치하는 공법이다.
② 열교가 차단되어 결로 예방에 효과적이다.
③ 구조체의 열용량이 커서 난방 및 냉방 시 온도변화가 작다.
④ 지속난방에 적합하다.

4) 단열재의 종류

(1) 유리면(글라스울, Glass Wool)

① 유리원료(규사, 모래)를 고온에서 용융하여 섬유화한 뒤 성형한 무기질 인조광물섬유 단열재이다.
② 유연하고 부드러우며, 단열 및 흡음성능이 뛰어나다.
③ 무기질원료로서 불연성이 있으며, 시간경과에 따른 변형이 작다.
④ 도구를 통해 재단이 가능해 시공성이 높다.
⑤ HCHO(폼알데하이드) 배출이 없으며 TVOC 등 유해물질 방출이 매우 적다.
⑥ 벽체, 천장, 커튼월 심재, 방음벽 단열, 흡음마감재 등에 적용한다.

(2) 미네랄울(암면, Mineral Wool)

① 암석으로부터 인공적으로 만들어진 내열성이 높은 광물섬유를 이용하여 제작한다.
② 열전도율은 약 0.040W/m · K 내외로 밀도에 따라 달라진다.

③ 보온성, 내화성, 내구성, 흡음성, 단열성이 우수하다.

④ 음이나 열의 차단재로 사용한다.

(3) 규산칼슘판

무기질 단열재료 중 규산질분말과 석회분말을 오토 클레이브 중에서 반응시켜 얻은 겔에 보강섬유를 첨가하여 프레스 성형하여 제조한다.

(4) 경질폴리우레탄폼(Rigid Polyurethane Foam)

① 단열성이 크고 현장 발포시공이 가능하며, 화학약품에 견디는 성질이 강하다.

② 시간이 경과함에 따라 수축현상이 일어나고 열전도율이 커진다.

③ 폴리우레탄 단열판, 폴리우레탄 단열통 등이 있다.

핵심 문제 32 ◆ ◆ ◆

다음 중 유기질 단열재료가 아닌 것은?
① 연질섬유판
② 세라믹 파이버
③ 폴리스티렌폼
④ 셀룰로오스섬유판

해설
세라믹 파이버는 내열성이 우수한 무기질 단열재이다.

정답 ②

실 / 전 / 문 / 제

실행예산
공사현장의 제반조건(자연조건, 공사장 내외 제 조건, 측량결과 등)과 공사시공의 제반조건(계약내역서, 설계도, 시방서, 계약조건 등) 등에 대한 조사결과를 검토, 분석한 후 계약내역과 별도로 시공사의 경영방침에 입각하여 당해 공사의 완공까지 필요한 실제 소요공사비를 말한다.
답 ③

01 원가 절감을 목적으로 공사계약 후 당해 공사의 현장여건 및 사전조사 등을 분석한 이후 공사수행을 위하여 세부적으로 작성하는 예산은? [24년 1회]

① 추경예산   ② 변경예산
③ 실행예산   ④ 도급예산

공정별 내역서에는 품명, 규격, 수량, 단가(재료, 노무, 경비)가 기재되어 있고 제조일자까지는 표현되어 있지 않다.
답 ③

02 실내건축공사 공정별 내역서에서 각 품목에 따라 확인할 수 있는 정보로 옳지 않은 것은? [23년 2회]

① 품명   ② 규격
③ 제조일자   ④ 단가

---

② AE제는 콘크리트의 워커빌리티 개선뿐만 아니라 동결융해에 대한 저항성을 높게 하는 역할을 한다.
③ 급결제는 초미립자로 구성되며 콘크리트의 초기강도를 높이기 위해 사용한다.
④ 감수제는 계면활성제의 일종으로 굳지 않은 콘크리트의 단위수량을 감소시켜, 골재분리 및 블리딩 현상을 최소화하는 장점이 있다.
답 ①

03 콘크리트용 혼화제에 관한 설명으로 옳은 것은? [18년 3회]

① 지연제는 굳지 않은 콘크리트의 운송시간에 따른 콜드 조인트 발생을 억제하기 위하여 사용된다.
② AE제는 콘크리트의 워커빌리티를 개선하지만 동결융해에 대한 저항성을 저하시키는 단점이 있다.
③ 급결제는 초미립자로 구성되며 이를 사용한 콘크리트의 초기강도는 작으나, 장기강도는 일반적으로 높다.
④ 감수제는 계면활성제의 일종으로 굳지 않은 콘크리트의 단위수량을 감소시키는 효과가 있으나 골재분리 및 블리딩 현상을 유발하는 단점이 있다.

04 보통 포틀랜드 시멘트의 품질규정(KS L 5201)에서 비카시험의 초결시간과 종결시간으로 옳은 것은? [19년 1회]

① 30분 이상 – 6시간 이하
② 60분 이상 – 6시간 이하
③ 30분 이상 – 10시간 이하
④ 60분 이상 – 10시간 이하

답 ④

05 콘크리트의 건조수축에 관한 설명으로 옳은 것은? [20년 1·2회]

① 골재가 경질이고 탄성계수가 클수록 건조수축은 커진다.
② 물 – 시멘트비가 작을수록 건조수축이 크다.
③ 골재의 크기가 일정할 때 슬럼프값이 클수록 건조수축은 작아진다.
④ 물 – 시멘트비가 같은 경우 건조수축은 단위시멘트량이 클수록 커진다.

① 골재가 경질이고 탄성계수가 클수록 콘크리트의 강성은 커지므로 건조수축은 작아진다.
② 물 – 시멘트비가 작을수록 건조수축이 작아진다.
③ 골재의 크기가 일정할 때 슬럼프값이 클수록 건조수축은 커진다.
답 ④

06 시멘트의 수화열을 저감시킬 목적으로 제조한 시멘트로 매스콘크리트용으로 사용되며, 건조수축이 작고 화학저항성이 일반적으로 큰 것은? [18년 1회]

① 조강 포틀랜드 시멘트
② 중용열 포틀랜드 시멘트
③ 실리카 시멘트
④ 알루미나 시멘트

중용열 포틀랜드 시멘트의 특징
• 초기 수화반응속도가 느리다.
• 수화열이 작다.
• 건조수축이 작다.
답 ②

07 시멘트 종류에 따른 사용용도를 나타낸 것으로 옳지 않은 것은? [20년 3회]

① 조강 포틀랜드 시멘트 – 한중 콘크리트공사
② 중용열 포틀랜드 시멘트 – 매스 콘크리트 및 댐공사
③ 고로 시멘트 – 타일 줄눈 시공 시
④ 내황산염 포틀랜드 시멘트 – 온천지대나 하수도공사

타일 줄눈 시공 시 적용하는 것은 백색 포틀랜드 시멘트이다. 고로 시멘트는 혼합 시멘트로서 내열성 및 내식성이 우수하고 높은 장기강도 발현이 필요할 때 적용한다. 답 ③

08 조강 포틀랜드 시멘트를 사용하기에 가장 부적절한 것은? [24년 2회]

① 긴급공사
② 프리스트레스트 콘크리트
③ 매스 콘크리트
④ 동절기공사

매스 콘크리트
80cm 이상의 두께를 가진 콘크리트로서 내부와 외부의 온도 차이가 커 온도균열이 발생할 우려가 있다. 이에 이 온도 차이를 최소화하기 위해 경화속도가 상대적으로 느린 중용열 포틀랜드 시멘트를 적용하고 있다.

※ 조강 포틀랜드 시멘트는 경화속도가 빨라 긴급공사 등에 적용한다. 답 ③

09 시멘트의 수화반응에서 발생하는 수화열이 가장 낮은 시멘트는?

[예상문제]

① 보통 포틀랜드 시멘트
② 조강 포틀랜드 시멘트
③ 중용열 포틀랜드 시멘트
④ 백색 포틀랜드 시멘트

10 철근 콘크리트에 사용하는 굵은 골재의 최대치수를 정하는 가장 중요한 이유는?

[20년 3회]

① 철근의 사용수량을 줄이기 위해서
② 타설된 콘크리트가 철근 사이를 자유롭게 통과 가능하도록 하기 위해서
③ 콘크리트의 인장강도 증진을 위해서
④ 사용골재를 줄이기 위해서

11 건축용으로 많이 사용되는 석재의 역학적 성질 중 압축강도에 관한 설명으로 옳지 않은 것은?

[20년 3회]

① 중량이 클수록 강도가 크다.
② 결정도와 결합상태가 좋을수록 강도가 크다.
③ 공극률과 구성입자가 클수록 강도가 크다.
④ 함수율이 높을수록 강도는 저하된다.

12 콘크리트용 골재에 요구되는 품질 또는 성질로 옳지 않은 것은? [19년 1회]

① 골재의 입형은 가능한 한 편평하거나 세장하지 않을 것
② 골재의 강도는 콘크리트 중의 경화시멘트 페이스트의 강도보다 작을 것
③ 공극률이 작아 시멘트를 절약할 수 있는 것
④ 입도는 조립에서 세립까지 연속적으로 균등히 혼합되어 있을 것

13 혼화제 중 AE제의 특징으로 옳지 않은 것은? [20년 1·2회]

① 굳지 않은 콘크리트의 워커빌리티를 개선시킨다.

② 블리딩을 감소시킨다.

③ 동결융해작용에 의한 파괴나 마모에 대한 저항성을 증대시킨다.

④ 콘크리트의 압축강도는 감소하나, 휨강도와 탄성계수는 증가한다.

AE제를 적용할 때 적정량을 넘어서게 되면 압축강도가 감소하고, 동시에 휨강도와 탄성계수가 감소할 수 있어 이에 대한 주의가 필요하다. **답** ④

14 콘크리트 타설 후 양생 시 유의사항으로 옳지 않은 것은? [24년 2회]

① 침강수축과 건조수축을 동시에 고려한다.

② 레이턴스의 경우 인장력 작용부위는 제거하되, 압축력 작용부위는 지장이 없으므로 제거하지 않는다.

③ 콘크리트 표면의 물 증발속도가 블리딩속도보다 빠르지 않게 유지한다.

④ 굵은 골재나 수평철근 아래에는 수막이나 공극이 생기기 쉬우므로 유의하여야 한다.

레이턴스는 '부착력'과 연관된 것이므로 압축, 인장 부위에 관계없이 반드시 제거해야 한다. **답** ②

15 포졸란을 사용한 콘크리트의 특징이 아닌 것은? [예상문제]

① 수밀성이 크다.

② 해수 등에 대한 화학저항성이 크다.

③ 발열량이 크다.

④ 강도의 증진이 느리나 장기강도는 크다.

포졸란
장기강도 증진을 위한 것으로 초기 발열량이 상대적으로 작다. **답** ③

16 멤브레인(Membrane)방수층에 포함되지 않는 것은? [24년 1회]

① 아스팔트방수층

② 스테인리스 시트방수층

③ 합성고분자계 시트방수층

④ 도막방수층

멤브레인(Membrane)방수공법
아스팔트 루핑, 시트 등의 각종 루핑류를 방수바탕에 접착시켜 막모양의 방수층을 형성시키는 공법이다(합성고분자계 시트방수층, 도막방수층, 아스팔트방수층 등). **답** ②

아스팔트 프라이머

솔, 롤러 등으로 용이하게 도포할 수 있도록 블론 아스팔트를 휘발성 용제에 희석한 흑갈색의 저점도액체로서, 방수시공의 첫 번째 공정에 쓰이는 바탕처리재이다. **탭** ④

17 아스팔트 방수공사에서 솔, 롤러 등으로 용이하게 도포할 수 있도록 아스팔트를 휘발성 용제에 용해한 비교적 저점도의 액체로서 방수시공의 첫 번째 공정에 사용되는 바탕처리재는? [18년 3회]

① 아스팔트 컴파운드   ② 아스팔트 루핑

③ 아스팔트 펠트   ④ 아스팔트 프라이머

아스팔트 특성 표기

구분	세부사항
신도	• 아스팔트의 연성을 나타내는 것 • 규정된 모양으로 한 시료의 양끝을 규정한 온도, 규정한 속도로 인장했을 때까지 늘어나는 길이를 cm로 표시
인화점	시료를 가열하여 불꽃을 가까이했을 때 공기와 혼합된 기름증기에 인화된 최저온도
연화점	유리, 내화물, 플라스틱, 아스팔트, 타르 따위의 고형(固形) 물질이 열에 의하여 변형되어 연화를 일으키기 시작하는 온도
침입도	• 아스팔트의 경도를 표시하는 것 • 규정된 침이 시료 중에 수직으로 진입된 길이를 나타내며, 단위는 0.1mm를 1로 함

탭 ④

18 방수공사에서 아스팔트 품질 결정요소와 가장 거리가 먼 것은? [20년 3회]

① 침입도   ② 신도

③ 연화점   ④ 마모도

문제 17번 해설 참고   **탭** ②

19 휘발유 등의 용제에 아스팔트를 희석시켜 만든 유액으로서 방수층에 이용되는 아스팔트제품은? [20년 1·2회, 24년 2회]

① 아스팔트 루핑

② 아스팔트 프라이머

③ 아스팔트 싱글

④ 아스팔트 펠트

20 스트레이트 아스팔트(A)와 블론 아스팔트(B)의 성질을 비교한 것으로 옳지 않은 것은? [18년 1회]

① 신도는 A가 B보다 크다.
② 연화점은 B가 A보다 크다.
③ 감온성은 A가 B보다 크다.
④ 접착성은 B가 A보다 크다.

스트레이트 아스팔트는 블론 아스팔트에 비해 접착성은 우수하나 내구력이 떨어져 옥외적용이 어렵기 때문에 주로 지하실 방수용으로 적용한다. 답 ④

21 스트레이트 아스팔트에 관한 설명으로 옳지 않은 것은? [예상문제]

① 연화점이 비교적 낮고 온도에 의한 변화가 크다.
② 주로 지하실 방수공사에 사용되며, 아스팔트 루핑의 제작에 사용된다.
③ 신장성, 점착성, 방수성이 풍부하다.
④ 블론 아스팔트에 동식물유지나 광물성 분말 등을 혼합하여 만든 것이다.

④는 아스팔트 컴파운드에 대한 설명이다. 답 ④

22 단열재가 갖추어야 할 조건으로 옳지 않은 것은? [19년 1회]

① 열전도율이 낮을 것
② 비중이 클 것
③ 흡수율이 낮을 것
④ 내화성이 좋을 것

비중이 작은 다공질 형태를 통해 열전도율을 낮출 수 있다. 답 ②

23 무기질 단열재료 중 규산질분말과 석회분말을 오토 클레이브 중에서 반응시켜 얻은 겔에 보강섬유를 첨가하여 프레스 성형하여 만드는 것은? [19년 1회]

① 유리면
② 세라믹섬유
③ 펄라이트판
④ 규산칼슘판

규산칼슘판
무기질 재료로서 불연성능이 우수하다. 답 ④

실내디자인 환경

실내디자인 자료 조사 분석

❶ 주변 환경 조사

1. 열 및 습기 환경

1) 온열환경

(1) 물리적 온열요소

① 기온, 습도, 기류, 복사열(주위 벽의 열방사)
② 기후조건을 좌우하는 가장 큰 요소는 기온이다(공기의 온도).

(2) 주관적 온열요소

착의량(Clothing Quantity, clo), 활동량(Activity, MET), 성별, 나이 등 주관적이고 개인적인 온열요소를 의미한다.

2) 온열환경지수

(1) 실감온도(유효온도, 감각온도, ET : Effective Temperature)

① 기온(온도), 습도, 기류의 3요소로 환경공기의 쾌적 조건을 표시한 것이다.
② 실내의 쾌적대는 겨울철과 여름철이 다르다.
③ 일반적인 실내의 쾌적한 상대습도는 40~60%이다.

(2) 불쾌지수

① 온습지수의 하나로 생활상 불쾌감을 느끼는 수치를 표시한 것이다.
② 불쾌지수(DI) = (건구온도 + 습구온도) × 0.72 + 40.6

(3) 작용온도(Operative Temperature, 효과온도)

기온·기류 및 주위 벽 복사열 등의 종합적 효과를 나타낸 것으로 쾌적 정도 등 체감도를 나타내는 척도이다. 이때 습도는 고려하지 않는다.

(4) 등온지수

등가온감, 등가온도라고도 하며, 기온·습도·기류에 복사열의 영향을 포함하여, 이 4개의 인자를 조합하여 온감각(溫感覺)과의 관계를 나타내는 지수이다.

3) 인체의 열손실

(1) 손실률은 복사(45%) > 대류(30%) > 증발(22%) > 전도(3%) 순

(2) 잠열 및 현열에 의해 인체의 열손실 발생

(3) **잠열** : 물체의 증발, 융해 등 상태변화

(4) **현열** : 온도의 오르내림에 의해 인체의 열손실 발생

4) 열전달

(1) 전열

① 열이 높은 온도에서 낮은 온도로 흐르는 현상이다.

② 두 물체 사이에 온도차가 있을 경우에 발생한다.

(2) 전열의 종류

① **전도** : 고체 간 열의 이동

② **대류** : 유체 간 열의 이동

③ **복사** : 빛과 같은 매개체가 없는 열의 이동

(3) 전열의 표현

구분	내용
열전도율 (kcal/mh℃, W/mK)	• 물체의 고유성질 • 전도(벽체 내)에 의한 열의 이동 정도 표시
열전달률 (kcal/m²h℃, W/m²K)	• 고체벽과 이에 접하는 공기층과의 전열현상 • 전도, 대류, 복사가 조합된 상태
열관류율 (kcal/m²h℃, W/m²K)	• 열관류는 열전도와 열전달의 복합형식 • 전달 → 전도 → 전달이라는 과정을 거쳐 열이 이동하는 것 • 열관류율이 큰 재료일수록 단열성이 좋지 않음 • 열관류율의 역수를 열저항이라 함 • 벽체의 단열효과는 기밀성 및 두께와 큰 관계있음 • 열관류율의 산출 : 벽체 열관류율은 열저항의 합을 구한 후, 그것의 역수를 취해 구함 $$연관류율(W/m^2K) = \frac{1}{\sum 열저항(m^2K/W)}$$

(4) 관류열량(열손실량, q)

$$q = K \times A \times \Delta t$$

여기서, q : 손실열량, 열손실량, 전도열량(W)
K : 열관류율(W/m²·K)

핵심 문제 04 ◆◆◆

열의 이동(전열)에 관한 설명 중 옳지 않은 것은?

① 열은 온도가 높은 곳에서 낮은 곳으로 이동한다.
② 유체와 고체 사이의 열의 이동을 열전도라고 한다.
③ 일반적으로 액체는 고체보다 열전도율이 작다.
④ 열전도율은 물체의 고유성질로 전도에 의한 열의 이동 정도를 표시한다.

해설

유체와 고체 사이의 열의 이동을 열전달이라고 한다.

정답 ②

핵심 문제 05 ◆◆◆

열전도율에 관한 설명으로 옳은 것은?
[24년 1회]

① 열전도율의 단위는 W/m²K이다.
② 열전도율의 역수를 열전도 비저항이라고 한다.
③ 액체는 고체보다 열전도율이 크고, 기체는 더욱더 크다.
④ 열전도율이란 두께 1cm 판의 양면에 1℃의 온도차가 있을 때 1cm의 표면적을 통해 흐르는 열량을 나타낸 것이다.

해설

① 열전도율의 단위는 W/mK이다.
③ 열전도율의 크기 순서는 고체 > 액체 > 기체이다.
④ 열전도율이란 두께 1m 판의 양면에 1℃의 온도차가 있을 때 1m의 표면적을 통해 흐르는 열량을 나타낸 것이다.

정답 ②

핵심 문제 06 ◆◆◆

두께 10cm의 경량콘크리트벽체의 열관류율은?(단, 경량콘크리트벽체의 열전도율 0.17W/m·K, 실내 측 표면 열전달률 9.28W/m²·K, 실외 측 표면 열전달률 23.2W/m²·K이다)

① 0.85W/m²·K ② 1.35W/m²·K
③ 1.85W/m²·K ④ 2.15W/m²·K

해설

$$열관류율(K) = \frac{1}{R}$$

$$R = \frac{1}{\text{실내 측 표면 열전달률}} + \frac{\text{두께(m)}}{\text{열전도율}} + \frac{1}{\text{실외 측 표면 열전달률}}$$

$$= \frac{1}{9.28} + \frac{0.1}{0.17} + \frac{1}{23.2} = 0.739$$

열관류율$(K) = \frac{1}{R} = \frac{1}{0.739}$

$$= 1.35 \mathrm{W/m^2 \cdot K}$$

정답 ②

핵심 문제 07 ◆◆◆

크기가 2m×0.8m, 두께는 40mm, 열전도율이 0.14W/m·K인 목재문의 내측 표면온도가 15℃, 외측 표면온도가 5℃일 때, 이 문을 통하여 1시간 동안에 흐르는 전도열량은?

① 0.056W   ② 0.56W
③ 5.6W   ④ 56W

해설

전도열량
$$= K(열관류율, \mathrm{W/m^2 K}) \times A(면적, \mathrm{m^2})$$
$$\times \Delta t(온도\ 차, ℃)$$
$$= \frac{\lambda(열전도율, \mathrm{W/m\,K})}{d(두께, \mathrm{m})}$$
$$\times A(면적, \mathrm{m^2}) \times \Delta t(온도차, ℃)$$
$$= \frac{0.14}{0.04} \times (2 \times 0.8) \times (15-5)$$
$$= 56\mathrm{W}$$

정답 ④

핵심 문제 08 ◆◆◆

일조의 확보와 관련하여 공동주택의 인동간격 결정과 가장 관계가 깊은 것은?

① 춘분   ② 하지
③ 추분   ④ 동지

해설

일조의 적절한 확보를 위해 적용되는 인동간격의 산출은 태양고도각이 가장 낮은 동지를 기준으로 산정한다.

정답 ④

핵심 문제 09 ◆◆◆

벽체의 표면결로 방지대책으로 옳지 않은 것은?

① 실내에서 발생하는 수증기를 억제한다.
② 환기에 의해 실내 절대습도를 저하시킨다.
③ 단열 강화에 의해 실내 측 표면온도를 상승시킨다.
④ 실내 측 표면온도를 노점온도 이하로 유지시킨다.

해설

실내 측 표면온도가 노점온도 이하가 되면 표면결로가 발생하므로, 실내 측 표면온도를 노점온도보다 높게 유지시킨다.

정답 ④

A : 면적(m²)
Δt : 실내외 온도차(℃)

5) 일사와 일조

(1) 일사

① 일사란 파장에 따른 태양광선(자외선, 가시광선, 적외선) 중에서 적외선에 의한 태양복사열을 의미한다.
② 여름에는 냉방부하를 저감시키기 위하여 차양장치를 설치하여 일사를 차단하고, 겨울에는 난방부하를 저감시키기 위하여 남향의 창 면적비를 크게 하여 일사를 획득하도록 계획하는 것이 바람직하다.

(2) 일조(태양이 직접 비치는 직사광) 조건 및 조절

구분	내용
일조 조건	• 건물의 일조계획 시 가장 우선적으로 고려할 사항은 일조권 확보 • 건물배치의 경우 정남향보다 동남향이 좋음 • 최소일조시간은 동지기준 4시간 이상이며, 이 일조시간을 만족시키기 위해 인동간격을 설정하여야 함
일조 조절	• 겨울에 일조를 충분히 받아들일 것 • 여름에 차폐를 충분히 할 수 있을 것 • 각종 차양 및 로이(저방사)유리 등을 활용할 수 있음

6) 결로

(1) 발생원리

(벽체) 등의 표면온도가 노점온도보다 낮을 때 발생한다.

(2) 발생원인

① 환기 부족 및 습기가 과다할 때 발생한다.
② 실내외 온도차가 심한 경우에 발생한다.
③ 습기처리시설이 빈약한 곳에서 주로 발생한다.
④ 춥고 상대습도가 높은 북향의 벽에 발생한다.
⑤ 목조주택보다 콘크리트주택이 결로현상에 취약하다.
⑥ 고온다습한 여름철과 겨울철 난방 시에 발생하기 쉽다.

> **참고** 🖊
>
> **노점온도**
> • 공기가 포화상태(습도 100%)가 될 때의 온도를 말한다.
> • 흔히 실생활에 쓰이는 온도계상의 온도는 건구온도라고 한다.

(3) 결로의 종류 및 방지법

구분	개념	방지법
표면결로	벽체나 창, 유리 등의 표면상 결로	• 표면온도를 노점온도 이상으로 올려야 한다. • 단열을 강화하고 환기에 의해 절대습도를 저하시킨다. • 실내에 가능한 한 저온부분을 만들지 않는다. • 장시간 낮은 온도로 난방한다. • 외단열공법을 적용한다.
내부결로	벽체 내부에서 발생하는 결로	• 실내 발생 수증기를 억제한다. • 단열재를 시공한 벽의 고온 측에 방습층을 설치한다. • 환기에 의해 절대습도를 저하시킨다. • 외단열공법을 적용한다.

7) 열교(Heat Bridge)

(1) 개념 및 발생원리

① 건축물을 구성하는 부위 중에서 단면의 열관류저항이 국부적으로 작은 부분에 발생하는 현상을 말한다.

② 열의 손실이라는 측면에서 냉교라고도 한다.

③ 중공벽 내의 연결철물이 통과하는 구조체에서 발생하기 쉽다.

④ 내단열공법 시 슬래브가 외벽과 만나는 곳에서 발생하기 쉽다.

(2) 문제점

표면결로 등이 발생한다.

(3) 방지방안

열교 발생부위에 외단열 보강을 하여 단열성능을 높인다.

8) 습공기선도

(1) 일반사항

① 습공기의 상태를 표시한 그래프를 습공기선도라고 한다.

② 습공기상태값인 건구온도, 습구온도, 노점온도, 절대습도, 상대습도, 수증기분압, 엔탈피, 비체적 등의 관련성을 나타낸 것이다.

③ 위의 8가지 습공기상태값 중에서 두 가지의 상태값을 알게 되면 그 습공기의 다른 상태값들을 알 수 있다.

핵심 문제 10

결로에 관한 설명으로 옳지 않은 것은?

① 외측 단열공법으로 시공하는 경우 내부결로 방지에 효과가 있다.

② 겨울철 결로는 일반적으로 단열성 부족이 원인이 되어 발생한다.

③ 내부결로가 발생할 경우 벽체 내의 함수율은 낮아지며 열전도율은 커진다.

④ 실내에서 발생하는 수증기를 억제할 경우 표면결로 방지에 효과가 있다.

해설

벽체 내부로 수증기의 투습량이 많아지면 내부결로 발생 가능성이 높아지므로, 내부결로가 발생할 경우 함수율은 높아지게 된다.

정답 ③

핵심 문제 11

벽이나 바닥, 지붕 등 건축물의 특정 부위에 단열이 연속되지 않은 부분이 있어 이 부위를 통한 열의 이동이 많아지는 현상을 무엇이라 하는가? [18년 2회]

① 결로현상 　② 열획득현상

③ 대류현상 　④ 열교현상

정답 ④

핵심 문제 12 ◆◆◆

다음 중 습공기선도에 표현되어 있지 않은 것은?
① 엔탈피　② 습구온도
③ 노점온도　④ 산소함유량

해설

습공기선도는 절대습도, 상대습도, 건구온도, 습구온도, 노점온도, 엔탈피, 현열비, 열수분비, 비체적, 수증기분압 등으로 구성된다.

정답 ④

(2) 구성요소

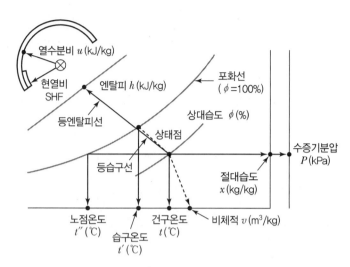

[습공기선도]

핵심 문제 13 ◆◆◆

절대습도를 가장 올바르게 표현한 것은?
① 포화수증기량에 대한 백분율
② 습공기 1kg당 포함된 수증기의 질량
③ 일정한 온도에서 더 이상 포함할 수 없는 수증기량
④ 습공기를 구성하고 있는 건공기 1kg당 포함된 수증기의 질량

해설

절대습도 $= \dfrac{\text{수증기중량}}{\text{건공기중량}}$

정답 ④

구성요소	개념 및 특징
건구온도 (DB : Dry Bulb Temperature, t, ℃)	• 보통의 온도계로 측정한 온도이다. • 건구온도가 높을수록 대기 중에 포함되는 수증기량은 많아진다.
습구온도 (WB : Wet Bulb Temperature, t', ℃)	• 온도계의 감온부를 물에 젖은 천으로 감싸고 바람이 부는 상태에서 측정한 온도이다. • 습구온도는 대기 중의 수증기량과 관계가 있으며, 수증기량이 많으면 젖은 천의 증발속도가 느려져 건구온도보다 온도가 낮게 된다.
노점온도 (DP : Dew Point Temperature, t'', ℃)	• 응축이 시작되는 온도이다. • 응축이 시작되어 구조체에 이슬이 맺히는 것을 결로라고 한다. • 노점온도는 결로가 발생하기 시작하는 온도로서 어떠한 상태의 공기가 결로상태가 되면, 노점온도, 습구온도, 건구온도는 같은 값을 갖게 된다. • 결로 발생 시를 제외하고 건구온도 > 습구온도 > 노점온도 순으로 수치가 높다.
절대습도 (SH : Specific Humidity, AH : Absolute Humidity, x)	• 건조공기 1kg 중에 포함되어 있는 수증기의 양이다. • 절대습도(x) $= \dfrac{\text{수증기량}(\text{kg})}{\text{건조공기의 중량}(\text{kg}')}$ [kg/kg′, kg/kg(DA)]
상대습도 (RH : Relative Humidity, ϕ, %)	• 현재 공기의 수증기량(수증기압)과 동일온도에서의 포화공기의 수증기량(수증기압)의 비이다. • 상대습도$(\phi) = \dfrac{\text{현 포화공기의 수증기량}}{\text{포화공기의 수증기량}} \times 100\%$

구성요소	개념 및 특징
수증기분압 (VP : Vapor Pressure, P, kPa)	습공기 속에서 수증기가 갖는 압력으로 수증기압이라고도 한다.
엔탈피 (Enthalpy, h, i, kJ/kg)	엔탈피는 전열을 의미하며, 건공기의 엔탈피(h_a)와 수증기의 엔탈피(h_v)의 합이다. 또한 이는 현열과 잠열의 합을 의미한다. $$h = h_a + xh_v = C_p \cdot t + x(\gamma + C_{pv} \cdot t)$$ $$= 1.01t + x(2{,}501 + 1.85t)$$ 여기서, C_p : 건공기 정압비열($1.01\text{kJ/kg} \cdot \text{K}$) t : 건공기의 온도(℃) x : 습공기의 절대습도(kg/kg') γ : 0℃에서 포화수의 증발잠열(2,501kJ/kg) C_{pv} : 수증기의 정압비열($1.85\text{kJ/kg} \cdot \text{K}$)
비체적 (SV : Specific Volume, 비용적, v, m³/kg)	• 습공기 중에 포함되어 있는 건공기 1kg에 대한 습공기의 체적 • 비체적(v) = $\dfrac{\text{습공기 체적}(\text{m}^3)}{\text{건공기 질량}(\text{kg})}(\text{m}^3/\text{kg})$
현열비 (SHF)	• 전열량에 대한 현열량의 비를 말한다. • 현열비(SHF) = $\dfrac{\text{현열부하}}{\text{전열부하}} = \dfrac{\text{현열부하}}{\text{현열부하}+\text{전열부하}}$
열수분비 (u, kJ/kg)	• 공기의 상태 변화 시 엔탈피 변화량과 절대습도 변화량의 비를 말한다. • 열수분비(u) = $\dfrac{\text{엔탈피의 변화량}}{\text{절대습도의 변화량}}$

(3) 습공기선도의 해석

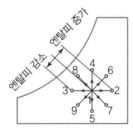

1→2 : 현열가열(Sensible Heating)
1→3 : 현열냉각(Sensible Cooling)
1→4 : 가습(Humidification)
1→5 : 감습(Dehumidification)
1→6 : 가열가습(Heating and Humidifying)
1→7 : 가열감습(Heating and Dehumidifying)
1→8 : 냉각가습(Cooling and Humidifying)
1→9 : 냉각감습(Cooling and Dehumidifying)

[상태점의 변화에 따른 해석]

① 공기를 냉각하면 상대습도는 높아지고, 공기를 가열하면 상대습도는 낮아진다.

② 공기를 냉각 또는 가열하여도 절대습도는 변하지 않는다.

③ 습구온도와 건구온도가 같다는 것은 상대습도가 100%인 포화공기임을 뜻한다.

④ 결로 발생 시를 제외하고는 습구온도가 건구온도보다 높을 수는 없다.

2. 공기환경

1) 실내공기의 오염

(1) 실내공기의 오염원인

① 호흡작용(재실자), 신체활동(냄새, 거동)

② 연소, 건축재료(석면, 라돈, 폼알데하이드 등)

(2) 실내공기의 오염척도

① 실내공기의 오염척도는 이산화탄소 농도로 판단한다.

② 허용치는 이산화탄소 기준농도 1,000ppm 이하이다(다중이용시설 기준).

(3) 신축공동주택의 실내공기질 권고기준(실내공기질관리법 시행규칙 [별표 4의2])

① 폼알데하이드 : $210\mu g/m^3$ 이하

② 벤젠 : $30\mu g/m^3$ 이하

③ 톨루엔 : $1,000\mu g/m^3$ 이하

④ 에틸벤젠 : $360\mu g/m^3$ 이하

⑤ 자일렌 : $700\mu g/m^3$ 이하

⑥ 스티렌 : $300\mu g/m^3$ 이하

⑦ 라돈 : $148Bq/m^3$ 이하

2) 자연환기와 기계환기

(1) 자연환기

풍력환기 및 중력환기가 대표적이다.

① 풍력환기 : 외기의 바람(풍력)에 의한 환기

② 중력(온도차)환기(굴뚝효과, 연돌효과)

　㉠ 실내외 공기의 온도차(밀도차)에 의한 환기

　㉡ 실내외 온도차가 커지면, 실내외 압력차도 커지므로 환기량은 커지게 된다(고온 측이 저기압, 저온 측이 고기압의 특성을 갖는다).

　㉢ 중력(온도차)환기량 산출식

$$Q = KA\sqrt{h \cdot \Delta t}$$

여기서,　Q : 개구부 단위면적당 환기량($m^3/min \cdot m^2$)

　　　　　K : 개구부에 따른 저항상수

　　　　　A : 개구부면적(m^2)

　　　　　h : 두 개구부 간의 수직거리의 차(m)

　　　　　Δt : 실내외의 온도차(℃)

(2) 기계(강제)환기의 분류

구분	내용
1종(병용식) 환기	급기와 배기 모두 기계식으로 제어
2종(압입식) 환기	• 급기는 기계식, 배기는 자연적으로 배출 • 오염공기가 침투되면 안 되는 곳(클린룸, 수술실 등)
3종(흡출식) 환기	• 급기는 자연식, 배기는 기계식으로 배출 • 실내오염공기를 다른 쪽으로 나가지 않게 하는 곳(화장실 등)

3) 전체환기와 국소환기

(1) 전체(희석)환기

유해물질을 오염원에서 완전히 배출하는 것이 아니라 신선한 공기를 공급하여 유해물질의 농도를 낮추는 방법으로서 희석환기라고도 한다.

(2) 국소환기

오염도가 심한 구역 또는 청정도를 유지해야 하는 곳을 집중적으로 환기하는 방식이다.

4) 필요환기량 및 환기횟수 산출

(1) 필요환기량

$$Q = \frac{M}{C_i - C_o}$$

여기서, Q : 필요환기량(m³/h)
M : 실내에서 발생한 CO_2량(m³/h)
C_i : 실내 허용 CO_2농도(m³/m³)
C_o : 실외 신선외기 CO_2농도(m³/m³)

(2) 환기횟수

$$n = \frac{Q}{V}$$

여기서, n : 환기횟수(회/h)
Q : 필요환기량(m³/h)
V : 실체적(m³)

핵심 문제 17 ◆◆◆

열이나 유해물질이 실내에 널리 산재되어 있거나 이동되는 경우에 급기로 실내의 공기를 희석하여 배출시키는 환기방법은?
① 상향환기　② 전체환기
③ 국소환기　④ 집중환기

정답 ②

핵심 문제 18 ◆◆◆

다음과 같은 조건에서 재실인원 40명인 강의실에 요구되는 필요환기량은?

• 실내 허용 CO_2농도 : 0.001m³/m³
• 외기 중의 CO_2 함유량 : 0.0003m³/m³
• 1인당 실내 CO_2 발생량 : 0.021m³/h

① 900m³/h　② 1,000m³/h
③ 1,100m³/h　④ 1,200m³/h

해설

Q(필요환기량)
$$= \frac{M(\text{발생량})}{C_i(\text{실내 허용 } CO_2\text{농도}) - C_o(\text{외기 중의 } CO_2\text{농도})}$$
$$= \frac{40 \times 0.021\text{m}^3/\text{h}}{0.001\text{m}^3/\text{m}^3 - 0.0003\text{m}^3/\text{m}^3}$$
$$= 1,200\text{m}^3/\text{h}$$

정답 ④

핵심 문제 19 ◆◆◆

실의 체적이 20m³이고 환기량이 60m³/h 일 때 이 실의 환기횟수는?
① 1.2회/h　② 3회/h
③ 12회/h　④ 30회/h

해설

환기횟수 $= \dfrac{\text{환기량}}{\text{실의 체적}}$
$$= \frac{60\text{m}^3/\text{h}}{20\text{m}^3}$$
$$= 3\text{회}/\text{h}$$

정답 ②

3. 빛환경

1) 빛의 요소

(1) 파장에 따른 빛의 요소

자외선(살균작용), 가시광선(눈에 보이는 빛), 적외선(열선) 등이 있다.

(2) 빛의 측정단위

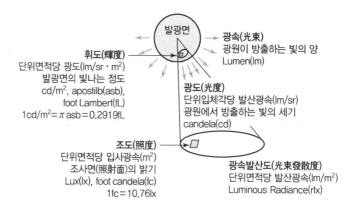

[빛의 단위]

구분	단위	내용
광속 (F)	루멘(lm)	복사에너지를 눈으로 보아 빛으로 느끼는 크기를 나타낸 것으로, 광원으로부터 발산되는 빛의 양이다.
광도 (I)	칸델라(cd)	광원에서 어떤 방향에 대한 단위입체각당 발산되는 광속으로, 광원의 능력을 나타내며, 빛의 세기라고도 한다.
조도 (E)	럭스(lx)	• 어떤 면의 단위면적당 입사광속으로, 피조면의 밝기를 나타낸다. • 조도는 광도에 비례하고 거리의 제곱에 반비례한다.
휘도 (B)	스틸브(sb)와 니트(nt)	광원의 임의의 방향에서 본 단위투영면적당의 광도로, 광원의 빛나는 정도이며, 눈부심의 정도라고도 한다.
광속발산도 (R)	래드럭스(rlx)	광원의 단위면적으로부터 발산하는 광속으로, 광원 혹은 물체의 밝기를 나타낸다.

2) 자연광원의 구성 및 주광률

(1) 자연광원의 구성

구성	내용
직사광 (Direct Sunlight)	• 태양광은 대기권에서 일부는 산란 또는 확산되지만, 대부분은 대기권을 투과하여 지표면에 도달하는데 이 빛을 직시광이라 한다. • 계절과 시간대, 날씨 등 환경적인 요인에 의해 변동이 심하므로 직접 이용이 곤란하다.

핵심 문제 20

다음 중 자외선의 주된 작용에 속하지 않는 것은? [23년 1회]
① 살균작용
② 화학적 작용
③ 생물의 생육작용
④ 일사에 의한 난방작용

해설

일사에 의한 난방작용은 적외선의 주된 작용이다.

정답 ④

핵심 문제 21

수조면의 단위면적에 입사하는 광속으로 정의되는 용어는?
① 조도
② 광도
③ 휘도
④ 광속발산도

해설

조도(단위 : lx)
• 수조면의 밝기를 나타내는 것
• 수조면의 단위면적에 도달하는 광속의 양

정답 ①

핵심 문제 22

실내에 1,000cd의 전등이 있을 때, 이 전등으로부터 4m 떨어진 곳의 직각면 조도는?
① 62.5lx
② 125lx
③ 250lx
④ 500lx

해설

조도는 광원과의 거리의 제곱에 반비례하므로, 4m 떨어져 있을 경우 광도가 1/16로 낮아지게 된다.
1,000 ÷ 16 = 62.5lx

정답 ①

핵심 문제 23

광원으로부터 발산되는 광속의 입체각 밀도를 뜻하는 것은? [20년 1·2회, 23년 2회]
① 광도
② 조도
③ 광속발산도
④ 휘도

해설

광도(cd, candela)
광원으로부터 발산되는 광속의 입체각 밀도를 말하며, 빛의 밝기(세기)를 나타낸다.

정답 ①

구성	내용
천공광 (Skylight)	• 태양광이 대기층에 산란 또는 흡수되거나, 구름에 확산 또는 투과되어 지표면에 도달하는 빛을 천공광이라 하며, 주광광원은 일반적으로 주광 중 천공광을 말한다. • 자연채광 설계 시 환경적 요인에 따라 조도변화가 심하고 휘도가 높은 직사광보다는 천공광을 주로 활용한다.
반사광 (Reflected Light)	지상에 도달한 직사광, 천공광이 지표면이나 물체에 반사되는 빛을 반사광이라 한다.

(2) 주광률

① 천공의 밝기는 계절이나 날씨, 시각에 따라 달라지므로 이와 함께 실내의 밝기도 변화한다. 이렇게 주광에 의해 생기는 실내의 밝기는 천공상태의 변화에 따라 달라지므로 조도(단위 : lux) 등 밝기의 절대량을 나타내는 단위를 채광의 설계목표나 평가지표로 사용할 수는 없다. 따라서 실내에서의 채광량은 천공광의 이용률에 해당하는 주광률(晝光率)로 나타낸다.

② 산출식

$$주광률(DF) = \frac{실내(작업면)의 수평면조도}{실외(전천공)의 수평면조도} \times 100\%$$

3) 균시차

균시차는 태양의 실제적인 움직임을 통해 시간을 설정한 진태양시와 가상의 태양 궤적을 통해 시간을 설정한 평균태양시의 차를 말한다.

4) 자연채광방식

(1) 측창채광(Side Lighting, 側窓採光)

① 실의 측벽면(수직면)에 설치된 창에 의한 채광방식이다.

② 같은 면적이라도 1개의 큰 창보다 여러 개로 분할하는 것이 주광 분포상 효과적이다.

③ 측창채광은 일반적인 주거 등 건축시설에서 사용하는 채광방식으로서, 실 깊이에 따른 조도의 불균일 문제가 있으나, 통풍효율이 좋고 시공이 편리하여 가장 많이 건축물에 적용되고 있는 방식이다.

핵심 문제 24 ◆◇◇

실내 어느 한 점의 수평면조도가 200lx이고, 이때 옥외 전천공 수평면조도가 20,000lx인 경우, 이 점의 주광률은?

① 0.01%　　② 0.1%
③ 1%　　④ 10%

해설

주광률(DF)
$$= \frac{실내(작업면)의 수평면조도}{실외(전천공)의 수평면조도} \times 100\%$$
$$= \frac{200}{20,000} \times 100\% = 1\%$$

정답 ③

핵심 문제 25 ◆◇◇

균시차에 관한 설명으로 옳은 것은?
① 균시차는 항상 일정하다.
② 진태양시와 평균태양시의 차를 말한다.
③ 중앙표준시와 평균태양시의 차를 말한다.
④ 진태양시의 1년간 평균값에서 중앙표준시를 뺀 값이다.

정답 ②

핵심 문제 26 ◆◇◇

측창채광에 관한 설명으로 옳지 않은 것은?
① 개폐 등의 조작이 용이하다.
② 투명부분을 설치하면 해방감이 있다.
③ 편측 채광의 경우 조도 분포가 균일하다.
④ 근린상황에 의한 채광 방해의 우려가 있다.

해설

편측 채광은 창과 가까운 부분의 조도와 먼 부분의 조도 차이가 크다.

정답 ③

측창채광에 관한 설명으로 옳은 것은?
① 비막이에 불리하다.
② 천창채광에 비해 채광량이 많다.
③ 편측 채광의 경우 실내 조도 분포가 균일하다.
④ 근린의 상황에 의해 채광을 방해받을 수 있다.

해설
① 옆면이 개구부가 되므로 비막이에 유리하다.
② 천창재광에 비해 채광량이 적다.
③ 편측 채광의 경우 실의 깊이에 따라 조도분포가 불균일해지는 특성이 있다.
정답 ④

건축적 채광방식 중 천창채광에 관한 설명으로 옳지 않은 것은?
① 비막이에 불리하다.
② 통풍 및 차열에 유리하다.
③ 조도 분포의 균일화에 유리하다.
④ 근린의 상황에 따라 채광을 방해받는 경우가 적다.

해설
천창채광은 조도 분포의 균일 등 장점을 가지고 있지만, 통풍 및 차열이 잘 안 되고 빗물처리 등이 난해한 단점이 있다.
정답 ②

④ 특징

장점	단점
• 시공이 용이하고, 비를 막는 데 유리하다. • 개폐, 청소, 수리, 관리가 용이하다. • 조망, 개방감이 좋다. • 통풍, 단열, 일조 조정이 쉽다. • 같은 면적일 경우 수직형 창이 수평형 창보다 깊게 채광되므로 채광량이 많다.	• 조도가 불균일하여 실깊이에 제한을 받는다. • 주변조건에 따라 채광이 방해받을 수 있다.

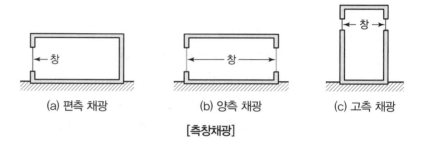

(a) 편측 채광 (b) 양측 채광 (c) 고측 채광

[측창채광]

(2) 천창채광(Top Lighting, 天窓採光)

채광창 아래 독립물체를 놓아 볼륨감을 유도하는 조각품 전시에 특히 적합하고, 전시실 중앙부를 가장 밝게 하며, 채광 위치와 방향을 조정함으로써 벽면조도를 균등하게 하는 방법도 있다. 그러나 유리케이스를 조성하는 전시일 경우에는 가장 불리한 채광형태이다.

장점	단점
• 채광량(採光量) 면에서 매우 유리하다 (측창의 3배 효과). • 조도 분포가 균일하다. • 실의 넓이와는 관계없이 실이 어느 정도 넓어도 채광이 크게 불리하지 않다.	• 구조와 시공이 불리하고, 특히 빗물처리에 불리하다. • 조작 및 유지에 불리하다. • 폐쇄된 느낌을 준다. • 통풍과 단열에 불리하다. • 천장이 낮을 경우 현휘가 발생한다.

[천창채광]

(3) 정측창채광(Top Side Lighting, 頂側窓採光)

지붕면에 있는 수직 또는 수직에 가까운 창에 의한 채광방식으로, 측창을 이용하기가 곤란한 공장이나 미술관 등 수평면보다 연직면의 조도면을 높이고자 할 때 사용한다. 정측창채광의 종류는 다음과 같다.

① 모니터 지붕(Monitor – Roof)채광

원래 환기를 위해 사용된 것으로 채광을 위해서는 유리한 방식이지만 비를 막는 데는 불리하다.

② 톱날형 지붕(Saw – Tooth Roof)채광

산업체 공장에서 많이 사용되는 형식으로, 연직창이나 창면을 약간 경사지게 하여 채광량을 증대시키는 방식이다. 균일한 조도를 유지하기 위해 북쪽 벽면에 채광을 한다.

(a) 모니터 지붕채광   (b) 톱날형 지붕채광

[정측창채광]

5) 인공조명의 요건

(1) 색온도(CT : Color Temperature, 광색)

① 흑체(Black Body)에 열을 가하였을 때 색의 변화상태를 기준으로 발생된 개념이다.

② 흑체에 고온의 열을 가하면 온도가 증가되면서 흑체가 발산하는 빛의 색은 적색, 황색, 청록색을 거쳐 백열상태가 된다.

③ 색온도에 따른 느낌

구분	느낌	조명
낮은 색온도	• 따뜻함 • 부드러움 • 차분함 • 안정감 • 흐릿함	• 백열전구 • 백열전구색 형광램프 • 고압나트륨램프
높은 색온도	• 시원함 • 딱딱함 • 활동적	• 주광색 형광램프 • 백색 형광램프

④ 색온도가 낮은 광원은 커피숍, 레스토랑 등 고객이 쉴 수 있는 편안한 분위기를 연출하고자 하는 장소에 적합하다.

TIP

인공조명의 일반조건
• 필요한 밝기(필요 조도 확보)로서 적당한 밝기가 좋다.
• 분광분포와 관련하여 표준주광이 좋다.
• 휘도분포와 관련하여 얼룩이 없을수록 좋다.
• 직시 눈부심과 반사 눈부심이 모두 없어야 한다.

TIP

연색평가지수(Ra)
• 자연의 태양광과의 유사 정도를 판단하는 연색성을 수치화 · 계량화한 것이다.
• 연색평가지수는 0~100 범위의 수치를 가지며, 100에 가까울수록 연색성이 좋다.

(2) 인공광원의 색온도

인공광원	색온도	비고
나트륨 등	2,100K	적색(800K)
백열등(전구)	2,900K	
수은등	4,100K	↓
형광등(백색)	4,500K	
형광등(주광색)	5,600K	백색(5,000K)

4. 음환경

1) 음의 특징

① 음의 3요소 : 음의 고조(높이), 음의 세기(강도), 음색

② 음의 고저(높이)는 주파수에 따라 결정된다.

③ 음의 세기(강도) : 소리(음파)가 단위시간당(1sec) 단위면적(1m²)을 통과하는 소리에너지의 양이며, I(Sound Intensity)로 표시한다(단위 : W/m²).

④ 음의 속도에 가장 크게 영향을 주는 것은 온도변화이다.

⑤ 음의 크기의 경우 감각적인 크기를 표현할 때는 폰(Phon)단위를 사용한다.

⑥ 음의 대소를 나타낼 경우 손(Sone)단위를 사용한다.

⑦ 반향(Echo) : 음원에서 나온 음파가 물체 등에 부딪혀 반사된 후 다시 관찰자에게 들리는 현상으로 잔향이라고도 한다.

⑧ 간섭 : 서로 다른 음원 사이에서 중첩·합성되어 음의 쌍방조건에 따라 강해지고 약해지는 현상이다.

⑨ 회절 : 음의 진행을 가로막고 있는 것을 타고 넘어가 후면으로 전달되는 현상이다.

⑩ 굴절 : 매질 중의 음의 속도가 공간적으로 변동함으로써 음이 전파되는 방향이 바뀌는 과정이다.

2) 흡음과 차음

(1) 흡음의 개념과 흡음재료의 종류

① 흡음의 개념

흡음은 음의 입사에너지와 재료 표면에 흡수된 에너지와의 비율인 흡음률로 흡음의 정도가 계산되며, 흡음이 잘되는 건축재료를 쓸 경우 잔향 등이 최소화되어 실내 음환경 개선에 도움이 된다.

② 흡음재료의 종류

구분	종류 및 원리
다공성 흡음재료	• 암면, 석면, 글라스울 등 • 소리가 작은 구멍 속에서 마찰, 진동 등에 의해 소멸됨 • 주파수가 높을수록(중고음역) 흡음률이 높아지는 특성을 가짐 • 다공질재료의 표면이 다른 재료에 의해 피복되어 통기성이 저하되면 중고음역(중고주파수)에서의 흡음률이 저하됨
판진동 흡음재료	• 합판, 하드보드, 플렉시블보드, 석고보드 등 • 소리에너지가 판의 운동에너지로 바뀌면서 흡음됨 • 판진동형 흡음구조의 흡음판은 기밀하게 접착하는 것보다 못 등으로 고정하는 것이 흡음률을 높일 수 있음 • 저주파 흡음에 유리함
공명성 흡음재료	• 합판, 금속판 등에 구멍을 뚫어 구멍부분에서 진동과 마찰 등에 의해 소리가 소멸됨 • 특정 주파수음만을 효과적으로 흡음하는 특징을 가짐

(2) 차음

차음은 중량의 구조체 등을 사용하여, 음을 반사·차단하는 것으로서, 이중벽, 두께가 두꺼운 중량벽, 밀도가 높은 벽 등을 사용한다.

3) 잔향이론

(1) 잔향

음원을 정지시킨 후 일정 시간 동안 실내에 소리가 남는 현상이다.

(2) 잔향시간

① 실내음의 발생을 중지시킨 후 60dB까지 감소하는 데 소요되는 시간이다.
② 실의 형태와 무관하며, 실의 용적이 크면 클수록 길다.
③ 천장과 벽의 흡음력을 크게 하면 잔향시간을 짧게 할 수 있다.
④ 사빈(Sabine)의 잔향식

$$\text{잔향시간}(T) = 0.16 \frac{V}{A}$$

여기서, V : 실의 체적(m³)
A : 실의 흡음면적(실내 총표면적 × 실내 평균흡음률)(m²)

핵심 문제 30 ◆◆◆

각종 흡음재에 관한 설명으로 옳은 것은?
① 판진동 흡음재는 고음역의 흡음재로 유용하다.
② 다공성 흡음재는 재료의 두께를 감소시킴으로써 고주파수에서의 흡음률을 증가시킬 수 있다.
③ 판진동 흡음재는 강성벽의 표면에 밀실하게 부착하여 사용하는 것이 흡음률 향상에 효과적이다.
④ 다공성 흡음재의 표면을 다른 재료로 피복하여 통기성을 낮출 경우 중·고주파수에서의 흡음률이 저하된다.

해설

① 판진동 흡음재는 저주파 흡음에 유리한 특성을 갖는다.
② 다공성 흡음재는 재료의 밀도를 감소시킴으로써 고주파수에서의 흡음률을 증가시킬 수 있다.
③ 판진동 흡음재는 판진동형 흡음구조의 흡음판을 기밀하게 접착하는 것보다 못 등으로 고정하는 것이 흡음률을 높일 수 있다.

정답 ④

핵심 문제 31 ◆◆◆

실의 용적이 5,000m³이고 실내의 총흡음력이 500m²일 경우, Sabine의 잔향식에 의한 잔향시간은?
① 0.4초 ② 1.0초
③ 1.6초 ④ 2.2초

해설

Sabine의 잔향식

$$\text{잔향시간}(T) = 0.16 \frac{V}{A}$$
$$= 0.16 \times \frac{5,000}{500}$$
$$= 1.6초$$

정답 ③

실내 음향에 관한 설명으로 옳지 않은 것은?
① 잔향시간은 실내 용적이 클수록 길어진다.
② 잔향시간은 실내의 흡음력이 작을수록 길어진다.
③ 강당과 음악당의 최적 잔향시간을 비교하면 강당의 잔향시간이 더 길어야 한다.
④ 잔향시간이란 실내의 음압레벨이 초기 값보다 60dB 감쇠할 때까지의 시간을 말한다.

해설
강당과 음악당의 최적 잔향시간을 비교하면 명료한 음성전달이 요구되는 강당이 음악당에 비하여 잔향시간이 짧아야 한다.

정답 ③

4) 실내음향계획 시 주의사항

① 실내 전체에 음압이 고르게 분포하도록 해야 한다.

② 실내외의 유해한 소음 및 진동이 없도록 해야 한다.

③ 반향(Echo), 음의 집중, 공명 등의 음향장애가 없도록 해야 한다.

④ 주파수에 따라 실내 마감재를 조정해야 한다.

⑤ 실내의 음을 보강하는 설비를 설치해야 한다.

⑥ 소음원조사, 소음경로조사, 소음레벨 측정, 소음 방지설계를 통해 실내소음도를 조절하여야 한다.

⑦ 강연장 등 청취가 중요한 곳은 잔향시간을 짧게 하여 음성의 명료도를 높이고, 오케스트라 등이 펼쳐지는 음악공연장의 경우 잔향시간을 길게 하여 음질을 높이는 것이 좋다.

❷ 건축법령 분석

1. 총칙

1) 목적

건축물의 대지·구조·설비 기준 및 용도 등을 정하여 건축물의 안전·기능·환경 및 미관을 향상시킴으로써 공공복리 증진에 이바지하는 것을 목적으로 한다.

2) 정의

(1) 대지

공간정보의 구축 및 관리 등에 관한 법률에 따라 각 필지(筆地)로 나눈 토지를 말한다. 다만, 대통령령으로 정하는 토지는 둘 이상의 필지를 하나의 대지로 하거나 하나 이상 필지의 일부를 하나의 대지로 할 수 있다.

(2) 도로

① 보행과 자동차 통행이 가능한 너비 4m 이상의 도로를 의미한다.

② **지형적 조건 등에 따른 도로의 구조와 너비**

특별자치시장·특별자치도지사 또는 시장·군수·구청장이 지형적 조건으로 인하여 차량 통행을 위한 도로의 설치가 곤란하다고 인정하여 그 위치를 지정·공고하는 구간의 너비 3m 이상인 도로를 말한다(길이가 10m 미만인 막다른 도로의 경우에는 너비 2m 이상).

③ ②에 해당하지 아니하는 막다른 도로로서 그 도로의 너비가 그 길이에 따라 각각 다음 표에 정하는 기준 이상인 도로를 말한다.

막다른 도로의 길이	도로의 너비 확보
10m 미만	2m 이상
10m 이상 35m 미만	3m 이상
35m 이상	6m 이상(도시지역이 아닌 읍·면 지역은 4m 이상)

(3) 건축물

① 토지에 정착하는 공작물 중 지붕과 기둥 또는 벽이 있는 것

② ①에 딸린 시설물(대문, 담장 등)

③ 지하나 고가(高架)의 공작물에 설치하는 사무소, 공연장, 점포, 차고, 창고 등

④ 일정 규모 이상의 다음 공작물(영 제118조, 건축법을 준용하는 공작물)

	2m를 넘는	옹벽 또는 담장
높이	4m를 넘는	장식탑, 기념탑, 첨탑, 광고탑, 광고판, 그 밖에 이와 비슷한 것
	5m를 넘는	태양에너지를 이용하는 발전설비와 그 밖에 이와 비슷한 것
	6m를 넘는	• 굴뚝, 골프연습장의 철탑 • 주거 및 상업지역 안에 설치하는 통신용 철탑 • 그 밖에 이와 비슷한 것
	8m를 넘는	고가수조, 그 밖에 이와 비슷한 것
	8m 이하의	• 기계식 주차장 • 철골조립식 주차장으로서 외벽이 없는 것
바닥면적 30m²를 넘는		지하대피호
건축조례로 정하는		• 제조시설, 저장시설(시멘트사일로 포함), 유희시설 • 건축구조물에 심대한 영향을 줄 수 있는 중량물

(4) (초)고층건축물

구분	규모
고층건축물	층수가 30층 이상이거나 높이가 120m 이상인 건축물
초고층건축물	층수가 50층 이상이거나 높이가 200m 이상인 건축물
준초고층건축물	고층건축물 중 초고층건축물이 아닌 것

(5) 부속용도

건축물의 주된 용도의 기능에 필수적인 다음의 용도를 말한다.

① 건축물의 설비·대피 및 위생, 기타 이와 유사한 시설의 용도

② 사무·작업·집회·물품저장·주차, 기타 이와 유사한 시설의 용도

③ 구내식당·직장보육시설·구내운동시설 등 종업원 후생복리시설 및 구내 소각시설, 기타 이와 유사한 시설의 용도

TIP

건축법 적용 제외 건축물
• 「문화유산의 보존 및 활용에 관한 법률」에 따른 지정문화유산이나 임시문화유산
• 철도나 궤도의 선로 부지(敷地)에 있는 운전보안시설, 철도 선로의 위나 아래를 가로지르는 보행시설, 플랫폼, 해당 철도 또는 궤도사업용 급수(給水)·급탄(給炭) 및 급유(給油) 시설
• 고속도로 통행료 징수시설
• 컨테이너를 이용한 간이창고
• 「하천법」에 따른 하천구역 내의 수문조작실

④ 관계법령에서 주된 용도의 부수시설로 설치할 수 있도록 규정하고 있는 시
  설의 용도

(6) 지하층

건축물의 바닥이 지표면 아래에 있는 층으로서 바닥에서 지표면까지의 평균
높이가 당해 층높이의 2분의 1 이상인 것을 말한다.

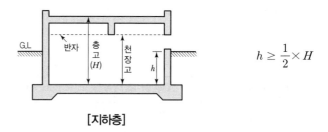

$$h \geq \frac{1}{2} \times H$$

[지하층]

(7) 거실

건축물 안에서 거주 · 집무 · 작업 · 집회 · 오락, 기타 이와 유사한 목적을 위하
여 사용되는 방이다.

(8) 발코니

① 건축물의 내부와 외부를 연결하는 완충공간이다.
② 전망 · 휴식 등의 목적으로 건축물 외벽에 접하여 부가적으로 설치되는 공
  간을 말한다.
③ 필요에 따라 거실 · 침실 · 창고 등 다양한 용도로 사용된다.

(9) 건축

건축물을 신축 · 증축 · 개축 · 재축(再築)하거나 건축물을 이전하는 것이다.

신축	건축물이 없는 대지에 새로 건축물을 축조하는 행위	개축(改築) 또는 재축(再築)하는 것은 제외
	기존건축물이 철거 또는 멸실된 대지에 새로 건축물을 축조하는 행위	
	부속건축물만 있는 대지에 새로 주된 건축물을 축조하는 행위	
증축	기존건축물이 있는 대지에서 건축물의 건축면적 · 연면적 · 층수 또는 높이를 증가시키는 것	
	기존건축물의 일부를 철거(멸실) 후 종전 규모보다 크게 건축물을 축조하는 행위	
	주된 건축물이 있는 대지에 새로 부속건축물을 축조하는 행위	

✵ 부속건축물
같은 대지에서 주된 건축물과 분리된 부
속용도의 건축물로서 주된 건축물을 이
용 또는 관리하는 데 필요한 건축물을
말한다.

개축	기존건축물의 전부 또는 일부(내력벽·기둥·보·지붕틀 중 3가지 이상 포함)를 철거하고 그 대지 안에 종전과 동일한 규모의 범위 안에서 건축물을 다시 축조하는 것
재축	건축물이 천재지변이나 그 밖의 재해(災害)로 멸실된 경우 그 대지에 종전과 같은 규모의 범위에서 다시 축조하는 것
이전	건축물의 주요 구조부를 해체하지 아니하고 같은 대지의 다른 위치로 옮기는 것

(10) 주요 구조부

① 내력벽
② 기둥
③ 바닥
④ 보
⑤ 지붕틀
⑥ 주계단

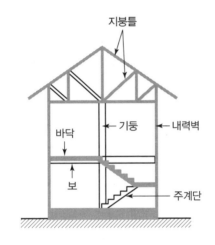

(11) 대수선

건축물의 기둥, 보, 내력벽, 주계단 등의 구조나 외부형태를 수선·변경하거나 증설하는 것으로 증축·개축 또는 재축에 해당하지 않는 것을 말한다.

◆ 대수선(증축·개축 또는 재축에 해당하지 않는 것)

내력벽	증설·해체하거나 벽면적 30m² 이상 수선·변경하는 것
기둥, 보, 지붕틀 (한옥은 지붕틀 범위에서 서까래 제외)	증설·해체하거나 각각 3개 이상 수선·변경하는 것
방화벽, 방화구획을 위한 바닥 또는 벽	증설·해체하거나 수선·변경하는 것
주계단, 피난계단, 특별피난계단	
다가구주택의 가구 간 경계벽 또는 다세대주택의 세대 간 경계벽	
건물 외벽에 사용하는 마감재료	증설 또는 해체하거나 벽면적 30제곱미터 이상 수선 또는 변경하는 것

핵심 **문제 33**   ◆◆◆

대수선의 범위에 관한 기준으로 옳지 않은 것은?
[24년 1회]
① 내력벽을 증설 또는 해체하거나 그 벽면적을 30m² 이상 수선 또는 변경하는 것
② 기둥을 증설 또는 해체하거나 세 개 이상 수선 또는 변경하는 것
③ 보를 증설 또는 해체하거나 두 개 이상 수선 또는 변경하는 것
④ 방화벽 또는 방화구획을 위한 바닥 또는 벽을 증설 또는 해체하거나 수선 또는 변경하는 것

해설

보를 증설 또는 해체하거나 세 개 이상 수선 또는 변경하는 것이 해당된다.

정답 ③

핵심 문제 34 ◆◆◇

건축법령상 다음과 같이 정의되는 용어는?

> 건축물의 노후화를 억제하거나 기능 향상 등을 위하여 대수선하거나 건축물의 일부를 증축 또는 개축하는 행위

① 재축   ② 유지보수
③ 리모델링   ④ 리노베이션

정답 ③

핵심 문제 35 ◆◆◇

철골조기둥(작은 지름 25cm 이상)이 내화구조의 기준에 부합하기 위해서 두께를 최소 7cm 이상 보강해야 하는 재료에 해당하지 않는 것은? [20년 3회]

① 콘크리트블록   ② 철망모르타르
③ 벽돌   ④ 석재

해설

철망모르타르의 경우 6cm 이상으로 적용하여야 한다(단, 경량골재를 사용한 경우에는 5cm 이상).

정답 ②

(12) 리모델링

건축물의 노후화 억제 또는 기능 향상 등을 위하여 대수선 또는 일부를 증축하는 행위이다.

(13) 내화구조 및 방화구조

① 내화구조(건축물의 피난 · 방화구조 등의 기준에 관한 규칙 제3조) : 화재에 견딜 수 있는 성능을 가진 구조를 말한다.

구조부분	내화구조의 기준		기준두께
벽 [( ) 안은 외벽 중 비내력벽]	철근 · 철골철근 콘트리트조		10cm(7cm) 이상
	벽돌조		19cm 이상
	철골조의 골구 양면 (단, 바름 바탕을 불 연재료로 하지 않는 것은 제외)	철망모르타르로 덮을 때	4cm(3cm) 이상
		콘크리트블록 · 벽돌 · 석재로 덮을 때	
	철재로 보강된 콘크리트블록조 · 벽돌조 · 석조		5cm(4cm) 이상
	고온 · 고압 증기 양생된 경량기포콘크리트패널 또는 경량기포콘크리트블록조		10cm 이상
	외벽 중 비내력벽	무근 콘크리트조 · 콘크리트블록조 · 벽돌조 · 석조	7cm 이상
기둥 (작은 지름이 25cm 이상인 것)	철근 · 철골철근 콘크리트조		두께 무관
	철골 [( ) 안은 경량골재를 사용한 경우]	철망모르타르를 덮은 것	6cm(5cm) 이상
		콘크리트블록 · 벽돌 · 석재로 덮을 때	7cm 이상
		콘크리트로 덮은 것	5cm 이상
바닥	철근 · 철골철근 콘크리트조		10cm 이상
	철재로 보강된 콘크리트블록조 · 벽돌조 또는 석조로서 철재에 덮은 콘크리트블록 등의 두께		5cm 이상
	철재의 양면에 철망모르타르 또는 콘크리트로 덮은 것		5cm 이상

구조부분	내화구조의 기준		기준두께
보 (지붕틀 포함)	철근 · 철골철근 콘크리트조		두께 무관
	철골 [( ) 안은 경량골재를 사용한 경우]	철망모르타르를 덮은 것	6cm(5cm) 이상
		콘크리트로 덮은 것	5cm 이상
	철골조의 지붕틀로서 바로 아래에 반자가 없거나 불연재료로 된 반자가 있는 것(바닥으로부터 지붕틀 아랫부분까지의 높이가 4m 이상인 것에 한함)		
지붕	철근 · 철골철근 콘크리트조		두께 무관
	철재로 보강된 콘크리트블록조 · 벽돌조 · 석조		
	유리블록 · 망입유리로 된 것		
계단	철근 · 철골철근 콘크리트조		두께 무관
	무근 콘크리트조 · 콘크리트블록조 · 벽돌조 · 석조		
	철재로 보강된 콘크리트블록조 · 벽돌조 · 석조		
	철골조		
기타	국토교통부장관이 정하는 것으로서 국토교통부장관이 적합하다고 인정한 것 또는 한국건설기술연구원장이 실시하는 품질시험에서 그 성능이 확인된 것		

② 방화구조(건축물의 피난 · 방화구조 등의 기준에 관한 규칙 제4조) : 화염의 확산을 막을 수 있는 성능을 가진 구조

구조부분	구조기준
철망모르타르	바름두께가 2cm 이상
• 석고판 위에 시멘트모르타르 또는 회반죽을 바른 것 • 시멘트모르타르 위에 타일을 붙인 것	두께의 합계가 2.5cm 이상
심벽에 흙으로 맞벽치기한 것	–
산업표준화법에 따른 한국산업표준에 따라 시험한 결과 방화 2급 이상	–

(14) 건축재료

내수재료(耐水材料)	벽돌 · 자연석 · 인조석 · 콘크리트 · 아스팔트 · 도자기질 재료 · 유리, 기타 이와 유사한 내수성 건축재료
불연재료(不燃材料)	불에 타지 아니하는 성질을 가진 재료
준불연재료	불연재료에 준하는 성질을 가진 재료
난연재료(難燃材料)	불에 잘 타지 아니하는 성능을 가진 재료

핵심 문제 36 ◆◆◆

건축물의 피난 · 방화구조 등의 기준에 관한 규칙에서 규정한 방화구조에 해당하지 않는 것은? [18년 3회, 23년 3회]
① 시멘트모르타르 위에 타일을 붙인 것으로서 그 두께의 합계가 2cm인 것
② 철망모르타르로서 그 바름두께가 2.5cm인 것
③ 석고판 위에 시멘트 모르타르를 바른 것으로서 그 두께의 합계가 3cm인 것
④ 심벽에 흙으로 맞벽치기한 것

해설

시멘트모르타르 위에 타일을 붙인 것으로서 그 두께의 합계가 2.5cm 이상이어야 한다.

정답 ①

(15) 특수구조건축물

① 한쪽 끝은 고정되고 다른 끝은 지지(支持)되지 아니한 구조로 된 보ㆍ차양 등이 외벽(외벽이 없는 경우에는 외곽 기둥)의 중심선으로부터 3m 이상 돌출된 건축물

② 기둥과 기둥 사이의 거리(기둥의 중심선 사이의 거리, 기둥이 없는 경우에는 내력벽과 내력벽의 중심선 사이의 거리)가 20m 이상인 건축물

③ 특수한 설계ㆍ시공ㆍ공법 등이 필요한 건축물

(16) 기타 용어

① 관계전문기술자

건축물의 구조ㆍ설비 등 건축물과 관련된 전문기술자격을 보유하고 설계 및 공사감리에 참여하여 설계자 및 공사감리자와 협력하는 사람이다.

② 특별건축구역

조화롭고 창의적인 건축물의 건축을 통하여 도시경관의 창출, 건설기술수준 향상 및 건축 관련 제도 개선을 도모하기 위하여 이 법 또는 관계법령에 따라 일부 규정을 적용하지 아니하거나 완화 또는 통합하여 적용할 수 있도록 특별히 지정하는 구역이다.

③ 환기시설물 등 대통령령으로 정하는 구조물

급기(給氣) 및 배기(排氣)를 위한 건축구조물의 개구부(開口部)인 환기구를 말한다.

3) 건축물의 용도 분류

(1) 건축물의 용도

건축물의 종류를 유사한 구조, 이용목적 및 형태별로 묶어 분류한 것을 말한다.

(2) 건축물의 대분류

① 단독주택	② 공동주택
③ 제1종 근린생활시설	④ 제2종 근린생활시설
⑤ 문화 및 집회시설	⑥ 종교시설
⑦ 판매시설	⑧ 운수시설
⑨ 의료시설	⑩ 교육연구시설
⑪ 노유자시설	⑫ 수련시설
⑬ 운동시설	⑭ 업무시설
⑮ 숙박시설	⑯ 위락시설
⑰ 공장	⑱ 창고시설

⑲ 위험물 저장 및 처리시설   ⑳ 자동차 관련 시설

㉑ 동물 및 식물 관련 시설   ㉒ 자원순환 관련 시설

㉓ 교정시설   ㉔ 국방 · 군사시설

㉕ 방송통신시설   ㉖ 발전시설

㉗ 묘지 관련 시설   ㉘ 관광휴게시설

㉙ 그 밖에 대통령령으로 정하는 시설

(3) 용도별 건축물의 종류

① 단독주택

단독주택의 형태를 갖춘 가정어린이집 · 공동생활가정 · 지역아동센터 · 공동육아나눔터 · 작은도서관 및 노인복지시설을 포함한다(노인복지주택은 제외).

구분	요건
단독주택	–
다중주택	• 학생 또는 직장인 등 여러 사람이 장기간 거주할 수 있는 구조로 되어 있는 것 • 독립된 주거의 형태를 갖추지 아니한 것(각 실별로 욕실은 설치할 수 있으나, 취사시설은 설치하지 않은 것) • 연면적 660m² 이하이고 층수가 3층 이하인 것
다가구주택 (공동주택에 해당하지 않는 것)	• 주택으로 쓰는 층수가 3개 층 이하일 것(지하층 제외) • 1개 동의 주택으로 쓰이는 바닥면적의 합계가 660m² 이하인 것(부설주차장 면적은 제외) • 19세대 이하가 거주할 수 있을 것
공관	–

TIP

• 다중주택에서의 바닥면적 산입 시 부설주차장 면적은 제외한다.
• 다가구주택의 세대수 제한인 19세대는 단지 내 동별 세대를 합한 세대수를 말한다.

② 공동주택

공동주택의 형태를 갖춘 가정어린이집 · 공동생활가정 · 지역아동센터 · 공동육아나눔터 · 작은도서관 · 노인복지시설 및 원룸형 주택을 포함한다(노인복지주택은 제외).

공동주택	요건
아파트	주택으로 쓰는 층수가 5개 층 이상인 주택
연립주택	주택으로 쓰는 1개 동의 바닥면적 합계가 660m²를 초과하고, 층수가 4개 층 이하인 주택(2개 이상의 동을 지하주차장으로 연결하는 경우에는 각각의 동으로 본다)
다세대주택	주택으로 쓰는 1개 동의 바닥면적 합계가 660m² 이하이고, 층수가 4개 층 이하인 주택(2개 이상의 동을 지하주차장으로 연결하는 경우에는 각각의 동으로 본다)

공동주택	요건
기숙사	학교 또는 공장 등의 학생 또는 종업원 등을 위하여 쓰는 것으로서 공동취사 등을 할 수 있는 구조를 갖추되, 독립된 주거의 형태를 갖추지 아니한 것(학생복지주택 포함)

TIP

준다중이용 건축물
다중이용 건축물 외의 건축물로서 다음의 어느 하나에 해당하는 용도로 쓰는 바닥면적의 합계가 1천 제곱미터 이상인 건축물을 말한다.
- 문화 및 집회시설(동물원 및 식물원은 제외), 종교시설, 판매시설
- 운수시설 중 여객용 시설, 의료시설 중 종합병원, 교육연구시설
- 노유자시설, 운동시설, 숙박시설 중 관광숙박시설
- 위락시설, 관광휴게시설, 장례시설

4) 다중이용 건축물

다음의 (1) 또는 (2)의 조건 중 하나 이상에 해당하면, 다중이용 건축물로 간주한다.

(1) 16층 이상 건축물

(2) 다음 용도로 쓰이며 바닥면적의 합계가 5,000m² 이상인 건축물

① 문화 및 집회시설(동·식물원 제외)·종교시설
② 판매시설·운수시설 중 여객용 시설
③ 의료시설 중 종합병원·숙박시설 중 관광숙박시설

5) 기존 건축물의 특례

허가권자는 기존 건축물 및 대지가 법령의 제정·개정이나 기타 사유로 법령 등에 부적합하더라도 다음의 어느 하나에 해당하는 경우에는 건축을 허가할 수 있다.

① 기존 건축물을 재축하는 경우
② 증축하거나 개축하려는 부분이 법령 등에 적합한 경우
③ 기존 건축물의 대지가 도시·군계획시설의 설치 또는 도로법에 따른 도로의 설치로 법 제57조에 따라 해당 지방자치단체가 정하는 면적에 미달되는 경우로서 그 기존 건축물을 연면적 합계의 범위에서 증축하거나 개축하는 경우
④ 기존 건축물이 도시·군계획시설 또는 도로법에 따른 도로의 설치로 법 제55조 또는 법 제56조에 부적합하게 된 경우로서 화장실·계단·승강기의 설치 등 그 건축물의 기능을 유지하기 위하여 그 기존 건축물의 연면적 합계의 범위에서 증축하는 경우
⑤ 법률 제7696호 건축법 일부개정법률 제50조의 개정규정에 따라 최초로 개정한 해당 지방자치단체의 조례 시행일 이전에 건축된 기존 건축물의 건축선 및 인접 대지경계선으로부터의 거리가 그 조례로 정하는 거리에 미달되는 경우로서 그 기존 건축물을 건축 당시의 법령에 위반하지 아니하는 범위에서 증축하는 경우
⑥ 기존 한옥을 개축하는 경우
⑦ 건축물 대지의 전부 또는 일부가 자연재해위험개선지구에 포함되고 사용승인 후 20년이 지난 기존 건축물을 재해로 인한 피해 예방을 위하여 연면적의 합계 범위에서 개축하는 경우

2. 건축물의 구조 및 피난방화 관련 사항

1) 구조내력

(1) 구조안전의 확인

① 건축물은 고정하중, 적재하중(積載荷重), 적설하중(積雪荷重), 풍압(風壓), 지진, 그 밖의 진동 및 충격 등에 대하여 안전한 구조를 가져야 한다.

② 내진능력 공개 대상건축물을 건축하거나 대수선하는 경우 건축물의 설계자는 구조기준 등에 따라 구조의 안전을 확인하여야 한다.

(2) 내진능력 공개 대상 건축물(건축물의 설계자 구조안전 확인이 필요한 건축물)

① 층수가 2층(주요 구조부인 기둥과 보를 설치하는 건축물로서 그 기둥과 보가 목재인 목구조건축물의 경우에는 3층) 이상인 건축물

② 연면적이 200m²(목구조건축물의 경우에는 500m²) 이상인 건축물

③ 높이가 13m 이상인 건축물

④ 처마높이가 9m 이상인 건축물

⑤ 기둥과 기둥 사이의 거리가 10m 이상인 건축물

⑥ 건축물의 용도 및 규모를 고려한 중요도가 높은 건축물로서 국토교통부령으로 정하는 건축물

⑦ 국가적 문화유산으로 보존할 가치가 있는 건축물로서 국토교통부령으로 정하는 것

⑧ 특수구조건축물

　㉠ 한쪽 끝은 고정되고 다른 끝은 지지(支持)되지 아니한 구조로 된 보·차양 등이 외벽(외벽이 없는 경우에는 외곽기둥)의 중심선으로부터 3m 이상 돌출된 건축물

　㉡ 기둥과 기둥 사이의 거리(기둥의 중심선 사이의 거리, 기둥이 없는 경우에는 내력벽과 내력벽의 중심선 사이의 거리)가 20m 이상인 건축물

⑨ 단독주택 및 공동주택

(3) 구조안전 확인 생략

① 지진에 대한 안전이 확인된 건축물로서 사용승인서를 받은 후 5년이 지난 건축물을 연면적 1/10 이내의 증축, 1개 층 증축, 일부 개축한 것

② 대수선 중 다음에 해당하는 것

　㉠ 방화벽 또는 방화구획을 위한 바닥 또는 벽을 증설·해체하거나 수선·변경하는 것

　㉡ 주계단·피난계단 또는 특별피난계단을 증설·해체하거나 수선·변경하는 것

ⓒ 미관지구에서 건축물의 외부형태(담장을 포함)를 변경하는 것

ⓔ 다가구주택의 가구 간 경계벽 또는 다세대주택의 세대 간 경계벽을 증설·해체하거나 수선·변경하는 것

2) 건축물의 피난시설

(1) 피난규정

대통령령으로 정하는 용도 및 규모의 건축물과 그 대지에는 국토교통부령으로 정하는 바에 따라 복도, 계단, 출입구, 그 밖의 피난시설과 소화전, 저수조, 그 밖의 소화설비 및 대지 안의 피난과 소화에 필요한 통로를 설치하여야 한다.

(2) 피난층

① 직접 지상으로 통하는 출입구가 있는 층

② 초고층건축물의 피난안전구역

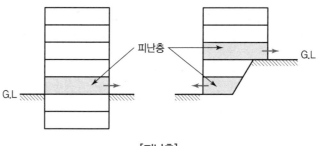

[피난층]

3) 직통계단의 설치

건축물의 피난층 외의 층에서는 피난층 또는 지상으로 통하는 직통계단(경사로를 포함)은 거실의 각 부분으로부터 계단(거실로부터 가장 가까운 거리에 있는 계단)에 이르는 보행거리가 30m 이하가 되도록 설치하여야 한다.

(1) 보행거리에 의한 직통계단 설치

구분	거실 각 부분으로부터 계단에 이르는 보행거리
원칙	30m 이하
주요 구조부가 내화구조나 불연재료인 경우(지하층에 설치한 바닥면적 합계가 300m² 이상인 공연장·집회장·관람장 및 전시장 제외)	50m 이하 (16층 이상 공동주택 : 40m 이하)
자동화 생산시설에 스프링클러 등 자동식 소화설비를 설치한 반도체 및 디스플레이패널을 제조하는 공장	75m 이하 (무인화공장 : 100m 이하)

(2) 직통계단을 2개소 이상 설치하여야 하는 건축물(피난층 이외의 층)

건축물의 용도	해당 부분	바닥면적
• 문화 및 집회시설(전시장 및 동·식물원 제외) • 장례식장 • 위락시설 중 주점영업 • 종교시설	그 층의 관람실 또는 집회실의 바닥면적 합계	200m² 이상
• 다중주택·다가구주택 • 정신과의원(입원실 있는 경우) • 인터넷컴퓨터게임시설제공업소(바닥면적의 합계 300m² 이상)·학원·독서실, 판매시설, 운수시설(여객용 시설), 의료시설(입원실 없는 치과병원 제외) • 아동관련시설·노인복지시설·장애인 거주시설(장애인거주시설 중 국토교통부령으로 정하는 시설) 및 장애인 의료재활시설 • 유스호스텔 또는 숙박시설	3층 이상의 층으로서 그 층의 당해 용도로 쓰이는 거실 바닥면적 합계	200m² 이상
지하층	그 층의 거실 바닥면적의 합계	
• 공동주택(층당 4세대 이하는 제외) • 업무시설 중 오피스텔 • 공연장, 종교집회장	그 층의 당해 용도에 쓰이는 거실 바닥면적의 합계	300m² 이상
위의 규정된 용도에 해당하지 않는 용도	3층 이상의 층으로 그 층의 거실 바닥면적의 합계	400m² 이상

4) 고층건축물의 피난 및 안전관리

① 고층건축물에는 대통령령으로 정하는 바에 따라 피난안전구역을 설치하거나 대피공간을 확보한 계단을 설치하여야 한다.

② 피난안전구역 : 건축물의 피난·안전을 위하여 건축물 중간층에 설치하는 대피공간으로 피난층 또는 지상으로 통하는 직통계단과 직접 연결되는 것을 말한다.

초고층건축물	최대 30개 층마다 1개소 이상 설치
준초고층건축물	해당 건축물 전체 층수의 1/2에 해당하는 층으로부터 상하 5개층 이내에 1개소 이상 설치

5) 피난계단의 설치

(1) 피난계단 및 특별피난계단의 설치대상

구분	대상	예외
피난계단 또는 특별피난계단	5층 이상의 층으로부터 피난층 또는 지상으로 통하는 직통계단(지하 1층인 건축물의 경우에는 5층 이상의 층으로부터 피난층 또는 지상으로 통하는 직통계단과 직접 연결된 지하 1층의 계단을 포함)	건축물의 주요 구조부가 내화구조 또는 불연재료로 되어 있고 아래 중 하나에 해당하는 경우 • 5층 이상의 바닥면적 합계가 200m² 이하인 경우 • 5층 이상의 바닥면적 200m² 이내마다 방화구획이 되어 있는 경우
	지하 2층 이하의 층으로부터 피난층 또는 지상으로 통하는 직통계단	
	판매시설의 용도에 쓰이는 층으로부터의 직통계단은 1개소 이상을 특별피난계단으로 설치하여야 한다.	
	5층 이상인 층으로서 문화 및 집회시설 중 전시장 또는 동·식물원, 판매시설, 운수시설(여객용 시설만 해당), 운동시설, 위락시설, 관광휴게시설(다중이 이용하는 시설만 해당) 또는 수련시설 중 생활권수련시설의 용도로 쓰는 층에는 직통계단 외에 그 층의 해당 용도로 쓰는 바닥면적의 합계가 2천m²를 넘는 경우에는 그 넘는 2천m² 이내마다 1개소 설치(4층 이하의 층에는 쓰지 아니하는 피난계단 또는 특별피난계단만 해당)	
특별피난계단	11층(공동주택은 16층) 이상의 층으로부터 피난층 또는 지상으로 통하는 직통계단	• 갓복도식 공동주택 • 해당 층의 바닥면적이 400m² 미만인 층
	지하 3층 이하인 층으로부터 피난층 또는 지상으로 통하는 직통계단	

(2) 옥외피난계단 설치

건축물의 3층 이상인 층(피난층 제외)으로서 다음의 어느 하나에 해당하는 용도로 쓰는 층에는 직통계단 외에 그 층으로부터 지상으로 통하는 옥외피난계단을 따로 설치하여야 한다.

① 제1종 근린생활시설 중 공연장(해당 용도로 쓰는 바닥면적의 합계가 300m² 이상), 문화 및 집회시설 중 공연장, 위락시설 중 주점영업의 용도로 쓰는 층으로서 그 층 거실 바닥면적의 합계가 300m² 이상인 것

② 문화 및 집회시설 중 집회장의 용도로 쓰는 층으로서 그 층 거실의 바닥면적의 합계가 1천m² 이상인 것

(3) 피난계단의 구조(건축물의 피난·방화구조 등의 기준에 관한 규칙 제9조)

① 건축물의 내부에 설치하는 피난계단의 구조

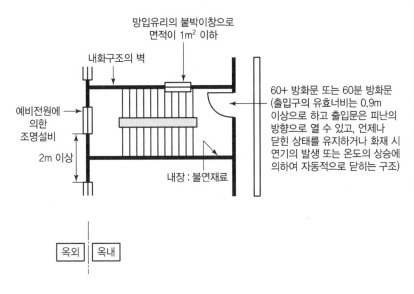

ㄱ 계단실은 창문·출입구, 기타 개구부를 제외한 당해 건축물의 다른 부분과 내화구조의 벽으로 구획할 것

ㄴ 계단실의 실내에 접하는 부분(바닥 및 반자 등 실내에 면한 모든 부분)의 마감(마감을 위한 바탕을 포함)은 불연재료로 할 것

ㄷ 계단실에는 예비전원에 의한 조명설비를 할 것

ㄹ 계단실의 바깥쪽과 접하는 창문 등(망이 들어 있는 유리의 붙박이창으로 그 면적이 각각 1제곱미터 이하인 것을 제외)은 당해 건축물의 다른 부분에 설치하는 창문 등으로부터 2미터 이상의 거리를 두고 설치할 것

ㅁ 건축물의 내부와 접하는 계단실의 창문 등(출입구 제외)은 망이 들어 있는 유리의 붙박이창으로서 그 면적을 각각 1제곱미터 이하로 할 것

ㅂ 건축물의 내부에서 계단실로 통하는 출입구의 유효너비는 0.9미터 이상으로 하고, 그 출입구에는 피난의 방향으로 열 수 있는 것으로서 언제나 닫힌 상태를 유지하거나 화재로 인한 연기, 온도, 불꽃 등을 가장 신속하게 감지하여 자동적으로 닫히는 구조로 된 60＋ 방화문 또는 60분 방화문을 설치할 것

ㅅ 계단은 내화구조로 하고 피난층 또는 지상까지 직접 연결되도록 할 것

② **건축물의 바깥쪽에 설치하는 피난계단의 구조**

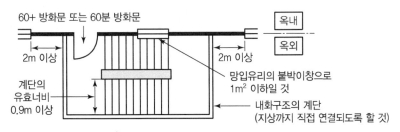

핵심 문제 39　◆··◆

건축물 내부에 설치하는 피난계단의 구조 기준으로 옳지 않은 것은?　[18년 1회]

① 계단은 내화구조로 하고 피난층 또는 지상까지 직접 연결되도록 한다.

② 계단실에는 예비전원에 의한 조명설비를 한다.

③ 계단실의 실내에 접하는 부분의 마감은 난연재료로 한다.

④ 건축물의 내부에서 계단실로 통하는 출입구의 유효너비는 0.9m 이상으로 한다.

해설

계단실의 실내에 접하는 부분의 마감은 불연재료로 한다.

정답 ③

💡 **TIP**

계단실의 예비전원에 의한 조명설비 설치는 피난계단이 건축물 내부에 설치되는 경우 의무조건이며, 피난계단이 건축물 바깥쪽에 설치될 경우에는 의무가 아니다.

핵심 문제 40　◆··◆

건축물의 바깥쪽에 설치하는 피난계단의 구조에 관한 기준 내용으로 옳지 않은 것은?　[24년 2회]

① 계단의 유효너비는 0.9m 이상으로 할 것

② 계단실에는 예비전원에 의한 조명설비를 할 것

③ 계단은 내화구조로 하고 지상까지 직접 연결되도록 할 것

④ 건축물의 내부에서 계단으로 통하는 출입구에는 60＋ 방화문 또는 60분 방화문을 설치할 것

해설

건축물의 바깥쪽에 설치하는 피난계단의 경우 계단실에 예비전원에 의한 조명설비를 설치하는 것이 의무사항은 아니다. 다만, 건축물 내부에 설치하는 피난계단의 계단실에는 예비전원에 의한 조명설비를 의무적으로 설치하여야 한다.

정답 ②

ㄱ 계단은 그 계단으로 통하는 출입구 외의 창문 등(망이 들어 있는 유리의 붙박이창으로 그 면적이 각각 1제곱미터 이하인 것은 제외)으로부터 2미터 이상의 거리를 두고 설치할 것

ㄴ 건축물의 내부에서 계단으로 통하는 출입구에는 60＋ 방화문 또는 60분 방화문을 설치할 것

ㄷ 계단의 유효너비는 0.9미터 이상으로 할 것

ㄹ 계단은 내화구조로 하고 지상까지 직접 연결되도록 할 것

(4) 특별피난계단의 구조(건축물의 피난ㆍ방화구조 등의 기준에 관한 규칙 제9조)

① 개념도

ㄱ 창문과 부속실이 설치된 경우(면적 1m² 이상으로서 외부로 향해 열 수 있는 창문 포함)

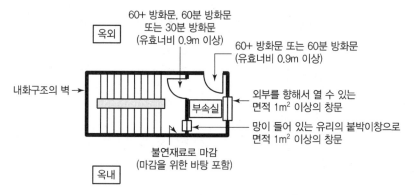

ㄴ 노대가 설치된 경우

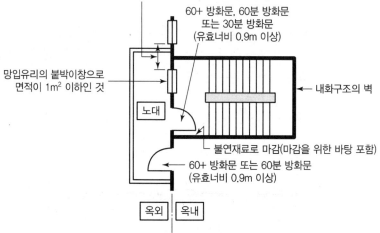

② 적용기준

구분	구조기준
노대 또는 부속실	건축물의 내부와 계단실 연결 • 노대를 통하여 연결(바닥으로부터 1m 이상의 높이에 설치한 것) • 면적 3m² 이상인 부속실을 통하여 연결(외부를 향해 열 수 있는 면적 1m² 이상인 창문 또는 배연설비가 있는 것)
계단실·노대·부속실의 벽	창문 등을 제외하고는 내화구조의 벽으로 각각 구획할 것(비상용 승강기의 승강장을 겸용하는 부속실을 포함)
계단실·부속실의 마감	바닥 및 반자 등 실내에 면한 모든 부분의 마감은 불연재료로 할 것(마감을 위한 바탕을 포함)
계단실 조명	예비전원에 의한 조명설비를 할 것
외부와 접하는 창문	계단실·노대 또는 부속실에 설치하는 건축물의 바깥쪽에 접하는 창문 등은 계단실·노대 또는 부속실 외의 당해 건축물의 다른 부분에 설치하는 창문 등으로부터 2m 이상의 거리를 두고 설치할 것(망이 들어 있는 유리의 붙박이창으로서 그 면적이 각각 1m² 이하인 것은 제외)
내부와 접하는 창문 설치 금지	노대 또는 부속실에 접하는 부분 외에는 건축물의 내부와 접하는 창문 등을 설치하지 아니할 것
노대·부속실에 접하는 창문	• 계단실의 노대 또는 부속실에 접하는 창문 등은 망이 들어 있는 유리의 붙박이창으로서 그 면적을 각각 1m² 이하로 할 것(출입구 제외) • 노대 및 부속실에는 계단실 외의 건축물의 내부와 접하는 창문 등을 설치하지 아니할 것(출입구 제외)
건축물의 내부에서 노대 또는 부속실로 통하는 출입구	60＋ 방화문 또는 60분 방화문을 설치할 것
노대 또는 부속실로부터 계단실로 통하는 출입구	60＋ 방화문, 60분 방화문 또는 30분 방화문을 설치할 것(갑종방화문 또는 을종방화문은 언제나 닫힌 상태를 유지하거나 화재로 인한 연기, 온도, 불꽃 등을 가장 신속하게 감지하여 자동적으로 닫히는 구조로 하여야 함)
출입구 유효너비	0.9m 이상(피난의 방향으로 열 수 있을 것)
계단의 구조	내화구조(피난층 또는 지상까지 직접 연결되도록 할 것)

핵심 문제 41

건축물에 설치하는 특별피난계단의 구조에 관한 기준으로 옳지 않은 것은?

[19년 3회]

① 계단실에는 노대 또는 부속실에 접하는 부분 외에는 건축물의 내부와 접하는 창문 등을 설치하지 아니할 것
② 건축물의 내부에서 노대 또는 부속실로 통하는 출입구에는 30분 방화문을 설치할 것
③ 계단은 내화구조로 하되, 피난층 또는 지상까지 직접 연결되도록 할 것
④ 출구구의 유효너비는 0.9m 이상으로 하고 피난의 방향으로 열 수 있을 것

해설

건축물의 내부에서 노대 또는 부속실로 통하는 출입구에는 갑종방화문(60분 방화문 또는 60＋방화문)을 설치할 것

정답 ②

핵심 문제 42

초등학교에 계단을 설치하는 경우 계단참의 유효너비는 최소 얼마 이상으로 하여야 하는가?

[20년 1·2회]

① 120cm　　② 150cm
③ 160cm　　④ 170cm

정답 ②

---

(5) 피난계단 또는 특별피난계단의 공통사항

① 피난계단 또는 특별피난계단은 돌음계단으로 하여서는 아니 되며, 옥상광장을 설치하여야 하는 건축물의 피난계단 또는 특별피난계단은 해당 건축물의 옥상으로 통하도록 설치하여야 한다. 이 경우 옥상으로 통하는 출입문은 피난방향으로 열리는 구조로서 피난 시 이용에 장애가 없어야 한다.

② 갓복도식 공동주택은 각 층의 계단실 및 승강기에서 각 세대로 통하는 복도의 한쪽 면이 외기(外氣)에 개방된 구조의 공동주택을 말한다.

6) 계단 · 복도 및 출입구의 설치

연면적 200m²를 초과하는 건축물에 설치하는 계단 및 복도는 국토교통부령으로 정하는 기준에 적합하여야 한다. 또한 국토교통부령으로 정하는 기준에 따라 그 건축물로부터 바깥쪽으로 나가는 출구를 설치하여야 하는 건축물의 출입구도 기준에 적합하여야 한다.

(1) 계단의 설치기준(건축물의 피난 · 방화구조 등의 기준에 관한 규칙 제15조)

계단요소		설치기준
계단참	계단높이 3m 이상	계단높이 3m 이내마다 너비 1.2m 이상의 계단참 설치
난간	계단높이 1m 이상	양옆에 난간 설치(벽 또는 이에 대치되는 것 포함)
중간난간	계단너비 3m 이상	계단 중간에 너비 3m 이내마다 난간 설치(단높이가 15cm 이하이고, 단너비가 30cm 이상인 경우 제외)
계단의 유효높이		2.1m 이상(계단바닥 마감면부터 상부구조체 하부 마감면까지 연직방향 높이)

(2) 용도별 계단치수

용도구분		계단 및 계단참 너비 (옥내계단에 한함)	단너비	단높이
초등학교		150cm 이상	26cm 이상	16cm 이하
중 · 고등학교		150cm 이상	26cm 이상	18cm 이하
• 문화 및 집회시설 : 공연장, 집회장, 관람장 • 판매시설 : 도 · 소매시장, 상점 • 바로 위층의 바닥면적 합계가 200m² 이상, 거실 바닥면적 합계가 100m² 이상인 지하층		120cm 이상	–	–
준초고층건축물	공동주택	120cm 이상	–	–
	공동주택 외	120cm 이상	–	–
기타 계단		60cm 이상	–	–

(3) 계단을 대체하여 설치하는 경사로기준

    ① 경사도는 1 : 8을 넘지 아니할 것

    ② 표면을 거친 면으로 하거나 미끄러지지 아니하는 재료로 마감할 것

    ③ 경사로의 직선 및 굴절 부분의 유효너비는「장애인 · 노인 · 임산부 등의 편의증진 보장에 관한 법률」이 정하는 기준에 적합할 것

    ④ 난간, 참, 유효높이는 계단기준을 준용한다.

(4) 공동주택 등의 난간, 바닥 마감 등

    ① 공동주택(기숙사는 제외) · 제1종 근린생활시설 · 제2종 근린생활시설 · 문화 및 집회시설 · 종교시설 · 판매시설 · 운수시설 · 의료시설 · 노유자시설 · 업무시설 · 숙박시설 · 위락시설 또는 관광휴게시설의 용도에 쓰이는 건축물의 주계단 · 피난계단 또는 특별피난계단에 설치하는 난간 및 바닥은 아동의 이용에 안전하고 노약자 및 신체장애인의 이용에 편리한 구조로 하여야 하며, 양쪽에 벽 등이 있어 난간이 없는 경우에는 손잡이를 설치하여야 한다.

    ② 난간 · 벽 등의 손잡이와 바닥 마감기준

        ㉠ 손잡이는 최대지름이 3.2cm 이상 3.8cm 이하인 원형 또는 타원형의 단면으로 할 것

        ㉡ 손잡이는 벽 등으로부터 5cm 이상 떨어지도록 하고, 계단으로부터의 높이는 85cm가 되도록 할 것

        ㉢ 계단이 끝나는 수평부분에서의 손잡이는 바깥쪽으로 30cm 이상 나오도록 설치할 것

    ③ 피난층 또는 지상으로 통하는 직통계단을 설치하는 경우 계단 및 계단참의 너비

        ㉠ 공동주택 : 120cm 이상

        ㉡ 공동주택이 아닌 건축물 : 150cm 이상

    ④ 계단기준 적용 예외 : 승강기 기계실용 계단, 망루용 계단 등 특수한 용도에만 쓰이는 계단

7) 복도의 너비 및 설치기준(건축물의 피난 · 방화구조 등의 기준에 관한 규칙 제15조의2)

  (1) 복도의 유효너비

    ① 용도별 복도의 유효너비

핵심 문제 43 ◆◆◆

학교의 바깥쪽에 이르는 출입구에 계단을 대체하여 경사로를 설치하고자 한다. 필요한 경사로의 최소수평길이는?(단, 경사로는 직선으로 되어 있으며 1층의 바닥높이는 지상보다 50cm 높다) [20년 3회]

① 2m   ② 3m
③ 4m   ④ 5m

해설

경사로의 기울기는 1 : 8을 넘지 말아야 하므로, 높이차가 0.5m(50cm)일 경우 수평거리는 0.5m × 8 = 4m 이상이어야 한다.

정답 ③

핵심 문제 44 ◆◆◆

종교시설인 건축물의 주계단 · 피난계단 또는 특별피난계단에서 난간이 없는 경우에 손잡이를 설치하고자 할 때 손잡이는 벽 등으로부터 최소 얼마 이상 떨어져 설치해야 하는가?

① 3cm   ② 5cm
③ 8cm   ④ 10cm

해설

공동주택 등 난간 · 벽 등의 손잡이와 바닥 마감기준

• 손잡이는 최대지름이 3.2cm 이상 3.8cm 이하인 원형 또는 타원형의 단면으로 할 것
• 손잡이는 벽 등으로부터 5cm 이상 떨어지도록 하고, 계단으로부터의 높이는 85cm가 되도록 할 것
• 계단이 끝나는 수평부분에서의 손잡이는 바깥쪽으로 30cm 이상 나오도록 설치할 것

정답 ②

용도구분	양옆에 거실이 있는 복도	기타의 복도
유치원, 초등학교, 중 · 고등학교	2.4m 이상	1.8m 이상
공동주택 · 오피스텔	1.8m 이상	1.2m 이상
당해 층 거실의 바닥면적의 합계가 200m² 이상인 경우	1.5m 이상(의료시설의 복도는 1.8m 이상)	1.2m 이상

② 당해 층 바닥면적에 따른 복도의 유효너비

용도구분	당해 층 바닥면적의 합계	복도의 유효너비
공연장 · 집회장 · 관람장 · 전시장, 종교집회장, 아동 관련 시설 · 노인복지시설, 생활권수련시설, 유흥주점, 장례식장의 관람실 또는 집회실과 접하는 복도	500m² 미만	1.5m 이상
	500m² 이상 1,000m² 미만	1.8m 이상
	1,000m² 이상	2.4m 이상

(2) 문화 및 집회시설 중 공연장에 설치하는 복도의 설치기준

관람실	바닥면적	설치위치
공연장 개별 관람실	300m² 이상	양측 및 뒤쪽에 각각 복도 설치
하나의 층에 관람실을 2개소 이상 연속하여 설치하는 경우	300m² 미만	전후방에 복도 설치

8) 관람실 등으로부터의 출구 설치(건축물의 피난 · 방화구조 등의 기준에 관한 규칙 제10조)

건축물의 관람실 또는 집회실로부터 바깥쪽으로의 출구로 쓰이는 문은 안여닫이로 하여서는 아니 된다.

(1) 설치대상

① 제2종 근린생활시설 중 공연장 · 종교집회장(해당 용도로 쓰는 바닥면적의 합계가 각각 300m² 이상)

② 문화 및 집회시설(전시장 및 동 · 식물원은 제외)

③ 종교시설, 위락시설, 장례시설

(2) 공연장 개별 관람실의 출구 설치기준(바닥면적 300m² 이상인 것에 한함)

① 관람실별로 2개소 이상 설치할 것

② 각 출구의 유효너비는 1.5m 이상일 것

핵심 문제 45 ◆◆◆

문화 및 집회시설 중 공연장의 개별 관람실의 바깥쪽에 있어 그 양쪽 및 뒤쪽에 각각 복도를 설치하여야 하는 최소바닥면적의 기준으로 옳은 것은?

① 개별 관람실의 바닥면적이 300m² 이상
② 개별 관람실의 바닥면적이 400m² 이상
③ 개별 관람실의 바닥면적이 500m² 이상
④ 개별 관람실의 바닥면적이 600m² 이상

해설

설치대상
• 제2종 근린생활시설 중 공연장 · 종교집회장(해당 용도로 쓰는 바닥면적의 합계가 각각 300m² 이상)
• 문화 및 집회시설(전시장 및 동 · 식물원은 제외)
• 종교시설, 위락시설, 장례식장

정답 ①

핵심 문제 46 ◆◆◆

문화 및 집회시설 중 공연장의 개별 관람실 바닥면적이 550m²인 경우 관람실의 최소출구개수는?(단, 각 출구의 유효너비는 1.5m로 한다)   [18년 1회]

① 2개소   ② 3개소
③ 4개소   ④ 5개소

해설

출구의 총유효너비 $= \dfrac{550}{100} \times 0.6 = 3.3\text{m}$

최소출구개수 $= \dfrac{3.3}{1.5} = 2.2 ≒ 3$

∴ 3개소

정답 ②

③ 개별 관람실 출구의 유효너비의 합계

개별 관람실의 규모	출구 설치기준	
바닥면적 300m² 이상	개수	2개소 이상
	유효너비	최소 1.5m 이상
	유효너비의 합계	$\dfrac{\text{개별 관람실의 바닥면적}(m^2)}{100m^2} \times 0.6m$ 이상

9) 건축물의 바깥쪽으로의 출구 설치(건축물의 피난 · 방화구조 등의 기준에 관한 규칙 제11조)

(1) 출구의 설치대상

① 제2종 근린생활시설 중 공연장 · 종교집회장 · 인터넷컴퓨터게임시설제공업소(해당 용도로 쓰는 바닥면적의 합계가 각각 300m² 이상)

② 문화 및 집회시설(전시장 및 동 · 식물원은 제외)

③ 종교시설

④ 판매시설

⑤ 업무시설 중 국가 또는 지방자치단체의 청사

⑥ 위락시설

⑦ 연면적이 5천m² 이상인 창고시설

⑧ 교육연구시설 중 학교

⑨ 장례시설

⑩ 승강기를 설치하여야 하는 건축물

(2) 출구에 이르는 보행거리

① 건축물의 바깥쪽으로 나가는 출구를 설치하는 경우 피난층의 계단으로부터 건축물의 바깥쪽으로의 출구에 이르는 보행거리(가장 가까운 출구와의 보행거리)는 직통계단의 규정에 의한 거리 이하로 한다.

② 거실(피난에 지장이 없는 출입구가 있는 것을 제외)의 각 부분으로부터 건축물의 바깥쪽으로의 출구에 이르는 보행거리는 직통계단의 규정에 의한 거리의 2배 이하로 하여야 한다.

(3) 출구문의 방향

건축물의 바깥쪽으로 나가는 출구를 설치하는 건축물 중 문화 및 집회시설(전시장 및 동 · 식물원을 제외), 종교시설, 장례시설 또는 위락시설의 용도에 쓰이는 건축물의 바깥쪽으로의 출구로 쓰이는 문은 안여닫이로 하여서는 아니된다.

핵심 문제 47 ◆◆◆

문화 및 집회시설 중 공연장의 개별 관람실의 출구 설치기준에 관한 내용으로 틀린 것은?(단, 관람실의 바닥면적은 300m²이다)

① 관람실로부터 바깥쪽으로의 출구로 쓰이는 문은 안여닫이로 하여서는 안 된다.

② 관람실별로 2개소 이상 설치한다.

③ 각 출구의 유효너비는 1.5m 이상으로 한다.

④ 개별 관람실 출구의 유효너비의 합계는 최소 1.5m 이상으로 한다.

해설

관람실의 바닥면적이 300m²일 경우 개별 관람실 출구의 유효너비의 합계는 다음과 같다.

$$\frac{300m^2}{100m^2} \times 0.6m = 1.8m \text{ 이상}$$

정답 ④

핵심 문제 48 ◆◆◆

건축물의 피난시설과 관련하여 건축물 바깥쪽으로 나가는 출구를 설치하는 경우 관람실의 바닥면적의 합계가 300m² 이상인 집회장 또는 공연장에 있어서는 주된 출구 외에 보조출구 또는 비상구를 몇 개소 이상 설치하여야 하는가?

[23년 2회]

① 1개소 이상 ② 2개소 이상

③ 3개소 이상 ④ 4개소 이상

해설

보조출구와 비상구의 설치

건축물의 바깥쪽으로 나가는 출구를 설치하는 경우 관람실의 바닥면적의 합계가 300m² 이상인 집회장 및 공연장에 있어서는 주된 출구 외에 보조출구 또는 비상구를 2개 이상 설치하여야 한다.

정답 ②

건축물의 바깥쪽으로의 출구로 쓰이는 문을 안여닫이로 하여서는 안 되는 건축물에 속하지 않는 것은? [24년 1회]

① 장례시설
② 종교시설
③ 문화 및 집회시설 중 전시장
④ 문화 및 집회시설 중 공연장

해설

문화 및 집회시설 중 전시장 및 동·식물원은 안여닫이로 해서는 안 되는 건축물에서 제외한다.

정답 ③

판매시설에서 판매시설의 용도에 쓰이는 피난층에 설치하는 건축물 바깥쪽으로의 출구의 유효너비 합계는 얼마인가?(단, 바닥면적이 최대인 층에 있어서의 해당 용도의 바닥면적이 7,000m²인 경우) [19년 1회]

① 30m
② 42m
③ 48m
④ 50m

해설

출구의 총유효너비 $= \dfrac{7,000}{100} \times 0.6$

　　　　　 $= 42m$

정답 ②

건축물의 피난층 또는 피난층의 승강장으로부터 건축물의 바깥쪽에 이르는 통로에 경사로를 설치하여야 하는 건축물이 아닌 것은?

① 승강기를 설치하여야 하는 건축물
② 교육연구시설 중 학교
③ 연면적 3,000m²인 판매시설
④ 제1종 근린생활시설 중 마을회관

해설

판매시설의 경우 연면적이 5,000m² 이상인 경우 건축물의 피난층 또는 피난층의 승강장으로부터 건축물의 바깥쪽에 이르는 통로에 경사로를 설치하여야 한다.

정답 ③

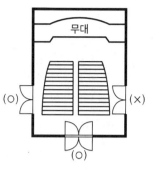

[출구문의 방향]

(4) 보조출구와 비상구의 설치

　건축물의 바깥쪽으로 나가는 출구를 설치하는 경우 관람실의 바닥면적의 합계가 300m² 이상인 집회장 및 공연장에 있어서는 주된 출구 외에 보조출구 또는 비상구를 2개 이상 설치하여야 한다.

10) 판매시설(도매시장·소매시장 및 상점)의 피난층에 설치하는 출구 유효폭

피난층에 설치하는 건축물 바깥쪽으로의 출구는 당해 용도로 쓰이는 바닥면적이 최대인 층의 바닥면적 100m²마다 0.6m의 비율로 산정한 너비 이상으로 한다.

$$출구\ 유효폭 = \left[\frac{당해\ 용도\ 최대층의\ 바닥면적(m^2)}{100m^2} \right] \times 0.6m\,(이상)$$

11) 경사로 설치

① 다음의 어느 하나에 해당하는 건축물의 피난층 또는 피난층의 승강장으로부터 건축물의 바깥쪽에 이르는 통로에는 경사로를 설치하여야 한다.

　㉠ 제1종 근린생활시설 중 지역자치센터·파출소·지구대·소방서·우체국·방송국·보건소·공공도서관·지역건강보험조합, 기타 이와 유사한 것으로서 동일한 건축물 안에서 당해 용도에 쓰이는 바닥면적의 합계가 1천m² 미만인 것

　㉡ 제1종 근린생활시설 중 마을회관·마을공동작업소·마을공동구판장·변전소·양수장·정수장·대피소·공중화장실, 기타 이와 유사한 것

　㉢ 연면적이 5천m² 이상인 판매시설, 운수시설

　㉣ 교육연구시설 중 학교

　㉤ 업무시설 중 국가 또는 지방자치단체의 청사와 외국공관의 건축물로서 제1종 근린생활시설에 해당하지 아니하는 것

　㉥ 승강기를 설치하여야 하는 건축물

② 경사로는 1 : 8을 넘지 아니하며 표면을 거친 면으로 하거나, 미끄러지지 아니하는 재료로 마감할 것

12) 안전유리

건축물의 바깥쪽으로 나가는 출입문에 유리를 사용하는 경우에는 안전유리를 사용하여야 한다.

13) 회전문 설치기준(건축물의 피난·방화구조 등의 기준에 관한 규칙 제12조)

① 계단이나 에스컬레이터로부터 2m 이상의 거리를 둘 것
② 회전문과 문틀 사이 및 바닥 사이는 다음에서 정하는 간격을 확보하고 틈 사이를 고무와 고무펠트의 조합체 등을 사용하여 신체나 물건 등에 손상이 없도록 할 것
   ㉠ 회전문과 문틀 사이는 5cm 이상
   ㉡ 회전문과 바닥 사이는 3cm 이하
③ 출입에 지장이 없도록 일정한 방향으로 회전하는 구조로 할 것
④ 회전문의 중심축에서 회전문과 문틀 사이의 간격을 포함한 회전문 날개 끝부분까지의 길이는 140cm 이상이 되도록 할 것
⑤ 회전문의 회전속도는 분당 회전수가 8회를 넘지 아니하도록 할 것
⑥ 자동회전문은 충격이 가하여지거나 사용자가 위험한 위치에 있는 경우에는 전자감지장치 등을 사용하여 정지하는 구조로 할 것

14) 옥상광장 등의 설치

(1) 난간
   ① 설치위치 : 옥상광장, 2층 이상인 층에 있는 노대(露臺), 그 밖에 이와 비슷한 것의 주위
   ② 높이 : 1.2m 이상(노대 등에 출입할 수 없는 구조인 경우 제외)

(2) 옥상광장 설치대상
   5층 이상의 층이 다음 용도의 시설에는 피난용도로 쓸 수 있는 광장을 옥상에 설치하여야 한다.
   ① 제2종 근린생활시설 중 공연장·종교집회장·인터넷컴퓨터게임시설제공업소(해당 용도로 쓰는 바닥면적의 합계가 각각 300m² 이상)
   ② 문화 및 집회시설(전시장 및 동·식물원은 제외)
   ③ 종교시설   ④ 판매시설
   ⑤ 위락시설 중 주점영업   ⑥ 장례시설

핵심 문제 52 ◆◆◆

건축물의 출입구에 설치하는 회전문은 계단이나 에스컬레이터로부터 최소 얼마 이상의 거리를 두어야 하는가? [19년 1회]
① 2m 이상   ② 3m 이상
③ 4m 이상   ④ 5m 이상

정답 ①

핵심 문제 53 ◆◆◆

옥상광장 또는 2층 이상인 층에 있는 노대의 주위에 설치하여야 하는 난간의 최소 높이 기준은? [20년 3회, 24년 1회]
① 1.0m 이상   ② 1.1m 이상
③ 1.2m 이상   ④ 1.5m 이상

해설

옥상광장 또는 2층 이상인 층에 있는 노대 주위의 난간은 노대 등에 출입할 수 없는 경우를 제외하고 높이 1.2m 이상으로 설치하여야 한다.

정답 ③

다음 중 헬리포트의 설치기준으로 틀린
것은?

① 헬리포트의 길이와 너비는 각각 22m
　이상으로 할 것
② 헬리포트의 중앙부분에는 지름 8m의
　Ⓗ표지를 백색으로 설치할 것
③ 헬리포트의 주위한계선은 노란색으로
　하되, 그 선의 너비는 48cm로 할 것
④ 헬리포트의 중심으로부터 반경 1m 이
　내에는 헬리콥터의 이착륙에 장애가
　되는 장애물, 공작물 또는 난간 등을 설
　치하지 아니할 것

해설

헬리포트의 주위한계선은 너비 38cm의
백색선으로 한다.

정답 ③

---

(3) 헬리포트 설치기준

① 기준 : 11층 이상 건축물로서 11층 이상 층의 바닥면적 합계가 1만㎡ 이상
　인 옥상을 평지붕으로 하는 경우 헬리포트를 설치하거나 헬리콥터를 통하
　여 인명 등을 구조할 수 있는 공간을 설치

② 크기 : 22m × 22m(15m × 15m까지 축소 가능)

③ 중심반경 12m 이내 장애물 설치 금지(건축물, 공작물, 조경시설 또는 난간 등)

④ 헬리포트 주위한계선 : 너비 38cm의 백색선

⑤ 헬리포트 중앙부분 "Ⓗ" 표지

　㉠ 지름 8m 백색선

　㉡ 'H' 표지의 선의 너비는 38cm

　㉢ '○' 표지의 선의 너비는 60cm

⑥ 헬리콥터를 통하여 인명 등을 구조할 수 있는 공간을 설치하는 경우에는 직
　경 10m 이상의 구조공간을 확보

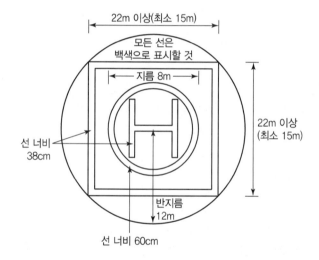

(4) (건물을 경사지붕으로 할 경우) 경사지붕의 대피공간 설치기준

① 기준 : 11층 이상 건축물로서 11층 이상 층의 바닥면적 합계가 1만㎡ 이상
　의 경사지붕 아래에는 대피공간을 설치할 것

② 대피공간의 면적은 지붕 수평투영면적의 1/10 이상으로 할 것

③ 특별피난계단 또는 피난계단과 연결되도록 할 것

④ 출입구 · 창문을 제외한 부분은 해당 건축물의 다른 부분과 내화구조의 바
　닥 및 벽으로 구획할 것

⑤ 출입구는 유효너비 0.9m 이상으로 하고, 그 출입구에는 60＋ 방화문 또는
　60분 방화문을 설치할 것

⑥ ⑤의 방화문에 비상문자동개폐장치를 설치할 것

⑦ 내부마감재료는 불연재료로 할 것

⑧ 예비전원으로 작동하는 조명설비를 설치할 것

⑨ 관리사무소 등과 긴급 연락이 가능한 통신시설을 설치할 것

15) 복합건축물의 피난시설(건축물의 피난·방화구조 등의 기준에 관한 규칙 제14조의2)

같은 건축물 안에 공동주택·의료시설·아동관련시설 또는 노인복지시설 중 하나 이상과 위락시설·위험물저장 및 처리시설·공장 또는 자동차정비공장 중 하나 이상을 함께 설치하고자 하는 경우에는 다음의 기준에 적합하여야 한다.

① 공동주택 등의 출입구와 위락시설 등의 출입구는 서로 그 보행거리가 30미터 이상이 되도록 설치할 것

② 공동주택 등(당해 공동주택 등에 출입하는 통로를 포함)과 위락시설 등(당해 위락시설 등에 출입하는 통로를 포함)은 내화구조로 된 바닥 및 벽으로 구획하여 서로 차단할 것

③ 공동주택 등과 위락시설 등은 서로 이웃하지 아니하도록 배치할 것

④ 건축물의 주요 구조부를 내화구조로 할 것

⑤ 거실의 벽 및 반자가 실내에 면하는 부분(반자돌림대·창대, 그 밖에 이와 유사한 것을 제외)의 마감은 불연재료·준불연재료 또는 난연재료로 하고, 그 거실로부터 지상으로 통하는 주된 복도·계단, 그 밖에 통로의 벽 및 반자가 실내에 면하는 부분의 마감은 불연재료 또는 준불연재료로 할 것

16) 거실에 관한 규정

(1) 건축물 거실의 반자높이(반자가 없는 경우에는 보 또는 바로 위층의 바닥판의 밑면)

원칙		2.1m 이상
• 문화 및 집회시설(전시장 및 동·식물원 제외) • 장례식장 • 유흥주점 ※ 단, 기계적인 환기장치가 되어 있는 경우 제외	바닥면적의 합계가 200m² 이상인 관람실 또는 집회실	4m 이상
	노대 아랫부분의 높이	2.7m 이상
• 공장 • 창고시설 • 위험물 저장 및 처리시설	• 동·식물 관련 시설 • 자원순환 관련 시설 • 묘지 관련 시설	제외

거실의 채광 및 환기를 위한 창문 등이나 설비에 관한 기준 내용으로 옳은 것은? (단, 바닥에서 85cm 높이에 있는 수평면의 조도) [20년 3회]

① 채광을 위하여 거실에 설치하는 창문 등의 면적은 그 거실의 바닥면적의 20분의 1 이상이어야 한다.
② 환기를 위하여 거실에 설치하는 창문 등의 면적은 그 거실의 바닥면적의 10분의 1 이상이어야 한다.
③ 오피스텔에 거실 바닥으로부터 높이 1.2m 이하 부분에 여닫을 수 있는 창문을 설치하는 경우에는 높이 1.0m 이상의 난간이나 이와 유사한 추락 방지를 위한 안전시설을 설치하여야 한다.
④ 수시로 개방할 수 있는 미닫이로 구획된 2개의 거실은 1개의 거실로 본다.

해설

① 채광을 위하여 거실에 설치하는 창문 등의 면적은 그 거실의 바닥면적의 10분의 1 이상이어야 한다.
② 환기를 위하여 거실에 설치하는 창문 등의 면적은 그 거실의 바닥면적의 20분의 1 이상이어야 한다.
③ 오피스텔에 거실 바닥으로부터 높이 1.2m 이하 부분에 여닫을 수 있는 창문을 설치하는 경우에는 높이 1.2m 이상의 난간이나 이와 유사한 추락 방지를 위한 안전시설을 설치하여야 한다.

정답 ④

건축물의 피난·방화구조 등의 기준에 관한 규칙상 거실의 용도에 따른 조도기준이 높은 것에서 낮은 순서대로 옳게 배열된 것은?(단, 바닥에서 85cm 높이에 있는 수평면의 조도)

① 독서>관람>설계>일반사무
② 독서>설계>관람>일반사무
③ 설계>일반사무>독서>관람
④ 설계>독서>관람>일반사무

해설

설계(700lx) > 일반사무(300lx) > 독서(150lx) > 관람(70lx)

정답 ③

(2) 거실의 채광 및 환기

① 거실의 채광 및 환기 기준(건축물의 피난·방화구조 등의 기준에 관한 규칙 제17조)

채광 및 환기 시설의 적용대상	창문 등의 면적		제외
• 주택(단독, 공동)의 거실 • 학교의 교실 • 의료시설의 병실 • 숙박시설의 객실	채광시설	거실 바닥면적의 1/10 이상	기준조도 이상의 조명 장치 설치 시
	환기시설	거실 바닥면적의 1/20 이상	기계환기장치 및 중앙 관리방식의 공기조화 설비 설치 시

② 거실용도에 따른 조도기준(건축물의 피난·방화구조 등의 기준에 관한 규칙 [별표 1의3])

거실의 용도구분	조도구분	바닥에서 85cm의 높이에 있는 수평면의 조도(lx)
1. 거주	독서·식사·조리	150
	기타	70
2. 집무	설계·제도·계산	700
	일반사무	300
	기타	150
3. 작업	검사·시험·정밀검사·수술	700
	일반작업·제조·판매	300
	포장·세척	150
	기타	70
4. 집회	회의	300
	집회	150
	공연·관람	70
5. 오락	오락 일반	150
	기타	30
6. 기타		1란 내지 5란 중 가장 유사한 용도에 관한 기준을 적용한다.

③ 오피스텔에 거실 바닥으로부터 높이 1.2m 이하 부분에 여닫을 수 있는 창문을 설치하는 경우에는 국토교통부령으로 정하는 기준에 따라 추락 방지를 위한 안전시설을 설치하여야 한다.

④ 11층 이하의 건축물에는 국토교통부령으로 정하는 기준에 따라 소방관이 진입할 수 있는 곳을 정하여 외부에서 주·야간 식별할 수 있는 표시를 하여야 한다.

(3) 거실의 방습

① 방습 조치대상

㉠ 건축물의 최하층에 있는 거실(바닥이 목조인 경우만 해당)

㉡ 제1종 근린생활시설 중 목욕장의 욕실과 휴게음식점 및 제과점의 조리장

㉢ 제2종 근린생활시설 중 일반음식점, 휴게음식점 및 제과점의 조리장과 숙박시설의 욕실

② 최하층에 있는 거실바닥의 높이

건축물의 최하층에 있는 거실바닥의 높이는 지표면으로부터 45cm 이상으로 하여야 한다. 다만, 지표면을 콘크리트바닥으로 설치하는 등 방습을 위한 조치를 하는 경우에는 그러하지 아니하다.

③ 바닥과 그 바닥으로부터 높이 1m까지의 안벽의 마감(내수재료)

㉠ 제1종 근린생활시설 중 목욕장의 욕실과 휴게음식점의 조리장

㉡ 제2종 근린생활시설 중 일반음식점 및 휴게음식점의 조리장과 숙박시설의 욕실

17) 방화구획(건축물의 피난 · 방화구조 등의 기준에 관한 규칙 제14조)

(1) 방화구획방법

① 주요 구조부가 내화구조 또는 불연재료로 된 건축물로 연면적이 1,000m²가 넘는 것은 다음과 같이 내화구조의 바닥, 벽 및 방화문(자동셔터 포함)으로 구획하여야 한다.

규모	구획기준	
3층 이상의 층 및 지하층	층마다 구획(지하 1층에서 지상으로 직접 연결하는 경사로 부위는 제외)	
10층 이하	바닥면적 1,000m² 이내마다 구획(3,000m²)	
11층 이상	실내마감이 불연재료로 된 경우	바닥면적 500m²마다 구획(1,500m²)
	실내마감이 불연재료로 되지 않은 경우	바닥면적 200m²마다 구획(600m²)

단, 스프링클러 등 자동식 소화설비가 되어 있는 경우 3배까지 함["( )" 괄호 부분]

② 건축물의 일부가 문화 및 집회시설, 의료시설, 공동주택 등으로 주요 구조부를 내화(耐火)구조로 하여야 하는 건축물에 해당하는 경우에는 그 부분과 다른 부분을 방화구획으로 구획하여야 한다.

방화구획의 설치기준으로 옳지 않은 것은?

[19년 3회]

① 10층 이하의 층은 바닥면적 1,000m² 이내마다 구획할 것
② 10층 이하의 층은 스프링클러, 기타 이와 유사한 자동식 소화설비를 설치한 경우에는 바닥면적 3,000m² 이내마다 구획할 것
③ 지하층은 바닥면적 200m² 이내마다 구획할 것
④ 11층 이상의 층은 바닥면적 200m² 이내마다 구획할 것

해설

3층 이상의 층과 지하층은 층마다 구획한다.

정답 ③

핵심 문제 63 ◆◆◆

건축법령상 방화구획 등의 설치기준에 따라, 방화구획의 규정을 적용하지 않거나 그 사용에 지장이 없는 범위에서 완화하여 적용할 수 있는 부분이 아닌 것은?

① 단독주택
② 복층형 공동주택의 세대별 층간 바닥 부분
③ 주요 구조부가 내화구조 또는 불연재료로 된 주차장
④ 교정 및 군사시설 중 군사시설로서 집회, 체육, 창고 등의 용도로 사용되는 시설을 제외한 나머지 시설물

해설

교정 및 군사시설 중 군사시설로서 집회, 체육, 창고 등의 용도로 사용되는 시설만 방화구획규정을 적용하지 않거나 그 사용에 지장이 없는 범위에서 완화하여 적용할 수 있는 부분이다.

정답 ④

(2) 방화구획의 완화

다음의 어느 하나에 해당하는 건축물의 부분에는 방화구획을 설치하지 아니하거나 그 사용에 지장이 없는 범위에서 완화하여 적용할 수 있다.

① 문화 및 집회시설(동·식물원은 제외), 종교시설, 운동시설 또는 장례시설의 용도로 쓰는 거실로서 시선 및 활동공간의 확보를 위하여 불가피한 부분

② 물품의 제조·가공·보관 및 운반 등에 필요한 고정식 대형기기 설비의 설치를 위하여 불가피한 부분. 다만, 지하층인 경우에는 지하층의 외벽 한쪽 면(지하층의 바닥면에서 지상층 바닥 아랫면까지의 외벽면적 중 4분의 1 이상이 되는 면) 전체가 건물 밖으로 개방되어 보행과 자동차의 진입·출입이 가능한 경우에 한정한다.

③ 계단실부분·복도 또는 승강기의 승강로 부분(해당 승강기의 승강을 위한 승강로 비 부분을 포함)으로서 그 건축물의 다른 부분과 방화구획으로 구획된 부분

④ 건축물의 최상층 또는 피난층으로서 대규모 회의장·강당·스카이라운지·로비 또는 피난안전구역 등의 용도로 쓰는 부분으로서 그 용도로 사용하기 위하여 불가피한 부분

⑤ 복층형 공동주택의 세대별 층간 바닥 부분

⑥ 주요 구조부가 내화구조 또는 불연재료로 된 주차장

⑦ 단독주택, 동물 및 식물 관련시설 또는 교정 및 군사시설 중 군사시설(집회, 체육, 창고 등의 용도로 사용되는 시설만 해당)로 쓰는 건축물

(3) 방화문

① 60+ 방화문 또는 60분 방화문

㉠ 60+ 방화문 : 연기 및 불꽃을 차단할 수 있는 시간이 60분 이상이고, 열을 차단할 수 있는 시간이 30분 이상인 방화문

㉡ 60분 방화문 : 연기 및 불꽃을 차단할 수 있는 시간이 60분 이상인 방화문

② 30분 방화문 : 연기 및 불꽃을 차단할 수 있는 시간이 30분 이상 60분 미만인 방화문

(4) 방화구획 설치기준

① 방화구획으로 사용하는 60분+ 방화문 또는 60분 방화문은 언제나 닫힌 상태를 유지하거나 화재로 인한 연기 또는 불꽃을 감지하여 자동적으로 닫히는 구조로 할 것. 다만, 연기 또는 불꽃을 감지하여 자동적으로 닫히는 구조로 할 수 없는 경우에는 온도를 감지하여 자동적으로 닫히는 구조로 할 수 있다.

② 외벽과 바닥 사이에 틈이 생긴 때나 급수관·배전관, 그 밖의 관이 방화구획으로 되어 있는 부분을 관통하는 경우 그로 인하여 방화구획에 틈이 생긴 때에는 그 틈을 내화시간(내화채움성능이 인정된 구조로 메워지는 구성 부재에 적용되는 내화시간) 이상 견딜 수 있는 내화채움성능이 인정된 구조로 메울 것

③ 환기·난방 또는 냉방시설의 풍도가 방화구획을 관통하는 경우에는 그 관통부분 또는 이에 근접한 부분에 다음의 기준에 적합한 댐퍼를 설치할 것. 다만, 반도체공장건축물로서 방화구획을 관통하는 풍도의 주위에 스프링클러헤드를 설치하는 경우에는 그렇지 않다.

ⓐ 화재로 인한 연기 또는 불꽃을 감지하여 자동적으로 닫히는 구조로 할 것. 다만, 주방 등 연기가 항상 발생하는 부분에는 온도를 감지하여 자동적으로 닫히는 구조로 할 수 있다.

ⓑ 국토교통부장관이 정하여 고시하는 비차열(非遮熱)성능 및 방연성능 등의 기준에 적합할 것

④ 자동방화셔터는 다음의 요건을 모두 갖출 것

ⓐ 피난이 가능한 60＋ 방화문 또는 60분 방화문으로부터 3미터 이내에 별도로 설치할 것

ⓑ 전동방식이나 수동방식으로 개폐할 수 있을 것

ⓒ 불꽃감지기 또는 연기감지기 중 하나와 열감지기를 설치할 것

ⓓ 불꽃이나 연기를 감지한 경우 일부 폐쇄되는 구조일 것

ⓔ 열을 감지한 경우 완전 폐쇄되는 구조일 것

(5) 대피공간

공동주택 중 아파트로서 4층 이상인 층의 각 세대가 2개 이상의 직통계단을 사용할 수 없는 경우에는 발코니에 인접세대와 공동으로 또는 각 세대별로 다음의 요건을 모두 갖춘 대피공간을 하나 이상 설치하여야 한다.

① 인접세대와 공동으로 설치하는 대피공간의 설치

ⓐ 대피공간은 바깥의 공기와 접할 것

ⓑ 대피공간은 실내의 다른 부분과 방화구획으로 구획될 것

ⓒ 대피공간이 바닥면적은 인접세대와 공동으로 설치하는 경우에는 3㎡ 이상, 각 세대별로 설치하는 경우에는 2㎡ 이상일 것

ⓓ 국토교통부장관이 정하는 기준에 적합할 것

② 대피공간을 설치하지 아니할 수 있는 경우

ⓐ 인접세대와의 경계벽이 파괴하기 쉬운 경량구조 등인 경우

ⓑ 경계벽에 피난구를 설치한 경우

ⓒ 발코니의 바닥에 국토교통부령으로 정하는 하향식 피난구를 설치한 경우

핵심 문제 64 ◆◆◆

공동주택 중 아파트로서 4층 이상인 층의 각 세대가 2개 이상의 직통계단을 사용할 수 없는 경우에는 발코니에 인접세대와 공동으로 또는 각 세대별로 일정 요건을 모두 갖춘 대피공간을 하나 이상 설치하여야 하는데, 대피공간이 갖추어야 할 일정 요건으로 옳지 않은 것은?

① 대피공간은 바깥의 공기와 접할 것
② 대피공간은 실내의 다른 부분과 방화구획으로 구획될 것
③ 대피공간의 바닥면적은 각 세대별로 설치하는 경우에는 2㎡ 이상일 것
④ 대피공간의 바닥면적은 인접세대와 공동으로 설치하는 경우에는 2.5㎡ 이상일 것

해설

대피공간의 바닥면적은 인접세대와 공동으로 설치하는 경우에는 3㎡ 이상, 각 세대별로 설치하는 경우에는 2㎡ 이상이어야 한다.

정답 ④

② 국토교통부장관이 중앙건축위원회의 심의를 거쳐 대피공간과 동일하거나 그 이상의 성능이 있다고 인정하고 고시하는 구조 또는 시설을 설치한 경우

(6) 요양병원, 정신병원, 노인요양시설, 장애인 거주시설 및 장애인 의료재활시설

요양병원, 정신병원, 노인요양시설, 장애인 거주시설 및 장애인 의료재활시설의 피난층 외의 층에는 다음의 어느 하나에 해당하는 시설을 설치하여야 한다.

① 각 층마다 별도로 방화구획된 대피공간

② 거실에 직접 접속하여 바깥공기에 개방된 피난용 발코니

③ 계단을 이용하지 아니하고 건물 외부 지표면 또는 인접건물로 수평으로 피난할 수 있도록 설치하는 구름다리형태의 구조물

18) 건축물의 내화구조와 방화벽

(1) 건축물의 내화구조

① 문화 및 집회시설, 의료시설, 공동주택 등 다음의 어느 하나에 해당하는 건축물의 주요 구조부는 내화구조로 하여야 한다.

번호	주요 구조부를 내화구조로 해야 하는 건축물		해당 용도 바닥면적 합계
㉠	• 문화 및 집회시설(전시장 및 동·식물원은 제외) • 종교시설 • 위락시설 중 주점영업 • 장례시설	관람실 또는 집회실	200m² 이상 (옥외관람석 : 1천m²)
	제2종 근린생활시설 중 공연장·종교집회장		300m² 이상
㉡	• 문화 및 집회시설 중 전시장 • 동·식물원, 판매시설, 운수시설 • 교육연구시설에 설치하는 체육관·강당, 수련시설 • 운동시설 중 체육관·운동장 • 위락시설(주점영업의 용도로 쓰는 것은 제외) • 창고시설 • 위험물저장 및 처리시설 • 자동차 관련 시설 • 방송통신시설 중 방송국·전신전화국·촬영소 • 묘지 관련 시설 중 화장장 • 관광휴게시설		500m² 이상
㉢	공장(화재의 위험이 적은 공장으로서 주요 구조부가 불연재료로 되어 있는 2층 이하의 공장은 제외)		2천m² 이상

핵심 문제 65 ◆◆◆

건축물의 바닥면적 합계가 450m²인 경우 주요 구조부를 내화구조로 하여야 하는 건축물이 아닌 것은? [19년 1회]

① 의료시설
② 노유자시설 중 노인복지시설
③ 업무시설 중 오피스텔
④ 창고시설

해설

창고시설은 건축물의 바닥면적 합계가 500m² 이상인 경우 주요 구조부를 내화구조로 하여야 하는 건축물이다.

정답 ④

번호	주요 구조부를 내화구조로 해야 하는 건축물	해당 용도 바닥면적 합계
㉣	건축물의 2층이 • 단독주택 중 다중주택 및 다가구주택 • 공동주택 • 제1종 근린생활시설(의료의 용도로 쓰는 시설만 해당) • 제2종 근린생활시설 중 다중생활시설, 의료시설 • 노유자시설 중 아동 관련 시설 및 노인복지시설 • 수련시설 중 유스호스텔, 업무시설 중 오피스텔 • 숙박시설 • 장례시설	400m² 이상
㉤	• 3층 이상인 건축물 및 지하층이 있는 건축물(2층 이하인 건축물은 지하층 부분만 해당) • 제외 : 단독주택(다중주택 및 다가구주택은 제외), 동물 및 식물 관련 시설, 발전시설(발전소의 부속용도로 쓰는 시설은 제외), 교도소·소년원 또는 묘지 관련 시설(화장시설 및 동물화장시설은 제외), 철강 관련 업종의 공장 중 제어실로 사용하기 위하여 연면적 50m² 이하로 증축하는 부분	

② 내화구조의 예외

　㉠ ①에서 ㉠ 및 ㉡에 해당하는 용도로 쓰지 아니하는 건축물로서 그 지붕틀을 불연재료로 한 경우에는 그 지붕틀을 내화구조로 아니할 수 있다.

　㉡ 연면적이 50m² 이하인 단층의 부속건축물로서 외벽 및 처마 밑면이 방화구조인 경우

　㉢ 무대바닥

(2) 대규모 건축물의 방화벽

① 연면적 1천m² 이상인 건축물은 방화벽으로 구획하되, 각 구획된 바닥면적의 합계는 1천m² 미만이어야 한다.

② 방화벽 예외

　㉠ 주요 구조부가 내화구조이거나 불연재료인 건축물

　㉡ 단독주택(다중주택 및 다가구주택은 제외), 동물 및 식물 관련 시설, 발전시설(발전소의 부속용도로 쓰는 시설은 제외), 교도소·소년원 또는 묘지 관련 시설(화장시설 및 동물화장시설은 제외)의 용도로 쓰는 건축물, 철강 관련 업종의 공장 중 제어실로 사용하기 위하여 연면적 50m² 이하로 증축하는 부분

　㉢ 내부설비의 구조상 방화벽으로 구획할 수 없는 창고시설

핵심 문제 66 ◆◆◆

건축물에 설치되는 방화벽의 구조 기준으로 옳지 않은 것은?

[20년 1 · 2회, 23년 2회]

① 내화구조로서 홀로 설 수 있는 구조일 것
② 방화벽의 양쪽 끝과 위쪽 끝을 건축물의 외벽면 및 지붕면으로부터 0.5m 이상 튀어나오게 할 것
③ 방화벽에 설치하는 출입문의 너비 및 높이는 각각 3.0m 이하로 할 것
④ 방화벽에 설치하는 출입문에는 60 + 방화문 또는 60분 방화문을 설치할 것

해설

방화벽에 설치하는 출입문의 너비 및 높이는 각각 2.5m 이하로 하여야 한다.

정답 ③

③ 방화벽의 구조기준(건축물의 피난 · 방화구조 등의 기준에 관한 규칙 제21조)

구분	구조 기준
방화벽의 구조	• 내화구조로서 홀로 설 수 있는 구조 • 방화벽의 양쪽 끝과 위쪽 끝을 위쪽 벽면 및 지붕면으로부터 0.5m 이상 튀어나오게 할 것
방화벽에 설치하는 출입문	• 60 + 방화문 또는 60분 방화문 • 너비 및 높이 : 각 2.5m 이하

(3) 대규모 목조건축물의 외벽(연면적 1,000m² 이상의 목조건축물의 방화구획, 건축물의 피난 · 방화구조 등의 기준에 관한 규칙 제22조)

① 외벽 및 처마 밑의 연소할 우려가 있는 부분 : 방화구조

② 지붕 : 불연재료

◆ 연소할 우려가 있는 부분

구조부분	기준		제외
• 인접대지경계선과 외벽중심선 • 도로중심선과 외벽중심선	1층	3m 이내 부분	공원 · 광장 · 하천의 공지나 수면 또는 내화구조의 벽 등에 접하는 부분
• 동일 대지 내 2동 이상의 건축물 외벽 상호 간의 중심선	2층 이상 층	5m 이내 부분	

19) 방화지구 안의 건축물

(1) 방화지구 내 건축물의 주요 구조부와 외벽(내화구조)

① 방화지구 안에서는 건축물의 주요 구조부와 외벽을 내화구조로 하여야 한다.

② 대통령령으로 정하는 경우에는 그러하지 아니하다[주요 구조부 및 외벽을 내화구조로 하지 아니할 수 있는 건축물(시행령 제58조)].

ㄱ 연면적 30m² 미만인 단층 부속건축물로서 외벽 및 처마면이 내화구조 또는 불연재료로 된 것

ㄴ 도매시장의 용도로 쓰는 건축물로 그 주요 구조부가 불연재료로 된 것

(2) 방화지구 안의 공작물(불연재료)

방화지구 안의 공작물로서 간판, 광고탑, 그 밖에 대통령령으로 정하는 공작물 중 건축물의 지붕 위에 설치하는 공작물이나 높이 3m 이상의 공작물은 주요부를 불연(不燃)재료로 하여야 한다.

(3) 방화지구 안의 지붕 · 방화문 및 외벽(불연재료)

① 방화지구 내 건축물의 지붕으로서 내화구조가 아닌 것은 불연재료로 하여야 한다.

② 방화지구 내 건축물의 인접대지경계선에 접하는 외벽에 설치하는 창문 등으로서 연소할 우려가 있는 부분에는 다음의 방화문, 기타 방화설비를 하여야 한다.

　㉠ 60＋ 방화문 또는 60분 방화문

　㉡ 소방법령이 정하는 기준에 적합하게 창문 등에 설치하는 드렌처

　㉢ 당해 창문 등과 연소할 우려가 있는 다른 건축물의 부분을 차단하는 내화구조나 불연재료로 된 벽·담장, 기타 이와 유사한 방화설비

　㉣ 환기구멍에 설치하는 불연재료로 된 방화커버 또는 그물눈이 2mm 이하인 금속망

20) 건축물의 마감재료

(1) 방화에 지장이 없는 내부 마감재료 적용 필요 용도 및 규모

① 단독주택 중 다중주택·다가구주택, 공동주택

② 제2종 근린생활시설 중 공연장·종교집회장·인터넷컴퓨터게임시설제공업소·학원·독서실·당구장·다중생활시설의 용도로 쓰는 건축물

③ 발전시설, 방송통신시설(방송국·촬영소의 용도로 쓰는 건축물로 한정)

④ 공장, 창고시설, 위험물 저장 및 처리 시설(자가난방과 자가발전 등의 용도로 쓰는 시설을 포함), 자동차 관련 시설의 용도로 쓰는 건축물

⑤ 5층 이상인 층 거실의 바닥면적의 합계가 500제곱미터 이상인 건축물

⑥ 문화 및 집회시설, 종교시설, 판매시설, 운수시설, 의료시설, 교육연구시설 중 학교·학원, 노유자시설, 수련시설, 업무시설 중 오피스텔, 숙박시설, 위락시설, 장례시설

⑦ 다중이용업의 용도로 쓰는 건축물

(2) 방화에 지장이 없는 외벽 마감재료 적용 필요 용도 및 규모

① 상업지역(근린상업지역은 제외)의 건축물로서 다음의 어느 하나에 해당하는 것

　㉠ 제1종 근린생활시설, 제2종 근린생활시설, 문화 및 집회시설, 종교시설, 판매시설, 운동시설 및 위락시설의 용도로 쓰는 건축물로서 그 용도로 쓰는 바닥면적의 합계가 2천제곱미터 이상인 건축물

　㉡ 공장(국토교통부령으로 정하는 화재 위험이 적은 공장은 제외)의 용도로 쓰는 건축물로부터 6미터 이내에 위치한 건축물

② 의료시설, 교육연구시설, 노유자시설 및 수련시설의 용도로 쓰는 건축물

③ 3층 이상 또는 높이 9미터 이상인 건축물

④ 1층의 전부 또는 일부를 필로티 구조로 설치하여 주차장으로 쓰는 건축물

핵심 문제 67 ・・・

건축물 내부의 마감재료를 방화에 지장이 없는 재료로 하여야 하는 대상건축물이 아닌 것은?

① 위험물저장 및 처리시설의 용도로 쓰는 건축물

② 제2종 근린생활시설 중 공연장의 용도로 쓰는 건축물

③ 교육연구시설 중 연구소

④ 5층 이상인 층 거실의 바닥면적의 합계가 500m²인 건축물

해설

교육연구시설 중 학교와 학원만 대상에 포함된다.

정답 ③

⑤ 공장, 창고시설, 위험물 저장 및 처리 시설(자가난방과 자가발전 등의 용도로 쓰는 시설을 포함), 자동차 관련 시설의 용도로 쓰는 건축물

(3) 욕실, 화장실, 목욕장 등의 바닥 마감재료(미끄럼 방지기준에 적합한 것)

욕실, 화장실, 목욕장 등의 바닥 마감재료는 미끄럼을 방지할 수 있도록 국토교통부령으로 정하는 기준에 적합하여야 한다.

(4) 건축물 외벽에 설치되는 창호(窓戶)

① 건축물 외벽에 설치되는 창호는 방화에 지장이 없도록 인접 대지와의 이격거리를 고려하여 방화성능 등이 국토교통부령으로 정하는 기준에 적합하여야 한다.

② 해당 성능을 만족해야 하는 창호를 설치해야 하는 용도 및 규모는 방화에 지장이 없는 외벽 마감재료 적용이 필요한 대상과 동일하다.

21) 경계벽 등의 구조(건축물의 피난ㆍ방화구조 등의 기준에 관한 규칙 제19조)

① 건축물에 설치하는 경계벽은 내화구조로 하고, 지붕 밑 또는 바로 위층의 바닥판까지 닿게 하여야 한다.

② 경계벽은 소리를 차단하는 데 장애가 되는 부분이 없도록 다음의 어느 하나에 해당하는 구조로 하여야 한다. 다만, 다가구주택 및 공동주택의 세대 간의 경계벽인 경우에는 「주택건설기준 등에 관한 규정」을 따른다.

㉠ 철근 콘크리트조ㆍ철골철근 콘크리트조로서 두께가 10센티미터 이상인 것

㉡ 무근 콘크리트조 또는 석조로서 두께가 10센티미터(시멘트모르타르ㆍ회반죽 또는 석고플라스터의 바름두께를 포함) 이상인 것

㉢ 콘크리트블록조 또는 벽돌조로서 두께가 19센티미터 이상인 것

㉣ ㉠~㉢ 외에 국토교통부장관이 정하여 고시하는 기준에 따라 국토교통부장관이 지정하는 자 또는 한국건설기술연구원장이 실시하는 품질시험에서 그 성능이 확인된 것

㉤ 한국건설기술연구원장이 인정기준에 따라 인정하는 것

③ 가구ㆍ세대 등 간 소음 방지를 위한 바닥은 경량충격음(비교적 가볍고 딱딱한 충격에 의한 바닥충격음)과 중량충격음(무겁고 부드러운 충격에 의한 바닥충격음)을 차단할 수 있는 구조로 하여야 한다.

④ 가구ㆍ세대 등 간 소음 방지를 위한 바닥의 세부기준은 국토교통부장관이 정하여 고시한다.

22) 지하층

(1) 지하층 구조 기준(건축물의 피난 · 방화구조 등의 기준에 관한 규칙 제25조)

구조 기준	바닥면적 규모
직통계단 외에 피난층 또는 지상으로 통하는 비상탈출구 및 환기통 설치 ※ 예외 : 직통계단 2개소 이상 설치 시	거실 바닥면적 50m² 이상인 층
직통계단 2개소 이상 설치	• 제2종 근린생활시설 중 공연장 · 단란주점 · 당구장 · 노래연습장 • 문화 및 집회시설 중 예식장 · 공연장 • 수련시설 중 생활권수련시설 · 자연권수련시설 • 숙박시설 중 여관 · 여인숙 • 위락시설 중 단란주점 · 유흥주점 • 다중이용업의 용도에 쓰이는 층의 거실 바닥면적의 합계가 50m² 이상
피난층 또는 지상으로 통하는 직통계단이 방화구획으로 구획되는 각 부분마다 1개소 이상의 피난계단 또는 특별피난계단 설치	바닥면적 1,000m² 이상인 층
환기설비 설치	
급수전 1개소 이상 설치	바닥면적 300m² 이상인 층

(2) 비상탈출구의 구조

비상탈출구의 크기	• 유효너비 : 0.75m 이상 • 유효높이 : 1.5m 이상
열리는 방향 등	문은 피난방향으로 열리도록 하고, 실내에서 항상 열 수 있는 구조, 내부 및 외부에는 비상탈출구 표시
설치위치	출입구로부터 3m 이상 떨어진 곳에 설치
지하층의 바닥으로부터 비상탈출구의 아랫부분까지의 높이가 1.2m 이상 시	벽체에 발판의 너비가 20cm 이상인 사다리 설치
피난통로의 유효너비	0.75m 이상
피난통로의 실내에 접하는 부분의 마감과 그 바탕	불연재료

핵심 문제 69 ◆◆◆

건축물 지하층에 환기설비를 설치해야 하는 거실 바닥면적 합계의 최소기준은?

① 200m² 이상 ② 500m² 이상
③ 1,000m² 이상 ④ 2,000m² 이상

해설

지하층의 구조(건축물의 피난 · 방화구조 등의 기준에 관한 규칙 제25조)
바닥면적 1,000m² 이상인 지하층에는 환기설비를 설치하여야 한다.

정답 ③

핵심 문제 70 ◆◆◆

건축물에서 피난층 또는 지상으로 통하는 지하층 비상탈출구의 최소유효너비 기준은?(단, 주택이 아님)

① 1.6m 이상 ② 0.75m 이상
③ 1m 이상 ④ 1.2m 이상

정답 ②

핵심 문제 71 • • •

건축물에 설치하는 굴뚝에 관한 기준으로
옳지 않은 것은?

① 굴뚝의 옥상 돌출부는 지붕면으로부터
의 수직거리를 1m 이상으로 할 것
② 굴뚝의 상단으로부터 수평거리 1m 이
내에 다른 건축물이 있는 경우에는 그 건
축물의 처마보다 1.5m 이상 높게 할 것
③ 금속제 굴뚝으로서 건축물의 지붕 속·
반자 위 및 가장 아랫바닥 밑에 있는 굴
뚝의 부분은 금속 외의 불연재료로 덮
을 것
④ 금속제 굴뚝은 목재, 기타 가연재료로
부터 15cm 이상 떨어져서 설치할 것

해설

건축물에 설치하는 굴뚝(건축물의 피난·방
화구조 등의 기준에 관한 규칙 제20조)
굴뚝의 상단으로부터 수평거리 1미터 이
내에 다른 건축물이 있는 경우에는 그 건축
물의 처마보다 1미터 이상 높게 할 것

정답 ②

23) 건축물에 설치하는 굴뚝의 설치기준(건축물의 피난·방화구조 등의 기준에 관한 규칙 제20조)

① 굴뚝의 옥상 돌출부는 지붕면으로부터의 수직거리를 1미터 이상으로 할 것. 다만, 용마루·계단탑·옥탑 등이 있는 건축물에 있어서 굴뚝의 주위에 연기의 배출을 방해하는 장애물이 있는 경우에는 그 굴뚝의 상단을 용마루·계단탑·옥탑 등보다 높게 하여야 한다.

② 굴뚝의 상단으로부터 수평거리 1미터 이내에 다른 건축물이 있는 경우에는 그 건축물의 처마보다 1미터 이상 높게 할 것

③ 금속제 굴뚝으로서 건축물의 지붕 속·반자 위 및 가장 아랫바닥 밑에 있는 굴뚝의 부분은 금속 외의 불연재료로 덮을 것

④ 금속제 굴뚝은 목재 기타 가연재료로부터 15센티미터 이상 떨어져서 설치할 것. 다만, 두께 10센티미터 이상인 금속 외의 불연재료로 덮은 경우에는 그러하지 아니하다.

3. 건축설비 관련 법규

1) 건축설비의 원칙

(1) 건축설비 설치

① 건축설비는 건축물의 안전·방화, 위생, 에너지 및 정보통신의 합리적 이용에 지장이 없도록 설치한다.

② 배관피트 및 덕트의 단면적과 수선구(점검구)의 크기를 해당 설비의 수선에 지장이 없도록 하는 등 설비의 유지·관리가 쉽게 설치한다.

(2) 설치기준의 설정

① 건축물에 설치하는 급수·배수·냉방·난방·환기·피뢰 등 건축설비의 설치에 관한 기술적 기준은 국토교통부령으로 정하되,

② 에너지 이용 합리화와 관련한 건축설비의 기술적 기준에 관하여는 산업통상자원부장관과 협의해야 한다.

(3) 장애인 관련 시설 및 설비

장애인·노인·임산부 등의 편의증진 보장에 관한 법률에 따라 작성하여 보급하는 편의시설 상세표준도에 따른다.

(4) 방송 수신설비

① 건축물에는 방송 수신에 지장이 없도록 공동시청 안테나, 유선방송 수신시설, 위성방송 수신설비, 에프엠(FM) 라디오방송 수신설비 또는 **방송 공동수신설비**를 설치할 수 있다.

② **방송 공동수신설비 설치 건축물**

  ㉠ 공동주택

  ㉡ 바닥면적의 합계가 5천m² 이상으로서 업무시설이나 숙박시설의 용도로 쓰는 건축물

③ 방송 수신설비의 설치기준은 미래창조과학부장관이 정하여 고시한다.

(5) 전기설비 설치공간

연면적이 500m² 이상인 건축물의 대지에는 전기사업자가 전기를 배전(配電)하는 데 필요한 전기설비를 설치할 수 있는 공간을 확보해야 한다.

(6) 해풍 · 염분피해 방지(지방자치단체의 조례로 결정)

해풍이나 염분 등으로 인하여 건축물의 재료 및 기계설비 등에 조기부식과 같은 피해 발생이 우려되는 지역의 지방자치단체는 이를 방지하기 위하여 다음의 사항을 조례로 정할 수 있다.

① 해풍이나 염분 등에 대한 내구성 설계기준

② 해풍이나 염분 등에 대한 내구성 허용기준

③ 그 밖에 해풍이나 염분 등에 따른 피해를 막기 위하여 필요한 사항

(7) 우편수취함

건축물에 설치하여야 하는 우편수취함은 3층 이상의 고층건물로서 그 전부 또는 일부를 주택 · 사무소 또는 사업소로 사용하는 건축물에는 대통령령으로 정하는 바에 따라 우편수취함을 설치하여야 한다.

2) 승강기설비

(1) 승용승강기의 설치

① 설치대상

  ㉠ 6층 이상으로서 연면적 2,000m² 이상인 건축물

  ㉡ 제외

  • 층수가 6층으로서 각 층 거실 바닥면적 300m² 이내마다 1개소 이상의 직통계단을 설치한 건축물

  • 승용승강기가 설치되어 있는 건축물에 1개 층 증축 시

핵심 문제 72

20층의 아파트를 건축하는 경우 6층 이상 거실 바닥면적의 합계가 12,000m²일 경우에 승용승강기 최소설치대수는?(단, 15인승 이하 승용승강기이다) [18년 3회]

① 2대　　② 3대
③ 4대　　④ 5대

해설

승강기대수

$= 1 + \dfrac{12,000\text{m}^2 - 3,000\text{m}^2}{3,000\text{m}^2} = 4$

∴ 4대

정답 ③

핵심 문제 73

25층의 병원을 건축하는 경우에 6층 이상의 거실면적의 합계가 20,000m²라고 한다면 최소 몇 대 이상의 승용승강기를 설치하여야 하는가?(단, 8인승 승용승강기이다)

① 9대　　② 10대
③ 11대　　④ 12대

해설

의료시설 승용승강기의 설치 대수

설치대수 $= 2 + \dfrac{A - 3,000\text{m}^2}{2,000\text{m}^2}$

$= 2 + \dfrac{20,000\text{m}^2 - 3,000\text{m}^2}{2,000\text{m}^2}$

$= 10.5 ≒ 11$

∴ 11대

정답 ③

핵심 문제 74

높이 31m를 넘는 각 층의 바닥면적 중 최대바닥면적이 6,000m²인 건축물에 설치해야 하는 비상용 승강기의 최소설치 대수는?(단, 8인승 승강기이다)

[18년 3회, 24년 2회]

① 2대　　② 3대
③ 4대　　④ 5대

해설

비상용 승강기대수

$= 1 + \dfrac{6,000\text{m}^2 - 1,500\text{m}^2}{3,000\text{m}^2}$

$= 2.5 ≒ 3$

∴ 3대

정답 ②

② 승용승강기의 설치기준

건축물의 용도	6층 이상 거실 바닥면적의 합계(A)	
	3,000m² 이하	3,000m² 초과
• 문화 및 집회시설(공연 · 집회 · 관람장) • 판매시설 • 의료시설(병원 · 격리병원)	2대	2대에 3,000m²를 초과하는 2,000m²마다 1대를 더한 대수 $2 + \dfrac{A - 3,000\text{m}^2}{2,000\text{m}^2}$
• 문화 및 집회시설(전시장 및 동 · 식물원) • 위락시설 • 숙박시설 • 업무시설	1대	1대에 3,000m²를 초과하는 2,000m²마다 1대를 더한 대수 $1 + \dfrac{A - 3,000\text{m}^2}{2,000\text{m}^2}$
• 공동주택 • 교육연구시설 • 노유자시설 • 그 밖의 시설	1대	1대에 3,000m²를 초과하는 3,000m²마다 1대를 더한 대수 $1 + \dfrac{A - 3,000\text{m}^2}{3,000\text{m}^2}$

※ 비고 : 8인승 이상 15인승 이하는 1대의 승강기로 보고, 16인승 이상은 2대의 승강기로 본다.

(2) 비상용 승강기 설치

① 설치대상 : 높이 31m가 넘는 건축물(비상용 승강기의 승강장 및 승강로 포함)

② 비상용 승강기의 설치기준

높이 31m를 넘는 각 층의 바닥면적 중 최대면적(A)	설치대수
500m² 초과 1,500m² 이하	1대 이상
1,500m² 초과	1대에 1,500m²를 넘는 3,000m² 이내마다 1대씩 더한 대수 이상 $1 + \dfrac{A - 1,500\text{m}^2}{3,000\text{m}^2}$

③ 비상용 승강기를 설치하지 않아도 되는 건축물

높이 31m를 넘는 다음의 건축물은 비상용 승강기를 설치하지 않아도 된다.

㉠ 각 층을 거실 외의 용도로 쓰는 건축물

㉡ 각 층의 바닥면적 합계가 500m² 이하인 건축물

㉢ 층수가 4개 층 이하로 당해 각 층 바닥면적의 합계 200m² 이내마다 방화구획으로 구획한 건축물(벽 및 반자가 실내에 접하는 부분의 마감을 불연재료로 한 경우에는 500m²)

㉣ 승강기를 비상용 승강기의 구조로 하는 경우

④ 비상용 승강기의 구조
　㉠ 비상용 승강기의 승강장 구조
　　• 승강장의 창문·출입구, 기타 개구부를 제외한 부분은 당해 건축물의 다른 부분과 내화구조의 바닥 및 벽으로 구획한다. 다만, 공동주택의 경우에는 승강장과 특별피난계단의 부속실과의 겸용부분을 특별피난계단의 계단실과 별도로 구획하는 때에는 승강장을 특별피난계단의 부속실과 겸용할 수 있다.
　　• 승강장은 각 층의 내부와 연결될 수 있도록 하되, 그 출입구(승강로의 출입구를 제외)에는 갑종방화문을 설치한다. 다만, 피난층에는 갑종방화문을 설치하지 아니할 수 있다.
　　• 노대 또는 외부를 향하여 열 수 있는 창문이나 배연설비를 설치할 것
　　• 벽 및 반자가 실내에 접하는 부분의 마감재료는 불연재료로 할 것(마감을 위한 바탕 포함)
　　• 승강장의 바닥면적은 비상용 승강기 1대에 대하여 6제곱미터 이상으로 할 것. 다만, 옥외에 승강장을 설치하는 경우에는 그러하지 아니하다.
　　• 채광이 되는 창문이 있거나 예비전원에 의한 조명설비를 할 것
　　• 피난층이 있는 승강장의 출입구(승강장이 없는 경우에는 승강로의 출입구)로부터 도로 또는 공지에 이르는 거리가 30m 이하일 것
　　• 승강장 출입구 부근의 잘 보이는 곳에 당해 승강기가 비상용 승강기임을 알 수 있는 표지를 할 것
　㉡ 비상용 승강기의 승강로 구조
　　• 승강로는 당해 건축물의 다른 부분과 내화구조로 구획할 것
　　• 각 층으로부터 피난층까지 이르는 승강로를 단일구조로 연결하여 설치할 것

(3) 피난용 승강기의 설치
　① 고층건축물에는 건축물에 설치하는 승용승강기 중 1대 이상을 피난용 승강기의 설치기준에 적합하게 설치하여야 한다. 다만, 준초고층건축물 중 공동주택은 제외한다.

　② 피난용 승강기의 승강장 및 승강로 구조
　　㉠ 피난용 승강기의 승강장 구조
　　　• 승강장의 출입구를 제외한 부분은 해당 건축물의 다른 부분과 내화구조의 바닥 및 벽으로 구획한다.

- 승강장은 각 층의 내부와 연결될 수 있도록 하되, 그 출입구에는 60+ 방화문 또는 60분 방화문을 설치한다. 이 경우 방화문은 언제나 닫힌 상태를 유지할 수 있는 구조이어야 한다.
- 실내에 접하는 부분(바닥 및 반자 등 실내에 면한 모든 부분)의 마감(마감을 위한 바탕을 포함)은 불연재료로 한다.
- 배연설비를 설치한다. 다만, 제연설비를 설치한 경우에는 배연설비를 설치하지 아니할 수 있다.

ⓛ 피난용 승강기의 승강로 구조
- 승강로는 해당 건축물의 다른 부분과 내화구조로 구획할 것
- 승강로 상부에 배연설비를 설치할 것

ⓒ 피난용 승강기의 기계실 구조
- 출입구를 제외한 부분은 해당 건축물의 다른 부분과 내화구조의 바닥 및 벽으로 구획할 것
- 출입구에는 60+ 방화문 또는 60분 방화문을 설치할 것

ⓔ 피난용 승강기의 전용 예비전원
- 정전 시 피난용 승강기, 기계실, 승강장 및 폐쇄회로 텔레비전 등의 설비를 작동할 수 있는 별도의 예비전원설비를 설치할 것
- 위의 내용에 따른 예비전원은 초고층건축물의 경우에는 2시간 이상, 준초고층 건축물의 경우에는 1시간 이상 작동이 가능한 용량일 것
- 상용전원과 예비전원의 공급을 자동 또는 수동으로 전환이 가능한 설비를 갖출 것
- 전선관 및 배선은 고온에 견딜 수 있는 내열성 자재를 사용하고, 방수조치를 할 것

3) 개별난방설비(공동주택, 오피스텔의 개별난방기준)

구분	구조 및 재료
보일러실의 위치	• 거실 이외의 곳에 설치 • 보일러실과 거실 사이 경계벽은 내화구조의 벽으로 구획(출입구 제외)
보일러실의 환기	• 윗부분에 $0.5m^2$ 이상의 환기창 설치 • 보일러실의 윗부분과 아랫부분에는 각각 지름 10cm 이상의 공기흡입구 및 배기구를 항상 열려 있는 상태로 바깥공기에 접하도록 설치할 것(전기보일러 예외)
보일러실과 거실 사이의 출입구	출입구가 닫힌 경우 가스가 거실 등에 들어갈 수 없는 구조로 할 것

구분	구조 및 재료
기름 저장소	보일러실 외의 곳에 설치할 것
오피스텔 난방구획	난방구획마다 내화구조의 벽·바닥과 60＋ 방화문 또는 60분 방화문으로 구획할 것
보일러실 연도	내화구조로서 공동연도를 설치할 것
CO 검지기	보일러실에는 CO 검지기를 설치할 수 있음(권고사항)

가스보일러에 의한 난방설비를 설치하고 가스를 중앙집중 공급방식으로 공급하는 경우에는 가스관계법령이 정하는 기준에 의함

4) 건축물의 냉방설비

(1) 상업지역 및 주거지역에서 건축물에 설치하는 냉방시설 및 환기시설의 배기구와 배기장치의 설치기준

① 배기구는 도로면으로부터 2m 이상의 높이에 설치할 것

② 배기장치에서 나오는 열기가 인근건축물의 거주자나 보행자에게 직접 닿지 아니하도록 할 것

(2) 대체 냉방설비의 설치대상

용도 분류	해당 용도 바닥면적의 합계	건축행위
• 제1종 근린생활시설 중 목욕장 • 운동시설 중 수영장(실내에 설치되는 것)	1천m² 이상	신축, 개축, 재축, 별동으로 증축
• 공동주택 중 기숙사 • 의료시설 • 수련시설 중 유스호스텔 • 숙박시설	2천m² 이상	
• 판매시설 • 교육연구시설 중 연구소 • 업무시설	3천m² 이상	
• 문화 및 집회시설(동·식물원 제외) • 종교시설 • 교육연구시설(연구소 제외) • 장례식장	1만m² 이상	

※ 대체 냉방설비
축랭식 또는 가스를 이용한 중앙집중냉방방식을 말한다.

5) 공동주택 및 다중이용시설의 환기설비기준

(1) 자연환기설비 또는 기계환기설비 설치대상

신축 또는 리모델링하는 다음 어느 하나에 해당하는 주택 또는 건축물은 시간당 0.5회 이상의 환기가 이루어질 수 있도록 자연환기설비 또는 기계환기설비를 설치하여야 한다.

① 30세대 이상의 공동주택

② 주택을 주택 외의 시설과 동일건축물로 건축하는 경우로서 주택이 30세대 이상인 건축물

(2) 기계환기설비의 구조 및 설치 준수사항

① 다중이용시설의 기계환기설비 용량기준은 시설이용 인원당 환기량을 원칙으로 산정할 것

② 기계환기설비는 다중이용시설로 공급되는 공기의 분포를 최대한 균등하게 하여 실내 기류의 편차가 최소화될 수 있도록 할 것

③ 공기공급체계·공기배출체계 또는 공기흡입구·배기구 등에 설치되는 송풍기는 외부의 기류로 인하여 송풍능력이 떨어지는 구조가 아닐 것

④ 바깥공기를 공급하는 공기공급체계 또는 바깥공기가 도입되는 공기흡입구는 다음의 요건을 모두 갖춘 공기여과기 또는 집진기(集塵機) 등을 갖출 것

㉠ 입자형·가스형 오염물질을 제거 또는 여과하는 성능이 일정 수준 이상일 것

㉡ 여과장치 등의 청소 및 교환 등 유지관리가 쉬운 구조일 것

㉢ 공기여과기의 경우 한국산업표준(KS B 6141)에 따른 입자포집률을 계수법으로 측정하였을 때 60% 이상일 것

⑤ 공기배출체계 및 배기구는 배출되는 공기가 공기공급체계 및 공기흡입구로 직접 들어가지 아니하는 위치에 설치할 것

⑥ 기계환기설비를 구성하는 설비·기기·장치 및 제품 등의 효율과 성능 등을 판정하는 데 있어 이 규칙에서 정하지 아니한 사항에 대하여는 해당 항목에 대한 한국산업표준에 적합할 것

(3) 환기구의 안전기준

환기구[건축물의 환기설비에 부속된 급기(給氣) 및 배기(排氣)를 위한 건축구조물의 개구부]는 보행자 및 건축물 이용자의 안전이 확보되도록 바닥으로부터 2m 이상의 높이에 설치하여야 한다.

6) 배연설비

(1) 배연설비의 설치대상

① 6층 이상인 건축물로서 다음에 해당하는 용도로 쓰는 건축물

㉠ 제2종 근린생활시설 중 공연장, 종교집회장, 인터넷컴퓨터게임시설제공업소 및 다중생활시설(공연장, 종교집회장 및 인터넷컴퓨터게임 시설제공업소는 해당 용도로 쓰는 바닥면적의 합계가 각각 300제곱미터 이상인 경우만 해당)

㉡ 문화 및 집회시설

㉢ 종교시설

㉣ 판매시설

㉤ 운수시설

㉥ 의료시설(요양병원 및 정신병원 제외)

㉦ 교육연구시설 중 연구소

㉧ 노유자시설 중 아동 관련시설, 노인복지시설(노인요양시설 제외)

㉨ 수련시설 중 유스호스텔

㉩ 운동시설

㉪ 업무시설

㉫ 숙박시설

㉬ 위락시설

㉭ 관광휴게시설

㉮ 장례시설

② 다음의 어느 하나에 해당하는 용도로 쓰는 건축물

㉠ 의료시설 중 요양병원 및 정신병원

㉡ 노유자시설 중 노인요양시설·장애인 거주시설 및 장애인 의료재활시설

㉢ 제1종 근린생활시설 중 산후조리원

(2) 배연설비의 설치기준

① 건축물에 방화구획이 설치된 경우에는 그 구획마다 1개소 이상의 배연창을 설치하되, 배연창의 상변과 천장 또는 반자로부터 수직거리가 0.9미터 이내일 것. 다만, 반자높이가 바닥으로부터 3미터 이상인 경우에는 배연창의 하변이 바닥으로부터 2.1미터 이상의 위치에 놓이도록 설치하여야 한다.

② 배연창의 유효면적은 1제곱미터 이상으로서 그 면적의 합계가 당해 건축물의 바닥면적의 100분의 1이상일 것. 이 경우 바닥면적의 산정에 있어서 거실 바닥면적의 20분의 1 이상으로 환기창을 설치한 거실의 면적은 이에 산입하지 아니한다.

핵심 문제 79 ◆◆◆

건축물의 거실(피난층의 거실 제외)에 국토교통부령으로 정하는 기준에 따라 배연설비를 하여야 하는 건축물의 용도가 아닌 것은?(단, 6층 이상인 건축물)

[20년 1·2회, 23년 2회]

① 문화 및 집회시설
② 종교시설
③ 요양병원
④ 숙박시설

해설

의료시설이 포함되나, 의료시설 중 요양병원 및 정신병원은 제외한다.

정답 ③

핵심 문제 80 ◆◆◆

배연설비 설치와 관련하여 배연창의 유효면적은 1m² 이상으로 그 면적의 합계가 건축물 바닥면적의 최소 얼마 이상으로 하여야 하는가?

① 1/10 이상　　② 1/20 이상
③ 1/100 이상　　④ 1/200 이상

해설

배연창의 유효면적은 1제곱미터 이상으로 그 면적의 합계가 당해 건축물의 바닥면적(방화구획이 설치된 경우에는 그 구획된 부분의 바닥면적)의 100분의 1 이상이어야 한다. 이 경우 바닥면적의 산정에 있어서 거실 바닥면적의 20분의 1 이상으로 환기창을 설치한 거실의 면적은 이에 산입하지 아니한다.

정답 ③

③ 배연구는 연기감지기 또는 열감지기에 의하여 자동으로 열 수 있는 구조로 하되, 손으로도 열고 닫을 수 있도록 할 것

④ 배연구는 예비전원에 의하여 열 수 있도록 할 것

⑤ 기계식 배연설비를 하는 경우에는 소방관계법령의 규정에 적합하도록 할 것

(3) 특별피난계단 및 비상용 승강기의 승강장에 설치하는 배연설비의 구조

① 배연구 및 배연풍도는 불연재료로 하고, 화재가 발생한 경우 원활하게 배연시킬 수 있는 규모로서 외기 또는 평상시에 사용하지 아니하는 굴뚝에 연결할 것

② 배연구에 설치하는 수동개방장치 또는 자동개방장치(열감지기 또는 연기감지기에 의한 것)는 손으로도 열고 닫을 수 있도록 할 것

③ 배연구는 평상시에는 닫힌 상태를 유지하고, 연 경우에는 배연에 의한 기류로 인하여 닫히지 아니하도록 할 것

④ 배연구가 외기에 접하지 아니하는 경우에는 배연기를 설치할 것

⑤ 배연기는 배연구의 열림에 따라 자동적으로 작동하고, 충분한 공기배출 또는 가압능력이 있을 것

⑥ 배연기에는 예비전원을 설치할 것

⑦ 공기유입방식을 급기가압방식 또는 급·배기방식으로 하는 경우에는 소방관계법령의 규정에 적합하게 할 것

7) 피뢰설비의 설치대상

① 낙뢰의 우려가 있는 건축물

② 높이 20m 이상의 건축물 및 공작물

③ 건축물에 공작물을 설치하여 그 전체 높이가 20m 이상인 것 포함

8) 수도계량기보호함의 설치기준(난방공간 내 설치하는 것은 제외)

① 수도계량기와 지수전 및 역지밸브를 지중 혹은 공동주택의 벽면 내부에 설치하는 경우에는 콘크리트 또는 합성수지제 등의 보호함에 넣어 보호할 것

② 보호함 내 옆면 및 뒷면과 전면판에 각각 단열재를 부착할 것(단열재는 밀도가 높고 열전도율이 낮은 것으로 한국산업표준제품을 사용할 것)

③ 보호함의 배관 입출구는 단열재 등으로 밀폐하여 냉기의 침입이 없도록 할 것

④ 보온용 단열재와 계량기 사이 공간을 유리섬유 등 보온재로 채울 것

⑤ 보호통과 벽체 사이 틈을 밀봉재 등으로 채워 냉기의 침투를 방지할 것

9) 관계전문기술자(건축기계설비기술사, 공조냉동기계기술사)의 협력을 받아야 하는 건축물

① 냉동·냉장시설, 항온·항습시설(온도와 습도를 일정하게 유지시키는 특수설비가 설치되어 있는 시설) 또는 특수청정시설(세균 또는 먼지 등을 제거하는 특수설비가 설치되어 있는 시설)로서 당해 용도에 사용되는 바닥면적의 합계가 5백 제곱미터 이상인 건축물

② 아파트 및 연립주택

③ 다음에 해당하는 건축물로서 해낭 용도에 사용되는 바닥면적의 합계가 5백 제곱미터 이상인 건축물
  ㉠ 목욕장
  ㉡ 물놀이형 시설(실내에 설치된 경우로 한정) 및 수영장(실내에 설치된 경우로 한정)

④ 다음에 해당하는 건축물로서 해당 용도에 사용되는 바닥면적의 합계가 2천 제곱미터 이상인 건축물
  ㉠ 기숙사
  ㉡ 의료시설
  ㉢ 유스호스텔
  ㉣ 숙박시설

⑤ 다음에 해당하는 건축물로서 해당 용도에 사용되는 바닥면적의 합계가 3천 제곱미터 이상인 건축물
  ㉠ 판매시설
  ㉡ 연구소
  ㉢ 업무시설

⑥ 다음에 해당하는 건축물로서 해당 용도에 사용되는 바닥면적의 합계가 1만 제곱미터 이상인 건축물
  ㉠ 문화 및 집회시설(동·식물원 제외)
  ㉡ 종교시설
  ㉢ 교육연구시설(연구소 제외)
  ㉣ 장례식장

핵심 문제 82 ◆◆◆

급수·배수·환기·난방 등의 건축설비를 건축물에 설치하는 경우 건축기계설비기술사 또는 공조냉동기계기술사의 협력을 받아야 하는 대상건축물에 속하지 않는 것은?

① 연립주택
② 판매시설로서 해당 용도에 사용되는 바닥면적의 합계가 2,000m²인 건축물
③ 의료시설로서 해당 용도에 사용되는 바닥면적의 합계가 2,000m²인 건축물
④ 숙박시설로서 해당 용도에 사용되는 바닥면적의 합계가 2,000m²인 건축물

해설

판매시설로서 해당 용도에 사용되는 바닥면적의 합계가 3,000m² 이상인 건축물이 해당된다.

정답 ②

- 크기는 지름 50cm 이상의 원이 내접할 수 있는 크기일 것
- 해당 층의 바닥면으로부터 개구부 밑부분까지의 높이가 1.2m 이내일 것
- 도로 또는 차량이 진입할 수 있는 빈터를 향할 것
- 화재 시 건축물로부터 쉽게 피난할 수 있도록 창살이나 그 밖의 장애물이 설치되지 아니할 것
- 내부 또는 외부에서 쉽게 부수거나 열 수 있을 것

① 해당 층의 바닥면적의 1/20 이하
② 해당 층의 바닥면적의 1/25 이하
③ 해당 층의 바닥면적의 1/30 이하
④ 해당 층의 바닥면적의 1/35 이하

정답 ③

건축허가 등을 할 때 미리 소방본부장 또는 소방서장의 동의를 받아야 하는 건축물의 최소연면적 기준은?(단, 기타사항은 고려하지 않는다)

① 400m² 이상   ② 600m² 이상
③ 800m² 이상   ④ 1,000m² 이상

해설

건축허가 등의 동의대상물의 범위 등(소방시설 설치 및 관리에 관한 법률 시행령 제7조)
건축허가 등을 할 때 미리 소방본부장 또는 소방서장의 동의를 받아야 하는 건축물의 연면적 기준은 400m² 이상이다(단, 기타사항을 고려하지 않을 경우).

정답 ①

다음은 건축허가 등을 할 때 미리 소방본부장 또는 소방서장의 동의를 받아야 하는 건축물 등의 범위에 관한 내용이다. 빈칸에 들어갈 내용을 순서대로 옳게 나열한 것은?(단, 차고 · 주차장 또는 주차용도로 사용되는 시설) [18년 1회, 24년 2회]

- 차고 · 주차장으로 사용되는 바닥면적이 (   ) 이상인 층이 있는 건축물이나 주차시설
- 승강기 등 기계장치에 의한 주차시설로서 자동차 (   ) 이상을 주차할 수 있는 시설

① 100m², 20대   ② 200m², 20대
③ 100m², 30대   ④ 200m², 30대

정답 ②

❸ 소방시설 설치 및 관리에 관한 법령 분석

1. 각종 정의(소방시설 설치 및 관리에 관한 법률 시행령 제2조)

1) 무창층(無窓層)

지상층 중 다음의 요건을 모두 갖춘 개구부면적의 합계가 해당 층의 바닥면적의 30분의 1 이하가 되는 층을 말한다.

① 크기는 지름 50센티미터 이상의 원이 내접(內接)할 수 있는 크기일 것
② 해당 층의 바닥면으로부터 개구부 밑부분까지의 높이가 1.2미터 이내일 것
③ 도로 또는 차량이 진입할 수 있는 빈터를 향할 것
④ 화재 시 건축물로부터 쉽게 피난할 수 있도록 창살이나 그 밖의 장애물이 설치되지 아니할 것
⑤ 내부 또는 외부에서 쉽게 부수거나 열 수 있을 것

2) 피난층

곧바로 지상으로 갈 수 있는 출입구가 있는 층을 말한다.

2. 건축허가 등의 동의대상물의 범위 등(소방시설 설치 및 관리에 관한 법률 시행령 제7조)

건축허가 등을 할 때 미리 소방본부장 또는 소방서장의 동의를 받아야 하는 건축물은 다음과 같다.

① 연면적이 400제곱미터 이상인 건축물. 다만, 다음에 해당하는 시설은 각 시설에서 정한 기준 이상인 건축물로 한다.
 ㉠ 학교시설 : 100제곱미터
 ㉡ 노유자시설(老幼者施設) 및 수련시설 : 200제곱미터
 ㉢ 정신의료기관(입원실이 없는 정신건강의학과 의원은 제외) : 300제곱미터
 ㉣ 장애인 의료재활시설 : 300제곱미터
② 차고 · 주차장 또는 주차용도로 사용되는 시설로서 다음에 해당하는 것
 ㉠ 차고 · 주차장으로 사용되는 바닥면적이 200제곱미터 이상인 층이 있는 건축물이나 주차시설
 ㉡ 승강기 등 기계장치에 의한 주차시설로서 자동차 20대 이상을 주차할 수 있는 시설
③ 항공기격납고, 관망탑, 항공관제탑, 방송용 송수신탑
④ 지하층 또는 무창층이 있는 건축물로서 바닥면적이 150제곱미터(공연장의 경우에는 100제곱미터) 이상인 층이 있는 것

3) 수용인원의 산정방법(소방시설 설치 및 관리에 관한 법률 시행령 제17조 [별표 7])

(1) 숙박시설이 있는 특정소방대상물

① 침대가 있는 숙박시설 : 해당 특정소방대상물의 종사자수에 침대수(2인용 침대는 2개로 산정)를 합한 수

② 침대가 없는 숙박시설 : 해당 특정소방대상물의 종사자수에 숙박시설 바닥 면적의 합계를 3m²로 나누어 얻은 수를 합한 수

(2) 숙박시설이 있는 특정소방대상물 외의 특정소방대상물

① 강의실 · 교무실 · 상담실 · 실습실 · 휴게실 용도로 쓰이는 특정소방대상물 : 해당 용도로 사용하는 바닥면적의 합계를 1.9m²로 나누어 얻은 수

② 강당, 문화 및 집회시설, 운동시설, 종교시설 : 해당 용도로 사용하는 바닥면 적의 합계를 4.6m²로 나누어 얻은 수(관람석이 있는 경우 고정식 의자를 설치한 부분은 그 부분의 의자수로 하고, 긴 의자의 경우에는 의자의 정면너비를 0.45m로 나누어 얻은 수)

③ 그 밖의 특정소방대상물 : 해당 용도로 사용하는 바닥면적의 합계를 3m²로 나누어 얻은 수

4) 특정소방대상물의 관계인이 특정소방대상물의 규모 · 용도 및 수용인원 등을 고려하여 갖추어야 하는 소방시설의 종류(소방시설 설치 및 관리에 관한 법률 시행령 제11조 [별표 4])

(1) 옥내소화전설비를 설치하여야 하는 특정소방대상물

① 연면적 3천m² 이상(지하가 중 터널은 제외)이거나 지하층 · 무창층(축사는 제외) 또는 층수가 4층 이상인 것 중 바닥면적이 600m² 이상인 층이 있는 것은 모든 층

② ①에 해당하지 않는 근린생활시설, 판매시설, 운수시설, 의료시설, 노유자 시설, 업무시설, 숙박시설, 위락시설, 공장, 창고시설, 항공기 및 자동차 관련 시설, 교정 및 군사시설 중 국방 · 군사시설, 방송통신시설, 발전시설, 장례식장 또는 복합건축물로서 연면적 1천 5백m² 이상이거나 지하층 · 무창층 또는 층수가 4층 이상인 층 중 바닥면적이 300m² 이상인 층이 있는 것은 모든 층

③ 건축물의 옥상에 설치된 차고 또는 주차장으로서 차고 또는 주차의 용도로 사용되는 부분의 면적이 200m² 이상인 것

④ 지하가 중 터널로서 길이가 1천m 이상인 터널, 예상교통량, 경사도 등 터널의 특성을 고려하여 행정안전부령으로 정하는 터널

⑤ ① 및 ②에 해당하지 않는 공장 또는 창고시설로서 「화재의 예방 및 안전관리에 관한 법률 시행령」 별표 2에서 정하는 수량의 750배 이상의 특수가연물을 저장·취급하는 것

(2) 스프링클러설비를 설치하여야 하는 특정소방대상물

① 문화 및 집회시설(동·식물원은 제외한다), 종교시설(주요 구조부가 목조인 것은 제외한다), 운동시설(물놀이형 시설은 제외한다)로서 다음의 어느 하나에 해당하는 경우에는 모든 층

ⓐ 수용인원이 100명 이상인 것

ⓑ 영화상영관의 용도로 쓰이는 층의 바닥면적이 지하층 또는 무창층인 경우에는 500m² 이상, 그 밖의 층의 경우에는 1천m² 이상인 것

ⓒ 무대부가 지하층·무창층 또는 4층 이상의 층에 있는 경우에는 무대부의 면적이 300m² 이상인 것

ⓓ 무대부가 ⓒ 외의 층에 있는 경우에는 무대부의 면적이 500m² 이상인 것

② 판매시설, 운수시설 및 창고시설(물류터미널에 한정)로서 바닥면적의 합계가 5천m² 이상이거나 수용인원이 500명 이상인 경우에는 모든 층

③ 층수가 6층 이상인 특정소방대상물의 경우에는 모든 층. 다만, 주택 관련법령에 따라 기존의 아파트 등을 리모델링하는 경우로서 건축물의 연면적 및 층높이가 변경되지 않는 경우에는 해당 아파트 등의 사용검사 당시의 소방시설 적용기준을 적용한다.

④ 다음의 어느 하나에 해당하는 용도로 사용되는 시설의 바닥면적의 합계가 600m² 이상인 것은 모든 층

ⓐ 의료시설 중 정신의료기관

ⓑ 의료시설 중 요양병원(정신병원은 제외)

ⓒ 노유자시설

ⓓ 숙박이 가능한 수련시설

⑤ 창고시설(물류터미널은 제외)로서 바닥면적 합계가 5천m² 이상인 경우에는 모든 층

⑥ 천장 또는 반자(반자가 없는 경우에는 지붕의 옥내에 면하는 부분)의 높이가 10m를 넘는 랙식 창고(Rack Warehouse, 물건을 수납할 수 있는 선반이나 이와 비슷한 것을 갖춘 것)로서 바닥면적의 합계가 1천 5백m² 이상인 것

⑦ ①부터 ⑥까지의 특정소방대상물에 해당하지 않는 특정소방대상물의 지하층·무창층(축사는 제외) 또는 층수가 4층 이상인 층으로서 바닥면적이 1천m² 이상인 층

⑧ ⑥에 해당하지 않는 공장 또는 창고시설로서 다음의 어느 하나에 해당하는 시설
　㉠ 「화재의 예방 및 안전관리에 관한 법률 시행령」 별표 2에서 정하는 수량의 1천 배 이상의 특수가연물을 저장·취급하는 시설
　㉡ 중·저준위방사성폐기물의 저장시설 중 소화수를 수집·처리하는 설비가 있는 저장시설

⑨ 지붕 또는 외벽이 불연재료가 아니거나 내화구조가 아닌 공장 또는 창고시설로서 다음의 어느 하나에 해당하는 것
　㉠ 창고시설(물류터미널에 한정) 중 ②에 해당하지 않는 것으로서 바닥면적의 합계가 2천5백m² 이상이거나 수용인원이 250명 이상인 것
　㉡ 창고시설(물류터미널은 제외) 중 ⑤에 해당하지 않는 것으로서 바닥면적의 합계가 2천5백m² 이상인 것
　㉢ 랙식 창고시설 중 ⑥에 해당하지 않는 것으로서 바닥면적의 합계가 750m² 이상인 것
　㉣ 공장 또는 창고시설 중 ⑦에 해당하지 않는 것으로서 지하층·무창층 또는 층수가 4층 이상인 것 중 바닥면적이 500m² 이상인 것
　㉤ 공장 또는 창고시설 중 ⑧의 ㉠에 해당하지 않는 것으로서 「화재의 예방 및 안전관리에 관한 법률 시행령」 별표 2에서 정하는 수량의 500배 이상의 특수가연물을 저장·취급하는 시설

⑩ 지하가(터널은 제외)로서 연면적 1천m² 이상인 것

⑪ 기숙사(교육연구시설·수련시설 내에 있는 학생 수용을 위한 것) 또는 복합건축물로서 연면적 5천m² 이상인 경우에는 모든 층

⑫ 교정 및 군사시설 중 다음의 어느 하나에 해당하는 경우에는 해당 장소
　㉠ 보호감호소, 교도소, 구치소 및 그 지소, 보호관찰소, 갱생보호시설, 치료감호시설, 소년원 및 소년분류심사원의 수용거실
　㉡ 「출입국관리법」 제52조제2항에 따른 보호시설(외국인보호소의 경우에는 보호대상자의 생활공간으로 한정)로 사용하는 부분. 다만, 보호시설이 임차건물에 있는 경우는 제외한다.
　㉢ 유치장

⑬ ①부터 ⑫까지의 특정소방대상물에 부속된 보일러실 또는 연결통로 등

(3) 물분무등소화설비를 설치하여야 하는 특정소방대상물
① 항공기 및 자동차 관련시설 중 항공기격납고
② 주차용 건축물(기계식 주차장 포함)로서 연면적 800m² 이상인 것

✽ 물분무소화설비
분무헤드에서 물을 안개와 같이 내뿜는 형상으로 방사하여 냉각(冷却)효과 또는 질식(窒息)효과에 의해서 화재를 소화하는 고정식 소화설비를 말한다.

③ 건축물 내부에 설치된 차고 또는 주차장으로서 차고 또는 주차의 용도로 사용되는 부분(필로티를 주차용도로 사용하는 경우 포함)의 바닥면적의 합계가 200m² 이상인 것

④ 기계식 주차장치를 이용하여 20대 이상의 차량을 주차할 수 있는 것

⑤ 특정소방대상물에 설치된 전기실·발전실·변전실·축전지실·통신기기실 또는 전산실, 그 밖에 이와 비슷한 것으로서 바닥면적이 300m² 이상인 것. 다만, 내화구조로 된 공정제어실 내에 설치된 주조정실로서 양압시설이 설치되고 전기기기에 220볼트 이하인 저전압이 사용되며 종업원이 24시간 상주하는 곳은 제외한다.

⑥ 소화수를 수집·처리하는 설비가 설치되어 있지 않은 중·저준위방사성폐기물의 저장시설. 다만, 이 경우에는 이산화탄소소화설비, 할론소화설비 또는 할로겐화합물 및 불활성 기체 소화설비를 설치하여야 한다.

⑦ 지하가 중 예상 교통량, 경사도 등 터널의 특성을 고려하여 행정안전부령으로 정하는 터널. 다만, 이 경우에는 물분무소화설비를 설치하여야 한다.

⑧ 국가유산 중 소방청장이 국가유산청장과 협의하여 정하는 것

(4) 옥외소화전설비를 설치하여야 하는 특정소방대상물(아파트 등, 위험물 저장 및 처리시설 중 가스시설, 지하구 또는 지하가 중 터널은 제외)

① 지상 1층 및 2층의 바닥면적의 합계가 9천m² 이상인 것. 이 경우 같은 구(區) 내의 둘 이상의 특정소방대상물이 행정안전부령으로 정하는 연소(延燒) 우려가 있는 구조인 경우에는 이를 하나의 특정소방대상물로 본다.

② 보물 또는 국보로 지정된 목조건축물

③ ①에 해당하지 않는 공장 또는 창고시설로서 「화재의 예방 및 안전관리에 관한 법률 시행령」 별표 2에서 정하는 수량의 750배 이상의 특수가연물을 저장·취급하는 것

(5) 비상경보설비를 설치하여야 할 특정소방대상물

① 연면적 400m²(지하가 중 터널 또는 사람이 거주하지 않거나 벽이 없는 축사 등 동·식물 관련시설은 제외) 이상이거나 지하층 또는 무창층의 바닥면적이 150m²(공연장의 경우 100m²) 이상인 것

② 지하가 중 터널로서 길이가 500m 이상인 것

③ 50명 이상의 근로자가 작업하는 옥내작업장

(6) 자동화재탐지설비를 설치하여야 하는 특정소방대상물

① 근린생활시설(목욕장은 제외), 의료시설(정신의료기관 또는 요양병원은 제외), 숙박시설, 위락시설, 장례식장 및 복합건축물로서 연면적 600m² 이상인 것

② 공동주택, 근린생활시설 중 목욕장, 문화 및 집회시설, 종교시설, 판매시설, 운수시설, 운동시설, 업무시설, 공장, 창고시설, 위험물 저장 및 처리시설, 항공기 및 자동차 관련 시설, 교정 및 군사시설 중 국방·군사시설, 방송통신시설, 발전시설, 관광휴게시설, 지하가(터널은 제외)로서 연면적 1천m² 이상인 것

③ 교육연구시설(교육시설 내에 있는 기숙사 및 합숙소를 포함), 수련시설(수련시설 내에 있는 기숙사 및 합숙소를 포함하며, 숙박시설이 있는 수련시설은 제외), 동물 및 식물 관련 시설(기둥과 지붕만으로 구성되어 외부와 기류가 통하는 장소는 제외), 분뇨 및 쓰레기 처리시설, 교정 및 군사시설(국방·군사시설은 제외) 또는 묘지 관련 시설로서 연면적 2천m² 이상인 것

④ 지하구

⑤ 지하가 중 터널로서 길이가 1천m 이상인 것

⑥ 노유자생활시설

⑦ ⑥에 해당하지 않는 노유자시설로서 연면적 400m² 이상인 노유자시설 및 숙박시설이 있는 수련시설로서 수용인원 100명 이상인 것

⑧ ②에 해당하지 않는 공장 및 창고시설로서 「화재의 예방 및 안전관리에 관한 법률 시행령」 별표 2에서 정하는 수량의 500배 이상의 특수가연물을 저장·취급하는 것

⑨ 의료시설 중 정신의료기관 또는 요양병원으로서 다음의 어느 하나에 해당하는 시설

  ㉠ 요양병원(정신병원과 의료재활시설은 제외)

  ㉡ 정신의료기관 또는 의료재활시설로 사용되는 바닥면적의 합계가 300m² 이상인 시설

  ㉢ 정신의료기관 또는 의료재활시설로 사용되는 바닥면적의 합계가 300m² 미만이고, 창살(철재·플라스틱 또는 목재 등으로 사람의 탈출 등을 막기 위하여 설치한 것을 말하며, 화재 시 자동으로 열리는 구조로 되어 있는 창살은 제외한다)이 설치된 시설

(7) 인명구조기구를 설치하여야 하는 특정소방대상물

① 방열복 또는 방화복, 인공소생기 및 공기호흡기를 설치하여야 하는 특정소방대상물 : 지하층을 포함하는 층수가 7층 이상인 관광호텔

② 방열복 또는 방화복 및 공기호흡기를 설치하여야 하는 특정소방대상물 : 지하층을 포함하는 층수가 5층 이상인 병원

③ 공기호흡기를 설치하여야 하는 특정소방대상물은 다음의 어느 하나와 같다.

　㉠ 수용인원 100명 이상인 문화 및 집회시설 중 영화상영관

　㉡ 판매시설 중 대규모점포

　㉢ 운수시설 중 지하역사

　㉣ 지하가 중 지하상가

　㉤ 이산화탄소소화설비를 설치하여야 하는 특정소방대상물

(8) 유도등을 설치하여야 하는 특정소방대상물

① 피난구유도등, 통로유도등 및 유도표지는 별표 2의 특정소방대상물에 설치한다. 다만, 다음의 어느 하나에 해당하는 경우는 제외한다.

　㉠ 지하가 중 터널 및 지하구

　㉡ 동물 및 식물 관련 시설 중 축사로서 가축을 직접 가두어 사육하는 부분

② 객석유도등은 다음의 어느 하나에 해당하는 특정소방대상물에 설치한다.

　㉠ 유흥주점영업시설(「식품위생법 시행령」 제21조제8호라목의 유흥주점 영업 중 손님이 춤을 출 수 있는 무대가 설치된 카바레, 나이트클럽 또는 그 밖에 이와 비슷한 영업시설만 해당한다)

　㉡ 문화 및 집회시설

　㉢ 종교시설

　㉣ 운동시설

(9) 비상조명등을 설치하여야 하는 특정소방대상물

① 지하층을 포함하는 층수가 5층 이상인 건축물로서 연면적 3천m² 이상인 것

② ①에 해당하지 않는 특정소방대상물로서 그 지하층 또는 무창층의 바닥면적이 450m² 이상인 경우에는 그 지하층 또는 무창층

③ 지하가 중 터널로서 그 길이가 500m 이상인 것

(10) 상수도소화용수설비를 설치하여야 하는 특정소방대상물

다음의 어느 하나와 같다. 다만, 상수도소화용수설비를 설치하여야 하는 특정소방대상물의 대지경계선으로부터 180m 이내에 지름 75mm 이상인 상수도용 배수관이 설치되지 않은 지역의 경우에는 화재안전기준에 따른 소화수조 또는 저수조를 설치하여야 한다.

① 연면적 5천m² 이상인 것. 다만, 위험물 저장 및 처리시설 중 가스시설, 지하가 중 터널 또는 지하구의 경우에는 그러하지 아니하다.

② 가스시설로서 지상에 노출된 탱크의 저장용량의 합계가 100톤 이상인 것

(11) 제연설비를 설치하여야 하는 특정소방대상물

① 문화 및 집회시설, 종교시설, 운동시설로서 무대부의 바닥면적이 200m² 이상 또는 문화 및 집회시설 중 영화상영관으로서 수용인원 100명 이상인 것

② 지하층이나 무창층에 설치된 근린생활시설, 판매시설, 운수시설, 숙박시설, 위락시설, 의료시설, 노유자시설 또는 창고시설(물류터미널만 해당)로서 해당 용도로 사용되는 바닥면적의 합계가 1천m² 이상인 층

③ 운수시설 중 시외버스정류장, 철도 및 도시철도시설, 공항시설 및 항만시설의 대합실 또는 휴게시설로서 지하층 또는 무창층의 바닥면적이 1천m² 이상인 것

④ 지하가(터널은 제외)로서 연면적 1천m² 이상인 것

⑤ 지하가 중 예상 교통량, 경사도 등 터널의 특성을 고려하여 행정안전부령으로 정하는 터널

⑥ 특정소방대상물(갓복도형 아파트 등은 제외)에 부설된 특별피난계단 또는 비상용 승강기의 승강장

(12) 연결살수설비를 설치하여야 하는 특정소방대상물

① 판매시설, 운수시설, 창고시설 중 물류터미널로서 해당 용도로 사용되는 부분의 바닥면적의 합계가 1천m² 이상인 것

② 지하층(피난층으로 주된 출입구가 도로와 접한 경우는 제외)으로서 바닥면적의 합계가 150m² 이상인 것. 다만, 국민주택규모 이하인 아파트 등의 지하층(대피시설로 사용하는 것만 해당)과 교육연구시설 중 학교의 지하층의 경우에는 700m² 이상인 것으로 한다.

③ 가스시설 중 지상에 노출된 탱크의 용량이 30톤 이상인 탱크시설

④ ① 및 ②의 특정소방대상물에 부속된 연결통로

5) 소방시설의 내진설계(소방시설 설치 및 관리에 관한 법률 시행령 제8조)

"대통령령으로 정하는 소방시설"이란 소방시설 중 옥내소화전설비, 스프링클러설비, 물분무등소화설비를 말한다.

6) 성능위수설계를 하여야 하는 특정소방대상물의 범위(소방시설 설치 및 관리에 관한 법률 시행령 제9조)

① 연면적 20만제곱미터 이상인 특정소방대상물. 다만, 공동주택 중 주택으로 쓰이는 층수가 5층 이상인 주택(아파트 등)은 제외한다.

② 다음의 어느 하나에 해당하는 특정소방대상물. 다만, 아파트 등은 제외한다.
　㉠ 건축물의 높이가 100미터 이상인 특정소방대상물

핵심 문제 92 ◆◆◆

제연설비를 설치해야 할 특정소방대상물이 아닌 것은? [18년 2회]
① 특정소방대상물(갓복도형 아파트 등은 제외한다)에 부설된 특별피난계단 또는 비상용 승강기의 승강장
② 지하가(터널은 제외한다)로서 연면적이 500m²인 것
③ 문화 및 집회시설로서 무대부의 바닥면적이 300m²인 것
④ 지하가 중 예상 교통량, 경사도 등 터널의 특성을 고려하여 행정안전부령으로 정하는 터널

해설

지하가(터널은 제외한다)로서 연면적 1천m² 이상인 것이 해당한다.

정답 ②

핵심 문제 93 ◆◆◆

지진이 발생할 경우 소방시설이 정상적으로 작동될 수 있도록 소방청장이 정하는 내진설계기준에 맞게 설치하여야 하는 소방시설이 아닌 것은?(단, 내진설계기준의 설정 대상시설에 소방시설을 설치하는 경우)
① 옥내소화전설비
② 스프링클러설비
③ 물분무등소화설비
④ 무선통신보조설비

해설

내진설계기준에 맞게 설치하여야 하는 소방시설
옥내소화전설비, 스프링클러설비, 물분무등소화설비

정답 ④

ⓛ 지하층을 포함한 층수가 30층 이상인 특정소방대상물

③ 연면적 3만제곱미터 이상인 특정소방대상물로서 다음의 어느 하나에 해당하는 특정소방대상물

　　㉠ 철도 및 도시철도시설

　　ⓛ 공항시설

④ 하나의 건축물에 영화상영관이 10개 이상인 특정소방대상물

7) 특정소방대상물의 소방시설 설치의 면제기준(소방시설 설치 및 관리에 관한 법률 시행령 제14조 [별표 5])

설치가 면제되는 소방시설	설치가 면제되는 기준
자동소화장치	자동소화장치(주거용 주방자동소화장치 및 상업용 주방자동소화장치는 제외)를 설치해야 하는 특정소방대상물에 물분무등소화설비를 화재안전기준에 적합하게 설치한 경우에는 그 설비의 유효범위(해당 소방시설이 화재를 감지·소화 또는 경보할 수 있는 부분)에서 설치가 면제된다.
옥내소화전설비	소방본부장 또는 소방서장이 옥내소화전설비의 설치가 곤란하다고 인정하는 경우로서 호스릴 방식의 미분무소화설비 또는 옥외소화전설비를 화재안전기준에 적합하게 설치한 경우에는 그 설비의 유효범위에서 설치가 면제된다.
스프링클러설비	• 스프링클러설비를 설치해야 하는 특정소방대상물(발전시설 중 전기저장시설은 제외)에 적응성 있는 자동소화장치 또는 물분무등소화설비를 화재안전기준에 적합하게 설치한 경우에는 그 설비의 유효범위에서 설치가 면제된다. • 스프링클러설비를 설치해야 하는 전기저장시설에 소화설비를 소방청장이 정하여 고시하는 방법에 따라 설치한 경우에는 그 설비의 유효범위에서 설치가 면제된다.
간이스프링클러 설비	간이스프링클러설비를 설치해야 하는 특정소방대상물에 스프링클러설비, 물분무소화설비 또는 미분무소화설비를 화재안전기준에 적합하게 설치한 경우에는 그 설비의 유효범위에서 설치가 면제된다.
물분무등소화설비	물분무등소화설비를 설치해야 하는 차고·주차장에 스프링클러설비를 화재안전기준에 적합하게 설치한 경우에는 그 설비의 유효범위에서 설치가 면제된다.
옥외소화전설비	옥외소화전설비를 설치해야 하는 문화유산인 목조건축물에 상수도소화용수설비를 화재안전기준에서 정하는 방수압력·방수량·옥외소화전함 및 호스의 기준에 적합하게 설치한 경우에는 설치가 면제된다.

설치가 면제되는 소방시설	설치가 면제되는 기준
비상경보설비	비상경보설비를 설치해야 할 특정소방대상물에 단독경보형 감지기를 2개 이상의 단독경보형 감지기와 연동하여 설치한 경우에는 그 설비의 유효범위에서 설치가 면제된다.
비상경보설비 또는 단독경보형 감지기	비상경보설비 또는 단독경보형 감지기를 설치해야 하는 특정소방대상물에 자동화재탐지설비 또는 화재알림설비를 화재안전기준에 적합하게 설치한 경우에는 그 설비의 유효범위에서 설치가 면제된다.
자동화재탐지설비	자동화재탐지설비의 기능(감지 · 수신 · 경보기능)과 성능을 가진 화재알림설비, 스프링클러설비 또는 물분무등소화설비를 화재안전기준에 적합하게 설치한 경우에는 그 설비의 유효범위에서 설치가 면제된다.
화재알림설비	화재알림설비를 설치해야 하는 특정소방대상물에 자동화재탐지설비를 화재안전기준에 적합하게 설치한 경우에는 그 설비의 유효범위에서 설치가 면제된다.
비상방송설비	비상방송설비를 설치해야 하는 특정소방대상물에 자동화재탐지설비 또는 비상경보설비와 같은 수준 이상의 음향을 발하는 장치를 부설한 방송설비를 화재안전기준에 적합하게 설치한 경우에는 그 설비의 유효범위에서 설치가 면제된다.
자동화재속보설비	자동화재속보설비를 설치해야 하는 특정소방대상물에 화재알림설비를 화재안전기준에 적합하게 설치한 경우에는 그 설비의 유효범위에서 설치가 면제된다.
누전경보기	누전경보기를 설치해야 하는 특정소방대상물 또는 그 부분에 아크경보기(옥내 배전선로의 단선이나 선로 손상 등으로 인하여 발생하는 아크를 감지하고 경보하는 장치) 또는 전기 관련 법령에 따른 지락차단장치를 설치한 경우에는 그 설비의 유효범위에서 설치가 면제된다.
피난구조설비	피난구조설비를 설치해야 하는 특정소방대상물에 그 위치 · 구조 또는 설비의 상황에 따라 피난상 지장이 없다고 인정되는 경우에는 화재안전기준에서 정하는 바에 따라 설치가 면제된다.
비상조명등	비상조명등을 설치해야 하는 특정소방대상물에 피난구유도등 또는 통로유도등을 화재안전기준에 적합하게 설치한 경우에는 그 유도등의 유효범위에서 설치가 면제된다.
상수도소화용수설비	• 상수도소화용수설비를 설치해야 하는 특정소방대상물의 각 부분으로부터 수평거리 140m 이내에 공공의 소방을 위한 소화전이 회재안전기준에 직합하게 실치되어 있는 경우에는 설치가 면제된다. • 소방본부장 또는 소방서장이 상수도소화용수설비의 설치가 곤란하다고 인정하는 경우로서 화재안전기준에 적합한 소화수조 또는 저수조가 설치되어 있거나 이를 설치하는 경우에는 그 설비의 유효범위에서 설치가 면제된다.

설치가 면제되는 소방시설	설치가 면제되는 기준
제연설비	• 제연설비를 설치해야 하는 특정소방대상물(터널은 제외)에 다음의 어느 하나에 해당하는 설비를 설치한 경우에는 설치가 면제된다. 　– 공기조화설비를 화재안전기준의 제연설비기준에 적합하게 설치하고 공기조화설비가 화재 시 제연설비기능으로 자동전환되는 구조로 설치되어 있는 경우 　– 직접 외부 공기와 통하는 배출구의 면적의 합계가 해당 제연구역[제연경계(제연설비의 일부인 천장을 포함)에 의하여 구획된 건축물 내의 공간] 바닥면적의 100분의 1 이상이고, 배출구부터 각 부분까지의 수평거리가 30m 이내이며, 공기유입구가 화재안전기준에 적합하게(외부 공기를 직접 자연 유입할 경우에 유입구의 크기는 배출구의 크기 이상이어야 함) 설치되어 있는 경우 • 터널에 따라 제연설비를 설치해야 하는 특정소방대상물 중 노대(露臺)와 연결된 특별피난계단, 노대가 설치된 비상용 승강기의 승강장 또는 배연설비가 설치된 피난용 승강기의 승강장에는 설치가 면제된다.
연결송수관설비	연결송수관설비를 설치해야 하는 소방대상물에 옥외에 연결송수구 및 옥내에 방수구가 부설된 옥내소화전설비, 스프링클러설비, 간이스프링클러설비 또는 연결살수설비를 화재안전기준에 적합하게 설치한 경우에는 그 설비의 유효범위에서 설치가 면제된다. 다만, 지표면에서 최상층 방수구의 높이가 70m 이상인 경우에는 설치해야 한다.
연결살수설비	• 연결살수설비를 설치해야 하는 특정소방대상물에 송수구를 부설한 스프링클러설비, 간이스프링클러설비, 물분무소화설비 또는 미분무소화설비를 화재안전기준에 적합하게 설치한 경우에는 그 설비의 유효범위에서 설치가 면제된다. • 가스 관계 법령에 따라 설치되는 물분무장치 등에 소방대가 사용할 수 있는 연결송수구가 설치되거나 물분무장치 등에 6시간 이상 공급할 수 있는 수원(水源)이 확보된 경우에는 설치가 면제된다.
무선통신보조설비	무선통신보조설비를 설치해야 하는 특정소방대상물에 이동통신 구내 중계기 선로설비 또는 무선이동중계기(「전파법」에 따른 적합성평가를 받은 제품만 해당) 등을 화재안전기준의 무선통신보조설비기준에 적합하게 설치한 경우에는 설치가 면제된다.
연소방지설비	연소방지설비를 설치해야 하는 특정소방대상물에 스프링클러설비, 물분무소화설비 또는 미분무소화설비를 화재안전기준에 적합하게 설치한 경우에는 그 설비의 유효범위에서 설치가 면제된다.

8) 방염성능기준 이상의 실내장식물 등을 설치하여야 하는 특정소방대상물(소방시설 설치 및 관리에 관한 법률 시행령 제30조)

① 근린생활시설 중 체력단련장, 숙박시설, 방송통신시설 중 방송국 및 촬영소
② 건축물의 옥내에 있는 시설로서 다음의 시설
 ㉠ 문화 및 집회시설
 ㉡ 종교시설
 ㉢ 운동시설(수영장은 제외)
③ 의료시설 중 종합병원, 요양병원 및 정신의료기관·노유자시설 및 숙박이 가능한 수련시설
④ 다중이용업의 영업장
⑤ 교육연구시설 중 합숙소
⑥ ①~⑤까지의 시설에 해당하지 아니하는 것으로서 층수가 11층 이상인 것(아파트는 제외)

9) 방염대상물품 및 방염성능기준(소방시설 설치 및 관리에 관한 법률 시행령 제31조)

 (1) 방염대상물품
  ① 제조 또는 가공 공정에서 방염처리를 한 물품(합판·목재류의 경우에는 설치현장에서 방염처리를 한 것을 포함)으로서 다음에 해당하는 것
   ㉠ 창문에 설치하는 커튼류(블라인드를 포함)
   ㉡ 카펫, 두께가 2밀리미터 미만인 벽지류(종이벽지는 제외)
   ㉢ 전시용 합판 또는 섬유판, 무대용 합판 또는 섬유판
   ㉣ 암막·무대막(영화상영관에 설치하는 스크린과 골프연습장업에 설치하는 스크린을 포함)
   ㉤ 섬유류 또는 합성수지류 등을 원료로 하여 제작된 소파·의자(단란주점영업, 유흥주점영업 및 노래연습장업의 영업장에 설치하는 것만 해당)
  ② 건축물 내부의 천장이나 벽에 부착하거나 설치하는 것으로서 다음에 해당하는 것. 다만, 가구류와 너비 10센티미터 이하인 반자돌림대 등과 내부마감새료는 제외
   ㉠ 종이류(두께 2밀리미터 이상인 것)·합성수지류 또는 섬유류를 주원료로 한 물품
   ㉡ 합판이나 목재
   ㉢ 공간을 구획하기 위하여 설치하는 간이 칸막이(접이식 등 이동 가능한 벽체나 천장 또는 반자가 실내에 접하는 부분까지 구획하지 아니하는 벽체)

ⓔ 흡음(吸音)이나 방음(防音)을 위하여 설치하는 흡음재(흡음용 커튼을 포함) 또는 방음재(방음용 커튼을 포함)

(2) 방염성능기준

① 버너의 불꽃을 제거한 때부터 불꽃을 올리며 연소하는 상태가 그칠 때까지 시간은 20초 이내일 것
② 버너의 불꽃을 제거한 때부터 불꽃을 올리지 아니하고 연소하는 상태가 그칠 때까지 시간은 30초 이내일 것
③ 탄화(炭化)한 면적은 50제곱센티미터 이내, 탄화한 길이는 20센티미터 이내일 것
④ 불꽃에 의하여 완전히 녹을 때까지 불꽃의 접촉 횟수는 3회 이상일 것
⑤ 소방청장이 정하여 고시한 방법으로 발연량(發煙量)을 측정하는 경우 최대 연기밀도는 400 이하일 것

핵심 문제 97 ◆◆◆

아파트가 특급 소방안전관리대상물로 되기 위한 기준으로 옳은 것은?
① 50층 이상(지하층은 제외한다)이거나 지상으로부터 높이가 200m 이상인 아파트
② 30층 이상(지하층은 제외한다)이거나 지상으로부터 높이가 120m 이상인 아파트
③ 25층 이상(지하층은 제외한다)이거나 지상으로부터 높이가 100m 이상인 아파트
④ 연면적 10만m 이상인 아파트

해설

특급 소방안전관리대상물
① 50층 이상(지하층은 제외한다)이거나 지상으로부터 높이가 200미터 이상인 아파트
② 30층 이상(지하층을 포함한다)이거나 지상으로부터 높이가 120미터 이상인 특정소방대상물(아파트는 제외한다)
③ ②에 해당하지 아니하는 특정소방대상물로서 연면적이 10만 제곱미터 이상인 특정소방대상물(아파트는 제외한다)

정답 ①

10) 소방안전관리자 및 소방안전관리보조사를 두어야 하는 특정소방대상물 (화재의 예방 및 안전관리에 관한 법률 시행령 제25조 [별표 4])

(1) 특급 소방안전관리대상물

① 50층 이상(지하층은 제외)이거나 지상으로부터 높이가 200미터 이상인 아파트
② 30층 이상(지하층을 포함한다)이거나 지상으로부터 높이가 120미터 이상인 특정소방대상물(아파트는 제외)
③ ②에 해당하지 아니하는 특정소방대상물로서 연면적이 10만 제곱미터 이상인 특정소방대상물(아파트는 제외)

(2) 1급 소방안전관리대상물

① 30층 이상(지하층은 제외)이거나 지상으로부터 높이가 120미터 이상인 아파트
② 연면적 1만5천 제곱미터 이상인 특정소방대상물(아파트 및 연립주택은 제외)
③ ②에 해당하지 아니하는 특정소방대상물로서 층수가 11층 이상인 특정소방대상물(아파트는 제외)
④ 가연성 가스를 1천 톤 이상 저장·취급하는 시설

(3) 2급 소방안전관리대상물

① 옥내소화전설비, 스프링클러설비, 간이스프링클러설비, 물분무등소화설비 등을 설치해야 하는 특정소방대상물[호스릴(Hose Reel) 방식의 물분무등소화설비만을 설치한 경우는 제외]

② 가스 제조설비를 갖추고 도시가스사업의 허가를 받아야 하는 시설 또는 가연성 가스를 100톤 이상 1천 톤 미만 저장·취급하는 시설

③ 지하구

④ 공동주택

⑤ 보물 또는 국보로 지정된 목조건축물

(4) 3급 소방안전관리대상물

① 간이스프링클러설비(주택전용 간이스프링클러설비는 제외)를 설치해야 하는 특정소방대상물

② 자동화재탐지설비를 설치해야 하는 특정소방대상물

11) 소방안전관리자 및 소방안전관리보조자의 선임 대상자별 자격(화재의 예방 및 안전관리에 관한 법률 시행령 제25조 [별표 4])

(1) 특급 소방안전관리대상물

① 소방기술사 또는 소방시설관리사의 자격이 있는 사람

② 소방설비기사의 자격을 취득한 후 5년 이상 1급 소방안전관리대상물의 소방안전관리자로 근무한 실무경력이 있는 사람

③ 소방설비산업기사의 자격을 취득한 후 7년 이상 1급 소방안전관리대상물의 소방안전관리자로 근무한 실무경력이 있는 사람

④ 소방공무원으로 20년 이상 근무한 경력이 있는 사람

⑤ 소방청장이 실시하는 특급 소방안전관리대상물의 소방안전관리에 관한 시험에 합격한 사람

(2) 1급 소방안전관리대상물

① 소방설비기사 또는 소방설비산업기사의 자격이 있는 사람

② 산업안전기사 또는 산업안전산업기사의 자격을 취득한 후 2년 이상 2급 소방안전관리대상물 또는 3급 소방안전관리대상물의 소방안전관리자로 근무한 실무경력이 있는 사람

③ 소방공무원으로 7년 이상 근무한 경력이 있는 사람

④ 위험물기능장·위험물산업기사 또는 위험물기능사 자격을 가진 사람으로서「위험물안전관리법」에 따라 위험물안전관리자로 선임된 사람

⑤「고압가스 안전관리법」, 「액화석유가스의 안전관리 및 사업법」 또는 「도시가스사업법」에 따라 안전관리자로 선임된 사람

⑥「전기안전관리법」에 따라 전기안전관리자로 선임된 사람

⑦ 소방청장이 실시하는 1급 소방안전관리대상물의 소방안전관리에 관한 시험에 합격한 사람

⑧ 특급 소방안전관리대상물의 소방안전관리자 자격이 인정되는 사람

(3) 2급 소방안전관리대상물

① 건축사 · 산업안전기사 · 산업안전산업기사 · 건축기사 · 건축산업기사 · 일반기계기사 · 전기기능장 · 전기기사 · 전기산업기사 · 전기공사기사 또는 전기공사산업기사 자격을 가진 사람

② 위험물기능장 · 위험물산업기사 또는 위험물기능사 자격을 가진 사람

③ 광산보안기사 또는 광산보안산업기사 자격을 가진 사람으로서 「광산안전법」에 따라 광산안전관리직원(안전관리자 또는 안전감독자만 해당한다)으로 선임된 사람

④ 소방공무원으로 3년 이상 근무한 경력이 있는 사람

⑤ 소방청장이 실시하는 2급 소방안전관리대상물의 소방안전관리에 관한 시험에 합격한 사람

⑥ 특급 또는 1급 소방안전관리대상물의 소방안전관리자 자격이 인정되는 사람

(4) 3급 소방안전관리대상물

① 소방공무원으로 1년 이상 근무한 경력이 있는 사람

② 소방청장이 실시하는 3급 소방안전관리대상물의 소방안전관리에 관한 시험에 합격한 사람

③ 특급 소방안전관리대상물, 1급 소방안전관리대상물 또는 2급 소방안전관리대상물의 소방안전관리자 자격이 인정되는 사람

12) 소방시설 등의 자체점검 결과의 조치(소방시설 설치 및 관리에 관한 법률 시행규칙 제23조)

① 관리업자 또는 소방안전관리자로 선임된 소방시설관리사 및 소방기술사는 자체점검을 실시한 경우에는 그 점검이 끝난 날부터 10일 이내에 소방시설 등 자체점검 실시결과 보고서에 소방시설 등 점검표를 첨부하여 관계인에게 제출해야 한다.

② ①에 따른 자체점검 실시결과 보고서를 제출받거나 스스로 자체점검을 실시한 관계인은 자체점검이 끝난 날부터 15일 이내에 소방시설 등 자체점검 실시결과 보고서에 관련 서류를 첨부하여 소방본부장 또는 소방서장에게 서면이나 소방청장이 지정하는 전산망을 통하여 보고해야 한다.

실 / 전 / 문 / 제

01 열전달방식에 포함되지 않는 것은? [20년 3회]

① 복사   ② 대류

③ 관류   ④ 전도

열전달방식
전도(고체), 대류(유체), 복사(매질
없음)의 방식으로 구분된다.
답 ③

02 실내공간에 서 있는 사람의 경우 주변 환경과 지속적으로 열을 주고받는다. 인체와 주변 환경과의 열전달 현상 중 그 영향이 가장 적은 것은? [19년 2회]

① 전도   ② 대류

③ 복사   ④ 증발

**인체와 주변환경과의 열전달(손실)
정도**
복사>대류>증발>전도 **답** ①

03 인체의 열쾌적에 영향을 미치는 물리적 온열 4요소가 옳게 나열된 것은? [예상문제]

① 기온, 기류, 습도, 복사열

② 기온, 기류, 습도, 활동량

③ 기온, 습도, 복사열, 활동량

④ 기온, 기류, 복사열, 착의량

물리적 온열요소
기온, 기류, 습도, 복사열 **답** ①

04 clo는 다음 중 어느 것을 나타내는 단위인가? [24년 1회]

① 착의량   ② 대사량

③ 복사열량   ④ 수증기량

clo
의복의 열저항치를 나타낸 것으로
1clo의 보온력이란 온도 21.2℃, 습
도 50% 이하, 기류 0.1m/s의 실내
에서 의자에 앉아 안정하고 있는 성
인남자가 쾌적하면서 평균피부온
도를 33℃로 유지할 수 있는 착의의
보온력을 말한다. **답** ①

① 내단열구조의 경우가 내부 결로의 발생 우려가 가장 크다.
③ 중단열구조의 경우 결로발생 우려에 대해 내단열구조와 외단열구조의 중간 정도 발생 가능성이 있다.
④ 두께가 같아도 실내외 온습도 차이 등에 따라 발생 정도가 달라질 수 있다. 　답 ②

05 다음과 같은 조건에서 겨울철 벽체 내부에 발생하는 결로현상에 관한 설명으로 옳은 것은? [18년 1회]

> 콘크리트와 단열재로 구성된 벽체로서 콘크리트 전체 두께와 단열재 종류, 두께는 같고 단열재 위치만 다른 외벽체의 경우로 내단열, 외단열, 중단열구조를 가정한다.

① 내단열구조의 경우가 내부 결로의 발생 우려가 가장 작다.
② 외단열구조의 경우가 내부 결로의 발생 우려가 가장 작다.
③ 중단열구조의 경우가 내부 결로의 발생 우려가 가장 작다.
④ 두께가 같으면 내부 결로의 발생 정도는 동일하다.

방습층의 설치는 벽체 내부에서 발생하는 내부결로에 효과적인 방안이다. 　답 ④

06 겨울철 생활이 이루어지는 공간의 실내 측 표면에 발생하는 결로를 억제하기 위한 효과적인 조치방법 중 가장 거리가 먼 것은?

[20년 1·2회, 23년 1회, 24년 1회]

① 환기　　　　　　　　　　② 난방
③ 구조체 단열　　　　　　　④ 방습층 설치

습공기선도는 절대습도, 상대습도, 건구온도, 습구온도, 노점온도, 엔탈피, 현열비, 열수분비, 비체적, 수증기분압 등으로 구성된다. 　답 ①

07 다음 중 습공기선도의 구성에 속하지 않는 것은? [23년 3회]

① 비열　　　　　　　　　　② 절대습도
③ 습구온도　　　　　　　　④ 상대습도

열교(Heat Bridge)현상
• 건축물을 구성하는 부위 중에서 단면의 열관류 저항이 국부적으로 작은 부분에 발생하는 현상을 말한다.
• 열의 손실이라는 측면에서 냉교라고도 한다.
• 중공벽 내의 연결 철물이 통과하는 구조체에서 발생하기 쉽다.
• 내단열 공법 시 슬래브가 외벽과 만나는 곳에서 발생하기 쉽다. 　답 ④

08 벽이나 바닥, 지붕 등 건축물의 특정부위에 단열이 연속되지 않은 부분이 있어 이 부위를 통한 열의 이동이 많아지는 현상을 무엇이라 하는가? [18년 2회]

① 결로현상　　　　　　　　② 열획득현상
③ 대류현상　　　　　　　　④ 열교현상

09 물 0.5kg을 15℃에서 70℃로 가열하는 데 필요한 열량은 얼마인가?(단, 물의 비열은 4.2kJ/kg℃이다) [19년 3회]

① 27.5kJ
② 57.75kJ
③ 115.5kJ
④ 231.5kJ

q(가열량) $= m$(질량) $\times C$(비열)
$\times \Delta T$(온도차)
$q = 0.5\text{kg} \times 4.2\text{kJ/kgK} \times (70 - 15)$
$= 115.5\text{kJ}$

답 ③

10 구조체의 열용량에 관한 설명으로 옳지 않은 것은? [18년 3회]

① 건물의 창면적비가 클수록 구조체의 열용량은 크다.
② 건물의 열용량이 클수록 외기의 영향이 작다.
③ 건물의 열용량이 클수록 실온의 상승 및 하강 폭이 작다.
④ 건물의 열용량이 클수록 외기온도에 대한 실내온도 변화의 시간지연이 있다.

벽체에 비해 창의 열용량이 작기 때문에 건물의 창면적비가 커질수록 구조체 전체 열용량은 작아지게 된다.

답 ①

11 물체 표면 간의 복사열전달량을 계산함에 있어 이와 가장 밀접한 재료의 성질은? [19년 1회]

① 방사율
② 신장률
③ 투과율
④ 굴절률

방사율
방사율은 복사열의 흡수와 반사에 관련된 수치이다. 방사율이 높은 재료는 복사열을 흡수하려는 성질이 크고, 방사율이 낮은 재료는 복사열을 반사하려는 특성이 크게 나타난다.

답 ①

12 다음 설명에 알맞은 기계식 환기방식은? [예상문제]

- 실내는 부압이 된다.
- 화장실, 욕실 등의 환기에 적합하다.
- 일반적으로 자연급기와 배기팬의 조합으로 구성된다.

① 흡출식 환기방식
② 압입식 환기방식
③ 병용식 환기방식
④ 중력식 환기방식

3종 환기에 대한 설명이며, 3종 환기방식을 흡출식 환기방식이라고도 한다.

답 ①

13 다중이용시설로서 지하역사에 요구되는 이산화탄소의 실내공기질 유지기준은? [예상문제]

① 50ppm 이하
② 100ppm 이하
③ 500ppm 이하
④ 1,000ppm 이하

지하철역사의 실내허용 이산화탄소 농도는 1,000ppm 이하이다.

답 ④

14 환기에 관한 설명으로 옳지 않은 것은?

① 실내환경의 쾌적성을 유지하기 위한 외기량을 필요환기량이라 한다.
② 1인당 차지하는 공간체적이 클수록 필요환기량은 증가한다.
③ 실내가 실외에 비해 온도가 높을 경우 실내의 공기밀도는 실외보다 낮다.
④ 중력환기는 실내외 온도차에 의한 공기의 밀도차에 의하여 발생한다.

15 측창채광에 관한 설명으로 옳은 것은?

[예상문제]

① 천창채광에 비해 채광량이 많다.
② 천창채광에 비해 비막이에 불리하다.
③ 편측 채광의 경우 실내 조도 분포가 균일하다.
④ 근린의 상황에 의해 채광을 방해받을 수 있다.

16 주광률에 대한 용어 설명으로 옳은 것은?

[예상문제]

① 조명기구에 의한 상하방향으로의 배광 정도를 나타내는 값
② 실내의 조도가 옥외의 조도 몇 %에 해당하는가를 나타내는 값
③ 램프광속 중 조명범위에 유효하게 이용되는 광속의 비율을 나타내는 값
④ 조명시설을 어느 기간 사용한 후의 작업면상의 평균조도와 초기조도와의 비율을 나타내는 값

17 다음의 설명에 알맞은 음의 성질은?

[예상문제]

> 음파는 파동의 하나이기 때문에 물체가 진행방향을 가로막고 있다고 해도 그 물체의 후면에도 전달된다.

① 반사
② 흡음
③ 간섭
④ 회절

18 음의 물리적 특성에 대한 설명으로 옳지 않은 것은? [20년 3회]

① 음이 1초 동안에 진동하는 횟수를 주파수라고 한다.

② 인간의 귀로 들을 수 있는 주파수 범위를 가청주파수라고 한다.

③ 기온이 높아지면 공기 중에 전파되는 음의 속도도 증가한다.

④ 공기 중으로 전달되는 음파의 전파속도는 주파수와 비례한다.

음파의 전파속도는 매질에 따라 달라지는 것으로 주파수의 크기와는 관계없다. 답 ④

19 차음성이 높은 재료의 특징으로 볼 수 없는 것은? [19년 3회]

① 재질이 단단한 것　　　　② 재질이 무거운 것

③ 재질이 치밀한 것　　　　④ 재질이 다공질인 것

재질이 다공질인 재료는 차음성능보다는 흡음성능을 기대할 수 있다. 답 ④

20 실내음향의 상태를 표현하는 요소와 가장 거리가 먼 것은? [18년 1회]

① 명료도　　　　　　　　② 잔향시간

③ 음압 분포　　　　　　　④ 투과손실

투과손실은 차음과 관련된 것으로서 실내의 음이 밖으로 빠져나가는 정도에 대한 사항이며, 실내의 음향상태를 나타내는 것과는 거리가 멀다. 답 ④

21 잔향시간에 관한 설명으로 옳은 것은? [23년 2회]

① 잔향시간은 일반적으로 실의 용적에 비례한다.

② 잔향시간이 짧을수록 음의 명료도가 저하된다.

③ 음악을 위한 공간일수록 잔향시간이 짧아야 한다.

④ 평균 음에너지밀도가 6dB 감소하는 데 걸리는 시간을 의미한다.

② 잔향시간이 짧을수록 음의 명료도가 높아진다.
③ 음성전달을 위한 공간일수록 잔향시간이 짧아야 한다.
④ 평균 음에너지밀도가 60dB 감소하는 데 걸리는 시간을 의미한다. 답 ①

22 건축법령에서 정의하는 다음에 해당하는 용어는? [예상문제]

> 기존 건축물의 전부 또는 일부(내력벽 · 기둥 · 보 · 지붕틀 중 셋 이상이 포함되는 경우를 말한다)를 철거하고 그 대지에 종전과 같은 규모의 범위에서 건축물을 다시 축조하는 것을 말한다.

① 신축　　　　　　　　② 개축

③ 증축　　　　　　　　④ 재축

㉠ 신축 : 건축물이 없는 대지에 새로 건축물을 축조하는 행위
㉡ 증축
　• 주된 건축물만 있는 대지에 부속건축물을 축조하는 행위
　• 기존 건축물의 일부를 철거(멸실) 후 종전 규모보다 크게 건축물을 축조하는 행위
㉢ 재축 : 건축물이 천재지변이나 그 밖의 재해(災害)로 멸실된 경우 그 대지에 종전과 같은 규모의 범위에서 다시 축조하는 행위 답 ②

23 단독주택의 거실에 있어 거실 바닥면적에 대한 채광면적(채광을 위하여 거실에 설치하는 창문 등의 면적)의 비율로서 옳은 것은? [18년 1회]

① 1/7 이상
② 1/10 이상
③ 1/15 이상
④ 1/20 이상

24 바닥면적이 $100m^2$인 의료시설의 병실에서 채광을 위하여 설치하여야 하는 창문 등의 최소면적은? [19년 3회, 23년 1회, 24년 2회]

① $5m^2$
② $10m^2$
③ $20m^2$
④ $30m^2$

25 단독주택 및 공동주택의 환기를 위하여 거실에 설치하는 창문 등의 면적은 최소 얼마 이상이어야 하는가?(단, 기계환기장치 및 중앙관리방식의 공기조화설비를 설치하지 않은 경우) [24년 2회]

① 거실 바닥면적의 5분의 1
② 거실 바닥면적의 10분의 1
③ 거실 바닥면적의 15분의 1
④ 거실 바닥면적의 20분의 1

26 채광을 위하여 거실에 설치하는 창문 등의 면적 확보와 관련하여 이를 대체할 수 있는 조명장치를 설치하고자 할 때 거실의 용도가 집회용도의 회의기능일 경우 조도기준으로 옳은 것은?(단, 조도는 바닥에서 85cm의 높이에 있는 수평면의 조도이다) [18년 3회]

① 100lx 이상
② 200lx 이상
③ 300lx 이상
④ 400lx 이상

27 건축물의 에너지 절약을 위한 단열계획으로 옳지 않은 것은? [24년 1회]

① 외벽 부위는 외단열로 시공한다.

② 외피의 모서리 부분은 열교가 발생하지 않도록 단열재를 연속적으로 설치한다.

③ 건물의 창호는 가능한 한 작게 설계하되, 열손실이 적은 북측의 창면적은 가능한 한 크게 한다.

④ 창호면적이 큰 건물에는 단열성이 우수한 로이(Low−E) 복층창이나 삼중 창 이상의 단열성능을 갖는 창호를 설치한다.

28 다음은 건축물의 최하층에 있는 거실(바닥이 목조인 경우)의 방습조치에 관한 규정이다. ( ) 안에 들어갈 내용으로 옳은 것은? [18년 1회]

> 건축물의 최하층에 있는 거실 바닥의 높이는 지표면으로부터 (   ) 이상으로 하여야 한다. 다만, 지표면을 콘크리트 바닥으로 설치하는 등 방습을 위한 조치를 하는 경우에는 그러하지 아니하다.

① 30cm

② 45cm

③ 60cm

④ 75cm

29 41층의 업무시설을 건축하는 경우에 6층 이상의 거실면적 합계가 30,000m² 이다. 15인승 승용승강기를 설치하는 경우에 최소 몇 대가 필요한가? [18년 1회]

① 11대

② 12대

③ 14대

④ 15대

30 공장의 용도로 쓰는 건축물로서 그 용도로 쓰는 바닥면적의 합계가 최소 얼마 이상인 경우 주요 구조부를 내화구조로 하여야 하는가?(단, 화재의 위험이 적은 공장으로서 국토교통부령으로 정하는 공장은 제외한다) [20년 3회]

① 200m²

② 500m²

③ 1,000m²

④ 2,000m²

31 다음은 피난층 또는 지상으로 통하는 직통계단을 특별피난계단으로 설치하여야 하는 층에 관한 법령사항이다. ( ) 안에 들어갈 내용으로 옳은 것은?

[18년 3회, 24년 1회]

> 건축물(갓복도식 공동주택은 제외한다)의 (A)(공동주택의 경우에는 (B)) 이상인 층(바닥면적이 400m² 미만인 층은 제외한다) 또는 지하 3층 이하인 층(바닥면적이 400m² 미만인 층은 제외한다)으로부터 피난층 또는 지상으로 통하는 직통계단은 제1항에도 불구하고 특별피난계단으로 설치하여야 한다.

① A : 8층, B : 11층

② A : 8층, B : 16층

③ A : 11층, B : 12층

④ A : 11층, B : 16층

32 건축물의 바닥면적 합계가 450m²인 경우 주요 구조부를 내화구조로 하여야 하는 건축물이 아닌 것은?

[19년 1회]

① 의료시설

② 노유자시설 중 노인복지시설

③ 업무시설 중 오피스텔

④ 창고시설

33 건축물에 설치하는 방화벽의 구조에 관한 기준으로 옳지 않은 것은?

[18년 2회]

① 방화벽에 설치하는 출입문의 너비 및 높이는 각각 2.5m 이하로 한다.

② 방화벽에 설치하는 출입문은 60＋방화문 또는 60분 방화문 혹은 30분 방화문으로 한다.

③ 내화구조로서 홀로 설 수 있는 구조로 한다.

④ 방화벽의 양쪽 끝과 위쪽 끝을 건축물의 외벽면 및 지붕면으로부터 0.5m 이상 튀어나오게 한다.

34 건축물의 피난·방화구조 등의 기준에 관한 규칙에서 규정한 방화구조에 해당하지 않는 것은? [18년 2회]

① 시멘트모르타르 위에 타일을 붙인 것으로서 그 두께의 합계가 2cm인 것

② 철망모르타르로서 그 바름두께가 2.5cm인 것

③ 석고판 위에 시멘트모르타르를 바른 것으로서 그 두께의 합계가 3cm인 것

④ 심벽에 흙으로 맞벽치기 한 것

방화구조

구조 부분	구조 기준
철망모르타르	그 바름 두께가 2cm 이상
• 석고판 위에 시멘트모르타르 또는 회반죽을 바른 것 • 시멘트모르타르 위에 타일을 붙인 것	두께의 합계가 2.5cm 이상
심벽에 흙으로 맞벽치기한 것	
산업표준화법에 따른 한국산업표준이 정하는 바에 따라 시험한 결과 방화 2급 이상	

🗂 ①

35 철근콘크리트구조로서 내화구조가 아닌 것은? [19년 2회]

① 두께가 8cm인 바닥   ② 두께가 10cm인 벽

③ 보   ④ 지붕

철근·철골콘크리트조 바닥이 내화구조로 인정받기 위해서는 10cm 이상의 두께가 필요하다. 🗂 ①

36 건축물의 피난층 외의 층에서 피난층 또는 지상으로 통하는 직통계단을 설치할 때, 거실의 각 부분으로부터 계단에 이르는 보행거리의 기준은 최대 얼마 이하가 되도록 하여야 하는가?(단, 기타의 경우는 고려하지 않는다) [예상문제]

① 20m   ② 30m

③ 70m   ④ 100m

직통계단의 설치
건축물의 피난층 외의 층에서는 피난층 또는 지상으로 통하는 직통계단(경사로를 포함)을 거실의 각 부분으로부터 계단(거실로부터 가장 가까운 거리에 있는 계단)에 이르는 보행거리가 30m 이하가 되도록 설치하여야 한다. 🗂 ②

37 옥상광장 또는 2층 이상인 층에 있는 노대의 주위에 설치하여야 하는 난간의 최소 높이 기준은? [20년 3회]

① 1.0m 이상   ② 1.1m 이상

③ 1.2m 이상   ④ 1.5m 이상

옥상광장 또는 2층 이상인 층에 있는 노대 주위의 난간은 노대 등에 출입할 수 없는 경우를 제외하고 높이 1.2m 이상으로 설치하여야 한다. 🗂 ③

문화 및 집회시설 중 공연장의 개별 관람실(바닥면적이 300제곱미터 이상인 것에 한한다)의 출구는 다음의 기준에 적합하게 설치하여야 한다.
- 관람실별로 2개소 이상 설치할 것
- 각 출구의 유효너비는 1.5미터 이상일 것
- 개별 관람실 출구의 유효너비의 합계는 개별 관람실의 바닥면적 100제곱미터마다 0.6미터의 비율로 산정한 너비 이상으로 할 것
目 ②

출구의 총유효너비
$$= \frac{500}{100} \times 0.6 = 3.3m^2$$
∴ 최소 출구개수 $= \frac{3.3}{1.5} = 2.2$
∴ 3개소
目 ②

판매시설의 경우 연면적이 5,000m² 이상인 경우 건축물의 피난층 또는 피난층의 승강장으로부터 건축물의 바깥쪽에 이르는 통로에 경사로를 설치하여야 한다.
目 ④

무창층(소방시설 설치 및 관리에 관한 법률 시행령 제2조)
지상층 중 다음의 요건을 모두 갖춘 개구부의 면적의 합계가 해당 층의 바닥면적의 30분의 1 이하가 되는 층을 말한다.
- 크기는 지름 50센티미터 이상의 원이 내접(內接)할 수 있는 크기일 것
- 해당 층의 바닥면으로부터 개구부 밑부분까지의 높이가 1.2미터 이내일 것
- 도로 또는 차량이 진입할 수 있는 빈터를 향할 것
- 화재 시 건축물로부터 쉽게 피난할 수 있도록 창살이나 그 밖의 장애물이 설치되지 아니할 것
- 내부 또는 외부에서 쉽게 부수거나 열 수 있을 것
目 ③

38 문화 및 집회시설 중 공연장 개별 관람실의 각 출구의 유효너비 최소기준은?(단, 바닥면적이 300m² 이상인 경우) [20년 1·2회]

① 1.2m 이상

② 1.5m 이상

③ 1.8m 이상

④ 2.1m 이상

39 문화 및 집회시설 중 공연장의 개별 관람실 바닥면적이 550m²인 경우 관람실의 최소 출구개수는?(단, 각 출구의 유효너비는 1.5m로 한다) [19년 2회]

① 2개소

② 3개소

③ 4개소

④ 5개소

40 건축물의 피난층 또는 피난층의 승강장으로부터 건축물의 바깥쪽에 이르는 통로에 경사로를 설치하여야 하는 판매시설의 연면적기준은? [20년 3회, 24년 1회]

① 1,000m² 미만

② 2,000m² 미만

③ 3,000m² 이상

④ 5,000m² 이상

41 무창층이란 지상층 중 다음에서 정의하는 개구부 면적의 합계가 해당 층 바닥면적의 얼마 이하가 되는 층으로 규정하는가? [18년 3회]

> 개구부란 건축물에서 채광·환기·통풍 또는 출입 등을 위하여 만든 창·출입구이며, 크기 및 위치 등 법령에서 정의하는 세부요건을 만족한다.

① 1/10

② 1/20

③ 1/30

④ 1/40

42 소방시설 설치 및 관리에 관한 법률에 따른 용어의 정의 중 아래 설명에 해당하는 것은? [20년 1·2회]

> 소방시설 등을 구성하거나 소방용으로 사용되는 제품 또는 기기로서 대통령령으로 정하는 것을 말한다.

① 특정소방대상물 ② 소방용품
③ 피난구조설비 ④ 소화활동설비

소방용품은 소방제품 또는 기기를 포함하고 있다. **답** ②

43 스프링클러설비를 설치하여야 하는 특정소방대상물에 대한 기준으로 옳은 것은? [18년 2회]

① 창고시설(물류터미널은 제외한다)로서 바닥면적 합계가 3,000m² 이상인 경우에는 모든 층
② 판매시설, 운수시설 및 창고시설(물류터미널에 한정한다)로서 바닥면적의 합계가 3,000m² 이상이거나 수용인원이 300명 이상인 경우에는 모든 층
③ 숙박이 가능한 수련시설로서 해당용도로 사용되는 바닥면적의 합계가 600m² 이상인 경우 모든 층
④ 종교시설(주요 구조부가 목조인 것은 제외)의 경우 수용인원이 50명 이상인 경우 모든 층

① 창고시설(물류터미널은 제외한다)로서 바닥면적 합계가 5,000m² 이상인 경우에는 모든 층
② 판매시설, 운수시설 및 창고시설(물류터미널에 한정한다)로서 바닥면적의 합계가 5,000m² 이상이거나 수용인원이 500명 이상인 경우에는 모든 층
④ 종교시설(주요 구조부가 목조인 것은 제외)의 경우 수용인원이 100명 이상인 경우 모든 층 **답** ③

44 옥내소화전설비를 설치해야 하는 특정소방대상물 종류의 기준과 관련하여, 지하가 중 터널은 길이가 최소 얼마 이상인 것을 기준대상으로 하는가? [20년 1·2회]

① 1,000m 이상 ② 2,000m 이상
③ 3,000m 이상 ④ 4,000m 이상

지하가 중 터널로서 길이가 1천m 이상인 터널은 옥내소화전설비를 설치하여야 하는 특정소방대상물에 해당한다. **답** ①

45 비상경보설비를 설치하여야 할 특정소방 대상물의 기준으로 옳지 않은 것은?(단, 지하구, 모래·석재 등 불연재료 창고 및 위험물 저장·처리시설 중 가스시설은 제외) [18년 3회]

① 연면적 400m²(지하가 중 터널 또는 사람이 거주하지 않거나 벽이 없는 축사 등 동·식물 관련시설은 제외한다) 이상인 것
② 지하층 또는 무창층의 바닥면적이 150m²(공연장의 경우 100m²) 이상인 것
③ 지하가 중 터널로서 길이가 500m 이상인 것
④ 30명 이상의 근로자가 작업하는 옥내 작업장

50명 이상의 근로자가 작업하는 옥내 작업장을 기준으로 한다. **답** ④

객석유도등을 설치해야 할 특정소방대상물
- 유흥주점영업시설(유흥주점영업 중 손님이 춤을 출 수 있는 무대가 설치된 카바레, 나이트클럽 또는 그 밖에 이와 비슷한 영업시설만 해당한다)
- 문화 및 집회시설
- 종교시설
- 운동시설 **답** ②

46 피난설비 중 객석유도등을 설치하여야 할 특정소방대상물은? [18년 3회]

① 숙박시설

② 종교시설

③ 창고시설

④ 방송통신시설

연소방지설비는 소화활동설비이고, 비상방송설비는 경보설비에 해당하므로 면제 가능한 유사 소방시설에 해당하지 않는다. **답** ①

47 특정소방대상물에 설치하여야 하는 소방시설과 이를 면제할 수 있는 유사 소방시설의 연결이 틀린 것은? [예상문제]

① 연소방지설비 – 비상방송설비

② 비상조명등 – 피난구유도등

③ 비상경보설비 – 자동화재탐지설비

④ 스프링클러설비 – 물분무등소화설비

방염성능기준 이상의 실내장식물 등을 설치해야 하는 특정소방대상물 (소방시설 설치 및 관리에 관한 법률 시행령 제30조)
- ㉠ 근린생활시설 중 의원, 조산원, 산후조리원, 체력단련장, 공연장 및 종교집회장
- ㉡ 건축물의 옥내에 있는 다음의 시설
  - 문화 및 집회시설
  - 종교시설
  - 운동시설(수영장은 제외한다)
- ㉢ 의료시설
- ㉣ 교육연구시설 중 합숙소
- ㉤ 노유자 시설
- ㉥ 숙박이 가능한 수련시설
- ㉦ 숙박시설
- ㉧ 방송통신시설 중 방송국 및 촬영소
- ㉨ 「다중이용업소의 안전관리에 관한 특별법」 제2조제1항제1호에 따른 다중이용업의 영업소(이하 "다중이용업소"라 한다)
- ㉩ ㉠부터 ㉨까지의 시설에 해당하지 않는 것으로서 층수가 11층 이상인 것(아파트 등은 제외한다)
 답 ④

48 방염성능기준 이상의 실내장식물 등을 설치하여야 하는 특정소방대상물에 해당하는 것은? [18년 1회]

① 12층인 아파트

② 건축물의 옥내에 있는 운동시설 중 수영장

③ 옥외 운동시설

④ 방송통신시설 중 방송국

49 방염성능기준 이상의 실내장식물 등을 설치하여야 하는 특정소방대상물에 해당하지 않는 것은?

[예상문제]

① 근린생활시설 중 체력단련장   ② 의료시설 중 종합병원

③ 층수가 15층인 아파트   ④ 숙박이 가능한 수련시설

문제 48번 해설 참고 **답** ③

---

50 방염성능기준 이상의 실내장식물 등을 설치하여야 하는 특정소방대상물에 해당하지 않는 것은?

[20년 3회]

① 교육연구시설 중 합숙소   ② 방송통신시설 중 방송국

③ 건축물의 옥내에 있는 종교시설   ④ 건축물의 옥내에 있는 수영장

방염성능기준 이상의 실내장식물 등을 설치하여야 하는 특정소방대상물에 운동시설은 포함되나 그중 수영장은 제외된다. **답** ④

---

51 특정소방대상물에서 사용하는 방염대상물품에 해당하지 않는 것은?

[19년 1회]

① 창문에 설치하는 커튼류

② 전시용 합판

③ 종이벽지

④ 섬유류 또는 합성수지류 등을 원료로 하여 제작된 소파

방염대상물품에 두께가 2mm 미만인 벽지류가 포함되나, 벽지류 중 종이벽지는 제외한다. **답** ③

---

52 일반적인 방염대상물품의 방염성능기준에서 버너의 불꽃을 제거한 때부터 불꽃을 올리며 연소하는 상태가 그칠 때까지의 시간은 얼마 이내이어야 하는가?

[18년 3회, 20년 1·2회]

① 10초   ② 15초

③ 20초   ④ 30초

방염대상물품 및 방염성능기준(소방시설 설치 및 관리에 관한 법률 시행령 제31조)
방염성능기준은 다음 각 호의 기준을 따른다.
- 버너의 불꽃을 제거한 때부터 불꽃을 올리며 연소하는 상태가 그칠 때까지 시간은 20초 이내일 것
- 버너의 불꽃을 제거한 때부터 불꽃을 올리지 아니하고 연소하는 상태가 그칠 때까지 시간은 30초 이내일 것
- 탄화(炭化)한 면적은 50제곱센티미터 이내, 탄화한 길이는 20센티미터 이내일 것
- 불꽃에 의하여 완전히 녹을 때까지 불꽃의 접촉횟수는 3회 이상일 것
- 소방청장이 정하여 고시한 방법으로 발연량(發煙量)을 측정하는 경우 최대연기밀도는 400 이하일 것

답 ③

53 방염대상물품의 방염성능기준에서 불꽃에 의하여 완전히 녹을 때까지 불꽃의 접촉횟수는 최소 몇 회 이상인가?(단, 소방청장이 정하여 고시하는 사항은 고려하지 않는다)　　　　　[예상문제]

① 2회

② 3회

③ 5회

④ 7회

54 문화 및 집회시설, 운동시설, 관광휴게시설로서 자동화재탐지설비를 설치하여야 할 특정소방대상물의 연면적기준은?　　　　　[19년 3회]

① 1,000m² 이상

② 1,500m² 이상

③ 2,000m² 이상

④ 2,300m² 이상

55 건축허가 등을 할 때 미리 소방본부장 또는 소방서장의 동의를 받아야 하는 건축물에 해당되는 것은?　　　　　[예상문제]

① 연면적이 300m²인 업무시설

② 승강기 등 기계장치에 의한 주차시설로서 자동차 15대를 주차할 수 있는 주차시설

③ 항공관제탑

④ 지하층이 있는 건축물로서 바닥면적이 80m²인 층이 있는 것

56 건축허가 등을 할 때 미리 소방본부장 또는 소장서장의 동의를 받아야 하는 건축물 등의 범위기준에 해당하지 않는 것은?　　　　　[20년 3회]

① 연면적 200m²의 수련시설

② 연면적 200m²의 노유자시설

③ 연면적 300m²의 근린생활시설

④ 연면적 400m²의 의료시설

57 다음은 건축허가 등을 할 때 미리 소방본부장 또는 소방서장의 동의를 받아야 하는 건축물 등의 범위에 관한 내용이다. 빈칸에 들어갈 내용을 순서대로 옳게 나열한 것은?(단, 차고·주차장 또는 주차용도로 사용되는 시설)

[19년 2회]

> 가. 차고·주차장으로 사용되는 바닥면적이 (   ) 이상인 층이 있는 건축물이나 주차시설
>
> 나. 승강기 등 기계장치에 의한 주차시설로서 자동차 (   ) 이상을 주차할 수 있는 시설

① 100m², 20대
② 200m², 20대
③ 100m², 30대
④ 200m², 30대

건축허가 등의 동의대상물의 범위 등(소방시설 설치 및 관리에 관한 법률 시행령 제7조)

차고·주차장 또는 주차용도로 사용되는 시설로서 다음 각 어느 하나에 해당하는 것은 건축허가 등을 할 때 미리 소방본부장 또는 소방서장의 동의를 받아야 한다.

• 차고·주차장으로 사용되는 바닥면적이 200제곱미터 이상인 층이 있는 건축물이나 주차시설
• 승강기 등 기계장치에 의한 주차시설로서 자동차 20대 이상을 주차할 수 있는 시설   답 ②

실내디자인 조명계획

❶ 조명의 기초사항

1. 조명의 일반조건 및 연색성 평가지수

1) 조명의 일반조건

① 필요한 밝기(필요조도 확보)로서 적당한 밝기가 좋다.

② 분광 분포와 관련하여 표준주광이 좋다.

③ 휘도 분포와 관련하여 얼룩이 없을수록 좋다.

④ 직시 눈부심과 반사 눈부심 모두가 없어야 한다.

2) 연색성 평가지수

① 자연의 태양광과의 유사 정도를 판단하는 연색성을 수치화, 계량화한 것이다.

② 연색평가지수는 0~100 범위의 수치를 가지며, 100에 가까울수록 연색성이 좋다고 한다.

> ✛ 연색성(Color Rendering)
> 자연광(태양광, 주광)에 얼마나 자연스럽게(비슷하게) 색이 구현되는가를 나타내는 성질이다.

2. 빛의 단위

빛의 단위에는 광속, 광도, 조도, 휘도, 광속발산도가 있다.

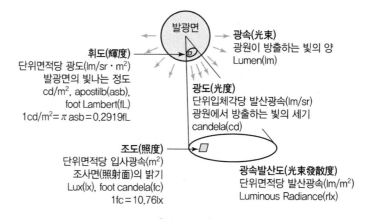

휘도(輝度)
단위면적당 광도(lm/sr · m²)
발광면의 빛나는 정도
cd/m², apostilb(asb),
foot Lambert(fL)
$1cd/m^2 = \pi\, asb = 0.2919fL$

발광면

광속(光束)
광원이 방출하는 빛의 양
Lumen(lm)

광도(光度)
단위입체각당 발산광속(lm/sr)
광원에서 방출하는 빛의 세기
candela(cd)

조도(照度)
단위면적당 입사광속(m²)
조사면(照射面)의 밝기
Lux(lx), foot candela(fc)
$1fc = 10.76lx$

광속발산도(光束發散度)
단위면적당 발산광속(lm/m²)
Luminous Radiance(rlx)

[빛의 단위]

구분	단위	내용
광속 (F)	루멘(lm)	복사에너지를 눈으로 보아 빛으로 느끼는 크기를 나타낸 것으로, 광원으로부터 발산되는 빛의 양이다.
광도 (I)	칸델라(cd)	광원에서 어떤 방향에 대한 단위입체각당 발산되는 광속으로, 광원의 능력을 나타내며, 빛의 세기라고도 한다.
조도 (E)	럭스(lx)	• 어떤 면의 단위면적당 입사광속으로, 피조면의 밝기를 나타낸다. • 조도는 광도에 비례하고 거리의 제곱에 반비례한다.
휘도 (B)	스틸브(sb)와 니트(nt)	광원의 임의의 방향에서 본 단위투영면적당의 광도로, 광원의 빛나는 정도이며, 눈부심의 정도라고도 한다.
광속발산도 (R)	래드럭스(rlx)	광원의 단위면적으로부터 발산하는 광속으로, 광원 혹은 물체의 밝기를 나타낸다.

❷ 조명설계

1. 조명설계의 일반사항

1) 조명의 4요소

밝기(명도), 눈부심, 대비(크기), 노출시간

2) 조명설계 순서

소요조도 결정 → 조명방식 결정 → 광원 선정 → 조명기구 선정 → 조명기구 배치 → 최종 검토

3) 조명설계 시 유의사항

① 적당하고 균일한 조도 유지
② 적당한 휘도 및 광색이 좋고 방사열이 적어야 함
③ 색의 식별이 필요할 경우 적당한 광원 선택
④ 명암대비 3 : 1이 적당(적당한 그림자)

2. 광원의 종류

1) 백열등(전구)

① 일반적으로 휘도가 높고 열의 발산이 많다.
② 광색에는 적색부분이 많고 배광제어가 용이하다.
③ 스위치(Switch)를 넣고 점등에 이르는 순응성이 크다.
④ 온도가 높을수록 주광색에 가깝고, 빛이 동요하지 않으며, 잡음이 나지 않는다.

핵심 문제 01 ◆◆◇

다음 중 실내의 조명설계순서에서 가장 먼저 고려하여야 할 사항은?
① 조명기구 배치 ② 소요조도 결정
③ 조명방식 결정 ④ 소요전등수 결정

해설

소요조도 결정 → 조명방식 결정 → 광원 선정 → 조명기구 선정 → 조명기구 배치 → 최종 검토

정답 ②

TIP

백열등(전구)의 점등방법
진공유리관 속에 장치한 텅스텐 필라멘트를 전력을 통전하여 가열시켜서 발생하는 빛으로 조명한다.

⑤ 광원이 비교적 작으므로 조명대상물의 질감과 형태를 강조하는 장점이 있다.

2) 형광등

TIP

형광등의 점등방법
형광도료를 칠한 유리관 속에 수은, 아르곤 가스를 넣어서 양 끝을 음극으로 밀봉한 것으로, 전류가 통하여 가스가 활성화되면 가시광선으로 발산되어 밝은 조명을 얻을 수 있다.

① 점등장치를 필요로 하며, 광질이 좋고 고효율로 경제적이다.

② 옥내외 전반조명, 국부조명에 적합하다.

③ 백열등(전구)보다 최대 10배 정도 수명이 길다.

④ 주광에 아주 가까운 빛이다.

⑤ 열의 발산이 적다.

⑥ 백열등보다 3∼4배의 높은 조도를 가지므로 에너지가 절약된다.

⑦ 저휘도이고 광색의 조절이 비교적 용이하여 눈부심을 방지한다.

⑧ 주위온도의 영향을 받는다(−10℃ 이하에서는 점등이 불가능, 20℃ 이상에서 효율이 가장 좋다).

⑨ 점등까지 시간이 소요된다.

⑩ 점멸횟수가 빈번하면 수명이 짧아진다.

3) 고압방전등(HID : High Intensity Discharge Lamp)

(1) 수은등

① 백열등에 비해 80% 절전효과가 있다.

② 수명이 길어서 비용과 시간이 절약된다.

③ 휘도는 높으나 연색성은 나쁘다.

④ 초고압수은등은 영화촬영 등에 이용된다.

⑤ 점등 시 약 10분의 시간이 소요된다.

(2) 고압나트륨등

① 효율은 높지만 색온도가 낮아서(2,050K) 연색성이 좋지 않다.

② 경제적이므로 도로, 광장 등의 옥외조명에 사용하고 있다.

(3) 메탈할라이드등

① 고압수은램프보다 효율과 연색성이 우수하고, 옥외조명(운동장, 경기장) 및 옥내 고천장조명에 적합하다.

② 색온도가 높아 밝고 딱딱한 분위기를 연출한다.

③ 시동과 재시동에 시간이 소요된다(5∼10분).

④ 최근에는 소형(40∼120W)이 제품화되어 저천장의 점포조명에 사용하고 있다.

4) 할로겐전구

(1) 용도

백화점 상점의 스포트라이트, 컬러 TV의 백라이트, 옥외의 투광조명, 고천장 조명, 광학용, 비행장 활주로용, 자동차용, 복사기용, 히터용 등으로 사용한다.

(2) 특징

① 초소형, 경량의 전구이다(백열전구의 1/10 이상 소형화 가능).
② 별도의 점등장치가 필요하지 않다.
③ 수명이 백열전구에 비해 2배 길다.
④ 단위광속이 크고 휘도가 높으며 연색성이 좋다.
⑤ 온도가 높다(베이스로 세라믹을 사용).
⑥ 흑화가 거의 발생하지 않는다.

5) 무전극형광램프

① 방전램프 중 예열 없는 고주파 방전의 즉시 점등형으로 시동 · 재시동 시간이 극히 짧다.
② 광속의 안정성도 빠르며, 연색성과 효율도 좋다.
③ 수명도 60,000시간 이상으로 램프 중 가장 길다.
④ 램프와 인버터의 가격이 비싸다.
⑤ 일반적으로 형광램프, 일루미네이션, 투광기, 도로조명 및 고천장용 등으로 사용한다.

6) LED램프

① 전체 광효율이 높고 에너지 절감효과가 커서 각광받고 있다.
② 수명이 길고, 수은을 쓰지 않아 친환경제품으로 인정받고 있다.
③ 소비전력이 백열등 및 형광등에 비해 낮다.
④ 수명(5~10만 시간)이 길고, 깜박거리는 현상과 필라멘트가 끊어지는 현상이 없다.
⑤ RGB 색상을 이용하기 때문에 다양한 색상 구현이 가능하다.
⑥ 확산성이 떨어진다.

LED램프의 특징
• LED는 긴 수명, 낮은 소비전력, 높은 신뢰성이 있다.
• 건축물에서의 일반 조명용도뿐만 아니라 신호용으로서 옥외의 교통신호등, 차량의 각종 표시등, 항공유도등, 대형 전광표시판에 이르기까지 광범위하게 응용되고 있다.

3. 조명방식 및 특징

1) 조명기구의 배광(配光)에 따른 분류

구분	조명기구 배광	상방	하방	설치장소
직접조명		0~10%	90~100%	공장, 다운라이트 매입
반직접조명		10~40%	60~90%	사무실, 학교, 상점
전반확산조명		40~60%	40~60%	
반간접조명		60~90%	10~40%	병실, 침실, 식당
간접조명		90~100%	0~10%	

(1) 직접조명

① 상방광속이 0~10%, 하방광속이 90~100%인 조명
② 눈부심 및 조도 불균형 발생
③ 강한 대비에 따른 그림자 발생
④ 공장 등 직접조명이 필요한 장소에 적용

(2) 전반확산조명

① 상방광속이 40~60%, 하방광속이 40~60%인 조명
② 직접과 간접의 혼합형태
③ 조명효율이 낮으며, 조도가 균일
④ 사무실, 학교 등에 적용

(3) 간접조명

① 상방광속이 90~100%, 하방광속이 0~10%인 조명
② 조도가 가장 균일
③ 그림자가 적으며, 음산한 분위기 연출
④ 병실, 침실 등에 적용

✚ 반직접 · 반간접조명
직접조명과 간접조명의 장점만을 채택한 조명이다.

2) 조명기구의 배치에 따른 분류

(1) 전반조명방식

① 하나의 실내 전체를 고른 조도로 조명하는 것을 목적으로 한다.

② 계획과 설치가 용이하고, 책상의 배치나 작업대상물이 바뀌어도 대응이 용이하다.

(2) 국부조명방식

① 실내에서 각 구역의 필요조도에 따라 부분적 또는 국소적으로 설치하는 방식이다.

② 하나의 실에서 밝고 어둠의 차가 크기 때문에 눈이 쉽게 피로해지는 결점이 있다.

③ 조명기구를 작업대에 직접 설치하거나 작업부의 천장에 매다는 형태이다.

(3) 전반국부조명방식

① 넓은 실내공간에서 각 구역별 작업의 특성이나 활동영역을 고려하여 실 전체에 비교적 낮은 조도의 전반조명을 한 다음, 세밀한 작업을 하는 구역에는 고조도로 조명하는 방식이다.

② 조도의 변화를 작게 하여 명시효과를 높이기 위한 것이다.

③ 정밀공장, 실험실, 조립 및 가공공장 등에 주로 적용된다.

(4) TAL 조명방식(Task & Ambient Lighting)

① 작업구역(Task)에는 전용의 국부조명방식으로 조명하고, 기타 주변(Ambient) 환경에 대하여는 간접조명과 같은 낮은 조도레벨로 조명하는 방식을 말한다. 여기서 주변조명에는 직접조명방식도 포함된다.

② 실내의 전체적인 밝기를 낮게 억제할 수 있기 때문에 에너지 소비적인 측면에서는 유리하지만 데스크의 조명 설치로 인한 초기비용이 증가한다. 또한, 필요한 장소만 밝히기 때문에 실내가 전체적으로 어두워지는 단점도 발생한다.

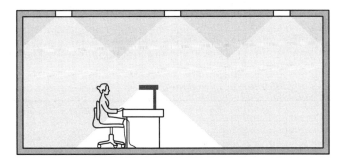

[TAL(Task & Ambient Lighting) 조명방식]

3) 건축화조명

(1) 일반사항

① 건물의 일부를 광원화하는 것으로 조명효율은 떨어지지만 조도 분포는 균일하다.

② 천장, 벽, 기둥 등 건축물의 일부에 광원을 만들어 건축물과 일체화하여 실내를 조명하는 것이다.

(2) 장단점

장점	• 발광면이 넓어 눈부심이 적다. • 실내 분위기는 명랑한 느낌을 준다. • 조명기구가 보이지 않아 현대적인 감각을 준다. • 주간과 야간에 실내의 분위기를 전혀 다르게 한다.
단점	• 구조상 설치비용이 많이 소요된다. • 조명률은 직접조명보다 떨어진다. • 시설비 및 유지·보수비가 고가이다. • 청소가 어렵다.

(3) 천장 건축화조명의 종류

종류	특징
다운라이트 조명	• 천장에 작은 구멍을 뚫어 그 속에 기구를 매입한 것으로 직접조명방식이다. • 배열방법은 규칙적인 배열방식이 선호된다.
루버천장 조명	• 천장면에 루버를 설치하고 그 속에 광원을 배치하는 방법이다. • 루버의 재질로는 금속, 플라스틱, 목재 등이 있다.
코브조명	• 광원을 천장에 매입하여 천장에 빛을 반사시켜 간접조명으로 조명하는 방식이다. • 천장을 골고루 밝게 하고 반사율을 높인다. • 천장과 벽의 마감형태에 따라 여러 가지 조명효과를 얻을 수 있다.
라인라이트 조명	• 천장에 매입하는 조명의 하나로, 광원을 선형으로 배치하는 방법이다. • 형광등조명으로 가장 높은 조도를 얻을 수 있다.
광천장 조명	• 확산투과성 플라스틱판이나 루버로 천장을 마감한 후 그 속에 전등을 넣는 방법이다. • 그림자 없는 쾌적한 빛을 얻을 수 있다. • 마감재료와 설치방법에 따라 변화가 있는 인테리어 분위기를 연출할 수 있다. • 조도가 낮은 편이다.

핵심 문제 02 ◆◆◆

다음 설명에 알맞은 건축화조명의 종류는?

벽에 형광등기구를 설치해 목재, 금속판 및 투과율이 낮은 재료로 광원을 숨기며 직접광은 아래쪽 벽이나 커튼을, 위쪽은 천장을 비추는 분위기조명

① 코브조명　　② 광창조명
③ 광천장조명　　④ 밸런스조명

해설

밸런스조명은 창이나 벽의 커튼 상부에 부설된 조명방식으로 코브조명과 유사하다.

정답 ④

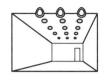

[다운라이트조명(핀홀라이트)]

[루버천장조명]

[코브조명(간접조명)]

[라인라이트조명]

[광천장조명]

(4) 벽면 건축화조명의 종류

종류	특징
코니스조명	• 천장과 벽면의 경계구역에 건축적으로 턱을 만든 후 그 내부에 조명기구를 설치하여 아래방향의 벽면을 조명하는 방식이다. • 광원으로는 형광등을 많이 사용한다.
밸런스조명	• 벽면에 투과율이 낮은 나무나 금속판 등을 시설하고 그 내부에 램프를 설치하여 광원의 직접광이 위쪽의 천장이나 아래쪽의 벽, 커튼 등을 이용하는 조명방식이다. • 분위기조명에 효과적인 방식이며 광원으로는 형광등을 많이 사용한다.

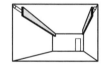

[코니스조명]

[밸런스조명]

4. 실지수와 광속의 계산(조명개수의 계산 등)

1) 실지수

실지수
$$= \frac{\text{실의 가로(폭)길이}(\text{m}) \times \text{실의 세로(안)길이}(\text{m})}{\text{램프의 높이}(\text{m}) \times [\text{실의 가로(폭)길이}(\text{m}) + \text{실의 세로(안)길이}(\text{m})]}$$

핵심 문제 03 ◆◆◆

조명설계를 위해 실지수를 계산하고자 한다. 실의 폭 10m, 안 길이 5m, 작업면에서 광원까지의 높이가 2m라면 실지수는 얼마인가?

① 1.10   ② 1.43
③ 1.67   ④ 2.33

해설

실지수=
$$\frac{\substack{\text{실의 가로(폭) 길이}(\text{m}) \\ \times \text{실의 세로(안) 길이}(\text{m})}}{\substack{\text{램프의 높이}(\text{m}) \\ \times [\text{실의 가로(폭) 길이}(\text{m}) \\ + \text{실의 세로(안) 길이}(\text{m})]}}$$
$$= \frac{10 \times 5}{2 \times (10+5)} = 1.67$$

정답 ③

핵심 문제 04 ◆◆◆

가로 9m, 세로 12m, 높이 2.7m인 강의실에 32W 형광램프(광속 2,560lm) 30대가 설치되어 있다. 이 강의실 평균조도를 500lx로 하려고 할 때 추가해야 할 32W 형광램프대수는?(단, 보수율 0.67, 조명률 0.6)

① 5대   ② 11대
③ 17대   ④ 23대

해설

$$N = \frac{EA}{FUM} = \frac{500 \times (9 \times 12)}{2,560 \times 0.6 \times 0.67}$$
$$= 52.47 ≒ 53$$

∴ 총필요개수가 53대이고, 현재 30대가 설치되어 있으므로 추가로 필요한 램프의 대수는 23대이다.

정답 ④

핵심 문제 05 ◆◆◆

가로 9m, 세로 9m, 높이 3.3m인 교실이 있다. 여기에 광속이 5,000lm인 형광등을 설치하여 평균조도 500lx를 얻고자 할 때 필요한 램프의 개수는?(단, 보수율은 0.8, 조명률은 0.6이다)

① 10개   ② 17개
③ 25개   ④ 32개

해설

$$N = \frac{EA}{FUM} = \frac{500 \times (9 \times 9)}{5,000 \times 0.6 \times 0.8}$$
$$= 16.88 ≒ 17$$

∴ 필요한 램프의 개수는 17개이다.

정답 ②

전등 1개의 광속이 1,000lm인 전등 20개를 면적 100m²인 실에 점등했을 때 이 실의 평균 조도는?(단, 조명률은 0.5, 감광보상률은 1로 한다)

① 20lx   ② 50lx
③ 100lx   ④ 200lx

해설

$$E = \frac{FUN}{AD} = \frac{1,000 \times 0.5 \times 20}{100 \times 1}$$
$$= 100$$

∴ 평균조도는 100lx이다.

정답 ③

2) 광속의 계산(조명개수의 계산 등)

$$F = \frac{E \times A \times D}{N \times U} = \frac{E \times A}{N \times U \times M}$$

여기서, F : 램프 1개당의 전광속(lm)

E : 요구하는 조도(lx)

A : 조명하는 실내의 면적(m²)

D : 감광보상률$\left(= \dfrac{1}{M}\right)$

N : 필요로 하는 램프개수

U : 기구의 그 실내에서의 조명률

M : 램프감광과 오손에 대한 보수율(유지율)

실 / 전 / 문 / 제

01 광원의 연색성에 관한 설명으로 옳지 않은 것은? [23년 2회, 24년 2회]

① 연색성을 수치로 나타낸 것을 연색평가수라고 한다.

② 고압수은램프의 평균 연색평가수(Ra)는 100이다.

③ 평균 연색평가수(Ra)가 100에 가까울수록 연색성이 좋다.

④ 물체가 광원에 의하여 조명될 때, 그 물체의 색의 보임을 정하는 광원의 성질을 말한다.

> 평균 연색평가수(Ra)가 100이라는 것은 태양광의 색을 완전히 구현하는 것을 의미하며 가장 높은 연색성 지수를 나타내는 것이다. 반면 고압 수은램프는 연색성이 상대적으로 좋지 않은 조명(약 25 수준)이다. **답** ②

02 수조면의 단위면적에 입사하는 광속으로 정의되는 용어는? [예상문제]

① 조도
② 광도
③ 휘도
④ 광속발산도

> 조도(단위 : lx)
> • 수조면의 밝기를 나타내는 것
> • 수조면의 단위면적에 도달하는 광속의 양 **답** ①

03 광원으로부터 발산되는 광속의 입체각 밀도를 뜻하는 것은? [20년 1·2회]

① 광도
② 조도
③ 광속발산도
④ 휘도

> 광도(단위 : cd, candela)
> 광원으로부터 발산되는 광속의 입체각 밀도를 말하며, 빛의 밝기를 나타낸다. **답** ①

04 다음 중 광속의 단위로 옳은 것은? [18년 2회]

① cd
② lx
③ lm
④ cd/m²

> 광속
> 복사에너지를 눈으로 보아 빛으로 느끼는 크기를 나타낸 것으로서, 광원으로부터 발산되는 빛의 양이며, 단위는 루멘(lm)이다. **답** ③

05 다음 중 빛환경에 있어 현휘의 발생원인과 가장 거리가 먼 것은? [예상문제]

① 광속발산도가 일정할 때

② 시야 내의 휘도 차이가 큰 경우

③ 반사면으로부터 광원이 눈에 들어올 때

④ 작업대와 작업대면의 휘도대비가 큰 경우

> 광속발산도(래드럭스, rlx)
> 광원의 단위면적으로부터 발산하는 광속으로, 광원 혹은 물체의 밝기를 나타내는 것이다. 그러므로 광속발산도가 클 경우에는 현휘 발생 가능성이 높아지지만, 일정할 경우 현휘가 높아진다고는 볼 수 없다. **답** ①

06 다음 중 옥내조명의 설계순서에서 가장 우선적으로 이루어져야 할 사항은?

[예상문제]

① 광원의 선정　　　　　② 조명방식의 결정
③ 소요조도의 결정　　　④ 조명기구의 결정

07 할로겐램프에 관한 설명으로 옳지 않은 것은?

[예상문제]

① 휘도가 낮다.
② 형광램프에 비해 수명이 짧다.
③ 흑화가 거의 일어나지 않는다.
④ 광속이나 색온도의 저하가 적다.

08 천장에 매달려 조명하는 방식으로 조명기구 자체가 빛을 발하는 액세서리역할을 하는 것은?

[예상문제]

① 코브(Cove)　　　　　② 브래킷(Bracket)
③ 펜던트(Pendant)　　　④ 코니스(Cornice)

09 다음의 광원 중 일반적으로 연색성이 가장 우수한 것은?

[예상문제]

① LED 램프　　　　　② 할로겐전구
③ 고압수은램프　　　④ 고압나트륨램프

10 조명설비의 광원에 관한 설명으로 옳지 않은 것은?

[예상문제]

① 형광램프는 점등장치를 필요로 한다.
② 고압나트륨램프는 할로겐전구에 비해 연색성이 좋다.
③ LED 램프는 수명이 길고 소비전력이 적다는 장점이 있다.
④ 고압수은램프는 광속이 큰 것과 수명이 긴 것이 특징이다.

11 다음의 조명에 관한 설명 중 ( ) 안에 알맞은 용어는? [24년 2회]

> 실내 전체를 거의 똑같이 조명하는 경우를 (㉠)이라 하고, 어느 부분만을 강하게 조명하는 방법을 (㉡)이라 한다.

① ㉠ 직접조명, ㉡ 국부조명
② ㉠ 직접조명, ㉡ 간접조명
③ ㉠ 전반조명, ㉡ 국부조명
④ ㉠ 상시조명, ㉡ 간접조명

실내 전체를 거의 똑같이 조명하는 경우를 전반조명이라 하고, 어느 부분만을 강하게 조명하는 방법을 국부조명이라 한다. **답** ③

12 간접조명에 관한 설명으로 옳지 않은 것은? [예상문제]

① 조명률이 낮다.
② 실내 반사율의 영향이 크다.
③ 높은 조도가 요구되는 전반조명에는 적합하지 않다.
④ 그림자가 거의 형성되지 않으며 국부조명에 적합하다.

④ 간접조명은 그림자가 거의 형성되지 않으며 전반조명에 적합하다. **답** ④

13 다음 설명에 알맞은 건축화조명방식은? [24년 1회]

> • 벽면 전체 또는 일부분을 광원화하는 방식이다.
> • 광원을 넓은 벽면에 매입함으로써 비스타(Vista)적인 효과를 낼 수 있으며 시선의 배경으로 작용할 수 있다.

① 코브조명
② 광창조명
③ 코퍼조명
④ 코니스조명

광창조명
• 광원을 넓은 벽면에 매입하는 조명방식이다.
• 벽면 전체 또는 일부분을 광원화하는 방식이다.
• 비스타(Vista)적인 효과를 연출한다. **답** ②

14 다음 설명에 알맞은 건축화조명의 종류는? [예상문제]

> 벽에 형광등기구를 설치해 목재, 금속판 및 투과율이 낮은 재료로 광원을 숨기며 직접광은 아래쪽 벽이나 커튼을, 위쪽은 천장을 비추는 분위기조명

① 코브조명
② 광창조명
③ 광천장조명
④ 밸런스조명

밸런스조명은 창이나 벽의 커튼 상부에 무설치된 조명방식으로, 코브조명과 유사하다. **답** ④

실지수

$$= \frac{\text{실의 가로(폭)길이(m)}}{\text{램프의 높이(m)}} \times \text{실의 세로(안)길이(m)}$$
$$\times [\text{실의 가로(폭)길이(m)} + \text{실의 세로(안)길이(m)}]$$

$$= \frac{10 \times 5}{2 \times (10+5)}$$

$$= 1.67$$

📘 ③

평균조도

$$E = \frac{FUN}{AD}$$

$$= \frac{1,000 \times 0.5 \times 20}{100 \times 1}$$

$$= 100$$

∴ 평균조도는 100lx이다. 📘 ③

조명개수

$$F = \frac{E \times A \times D}{N \times U}$$

$$= \frac{E \times A}{N \times U \times M}$$

여기서, F : 램프 1개당의 전광속 (lm)

E : 요구하는 조도(lx)

A : 조명하는 실내의 면적 (m²)

D : 감광보상률 $\left(= \frac{1}{M} \right)$

N : 필요로 하는 램프개수

U : 기구의 그 실내에서의 조명률

M : 램프감광과 오손에 대한 보수율(유지율)

$$N = \frac{EA}{FUM} = \frac{500 \times (9 \times 9)}{3,200 \times 0.6 \times 0.8}$$

$$= 26.37 \fallingdotseq 27$$

∴ 필요한 램프의 개수는 27개이다.

📘 ②

15 조명설계를 위해 실지수를 계산하고자 한다. 실의 폭 10m, 안 길이 5m, 작업면에서 광원까지의 높이가 2m라면 실지수는 얼마인가? [예상문제]

① 1.10
② 1.43
③ 1.67
④ 2.33

16 전등 1개의 광속이 1,000lm인 전등 20개를 면적 100m²인 실에 점등했을 때 이 실의 평균조도는?(단, 조명률은 0.5, 감광보상률은 1로 한다) [예상문제]

① 20lx
② 50lx
③ 100lx
④ 200lx

17 가로 9m, 세로 9m, 높이 3.3m인 교실이 있다. 여기에 광속이 3,200lm인 형광등을 설치하여 평균조도 500lx를 얻고자 할 때 필요한 램프의 개수는? (단, 보수율은 0.8, 조명률은 0.6이다) [24년 1회]

① 20개
② 27개
③ 35개
④ 42개

실내디자인 설비계획

❶ 위생설비계획

1. 급수방식

1) 수도직결방식

(1) 개념

　　도로 밑의 수도본관에서 분기하여 건물 내에 직접 급수하는 방식이다.

(2) 급수경로

　　인입계량기 이후 수도전까지 직접 연결하여 급수한다.

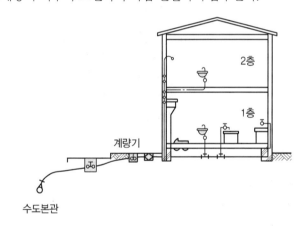

[수도직결방식]

(3) 특징

　　① 급수의 수질오염 가능성이 가장 낮다.

　　② 정전 시 급수가 가능하나, 단수 시 급수가 전혀 불가능하다.

　　③ 급수압의 변동이 있으며, 일반적으로 4층 이상에는 부적합하다.

　　④ 구조가 간단하고 설비비 및 운전관리비가 적게 들어가며, 고장 가능성이 낮다.

2) 고가탱크(고가수조, 옥상탱크)방식

(1) 개념

대규모 시설에서 일정한 수압을 얻고자 할 때 많이 이용하며, 수돗물을 지하저수조에 모은 후 양수펌프에 의해 고가탱크로 양수하여, 탱크에서 급수관을 통해 필요한 장소로 하향급수하는 방식이다.

(2) 급수경로

지하저수조 → 양수펌프 → 고가탱크 → 급수전

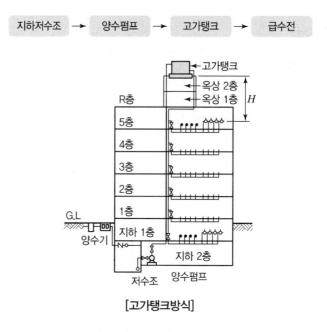

[고가탱크방식]

(3) 특징

① 수질오염의 가능성이 높다.
② 항상 일정한 수압으로 급수가 가능하다.
③ 정전, 단수 시 일정 시간 동안 급수가 가능하다.
④ 대규모 급수설비에 일반적으로 적용하고 있다.

3) 압력탱크(압력수조)방식

(1) 개념

지하저수탱크에 저장된 물을 양수펌프로, 압력탱크 내로 공급하면 공기압축기(컴프레서)에 의해 가압된 공기압에 의하여 건물 상부로 급수하는 방식이다.

(2) 급수경로

지하저수조 → 양수펌프 → 압력탱크(공기압축기로 가압) → 급수전

핵심 문제 02 ◆◆◆

일반적으로 하향급수 배관방식을 사용하는 급수방식은?
① 고가수조방식 ② 수도직결방식
③ 압력수조방식 ④ 펌프직송방식

정답 ①

> **TIP**
>
> 고가수조방식은 중력방향으로 하향급수를 하기 때문에 중력에 따른 일정한 수압을 받는 것이 주요 특징이다.

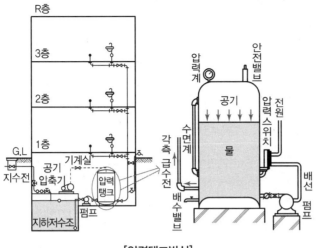

[압력탱크방식]

(3) 특징

① 수압 변동이 심하다.

② 고압이 요구되는 특정 위치가 있을 경우 유용하다.

③ 정전 시 즉시 급수가 중단되며, 단수 시에는 저수조수량으로 일정 시간 급수가 가능하다.

4) 탱크리스 부스터방식(펌프직송방식)

(1) 개념

① 저수조에 저장한 물을 펌프를 이용하여 급수전까지 직송하는 방식이다.

② 저층부(일반적으로 지하층) 기계실 등에 설치된 부스터펌프를 통해 상부층으로 급수를 전달하여 급수하는 상향급수 배관방식으로 배관이 구성된다.

(2) 급수경로

지하저수조 → 부스터펌프 → 급수전

(3) 특징

① 옥상탱크나 압력탱크가 필요 없다.

② 설비비가 고가이다.

③ 정선이나 단수 시 급수가 중단되며(단, 비상발전시스템을 갖춘 경우에는 정전 시 가동이 가능) 단수 시에는 저수조수량으로 일정 시간 급수가 가능하다.

④ 전력소비가 많다.

⑤ 자동제어시스템으로 고장 시 수리가 어렵다.

⑥ 제어방식에는 정속방식과 변속방식이 있다.

5) 급수방식의 비교

구분	수도직결방식	고가탱크방식	압력탱크방식	부스터방식 (펌프직송방식)
수질오염 가능성	가장 낮다.	가장 높다.	보통이다.	보통이다.
단수 시 급수 공급	급수 불가	일정 시간 가능	일정 시간 가능	일정 시간 가능
정전 시 급수 공급	급수 가능	일정 시간 가능	급수 불가	급수 불가
급수압 변동	급수압 변동 (수도본관압력)	급수압 거의 일정	급수압 변동 (가장 심함)	급수압 거의 일정

2. 급탕방식

1) 개별식(국소식) 급탕방식

(1) 개념

주택 등 소규모 건축물에서 사용장소에 급탕기를 설치하여 간단히 온수를 얻는 급탕방식이다.

(2) 장단점

장점	단점
• 배관길이가 짧아 배관 중의 열손실이 적게 일어난다. • 수시로 급탕하여 사용할 수 있다. • 높은 온도의 온수가 필요할 때 쉽게 얻을 수 있다. • 급탕개소가 적을 경우 시설비가 적게 든다. • 급탕개소의 증설이 비교적 용이하다.	• 급탕규모가 커지면 가열기가 필요하므로 유지관리가 어렵다. • 급탕개소마다 가열기의 설치공간이 필요하다. • 가스탕비기를 사용하는 경우 구조적으로 제약을 받기 쉽다.

핵심 문제 04　◆◆◆

국소식 급탕방식에 관한 설명으로 옳지 않은 것은?

① 급탕개소마다 가열기의 설치 스페이스가 필요하다.
② 급탕개소가 적은 비교적 소규모의 건물에 채용된다.
③ 급탕배관의 길이가 길어 배관으로부터의 열손실이 크다.
④ 용도에 따라 필요한 개소에서 필요한 온도의 탕을 비교적 간단하게 얻을 수 있다.

해설

국소식 급탕의 경우 배관의 길이가 짧아 배관 중의 열손실이 적게 일어난다.

정답 ③

(3) 종류

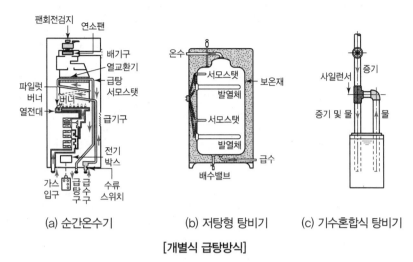

(a) 순간온수기   (b) 저탕형 탕비기   (c) 기수혼합식 탕비기

[개별식 급탕방식]

종류	세부사항
순간온수기 (즉시탕비기)	• 급탕관의 일부를 가스나 전기로 가열하여 직접 온수를 얻는 방법이다. 즉, 급수된 물이 가열코일에서 즉시 가열되어 급탕되는 방식이다. • 열의 전도효율이 양호하고, 배관 열손실이 적다. • 급탕개소마다 가열기의 설치공간이 필요하고, 급탕개소가 적을 경우 시설비가 저렴하다. • 높은 온도의 온수를 얻기가 용이하고 수시급탕이 가능하다. • 가열온도는 60~70℃ 정도이다. • 주택의 욕실, 부엌의 싱크대, 미용실, 이발소 등에 적합한 방식이다.
저탕형 탕비기	• 가열된 온수를 저탕조 내에 저장한다. • 비등점에 가까운 온수를 얻을 수 있고, 비교적 열손실이 많다. • 항상 일정량의 탕이 저장되어 있어, 일정 시간에 다량의 온수를 요하는 곳에 적합하다(여관, 학교, 기숙사 등).
기수혼합식 탕비기	• 보일러에서 생긴 증기를 급탕용의 물속에 직접 불어 넣어서 온수를 얻는 방법이다. • 열효율이 100%이다. • 고압의 증기(0.1~0.4MPa)를 사용한다. • 소음을 줄이기 위해 스팀사일런서(Steam Silencer)를 설치한다. • 사용장소의 제약을 받는다(공장, 병원 등 큰 욕조의 특수장소에 사용).

2) 중앙식 급탕방식

(1) 개념

중앙기계실에서 보일러에 의해 가열한 온수를 배관을 통하여 각 사용소에 공급하는 방식이다.

(2) 장단점

장점	단점
• 연료비가 적게 든다. • 열효율이 좋다. • 관리가 편리하다. • 기구의 동시이용률을 고려하여 가열장치의 총열량을 적게 할 수 있다. • 대규모 급탕에 적합하다.	• 초기투자비용, 즉 설비비가 많이 든다. • 전문기술자가 필요하다. • 배관 도중 열손실이 크다. • 시공 후 증설에 따른 배관변경이 어렵다.

(3) 종류

직접 가열식	• 온수보일러로 가열한 온수를 저탕조에 저장하여 공급하는 방식이다. • 열효율면에서 좋지만, 보일러에 공급되는 냉수로 인해 보일러 본체에 불균등한 신축이 생길 수 있다. • 건물높이에 따라 고압의 보일러가 필요하다. • 급탕전용 보일러를 필요로 한다. • 스케일이 생겨 열효율이 저하되고 보일러의 수명이 단축된다. • 주택 또는 소규모 건물에 적합하다.
간접 가열식	• 저탕조 내에 안전밸브와 가열코일을 설치하고 증기 또는 고온수를 통과시켜 저탕조 내의 물을 간접적으로 가열하는 방식이다. • 증기보일러에서 공급된 증기로 열교환기에서 냉수를 가열하여 온수를 공급하는 방식으로, 저장탱크에 설치된 서모스탯에 의해 증기공급량이 조절되어 일정한 온수를 얻을 수 있다. • 난방용 보일러에 증기를 사용할 경우 별도의 급탕용 보일러가 불필요하다. • 열효율이 직접가열식에 비해 나쁘다. • 보일러 내면에 스케일이 거의 생기지 않는다. • 고압용 보일러가 불필요하다. • 대규모 급탕설비에 적합하다.

핵심 문제 05 • • •

간접가열식 급탕방법에 관한 설명으로 옳지 않은 것은? [23년 1회]
① 열효율은 직접가열식에 비해 낮다.
② 가열보일러로 저압보일러의 사용이 가능하다.
③ 가열보일러는 난방용 보일러와 겸용할 수 없다.
④ 저탕조는 가열코일을 내장하는 등 구조가 약간 복잡하다.

해설

간접가열식 급탕가열보일러는 난방용 보일러와 겸용하여 사용할 수 있다.

정답 ③

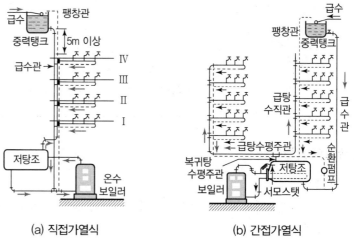

(a) 직접가열식   (b) 간접가열식

[중앙집중식 급탕방식]

3. 배수설비

1) 직접배수와 간접배수

구분	특징 및 유의사항
직접배수	• 배수를 배수관에 직접 접속 • 악취 유입을 막기 위해 트랩을 설치
간접배수	• 배수를 배수관에 직접 접속시키지 않고 공간을 두고 배수하는 것 • 냉장고, 세탁기, 음료기 등 배수의 역류가 되면 안 되는 곳에 사용

2) 트랩(Trap)

(1) 트랩의 설치목적

① 트랩은 배수관 내의 악취, 유독가스 및 벌레 등이 실내로 침투하는 것을 방지하기 위해 설치한다.

② 역류 방지를 위해 배수계통의 일부에 봉수를 고이게 하여 방지하는 기구이다.

③ 일반적으로 봉수의 유효깊이는 50~100mm이다. 봉수의 깊이가 50mm 미만이면 봉수가 파괴되기 쉽고, 100mm 초과이면 배수저항이 증가하게 된다.

유입구
오버플로
유출구
봉수깊이
(50~100mm)
디프(Deep)

[트랩의 봉수]

(2) 트랩의 구비조건

① 구조가 간단하여 오물이 체류하지 않도록 할 것

② 자체의 유수로 배수로를 세정하고 평활하여 오수가 정체하지 않도록 할 것

③ 봉수가 파괴되지 않을 것

④ 내식, 내구성이 있을 것

⑤ 관 내 청소가 용이할 것

(3) 설치 금지트랩

① 수봉식이 아닌 것　　② 가동부분이 있는 것

③ 격벽에 의한 것　　④ 정부에 통기관이 부착된 것

⑤ 이중트랩

(4) 트랩의 종류

① **사이펀식 트랩(관트랩)** : 사이펀작용을 이용하여 배수하는 트랩으로, 종류에는 P트랩, S트랩, U트랩 등이 있으며, 주로 세면기, 소변기, 대변기 등에 적용되고 있다.

종류	특징
P트랩	• 세면기, 소변기 등의 배수에 사용 • 통기관 설치 시 봉수가 안정적이며 가장 널리 사용 • 배수를 벽면배수관에 접속하는 데 사용
S트랩	• 세면기, 소변기, 대변기 등에 사용 • 배수를 바닥배수관에 연결하는 데 사용 • 사이펀작용에 의하여 봉수가 파괴될 가능성이 높음
U트랩	• 일명 가옥트랩 또는 메인트랩 • 가옥의 배수본관과 공공하수관 연결부위에 설치하여 공공하수관의 악취가 옥내에 유입되는 것을 방지 • 수평주관 끝에 설치하는 것으로 유속을 저해하는 결점은 있으나 봉수가 안전

② **비사이펀식 트랩** : 중력작용에 의한 배수

종류	특징
드럼트랩	• 드럼모양의 통을 만들어 설치 • 보수, 안정성이 높고 청소도 용이 • 주방용 싱크대 배수트랩으로 주로 사용되며, 다량의 물을 고이게 한 것으로 봉수 보호가 잘되는 편임
벨트랩	• 주로 바닥배수용으로 사용 • 상부 벨을 들면 트랩(Trap)기능이 상실되므로 주의 • 증발에 의한 봉수 파괴가 잘됨

③ **저집기형 트랩** : 저집기형 트랩은 배수 중에 혼입된 여러 유해물질이나 기타 불순물 등을 분리수집함과 동시에 트랩의 기능을 발휘하는 기구

구분	내용
그리스저집기 (Grease Trap)	주방 등에서 기름기가 많은 배수로부터 기름기를 제거, 분리하는 장치
샌드저집기 (Sand Trap)	배수 중의 진흙이나 모래를 다량으로 포함하는 곳에 설치
헤어저집기 (Hair Trap)	이발소, 미용실에 설치하여 배수관 내 모발 등을 제거, 분리하는 장치
플라스터저집기 (Plaster Trap)	치과의 기공실, 정형외과의 깁스실 등의 배수에 설치

구분	내용
가솔린저집기 (Gasoline Trap)	가솔린을 많이 사용하는 곳에 쓰이는 것으로 배수에 포함된 가솔린을 수면 위에 뜨게 하여 통기관에 의해 휘발
런드리저집기 (Laundry Trap)	영업용 세탁장에 설치하여 단추, 끈 등 세탁불순물의 배수관 유입 방지

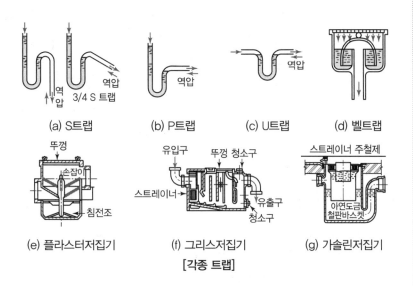

(a) S트랩 (b) P트랩 (c) U트랩 (d) 벨트랩

(e) 플라스터저집기 (f) 그리스저집기 (g) 가솔린저집기

[각종 트랩]

(5) 트랩봉수의 파괴원인 및 방지대책

구분	봉수의 파괴원인	방지대책
자기사이펀작용	만수된 물의 배수 시 배수의 유속에 의하여 사이펀작용이 일어나 봉수를 남기지 않고 모두 배수	통기관 설치 시 S트랩 사용 자제 → P트랩 사용
감압에 의한 흡출 (유도사이펀)작용	하류 측에서 물을 배수하면 상류 측의 물에 의해서 수직주관 내 관의 압력이 저하되면서 봉수를 흡출파괴	통기관 설치
분출(토출)작용	상류에서 배수한 물이 하류 측에 부딪쳐서 관 내 압력이 상승하여 봉수를 분출하여 파손	통기관 설치
모세관현상	트랩 내에 실, 머리카락, 천조각 등이 길러 아래도 늘어셔 있어 모세관현상에 의해 봉수 파괴	청소(머리카락, 이물질 제거), 내면의 재질이 미끄러운 트랩 사용
증발현상	오랫동안 사용하지 않는 베란다, 다용도실 바닥배수에서 봉수가 증발하여 파괴	기름막 형성으로 물의 증발 방지 → 트랩에 물 공급
자기운동량에 의한 관성작용	강풍 등에 의해 관 내 기압이 변동하여 봉수가 파괴되는 현상	기압 변동원인 감소, 유속 감소

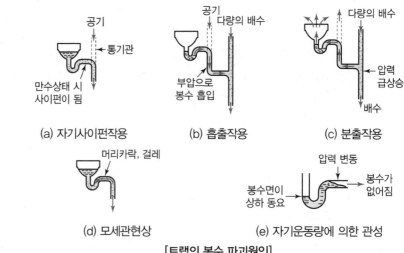

(a) 자기사이펀작용 (b) 흡출작용 (c) 분출작용

(d) 모세관현상 (e) 자기운동량에 의한 관성

[트랩의 봉수 파괴원인]

핵심 문제 08 ◆◆◆

통기관의 설치목적으로 옳지 않은 것은?
① 배수관 내의 물의 흐름을 원활히 한다.
② 은폐된 배수관의 수리를 용이하게 한다.
③ 사이펀작용 및 배압으로부터 트랩의 봉수를 보호한다.
④ 배수관 내에 신선한 공기를 유통시켜 관 내의 청결을 유지한다.

해설

통기관은 배수관의 원활한 흐름을 위해 배수관 내 적정 압력 유지, 봉수의 보호, 청결 유지 등의 역할을 하고 있다.

정답 ②

핵심 문제 09 ◆◆◆

다음 중 통기관의 설치목적과 가장 거리가 먼 것은?
① 배수계통 내의 배수 및 공기의 흐름을 원활히 한다.
② 모세관현상에 의해 트랩봉수가 파괴되는 것을 방지한다.
③ 사이펀작용에 의해 트랩봉수가 파괴되는 것을 방지한다.
④ 배수관 계통의 환기를 도모하여 관 내를 청결하게 유지한다.

해설

모세관현상은 머리카락 등이 트랩에 끼어, 머리카락 틈을 통해 봉수가 빠져나가는 일종의 봉수파괴현상으로서 봉수파괴를 방지하기 위해 설치하는 통기관의 설치목적과는 거리가 멀다.

정답 ②

4. 통기방식

1) 통기관의 설치목적

① 트랩의 봉수 보호
② 배수흐름을 원활하게 유지(압력변화 방지)
③ 배수관 내 악취 배출 방지 및 청결 유지

2) 통기관의 종류별 특징

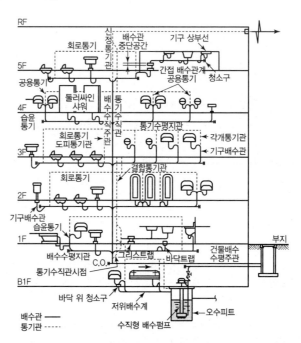

[통기관의 명칭과 배수관의 관계]

(1) 각개통기관

① 위생기구마다 각각 통기관을 설치하는 방법으로 가장 이상적인 방법이다.

② 설비비가 많이 소요된다.

(2) 회로통기관(환상, Loop 통기관)

① 2개 이상의 기구트랩에 공통으로 하나의 통기관을 설치하는 통기방식이다.

② 배수횡지관 최상류 기구 바로 아래의 배수관에 통기관을 세워 통기수직관 또는 신정통기관에 연결한다.

③ 회로통기 1개당 최대담당기구수는 8개 이내(세면기 기준)이며 통기수직관까지는 7.5m 이내가 되게 한다.

(3) 도피통기관

① 배수·통기 양계통 간의 공기의 유통을 원활히 하기 위해 설치하는 통기관이다.

② 배수수평주관 하류에 통기관을 연결한다.

③ 회로통기를 돕는다(회로(루프)통기관에서 8개 이상의 기구를 담당하거나 대변기가 3개 이상 있는 경우 통기능률을 향상시키기 위하여 배수횡지관 최하류와 통기수직관을 연결하여 통기역할을 한다).

(4) 신정통기관

① 최상부의 배수수평관이 배수입상관에 접속한 지점보다도 더 상부방향으로, 그 배수입상관을 지붕 위까지 연장하여 이것을 통기관으로 사용하는 관을 말한다.

② 배수수직관 상부에 통기관을 연장하여 대기에 개방시킨다.

③ 배관길이에 비해 성능이 우수하다.

(5) 결합통기관

① 오배수입상관으로부터 취출하여 위쪽의 수직통기관에 연결하는 배관으로, 오배수입상관 내의 압력을 같게 하기 위한 도피통기관의 일종이다.

② 고층건물에서 5개 층마다 설치하여 배수주관의 통기를 촉진한다.

(6) 습윤(습식)통기관

배수수평주관 최상류 기구에 설치하여 배수와 통기를 동시에 하는 통기관이다.

핵심 문제 10 ◆◆◆

건축물 배수시스템의 통기관에 관한 설명으로 옳지 않은 것은?

① 결합통기관은 배수수직관과 통기수직관을 연결한 통기관이다.

② 회로(루프)통기관은 배수횡지관 최하류와 배수수직관을 연결한 것이다.

③ 신정통기관은 배수수직관을 상부로 연장하여 옥상 등에 개구한 것이다.

④ 특수통기방식(섹스티아방식, 소벤트방식)은 통기수직관을 설치할 필요가 없다.

해설

회로(루프)통기관은 배수횡지관 최상류의 바로 다음 기구와 연결된 배수관과 배수수직관을 연결한 것이다.

정답 ②

핵심 문제 11 ◆◆◆

배수수직관 내의 압력변화를 방지 또는 완화하기 위해, 배수수직관으로부터 분기·입상하여 통기수직관에 접속하는 통기관은?

① 각개통기관   ② 루프통기관

③ 결합통기관   ④ 신정통기관

해설

결합통기관

오배수입상관으로부터 취출하여 위쪽의 수직통기관에 연결하는 배관으로, 오배수입상관 내의 압력을 같게 하기 위한 도피통기관의 일종이다.

정답 ③

통기관의 관경에 관한 설명으로 옳지 않은 것은?

① 신정통기관의 관경은 배수수직관의 관경보다 작게 해서는 안 된다.
② 각개통기관의 관경은 그것이 접속되는 배수관 관경보다 작게 해서는 안 된다.
③ 결합통기관의 관경은 통기수직관의 관경으로 한다.
④ 루프통기관의 관경은 배수수평지관과 통기수직관 중 작은 쪽 관경의 1/2 이상으로 한다.

해설

각개통기관의 관경은 그것이 접속되는 통기수직관 관경보다 작게 해서는 안 된다.

정답 ②

3) 통기관의 최소관경

종류	최소관경
각개통기관	32A 이상, 배수관경의 1/2 이상
회로통기관(환상, Loop 통기관)	32A 이상, 배수관경의 1/2 이상
도피통기관	32A 이상, 배수관경의 1/2 이상
신정통기관	배수관경
결합통기관	수직통기관 관경
습윤(습식)통기관	배수관경

4) 특수통기방식

종류	개념 및 특징
소벤트시스템 (Sovent System)	• 통기관을 따로 설치하지 않고 하나의 배수수직관으로 배수와 통기를 겸하는 시스템이다. • 2개의 특수이음쇠 적용 : 공기혼합이음쇠(Aerator Fitting), 공기분리이음쇠(Deaerator Fitting)
섹스티아시스템 (Sextia System)	• 배수수직관에 섹스티아이음(Sextia 이음쇠와 Sextia 벤트관을 사용)을 통한 선회류 발생으로, 수직관에 공기코어(Air Core)를 형성시켜 통기역할을 하도록 하는 시스템이다. • 하나의 관으로 배수와 통기를 겸하며, 이 시스템은 층수의 제한 없이 고층, 저층에 모두 사용이 가능하다. • 신정통기만을 사용하므로 통기 및 배수계통이 간단하고 배수관경이 작아도 되며 소음이 적다.

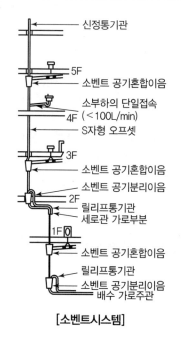

[소벤트시스템]

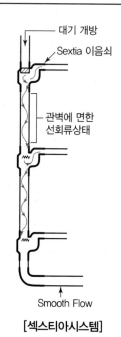

[섹스티아시스템]

5) 통기관 배관 시 유의사항

① 바닥 아래의 통기관은 금지해야 한다.

② 오물정화조의 배기관은 단독으로 대기 중에 개구해야 하며, 일반통기관과 연결해서는 안 된다.

③ 통기수직관을 빗물수직관과 연결해서는 안 된다.

④ 오수피트 및 잡배수피트 통기관은 양자 모두 개별 통기관을 갖지 않으면 안 된다.

⑤ 통기관은 실내 환기용 덕트에 연결하여서는 안 된다.

⑥ 간접배수계통의 통기관은 단독 배관한다.

5. 대변기의 급수 및 세정

1) 대변기의 급수방식에 의한 분류

(1) 하이탱크식

① 하이탱크식은 바닥으로부터 1.6m 이상 높은 위치(탱크 표준높이는 1.9m, 표준용량은 15L)에 탱크를 설치하고, 볼탭을 통하여 공급된 일정량의 물을 저장하고 있다가 핸들 또는 레버의 조작으로 낙차에 의한 수압으로 대변기를 세척하는 방식이다.

② 설치면적이 작다.

③ 세정 시 소리가 크다.

④ 탱크 내에 고장이 있을 때 불편하다.

⑤ 급수관경은 15A, 세정관경은 32A이다.

⑥ 탱크 표준높이는 1.9m, 탱크 표준용량은 15L이다.

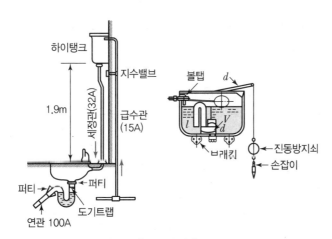

[하이탱크식]

 TIP

배수 및 통기 배관의 주요 시험

㉠ 수압시험 : 30kPa에 해당하는 압력에 30분 이상 견딜 것

㉡ 기압시험 : 35kPa에 해당하는 압력에 15분 이상 견딜 것

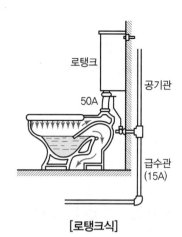

(2) 로탱크식

① 탱크로의 급수압력에 관계없이 대변기로의 공급수량이나 압력이 일정하며, 양호한 세정효과와 소음이 적어 일반 주택에서 주로 사용되는 대변기 세정수의 급수방식이다.

② 인체공학적이다.

③ 소음이 적어 주택, 호텔에 이용되고, 급수압이 낮아도 이용이 가능하다.

④ 설치면적이 크다.

⑤ 탱크가 낮아 세정관은 50A 이상으로 하며, 급수관경은 15A이다.

[로탱크식]

로탱크
공기관
50A
급수관
(15A)

핵심 문제 13 ◆◆◆

플러시밸브식 대변기에 관한 설명으로 옳지 않은 것은?

① 대변기의 연속 사용이 가능하다.
② 일반가정용으로 주로 사용된다.
③ 세정음은 유수음도 포함되기 때문에 소음이 크다.
④ 로탱크식에 비해 화장실을 넓게 사용할 수 있다는 장점이 있다.

해설

플러시밸브식 대변기는 적정 압력의 급수압이 필요하고, 소음 등이 커서 일반가정용에 적용하기에는 무리가 있다.

정답 ②

(3) 세정밸브식(플러시밸브, Flush Valve)

① 한 번 밸브를 누르면 일정량의 물이 나오고 잠긴다.

② 수압이 0.1MPa(100kPa) 이상이어야 한다.

③ 급수관의 최소관경은 25A이다.

④ 레버식, 버튼식, 전자식이 있다.

⑤ 소음이 크고 연속 사용이 가능하며, 단시간에 다량의 물이 필요하다(일반 가정용으로는 사용이 곤란).

⑥ 오수가 급수관으로 역류하는 것을 방지하기 위해 진공방지기(Vaccum Breaker)를 설치한다.

⑦ 점유면적이 작다.

급수관
(25A 이상)

[세정밸브식]

2) 대변기의 세정방식에 따른 분류

구분	세부사항
세출식 (Wash-Out Type)	• 오물을 변기의 얕은 수면에 받아 변기 가장자리의 여러 곳에서 나오는 세정수로 오물을 씻어 내리는 방식이다. • 다량의 물을 사용해야 하며 물이 고이는 부분이 얕아서 냄새를 발산한다.
세락식 (Wash-Down Type)	오물이 트랩의 수면에 떨어지면 변기의 가장자리에서 나오는 세정수의 일부가 변기의 벽을 씻어 내리고 또 나머지 물을 트랩 바닥면에 일시에 떨어뜨려 오물을 배수관으로 밀어 넣어 수면의 상승에 의해 오물을 배출하게 하는 구조이다.

구분	세부사항
사이펀식 (Siphon Type)	• 배수로를 굴곡시켜 세정 시에 만수상태가 되었을 때 생기는 사이펀작용으로 오물을 흡인하여 제거하는 방식이다. • 세락식과 비슷하나 세정능력이 우수하다.
사이펀 제트식 (Siphon Jet Type)	• 리버스트랩형 사이펀식 변기의 트랩배수로 입구에 분출구멍을 설치하여 강제적으로 사이펀작용을 일으켜서 그 흡인작용으로 세정하는 방식이다. • 유수면을 넓게, 봉수깊이를 깊게, 트랩지름을 크게 할 수 있으므로 수세식 변기 중 가장 우수하다.
블로아웃식 (Blow – Out Type, 취출식)	• 변기 가장자리에서 세정수를 적게 내뿜고 분수구멍에서 분수압으로 오물을 불어 내어 배출하는 방식이다. • 오물이 막히지 않는다. • 급수압이 커야 한다(0.1MPa 이상). • 소음이 커서 학교, 공장 및 기타 공공건물에 많이 쓰인다.
절수식 (Siphon Jet Vortex Type)	• 최근 수자원 절약차원에서 적극적으로 보급되고 있다. • 일반 대변기가 13L 정도를 소비하는 데 비해 6~8L의 세정수로 세정한다. • 적은 양으로 세정하기 위해 관경을 좁히고 트랩 앞부분에서 제트류를 만든다. • 세정능력이 나쁜 것이 단점이다.

6. 펌프의 종류 및 용도

1) 왕복동펌프

(1) 원리

실린더 속에서 피스톤, 플런저, 버킷 등을 왕복운동시킴으로써 물을 빨아올려 송출하는 방식이다.

(2) 특징

① 수압 변동이 심하다(공기실을 설치하여 완화).
② 양수량이 적고, 양정이 클 때 적합하다.
③ 양수량 조절이 어려우며, 고속회전 시 용적효율이 저하된다.

2) 원심펌프(Centrifugal Pump, 와권펌프, 회전펌프)

(1) 원리

물이 축과 직각방향으로 된 임펠러로부터 흘러나와 스파이럴 케이싱에 모이면 토출구로 이끄는 방식이다.

핵심 문제 14 ✦✦✦

급수설비의 급수 및 양수펌프로 주로 사용되는 펌프의 종류는?
① 회전식 펌프 ② 왕복식 펌프
③ 원심식 펌프 ④ 사류식 펌프

[해설]
원심펌프는 양수량이 많고 고양정에 적합하여 양수, 급수, 급탕, 배수 등에 주로 사용한다.

정답 ③

(2) 특징

① 양수량 조절이 용이하고, 진동이 적어 고속운전에 적합하다.

② 양수량이 많으며, 고양정에 적합하다.

③ 양수, 급수, 급탕, 배수 등에 주로 사용한다.

④ 전체적으로 크기가 작고 장치가 간단하며, 운전상의 성능이 우수하다.

⑤ 송수압의 변동이 적다.

❷ 공기조화설비계획

1. 공기조화방식

1) 공기조화방식의 분류

공조기의 설치방법	열(냉)매	공기조화방식
중앙식	전공기방식	단일덕트 정풍량방식, 단일덕트 변풍량방식, 이중덕트방식, 멀티존유닛방식, 바닥급기공조방식, 단일덕트 재열방식
	공기−수방식	각층유닛방식, 유인유닛방식, 덕트병용 팬코일유닛(FCU)방식, 복사냉난방식
	전수방식	팬코일유닛방식
개별식	냉매방식	패키지유닛방식

핵심 문제 15 ✦✦✦

공기조화방식 중 단일덕트 재열방식에 관한 설명으로 옳지 않은 것은?
① 전수방식의 특성이 있다.
② 재열기의 설치공간이 필요하다.
③ 잠열부하가 많은 경우나 장마철 등의 공조에 적합하다.
④ 부하특성이 다른 여러 개의 실이나 존이 있는 건물에 적합하다.

[해설]
단일덕트 재열방식은 전공기방식이다.

정답 ①

(1) 전공기방식

정의	공기만을 열매로 하여 실내유닛으로 공기를 냉각·가열하는 방식이다.
장점	• 온습도 및 공기청정 제어가 용이하다. • 실내 기류 분포가 좋다. • 공조되는 실내에 수배관이 필요 없어 누수 우려가 없다. • 외기냉방이 가능하고, 폐열회수가 용이하다. • 공조되는 실내에 설치되는 기기가 없으므로 실유효면적이 증가한다. • 운전 및 유지관리 집중화가 가능하다. • 동계가습이 용이하고, 자동으로 계절전환이 가능하다.
단점	• 존마다 공기밸런스를 장착하지 않으면 공기밸런스가 잘 맞지 않는다. • 덕트 스페이스가 커진다. • 송풍동력이 커서 다른 방식에 비해 반송동력이 많이 소요된다. • 공조기계실 스페이스가 많이 필요하다.
용도	사무소 건물, 병원의 수술실, 극장

(2) 공기 - 수방식(Air - Water System)

정의	공기와 물을 열매로 하여 실내유닛으로 공기를 냉각 · 가열하는 방식
장점	• 유닛 1대로 소규 모설비가 가능하다. • 전공기방식보다 반송동력이 적게 든다. • 전공기방식보다 덕트 설치공간을 작게 차지한다. • 각 실의 온도제어가 용이하다.
단점	• 저성능필터를 사용하므로 실내공기의 청정도가 낮다. • 실내 수배관으로 인한 누수 염려가 있다. • 폐열회수가 어렵다. • 정기적으로 필터를 청소해야 한다.
용도	사무소, 병원, 호텔 등의 다실건축물의 외부존에 주로 사용

(3) 전수방식(All Water System, 팬코일유닛방식)

정의	• 물만을 열매로 하여 실내유닛으로 공기를 냉각 · 가열하는 방식이다. • 냉온수 코일 및 필터가 구비된 소형 유닛을 각 실에 설치하고 중앙기계실에서 냉수 또는 온수를 공급받아 공기조화를 하는 방식이다.
장점	• 각 유닛마다 조절, 운전이 가능하고, 개별 제어를 할 수 있다. • 덕트면적이 필요하지 않다. • 열운반동력이 적게 든다. • 나중에 부하가 증가해도 유닛을 증설하여 대처할 수 있다. • 1차 공기를 사용하는 경우에는 페리미터방식이 가능하다.
단점	• 공급외기량이 적으므로 실내 공기가 오염되기 쉽다. • 필터를 매달 1회 정도 세정, 교체해야 한다. • 외기냉방이 곤란하고, 실내 수배관이 필요하다. • 실내배관에 의한 누수의 염려가 있다. • 실내유닛의 방음이나 방진에 유의해야 한다.
용도	여관, 주택, 경비실 등 극간풍에 의한 외기 침입이 가능한 건물

(4) 개별식 - 냉매방식(패키지유닛방식)

정의	압축식 원리의 냉동기와 송풍기, 필터, 자동제어 및 케이싱 등으로 유닛화된 기기를 이용하는 방식이다.
장점	• 공장에서 대량생산하므로 가격이 저렴하고 품질이 보증된다. • 설치와 조립이 간편하고 공사기간이 짧다. • 비교적 취급이 산변할 뿐만 이니라 증축, 개축, 유닛의 증실에 따른 유연한 대처가 가능하다. • 유닛별 단독운전과 제어가 가능하다.

핵심 문제 16 ◆◆◇

공기조화방식 중 팬코일유닛방식에 관한 설명으로 옳지 않은 것은? [24년 1회]
① 덕트 샤프트나 스페이스가 필요 없거나 작아도 된다.
② 전공기방식이므로 수배관으로 인한 누수의 우려가 없다.
③ 유닛을 창문 밑에 설치하면 콜드 드래프트를 줄일 수 있다.
④ 각 실의 유닛은 수동으로도 제어할 수 있고, 개별 제어가 쉽다.

해설

팬코일유닛방식은 전수방식으로 수배관으로 인한 누수의 우려가 있다.

정답 ②

단점	• 동시부하율 등을 고려한 저감처리가 가능하지 않으므로 열원 전체 용량은 중앙식보다 커지게 되는 경향이 있다. • 중앙식에 비해 냉동기, 보일러의 내용연수가 짧다. • 압축기, 팬, 필터 등의 부품수가 많아 보수비용이 증대된다. • 온습도 제어성이 떨어진다. • 외기냉방이 불가능하다.
용도	• 주택, 레스토랑, 다방, 상점, 소규모 건물 등에 주로 사용 • 대규모 건물에서도 24시간 운전하는 수위실 등의 관리실과 시간 외 운전이 필요한 회의실 혹은 특수한 온도조건을 필요로 하는 전산실 등에 사용

핵심 문제 17 ♦♦♦

공기조화방식에 관한 설명으로 옳지 않은 것은?
① 멀티존유닛방식은 전공기방식에 속한다.
② 단일덕트방식은 각 실이나 존의 부하변동에 대응이 용이하다.
③ 팬코일유닛방식은 각 실에 수배관으로 인한 누수의 우려가 있다.
④ 이중덕트방식은 냉온풍의 혼합으로 인한 혼합 손실이 있어서 에너지 소비량이 많다.

해설

단일덕트방식은 냉풍 혹은 온풍을 계절별로 한 가지만 공급할 수 있기 때문에 각 실이나 존의 부하변동에 즉각적인 대응이 어렵다. 반면 이중덕트방식은 에너지 소비량은 많지만 냉풍과 온풍을 각각의 덕트로 보내 각 실의 조건에 맞게 혼합하여 공급하므로 각 실이나 존의 부하변동에 대응이 용이하다.

정답 ②

2) 각종 공종방식의 특징

(1) 단일덕트 정풍량방식(CAV : Constant Air Volume System)

① 송풍량은 항상 일정하게 하고 실내의 열부하에 따라 송풍의 온습도를 변화시켜 1대의 공조기에 1개의 덕트를 통하여 건물 전체에 냉온풍을 송풍하는 방식이다.

② 중·소규모 건물, 극장, 공장 등 바닥면적이 크고 천장이 높은 곳에 적합하다.

③ 장단점

장점	• 외기냉방이 가능하여 청정도가 높다. • 유지관리가 용이하다. • 고성능 공기정화장치가 가능하다. • 소규모에서 설치비가 저렴하다.
단점	• 비교적 덕트면적이 크게 요구된다. • 변풍량방식에 비해 에너지가 많이 든다. • 각 실에서의 온습도조절이 곤란하다. • 실이 많은 경우 부적합하다.

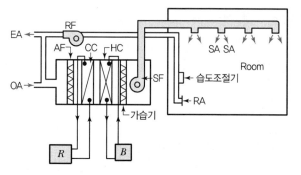

[단일덕트 정풍량방식]

(2) 단일덕트 변풍량방식(VAV : Variable Air Volume System)

① 송풍온도는 일정하게 하고 실내 부하의 변동에 따라 송풍량을 변화시키는 방식으로 여러 방식 중 가장 에너지가 절약되는 방식이다.

② 대규모 사무소의 내부 존이나 인텔리전트빌딩, 점포 등 연간 냉방부하가 발생하는 공간에 적합하다.

③ 장단점

장점	• 실온을 유지하므로 에너지 손실이 가장 적다. • 각 실별 또는 존별로 개별적 제어가 가능하다. • 토출공기의 풍량조절이 용이하다. • 칸막이 등 부하 변동에 대응하기 쉽다. • 설치비가 저렴하고, 외기냉방이 가능하다. • 설비용량이 작아서 경제적인 운전이 가능하다. • 부분부하 시 송풍기동력 절감이 가능하다.
단점	• 설비비가 비싸다. • 송풍량을 변화시키기 위한 기계적 어려움이 있다. • 부하가 감소하면 송풍량이 적어져 환기량 확보가 어렵다. • 실내 공기가 오염될 수 있다. • 토출공기온도를 제어하기 어렵다.

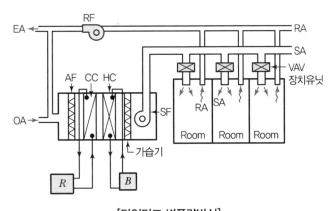

[단일덕트 변풍량방식]

(3) 이중덕트방식

① 1대의 공조기에 의해 냉풍과 온풍을 각각의 덕트로 보낸 후 말단의 혼합상자에서 혼합하여 각 실에 송풍하는 방식으로 에너지 과소비형 공조방식이다.

② 고층건축물, 회의실, 병원식당 등 냉난방부하의 분포가 복잡한 건물에 사용한다.

③ 장단점

장점	• 각 실별로 개별 제어가 양호하다. • 계절마다 냉난방 전환이 필요하지 않다. • 전공기방식이므로 냉온수관이 필요 없다. • 공조기가 집중되어 운전, 보수가 용이하다. • 칸막이 변경에 따라 임의로 계획을 바꿀 수 있다.
단점	• 운전비가 높아지기 쉬운 에너지 과소비형이다. • 혼합상자, 설비비가 고가이다. • 덕트면적을 많이 차지한다. • 습도조절이 어렵다. • 여름에도 보일러를 가동해야 한다.

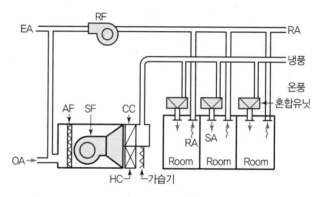

[이중덕트방식]

(4) 멀티존유닛방식

① 공조기 1대로 냉온풍을 동시에 만들어 공급하고 공조기 출구에서 각 존마다 필요한 냉온풍을 혼합하여 각각의 덕트로 송풍하는 방식이다.

② 중간 규모 이하의 건물에 사용한다(존이 아주 많은 경우에는 덕트의 분할수에 한도가 있으므로, 중·소규모의 공조 스페이스를 조닝하는 경우에 사용).

③ 장단점

장점	• 배관이나 조절장치 등을 집중시킬 수 있다. • 존(Zone)제어가 가능하다. • 여름, 겨울의 냉난방 시 에너지 혼합 손실이 적다.
단점	• 냉동기부하가 크다. • 변동이 심하면 각 실의 송풍 불균형이 발생할 수 있다. • 중간기에 혼합 손실이 발생하여 에너지 손실이 크다.

TIP

멀티존유닛방식의 제어
각 존(Zone)별 서모스탯(Thermostat)을 통한 실온 검출 및 그에 맞춘 냉풍 및 온풍의 풍량조절 댐퍼의 작동을 통해 공기조화를 실시한다.

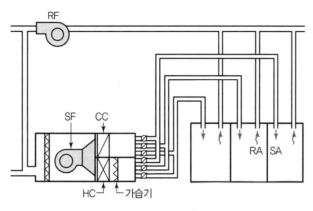

[멀티존유닛방식]

(5) 각층유닛방식

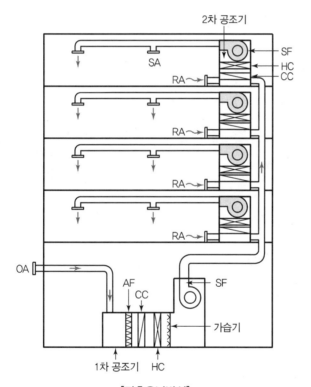

[각층유닛방식]

① 외기처리용 1차 중앙공조기에서 처리된 외기를 각 층의 2차 공조기(유닛)로 보내어 부하에 따라 가열 또는 냉각하여 송풍하는 방식이다.

💡 TIP

각층유닛방식의 용도
• 신문사나 방송국과 같이 각 층마다 사용시간과 사용조건이 다르고, 백화점과 같이 각 층에 따라 부하가 다른 건물에 적용한다.
• 각 층이 다른 회사에 속하는 임대사무소 건물이나 일부 연장운전을 해야 할 경우 사용하는 층만 운전할 수 있는 건물에 적용한다.

② 장단점

장점	• 각 층, 각 실을 구획하여 온습도조절이 가능하다. • 각 층마다 부분운전이 가능하다. • 중간에 외기를 도입하여 외기냉방이 가능하다. • 덕트가 작아도 된다.
단점	• 공조기대수가 많아지므로 설비비가 많이 소요된다. • 공조기가 분산되어 유지관리가 어렵다. • 각 층 공조기로부터 소음이나 진동이 발생한다. • 각 층마다 공조기 설치공간이 필요하다.

💡 TIP

유인유닛방식의 용도
• 병원, 호텔, 사무실 등 방이 다수인 건축물의 외부 존에 사용한다.
• 건물의 페리미터 부분에 채용해서 외주부 부하에 대응하도록 하고 동시에 실내 존 부분에서는 단일덕트방식을 병용하는 방식을 가장 많이 사용한다.

(6) 유인유닛방식

① 중앙의 1차 공조기에서 가열, 냉각, 가습, 감습 처리한 공기를 고속·고압으로 각 실 유닛으로 공급하면 유닛의 노즐에서 뿜어내고 그 뿜어낸 압력으로 실내의 2차 공기를 유인하여 혼합·분출한다.

② 장단점

장점	• 부하변동에 대응하기 쉽다. • 각 실별로 개별 제어가 가능하다. • 유닛에 송풍기나 전동기 등의 동력장치가 없어 전기배선이 없어도 된다. • 공조기가 소형으로 기계실면적 및 덕트면적이 작다.
단점	• 유닛의 실내 설치로 건축계획상 지장이 있다. • 유닛의 수량이 많아져 유지관리가 어렵다.

2. 공기조화기기

1) 취출구(공기취출구)

(1) 개념

공기취출구(Diffuser, 토출구)란 공조기에서 조화공기를 덕트에서 실내에 반출하기 위한 개구부를 말한다.

(2) 취출구의 종류

(a) 노즐형   (b) 펑커루버형   (c) 베인격자형   (d) 슬롯형

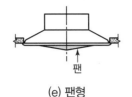

(e) 팬형

(f) 아네모스탯형

[취출구의 종류]

① 축류(縮流) 취출구(Axial Flow Diffuser)

한 방향으로 취출되는 방식으로 실내의 대류를 유발시키고 도달거리를 길게 할 수 있으며, 종류로는 노즐형 취출구(Nozzle Type), 펑커루버(Punkah Louver), 베인격자형 취출구(Universal Type), 슬롯형 취출구(Slot Type) 등이 있다.

종류	내용
노즐형 취출구 (Nozzle Type)	• 도달거리가 길다. • 소음 발생이 적다. • 극장, 로비 등 도달거리가 길 때 사용한다.
펑커루버 (Punkah Louver)	• 목을 움직여 기류방향을 자유로이 조절한다. • 풍량조절이 용이하다. • 취출풍량에 비해 공기저항이 크다. • 공장, 주방 등의 국소 냉난방 시 사용한다.
베인격자형 취출구 (Universal Type)	• 가장 널리 사용한다. • 셔터가 없는 것을 그릴(Grill), 셔터가 있는 것을 레지스터(Register)라 한다.
슬롯형 취출구 (Slot Type)	• 종횡비가 큰 띠모양의 취출구로 평면기류를 분출한다. • 외관이 아름다워 최근에 많이 이용된다.

② 확산형 취출구[복류(輻流) 취출구, Double Flow Diffuser]

여러 방향으로 취출되는 방식으로 확산반경이 크고 도달거리가 짧아 천장취출구로 이용하며, 종류로는 팬형 취출구(Pan Type), 아네모스탯형 취출구(Anemostat Type) 등이 있다.

종류	내용
팬형 취출구 (Pan Type)	• 구조가 간단하지만 기류방향의 균등성을 얻기가 힘들다. • 난방 시에는 온풍이 천장면에만 체류해 실내에 온도차가 발생한나.
아네모스탯형 취출구 (Anemostat Type)	• 팬형의 단점을 보완한 것이다. • 콘(Cone)이라 불리는 여러 개 동심원추 또는 각추형의 날개로 되어 있다. • 풍량을 광범위하게 조절할 수 있다. • 확산반경이 크고 도달거리가 짧다.

2) 송풍기

(1) 개념

공기를 수송하기 위한 기계장치로, 공기의 흐름을 일으키는 날개(Impeller)와 공기를 안내하는 케이싱(Casing)으로 구성된다.

(2) 송풍기의 종류

① 원심형(Centrifugal Fan) : 터보형(Turbo Fan), 익형[에어포일팬(Airfoil Fan), 리미트로드팬(Limit Load Fan)], 다익형(Siroco Fan), 방사형(Radial Fan), 관류형(Tubular Fan)

② 축류형(Axial Fan) : 프로펠러형(Propeller Fan), 튜브형(Tube Axial Fan), 베인형(Vane Axial Fan)

③ 사류형(혼류형, Mixed Flow Type)

④ 횡류형(직교류식, Cross Flow Type)

핵심 문제 19 ◆◆◆

다음 중 축동력이 가장 많이 소요되는 송풍기 풍량제어방법은?
① 회전수제어 ② 토출댐퍼제어
③ 흡입베인제어 ④ 흡입댐퍼제어

해설

송풍기 축동력의 소모량
토출댐퍼제어 > 흡입댐퍼제어 > 흡입베인제어 > 가변익축류제어 > 회전수제어

정답 ②

(3) 에너지 절약효과가 큰 풍량제어방법 순서

① 에너지 절약효과 순서 : 회전수제어 – 가변 Pitch – 흡입 Vane – 흡입 Damper – 토출 Damper

② 송풍기의 풍량변화에 따라 송풍기의 동력 또는 축동력이 급격하게 변동하는 것이 에너지 절약효과가 높은 풍량적용방식이다.

③ 다음 그래프에서 송풍기의 풍량이 감소할 때 소비하는 동력이 더욱 많이 작아지는 제어방식이 에너지효율이 높은 방식이라 할 수 있다.

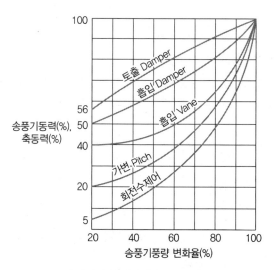

[에너지 절약효과가 큰 순서]

(4) 송풍량(환기량)의 산출

$$Q = \frac{q_s}{\rho \times C_p \times \Delta t}$$

여기서, Q : 송풍량(m³/h)

q_s : 현열부하

ρ : 밀도(kg/m³)

C_p : 비열(kJ/kg · K)

Δt : 취출온도차(℃)

3. 난방방식

1) 난방설비의 종류 및 특징

(1) 증기난방

① 증기난방은 기계실에 설치한 증기보일러에서 증기를 발생시켜 이것을 배관을 통해 각 실에 설치된 방열기에 공급한다.

② 증기난방에서는 주로 증기가 갖고 있는 잠열(潛熱), 즉 증발열을 이용하므로 방열기 출구에는 거의 증기트랩이 설치된다.

③ 특징

장점	• 증기순환이 빠르고 열의 운반능력이 크다. • 예열시간이 온수난방에 비해 짧다. • 방열면적과 관경을 온수난방보다 작게 할 수 있다. • 설비비 및 유지비가 저렴하다. • 한랭지에서 동결의 우려가 적다.
단점	• 외기온도 변화에 따른 방열량 조절이 곤란하다. • 방열기 표면온도가 높아 화상의 우려가 있다. • 대류작용으로 먼지가 상승하여 쾌감도가 낮다. • 응축수의 환수관 내 부식으로 장치의 수명이 짧다. • 열용량이 작아서 지속난방보다는 간헐난방에 사용한다.

(2) 온수난방

① 온수난방은 온수보일러에서 만들어진 65~85℃ 정도의 온수를 배관을 통해 실내의 방열기에 공급하여 열을 방산(放散)시키고, 온수의 온도 강하에 수반하는 현열을 이용하여 실내를 난방하는 방식이다.

② 온수난방장치의 배관 내는 항상 만수되어 있으므로 물의 온도 상승에 따른 체적팽창량을 흡수하기 위해 최상부에 팽창탱크를 설치한다.

핵심 문제 20 ◆◆◆

A실의 냉방부하를 계산한 결과 현열부하가 5,000W이다. 취출공기온도를 16℃로 할 경우 송풍량은?(단, 실온은 26℃, 공기의 밀도는 1.2kg/m³, 공기의 비열은 1.01kJ/kg · K이다)

① 약 825m³/h ② 약 1,240m³/h

③ 약 1,485m³/h ④ 약 2,340m³/h

해설

Q(송풍량, m³/h)

$= \dfrac{q_s(\text{현열부하})}{\rho(\text{밀도}) \times C_p(\text{비열}) \times \Delta t(\text{취출온도차})}$

$= \dfrac{5{,}000\text{W}(\text{J/s}) \times 3{,}600 \div 1{,}000}{1.2\text{kg/m}^3 \times 1.01\text{kJ/kg} \cdot \text{K} \times (26-16)\text{℃}}$

$= 1{,}485.15 \fallingdotseq 1{,}485\text{m}^3/\text{h}$

정답 ③

핵심 문제 21 ◆◆◆

온수난방방식에 관한 설명으로 옳지 않은 것은? [23년 3회]

① 증기난방에 비해 예열시간이 짧다.

② 온수의 현열을 이용하여 난방하는 방식이다.

③ 한랭지에서는 운전 정지 중에 동결의 위험이 있다.

④ 보일러 정지 후에는 여열이 남아 있어 실내 난방이 어느 정도 지속된다.

해설

온수는 증기에 비해 열용량이 커서 예열시간이 길게 소요된다.

정답 ①

③ 특징

장점	• 난방부하의 변동에 대한 온도조절이 용이하다. • 열용량이 크므로 보일러를 정지시켜도 실온은 급변하지 않는다. • 실내의 쾌감도는 실내공기의 상하온도차가 작아 증기난방보다 좋다. • 환수배관의 부식이 적고, 수명이 길다. • 소음이 작다.
단점	• 열용량이 크므로 온수의 순환시간과 예열에 장시간이 필요하고, 연료소비량도 많다. • 증기난방에 비해 방열면적과 관경이 커진다. • 증기난방과 비교하여 설비비가 높아진다. • 한랭지에서는 난방 정지 시 동결의 우려가 있다. • 일반 저온수용 보일러는 사용압력에 제한이 있으므로 고층건물에는 부적당하다.

④ 온수순환방식

순환방식	특징
중력순환식 (Gravity Circulation System)	• 온수의 온도차에 의해서 생기는 대류작용으로 자연순환시키는 방식이다. • 방열기는 보일러보다 높은 위치에 설치한다.
강제(기계)순환식 (Forced Circulation System)	• 환수주관은 보일러 측 말단에 순환펌프를 설치하여 강제로 순환시킨다. • 온수순환이 신속하며 균등하게 이루어진다. • 방열기 설치위치에 제한을 받지 않는다. • 강제순환(환수)식은 직접순환(환수)방식과 역순환(환수)방식으로 구분된다. — 직접환수방식 : 보일러와 가장 가까운 방열기의 공급관 및 환수관의 길이가 가장 짧고, 가장 먼 거리에 있는 방열기일수록 관의 길이가 길어지는 배관을 하게 되므로 방열기로의 저항이 각각 다르게 되는 방식이다. — 역환수방식 : 보일러와 가장 가까운 방열기는 공급관이 가장 짧고 환수관은 가장 길게 배관한 것으로 각 방열기의 공급관과 환수관의 합은 각각 동일하게 되며, 동일저항으로 온수가 순환하므로 방열기에 온수를 균등히 공급할 수 있는 방식이다.

핵심 문제 22 ◆◆◇

온수난방배관에서 리버스리턴(Reverse Return)방식을 사용하는 가장 주된 이유는? [24년 2회]
① 배관길이를 짧게 하기 위해
② 배관의 부식을 방지하기 위해
③ 배관의 신축을 흡수하기 위해
④ 온수의 유량분배를 균일하게 하기 위해

해설

리버스리턴(Reverse Return, 역환수)방식은 각각의 방열기에 대해 공급관의 길이와 환수관의 길이의 합이 같게 하여 방열기간의 온수 유량분배를 균일하게 하기 위해 적용된다.

정답 ④

핵심 문제 23 ◆◆◇

복사난방에 관한 설명으로 옳은 것은?
① 천장이 높은 방의 난방은 불가능하다.
② 실내의 쾌감도가 다른 방식에 비하여 가장 낮다.
③ 외기침입이 있는 곳에서는 난방감을 얻을 수 없다.
④ 열용량이 크기 때문에 방열량 조절에 시간이 걸린다.

해설

① 수직적인 온도차가 작으므로 천장이 높은 방의 난방에 효과적이다.
② 실내의 쾌감도가 다른 방식에 비하여 가장 높다.
③ 대류방식이 아닌 복사방식을 활용하므로 외기침입이 있는 곳에서도 난방감을 얻을 수 있다.

정답 ④

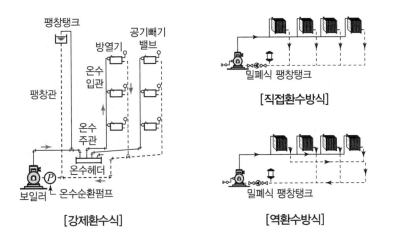

[강제환수식] [직접환수방식] [역환수방식]

(3) 복사난방

① 건축물 구조체(천장, 바닥, 벽 등)에 Coil을 매설하고, Coil에 열매를 공급하여 가열면의 온도를 높여서 복사열에 의해 난방하는 방식이다.

② 특징

장점	단점
• 방열기가 필요치 않아 바닥의 이용도가 높음	• 배관매설에 따른 시공 시 주의 요망
• 실내의 수직적 온도 분포가 균등하여 천장고가 높은 방의 난방에 유리(쾌감도 양호)	• 외기온도 급변에 따른 방열량 조절이 난해
• 동일방열량에 대하여 손실열량이 적음	• 열손실을 막기 위한 단열층 필요
• 방을 개방상태로 놓아도 난방열의 손실이 적음	• 유지 · 보수 불편
• 대류가 적으므로 바닥의 먼지가 상승하지 않음	• 설비비가 고가

(4) 지역난방

① 일정 지역 내에 대규모 중앙열원 플랜트에서 생산한 열매(증기, 고온수)를 배관을 통해 지역 내의 여러 건물에 공급하여 난방하는 방식이다.

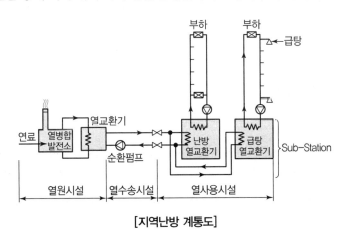

[지역난방 계통도]

② 장단점

장점	단점
• 에너지의 이용효율 상승 • 도시환경 개선효과 • 인력 및 공간 절약 • 세대별 보일러, 냉동기 등의 설치 불필요 • 방화(防火)효과가 증대 • 설비비 경감	• 배관이 길어져 열손실이 큼 • 초기의 시설투자비가 고가 • 열원기기의 용량제어 난해 • 고도의 숙련된 기술자 필요 • 지역의 사용량이 적을수록 한 세대가 분담해야 할 기본요금 상승 • 시간적 · 계절적 변동이 큼

핵심 문제 25 • • •

다음 설명에 알맞은 보일러의 출력은?

[23년 1회]

연속해서 운전할 수 있는 보일러의 능력으로서 난방부하, 급탕부하, 배관부하, 예열부하의 합이며, 일반적으로 보일러 선정 시에 기준이 된다.

① 상용출력　② 정격출력
③ 정미출력　④ 과부하출력

해설

보일러의 출력
㉠ 정미출력 : 난방부하+급탕부하
㉡ 상용출력 : 난방부하+급탕부하+배관부하
㉢ 정격출력 : 난방부하+급탕부하+배관부하+예열부하

정답 ②

2) 보일러의 효율 및 용량

(1) 보일러의 효율(η)

$$\eta = \frac{W \times C \times (t_2 - t_1)}{G \times H_L} \times 100\%$$

여기서, η : 보일러의 효율(%)
　　　　W : 온수출탕량(kg/h)
　　　　C : 물의 비열(4.19kJ/kg · K)
　　　　t_2 : 온수의 평균출구온도(℃)
　　　　t_1 : 온수의 평균입구온도(℃)
　　　　G : 연료소비량(kg)
　　　　H_L : 연료의 저위발열량(kJ/kg)

(2) 보일러의 출력

① **정미출력** : 난방부하+급탕부하

② **상용출력** : 난방부하+급탕부하+배관부하

③ **정격출력** : 난방부하+급탕부하+배관부하+예열부하

④ **과부하출력** : 정격출력의 10~20% 정도 증가하여 운전할 때의 출력

(3) 보일러마력(BHP : Boiler Horse Power)

100℃의 물 15.65kg을 1시간 동안 100℃의 증기로 바꿀 수 있는 능력을 1BHP(보일러마력)이라고 한다(1BHP≒35,222kJ/h≒9.8kW).

(4) 상당증발량(Equivalent Evaporation)

보일러의 능력을 나타내는 것의 하나로, 실제증발량을 기준상태의 증발량으로 환산한 것이다. 즉, 실제증발량과 그에 따른 엔탈피의 변화량을 증발잠열(100℃의 포화수를 100℃의 증기로 만드는 데 소요되는 열량)로 나눈 값을 의미한다.

💡 **TIP**

보일러의 용량 표시방법
• 보일러의 용량표시 방법으로는 정격용량(kg/h), 정격출력(kW), 상당증발량(G_e), 보일러 마력(BP), 전열면적(m²), 상당방열면적(EDR) 등이 있다.
• 일반적으로 증기보일러에서는 정격용량(kg/h), 온수보일러에서는 정격출력(kW)으로 표시한다.

$$G_e = \frac{G(h_2 - h_1)}{2,256}$$

여기서, G_e : 상당증발량(kg/h)

G : 실제증발량(kg/h)

h_1 : 급수의 엔탈피(kJ/kg)

h_2 : 발생증기의 엔탈피(kJ/kg)

2,256 : 100℃ 물의 증발잠열(kJ/kg)

❸ 전기설비계획

1. 전기설비 일반사항 및 수변전설비

1) 일반사항

(1) 전류와 전압, 저항

구분	내용
전류(I)	• 전기의 흐름을 나타내는 것이다. • 전류는 전압이나 부하의 용량에 따라서 양이 달라지며 전류의 대소를 나타내는 단위는 암페어(A, Ampare)이고, 표시기호는 I를 사용한다.
전압(V)	• 전압은 전기량이 이동하여 일을 할 수 있는 전위에너지차로 전류를 흐르게 하는 힘을 의미한다. • 단위는 볼트(V, Volt)이고, 표시기호는 V를 사용한다.
저항(R)	• 저항은 도체의 전기흐름을 방해하는 성질을 의미한다. • 단위는 옴(Ω)이며, 표시기호는 R을 사용한다. • 저항은 전선의 길이에 비례하고, 단면적에 반비례하는 특성을 가지고 있다.
옴의 법칙	• 옴의 법칙은 전압, 전류, 저항 간의 관계를 나타낸 것이다. • "도체 내의 두 점 사이를 흐르는 전류의 세기는 두 점 간의 전압에 비례하고 두 점 간의 저항에 반비례한다."라는 것을 식으로 나타낸 것이다. $$I = \frac{V}{R}$$ 여기서, I : 전류(A), V : 전압(V), R : 저항(Ω)

(2) 전기사업법령에 따른 전압의 분류

구분	직류	교류
저압	1,500V 이하	1,000V 이하
고압	1,500V 초과 7,000V 이하	1,000V 초과 7,000V 이하
특고압	7,000V 초과	7,000V 초과

2) 수변전설비

(1) 개념

수변전설비는 발전소, 변전소, 송배전선로를 통해 전기를 공급받는 수요자가 그 전력을 받고, 전압조절을 하기 위해 설치하는 설비를 말한다.

(2) 수전용량 결정

① 수용률(수요율)

수용률이란 설비기기의 전용량에 대하여 실제 사용하고 있는 부하의 최대전력비율을 나타낸 계수로, 설비용량을 이용하여 최대수요전력을 결정할 때 사용한다.

$$수용률(\%) = \frac{최대수요전력(kW)}{부하설비용량(kW)} \times 100\%$$

② 부등률

몇 개의 부하가 하나의 배전변압기로부터 전력을 공급받고 있을 때 각 부하에서의 최대수요전력이 발생하는 시각은 부하별로 상이한 것이 일반적이다. 이러한 경우 배전변압기에서의 합성 최대수요전력은 각 부하의 최대수요전력의 합계보다 작은 값이 되는 것이 일반적인데, 이것을 부등률이라고 한다(부등률 적용 시 배전변압기의 용량을 낮출 수 있음).

$$부등률(\%) = \frac{개별부하의\ 최대수요전력\ 합계(kW)}{합성\ 최대수요전력(kW)} \times 100\%$$

③ 부하율

공급 가능한 최대수요전력과 실제 사용된 평균전력의 비율을 나타낸 것으로, 부하율이 클수록 부하에 대한 전력공급설비가 유효하게 사용되었음을 의미한다.

$$부하율(\%) = \frac{부하의\ 평균전력(kW)}{합성\ 최대수요전력(kW)} \times 100\%$$

핵심 문제 26 •••

수용장소의 총전기설비용량에 대한 최대 수요전력의 비율을 백분율로 나타낸 것은?　[23년 1회]
① 부하율　② 부등률
③ 수용률　④ 감광보상률

해설

수용률(수요율)
설비기기의 전용량에 대하여 실제 사용하고 있는 부하의 최대전력비율을 나타낸 계수로, 설비용량을 이용하여 최대수요전력을 결정할 때 사용한다.

수용률(%)
$= \dfrac{최대수요전력(kW)}{부하설비용량(kW)} \times 100\%$

정답 ③

(3) 수변전실의 위치 및 구조

① 부하의 중심에 가깝고 배전에 편리한 곳이어야 한다.

② 보일러실, 펌프실, 예비발전실, 엘리베이터 기계실과 관련성을 고려해야 한다.

③ 전원 인입과 기기의 반출입이 용이해야 한다.

④ 천장높이는 높을수록 좋으며, 고압인 경우에는 3m 이상(보 아래), 특고압인 경우에는 4.5m 이상으로 한다.

⑤ 습기가 적고 채광, 통풍(변압기열의 해소)이 양호해야 한다.

⑥ 출입구는 방화문으로, 격벽은 내화구조로 한다.

⑦ 바닥은 배관, 케이블 등을 고려하여 20~30cm 정도로 한다.

⑧ 바닥하중의 설계는 중량에 견디도록 한다.

⑨ 변전실의 면적 산정 시 고려요소에는 변압기용량, 수전전압, 수전방식 및 큐비클의 종류 등이 있다.

(4) 발전기실 설치 시 유의사항

① 기기의 반출입 및 운전, 보수가 편리해야 한다.

② 건축물의 배기구에 가까이 있어야 한다.

③ 실내 환기를 충분히 시행할 수 있어야 한다.

④ 급배수설비의 설치가 용이해야 한다.

⑤ 연료유의 보급이 용이해야 한다.

⑥ 변전실에 가까이 있어야 한다.

⑦ 바닥은 절연재료로 해야 한다.

⑧ 내화구조이고, 방음과 방진구조여야 한다.

⑨ 주위온도가 5℃ 이내로 내려가지 않아야 한다.

⑩ 발전기실의 유효높이는 발전장치 최고높이의 2배 정도로 하여 설계한다.

💡 TIP

발전기실은 부하의 중심에서 가급적 가깝게 설치한다.

2. 전기방식 및 배선설비

1) 간선배전방식

(1) 간선의 개념

간선은 인입구장치 등의 전원공급설비 혹은 비상용 발전기의 절환반과 최종 분기회로 과전류 차단장치 사이에 있는 모든 도체회로 전선을 말한다.

(2) 간선 배전방식의 종류

구분	특징
평행식 (개별방식)	각 분전반마다 배전반에서 단독으로 배선되며, 전압 강하가 작고 사고 발생 시 범위가 좁으나 설비비가 많이 소요되어 대규모 건물에 적합하다.
나뭇가지식	• 한 개의 간선이 각 분전반을 거쳐 가며 공급된다. • 말단 분전반에서 전압강하가 커질 수 있다. • 중소 규모에 이용된다. • 경제적이나 1개소의 사고가 전체에 영향을 미친다. • 각 분전반별로 동일전압을 유지할 수 없다.
병용식 (나뭇가지평행식)	평행식과 나뭇가지식을 병용한 것으로 전압강하도 크지 않고 설비비도 줄일 수 있어 가장 많이 사용된다.

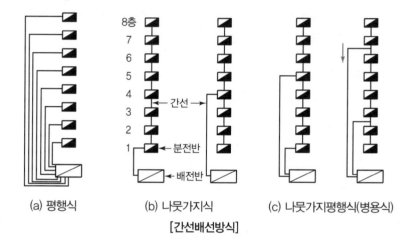

(a) 평행식 (b) 나뭇가지식 (c) 나뭇가지평행식(병용식)

[간선배선방식]

2) 배전반, 분전반 및 분기회로

(1) 배전반

분전반으로 전원을 공급하는 전기설비이다.

(2) 분전반

① 배전반(전원)으로부터 전기를 공급받아 말단부하에 배전하는 것으로서, 매입형과 노출형이 있다.

② 분전반설비는 주개폐기, 분기회로, 개폐기, 자동차단기(퓨즈차단기, 노퓨즈차단기)를 모아놓은 것이다.

③ 분전반은 가능한 한 부하의 중심에 두어야 한다.

④ 1개 층에 분전반을 1개 이상씩 설치한다.

⑤ 분전반 1개의 공급면적은 1,000m² 이내로 한다.

⑥ 분전반 설치간격은 분기회로의 길이가 30m 이내가 되게 한다.

⑦ 분전반 1개의 분기회로는 20회선 이내로 한다(단, 예비회로 포함 시 40회 이내).

(3) 분기회로

① 간선에서 분기하여 회로를 보호하는 최종 과전류차단기와 부하 사이의 전로이다.

② 같은 방 또는 같은 방향의 콘센트(아웃렛)는 같은 회로로 한다.

③ 전등 및 콘센트회로는 분기회로로 한다(전선굵기 : 1.6mm).

④ 습기가 있는 곳의 콘센트(아웃렛)는 별도로 설치한다.

⑤ 1회로에 접속되는 콘센트수

㉠ 보통 사무실 : 콘센트 7~8개(사무실 콘센트는 5m 간격으로 설치)

㉡ 동력 : 콘센트 1개

3) 전기샤프트(ES) 설치 시 유의사항

① 층마다 같은 위치에 설치한다.

② 전력용과 정보통신용은 공용으로 사용해서는 안 되는 것이 원칙이지만, 부득이한 경우 공용으로 사용이 가능하다.

③ 전기샤프트의 면적은 보, 기둥부분을 제외하고 산정한다.

④ 현재 장비 이외에 장래의 배선 등에 대한 여유성을 고려한 크기로 한다.

❹ 소방설비계획

1. 소방시설의 일반

1) 화재의 분류

(1) 일반화재(A급 화재, 백색)

연소 후 재를 남기는 화재로, 나무, 종이, 섬유 등의 화재를 말한다.

(2) 유류 및 가스화재(B급 화재, 황색)

석유, 가스 등에 의한 화재로서 소화 시 질식에 의한 소화가 효과적이다.

(3) 전기화재(C급 화재, 청색)

전기에 의한 화재로, 소화 시 질식에 의한 소화가 효과적이며, 물에 의한 소화는 금지해야 한다.

(4) 금속화재(D급 화재, 무색)

(5) 가스화재(E급 화재, 황색)

(6) 식용유화재(F 또는 K급 화재, 적색)

주방화재라고도 하며, 주방에서 동식물유를 취급하는 조리기구에서 일어난다.

2) 소화의 원리

구분	내용
냉각소화법	• 물 등을 분사시켜 냉각하여 발화온도 이하로 만듦 • 증발잠열이 크고 비열이 큰 부촉매를 사용하여 가연물의 연소를 억제하는 소화방법
질식소화법	• 모든 화재에 가장 보편적으로 적용하는 방법으로 산소공급원을 차단하는 원리(CO_2 소화설비 등) • 유류화재에 많이 이용
희석방법	• 종류로는 가연물을 희석시키는 방법과 산소를 희석시키는 방법이 있음 • 불활성 기체소화설비가 희석방법에 해당됨
연쇄반응차단법	포말 · 분말 · 할론 소화설비 등과 같은 불활성 물질이 연소의 연쇄반응을 억제하여 소화
파괴소화법	가연물을 파괴함으로써 화재가 확산되는 것을 막음

3) 소방시설의 분류

핵심 문제 27 ◆◆◆

소방시설 중 경보설비의 종류에 해당하지 않는 것은?
① 비상방송설비
② 자동화재탐지설비
③ 자동화재속보설비
④ 무선통신보조설비

해설
무선통신보조설비는 소화활동설비에 해당한다.

정답 ④

구분	내용
소화설비	소화기, 자동확산소화기, 옥내소화전, 스프링클러, 물분무소화설비, 옥외소화전설비, 할로겐화물 등
경보설비	단독경보형 감지기, 자동화재탐지설비, 전기화재경보기, 자동화재속보설비, 비상경보설비, 가스누설경보기, 시각경보기, 비상방송설비, 통합감시시설, 누전경보기 등
피난구조설비	구조대, 미끄럼대, 피난사다리, 완강기, 유도등, 유도표지, 비상조명등, 휴대용 비상조명등, 방열복, 공기호흡기, 인공소생기 등
소화용수설비	소화수조 · 저수조, 상수도소화용수설비 등
소화활동설비	제연설비, 연결송수관설비, 연결살수설비, 비상콘센트설비, 무선통신보조설비, 연소방지설비 등

2. 소화설비

소화설비는 화재 발생 초기에 진압을 목적으로 하며, 옥내·옥외소화전, 스프링클러, 특수소화설비, 소화기 등이 있다.

1) 소화기

소화기는 소방대상물의 각 부분에서 보행거리가 20m 이내가 되도록 배치하며 화재에 맞는 용도의 소화기를 사용해야 한다.

① 소방대상물의 각 부분에서 보행거리가 20m 이내(대형 소화기는 30m 이내)가 되도록 배치한다.

② 소화기는 바닥에서 1.5m 이내에 배치한다.

2) 옥내소화전설비

옥내소화전설비는 건물 내에 설치하는 고정식 소화설비로 건물 내에 있는 사람이 화재를 초기에 진압할 목적으로 쓰인다.

(1) 소화원리

복도 등에 설치된 소화호스를 화재 시 사람이 수동으로 작동시켜 물을 분사하여 진화한다.

(2) 설치기준

① 표준방수압력 : 0.17MPa 이상

② 표준방수량 : 130L/min(20분 이상 방수)

③ 설치간격 : 각 층, 각 부분에서 소화전까지 수평거리는 25m 이내로 한다.

④ 수원의 수량 : $2.6m^3 \times N$(최고 2개로 하고, 2개 이상이면 2개로 가정)

⑤ 구경 : 노즐구경 13mm, 호스구경 40mm

⑥ 호스의 길이 : $15m \times 2$본

⑦ 소화펌프양수량(Q, L/min) : $150 \times N$(소화전 동시개구수)

⑧ 옥내소화전 개폐밸브는 바닥으로부터 1.5m 이하 설치

TIP

소화설비
화재 시 물과 소화약제를 분출하는 설비로 소방시설 설치 및 관리에 관한 법률과 화재안전기준의 규정에 맞춰 용량 및 규격을 결정하여야 한다.

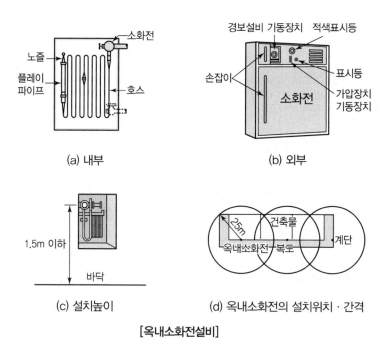

(a) 내부   (b) 외부

(c) 설치높이   (d) 옥내소화전의 설치위치 · 간격

[옥내소화전설비]

TIP

옥외소화전설비 수원의 저수량 산출(Q)

$Q = 350\text{L/min} \times 20\text{min}$
$\quad\quad \times$ 설치개수(N)
$\quad = 7{,}000\text{L} \times$ 설치개수(N)
$\quad = 7\text{m}^3 \times$ 설치개수(N)

여기서, N은 최대 2개이다.

3) 옥외소화전설비

대규모 건물의 화재 시 건물 외부에서 물을 방사하여 소화하는 것으로, 주로 건물 1, 2층의 화재 진압을 목적으로 하는 설비이다.

(1) **표준방수압력** : 0.25MPa 이상

(2) **표준방수량** : 350L/min(20분간 방수 필요)

(3) **설치간격** : 건물 각 부분에서 소화전까지 수평거리는 40m 이내로 한다.

(4) **수원의 저수량(Q)** : 7m³ × N(최고 2개로 하고, 2개 이상이면 2개로 가정)

(5) **호스의 구경** : 65mm

4) 스프링클러(Sprinkler)설비

화재 시 열이 헤드에 전달되면 72℃ 내외에서 용융편이 자동적으로 녹음과 동시에 물을 분출시켜 소화하며, 초기 화재 시 97% 이상을 진화시키는 자동소화설비이다.

(1) 스프링클러설비의 계통흐름

| 주배관 | 각 층을 수직으로 관통하는 수직배관 |

→ | 교차배관 | 수직배관을 통하여 가지배관의 물을 공급하는 배관 |

→ | 가지배관 | 스프링클러헤드가 설치되어 있는 배관 |

→ | 스프링클러헤드 | 물의 분사 : 물분사 시 세분하는 역할은 헤드 내 디플렉터에서 진행 |

(2) 특징

① 초기 화재의 소화율이 높다(97%).

② 자동소화설비이며, 경보의 기능을 가진다.

③ 소화 후 복구가 용이하다.

④ 소화 후 제어밸브를 잠가야 한다.

⑤ 용융편의 용융온도는 72℃ 이상이다.

⑥ 고층건물과 지하층, 무창층 등 소방차 진입이 곤란한 곳에 적당하다.

(3) 스프링클러설비의 종류

① **폐쇄형** : 헤드끝이 막혀 있고 배관 내에는 항상 물이나 압축공기가 차 있어 용융편이 높으면 곧바로 방사된다(화재열에 의해 스프링클러헤드가 자동적으로 개구되어 방수하는 방식).

　㉠ 습식

　　• 수원에서 헤드까지 전배관에 물이 항상 채워져 있어 화재가 발생하여 용융편이 녹자마자 곧바로 살수가 가능하다.

　　• 동파 및 누수의 우려가 있다(겨울에는 얼지 않도록 보온이 요구).

　㉡ 건식 : 관 내에 공기가 채워져 있다가 화재 시 공기가 빠지고 살수된다.

② **개방형**

　㉠ 폐쇄형 스프링클러로는 효과가 없거나 접근이 어려운 장소에 적용한다(천장이 높은 무대 위나 공장, 창고, 위험물저장소 등에서 수동으로 작동시키는 방식).

　㉡ 개방된 헤드를 설치하고 감지용 스프링클러헤드에 의해 작동시키거나 또는 소방차 송수구와 연결하여 소화하는 방식이다.

(4) 스프링클러헤드의 구조

스프링클러헤드는 프레임, 반사판(디플렉터), 용융편, 레버 등으로 구성되어 있다.

① **용융편** : 용융온도 72℃ 내외

② **디플렉터(Deflector)** : 방수구에서 물을 세분화시키는 작용

(5) 기준

① 헤드방수입력 : 0.1MPa 이상

② 표준방수량 : 80L/min(20분간 방수 필요)

③ 헤드 1개의 소화면적 : 10m²

④ 지관 1개에 설치하는 헤드수 : 8개 이하

⑤ 수원수량 : 80L/min × 20분 × 헤드 10개(11층 이상은 30개)

TIP

스프링클러는 초기화재 진화를 위하여 사용되는 설비로서, 헤드마다 분당 80L의 물을 20분간 분사할 수 있는 수원을 확보하고 있어야 한다.

※ 병원의 입원실에는 조기반응형 스프링클러헤드를 설치하여야 한다.

(6) 설치간격

건물의 구조	반경(m)	헤드 간의 간격(m)	방호면적(m²)
극장, 준위험물, 특별가연물	1.7	2.4	5.78
준내화건축	2.1	3.0	8.76
내화건축	2.3	3.2	10.56

(7) 용도별 스프링클러헤드 설치기준개수

용도	설치개수
아파트	10개
판매시설, 복합상가 및 11층 이상인 소방대상물	30개

5) 드렌처(Drencher)설비

건축물의 창, 외벽, 지붕 등에 노즐을 설치하여 인접건물 화재 시 노즐에서의 방수로 인해 수막(Water Curtain)을 형성하여 인접건물 화재 시 자기건물로의 화재의 확산을 방지하는 설비이다.

(1) 헤드설치간격 : 수평거리 2.5m, 수직거리 4m 이하
(2) 헤드방수압력 : 0.1MPa 이상
(3) 수원수량 : 80L/min × 20분 × N

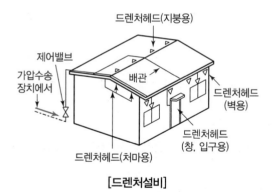

[드렌처설비]

3. 경보설비

1) 경보설비의 목적 및 종류

(1) 목적

경보설비는 화재에 의해서 생기는 인적, 물적 피해를 최소화하기 위해 화재 초기에 화재 발생사항을 발견하여 신속하게 피난할 수 있도록 조치하고, 소방기관에 통보할 수 있게 하는 설비이다.

(2) 종류

자동화재탐지설비, 전기화재경보기, 자동화재속보설비, 비상경보설비 등

2) 경보설비의 주요 구성 기기

(1) 자동화재탐지기

① 열감지기

⊙ 정온식 : 주변온도가 일정 온도에 도달하였을 때 감지한다.

ⓛ 차동식 : 주변온도의 일정한 온도 상승에 의해 감지한다.

ⓒ 보상식 : 정온식과 차동식의 성능을 가진 열감지기이다.

② 연기감지기

⊙ 광전식 : 연기에 의해 반응하는 것으로 광전효과를 이용하여 감지한다.

ⓛ 이온화식 : 연기에 의해 이온농도가 변화되는 것으로 감지한다.

핵심 문제 28 ◆◆◆

다음의 자동화재탐지설비의 감지기 중 연기감지기에 속하는 것은?

① 광전식   ② 보상식
③ 차동식   ④ 정온식

해설

보상식, 차동식, 정온식은 열감지기이다.

정답 ①

(2) 수신기

① **목적** : 수신기는 감지기 또는 발신기에서 보내온 신호를 수신하여 화재의 발생을 당해 건물의 관계자에게 램프표시 및 음향장치 등으로 알려주는 것이다.

② **종류** : P형(1급, 2급), R형, M형

(3) 발신기

발신기는 감지기의 동작 이전에 화재의 발생을 발견한 사람이 발신기의 단추를 눌러서 화재 발생을 수신기에 전달하여 관계자에게 통보하는 것이다.

(4) 음향장치

① 음향장치는 감지기에 의해서 화재의 발생을 발견하면 벨 또는 사이렌 등으로 경종을 울리는 설비이다.

② 음량은 설치위치의 중심으로부터 1m 떨어진 위치에서 90폰(Phon) 이상이고, 층마다 그 층의 각 부분으로부터 하나의 음향장치까지의 수평거리는 25m 이하가 되도록 설치한다.

4. 소화활동설비

1) 소화활동설비의 목적 및 종류

(1) 목적

소화활동설비는 소방차 및 소방대원이 본격적으로 화재의 진압을 위해 필요한 소방설비이다.

※ 시각경보장치
자동화재탐지설비에서 발하는 화재신호를 시각경보기에 전달하여 청각장애인에게 점멸형태의 시각경보를 하는 것을 말한다.

(2) 종류

배연설비, 연결살수설비, 연결송수관설비, 비상콘센트 등

2) 연결송수관설비(Siamese Connection)

(1) 목적

고층건물의 화재 시 소방차에 연결하여 소방차의 물을 건물 내로 공급하는 설비이다.

(2) 설치기준

① 방수구의 방수압력 : 0.35MPa 이상

② 표준방수량 : 450L/min

③ 방수구 설치 : 3층 이상의 계단실, 비상승강기의 로비 부근 등에 방수구를 중심으로 50m 이내(방수구는 개폐기능을 가진 것으로 설치하여야 하며, 평상시 닫힌 상태로 유지)

④ 송수구, 방수구 구경 : 65mm(송수구는 연결송수관의 수직배관마다 1개 이상을 설치)

⑤ 수직주관 구경 : 100mm

⑥ 설치기준 : 7층 이상의 건축물 또는 5층 이상의 연면적 6,000m² 이상의 건물에 설치

⑦ 설치높이 : 바닥으로부터 0.5~1m

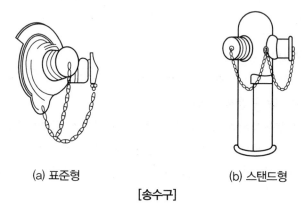

(a) 표준형   (b) 스탠드형

[송수구]

3) 연결살수설비

(1) 목적

화재 시 유독가스와 연기 때문에, 소방관의 진입이 어려운 지하층 등에서 스프링클러와 유사한 개방형 헤드를 설치하고 소방대 전용 송수구를 통해 실내로 물을 공급, 살수하여 화재를 진압하는 설비이다.

(2) 설치기준

① 소방펌프 자동차가 쉽게 접근할 수 있고 노출된 장소에 설치해야 한다.

② 송수구 구경 : 65mm 쌍구형(단, 살수헤드의 수가 10개 이하인 것은 단구형의 것으로 할 수 있음)

③ 헤드의 유효반경 : 3.7m 이하

4) 비상콘센트설비

(1) 목적

소방관이 화재 진압을 위해 실내로 진입할 경우, 소화활동에 필요한 전기를 공급(조명 등)하기 위해 설치되는 콘센트설비이다.

(2) 설치대상

① 지하층을 포함하는 층수가 11층 이상인 소방대상물의 11층 이상의 층

② 지하 3층 이상이고 지하층의 바닥면적의 합계가 1,000m² 이상인 지하층의 전층

(3) 설치기준

① 11층 이상의 층마다 어느 부분에서도 1개의 비상콘센트까지의 수평거리(유효반경)는 50m 이하로 한다.

② 바닥면에서 0.8~1.5m의 높이에 설치한다.

③ 1회선에 접속되는 콘센트의 수는 10개 이하로 한다.

④ 아파트 또는 바닥면적이 1,000m² 미만인 층 : 계단의 출입구로부터 5m 이내에 설치

⑤ 바닥면적 1,000m² 이상인 층(아파트 제외) : 계단의 출입구 또는 계단부속실의 출입구로부터 5m 이내에 설치

5) 제연설비

제연설비는 연기를 제거시켜 피난과 소화활동을 원활하게 할 수 있도록 하는 설비이다.

5. 피난구조시설 및 소화용수설비

1) 피난구조시설의 목적 및 종류

(1) 목적

피난구조시설은 화재 발생 시 인명의 피난을 위한 설비이다.

✖ 연결살수설비에서의 송수구
소화설비에 소화용수를 보급하기 위하여 건물 외벽 또는 구조물에 설치하는 관을 말한다.

▶TIP

비상콘센트 보호함
비상콘센트를 보호하기 위하여 비상콘센트 보호함을 다음의 기준에 따라 설치하여야 한다.
• 보호함에는 쉽게 개폐할 수 있는 문을 설치할 것
• 보호함 표면에 "비상콘센트"라고 표시한 표지를 할 것
• 보호함 상부에 적색의 표시등을 설치할 것. 다만, 비상콘센트의 보호함을 옥내소화전함 등과 접속하여 설치하는 경우에는 옥내소화전함 등의 표시등과 겸용할 수 있다.

(2) 종류

미끄럼대, 피난사다리, 완강기, 유도등, 유도표지, 비상조명등 등

2) 소화용수설비의 목적 및 종류

(1) 목적

소화용수설비는 화재 진압을 위해 물을 공급하는 역할을 한다.

(2) 종류

소화수조, 상하수도소화용수설비 등

실 / 전 / 문 / 제

01 건축물의 급수방식에 관한 설명으로 옳지 않은 것은? [예상문제]

① 수도직결방식은 급수오염의 가능성이 가장 작다.

② 펌프직송방식은 고가수조를 설치할 필요가 없다.

③ 고가수조방식은 일정 지점에서의 공급압력이 일정하다.

④ 압력수조방식은 고압의 급수압을 일정하게 유지할 수 있다.

압력수조방식은 고압의 급수압을 얻을 수 있지만, 급수압의 변동이 발생한다. **답** ④

02 다음의 건물 급수방식 중 수질오염의 가능성이 가장 큰 것은? [23년 2회]

① 수도직결방식   ② 압력탱크방식

③ 고가탱크방식   ④ 펌프직송방식

고가탱크방식은 건물 옥상부분에 물을 채워 놓기 때문에 해당 물탱크에 이물의 유입 등이 일어날 수 있어 급수방식 중 수질오염 가능성이 가장 큰 방식이다. **답** ③

03 개별급탕방식에 관한 설명으로 옳지 않은 것은? [23년 3회]

① 배관의 열손실이 적다.

② 시설비가 비교적 싸다.

③ 규모가 큰 건축물에 유리하다.

④ 높은 온도의 물을 수시로 얻을 수 있다.

규모가 큰 건축물에는 중앙식 급탕방식이 유리하다. **답** ③

04 급탕설비에 관한 설명으로 옳은 것은? [예상문제]

① 중앙식 급탕방식은 소규모 건물에 유리하다.

② 개별식 급탕방식은 가열기의 설치공간이 필요 없다.

③ 중앙식 급탕방식의 간접가열식은 소규모 건물에 주로 사용된다.

④ 중앙식 급탕방식의 직접가열식은 보일러 안에 스케일 부착의 우려가 있다.

① 중앙식 급탕방식은 대규모 건물에 유리하다.

② 개별식 급탕방식은 가열기의 설치공간이 필요하다.

③ 중앙식 급탕방식의 간접가열식은 대규모 건물에 주로 사용된다. **답** ④

우수관과 오수관이 통합될 경우 비가 많이 오게 되면 오수가 역류될 수 있어, 우수관과 오수관은 별도 설치하여야 한다.

답 ③

05 급수 · 배수 등의 용도를 위하여 건축물에 설치하는 배관설비의 설치 및 구조에 관한 기준으로 옳지 않은 것은? [19년 2회]

① 배관설비의 오수에 접하는 부분은 내수재료를 사용할 것

② 지하실 등 공공하수도로 자연배수를 할 수 없는 곳에는 배수용량에 맞는 강제배수시설을 설치할 것

③ 우수관과 오수관은 통합하여 배관할 것

④ 콘크리트구조체를 관통할 경우에는 구조체에 덧관을 미리 매설하는 등 배관의 부식을 방지하고 그 수선 및 교체가 용이하도록 할 것

트랩은 배수능력의 촉진보다 봉수를 담아 악취의 역류를 막는 등의 역할을 한다.

답 ①

06 배수트랩에 관한 설명으로 옳지 않은 것은? [예상문제]

① 트랩은 배수능력을 촉진시킨다.

② 관트랩에는 P트랩, S트랩, U트랩 등이 있다.

③ 트랩은 기구에 가능한 한 근접하여 설치하는 것이 좋다.

④ 트랩의 유효봉수깊이가 너무 낮으면 봉수가 손실되기 쉽다.

그리스포집기(Grease Trap)
주방 등에서 기름기가 많은 배수로부터 기름기를 제거, 분리하는 장치이다.

답 ③

07 호텔의 주방이나 레스토랑의 주방에서 배출되는 배수 중의 유지분을 포집하기 위하여 사용되는 포집기는? [예상문제]

① 헤어포집기

② 오일포집기

③ 그리스포집기

④ 플라스터포집기

신축을 흡수하는 것은 통기관이 아닌 신축이음쇠(Expansion Joint)이다. 단, 배수관에서는 특별한 사유가 없는 한 신축이음쇠가 설치되지 않는다. 신축이음쇠는 주로 배관 내에 높은 온도의 유체가 흘러갈 때 신축을 흡수하기 위해 사용되므로 급탕이나 온수배관에 주로 적용한다.

답 ②

08 다음 중 배수관에 통기관을 설치하는 목적과 가장 거리가 먼 것은? [예상문제]

① 트랩의 봉수를 보호한다.

② 배수관의 신축을 흡수한다.

③ 배수관 내 기압을 일정하게 유지한다.

④ 배수관 내의 배수흐름을 원활히 한다.

09 다음 설명에 알맞은 대변기의 세정방식은? [예상문제]

> 바닥으로부터 1.6m 이상 높은 위치에 탱크를 설치하고, 볼탭을 통하여 공급된 일정량의 물을 저장하고 있다가 핸들 또는 레버의 조작으로 낙차에 의한 수압으로 대변기를 세정하는 방식

① 세출식
② 세락식
③ 로탱크식
④ 하이탱크식

하이탱크식은 높은 위치에서 물을 공급하여, 물의 위치에너지를 이용한 세정방식이다. **답** ④

10 플러시밸브식 대변기에 관한 설명으로 옳지 않은 것은? [예상문제]

① 대변기의 연속 사용이 가능하다.
② 일반가정용으로 주로 사용된다.
③ 세정음은 유수음도 포함되기 때문에 소음이 크다.
④ 로탱크식에 비해 화장실을 넓게 사용할 수 있다는 장점이 있다.

플러시밸브식 대변기는 적정 압력의 급수압이 필요하고, 소음 등이 커서 일반가정용에 적용하기에는 무리가 있다. **답** ②

11 간접배수를 하여야 하는 기기 및 장치에 속하지 않는 것은? [예상문제]

① 제빙기
② 세탁기
③ 세면기
④ 식기세정기

간접배수는 배수가 역류할 경우 위생상 우려가 되는 곳에 역류를 방지하기 위해 적용되는 것으로서 세탁물 등을 다루는 세탁기 등에 사용되고 있다. 세면기는 역류하더라도 식기세척기 등과 같이 위생상 큰 문제가 발생하는 곳이 아니므로 직접배수 방식을 채택한다. **답** ③

12 다음의 공기조화방식 중 전공기방식에 속하지 않는 것은? [예상문제]

① 단일덕트방식
② 2중덕트방식
③ 팬코일유닛방식
④ 멀티존유닛방식

팬코일유닛방식은 전수방식에 속한다. **답** ③

13 공기조화방식 중 전공기방식에 관한 설명으로 옳지 않은 것은? [예상문제]

① 덕트 스페이스가 필요 없다.
② 중간기에 외기냉방이 가능하다.
③ 실내 유효 스페이스를 넓힐 수 있다.
④ 실내에 배관으로 인한 누수의 염려가 없다.

전공기방식은 공기를 열매로 쓰는 공조방식으로, 열매인 공기는 덕트를 통해 실내로 반송(이동)된다. **답** ①

14 다음의 공기조화방식 중 부하특성이 다른 여러 개의 실이나 존이 있는 건물에 적용이 가장 곤란한 것은? [예상문제]

① 이중덕트방식　　　　　　　② 팬코일유닛방식

③ 단일덕트 정풍량방식　　　　④ 단일덕트 변풍량방식

15 대류난방과 바닥 복사난방의 비교 설명으로 옳지 않은 것은? [예상문제]

① 예열시간은 대류난방이 짧다.

② 실내 상하 온도차는 바닥 복사난방이 작다.

③ 거주자의 쾌적성은 대류난방이 우수하다.

④ 바닥 복사난방은 난방코일의 고장 시 수리가 어렵다.

16 전기설비용 시설공간(실)에 관한 설명으로 옳지 않은 것은? [예상문제]

① 변전실은 부하의 중심에 설치한다.

② 발전기실은 변전실에서 멀리 떨어진 곳에 설치한다.

③ 중앙감시실은 일반적으로 방재센터와 겸하도록 한다.

④ 전기샤프트는 각 층에서 가능한 한 공급대상의 중심에 위치하도록 한다.

17 소방시설법령에 따른 소방시설의 분류명칭에 해당되지 않는 것은? [19년 2회]

① 소화설비　　　　　　　　　② 급수설비

③ 소화활동설비　　　　　　　④ 소화용수설비

18 경보설비의 종류가 아닌 것은? [19년 1회]

① 누전경보기　　　　　　　　② 자동화재탐지설비

③ 비상방송설비　　　　　　　④ 무선통신보조설비

19 다음 소방시설 중 소화설비에 해당되지 않는 것은? [18년 2회]

① 연결살수설비　　　　　　　② 스프링클러설비

③ 옥외소화전설비　　　　　　④ 소화기구

20 다음 소방시설 중 소화설비에 속하지 않는 것은? [18년 1회]

① 상수도소화용수설비 　　② 소화기구

③ 옥내소화전설비 　　④ 스프링클러설비

상수도소화용수설비는 소화용수설비에 속한다. 🔒 ①

21 소화활동설비에 해당되는 것은? [18년 3회]

① 스프링클러설비 　　② 자동화재탐지설비

③ 상수도소화용수설비 　　④ 연결송수관설비

① 소화설비
② 경보설비
③ 소화용수설비 🔒 ④

22 소방시설의 종류 중 피난설비에 해당하는 것은? [예상문제]

① 비상조명등 　　② 자동화재속보설비

③ 가스누설경보기 　　④ 무선통신보조설비

②, ③ 경보설비
④ 소화활동설비 🔒 ①

23 다음 중 소화설비에 해당하지 않는 것은? [20년 1·2회]

① 자동소화장치 　　② 스프링클러설비

③ 물분무소화설비 　　④ 자동화재속보설비

자동화재속보설비는 경보설비에 해당한다. 🔒 ④

24 소방시설의 종류가 잘못 짝지어진 것은? [예상문제]

① 소화활동설비 – 방열복

② 소화용수설비 – 소화수조

③ 소화설비 – 자동소화장치

④ 경보설비 – 비상방송설비

방열복은 인명구조기구로 피난구조설비에 속한다. 🔒 ①

25 다음의 자동화재탐지설비의 감지기 중 연기감지기에 속하는 것은? [예상문제]

① 광전식

② 보상식

③ 차동식

④ 정온식

광전식
• 광전효과를 이용, 소량의 연기에도 감지한다.
• 검지부에 들어가는 연기에 의해서 광전소자의 입사광량의 변화를 감지한다(연기에 의해 반응하는 것으로 광전효과를 이용하여 감지). 🔒 ①

실내건축
산업기사 필기

Ⅱ권 문제

예문사

CONTENTS • 목차

이 론
제 권

2 문제

제 권

PART 4

과년도 기출문제

PART 5

CBT 모의고사

20일 스터디 플랜

	Day-1	☐ 디자인요소, 디자인 원리, 공간 기본 구상
1과목 **실내디자인계획**	Day-2	☐ 실내디자인요소, 공간 기본 계획
	Day-3	☐ 색채구성, 색채 적용, 색채계획
	Day-4	☐ 가구 자료조사, 가구 적용 검토, 가구계획
	Day-5	☐ 실내건축설계 시각화 작업
2과목 **실내디자인 시공 및** **재료**	Day-6	☐ 목공사, 석공사, 조적공사
	Day-7	☐ 타일공사, 금속공사
	Day-8	☐ 창호 및 유리, 도장공사 및 미장공사
	Day-9	☐ 수장공사, 합성수지
	Day-10	☐ 시공관리계획, 구조체공사
	Day-11	☐ 실내디자인 협력공사
3과목 **실내디자인 환경**	Day-12	☐ 주변 환경 조사, 건축법령분석
	Day-13	☐ 소방시설 설치 및 관리에 관한 법령 분석
	Day-14	☐ 조명의 기초사항, 조명설계
	Day-15	☐ 위생설비계획, 공기조화설비계획
	Day-16	☐ 전기설비계획, 소방설비계획
기출문제	Day-17	☐ 2018년, 2019년 기출문제
	Day-18	☐ 2020년, 2021년 기출문제
	Day-19	☐ 2022년, 2023년 기출문제
	Day-20	☐ 2024년 기출문제

과년도 기출문제

1과목 실내디자인론

01 다음 중 실내디자인의 조건과 가장 거리가 먼 것은?

① 기능적 조건
② 경험적 조건
③ 정서적 조건
④ 환경적 조건

[해설]

실내디자인의 조건
경제적 조건, 기능적 조건, 심미적 조건, 정서적 조건, 물리·환경적 조건, 창조적 조건

02 주택의 실구성 형식 중 LD형에 관한 설명으로 옳은 것은?

① 식사공간이 부엌과 다소 떨어져 있다.
② 이상적인 식사공간 분위기 조성이 용이하다.
③ 식당 기능만으로 할애된 독립된 공간을 구비한 형식이다.
④ 거실, 식탁, 부엌의 기능을 한곳에서 수행할 수 있도록 계획된 형식이다.

[해설]

②는 다이닝키친(DK), ③은 독립형 식당, ④는 리빙다이닝키친(LDK)에 대한 설명이다.

※ **리빙다이닝(LD : Living Dining)** : 거실에 식사공간을 배치한 형태로 가사노동 공간인 부엌과 다소 떨어져 있어 식사 도중 거실의 고유기능과 분리가 어렵다는 점이 있다.

03 상업공간의 동선계획에 관한 설명으로 옳지 않은 것은?

① 고객동선은 가능한 한 길게 배치하는 것이 좋다.
② 판매동선은 고객동선과 일치하도록 하며 길고 자연스럽게 구성한다.
③ 상업공간 계획 시 가장 우선순위는 고객의 동선을 원활히 처리하는 것이다.
④ 관리동선은 사무실을 중심으로 매장, 창고, 작업장 등이 최단거리로 연결되는 것이 이상적이다.

[해설]

판매동선
종업원의 피로도, 능률을 고려하여 최대한 짧은 것이 효과적이며 종업원동선과 고객동선은 교차하지 않도록 하고 교차부에는 카운터, 쇼케이스를 배치하는 것이 바람직하다.

04 실내디자인의 계획조건 중 외부적 조건에 속하지 않는 것은?

① 개구부의 위치와 치수
② 계획대상에 대한 교통수단
③ 소화설비의 위치와 방화구획
④ 실의 규모에 대한 사용자의 요구사항

[해설]

실내디자인의 외부적 조건
• 입지적 조건 : 계획대상에 대한 교통수단 등
• 건축적 조건 : 개구부의 위치와 치수 등
• 설비적 조건 : 소화설비의 위치와 방화구획 등
• 내부적 조건 : 실의 규모에 대한 사용자의 요구사항

정답   **01** ② **02** ① **03** ② **04** ④

05 다음 설명에 알맞은 조명의 연출기법은?

> 물체의 형상만을 강조하는 기법으로 시각적인 눈부심이 없고 물체의 형상은 강조되나 물체면의 세밀한 묘사는 할 수 없다.

① 스파클기법 ② 실루엣기법
③ 월워싱기법 ④ 글레이징기법

해설

조명의 연출기법
• 스파클기법 : 어두운 배경에서 광원의 흥미로운 반짝임(스파클)을 이용해 연출하는 기법이다. 호기심을 유발하나 장기간 사용 시 눈이 피로하고 불쾌감을 줄 수 있다.
• 월워싱기법 : 균일한 조도의 빛을 수직벽면에 빛으로 쓸어내리는 듯하게 비추는 기법으로 공간확대의 느낌을 주며 광원과 조명기구의 종류에 따라 어떤 건축화조명으로 처리하느냐에 따라 다양한 효과를 가질 수 있다.
• 글레이징기법 : 빛의 각도를 조절함으로써 마감의 재질감을 강조하는 기법으로 수직면과 평행한 조명을 벽에 비춤으로써 마감재의 질감을 효과적으로 연출하는 기법이다.

06 다음 중 단독주택에서 거실의 규모 결정 요소와 가장 거리가 먼 것은?

① 가족 수 ② 가족구성
③ 가구 배치형식 ④ 전체 주택의 규모

해설

거실의 규모 결정요소
가족 수, 가족구성, 전체 주택의 규모, 접객빈도 등에 따라 결정된다.

07 문(門)에 관한 설명으로 옳지 않은 것은?

① 문의 위치는 가구배치에 영향을 준다.
② 문의 위치는 공간에서의 동선을 결정한다.
③ 회전문은 출입하는 사람이 충돌할 위험이 없다는 장점이 있다.
④ 미닫이문은 문틀에 경첩을 부착한 것으로 개폐를 위한 면적이 필요하다.

해설

여닫이문 : 문틀에 경첩을 부착한 것으로 개폐를 위한 면적이 필요하다.

※ **미닫이문** : 상부나 바닥의 트랙으로 지지되며 문짝을 상하문틀에 홈을 파서 끼우거나 밑틀에 레일을 밀어서 문이 개폐되어 열리고 닫히는 문이다.

08 아일랜드형 부엌에 관한 설명으로 옳지 않은 것은?

① 부엌의 크기에 관계없이 적용이 용이하다.
② 개방성이 큰 만큼 부엌의 청결과 유지관리가 중요하다.
③ 가족 구성원 모두가 부엌일에 참여하는 것을 유도할 수 있다.
④ 부엌의 작업대가 식당이나 거실 등으로 개방된 형태의 부엌이다.

해설

아일랜드형은 대규모 부엌에 적용이 용이하다.

아일랜드형 부엌 : 작업대를 부엌의 중앙공간에 설치한 것으로 주로 개방된 공간의 오픈 시스템이다.

09 점에 관한 설명으로 옳지 않은 것은?

① 많은 점이 같은 조건으로 집결되면 평면감을 준다.
② 두 점의 크기가 같을 때 주의력은 균등하게 작용한다.
③ 하나의 점은 관찰자의 시선을 화면 안에 특정한 위치로 이끈다.
④ 모든 방향으로 펼쳐진 무한히 넓은 영역이며 면들의 교차에서 나타난다.

해설

점은 면과 선의 교차에서도 나타난다.

점 : 가장 단순하고 작은 시각적 요소로서 크기가 없고 위치만 있으며 정적이고 방향성이 없어 자기중심적이다.

정답 **05** ② **06** ③ **07** ④ **08** ① **09** ④

10 다음 설명에 알맞은 블라인드의 종류는?

> • 셰이드(Shade) 블라인드라고도 한다.
> • 천을 감아올려 높이 조절이 가능하며 칸막이나 스크린의 효과도 얻을 수 있다.

① 롤 블라인드
② 로만 블라인드
③ 베네시안 블라인드
④ 버티컬 블라인드

해설

블라인드의 종류
• 로만 블라인드 : 천의 내부에 설치된 체인에 의해 당겨져 아래가 접혀 올라가는 것으로 풍성한 느낌과 우아한 분위기를 조성할 수 있다.
• 베네시안 블라인드 : 수평블라인드로 날개 각도를 조절하여 일광, 조망 그리고 시각의 차단 정도를 조정할 수 있지만, 날개 사이에 먼지가 쌓이기 쉽다.
• 버티컬 블라인드 : 수직블라인드로 수직의 날개가 좌우로 동작이 가능하여 좌우 개폐 정도에 따라 일광, 조망의 차단 정도를 조절한다.

11 상점의 파사드(Facade) 구성요소에 속하지 않는 것은?

① 광고판
② 출입구
③ 쇼케이스
④ 쇼윈도

해설

파사드(Facade)
• 정의 : 상점의 출입구 및 홀의 입구부분을 포함한 평면적인 구성과 광고판, 사인(Sign)의 외부장치를 포함한 입체적인 구성요소의 총체를 의미한다.
• 파사드 구성요소 : 광고판, 출입구, 쇼윈도

12 주거공간의 주 행동에 따른 분류에 속하지 않는 것은?

① 개인공간
② 정적공간
③ 작업공간
④ 사회공간

해설

① 개인공간 : 서재, 침실, 자녀방, 노인방
③ 작업공간 : 주방, 세탁실, 가사실, 다용도실
④ 사회공간 : 거실, 응접실, 식사실

13 다음 설명에 알맞은 건축화조명의 종류는?

> 창이나 벽의 상부에 설치하는 방식으로 상향일 경우 천장에 반사하는 간접조명의 효과가 있으며, 하향일 경우 벽이나 커튼을 강조하는 역할을 한다.

① 광창조명
② 코퍼조명
③ 코니스조명
④ 밸런스조명

해설

건축화조명의 종류
• 광창조명 : 광원을 넓은 면적의 벽면 또는 천장에 매입하는 조명방식으로 비스타(Vista)적인 효과를 낼 수 있다.
• 코퍼(코브)조명 : 천장면을 사각형이나 원형으로 파내고 내부에 조명기구를 매립하는 방식이다(천장을 비추는 간접조명방식).
• 코니스조명 : 벽면의 상부에 위치하여 모든 빛이 아래로 직사하도록 하는 조명방식이다.

14 좁은 공간을 시각적으로 넓게 보이게 하는 방법에 관한 설명으로 옳지 않은 것은?

① 한쪽 벽면 전체에 거울을 부착시키면 공간이 넓게 보인다.
② 가구의 높이를 일정 높이 이하로 낮추면 공간이 넓게 보인다.
③ 어둡고 따뜻한 색으로 공간을 구성하면 공간이 넓게 보인다.
④ 한정되고 좁은 공간에 소규모의 가구를 놓으면 시각적으로 넓게 보인다.

해설

③ 밝고 따뜻한 색으로 공간을 구성하면 공간이 넓게 보인다.

정답 **10** ① **11** ③ **12** ② **13** ④ **14** ③

15 스툴(Stool)의 종류 중 편안한 휴식을 위해 발을 올려놓는 데 사용되는 것은?

① 세티   ② 오토만

③ 카우치   ④ 이지체어

해설

오토만
등받이와 팔걸이가 없는 형태의 발을 올려놓는 보조의자이다.

16 천장고와 층고에 관한 설명으로 옳은 것은?

① 천장고는 한 층의 높이를 말한다.

② 일반적으로 천장고는 층고보다 작다.

③ 한 층의 천장고는 어디서나 동일하다.

④ 천장고와 층고는 항상 동일한 의미로 사용된다.

해설

천장고와 층고
• 천장고 : 해당 층 바닥마감에서 해당 층 천장마감면까지의 높이로, 천장의 형태에 따라 달라진다.
• 층고 : 해당 층 바닥 슬래브에서 상부 층 바닥슬래브까지의 높이이다.

17 비정형 균형에 관한 설명으로 옳지 않은 것은?

① 능동의 균형, 비대칭 균형이라고도 한다.

② 대칭 균형보다 자연스러우며 풍부한 개성을 표현할 수 있다.

③ 가장 온전한 균형의 상태로 공간에 질서를 주기가 용이하다.

④ 물리적으로는 불균형이지만 시각상 힘의 정도에 의해 균형을 이루는 것을 말한다.

해설

대칭적 균형
가장 온전한 균형의 상태로 공간에 질서를 주기가 용이하다.

18 '루빈의 항아리'와 가장 관련이 깊은 형태의 지각 심리는?

① 그룹핑 법칙   ② 역리도형 착시

③ 형과 배경의 법칙   ④ 프래그넌츠의 법칙

해설

루빈의 항아리(도형과 배경의 법칙, 반전도형)
서로 근접하는 두 가지의 영역이 동시에 도형으로 되어, 자극조건을 충족시키고 있는 경우 어느 쪽 하나는 도형이 되고 다른 것은 바탕으로 보인다.

19 오피스 랜드스케이프에 관한 설명으로 옳지 않은 것은?

① 독립성과 쾌적감의 이점이 있다.

② 밀접한 팀워크가 필요할 때 유리하다.

③ 유효면적이 크므로 그만큼 경제적이다.

④ 작업패턴의 변화에 따른 조절이 가능하다.

해설

독립성 확보가 어렵고 개방식 평면형의 한 형태이다.

오피스 랜드스케이프(Office Landscape) : 개방적인 시스템으로 고정적인 칸막이벽을 줄이고 파티션, 가구 등을 활용하여 공간을 구분하며 가구의 변화, 직원의 증감에 대응하도록 융통성 있게 계획한다.

20 다음 설명에 알맞은 사무소 건축의 구성 요소는?

> 고대 로마 건축의 실내에 설치된 넓은 마당 또는 주위에 건물이 둘러 있는 안마당을 뜻하며 현대 건축에서는 이를 실내화한 것을 말한다.

① 몰(Mall)

② 코어(Core)

③ 아트리움(Atrium)

④ 랜드스케이프(Landscape)

아트리움(Atrium)

사무소 아트리움 공간은 내외부 공간의 중간영역으로서 개방감을 확보하고 외부의 자연 요소를 실내로 도입할 수 있도록 계획한다. 특히, 아트리움은 휴게공간으로 중앙홀을 활용하여 휴식 및 소통의 공간으로 활용한다.

2과목 색채 및 인간공학

21 원래의 감각과 반대의 밝기 또는 색상을 가지는 잔상은?

① 정의 잔상
② 양성적 잔상
③ 음성적 잔상
④ 명도적 잔상

잔상

• 음성잔상 : 어떤 색을 응시하다가 눈을 옮기면 먼저 본 색의 반대색이 잔상으로 생긴다.
• 양성잔상 : 원래 자극과 색상이나 밝기가 같은 잔상을 말하며 부의 잔상보다 오래 지속된다(TV, 영화, 횃불이나 성냥불을 돌릴 때).

22 인간공학에 관한 설명으로 가장 거리가 먼 것은?

① 단일 학문으로서 깊이 있는 분야이므로 다른 학문과는 관련지을 수 없는 독립된 분야이다.
② 체계적으로 인간의 특성에 관한 정보를 연구하고 이들의 정보를 제품 및 환경설계에 이용하고자 노력하는 학문이다.
③ 인간이 사용하는 제품이나 환경을 설계하는 데 인간의 생리적, 심리적인 면에서의 특징이나 한계점을 체계적으로 응용한다.
④ 인간이 사용하는 제품이나 환경을 설계하는 데 인간의 특성에 관한 정보를 응용함으로써 안전성, 효율성을 제고하고자 하는 학문이다.

인간공학은 단일 학문으로서 깊이 있는 분야이므로 다른 학문과 관련지을 수 있는 분야이다.

인간공학

• 작업환경에서 작업자의 신체적 특성이나 행동하는 데 받는 제약조건 등이 고려된 시스템을 디자인한다.
• 인간과 기계 및 작업환경과의 조화가 잘 이루어질 수 있도록 작업자의 안전, 작업능률을 향상시키기 위한 학문이다.
• 인간과 그 대상이 되는 환경요소에 관련된 학문을 연구하여 인간과의 적합성을 연구해 나간다.

23 그림과 같은 인간 – 기계 시스템의 정보 흐름에 있어 빈칸의 (a)와 (b)에 들어갈 용어로 맞는 것은?

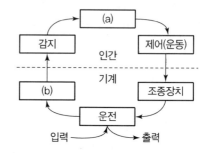

① (a) 표시장치, (b) 정보처리
② (a) 의사결정, (b) 정보저장
③ (a) 표시장치, (b) 의사결정
④ (a) 정보처리, (b) 표시장치

인간 – 기계 시스템의 기본기능

정보입력 – 감지(정보수용) – 정보처리 및 의사결정 – 행동기능(신체제어 및 통신) – 출력

24 표시장치를 디자인할 때 고려해야 할 내용으로 틀린 것은?

① 지시가 변한 것을 쉽게 발견해야 한다.
② 계기는 요구된 방법으로 빨리 읽을 수 있어야 한다.
③ 그 계기는 다른 계기와 동일한 모양이어야 한다.

---

④ 제어의 움직임과 계기의 움직임이 직관적으로 알 수 있어야 한다.

해설

표시장치의 계기는 다른 계기와 동일하지 않은 모양이어야 한다.

25 인간의 청각을 고려한 신호 표현을 구상할 때의 내용으로 틀린 것은?

① 청각으로 과부하되지 않게 한다.
② 지나치게 고강도의 신호를 피한다.
③ 지속적인 신호로 인지할 수 있게 한다.
④ 주변 소음 수준에 상대적인 세기로 설정한다.

해설

신호는 최소한 0.5~1초 동안 지속시켜야 한다.

26 피로조사의 목적과 가장 거리가 먼 것은?

① 작업자의 건강관리
② 작업자 능력의 우열평가
③ 작업조건, 근무제의 개선
④ 노동부담의 평가와 적정화

해설

피로조사의 목적
작업자의 건강관리, 작업조건 근무제의 개선, 노동부담의 평가와 적정화, 작업능률향상 등이 포함된다.

27 일반적으로 관찰되는 인체 측정자료의 분포곡선으로 맞는 것은?

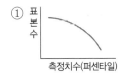 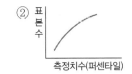

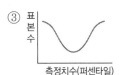 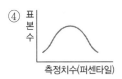

해설

분포곡선
우리 주위에 있는 여러 가지 데이터들의 분포를 그려 놓은 곡선을 말하며 평균을 중심으로 좌우대칭이며 종 모양을 나타낸다. 특히, 각진 부분이 하나 없이 깔끔한 곡선 형태를 취한다.

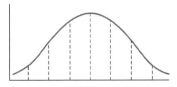

28 음압수준(Sound Pressure Level)을 산출하는 식으로 맞는 것은?(단, P_0은 기준음압, P_1은 주어진 음압을 의미한다)

① $dB \; 수준 = 10\log\left(\dfrac{P_1}{P_0}\right)$

② $dB \; 수준 = 20\log\left(\dfrac{P_1}{P_0}\right)$

③ $dB \; 수준 = 10\log\left(\dfrac{P_1}{P_0}\right)^3$

④ $dB \; 수준 = 20\log\left(\dfrac{P_1}{P_0}\right)^3$

해설

음압수준(Sound Pressure Level)

$SPL(dB) = 20\log\left(\dfrac{P_1}{P_0}\right)$

　　여기서, P_1 : 음압　P_0 : 퓨쥬치(1,000Hz 순음이 가청 치소음압)

$dB \; 수준 = 20\log\left(\dfrac{P_1}{P_0}\right)$

29 단위시간에 어떤 방향으로 발산되고 있는 빛의 양은?

① 광도
② 광량
③ 광속
④ 휘도

해설

① 광도 : 광원에서 어느 방향으로 나오는 빛의 세기를 나타내는 양으로 cd(candela)를 사용한다.
③ 광속 : 단위면적당 단위시간에 통과하는 빛의 양으로 단위는 lm(lumen)을 사용한다.
④ 휘도 : 빛이 어떤 물체에 반사되어 나온 양으로 L(lambert)를 사용한다.

30 인간이 수행하는 작업의 노동 강도를 나타내는 것은?

① 인간생산성
② 에너지 소비량
③ 기초대사율
④ 노동능력 대사율

해설

신체활동의 에너지 소비량
걷기, 뛰기와 같은 신체적 운동에서는 동작속도가 증가하면 에너지 소비량은 더 빨리 증가한다.

※ 에너지 소비량 : 주어진 조건상태에서 특정 작업을 하는 데 소요되는 에너지를 말한다. 작업효율은 에너지 소비량에 반비례하며 신체활동에 따른 에너지 소비량에는 개인차가 있다.

31 색채조화이론에서 보색조화와 유사색조화 이론과 관계있는 사람은?

① 슈브뢸(M. E. Chevreul)
② 베졸드(Bezold)
③ 브뤼케(Brucke)
④ 럼포드(Rumford)

해설

슈브뢸의 색채조화론
1839년에 《색채조화와 대비의 원리》라는 책을 통해 유사와 대조의 조화를 분류하여 설명하였다. 특히, 색의 3속성에 근거하여 유사성과 대비성의 관계에서 색채조화원리를 규명하였고, 등간격 3색의 인접색의 조화, 반대색의 조화, 근접보색의 조화를 설명하였다.

32 색의 요소 중 시각적인 감각이 가장 예민한 것은?

① 색상
② 명도
③ 채도
④ 순도

해설

명도
빛의 밝기(명도)로 지각하는 것으로 인간의 눈은 명도에 대한 감각이 가장 예민하다.

33 1950년에 색상, 명도, 채도의 3속성에 기반한 색채분류 척도를 고안한 미국의 화가이자 미술 교사였던 사람은?

① 오스트발트
② 헤링
③ 먼셀
④ 저드

해설

먼셀(Munsell)
미국의 화가이며 색채연구가로, 색의 3속성인 색상, 명도, 채도를 척도로 체계화한 먼셀 표색계를 발표하였다.

34 다음 이미지 중에서 주로 명도와 가장 상관관계가 높은 것은?

① 온도감
② 중량감
③ 강약감
④ 경연감

해설

중량감
색의 무겁고 가벼운 느낌으로 명도에 의한 영향이 가장 크며 명도가 높을수록 가볍게 느껴지고, 낮을수록 무겁게 느껴진다.

35 KS(한국산업표준)의 색명에 대한 설명이 틀린 것은?

① KS A 0011에 명시되어 있다.

② 색명은 계통색명만 사용한다.

③ 유채색의 기본색이름은 빨강, 주황, 노랑, 연두, 초록, 청록, 파랑, 남색, 보라, 자주, 분홍, 갈색이다.

④ 계통색명은 무채색과 유채색 이름으로 구분한다.

② KS(한국산업표준)의 색명은 기본색명만 사용한다. 그 외는 관용색명, 일반색명(계통색명)이 있다.

기본색명 : 한국산업규격(KS A 0011)에서 먼셀 표색계를 기본으로 2003년 색이름 표준규격 개정안을 지정해 유채색 기본색명 12개(빨강, 주황, 노랑, 연두, 초록, 청록, 파랑, 남색, 보라, 자주, 분홍, 갈색)와 무채색 3개(하양, 회색, 검정)를 기본색명으로 규정하고 있다.

36 색의 온도감에 대한 설명 중 틀린 것은?

① 색의 온도감은 대상에 대한 연상작용과 관계가 있다.

② 난색은 일반적으로 포근, 유쾌, 만족감을 느끼게 하는 색채이다.

③ 녹색, 자색, 적자색, 청자색 등은 중성색이다.

④ 한색은 일반적으로 수축, 후퇴의 성질을 가지고 있다.

색의 온도감
- 난색 : 따뜻한 느낌의 색으로 저명도 장파장인 빨간색 · 주황색 · 황색 등의 색상들로서 팽창 · 진출성이 있다.
- 한색 : 차가운 느낌의 색으로 고명도, 단파장의 색인 파란색 계열 청록색 등의 색상으로서 수축 · 후퇴성이 있다.
- 중성색 : 중성적인 느낌의 색으로 녹색, 자주색, 황록색 등이 있다.

37 제품색채 설계 시 고려해야 할 사항으로 옳은 것은?

① 내용물의 특성을 고려하여 정확하고 효과적인 제품 색채 설계를 해야 한다.

② 전달되는 표면색채의 질감 및 마감처리에 의한 색채 정보는 고려하지 않아도 된다.

③ 상징적 심벌은 동양이나 서양이나 반드시 유사하므로 단일 색채를 설계해도 무방하다.

④ 스포츠 팀의 색채는 지역과 기업을 상징하기에 보다 배타적으로 설계를 고려하여야 한다.

② 전달되는 표면색채의 질감 및 마감처리에 의한 색채 정보는 고려해야 한다.
③ 상징적 심벌은 동양과 서양이 다르므로 정체성을 대변하는 색채로 국가나 지방의 특성 및 이미지를 부각시킨다.
④ 스포츠 팀의 색채는 지역과 기업의 상징을 고려하여야 한다.

제품색채 설계 시 고려사항
기업의 상품이미지에 대한 차별성과 제품정보의 제공 및 색채 연상효과를 기대할 수 있으며, 제품 및 서비스에 인상과 개성을 부여할 수 있고 기능을 명확히 할 수 있도록 계획한다.

38 먼셀 표색계에서 정의한 5개의 기본 색상에 해당되지 않는 것은?

① 빨강   ② 보라

③ 파랑   ④ 주황

먼셀 기본색
적(R), 황(Y), 녹(G), 청(B) 자(P) 등 5가지이다.

39 다음 중 유사색상의 배색은?

① 빨강 – 노랑   ② 연두 – 녹색

③ 흰색 – 흑색   ④ 검정 – 파랑

유사색상의 배색
색상환에서 서로 근접한 거리에 있는 색상 간의 관계를 '유사색상'이라 하며 무난하고 부드러우며 협조적, 온화함, 상냥함의 감정이다.

40 문 · 스펜서의 색채조화론에 대한 설명 중 틀린 것은?

① 먼셀 표색계로 설명이 가능하다.

② 정량적으로 표현이 가능하다.

③ 오메가공간으로 설정되어 있다.

④ 색채의 면적관계를 고려하지 않았다.

> **해설**
>
> ④ 색채의 면적관계를 고려하였다.
>
> **문 · 스펜서의 면적효과** : 무채색의 중간지점이 되는 N5(명도5)를 순응점으로 하고 작은 면적의 강한 색과 큰 면적의 약한 색은 잘 어울린다고 생각하여 색의 균형점을 찾았다.

3과목　건축재료

41 카세인의 주원료에 해당하는 것은?

① 소, 돼지 등의 혈액　　② 녹말

③ 우유　　④ 소, 말 등의 가죽이나 뼈

> **해설**
>
> 카세인(아교)은 우유의 단백질을 주성분으로 제조된다.

42 석고보드에 관한 설명으로 옳지 않은 것은?

① 방수, 방화 등 용도별 성능을 가지도록 제작할 수 있다.

② 벽, 천장, 칸막이 등에 합판 대용으로 주로 사용된다.

③ 내수성, 내충격성은 매우 강하나 단열성, 차음성이 부족하다.

④ 주원료인 소석고에 혼화제를 넣고 물로 반죽한 후 2장의 강인한 보드용 원지 사이에 채워 넣어 만든다.

> **해설**
>
> 석고보드는 내수성과 내충격성, 탄력성, 방수성이 약한 특성을 가지고 있으나, 단열성, 방화성이 강한 특징을 나타낸다.

43 2장 이상의 판유리 사이에 강한 플라스틱 필름을 삽입하고 고열 · 고압으로 처리한 유리는?

① 강화유리　　② 복층유리

③ 망입유리　　④ 접합유리

> **해설**
>
> 접합유리에 대한 설명이며, 접합유리 적용의 주목적은 파손 시 파편의 비산방지에 있다.

44 석재의 일반적인 특징에 관한 설명으로 옳지 않은 것은?

① 내구성, 내화학성, 내마모성이 우수하다.

② 외관이 장중하고, 석질이 치밀한 것을 갈면 미려한 광택이 난다.

③ 압축강도에 비해 인장강도가 작다.

④ 가공성이 좋으며 장대재를 얻기 용이하다.

> **해설**
>
> 석재는 중량이 크고 견고하여 가공하기가 어렵고 자연재료로서 장대재를 얻기 어려우므로 구조용으로 적용하는 것이 난해하다.

45 인조석 등 2차 제품의 제작이나 타일의 줄눈 등에 사용하는 시멘트는?

① 백색 포틀랜드 시멘트

② 조강 포틀랜드 시멘트

③ 중용열 포틀랜드 시멘트

④ 알루미나 시멘트

> **해설**
>
> 인조석 가공, 타일 줄눈 등의 시공 시 적용하는 것은 백색 포틀랜드 시멘트이다.

정답　　**40** ④　**41** ③　**42** ③　**43** ④　**44** ④　**45** ①

46 콘크리트 슬럼프용 시험기구에 해당되지 않는 것은?

① 수밀평판　　　　② 슬럼프콘

③ 압력계　　　　　④ 다짐봉

슬럼프 시험
콘크리트의 반죽질기를 측정하여 시공연도를 판단하는 기준으로 사용되는 시험으로서, 슬럼프콘, 수밀평판(슬럼프판), 다짐막대(다짐봉), 측정용 자 등이 기구로 사용된다.

47 단열재에 관한 설명으로 옳지 않은 것은?

① 유리면 – 유리섬유를 이용하여 만든 제품으로서 유리솜 또는 글라스울이라고도 한다.
② 암면 – 상온에서 열전도율이 낮은 장점을 가지고 있으며 철골 내화피복재로서 많이 이용된다.
③ 석면 – 불연성·보온성이 우수하고 습기에서 강하여 사용이 적극 권장되고 있다.
④ 펄라이트는 보온재 – 경량이며 수분 침투에 대한 저항성이 있어 배관용의 단열재로 사용된다.

석면은 불연성이면서 보온성이 우수하나, 발암성 물질로 지정되어 현재는 사용이 금지된 상태이다.

48 전건(全乾) 목재의 비중이 0.4일 때, 이 전건(全乾) 목재의 공극률은?

① 26%　　　　② 36%

③ 64%　　　　④ 74%

공극률(%) = (1 – 실적률) × 100% = $\left(\dfrac{\text{목재의 절건비중}}{1.54}\right)$ × 100%

$= \left(1 - \dfrac{0.4}{1.54}\right) \times 100\% = 74\%$

49 실외 조적공사 시 조적조의 백화현상 방지법으로 옳지 않은 것은?

① 우천 시에는 조적을 금지한다.
② 가용성 염류가 포함되어 있는 해사를 사용한다.
③ 줄눈용 모르타르에 방수제를 섞어서 사용하거나, 흡수율이 작은 벽돌을 선택한다.
④ 내벽과 외벽 사이 조적 하단부와 상단부에 통풍구를 만들어 통풍을 통한 건조상태를 유지한다.

가용성 염류가 포함되어 있는 해사를 사용할 경우 백화현상뿐만 아니라, 염해 등 다른 하자의 원인이 될 수 있다.

50 다음 철물 중 창호용이 아닌 것은?

① 안장쇠　　　　② 크레센트

③ 도어체인　　　④ 플로어 힌지

안장쇠
목구조에서 큰보와 작은보를 연결하는 연결철물이다.

51 석탄산과 포르말린의 축합반응에 의하여 얻어지는 합성수지로서 전기절연성, 내수성이 우수하여 덕트, 파이프, 접착제, 배전판 등에 사용되는 열경화성 합성수지는?

① 페놀수지　　　② 염화비닐수지

③ 아크릴수지　　④ 불소수지

페놀수지(베이클라이트)
• 전기절연성, 내후성, 접착성이 크고 내열성이 0~60℃ 정도, 석면혼합품은 125℃이나.
• 내수합판의 접착제, 화장판류 도료 등으로 사용한다.

52 금속면의 화학적 표면처리재용 도장재로 가장 적합한 것은?

① 셸락니스
② 에칭 프라이머
③ 크레오소트유
④ 캐슈

> [해설]
> **에칭 프라이머**
> 금속표면의 녹방지를 위해 적용되며 일종의 방청도료(녹막이 페인트)이다.

53 유리에 관한 설명으로 옳지 않은 것은?

① 강화유리는 보통유리보다 3~5배 정도 내충격강도가 크다.
② 망입유리는 도난 및 화재 확산 방지 등에 사용된다.
③ 복층유리는 방음, 방서, 단열효과가 크고 결로 방지용으로도 우수하다.
④ 판유리 중 두께 6mm 이하의 얇은 판유리를 후판유리라고 한다.

> [해설]
> **후판유리**
> 두께가 두꺼운 유리를 말하며, 일반적으로 5mm 이상의 두꺼운 유리를 말한다.

54 스트레이트 아스팔트(A)와 블론 아스팔트(B)의 성질을 비교한 것으로 옳지 않은 것은?

① 신도는 A가 B보다 크다.
② 연화점은 B가 A보다 크다.
③ 감온성은 A가 B보다 크다.
④ 접착성은 B가 A보다 크다.

> [해설]
> 스트레이트 아스팔트는 블론 아스팔트에 비해 접착성은 우수하나 내구력이 떨어져 옥외적용이 어렵기 때문에 주로 지하실 방수용으로 적용한다.

55 각 합성수지와 이를 활용한 제품의 조합으로 옳지 않은 것은?

① 멜라민수지 – 천장판
② 아크릴수지 – 채광판
③ 폴리에스테르수지 – 유리
④ 폴리스티렌수지 – 발포보온판

> [해설]
> 폴리에스테르수지는 도료, 접착제 등의 제품에 사용한다.

56 목재 섬유포화점에서의 함수율은 약 몇 %인가?

① 20%
② 40%
③ 30%
④ 50%

> [해설]
> 목재는 섬유포화점(30%) 이상에서는 강도가 일정하며, 섬유포화점 이하에서는 함수율의 감소에 따라 강도가 증대된다.

57 점토의 물리적 성질에 관한 설명으로 옳지 않은 것은?

① 비중은 불순한 점토일수록 낮다.
② 점토입자가 미세할수록 가소성은 좋아진다.
③ 인장강도는 압축강도의 약 10배이다.
④ 비중은 약 2.5~2.6 정도이다.

> [해설]
> 점토의 주 강도는 압축강도이며, 압축강도가 인장강도의 5배 정도이다.

58 속빈 콘크리트블록(KS F 4002)의 성능을 평가하는 시험 항목과 거리가 먼 것은?

① 기건비중시험
② 전단면적에 대한 압축강도시험
③ 내충격성시험

---

④ 흡수율시험

해설

속빈 콘크리트블록(KS F 4002)의 경우 외관과 물리적 성질인 압축강도와 흡수율, 기건비중을 시험하여 품질을 검사한다.

59 미장재료의 종류와 특성에 관한 설명으로 옳지 않은 것은?

① 시멘트모르타르는 시멘트를 결합재로 하고 모래를 골재로 하여 이를 물과 혼합하여 사용하는 수경성 미장재료이다.
② 테라초 현장바름은 주로 바닥에 쓰이고 벽에는 공장제품 테라초판을 붙인다.
③ 소석회는 돌로마이트 플라스터에 비해 점성이 높고, 작업성이 좋기 때문에 풀을 필요로 하지 않는다.
④ 석고 플라스터는 경화 건조 시 치수안정성이 우수하며 내화성이 높다.

해설

소석회는 돌로마이트 플라스터에 비해 점성이 낮아 작업 시 (해초)풀을 혼합하여 부착력 등의 작업성을 확보하여야 한다.

60 시멘트의 수화열을 저감시킬 목적으로 제조한 시멘트로 매스콘크리트용으로 사용되며, 건조수축이 작고 화학저항성이 일반적으로 큰 것은?

① 조강 포틀랜드 시멘트   ② 중용열 포틀랜드 시멘트
③ 실리카 시멘트   ④ 알루미나 시멘트

해설

중용열 포틀랜드 시멘트의 특징
• 초기 수화반응속도가 느리다.
• 수화열이 작다.
• 건조수축이 작다.

---

61 익공계 양식에 관한 설명으로 옳지 않은 것은?

① 조선시대 초 우리나라에서 독자적으로 발전된 공포양식이다.
② 향교, 서원, 사당 등 유교 건축물에서 주로 사용되었다.
③ 봉정사 극락전이 대표적인 건축물이다.
④ 주심포양식이 단순화되고 간략화된 형태이다.

해설

봉정사 극락전은 가장 오래된 목조건축물로서 주심포 양식의 건축물이다.

62 다음과 같은 조건에서 겨울철 벽체 내부에 발생하는 결로현상에 관한 설명으로 옳은 것은?

콘크리트와 단열재로 구성된 벽체로서 콘크리트 전체 두께와 단열재 종류, 두께는 같고 단열재 위치만 다른 외벽체의 경우로 내단열, 외단열, 중단열구조를 가정한다.

① 내단열구조의 경우가 내부 결로의 발생 우려가 가장 작다.
② 외단열구조의 경우가 내부 결로의 발생 우려가 가장 작다.
③ 중단열구조의 경우가 내부 결로의 발생 우려가 가장 작다.
④ 두께가 같으면 내부 결로의 발생 정도는 동일하다.

해설

① 내단열구조의 경우가 내부 결로의 발생 우려가 가장 크다.
③ 중단열구조의 경우 결로발생 우려에 대해 내단열구조와 외단열구조의 중간 정도 발생 가능성이 있다.
④ 두께가 같아도 실내외 온습도 차이 등에 따라 발생 정도가 달라질 수 있다.

---

63 지하층의 비상탈출구에 관한 기준으로 옳지 않은 것은?

① 비상탈출구의 유효너비는 0.75m 이상으로 하고, 유효높이는 1.5m 이상으로 할 것
② 비상탈출구의 진입부분 및 피난통로에는 통행에 지장이 있는 물건을 방치하거나 시설물을 설치하지 아니할 것
③ 비상탈출구의 문은 피난 방향으로 열리도록 하고, 실내에서 항상 열 수 있는 구조로 하여야 하며, 내부 및 외부에는 비상탈출구의 표시를 할 것
④ 비상탈출구는 출입구로부터 3m 이내에 설치할 것

[해설]

비상탈출구는 출입구로부터 3m 이상 떨어진 곳에 설치해야 한다.

64 건축구조물을 건식 구조와 습식 구조로 구분할 때 건식 구조에 속하는 것은?

① 철골철근콘크리트구조
② 블록구조
③ 철근콘크리트구조
④ 철골구조

[해설]

철골구조, 목조구조 등이 건식 구조에 해당한다.

65 실내음향의 상태를 표현하는 요소와 가장 거리가 먼 것은?

① 명료도
② 잔향시간
③ 음압 분포
④ 투과손실

[해설]

투과손실은 차음과 관련된 것으로서 실내의 음이 밖으로 빠져나가는 정도에 대한 사항이며, 실내의 음향상태를 나타내는 것과는 거리가 멀다.

66 다음 중 경보설비에 포함되지 않는 것은?

① 자동화재속보설비
② 비상조명등
③ 비상방송설비
④ 누전경보기

[해설]

비상조명등은 피난구조설비에 해당한다.

67 로마네스크건축양식에 해당하는 것은?

① 피사 대성당
② 솔즈베리 대성당
③ 파르테논 신전
④ 노트르담 사원

[해설]

② 솔즈베리 대성당 : 고딕건축
③ 파르테논 신전 : 그리스건축
④ 노트르담 사원 : 고딕건축

68 방염성능기준 이상의 실내장식물 등을 설치하여야 하는 특정소방대상물에 해당하는 것은?

① 12층인 아파트
② 건축물의 옥내에 있는 운동시설 중 수영장
③ 옥외 운동시설
④ 방송통신시설 중 방송국

[해설]

방염성능기준 이상의 실내장식물 등을 설치해야 하는 특정소방대상물 (소방시설 설치 및 관리에 관한 법률 시행령 제30조)
㉠ 근린생활시설 중 의원, 조산원, 산후조리원, 체력단련장, 공연장 및 종교집회장
㉡ 건축물의 옥내에 있는 다음의 시설
  • 문화 및 집회시설
  • 종교시설
  • 운동시설(수영장은 제외한다)
㉢ 의료시설
㉣ 교육연구시설 중 합숙소
㉤ 노유자 시설
㉥ 숙박이 가능한 수련시설
㉦ 숙박시설
㉧ 방송통신시설 중 방송국 및 촬영소

ⓧ 「다중이용업소의 안전관리에 관한 특별법」 제2조제1항제1호에 따른 다중이용업의 영업소(이하 "다중이용업소"라 한다)
ⓩ ㉠부터 ⓧ까지의 시설에 해당하지 않는 것으로서 층수가 11층 이상인 것(아파트 등은 제외한다)

69 자동화재탐지설비를 설치해야 하는 특정 소방대상물이 되기 위한 근린생활시설(목욕장은 제외)의 연면적 기준으로 옳은 것은?

① 600m² 이상인 것
② 800m² 이상인 것
③ 1,000m² 이상인 것
④ 1,200m² 이상인 것

[해설]

근린생활시설(목욕장은 제외), 의료시설(정신의료기관 또는 요양병원은 제외), 숙박시설, 위락시설, 장례식장 및 복합건축물의 경우 연면적 600m² 이상인 것이 해당된다.

70 건축허가 등을 할 때 미리 소방본부장 또는 소방서장의 동의를 받아야 하는 건축물의 연면적 기준으로 옳은 것은?

① 200m² 이상
② 300m² 이상
③ 400m² 이상
④ 500m² 이상

[해설]

건축허가 등의 동의대상물의 범위(소방시설 설치 및 관리에 관한 법률 시행령 제7조)
건축허가 등을 할 때 미리 소방본부장 또는 소방서장의 동의를 받아야 하는 건축물은 특정 용도를 제외하고 연면적이 400m² 이상인 건축물이다.

71 다음 소방시설 중 소화설비에 속하지 않는 것은?

① 상수도소화용수설비
② 소화기구
③ 옥내소화전설비
④ 스프링클러설비 등

[해설]

상수도소화용수설비는 소화용수설비에 속한다.

72 소방안전관리보조자를 두어야 하는 특정소방대상물에 포함되는 아파트는 최소 몇 세대 이상의 조건을 갖추어야 하는가?

① 200세대 이상
② 300세대 이상
③ 400세대 이상
④ 500세대 이상

[해설]

소방안전관리자 및 소방안전관리보조자를 두어야 하는 특정소방대상물(화재의 예방 및 안전관리에 관한 법률 시행령 제25조 [별표 5]) 아파트의 경우 300세대 이상이 해당된다.

73 호텔 각 실의 재료 중 방염성능 기준 이상의 물품으로 시공하지 않아도 되는 것은?

① 지하 1층 연회장의 무대용 합판
② 최상층 식당의 창문에 설치하는 커튼류
③ 지상 1층 라운지의 전시용 합판
④ 지상 3층 객실의 화장대

[해설]

방염대상물품

제조 또는 가공 공정에서 방염 처리를 한 물품	• 창문에 설치하는 커튼류(블라인드 포함) • 카펫 • 벽지류(두께가 2밀리미터 미만인 종이벽지는 제외) • 전시용 합판·목재 또는 섬유판, 무대용 합판·목재 또는 섬유판(합판·목재류의 경우 불가피하게 설치 현장에서 방염처리한 것을 포함) • 암막·무대막(영화상영관에 설치하는 스크린과 가상체험 체육시설업에 설치하는 스크린 포함) • 섬유류 또는 합성수지류 등을 원료로 하여 제작된 소파·의자(단란주점영업, 유흥주점영업 및 노래연습장업의 영업장에 설치하는 것으로 한정)
건축물 내부의 천장이나 벽에 부착하거나 설치하는 것(다만, 가구류의 너비 10센티미터 이하인 반자돌림대 등과 내부 마감재료는 제외)	• 종이류(두께 2밀리미터 이상인 것)·합성수지류 또는 섬유류를 주원료로 한 물품 • 합판이나 목재 • 공간을 구획하기 위하여 설치하는 간이 칸막이(접이식 등 이동 가능한 벽체나 천장 또는 반자가 실내에 접하는 부분까지 구획하지 않는 벽체) • 흡음(吸音)을 위하여 설치하는 흡음재(흡음용 커튼을 포함) • 방음(防音)을 위하여 설치하는 방음재(방음용 커튼을 포함)

74 배연설비의 설치기준으로 옳지 않은 것은?

① 건축물이 방화구획으로 구획된 경우에는 그 구획마다 1개소 이상의 배연창을 설치하되, 배연창의 상변과 천장 또는 반자로부터 수직거리가 1.2m 이내일 것

② 배연구는 예비전원에 의하여 열 수 있도록 할 것

③ 배연창 설치에 있어서 반자 높이가 바닥으로부터 3m 이상인 경우에는 배연창의 하변이 바닥으로부터 2.1m 이상의 위치에 놓이도록 설치할 것

④ 배연구는 연기감지기 또는 열감지기에 의하여 자동으로 열 수 있는 구조로 하되, 손으로도 열고 닫을 수 있도록 할 것

[해설]
건축물이 방화구획으로 구획된 경우에는 그 구획마다 1개소 이상의 배연창을 설치하되, 배연창의 상변과 천장 또는 반자로부터 수직거리가 0.9m 이내이어야 한다.

75 공동주택과 오피스텔의 난방설비를 개별난방방식으로 할 경우 설치기준으로 옳지 않은 것은?

① 보일러실과 거실 사이의 출입구는 그 출입구가 닫힌 경우에도 보일러 가스가 거실에 들어갈 수 없는 구조로 할 것

② 보일러실의 윗부분에는 그 면적이 0.5m² 이상인 환기창을 설치하고, 보일러실의 윗부분과 아랫부분에는 각각 지름이 10cm 이상의 공기 흡입구 및 배기구를 항상 열려 있는 상태로 바깥 공기에 접하도록 설치할 것(단, 전기보일러실의 경우에는 예외)

③ 보일러는 거실 외의 곳에 설치하며 보일러를 설치하는 곳과 거실 사이의 경계벽은 출입구를 포함하여 내화구조로 구획할 것

④ 기름보일러를 설치하는 경우에는 기름저장소를 보일러실 외의 다른 곳에 설치할 것

[해설]
보일러는 거실 외의 곳에 설치하며 보일러를 설치하는 곳과 거실 사이의 경계벽은 내화구조로 구획해야 한다(단, 출입구는 제외).

76 다음은 건축물의 최하층에 있는 거실(바닥이 목조인 경우)의 방습조치에 관한 규정이다. ( ) 안에 들어갈 내용으로 옳은 것은?

> 건축물의 최하층에 있는 거실 바닥의 높이는 지표면으로부터 ( ) 이상으로 하여야 한다. 다만, 지표면을 콘크리트 바닥으로 설치하는 등 방습을 위한 조치를 하는 경우에는 그러하지 아니하다.

① 30cm ② 45cm
③ 60cm ④ 75cm

[해설]
거실 등의 방습(건축물의 피난·방화구조 등의 기준에 관한 규칙 제18조)
건축물의 최하층에 있는 거실바닥의 높이는 지표면으로부터 45센티미터 이상으로 하여야 한다. 다만, 지표면을 콘크리트바닥으로 설치하는 등 방습을 위한 조치를 하는 경우에는 그러하지 아니하다.

77 41층의 업무시설을 건축하는 경우에 6층 이상의 거실면적 합계가 30,000m²이다. 15인승 승용승강기를 설치하는 경우에 최소 몇 대가 필요한가?

① 11대 ② 12대
③ 14대 ④ 15대

[해설]
업무시설 승용승강기 설치대수

$$설치대수 = 1 + \frac{A - 3,000\text{m}^2}{2,000\text{m}^2} = 1 + \frac{30,000 - 3,000\text{m}^2}{2,000\text{m}^2} = 14.5$$

∴ 15대

78 벽돌벽에 장식적으로 여러 모양의 구멍을 내어 쌓는 방식을 무엇이라 하는가?

① 영식 쌓기　　② 영롱쌓기
③ 불식 쌓기　　④ 공간쌓기

해설

영롱쌓기
벽돌 면에 구멍을 내어 쌓는 방식으로 장식적인 효과가 우수한 쌓기이다(장식적인 벽돌담).

79 철골구조에 관한 설명으로 옳지 않은 것은?

① 장스팬을 요하는 구조물에 적합하다.
② 컬럼 쇼트닝 현상이 발생할 수 있다.
③ 사용성에 있어 진동의 영향을 받지 않는다.
④ 철근콘크리트조에 비하여 경량이다.

해설

철골구조는 단면에 비해 부재가 길고 두께가 얇은 강재를 주로 사용하므로 좌굴의 위험성이 높고, 처짐 및 진동에 대한 고려가 필요하다.

80 단독주택의 거실에 있어 거실 바닥면적에 대한 채광면적(채광을 위하여 거실에 설치하는 창문 등의 면적)의 비율로서 옳은 것은?

① 1/7 이상　　② 1/10 이상
③ 1/15 이상　　④ 1/20 이상

해설

거실의 채광 및 환기 기준(건축물의 피난 · 방화구조 등의 기준에 관한 규칙 제17조)

채광 및 환기 시설의 적용대상	창문 등의 면적	제외
• 주택(단독, 공동)의 거실	채광시설 : 거실 바닥면적의 1/10 이상	기준 조도 이상의 조명장치 설치 시
• 학교의 교실 • 의료시설의 병실 • 숙박시설의 객실	환기시설 : 거실 바닥면적의 1/20 이상	기계환기장치 및 중앙관리방식의 공기조화 설비 설치 시

1과목 실내디자인론

01 창과 문에 관한 설명으로 옳지 않은 것은?

① 문은 인접된 공간을 연결시킨다.
② 창과 문의 위치는 동선에 영향을 주지 않는다.
③ 창은 공기와 빛을 통과시켜 통풍과 채광을 가능하게
한다.
④ 창의 크기와 위치, 형태는 창에서 보이는 시야의 특
성을 결정한다.

해설

창과 문의 위치는 동선과 가구배치에 결정적인 영향을 미친다.

02 벽부형 조명기구에 관한 설명으로 옳지 않은 것은?

① 선벽부형은 거울이나 수납장에 설치하여 보조조명
으로 사용된다.
② 조명기구를 벽체에 설치하는 것으로 브래킷(Bracket)
으로 통칭된다.
③ 휘도조절이 가능한 조명기구나 휘도가 높은 광원을
사용하는 것이 좋다.
④ 직사벽부형은 빛이 강하게 아래로 투사되어 물체가
강조되므로 디스플레이용으로 사용된다.

해설

벽부형 조명기구
조명기구를 벽체에 부착하여 빛이 투사되게 하는 방식으로 브래킷
(Bracket)으로 불린다. 부착되는 위치가 시선 내에 있으므로 휘도 조절
이 가능한 조명기구나 휘도가 낮은 광원을 사용한다.

03 질감에 관한 설명으로 옳지 않은 것은?

① 매끄러운 재료가 반사율이 높다.
② 효과적인 질감 표현을 위해서는 색채와 조명을 동시
에 고려해야 한다.
③ 좁은 실내 공간을 넓게 느껴지도록 하기 위해서는 표
면이 거칠고 어두운 재료를 사용하는 것이 좋다.
④ 질감은 시각적 환경에서 여러 종류의 물체들을 구분하
는 데 도움을 줄 수 있는 중요한 특성 가운데 하나이다.

해설

좁은 공간이 넓게 느껴지도록 하기 위해서는 표면이 매끄럽고 밝은색
을 사용한다.

질감
• 매끄러운 재료 : 빛을 많이 반사하므로 가볍고 환한 느낌을 주며 주
의를 집중시키고 같은 색채라도 강하게 느껴진다.
• 거친 재료 : 빛을 흡수하고 울퉁불퉁한 표면은 음영을 나타내며 무겁
고 안정적인 느낌을 준다.

04 다음 설명에 알맞은 조명의 연출기법은?

수직벽면을 빛으로 쓸어내리는 듯한 효과를 주기 위해 비
대칭 배광방식의 조명기구를 사용하여 수직벽면에 균일
한 조도의 빛을 비추는 기법

① 빔플레이기법   ② 월워싱기법
③ 실루엣기법   ④ 스파클기법

해설

① 빔플레이기법 : 강조하고자 하는 물체에 광선을 비추어 광선 그 자
체가 시각적인 특성을 지니게 하는 기법이다.
③ 실루엣기법 : 물체의 형상만을 강조하는 기법으로 눈부심은 없으
나 세밀한 묘사에는 한계가 있다.
④ 스파클기법 : 어두운 배경에서 광원의 흥미로운 반짝임(스파클)을
이용해 연출하는 기법이다. 호기심을 유발하나 장기간 사용 시 눈이
피로하고 불쾌감을 줄 수 있다.

정답   01 ②   02 ③   03 ③   04 ②

05 다음 중 도시의 랜드마크에 가장 중요시되는 디자인 원리는?

① 점이   ② 대립
③ 강조   ④ 반복

[해설]

도시의 랜드마크
도시의 이미지를 상징적으로 대표하는 시설물이나 건축물을 랜드마크라 하며 디자인 원리에서 강조를 가장 중요시한다.

06 다음 설명에 알맞은 사무소 코어의 유형은?

- 단일용도의 대규모 전용사무실에 적합하다.
- 2방향 피난에 이상적이다.

① 편심코어형   ② 중심코어형
③ 독립코어형   ④ 양단코어형

[해설]

양단코어형
공간의 분할, 개방이 자유로운 형태로 재난 시 2방향으로 대피가 가능하고 2방향 피난에 이상적인 형태로 방재, 피난상 유리하다.

사무소 건축의 코어 유형
- 편심코어형: 코어가 한쪽으로 치우친 형태로 기준층 면적이 작은 경우에 적합하여 소규모 사무실에 주로 사용한다.
- 중심코어형: 코어가 중앙에 위치한 형태로 고층, 초고층의 내진구조에 적합하여 구조적으로 바람직한 형식이다.
- 독립코어형: 코어를 업무공간에서 별도로 분리한 유형으로 공간활용의 융통성은 높지만 대피·피난의 방재계획이 불리하다.

07 실내공간을 형성하는 기본요소 중 바닥에 관한 설명으로 옳지 않은 것은?

① 바닥은 모든 공간의 기초가 되므로 항상 수평면이어야 한다.
② 하강된 바닥면은 내향적이며 주변의 공간에 대해 아늑한 은신처로 인식된다.

③ 다른 요소들이 시대와 양식에 의한 변화가 현저한 데 비해 바닥은 매우 고정적이다.
④ 상승된 바닥면은 공간의 흐름이나 동선을 차단하지만 주변의 공간과는 다른 중요한 공간으로 인식된다.

[해설]

바닥은 단차이를 두어 변화시킬 수 있다.

바닥 : 기준 바닥면보다 바닥을 높거나 낮게 하면 고저의 정도에 따라 시간이나 공간의 연속성 조절이 가능하기 때문에 공간 영역을 구분, 분리할 수 있고 스케일 간의 변화를 줄 수 있다.

08 디자인 요소 중 선에 관한 다음 그림이 의미하는 것은?

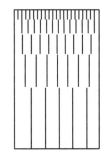

① 선을 끊음으로써 점을 느낀다.
② 조밀성의 변화로 깊이를 느낀다.
③ 선을 포개면 패턴을 얻을 수 있다.
④ 지그재그선의 반복으로 양감의 효과를 얻는다.

[해설]

선의 효과
여러 개의 선을 이용하여 움직임, 속도감, 방향을 시각적으로 표현할 수 있으며 선의 굵기와 간격, 방향을 변화시키면 2차원에서 부피와 깊이를 표현할 수 있다.

09 사무소 건축의 실단위 계획 중 개실시스템에 관한 설명으로 옳지 않은 것은?

① 독립성이 우수하다는 장점이 있다.

② 일반적으로 복도를 통해 각 실로 진입한다.

③ 실의 길이와 깊이에 변화를 주기 용이하다.

④ 프라이버시의 확보와 응접이 요구되는 최고 경영자나 전문직 개실에 사용된다.

> **해설**
>
> **개방식 배치**
> 실의 길이와 깊이에 변화를 주기 용이하다.
>
> ※ **개실시스템(배치)** : 복도를 통해서 각 층, 각 실로 들어가는 형식으로 복도를 따라 구성되어 있다.
>
> | 장점 | • 독립성이 우수하고 쾌적성 및 자연채광 조건이 좋다.
• 공간의 길이에 변화를 줄 수 있다. |
> | --- | --- |
> | 단점 | • 공사비가 높고 직원 간의 소통이 불리하다.
• 연속된 복도 때문에 방의 깊이에는 변화를 줄 수 없다. |

10 부엌가구의 배치 유형 중 L자형에 관한 설명으로 옳지 않은 것은?

① 부엌과 식당을 겸할 경우 많이 활용된다.

② 두 벽면을 이용하여 작업대를 배치한 형식이다.

③ 작업면이 가장 넓은 형식으로 작업 효율도 가장 좋다.

④ 한쪽 면에 싱크대를, 다른 면에 가열대를 설치하면 능률적이다.

> **해설**
>
> ③은 U자형(ㄷ자형)에 관한 설명이다.
>
> ※ **L자형(ㄱ자형)** : 두 벽면을 이용하여 작업대를 배치한 형식으로 비교적 넓은 주방에서 능률이 좋으나 모서리 부분에 이용도가 낮다.

11 실내공간의 용도를 달리하여 보수(Renovation)할 경우 실내디자이너가 직접 분석해야 하는 사항과 가장 거리가 먼 것은?

① 기존 건물의 기초상태

② 천장고와 내부의 상태

③ 기존 건물의 법적 용도

④ 구조형식과 재료 마감 상태

> **해설**
>
> **보수**
> 건물 내부의 주요 구조물은 건들지 않으면서 공간의 변화를 도모하기 위하여 수선 또는 변경할 수 있다.
>
> | 분석요소 | • 위치와 규모, 면적, 천장고
• 천장의 내부 상태
• 기존 건물의 구조와 재료의 마감 상태
• 건물 주출입구의 위치와 형태
• 위생배관의 위치
• 예산 및 설계 의뢰자의 의도 |
> | --- | --- |

12 디자인 요소 중 2차원적 형태가 가지는 물리적 특성이 아닌 것은?

① 질감   ② 명도

③ 패턴   ④ 부피

> **해설**
>
> 부피는 3차원적인 형태이다.

13 상점의 동선계획에 관한 설명으로 옳지 않은 것은?

① 종업원동선은 가능한 한 짧고 간단하게 하는 것이 좋다.

② 고객동선은 가능한 한 짧게 하여 고객이 상점 내에 오래 머무르지 않도록 한다.

③ 고객동선과 종업원동선이 만나는 위치에 카운터나 쇼케이스를 배치하는 것이 좋다.

④ 상품동선은 상품의 운반·통행 등의 이동에 불편하지 않도록 충분한 공간 확보가 필요하다.

> **해설**
>
> **상점 동선**
> • 고객동선, 종업원동선, 상품동선으로 분류한다.
> • 고객동선은 충동구매를 유도하기 위해 길게 배치하는 것이 좋으며, 종업원동선은 고객동선과 교차되지 않도록 하고 고객을 위한 통로는 폭 900mm 이상으로 한다.

정답   **09** ③   **10** ③   **11** ①   **12** ④   **13** ②

14 상점 디스플레이에서 주력 상품의 진열과 관련된 골든 스페이스의 범위로 알맞은 것은?

① 300~600mm ② 650~900mm

③ 850~1,250mm ④ 1,200~1,500mm

┌─ 해설 ─┐

상품 진열 시 가장 편안한 높이는 850~1,250mm이며 이 범위를 골든 스페이스(Golden Space)라고 한다.

15 공간의 레이아웃(Layout)과 가장 밀접한 관계를 가지고 있는 것은?

① 단면계획 ② 동선계획

③ 입면계획 ④ 색채계획

┌─ 해설 ─┐

레이아웃
공간을 형성하는 부분과 설치되는 물체의 평면상의 계획으로 공간 상호 간의 연계성, 출입형식 및 동선계획, 인체 공학적 치수와 가구 크기를 고려해야 한다.

16 상점 구성의 기본이 되는 상품계획을 시각적으로 구체화시켜 상점 이미지를 경영 전략적 차원에서 고객에게 인식시키는 표현전략은?

① VMD ② 슈퍼그래픽

③ 토큰 디스플레이 ④ 스테이지 디스플레이

┌─ 해설 ─┐

표현전략
• VMD : V(Visual : 전달 기술로서의 시각화)와 MD(Merchandising : 상품계획)의 조합한 말로서 상품과 고객 사이에서 치밀하게 계획된 정보 전달 수단으로 장식된 시각과 통신을 꾀하고자 하는 디스플레이의 기법이다.
• 슈퍼그래픽 : 옥외공간이나 건물 벽면 등을 장식하는 거대 규모의 그래픽 이미지이다.
• 스테이지 디스플레이 : 상점 내부에 디스플레이를 하기 위한 높이가 있는 단을 말한다.

17 유닛가구(Unit Furniture)에 관한 설명으로 옳지 않은 것은?

① 고정적이면서 이동적인 성격을 갖는다.

② 필요에 따라 가구의 형태를 변화시킬 수 있다.

③ 규격화된 단일가구를 원하는 형태로 조합하여 사용할 수 있다.

④ 특정한 사용목적이나 많은 물품을 수납하기 위해 건축화된 가구이다.

┌─ 해설 ─┐

• 유닛가구 : 공간의 조건에 맞도록 원하는 형태로 조립, 분해가 가능하며 가구의 형태를 고정 및 이동할 수 있다.
• 붙박이 가구 : 특정한 사용목적이나 많은 물품을 수납하기 위해 건축화된 가구이다.

18 다음의 아파트 평면형식 중 프라이버시가 가장 양호한 것은?

① 홀형 ② 집중형

③ 편복도형 ④ 중복도형

┌─ 해설 ─┐

계단실형(홀형)
계단실이나 엘리베이터 홀에서 직접 각 세대로 출입하는 형식을 말한다.
• 장점 : 독립성이 좋아 프라이버시 확보가 용이하고 통행부 면적이 감소하여 건물의 이용도가 높다.
• 단점 : 계단실마다 엘리베이터를 설치하므로 시설비가 많이 든다.

19 주택의 현관에 관한 설명으로 옳지 않은 것은?

① 거실의 일부를 현관으로 만들지 않는 것이 좋다.

② 현관에서 정면으로 화장실 문이 보이지 않도록 하는 것이 좋다.

③ 현관 홀의 내부에는 외기, 바람 등의 자단을 위해 방풍문을 설치할 필요가 있다.

④ 연면적 50m² 이하의 소규모 주택에서는 연면적의 10% 정도를 현관 면적으로 계획하는 것이 일반적이다.

정답   **14** ③ **15** ② **16** ① **17** ④ **18** ① **19** ④

현관은 연면적 7% 정도를 계획하는 것이 일반적이다.

※ **주택의 연면적 구성 비율(%)**

현관	7%	부엌	8~12%
복도	10%	거실	30%

※ 연면적이 50m²일 경우 현관 면적 : 50m²×0.07＝3.5m²

20 등받이와 팔걸이 부분은 없지만 기댈 수 있을 정도로 큰 소파의 명칭은?

① 세티　　　　　② 다이밴
③ 체스터필드　　④ 턱시도 소파

① 세티 : 동일한 두 개의 의자를 나란히 합하여 2인이 앉을 수 있도록 한 것이다.
③ 체스터필드 : 소파의 골격에 쿠션성능이 좋도록 솜, 스펀지 등의 속을 많이 채워 넣고 천으로 감싼 소파로, 구조, 형태 및 사용상 안락성이 매우 크다.
④ 턱시도 소파(Tuxedo Sofa) : 등받이와 팔걸이가 같은 높이로 만들어진 소파이다.

2과목 색채 및 인간공학

21 인체 계측 데이터의 적용 시 최소치 설계 기준이 필요한 항목은?

① 의자의 폭　　　　② 비상구의 높이
③ 선반의 높이　　　④ 그네의 지지하중

최소집단치
• 팔이 짧은 사람이 잡을 수 있다면 이보다 긴 사람은 모두 잡을 수 있다는 원리이다.
• 선반의 높이, 조종장치까지의 거리(조작자와 제어버튼 사이의 거리), 비상벨의 위치 등을 설계할 때 사용한다.

• 최대 집단치 : 문의 높이, 버스 손잡이 높이, 비상탈출구의 크기, 선반의 높이, 의자의 너비

22 인간공학이 추구하는 목적을 가장 잘 설명한 것은?

① 인간요소를 연구하여 환경요소에 통합하려는 것이다.
② 작업, 직무, 기계설비, 방법, 기구, 환경 등을 개선하여 인간을 환경에 적응시키기 위한 것이다.
③ 인간이 좀 더 편리하고 쉽게 살아갈 수 있도록 환경요소에 대한 특정을 찾아내고자 하는 것이다.
④ 인간과 그 대상이 되는 환경요소에 관련된 학문을 연구하여 인간과의 적합성을 연구해 나가는 것이다.

인간공학의 목적
안전성 향상 및 사고방지, 기계조작의 능률성과 생산성의 향상, 작업환경의 쾌적성 향상 등이 있다.

23 인간의 가청주파수 범위로 가장 적절한 것은?

① 10~10,000Hz　　② 20~20,000Hz
③ 30~30,000Hz　　④ 40~40,000Hz

사람의 귀로 들을 수 있는 가청주파수는 20~20,000Hz이다.

24 제어장치(Control)의 인간공학적 설계 시 고려사항으로 틀린 것은?

① 사용할 때 심리적, 역학적 능률을 고려할 것
② 제어장치 움직임과 위치, 제어대상이 서로 맞을 것
③ 제어장치의 운동과 표시장치의 표시가 같은 방향일 것
④ 가장 자주 사용하는 제어장치는 어깨전방의 상단에 설치할 것

정답　20 ②　21 ③　22 ④　23 ②　24 ④

가장 자주 사용하는 제어장치는 어깨전방의 하단에 설치한다.

제어장치의 인간공학적 설계 시 고려사항
• 작업원의 중심선보다는 좌 · 우 어느 쪽으로든 쏠리는 것이 좋다.
• 힘을 요하는 크랭크(Crank)의 축은 신체전면과 평행일 때 좋다.
• 크랭크는 회전축이 신체 전면에서 60~92°가 좋다.
• 앉아 있을 때는 팔꿈치 높이와 같은 수준이 되도록 설계되어야 한다.

25 시간적 변화를 필요로 하는 경우와 연속과정의 제어에 적합한 시각표시장치의 설계 형태는?

① 지침이동형　　② 계수형
③ 지침고정형　　④ 계산기형

해설

지침이동형(정목동침형)
• 눈금이 고정되고 지침이 움직이는 형이다(고정눈금 이동지침 표시장치).
• 일정한 범위에서 수치가 자주 또는 계속 변하는 경우 가장 유용한 표시장치이다.
• 지침의 위치는 인식적인 암시 신호를 얻을 수 있다.

26 수작업을 위한 인공조명 중 가장 효율이 높은 방법은?

① 간접조명　　② 확산조명
③ 직접조명　　④ 투과조명

해설

직접조명
빛의 반사 없이 직접적으로 작업면에 도달하기 때문에 기구의 구조에 따라 눈부심이 발생할 수 있다.
• 장점 : 효율이 가장 좋으며 소비전력은 간접조명의 1/2~1/30이다. 설치비가 저렴하고 설계가 단순하며 보수가 용이하다.
• 단점 : 주위와의 심한 휘도의 차, 짙은 그림자와 반사 눈부심이 심하다.

27 호흡계에 관한 설명으로 틀린 것은?

① 인두(Pharynx)는 호흡기계와 소화기계에 공통으로 관여하는 근육성 관이다.
② 호흡계의 기관(Trachea)은 기능에 따라 전도영역과 호흡영역으로 구분된다.
③ 비강(Nasal Cavity)은 코 속의 원통공간으로 공기를 여과하고 따뜻하게 하는 기능을 가진다.
④ 호흡기는 상기도와 하기도로 구성되어 있으며 이 중 상기도는 코, 비강, 후두로 하기도는 인두, 기관, 기관지, 폐로 구성되어 있다.

해설

상기도는 코, 비강, 인두, 후두로, 하기도는 기관, 기관지, 폐로 구성되어 있다.

호흡기와 호흡계
• 호흡기 : 가스교환을 행하는 호흡에 관한 기관의 총칭으로 비강, 인두(소화기에 속한다), 후두, 기관, 기관지, 폐 등을 가리킨다.
• 호흡계 : 기체의 가스교환에 관여하는 기관들로, 입, 인두, 후두, 기관, 기관지, 세(細)기관지, 폐, 늑골 등이 호흡에 관여한다.

28 신체 진동의 영향을 가장 많이 받는 것은?

① 시력(視力)　　② 미각(味覺)
③ 청력(聽力)　　④ 근력(筋力)

해설

진동이 인간의 성능에 끼치는 영향
• 전신진동은 진폭에 비례하여 시력이 손상되고 작업에 대한 효율을 떨어뜨린다.
• 안정되고 정확한 근육조절을 요하는 작업은 진동에 의하여 저하된다.
• 반응시간, 감시, 형태 식별 등 주로 중앙신경처리에 따른 임무는 진동의 영향을 덜 받는다.

29 시지각과정에서의 게슈탈트 법칙을 설명한 것으로 틀린 것은?

① 최대 질서의 법칙으로서 분절된 게슈탈트마다 어떤 질서를 가지는 것을 의미한다.

② 다양한 내용에서 각자 다른 원리를 표현하고자 하는 것의 이론화 작업이다.

③ 지각에 있어서의 분리를 규정하는 요인으로 공통분모가 되는 것을 끄집어 내는 일의 법칙이다.

④ 구조를 가지고 있기 때문에 에너지가 있고, 운동과 적절한 긴장이 내포되어 역동적, 역학적이다.

[해설]

다양한 내용에서 하나의 그룹으로 묶어 인지한다는 이론이다.

게슈탈트(Gestalt) 법칙 : 형태, 형상을 의미하는 독일어로 형태(Form) 또는 양식(Pattern) 그리고 부분 요소들이 일정한 관계에 의하여 조직된 전체를 뜻한다. 인간의 정신 현상을 개개의 감각적 부분이나 요소의 집합이 아니라 하나의 그 자체로서 전체성으로 구성된 구조나 가지고 있는 특징에 중점을 두고 파악한다.

30 한 감각을 대상으로 두 가지 이상의 신호가 동시에 제시되었을 때 같고 다름을 비교·판단하는 것과 관련이 깊은 용어는?

① 시배분   ② 상대식별

③ 경로용량   ④ 절대식별

[해설]

청각적 신호의 상대식별
• 두 가지 이상의 신호가 근접하여 제시되었을 때 구별한다.
• 어떤 특정한 정보를 전달하는 신호음이 불필요한 잡음과 공존할 때 그 신호음을 구별하는 것이다.

31 다음 중 ( )에 들어갈 말로 옳은 것은?

> 빨간 물감에 흰색 물감을 섞으면 두 개 물감의 비율에 따라 진분홍, 분홍, 연분홍 등으로 변화한다. 이런 경우에 혼합으로 만든 색채들의 ( )는 혼합할수록 낮아진다.

① 명도   ② 채도

③ 밀도   ④ 명시도

[해설]

채도
색의 선명하거나 흐리고 탁한 정도를 말하며 채도가 가장 높은 색은 순색이며 무채색을 섞는 비율에 따라 채도는 점점 낮아진다.

32 먼셀 색체계의 설명으로 옳은 것은?

① 먼셀 색상환의 중심색은 빨강(R), 노랑(Y), 녹색(G), 파랑(B), 자주(P)이다.

② 먼셀의 명도는 1~10까지 모두 10단계로 되어 있다.

③ 먼셀의 채도는 처음의 회색을 1로 하고 점차 높아지도록 하였다.

④ 각각의 색상은 채도 단계가 다르게 만들어지는데, 빨강은 14개, 녹색과 청록은 8개이다.

[해설]

① 먼셀 색상환의 기본색은 빨강(R), 노랑(Y), 녹색(G), 파랑(B), 자주(P)이다.
② 먼셀의 명도는 0~10까지 모두 11단계로 되어 있다.
③ 먼셀의 채도는 처음의 회색을 0으로 하고 색의 순도가 증가할수록 1, 2, 3 등으로 숫자를 높여 간다.

※ **채도** : 색의 맑고 탁한 정도를 말하며 색깔이 없는 무채색을 0으로 기준하여 색의 순도에 따라 채도 값을 1~14단계로 표기한다. 색표에서는 적색은 14, 황색은 12, 청색은 8로 되어 있다.

33 나뭇잎이 녹색으로 보이는 이유를 색채 지각적 원리로 옳게 설명한 것은?

① 녹색의 빛은 투과하고 그 밖의 빛은 흡수하기 때문이다.
② 녹색의 빛은 산란하고 그 밖의 빛은 반사하기 때문이다.
③ 녹색의 빛은 반사하고 그 밖의 빛은 흡수하기 때문이다.
④ 녹색의 빛은 흡수하고 그 밖의 빛은 반사하기 때문이다.

[해설]

색채의 지각원리
나뭇잎이 녹색으로 보이는 이유는 햇빛에 자외선보다 가시광선이 훨씬 많기 때문이다. 빨강, 주황, 노랑, 초록, 파랑, 남색, 보라 등으로 구성된 가시광선 중 녹색 가시광선이 물체에 흡수되지 않고 반사되었기 때문이다.

34 먼셀 색체계의 기본 5색상이 아닌 것은?

① 빨강
② 보라
③ 녹색
④ 자주

[해설]

먼셀 색체계
색상은 적(R), 황(Y), 녹(G), 청(B), 자(P)의 5가지 기본색에 보색을 추가하여 10색상을 나누어 척도화하였다.

35 다음 중 색채의 감정적 효과로서 가장 흥분을 유발시키는 색은?

① 한색계의 높은 채도
② 난색계의 높은 채도
③ 난색계의 낮은 명도
④ 한색계의 높은 명도

[해설]

난색과 한색
• 난색 : 난색 계통의 고명도 · 고채도를 사용하면 교감신경을 자극하여 생리적인 촉진작용을 일으켜 흥분을 유발한다.
• 한색 : 혈압을 낮추는 효과를 주어 마음을 가라앉히는 진정의 효과를 가져온다.

36 조명이나 색을 보는 객관적 조건이 달라져도 주관적으로는 물체색이 달라져 보이지 않는 특성을 가리키는 것은?

① 동화현상
② 푸르킨예현상
③ 색채 항상성
④ 연색성

[해설]

항상성
광원이나 조명이 되는 빛의 강도와 조건이 달라져도 색의 본래의 모습 그대로 지각하는 현상을 말한다.

37 다음 중 유사색상 배색의 특징은?

① 동적이다.
② 자극적인 효과를 준다.
③ 부드럽고 온화하다.
④ 대비가 강하다.

[해설]

유사색상의 배색
색상환에서 서로 근접한 거리에 있는 색상 간의 관계를 '유사색상'이라 하며 무난하고 부드러우며 협조적, 온화함, 상냥함의 감정이다.

38 문 · 스펜서(P. Moon and D. E. Spencer)의 색채조화론 중 거리가 먼 것은?

① 동일의 조화(Identity)
② 유사의 조화(Similarity)
③ 대비의 조화(Contrast)
④ 통일의 조화(Unity)

[해설]

문 · 스펜서의 색채조화론
동일의 조화, 유사의 조화, 대비의 조화가 있다.

정답   **33** ③ **34** ④ **35** ② **36** ③ **37** ③ **38** ④

39 다음 중 부엌을 칠할 때 요리대 앞면의 벽색으로 가장 적합한 것은?

① 명도 2, 채도 9　　② 명도 4, 채도 7
③ 명도 6, 채도 5　　④ 명도 8, 채도 2

[해설]

부엌에는 밝고 청결한 분위기를 형성하는 색채가 바람직하며 고명도, 저채도를 사용한다.

40 디지털색채시스템에서 CMYK 형식에 대한 설명으로 옳은 것은?

① CMYK 4가지 컬러를 혼합하면 검정이 된다.
② 가법혼합방식에 기초한 원리를 사용한다.
③ RGB 형식에서 CMYK 형식으로 변환되었을 경우 컬러가 더욱 선명해 보인다.
④ 표현할 수 있는 컬러의 범위가 RGB 형식보다 넓다.

[해설]

② 감법혼합방식에 기초한 원리를 사용한다.
③ RGB 형식에서 CMYK 형식으로 변환되었을 경우 컬러가 어둡고 탁하게 보인다.
④ 표현할 수 있는 컬러의 범위가 RGB 형식보다 좁다.

CMYK : 색료는 물체의 색으로 시안(Cyan), 마젠타(Magenta), 노랑(Yellow), 검정(Black)의 기본색으로 4종의 색료를 혼합하면 명도와 채도가 낮아져 어두워지고 탁해진다. 보통 인쇄 또는 출력 시 사용되는데, 특히 잉크를 기본바탕으로 해서 표현되는 색상이라 색의 범위는 RGB보다 좁지만 인쇄 시 오차범위가 없다.

3과목 건축재료

41 페어 글라스라고도 불리며 단열성, 차음성이 좋고 결로 방지에 효과적인 유리는?

① 복층유리　　② 강화유리
③ 자외선차단유리　　④ 망입유리

[해설]

복층유리(Pair Glass)
2장 또는 3장의 판유리를 일정한 간격을 두고 금속테두리(간봉)로 기밀하게 접해서 내부를 건조공기로 채운 유리로서 단열성, 차음성이 좋고 결로현상을 예방할 수 있다.

42 목재의 구성요소 중 세포 내의 세포내강이나 세포간극과 같은 빈 공간에 목재조직과 결합되지 않은 상태로 존재하는 수분을 무엇이라 하는가?

① 세포수　　② 혼합수
③ 결합수　　④ 자유수

[해설]

목재 중의 수분은 세포내강이나 세포간극 등과 같은 빈 틈새에 존재하는 자유수(Free Water)와 세포벽에 흡착되어 있는 결합수(Bound Water)로 구성된다.

43 목재의 방부제가 갖추어야 할 성질로 옳지 않은 것은?

① 균류에 대한 저항성이 클 것
② 화학적으로 안정할 것
③ 휘발성이 있을 것
④ 침투성이 클 것

[해설]

목재의 방부의 효과를 얻기 위해 방부제는 침투성이 커야 하며, 휘발성은 최소화되어야 한다.

44 아스팔트 방수재료로서 천연 아스팔트가 아닌 것은?

① 아스팔타이트(Asphaltite)
② 록 아스팔트(Rock Asphalt)
③ 레이크 아스팔트(Lake Asphalt)
④ 블론 아스팔트(Blown Asphalt)

[해설]
블론 아스팔트(Blown Asphalt)는 석유 아스팔트의 한 종류이다.

45 타일에 관한 설명으로 옳지 않은 것은?

① 일반적으로 모자이크 타일 및 내장 타일은 건식법, 외장타일은 습식법에 의해 제조된다.
② 바닥 타일, 외부 타일로는 주로 도기질 타일이 사용된다.
③ 내부벽용 타일은 흡수성과 마모저항성이 조금 떨어지더라도 미려하고 위생적인 것을 선택한다.
④ 타일은 일반적으로 내화적이며, 형상과 색조의 표현이 자유로운 특성이 있다.

[해설]
바닥 타일, 외부 타일로는 주로 자기질 타일이 사용된다.

46 멜라민수지에 관한 설명으로 옳지 않은 것은?

① 열가소성 수지이다.
② 내수성, 내약품성, 내용제성이 좋다.
③ 무색투명하며 착색이 자유롭다.
④ 내열성과 전기적 성질이 요소수지보다 우수하다.

[해설]
멜라민수지는 열경화성 수지이다.

47 인조석 바름 재료에 관한 설명으로 옳지 않은 것은?

① 주재료는 시멘트, 종석, 돌가루, 안료 등이다.
② 돌가루는 부배합의 시멘트가 건조수축할 때 생기는 균열을 방지하기 위해 혼입한다.
③ 안료는 물에 녹지 않고 내알칼리성이 있는 것을 사용한다.
④ 종석의 알의 크기는 2.5mm 체에 100% 통과하는 것으로 한다.

[해설]
인조석 바름 재료인 종석의 알의 크기는 2.5mm 체에 50% 정도 통과하는 것으로 한다.

48 침엽수에 관한 설명으로 옳지 않은 것은?

① 수고가 높으며 통직형이 많다.
② 비교적 경량이며 가공이 용이하다.
③ 건조가 어려우며 결함발생 확률이 높다.
④ 병충해에 약한 편이다.

[해설]
침엽수는 건조가 용이하며, 결함발생 확률이 낮다.

49 용융하기 쉽고, 산에는 강하나 알칼리에 약한 특성이 있으며 건축 일반용 창호유리, 병유리에 자주 사용되는 유리는?

① 소다 석회유리   ② 칼륨 석회유리
③ 보헤미아유리   ④ 납유리

[해설]
소다 석회유리
• 용융되기 쉬우며 산에 강하고 알칼리에 약하다.
• 풍화되기 쉬우며, 비교적 팽창률 및 강도가 크다.
• 일반 건축용 창유리, 일반 병 종류 등에 적용한다.

50 강도, 경도, 비중이 크며 내화적이고 석질이 극히 치밀하여 구조용 석재 또는 장식재로 널리 쓰이는 것은?

① 화강암　　　　　　② 응회암

③ 캐스트스톤　　　　④ 안산암

해설

안산암
- 강도, 경도가 크고 내화력이 우수하며 구조용 석재로 사용한다 (1,200℃에서 파괴).
- 조직과 색조가 균일하지 않아 대재를 얻기 어렵다.
- 가공이 용이하여 조각을 필요로 하는 곳에 적합하다.
- 갈아도 광택이 나지 않는다.

51 철골 부재 간 접합방식 중 마찰접합 또는 인장접합 등을 이용한 것은?

① 메탈터치　　　　　② 컬럼쇼트닝

③ 필릿용접접합　　　④ 고력볼트접합

해설

고력볼트접합
접합시키는 양쪽 재료에 압력을 주고, 양쪽 재료 간의 마찰력에 의하여 응력이 전달되도록 하는 방법이다(마찰, 인장, 지압력 작용).

52 재료의 일반적 성질 중 재료에 외력을 제거하여도 재료가 원상으로 돌아가지 않고 변형된 그대로의 상태로 남아 있는 성질을 무엇이라고 하는가?

① 탄성　　　　　　　② 소성

③ 점성　　　　　　　④ 인성

해설

재료에 외력을 제거하여도 재료가 원상으로 돌아가지 않고 변형된 그대로의 상태로 남아 있는 성질을 소성이라고 하며, 재료의 외력을 제거할 경우 재료가 원상으로 돌아가는 성질을 탄성이라고 한다.

53 시멘트의 조성 화합물 중 수화작용이 가장 빠르며 수화열이 가장 높고 경화과정에서 수축률도 높은 것은?

① 규산 3석회　　　　② 규산 2석회

③ 알루민산 3석회　　④ 알루민산철 4석회

해설

수화열, 조기강도 및 수축률 크기
알루민산 3석회＞규산 3석회＞규산 2석회

※ 알루민산철 4석회는 색상과 관계된 성분이다.

54 도료의 전색제 중 천연수지로 볼 수 없는 것은?

① 로진(Rosin)　　　② 댐머(Dammer)

③ 멜라민(Melamine)　④ 셸락(Shellac)

해설

멜라민(Melamine)은 합성수지에 속한다.

55 경질섬유판의 성질에 관한 설명으로 옳지 않은 것은?

① 가로 · 세로의 신축이 거의 같으므로 비틀림이 적다.

② 표면이 평활하고 비중이 0.5 이하이며 경도가 작다.

③ 구멍 뚫기, 본뜨기, 구부림 등의 2차 가공이 가능하다.

④ 펄프를 접착제로 제판하여 양면을 열압건조시킨 것이다.

해설

경질섬유판은 비중이 0.8 ～ 1.2 정도이며, 경도가 높은 특징을 갖는다.

56 점토제품 중에서 흡수성이 가장 큰 것은?

① 토기　　　　　　　② 도기

③ 석기　　　　　　　④ 자기

정답　　**50** ④　**51** ④　**52** ②　**53** ③　**54** ③　**55** ②　**56** ①

타일의 종류에 따른 흡수성

종류	흡수성	제품
토기	20~30%	붉은 벽돌, 토관, 기와
도기	15~20%	내장타일
석기	8% 이하	클링거 타일
자기	1% 이하	외장타일, 바닥타일, 모자이크 타일

57 알루미늄의 성질에 관한 설명으로 옳지 않은 것은?

① 융점이 낮기 때문에 용해주조도는 좋으나 내화성이 부족하다.
② 열·전기 전도성이 크고 반사율이 높다.
③ 알칼리나 해수에는 부식이 쉽게 일어나지 않지만 대기 중에서는 쉽게 침식된다.
④ 비중이 철의 1/3 정도로 경량이다.

알루미늄
대기 중에서는 표면에 산화피막이 생겨 내부를 보호하지만, 해수, 산, 알칼리에는 침식되며 콘크리트에 부식된다.

58 시멘트를 저장할 때의 주의사항으로 옳지 않은 것은?

① 장기간 저장 시에는 7포 이상 쌓지 않는다.
② 통풍이 원활하도록 한다.
③ 저장소는 방습처리에 유의한다.
④ 3개월 이상 된 것은 재시험하여 사용한다.

통풍이 원활할 경우 풍화의 발생 가능성이 높아진다.

59 다음 중 시멘트의 안정성 측정 시험법은?

① 오토클레이브 팽창도시험
② 브레인법
③ 표준체법
④ 슬럼프시험

시멘트의 성능시험

구분	시험방법
비중시험	르샤틀리에 비중병
분말도시험	체가름시험, 비표면적시험(마노미터, 브레인장치)
안정성시험	오토클레이브(Auto Clave) 팽창도 시험
강도시험	표준모래를 사용하여 휨시험, 압축강도시험
응결시험	길모아 바늘, 비카 바늘에 의한 이상응결시험

60 목재 건조의 목적이 아닌 것은?

① 부재 중량의 경감
② 강도 및 내구성 증진
③ 부패방지 및 충해 예방
④ 가공성 증진

건조의 목적(필요성)
강도 증가, 수축·균열·비틀림 등 변형 방지, 부패균 방지, 경량화 등이 있다.

③ 하부 플랜지의 단면계수 보강

④ 상부 플랜지의 단면계수 보강

해설

철골조에서 스티프너는 웨브 플레이트의 좌굴방지로 사용되고, 커버 플레이트의 경우는 플랜지의 단면계수 보강을 통한 휨저항성 증대를 목적으로 한다.

61 내력벽 벽돌쌓기에 있어서 영식 쌓기가 활용되는 가장 큰 이유는?

① 토막벽돌을 이용할 수 있어 경제적이기 때문에

② 시공의 용이함으로 공사진행이 빠르기 때문에

③ 통줄눈이 생기지 않아 구조적으로 유리하기 때문에

④ 일반적으로 외관이 뛰어나기 때문에

해설

영식 쌓기

한 켜는 길이, 다음 켜는 마구리로 쌓는 방법으로, 마구리 켜의 모서리는 반절 또는 이오토막을 사용한다(가장 튼튼한 쌓기 공법, 내력벽).

64 다음 소방시설 중 소화설비에 해당되지 않는 것은?

① 연결살수설비

② 스프링클러설비

③ 옥외소화전설비

④ 소화기구

해설

연결살수설비는 소화활동설비이다.

62 다음은 건축법령에 따른 차면시설 설치에 관한 조항이다. ( ) 안에 들어갈 내용으로 옳은 것은?

인접 대지경계선으로부터 직선거리 ( ) 이내에 이웃 주택의 내부가 보이는 창문 등을 설치하는 경우에는 차면시설 (遮面施設)을 설치하여야 한다.

① 1.5m

② 2m

③ 3m

④ 4m

해설

창문 등의 차면시설(건축법 시행령 제55조)

인접 대지경계선으로부터 직선거리 2미터 이내에 이웃 주택의 내부가 보이는 창문 등을 설치하는 경우에는 차면시설(遮面施設)을 설치하여야 한다.

65 비상경보설비를 설치하여야 하는 특정소방대상물의 기준으로 옳지 않은 것은?

① 연면적 400m²(지하가 중 터널 또는 사람이 거주하지 않거나 벽이 없는 축사 등 동·식물 관련시설은 제외한다) 이상인 것

② 지하가 중 터널로서 길이가 500m 이상인 것

③ 50명 이상의 근로자가 작업하는 옥내 작업장

④ 지하층 또는 무창층의 바닥면적이 400m²(공연장의 경우 200m²) 이상인 것

해설

비상경보설비를 설치하여야 할 특정소방대상물

• 연면적 400m²(지하가 중 터널 또는 사람이 거주하지 않거나 벽이 없는 축사 등 동·식물 관련시설은 제외) 이상이거나 지하층 또는 무창층의 바닥면적이 150m²(공연장의 경우 100m²) 이상인 것

• 지하가 중 터널로서 길이가 500m 이상인 것

• 50명 이상의 근로자가 작업하는 옥내 작업장

63 철골조에서 스티프너를 사용하는 이유로 가장 적당한 것은?

① 콘크리트와의 일체성 확보

② 웨브 플레이트의 좌굴방지

정답   **61** ③   **62** ②   **63** ②   **64** ①   **65** ④

66 특별피난계단 및 비상용 승강기의 승강장에 설치하는 배연설비의 구조에 관한 기준으로 옳지 않은 것은?

① 배연구 및 배연풍도는 불연재료로 하고, 화재가 발생한 경우 원활하게 배연시킬 수 있는 규모로서 외기 또는 평상시에 사용하지 아니하는 굴뚝에 연결할 것

② 배연구에 설치하는 수동개방장치 또는 자동개방장치(열감지기 또는 연기감지기에 의한 것을 말한다)는 손으로는 열고 닫을 수 없도록 할 것

③ 배연구는 평상시에는 닫힌 상태를 유지하고, 연 경우에는 배연에 의한 기류로 인하여 닫히지 아니하도록 할 것

④ 배연구가 외기에 접하지 아니하는 경우에는 배연기를 설치할 것

[해설]
배연구는 연기감지기 또는 열감지기에 의하여 자동으로 열 수 있는 구조로 하되, 손으로도 열고 닫을 수 있도록 해야 한다.

67 다음은 건축물의 피난 · 방화구조 등의 기준에 관한 규칙에 따른 계단의 설치기준이다. ( ) 안에 들어갈 내용으로 옳은 것은?

> 높이가 ( )를 넘는 계단 및 계단참의 양옆에는 난간(벽 또는 이에 대치되는 것을 포함한다)을 설치할 것

① 1m   ② 1.2m
③ 1.5m   ④ 2m

[해설]
계단의 설치기준(건축물의 피난 · 방화구조 등의 기준에 관한 규칙 제15조)
높이가 1미터를 넘는 계단 및 계단참의 양옆에는 난간(벽 또는 이에 대치되는 것을 포함한다)을 설치할 것

68 오피스텔과 공동주택의 난방설비를 개별난방방식으로 하는 경우의 기준으로 옳지 않은 것은?

① 보일러는 거실 외의 곳에 설치하고 보일러를 설치하는 곳과 거실 사이의 경계벽은 출입구를 포함하여 불연재료로 마감한다.

② 보일러실의 윗부분에는 0.5m² 이상의 환기창을 설치한다.

③ 오피스텔의 경우에는 난방구획을 방화구획으로 구획한다.

④ 기름보일러를 설치하는 경우에는 기름저장소를 보일러실 외의 다른 곳에 설치한다.

[해설]
개별난방설비(건축물의 설비기준 등에 관한 규칙 제13조)
보일러는 거실 외의 곳에 설치하되, 보일러를 설치하는 곳과 거실 사이의 경계벽은 출입구를 제외하고는 내화구조의 벽으로 구획해야 한다.

69 서양 건축양식을 시대순에 따라 옳게 나열한 것은?

① 비잔틴 – 로코코 – 로마 – 르네상스
② 바로크 – 로마 – 이집트 – 비잔틴
③ 이집트 – 바로크 – 로마 – 르네상스
④ 이집트 – 로마 – 비잔틴 – 바로크

[해설]
서양 건축양식의 발달 순서
이집트 → 그리스 → 로마 → 초기 기독교 → 비잔틴 → 로마네스크 → 고딕 → 르네상스 → 바로크 → 로코코

70 다음 중 방염 대상물품에 해당되지 않는 것은?

① 암막
② 무대용 합판
③ 종이벽지
④ 창문에 설치하는 커튼류

정답   **66** ②   **67** ①   **68** ①   **69** ④   **70** ③

71 제연설비를 설치해야 할 특정소방대상물이 아닌 것은?

① 특정소방대상물(갓복도형 아파트 등은 제외한다)에 부설된 특별피난계단 또는 비상용 승강기의 승강장
② 지하가(터널은 제외한다)로서 연면적이 500m²인 것
③ 문화 및 집회시설로서 무대부의 바닥면적이 300m²인 것
④ 지하가 중 예상 교통량, 경사도 등 터널의 특성을 고려하여 행정안전부령으로 정하는 터널

72 소방시설법령에서 정의한 무창층에 해당하는 기준으로 옳은 것은?

• A : 무창층과 관련된 일정요건을 갖춘 개구부 면적의 합계
• B : 해당 층 바닥면적

① A/B ≤ 1/10
② A/B ≤ 1/20
③ A/B ≤ 1/30
④ A/B ≤ 1/40

73 굴뚝 또는 사일로 등 평면형상이 일정하고 구조물에 가장 적합한 거푸집은?

① 유로폼
② 워플폼
③ 터널폼
④ 슬라이딩폼

74 벽이나 바닥, 지붕 등 건축물의 특정부위에 단열이 연속되지 않은 부분이 있어 이 부위를 통한 열의 이동이 많아지는 현상을 무엇이라 하는가?

① 결로현상
② 열획득현상
③ 대류현상
④ 열교현상

75 다음 중 광속의 단위로 옳은 것은?

① cd
② lx
③ lm
④ cd/m²

76 스프링클러설비를 설치하여야 하는 특정소방대상물에 대한 기준으로 옳은 것은?

① 창고시설(물류터미널은 제외한다)로서 바닥면적 합계가 3,000m² 이상인 경우에는 모든 층

② 판매시설, 운수시설 및 창고시설(물류터미널에 한정한다)로서 바닥면적의 합계가 3,000m² 이상이거나 수용인원이 300명 이상인 경우에는 모든 층

③ 숙박이 가능한 수련시설로서 해당용도로 사용되는 바닥면적의 합계가 600m² 이상인 경우 모든 층

④ 종교시설(주요 구조부가 목조인 것은 제외)의 경우 수용인원이 50명 이상인 경우 모든 층

> **해설**
>
> ① 창고시설(물류터미널은 제외한다)로서 바닥면적 합계가 5,000m² 이상인 경우에는 모든 층
> ② 판매시설, 운수시설 및 창고시설(물류터미널에 한정한다)로서 바닥면적의 합계가 5,000m² 이상이거나 수용인원이 500명 이상인 경우에는 모든 층
> ④ 종교시설(주요 구조부가 목조인 것은 제외)의 경우 수용인원이 100명 이상인 경우 모든 층

77 한국 전통건축 관련 용어에 관한 설명으로 옳지 않은 것은?

① 평방 : 기둥 상부의 창방 위에 놓아 다포계 건물의 주간포작을 설치하기 용이하도록 하기 위한 직사각형 단면의 부재이다.

② 연등천장 : 따로 반자를 설치하지 않고 서까래를 그대로 노출시킨 천장이며, 구조미를 나타낸다.

③ 귀솟음 : 기둥머리를 건물 안쪽으로 약간씩 기울여주는 것을 말하며, 오금법이라고도 한다.

④ 활주 : 추녀 밑을 받치고 있는 기둥을 말한다.

> **해설**
>
> ③은 안쏠림(오금법)에 대한 설명이다.
>
> ※ **귀솟음(우주)** : 건물의 귀기둥을 중간 평주보다 높게 한 것을 말한다.

78 건축물에 설치하는 방화벽의 구조에 관한 기준으로 옳지 않은 것은?

① 방화벽에 설치하는 출입문의 너비 및 높이는 각각 2.5m 이하로 한다.

② 방화벽에 설치하는 출입문은 60 + 방화문 또는 60분 방화문 혹은 30분 방화문으로 한다.

③ 내화구조로서 홀로 설 수 있는 구조로 한다.

④ 방화벽의 양쪽 끝과 위쪽 끝을 건축물의 외벽면 및 지붕면으로부터 0.5m 이상 튀어나오게 한다.

> **해설**
>
> 방화벽에 설치하는 출입문은 60 + 방화문 또는 60분 방화문으로 한다.

79 상업지역 및 주거지역에서 건축물에 설치하는 냉방시설 및 환기시설의 배기구는 도로면으로부터 최소 얼마 이상의 높이에 설치하여야 하는가?

① 1m   ② 2m

③ 3m   ④ 4m

> **해설**
>
> **상업지역 및 주거지역에서 건축물에 설치하는 냉방시설 및 환기시설의 배기구와 배기장치의 설치기준**
> • 배기구는 도로면으로부터 2m 이상의 높이에 설치할 것
> • 배기장치에서 나오는 열기가 인근 건축물의 거주자나 보행자에게 직접 닿지 아니하도록 할 것

80 건축허가 등을 함에 있어서 미리 소방본부장 또는 소방서장의 동의를 받아야 하는 다음 대상 건축물의 최소 연면적 기준은?

대상건축물 : 노유자시설 및 수련시설

① 200m² 이상   ② 300m² 이상

③ 400m² 이상   ④ 500m² 이상

> **해설**
>
> **건축허가 등의 동의대상물의 범위 등(소방시설 설치 및 관리에 관한 법률 시행령 제7조)**
> 노유자시설(老幼者施設) 및 수련시설 : 200제곱미터

정답   **77** ③   **78** ②   **79** ②   **80** ①

01 공간을 에워싸는 수직적 요소로 수평방향을 차단하여 공간을 형성하는 기능을 하는 것은?

① 벽   ② 보
③ 바닥   ④ 천장

해설

보, 바닥, 천장은 수평적 요소이다.

벽 : 실내공간을 에워싸는 수직적 요소로 수평방향을 차단하여 공간을 형성한다. 공간의 형태와 크기를 결정하며 공간과 공간을 구분한다.

02 착시현상의 내용으로 옳지 않은 것은?

① 같은 길이의 수평선이 수직선보다 길어 보인다.
② 사선이 2개 이상의 평행선으로 중단되면 서로 어긋나 보인다.
③ 같은 크기의 도형이 상하로 겹쳐져 있을 때 위의 것이 커 보인다.
④ 검정 바탕에 흰 원이 동일한 크기의 흰 바탕에 검정 원보다 넓게 보인다.

해설

길이의 착시(분트도형)
동일한 길이의 수직선이 수평선보다 길어 보인다.

03 공동주택의 평면형식 중 계단실형(홀형)에 관한 설명으로 옳은 것은?

① 통행부의 면적이 작아 건물의 이용도가 높다.
② 1대의 엘리베이터에 대한 이용 가능한 세대수가 가장 많다.

③ 각 층에 있는 공용 복도를 통해 각 세대로 출입하는 형식이다.
④ 대지의 이용률이 높아 도심지 내의 독신자용 공동주택에 주로 이용된다.

해설

②·③은 편복도형(갓복도형), ④는 중복도형에 대한 설명이다.

계단실형(홀형) : 계단실이나 엘리베이터 홀에서 직접 각 세대로 출입하는 형식이다.
• 장점 : 독립성이 좋아 프라이버시 확보가 용이하고 통행부 면적이 감소하여 건물의 이용도가 높다.
• 단점 : 계단실마다 엘리베이터를 설치해야 하므로 시설비가 많이 든다.

04 실내공간의 형태에 관한 설명으로 옳지 않은 것은?

① 원형의 공간은 중심성을 갖는다.
② 정방형의 공간은 방향성을 갖는다.
③ 직사각형의 공간에서는 깊이를 느낄 수 있다.
④ 천장이 모인 삼각형 공간은 높이에 관심이 집중된다.

해설

정방형의 공간은 방향성이 작용하지 않는다.

※ **공간의 형태**
• 원, 정사각형, 정삼각형, 정육각형의 평면형 공간은 중심이 중앙에 있어 강한 방향성이 작용하지 않는다.
• 타원, 직사각형, 직삼각형의 공간형태는 한쪽으로 길게 뻗쳐 긴 축을 갖고 있으며 강한 방향성을 갖는다.

05 디자인을 위한 조건 중 최소의 재료와 노력으로 최대의 효과를 얻고자 하는 것은?

① 독창성   ② 경제성
③ 심미성   ④ 합목적성

정답   01 ① 02 ① 03 ① 04 ② 05 ②

06 바탕과 도형의 관계에서 도형이 되기 쉬운 조건에 관한 설명으로 옳지 않은 것은?

① 규칙적인 것은 도형으로 되기 쉽다.
② 바탕 위에 무리로 된 것은 도형으로 되기 쉽다.
③ 명도가 높은 것보다 낮은 것이 도형으로 되기 쉽다.
④ 이미 도형으로서 체험한 것은 도형으로 되기 쉽다.

07 개방형(Open Plan) 사무공간에 있어서 평면계획의 기준이 되는 것은?

① 책상배치　　　　② 설비시스템
③ 조명의 분포　　　④ 출입구의 위치

08 디자인의 원리 중 균형에 관한 설명으로 옳지 않은 것은?

① 대칭적 균형은 가장 완전한 균형의 상태이다.
② 비대칭 균형은 능동의 균형, 비정형 균형이라고도 한다.
③ 방사형 균형은 한 점에서 분산되거나 중심점에서부터 원형으로 분산되어 표현된다.
④ 명도에 의해서 균형을 이끌어 낼 수 있으나 색채에 의해서는 균형을 표현할 수 없다.

09 다음 설명에 알맞은 전시공간의 특수전시기법은?

- 연속적인 주제를 시간적인 연속성을 가지고 선형으로 연출하는 전시기법이다.
- 벽면전시와 입체물이 병행되는 것이 일반적인 유형으로 넓은 시야의 실경을 보는 듯한 감각을 준다.

① 디오라마 전시　　② 파노라마 전시
③ 아일랜드 전시　　④ 하모니카 전시

10 상품의 유효진열범위에서 고객의 시선이 자연스럽게 머물고, 손으로 잡기에도 편한 높이인 골든 스페이스(Golden Space)의 범위는?

① 500~850mm
② 850~1,250mm
③ 1,250~1,400mm
④ 1,400~1,600mm

상품 진열 시 가장 편한 높이는 850~1,250mm이며 이 범위를 골든 스페이스(Golden Space)라고 한다.

11 소파나 의자 옆에 위치하며 손이 쉽게 닿는 범위 내에 전화기, 문구 등 필요한 물품을 올려놓거나 수납하며 찻잔, 컵 등을 올려놓기도 하여 차탁자의 보조용으로도 사용되는 테이블은?

① 티 테이블(Tea Table)
② 엔드 테이블(End Table)
③ 나이트 테이블(Night Table)
④ 익스텐션 테이블 (Extension Table)

① 티 테이블(Tea Table): 차를 마실 때 이용되는 테이블이다.
③ 나이트 테이블(Night Table): 침대 옆에 있는 작은 테이블로, 취침 시 침대에서 손이 닿을 수 있도록 한다.
④ 익스텐션 테이블 (Extension Table) : 필요에 따라 확장 및 접을 수 있어 길이조절이 가능한 테이블이다.

12 실내디자인 요소 중 선에 관한 설명으로 옳지 않은 것은?

① 많은 선을 근접시키면 면으로 인식된다.
② 수직선은 공간을 실제보다 더 높아 보이게 한다.
③ 수평선은 무한, 확대, 안정 등 주로 정적인 느낌을 준다.
④ 곡선은 약동감, 생동감 넘치는 에너지와 운동감, 속도감을 준다.

• 곡선의 효과 : 우아하고, 유연함과 부드러움을 나타내며 여성적인 섬세함을 준다.
• 사선의 효과 : 약동감, 생동감 넘치는 에너지와 운동감, 속도감을 준다.

13 건축화조명방식에 관한 설명으로 옳지 않은 것은?

① 밸런스조명은 창이나 벽의 커튼 상부에 부설된 조명이다.
② 코브조명은 반사광을 사용하지 않고 광원의 빛을 직접 조명하는 방식이다.
③ 광창조명은 넓은 면적의 벽면에 매입하여 비스타(Vista)적인 효과를 낼 수 있다.
④ 코니스조명은 벽면의 상부에 위치하여 모든 빛이 아래로 직사하도록 하는 조명방식이다.

코브조명
천장, 벽의 구조체 안에 조명기구를 매입시키고 광원의 빛을 가린 후 반사광으로 간접 조명하는 방식으로 조도가 균일하며 눈부심이 없고 보조조명으로 주로 사용된다.

14 실내계획에 있어서 그리드 플래닝(Grid Planning)을 적용하는 전형적인 프로젝트는?

① 사무소
② 미술관
③ 단독주택
④ 레스토랑

그리드 플래닝
사무소 평면배치의 기본은 격자치수(그리드 플래닝)로 계획모듈이나 기본적 치수단위의 기준을 정한다(학교, 병원, 사무소).

정답　　**10** ②　**11** ②　**12** ④　**13** ②　**14** ①

15 스툴(Stool)의 종류 중 편안한 휴식을 위해 발을 올려놓는 데 사용되는 것은?

① 세티   ② 오토만

③ 카우치   ④ 체스터필드

해설

스툴의 종류
- 세티 : 동일한 두 개의 의자를 나란히 합하여 2인이 앉을 수 있도록 한 것이다.
- 오토만 : 등받이와 팔걸이가 없는 형태의 보조의자로 발을 올려놓는 데 사용된다.
- 카우치 : 몸을 기댈 수 있도록 좌면의 한쪽 끝이 올라간 형태로 고대 로마시대에 음식물을 먹거나 잠을 자기 위해 사용했던 긴 의자이다.
- 체스터필드 : 소파의 골격에 쿠션성능이 좋도록 솜, 스펀지 등의 속을 많이 채워 넣고 천으로 감싼 소파로, 구조, 형태 및 사용상 안락성이 매우 크다.

16 부엌에서의 작업 순서를 고려한 효율적인 작업대의 배치순서로 알맞은 것은?

① 준비대 → 조리대 → 가열대 → 개수대 → 배선대
② 개수대 → 준비대 → 가열대 → 조리대 → 배선대
③ 준비대 → 개수대 → 조리대 → 가열대 → 배선대
④ 개수대 → 조리대 → 준비대 → 가열대 → 배선대

해설

부엌의 작업순서
준비대 – 개수대 – 조리대 – 가열대 – 배선대

17 일광조절장치에 속하지 않는 것은?

① 커튼   ② 루버

③ 코니스   ④ 블라인드

해설

코니스(Cornice)는 벽면의 상부에 위치하여 모든 빛이 아래로 직사하도록 하는 조명방식이다.

일광조절장치 : 창문을 통해 입사되는 빛의 조절기능, 열과 음의 차단, 온도의 조절기능, 실내의 프라이버시를 차단하고 인테리어적인 기능이 있다.

18 창에 관한 설명으로 옳지 않은 것은?

① 고정창은 비교적 크기와 형태에 제약 없이 자유로이 디자인할 수 있다.
② 창의 높낮이는 가구의 높이와 사람의 시선 높이에 영향을 받는다.
③ 충분한 보온과 개폐의 용이를 위해 창은 가능한 한 크게 하는 것이 좋다.
④ 창은 채광, 조망, 환기, 통풍의 역할을 하며 벽과 천장에 위치할 수 있다.

해설

창문이 많고 클수록 난방효과 및 에너지 효율 측면에서 불리하다.

창 : 건축법 시행령 제51조에 따르면 채광을 위한 창문의 면적은 거실 바닥면적의 1/10 이상, 환기를 위한 창문은 거실 바닥면적의 1/20 이상이어야 한다.

19 단독주택의 현관에 관한 설명으로 옳은 것은?

① 거실의 일부를 현관으로 만드는 것이 좋다.
② 바닥은 저명도·저채도의 색으로 계획하는 것이 좋다.
③ 전실을 두지 않으며 현관문은 미닫이문을 사용하는 것이 좋다.
④ 현관문은 외기와의 환기를 위해 거실과 직접 연결되도록 하는 것이 좋다.

해설

① 거실의 일부를 현관으로 만드는 것은 지양한다.
③ 현관문은 여닫이문을 사용하는 것이 좋다.
④ 현관을 열었을 때 거실과 직접 연결이 되지 않도록 한다.

현관
- 주출입구의 기능과 내방객을 처음 맞이하는 접객공간으로 현관을 열었을 때 실내가 지나치게 노출되지 않도록 계획한다.
- 입시소건, 도로의 위치, 대지의 형태 등에 영향을 받아 결정되는 경우가 많다.

20 상점 내 동선계획에 관한 설명으로 옳지 않은 것은?

① 고객동선은 짧고 간단하게 하는 것이 좋다.

② 직원동선은 되도록 짧게 하여 보행 및 서비스 거리를 최대한 줄이는 것이 좋다.

③ 고객동선과 직원동선이 만나는 곳에는 카운터 및 쇼케이스를 배치하는 것이 좋다.

④ 고객동선은 흐름의 연속성이 상징적·지각적으로 분할되지 않는 수평적 바닥이 되도록 하는 것이 좋다.

> **해설**
>
> **상점의 동선**
> • 고객동선, 종업원동선, 상품동선으로 분류한다.
> • 고객동선은 충동구매를 유도하기 위해 길게 배치하는 것이 좋으며, 종업원동선은 고객동선과 교차되지 않도록 한다. 고객을 위한 통로는 폭 900mm 이상으로 한다.

2과목 색채 및 인간공학

21 인간의 동작 중 굴곡에 관한 설명이 맞는 것은?

① 손바닥을 아래로

② 부위 간의 각도 감소

③ 몸의 중심선으로의 이동

④ 몸의 중심선으로의 회전

> **해설**
>
> ①은 하향, ③은 내전, ④는 외전에 대한 설명이다.
>
> **신체 부위의 동작**
> • 굴곡 : 관절의 각도가 감소되는 동작
> • 하향 : 손바닥을 아래로 향하는 동작
> • 내전 : 인체의 중심선에 가까워지도록 이동하는 동작
> • 외전 : 인체의 중심선에서 멀어지도록 이동하는 동작

22 기계가 인간을 능가하는 기능으로 볼 수 있는 것은?(단, 인공지능은 제외한다)

① 귀납적으로 추리, 분석한다.

② 새로운 개념을 창의적으로 유도한다.

③ 다양한 경험을 토대로 의사결정을 한다.

④ 구체적 요청이 있을 때 정보를 신속, 정확하게 상기한다.

> **해설**
>
> **인간과 기계의 능력 비교**

인간	• 예기치 못하는 자극을 탐지한다. • 기억에서 적절한 정보를 꺼낸다. • 주관적인 평가를 한다. • 귀납적 추리가 가능하다. • 시각, 청각, 촉각, 후각, 미각 등의 작은 자극에도 감지한다. • 원리를 여러 문제해결에 응용한다.
기계	• 반복동작을 확실히 한다. • 명령대로 한다. • 동시에 여러 가지 활동을 한다. • 물량을 셈하거나 측량한다. • 연역적인 추리를 한다. • 신속 정확하게 정보를 꺼낸다. • 신속하면서 대량의 정보를 기억할 수 있다.

23 동작경제의 원리에 관한 내용으로 틀린 것은?

① 가능하다면 낙하식 운반방법을 사용한다.

② 자연스러운 리듬이 생기도록 동작을 배치한다.

③ 두 손의 동작은 동시에 시작하고, 각각 끝나도록 한다.

④ 두 팔의 동작은 서로 반대방향으로 대칭되도록 움직인다.

> **해설**
>
> **동작경제 – 신체 사용에 관한 원칙**
> • 두 손의 동작은 같이 시작하고 같이 끝나도록 한다.
> • 휴식시간을 제외하고는 양손이 같이 쉬지 않도록 한다.
> • 두 팔의 동작은 서로 반대방향으로 대칭적으로 움직인다.
> • 손과 신체의 동작은 작업을 원만하게 처리할 수 있는 범위 내에서 가장 낮은 동작 등급을 사용하도록 한다.

- 손의 동작은 유연하고 연속적인 동작이 되도록 하며, 방향이 갑자기 크게 바뀌는 모양의 직선동작은 피하도록 한다.
- 가능하다면 쉽고도 자연스러운 리듬이 작업동작에 생기도록 작업을 배치한다.

24 일반적으로 인간공학 연구에서 사용되는 기준의 요건이 아닌 것은?

① 적절성
② 고용률
③ 무오염성
④ 기준 척도의 신뢰성

해설

인간공학 연구기준의 요건
실제적 요건, 적절성(타당성), 무오염성, 기준 척도의 신뢰성, 민감도

25 소리에 관한 설명으로 틀린 것은?

① 굴절현상 시 진동수는 변함없다.
② 저주파일수록 회절이 많이 발생한다.
③ 반사 시 입사각과 반사각은 동일하다.
④ 은폐(Masking)효과는 은폐음과 피은폐음의 종류와 무관하다.

해설

은폐(Masking)효과는 은폐음과 피은폐음의 종류와 무관하지 않다.

※ **음의 은폐효과(Masking)** : 음의 한 성분이 다른 성분의 청각감지를 방해하는 현상으로 한음의 가청역치가 다른 음 때문에 높아지는 것을 말한다. 즉, 음폐음 때문에 피은폐음이 잘 들리지 않는 현상이다.

26 정신적 피로의 징후가 아닌 것은?

① 긴장감 감퇴
② 의지력 저하

③ 기억력 감퇴
④ 주의 범위가 넓어짐

해설

정신적 피로의 증상
- 주의력이 감소 또는 경감된다.
- 불쾌감이 증가된다.
- 긴장감이 해지 또는 해소된다.
- 권태, 태만해지고 관심 및 흥미감이 상실된다.
- 졸음, 두통, 싫증, 짜증이 일어난다.

27 랜돌트의 링(Landolt Ring)과 관계가 깊은 것은?

① 시력측정
② 청력측정
③ 근력측정
④ 심전도측정

해설

랜돌트의 링(Landolt Ring)
시력측정에 쓰이는 시표로, C모양의 고리 일부에 잘린 데가 있어서 그 방향을 검출함으로써 시력을 결정한다.

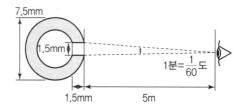

28 동일한 작업 시 에너지 소비량에 영향을 끼치는 인자가 아닌 것은?

① 심박수
② 작업방법
③ 작업자세
④ 작업속도

해설

동일한 작업 시 에너지 소비량에 영향을 끼치는 요소
작업시간, 작업자세, 작업방법, 작업조건, 작업속도

정답 24 ② 25 ④ 26 ④ 27 ① 28 ①

29 조명의 적절성을 결정하는 요소가 아닌 것은?

① 작업의 형태

② 작업자 성별

③ 작업에 나타나는 위험 정도

④ 작업이 수행되는 속도와 정확성

해설

작업자 성별은 조명의 적절성을 결정하는 요소와는 상관없다.

※ 조명은 연령, 작업속도, 작업유형 등에 많은 영향을 주기 때문에 작업의 특성과 작업자의 연령 등을 고려해서 적절한 조명을 결정한다.

30 패널레이아웃(Panel Layout) 설계 시 표시장치의 그룹핑에 가장 많이 고려하여야 할 설계원칙은?

① 접근성

② 연속성

③ 유사성

④ 폐쇄성

해설

그룹핑의 법칙(Rules of Grouping)
독일의 심리학자 베르타이머가 주장한 법칙으로, 우리의 뇌가 모양이나 크기, 방향, 거리, 색깔, 위치 등이 비슷하면 한 그룹으로 보려는 시지각적 특성을 말한다.

※ 유사성 : 모양이나 크기와 같은 시각적인 요소가 유사한 것끼리 하나의 모양으로 보이는 법칙으로 어떤 대상들이 서로 유사한 요소를 가지고 있다면 하나의 덩어리로 인지하려는 특징을 말한다.

31 음(音)과 색에 대한 공감각의 설명 중 틀린 것은?

① 저명도의 색은 낮은 음을 느낀다.

② 순색에 가까운 색은 예리한 음을 느끼게 된다.

③ 회색을 띤 둔한 색은 불협화음을 느낀다.

④ 밝고 채도가 낮은 색은 높은음을 느끼게 된다.

해설

밝고 채도가 높은 색은 높은음을 느끼게 된다.

음과 색에 대한 공감각
• 공감각 : 색채의 특성이 다른 감각으로 표현되는 것으로 동시에 다른 감각을 함께 느끼는 것을 의미한다.
• 청각 : 소리를 듣는 감각으로 높은음, 낮은음, 표준음, 탁음 등이 있다.

높은음	밝고 강한 고채도의 색
낮은음	저명도, 저채도의 어두운색
표준음	중명도와 중채도의 색
탁음	회색 기미의 비교적 채도가 낮은 색
예리한 음	순색에 가까운 고명도, 고채도의 색

32 색각에 대한 학설 중 3원색설을 주장한 사람은?

① 헤링

② 영·헬름홀츠

③ 맥니콜

④ 먼셀

해설

영·헬름홀츠의 3원색설
우리 눈의 망막조직에는 R, G, B(빨강, 녹색, 파랑)의 세포가 있고 색광을 감광하는 시신경 섬유가 있어 이 세포들이 시신경을 통해 혼합을 뇌에 전달함으로써 색을 인지한다고 주장했다. 즉, 세 가지 시세포가 망막에 분포하여 여러 가지 색지각이 일어난다는 설이다.

33 L*a*b* 색체계에 대한 설명으로 틀린 것은?

① a*와 b*는 모두 +값과 −값을 가질 수 있다.

② a*가 −값이면 빨간색 계열이다.

③ b*가 +값이면 노란색 계열이다.

④ L이 100이면 흰색이다.

해설

a*가 −값이면 녹색 계열이다.

Lab 컬러모드
헤링의 4원색설에 기초로 L*a*b* 색공간에서 L*=명도, a*=색상, b*=채도를 나타내며 100=흰색, 0=검은색이다. +a*=빨강, −a*=초록, +b*=노랑, −b*=파랑을 의미한다.

34 색채의 상징에서 빨강과 관련이 없는 것은?

① 정열 ② 희망

③ 위험 ④ 흥분

해설

색의 상징 및 연상
- 빨강 : 정열, 위험, 흥분
- 노랑 : 희망, 명랑
- 파랑 : 젊음, 성실
- 초록 : 안정, 휴식
- 흰색 : 소박, 신성
- 보라 : 신비, 우아

35 다음 ( )의 내용으로 옳은 것은?

서로 다른 두 색이 인접했을 때 서로의 영향으로 밝은색은 더욱 밝아 보이고, 어두운색은 더욱 어두워 보이는 현상을 ( )대비라고 한다.

① 색상 ② 채도

③ 명도 ④ 동시

해설

명도
색의 밝고 어두운 정도를 말하며 밝음의 감각을 척도화한 것이라고 할 수 있다.

36 색명을 분류하는 방법 중 톤(Tone)에 대한 설명 중 옳은 것은?

① 명도만을 포함하는 개념이다.

② 채도만을 포함하는 개념이다.

③ 명도와 채도를 포함하는 복합개념이다.

④ 명도와 색상을 포함하는 복합개념이다.

해설

톤(Tone)
명도와 채도의 복합개념으로 색채조화를 색상과 톤의 두 가지 속성으로 계획할 수 있다.

37 벡터 방식(Vector)에 대한 설명으로 옳지 않은 것은?

① 일러스트레이터, 플래시와 같은 프로그램 사용방식이다.

② 사진 이미지 변형, 합성 등에 적절하다.

③ 비트맵 방식보다 이미지의 용량이 적다.

④ 확대 축소 등에도 이미지 손상이 없다.

해설

- 벡터(Vector) : 점과 점 사이의 선을 이용해 이미지를 구성하는 방식으로 2, 3차원 공간에서 선, 네모, 원 등 그래픽 형상을 수학적 표현을 통해 나타낸다. 프로그램은 일러스트레이터, CAD 등이 있다.
- 비트맵(Bitmap) : 사진, 이미지, 변형, 합성 등에 적절하다.

38 다음 중 색채에 대한 설명이 틀린 것은?

① 난색계의 빨강은 진출, 팽창되어 보인다.

② 노란색은 확대되어 보이는 색이다.

③ 일정한 거리에서 보면 노란색이 파란색보다 가깝게 느껴진다.

④ 같은 크기일 때 파랑, 청록 계통이 노랑, 빨강 계열보다 크게 보인다.

해설

같은 크기일 때 파랑, 청록 계통이 노랑, 빨강 계열보다 작게 보인다.

※ **난색과 한색**
- 난색 : 따뜻한 느낌의 색으로 저명도, 장파장인 빨간색 · 주황색 · 황색 등이 있으며 팽창 · 진출성이 있다.
- 한색 : 차가운 느낌의 색으로 고명도, 단파장인 파란색 계열, 청록색 등이 있으며 수축 · 후퇴성이 있다.

39 문·스펜서의 색채조화론에 대한 설명이 아닌 것은?

① 먼셀 표색계에 의해 설명된다.

② 색채 조화론을 보다 과학적으로 설명하도록 정량적으로 취급한다.

③ 색의 3속성에 대하여 지각적으로 고른 색채단계를 가지는 독자적인 색입체로 오메가 공간을 설정하였다.

④ 상호 간에 어떤 공통된 속성을 가진 배색으로 등가색 조화가 좋은 예이다.

[해설]

④는 오스트발트 색채조화론에 대한 설명이다.

문·스펜서의 조화론: 배색의 아름다움에 관한 면적비나 아름다움의 정도 등의 문제를 정량적으로 취급하여 계산에 의해 계량이 가능하도록 시도했다는 점이다.

40 먼셀기호 5B 8/4, N4에 관한 다음 설명 중 맞는 것은?

① 유채색의 명도는 5이다.

② 무채색의 명도는 8이다.

③ 유채색의 채도는 4이다.

④ 무채색의 채도는 N4이다.

[해설]

먼셀 표색계

H V/C로 표시하며 H(Hue, 색상), V(Value, 명도), C(Chroma, 채도) 순서대로 기호화해서 표시한다.

---

41 골재의 함수상태에 관한 식으로 옳지 않은 것은?

① 흡수량 = (표면건조상태의 중량) − (절대건조상태의 중량)

② 유효흡수량 = (표면건조상태의 중량) − (기건상태의 중량)

③ 표면수량 = (습윤상태의 중량) − (표면건조상태의 중량)

④ 전체 함수량 = (습윤상태의 중량) − (기건상태의 중량)

[해설]

전체 함수량은 습윤상태의 중량에서 절대건조상태의 중량을 뺀 값이다.

42 석재의 성질에 관한 설명으로 옳지 않은 것은?

① 화강암은 온도상승에 의한 강도저하가 심하다.

② 대리석은 산성비에 약해 광택이 쉽게 없어진다.

③ 부석은 비중이 커서 물에 쉽게 가라앉는다.

④ 사암은 함유광물의 성분에 따라 암석의 질, 내구성, 강도에 현저한 차이가 있다.

[해설]

부석은 다공질이며, 비중이 작아 물에 쉽게 가라앉지 않는다.

43 알루미늄과 철재의 접촉면 사이에 수분이 있을 때 알루미늄이 부식되는 현상은 어떠한 작용에 기인한 것인가?

① 열분해작용　　　　② 전기분해작용

③ 산화작용　　　　　④ 기상작용

[해설]

알루미늄과 철재의 이온화경향 차이에 의한 것으로 전자의 이동에 의한 것이므로 전기분해작용에 해당한다.

정답　**39** ④　**40** ③　**41** ④　**42** ③　**43** ②

44 회반죽바름 시 사용하는 해초풀은 채취 후 1~2년 경과된 것이 좋은데 그 이유는 무엇인가?

① 염분제거가 쉽기 때문이다.
② 점도가 높기 때문이다.
③ 알칼리도가 높기 때문이다.
④ 색상이 우수하기 때문이다.

[해설]

해초풀은 채취하고 어느 정도(1~2년) 기간이 경과해야 효과적으로 염분제거가 가능하다.

45 강화유리에 관한 설명으로 옳지 않은 것은?

① 판유리를 600℃ 이상의 연화점까지 가열한 후 급랭시켜 만든다.
② 파괴 시 파편이 예리하여 위험하다.
③ 강도는 보통 유리의 3~5배 정도이다.
④ 제조 후 현장가공이 불가하다.

[해설]

파괴 시 둔각으로 파편이 형성되어 날카로움이 덜하다.

46 침엽수에 관한 설명으로 옳은 것은?

① 대표적인 수종은 소나무와 느티나무, 박달나무 등이다.
② 재질에 따라 경재(Hard Wood)로 분류된다.
③ 일반적으로 활엽수에 비하여 직통대재가 많고 가공이 용이하다.
④ 수선세포는 뚜렷하게 아름다운 무늬로 나타난다.

[해설]

① 소나무는 침엽수이나, 느티나무와 박달나무는 활엽수이다.
② 침엽수는 연재(Soft Wood)로 재실이 연하고, 활엽수는 경재(Hard Wood)로 재질이 강하다.
④ 수선세포가 뚜렷하게 아름다운 무늬로 나타나는 것은 활엽수의 특징이다.

47 금속 가공제품에 관한 설명으로 옳은 것은?

① 조이너는 얇은 판에 여러 가지 모양으로 도려낸 철물로서 환기구·라디에이터 커버 등에 이용된다.
② 펀칭메탈은 계단의 디딤판 끝에 대어 오르내릴 때 미끄러지지 않게 하는 철물이다.
③ 코너비드는 벽·기둥 등의 모서리부분의 미장바름을 보호하기 위하여 사용한다.
④ 논슬립은 천장·벽 등에 보드류를 붙이고 그 이음새를 감추고 누르는 데 쓰이는 것이다.

[해설]

①은 펀칭메탈, ②는 논슬립, ④는 조이너에 대한 설명이다.

48 콘크리트용 혼화제에 관한 설명으로 옳은 것은?

① 지연제는 굳지 않은 콘크리트의 운송시간에 따른 콜드 조인트 발생을 억제하기 위하여 사용된다.
② AE제는 콘크리트의 워커빌리티를 개선하지만 동결융해에 대한 저항성을 저하시키는 단점이 있다.
③ 급결제는 초미립자로 구성되며 이를 사용한 콘크리트의 초기강도는 작으나, 장기강도는 일반적으로 높다.
④ 감수제는 계면활성제의 일종으로 굳지 않은 콘크리트의 단위수량을 감소시키는 효과가 있으나 골재분리 및 블리딩 현상을 유발하는 단점이 있다.

[해설]

② AE제는 콘크리트의 워커빌리티 개선뿐만 아니라 동결융해에 대한 저항성을 높게 하는 역할을 한다.
③ 급결제는 초미립자로 구성되며 콘크리트의 초기강도를 높이기 위해 사용한다.
④ 감수제는 계면활성제의 일종으로 굳지 않은 콘크리트의 단위수량을 감소시켜, 골재분리 및 블리딩 현상을 최소화하는 장점이 있다.

49 중밀도 섬유판을 의미하는 것으로 목섬유(Wood Fiber)에 액상의 합성수지 접착제, 방부제 등을 첨가 · 결합시켜 성형 · 열압하여 만든 것은?

① 파티클보드
② MDF
③ 플로어링보드
④ 집성목재

중밀도 섬유판(MDF)
• 목섬유(Wood Fiber)에 액상의 합성수지 접착제, 방부제 등을 첨가 · 결합시켜 성형 · 열압하여 만든 인조목재판이다.
• 내수성이 작고 팽창이 심하며, 재질도 약하고, 습도에 의한 신축이 크다는 결점이 있으나, 비교적 값이 싸서 많이 사용되고 있다.

50 아스팔트 방수공사에서 솔, 롤러 등으로 용이하게 도포할 수 있도록 아스팔트를 휘발성 용제에 용해한 비교적 저점도의 액체로서 방수시공의 첫 번째 공정에 사용되는 바탕처리재는?

① 아스팔트 컴파운드
② 아스팔트 루핑
③ 아스팔트 펠트
④ 아스팔트 프라이머

아스팔트 프라이머
솔, 롤러 등으로 용이하게 도포할 수 있도록 블론 아스팔트를 휘발성 용제에 희석한 흑갈색의 저점도액체로서, 방수시공의 첫 번째 공정에 쓰이는 바탕처리재이다.

51 회반죽의 주요 배합재료로 옳은 것은?

① 생석회, 해초풀, 여물, 수염
② 소석회, 모래, 해초풀, 여물
③ 소석회, 돌가루, 해초풀, 생석회
④ 돌가루, 모래, 해초풀, 여물

회반죽
• 소석회＋모래＋해초풀＋여물 등이 배합된 미장재료이다.
• 경화건조에 의한 수축률이 크기 때문에 여물로서 균열을 분산 · 경감한다.
• 실내용으로 목조 바탕, 콘크리트블록 및 벽돌 바탕 등에 사용한다.

52 다음 판유리제품 중 경도(硬度)가 가장 작은 것은?

① 플린트유리
② 보헤미아유리
③ 강화유리
④ 연(鉛)유리

칼륨 납유리[연(鉛)유리]
• 내산, 내열성이 낮고 비중이 크다.
• 가공이 쉽고 광선 굴절률, 분산율이 크다.
• 광화학용 렌즈, 모조석 등에 적용한다.
• 판유리제품 중 경도(硬度)가 가장 작다.

53 목재의 성질에 관한 설명으로 옳은 것은?

① 목재의 진비중은 수종, 수령에 따라 현저하게 다르다.
② 목재의 강도는 함수율이 증가하면 할수록 증대된다.
③ 일반적으로 인장강도는 응력의 방향이 섬유방향에 평행한 경우가 수직인 경우보다 크다.
④ 목재의 인화점은 $400 \sim 490$℃ 정도이다.

① 목재의 진비중은 공극을 함유하지 않는 실제 부분의 비중을 의미하며, 수종, 수령에 따라 크게 다르지 않고, $1.44 \sim 1.56$의 값을 가지며 일반적으로 1.54의 값을 적용하고 있다.
② 목재의 강도는 섬유포화점 이상에서는 일정하나, 섬유포화점 미만에서는 함수율이 감소할수록 강도는 증가한다.
④ 목재의 인화점 온도는 약 $225 \sim 260$℃, 착화점 온도는 $230 \sim 280$℃, 발화점 온도는 $400 \sim 490$℃이다.

54 플라스틱재료의 특징으로 옳지 않은 것은?

① 가소성과 가공성이 크다.

② 전성과 연성이 크다.

③ 내열성과 내화성이 작다.

④ 마모가 작으며 탄력성도 작다.

> **해설**
>
> 플라스틱재료는 내마모성이 우수하고 탄성이 크다.

55 콘크리트의 내구성에 관한 설명으로 옳지 않은 것은?

① 콘크리트 동해에 의한 피해를 최소화하기 위해서는 흡수성이 큰 골재를 사용해야 한다.

② 콘크리트 중성화는 표면에서 내부로 진행하며 페놀프탈레인 용액을 분무하여 판단한다.

③ 콘크리트가 열을 받으면 골재는 팽창하므로 팽창균열이 생긴다.

④ 콘크리트에 포함되는 기준치 이상의 염화물은 철근 부식을 촉진시킨다.

> **해설**
>
> 흡수성이 큰 골재의 경우 물을 많이 흡수하고 해당 물이 얼어 동해를 일으킬 수 있으므로 콘크리트 동해에 의한 피해를 최소화하기 위해서는 흡수성이 작은 골재를 사용해야 한다.

56 건축용 점토제품에 관한 설명으로 옳은 것은?

① 저온 소성제품이 화학저항성이 크다.

② 흡수율이 큰 제품이 백화의 가능성이 크다.

③ 제품의 소성온도는 동해저항성과 무관하다

④ 규산이 많은 점토는 가소성이 나쁘다.

> **해설**
>
> ① 고온 소성제품일수록 화학저항성이 크다.

③ 제품의 소성온도가 높을수록 흡수율이 적고 이에 따라 동해저항성이 커지게 된다.

④ 규산이 많은 점토는 가소성이 좋다.

57 수경성 미장재료로 경화 · 건조 시 치수안정성이 우수한 것은?

① 회사벽

② 회반죽

③ 돌로마이트 플라스터

④ 석고 플라스터

> **해설**
>
> **석고 플라스터(수경성 재료)**
> - 다른 미장재료보다 응고가 빠르며 팽창한다.
> - 미장재료 중 점성이 가장 많아 해초풀을 사용할 필요가 없다.
> - 약산성이므로 유성 페인트 마감을 할 수 없다.
> - 경화, 건조 시 치수안정성과 내화성이 뛰어나다.
> - 경석고 플라스터는 고온 소성의 무수석고에 특별한 화학처리를 한 것으로 경화 후 아주 단단해진다.
> - 반수석고는 가수 후 20~30분에서 급속 경화하지만, 무수석고는 경화가 늦기 때문에 경화촉진제를 필요로 한다.

58 합성수지도료에 관한 설명으로 옳지 않은 것은?

① 일반적으로 유성 페인트보다 가격이 매우 저렴하여 널리 사용된다.

② 유성 페인트보다 건조시간이 빠르고 도막이 단단하다.

③ 유성 페인트보다 내산, 내알칼리성이 우수하다.

④ 유성 페인트보다 방화성이 우수하다.

> **해설**
>
> 합성수지도료는 유성 페인트에 비해 성능면에서는 우수하나 상대적으로 가격이 고가이다.

59 금속면의 보호와 금속의 부식방지를 목적으로 사용되는 도료는?

① 방화도료　　　　② 발광도료

③ 방청도료　　　　④ 내화도료

해설

방청도료(녹막이 페인트)
• 철재와의 부착성을 높이기 위해 사용되며 철강재, 경금속재 바탕에 산화되어 녹이 나는 것을 방지한다.
• 에칭 프라이머, 아연분말 프라이머, 알루미늄도료, 징크로메이트도료, 아스팔트(역청질)도료, 광명단 조합페인트 등이 속한다.

60 점토제품 중 소성온도가 가장 높고 흡수성이 작으며 타일이나 위생도기 등에 쓰이는 것은?

① 토기　　　　② 도기

③ 석기　　　　④ 자기

해설

타일의 종류에 따른 흡수성과 소성온도

종류	흡수성	제품	소성온도	
			1회	2회
토기	20~30%	붉은 벽돌, 토관, 기와	500~800℃	800~1,000℃
도기	15~20%	내장 타일	1,000~1,100℃	1,000~1,200℃
석기	8% 이하	클링커 타일	900~1,000℃	1,200~1,300℃
자기	1% 이하	외장 타일, 바닥 타일, 모자이크 타일	900~1,000℃	1,300~1,400℃

4과목　건축일반

61 높이 31m를 넘는 각 층의 바닥면적 중 최대 바닥면적이 6,000m²인 건축물에 설치해야 하는 비상용승강기의 최소설치 대수는?(단, 8인승 승강기이다)

① 2대　　　　② 3대

③ 4대　　　　④ 5대

해설

$$비상용\ 승강기\ 대수 = 1 + \frac{6,000 - 1,500}{3,000} = 2.5$$

∴ 3대

62 무창층이란 지상층 중 다음에서 정의하는 개구부 면적의 합계가 해당 층 바닥면적의 얼마 이하가 되는 층으로 규정하는가?

> 개구부란 건축물에서 채광·환기·통풍 또는 출입 등을 위하여 만든 창·출입구이며, 크기 및 위치 등 법령에서 정의하는 세부 요건을 만족

① 1/10　　　　② 1/20

③ 1/30　　　　④ 1/40

해설

무창층의 정의(소방시설 설치 및 관리에 관한 법률 시행령 제2조)
"무창층"(無窓層)이란 지상층 중 다음 각 목의 요건을 모두 갖춘 개구부의 면적의 합계가 해당 층의 바닥면적의 30분의 1 이하가 되는 층을 말한다.
• 크기는 지름 50센티미터 이상의 원이 내접(內接)할 수 있는 크기일 것
• 해당 층의 바닥면으로부터 개구부 밑부분까지의 높이가 1.2미터 이내일 것
• 도로 또는 차량이 진입할 수 있는 빈터를 향할 것
• 화재 시 건축물로부터 쉽게 피난할 수 있도록 창살이나 그 밖의 장애물이 설치되지 아니할 것
• 내부 또는 외부에서 쉽게 부수거나 열 수 있을 것

63 일반적인 방염대상물품의 방염성능기준에서 버너의 불꽃을 제거한 때부터 불꽃을 올리며 연소하는 상태가 그칠 때까지의 시간은 얼마 이내이어야 하는가?

① 10초　　　　　② 15초

③ 20초　　　　　④ 30초

해설

방염대상물품 및 방염성능기준(소방시설 설치 및 관리에 관한 법률 시행령 제31조)
방염성능기준은 다음의 기준을 따른다.
- 버너의 불꽃을 제거한 때부터 불꽃을 올리며 연소하는 상태가 그칠 때까지 시간은 20초 이내일 것
- 버너의 불꽃을 제거한 때부터 불꽃을 올리지 않고 연소하는 상태가 그칠 때까지 시간은 30초 이내일 것
- 탄화(炭化)한 면적은 50제곱센티미터 이내, 탄화한 길이는 20센티미터 이내일 것
- 불꽃에 의하여 완전히 녹을 때까지 불꽃의 접촉 횟수는 3회 이상일 것
- 소방청장이 정하여 고시한 방법으로 발연량(發煙量)을 측정하는 경우 최대연기밀도는 400 이하일 것

64 우리나라에 현존하는 목조 건축물 가운데 가장 오래된 것은?

① 수덕사 대웅전　　　② 부석사 무량수전

③ 불국사 대웅전　　　④ 봉정사 극락전

해설

봉정사 극락전
경북 안동시에 있는 고려시대 건축물로서 우리나라에 현존하는 목조 건축물 가운데 가장 오래된 것으로 보고 있다.

65 구조체의 열용량에 관한 설명으로 옳지 않은 것은?

① 건물의 창면적비가 클수록 구조체의 열용량은 크다.

② 건물의 열용량이 클수록 외기의 영향이 적다.

③ 건물의 열용량이 클수록 실온의 상승 및 하강 폭이 작다.

④ 건물의 열용량이 클수록 외기온도에 대한 실내온도 변화의 시간지연이 있다.

해설

벽체에 비해 창의 열용량이 작기 때문에 건물의 창면적비가 커질수록 구조체 전체 열용량은 작아지게 된다.

66 다음은 피난층 또는 지상으로 통하는 직통계단을 특별피난계단으로 설치하여야 하는 층에 관한 법령 사항이다. ( ) 안에 들어갈 내용으로 옳은 것은?

> 건축물(갓복도식 공동주택은 제외한다)의 (A)[공동주택의 경우에는 (B)] 이상인 층(바닥면적이 400m² 미만인 층은 제외한다)으로부터 피난층 또는 지상으로 통하는 직통 계단은 제1항에도 불구하고 특별피난계단으로 설치하여야 한다.

① A : 8층, B : 11층　　② A : 8층, B : 16층

③ A : 11층, B : 12층　　④ A : 11층, B : 16층

해설

특별피난계단 설치 대상

대상	예외
11층(공동주택은 16층) 이상의 층으로부터 피난층 또는 지상으로 통하는 직통계단	• 갓복도식 공동주택 • 해당 층의 바닥 면적이 400m² 미만인 층
지하 3층 이하인 층으로부터 피난층 또는 지상으로 통하는 직통계단	

67 건축물에 설치하는 계단 및 계단참의 유효너비 최소기준을 120cm 이상으로 적용하여야 하는 용도의 건축물이 아닌 것은?

① 문화 및 집회시설 중 공연장

② 고등학교

③ 판매시설

④ 문화 및 집회시설 중 집회장

해설

고등학교는 계단 및 계단참의 유효너비 최소기준을 150cm 이상으로 적용하여야 한다.

정답　　**63** ③　**64** ④　**65** ①　**66** ④　**67** ②

68 소화활동설비에 해당되는 것은?

① 스프링클러설비

② 자동화재탐지설비

③ 상수도소화용수설비

④ 연결송수관설비

해설

① 스프링클러설비 : 소화설비

② 자동화재탐지설비 : 경보설비

③ 상수도소화용수설비 : 소화용수설비

69 건축허가 등을 할 때 미리 소방본부장 또는 소방서장의 동의를 받아야 하는 대상 건축물의 범위에 관한 기준으로 옳지 않은 것은?

① 연면적 400m² 이상인 건축물

② 항공기 격납고

③ 방송용 송수신탑

④ 승강기 등 기계장치에 의한 주차시설로서 자동차 10대 이상을 주차할 수 있는 시설

해설

건축허가 등의 동의대상물의 범위 등(소방시설 설치 및 관리에 관한 법률 시행령 제7조)

차고 · 주차장 또는 주차용도로 사용되는 시설로서 다음 각 어느 하나에 해당하는 것은 건축허가 등을 할 때 미리 소방본부장 또는 소방서장의 동의를 받아야 한다.

• 차고 · 주차장으로 사용되는 바닥면적이 200제곱미터 이상인 층이 있는 건축물이나 주차시설

• 승강기 등 기계장치에 의한 주차시설로서 자동차 20대 이상을 주차할 수 있는 시설

70 피난설비 중 객석유도등을 설치하여야 할 특정소방대상물은?

① 숙박시설

② 종교시설

③ 창고시설

④ 방송통신시설

해설

객석유도등을 설치해야 할 특정소방대상물

• 유흥주점영업시설(유흥주점영업 중 손님이 춤을 출 수 있는 무대가 설치된 카바레, 나이트클럽 또는 그 밖에 이와 비슷한 영업시설만 해당한다)

• 문화 및 집회시설

• 종교시설

• 운동시설

71 철근콘크리트구조에 관한 설명으로 옳지 않은 것은?

① 철근과 콘크리트의 선팽창 계수는 거의 동일하므로 일체화가 가능하다.

② 철근콘크리트구조에서 인장력은 철근이 부담하는 것으로 한다.

③ 습식구조이므로 동절기 공사에 유의하여야 한다.

④ 타 구조에 비해 경량구조이므로 형태의 자유도가 높다.

해설

거푸집 형상 등을 통해 형태를 어느 정도 자유롭게 구성은 가능하나, 타 구조에 비해 중량이 큰 특징을 갖는다.

72 건축물의 피난 · 방화구조 등의 기준에 관한 규칙에서 규정한 방화구조에 해당하지 않는 것은?

① 시멘트모르타르 위에 타일을 붙인 것으로서 그 두께의 합계가 2cm인 것

② 철망모르타르로서 그 바름두께가 2.5cm인 것

③ 석고판 위에 시멘트모르타르를 바른 것으로서 그 두께의 합계가 3cm인 것

④ 심벽에 흙으로 맞벽치기 한 것

해설

시멘트모르타르 위에 타일을 붙인 것으로서 그 두께의 합계가 2.5cm 이상이어야 한다.

정답 **68** ④ **69** ④ **70** ② **71** ④ **72** ①

방화구조

구조 부분	구조 기준
철망모르타르	그 바름 두께가 2cm 이상
• 석고판 위에 시멘트모르타르 또는 회반죽을 바른 것 • 시멘트모르타르 위에 타일을 붙인 것	두께의 합계가 2.5cm 이상
심벽에 흙으로 맞벽치기 한 것	
산업표준화법에 따른 한국산업표준이 정하는 바에 따라 시험한 결과 방화 2급 이상	

73 다음은 사생활 보호차원에서 설치하는 차면시설에 대한 설치 기준이다. (   ) 안에 들어갈 내용으로 옳은 것은?

> 인접 대지경계선으로부터 직선거리 (   ) 이내에 이웃 주택의 내부가 보이는 창문 등을 설치하는 경우에는 차면시설(遮面施設)을 설치하여야 한다.

① 0.5m ② 1m
③ 1.5m ④ 2m

74 르네상스 건축양식의 실내장식에 관한 설명으로 옳지 않은 것은?

① 실내장식 수법은 외관의 구성수법을 그대로 적용하였다.
② 실내디자인 요소로서 계단이 차지하는 비중은 작았다.
③ 바닥마감은 목재와 석재가 주로 사용되었다.
④ 문양은 그로테스크문양과 아라베스크문양이 주로 사용되었다.

75 채광을 위하여 거실에 설치하는 창문 등의 면적확보와 관련하여 이를 대체할 수 있는 조명 장치를 설치하고자 할 때 거실의 용도가 집회용도의 회의기능일 경우 조도기준으로 옳은 것은?(단, 조도는 바닥에서 85cm의 높이에 있는 수평면의 조도임)

① 100lux 이상 ② 200lux 이상
③ 300lux 이상 ④ 400lux 이상

76 20층의 아파트를 건축하는 경우 6층 이상 거실 바닥면적의 합계가 12,000m²일 경우에 승용승강기 최소 설치대수는?(단, 15인승 이하 승용승강기임)

① 2대 ② 3대
③ 4대 ④ 5대

비상용 승강기 대수 $= 1 + \dfrac{12,000 - 3,000}{3,000} = 4$ $\therefore$ 4대

77 다음은 소방시설 설치 및 관리에 관한 법률 시행령에서 규정하고 있는 소방시설을 설치하지 아니할 수 있는 특정소방대상물 및 소방시설의 범위이다. 빈칸에 들어갈 소방시설로 옳은 것은?

구분	특정소방대상물	소방시설
화재 위험도가 낮은 특정소방대상물	석재, 불연성 금속, 불연성 건축재료의 가공공장 · 기계조립공장 또는 불연성 물품을 저장하는 창고	

① 스프링클러 설비
② 옥외소화전 및 연결살수설비
③ 비상방송설비
④ 자동화재탐지설비

해설

소방시설을 설치하지 않을 수 있는 특정소방대상물 및 소방시설의 범위(소방시설 설치 및 관리에 관한 법률 시행령 제16조 [별표 6])

구분	특정소방대상물	소방시설
화재 위험도가 낮은 특정소방대상물	석재, 불연성금속, 불연성 건축재료 등의 가공공장 · 기계조립공장 또는 불연성 물품을 저장하는 창고	옥외소화전 및 연결살수설비

78 비상경보설비를 설치하여야 할 특정소방 대상물의 기준으로 옳지 않은 것은?(단, 지하구, 모래 · 석재 등 불연재료 창고 및 위험물 저장 · 처리시설 중 가스시설은 제외)

① 연면적 400m²(지하가 중 터널 또는 사람이 거주하지 않거나 벽이 없는 축사 등 동 · 식물 관련시설은 제외

한다) 이상인 것
② 지하층 또는 무창층의 바닥면적이 150m²(공연장의 경우 100m²) 이상인 것
③ 지하가 중 터널로서 길이가 500m 이상인 것
④ 30명 이상의 근로자가 작업하는 옥내 작업장

해설

50명 이상의 근로자가 작업하는 옥내 작업장을 기준으로 한다.

79 목구조의 장점에 해당되지 않는 것은?

① 재료의 강도, 강성에 대한 편차가 작고 균일하기 때문에 안전율을 매우 작게 설정할 수 있다.
② 경량이며, 중량에 비해 강도가 일반적으로 큰 편이다.
③ 외관이 미려하고 감촉이 좋다.
④ 증 · 개축이 용이하다.

해설

재료의 강도, 강성에 대한 편차가 크고, 균일하지 않기 때문에 안전율을 크게 설정해야 한다.

80 목구조의 왕대공 지붕틀에서 휨과 인장력이 동시에 발생 가능한 부재는?

① 평보
② 빗대공
③ ㅅ자보
④ 왕대공

해설

② 빗대공 : 압축부재
③ ㅅ자보 : 압축부재
④ 왕대공 : 인장부재

1과목 실내디자인론

01 다음 중 상징적 경계에 관한 설명으로 가장 알맞은 것은?

① 슈퍼그래픽을 말한다.
② 경계를 만들지 않는 것이다.
③ 담을 쌓은 후 상징물을 설치하는 것이다.
④ 물리적 성격이 약화된 시각적 영역표시를 말한다.

> **해설**
> **상징적 경계**
> 물리적성격이 약화된 형태로 존재하는 경계를 말한다.

02 쇼윈도의 반사에 따른 눈부심을 방지하기 위한 방법으로 옳지 않은 것은?

① 쇼윈도에 곡면유리를 사용한다.
② 쇼윈도의 유리가 수직이 되도록 한다.
③ 쇼윈도의 내부 조도를 외부보다 높게 처리한다.
④ 차양을 설치하여 쇼윈도 외부에 그늘을 조성한다.

> **해설**
> 쇼윈도의 유리를 수직으로 할 경우 눈부심이 일어나기 쉽기 때문에 경사지게 처리하여 눈부심이 적고 시선·동선을 자연스럽게 유도한다.

03 실내공간을 형성하는 기본 요소 중 천장에 관한 설명으로 옳지 않은 것은?

① 공간을 형성하는 수평적 요소이다.
② 다른 요소에 비해 조형적으로 가장 자유롭다.

③ 천장을 낮추면 친근하고 아늑한 공간이 되고 높이면 확대감을 줄 수 있다.
④ 인간의 동선을 차단하고 공기의 움직임, 소리의 전파, 열의 이동을 제어한다.

> **해설**
> **천장**
> 접촉빈도는 낮으나 소리, 빛, 열 및 습기환경의 중요한 매체가 된다.
>
> ※ **벽** : 인간의 시선이나 동선을 차단하고 외부로부터의 침입 방어. 안전 및 프라이버시를 확보한다. 또한 단열 및 소음차단, 도난방지 등에 중요한 역할을 한다.

04 각종 의자에 관한 설명으로 옳지 않은 것은?

① 스툴은 등받이와 팔걸이가 없는 형태의 보조의자이다.
② 풀업 체어는 필요에 따라 이동시켜 사용할 수 있는 간이 의자이다.
③ 이지 체어는 편안한 휴식을 위해 발을 올려놓는 데 사용되는 스툴의 종류이다.
④ 라운지 체어는 비교적 큰 크기의 의자로 편하게 휴식을 취할 수 있도록 구성되어 있다.

> **해설**
> ③은 오토만(Ottoman)에 대한 설명이다.
>
> ※ **이지 체어** : 가볍게 휴식을 취할 수 있는 의자로 라운지 체어보다 작으며 기계적인 장치가 없지만 등받이 각도를 원만하게 하여 휴식을 취할 수 있다.

05 주택의 거실에 관한 설명으로 옳지 않은 것은?

① 현관에서 가까운 곳에 위치하되 직접 면하는 것은 피하는 것이 좋다.
② 주택의 중심에 두어 공간과 공간을 연결하는 통로기능을 갖도록 한다.

③ 거실의 규모는 가족 수, 가족구성, 전체 주택의 규모, 접객 빈도 등에 따라 결정된다.

④ 평면의 동쪽 끝이나 서쪽 끝에 배치하면 정적인 공간과 동적인 공간의 분리가 비교적 정확히 이루어져 독립적 안정감 조성에 유리하다.

> **해설**
>
> 거실은 각 실로의 통로역할로 사용되어서는 안 된다.
>
> **거실** : 가족 구성원 모두가 공동으로 사용하는 다목적 · 다기능적인 공간으로 전체 생활공간의 중심부에 두고 각 실을 연결하는 동선의 분기점 역할을 한다.

06 날개의 각도를 조절하여 일광, 조망, 시각의 차단 정도를 조정하는 것은?

① 드레이퍼리
② 롤 블라인드
③ 로만 블라인드
④ 베네시안 블라인드

> **해설**
>
> **베네시안 블라인드**
>
> 수평 블라인드로 날개각도를 조절하여 일광, 조망 그리고 시각의 차단 정도를 조정할 수 있지만, 날개 사이에 먼지가 쌓이기 쉽다.
>
> ① 드레이퍼리 : 창문에 느슨하게 걸려 있는 무거운 커튼으로 방음성, 보온성 등의 효과를 가지고 있다.
> ② 롤 블라인드 : 천을 감아올려 높이조절이 가능하며, 칸막이나 스크린의 효과도 얻을 수 있다.
> ③ 로만 블라인드 : 천의 내부에 설치된 체인에 의해 당겨져 아래가 접혀 올라가는 것으로 풍성한 느낌과 우아한 분위기를 조성할 수 있다.

07 비정형균형에 관한 설명으로 옳은 것은?

① 좌우대칭, 방사대칭으로 주로 표현된다.
② 대칭의 구성 형식이며, 가장 완전한 균형의 상태이다.
③ 단순하고 엄숙하며 완고하고 변화가 없는 정적인 것이다.

④ 물리적으로는 불균형이지만 시각상으로 힘의 정도에 의해 균형을 이룬 것이다.

> **해설**
>
> ① · ② · ③은 대칭균형에 대한 설명이다.
>
> ※ **비대칭균형**
> • 물리적 불균형이나 시각적으로 균형을 이루는 것을 말한다.
> • 좌우가 불균형을 이룰 때 느껴지는 자유로움과, 활발한 생명감 및 긴장감을 준다.
> • 대칭균형보다 자연스러우며 풍부한 개성을 표현할 수 있어 능동의 균형, 비정형균형이라고도 한다.

08 디자인 요소 중 점에 관한 설명으로 옳지 않은 것은?

① 공간에 한 점을 두면 집중효과가 생긴다.
② 다수의 점을 근접시키면 면으로 지각된다.
③ 같은 점이라도 밝은 점은 작고 좁게, 어두운 점은 크고 넓게 보인다.
④ 점은 선과 마찬가지로 형태의 외곽을 시각적으로 설명하는 데 사용될 수 있다.

> **해설**
>
> 같은 점이라도 밝은 점은 크고 넓게, 어두운 점은 작고 좁게 지각된다.
>
> **점** : 크기가 없고 위치만 있으며 정적이고 방향성이 없어 자기중심적이며 어떠한 크기, 치수, 넓이, 깊이가 없고 위치와 장소만을 가지고 있다.

09 다음 중 주거공간의 부엌을 계획할 경우 계획 초기에 가장 중점적으로 고려해야 할 사항은?

① 위생적인 급배수 방법
② 실내분위기를 위한 마감재료와 색채
③ 실내 조도 확보를 위한 조명기구의 위치
④ 조리순서에 따른 작업대의 배치 및 배열

해설

부엌의 계획

조리작업의 흐름에 따른 작업대의 배치와 작업자의 동선에 맞게 합리적인 치수와 수납계획이 이루어져야 한다.

10 사무공간의 소음 방지대책으로 옳지 않은 것은?

① 개인공간이나 회의실의 구역을 한정한다.
② 낮은 칸막이, 식물 등의 흡음체를 적당히 배치한다.
③ 바닥, 벽에는 흡음재를, 천장에는 음의 반사재를 사용한다.
④ 소음원을 일반 사무공간으로부터 가능한 멀리 떼어 놓는다.

해설

사무공간은 바닥, 벽, 천장 흡음재를 사용하여 소음을 방지한다. 그러나 반사재는 형태와 소리가 효과적으로 반사되도록 해주기 때문에 무대 및 콘서트 홀 등에 적합하다.

11 다음 설명에 알맞은 건축화조명의 종류는?

- 사용자의 얼굴에 적당한 조도를 분배하기 위해 벽면이나 천장면의 일부를 돌출시켜 조명을 설치하고 아래로 비춘다.
- 주로 카운터 상부, 욕실의 세면대 상부 등에 설치된다.

① 광창조명   ② 코브조명
③ 광천장 조명   ④ 캐노피조명

해설

① 광창조명 : 광원을 넓은 면적의 벽면에 매입하여 비스타(Vista)적인 효과를 낼 수 있다.
② 코브조명 : 천장, 벽의 구조체 안에 조명기구를 매입시키고 광원의 빛을 가린 후 반사광으로 간접조명 방식이다.
③ 광천장 조명 : 건축구조체로 천장에 조명기구를 설치하고 그 밑에 루버나 유리, 플라스틱 같은 확산 투과판으로 천장을 마감처리하여 설치하는 조명방식이다.

12 펜던트 조명에 관한 설명으로 옳지 않은 것은?

① 천장에 매달려 조명하는 조명방식이다.
② 조명기구 자체가 빛을 발하는 액세서리 역할을 한다.
③ 노출 펜던트형은 전체 조명이나 작업 조명으로 주로 사용된다.
④ 시야 내에 조명이 위치하면 눈부심이 일어나므로 조명기구에 의해 휘도를 조절하는 것이 좋다.

해설

- 인조석은 대리석, 사문암 등의 아름다운 쇄석(종석)과 백색 시멘트, 안료, 돌가루 등을 혼합하여 물로 반죽해 만든 것이다.
- 샤모트는 인조석의 종석이 아닌, 점토 등에 배합하여 가소성을 조절하는 역할을 하는 재료이다.

13 전시공간의 순회유형에 관한 설명으로 옳지 않은 것은?

① 연속순회형식에서 관람객은 연속적으로 이어진 동선을 따라 관람하게 된다.
② 갤러리 및 복도형은 각 실을 독립적으로 폐쇄시킬 수 있다는 장점이 있다.
③ 연속순회형식은 한 실을 폐쇄하면 다음 실로의 이동이 불가능한 단점이 있다.
④ 중앙홀형은 대지이용률은 낮으나, 중앙홀이 작아도 동선의 혼란이 없다는 장점이 있다.

해설

중앙홀형

대지이용률이 크고 중앙홀이 크면 동선의 혼잡이 없으나 장래의 확장에는 무리가 있다. 또한 중앙의 홀에 높은 천장을 설치하여 채광하는 형식이 많다.

14 다음 중 실내디자인의 개념과 가장 거리가 먼 것은?

① 순수예술　　　　② 공간예술
③ 디자인 행위　　　④ 계획, 실행과정, 결과

해설

실내디자인
인간이 거주하는 공간을 보다 능률적이고 쾌적하게 계획하는 작업으로 순수예술이 아닌 인간 생활을 위한 물리적 · 환경적 · 기능적 · 심미적 · 경제적 조건 등을 고려하여 공간을 창출해 내는 창조적인 전문 분야이다.

15 주택의 실구성형식 중 LDK형에 관한 설명으로 옳은 것은?

① 식사실이 거실, 주방과 완전히 독립된 형식이다.
② 주부의 동선이 짧은 관계로 가사노동이 절감된다.
③ 대규모 주택에 적합하며 식사실 위치 선정이 자유롭다.
④ 식사공간에서 주방의 지저분한 싱크대, 조리 중인 그릇, 음식들이 보이지 않는다.

해설

① · ③은 독립형 식당에 대한 설명이다.

리빙다이닝키친(LDK : Living Dining Kitchen) : 거실과 부엌, 식탁을 한 공간에 집중시킨 경우로 소규모 주거공간에서 사용된다. 최대한 면적을 줄일 수 있고 공간의 활용도가 높다.

16 실내디자인의 원리 중 휴먼스케일에 관한 설명으로 옳지 않은 것은?

① 인간의 신체를 기준으로 파악되고 측정되는 척도 기준이다.
② 공간의 규모가 웅대한 기념비적인 공간은 휴먼스케일의 적용이 용이하다.
③ 휴먼스케일이 잘 적용된 실내공간은 심리적, 시각적으로 안정된 느낌을 준다.
④ 휴먼스케일의 적용은 추상적, 상징적이 아닌 기능적인 척도를 추구하는 것이다.

해설

휴먼스케일
인체의 신체를 기준으로 측정되는 척도의 기준이며 공간의 목적에 따라 적용방법을 달리한다. 특히, 공간의 규모가 상징적으로 크고 웅대한 기념비적인 공간은 휴먼스케일의 적용이 용이하지 않으며 기능적인 면보다 상징적인 의미를 갖는 공간이므로 압도하는 느낌을 주어 분위기를 창출한다.

17 백화점의 에스컬레이터에 관한 설명으로 옳지 않은 것은?

① 건축적 점유면적을 가능한 한 작게 배치한다.
② 승객의 보행거리가 가능한 한 길게 되도록 한다.
③ 출발 기준층에서 쉽게 눈에 띄도록 하고 보행 동선흐름의 중심에 설치한다.
④ 일반적으로 수직 이동 서비스 대상 인원의 70~80% 정도를 부담하도록 계획한다.

해설

승객의 보행거리는 가능한 한 짧게 되도록 한다.

에스컬레이터 : 출발 기준층에서 용이하게 눈에 띄도록 보행동선 흐름의 중심에 설치하여 자연스러운 연속적 흐름이 되도록 한다.

18 사무실의 조명방식 중 부분적으로 높은 조도를 얻고자 할 때 극히 제한적으로 사용하는 것은?

① 전반조명방식
② 간접조명방식
③ 국부조명방식
④ 건축화조명방식

해설

① 전반조명 : 작업면에 균등한 조도를 얻기 위해 광원을 일정한 간격과 일정한 높이로 배치한 조명방식이다.
② 간접 조명 : 빛을 반사시켜 조명하는 방법으로 눈부심이 적지만 설치가 복잡하며 실내의 입체감이 적어진다.
④ 건축화조명 : 건축 구조체의 일부분이나 구조적인 요소를 이용하여 조명하는 방식이다.

정답　　**14** ①　**15** ②　**16** ②　**17** ②　**18** ③

19 다음 중 유니버설 공간의 개념적 설명으로 가장 알맞은 것은?

① 상업공간을 말한다.

② 모듈이 적용된 공간을 말한다.

③ 독립성이 극대화된 공간을 말한다.

④ 공간의 융통성이 극대화된 공간을 말한다.

> **해설**
>
> **유니버설 디자인**
> 성별, 연령, 국적, 문화적 배경, 장애의 유무에 상관없이 누구나 손쉽게 쓸 수 있는 제품 및 융통성이 극대화된 공간 및 환경을 만드는 디자인이다.

20 다음 중 곡선이 주는 느낌과 가장 거리가 먼 것은?

① 우아함　　　　② 안정감

③ 유연함　　　　④ 불명료함

> **해설**
>
> ②는 수평선에 대한 설명이다.
>
> **곡선의 효과** : 우아함, 유연함과 부드러움을 나타내며 여성적인 섬세함을 준다.

2과목 **색채 및 인간공학**

21 온도, 압력, 속도와 같이 연속적으로 변하는 변수의 대략적인 값이나 변화 추세를 알고자 할 때 주로 사용되는 시각적 표시장치는?

① 계수 표시기　　② 묘사적 표시장치

③ 정성적 표시장치　④ 정량적 표시장치

> **해설**
>
> **정성적 표시장치**
> • 온도, 압력, 속도와 같이 연속적으로 변하는 변수의 대략적인 값이나 변화 추세, 변화율 등을 알고자 할 때 사용된다.

• 근본 자료 자체는 통상 정량적인 것이다.

• 나타내는 값이 정상상태인지 여부를 판정하는 상태점검에도 사용된다.

22 집단 작업 공간의 조명방법으로 조도분포를 일정하게 하고, 시야의 밝기를 일정하게 만들어 작업의 환경 여건을 개선할 수 있는 것은?

① 방향조명　　　　② 전반조명

③ 투과조명　　　　④ 근자외선조명

> **해설**
>
> **전반조명(전체 조명, 확산조명)**
> 조명기구를 일정한 높이의 간격으로 배치하여 실 전체를 균등하게 조명하는 방법으로 전체 조명이라고도 한다.

23 인간 – 기계체계의 기본유형이 아닌 것은?

① 수동체계　　　　② 인간화체계

③ 자동체계　　　　④ 기계화체계

> **해설**
>
> **인간 – 기계체계의 기본유형**
> 수동체계, 기계화체계, 자동화체계

24 뼈의 구성요소가 아닌 것은?

① 골질　　　　　　② 골수

③ 골지체　　　　　④ 연골막

> **해설**
>
> **뼈의 구성요소**
> 골질, 연골막, 골막, 골수
>
> ※ **골지체** : 세포 내의 세포실 소기관으로 동식물 세포 모두에서 발견되는데, 분비작용을 맡고 있다.

25 사람의 청각으로 소리를 지각하는 범위는?

① 20~20,000Hz

② 30~30,000Hz

③ 50~50,000Hz

④ 60~60,000Hz

해설

사람의 귀로 들을 수 있는 가청주파수는 20~20,000Hz이다.

26 인간공학에서 고려하여야 될 인간의 특성요인 중 비교적 거리가 먼 것은?

① 성격 차이

② 지각, 감각능력

③ 신체의 크기

④ 민족적, 성별차이

해설

인간의 특성요인

감각, 지각의 능력, 운동 및 근력, 기술적 능력, 신체의 크기, 지적 능력, 작업환경에 대응하는 능력, 집단활동에 대한 적응 능력, 인간의 관습, 민족적, 성별차이, 환경의 쾌적도와 관련성

27 소음이 발생하는 작업 환경에서 소음 방지대책으로 가장 소극적인 형태의 방법은?

① 차단벽 설치

② 소음원의 격리

③ 저소음기계의 사용

④ 작업자의 보호구 착용

해설

소음 방지대책

차단벽 설치, 차폐장치 및 흡음재 사용, 소음원의 격리, 적절한 배치, 저소음기계 사용, 고무받침대 부착 등

28 작업용 의자 설계 시 고려사항으로 가장 적당한 것은?

① 팔받침대가 있는 의자

② 등받침의 경사 103°인 의자

③ 등받침이 어깨 높이까지 높은 의자

④ 흉추 이하의 높이에 요추지지대가 있고 이동이 편리한 의자

해설

① 팔받침대가 없는 의자

② 등받침의 경사 100°인 의자

③ 등받침은 요추골 부분을 받쳐줄 수 있는 의자

작업용 의자 설계 시 고려사항

• 의자 좌판은 약간 경사져야 하고 좌판의 각도는 3°로 한다.

• 의자 좌판의 높이는 조절할 수 있도록 하는 것이 바람직하다.

• 등받이의 높이는 지정된 치수는 없고 요추골부분을 받쳐줄 수 있어야 한다.

• 의자 높이는 오금 높이보다 같거나 낮아야 한다.

• 등판은 뒤로 기댈 수 있도록 약간 경사져야 하며 등판의 각도는 100°로 한다.

29 인간의 눈의 구조에서 색을 구별하는 기능을 가진 것은?

① 각막

② 간상세포

③ 수정체

④ 원추세포

해설

눈의 시세포

원추세포 (추상체)	• 낮처럼 조도 수준이 높을 때 기능을 한다. • 색을 구별하며, 황반에 집중되어 있다. • 색상을 구분한다(이상 시 색맹 또는 색약이 나타난다). • 카메라의 컬러필름
간상세포 (간상체)	• 1억 3,000만 개의 간상세포가 망막 주변에 있다. • 밤처럼 조도 수준이 낮을 때 기능을 한다. • 흑백의 음영만을 구분하며 명암을 구분한다.

정답 **25** ① **26** ① **27** ④ **28** ④ **29** ④

30 다음 그림은 어느 부위의 관절운동을 보여주는가?

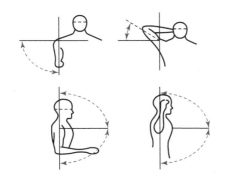

① 팔　　　　　② 어깨
③ 가슴　　　　④ 몸통

[해설]
관절운동
어깨 관절의 동작을 나타낸다.

31 색채계획과정의 올바른 순서는?

① 색채계획 및 설계 → 조사 및 기획 → 색채관리 → 디자인에 적용
② 색채심리분석 → 색채환경분석 → 색채전달계획 → 디자인에 적용
③ 색채환경분석 → 색채심리분석 → 색채전달계획 → 디자인에 적용
④ 색채심리분석 → 색채상황분석 → 색채전달계획 → 디자인에 적용

[해설]
색채계획의 기본과정
색채환경분석 → 색채심리분석 → 색채전달계획 → 디자인에 적용

32 오스트발트의 색상환을 구성하는 4가지 기본색은 무엇을 근거로 한 것인가?

① 헤링(Hering)의 반대색설
② 뉴턴(Newton)의 광학이론
③ 영·헬름홀츠(Young–Helmholtz)의 색각이론
④ 맥스웰(Maxwell)의 회전색 원판 혼합이론

[해설]
오스트발트 색체계
헤링의 4원색설을 기초로 24색상을 만들어 사용하였다.

33 오스트발트의 색채조화론에 관한 내용으로 틀린 것은?

① 무채색 조화
② 등색상 삼각형에서의 조화
③ 등가색환에서의 조화
④ 대비조화

[해설]
오스트발트 색채조화론
무채색의 조화, 등백계열의 조화, 등흑계열의 조화, 등순계열의 조화, 윤성조화(다색조화), 등가색환의 조화가 있다.

34 현재 우리나라 KS규격 색표집이며 색채 교육용으로 채택된 표색계는?

① 먼셀 표색계　　　② 오스트발트 표색계
③ 문·스펜서 표색계　④ 저드 표색계

[해설]
먼셀 색체계
• 한국공업규격으로 1965년 한국산업표준 KS규격(KS A 0062)으로 채택하고 있고, 교육용으로는 교육부 고시 312호로 지정해 사용되고 있다.
• 색지각을 기초로 색상, 명도, 채도의 색의 3속성을 3차원적인 공간의 형태로 만든 것이다.

35 일반적으로 떠오르는 빨간색의 추상적 연상과 관계있는 내용으로 맞는 것은?

① 피, 정열, 흥분
② 시원함, 냉정함, 청순
③ 팽창, 희망, 광명
④ 죽음, 공포, 악마

해설

색의 상징 및 연상
• 빨강 : 정열, 사랑
• 노랑 : 희망, 명랑
• 파랑 : 젊음, 성실
• 초록 : 안정, 휴식
• 흰색 : 소박, 신성
• 보라 : 신비, 우아

36 작은 점들이 무수히 많이 있는 그림을 멀리서 보면 색이 혼색되어 보이는 현상은?

① 마이너스 혼색
② 감법혼색
③ 병치혼색
④ 계시혼색

해설

병치혼색(혼합)
색이 조밀하게 병치되어 있어 서로 혼합되어 보이는 현상으로, 작은 점이나 무수히 많은 선이 조밀하게 배치되어 먼 거리에서 보면 색이 혼색되어 다른 색으로 보인다.

37 외과병원 수술실 벽면의 색을 밝은 청록색으로 처리한 것은 어떤 현상을 막기 위한 것인가?

① 푸르킨예현상
② 연상작용
③ 동화현상
④ 잔상현상

해설

잔상현상
눈에 색자극을 없앤 뒤에도 남는 색감각을 잔상이라고 한다. 수술실을 녹색계통으로 하는 이유는 눈의 피로와 빨간색과의 보색 등을 고려, 잔상을 없애기 위해서이다. 녹색은 진정색으로 수술실의 분위기를 차분하게 만드는 데 적절한 색이다.

38 오스트발트 색상환은 무채색 축을 중심으로 몇 색상이 배열되어 있는가?

① 9
② 10
③ 24
④ 35

해설

오스트발트 색상환
헤링의 4원색설을 기초로 빨강, 노랑, 파랑, 초록을 기본으로 중간에 주황, 청록, 자주(Purple), 황록색을 배치하였다. 8색의 주요 색상을 3등분하여 24색상을 만들었다.

39 색채조절 시 고려할 사항으로 관계가 적은 것은?

① 개인의 기호
② 색의 심리적 성질
③ 사용공간의 기능
④ 색의 물리적 성질

해설

색채조절
색채의 생리적 · 심리적 효과를 적극적으로 활용하여 안전하고 효율적인 작업환경과 쾌적한 생활환경의 조성을 목적으로 하는 색채의 기능적 사용법을 의미한다.

40 인간의 색채지각 현상에 관한 설명으로 맞는 것은?

① 빨간색에 흰색이 섞이는 비율에 따라 진분홍, 분홍, 연분홍이 되는 것은 명도가 떨어지는 것이다.
② 인간은 약 채도는 200단계, 명도는 500단계, 색상은 200단계를 구분할 수 있다.
③ 빨간색에 흰색이 섞이는 비율에 따라 진분홍, 분홍, 연분홍이 되는 것은 채도가 떨어지는 것이다.
④ 인간은 색의 강도의 변화에 따라 200단계, 색상 500단계, 채도 100단계를 구분할 수 있다.

해설

• 명도 : 순색에 백색을 혼합하면 명도는 높아진다.
• 채도 : 다른 색상을 혼합하면 혼합할수록 채도는 낮아지면서 탁해진다.

41 석재의 장점으로 옳지 않은 것은?

① 외관이 장중하고, 치밀하다.

② 장대재를 얻기 쉬워 구조용으로 적합하다.

③ 내수성, 내구성, 내화학성이 풍부하다.

④ 다양한 외관과 색조의 표현이 가능하다.

해설

석재는 자연재료로서 장대재를 얻기 어렵고 그에 따라 구조용으로 적용하는 것이 난해하다.

42 주로 합판, 목재 제품 등에 사용되며, 접착력, 내열·내수성이 우수하나 유리나 금속의 접착에는 적당하지 않은 합성수지계 접착제는?

① 페놀수지 접착제

② 에폭시수지 접착제

③ 치오콜

④ 카세인

해설

페놀수지(베이클라이트)
• 전기절연성, 내후성, 접착성이 크고 내열성이 0~60℃ 정도, 석면혼합품은 125℃이다.
• 내수합판의 접착제, 화장판류 도료 등으로 사용한다.

43 모자이크 타일의 소지질로 가장 알맞은 것은?

① 토기질   ② 도기질

③ 석기질   ④ 자기질

해설

모자이크 타일은 흡수성이 낮아야 하므로, 자기질이 가장 알맞다.

44 건축용 각종 금속재료 및 제품에 관한 설명으로 옳지 않은 것은?

① 구리는 화장실 주위와 같이 암모니아가 있는 장소나 시멘트, 콘크리트 등 알칼리에 접하는 경우에는 빨리 부식하기 때문에 주의해야 한다.

② 납은 방사선의 투과도가 낮아 건축에서 방사선 차폐 재료로 사용된다.

③ 알루미늄은 대기 중에서는 부식이 쉽게 일어나지만 알칼리나 해수에는 강하다.

④ 니켈은 전연성이 풍부하고 내식성이 크며 아름다운 청백색 광택이 있어 공기 중 또는 수중에서 색이 거의 변하지 않는다.

해설

알루미늄은 대기 중에서는 표면에 산화막이 생겨 부식을 억제하지만, 산, 알칼리에 침식되며 콘크리트에 부식되는 특징을 갖고 있다.

45 인조석이나 테라초바름에 쓰이는 종석이 아닌 것은?

① 화강석   ② 사문암

③ 대리석   ④ 샤모트

해설

• 인조석은 대리석, 사문암 등의 아름다운 쇄석(종석)과 백색 시멘트, 안료, 돌가루 등을 혼합하여 물로 반죽해 만든 것이다.
• 샤모트는 인조석의 종석이 아닌 점토 등에 배합하여 가소성을 조절하는 역할을 하는 재료이다.

46 강화유리에 관한 설명으로 옳지 않은 것은?

① 보통 판유리를 600℃ 정도 가열했다가 급랭시켜 만든 것이다.

② 강도는 보통 판유리의 3~5배 정도이고 파괴 시 둔각 파편으로 파괴되어 위험이 방지된다.

③ 온도에 대한 저항성이 매우 약하므로 적당한 완충제를 사용하여 튼튼한 상자에 포장한다.

④ 가공 후 절단이 불가하므로 소요치수대로 주문 제작한다.

[해설]

강화유리는 온도에 대한 저항성이 크다.

47 내화벽돌은 최소 얼마 이상의 내화도를 가져야 하는가?

① SK(제게르 콘) 26 이상

② SK(제게르 콘) 21 이상

③ SK(제게르 콘) 15 이상

④ SK(제게르 콘) 10 이상

48 보통 포틀랜드 시멘트의 품질규정(KS L 5201)에서 비카시험의 초결시간과 종결시간으로 옳은 것은?

① 30분 이상 – 6시간 이하

② 60분 이상 – 6시간 이하

③ 30분 이상 – 10시간 이하

④ 60분 이상 – 10시간 이하

49 감람석이 변질된 것으로 색조는 암녹색 바탕에 흑백색의 아름다운 무늬가 있고 경질이나 풍화성이 있어 외벽보다는 실내장식용으로 사용되는 것은?

① 현무암   ② 점판암

③ 응회암   ④ 사문암

50 단열재가 갖추어야 할 조건으로 옳지 않은 것은?

① 열전도율이 낮을 것

② 비중이 클 것

③ 흡수율이 낮을 것

④ 내화성이 좋을 것

[해설]

비중이 작은 다공질 형태를 통해 열전도율을 낮출 수 있다.

51 ALC(Autoclaved Lightweight Concrete) 제품에 관한 설명으로 옳지 않은 것은?

① 주원료는 백색 포틀랜드 시멘트이다.

② 보통 콘크리트에 비해 다공질이고 열전도율이 낮다.

③ 물에 노출되지 않는 곳에서 사용하도록 한다.

④ 경량재이므로 인력에 의한 취급이 가능하고 현장가공 등 시공성이 우수하다.

[해설]

ALC는 플라이애시(Fly Ash) 시멘트 등 혼합 시멘트를 사용하여 제조한다.

52 강재의 인장시험 시 탄성에서 소성으로 변하는 경계는?

① 비례한계점   ② 변형경화점

③ 항복점   ④ 인장강도점

[해설]

탄성의 성질을 잃어버리고 소성의 성질로 바뀌는 경계를 항복점이라고 하며 어떠한 재료의 항복점에서의 강도를 항복강도라고 한다.

53 무기질 단열재료 중 규산질 분말과 석회분말을 오토클레이브 중에서 반응시켜 얻은 겔에 보강섬유를 첨가하여 프레스 성형하여 만드는 것은?

① 유리면　　　　　② 세라믹 섬유
③ 펄라이트판　　　④ 규산 칼슘판

해설

규산 칼슘판은 무기질 재료로서 불연성능이 우수하다.

54 유성 페인트에 관한 설명으로 옳은 것은?

① 보일유에 안료를 혼합시킨 도료이다.
② 안료를 적은 양의 물로 용해하여 수용성 교착제와 혼합한 분말상태의 도료이다.
③ 천연수지 또는 합성수지 등을 건성유와 같이 가열·융합시켜 건조제를 넣고 용제로 녹인 도료이다.
④ 니트로셀룰로오스와 같은 용제에 용해시킨 섬유계 유도체를 주성분으로 하여 여기에 합성수지, 가소제와 안료를 첨가한 도료이다.

해설

유성 페인트
• 안료와 건조성 지방유를 주원료로 하는 것이다(안료＋보일드유＋희석제).
• 지방유가 건조되어 피막을 형성하게 된다.
• 붓바름 작업성 및 내후성이 우수하며, 건조시간이 길다.
• 내알칼리성이 약하므로 콘크리트 바탕면에 사용하지 않는다.

55 각종 유리의 성질에 관한 설명으로 옳지 않은 것은?

① 유리블록은 실내의 냉·난방에 효과가 있으며 보통 유리창보다 균일한 확산광을 얻을 수 있다.
② 열선반사유리는 단열유리라고도 불리며 태양광선 중 장파부분을 흡수한다.
③ 자외선차단유리는 자외선의 화학작용을 방지할 목적으로 의류품의 진열창, 식품이나 약품의 창고 등에 쓴다.
④ 내열유리는 규산분이 많은 유리로서 성분은 석영유리에 가깝다.

해설

②는 열선흡수유리에 대한 설명이다.

56 다음과 같은 목재 3종의 강도에 대하여 크기의 순서를 옳게 나타낸 것은?

> • A : 섬유 평행방향의 압축강도
> • B : 섬유 평행방향의 인장강도
> • C : 섬유 평행방향의 전단강도

① A＞C＞B　　　　② B＞C＞A
③ A＞B＞C　　　　④ B＞A＞C

해설

목재의 강도 크기
인장강도＞휨강도＞압축강도＞전단강도

57 합성수지의 일반적인 특성에 관한 설명으로 옳지 않은 것은?

① 경량이면서 강도가 큰 편이다.
② 연성이 크고 광택이 있다.
③ 내열성이 우수하고, 화재 시 유독가스의 발생이 없다.
④ 탄력성이 크고 마모가 적다.

해설

합성수지는 내화, 내열성이 작고 비교적 저온에서 연화되는 특징이 있다.

58 콘크리트용 골재에 요구되는 품질 또는 성질로 옳지 않은 것은?

① 골재의 입형은 가능한 한 편평하거나 세장하지 않을 것
② 골재의 강도는 콘크리트 중의 경화시멘트 페이스트의 강도보다 작을 것
③ 공극률이 작아 시멘트를 절약할 수 있는 것
④ 입도는 조립에서 세립까지 연속적으로 균등히 혼합되어 있을 것

┌ 해설 ┐
골재는 콘크리트의 강도를 결정하는 주요 요소로서 결합제인 시멘트 페이스트의 강도보다 높아야 한다.

59 도막 방수재료의 특징으로 옳지 않은 것은?

① 복잡한 부위의 시공성이 좋다.
② 누수 시 결함 발견이 어렵고, 국부적으로 보수가 어렵다.
③ 신속한 작업 및 접착성이 좋다.
④ 바탕면의 미세한 균열에 대한 저항성이 있다.

┌ 해설 ┐
누수 시 결함 발견이 용이하며, 도장을 통해 국부적 보수가 상대적으로 다른 공법들에 비해 어렵지 않다.

60 FRP, 욕조, 물탱크 등에 사용되는 내후성과 내약품성이 뛰어난 열경화성 수지는?

① 불소수지
② 불포화 폴리에스테르수지
③ 초산비닐수지
④ 폴리우레탄수지

┌ 해설 ┐
불포화 폴리에스테르수지
• 기계적 강도와 비항장력이 강과 비등한 값으로 100~150℃에서 −90℃의 온도 범위에서 이용 가능하며, 내수성이 우수하다.

• 주요 성형품으로 유리섬유로 보강한 섬유강화 플라스틱(FRP) 등이 있다.
• 강도와 신도를 제조공정상에서 조절할 수 있다.
• 영계수가 커서 주름이 생기지 않는다.
• 다른 섬유와 혼방성이 풍부하다.
• 항공기, 선박, 차량재, 건축의 천장, 루버, 아케이드, 파티션접착제 등의 구조재로 쓰이며, 도료로도 사용된다.

4과목 건축일반

61 한국의 목조건축 입면에서 벽면구성을 위한 의장의 성격을 결정지어주는 기본적인 요소는?

① 기둥-주두-창방
② 기둥-창방-평방
③ 기단-기둥-주두
④ 기단-기둥-창방

┌ 해설 ┐
기둥-창방을 기본요소로 하고 평방의 유무에 따라 평방이 없으면 주심포식, 평방이 있으면 다포식 구성을 띠었다.

62 특정소방대상물에서 사용하는 방염대상물품에 해당되지 않는 것은?

① 창문에 설치하는 커튼류
② 전시용 합판
③ 종이벽지
④ 섬유류 또는 합성수지류 등을 원료로 하여 제작된 소파

┌ 해설 ┐
두께가 2mm 미만인 벽지류가 포함되나, 벽지류 중 종이벽지는 제외한다.

63 철근콘크리트구조의 철근 피복에 관한 설명으로 옳지 않은 것은?(단, 철근콘크리트보로서 주근과 스터럽이 정상 설치된 경우)

① 철근콘크리트보의 피복두께는 주근의 표면과 이를 피복하는 콘크리트 표면까지의 최단거리이다.

② 피복두께는 내화성 · 내구성 및 부착력을 고려하여 정하는 것이다.

③ 동일한 부재의 단면에서 피복두께가 클수록 구조적으로 불리하다.

④ 콘크리트의 중성화에 따른 철근의 부식을 방지한다.

> **해설**
> 철근콘크리트보의 피복두께는 스터럽의 표면과 이를 피복하는 콘크리트 표면까지의 최단거리이다.

64 건축물에 설치하는 굴뚝에 관한 기준으로 옳지 않은 것은?

① 굴뚝의 옥상 돌출부는 지붕면으로부터의 수직거리를 1m 이상으로 할 것

② 굴뚝의 상단으로부터 수평거리 1m 이내에 다른 건축물이 있는 경우에는 그 건축물의 처마보다 1.5m 이상 높게 할 것

③ 금속제 굴뚝으로서 건축물의 지붕 속 · 반자 위 및 가장 아래 바닥 밑에 있는 굴뚝의 부분은 금속 외의 불연재료로 덮을 것

④ 금속제 굴뚝은 목재 기타 가연재료로부터 15cm 이상 떨어져서 설치할 것

> **해설**
> **건축물에 설치하는 굴뚝(건축물의 피난 · 방화구조 등의 기준에 관한 규칙 제20조)**
> 굴뚝의 상단으로부터 수평거리 1미터 이내에 다른 건축물이 있는 경우에는 그 건축물의 처마보다 1미터 이상 높게 할 것

65 문화 및 집회시설(동 · 식물원 제외)로서 지하층 무대부의 면적이 최소 몇 m² 이상일 때 모든 층에 스프링클러설비를 설치해야 하는가?

① 100m² 　　② 200m²

③ 300m² 　　④ 500m²

> **해설**
> 무대부가 지하층 · 무창층 또는 4층 이상의 층에 있는 경우에는 무대부의 면적이 300m² 이상인 곳, 그 외의 경우에는 무대부의 면적이 500m² 이상인 곳에 설치하여 한다. 문제에서 지하층을 물었으므로 정답은 300m²가 된다.

66 건축물의 피난시설과 관련하여 건축물 바깥쪽으로 나가는 출구를 설치하는 경우 관람실의 바닥면적의 합계가 300m² 이상인 집회장 또는 공연장에 있어서는 주된 출구 외에 보조출구 또는 비상구를 몇 개소 이상 설치하여야 하는가?

① 1개소 이상 　　② 2개소 이상

③ 3개소 이상 　　④ 4개소 이상

> **해설**
> **건축물의 바깥쪽으로의 출구의 설치기준(건축물의 피난 · 방화구조 등의 기준에 관한 규칙 제11조)**
> 건축물의 바깥쪽으로 나가는 출구를 설치하는 경우 관람실의 바닥면적의 합계가 300m² 이상인 집회장 또는 공연장은 주된 출구 외에 보조출구 또는 비상구를 2개소 이상 설치하여야 한다.

67 간이스프링클러설비를 설치하여야 하는 특정소방대상물이 다음과 같을 때 최소 연면적 기준으로 옳은 것은?

교육연구시설 내 합숙소

① 100m² 이상 　　② 150m² 이상

③ 200m² 이상 　　④ 300m² 이상

특정소방대상물의 관계인이 특정소방대상물에 설치 · 관리해야 하는 소방시설의 종류(소방시설 설치 및 관리에 관한 법률 시행령 [별표 4])
간이스프링클러설비를 설치하여야 하는 특정소방대상물 : 교육연구시설 내에 합숙소로서 연면적 100m² 이상인 것

68 다음 중 승용승강기의 설치기준과 직접적으로 관련된 것은?

① 대지 안의 공지
② 건축물의 용도
③ 6층 이하의 거실면적의 합계
④ 승강기의 속도

승용승강기는 6층 이상의 거실면적과 건축물의 용도에 따라 대수가 정해진다.

69 관리의 권원이 분리된 특정소방대상물 중 소방안전관리자를 선임해야 하는 연면적 기준으로 옳은 것은? (단, 복합건축물의 경우)

① 10,000m² 이상
② 20,00m² 이상
③ 30,000m² 이상
④ 50,000m² 이상

관리의 권원이 분리된 특정소방대상물 중 소방안전관리를 선임해야 하는 시설(화재의 예방 및 안전관리에 관한 법률 제35조)
• 복합건축물(지하층을 제외한 층수가 11층 이상 또는 연면적 3만 제곱미터 이상인 건축물)
• 지하가(지하의 인공구조물 안에 설치된 상점 및 사무실, 그 밖에 이와 비슷한 시설이 연속하여 지하도에 접하여 설치된 것과 그 지하도를 합한 것을 말한다)
• 판매시설 중 도매시장, 소매시장 및 전통시장

70 물체 표면 간의 복사열전달량을 계산함에 있어 이와 가장 밀접한 재료의 성질은?

① 방사율
② 신장률
③ 투과율
④ 굴절률

방사율
방사율은 복사열의 흡수와 반사에 관련된 수치이다. 방사율이 높은 재료는 복사열을 흡수하려는 성질이 크고, 방사율이 낮은 재료는 복사열을 반사하려는 특성이 크게 나타난다.

71 비상경보설비를 설치하여야 하는 특정소방대상물의 기준으로 옳지 않은 것은?

① 연면적 400m² 이상인 것
② 지하층 바닥면적이 150m² 이상인 것
③ 지하가 중 터널로서 길이가 500m 이상인 것
④ 30명 이상의 근로자가 작업하는 옥내 작업장

④ 50명 이상의 근로자가 작업하는 옥내 작업장을 기준으로 한다.

72 철골구조에 관한 설명으로 옳지 않은 것은?

① 수평력에 약하며 공사비가 저렴한 편이다.
② 철근콘크리트구조에 비해 내화성이 부족하다.
③ 고층 및 장스팬 건물에 적합하다.
④ 철근콘크리트구조물에 비하여 중량이 가볍다.

수평력(횡력)에 강하여 고층 건축물에 많이 적용된다.

73 표준형 벽돌로 구성한 벽체를 내력벽 2.5B로 할 때 벽두께로 옳은 것은?

① 290mm
② 390mm
③ 490mm
④ 580mm

> 해설

2.5B = 190 + 10 + 190 + 10 + 90 = 490mm

74 방화구획의 설치기준으로 옳지 않은 것은?

① 10층 이하의 층은 바닥면적 1,000m² 이내마다 구획할 것
② 10층 이하의 층은 스프링클러 기타 이와 유사한 자동식 소화설비를 설치한 경우에는 바닥면적 3,000m² 이내마다 구획할 것
③ 지하층은 바닥면적 200m² 이내마다 구획할 것
④ 11층 이상의 층은 바닥면적 200m² 이내마다 구획할 것

> 해설

3층 이상의 층과 지하층은 층마다 구획한다.

75 건축물의 내부에 설치하는 피난계단의 구조에 관한 기준으로 옳지 않은 것은?

① 계단실은 창문·출입구 기타 개구부를 제외한 당해 건축물의 다른 부분과 내화구조의 벽으로 구획할 것
② 계단실에는 예비전원에 의한 조명설비를 할 것
③ 계단실의 바깥쪽과 접하는 창문 등은 당해 건축물의 다른 부분에 설치하는 창문 등으로부터 2m 이상의 거리를 두고 설치할 것
④ 계단실의 실내에 접하는 부분의 마감은 난연재료로 할 것

계단실의 실내에 접하는 부분(바닥 및 반자 등 실내에 면한 모든 부분을 말한다)의 마감(마감을 위한 바탕을 포함한다)은 불연재료로 해야 한다.

76 건축물의 바닥면적 합계가 450m²인 경우 주요 구조부를 내화구조로 하여야 하는 건축물이 아닌 것은?

① 의료시설
② 노유자시설 중 노인복지시설
③ 업무시설 중 오피스텔
④ 창고시설

> 해설

창고시설은 건축물의 바닥면적 합계가 500m² 이상인 경우 주요 구조부를 내화구조로 하여야 하는 건축물이다. 나머지 보기의 경우 모두 400m² 이상인 경우 주요 구조부를 내화구조로 하여야 하는 용도의 건축물이다.

77 로마시대의 주택에 관한 설명으로 옳지 않은 것은?

① 판사(Pansa)의 주택 같은 부유층의 도시형 주거는 주로 보도에 면하여 있었다.
② 인술라(Insula)에는 일반적으로 난방시설과 개인목욕탕이 설치되었다.
③ 빌라(Villa)는 상류신분의 고급 교외별장이다.
④ 타블리눔(Tablinum)은 가족의 중요문서 등이 보관되어 있는 곳이었다.

> 해설

인술라(Insula)
1층에 상점이 있는 중정 형태의 로마 시대 서민주택으로, 난방시설 등이 열악했고 공용복복탕을 사용하였다.

78 경보설비의 종류가 아닌 것은?

① 누전경보기 　　② 자동화재탐지설비
③ 비상방송설비 　　④ 무선통신보조설비

> **[해설]**
>
> 무선통신보조설비는 소화활동설비에 속한다.

79 건축허가 등을 할 때 미리 소방본부장 또는 소방서장의 동의를 받아야 하는 대상건축물의 최소 연면적 기준은?

① 400m² 이상 　　② 500m² 이상
③ 600m² 이상 　　④ 1,000m² 이상

> **[해설]**
>
> **건축허가 등의 동의대상물의 범위 등(소방시설 설치 및 관리에 관한 법률 시행령 제7조)**
> 건축허가 등을 할 때 미리 소방본부장 또는 소방서장의 동의를 받아야 하는 건축물의 연면적은 400제곱미터 이상인 건축물이다.

80 환기에 관한 설명으로 옳지 않은 것은?

① 실내환경의 쾌적성을 유지하기 위한 외기량을 필요환기량이라 한다.
② 1인당 차지하는 공간체적이 클수록 필요환기량은 증가한다.
③ 실내가 실외에 비해 온도가 높을 경우 실내의 공기밀도는 실외보다 낮다.
④ 중력환기는 실내외 온도차에 의한 공기의 밀도차에 의하여 발생한다.

> **[해설]**
>
> 1인당 차지하는 공간체적이 크다는 것은 실내의 재실자 밀도가 낮다는 것(공간의 크기 대비 인원이 적다는 것)을 의미하므로 필요환기량은 감소한다.

정답 　**78** ④ 　**79** ① 　**80** ②

01 실내기본요소 중 바닥에 관한 설명으로 옳지 않은 것은?

① 공간을 구성하는 수평적 요소이다.
② 촉각적으로 만족할 수 있는 조건을 요구한다.
③ 고저차를 통해 공간의 영역을 조정할 수 있다.
④ 다른 요소들에 비해 시대와 양식에 의한 변화가 현저하다.

[해설]
다른 요소들이 시대와 양식에 의한 변화가 현저한 데 비해 바닥은 매우 고정적이다.

02 부엌 작업대의 배치유형 중 작업대를 부엌의 중앙 공간에 설치한 것으로 주로 개방된 공간의 오픈 시스템에서 사용되는 것은?

① 일렬형
② 병렬형
③ ㄱ자형
④ 아일랜드형

[해설]
아일랜드형
기존 부엌에 독립적인 작업대를 설치하는 형식이다.

03 균형에 관한 설명으로 옳지 않은 것은?

① 대칭적 균형은 가장 완전한 균형의 상태이다.
② 비정형균형은 능동의 균형, 비대칭균형이라고도 한다.
③ 균형은 정적이든 동적이든 시각적 안정성을 가져올 수 있다.
④ 대칭적 균형은 비정형균형에 비해 자연스러우며 풍부한 개성 표현이 용이하다.

[해설]
비정형균형은 대칭적 균형에 비해 자연스러우며 풍부한 개성 표현이 용이하다.

04 다음 실내디자인의 제반 기본조건 중 가장 우선시되는 것은?

① 정서적 조건
② 기능적 조건
③ 심미적 조건
④ 환경적 조건

[해설]
실내디자인의 기본조건 중요도
기능성＞경제성＞심미성＞유행성

05 형태의 지각에 관한 설명으로 옳지 않은 것은?

① 대상을 가능한 한 복합적인 구조로 지각하려 한다.
② 형태를 있는 그대로가 아니라 수정된 이미지로 지각하려 한다.
③ 이미지를 파악하기 위하여 몇 개의 부분으로 나누어 지각하려 한다.
④ 가까이 있는 유사한 시각적 요소들은 하나의 그룹으로 지각하려 한다.

[해설]
대상을 가능한 한 간단한 구조로 지각하려는 것으로 눈에 익숙한 간단한 형태로 도형을 지각하게 되는 것이다.

06 디자인의 요소 중 면에 관한 설명으로 옳은 것은?

① 면 자체의 절단에 의해 새로운 면을 얻을 수 있다.
② 면이 이동한 궤적으로 물체가 점유한 공간을 의미한다.
③ 점이 이동한 궤적으로 면의 한계 또는 교차에서 나타난다.
④ 위치만 있고 크기는 없는 것으로 선의 한계 또는 교차에서 나타난다.

> **해설**
>
> **디자인 요소**
> • 점 : 위치만 있고 크기는 없으며 정적이고 방향성이 없어 자기중심적이다.
> • 선 : 점들의 집합이며 길이와 방향은 있으나 높이, 깊이, 폭의 개념은 없다.
> • 면 : 선이 이동한 궤적이다.
> • 형태 : 면이 이동한 궤적이다.

07 다음 설명에 알맞은 사무소 건축의 코어형식은?

> • 중 · 대규모 사무소 건축에 적합하다.
> • 2방향 피난에 이상적인 형식이다.

① 외코어형
② 중앙코어형
③ 편심코어형
④ 양단코어형

> **해설**
>
> **코어형식**
> • 외코어형(독립코어형) : 코어를 업무 공간에서 별도로 분리한 유형으로 공간활용의 융통성은 높지만 대피 · 피난의 방재계획이 불리하다.
> • 중심코어형 : 코어가 중앙에 위치한 형태로 고층, 초고층의 내진구조에 적합하여 구조적으로 바람직한 형식이다.
> • 편심코어형 : 코어가 한쪽으로 치우친 형태로 기준층 면적이 작은 경우에 적합하여 소규모 사무실에 주로 사용한다.

08 조명의 눈부심에 관한 설명으로 옳지 않은 것은?

① 광원이 시선에 멀수록 눈부심이 강하다.
② 광원의 휘도가 클수록 눈부심이 강하다.
③ 광원의 크기가 클수록 눈부심이 강하다.
④ 배경이 어둡고 눈이 암순응될수록 눈부심이 강하다.

> **해설**
>
> 광원이 시선에 멀수록 눈부심(현휘, 글레어)이 낮다.

09 다음 중 실내공간계획에서 가장 중요하게 고려해야 할 사항은?

① 인간스케일
② 조명스케일
③ 가구스케일
④ 색채스케일

> **해설**
>
> **휴먼스케일**
> 물체의 크기와 인체의 관계, 그리고 물체 상호 간의 관계를 말한다. 특히, 실내의 크기나 그 내부에 배치되는 가구, 집기 등의 체적 그리고 인간의 척도와 인간의 동작범위를 고려하는 공간관계 형성의 측정기준이 된다.

10 다음의 설명에 알맞은 조명 연출기법은?

> 강조하고자 하는 물체에 의도적인 광선으로 조사시킴으로써 광선 그 자체가 시각적인 특성을 지니게 하는 기법이다.

① 실루엣기법
② 월워싱기법
③ 글레이징기법
④ 빔플레이기법

> **해설**
>
> ① 실루엣기법 : 물체의 형상을 강조하는 기법으로 눈부심은 없으나 세밀한 묘사에는 한계가 있다.
> ② 월워싱기법 : 균일한 조도의 빛의 수직벽면에 빛으로 쓸어내리는 듯하게 비추는 기법이다.
> ③ 글레이징기법 : 빛의 각도를 조절함으로써 마감재의 재질감을 강조하는 기법이다.

11 수평 블라인드로 날개의 각도, 승각으로 일광, 조망, 시각의 차단 정도를 조절하는 것은?

① 롤 블라인드   ② 로만 블라인드

③ 버티컬 블라인드   ④ 베네시안 블라인드

블라인드의 종류
- 롤 블라인드 : 천을 감아올려 높이조절이 가능하며 칸막이나 스크린의 효과도 얻을 수 있다.
- 로만 블라인드 : 천의 내부에 설치된 체인에 의해 당겨져 아래가 접혀 올라가는 것으로 풍성한 느낌과 우아한 분위기를 조성할 수 있다.
- 버티컬 블라인드 : 수직블라인드로 수직의 날개가 좌우로 동작이 가능하여 좌우 개폐 정도에 따라 일광, 조망의 차단 정도를 조절한다.
- 베네시안 블라인드 : 수평블라인드로 날개 각도를 조절하여 일광, 조망 그리고 시각의 차단 정도를 조정할 수 있지만, 날개 사이에 먼지가 쌓이기 쉽다.

12 실내 치수계획으로 가장 부적절한 것은?

① 주택 출입문의 폭 : 90cm

② 부엌 조리대의 높이 : 85cm

③ 주택 침실의 반자높이 : 2.3m

④ 상점 내의 계단 단높이 : 40cm

계단의 설치기준
- 계단의 단높이, 단너비는 건물의 용도에 따라 다르며 건축법에 규정되어 있다.
- 공동으로 사용하는 계단의 단 높이는 18cm 이하로 한다.

13 상품의 유효진열범위에서 고객의 시선이 자연스럽게 머물고, 손으로 잡기에도 편한 높이인 골든 스페이스(Golden Space)의 범위는?

① 50~850mm   ② 850~1,250mm

③ 1,250~1,400mm   ④ 1,450~1,600mm

상품의 진열범위
상품의 진열범위는 바닥에서 600~2,100mm이지만, 손에 잡기에도 가장 편안한 높이는 850~1,250mm이며 이 범위를 골든 스페이스(Golden Space)라고 한다.

14 세포형 오피스(Cellular Type Office)에 관한 설명으로 옳지 않은 것은?

① 연구원, 변호사 등 지식집약형 업종에 적합하다.

② 조직구성원 간의 커뮤니케이션에 문제점이 있을 수 있다.

③ 개인별 공간을 확보하여 스스로 작업공간의 연출과 구성이 가능하다.

④ 하나의 평면에서 직제가 명확한 배치로 상하급의 상호감시가 용이하다.

④는 개방식 배치에 대한 설명이다.

세포형 오피스 : 1~2인을 위한 개실규모는 20~30m² 정도로 소수를 위해 부서별로 개별적인 사무실을 제공한다. 특히, 각 부서나 직원 간의 커뮤니케이션이 불리하며 공간의 가변성이 적어 변화에 대응하기 어렵다.

15 다음과 같은 단면을 갖는 천장의 유형은?

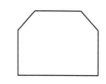

① 나비형   ② 단저형

③ 경사형   ④ 꺾임형

정답   **11** ④   **12** ④   **13** ②   **14** ④   **15** ④

천장의 유형

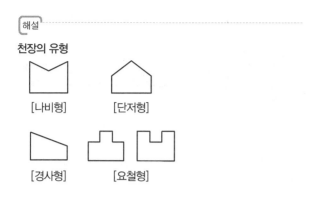

[나비형]　　[단저형]

[경사형]　　[요철형]

16 다음 중 단독주택의 현관 위치 결정에 가장 주된 영향을 끼치는 것은?

① 가족 구성　　② 도로의 위치
③ 주택의 층수　　④ 주택의 건폐율

해설

현관 위치의 결정요인
도로의 위치(관계), 경사도, 대지의 형태(방위와는 무관함)

17 다음 설명에 알맞은 건축화조명의 종류는?

- 벽면 전체 또는 일부분을 광원화하는 방식이다.
- 광원을 넓은 벽면에 매입함으로써 비스타(Vista)적인 효과를 낼 수 있다.

① 코브조명　　② 광창조명
③ 코니스조명　　④ 광천장조명

해설

① 코브조명 : 천장, 벽의 구조체 안에 조명기구를 매입시키고 광원의 빛을 가린 후 반사광으로 간접조명하는 방식이다.
③ 코니스조명 : 벽의 상부에 길게 설치된 반사상자 안에 광원을 설치하여 모든 빛이 하부로 향하도록 하는 조명방식이다.
④ 광천장조명 : 건축구조체로 천장에 조명기구를 설치하고 그 밑에 루버나 유리, 플라스틱 같은 확산 투과판으로 천장을 마감처리하여 설치하는 조명방식이다.

18 필요에 따라 가구의 형태를 변화시킬 수 있어 고정적이면서 이동적인 성격을 갖는 기구로, 규격화된 단일가구를 원하는 형태로 조합하여 사용할 수 있으므로 다목적으로 사용이 가능한 것은?

① 유닛가구　　② 가동가구
③ 원목가구　　④ 붙박이가구

해설

유닛가구
고정적이며 이동적인 성격을 모두 가지고 있어 공간의 조건에 맞도록 원하는 형태로 조합하여 공간의 효율을 높여준다.

가구의 종류
- 가동가구 : 이동형 가구로 공간의 융통성을 부여한다.
- 붙박이가구 : 건물과 일체화시킨 가구로 공간을 활용, 효율성을 높일 수 있고 특정한 사용목적이나 많은 물품을 수납하기 위한 건축화된 가구를 의미한다.

19 실내디자인 과정 중 공간의 레이아웃(Layout) 단계에서 고려해야 할 사항으로 가장 알맞은 것은?

① 동선계획　　② 설비계획
③ 입면계획　　④ 색채계획

해설

레이아웃
공간을 형성하는 부분과 설치되는 물체의 평면상의 계획으로 공간 상호 간의 연계성, 출입형식 및 동선계획, 인체 공학적 치수와 가구 크기를 고려해야 한다.

20 상품을 판매하는 매장을 계획할 경우 일반적으로 동선을 길게 구성하는 것은?

① 고객동선　　② 관리동선
③ 판매종업원동선　　④ 상품 반출입동선

해설

상점의 동선
- 고객동선, 종업원동선, 상품동선으로 분류한다.

- 고객동선은 충동구매를 유도하기 위해 길게 배치하는 것이 좋으며, 종업원동선은 고객동선과 교차되지 않도록 하고 고객을 위한 통로 폭은 900mm 이상으로 한다.

2과목 색채 및 인간공학

21 골격의 기능으로 볼 수 없는 것은?

① 인체의 지주
② 내부의 장기 보호
③ 신경계통의 전달
④ 골수의 조혈기능

> [해설]

인체골격의 기능
- 인체의 지주역할을 한다.
- 골수는 조혈기능을 갖는다.
- 체강의 기초를 만들고 내부의 장기를 보호한다.
- 가동성 연결, 관절을 만들고 골격근의 수축에 의해 운동기로서 작용한다.
- 칼슘, 인산의 중요한 저장고가 되며, 나트륨과 마그네슘 이온의 작은 저장고 역할을 한다.

22 실내표면에서 추천 반사율이 가장 높은 곳은?

① 벽
② 바닥
③ 가구
④ 천장

> [해설]

실내표면 추천 반사율
- 벽, 창문 : 40~60%
- 바닥 : 20~40%
- 가구 : 25~45%
- 천장 : 80~90%

23 Pictorial Graphics에서 "금지"를 나타내는 표시 방식으로 적합한 것은?

① 대각선으로 표시
② 삼각형으로 표시
③ 사각형으로 표시
④ 다이아몬드로 표시

> [해설]

규제(금지)
흰색 바탕에 빨간색 테두리와 사선을 긋고 규제대상을 검은색으로 표시한다.

24 두 소리의 강도(强度)를 압력으로 측정한 결과 나중에 발생한 소리가 처음보다 압력이 100배 증가하였다면 두 음의 강도차는 몇 dB인가?

① 40
② 60
③ 80
④ 100

> [해설]

음의 강도

$$dB수준 = 20\log_{10}\left(\frac{P_1}{P_0}\right) = 20\log_{10}\left(\frac{100}{1}\right) = 20\log_{10}(10^2) = 40$$

25 인지특성을 고려한 설계 원리가 아닌 것은?

① 가시성
② 피드백
③ 양립성
④ 복잡성

> [해설]

인간의 인지특성을 고려한 설계 원리
양립성, 피드백, 가시성, 행동 유동성, 단순성, 오류방지를 위한 강제적 기능, 사용자와 설계자 모형의 상호 일치성

26 인체의 구조에 있어 근육의 부착점인 동시에 체격을 결정지으며 수동적 운동을 하는 기관은?

① 소화계
② 신경계
③ 골격계
④ 감각기계

> [해설]

골격의 주요 기능
신체의 지지 및 형상 유지, 조혈작용, 체내의 장기 보호, 무기질 저장, 가동성 연결

정답 21 ③ 22 ④ 23 ① 24 ① 25 ④ 26 ③

27 제어표시체계에 대한 설명으로 틀린 것은?

① 부착면을 달리한다.

② 대칭면으로 배치한다.

③ 전체의 색상을 통일한다.

④ 표시나 제어 그래프는 수직보다 수평으로 간격을 띄우는 것이 좋다.

[해설]

전체의 색상을 통일하지 않는다.

28 다음과 같은 착시현상과 가장 관계가 깊은 것은?

실제로는 a와 c가 일직선상에 있으나 b와 c가 일직선으로 보인다.

① Köhler의 착시(윤곽착오)

② Hering의 착시(분할착오)

③ Poggendorf의 착시(위치착오)

④ Müler－Lyer의 착시(동화착오)

[해설]

포겐도르프(Poggendorf) 착시
중간에 놓인 구조물의 윤곽에 의해 중단된 사선의 나뉜 선들 중 한 세그먼트 위치를 잘못 인식하는 기하학적 광학 착시이다.

29 근육의 국부적인 피로를 측정하기 위한 것으로 가장 적합한 것은?

① 심전도(EDG)　　　② 안전도(EOG)

③ 뇌전도(EEG)　　　④ 근전도(EMG)

[해설]

근전도(EMG)
국부적인 근육활동의 척도에 근전도가 있으며 근육활동의 전 위치를 기록한 것이다.

30 인간공학적 산업디자인의 필요성을 표현한 것으로 가장 적절한 것은?

① 보존의 편리　　　② 효능 및 안전

③ 비용의 절감　　　④ 설비의 기능 강화

[해설]

인간공학
인간의 특성이나 정보를 고려하여 편리성, 안전성 및 효율성을 제공한다.

31 색의 지각과 감정효과에 관한 설명으로 틀린 것은?

① 색의 온도감은 빨강, 주황, 노랑, 연두, 녹색, 파랑, 하양 순으로 파장이 긴 쪽이 따뜻하게 지각된다.

② 색의 온도감은 색의 삼속성 중 명도의 영향을 많이 받는다.

③ 난색계열의 고채도는 심리적 흥분을 유도하나, 한색계열의 저채도는 심리적으로 침정된다.

④ 연두, 녹색, 보라 등은 때로는 차갑게 때로는 따뜻하게 느껴질 수도 있는 중성색이다.

[해설]

온도감
색상에 따라서 따뜻하고 차갑게 느껴지는 감정효과로 인간의 경험과 심리에 의존하는 경향이 많고 자연현상에 근원을 두며 색상의 영향이 가장 크다. 특히, 온도감이 높은 순서는 빨강, 주황, 노랑, 초록, 보라, 검정, 파랑, 흰색으로 나타난다.

32 다음 중 감산혼합을 바르게 설명한 것은?

① 2개 이상의 색을 혼합하면 혼합한 색의 명도는 낮아진다.

② 가법혼색, 색광혼합이라고도 한다.

③ 2개 이상의 색을 혼합하면 색의 수에 관계없이 명도는 혼합하는 색의 평균명도가 된다.

④ 2개 이상의 색을 혼합하면 색의 수에 관계없이 무채색이 된다.

감산혼합(감법혼색, 색료혼합)

정의	색료혼합으로 시안(Cyan), 마젠타(Magenta), 노랑(Yellow)이 기본색이다.
특징	• 혼합할수록 명도, 채도가 낮아진다. • 색상환에서 근거리 혼합은 중간색이 나타난다. • 원거리 색상의 혼합은 명도, 채도가 낮아지고 회색에 가깝다. • 보색끼리의 혼합은 검은색에 가까워진다.

33 다음 ( ) 안에 들어갈 용어를 순서대로 짝지은 것은?

> 일반적으로 모니터상에서 ( )형식으로 색채를 구현하고, ( )에 의해 색채를 혼합한다.

① RGB – 가법혼색

② CMY – 가법혼색

③ Lab – 감법가법혼색

④ CMY – 감법혼색

RGB

컴퓨터 모니터와 스크린 같은 빛의 원리로 컬러를 구현하는 장치에서 사용하며 색광을 혼합해 이루어져 2차색은 원색보다 밝아지므로 가법혼색으로 표현하는 방법이다.

34 다음 색 중 명도가 가장 낮은 색은?

① 2R 8/4

② 5Y 6/6

③ 7.8G 4/2

④ 10B 2/2

① 2R 8/4(색상 : Red, 명도 : 8, 채도 : 4)

② 5Y 6/6(색상 : Yellow, 명도 : 6, 채도 : 6)

③ 7.8G 4/2(색상 : Green, 명도 : 4, 채도 : 2)

④ 10B 2/2(색상 : Blue, 명도 : 2, 채도 : 2)

먼셀 표색계 : H V/C로 표시하며 H(Hue, 색상), V(Value, 명도), C(Chroma, 채도) 순서대로 기호화해서 표시한다.

35 슈브뢸(M·E. Chevreul)의 색채조화 원리가 아닌 것은?

① 동시대비의 원리

② 도미넌트 컬러

③ 등간격 2색의 조화

④ 보색배색의 조화

슈브뢸의 색채조화론

동시대비의 원리	명도가 비슷한 인접 색상을 동시에 배색하면 조화를 이룬다.
도미넌트 컬러조화	지배적인 색조의 느낌, 통일감이 있어야 조화를 이룬다.
세퍼레이션 컬러조화	두 색이 부조화일 때 그 사이에 흰색, 검은색을 더하면 조화를 이룬다.
보색배색의 조화	두 색의 원색에 강한 대비로 성격을 강하게 표현하면 조화를 이룬다.

36 적색의 육류나 과일이 황색 접시 위에 놓여 있을 때 육류와 과일의 적색이 자색으로 보여 신선도가 낮아지고 미각이 떨어진다. 이것은 무엇 때문에 일어나는 현상인가?

① 항상성

② 잔상

③ 기억색

④ 연색성

잔상

어떤 색을 보고 난 후 다른 색을 보면 먼저 본 색의 영향으로 다음에 본 색이 다르게 보이는 현상으로 적색을 잠시 본 후 황색을 보게 되면 적색의 보색잔상인 청록색이 황색에 가미되어 황록색으로 보이게 된다.

37 색의 항상성(Color Constancy)을 바르게 설명한 것은?

① 배경색에 따라 색채가 변하여 인지된다.

② 조명에 따라 색채가 다르게 인지된다.

③ 빛의 양과 거리에 따라 색채가 다르게 인지된다.

④ 배경색과 조명이 변해도 색채는 그대로 인지된다.

[해설]

①은 명도대비, ②·③은 연색성에 대한 설명이다.

항상성 : 광원이나 조명이 되는 빛의 강도와 조건이 달라져도 색의 본래의 모습 그대로 지각하는 현상을 말한다.

38 다음은 먼셀의 표색계이다. (A)에 맞는 요소는?

① White

② Hue

③ Chroma

④ Value

[해설]

먼셀 표색계
- 색상(H, Hue) : 색 자체가 갖는 고유의 특성이다.
- 명도(V, Value) : 색이 지니는 밝기의 정도를 말한다.
- 채도(C, Chroma) : 색의 맑고 탁한 정도를 말한다.

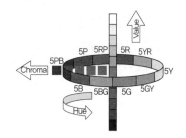

39 연기 속으로 사라진다는 뜻으로 색을 미묘하게 연속 변화시켜 형태의 윤곽이 엷은 안개에 쌓인 것처럼 차차 사라지게 하는 기법은?

① 그라데이션(Gradation)

② 데칼코마니(Decalcomanie)

③ 스푸마토(Sfumato)

④ 메조틴트(Mezzotint)

[해설]

스푸마토(Sfumato)
- 색을 매우 미묘하게 연속 변화시켜서 형태의 윤곽을 엷은 안개에 싸인 것처럼 차차 없어지게 하는 기법으로 연기 속으로 서서히 사라지게 한다는 의미를 지닌다.
- 이 기법은 키아로스쿠로의 명암법(Light and Dark) 개발로 시작되었으며, 레오나르도 다빈치가 즐겨 사용하였다.

40 배색에 관한 일반적인 설명으로 옳은 것은?

① 가장 넓은 면적의 부분에 주로 적용되는 색채를 보조색이라고 한다.

② 통일감 있는 색채계획을 위해 보조색은 전체 색채의 30% 이상을 동일한 색채로 사용하여야 한다.

③ 보조색은 항상 무채색을 적용해야 한다.

④ 강조색은 주로 작은 면적에 사용되면서 시선을 집중시키는 효과를 나타낸다.

[해설]

① 가장 넓은 면적의 부분에 주로 적용되는 색채를 주조색이라고 한다.
② 통일감 있는 색채계획을 위해 보조색은 전체 색체의 30% 이하의 색채로 사용하여야 한다.
③ 주조색은 흰색, 회색, 검은색처럼 무채색이나 중성색을 무난하게 많이 적용한다.

41 각종 색유리의 작은 조각을 도안에 맞추어 절단하여 조합해서 만든 것으로 성당의 창 등에 사용되는 유리 제품은?

① 내열유리　　　　　② 유리타일
③ 샌드블라스트유리　④ 스테인드글라스

해설

스테인드글라스
다양한 색의 표현이 가능하며 세부적인 디자인은 유색의 에나멜 유약을 써서 표현한다.

42 도로나 바닥에 깔기 위해 만든 두꺼운 벽돌로서 원료로 연화토, 도토 등을 사용하여 만들며 경질이고 흡습성이 작은 특징이 있는 것은?

① 이형벽돌　　　　② 포도벽돌
③ 치장벽돌　　　　④ 내화벽돌

해설

포도벽돌
• 아연토, 도토 등을 사용한다.
• 식염유를 시유 · 소성하여 성형한 벽돌이다.
• 마멸이나 충격에 강하며 흡수율은 작다.
• 내구성이 좋고 내화력이 강하다.
• 도로 포장용, 건물 옥상 포장용 및 공장 바닥용으로 사용한다.

43 다음 중 방수성이 가장 우수한 수지는?

① 푸란수지　　　　② 실리콘수지
③ 멜라민수지　　　④ 알키드수지

해설

실리콘수지
• 내열성이 우수하고 −60∼260℃까지 탄성이 유지되며, 270℃에서도 수 시간 이용이 가능하다.
• 탄력성, 내수성이 좋아 방수용 재료, 접착제 등으로 사용한다.

44 시멘트를 대기 중에 저장하게 되면 공기 중의 습기와 탄산가스가 시멘트와 결합하여 그 품질상태가 변질되는데 이 현상을 무엇이라 하는가?

① 동상현상　　　　② 알칼리 골재반응
③ 풍화　　　　　　④ 응결

해설

풍화에 대한 설명이며, 이러한 풍화를 방지하기 위해 시멘트를 보관하는 시멘트 창고의 경우 통풍으로 인한 대기 중 습기의 침투를 막기 위해 반출입구 외 개구부는 설치하지 않는다.

45 목재 방부제에 요구되는 성질에 관한 설명으로 옳지 않은 것은?

① 목재의 인화성, 흡수성 증가가 없을 것
② 방부처리 후 표면에 페인트칠을 할 수 있을 것
③ 목재에 접촉되는 금속이나 인체에 피해가 없을 것
④ 목재에 침투가 되지 않고 전기전도율을 감소시킬 것

해설

목재에 침투가 잘 되어야 방부효과를 얻을 수 있다.

46 철강제품 중에서 내식성, 내마모성이 우수하고 강도가 높으며, 장식적으로도 광택이 미려한 Cr−Ni 합금의 비자성 강(鋼)은?

① 스테인리스강　　② 탄소강
③ 주철　　　　　　④ 주강

해설

스테인리스강(Stainless Steel)
• 스테인리스강 표면에는 눈에는 보이지 않지만 치밀한 보호막이 형성되어 있으며 이 피막을 부동태피막이라고 한다.
• 이 피막은 아주 얇은 피막이며 크롬산화물로 구성되어 있다(크롬양이 약 12% 이상이 되면 현저하게 부식속도가 떨어지게 된다).

정답　**41** ④　**42** ②　**43** ②　**44** ③　**45** ④　**46** ①

47 목재의 부패조건에 관한 설명으로 옳은 것은?

① 목재에 부패균이 번식하기에 가장 최적의 온도조건
   은 35~45℃로서 부패균은 70℃까지 대다수 생존한다.
② 부패균류가 발육 가능한 최저습도는 65% 정도이다.
③ 하등생물인 부패균은 산소가 없으면 생육이 불가능
   하므로, 지하수면 아래에 박힌 나무말뚝도 부식되지
   않는다.
④ 변재는 심재에 비해 고무, 수지, 휘발성 유지 등의 성
   분을 포함하고 있어 내식성이 크고, 부패되기 어렵다.

> **해설**
> 하등생물인 부패균은 산소가 없어도 생육이 가능하므로, 지하수면 아
> 래에 박힌 나무말뚝에서도 부식이 발생하게 된다.

48 재료의 열팽창계수에 관한 설명으로 옳지 않은 것은?

① 온도의 변화에 따라 물체가 팽창·수축하는 비율을
   말한다.
② 길이에 관한 비율인 선팽창계수와 용적에 관한 체적
   팽창계수가 있다.
③ 일반적으로 체적팽창계수는 선팽창계수의 3배이다.
④ 체적팽창계수의 단위는 W/m·K이다.

> **해설**
> 선팽창계수의 단위는 m/m·K, 체적팽창계수의 단위는 m^3/m^3·K
> 이다.

49 보통 포틀랜드 시멘트 제조 시 석고를 넣는 주목적으로 옳은 것은?

① 강도를 높이기 위하여
② 균열을 줄이기 위하여
③ 응결시간 조절을 위하여
④ 수축팽창을 줄이기 위하여

> **해설**
> 석고 배합을 통해 시멘트의 응결시간을 조절할 수 있다.

50 인조석바름의 반죽에 필요한 재료를 가장 옳게 나열한 것은?

① 백색 포틀랜드 시멘트, 종석, 강모래, 해초풀, 물
② 백색 포틀랜드 시멘트, 종석, 안료, 돌가루, 물
③ 백색 포틀랜드 시멘트, 강자갈, 강모래, 안료, 물
④ 백색 포틀랜드 시멘트, 강자갈, 해초풀, 안료, 물

> **해설**
> **인조석**
> • 대리석, 화강암 등의 아름다운 쇄석(종석)과 백색 시멘트, 안료, 돌가
>   루 등을 혼합하여 물로 반죽해 만든 것이다.
> • 단열재, 보온 및 보랭재, 음향의 흡음재, 흡음 천장판의 용도로 사용
>   한다.

51 한번에 두꺼운 도막을 얻을 수 있으며 넓은 면적의 평판도장에 최적인 도장방법은?

① 브러시칠
② 롤러칠
③ 에어스프레이
④ 에어리스 스프레이

> **해설**
> **에어리스 스프레이(Airless Spray) 도장**
> 공기가 없이 페인트만으로 분사하는 방식으로서 페인트의 분사량이
> 많아 넓은 면적을 신속히 페인트하는 데 주로 사용하며, 선박, 철재구조
> 물, 내화 페인트, 건축도장 등에 적용한다.

52 플라스틱 재료의 일반적인 성질에 관한 설명으로 옳지 않은 것은?

① 플라스틱의 강도는 목재보다 크며 인장강도가 압축
   강도보다 매우 크다.
② 플라스틱은 상호 간 접착이나 금속, 콘크리트, 목재,
   유리 등 다른 재료에도 부착이 잘되는 편이다.

정답   **47** ③ **48** ④ **49** ③ **50** ② **51** ④ **52** ①

③ 플라스틱은 일반적으로 전기절연성이 양호하다.

④ 플라스틱은 열에 의한 팽창 및 수축이 크다.

[해설]

플라스틱은 일반적으로 목재보다 강도가 작으며 또한 압축강도가 인장강도보다 큰 물리적 특성을 갖는다.

53 단열 모르타르에 관한 설명으로 옳지 않은 것은?

① 바닥, 벽, 천장 등의 열손실 방지를 목적으로 사용된다.

② 골재는 중량골재를 주재료로 사용한다.

③ 시멘트는 보통 포틀랜드 시멘트, 고로슬래그 시멘트 등이 사용된다.

④ 구성재료를 공장에서 배합하여 만든 기배합 미장재료로서 적당량의 물을 더하여 반죽상태로 사용하는 것이 일반적이다.

[해설]

단열성 확보를 위해 밀도가 낮은 경량골재를 주재료로 사용한다.

54 특수도료 중 방청도료의 종류와 가장 거리가 먼 것은?

① 인광도료

② 알루미늄 도료

③ 역청질 도료

④ 징크로메이트 도료

[해설]

인광도료는 야광의 특성을 갖고 시계침이나 도로 등에 사용되는 도료로서, 녹막이를 목적으로 하는 방청도료의 종류와는 거리가 멀다.

55 금속재에 관한 설명으로 옳지 않은 것은?

① 알루미늄은 경량이지만 강도가 커서 구조재료로도 이용된다.

② 두랄루민은 알루미늄 합금의 일종으로 구리, 마그네슘, 망간, 아연 등을 혼합한다.

③ 납은 내식성이 우수하나 방사선 차단 효과가 작다.

④ 주석은 단독으로 사용하는 경우는 드물고, 철판에 도금을 할 때 사용된다.

[해설]

납은 내산성으로서 알칼리에 침식되는 특징을 가지고 있으며, 방사선 차폐효과가 일반 콘크리트에 비해 100배 정도로 좋다.

56 투명도가 높으므로 유기유리라는 명칭이 있고 착색이 자유로워 채광판, 도어판, 칸막이판 등에 이용되는 것은?

① 아크릴수지

② 알키드수지

③ 멜라민수지

④ 폴리에스테르수지

[해설]

아크릴수지

- 투명도가 85~90% 정도로 좋고, 무색투명하므로 착색이 자유롭다.
- 내충격강도는 유리의 10배 정도 크며 절단, 가공성, 내후성, 내약품성, 전기절연성이 좋다.
- 평판 성형되어 글라스와 같이 이용되는 경우가 많아 유기글라스라고도 한다.
- 각종 성형품, 채광판, 시멘트 혼화재료 등에 사용한다.

57 점토벽돌(KS L 4201)의 시험방법과 관련된 항목이 아닌 것은?

① 겉모양

② 압축강도

③ 내충격성

④ 흡수율

[해설]

점토벽돌의 경우 외관과 물리적 성질인 압축강도 및 흡수율을 시험하여 품질을 검사한다.

58 다음 석재 중 압축강도가 일반적으로 가장 큰 것은?

① 화강암 　　　　　② 사문암

③ 사암 　　　　　　④ 응회암

해설

석재의 압축강도 크기 순서
화강암>대리석>안산암>사문암>점판암>사암>응회암

---

59 목재에 관한 설명으로 옳지 않은 것은?

① 춘재부는 세포막이 얇고 연하나 추재부는 세포막이 두껍고 치밀하다.
② 심재는 목질부 중 수심 부근에 위치하고 일반적으로 변재보다 강도가 크다.
③ 널결은 곧은결에 비해 일반적으로 외관이 아름답고 수축변형이 적다.
④ 4계절 중 벌목의 가장 적당한 시기는 겨울이다.

해설

널결과 곧은결 비교

널결	곧은결
• 목재를 연륜(나이테)에 접선 방향으로 켜면 나타나는 물결모양(곡선모양)의 나뭇결을 말함 • 결이 거칠고 불규칙하게 나타남 • 널결이 나타난 목재를 널결재라고 함	• 목재를 연륜(나이테)에 직각 방향으로 켜면 나타나는 평행선상의 나뭇결을 말함 • 널결에 비해 수축변형이 적으며 마모율도 적음 • 곧은결이 나타난 목재를 곧은결재라고 함

---

60 다음 중 지하 방수나 아스팔트 펠트 삼투용(滲透用)으로 쓰이는 것은?

① 스트레이트 아스팔트　② 블론 아스팔트

③ 아스팔트 컴파운드　　④ 콜타르

해설

스트레이트 아스팔트
신축성이 우수하고 교착력도 좋지만 연화점이 낮고, 내구력이 떨어져 옥외 적용이 어려우며 주로 지하실 방수용으로 사용된다.

4과목 　건축일반

61 실내공간에 서 있는 사람의 경우 주변 환경과 지속적으로 열을 주고받는다. 인체와 주변 환경과의 열전달 현상 중 그 영향이 가장 적은 것은?

① 전도 　　　　　　② 대류

③ 복사 　　　　　　④ 증발

해설

인체와 주변환경과의 열전달(손실) 정도
복사>대류>증발>전도

---

62 다음 중 방염대상물품에 해당하지 않는 것은?

① 종이벽지
② 전시용 합판
③ 카펫
④ 창문에 설치하는 블라인드

해설

방염대상물품에 두께가 2mm 미만인 벽지류는 해당되나, 벽지 중 종이벽지는 제외된다.

---

63 한국의 목조건축에서 기둥 밑에 놓아 수직재인 기둥을 고정하는 것은?

① 인방 　　　　　　② 주두

③ 초석 　　　　　　④ 부연

해설

초석
기둥 밑에서 기초의 역할을 하는 돌을 의미한다.

---

64 소방시설법령에 따른 소방시설의 분류명칭에 해당되지 않는 것은?

① 소화설비
② 급수설비
③ 소화활동설비
④ 소화용수설비

해설

소방시설의 분류
소화설비, 경보설비, 피난구조설비, 소화용수설비, 소화활동설비로 분류된다.

65 건축물에서 자연 채광을 위하여 거실에 설치하는 창문 등의 면적은 얼마 이상으로 하여야 하는가?

① 거실 바닥면적의 5분의 1
② 거실 바닥면적의 10분의 1
③ 거실 바닥면적의 15분의 1
④ 거실 바닥면적의 20분의 1

66 소방시설법령에서 정의하는 무창층이 되기 위한 개구부 면적의 합계 기준은?(단, 개구부란 아래 요건을 충족한다)

> 가. 크기는 지름 50cm 이상의 원이 내접할 수 있는 크기일 것
> 나. 해당 층의 바닥면으로부터 개구부 밑부분까지의 높이가 1.2m 이내일 것
> 다. 도로 또는 차량이 진입할 수 있는 빈터를 향할 것
> 라. 화재 시 건축물로부터 쉽게 피난할 수 있도록 창살이나 그 밖의 장애물이 설치되지 아니할 것
> 마. 내부 또는 외부에서 쉽게 부수거나 열 수 있을 것

① 해당 층의 바닥면적의 1/20 이하
② 해당 층의 바닥면적의 1/25 이하
③ 해당 층의 바닥면적의 1/30 이하
④ 해당 층의 바닥면적의 1/35 이하

해설

무창층(無窓層)
지상층 중 위 보기의 요건을 모두 갖춘 개구부 면적의 합계가 해당 층의 바닥면적의 30분의 1 이하가 되는 층을 말한다.

67 벽돌구조의 특징으로 옳지 않은 것은?

① 풍하중, 지진하중 등 수평력에 약하다.
② 목구조에 비해 벽체의 두께가 두꺼우므로 실내면적이 감소한다.
③ 고층 건물에는 적용이 어렵다.
④ 시공법이 복잡하고 공사비가 고가인 편이다.

해설

벽돌구조의 특징
벽돌구조는 시공법이 간단하고 공사비가 저렴한 장점이 있으나, 풍하중, 지진하중 등 수평력(횡력)에 약하여 고층 건축물 적용에 한계가 있다.

68 결로에 관한 설명으로 옳지 않은 것은?

① 실내공기의 노점온도보다 벽체표면온도가 높을 경우 외부결로가 발생할 수 있다.
② 여름철의 결로는 단열성이 높은 건물에서 고온다습한 공기가 유입될 경우 많이 발생한다.
③ 일반적으로 외단열 시공이 내단열 시공에 비하여 결로 방지기능이 우수하다.
④ 결로방지를 위하여 환기를 통하여 실내의 절대습도를 낮게 한다.

해설

실내공기의 노점온도보다 벽체표면온도가 낮을 경우 외부결로(표면결로)가 발생할 수 있다.

69 피난층 또는 지상으로 통하는 직통계단을 2개소 이상 설치해야 하는 용도가 아닌 것은?(단, 피난층 외의 층으로써 해당 용도로 쓰는 바닥면적의 합계가 $500m^2$일 경우)

① 단독주택 중 다가구주택
② 문화 및 집회시설 중 전시장
③ 제2종 근린생활시설 중 공연장
④ 교육연구시설 중 학원

[해설]

문화 및 집회시설 중 전시장 및 동·식물원은 피난층 또는 지상으로 통하는 직통계단을 2개소 이상 설치해야 하는 용도에 해당되지 않는다.

70 그리스 파르테논(Parthenon)신전에 관한 설명으로 옳지 않은 것은?

① 그리스 아테네의 아크로폴리스 언덕에 위치하고 있다.
② 기원전 5세기경 건축가 익티누스와 조각가 피디아스의 작품이다.
③ 아테네의 수호신 아테나를 숭배하기 위해 축조하였다.
④ 대부분 화강석 재료를 사용하여 건축하였다.

[해설]

그리스 파르테논신전은 대부분 대리석 재료로 건축하였다.

71 소방시설법령에서 규정하고 있는 비상콘센트설비를 설치하여야 하는 특정소방대상물의 기준으로 옳은 것은?

① 층수가 7층 이상인 특정소방대상물의 경우에는 7층 이상의 층
② 층수가 8층 이상인 특정소방대상물의 경우에는 8층 이상의 층

③ 층수가 10층 이상인 특정소방대상물의 경우에는 10층 이상의 층
④ 층수가 11층 이상인 특정소방대상물의 경우에는 11층 이상의 층

[해설]

비상콘센트설비를 설치해야 하는 특정소방대상물(소방시설 설치 및 관리에 관한 법률 시행령 [별표 4])
층수가 11층 이상인 특정소방대상물의 경우에는 11층 이상의 층에 비상콘센트를 설치하여야 한다.

72 건축물 내부에 설치하는 피난계단의 구조기준으로 옳지 않은 것은?

① 계단은 내화구조로 하고 피난층 또는 지상까지 직접 연결되도록 한다.
② 계단실에는 예비전원에 의한 조명설비를 한다.
③ 계단실의 실내에 접하는 부분의 마감은 난연재료로 한다.
④ 건축물의 내부에서 계단실로 통하는 출입구의 유효너비는 0.9m 이상으로 한다.

[해설]

계단실의 실내에 접하는 부분의 마감은 불연재료로 한다.

73 문화 및 집회시설 중 공연장의 개별 관람실 바닥면적이 $550m^2$인 경우 관람실의 최소 출구개수는?(단, 각 출구의 유효너비는 1.5m로 한다)

① 2개소   ② 3개소
③ 4개소   ④ 5개소

[해설]

출구의 총 유효너비 $= \dfrac{550}{100} \times 0.6 = 3.3m^2$

∴ 최소 출구개수 $= \dfrac{3.3}{1.5} = 2.2$ ∴ 3개소

74 목재의 이음에 관한 설명으로 옳지 않은 것은?

① 엇걸이 산지이음은 옆에서 산지치기로 하고, 중간은 빗물리게 한다.

② 턱솔이음은 서로 경사지게 잘라 이은 것으로 목질 또는 볼트 죔으로 한다.

③ 빗이음은 띠장, 장선이음 등에 사용한다.

④ 겹침이음은 2개의 부재를 단순히 겹쳐대고 큰 못 · 볼트 등으로 보강한다.

> **해설**
> ②는 빗걸이이음에 대한 설명이다.
>
> ※ **턱솔이음** : 목재의 이을 부분을 턱이 지게 깎아서 잇는 방법을 말한다.

75 다음은 건축허가 등을 할 때 미리 소방본부장 또는 소방서장의 동의를 받아야 하는 건축물 등의 범위에 관한 내용이다. 빈칸에 들어갈 내용을 순서대로 옳게 나열한 것은?(단, 차고 · 주차장 또는 주차용도로 사용되는 시설)

가. 차고 · 주차장으로 사용되는 바닥면적이 (　　) 이상인 층이 있는 건축물이나 주차시설 나. 승강기 등 기계장치에 의한 주차시설로서 자동차 (　　) 이상을 주차할 수 있는 시설

① 100m², 20대　　　② 200m², 20대

③ 100m², 30대　　　④ 200m², 30대

> **해설**
> **건축허가 등의 동의대상물의 범위 등(소방시설 설치 및 관리에 관한 법률 시행령 제7조)**
> 차고 · 주차장 또는 주차용도로 사용되는 시설로서 다음 각 어느 하나에 해당하는 것은 건축허가 등을 할 때 미리 소방본부장 또는 소방서장의 동의를 받아야 한다.
> • 차고 · 주차장으로 사용되는 바닥면적이 200제곱미터 이상인 층이 있는 건축물이나 주차시설
> • 승강기 등 기계장치에 의한 주차시설로서 자동차 20대 이상을 주차할 수 있는 시설

76 철근콘크리트구조로서 내화구조가 아닌 것은?

① 두께가 8cm인 바닥

② 두께가 10cm인 벽

③ 보

④ 지붕

> **해설**
> 철근 · 철골콘크리트조 바닥이 내화구조로 인정받기 위해서는 10cm 이상의 두께가 필요하다.

77 철골조에서 그림과 같은 H형강의 올바른 표기법은?

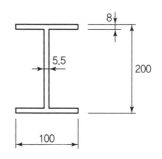

① H − 100 × 200 × 5.5 × 8

② H − 100 × 200 × 8 × 5.5

③ H − 200 × 100 × 5.5 × 8

④ H − 200 × 100 × 8 × 5.5

> **해설**
> H − 높이×너비×웨브 두께×플랜지 두께
> H − 200 × 100 × 5.5 × 8

78 급수 · 배수 등의 용도를 위하여 건축물에 설치하는 배관설비의 설치 및 구조에 관한 기준으로 옳지 않은 것은?

① 배관설비의 오수에 접하는 부분은 내수재료를 사용할 것
② 지하실 등 공공하수도로 자연배수를 할 수 없는 곳에는 배수용량에 맞는 강제배수시설을 설치할 것
③ 우수관과 오수관은 통합하여 배관할 것
④ 콘크리트구조체를 관통할 경우에는 구조체에 덧관을 미리 매설하는 등 배관의 부식을 방지하고 그 수선 및 교체가 용이하도록 할 것

〔해설〕

우수관과 오수관이 통합될 경우 비가 많이 오게 되면 오수가 역류될 수 있어, 우수관과 오수관은 별도 설치하여야 한다.

79 방염성능기준 이상의 실내장식물 등을 설치하여야 하는 특정소방대상물에 해당되지 않는 것은?

① 근린생활시설 중 체력단련장
② 방송통신시설 중 방송국
③ 의료시설 중 종합병원
④ 층수가 11층인 아파트

〔해설〕

방염성능기준 이상의 실내장식물 등을 설치하여야 하는 특정소방대상물에서 아파트는 제외된다.

80 소방관서장이 실시하는 화재안전조사의 항목으로 적절치 않은 것은?

① 화재의 예방조치 등에 관한 사항
② 소방안전관리 업무 수행에 관한 사항
③ 피난계획의 수립 및 시행에 관한 사항
④ 소방안전관리자의 선임에 관한 사항

〔해설〕

화재안전조사의 항목(화재의 예방 및 안전관리에 관한 법률 시행령 제7조)
• 화재의 예방조치 등에 관한 사항
• 소방안전관리 업무 수행에 관한 사항
• 피난계획의 수립 및 시행에 관한 사항
• 소화 · 통보 · 피난 등의 훈련 및 소방안전관리에 필요한 교육(소방훈련 · 교육)에 관한 사항
• 소방자동차 전용구역의 설치에 관한 사항
• 감리원의 배치에 관한 사항
• 소방시설의 설치 및 관리에 관한 사항
• 건설현장 임시소방시설의 설치 및 관리에 관한 사항
• 피난시설, 방화구획(防火區劃) 및 방화시설의 관리에 관한 사항
• 방염(防炎)에 관한 사항
• 소방시설 등의 자체점검에 관한 사항
• (다중이용업소) 안전관리에 관한 사항
• 위험물 안전관리에 관한 사항
• 초고층 및 지하연계 복합건축물의 안전관리에 관한 사항
• 그 밖에 소방대상물에 화재의 발생 위험이 있는지 등을 확인하기 위해 소방관서장이 화재안전조사가 필요하다고 인정하는 사항

01 주거공간에 있어 욕실에 관한 설명으로 옳지 않은 것은?

① 조명은 방습형 조명기구를 사용하도록 한다.
② 방수·방오성이 큰 마감재를 사용하는 것이 기본이다.
③ 변기 주위에는 냄새가 나므로 책, 화분 등을 놓지 않는다.
④ 욕실의 크기는 욕조, 세면기, 변기를 한 공간에 둘 경우 일반적으로 4m² 정도가 적당하다.

해설

욕실
• 북쪽에 면하게 설비 배관상 부엌과 인접하게 형성한다.
• 공동생활구역과 개인생활구역의 중간지점에 위치시킨다.
• 방수성 방오성이 큰 마감재료인 타일을 주로 사용한다.
• 욕조, 세면기, 변기를 한 공간에 둘 경우 4m²가 적당하다.

02 치수계획에 있어 적정치수를 설정하는 방법은 최소치 +α, 최대치 −α, 목표치 ±α이다. 이때 α는 적정치수를 끌어내기 위한 어떤 치수인가?

① 표준치수
② 절대치수
③ 여유치수
④ 기본치수

해설

실내공간 치수계획
최적치수를 구하는 방법을 조정치수 혹은 여유치수라고 할 때, 최소치 +α, 최대치 −α 목표치 +α이다.

03 다음 중 황금분할의 비율로 가장 알맞은 것은?

① 1 : 1.314
② 1 : 1.414
③ 1 : 1.618
④ 1 : 1.732

해설

황금비례
고대 그리스인들이 발명해 낸 기하학적 분할방법으로 작은 부분과 큰 부분의 비율이 큰 부분과 전체에 대한 비율과 동일하게 되는 분할방식이며 1 : 1.618의 비율이다.

04 한국전통가구 중 수납계 가구에 속하지 않는 것은?

① 농
② 궤
③ 소반
④ 반닫이

해설

소반은 "작은 상"이라는 뜻으로 식기를 받쳐 나르거나 음식을 차려 먹을 때 사용하였다.

05 사무소의 로비에 설치하는 안내데스크에 대한 설명으로 옳지 않은 것은?

① 로비에서 시각적으로 찾기 쉬운 곳에 배치한다.
② 회사의 이미지, 스타일을 시각적으로 적절히 표현하는 것이 좋다.
③ 스툴 의자는 일반 의자에 비해 데스크 근무자의 피로도가 높다.
④ 바닥의 레벨을 높여 데스크 근무자가 방문객 및 로비의 상황을 내려볼 수 있도록 한다.

해설

동등한 시선처리를 위해 바닥을 같은 레벨로 한다.

정답   **01** ③ **02** ③ **03** ③ **04** ③ **05** ④

06 건축계획 시 함께 계획하여 건축물과 일체화하여 설치되는 가구는?

① 유닛가구　　　② 붙박이가구
③ 인체계가구　　④ 시스템가구

해설

가구의 종류
- 유닛가구 : 고정적이며 이동적인 성격을 가지고 있어 공간의 조건에 맞도록 원하는 형태로 조합하여 공간의 효율을 높여준다.
- 붙박이가구 : 건물과 일체화시킨 가구로 공간을 활용, 효율성을 높일 수 있고 특정한 사용목적이나 많은 물품을 수납하기 위한 건축화된 가구이다.
- 인체계가구 : 인체와 밀접하게 관계되어 가구 자체가 직접 인체를 지지하는 가구를 말하며 의자, 침대, 소파 등이 있다.
- 시스템가구 : 기능에 따라 여러 형태의 조립 및 해체가 가능하며 공간의 융통성을 도모할 수 있다.

07 디자인 요소 중 선에 관한 설명으로 옳지 않은 것은?

① 선은 면이 이동한 궤적이다.
② 선을 포개면 패턴을 얻을 수 있다.
③ 많은 선을 나란히 놓으면 면을 느낀다.
④ 선은 어떤 형상을 규정하거나 한정한다.

해설

- 선 : 점들의 집합이며, 점의 이동한 자취가 선을 이루고 길이와 방향은 있으나 높이, 깊이, 넓이, 폭의 개념은 없다.
- 형태 : 면이 이동한 궤적이다.

08 다음 설명에 알맞은 건축화조명방식은?

> 천장, 벽의 구조체에 의해 광원의 빛이 천장 또는 벽면으로 가려지게 하여 반사광으로 간접조명하는 방식

① 코브조명　　　② 광창조명
③ 광천장 조명　　④ 밸런스조명

해설

② 광창조명 : 광원을 넓은 면적의 벽면 또는 천장에 매입하는 조명방식으로 비스타(Vista)적인 효과를 낼 수 있다. 또한 광원을 확산판이나 루버로 걸러 은은한 분위기를 낸다.
③ 광천장 조명 : 건축 구조체로 천장에 조명기구를 설치하고 그 밑에 루버나 유리, 플라스틱 같은 확산 투과판으로 천장을 마감처리하는 조명방식이다. 천장면 전체가 발광면이 되고 균일한 조도의 부드러운 빛을 얻을 수 있다.
④ 밸런스조명 : 창이나 벽의 커튼 상부에 부설된 조명방식으로서 코브조명과 유사하다.

09 형태를 현실적 형태와 이념적 형태로 구분할 경우, 다음 중 이념적 형태에 관한 설명으로 옳은 것은?

① 주위에 실제 존재하는 모든 물상을 말한다.
② 인간의 지각으로는 직접 느낄 수 없는 형태이다.
③ 자연계에 존재하는 모든 것으로부터 보이는 형태를 말한다.
④ 기본적으로 모든 이념적 형태들은 휴먼스케일과 일정한 관계를 갖는다.

해설

①은 현실적 형태, ③은 자연형태, ④는 인위형태에 대한 설명이다.

이념적 형태 : 인간의 지각, 시각과 촉각 등으로 직접 느낄 수 없고 개념적으로만 제시될 수 있는 형태이다. 기하학적으로 취급한 점, 선, 면, 입체 등이 이에 속한다.

순수형태	시각과 촉각 등으로 직접 느낄 수 없고 개념적인 형태인 점, 선, 면, 입체 등이 이에 속한다.
추상형태	구체적 형태를 생략 또는 과장의 과정을 거쳐 재구성한 형태로 재구성 전 원래의 형태를 알아보기 어렵다.

10 실내공간을 구성하는 주요 기본구성요소에 관한 설명으로 옳지 않은 것은?

① 벽은 공간을 에워싸는 수직적 요소로 수평방향을 차단하여 공간을 형성한다.
② 바닥은 신체와 직접 접촉하기에 촉각적으로 만족할 수 있는 조건을 요구한다.

③ 천장은 외부로부터 추위와 습기를 차단하고 사람과 물건을 지지하여 생활장소를 지탱하게 해준다.

④ 기둥은 선형의 수직요소로 크기, 형상을 가지고 있으며, 구조적 요소로 사용하거나 또는 강조적·상징적 요소로 사용된다.

해설

③은 바닥에 대한 설명이다.

※ **천장(Ceiling)** : 건물 내부에서 상부층 슬래브(Slab)의 아래에 조성되어 바닥과 함께 실내공간을 형성하는 수평적 요소로 바닥이나 벽에 비해 접촉빈도가 낮으나 소리, 빛, 열 및 습기환경의 중요한 조절매체이다.

11 상점의 상품진열에 관한 설명으로 옳지 않은 것은?

① 운동기구 등 무게가 무거운 물품은 바닥에 가깝게 배치하는 것이 좋다.

② 상품의 진열범위 중 골든 스페이스(Golden Space)는 600~900mm의 높이이다.

③ 눈높이 1,500mm를 기준으로 상향 10°에서 하향 20° 사이가 고객이 시선을 두기 가장 편한 범위이다.

④ 사람의 시각적 특징에 따라 좌측에서 우측으로, 작은 상품에서 큰 상품으로 진열의 흐름도를 만드는 것이 효과적이다.

해설

상품의 진열범위 중 골든 스페이스(Golden Space)는 850~1,250mm의 높이다.

12 다음 중 부엌의 능률적인 작업순서에 따른 작업대의 배열순서로 알맞은 것은?

① 준비대 → 개수대 → 가열대 → 조리대 → 배선대
② 준비대 → 조리대 → 가열대 → 개수대 → 배선대
③ 준비대 → 개수대 → 조리대 → 가열대 → 배선대
④ 준비대 → 조리대 → 개수대 → 가열대 → 배선대

13 소규모 주택에서 식탁, 거실, 부엌을 하나의 공간에 배치한 형식은?

① 다이닝키친
② 리빙다이닝
③ 다이닝테라스
④ 리빙다이닝키친

해설

리빙다이닝키친(LDK)
거실, 식탁, 부엌의 기능을 한곳에 집중시켜 계획된 형태이다. 공간을 효율적으로 활용할 수 있어서 소규모 주거에서 이용되고 있다.

14 실내디자인의 개념에 관한 설명으로 옳지 않은 것은?

① 형태와 기능의 통합작업이다.
② 목적물에 관한 이미지의 실체화이다.
③ 어떤 사물에 대해 행해지는 스타일링(Styling)의 총칭이다.
④ 인간생활에 유용한 공간을 만들거나 환경을 조성하는 과정이다.

해설

실내디자인
인간이 생활하는 모든 공간을 대상으로 물리적·환경적·기능적·심미적·경제적 조건 등을 고려하여 공간을 창출해 내는 창조적인 전문분야이다. 인간이 거주하는 공간을 보다 능률적이고 쾌적하게 계획, 설계하는 작업이다.

15 가장 완전한 균형의 상태로 공간에 질서를 주기가 용이하며, 정적, 안정, 엄숙 등의 성격으로 규명할 수 있는 것은?

① 비정형균형   ② 대칭적 균형
③ 비대칭균형   ④ 능동의 균형

16 사무소 건축에서 코어의 기능에 관한 설명으로 옳지 않은 것은?

① 내력적 구조체로서의 기능을 수행할 수 있다.
② 공용부분을 집약시켜 사무소의 유효면적이 증가된다.
③ 엘리베이터, 파이프 샤프트, 덕트 등의 설비요소를 집약시킬 수 있다.
④ 설비 및 교통 요소들이 존(Zone)을 형성함으로써 업무공간의 융통성이 감소된다.

17 투시성이 있는 얇은 커튼의 총칭으로 창문의 유리면 바로 앞에 얇은 직물로 설치하기 때문에 실내에 유입되는 빛을 부드럽게 하는 것은?

① 새시 커튼
② 드로우 커튼
③ 글라스 커튼
④ 드레이퍼리 커튼

18 조명의 연출기법 중 강조하고자 하는 물체에 의도적인 광선을 조사시킴으로써 광선 자체가 시각적인 특성을 갖도록 하는 기법은?

① 실루엣기법
② 월워싱기법
③ 빔플레이기법
④ 그림자연출기법

19 상점의 숍 프런트(Shop Front) 구성형식 중 출입구 이외에는 벽 등으로 외부와의 경계를 차단한 형식은?

① 개방형
② 폐쇄형
③ 돌출형
④ 만입형

20 다음 그림이 나타내는 특수전시기법은?

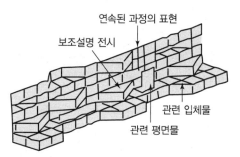

연속된 과정의 표현
보조설명 전시
관련 입체물
관련 평면물

① 디오라마 전시   ② 아일랜드 전시

③ 파노라마 전시   ④ 하모니카 전시

[해설]

파노라마 전시
연속적인 주제를 표현하기 위해 선형으로 연출되는 전시기법으로 전시물의 전경으로 펼쳐 전시하는 방법이다.

2과목   색채 및 인간공학

21 작업장에서 조명에 의한 그림자와 눈부심(Glare)을 감소시키고, 균일한 조도를 얻을 수 있는 조명방법으로 적합한 것은?

① 자연광   ② 직접조명

③ 간접조명   ④ 국소조명

[해설]

간접조명
빛을 반사시켜 조명하는 방법으로 눈부심이 적지만 설치가 복잡하며 실내의 입체감이 작아진다.

22 음의 높고 낮음과 관련이 있는 음의 특성으로 옳은 것은?

① 진폭   ② 리듬

③ 파형   ④ 진동수

[해설]

음의 진동수(주파수)
음의 높고 낮음은 물체의 진동수가 많으면 높은 음이 되고, 적으면 낮은 음이 된다.

23 다음의 짐 운반방법 중 상대적 에너지 소비량이 가장 큰 운반방법에 해당하는 것은?

① 배낭 메기

② 머리에 올리기

③ 쌀자루 메기

④ 양손으로 들기

[해설]

짐 나르는 방법 중 산소 소비량 크기
양손＞목도＞어깨＞이마＞배낭＞머리＞등 · 가슴

24 다음 중 한국인 인체치수조사사업의 표준인체측정항목 중 등길이로 옳은 것은?

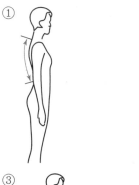
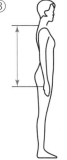

[해설]

등길이
제7경추(목 뒤에서 가장 튀어나온 뼈)에서 허리둘레선까지의 길이(38~39cm)이다.

25 경계 및 경보신호를 설계할 때의 지침으로 옳지 않은 것은?

① 배경 소음의 진동수와 다른 신호를 사용한다.

② 장거리(300m 이상)용으로는 1,000Hz 이상의 진동수를 사용한다.

③ 귀는 중음역에 가장 민감하므로 500~3,000Hz의 진동수를 사용한다.

④ 신호가 장애물을 돌아가거나 칸막이를 사용할 때에는 500Hz 이하의 진동수를 사용한다.

> **해설**
>
> **경계 및 경보신호 선택 및 설계 시 고려사항**
> • 주의를 끌기 위해서 변조된 신호를 사용한다(초당 1~8번 나는 소리나 초당 1~3번 오르내리는 변조된 신호).
> • 배경소음의 진동수와 다른 신호를 사용한다(신호는 최소 0.5~1초 지속).
> • 고음은 멀리 가지 못하므로 300m 이상의 장거리용으로는 1,000Hz 이하의 진동수를 사용한다.

26 산업안전보건법령상 영상표시단말기(VDT) 취급 근로자의 작업자세에 관한 설명으로 옳지 않은 것은?

① 작업자의 손목을 지지해 줄 수 있도록 작업대 끝면과 키보드의 사이는 15cm 이상을 확보한다.

② 작업자의 시선은 수평선상으로부터 아래로 10~15° 이내로 한다.

③ 눈으로부터 화면까지의 시거리는 40cm 이상을 유지한다.

④ 무릎의 내각(Knee Angle)은 120° 이상이 되도록 한다.

> **해설**
>
> **VDT 작업의 작업자세**
> • 화면 상단과 눈높이가 일치해야 한다.
> • 화면상의 시야범위는 수평선상에서 10~15° 밑에 오도록 한다.
> • 화면과의 거리는 최소 40cm 이상으로 확보되도록 한다.
> • 팔꿈치의 내각은 90° 이상이 되어야 하고 조건에 따라 70~135°까지 허용 가능해야 한다.
> • 무릎의 내각은 90° 전후가 되도록 한다.
> • 서류받침대의 위치는 작업자의 시선이 좌우 35° 이내가 적당하다.

27 눈과 카메라의 구조상 동일한 기능을 수행하는 기관을 연결한 것으로 적합하지 않은 것은?

① 망막 – 필름 ② 동공 – 조리개

③ 수정체 – 렌즈 ④ 시신경 – 셔터

> **해설**
>
> ④ 눈꺼풀 – 셔터

28 최적의 조건에서 시각적 암호의 식별 기능 수준수가 가장 큰 것은?

① 숫자 ② 면색(面色)

③ 영문자 ④ 색광(色光)

> **해설**
>
> **암호의 성능이 가장 좋은 것의 배열순서**
> 영문자 암호 → 기하학적 형상 암호 → 구성 암호

29 인간 – 기계 시스템의 평가척도 중 인간기준이 아닌 것은?

① 성능 척도 ② 객관적 응답

③ 생리적 지표 ④ 주관적 반응

> **해설**
>
> **평가척도 중 인간기준**
> 인간성능 척도, 생리적 지표, 주관적 반응, 사고빈도

30 시각적 표시장치에 있어서 지침의 설계요령으로 옳은 것은?

① 지침의 끝은 둥글게 하는 것이 좋다.

② 지침의 끝은 작은 눈금부분과 겹치게 한다.

③ 지침은 시차를 없애기 위하여 눈금면과 밀착시킨다.

④ 원형 눈금의 경우 지침의 색은 눈금면의 색과 동일하게 한다.

정답 **25** ② **26** ④ **27** ④ **28** ③ **29** ② **30** ③

지침설계
• 선각이 약 20° 정도인 뾰족한 지침을 사용한다.
• 지침의 끝은 작은 눈금과 맞닿게 하되 겹치지는 않도록 한다.
• 지침을 눈금의 면과 밀착시켜 시각방향에 의한 차이를 없앤다.
• 원형 눈금의 경우 지침색은 선단에서 눈금의 중심까지 칠한다.

31 색의 3속성에 대한 설명으로 가장 관계가 적은 것은?

① 색의 3속성이란 색자극 요소에 의해 일어나는 세 가지 지각성질을 말한다.
② 색의 3속성은 색상, 명도, 채도이다.
③ 색의 밝기에 대한 정도를 느끼는 것을 명도라 부른다.
④ 색의 3속성 중 채도만 있는 것을 유채색이라 한다.

색의 3속성 중 채도만 있는 것을 무채색이라 한다.

색의 3속성
• 색상 : 색을 감각으로 구별하는 색의 명칭을 말한다.
• 명도 : 색의 밝고 어두운 정도를 말한다.
• 채도 : 색이 선명하거나 흐리고 탁한 정도를 말한다.

32 옷감을 고를 때 작은 견본을 보고 고른 후 옷이 완성된 후에는 예상과 달리 색상이 뚜렷한 경우가 있다. 이것은 다음 중 어느 것과 관련이 있는가?

① 보색대비   ② 연변대비
③ 색상대비   ④ 면적대비

면적대비
면적의 크고 작음에 따라 색채가 서로 다르게 보이는 현상으로 면적이 커지면 명도 및 채도가 더욱 증대되어 보인다. 따라서 그 색은 실제보다 더욱 밝고 채도가 높아 보이며, 반대로 면적이 작아지면 명도와 채도가 감소되어 보인다.

33 24비트 컬러 중에서 정해진 256 컬러표를 사용하는 단일 채널 이미지는?

① 256 Vector Colors
② Gray Scale
③ Bitmap Color
④ Indexed Color

Indexed Color
24비트 컬러 중에서 정해진 256컬러를 사용하는 컬러시스템으로 컬러색감을 유지하면서 이미지 용량을 줄일 수 있어 웹게임 그래픽용 이미지를 제작하는 데 많이 사용한다.

34 다음 그림과 같은 색입체는?

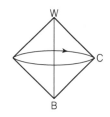

① 오스트발트   ② 먼셀
③ L*a*b*   ④ 괴테

오스트발트 색입체
삼각형을 회전시켜 만든 복원추체, 마름모형 모양으로 무채색 축을 중심으로 수평으로 절단하면 백색량과 흑색량이 같은 28개의 등가색환계열이 된다.

35 빨간 사과는 태양광선 아래에서 보았을 때와 백열등 아래에서 보았을 때 빨간색이 동일하게 지각되는데 이 현상을 무엇이라고 하는가?

① 명순응   ② 대비현상
③ 항상성   ④ 연색성

---

36 문 · 스펜서의 조화론에서 색의 중심이 되는 순응점은?

① N5   ② N7

③ N9   ④ N10

37 다음 중 뚱뚱한 체격의 사람이 피해야 할 의복의 색은 무엇인가?

① 청색   ② 초록색

③ 노란색   ④ 바다색

38 다음은 색의 어떤 성질에 대한 설명인가?

> 흔히 태양광선 아래에서 본 물체와 형광등 아래에서 본 물체는 색이 다르게 보일 수 있는데 이는 광원에 따라 다른 성질을 보인 것이다.

① 조건등색   ② 색각이상

③ 베졸드효과   ④ 연색성

39 먼셀의 20색상환에서 보색대비의 연결은?

① 노랑 – 남색   ② 파랑 – 초록

③ 보라 – 노랑   ④ 빨강 – 초록

40 색의 조화에 관한 설명 중 옳은 것은?

① 색채의 조화, 부조화는 주관적인 것이기 때문에 인간 공통의 어떠한 법칙을 찾아내는 것은 불가능하다.

② 일반적으로 조화는 질서 있는 배색에서 생긴다.

③ 문 · 스펜서 조화론은 오스트발트 표색계를 사용한 것이다.

④ 오스트발트 조화론은 먼셀 표색계를 사용한 것이다.

정답   **36** ①   **37** ③   **38** ④   **39** ①   **40** ②

41 표준형 점토벽돌의 치수로 옳은 것은?

① 210 × 90 × 57mm　　② 210 × 110 × 60mm

③ 190 × 100 × 60mm　　④ 190 × 90 × 57mm

[해설]

벽돌의 규격
• 기본형(재래식) 벽돌 : 210×100×60mm
• 표준형 벽돌 : 190×90×57mm

42 콘크리트용 골재의 품질조건으로 옳지 않은 것은?

① 유해량의 먼지, 유기불순물 등을 포함하지 않은 것

② 표면이 매끈한 것

③ 구형에 가까운 것

④ 청정한 것

[해설]

골재의 표면이 거친 것이 시멘트 페이스트와의 접착성 증대에 효과적이다.

43 시멘트에 관한 설명으로 옳지 않은 것은?

① 시멘트의 밀도는 3.15g/cm³ 정도이다.

② 시멘트의 분말도는 비표면적으로 표시한다.

③ 강열감량은 시멘트의 소성반응의 완전 여부를 알아내는 척도가 된다.

④ 시멘트의 수화열은 균열발생의 원인이 된다.

[해설]

강열감량
일정 열을 가하여 시멘트성분 중 휘발성 및 열분해성 성분이 제거되고 불연의 성분만 남았을 때의 질량을 측정하여 활용하는 것으로서 소성반응의 완전 여부를 파악하는 것과는 거리가 멀다.

44 유리의 일반적인 성질에 관한 설명으로 옳지 않은 것은?

① 철분이 많을수록 자외선 투과율이 높아진다.

② 깨끗한 창유리의 흡수율은 2~6% 정도이다.

③ 투과율은 유리의 맑은 정도, 착색, 표면상태에 따라 달라진다.

④ 열전도율은 대리석, 타일보다 작은 편이다.

[해설]

철분이 많을수록 자외선, 가시광선 투과율이 낮아진다.

45 목재의 흠의 종류 중 가지가 줄기의 조직에 말려 들어가 나이테가 밀집되고 수지가 많아 단단하게 된 것은?

① 옹이　　　　　　　② 지선

③ 할렬　　　　　　　④ 잔적

[해설]

옹이(목재의 결함)
• 수목이 성장하는 도중 줄기에서 가지가 생기면 세포가 변형을 일으켜 발생한다.
• 죽은 옹이가 산 옹이보다 압축강도가 떨어진다.
• 옹이의 지름이 클수록 압축강도가 감소한다.

46 용융하기 쉽고, 산에는 강하나 알칼리에 약하며 창유리, 유리블록 등에 사용하는 유리는?

① 물유리　　　　　　② 유리섬유

③ 소다석회유리　　　④ 칼륨납유리

[해설]

소다석회유리
• 용융되기 쉬우며 산에 강하고 알칼리에 약하다.
• 풍화되기 쉬우며, 비교적 팽창률 및 강도가 크다.
• 일반 건축용 창유리, 일반 병 종류 등에 적용한다.

47 차음재료의 요구성능에 관한 설명으로 옳은 것은?

① 비중이 작을 것

② 음의 투과손실이 클 것

③ 밀도가 작을 것

④ 다공질 또는 섬유질이어야 할 것

> 해설
>
> 차음재료의 사용목적은 음을 투과시키지 않는 것이므로, 투과가 잘 안되는 정도인 투과손실이 커야 한다.

48 금속의 부식방지를 위한 관리대책으로 옳지 않은 것은?

① 가능한 한 이종금속을 인접 또는 접촉시켜 사용할 것

② 큰 변형을 준 것은 가능한 한 풀림하여 사용할 것

③ 표면을 평활하고 깨끗이 하며, 가능한 한 건조상태를 유지할 것

④ 부분적으로 녹이 발생하면 즉시 제거할 것

> 해설
>
> 이종금속을 인접 또는 접촉시킬 경우 갈바닉 부식(금속 간 이온화 경향 차이에 따른 부식)이 발생할 수 있다.

49 도장재료에 관한 설명으로 옳지 않은 것은?

① 바니시는 천연수지, 합성수지 또는 역청질 등을 건성유와 같이 가열·융합시켜 건조제를 넣고 용제로 녹인 것을 말한다.

② 유성 조합 페인트는 붓바름작업성 및 내후성이 뛰어나다.

③ 유성 페인트는 보일유와 안료를 혼합한 것을 말한다.

④ 수성 페인트는 광택이 매우 뛰어나고, 마감면의 마모가 거의 없다.

> 해설
>
> **수성 페인트**
>
> 유성 도료에 비해 냄새가 없고, 안전하며 위생적이지만 광택이 적고 마감면의 내마모성이 유성도료에 비해 약한 특징을 갖고 있다.

50 다음 중 유기재료에 속하는 것은?

① 목재   ② 알루미늄

③ 석재   ④ 콘크리트

> 해설
>
> 목재는 나무라는 생명체로부터 얻는 것이며, 탄소를 함유하고 있으므로 유기재료에 속한다.

51 다음 접착제 중 고무상의 고분자물질로서 내유성 및 내약품성이 우수하며 줄눈재, 구멍메움재로 사용되는 것은?

① 천연고무   ② 치오콜

③ 네오프렌   ④ 아교

> 해설
>
> **치오콜**
>
> 건조시간이 빨라 시공성이 양호하며 시공시간 단축에 효과적인 접착재료이다.

52 목재의 강도에 관한 설명으로 옳지 않은 것은?

① 심재의 강도가 변재보다 크다.

② 함수율이 높을수록 강도가 크다.

③ 추재의 강도가 춘재보다 크다.

④ 절건비중이 클수록 강도가 크다.

> 해설
>
> **목재의 강도**
>
> 목재는 섬유포화점(30%) 이상에서는 강도가 일정하며, 섬유포화점 이하에서는 함수율의 감소에 따라 강도가 증대된다.

정답   47 ②   48 ①   49 ④   50 ①   51 ②   52 ②

53 콘크리트 $1m^3$를 제작하는 데 소요되는 각 재료의 양을 질량(kg)으로 표시한 배합은?

① 질량배합 ② 용적배합
③ 현장배합 ④ 계획배합

┌─해설─
질량배합
콘크리트 $1m^3$를 제작하는 데 소요되는 각 재료의 양을 질량(kg)으로 표시한 배합이다.

54 도장재료인 안료에 관한 설명으로 옳지 않은 것은?

① 안료는 유색의 불투명한 도막을 만듦과 동시에 도막의 기계적 성질을 보완한다.
② 무기안료는 내광성·내열성이 크다.
③ 유기안료는 레이크(Lake)라고도 한다.
④ 무기안료는 유기용제에 잘 녹고 색의 선명도에서 유기안료보다 양호하다.

┌─해설─
무기안료는 무기재료로 구성된 안료로서 유기용제에 잘 녹지 않으며, 선명도 유기안료에 비해 높지 않다.

55 아스팔트와 피치(Pitch)에 관한 설명으로 옳지 않은 것은?

① 아스팔트와 피치의 단면은 광택이 있고 흑색이다.
② 피치는 아스팔트보다 냄새가 강하다.
③ 아스팔트는 피치보다 내구성이 있다.
④ 아스팔트는 상온에서 유동성이 없지만 가열하면 피치보다 빨리 부드러워진다.

┌─해설─
아스팔트는 가열하여도 피치보다 빨리 부드러워지지 않는다.

56 열가소성 수지에 관한 설명으로 옳지 않은 것은?

① 축합반응으로부터 얻어진다.
② 유기용제로 녹일 수 있다.
③ 1차원적인 선상구조를 갖는다.
④ 가열하면 분자결합이 감소하며 부드러워지고 냉각하면 단단해진다.

┌─해설─
열가소성 수지는 첨가중합반응으로 생성되고, 열경화성 수지는 축합중합반응으로 생성된다.

57 강재의 탄소량과 강도와의 관계에서 강재의 인장강도 및 경도가 최대에 도달하게 되는 강의 탄소함유량은 약 얼마인가?

① 0.15% ② 0.35%
③ 0.55% ④ 0.85%

┌─해설─
강재는 탄소량 약 0.85% 정도에서 인장강도 및 경도가 최대가 된다.

58 석재의 특징에 관한 설명으로 옳지 않은 것은?

① 압축강도가 큰 편이다.
② 불연성이다.
③ 비중이 작은 편이다.
④ 가공성이 불량하다.

┌─해설─
석재는 비중이 상대적으로 커서 가공하기가 난해하다.

59 클링커 타일(Clinker Tile)이 주로 사용되는 장소에 해당하는 곳은?

① 침실의 내벽 ② 화장실의 내벽
③ 테라스의 바닥 ④ 화학실험실의 바닥

정답 53 ① 54 ④ 55 ④ 56 ① 57 ④ 58 ③ 59 ③

고온으로 소성한 석기질 타일로서 타일면에 홈줄을 새겨 넣어 테라스 바닥 등의 타일로 사용한다.

60 도장공사 시 작업성을 개선하기 위한 보조첨가제 (도막형성 부요소)로 볼 수 없는 것은?

① 산화촉진제   ② 침전방지제

③ 전색제   ④ 가소제

전색제는 착색제 성분 중 하나로서 도장공사의 작업성 향상을 위한 첨가제와는 거리가 멀다.

4과목   건축일반

61 화재안전조사를 실시하는 경우에 해당하지 않는 것은?

① 자체점검이 불성실하거나 불완전하다고 인정되는 경우

② 국가적 행사 등 주요 행사가 개최되는 장소 및 그 주변의 관계 지역에 대하여 소방안전관리 실태를 조사할 필요가 있는 경우

③ 화재가 발생되지 않아 일상적인 점검을 요하는 경우

④ 재난예측정보, 기상예보 등을 분석한 결과 소방대상물에 화재의 발생 위험이 크다고 판단되는 경우

화재안전조사(화재의 예방 및 안전관리에 관한 법률 제7조)
화재가 자주 발생하였거나 발생할 우려가 뚜렷한 곳에 대한 조사가 필요한 경우에 실시한다.

62 건축물에 설치하는 특별피난계단의 구조에 관한 기준으로 옳지 않은 것은?

① 계단실에는 노대 또는 부속실에 접하는 부분 외에는 건축물의 내부와 접하는 창문 등을 설치하지 아니할 것

② 건축물의 내부에서 노대 또는 부속실로 통하는 출입구에는 30분 방화문을 설치할 것

③ 계단은 내화구조로 하되, 피난층 또는 지상까지 직접 연결되도록 할 것

④ 출입구의 유효너비는 0.9m 이상으로 하고 피난의 방향으로 열 수 있을 것

건축물의 내부에서 노대 또는 부속실로 통하는 출입구에는 60분 또는 60＋방화문을 설치해야 한다.

63 다음 ( ) 안에 적합한 것은?

「지진 · 화산재해대책법」 제14조제1항 각 호의 시설 중 대통령령으로 정하는 특정소방대상물에 대통령령으로 정하는 소방시설을 설치하려는 자는 지진이 발생할 경우 소방시설이 정상적으로 작동될 수 있도록 ( )이 정하는 내진설계기준에 맞게 소방시설을 설치하여야 한다.

① 국토교통부장관

② 소방서장

③ 소방청장

④ 행정안전부장관

소방시설의 내진설계기준(소방시설 설치 및 관리에 관한 법률 제7조)
「지진 · 화산재해대책법」 제14조제1항 각 호의 시설 중 대통령령으로 정하는 특정소방대상물에 대통령령으로 정하는 소방시설을 설치하려는 자는 지진이 발생할 경우 소방시설이 정상적으로 작동될 수 있도록 소방청장이 정하는 내진설계기준에 맞게 소방시설을 설치하여야 한다.

정답   **60** ③   **61** ③   **62** ②   **63** ③

64 건축물에 설치하는 급수·배수 등의 용도로 쓰는 배관설비의 설치 및 구조에 관한 기준으로 옳지 않은 것은?

① 배관설비를 콘크리트에 묻는 경우 부식의 우려가 있는 재료는 부식방지조치를 할 것
② 건축물의 주요 부분을 관통하여 배관하는 경우에는 건축물의 구조내력에 지장이 없도록 할 것
③ 승강기의 승강로 안에는 승강기의 운행에 필요한 배관설비 외에도 건축물 유지에 필요한 배관설비를 모두 집약하여 설치하도록 할 것
④ 압력탱크 및 급탕설비에는 폭발 등의 위험을 막을 수 있는 시설을 설치할 것

> [해설]
> 승강기의 승강로 안에 다른 배관을 적용할 경우 누수 시 승강기 관련 전기시설의 누전 등을 일으킬 수 있으므로 승강로 안에는 승강기의 운행에 필요한 배관설비만 설치하여야 한다.

65 목재의 이음에 사용되는 듀벨(Dubel)이 저항하는 힘의 종류는?

① 인장력　　　　② 전단력
③ 압축력　　　　④ 수평력

> [해설]
> 듀벨은 목재와 목재 사이에 끼워서 전단력을 보강하는 철물이다.

66 단독경보형 감지기를 설치하여야 하는 특정소방대상물에 해당되지 않는 것은?

① 연면적 800m²인 아파트
② 연면적 600m²인 유치원
③ 수련시설 내에 있는 합숙소로서 연면적이 1,500m²인 것
④ 연면적 500m²인 숙박시설

> [해설]
> 단독경보형 감지기를 설치해야 하는 특정소방대상물(소방시설 설치 및 관리에 관한 법률 시행령 [별표 4])
> • 교육연구시설 내에 있는 기숙사 또는 합숙소로서 연면적 2천m² 미만인 것
> • 수련시설 내에 있는 기숙사 또는 합숙소로서 연면적 2천m² 미만인 것
> • 노유자 시설로서 연면적 400m² 이상인 노유자 시설 및 숙박시설이 있는 수련시설로서 수용인원 100명 이상인 경우에 해당하지 않는 수련시설(숙박시설이 있는 것만 해당한다)
> • 연면적 400m² 미만의 유치원
> • 공동주택 중 연립주택 및 다세대주택

67 건축관계법규에서 규정하는 방화구조가 되기 위한 철망모르타르의 최소 바름두께는?

① 1.0cm　　　　② 2.0cm
③ 2.7cm　　　　④ 3.0cm

> [해설]
> 방화구조

구조 부분	구조 기준
철망모르타르	그 바름 두께가 2cm 이상
• 석고판 위에 시멘트모르타르 또는 회반죽을 바른 것 • 시멘트모르타르 위에 타일을 붙인 것	두께의 합계가 2.5cm 이상
심벽에 흙으로 맞벽치기 한 것	-
산업표준화법에 따른 한국산업표준이 정하는 바에 따라 시험한 결과 방화 2급 이상	-

68 다음 소방시설 중 소화설비가 아닌 것은?

① 누전경보기
② 옥내소화전설비
③ 간이스프링클러설비
④ 옥외소화전설비

> [해설]
> 누전경보기는 경보설비에 속한다.

정답　**64** ③　**65** ②　**66** ①②③　**67** ②　**68** ①

69 건축물의 출입구에 설치하는 회전문은 계단이나 에스컬레이터로부터 최소 얼마 이상의 거리를 두어야 하는가?

① 2m 이상 ② 3m 이상

③ 4m 이상 ④ 5m 이상

> **해설**
>
> 회전문은 계단이나 에스컬레이터로부터 2m 이상의 거리를 두어야 한다.

70 건축물의 피난·방화구조 등의 기준에 관한 규칙에서 정의하고 있는 재료에 해당되지 않는 것은?

① 난연재료 ② 불연재료

③ 준불연재료 ④ 내화재료

> **해설**
>
> 불연성에 따른 재료의 구분은 불연, 준불연, 난연재료로 구분한다.

71 방염대상물품의 방염성능기준으로 옳지 않은 것은?

① 버너의 불꽃을 제거한 때부터 불꽃을 올리며 연소하는 상태가 그칠 때까지 시간은 20초 이내일 것

② 버너의 불꽃을 제거한 때부터 불꽃을 올리지 아니하고 연소하는 상태가 그칠 때까지 시간은 20초 이내일 것

③ 탄화한 면적은 50cm² 이내, 탄화한 길이는 20cm 이내일 것

④ 불꽃에 의하여 완전히 녹을 때까지 불꽃의 접촉횟수는 3회 이상일 것

> **해설**
>
> **방염대상물품 및 방염성능기준(소방시설 설치 및 관리에 관한 법률 시행령 제31조)**
> 방염성능기준은 다음의 기준을 따른다.
> • 버너의 불꽃을 제거한 때부터 불꽃을 올리며 연소하는 상태가 그칠 때까지 시간은 20초 이내일 것

• 버너의 불꽃을 제거한 때부터 불꽃을 올리지 아니하고 연소하는 상태가 그칠 때까지 시간은 30초 이내일 것
• 탄화(炭化)한 면적은 50제곱센티미터 이내, 탄화한 길이는 20센티미터 이내일 것
• 불꽃에 의하여 완전히 녹을 때까지 불꽃의 접촉 횟수는 3회 이상일 것

72 방염성능기준 이상의 실내장식물 등을 설치하여야 하는 특정소방대상물에 해당되지 않는 것은?

① 건축물의 옥내에 있는 운동시설 중 수영장

② 근린생활시설 중 체력단련장

③ 방송통신시설 중 방송국

④ 교육연구시설 중 합숙소

> **해설**
>
> 방염성능기준 이상의 실내장식물 등을 설치하여야 하는 특정소방대상물의 기준에서 건축물의 옥내에 있는 운동시설 중 수영장은 제외한다.

73 바닥면적이 100m²인 의료시설의 병실에서 채광을 위하여 설치하여야 하는 창문 등의 최소면적은?

① 5m² ② 10m²

③ 20m² ④ 30m²

> **해설**
>
> 의료시설의 채광을 위한 기준은 거실 바닥면적의 1/10 이상이므로, 거실면적이 100m²일 경우 채광을 위하여 설치하여야 하는 창문 등의 최소면적은 10m²이다.

74 바우하우스에 관한 설명으로 옳지 않은 것은?

① 과거양식에 집착하고 이를 바탕으로 연구하였다.

② 월터 그로피우스에 의해 설립되었다.

③ 예술과 공업생산을 결합하여 모든 예술의 통합화를 추구하였다.

④ 이론과 실기교육을 병행하였다.

정답 **69** ① **70** ④ **71** ② **72** ① **73** ② **74** ①

해설

바우하우스(Bauhaus)
근대건축의 기초를 확립하고자 건축과 공예기술을 학습시킨 학교이다.

75 목구조에서 각 부재의 접합부 및 벽체를 튼튼하게 하기 위하여 사용되는 부재와 관련 없는 것은?

① 귀잡이　　　　② 버팀대
③ 가새　　　　　④ 장선

해설

장선은 목구조의 바닥 횡부재로서 접합부 및 벽체와는 관련성이 적다.

76 물 0.5kg을 15℃에서 70℃로 가열하는 데 필요한 열량은 얼마인가?(단, 물의 비열은 4.2kJ/kg℃이다)

① 27.5kJ　　　　② 57.75kJ
③ 115.5kJ　　　④ 231.5kJ

해설

q(가열량) = m(질량) × C(비열) × ΔT(온도차)
q = 0.5kg × 4.2kJ/kgK × (70 - 15) = 115.5kJ

77 차음성이 높은 재료의 특징으로 볼 수 없는 것은?

① 재질이 단단한 것　　② 재질이 무거운 것
③ 재질이 치밀한 것　　④ 재질이 다공질인 것

해설

재질이 다공질인 재료는 차음성능보다는 흡음성능을 기대할 수 있다.

78 건축물과 건축시대의 연결이 옳지 않은 것은?

① 봉정사 극락전 – 고려시대
② 부석사 무량수전 – 고려시대
③ 수덕사 대웅전 – 조선 초기
④ 불국사 극락전 – 조선 후기

해설

수덕사 대웅전은 고려시대 건축물이다.

79 왕대공 지붕틀을 구성하는 부재가 아닌 것은?

① 평보　　　　　② ㅅ자보
③ 빗대공　　　　④ 반자틀

해설

왕대공 지붕틀에는 반자틀이 적용되지 않는다.

80 문화 및 집회시설, 운동시설, 관광휴게시설로서 자동화재탐지설비를 설치하여야 할 특정소방대상물의 연면적 기준은?

① 1,000m² 이상　　② 1,500m² 이상
③ 2,000m² 이상　　④ 2,300m² 이상

해설

공동주택, 근린생활시설 중 목욕장, 문화 및 집회시설, 종교시설, 판매시설, 운수시설, 운동시설, 업무시설, 공장, 창고시설, 위험물 저장 및 처리 시설, 항공기 및 자동차 관련 시설, 교정 및 군사시설 중 국방·군사시설, 방송통신시설, 발전시설, 관광 휴게시설, 지하가(터널은 제외한다)로서 연면적 1천 m² 이상인 곳은 의무적으로 자동화재탐지설비를 설치하여야 한다.

1과목 실내디자인론

01 다음 설명에 알맞은 커튼의 종류는?

• 유리 바로 앞에 치는 커튼으로 일반적으로 투명하고 막과 같은 직물을 사용한다.
• 실내로 들어오는 빛을 부드럽게 하며 약간의 프라이버시를 제공한다.

① 새시 커튼
② 글라스 커튼
③ 드로우 커튼
④ 드레이퍼리 커튼

해설
① 새시 커튼 : 창문전체를 반 정도만 가리도록 만든 형태의 커튼이다.
③ 드로우 커튼 : 반투명하거나 불투명한 직물로 창문 위에 설치하여 좌우로 끌어당겨 개폐하는 형태의 커튼이다.
④ 드레이퍼리 커튼 : 창문에 느슨하게 걸려 있는 무거운 커튼으로 방음성, 보온성 차광성 등의 효과를 가지는 커튼이다.

02 그림과 같은 주택 부엌가구의 배치 유형은?

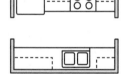

① 일렬형
② ㄷ자형
③ 병렬형
④ 아일랜드형

해설
병렬형
양쪽 벽면에 작업대를 마주 보도록 배치하는 형식으로 동선을 짧게 처리할 수 있어 효율적인 배치유형이다.

03 광원을 넓은 면적의 벽면에 매입하여 비스타 (Vista)적인 효과를 낼 수 있으며 시선에 안락한 배경으로 작용하는 건축화조명방식은?

① 광창조명
② 광천장 조명
③ 코니스조명
④ 캐노피조명

해설
② 광천장 조명 : 건축구조체로 천장에 조명기구를 설치하고 그 밑에 루버나 유리, 플라스틱 같은 확산 투과판으로 천장을 마감처리하여 설치하는 조명방식이다.
③ 코니스조명 : 벽의 상부에 길게 설치된 반사상자 안에 광원을 설치하여 모든 빛이 하부로 향하도록 하는 조명방식이다.
④ 캐노피조명 : 벽면이나 천장면의 일부에 돌출로 조명을 설치하여 강한 조명을 아래로 비추는 조명방식이다.

04 다음 설명에 알맞은 극장의 평면형식은?

• 무대와 관람석의 크기, 모양, 배열 등을 필요에 따라 변경할 수 있다.
• 공연작품의 성격에 따라 적합한 공간을 만들어 낼 수 있다.

① 가변형
② 아레나형
③ 프로시니엄형
④ 오픈 스테이지

해설
② 아레나형 : 중앙무대형으로 관객이 연기자를 360° 둘러싸서 관람하는 형식으로 많은 인원을 수용할 수 있다.
③ 프로시니엄형 : 무대 정면을 관람객들이 바라보는 형태로 객석수 용능력이 있어서 제한을 받는다.
④ 오픈 스테이지형 : 관객이 3방향으로 둘러싸인 형태로 연기자에게 근접하게 관람할 수 있는 형태이다.

05 다음 중 질감(Texture)에 관한 설명으로 옳은 것은?

① 스케일에 영향을 받지 않는다.
② 무게감은 전달할 수 있으나 온도감은 전달할 수 없다.
③ 촉각 또는 시각으로 지각할 수 있는 어떤 물체 표면상의 특징을 말한다.
④ 유리, 빛을 내는 금속류, 거울 같은 재료는 반사율이 낮아 차갑게 느껴진다.

[해설]

① 질감의 선택에서 스케일, 빛의 반사와 흡수, 촉감 등이 중요하며 효과적인 질감 표현을 위해서는 색채와 조명을 동시에 고려해야 한다.
② 시각적으로 느껴지는 재질감을 통해 무게감과 온도감을 전달한다.
④ 표면이 매끄러울수록 반사율이 높아 가볍고 환한 느낌을 준다.

질감 : 손으로 만져서 느낄 수 있는 촉각적 질감과 시각적으로 느껴지는 재질감으로 윤곽과 인상이 형성된다.

06 각종 의자에 관한 설명으로 옳지 않은 것은?

① 풀업 체어는 필요에 따라 이동시켜 사용할 수 있는 간이의자이다.
② 오토만은 스툴의 일종으로 편안한 휴식을 위해 발을 올려놓는 데 사용된다.
③ 세티는 고대 로마시대 음식물을 먹거나 잠을 자기 위해 사용했던 긴 의자이다.
④ 라운지 체어는 비교적 큰 크기의 의자로 편하게 휴식을 취할 수 있는 안락의자이다.

[해설]

③은 카우치에 대한 설명이다.

※ **세티(Settee)** : 동일한 두 개의 의자를 나란히 합하여 2인이 앉을 수 있는 의자이다.

07 다음 설명에 알맞은 사무공간의 책상배치 유형은?

- 대향형과 동향형의 양쪽 특성을 절충한 형태이다.
- 조직관리자면에서 조직의 융합을 꾀하기 쉽고 정보처리나 집무동작의 효율이 좋다.
- 배치에 따른 면적 손실이 크며 커뮤니케이션의 형성에 불리하다.

① 십자형   ② 자유형
③ 삼각형   ④ 좌우대향형

[해설]

- 십자형 : 4개의 책상이 맞물려 십자를 이루도록 배치하는 형태로 팀 작업이 요구되는 전문직 업무에 적용할 수 있다.
- 자유형 : 개개인의 작업을 위하여 독립된 영역이 주어지는 형태로 독립성이 요구되는 형태이다.

08 문과 창에 관한 설명으로 옳지 않은 것은?

① 문은 공간과 인접공간을 연결시켜 준다.
② 문의 위치는 가구배치와 동선에 영향을 준다.
③ 이동창은 크기와 형태에 제약 없이 자유로이 디자인할 수 있다.
④ 창은 시야, 조망을 위해서는 크게 하는 것이 좋으나 보온과 개폐의 문제를 고려하여야 한다.

[해설]

이동창은 기능뿐만 아니라 크기와 형태를 고려하여 프라이버시, 실내공간 분위기, 건물표정까지 고려하여 디자인해야 한다.

09 개방식 배치의 한 형식으로 업무와 환경을 경영 관리 및 환경적 측면에서 개선한 것으로 오피스작업을 사람의 흐름과 정보의 흐름을 매체로 효율적인 네트워크가 되도록 배치하는 방법은?

① 싱글 오피스   ② 세포형 오피스
③ 집단형 오피스   ④ 오피스 랜드스케이프

오피스 랜드스케이프
개방적인 시스템으로 고정적인 칸막이벽을 줄이고 파티션, 가구 등을 활용하여 가구의 변화, 직원의 증감에 대응하도록 융통성 있게 계획한다.

10 주거공간을 주 행동에 따라 개인공간, 사회공간, 노동공간 등으로 구분할 경우, 다음 중 사회공간에 속하지 않는 것은?

① 거실   ② 식당
③ 서재   ④ 응접실

주거공간
• 개인공간 : 서재, 침실, 자녀방, 노인방
• 작업공간 : 주방, 세탁실, 가사실, 다용도실
• 사회공간 : 거실, 응접실, 식사실

11 조명의 연출기법 중 강조하고자 하는 물체에 의도적인 광선으로 조사시킴으로써 광선 그 자체가 시각적인 특성을 지니게 하는 기법은?

① 월워싱기법   ② 실루엣기법
③ 빔플레이기법   ④ 글레이징기법

① 월워싱기법 : 균일한 조도의 빛을 수직벽면에 빛으로 쓸어내리는 듯한 비추는 기법이다.
② 실루엣기법 : 물체의 형상만을 강조하는 기법으로 눈부심은 없으나 세밀한 묘사에는 한계가 있다.
④ 글레이징기법 : 빛의 각도를 조절함으로써 마감의 재질감을 강조하는 기법으로 수직면과 평행한 조명을 벽에 비춤으로써 마감재의 질감을 효과적으로 연출한다.

12 디자인의 원리 중 대비에 관한 설명으로 가장 알맞은 것은?

① 제반요소를 단순화하여 실내를 조화롭게 하는 것이다.

② 저울의 원리와 같이 중심에서 양측에 물리적 법칙으로 힘의 안정을 구하는 현상이다.
③ 모든 시각적 요소에 대하여 극적 분위기를 주는 상반된 성격의 결합에서 이루어진다.
④ 디자인 대상의 전체에 미적 질서를 부여하는 것으로 모든 형식의 출발점이며 구심점이다.

①은 단순조화, ②는 균형, ④는 통일에 대한 설명이다.

13 그리스의 파르테논 신전에서 사용된 착시교정 수법에 관한 설명으로 옳지 않은 것은?

① 기둥의 중앙부를 약간 부풀어 오르게 만들었다.
② 모서리 쪽의 기둥 간격을 보다 좁혀지게 만들었다.
③ 기둥과 같은 수직 부재를 위쪽으로 갈수록 바깥쪽으로 약간 기울어지게 만들었다.
④ 아키트레이브, 코니스 등에 의해 형성되는 긴 수평선을 위쪽으로 약간 볼록하게 만들었다.

기둥들은 신전 안쪽으로 약간 기울게 세워졌으며 모서리 기둥의 축은 약 6cm 정도 안쪽으로 기울어져 있다.

14 실내디자인 요소 중 점에 관한 설명으로 옳지 않은 것은?

① 점이 많은 경우에는 선이나 면으로 지각된다.
② 공간에 하나의 점이 놓이면 주의력이 집중되는 효과가 있다.
③ 점의 연속이 점진적으로 축소 또는 팽창 나열되면 원근감이 생긴다.
④ 동일한 크기의 점인 경우 밝은 점은 작고 좁게, 어두운 점은 크고 넓게 지각된다.

정답   **10** ③   **11** ③   **12** ③   **13** ③   **14** ④

해설

동일한 크기의 점인 경우 밝은 점은 크고 넓게, 어두운 점은 작고 좁게 지각된다.

점 : 크기가 없고 위치만 있으며 정적이고 방향성이 없어 자기중심적이며 어떠한 크기, 차수, 넓이, 깊이가 없고 위치와 장소만을 가지고 있다.

15 실내디자인 프로세스 중 조건설정 과정에서 고려하지 않아도 되는 사항은?

① 유지관리계획
② 도로와의 관계
③ 사용자의 요구사항
④ 방위 등의 자연적 조건

해설

①은 감리단계에 속한다.

조건설정(계획조건의 파악과 검토 대상) : 사용자의 요구사항, 도로와의 관계, 방위, 입지조건 및 자연적 조건, 공사의 시기 및 기간, 의뢰자의 예산 등을 고려해야 한다.

16 다음의 실내공간 구성요소 중 촉각적 요소보다 시각적 요소가 상대적으로 가장 많은 부분을 차지하는 것은?

① 벽
② 바닥
③ 천장
④ 기둥

해설

천장(Ceiling)

건물 내부 상부층 슬래브 아래에 조성되어 있어 천장을 높이거나 낮추는 것을 통해 공간의 영역을 한정할 수 있다. 특히, 시각적 흐름이 최종적으로 멈추는 곳으로 내부 공간요소 중 가장 자유롭게 조형적으로 공간의 변화를 줄 수 있다.

17 실내디자인에서 추구하는 목표와 가장 거리가 먼 것은?

① 기능성
② 경제성
③ 주관성
④ 심미성

해설

실내디자인의 목표

기능성, 경제성, 심미성, 독창성

18 다음 중 주택의 실내공간 구성에 있어서 다용도실(Utility Area)과 가장 밀접한 관계가 있는 곳은?

① 현관
② 부엌
③ 거실
④ 침실

해설

다용도실(Utility)

전반적인 가사작업 공간으로 부엌과 인접하게 배치하여 주부동선을 단축하는 것이 바람직하다.

19 상점의 광고 요소로써 AIDMA 법칙의 구성에 속하지 않는 것은?

① Attention
② Interest
③ Development
④ Memory

해설

상점의 광고 요소(AIDMA 법칙)

- A(Attention, 주의) : 상품에 대한 관심으로 주의를 갖게 한다.
- I(Interest, 흥미) : 고객의 흥미를 갖게 한다.
- D(Desire, 욕망) : 구매욕구를 일으킨다.
- M(Memory, 기억) : 개성적인 공간으로 기억하게 한다.
- A(Action, 행동) : 구매의 동기를 실행하게 한다.

20 판매공간의 동선에 관한 설명으로 옳지 않은 것은?

① 판매원동선은 고객동선과 교차하지 않도록 계획한다.

② 고객동선은 고객의 움직임이 자연스럽게 유도될 수 있도록 계획한다.

③ 판매원동선은 가능한 한 짧게 만들어 일의 능률이 저하되지 않도록 한다.

④ 고객동선은 고객이 원하는 곳으로 바로 접근할 수 있도록 가능한 한 짧게 계획한다.

해설

상점의 동선
· 고객동선, 종업원동선, 상품동선으로 분류한다.
· 고객동선은 충동구매를 유도하기 위해 길게 배치하는 것이 좋으며, 종업원동선은 고객동선과 교차되지 않도록 하고 고객을 위한 통로 폭은 900mm 이상으로 한다.

2과목 색채 및 인간공학

21 인간 – 기계시스템의 기능 중 행동에 대해 결정을 내리는 것으로 표현되는 기능은?

① 감각(Sensing)

② 실행(Execution)

③ 의사결정(Decision Making)

④ 정보저장(Information Storage)

해설

인간 – 기계시스템에서의 기본적인 기능
· 감지 : 정보의 수용
· 의사결정 : 수용한 정보를 가지고 행동에 대한 결정
· 정보저장(보관) : 정보를 코드화 및 상징화된 형태로 저장

22 주의(Attention)의 특징으로 볼 수 없는 것은?

① 선택성   ② 양립성

③ 방향성   ④ 변동성

해설

양립성(Compatibility)
자극들 간, 반응들 간, 자극 – 반응 조합의 관계가 인간의 기대와 모순되지 않는 것이다(인간이 기대하는 바와 자극 또는 반응들이 일치하는 관계).

23 물체의 상이 맺히는 거리를 조절하는 눈의 구성요소는?

① 망막   ② 각막

③ 홍채   ④ 수정체

해설

수정체
빛이 통과할 때 빛을 모아주어 망막에 상이 맺히도록 초점을 맞추기 위해 수정체의 두께와 만곡을 조절한다. 특히, 두께가 두꺼워지면 빛을 굴절시키는 정도가 높아지고, 얇아지면 빛을 굴절시키는 정도가 낮아진다.

24 온도 변화에 대한 인체의 영향에 있어 적정온도에서 추운 환경으로 바뀌었을 때의 현상으로 옳지 않은 것은?

① 피부온도가 내려간다.

② 몸이 떨리고 소름이 돋는다.

③ 직장의 온도가 약간 올라간다.

④ 많은 양의 혈액이 피부를 경유하게 된다.

해설

④는 적정온도에서 더운 환경으로 변할 때의 현상이다.

적정온도에서 추운 환경으로 변할 때 인체의 변화
· 피부온도가 내려간다.
· 피부를 경유하는 혈액순환량이 감소하고 많은 양의 혈액이 몸의 중심부를 순환한다.
· 직장온도가 약간 올라간다.
· 체표면적이 감소하고 피부의 혈관이 수축된다.

정답   **20** ④ **21** ③ **22** ② **23** ④ **24** ④

25 일반적으로 인체측정치의 최대집단치를 기준으로 설계하는 것은?

① 선반의 높이
② 출입문의 높이
③ 안내 데스크의 높이
④ 공구 손잡이 둘레길이

해설

① · ③ · ④는 평균치를 기준으로 설계할 때 관련 내용이다.

최대집단치 설계

개념	• 대상 집단에 대한 인체측정 변수의 상위 백분위수를 기준으로 90, 95 혹은 99%치를 사용 • 대표치는 남성의 95백분위수를 이용
사례	• 출입문, 탈출구의 크기, 통로 등과 같은 공간여유를 정할 때 사용 • 그네, 줄사다리와 같은 지지물 등의 최소지지 중량(강도) • 버스 내 승객용 좌석 간의 거리, 위험구역 울타리 • 작업대와 의자 사이의 간격

26 조명을 설계할 때 필요한 요소와 관련이 없는 것은?

① 작업 중 손 가까이를 일정하게 비출 것
② 작업 중 손 가까이를 적당한 밝기로 비출 것
③ 작업부분과 배경 사이에 적당한 콘트라스트가 있을 것
④ 광원과 다른 물건에서도 눈부신 반사가 조금 있도록 할 것

해설

광원과 다른 물건에서도 눈부신 반사가 없도록 한다.

조명설계
• 작업면은 작업의 종류에 따라 적당한 밝기로 일정하게 비추어야 한다.
• 광원에 의한 직사 눈부심은 휘도를 줄이거나 광원을 시선에서 멀리 위치시킨다.
• 일반적으로는 전반조명 또는 간접조명을 적용하여 눈의 피로를 줄이도록 한다.
• 대상과 배경 사이에는 충분한 밝음의 차이가 있어야만 제대로 물체를 볼 수 있다.

27 다음 중 시각표시장치의 설계에 필요한 지침으로 옳은 설명은?

① 보통 글자의 폭 – 높이비는 5 : 3이 좋다.
② 정량적 눈금에는 일반적으로 1단위의 수열이 사용하기 좋다.
③ 계기판의 문자는 소문자, 지침류의 문자는 대문자를 채택하는 방식이 좋다.
④ 흰 바탕에 검은 글씨로 표시할 경우에 획폭비는 글씨 높이의 1/3이 좋다.

해설

① 보통 글자의 폭 – 높이비는 한글은 1 : 1, 영문은 1 : 1, 숫자는 3 : 5를 표준으로 한다.
③ 계기판의 문자는 대문자, 지침류의 문자는 소문자를 채택하는 방식이 좋다.
④ 흰 바탕에 검은 글씨로 표시할 경우에 1 : 6～1 : 8을 권장한다.

시각표시장치의 설계 지침
• 문자, 숫자의 폭 대 높이의 관계는 종횡비로 표시한다.
• 영문 대문자 1 : 1, 한글 1 : 1, 숫자 3 : 5가 표준이다.
• 눈금의 수열은 일반적으로 0, 1, 2, 3 …처럼 1씩 증가하는 수열이 가장 사용하기 쉽다.
• 흰 바탕에 검은 글씨(양각)는 1 : 6～1 : 8을 권장한다(최대명시거리 1 : 8 정도).

28 일반적으로 실현 가능성이 같은 N개의 대안이 있을 때 총정보량을 구하는 식으로 옳은 것은?

① $\log_2 N$
② $\log_{10} 2N$
③ $\dfrac{N}{\log_{10} N}$
④ $\dfrac{1}{2} N^2$

해설

정보의 측정단위
$H = \log_2 N$

　　여기서, H : 실현 가능성이 같은 N개의 대안이 있을 때 총정보량

정답　　**25** ②　**26** ④　**27** ②　**28** ①

29 다음 그림에서 에너지 소비가 큰 것에서부터 작은 순서대로 올바르게 나열된 것은?

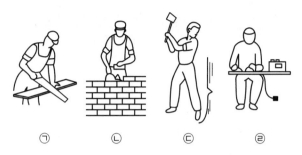

① ⓒ → ㉠ → ㉡ → ㉣
② ⓒ → ㉡ → ㉠ → ㉣
③ ㉡ → ㉠ → ㉢ → ㉣
④ ㉡ → ㉢ → ㉠ → ㉣

(해설)

짐을 나르는 방법에 따른 산소 소비량 크기
양손 > 목도 > 어깨 > 이마 > 배낭 > 머리 > 등 · 가슴

30 다음 조종장치 중 단회전용 조종장치로 가장 적합한 것은?

① ② ③ ④

(해설)

조종장치
• 다회전용

• 단회전용

31 감법혼색의 설명으로 틀린 것은?

① 3원색은 Cyan, Magenta, Yellow이다.
② 감법혼색은 감산혼합, 색료혼합이라고도 하며, 혼색할수록 탁하고 어두워진다.
③ Magenta와 Yellow를 혼색하면 빛의 3원색인 Red가 된다.
④ Magenta와 Cyan의 혼합은 Green이다.

(해설)

감법혼색 : 색료의 3원색
• 노랑(Y) + 시안(C) = 초록(G)
• 노랑(Y) + 마젠타(M) = 빨강(R)
• 시안(C) + 마젠타(M) = 파랑(B)
• 시안(C) + 마젠타(M) + 노랑(Y) = 검정(B)

32 다음 배색 중 가장 차분한 느낌을 주는 것은?

① 빨강 – 흰색 – 검정
② 하늘색 – 흰색 – 회색
③ 주황 – 초록 – 보라
④ 빨강 – 흰색 – 분홍

(해설)

톤인톤(Tone in Tone)배색
비슷한 색의 조합에 의한 배색으로 색상은 동일 톤을 원칙으로 하여 인접 또는 유사색상의 범위 내에서 선택한다.

33 식욕을 감퇴시키는 효과가 가장 큰 색은?

① 빨간색　　　　② 노란색

③ 갈색　　　　　④ 파란색

해설

색채 미각

식욕을 돋우는 색은 주황색 같은 난색계열이고, 식욕을 감퇴시키는 색은 파란색 같은 한색계열이다.

34 오스트발트(W. Ostwald)의 등색상 삼각형의 흰색(W)에서 순색(C) 방향과 평행한 색상의 계열은?

① 등순계열　　　② 등흑계열

③ 등백계열　　　④ 등가색환계열

해설

등흑계열

등색상 삼각형에서 순색(C), 흰색(W)과 평행선상에 있는 색으로 검정량이 모두 같은 색의 계열이다.

35 유채색의 경우 보색잔상의 영향으로 먼저 본 색의 보색이 나중에 보는 색에 혼합되어 보이는 현상은?

① 계시대비　　　② 명도대비

③ 색상대비　　　④ 면적대비

해설

계시대비

어떤 색을 보고 난 후 다른 색을 보면 먼저 본 색의 영향으로 다음에 본색이 다르게 보이는 현상으로 일정한 자극이 사라진 후에도 이전의 자극이 망막에 남아 다음 자극에 영향을 준다.

36 디지털 컬러모드인 HSB 모델의 H에 대한 설명이 옳은 것은?

① 색상을 의미, 0~100%로 표시

② 명도를 의미, 0~255로 표시

③ 색상을 의미, 0~360°로 표시

④ 명도를 의미, 0~100%로 표시

해설

HSB 시스템

• H(Hue) : 0~360°의 각도로 색상을 표현한다.
• S(Saturation) : 채도로 0%(회색)에서 100%(완전한 색상)로 되어 있다.
• B(Brightness) : 밝기로 0~100%로 구성되어 있다(B값이 100%일 경우 반드시 흰색이 아니라 고순도의 원색일 수 있다).

37 비렌의 색채조화 원리에서 가장 단순한 조화이면서 일반으로 깨끗하고 신선해 보이는 조화는?

① COLOR − SHADE − BLACK

② TINT − TONE − SHADE

③ COLOR − TINT − WHITE

④ WHITE − GRAY − BLACK

해설

파버 비렌의 색채조화

COLOR − TINT − WHITE	인상주의처럼 가장 밝고 깨끗한 느낌의 배색조화이다.
COLOR − SHADE − BLACK	색채의 깊이와 풍부함과 관련한 배색조화이다.
TINT − TONE − SHADE	가장 세련되고 미묘하며 감동적인 배색조화이다.
WHITE − GRAY − BLACK	무채색을 이용한 조화로 명도의 연속으로 안정된 조화이다.

38 색채계획에 있어 효과적인 색 지정을 하기 위하여 디자이너가 갖추어야 할 능력으로 거리가 먼 것은?

① 색채변별능력　　② 색채조색능력

③ 색채구성능력　　④ 심리조사능력

해설

색채계획 시 디자이너의 역량

모든 색을 구분하고 재현하는 능력을 갖추는 것이 근본이며 조색을 통해 색의 속성 파악, 색을 분석하는 능력을 가지고 있어야 한다.

정답　**33** ④　**34** ②　**35** ①　**36** ③　**37** ③　**38** ④

39 CIE LAB 모형에서 L이 의미하는 것은?

① 명도 ② 채도
③ 색상 ④ 순도

Lab 컬러모드
헤링의 4원색설에 기초하며 L*(명도), a*(빨강/녹색), b*(노랑/파랑)로
구성되고, 다른 환경에서도 최대한 색상을 유지시켜주기 위한 디지털
색채체계이다.

40 표면색(Surface Color)에 대한 용어의 정의는?

① 광원에서 나오는 빛의 색
② 빛의 투과에 의해 나타나는 색
③ 물체에 빛이 반사하여 나타나는 색
④ 빛의 회절현상에 의해 나타나는 색

해설

①은 광원색, ②는 투과색, ④는 구조색에 대한 정의이다.

표면색 : 물체색으로 스스로 빛을 내는 것이 아니라 물체의 표면에서
빛이 반사되어 나타나는 물체 표면의 색으로 사물의 질감이나 상태를
알 수 있도록 한다.

3과목 건축재료

41 콘크리트의 건조수축에 관한 설명으로 옳은 것은?

① 골재가 경질이고 탄성계수가 클수록 건조수축은 커
진다.
② 물 – 시멘트비가 작을수록 건조수축이 크다.
③ 골재의 크기가 일정할 때 슬럼프값이 클수록 건조수
축은 작아진다.
④ 물 – 시멘트비가 같은 경우 건조수축은 단위시멘트
량이 클수록 커진다.

해설

① 골재가 경질이고 탄성계수가 클수록 콘크리트의 강성은 커지므로
   건조수축은 작아진다.
② 물 – 시멘트비가 작을수록 건조수축이 작아진다.
③ 골재의 크기가 일정할 때 슬럼프값이 클수록 건조수축은 커진다.

42 합성섬유 중 폴리에스테르섬유의 특징에 관한 설명으로 옳지 않은 것은?

① 강도와 신도를 제조공정상에서 조절할 수 있다.
② 영계수가 커서 주름이 생기지 않는다.
③ 다른 섬유와 혼방성이 풍부하다.
④ 유연하고 울에 가까운 감촉이다.

해설

폴리에스테르섬유
섬유보강플라스틱, 건축의 천장 등의 재료에 쓰이는 비교적 강성재료
로서 유연하고 울에 가까운 감촉을 띠지는 않는다.

43 스테인리스강(Stainless Steel)은 어떤 성분의 금속이 많이 포함되어 있는 금속재료인가?

① 망간(Mn)
② 규소(Si)
③ 크롬(Cr)
④ 인(P)

해설

스테인리스강(Stainless Steel)
• 스테인리스강 표면에는 눈에는 보이지 않지만 치밀한 보호막이 형성
  되어 있으며 이 피막을 부동태 피막이라고 한다.
• 이 피막은 아주 얇은 피막이며 크롬산화물로 구성되어 있다(크롬양
  이 약 12% 이상이 되면 현저하게 부식속도가 떨어지게 된다).

---

44 원목을 적당한 각재로 만들어 칼로 얇게 절단하여 만든 베니어는?

① 로터리 베니어(Rotary Veneer)
② 슬라이스드 베니어(Sliced Veneer)
③ 하프 라운드 베니어(Half Round Veneer)
④ 소드 베니어(Sawed Veneer)

해설

슬라이스드 베니어(Sliced Veneer)
합판 또는 적층재 등을 만들기 위해 얇게 목재를 켜 낸 판이며, 목재의 곧은결을 자유로이 활용할 수 있다.

45 다음 도장재료 중 도포한 후 도막으로 남는 도막형성 요소와 가장 거리가 먼 것은?

① 안료   ② 유지
③ 희석제   ④ 수지

해설

희석제는 작업성의 향상을 주목적으로 첨가되는 것으로 도막형성 요소와는 거리가 멀다.

46 단열재가 구비해야 할 조건으로 옳지 않은 것은?

① 불연성이며, 유동가스가 발생하지 않을 것
② 열전도율 및 흡수율이 낮을 것
③ 비중이 높고 단단할 것
④ 내부식성과 내구성이 좋을 것

해설

단열재는 어느 정도 기계적 강도가 있어야 하나, 다공질 형태로서 단열성능을 나타내기 위해서는 비중이 작아야 한다.

47 타일의 제조공법에 관한 설명으로 옳지 않은 것은?

① 건식 제법에는 가압성형과정이 포함된다.
② 건식 제법이라 하더라도 제작과정 중에 함수하는 과정이 있다.
③ 습식 제법은 건식 제법에 비해 제조능률과 치수 · 정밀도가 우수하다.
④ 습식 제법은 복잡한 형상의 제품제작이 가능하다.

해설

건식 제법이 습식 제법에 비해 제조능률과 치수 · 정밀도가 우수하다.

48 1종 점토벽돌의 압축강도는 최소 얼마 이상인가?

① 8.87MPa   ② 10.78MPa
③ 20.59MPa   ④ 24.50MPa

해설

점토벽돌의 품질기준

구분	1종	2종	3종
압축강도(N/mm²)	24.50 이상	20.59 이상	10.78 이상
흡수율(%)	10 이하	13 이하	15 이하

49 휘발유 등의 용제에 아스팔트를 희석시켜 만든 유액으로서 방수층에 이용되는 아스팔트 제품은?

① 아스팔트 루핑   ② 아스팔트 프라이머
③ 아스팔트 싱글   ④ 아스팔트 펠트

해설

아스팔트 프라이머
솔, 롤러 등으로 용이하게 도포할 수 있도록 블론 아스팔트를 휘발성 용제에 희석한 흑갈색의 저점도 액체로서, 방수 시공의 첫 번째 공정에 쓰이는 바탕처리재이다.

50 주로 수량의 다소에 의해 좌우되는 굳지 않은 콘크리트의 변형 또는 유동에 대한 저항성을 무엇이라 하는가?

① 컨시스턴시
② 피니셔빌리티
③ 워커빌리티
④ 펌퍼빌리티

컨시스턴시
주로 수량의 다소에 따라 반죽이 질고 된 정도를 나타내는 콘크리트의 성질로 유동성의 정도를 나타낸다.

51 재료가 외력을 받으면서 발생하는 변형에 저항하는 정도를 나타내는 것은?

① 가소성
② 강성
③ 크리프
④ 좌굴

강성에 대한 설명이며, 강성은 탄성계수와 단면2차모멘트 등의 구조적 성질과 비례관계에 있다.

52 색을 칠하여 무늬나 그림을 나타낸 판유리로서 교회의 창, 천장 등에 많이 쓰이는 유리는?

① 스테인드글라스(Stained Glass)
② 강화유리(Tempered Glass)
③ 유리블록(Glass Block)
④ 복층유리(Pair Glass)

스테인드글라스(Stained Glass)
• 각종 색유리의 작은 조각을 도안에 맞추어 절단하여 조합해서 만든 것으로 성당의 창 등에 사용된다.
• 세부적인 디자인은 유색의 에나멜 유약을 써서 표현한다.

53 석회석을 $900 \sim 1,200\,℃$로 소성하면 생성되는 것은?

① 돌로마이트 석회
② 생석회
③ 회반죽
④ 소석회

생석회
고온에서 석회석을 장시간 구워서 석회석 원석에 포함된 이산화탄소를 배제시키고 석회성분만 남게 한 후 건조하여 생성한 것을 말한다.

54 혼화제 중 AE제의 특징으로 옳지 않은 것은?

① 굳지 않은 콘크리트의 워커빌리티를 개선시킨다.
② 블리딩을 감소시킨다.
③ 동결융해작용에 의한 파괴나 마모에 대한 저항성을 증대시킨다.
④ 콘크리트의 압축강도는 감소하나, 휨강도와 탄성계수는 증가한다.

AE제를 적용할 때 적정량을 넘어서게 되면 압축강도가 감소하고, 동시에 휨강도와 탄성계수가 감소할 수 있어 이에 대한 주의가 필요하다.

55 다음 석재 중 박판으로 채취할 수 있어 슬레이트 등에 사용되는 것은?

① 응회암
② 점판암
③ 사문암
④ 트래버틴

점판암
점토가 바다 밑에 침선, 응결된 것을 이판암이라 하고, 이판암이 다시 오랜 세월 동안 지열, 지압으로 변질되어 층상으로 응고된 것을 점판암이라 하며 청회색의 치밀한 판석으로 방수성이 있어 기와 대신 지붕재로 사용된다.

정답   **50** ① **51** ② **52** ① **53** ② **54** ④ **55** ②

56 목재의 성질에 관한 설명으로 옳지 않은 것은?

① 변재부는 심재부보다 신축변형이 크다.

② 비중이 큰 목재일수록 신축변형이 작다.

③ 섬유포화점이란 함수율이 30% 정도인 상태를 말한다.

④ 목재의 널결면은 수축팽창의 변형이 크다.

해설

목재의 비중이 클수록 신축변형 및 용적변화가 크다.

57 강의 역학적 성질에서 재료에 가해진 외력을 제거한 후에도 영구변형하지 않고 원형으로 되돌아올 수 있는 한계를 의미하는 것은?

① 탄성한계점　　② 상위항복점

③ 하위항복점　　④ 인장강도점

해설

응력 변형도 곡선에서 탄성한계점까지 응력과 변형률이 비례적으로 증가하게 되며, 이 한계까지는 응력이 제거되면 동시에 변형사항도 원래대로 복귀되는 성질을 가지고 있다.

58 목재의 인화에 있어 불꽃이 없어도 자체 발화하는 온도는 대략 몇 ℃ 이상인가?

① 100℃　　② 150℃

③ 250℃　　④ 450℃

해설

불꽃이 없어도 자체 발화하는 온도는 발화점 온도를 의미하며, 목재에서는 약 400~490℃ 정도이다.

59 유리의 표면을 초고성능 조각기로 특수가공 처리하여 만든 유리로서 5mm 이상의 후판유리에 그림이나 글 등을 새겨 넣은 유리는?

① 에칭유리　　② 강화유리

③ 망입유리　　④ 로이유리

해설

에칭유리(Etching Glass)

화학적인 부식작용을 이용한 가공법으로 만든 이용한 유리로서 5mm 이상의 후판유리에 그림이나 글 등을 새겨 넣은 유리이다.

60 재료에 외력을 가했을 때 작은 변형에도 곧 파괴되는 성질은?

① 전성　　　　② 인성

③ 취성　　　　④ 탄성

해설

취성에 대한 설명이며, 이러한 파괴양상과 달리 바로 파괴되지 않고 늘어지면서 파괴되는 성질을 연성이라고 한다.

4과목 | **건축일반**

61 25층 업무시설로서 6층 이상의 거실면적 합계가 36,000m²인 경우 승용 승강기의 최소 설치 대수는?(단, 16인승 이상의 승강기로 설치한다)

① 7대　　　　② 8대

③ 9대　　　　④ 10대

해설

$$승강기\ 대수 = 1 + \frac{36,000 - 3,000}{2,000} = 17.5대 = 18대$$

∴ 16인승은 1대를 2대로 간주하므로 설치대수는 9대이다.

62 건축에서는 형태와 공간이 중요한 요소로 위계 (Hierarchy)를 갖기 위해서 시각적인 강조가 이루어진다. 이러한 위계에 영향을 미치는 요소와 가장 거리가 먼 것은?

① 좌우대칭에 의한 위계
② 크기의 차별화에 위한 위계
③ 형상의 차별화에 의한 위계
④ 전략적 위치에 의한 위계

〔해설〕

좌우대칭은 위계보다는 수평적 대칭의 관계를 나타내는 표현기법이다.

63 방염대상물품의 방염성능기준에서 버너의 불꽃을 제거한 때부터 불꽃을 올리며 연소하는 상태가 그칠 때까지 시간은 몇 초 이내이어야 하는가?

① 5초 이내
② 10초 이내
③ 20초 이내
④ 30초 이내

〔해설〕

방염대상물품 및 방염성능기준(소방시설 설치 및 관리에 관한 법률 시행령 제31조)
방염성능기준은 다음 각 호의 기준을 따른다.
• 버너의 불꽃을 제거한 때부터 불꽃을 올리며 연소하는 상태가 그칠 때까지 시간은 20초 이내일 것
• 버너의 불꽃을 제거한 때부터 불꽃을 올리지 아니하고 연소하는 상태가 그칠 때까지 시간은 30초 이내일 것
• 탄화(炭化)한 면적은 50제곱센티미터 이내, 탄화한 길이는 20센티미터 이내일 것
• 불꽃에 의하여 완전히 녹을 때까지 불꽃의 접촉 횟수는 3회 이상일 것
• 소방청장이 정하여 고시한 방법으로 발연량(發煙量)을 측정하는 경우 최대연기밀도는 400 이하일 것

64 연면적 $1,000m^2$ 이상인 건축물에 설치하는 방화벽의 구조기준으로 옳지 않은 것은?

① 내화구조로서 홀로 설 수 있는 구조일 것
② 방화벽의 양쪽 끝과 위쪽 끝을 건축물의 외벽면 및 지붕면으로부터 0.5m 이상 튀어나오게 할 것
③ 방화벽에 설치하는 출입문의 너비 및 높이는 각각 1.8m 이하로 할 것
④ 방화벽에 설치하는 출입문에는 60+ 방화문 또는 60분 방화문을 설치할 것

〔해설〕

방화벽에 설치하는 출입문의 너비 및 높이는 각각 2.5m 이하로 하여야 한다.

65 특정소방대상물에서 피난기구를 설치하여야 하는 층에 해당하는 것은?

① 층수가 11층 이상인 층
② 피난층
③ 지상 2층
④ 지상 3층

〔해설〕

피난구조설비(소방시설 설치 및 관리에 관한 법률 시행령 [별표 4])
피난기구는 특정소방대상물의 모든 층에 화재안전기준에 적합한 것으로 설치해야 한다. 다만, 피난층, 지상 1층, 지상 2층(노유자시설 중 피난층이 아닌 지상 1층과 피난층이 아닌 지상 2층은 제외), 층수가 11층 이상인 층과 위험물 저장 및 처리시설 중 가스시설, 지하가 중 터널 또는 지하구의 경우에는 그렇지 않다.

66 초등학교에 계단을 설치하는 경우 계단참의 유효너비는 최소 얼마 이상으로 하여야 하는가?

① 120cm
② 150cm
③ 160cm
④ 170cm

정답   62 ① 63 ③ 64 ③ 65 ④ 66 ②

용도별 계단치수

용도구분	계단 및 계단참 너비 (옥내계단에 한함)	단 너비	단 높이
초등학교	150cm 이상	26cm 이상	16cm 이하
중·고등학교	150cm 이상	26cm 이상	18cm 이하
• 문화 및 집회시설 : 공연장, 집회장, 관람장 • 판매시설 : 도·소매시장, 상점 • 바로 위층의 바닥면적 합계가 200m² 이상 거실바닥면적 합계가 100m² 이상인 지하층	120cm 이상	–	–
준초고층 건축물 공동주택	120cm 이상	–	–
준초고층 건축물 공동주택 외	120cm 이상	–	–
기타 계단	60cm 이상	–	–

67 겨울철 생활이 이루어지는 공간의 실내 측 표면에 발생하는 결로를 억제하기 위한 효과적인 조치방법 중 가장 거리가 먼 것은?

① 환기
② 난방
③ 구조체 단열
④ 방습층 설치

방습층의 설치는 벽체 내부에서 발생하는 내부결로에 효과적인 방안이다.

68 건축물의 사용승인 시 소재지 관할 소방본부장 또는 소방서장이 사용승인에 동의를 한 것으로 갈음할 수 있는 방식은?

① 건축물 관리대장 확인
② 국토교통부에 사용승인 신청
③ 소방시설공사로의 완공검사 요청
④ 소방시설공사의 완공검사증명서 발급

건축허가 등의 동의 등(소방시설 설치 및 관리에 관한 법률 제6조) 소방시설공사의 완공검사증명서를 발급하는 것으로 동의를 갈음할 수 있다.

69 문화 및 집회시설 중 공연장 개별관람실의 각 출구의 유효너비 최소 기준은?(단, 바닥면적이 300m² 이상인 경우)

① 1.2m 이상
② 1.5m 이상
③ 1.8m 이상
④ 2.1m 이상

문화 및 집회시설 중 공연장의 개별 관람실(바닥면적이 300제곱미터 이상인 것에 한한다)의 출구는 다음의 기준에 적합하게 설치하여야 한다.
• 관람실별로 2개소 이상 설치할 것
• 각 출구의 유효너비는 1.5미터 이상일 것
• 개별 관람실 출구의 유효너비의 합계는 개별 관람실의 바닥면적 100제곱미터마다 0.6미터의 비율로 산정한 너비 이상으로 할 것

70 조적식 구조의 설계에 적용되는 기준으로 옳지 않은 것은?

① 조적식 구조인 각 층의 벽은 편심하중이 작용하지 아니하도록 설계하여야 한다.
② 조적식 구조인 건축물 중 2층 건축물에 있어서 2층 내력벽의 높이는 4m를 넘을 수 없다.
③ 조적식 구조인 내력벽으로 둘러싸인 부분의 바닥면적은 80m²를 넘을 수 없다.
④ 조적식 구조인 내력벽의 길이는 8m를 넘을 수 없다.

조적식 구조인 내력벽의 길이는 10m를 넘을 수 없다.

71 특정소방대상물에서 사용하는 방염대상물품의 방염성능검사를 실시하는 자는?(단, 대통령령으로 정하는 방염대상물품의 경우는 고려하지 않는다)

① 행정안전부장관　　② 소방서장

③ 소방본부장　　④ 소방청장

[해설]

방염성능의 검사(소방시설 설치 및 관리에 관한 법률 제21조)
특정소방대상물에서 사용하는 방염대상물품은 소방청장(대통령령으로 정하는 방염대상물품의 경우에는 시·도지사)이 실시하는 방염성능검사를 받은 것이어야 한다.

72 철골보와 콘크리트 바닥판을 일체화시키기 위한 목적으로 활용되는 것은?

① 시어 커넥터　　② 사이드 앵글

③ 필러 플레이트　　④ 리브 플레이트

[해설]

시어 커넥터(Shear Connector)
철골보와 콘크리트 바닥판을 일체화시켜 전단력에 대응하는 역할을 한다.

73 다음 중 소화설비에 해당되지 않는 것은?

① 자동소화장치　　② 스프링클러설비

③ 물분무소화설비　　④ 자동화재속보설비

[해설]

자동화재속보설비는 경보설비에 해당한다.

74 소방시설 설치 및 관리에 관한 법률에 따른 용어의 정의 중 아래 설명에 해당하는 것은?

> 소방시설 등을 구성하거나 소방용으로 사용되는 제품 또는 기기로서 대통령령으로 정하는 것을 말한다.

① 특정소방대상물　　② 소방용품

③ 피난구조설비　　④ 소화활동설비

[해설]

소방용품은 소방제품 또는 기기를 포함하고 있다.

75 건축물에 설치하는 배연설비의 기준으로 옳지 않은 것은?

① 건축물이 방화구획으로 구획된 경우에는 그 구획마다 1개소 이상의 배연창을 설치한다.

② 배연창의 상변과 천장 또는 반자로부터 수직거리를 0.9m 이내로 한다.

③ 배연구는 연기감지기 또는 열감지기에 의하여 자동으로 열 수 있는 구조로 하고, 손으로는 열고 닫을 수 없도록 한다.

④ 배연구는 예비전원에 의하여 열 수 있도록 한다.

[해설]

배연구는 연기감지기 또는 열감지기에 의하여 자동으로 열 수 있는 구조로 하되, 자동으로 작동하지 않을 경우 및 유지관리를 위해서 손으로도 열고 닫을 수 있도록 해야 한다.

76 광원으로부터 발산되는 광속의 입체각 밀도를 뜻하는 것은?

① 광도　　② 조도

③ 광속발산도　　④ 휘도

[해설]

광도(단위 : cd, candela)
광원으로부터 발산되는 광속의 입체각 밀도를 말하며, 빛의 밝기를 나타낸다.

정답　　**71** ④　**72** ①　**73** ④　**74** ②　**75** ③　**76** ①

77 건축물의 거실(피난층의 거실은 제외)에 국토교통부령으로 정하는 기준에 따라 배연설비를 하여야 하는 건축물의 용도가 아닌 것은?(단, 6층 이상인 건축물)

① 문화 및 집회시설   ② 종교시설
③ 요양병원   ④ 숙박시설

해설

의료시설이 포함되나, 의료시설 중 요양병원 및 정신병원은 제외한다.

78 아래 그림과 같은 목재이음의 종류는?

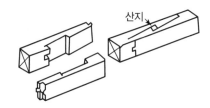

① 엇빗이음   ② 엇걸이이음
③ 겹침이음   ④ 긴촉이음

해설

엇걸이 산지이음
옆에서 산지치기로 하고, 중간은 빗물리게 하는 방식이다.

79 고딕건축 양식의 특징과 가장 거리가 먼 것은?

① 미나렛(Minaret)
② 플라잉 버트레스(Flying Buttress)
③ 포인티트 아치(Pointed Arch)
④ 리브 볼트(Rib Vault)

해설

미나렛(Minaret)
이슬람(사라센) 건축에서 쓰인 건축요소로서 뾰족한 첨탑의 형상이다.

80 옥내소화전 설비를 설치해야 하는 특정소방대상물의 종류 기준과 관련하여, 지하가 중 터널은 길이가 최소 얼마 이상인 것을 기준대상으로 하는가?

① 1,000m 이상   ② 2,000m 이상
③ 3,000m 이상   ④ 4,000m 이상

해설

지하가 중 터널로서 길이가 1천 m 이상인 터널은 옥내소화전설비를 설치하여야 하는 특정소방대상물에 해당한다.

정답   **77** ③   **78** ②   **79** ①   **80** ①

1과목 실내디자인론

01 실내디자인의 범위에 관한 설명으로 옳지 않은 것은?

① 인간에 의해 점유되는 공간을 대상으로 한다.
② 휴게소나 이벤트 공간 등의 임시적 공간도 포함된다.
③ 항공기나 선박 등의 교통수단의 실내디자인도 포함한다.
④ 바닥, 벽, 천장 중 2개 이상의 구성요소가 존재하는 공간이어야 한다.

[해설]

실내디자인의 범위
바닥, 벽, 천장에 둘러싸인 수직, 수평요소 및 인간이 점유하는 모든 광범위한 공간과 건축물의 주변환경까지 포함된다.

02 황금비례에 관한 설명으로 옳지 않은 것은?

① 1 : 1.618의 비례이다.
② 기하학적인 분할방식이다.
③ 고대 이집트인들이 창안하였다.
④ 몬드리안의 작품에서 예를 들 수 있다.

[해설]

황금비례
고대 그리스인들이 발명해 낸 기하학적 분할방법으로 작은 부분과 큰 부분의 비율이 큰 부분과 전체에 대한 비율과 동일하게 되는 분할방식으로 1 : 1.618의 비율이다.

03 주택계획에서 LDK(Living Dining Kitchen)형에 관한 설명으로 옳지 않은 것은?

① 동선을 최대한 단축시킬 수 있다.
② 소요면적이 많아 소규모 주택에서는 도입이 어렵다.
③ 거실, 식탁, 부엌을 개방된 하나의 공간에 배치한 것이다.
④ 부엌에서 조리를 하면서 거실이나 식탁의 가족과 대화할 수 있는 장점이 있다.

[해설]

리빙다이닝키친(LDK : Living Dining Kitchen)
거실과 부엌, 식탁을 한 공간에 집중시킨 경우로 소규모 주거공간에서 사용된다. 최대한 면적을 줄일 수 있고 공간의 활용도가 높다.

04 상업공간 중 음식점의 동선계획에 관한 설명으로 옳지 않은 것은?

① 주방 및 팬트리의 문은 손님의 눈에 안 보이는 것이 좋다.
② 팬트리에서 일반석의 서비스동선과 연회실의 동선을 분리한다.
③ 출입구 홀에서 일반석으로의 진입과 연회석으로의 진입을 서로 구별한다.
④ 일반석의 서비스동선은 가급적 막다른 통로 형태로 구성하는 것이 좋다.

[해설]

고객동선과 주방과 연관된 서비스동선이 서로 접근, 교차되지 않도록 한다.

음식점동선계획 : 음식점의 규모에 따라 주 통로와 분류하고 고객동선은 주 통로의 경우 900~1,200mm, 부 통로는 600~900mm 정도가 일반적이다.

05 시각적인 무게나 시선을 끄는 정도는 같으나 그 형태나 구성이 다른 경우의 균형을 무엇이라고 하는가?

① 정형균형　　　② 좌우균형
③ 대칭적 균형　　④ 비대칭형균형

비대칭형균형
좌우가 불균형을 이룰 때 느껴지는 자유로움과, 활발한 생명감과 긴장감을 주며 대칭적 균형에 비해 자연스러우며 풍부한 개성표현이 용이하다.

※ **대칭적 균형** : 가장 완전한 균형의 상태로 공간에 질서를 주기가 용이하며 완고하거나 여유, 변화가 없이 엄격, 경직될 수 있다. 또한 형이 축을 중심으로 서로 대칭적인 관계로 구성되어 있는 경우를 말한다.

06 다음 설명에 알맞은 조명의 연출기법은?

> 빛의 각도를 이용하는 방법으로 수직면과 평행한 조명을 벽에 조사시킴으로써 마감재의 질감을 효과적으로 강조하는 기법

① 실루엣기법　　　② 스파클기법
③ 글레이징기법　　④ 빔플레이기법

① 실루엣기법 : 물체의 형상만을 강조하는 기법으로 눈부심은 없으나 세밀한 묘사에는 한계가 있다.
② 스파클기법 : 어두운 배경에서 광원 자체를 이용해 흥미로운 반짝임을 이용해 연출하는 기법이다.
④ 빔플레이기법 : 강조하고자 하는 물체에 광선을 비추어 광선 그 자체가 시각적인 특성을 지니게 하는 기법이다.

07 점의 조형효과에 관한 설명으로 옳지 않은 것은?

① 점이 연속되면 선으로 느끼게 한다.
② 두 개의 점이 있을 경우 두 점의 크기가 같을 때 주의력은 균등하게 작용한다.
③ 배경의 중심에 있는 하나의 점은 점에 시선을 집중시키고 역동적인 효과를 느끼게 한다.
④ 배경의 중심에서 벗어난 하나의 점은 점을 둘러싼 영역과의 사이에 시각적 긴장감을 생성한다.

배경 중심에 있는 하나의 점은 시선을 집중시키고 정지의 효과를 느끼게 한다.
점 : 크기가 없고 위치만 있으며 정적이고 방향성이 없어 자기중심적이며 어떠한 크기, 치수, 넓이, 깊이가 없고 위치와 장소만을 가지고 있다.

08 형태의 지각에 관한 설명으로 옳지 않은 것은?

① 폐쇄성 : 폐쇄된 형태는 빈틈이 있는 형태들보다 우선적으로 지각된다.
② 근접성 : 거리적, 공간적으로 가까이 있는 시각적 요소들은 함께 지각된다.
③ 유사성 : 비슷한 형태, 규모, 색채, 질감, 명암, 패턴의 그룹은 하나의 그룹으로 지각된다.
④ 프래그넌츠의 원리 : 어떠한 형태도 그것이 될 수 있는 단순하고 명료하게 볼 수 있는 상태로 지각하게 된다.

폐쇄성(Closure)
도형의 선이나 외곽선이 끊어져 있다고 해도 불완전한 시각적 요소들이 완전한 하나의 형태로 그룹이 되어 지각되는 법칙을 말한다.

09 실내공간의 구성요소인 벽에 관한 설명으로 옳지 않은 것은?

① 벽면의 형태는 동선을 유도하는 역할을 담당하기도 한다.
② 벽체는 공간의 폐쇄성과 개방성을 조절하여 공간감을 형성한다.
③ 비내력벽은 건물의 하중을 지지하며 공간과 공간을 분리하는 칸막이 역할을 한다.
④ 낮은 벽은 영역과 영역을 구분하고 높은 벽은 공간의 폐쇄성이 요구되는 곳에 사용된다.

해설

비내력벽은 벽 자체만의 하중만 받는 벽체이기 때문에 공간과 공간을 분리하는 칸막이 역할을 한다.

10 다음 중 실내공간계획에서 가장 중요하게 고려하여야 하는 것은?

① 조명 스케일   ② 가구 스케일
③ 공간 스케일   ④ 인체 스케일

해설

실내공간계획
인간이 생활하는 공간을 계획하기 때문에 무엇보다도 인체 스케일을 중요하게 고려해야 한다.

11 사무소 건축의 코어 유형 중 코어 프레임(Core Frame)이 내벽력 및 내진구조의 역할을 하므로 구조적으로 가장 바람직한 것은?

① 독립형   ② 중심형
③ 편심형   ④ 분리형

해설

중심코어형
코어가 중앙에 위치한 형태로 구조적으로 바람직한 형식이다. 고층, 초고층의 대규모 사무소 건축에 주로 사용된다.

사무소 건축의 코어 유형
- 독립코어형(외코형) : 코어를 업무 공간에서 별도로 분리시킨 유형으로 공간활용의 융통성은 높지만 대피·피난의 방재계획이 불리하다.
- 중심코어형 : 코어가 중앙에 위치한 형태로 구조적으로 바람직한 형식이다. 고층, 초고층의 대규모 사무소 건축에 주로 사용된다.
- 편심코어형 : 코어가 한쪽으로 치우친 형태로 기준층 면적이 작은 경우에 적합하여 소규모 사무실에 사용한다.
- 양단코어형(분리형) : 공간의 분할, 개방이 자유로운 형태로 재난 시 2방향으로 대피가 가능하고 방재, 피난상 유리하다.

12 주택 식당의 조명계획에 관한 설명으로 옳지 않은 것은?

① 전체조명과 국부조명을 병용한다.
② 한색계의 광원으로 깔끔한 분위기를 조성하는 것이 좋다.
③ 조리대 위에 국부조명을 설치하여 필요한 조도를 맞춘다.
④ 식탁에는 조사 방향에 주의하여 그림자가 지지 않게 한다.

해설

난색 계열의 광원이 음식과 분위기를 돋보이게 한다.

13 시스템가구에 관한 설명으로 옳지 않은 것은?

① 건물, 가구, 인간과의 상호관계를 고려하여 치수를 산출한다.
② 건물의 구조부재, 공간구성 요소들과 함께 표준화되어 가변성이 적다.
③ 한 가구는 여러 유닛으로 구성되어 모든 치수가 규격화, 모듈화된다.
④ 단일가구에 서로 다른 기능을 결합시켜 수납기능을 향상시킬 수 있다.

해설

②는 붙박이가구에 대한 설명이다.

시스템가구 : 기능에 따라 여러 가지 형으로 조립 및 해체가 가능하여 공간의 융통성을 꾀할 수 있다.

14 채광을 조절하는 일광 조절장치와 관련이 없는 것은?

① 루버(Louver)

② 커튼(Curtain)

③ 디퓨저(Diffuser)

④ 베네시안 블라인드(Venetian Blind)

해설

디퓨저(Diffuser)
화학적 원리를 이용해 확대관에 향수와 같은 액체를 담아서 향기를 퍼지게 하는 인테리어 소품이다.

15 상업공간 진열장의 종류 중에서 시선 아래의 낮은 진열대를 말하며 의류를 펼쳐 놓거나 작은 가구를 이용하여 디스플레이할 때 주로 이용되는 것은?

① 쇼케이스(Showcase)

② 하이 케이스(High Case)

③ 샘플 케이스(Sample Case)

④ 디스플레이 테이블(Display Table)

해설

디스플레이 테이블(Display Table)
상품의 특성, 감각, 포인트를 살려 친근감을 주고 보기 쉬울 뿐 아니라 만져볼 수 있도록 한다.

16 다음 중 실내공간에 있어 각 부분의 치수계획이 가장 바람직하지 않은 것은?

① 주택의 복도폭 : 1,500mm

② 주택의 침실문 폭 : 600mm

③ 주택 현관문의 폭 : 900mm

④ 주택 거실의 천장높이 : 2,300m

해설

실내공간 치수계획
- 복도폭 : 900~1,500mm
- 침실문 폭 : 800~900mm
- 현관문의 폭 : 900mm
- 거실의 천장높이 : 2,100mm 이상

17 단독주택의 부엌계획에 관한 설명으로 옳지 않은 것은?

① 가사작업은 인체의 활동 범위를 고려하여야 한다.

② 부엌은 넓으면 넓을수록 동선이 길어지기 때문에 편리하다.

③ 부엌은 작업대를 중심으로 구성하되 충분한 작업대의 면적이 필요하다.

④ 부엌의 크기는 식생활 양식, 부엌 내에서의 가사 작업 내용, 작업대의 종류, 각종 수납공간의 크기 등에 영향을 받는다.

해설

부엌이 넓으면 동선이 길어지고 피로도가 높아진다.

부엌계획
- 면적은 연면적의 8~10%로 구성한다.
- 주택의 연면적, 작업대의 면적 등 패턴에 맞는 부엌의 유형으로 설계한다.
- 전기, 물, 가스(불)를 사용하는 공간이므로 안전하고 편리하도록 해야 한다.
- 조리작업의 흐름에 따른 작업대의 배치와 작업자의 동선에 맞게 계획한다.

18 사무소 건축의 실단위계획 중 개방식 배치에 관한 설명으로 옳지 않은 것은?

① 소음의 우려가 있다.

② 프라이버시의 확보가 용이하다.

③ 모든 면적을 유용하게 이용할 수 있다.

④ 방의 길이나 깊이에 변화를 줄 수 있다.

정답 14 ③ 15 ④ 16 ② 17 ② 18 ②

②는 개실시스템에 대한 설명이다.

개방식 시스템
• 개방된 공간으로 설계하고 부분적으로 공간을 두는 방법이다.
• 전면을 유효하게 이용할 수 있어 공간절약상 유리하다.
• 공사비 절약이 가능하며 방길이, 깊이에 변화가 가능하다.
• 독립성이 떨어져 프라이버시가 불리하다.

19 실내디자인의 요소 중 천장의 기능에 관한 설명으로 옳은 것은?

① 바닥에 비해 시대와 양식에 의한 변화가 거의 없다.
② 외부로부터 추위와 습기를 차단하고 사람과 물건을 지지한다.
③ 공간을 에워싸는 수직적 요소로 수평방향을 차단하여 공간을 형성한다.
④ 접촉빈도가 낮고 시각적 흐름이 최종적으로 멈추는 곳으로 다양한 느낌을 줄 수 있다.

①·②는 바닥, ③은 벽에 대한 설명이다.

천장 : 건물 내부에서 상부층 슬래브(Slab)의 아래에 조성되어 바닥과 함께 실내공간을 형성하는 수평적 요소로 바닥이나 벽에 비해 접촉빈도가 낮으나 소리, 빛, 열 및 습기환경의 중요한 조절매체가 된다.

20 다음 중 전시공간의 규모 설정에 영향을 주는 요인과 가장 거리가 먼 것은?

① 전시방법
② 전시의 목적
③ 전시공간의 세장비
④ 전시자료의 크기와 수량

전시공간의 규모 설정에 영향을 주는 요인
전시방법, 전시의 목적, 전시자료의 크기와 수량 등이 있다.

21 근육의 대사(Metabolism)에 관한 설명으로 옳지 않은 것은?

① 산소를 소비하여 에너지를 생성하는 과정이다.
② 음식물을 기계적 에너지와 열로 전환하는 과정이다.
③ 신체활동수준이 아주 낮은 경우에 젖산이 다량 축적된다.
④ 산소 소비량을 측정하면 에너지 소비량을 추정할 수 있다.

젖산의 축적
산소공급이 충분할 때에는 젖산은 축적되지 않지만, 평상시의 혈액순환으로 공급되는 산소 이상을 필요로 하는 때에는 호흡수와 맥박수를 증가시켜 산소소요를 충족시킨다. 또한 신체활동 수준이 너무 높아 근육에 공급되는 산소량이 부족한 경우에는 혈액 중에 젖산이 축적된다.

22 그림과 같은 인간 – 기계 시스템의 정보 흐름에 있어 빈칸의 (a)와 (b)에 들어갈 용어로 옳은 것은?

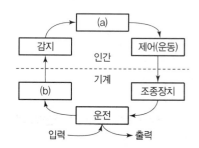

① (a) : 표시장치, (b) : 정보처리
② (a) : 의사결정, (b) : 정보저장
③ (a) : 표시장치, (b) : 의사결정
④ (a) : 정보처리, (b) : 표시장치

인간 – 기계체계의 기본 기능
감지 – 정보처리(대뇌중추) – 제어(운동)

23 수공구 설계의 기본 원리로 볼 수 없는 것은?

① 손잡이의 단면은 원형을 피할 것

② 손잡이의 재질은 미끄럽지 않을 것

③ 양손잡이를 모두 고려한 설계일 것

④ 수공구의 무게를 줄이고 무게의 균형이 유지될 것

해설

손잡이의 단면이 원형을 이루어야 한다.

수공구 설계의 기본 원리
• 손잡이의 방향성을 일치시킨다.
• 미끄러움이 적어야 한다.
• 촉각에 의해 식별할 수 있어야 한다.
• 작업에 필요한 힘에 대하여 적당한 크기가 되어야 한다.

24 시각 자극에 대한 정보처리 과정에서 자극에 의미를 부여하고 해석하는 것은?

① 감각　　　　② 지각

③ 감성　　　　④ 정서

해설

지각

감각기관을 통해 들어온 정보를 조직하고 해석하는 과정에서 환경 내의 사물을 인지한다.

25 1cd인 광원에서는 약 몇 루멘(lm)의 광량을 방출하는가?

① 3.14　　　　② 6.28

③ 9.42　　　　④ 12.57

해설

광도
• 단위면적당 표면에서 반사 또는 빙출뙤는 빛의 양을 말한다.
• 광원에 의해 발산된 루멘치로 측정하고, 단위는 촉광(cd, candcla)을 사용하며 1cd의 광원은 12.57루멘을 발산한다(1cd＝4lumen≒12.57lumen).

26 다음 중 정량적 표시장치의 지침(指針) 설계에 있어 일반적인 요령으로 적절하지 않은 것은?

① 선각이 20° 정도 되는 뾰족한 지침을 사용한다.

② 지침의 끝은 작은 눈금과 겹치도록 한다.

③ 시차를 없애기 위하여 지침을 눈금면에 밀착시킨다.

④ 원형 눈금의 경우 지침의 색은 선단에서 눈금의 중심까지 칠한다.

해설

지침설계
• 선각이 약 20° 정도인 뾰족한 지침을 사용한다.
• 지침의 끝은 작은 눈금과 맞닿게 하되 겹치지는 않도록 한다.
• 지침을 눈금의 면과 밀착시켜 시각방향에 의한 차이를 없앤다.
• 원형 눈금의 경우 지침색은 선단에서 눈금의 중심까지 칠한다.

27 피로 측정방법의 분류에 있어 감각기능검사에 속하는 것은?

① 심박수 검사

② 근전도 검사

③ 단순반응시간 검사

④ 에너지대사량 검사

해설

①·②·④는 생리학적 검사방법에 속한다.

감각기능검사 : 진동, 온도, 열·통증 감각을 느낄 수 있는 최소자극 단위를 정량적으로 측정하여 다양한 신경병증을 진단하는 검사방법이다.

28 인간공학에 있어 시스템설계과정의 주요 단계가 아래와 같은 경우 단계별 순서가 올바르게 나열된 것은?

ㄱ. 촉진물설계	ㄴ. 목표 및 성능명세 결정
ㄷ. 계면설계	ㄹ. 기본설계
ㅁ. 시험 및 평가	ㅂ. 체계의 정의

① ㄴ → ㅂ → ㄹ → ㄷ → ㄱ → ㅁ

② ㄴ → ㄹ → ㄷ → ㅂ → ㄱ → ㅁ

③ ㅂ → ㄷ → ㄹ → ㄴ → ㄱ → ㅁ

④ ㅂ → ㄹ → ㄴ → ㄷ → ㄱ → ㅁ

해설

시스템설계의 과정
목표 및 성능명세의 결정 – 시스템(체계)의 정의 – 기본설계 – 계면설계 – 촉진물설계 – 시험 및 평가

29 망막을 구성하고 있는 세포 중 색채를 식별하는 기능을 가진 세포는?

① 공막

② 원추체

③ 간상체

④ 모양체

해설

원추세포
· 낮처럼 조도수준이 높을 때 기능을 하며 색을 구별한다.
· 600만~700만 개의 원추체가 망막의 중심 부근인 황반에 집중되어 있다.

30 신체동작의 유형 중 팔굽허펴기와 같은 동작에서 팔꿈치를 굽히는 동작에 해당하는 것은?

① 굴곡(Flexion)

② 신전(Extension)

③ 외전(Abduction)

④ 내전(Adduction)

해설

② 신전 : 관절의 각도가 증가되는 동작
③ 외전 : 인체의 중심선에서 멀어지도록 이동하는 동작
④ 내전 : 인체의 중심선에 가까워지도록 이동하는 동작

31 색채를 표시하는 방법 중 인간의 색지각을 기초로 지각적으로 등보성에 근거한 것은?

① 현색계

② 혼색계

③ 혼합계

④ 표준계

해설

현색계
인간이 물체색을 지각하고 표시하는 데 심리적 3속성(색상, 명도, 채도)을 기초로 하며, 현실에서 재현 가능한 물체색을 3차원 공간(색입체)과 같은 형태로 표시한 것이다.

32 인쇄의 혼색과정과 동일한 의미의 혼색을 설명하고 있는 것은?

① 컴퓨터 모니터, TV 브라운관에서 보이는 혼색

② 팽이를 돌렸을 때 보이는 혼색

③ 투명한 색유리를 겹쳐 놓았을 때 보이는 혼색

④ 채도가 높은 빨강의 물체를 응시한 후 녹색의 잔상이 보이는 혼색

해설

감법혼색(감산혼합, 색료혼합)
· 색료 혼합으로 시안(Cyan), 마젠타(Magenta), 노랑(Yellow)이 기본색이다. 3종의 색료를 혼합하면 명도와 채도가 낮아져 어두워지고 탁해진다.
· 광원 앞에 투명한 색유리판을 겹쳐 점점 어두워지는 것과 같은 색채 혼색법이다.
· 컬러인쇄, 컬러사진, 인쇄출력물, 색필터 겹침, 색유리판 겹침 등이 있다.

33 ISCC – NIST 색명법 색상 수식어에서 채도, 명도의 가장 선명한 톤을 지칭하는 수식어는?

① Pale

② Brilliant

③ Vivid

④ Strong

해설

ISCC – NIST 색명법 수식어
선명한(Vivid), 밝은(Light), 진한(Deep), 연한(Very Pale), 흐린(Soft), 탁한(Dull), 어두운(Dark), 기본색(Stron) 등 명도, 채도의 차이로 표현할 수 있다.

정답 **29** ② **30** ① **31** ① **32** ③ **33** ③

34 다음 중 현색계에 속하지 않는 것은?

① Munsell 색체계 ② CIE 색체계
③ NCS 색체계 ④ DIN 색체계

현색계와 혼색계
• 현색계 : 먼셀 색체계, NCS 색체계, PCCS, DIN
• 혼색계 : CIE 표준색체계(CIE XYZ, Yxy, CIE LAB, CIE LUV)

35 문·스펜서(P. Moon & D. E. Spencer)의 색채 조화론에 대한 설명 중 틀린 것은?

① 먼셀 색체계로 설명이 가능하다.
② 정량적으로 표현이 가능하다.
③ 오메가 공간으로 설정되어 있다.
④ 색채의 면적관계를 고려하지 않는다.

색채의 면적관계를 고려하였다.
문·스펜서의 면적효과 : 무채색의 중간 지점이 되는 N5(명도 5)를 순응점으로 하고 작은 면적의 강한 색과 큰 면적의 약한 색은 잘 어울린다고 생각하여 색의 균형점을 찾았다.

36 사람의 눈의 기관 중 망막에 대한 설명으로 옳은 것은?

① 색을 지각하게 하는 간상체, 명암을 지각하는 추상체가 있다.
② 추상체에는 RED, YELLOW, BLUE를 지각하는 3가지 세포가 있다.
③ 시신경으로 통하는 수정체 부분에는 시세포가 존재한다.
④ 망막의 중심와 부분에는 추상체가 밀집하여 분포되어 있다.

① 색을 지각하게 하는 추상체, 명암을 지각하는 간상체가 있다.
② 추상체에는 장파장(L/적), 중파장(M/녹), 단파장(S/청)을 지각하는 3가지 세포가 있다.
③ 시신경으로 통하는 망막 부분에는 시세포가 존재한다.

망막 : 빛에너지가 전기화학적 에너지로 변환되는 곳으로 망막의 가장 중심부에 작은 굴곡을 이루며 위치한 중심와(황반)는 시세포가 밀집해 있어 가장 선명한 상이 맺히는 부분(추상체가 밀집)이다.

37 푸르킨예현상에 대한 설명으로 옳은 것은?

① 어떤 조명 아래에서 물체색을 오랫동안 보면 그 색의 감각이 약해지는 현상
② 수면에 뜬 기름이나, 전복껍질에서 나타나는 색의 현상
③ 어두워질 때 단파장의 색이 잘 보이는 현상
④ 노랑, 빨강, 초록 등 유채색을 느끼는 세포의 지각 현상

푸르킨예현상
명소시에서 암소시로 갑자기 이동할 때 빨간색은 어둡게, 파란색은 밝게 보이는 현상으로 추상체가 반응하지 않고 간상체가 반응하면서 생긴다. 푸르킨예현상이 발생하는 박명시의 최대시감도는 507~555 nm이다.

38 건강, 산, 자연, 산뜻함 등을 상징하는 색상은?

① 보라 ② 파랑
③ 초록 ④ 흰색

색의 상징 및 연상
• 파란색 : 차가움, 시원함, 냉정, 우울, 영원
• 빨간색 : 열정, 흥분, 더위, 분노, 활력
• 초록색 : 평화, 자연, 평범, 피로해소, 안전
• 흰색 : 소박, 신성, 순결, 순수, 정결
• 보라 : 신앙, 고귀, 신비, 우아, 창조

39 인류생활, 작업상의 분위기, 환경 등을 상쾌하고 능률적으로 꾸미기 위한 것과 관련된 용어는?

① 색의 조화 및 배색(Color Harmony and Combination)

② 색채조절(Color Conditioning)

③ 색의 대비(Color Contrast)

④ 컬러 하모니 매뉴얼(Color Harmony Manual)

> 해설
>
> **색채조절**
> 색채의 생리적 · 심리적 효과를 적극적으로 활용하여 안전하고 효율적인 작업환경과 쾌적한 생활환경의 조성을 목적으로 하는 색채의 기능적 사용법을 의미한다.

40 상품의 색채기획단계에서 고려해야 할 사항으로 옳은 것은?

① 가공, 재료 특성보다는 시장성과 심미성을 고려해야 한다.

② 재현성에 얽매이지 말고 색상관리를 해야 한다.

③ 유사제품과 연계제품의 색채와의 관계성은 기획단계에서 고려하지 않는다.

④ 색료를 선택할 때 내광, 내후성을 고려해야 한다.

> 해설
>
> ① 가공, 재료 특성 및 시장성과 심미성을 고려해야 한다.
> ② 재현성을 고려하며 색상관리를 해야 한다.
> ③ 유사제품과 연계제품의 색채와의 관계성은 기획단계에서 고려해야 한다.
>
> ※ **색채기획**
> - 색채의 목표를 달성하기 위해 시장과 고객 심리를 이용해 효과적으로 색채를 적용하기 위한 과정을 말한다.
> - 색채에 관한 조사부터 구체적인 배색계획과 생산현장의 지시나 품질관리까지 제품제작과정에서 목적을 효과적으로 실현하기 위하여 필요한 색채에 관한 모든 계획 및 실행이다.

41 다음 중 무기질 단열재료가 아닌 것은?

① 암면   ② 유리섬유

③ 펄라이트   ④ 셀룰로오스

> 해설
>
> 셀룰로오스는 유기질 단열재에 해당한다.

42 건축용으로 많이 사용되는 석재의 역학적 성질 중 압축강도에 관한 설명으로 옳지 않은 것은?

① 중량이 클수록 강도가 크다.

② 결정도와 결합상태가 좋을수록 강도가 크다.

③ 공극률과 구성입자가 클수록 강도가 크다.

④ 함수율이 높을수록 강도는 저하된다.

> 해설
>
> 공극률이 클수록 압축강도는 작아진다.

43 목재건조의 목적 및 효과가 아닌 것은?

① 중량의 경감   ② 강도의 증진

③ 가공성 증진   ④ 균류 발생의 방지

> 해설
>
> **건조의 필요성**
> 강도 증가, 수축 · 균열 · 비틀림 등 변형 방지, 부패균 방지, 경량화

정답   **39** ② **40** ④ **41** ④ **42** ③ **43** ③

44 시멘트 종류에 따른 사용용도를 나타낸 것으로 옳지 않은 것은?

① 조강 포틀랜드 시멘트 – 한중 콘크리트 공사
② 중용열 포틀랜드 시멘트 – 매스 콘크리트 및 댐공사
③ 고로 시멘트 – 타일 줄눈 시공 시
④ 내황산염 포틀랜드 시멘트 – 온천지대나 하수도공사

해설

타일 줄눈 시공 시 적용하는 것은 백색 포틀랜드 시멘트이다.

※ **고로 시멘트** : 혼합 시멘트로서 내열성 및 내식성이 우수하고 높은 장기강도 발현이 필요할 때 적용하는 시멘트이다.

45 콘크리트의 배합설계 시 표준이 되는 골재의 상태는?

① 절대건조상태
② 기건상태
③ 표면건조 내부포화상태
④ 습윤상태

해설

콘크리트 배합설계 시에는 표면건조 내부포화상태인 골재를 표준으로 한다.

46 알루미늄에 관한 설명으로 옳지 않은 것은?

① 250~300℃에서 풀림한 것은 콘크리트 등의 알칼리에 침식되지 않는다.
② 비중은 철의 1/3 정도이다.
③ 전·연성이 좋고 내식성이 우수하다.
④ 온도가 상승함에 따라 인장강도가 급격히 감소하고 600℃에 서의 0이 된다.

해설

알루미늄은 산, 알칼리 등에 침식되며, 알칼리성을 띠는 콘크리트에 부식되는 특성이 있다.

47 보통 판유리의 조성에 산화철, 니켈, 코발트 등의 금속산화물을 미량 첨가하고 착색이 되게 한 유리로서, 단열유리라고도 불리는 것은?

① 망입유리
② 열선흡수유리
③ 스팬드럴유리
④ 강화유리

해설

열선흡수유리
• 철, 니켈, 크롬 등을 첨가하여 만든 유리로 차량유리, 서향의 창문 등에 적용한다.
• 단열유리라고도 불리며 태양광선 중 장파부분을 흡수한다.

48 방수공사에서 아스팔트 품질 결정요소와 가장 거리가 먼 것은?

① 침입도
② 신도
③ 연화점
④ 마모도

해설

아스팔트 특성 표기

구분	내용
신도	• 아스팔트의 연성을 나타내는 것 • 규정된 모양으로 한 시료의 양끝을 규정한 온도, 규정한 속도로 인장했을 때까지 늘어나는 길이를 cm로 표시
인화점	시료를 가열하여 불꽃을 가까이했을 때 공기와 혼합된 기름 증기에 인화된 최저온도
연화점	유리, 내화물, 플라스틱, 아스팔트, 타르 따위의 고형(固形) 물질이 열에 의하여 변형되어 연화를 일으키기 시작하는 온도
침입도	• 아스팔트의 경도를 표시하는 것 • 규정된 침이 시료 중에 수직으로 진입된 길이를 나타내며, 단위는 0.1mm를 1로 함

49 보통 철선 또는 아연도금철선으로 마름모형, 갑옷형으로 만들며 시멘트 모르타르 바름 바탕에 사용되는 금속제품은?

① 와이어 라스(Wire Lath)

② 와이어 메시(Wire Mesh)

③ 메탈 라스(Metal Lath)

④ 익스팬디드 메탈(Expanded Metal)

> 해설
>
> **와이어 라스(Wire Lath)**
> 철선 또는 아연도금 철근을 가공하여 그물처럼 만든 것으로 미장 바탕용에 사용되며 마름모형, 귀갑형, 원형 등이 있다.

50 석고계 플라스틱 중 가장 경질이며 벽 바름재료뿐만 아니라 바닥 바름재료로도 사용되는 것은?

① 킨즈 시멘트　　　② 혼합석고 플라스틱

③ 회반죽　　　　　　④ 돌로마이트 플라스틱

> 해설
>
> **킨즈 시멘트(경석고 플라스터)**
> • 고온 소성의 무수석고를 특별하게 화학처리한 것이다.
> • 응결과 경화의 속도가 소석고에 비하여 매우 늦어 경화 촉진제로 화학처리하여 사용하며 경화 후 강도와 경도가 높고 광택을 갖는 미장재료이다.

51 다음 미장재료 중 수경성에 해당되지 않는 것은?

① 보드용 석고 플라스터

② 돌로마이트 플라스터

③ 인조석 바름

④ 시멘트 모르타르

> 해설
>
> 돌로마이트 플라스터는 석회계 플라스터로서 공기 중에서 경화하는 기경성 재료에 해당한다.

52 접착제의 분류에 따른 그 예로 옳지 않은 것은?

① 식물성 접착제 – 아교, 알부민, 카세인

② 고무계 접착제 – 네오프랜, 치오콜

③ 광물질 접착제 – 규산소다, 아스팔트

④ 합성수지계 접착제 – 요소수지 접착제, 아크릴수지 접착제

> 해설
>
> 아교, 알부민, 카세인은 동물성 접착제에 해당한다.

53 타일의 제조공정에서 건식 제법에 관한 설명으로 옳지 않은 것은?

① 내장타일은 주로 건식 제법으로 제조된다.

② 제조능률이 높다.

③ 치수 정도(精度)가 좋다.

④ 복잡한 형상의 것에 적당하다.

> 해설
>
> 복잡한 형상의 것은 성형성 때문에 습식 제법이 주로 쓰인다.

54 목재의 작은 조각을 합성수지 접착제와 같은 유기질의 접착제를 사용하여 가열 압축해 만든 목재 제품을 무엇이라고 하는가?

① 집성목재　　　　② 파티클보드

③ 섬유판　　　　　④ 합판

> 해설
>
> **파티클보드(칩보드)**
> • 목재 또는 폐재, 부산물 등을 절삭 또는 파쇄 후 소편(나뭇조각)으로 하여 충분히 건조시킨 다음 합성수지 접착제와 같은 유기질 접착제를 첨가하여 열압 제판한 목재제품이다.
> • 섬유 방향에 따른 강도 차이는 없다.
> • 두께는 비교적 자유롭게 선택할 수 있다.
> • 흡음성과 열의 차단성이 좋으며, 표면이 평활하고 경도가 크다.

정답　　49 ①　50 ①　51 ②　52 ①　53 ④　54 ②

55 다음 중 열경화성 합성수지에 속하지 않는 것은?

① 페놀수지   ② 요소수지

③ 초산비닐수지   ④ 멜라민수지

해설

초산비닐수지
열가소성 수지로서 무색투명(가시광선 투과율 : 89%)하며, 접착성과 내수성이 양호하고 도료, 접착제 등에 사용한다.

56 아래 설명에 해당하는 유리를 무엇이라고 하는가?

> 2장 또는 그 이상의 판유리 사이에 유연성 있는 강하고 투명한 플라스틱필름을 넣고 판유리 사이에 있는 공기를 완전히 제거한 진공상태에서 고열로 강하게 접착하여 파손되더라도 그 파편이 접착제로부터 떨어지지 않도록 만든 유리이다.

① 연마판유리   ② 복층유리

③ 강화유리   ④ 접합유리

해설

접합유리에 대한 설명이며, 접합유리 적용의 주목적은 파손 시 파편의 비산방지에 있다.

57 철근콘크리트에 사용하는 굵은 골재의 최대치수를 정하는 가장 중요한 이유는?

① 철근의 사용수량을 줄이기 위해서

② 타설된 콘크리트가 철근 사이를 자유롭게 통과 가능하도록 하기 위해서

③ 콘크리트의 인장강도 증진을 위해서

④ 사용골재를 줄이기 위해서

해설

골재의 치수가 너무 클 경우 철근과 철근 사이에 골재가 끼여, 긴 골재 밑으로 콘크리트 타설이 되지 않아 콘크리트 속에 텅 빈 공간이 생기게 된다. 따라서 이러한 현상을 방지하기 위해 굵은 골재에 대한 최대치수 규정을 설정하고 있다.

58 수지를 지방유와 가열융합하고, 건조제를 첨가한 다음 용제를 사용하여 희석하여 만든 도료는?

① 래커   ② 유성 바니시

③ 유성 페인트   ④ 내열도료

해설

유성 바니시(유성 니스)
• 유성 바니시라고도 하며, 수지류 또는 섬유소를 건섬유, 휘발성 용제로 용해한 도료이다.
• 무색 또는 담갈색 투명 도료로서, 목재부의 도장에 사용한다.
• 목재를 착색하려면 스테인 또는 염료를 넣어 마감한다.

59 목재의 부패에 관한 설명으로 옳지 않은 것은?

① 부패균(腐敗菌)은 섬유질을 분해·감소시킨다.

② 부패균이 번식하기 위한 적당한 온도는 20~35℃ 정도이다.

③ 부패균은 산소가 없어도 번식할 수 있다.

④ 부패균은 습기가 없으면 번식할 수 없다.

해설

부패균은 산소가 없으면 번식하기 어렵다.

60 다음 중 회반죽에 여물을 넣는 가장 주된 이유는?

① 균열을 방지하기 위하여

② 강도를 높이기 위하여

③ 경화속도를 높이기 위하여

④ 경도를 높이기 위하여

해설

회반죽
• 소석회 + 모래 + 해초풀 + 여물 등이 배합된 미장 재료이다.
• 경화건조에 의한 수축률이 크기 때문에 여물로서 균열을 분산·경감시킨다.
• 실내용으로 목조 바탕, 콘크리트블록 및 벽돌 바탕 등에 사용한다.

정답   **55** ③   **56** ④   **57** ②   **58** ②   **59** ③   **60** ①

61 건축허가 등을 할 때 미리 소방본부장 또는 소방서장의 동의를 받아야 하는 건축물 등의 범위 기준에 해당하지 않는 것은?

① 연면적 200m²의 수련시설
② 연면적 200m²의 노유자시설
③ 연면적 300m²의 근린생활시설
④ 연면적 400m²의 의료시설

[해설]

근린생활시설은 연면적 400m² 이상일 경우 건축허가 등을 할 때 미리 소방본부장 또는 소방서장의 동의를 받아야 하는 건축물에 해당한다.

62 방염성능기준 이상의 실내장식물 등을 설치하여야 하는 특정소방대상물에 해당하지 않는 것은?

① 교육연구시설 중 합숙소
② 방송통신시설 중 방송국
③ 건축물의 옥내에 있는 종교시설
④ 건축물의 옥내에 있는 수영장

[해설]

방염성능기준 이상의 실내장식물 등을 설치하여야 하는 특정소방대상물에서 운동시설은 포함되나 운동시설 중 수영장은 제외된다.

63 공장의 용도로 쓰는 건축물로서 그 용도로 쓰는 바닥면적의 합계가 최소 얼마 이상인 경우 주요 구조부를 내화구조로 하여야 하는가?(단, 화재의 위험이 적은 공장으로서 국토교통부령으로 정하는 공장은 제외한다)

① 200m²
② 500m²
③ 1,000m²
④ 2,000m²

[해설]

공장(화재의 위험이 적은 공장으로서 주요 구조부가 불연재료로 되어 있는 2층 이하의 공장은 제외)의 경우 바닥면적 합계가 2,000m² 이상일 경우 주요 구조부를 내화구조로 하여야 한다.

64 목재 접합 시 주의사항이 아닌 것은?

① 접합은 응력이 작은 곳에서 만들 것
② 목재는 될 수 있는 한 적게 깎아내어 약하게 되지 않게 할 것
③ 접합의 단면은 응력방향과 평행으로 할 것
④ 공작이 간단한 것을 쓰고 모양에 치중하지 말 것

[해설]

목재 접합의 단면은 응력방향과 직각이 되게 해야 한다.

65 소방시설의 종류 중 경보설비에 속하지 않는 것은?

① 비상방송설비
② 비상벨설비
③ 가스누설경보기
④ 무선통신보조설비

[해설]

무선통신보조설비는 소화활동설비에 해당한다.

66 건축구조에서 일체식 구조에 속하는 것은?

① 철골구조
② 돌구조
③ 벽돌구조
④ 철골 · 철근콘크리트구조

[해설]

① 철골구조 : 가구식 구조
② 돌구조 : 조적식 구조
③ 벽돌구조 : 조적식 구조

정답 **61** ③ **62** ④ **63** ④ **64** ③ **65** ④ **66** ④

67 건축물의 피난층 또는 피난층의 승강장으로부터 건축물의 바깥쪽에 이르는 통로에 경사로를 설치하여야 하는 판매시설의 연면적 기준은?

① 1,000m² 미만
② 2,000m² 미만
③ 3,000m² 이상
④ 5,000m² 이상

해설

판매시설은 연면적이 5,000m² 이상인 경우 건축물의 피난층 또는 피난층의 승강장으로부터 건축물의 바깥쪽에 이르는 통로에 경사로를 설치하여야 한다.

68 비잔틴 건축의 구성요소와 관련이 없는 것은?

① 펜던티브(Pendentive)
② 부주두(Dosseret)
③ 돔(Dome)
④ 크로스 리브 볼트(Cross Rib Vault)

해설

크로스 리브 볼트(Cross Rib Vault)
2개의 반원통 볼트를 직교시켜 만든 천장·지붕형태를 말하는 것으로서 비잔틴이 아닌 로마네스크 등의 건축양식에서 주로 사용되었다.

69 거실의 채광 및 환기를 위한 창문 등이나 설비에 관한 기준 내용으로 옳은 것은?

① 채광을 위하여 거실에 설치하는 창문 등의 면적은 그 거실의 바닥면적의 20분의 1 이상이어야 한다.
② 환기를 위하여 거실에 설치하는 창문 등의 면적은 그 거실의 바닥면적의 10분의 1 이상이어야 한다.
③ 오피스텔에 거실 바닥으로부터 높이 1.2m 이하 부분에 여닫을 수 있는 창문을 설치하는 경우에는 높이 1.0m 이상의 난간이나 이와 유사한 추락방지를 위한 안전시설을 설치하여야 한다.
④ 수시로 개방할 수 있는 미닫이로 구획된 2개의 거실은 1개의 거실로 본다.

해설

① 채광을 위하여 거실에 설치하는 창문 등의 면적은 그 거실의 바닥면적의 10분의 1 이상이어야 한다.
② 환기를 위하여 거실에 설치하는 창문 등의 면적은 그 거실의 바닥면적의 20분의 1 이상이어야 한다.
③ 오피스텔에 거실 바닥으로부터 높이 1.2m 이하 부분에 여닫을 수 있는 창문을 설치하는 경우에는 높이 1.2m 이상의 난간이나 이와 유사한 추락방지를 위한 안전시설을 설치하여야 한다.

70 화재예방안전진단을 받아야 하는 시설 기준으로 옳지 않은 것은?

① 여객터미널의 연면적이 3천 제곱미터 이상인 공항시설
② 연면적이 3천 제곱미터 이상인 항만시설
③ 공동구
④ 연면적이 5천 제곱미터 이상인 발전소

해설

화재예방안전진단의 대상(화재의 예방 및 안전관리에 관한 법률 시행령 제43조)
• 공항시설 중 여객터미널의 연면적이 1천 제곱미터 이상인 공항시설
• 철도시설 중 역 시설의 연면적이 5천 제곱미터 이상인 철도시설
• 도시철도시설 중 역사 및 역 시설의 연면적이 5천 제곱미터 이상인 도시철도시설
• 항만시설 중 여객이용시설 및 지원시설의 연면적이 5천 제곱미터 이상인 항만시설
• 전력용 및 통신용 지하구 중 「국토의 계획 및 이용에 관한 법률」 제2조제9호에 따른 공동구
• 천연가스 인수기지 및 공급망 중 「소방시설 설치 및 관리에 관한 법률 시행령」 별표 2 제17호나목에 따른 가스시설
• 발전소 중 연면적이 5천 제곱미터 이상인 발전소
• 가스공급시설 중 가연성 가스 탱크의 저장용량의 합계가 100톤 이상이거나 저장용량이 30톤 이상인 가연성 가스 탱크가 있는 가스공급시설

71 건축물의 구조기준 등에 관한 규칙에 따라 조적식 구조인 경계벽의 두께는 최소 얼마 이상으로 해야 하는가?(단, 경계벽이란 내력벽이 아닌 그 밖의 벽을 포함한다)

① 9cm ② 12cm

③ 15cm ④ 20cm

해설

경계벽 등의 두께(건축물의 구조기준 등에 관한 규칙 제33조)

조적식 구조인 경계벽(내력벽이 아닌 그 밖의 벽을 포함)의 두께는 90밀리미터(9cm) 이상으로 하여야 한다.

72 철골조 기둥(작은 지름 25cm 이상)이 내화구조 기준에 부합하기 위해서 두께를 최소 7cm 이상 보강해야 하는 재료에 해당하지 않는 것은?

① 콘크리트블록

② 철망모르타르

③ 벽돌

④ 석재

해설

철망모르타르의 경우 6cm 이상으로 적용하여야 한다(단, 경량골재를 사용한 경우에는 5cm 이상).

73 옥상광장 또는 2층 이상인 층에 있는 노대의 주위에 설치하여야 하는 난간의 최소 높이 기준은?

① 1.0m 이상 ② 1.1m 이상

③ 1.2m 이상 ④ 1.5m 이상

해설

옥상광장 또는 2층 이상인 층에 있는 노대 주위의 난간은 노대 등에 출입할 수 없는 경우를 제외하고 높이 1.2m 이상으로 설치하여야 한다.

74 르네상스 건축양식에 해당하는 건축물은?

① 영국 솔즈베리 대성당

② 이탈리아 피렌체 대성당

③ 프랑스 노트르담 대성당

④ 독일 울름 대성당

해설

① 영국 솔즈베리 대성당 : 고딕건축
③ 프랑스 노트르담 대성당 : 고딕건축
④ 독일 울름 대성당 : 고딕건축

75 학교의 바깥쪽에 이르는 출입구에 계단을 대체하여 경사로를 설치하고자 한다. 필요한 경사로의 최소 수평길이는?(단, 경사로는 직선으로 되어 있으며 1층의 바닥높이는 지상보다 50cm 높다)

① 2m ② 3m

③ 4m ④ 5m

해설

경사로의 기울기는 1 : 8을 넘지 말아야 하므로, 높이차가 0.5m(50cm)일 경우 수평거리는 0.5m×8＝4m 이상이어야 한다.

76 음의 물리적 특성에 대한 설명으로 옳지 않은 것은?

① 음이 1초 동안에 진동하는 횟수를 주파수라고 한다.

② 인간의 귀로 들을 수 있는 주파수 범위를 가청주파수라고 한다.

③ 기온이 높아지면 공기 중에 전파되는 음의 속도도 증가한다.

④ 공기 중으로 전달되는 음파의 전파속도는 주파수와 비례한다.

해설

음파의 전파속도는 매질에 따라 달라지는 것으로 주파수의 크기와는 관계없다.

정답 **71** ① **72** ② **73** ③ **74** ② **75** ③ **76** ④

77 특정소방대상물에 사용하는 실내장식물 중 방염 대상물품에 속하지 않는 것은?

① 창문에 설치하는 커튼류

② 두께가 2mm 미만인 종이벽지

③ 전시용 섬유판

④ 전시용 합판

해설

방염대상물품에 두께가 2mm 미만인 벽지류가 포함되나, 벽지류 중 종이벽지는 제외한다.

78 다음 중 주택의 소유자가 대통령령으로 정하는 소 방시설을 설치하여야 하는 주택의 종류에 해당하지 않는 것은?

① 단독주택　　　　② 기숙사

③ 연립주택　　　　④ 다세대주택

해설

주택용 소방시설(소방시설 설치 및 관리에 관한 법률 시행령 제10조)
소화기 및 단독경보형 감지기의 소화설비를 설치해야 하는 주택대상 은 단독주택, 공동주택(아파트 및 기숙사는 제외)이다.

79 열전달방식에 포함되지 않는 것은?

① 복사　　　　　　② 대류

③ 관류　　　　　　④ 전도

해설

열전달방식
전도(고체), 대류(유체), 복사(매질 없음)의 방식으로 구분된다.

80 관리의 권원이 분리된 특정소방대상물 중 소방안 전관리자를 선임해야 하는 층수 기준으로 옳은 것은? (단, 복합건축물의 경우이며, 지하층은 제외한다)

① 4층 이상　　　　② 6층 이상

③ 11층 이상　　　　④ 21층 이상

해설

관리의 권원이 분리된 특정소방대상물 중 소방안전관리를 선임해야 하는 시설(화재의 예방 및 안전관리에 관한 법률 제35조)
• 복합건축물(지하층을 제외한 층수가 11층 이상 또는 연면적 3만 제 곱미터 이상인 건축물)
• 지하가(지하의 인공구조물 안에 설치된 상점 및 사무실, 그 밖에 이와 비슷한 시설이 연속하여 지하도에 접하여 설치된 것과 그 지하도를 합한 것을 말한다)
• 판매시설 중 도매시장, 소매시장 및 전통시장

1과목 실내디자인론

01 실내공간의 기본적 요소에 대한 설명 중 옳지 않은 것은?

① 바닥은 인간의 감각 중 촉각적 요소와 관계가 밀접하다.

② 바닥은 마감재를 다르게 하여 공간의 영역을 구분할 수 있다.

③ 천장을 낮추면 친근하고 아늑한 공간이 되고 높이면 확대감을 줄 수 있다.

④ 상징적 경계를 나타내는 벽체는 시각적인 방해가 되지 않는 높이 1200mm 이하의 낮은 벽체이다.

해설

상징적 경계를 나타내는 벽체는 600mm 이하이다.

02 실내디자이너의 역할과 조건에 관한 설명으로 옳지 않은 것은?

① 실내의 가구 디자인 및 배치를 계획하고 감독한다.

② 공사의 전(全)공정을 충분히 이해하고 있어야 한다.

③ 공간구성에 필요한 모든 기술과 도구를 사용할 수 있어야 한다.

④ 인간의 요구를 지각하고 분석하며 이해하는 능력을 갖추어야 한다.

해설

실내디자이너는 공사의 각 공정의 관리 및 감독하므로 공간 구성에 필요한 모든 기술과 도구를 사용할 수 있는 사람은 각 공정의 기술자들이 필요하다.

03 형태에 관한 설명으로 옳지 않은 것은?

① 디자인에 있어서 형태는 대부분이 자연형태이다.

② 추상적 형태는 구체적 형태를 생략 또는 과장의 과정을 거쳐 재구성된 형태이다.

③ 자연형태는 단순한 부정형의 형태를 취하기도 하지만 경우에 따라서는 체계적인 기하학적인 특징을 갖는다.

④ 순수형태는 인간의 지각, 즉 시각과 촉각 등으로는 직접 느낄 수 없고 개념적으로만 제시될 수 있는 형태이다.

해설

디자인에 있어서 형태는 자연형태와 인위형태가 있다.

04 디자인의 원리 중 대칭에 관한 설명으로 옳지 않은 것은?

① 이동대칭은 형태가 하나의 축을 중심으로 겹쳐지는 대칭이다.

② 방사대칭은 정점으로부터 확산되거나 집중된 양상을 보인다.

③ 확대대칭은 형태가 일정한 비율로 확대되어 이루어진 대칭이다.

④ 역대칭은 형태를 180°로 회전하여 상호의 형태가 반대로 되는 대칭이다.

해설

이동대칭
도형이 일정한 규칙에 따라 평행으로 이동해서 생기는 형태의 대칭이다.

05 주택 부엌의 가구 배치 유형 중 부엌의 중앙에 별도로 분리, 독립된 작업대가 설치되어 주위를 돌아가며 작업할 수 있게 한 형식은?

① L자형
② U자형
③ 병렬형
④ 아일랜드형

┌ 해설
아일랜드형 부엌
독립된 작업대가 설치되어 주위를 돌아가며 작업할 수 있게 한 형식으로 부엌의 크기를 고려하여 적용할 수 있다.

06 다음의 아파트 평면형식 중 프라이버시가 가장 양호한 것은?

① 홀형
② 집중형
③ 편복도형
④ 중복도형

┌ 해설
홀형
계단실이나 엘리베이터홀에서 직접 각 세대로 출입하는 형식으로 장점은 독립성이 좋아 프라이버시 확보가 용이하고 통행부 면적이 감소하여 건물의 이용도가 높다. 단점은 계단실마다 엘리베이터를 설치하므로 시설비가 많이 든다.

07 날개의 각도를 조절하여 일광, 조망, 시각의 차단 정도를 조정하는 창가리개는?

① 드레이퍼리
② 블라인드
③ 커텐
④ 케이스먼트

┌ 해설
블라인드
햇빛을 가릴 목적으로 유리창에 설치하는 것으로 베네시안 블라인드, 버티컬블라인드, 롤블라인드, 로만 블라인드가 있다.

08 부엌 작업대의 배치유형 중 일렬형에 관한 설명으로 옳지 않은 것은?

① 작업대를 벽면에 한 줄로 붙여 배치하는 유형이다.
② 작업대 전체의 길이는 4,000~5,000mm 정도가 가장 적당하다.
③ 부엌의 폭이 좁거나 공간의 여유가 없는 소규모 주택에 적합하다.
④ 작업대가 길어지면, 작업 동선이 길게 되어 비효율적이 된다.

┌ 해설
작업대의 전체의 길이는 3,000mm 이상 되지 않도록 한다.

09 비주얼 머천다이징(VMD)에 관한 설명으로 옳지 않은 것은?

① VMD의 구성은 IP, PP, VP 등이 포함된다.
② VMD의 구성 중 IP는 상점의 이미지와 패션테마의 종합적인 표현을 일컫는다.
③ 상품계획, 상점계획, 판촉 등을 시각화시켜 상점이미지를 고객에게 인식시키는 판매전략을 말한다.
④ VMD란 상품과 고객 사이에서 치밀하게 계획된 정보 전달 수단으로서 디스플레이의 기법 중 하나이다.

┌ 해설
• IP(Item Presentation) : 매장 내 상품이 진열되어 있는 모든공간을 지칭하며 직접적인 상품의 판매가 일어나는 곳이다(행거, 선반, 진열장, 진열테이블 등).
• VP(Visual Presentation) : 상점의 이미지와 패션테마의 종합적인 표현을 일컫는다(쇼윈도, 파사드).

10 알바 알토가 디자인한 의자로 자작나무 합판을 성형하여 만들었으며, 목재가 지닌 재료의 단순성을 최대한 살린 것은?

① 바실리 의자
② 파이미오 의자
③ 레드 블루 의자
④ 바르셀로나 의자

파이미오 의자는 핀란드 건축가인 알바알토가 디자인하였고, 자작나무 합판을 성형하여 접합무위가 없고 목재의 재료특성을 최대한 살린 의자이다.
① 바실리 의자 : 마르셀 브로이어
③ 레드 블루 의자 : 게릿트 리트벨트
④ 바르셀로나 의자 : 미스 반 데어 로에

11 다음 중 리듬과 가장 관련이 적은 원리는?

① 반복   ② 점층
③ 변이   ④ 균형

리듬
규칙적인 요소들의 반복에 의해 통제된 운동감으로 디자인에 시각적인 질서를 부여하며, 청각적 요소의 시각화를 꾀한다. 리듬의 원리에는 반복, 점진, 대립, 변이, 방사가 있다.

12 스파클(Sparkle), 실루엣(Silhouette), 그레이징(Grazing), 월워싱(Wall Washing)의 공통점은?

① 창문처리방법   ② 조명연출방법
③ 동선처리방법   ④ 투시도표현기법

조명의 연출기법
공간의 특성에 부합하게 의도된 조명효과를 나타내기 위한 광원을 선택하고 조명수법과 조명기구를 적절히 사용하여 표현할 수 있다. 종류에는 월워싱, 그레이징, 실루엣, 스파클, 그림자 연출기법 등이 있다.

13 개방식 배치의 한 형식으로 업무와 환경을 경영관리 및 환경적 측면에서 개선한 것으로 오피스 작업을 사람의 흐름과 정보의 흐름을 매체로 효율적인 네트워크가 되도록 배치하는 방법은?

① 세포형 오피스(Cellular Type Office)
② 집단형 오피스(Group Space Office)
③ 싱글 오피스(Single Office)
④ 오피스 랜드스케이프(Office Landscape)

오피스 랜드스케이프(Office Landscape)
개방적인 시스템으로 고정된 고정적인 칸막이벽을 줄이고 파티션, 가구 등을 활용하여 가구의 변화, 직원의 증감에 대응하도록 융통성 있게 계획한 배치방법이다.

14 역리도형 착시의 사례로 가장 알맞은 것은?

① 헤링 도형   ② 자스트로의 도형
③ 펜로즈의 삼각형   ④ 쾨니히의 목걸이

역리도형 착시(펜로즈의 삼각형)
모순도형, 불가능한 도형이라고 말하며 2차원 평면 위에 3차원적으로 보이는 도형으로 특히 삼각형은 단면이 사각형인 입체인 것처럼 보이지만, 2차원 그림으로만 가능하다.

팬로즈 삼각형

15 시각적인 무게나 시선을 끄는 정도는 같으나 그 형태나 구성이 다른 경우의 균형을 무엇이라고 하는가?

① 정형 균형   ② 좌우 불균형
③ 대칭적 균형   ④ 비대칭형 균형

• 비대칭형 균형 : 물리적 불균형이나 시각적으로 균형을 이루는것을 말하며 좌우가 불균형을 이룰 때 느껴지는 자유로움과 활발한 생명감과 긴장감을 준다.
• 대칭적 균형 : 가장 완전한 균형의 상태로 형태의 크기, 위치 등이 축을 중심으로 좌우가 균등하게 대칭되는 관계로 구성되어 있다.

정답   11 ④   12 ②   13 ④   14 ③   15 ④

16 상점의 판매형식 중 대면판매에 관한 설명으로 옳지 않은 것은?

① 종업원의 정위치를 정하기 어렵다.

② 포장대나 캐시대를 별도로 둘 필요가 없다.

③ 고객과 마주 대하기 때문에 상품 설명이 용이하다.

④ 소형 고가품인 귀금속, 카메라 등의 판매에 적합하다.

[해설]

대면판매
진열장을 사이에 두고 판매하는 형식으로 진열면적이 감소하고 종업원의 정위치를 정하기가 용이하다(소규모 상점, 약국, 귀금속, 화장품, 고가판매점).

17 다음 중 2인용 더블베드(Double Bed)의 크기로 가장 적당한 것은?

① 1,000mm×2,100mm

② 1,150mm×1,800mm

③ 1,350mm×2,000mm

④ 1,600mm×2,400mm

[해설]

침대의 규격

싱글 베드(Single Bed)	1,000mm×2,000mm
더블 베드(Double Bed)	1,350~1,400mm×2,000mm
퀸 베드(Queen Bed)	1,500mm×2,000mm
킹 베드(King Bed)	2,000mm×2,000mm

18 다음의 통로공간에 대한 설명 중 틀린 것은?

① 실내공간의 성격과 활동 유형에 따라 복도와 통로의 형태, 크기 등이 달라진다.

② 계단과 경사로는 수직방향으로 공간을 연결하는 상하 통행 공간이다.

③ 복도는 기능이 같은 공간만을 이어주는 연결공간이다.

④ 홀은 동선이 집중되었다가 분산되는 곳이다.

[해설]

복도는 내부·외부에 존재하는 통로로써 다양한 공간을 이어주는 연결공간이다.

19 다음 설명에 알맞은 특수전시기법은?

- 하나의 사실 또는 주제의 시간 상황을 고정시켜 연출하는 것으로 현장에 임한 느낌을 주는 기법이다.
- 어떤 상황을 배경과 실물 또는 모형으로 재현하여 현장감, 공간감을 표현하고 배경에 맞는 투시적 효과와 상황을 만든다.

① 디오라마 전시

② 파노라마 전시

③ 아일랜드 전시

④ 하모니카 전시

[해설]

디오라마 전시
현장감을 실감나게 표현하는 방법으로 하나의 사실 또는 주제의 시간 상황을 고정시켜 연출하는 것으로 현장에 임한 느낌을 주는 특수전시기법이다.

20 전시공간의 설계 시 고려해야 할 기본사항이 아닌 것은?

① 전시물의 특성

② 관람객의 움직임

③ 관람 방식

④ 관람료 및 출구

[해설]

전시공간 설계 시 고려해야 할 사항
전시물의 특성, 관람객의 동선(움직임), 관람 방식

21 보색에 관한 설명 중 잘못된 것은?

① 색상환에서 서로 반대쪽에 위치한 색이다.

② 서로 돋보이게 해주므로 주제를 살리는데 효과가 있다.

③ 주목성이 강하다.

④ 인접색으로 서로 보완해 준다.

> **해설**
>
> **보색**
>
> 색상환에서 반대편에 위치한 색으로 성격적으로는 완전히 속성이 다른 색이라고 할 수 있다. 보색들은 서로 성격이 다르기 때문에 눈에 확 들어오는 대비효과를 준다.

22 오스트발트 색체계에 관한 설명 중 틀린 것은?

① 색상은 Yellow, Ultramarine Blue, Red, Sea Green을 기본으로 하였다.

② 색상환은 4원색의 중간색 4색을 합한 8색을 각각 3등분하여 24색상으로 한다.

③ 무채색은 백색량＋흑색량＝100%가 되게 하였다.

④ 색표시는 색상기호, 흑색량, 백색량의 순으로 한다.

> **해설**
>
> **오스발트 색체계 표기법**
>
> 색각의 생리, 심리원색을 바탕으로 하는 기호표시법으로 색을 나타낼 때 색상번호(C) – 백색량(W) – 흑색량(B) 순으로 표기한다.

23 다음은 오방색의 색채상징이다. 잘못 짝지어진 것은 어느 것인가?

① 청(靑)색 – 봄 – 동쪽

② 황(黃)색 – 가을 – 중앙

③ 적(赤)색 – 여름 – 남쪽

④ 흑(黑)색 – 겨울 – 북쪽

> **해설**
>
> | 색채 | 계절 | 방위 |
> |------|------|------|
> | 황색 | 토용 | 중앙 |
> | 청색 | 봄 | 동쪽 |
> | 적색 | 여름 | 남쪽 |
> | 흰색 | 가을 | 서쪽 |
> | 흑색 | 겨울 | 북쪽 |

24 노란색 종이를 태양빛에서 보나 형광등에서 보나 같은 노란색으로 느끼게 될 때. 이는 눈의 어떤 순응 상태를 말하는가?

① 명순응

② 암순응

③ 색순응

④ 무채순응

> **해설**
>
> **색순응**
>
> 눈이 조명 빛, 색광에 대하여 익숙해지면서 순응하는 것으로 색이 순간적으로 변해 보이는 현상이다.

25 다음 중 가장 무거운 느낌의 색은?

① 적색 기미의 명도가 높은 색

② 황색 기미의 명도가 높은 색

③ 자색 기미의 중명도 색

④ 청색 기미의 명도가 낮은 색

> **해설**
>
> 난색과 고명도인 밝은 색은 가벼운 느낌을 주고, 한색과 저명도인 어두운 색은 무거운 느낌을 준다. 보통 검정, 파랑, 보라, 빨강, 주황, 녹색, 노랑, 흰색의 순서로 점점 가볍게 느껴진다.

정답 21 ④ 22 ④ 23 ② 24 ③ 25 ④

26 혼색계에 대한 설명 중 올바른 것은?

① 심리·물리적인 빛의 혼색 실험에 기초를 둠

② 오스트발트 표색계

③ 먼셀표색계

④ 물체색을 표시하는 표색계

> 해설
>
> **혼색계**
> 색감각을 일으키는 색자극(빛)의 특성을 자극이라는 수치로 나타낸 것으로 빛의 혼색실험에 기초를 둔 표색계로 환경을 임의로 선정하여 정확하게 측정할 수 있다.

27 공장 내의 안전색채 사용에서 가장 고려해야 할 점은?

① 순응성   ② 항상성

③ 연색성   ④ 주목성

> 해설
>
> **안전색채**
> 한국산업규격(KS)에 의해 적용범위에 따라 색을 지정하여 규정한 것으로 안전색채로 사용되는 색들은 사람의 생명과 안전에 직결되어 있기 때문에 간결하고 주목성을 고려해야 한다.

28 우리 눈으로 지각하는 가시광선의 파장 범위는?

① 약 280~680nm

② 약 380~780nm

③ 약 480~880nm

④ 약 580~980nm

> 해설
>
> **가시광선**
> 300mm·780mm 범위의 파장으로 전자파 중에서 인간의 눈으로 지각할 수 있는 전자기파의 영역을 말한다.

29 다음 색채의 여러 지각현상에 관한 설명으로 맞는 것은?

① 중성색과 난색을 대비시키면 중성색이 따뜻하게 느껴진다.

② 두 색이 붙어있는 경계 언저리에서는 대비현상이 약하게 일어난다.

③ 섬세한 줄무늬처럼 주위를 둘러싼 면적이 작을 때는 주위색과 가깝게 느껴진다.

④ 보색끼리 대비시키면 두 색의 선명도가 떨어져 보인다.

> 해설
>
> **동화현상(베졸트 효과)**
> 두 색을 서로 인접 배색했을 때 서로의 영향으로 실제보다 인접 색에 가까운 것처럼 지각되는 현상이다.

30 다음 중 색의 진출, 후퇴의 일반성으로 틀린 것은?

① 난색계는 한색계보다 진출성이 있다.

② 배경색의 채도가 낮은 것에 대한 높은 색은 진출한다.

③ 배경색과의 명도차가 큰 밝은 색은 진출한다.

④ 배경색의 채도가 높은 것에 대한 낮은 색은 진출한다.

> 해설
>
> 배경의 채도가 낮은 것에 대한 높은색은 진출되어 보이는 경향이 있다.

31 다음 중 동작경제(Motion Economy)의 원칙과 맞지 않는 것은?

① 양손의 동작을 동시에 한다.

② 동선을 최소화한다.

③ 물리적 조건을 활용한다.

④ 기본동작을 많이 도입한다.

③ 등, 가슴

④ 양손

짐나르는 방법 중 에너지 소비량
양손>목도>어깨> 이마>배낭>머리>등·가슴

동작경제
작업에 필요한 노력이나 피로를 덜어 주기 위하여 작업자의 동작에서 불필요한 동작을 제거하여 적정화(適正化)하는 일로 동작의 범위는 최소로 한다.

32 소음이 청력에 영향을 미치는 요인이 아닌 것은?

① 소음의 고저 주파수
② 개인적인 감수성
③ 소음의 강약
④ 소음의 속도

소음은 지속적이거나 반복적인 높은 데시벨의 소음에 노출되면 청력 손실을 일으킬 수 있다. 소음이 청력에 영향을 미치는 요인에는 소음의 고저 주파수, 소음의 강약, 개인적인 감수성이 있다.

33 운동 형태를 묘사할 때 구부리거나 몸의 부분 사이의 각도를 줄이는 것은?

① 굴곡(Flexion)
② 신전(Extension)
③ 외전(Abduction)
④ 내전(Adduction)

굴곡
관절운동의 하나로서 신체부위 간의 각도가 감소하는 관절운동으로 몸(신체) 또는 손바닥을 위로 향하는 회전이다.

35 영화는 우리 눈의 지각효과 중 어떠한 점을 주로 이용하는가?

① 잔상
② 항상성
③ 면적효과
④ 색순응

잔상
빛의 자극이 사라진 후에도 시각적인 작용이 잠깐 남아 있는 현상을 잔상이라 한다.

36 다음 중 일반적으로 피부의 단위면적당 분포 신경의 수가 많은 것부터 적은 순서대로 나열된 것은?

① 통점 > 압점 > 냉점 > 온점
② 압점 > 통점 > 온점 > 냉점
③ 냉점 > 온점 > 통점 > 압점
④ 온점 > 냉점 > 압점 > 통점

통점에 우리의 세포에 가장 많이 분포되어 있으며 신경의 수가 많은 순서로 보면 통점(100~200개)>압점(50개)>냉점(6~20개)>온점(2개)이다.

34 그림과 같이 짐을 나르는 방법 중 단위시간당 에너지 소비량이 가장 많은 것은?

① 머리

② 이마

정답 **32** ④ **33** ① **34** ④ **35** ① **36** ①

37 다음 중 고온 환경에 대한 신체의 영향이 아닌 것은?

① 근육의 이완

② 체표면의 증가

③ 수분 및 염분의 감소

④ 화학적 대사작용의 증가

해설

고온환경에 대한 신체의 영향
근육의 이완, 체표면의 증가, 수분 및 염분의 감소, 체온의 상승, 작업능률의 감퇴, 피로감 및 졸음, 심박수 증가, 식욕부진 등이 있다.

38 다음 그림은 게스탈트(Gestalt)의 법칙 중 무엇에 해당하는가?

① 접근성   ② 단순성

③ 연속성   ④ 폐쇄성

해설

접근성(근접성)
서로 더 가까이 있는 것들을 그룹으로 보려고 하는 법칙으로 어떤 대상들이 서로 붙어 있거나, 가까이 있거나 포함되어 있는 형태들을 서로 관계가 있는 것으로 보려 하거나, 하나의 분류 또는 하나의 덩어리로 인지하려는 특징을 말한다.

39 인간 – 기계의 특성 중 인간이 기계보다 우수한 기능은?

① 명시된 프로그램에 따라 정량적인 정보처리를 한다.

② 반복적인 작업을 신뢰성 있게 수행한다.

③ 특정 방법이 실패할 경우 다른 방법을 고려하여 선택한다.

④ 물리적인 양을 정확히 계산하거나 측정한다.

해설

인간과 기계의 능력 – 인간
• 예기치 못하는 자극을 탐지한다.
• 기억에서 적절한 정보를 꺼낸다.
• 주관적인 평가를 한다.
• 귀납적 추리가 가능하다.
• 시각 청각, 촉각, 후각, 미각등의 작은 자극에도 감지한다.
• 원리를 여러 문제해결에 응용한다.

40 오른쪽 조리대는 오른쪽 조절장치로, 왼쪽 조리대는 왼쪽 조절장치로 조정하도록 설계하는 것은 양립성의 분류 중 어느 것에 해당하는가?

① 운동 양립성

② 공간 양립성

③ 연상 양립성

④ 개념 양립성

해설

공간양립성
조종장치와 해당하는 표시장치의 공간적 배열을 나타내는 양립성이다.

3과목 건축재료

41 인조석 등 2차 제품의 제작이나 타일의 줄눈 등에 사용하는 시멘트는?

① 백색 포틀랜드 시멘트

② 조강 포틀랜드 시멘트

③ 중용열 포틀랜드 시멘트

④ 알루미나 시멘트

해설

인조석 가공, 타일 줄눈 등의 시공 시 적용하는 것은 백색 포틀랜드 시멘트이다.

42 타일에 관한 설명으로 옳지 않은 것은?

① 일반적으로 모자이크 타일 및 내장 타일은 건식법, 외장타일은 습식법에 의해 제조된다.

② 바닥 타일, 외부 타일로는 주로 도기질 타일이 사용된다.

③ 내부벽용 타일은 흡수성과 마모저항성이 조금 떨어지더라도 미려하고 위생적인 것을 선택한다.

④ 타일은 일반적으로 내화적이며, 형상과 색조의 표현이 자유로운 특성이 있다.

해설

바닥 타일, 외부 타일로는 주로 자기질 타일이 사용된다.

43 목재의 유용성 방부제로서 자극적인 냄새 등으로 인체에 피해를 주기도 하여 사용이 규제되고 있는 것은?

① PCP 방부제　　② 크레오소트유
③ 아스팔트　　④ 불화소다 2% 용액

해설

유기계 방충제(PCP : Penta－Chloro Phenol)
• 무색이고 방부력이 가장 우수하다.
• 침투성이 매우 양호하다.
• 수용성 및 유용성이 있다.
• 페인트칠이 가능하다.
• 고가이며, 석유 등의 용제에 녹여 써야 한다.
• 자극적인 냄새 및 독성이 있어 사용이 규제되고 있다.
• 처리제는 황록색이다.

44 속빈 콘크리트블록(KS F 4002)의 성능을 평가하는 시험 항목과 거리가 먼 것은?

① 기건비중시험
② 전단면적에 대한 압축강도시험
③ 내충격성시험
④ 흡수율시험

해설

속빈 콘크리트블록(KS F 4002)의 경우 외관과 물리적 성질인 압축강도와 흡수율, 기건비중을 시험하여 품질을 검사한다.

45 목재 건조의 목적이 아닌 것은?

① 부재 중량의 경감
② 강도 및 내구성 증진
③ 부패방지 및 충해 예방
④ 가공성 증진

해설

건조의 목적(필요성)
강도 증가, 수축·균열·비틀림 등 변형 방지, 부패균 방지, 경량화 등이 있다.

46 다음 중 흡수율이 가장 높은 석재는?

① 대리석　　② 점판암
③ 화강암　　④ 응회암

해설

석재의 흡수율 순서
응회암＞사암＞안산암＞화강암＞점판암＞대리석

47 중밀도 섬유판을 의미하는 것으로 목섬유(Wood Fiber)에 액상의 합성수지 접착제, 방부제 등을 첨가·결합시켜 성형·열압하여 만든 것은?

① 파티클보드　　② MDF
③ 플로어링보드　　④ 집성목재

해설

중밀도 섬유판(MDF)
• 목섬유(Wood Fiber)에 액상의 합성수지 접착제, 방부제 등을 첨가·결합시켜 성형·열압하여 만든 인조목재판이다.
• 내수성이 작고 팽창이 심하며, 재질도 약하고, 습도에 의한 신축이 크다는 결점이 있으나, 비교적 값이 싸서 많이 사용되고 있다.

정답　42 ②　43 ①　44 ③　45 ④　46 ④　47 ②

48 다음 접착제 중 고무상의 고분자물질로서 내유성 및 내약품성이 우수하며 줄눈재, 구멍메움재로 사용되는 것은?

① 천연고무　　　　② 치오콜

③ 네오프렌　　　　④ 아교

해설

치오콜
건조시간이 빨라 시공성이 양호하며 시공시간 단축에 효과적인 접착재료이다.

49 석재의 장점으로 옳지 않은 것은?

① 외관이 장중하고, 치밀하다.

② 장대재를 얻기 쉬워 구조용으로 적합하다.

③ 내수성, 내구성, 내화학성이 풍부하다.

④ 다양한 외관과 색조의 표현이 가능하다.

해설

석재는 자연재료로서 장대재를 얻기 어렵고 그에 따라 구조용으로 적용하는 것이 난해하다.

50 골재의 함수상태에 관한 식으로 옳지 않은 것은?

① 흡수량＝(표면건조상태의 중량)－(절대건조상태의 중량)

② 유효흡수량＝(표면건조상태의 중량)－(기건상태의 중량)

③ 표면수량＝(습윤상태의 중량)－(표면건조상태의 중량)

④ 전체 함수량＝(습윤상태의 중량)－(기건상태의 중량)

해설

전체 함수량은 습윤상태의 중량에서 절대건조상태의 중량을 뺀 값이다.

51 각종 유리의 성질에 관한 설명으로 옳지 않은 것은?

① 유리블록은 실내의 냉·난방에 효과가 있으며 보통 유리창보다 균일한 확산광을 얻을 수 있다.

② 열선반사유리는 단열유리라고도 불리며 태양광선 중 장파부분을 흡수한다.

③ 자외선차단유리는 자외선의 화학작용을 방지할 목적으로 의류품의 진열창, 식품이나 약품의 창고 등에 쓴다.

④ 내열유리는 규산분이 많은 유리로서 성분은 석영유리에 가깝다.

해설

②는 열선흡수유리에 대한 설명이다.

52 석회석을 900〜1,200℃로 소성하면 생성되는 것은?

① 돌로마이트 석회　　② 생석회

③ 회반죽　　　　　　④ 소석회

해설

생석회
고온에서 석회석을 장시간 구워서 석회석 원석에 포함된 이산화탄소를 배제시키고 석회성분만 남게 한 후 건조하여 생성한 것을 말한다.

53 다음 중 방수성이 가장 우수한 수지는?

① 푸란수지　　　　② 실리콘수지

③ 멜라민수지　　　④ 알키드수지

해설

실리콘수지
• 내열성이 우수하고 －60〜260℃까지 탄성이 유지되며, 270℃에서도 수 시간 이용이 가능하다.
• 탄력성, 내수성이 좋아 방수용 재료, 접착제 등으로 사용한다.

54 보통 철선 또는 아연도금철선으로 마름모형, 갑옷형으로 만들며 시멘트 모르타르 바름 바탕에 사용되는 금속제품은?

① 와이어 라스(Wire Lath)

② 와이어 메시(Wire Mesh)

③ 메탈 라스(Metal Lath)

④ 익스팬디드 메탈(Expanded Metal)

> **해설**
>
> **와이어 라스(Wire Lath)**
> 철선 또는 아연도금 철근을 가공하여 그물처럼 만든 것으로 미장 바탕용에 사용되며 마름모형, 귀갑형, 원형 등이 있다.

55 플라스틱 재료의 일반적인 성질에 관한 설명으로 옳지 않은 것은?

① 플라스틱의 강도는 목재보다 크며 인장강도가 압축강도보다 매우 크다.

② 플라스틱은 상호 간 접착이나 금속, 콘크리트, 목재, 유리 등 다른 재료에도 부착이 잘되는 편이다.

③ 플라스틱은 일반적으로 전기절연성이 양호하다.

④ 플라스틱은 열에 의한 팽창 및 수축이 크다.

> **해설**
>
> 플라스틱은 일반적으로 목재보다 강도가 작으며 또한 압축강도가 인장강도보다 큰 물리적 특성을 갖는다.

56 저급점토, 목탄가루, 톱밥 등을 혼합하여 성형 후 소성한 것으로 단열과 방음성이 우수한 벽돌은?

① 내화벽돌

② 보통벽돌

③ 중량벽돌

④ 경량벽돌

> **해설**
>
> **경량벽돌(다공질벽돌)**
> • 방음벽, 단열층, 보온벽, 칸막이벽에 사용한다.
> • 점토에 톱밥, 목탄 가루 등을 혼합하여 성형한 벽돌이다.
> • 비중 및 강도가 보통벽돌보다 작다.
> • 톱질과 못박기가 가능하다.

57 표준형 점토벽돌의 치수로 옳은 것은?

① 210 × 90 × 57mm

② 210 × 110 × 60mm

③ 190 × 100 × 60mm

④ 190 × 90 × 57mm

> **해설**
>
> **벽돌의 규격**
> • 기본형(재래식) 벽돌 : 210×100×60mm
> • 표준형 벽돌 : 190×90×57mm

58 스테인리스강(Stainless Steel)은 어떤 성분의 금속이 많이 포함되어 있는 금속재료인가?

① 망간(Mn)　　　　② 규소(Si)

③ 크롬(Cr)　　　　④ 인(P)

> **해설**
>
> **스테인리스강(Stainless Steel)**
> • 스테인리스강 표면에는 눈에는 보이지 않지만 치밀한 보호막이 형성되어 있으며 이 피막을 부동태 피막이라고 한다.
> • 이 피막은 아주 얇은 피막이며 크롬산화물로 구성되어 있다(크롬양이 약 12% 이상이 되면 현저하게 부식속도가 떨어지게 된다).

59 다음 중 무기질 단열재료가 아닌 것은?

① 암면　　　　　　② 유리섬유

③ 펄라이트　　　　④ 셀룰로오스

셀룰로오스는 유기질 단열재에 해당한다.

60 굳지 않은 콘크리트의 성질을 나타내는 용어에 관한 설명으로 옳지 않은 것은?

① 펌퍼빌리티(Pumpability)는 콘크리트 펌프를 사용하여 시공하는 콘크리트의 워커빌리티를 판단하는 하나의 척도로 사용된다.

② 워커빌리티(Workability)는 컨시스턴시에 의한 부어넣기의 난이도 정도 및 재료분리에 저항하는 정도를 나타낸다.

③ 플라스티시티(Plasticity)는 수량에 의해서 변화하는 콘크리트 유동성의 정도이다.

④ 피니셔빌리티(Finishability)는 마무리하기 쉬운 정도를 말한다.

③은 Consistency(반죽질기, 유동성)에 대한 설명이다.

※ Plasticity(성형성) : 구조체에 타설된 콘크리트가 거푸집에 잘 채워질 수 있는지의 난이 정도를 말한다.

4과목 건축일반

61 호텔 각 실의 재료 중 방염성능 기준 이상의 물품으로 시공하지 않아도 되는 것은?

① 지하 1층 연회장의 무대용 합판

② 최상층 식당의 창문에 설치하는 커튼류

③ 지상 1층 라운지의 전시용 합판

④ 지상 3층 객실의 화장대

방염대상물품

제조 또는 가공 공정에서 방염처리를 한 물품	• 창문에 설치하는 커튼류(블라인드 포함) • 카펫 • 벽지류(두께가 2밀리미터 미만인 종이벽지는 제외) • 전시용 합판·목재 또는 섬유판, 무대용 합판·목재 또는 섬유판(합판·목재류의 경우 불가피하게 설치 현장에서 방염처리한 것을 포함) • 암막·무대막(영화상영관에 설치하는 스크린과 가상체험 체육시설업에 설치하는 스크린 포함) • 섬유류 또는 합성수지류 등을 원료로 하여 제작된 소파·의자(단란주점영업, 유흥주점영업 및 노래연습장업의 영업장에 설치하는 것으로 한정)
건축물 내부의 천장이나 벽에 부착하거나 설치하는 것(다만, 가구류와 너비 10센티미터 이하인 반자돌림대 등과 내부 마감재료는 제외)	• 종이류(두께 2밀리미터 이상인 것)·합성수지류 또는 섬유류를 주원료로 한 물품 • 합판이나 목재 • 공간을 구획하기 위하여 설치하는 간이 칸막이(접이식 등 이동 가능한 벽체나 천장 또는 반자가 실내에 접하는 부분까지 구획하지 않는 벽체) • 흡음(吸音)을 위하여 설치하는 흡음재(흡음용 커튼을 포함) • 방음(防音)을 위하여 설치하는 방음재(방음용 커튼을 포함)

62 내력벽 벽돌쌓기에 있어서 영식 쌓기가 활용되는 가장 큰 이유는?

① 토막벽돌을 이용할 수 있어 경제적이기 때문에

② 시공의 용이함으로 공사진행이 빠르기 때문에

③ 통줄눈이 생기지 않아 구조적으로 유리하기 때문에

④ 일반적으로 외관이 뛰어나기 때문에

영식 쌓기
한 켜는 길이, 다음 켜는 마구리로 쌓는 방법으로, 마구리 켜의 모서리는 반절 또는 이오토막을 사용한다(가장 튼튼한 쌓기 공법, 내력벽).

63 소방시설법령에서 정의한 무창층에 해당하는 기준으로 옳은 것은?

- A : 무창층과 관련된 일정요건을 갖춘 개구부 면적의 합계
- B : 해당 층 바닥면적

① A/B ≤ 1/10
② A/B ≤ 1/20
③ A/B ≤ 1/30
④ A/B ≤ 1/40

해설

무창층(無窓層)
지상층 중 특정 요건을 모두 갖춘 개구부의 면적의 합계가 해당 층의 바닥면적의 30분의 1 이하가 되는 층을 말한다.

64 철골조에서 그림과 같은 H형강의 올바른 표기법은?

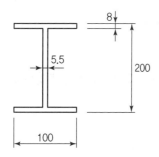

① H − 100 × 200 × 5.5 × 8
② H − 100 × 200 × 8 × 5.5
③ H − 200 × 100 × 5.5 × 8
④ H − 200 × 100 × 8 × 5.5

해설

H − 높이 × 너비 × 웨브 두께 × 플랜지 두께
H − 200 × 100 × 5.5 × 8

65 일반적인 방염대상물품의 방염성능기준에서 버너의 불꽃을 제거한 때부터 불꽃을 올리며 연소하는 상태가 그칠 때까지의 시간은 얼마 이내이어야 하는가?

① 10초
② 15초
③ 20초
④ 30초

해설

방염대상물품 및 방염성능기준(소방시설 설치 및 관리에 관한 법률 시행령 제31조)
방염성능기준은 다음의 기준을 따른다.
- 버너의 불꽃을 제거한 때부터 불꽃을 올리며 연소하는 상태가 그칠 때까지 시간은 20초 이내일 것
- 버너의 불꽃을 제거한 때부터 불꽃을 올리지 않고 연소하는 상태가 그칠 때까지 시간은 30초 이내일 것
- 탄화(炭化)한 면적은 50제곱센티미터 이내, 탄화한 길이는 20센티미터 이내일 것
- 불꽃에 의하여 완전히 녹을 때까지 불꽃의 접촉 횟수는 3회 이상일 것
- 소방청장이 정하여 고시한 방법으로 발연량(發煙量)을 측정하는 경우 최대연기밀도는 400 이하일 것

66 다음과 같은 조건에서 겨울철 벽체 내부에 발생하는 결로현상에 관한 설명으로 옳은 것은?

콘크리트와 단열재로 구성된 벽체로서 콘크리트 전체 두께와 단열재 종류, 두께는 같고 단열재 위치만 다른 외벽체의 경우로 내단열, 외단열, 중단열구조를 가정한다.

① 내단열구조의 경우가 내부 결로의 발생 우려가 가장 작다.
② 외단열구조의 경우가 내부 결로의 발생 우려가 가장 작다.
③ 중단열구조의 경우가 내부 결로의 발생 우려가 가장 작다.
④ 두께가 같으면 내부 결로의 발생 정도는 동일하다.

해설

① 내단열구조의 경우가 내부 결로의 발생 우려가 가장 크다.
③ 중단열구조의 경우 결로발생 우려에 대해 내단열구조와 외단열구조의 중간 정도 발생 가능성이 있다.
④ 두께가 같아도 실내외 온습도 차이 등에 따라 발생 정도가 달라질 수 있다.

67 철근콘크리트구조의 철근 피복에 관한 설명으로 옳지 않은 것은?(단, 철근콘크리트보로서 주근과 스터럽이 정상 설치된 경우)

① 철근콘크리트보의 피복두께는 주근의 표면과 이를 피복하는 콘크리트 표면까지의 최단거리이다.

② 피복두께는 내화성·내구성 및 부착력을 고려하여 정하는 것이다.

③ 동일한 부재의 단면에서 피복두께가 클수록 구조적으로 불리하다.

④ 콘크리트의 중성화에 따른 철근의 부식을 방지한다.

[해설]
철근콘크리트보의 피복두께는 스터럽의 표면과 이를 피복하는 콘크리트 표면까지의 최단거리이다.

68 실내공간에 서 있는 사람의 경우 주변 환경과 지속적으로 열을 주고받는다. 인체와 주변 환경과의 열전달 현상 중 그 영향이 가장 적은 것은?

① 전도　　　　② 대류

③ 복사　　　　④ 증발

[해설]
인체와 주변환경과의 열전달(손실) 정도
복사 > 대류 > 증발 > 전도

69 화재안전조사를 실시하는 경우에 해당하지 않는 것은?

① 자체점검이 불성실하거나 불완전하다고 인정되는 경우

② 국가적 행사 등 주요 행사가 개최되는 장소 및 그 주변의 관계 지역에 대하여 소방안전관리 실태를 조사할 필요가 있는 경우

③ 화재가 발생되지 않아 일상적인 점검을 요하는 경우

④ 재난예측정보, 기상예보 등을 분석한 결과 소방대상물에 화재의 발생 위험이 크다고 판단되는 경우

[해설]
화재안전조사(화재의 예방 및 안전관리에 관한 법률 제7조)
화재가 자주 발생하였거나 발생할 우려가 뚜렷한 곳에 대한 조사가 필요한 경우에 실시한다.

70 건축물에 설치하는 지하층 비상탈출구의 유효너비 및 유효높이의 기준으로 옳은 것은?

① 유효너비 0.75m 이상, 유효높이 1.5m 이상

② 유효너비 0.75m 이상, 유효높이 1.8m 이상

③ 유효너비 1.0m 이상, 유효높이 1.5m 이상

④ 유효너비 1.0m 이상, 유효높이 1.8m 이상

[해설]
비상탈출구의 구조

크기	• 유효너비 : 0.75m 이상 • 유효높이 : 1.5m 이상
열리는 방향 등	문은 피난방향으로 열리도록 하고, 실내에서 항상 열 수 있는 구조, 내부 및 외부에는 비상탈출구 표시
출입구로부터	3m 이상 떨어진 곳에 설치
지하층의 바닥으로부터 비상탈출구의 아랫부분까지의 높이가 1.2m 이상 시	벽체에 발판의 너비가 20cm 이상인 사다리 설치
피난통로의 유효너비	0.75m 이상
피난통로의 실내에 접하는 부분의 마감과 그 바탕	불연재료

71 건축물의 피난·방화구조 등의 기준에 관한 규칙에서 정의하고 있는 재료에 해당되지 않는 것은?

① 난연재료　　　　② 불연재료

③ 준불연재료　　　　④ 내화재료

[해설]
불연성에 따른 재료의 구분은 불연, 준불연, 난연재료로 구분한다.

72 방화구획의 설치기준으로 옳지 않은 것은?

① 10층 이하의 층은 바닥면적 1,000m² 이내마다 구획할 것

② 10층 이하의 층은 스프링클러 기타 이와 유사한 자동식 소화설비를 설치한 경우에는 바닥면적 3,000m² 이내마다 구획할 것

③ 지하층은 바닥면적 200m² 이내마다 구획할 것

④ 11층 이상의 층은 바닥면적 200m² 이내마다 구획할 것

해설

③ 3층 이상의 층과 지하층은 층마다 구획한다.

73 25층 업무시설로서 6층 이상의 거실면적 합계가 36,000m²인 경우 승용 승강기의 최소 설치 대수는?(단, 16인승 이상의 승강기로 설치한다)

① 7대　　　　　② 8대

③ 9대　　　　　④ 10대

해설

$$승강기\ 대수 = 1 + \frac{36,000 - 3,000}{2,000} = 17.5대 = 18대$$

∴ 16인승은 1대를 2대로 간주하므로 설치대수는 9대이다.

74 소화활동설비에 해당되는 것은?

① 스프링클러설비

② 자동화재탐지설비

③ 상수도소화용수설비

④ 연결송수관설비

해설

① 스프링클러설비 : 소화설비
② 자동화재탐지설비 : 경보설비
③ 상수도소화용수설비 : 소화용수설비

75 유사 소방시설로 분류되어 설치가 면제되는 기준으로 옳게 연결된 것은?(단, 유사 소방시설이 화재안전기준에 적합하게 설치된 경우)

① 연소방지설비 설치 → 스프링클러설비 면제

② 물분무등소화설비 설치 → 스프링클러설비 면제

③ 무선통신보조설비 설치 → 비상방송설비 면제

④ 누전경보기 설치 → 비상경보설비 면제

해설

특정소방대상물의 소방시설 설치의 면제기준(소방시설 설치 및 관리에 관한 법률 시행령 제14조 [별표 5])

설치가 면제되는 소방시설	설치면제 기준
스프링클러설비	• 스프링클러설비를 설치해야 하는 특정소방대상물(발전시설 중 전기저장시설은 제외한다)에 적응성 있는 자동소화장치 또는 물분무등소화설비를 화재안전기준에 적합하게 설치한 경우에는 그 설비의 유효범위에서 설치가 면제된다. • 스프링클러설비를 설치해야 하는 전기저장시설에 소화설비를 소방청장이 정하여 고시하는 방법에 따라 설치한 경우에는 그 설비의 유효범위에서 설치가 면제된다.

76 철골보와 콘크리트 바닥판을 일체화시키기 위한 목적으로 활용되는 것은?

① 시어 커넥터

② 사이드 앵글

③ 필러 플레이트

④ 리브 플레이트

해설

시어 커넥터(Shear Connector)
철골보와 콘크리트 바닥판을 일체화시켜 전단력에 대응하는 역할을 한다.

정답　　**72** ③　**73** ③　**74** ④　**75** ②　**76** ①

77 음의 물리적 특성에 대한 설명으로 옳지 않은 것은?

① 음이 1초 동안에 진동하는 횟수를 주파수라고 한다.

② 인간의 귀로 들을 수 있는 주파수 범위를 가청주파수라고 한다.

③ 기온이 높아지면 공기 중에 전파되는 음의 속도도 증가한다.

④ 공기 중으로 전달되는 음파의 전파속도는 주파수와 비례한다.

해설

음파의 전파속도는 매질에 따라 달라지는 것으로 주파수의 크기와는 관계없다.

78 지진이 발생할 경우 소방시설이 정상적으로 작동될 수 있도록 소방청장이 정하는 내진설계기준에 맞게 설치하여야 하는 소방시설이 아닌 것은?(단, 내진설계기준의 설정대상시설에 소방시설을 설치하는 경우)

① 옥내소화전설비　　② 스프링클러설비

③ 물분무등소화설비　④ 무선통신보조설비

해설

내진설계기준에 맞게 설치하여야 하는 소방시설
옥내소화전설비, 스프링클러설비, 물분무등소화설비

79 건축구조에서 일체식 구조에 속하는 것은?

① 철골구조

② 돌구조

③ 벽돌구조

④ 철골 · 철근콘크리트구조

해설

① 철골구조 : 가구식 구조
② 돌구조 : 조적식 구조
③ 벽돌구조 : 조적식 구조

80 콘크리트 블록쌓기에 관한 설명으로 옳지 않은 것은?

① 블록은 살(Shell)두께가 큰 면을 아래로 하여 쌓는다.

② 줄눈은 일반적으로 막힌줄눈으로 하며 철근으로 보강하는 등 특별한 경우에는 통줄눈으로 한다.

③ 모르타르 접촉면은 적당히 물축이기를 한다.

④ 규준틀에는 수평선을 치고 모서리, 중간요소에 먼저 기준이 되는 블록을 수평실에 맞추어 다림추 등을 써서 정확하게 설치한 다음 중간블록을 쌓는다.

해설

블록은 살(Shell)두께가 작은 면을 아래로 하여 쌓는다.

01 실내디자인에 관한 설명으로 옳지 않은 것은?

① 실내디자인은 미술에 속하므로 미적인 관점에서만 그 성공여부를 판단할 수 있다.
② 실내디자인의 영역은 주거공간, 상업공간, 업무공간, 특수공간 등으로 나눌 수 있다.
③ 실내디자인은 목적을 위한 행위이나 그 자체가 목적이 아니고 특정한 효과를 얻기 위한 수단이다.
④ 실내디자인이란 인간이 거주하는 실내공간을 보다 능률적이고 쾌적하며 아름답게 계획, 설계하는 작업이다.

> **해설**
> **실내디자인**
> 인간이 거주하는 공간을 보다 능률적이고 쾌적하게 계획하는 작업으로 순수예술이 아닌 인간 생활을 위한 물리적, 환경적, 기능적, 심미적, 경제적 조건 등을 고려하여 공간을 창출해내는 창조적인 전문분야이다.

02 디자인의 요소 중 점에 대한 아래 그림을 보고 바르게 설명한 것은?

① 집중효과가 있다.
② 선이나 형의 효과가 생긴다.
③ 면으로 지각된다.
④ 집합, 분리의 효과를 얻는다.

> **해설**
> **점**
> 두 점의 크기가 같을 때 주의력은 균등하게 작용하고 나란히 있는 점의 간격에 따라 집합 분리의 효과를 얻는다.

03 주거공간의 개념계획도에 대한 설명으로 옳지 않은 것은?

① 공간을 부엌, 식당, 연결 공간 등 다이어그램으로 표시한다.
② 동선을 선으로 연결하여 개념적인 공간을 보여준다.
③ 한번 계획된 개념도는 가능하면 수정하지 않는 것이 좋다.
④ 개념계획도가 확정되면 평면도를 그린다.

> **해설**
> 개념계획도는 요구조건에 따라 수정을 할 수 있다

04 실내공간을 구성하는 요소와 그 의미에 관한 설명 중 가장 관계가 적은 것은?

① 바닥 : 상승된 바닥은 다른 부분보다 중요한 공간이라는 것을 나타낸다.
② 벽 : 벽의 높이가 가슴 정도이면 주변공간에 시각적 연속성을 주면서도 특정 공간을 감싸주는 느낌을 준다.
③ 천정 : 천정의 높이는 실내공간의 사용목적과 깊은 관계가 있다.
④ 문 : 여닫이문은 밖으로 여닫는 것이 원칙이나 비상문의 경우 안여닫이로 한다.

> **해설**
> 여닫이문은 안으로 여닫는 것이 원칙이나 비상문의 경우 피난의 방향인 밖여닫이로 해야 한다.

정답 01 ① 02 ④ 03 ③ 04 ④

05 디자인의 기본원리 중 척도(Scale)와 비례에 관한 설명으로 옳지 않은 것은?

① 비례는 인간과 물체와의 관계이며, 척도는 물체와 물체 상호 간의 관계를 갖는다.
② 비례는 물리적 크기를 선으로 측정하는 기하학적인 개념이다.
③ 공간 내의 비례관계는 평면, 입면, 단면에 있어서 입체적으로 평가되어야 한다.
④ 비례는 대소의 분량, 장단의 차이, 부분과 부분 또는 부분과 전체와의 수량적 관계를 비율로서 표현 가능한 것이다.

해설
- 스케일 : 스케일을 검토하는데 있어 가장 중요한 대상이 되는 것은 인간의 동작범위를 고려하여 공간 관계형성의 측정기준이 된다.
- 비례 : 형태의 부분과 부분과 전체 사이의 크기, 모양 등의 시각적 질서, 균형을 결정하는데 사용되고 있다.

06 다음의 공간에 대한 설명 중 옳지 않은 것은?

① 내부 공간의 형태는 바닥, 벽, 천장의 수직, 수평적 요소에 의해 이루어진다.
② 평면, 입면, 단면의 비례에 의해 내부 공간의 특성이 달라지며 사람은 심리적으로 다르게 영향을 받는 다.
③ 내부 공간의 형태에 따라 가구유형과 형태, 가구 배치 등 실내의 제요소들이 달라진다.
④ 불규칙적 형태의 공간은 일반적으로 한 개 이상의 축을 가지며 자연스럽고 대칭적이어서 안정되어 있다.

해설
불규칙적 형태
복잡하고 많은 면으로 이루어져 변화가 많고 여러 개의 대칭축을 갓는다.

07 측창에 관한 설명으로 옳지 않은 것은?

① 투명 부분을 설치하면 해방감이 있다.
② 같은 면적의 천창보다 광량이 3배 정도 많다.
③ 근린의 상황에 의한 채광 방해가 발생할 수 있다.
④ 남측창일 경우 실 전체의 조도분포가 비교적 균일하지 않다.

해설
측창
창의 면이 수직 벽면에 설치되는 창으로 같은 면적의 천창에 비해 채광량이 적어 눈부심이 적다.

08 채광을 조절하는 일광 조절장치와 관련이 없는 것은?

① 루버(Louver)
② 커튼(Curtain)
③ 베니션블라인드(Venetain Blind)
④ 디퓨져(Diffuser)

해설
디퓨져(Diffuser)
화학적원리를 이용해 확대관에 향수와 같은 액체를 담아서 향기를 퍼지게 하는 인테리어 소품이다.

09 디자인의 원리 중 대비에 대한 설명으로 옳지 않은 것은?

① 극적인 분위기를 연출하는 데 효과적이다.
② 상반 요소가 밀접하게 접근하면 할수록 대비의 효과는 감소된다.
③ 강력하고 화려하며 남성적인 이미지를 주지만 지나치게 크거나 많은 대비의 사용은 통일성을 방해할 우려가 있다.
④ 질적ㆍ양적으로 전혀 다른 둘 이상의 요소가 동시에 혹은 계속적으로 배열될 때 상호의 특징이 한층 강하게 느껴지는 통일적 현상이다.

정답 **05** ① **06** ④ **07** ② **08** ④ **09** ②

대비

상반된 요소의 거리가 가까울수록 대비의 효과는 증대된다.

10 다음의 가구에 관한 설명 중 ( ) 안에 들어갈 말로 알맞은 것은?

> 자유로이 움직이며 공간에 융통성을 부여하는 가구를 (㉠)라 하며, 특정한 사용목적이나 많은 물품을 수납하기 위해 건축화된 가구를 (㉡)라 한다.

① ㉠ 고정가구, ㉡ 가동가구

② ㉠ 이동가구, ㉡ 가동가구

③ ㉠ 이동가구, ㉡ 붙박이가구

④ ㉠ 붙박이가구, ㉡ 이동가구

해설

- 이동가구 : 일반적인 형태로 자유로이 움직일 수 있는 단일가구이다.
- 붙박이가구 : 건물과 일체화시킨 가구로 공간을 활용, 효율성을 높일 수 있다.

11 광원을 넓은 면적의 벽면에 매입하여 비스타(Vista)적인 효과를 낼 수 있으며 시선에 안락한 배경으로 작용하는 건축화 조명방식은?

① 광창 조명

② 광천장 조명

③ 코니스 조명

④ 캐노피 조명

해설

광창 조명

광원을 넓은 면적의 벽면 또는 천장에 매입하는 조명방식으로 비스타(Vista)적인 효과를 낼 수 있다. 또한 광원을 확산판이나 루버로 걸러 은은한 분위기를 낸다.

12 소비자 구매심리 5단계의 순서로 옳은 것은?

① 주의(A) − 흥미(I) − 욕망(D) − 확신(C) − 구매(A)

② 흥미(I) − 주의(A) − 욕망(D) − 확신(C) − 구매(A)

③ 확신(C) − 욕망(D) − 흥미(I) − 주의(A) − 구매(A)

④ 욕망(D) − 흥미(I) − 주의(A) − 확신(C) − 구매(A)

해설

소비자 구매심리 5단계(AIDMA 법칙)

- A(Attention, 주의) : 상품에 대한 관심으로 주의를 갖게 한다.
- I(Interest, 흥미) : 고객의 흥미를 갖게 한다.
- D(Desire, 욕망) : 구매 욕구를 일으킨다.
- M(Memory, 기억) : 개성적인 공간으로 기억하게 한다.
- A(Action, 행동) : 구매의 동기를 실행하게 한다.

13 다음 중 부엌의 작업대 배치 시 가장 중요하게 고려해야 할 사항은?

① 조명배치

② 마감재료

③ 작업동선

④ 색채조화

해설

부엌의 작업대 배치 시 조리작업의 흐름에 따른 작업대의 배치와 작업자의 동선에 맞게 합리적인 치수와 수납계획이 이루어져야 한다.

14 실내디자인 프로세스에 관한 도표 중 빈 사각형 안에 들어가야 할 내용은?

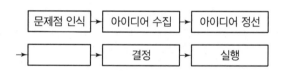

① 제작, 시공

② 분석

③ 조건설정

④ 프로그래밍

해설

문제점 인식 → 아이디어 수집 → 아이디어 정선 → 분석 → 결정 → 실행

※ 분석 : 요구조건의 항목들을 유사한 것끼리 그룹화하여 분석을 용이하게 한다.

정답   **10** ③   **11** ①   **12** ①   **13** ③   **14** ②

15 쇼윈도우에 대한 다음 설명 중 옳지 않은 것은?

① 쇼윈도우의 바닥높이는 진열되는 상품의 종류에 따라 고저를 결정하며 운동용구, 구두, 시계 및 귀금속은 높게 할수록 좋다.
② 쇼윈도우는 상점 파사드의 일부분으로 통행인에게 상점의 특색이나 취급상품을 알리는 기능을 담당한다.
③ 쇼윈도우의 눈부심을 방지하기 위해 외부측에 차양을 설치하여 그늘을 만들어 준다.
④ 쇼윈도우의 바닥면에 사용되는 재료는 상품의 색상과 재질의 특성에 따라 달리하는 것이 바람직하다.

해설

쇼윈도의 바닥 높이는 스포츠용품점, 구두점은 낮게, 시계 귀금속은 높게 계획한다.

16 다음 중 대형 업무용 빌딩에서 공적인 문화공간의 역할을 담당하기에 가장 적절한 공간은?

① 로비 공간
② 회의실 공간
③ 직원 라운지
④ 비즈니스센터

해설

대형 업무용 빌딩은 상업시설 등 다른 기능과 복합되어 구성되며 해당 시설을 이용자들이 시설 내외부로 유입됨에 따라 로비 공간이 공적인 문화공간의 역할을 한다. 직원 라운지, 회의실 공간, 비즈니스 센터는 직원들을 위한 공간이다.

17 다음 설명에 알맞은 전시공간의 평면형태는?

• 관람자는 다양한 전시공간의 선택을 자유롭게 할 수 있다.
• 관람자에게 과중한 심리적 부담을 주지 않는 소규모 전시장에 사용한다.

① 원형
② 선형
③ 부채꼴형
④ 직사각형

해설

전시공간의 평면구성(부채꼴형)
형태가 복잡하여 한눈에 전체를 파악하는 것이 어렵지만 관람객에게 폭넓은 관람의 선택을 제공할 수 있으며 소규모의 전시장에 적합하다.

18 다음 중 유니버셜 공간의 개념적 설명으로 가장 알맞은 것은?

① 상업공간을 말한다.
② 모듈이 적용된 공간을 말한다.
③ 독립성이 극대화된 공간을 말한다.
④ 공간의 융통성이 극대화된 공간을 말한다.

해설

유니버셜 디자인(Universal Design)
성별, 연령, 국적, 문화적배경, 장애의 유무에도 상관없이 누구나 손쉽게 쓸 수 있는 제품 및 융통성이 극대화된 공간 및 환경을 만드는 디자인이다.

19 다음 설명이 의미하는 것은?

• 르 꼬르뷔지에가 창안
• 인체를 황금비로 분석
• 공업 생산에 적용

① 패턴
② 조닝
③ 모듈러
④ 그리드

해설

모듈러
르 꼬르뷔지에가 창안했으며 미학적인 원리보다 경제적인 공업생산을 목적으로 하였다.

20 다음 중 스페이스 프로그램 단계에 해당되지 않는 것은?

① 조닝
② 각 실 세부계획
③ 소요실 판단
④ 공간별 규모산정

스페이스 프로그램

설계를 착수하기 전에 과제의 전모를 분석하고, 개념화하며, 목표를 명확히 하는 초기 단계의 작업인 프로그래밍에서 공간 간의 기능적 구조 해석에 해당하는 조닝, 소요실 판단, 공간별 규모선정과 가장 관계가 깊다.

2과목 색채 및 인간공학

21 다음 중 인체치수 측정에 있어 손의 치수 및 모양에 대한 측정과 가장 관련이 깊은 것은?

① 구조적 측정
② 운동구조학적 측정
③ 생리학적 측정
④ 능력학적 측정

구조적 인체치수(정적측정)

표준자세에서 움직이지 않는 피측정자를 인체측정기로 구조적 인체 치수를 측정하여 기초자료에 활용한다.

22 사람의 근육은 운동(훈련)을 하면 근육이 발달하고 힘이 증가하는데 그 이유는?

① 지방질의 축적이 이루어지기 때문
② 근육의 섬유(Fiber) 숫자가 증가하기 때문
③ 근육의 섬유 숫자도 늘고 각각의 섬유도 발달하기 때문
④ 근육의 섬유 숫자는 일정하나 각각의 섬유가 발달하기 때문

근육세포

새로 생성되는 것이 아니라 훈련이나 운동에 의해 세포가 커지는 것으로 근육은 많이 움직일수록 운동신경섬유의 분포가 더욱 거미줄처럼 발달한다.

23 다음 중 인체측정자료의 응용에 있어 최대치를 이용하여 디자인하는 경우로 가장 적절한 것은?

① 문의 높이
② 의자의 높이
③ 선반의 높이
④ 조작 버튼까지의 거리

최대치 설계
• 문의 높이, 출입구, 통로 등과 같은 공간여유를 정할 때 사용
• 그네, 줄사다리와 같은 지지물 등의 최소지지 중량(강도)
• 버스 내 승객용 좌석 간의 거리
• 위험구역 울타리 작업대와 의자 사이의 간격

24 신체 진동의 영향을 가장 많이 받는 것은?

① 시력(視力)
② 미각(味覺)
③ 청력(聽力)
④ 근력(筋力)

진동이 인간 성능에 끼치는 영향
• 전신진동은 진폭에 비례하여 시력이 손상되고 추적작업에 대한 효율을 떨어뜨린다.
• 안정되고 정확한 근육조절을 요하는 작업은 진동에 의하여 저하된다.
• 반응시간, 감시, 형태 식별 등 주로 중앙 신경처리에 달린 임무는 진동의 영향을 덜 받는다.

25 인간의 정보처리 중 정보의 보관과 관련되지 않은 것은?

① 장기기억(Long–term Memory)
② 감각보관(Sensory Storage)
③ 단기기억(Short–term Memory)
④ 인지 및 회상(Recognition And Recall)

정보기능

원하는 결과를 위해 정보를 수집하는 기능으로 장기기억, 감각보관, 단지기억이 관련있고, 인지 및 회상은 의사결정 기능에 해당한다.

26 인간 – 기계의 특성 중 인간이 기계보다 우수한 기능은?

① 명시된 프로그램에 따라 정량적인 정보처리를 한다.

② 반복적인 작업을 신뢰성 있게 수행한다.

③ 특정 방법이 실패할 경우 다른 방법을 고려하여 선택한다.

④ 물리적인 양을 정확히 계산하거나 측정한다.

해설

인간과 기계의 능력

인간	• 예기치 못하는 자극을 탐지한다. • 기억에서 적절한 정보를 꺼낸다. • 주관적인 평가를 한다. • 귀납적 추리가 가능하다. • 시각 청각, 촉각, 후각, 미각 등의 작은 자극에도 감지한다. • 원리를 여러 문제해결에 응용한다.

27 다음 중 동작경제의 원칙과 가장 거리가 먼 것은?

① 두 팔은 서로 같은 방향의 비대칭적으로 움직인다.

② 두 손의 동작은 동시에 시작하고, 동시에 끝나도록 한다.

③ 손의 동작은 완만하게 연속적인 동작이 되도록 한다.

④ 휴식시간을 제외하고는 양손이 같이 쉬지 않도록 한다.

해설

두 팔의 동작은 서로 반대 방향으로 대칭되도록 움직인다.

28 다음 중 시야(視野)에 대한 설명으로 가장 옳은 것은?

① 인간이 얼마만큼 멀리 볼 수 있는가를 말한다.

② 인간이 얼마만큼 가까이 볼 수 있는가를 말하다.

③ 어느 한 점에 눈을 돌렸을 때 보이는 범위를 시각으로 나타낸 것이다.

④ 어느 한 점에 눈을 돌렸을 때 보이는 범위를 거리로 나타낸 것이다.

해설

시야

우리가 눈을 이용하여 관찰할 수 있는 범위를 말하며 인간의 시야는 전방 180도 정도이다.

29 다음 중 인간의 눈에서 외부의 빛이 가장 먼저 접촉하는 부분은?

① 각막   ② 망막

③ 수정체   ④ 초자체

해설

각막

안구의 가장 바깥쪽 표면에 있어서 눈에서 제일 먼저 빛이 통과하는 부분이다.

30 다음 중 작업장의 조명 설계에 관한 설명으로 틀린 것은?

① 광원 및 물건에서도 눈부심이 없도록 한다.

② 작업 부분과 배경 사이에는 콘트라스트가 없도록 한다.

③ 광원의 휘도를 줄이고, 광원의 수를 늘린다.

④ 작업 중 손 가까이를 적당한 밝기로 비춘다.

해설

작업 부분과 배경 사이에 콘트라스트(대비)가 있어야 한다. 대상과 배경 사이에는 충분한 밝음의 차이가 있어야만 제대로 물체를 볼 수 있다.

31 색의 3속성에 관한 설명으로 옳은 것은?

① 명도는 빨강, 노랑, 파랑 등과 같은 색감을 말하다

② 채도는 색의 강도를 나타내는 것으로 순색의 정두를 의미한다.

③ 채도는 빨강, 노랑, 파랑 등과 같은 색상의 밝기를 말한다.

④ 명도는 빨강, 노랑, 파랑 등과 같은 색상의 선명함을 말한다.

> **해설**
> • 명도 : 색의 밝고 어두운 정도를 말하며 밝음의 감각을 척도화한 것이라고 할 수 있다.
> • 채도 : 색의 선명하거나 흐리고 탁한 정도를 말하며 채도가 가장 높은 색은 순색이며 무채색을 섞는 비율에 따라 채도는 점점 낮아진다.

32 다음 중 색광의 3원색이 아닌 것은?

① Yellow ② Red
③ Green ④ Blue

> **해설**
> **색광혼합(가산혼합, 가법혼색)**
> 빛의 3원색으로 빨강(R), 초록(G), 파랑(B) 3종의 색광을 혼합했을 때 원래의 색광보다 밝아지는 혼합이다.

33 색의 진출, 후퇴 및 확대, 축소의 심리학적 작용을 설명한 것 중 틀린 것은?

① 따뜻한 느낌을 주는 색상은 일반적으로 팽창하여 보인다.
② 청색계통의 색상은 후퇴하여 보인다.
③ 명도가 높은 색은 후퇴하여 보인다.
④ 명도가 낮은 색은 수축되어 보인다.

> **해설**
> 명도가 높은 색은 진출하는 것 같고, 명도가 낮은 색은 후퇴하는 것 같이 보인다.

34 색채의 온도감에 대한 설명 중 틀린 것은?

① 색의 세 가지 속성 중에서 주로 채도에 영향을 받는다.
② 무채색에서 고명도보다 저명도의 색이 따뜻하게 느껴진다.

③ 장파장 쪽의 색이 따뜻하고, 단파장 쪽의 색이 차갑게 느껴진다.
④ 흑색이 흰색보다 따뜻하게 느껴진다.

> **해설**
> • 색의 온도감은 색의 삼속성 중 색상의 영향을 많이 받는다.
> • 중량감은 명도, 강약감과 경연감은 채도의 영향을 많이 받는다.

35 표면색을 백색광으로 비쳤을 때 각 파장별로 빛이 반사되는 정도를 나타내는 용어는?

① 분광분포 ② 분광특성
③ 분광반사율 ④ 분광분포곡선

> **해설**
> • 분광반사율 : 물체 표면의 색은 빛이 각 파장에 어떠한 비율로 반사되는 정도를 나타낸다.
> • 분광분포 : 빛이 프리즘을 통과하여 파장별로 분리된 색의 양을 그래프로 표시한 것을 말한다.

36 베줄드 효과와 관련이 있는 것은?

① 색의 대비 ② 동화현상
③ 연상과 상징 ④ 게시대비

> **해설**
> **동화현상**
> 두 색을 서로 인접 배색했을 때 서로의 영향으로 실제보다 인접 색에 가까운 것처럼 지각되는 현상이다.

37 헤링(E. Hering)의 색각이론 중 이화작용(Dissimilation)과 관계가 있는 색은?

① 백색(White) ② 녹색(Green)
③ 청색(Blue) ④ 흑색(Black)

> **해설**
> 망막에 빛이 들어오면 동화(합성)와 이화(분해)라는 대립적인 화학적 변화를 일으킨다고 주장했으며, 이화작용에 의하여 적색, 황색, 백색의 감각이 생긴다.

정답   **32** ①   **33** ③   **34** ①   **35** ③   **36** ②   **37** ①

38 그림과 같은 색입체를 만드는 원리에서 수직축(A)에 해당되는 요소는?

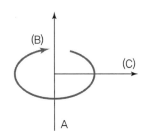

① 색상
② 명도
③ 순도
④ 채도

 해설

수직 방향은 명도, 원주 방향은 색은 색상, 중간의 명도 축에서 방사상으로 뻗는 축에는 채도를 설정한다.

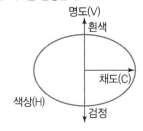

39 색채계획 과정에 대한 설명 중 잘못된 것은?

① 색채환경분석 : 경합업계의 사용 색을 분석
② 색채심리분석 : 색채구성능력과 심리조사
③ 색채전달계획 : 아트 디렉션의 능력이 요구되는 단계
④ 디자인에 적용 : 색채규격과 컬러매뉴얼을 작성하는 단계

 해설

색채전달계획
상품의 색채와 광고 색채를 결정하는 단계로 타사의 제품과 차별하하는 마케팅 능력과 컬러 능력이 필요하다.

40 디지털 색채에 관한 설명으로 틀린 것은?

① HSB 시스템은 Hue, Saturation, Bright 모드로 구성되어 있다.
② 16진수 표기법은 각각 두 자리씩 RGB 값을 나타낸다.
③ Lab 시스템에서 L*은 밝기, a*는 노랑과 파랑의 색채, b*는 빨강과 녹색의 색채를 나타낸다.
④ CMYK 모드 각각의 수치 범위는 0~100%로 나타낸다.

 해설

Lab시스템
헤링의 4원색설에 기초로 L*(명도), a*(빨강/녹색), b*(노랑/파랑)으로 구성되어 있다.

3과목 | 건축재료

41 금속면의 화학적 표면처리재용 도장재로 가장 적합한 것은?

① 셀락니스
② 에칭 프라이머
③ 크레오소트유
④ 캐슈

해설

에칭 프라이머
금속표면의 녹방지를 위해 적용되며 일종의 방청도료(녹막이 페인트)이다.

42 모자이크 타일의 소지질로 가장 알맞은 것은?

① 토기질
② 도기질
③ 석기질
④ 자기질

해설

모자이크 타일은 흡수성이 낮아야 하므로, 자기질이 가장 알맞다.

43 시멘트의 조성 화합물 중 수화작용이 가장 빠르며 수화열이 가장 높고 경화과정에서 수축률도 높은 것은?

① 규산 3석회   ② 규산 2석회

③ 알루민산 3석회   ④ 알루민산철 4석회

해설

수화열, 조기강도 및 수축률 크기

알루민산 3석회 > 규산 3석회 > 규산 2석회

※ 알루민산철 4석회는 색상과 관계된 성분이다.

44 콘크리트용 골재의 품질조건으로 옳지 않은 것은?

① 유해량의 먼지, 유기불순물 등을 포함하지 않은 것

② 표면이 매끈한 것

③ 구형에 가까운 것

④ 청정한 것

해설

골재의 표면이 거친 것이 시멘트 페이스트와의 접착성 증대에 효과적이다.

45 콘크리트용 혼화제에 관한 설명으로 옳은 것은?

① 지연제는 굳지 않은 콘크리트의 운송시간에 따른 콜드 조인트 발생을 억제하기 위하여 사용된다.

② AE제는 콘크리트의 워커빌리티를 개선하지만 동결융해에 대한 저항성을 저하시키는 단점이 있다.

③ 급결제는 초미립자로 구성되며 이를 사용한 콘크리트의 초기강도는 작으나, 장기강도는 일반적으로 높다.

④ 감수제는 계면활성제의 일종으로 굳지 않은 콘크리트의 단위수량을 감소시키는 효과가 있으나 골재분리 및 블리딩 현상을 유발하는 단점이 있다.

해설

② AE제는 콘크리트의 워커빌리티 개선뿐만 아니라 동결융해에 대한 저항성을 높게 하는 역할을 한다.

③ 급결제는 초미립자로 구성되며 콘크리트의 초기강도를 높이기 위해 사용한다.

④ 감수제는 계면활성제의 일종으로 굳지 않은 콘크리트의 단위수량을 감소시켜, 골재분리 및 블리딩 현상을 최소화하는 장점이 있다.

46 무기질 단열재료 중 규산질 분말과 석회분말을 오토클레이브 중에서 반응시켜 얻은 겔에 보강섬유를 첨가하여 프레스 성형하여 만드는 것은?

① 유리면   ② 세라믹 섬유

③ 펄라이트판   ④ 규산 칼슘판

해설

규산 칼슘판은 무기질 재료로서 불연성능이 우수하다.

47 목재 섬유포화점에서의 함수율은 약 몇 %인가?

① 20%   ② 40%

③ 30%   ④ 50%

해설

목재는 섬유포화점(30%) 이상에서는 강도가 일정하며, 섬유포화점 이하에서는 함수율의 감소에 따라 강도가 증대된다.

48 도로나 바닥에 깔기 위해 만든 두꺼운 벽돌로서 원료로 연화토, 도토 등을 사용하여 만들며 경질이고 흡습성이 작은 특징이 있는 것은?

① 이형벽돌   ② 포도벽돌

③ 치장벽돌   ④ 내화벽돌

해설

포도벽돌

• 아연토, 도토 등을 사용한다.

• 식염유를 시유 · 소성하여 성형한 벽돌이다.

• 마멸이나 충격에 강하며 흡수율은 작다.

• 내구성이 좋고 내화력이 강하다.

• 도로 포장용, 건물 옥상 포장용 및 공장 바닥용으로 사용한다.

정답   **43** ③   **44** ②   **45** ①   **46** ④   **47** ③   **48** ②

49 목재의 역학적 성질에 관한 설명으로 옳지 않은 것은?

① 목재 섬유 평행방향에 대한 인장강도가 다른 여러 강도 중 가장 크다.

② 목재의 압축강도는 옹이가 있으면 증가한다.

③ 목재를 휨부재로 사용하여 외력에 저항할 때는 압축, 인장, 전단력이 동시에 일어난다.

④ 목재의 전단강도는 섬유 간의 부착력, 섬유의 곧음, 수선의 유무 등에 의해 결정된다.

해설
옹이
수목이 성장하는 도중 줄기에서 가지가 생기면 세포가 변형을 일으켜 발생되는 목재의 결함으로, 옹이가 있으면 목재의 압축강도가 저하된다.

50 단열 모르타르에 관한 설명으로 옳지 않은 것은?

① 바닥, 벽, 천장 등의 열손실 방지를 목적으로 사용된다.

② 골재는 중량골재를 주재료로 사용한다.

③ 시멘트는 보통 포틀랜드 시멘트, 고로슬래그 시멘트 등이 사용된다.

④ 구성재료를 공장에서 배합하여 만든 기배합 미장재료로서 적당량의 물을 더하여 반죽상태로 사용하는 것이 일반적이다.

해설
단열성 확보를 위해 밀도가 낮은 경량골재를 주재료로 사용한다.

51 단열재가 구비해야 할 조건으로 옳지 않은 것은?

① 불연성이며, 유동가스가 발생하지 않을 것

② 열전도율 및 흡수율이 낮을 것

③ 비중이 높고 단단할 것

④ 내부식성과 내구성이 좋을 것

해설
단열재는 어느 정도 기계적 강도가 있어야 하나, 다공질 형태로서 단열성능을 나타내기 위해서는 비중이 작아야 한다.

52 석고계 플라스틱 중 가장 경질이며 벽 바름재료뿐만 아니라 바닥 바름재료로도 사용되는 것은?

① 킨즈 시멘트   ② 혼합석고 플라스틱

③ 회반죽   ④ 돌로마이트 플라스틱

해설
킨즈 시멘트(경석고 플라스터)
• 고온 소성의 무수석고를 특별하게 화학처리한 것이다.
• 응결과 경화의 속도가 소석고에 비하여 매우 늦어 경화 촉진제로 화학처리하여 사용하며 경화 후 강도와 경도가 높고 광택을 갖는 미장재료이다.

53 주로 수량의 다소에 의해 좌우되는 굳지 않은 콘크리트의 변형 또는 유동에 대한 저항성을 무엇이라 하는가?

① 컨시스턴시   ② 피니셔빌리티

③ 워커빌리티   ④ 펌퍼빌리티

해설
컨시스턴시
주로 수량의 다소에 따라 반죽이 질고 된 정도를 나타내는 콘크리트의 성질로 유동성의 정도를 나타낸다.

54 철골 부재 간 접합방식 중 마찰접합 또는 인장접합 등을 이용한 것은?

① 메탈터치   ② 컬럼쇼트닝

③ 필릿용접접합   ④ 고력볼트접합

해설
고력볼트접합
접합시키는 양쪽 재료에 압력을 주고, 양쪽 재료 간의 마찰력에 의하여 응력이 전달되도록 하는 방법이다(마찰, 인장, 지압력 작용).

정답   49 ②   50 ②   51 ③   52 ①   53 ①   54 ④

55 판두께 1.2mm 이하의 얇은 판에 여러 가지 모양으로 도려낸 철판으로서 환기공, 인테리어벽, 천장 등에 이용되는 금속 성형 가공제품은?

① 익스팬디드 메탈　　② 키스톤 플레이트
③ 펀칭 메탈　　　　　④ 스팬드럴 패널

> **해설**

펀칭 메탈(Punching Metal)
얇은 판에 여러 가지 모양으로 도려낸 철물로서 환기구·라디에이터 커버 등에 이용한다.

56 알루미늄에 관한 설명으로 옳지 않은 것은?

① 250~300℃에서 풀림한 것은 콘크리트 등의 알칼리에 침식되지 않는다.
② 비중은 철의 1/3 정도이다.
③ 전·연성이 좋고 내식성이 우수하다.
④ 온도가 상승함에 따라 인장강도가 급격히 감소하고 600℃에 거의 0이 된다.

> **해설**

알루미늄은 산, 알칼리 등에 침식되며, 알칼리성을 띠는 콘크리트에 부식되는 특성이 있다.

57 도장공사 시 작업성을 개선하기 위한 보조첨가제(도막형성 부요소)로 볼 수 없는 것은?

① 산화촉진제　　　　② 침전방지제
③ 전색제　　　　　　④ 가소제

> **해설**

전색제는 착색제 성분 중 하나로서 도장공사의 작업성 향상을 위한 첨가제와는 거리가 멀다.

58 단백질계 접착제인 카세인 아교의 주성분은?

① 녹말　　　　　　　② 난백
③ 우유　　　　　　　④ 동물의 가죽이나 뼈

> **해설**

카세인 아교는 우유의 단백질을 주성분으로 제조된다.

59 강화유리에 관한 설명으로 옳지 않은 것은?

① 판유리를 600℃ 이상의 연화점까지 가열한 후 급랭시켜 만든다.
② 파괴 시 파편이 예리하여 위험하다.
③ 강도는 보통 유리의 3~5배 정도이다.
④ 제조 후 현장가공이 불가하다.

> **해설**

파괴 시 둔각으로 파편이 형성되어 날카로움이 덜하다.

60 아스팔트 루핑에 관한 설명으로 옳은 것은?

① 펠트의 양면에 스트레이트 아스팔트를 가열용융시켜 피복한 것이다.
② 블론 아스팔트를 용제에 녹인 것으로 액상이다.
③ 석유, 석탄공업에서 경유, 중유 및 중유분을 뽑은 나머지로 대부분은 광택이 없는 고체로 연성이 전혀 없다.
④ 평지부의 방수층, 슬레이트평판, 금속판 등의 지붕깔기바탕 등에 이용된다.

> **해설**

아스팔트 루핑
아스팔트 제품 중 펠트의 양면에 블론 아스팔트를 피복하고 활석 분말 등을 부착하여 만든 제품이다(지붕에 기와 대신 사용).

정답　　**55** ③　**56** ①　**57** ③　**58** ③　**59** ②　**60** ④

61 건축구조물을 건식 구조와 습식 구조로 구분할 때 건식 구조에 속하는 것은?

① 철골철근콘크리트구조
② 블록구조
③ 철근콘크리트구조
④ 철골구조

해설

철골구조, 목조구조 등이 건식 구조에 해당한다.

62 높이 31m를 넘는 각 층의 바닥면적 중 최대 바닥면적이 6,000m²인 건축물에 설치해야 하는 비상용승강기의 최소설치 대수는?(단, 8인승 승강기이다)

① 2대
② 3대
③ 4대
④ 5대

해설

비상용 승강기 대수 $= 1 + \dfrac{6,000 - 1,500}{3,000} = 2.5$

∴ 3대

63 다음은 건축물의 최하층에 있는 거실(바닥이 목조인 경우)의 방습조치에 관한 규정이다. ( ) 안에 들어갈 내용으로 옳은 것은?

건축물의 최하층에 있는 거실 바닥의 높이는 지표면으로부터 ( ) 이상으로 하여야 한다. 다만, 지표면을 콘크리트 바닥으로 설치하는 등 방습을 위한 조치를 하는 경우에는 그러하지 아니하다.

① 30cm
② 45cm
③ 60cm
④ 75cm

해설

거실 등의 방습(건축물의 피난·방화구조 등의 기준에 관한 규칙 제18조)
건축물의 최하층에 있는 거실바닥의 높이는 지표면으로부터 45센티미터 이상으로 하여야 한다. 다만, 지표면을 콘크리트바닥으로 설치하는 등 방습을 위한 조치를 하는 경우에는 그러하지 아니하다.

64 건축물에 설치하는 방화벽의 구조에 관한 기준으로 옳지 않은 것은?

① 방화벽에 설치하는 출입문의 너비 및 높이는 각각 2.5m 이하로 한다.
② 방화벽에 설치하는 출입문은 60 + 방화문 또는 60분 방화문 혹은 30분 방화문으로 한다.
③ 내화구조로서 홀로 설 수 있는 구조로 한다.
④ 방화벽의 양쪽 끝과 위쪽 끝을 건축물의 외벽면 및 지붕면으로부터 0.5m 이상 튀어나오게 한다.

해설

방화벽에 설치하는 출입문은 60 + 방화문 또는 60분 방화문으로 한다.

65 구조체의 열용량에 관한 설명으로 옳지 않은 것은?

① 건물의 창면적비가 클수록 구조체의 열용량은 크다.
② 건물의 열용량이 클수록 외기의 영향이 작다.
③ 건물의 열용량이 클수록 실온의 상승 및 하강 폭이 작다.
④ 건물의 열용량이 클수록 외기온도에 대한 실내온도 변화의 시간지연이 있다.

해설

벽체에 비해 창의 열용량이 작기 때문에 건물의 창면적비가 커질수록 구조체 전체 열용량은 작아지게 된다.

정답 **61** ④ **62** ② **63** ② **64** ② **65** ①

66 표준형 벽돌로 구성한 벽체를 내력벽 2.5B로 할 때 벽두께로 옳은 것은?

① 290mm 　　　② 390mm

③ 490mm 　　　④ 580mm

2.5B = 190 + 10 + 190 + 10 + 90 = 490mm

67 다음은 건축법령에 따른 차면시설 설치에 관한 조항이다. ( ) 안에 들어갈 내용으로 옳은 것은?

> 인접 대지경계선으로부터 직선거리 ( ) 이내에 이웃 주택의 내부가 보이는 창문 등을 설치하는 경우에는 차면시설(遮面施設)을 설치하여야 한다.

① 1.5m 　　　② 2m

③ 3m 　　　④ 4m

창문 등의 차면시설(건축법 시행령 제55조)
인접 대지경계선으로부터 직선거리 2미터 이내에 이웃 주택의 내부가 보이는 창문 등을 설치하는 경우에는 차면시설(遮面施設)을 설치하여야 한다.

68 건축물에 설치하는 굴뚝에 관한 기준으로 옳지 않은 것은?

① 굴뚝의 옥상 돌출부는 지붕면으로부터의 수직거리를 1m 이상으로 할 것

② 굴뚝의 상단으로부터 수평거리 1m 이내에 다른 건축물이 있는 경우에는 그 건축물의 처마보다 1.5m 이상 높게 할 것

③ 금속제 굴뚝으로서 건축물의 지붕 속 · 반자 위 및 가장 아래 바닥 밑에 있는 굴뚝의 부분은 금속 외의 불연재료로 덮을 것

④ 금속제 굴뚝은 목재 기타 가연재료로부터 15cm 이상 떨어져서 설치할 것

건축물에 설치하는 굴뚝(건축물의 피난 · 방화구조 등의 기준에 관한 규칙 제20조)
굴뚝의 상단으로부터 수평거리 1미터 이내에 다른 건축물이 있는 경우에는 그 건축물의 처마보다 1미터 이상 높게 할 것

69 제2종 근린생활시설 중 일반음식점 및 휴게음식점의 조리장의 안벽은 바닥으로부터 얼마의 높이까지 내수재료로 마감하여야 하는가?

① 0.3m 　　　② 0.5m

③ 1m 　　　④ 1.2m

거실 등의 방습(건축물의 피난 · 방화구조 등의 기준에 관한 규칙 제18조)
다음 어느 하나에 해당하는 욕실 또는 조리장의 바닥과 그 바닥으로부터 높이 1미터까지의 안벽의 마감은 이를 내수재료로 하여야 한다.
• 제1종 근린생활시설 중 목욕장의 욕실과 휴게음식점의 조리장
• 제2종 근린생활시설 중 일반음식점 및 휴게음식점의 조리장과 숙박시설의 욕실

70 소방시설법령에 따른 소방시설의 분류명칭에 해당되지 않는 것은?

① 소화설비 　　　② 급수설비

③ 소화활동설비 　　　④ 소화용수설비

소방시설의 분류
소화설비, 경보설비, 피난설비, 소화용수설비, 소화활동설비로 분류된다.

71 특정소방대상물에서 피난기구를 설치하여야 하는 층에 해당하는 것은?

① 층수가 11층 이상인 층 　② 피난층

③ 지상 2층 　　　④ 지상 3층

피난구조설비(소방시설 설치 및 관리에 관한 법률 시행령 [별표 4])
피난기구는 특정소방대상물의 모든 층에 화재안전기준에 적합한 것으로 설치해야 한다. 다만, 피난층, 지상 1층, 지상 2층(노유자시설 중 피난층이 아닌 지상 1층과 피난층이 아닌 지상 2층은 제외), 층수가 11층 이상인 층과 위험물 저장 및 처리시설 중 가스시설, 지하가 중 터널 또는 지하구의 경우에는 그렇지 않다.

72 철근콘크리트구조로서 내화구조가 아닌 것은?

① 두께가 8cm인 바닥

② 두께가 10cm인 벽

③ 보

④ 지붕

철근 · 철골콘크리트조 바닥이 내화구조로 인정받기 위해서는 10cm 이상의 두께가 필요하다.

73 다음 (   ) 안에 적합한 것은?

「지진 · 화산재해대책법」 제14조제1항 각 호의 시설 중 대통령령으로 정하는 특정소방대상물에 대통령령으로 정하는 소방시설을 설치하려는 자는 지진이 발생할 경우 소방시설이 정상적으로 작동될 수 있도록 (   )이 정하는 내진설계기준에 맞게 소방시설을 설치하여야 한다.

① 국토교통부장관

② 소방서장

③ 소방청장

④ 행정안전부장관

소방시설의 내진설계기준(소방시설 설치 및 관리에 관한 법률 제7조)
「지진 · 화산재해대책법」 제14조제1항 각 호의 시설 중 대통령령으로 정하는 특정소방대상물에 대통령령으로 정하는 소방시설을 설치하려는 자는 지진이 발생할 경우 소방시설이 정상적으로 작동될 수 있도록 소방청장이 정하는 내진설계기준에 맞게 소방시설을 설치하여야 한다.

74 종교시설인 건축물의 주계단 · 피난계단 또는 특별피난계단에서 난간이 없는 경우에 손잡이를 설치하고자 할 때 손잡이는 벽 등으로부터 최소 얼마 이상 떨어져 설치해야 하는가?

① 3cm

② 5cm

③ 8cm

④ 10cm

공동주택 등의 난간 · 벽 등의 손잡이와 바닥마감 기준
• 손잡이는 최대지름이 3.2cm 이상 3.8cm 이하인 원형 또는 타원형의 단면으로 할 것
• 손잡이는 벽 등으로부터 5cm 이상 떨어지도록 하고, 계단으로부터의 높이는 85cm가 되도록 한다.
• 계단이 끝나는 수평부분에서의 손잡이는 바깥쪽으로 30cm 이상 나오도록 설치할 것

75 방염성능기준 이상의 실내장식물 등을 설치하여야 하는 특정소방대상물에 해당되지 않는 것은?

① 건축물의 옥내에 있는 운동시설 중 수영장

② 근린생활시설 중 체력단련장

③ 방송통신시설 중 방송국

④ 교육연구시설 중 합숙소

방염성능기준 이상의 실내장식물 등을 설치하여야 하는 특정소방대상물의 기준에서 건축물의 옥내에 있는 운동시설 중 수영장은 제외한다.

76 단독주택 및 공동주택의 환기를 위하여 거실에 설치하는 창문 등의 면적은 최소 얼마 이상이어야 하는가? (단, 기계환기장치 및 중앙관리방식의 공기조화설비를 설치하지 않은 경우)

① 거실 바닥면적의 5분의 1

② 거실 바닥면적의 10분의 1

③ 거실 바닥면적의 15분의 1

④ 거실 바닥면적의 20분의 1

정답 72 ① 73 ③ 74 ② 75 ① 76 ④

거실의 환기를 위한 창문 등의 면적은 거실 바닥면적의 1/20 이상이 필요하다.

77 건축물에 설치하는 배연설비의 기준으로 옳지 않은 것은?

① 건축물이 방화구획으로 구획된 경우에는 그 구획마다 1개소 이상의 배연창을 설치한다.
② 배연창의 상변과 천장 또는 반자로부터 수직거리를 0.9m 이내로 한다.
③ 배연구는 연기감지기 또는 열감지기에 의하여 자동으로 열 수 있는 구조로 하고, 손으로는 열고 닫을 수 없도록 한다.
④ 배연구는 예비전원에 의하여 열 수 있도록 한다.

배연구는 연기감지기 또는 열감지기에 의하여 자동으로 열 수 있는 구조로 하되, 자동으로 작동하지 않을 경우 및 유지관리를 위해서 손으로도 열고 닫을 수 있도록 해야 한다.

78 건축물의 피난층 또는 피난층의 승강장으로부터 건축물의 바깥쪽에 이르는 통로에 경사로를 설치하여야 하는 판매시설의 연면적 기준은?

① 1,000m² 미만
② 2,000m² 미만
③ 3,000m² 이상
④ 5,000m² 이상

판매시설은 연면적이 5,000m² 이상인 경우 건축물의 피난층 또는 피난층의 승강장으로부터 건축물의 바깥쪽에 이르는 통로에 경사로를 설치하여야 한다.

79 화재예방안전진단을 받아야 하는 시설 기준으로 옳지 않은 것은?

① 여객터미널의 연면적이 3천 제곱미터 이상인 공항시설
② 연면적이 3천 제곱미터 이상인 항만시설
③ 공동구
④ 연면적이 5천 제곱미터 이상인 발전소

화재예방안전진단의 대상(화재의 예방 및 안전관리에 관한 법률 시행령 제43조)
• 공항시설 중 여객터미널의 연면적이 1천 제곱미터 이상인 공항시설
• 철도시설 중 역 시설의 연면적이 5천 제곱미터 이상인 철도시설
• 도시철도시설 중 역사 및 역 시설의 연면적이 5천 제곱미터 이상인 도시철도시설
• 항만시설 중 여객이용시설 및 지원시설의 연면적이 5천 제곱미터 이상인 항만시설
• 전력용 및 통신용 지하구 중 「국토의 계획 및 이용에 관한 법률」 제2조제9호에 따른 공동구
• 천연가스 인수기지 및 공급망 중 「소방시설 설치 및 관리에 관한 법률 시행령」 별표 2 제17호나목에 따른 가스시설
• 발전소 중 연면적이 5천 제곱미터 이상인 발전소
• 가스공급시설 중 가연성 가스 탱크의 저장용량의 합계가 100톤 이상이거나 저장용량이 30톤 이상인 가연성 가스 탱크가 있는 가스공급시설

80 비상경보설비를 설치하여야 할 특정소방대상물의 연면적 기준은?(단, 지하가 중 터널 또는 사람이 거주하지 않거나 벽이 없는 축사 등 동·식물 관련시설은 제외한다)

① 300m² 이상
② 400m² 이상
③ 500m² 이상
④ 600m² 이상

비상경보설비를 설치하여야 할 특정소방대상물
• 연면적 400m²(지하가 중 터널 또는 사람이 거주하지 않거나 벽이 없는 축사 등 동·식물 관련시설은 제외) 이상이거나 지하층 또는 무창층의 바닥면적이 150m²(공연장의 경우 100m²) 이상인 것
• 지하가 중 터널로서 길이가 500m 이상인 것
• 50명 이상의 근로자가 작업하는 옥내 작업장

정답   **77** ③ **78** ④ **79** ② **80** ②

1과목 실내디자인론

01 다음 중 실내디자이너의 역할과 가장 거리가 먼 것은?

① 실내디자인에 대한 조언을 해주고 도면을 그려준다.
② 실내디자인에 사용될 조형물을 직접 제작한다.
③ 실내디자인에 필요한 문자와 용역을 확정, 주문, 설치 한다.
④ 실내디자인의 실체가 되는 결과물을 완성한다.

해설

실내디자이너의 역할
디자인의 기초원리를 비롯하여 가구 디자인 및 공간계획에 대한 지식이 필요하며 실내디자인에 사용될 조형물을 직접 제작하지는 않는다.

02 실내 디자인 프로세스 중 조건설정단계(프로그래밍단계)에 관한 설명으로 옳지 않은 것은?

① 프로젝트의 전반적인 방향이 정해지는 단계이다.
② 실내디자이너가 설계의뢰인과 협의를 통하여 이해를 확립하는 단계이다.
③ 이 단계가 제대로 이루어지지 않으면 프로젝트 진행이 원만하지 못하다.
④ 실내디자인 프로세스에서 기본설계단계 이후에 진행되는 단계이다.

해설

조건설정 단계(프로그래밍 단계)
실내디자인의 전개 과정에서 기본설계단계를 착수하기 전, 프로젝트의 전모를 분석하고 개념화하며 목표를 명확하게 하는 초기 단계이다.

03 디자인의 구성원리 중 형태를 현실적 형태와 이념적 형태로 구분할 경우, 다음 중 이념적 형태에 대한 설명으로 옳은 것은?

① 인간의 지각으로는 직접 느낄 수 없는 형태이다.
② 주위에 실제 존재하는 모든 물상을 말한다.
③ 인간에 의해 인위적으로 만들어진 모든 사물, 구조체에서 볼 수 있는 형태이다.
④ 자연계에 존재하는 모든 것으로부터 보이는 형태를 말한다.

해설

• 이념적 형태 : 인간의 지각, 시각과 촉각 등으로 직접 느낄 수 없고, 개념적으로만 제시될 수 있는 형태로 기하학적 취급한 점, 선, 면, 입체 등이 이에 속한다.
• 현실적 형태 : 우리 주위에 실제 존재하는 모든 물상을 말한다.

04 천창(天窓)에 대한 설명으로 옳지 않은 것은?

① 벽면을 다양하게 활용할 수 있다.
② 같은 면적의 측창보다 채광량이 많다.
③ 차열, 통풍에 불리하고 개방감도 적다.
④ 시공과 개폐 및 기타 보수관리가 용이하다.

해설

천창
지붕이나 천장면에 수평 또는 수평에 가까운 창으로 채광 환기를 목적으로 설치하며 시공과 개폐 및 보수관리가 용이하지 않다.

05 다음 설명에 알맞은 블라인드(Blind)의 종류는?

- 쉐이드(Shade)라고도 한다.
- 단순하고 깔끔한 느낌을 주며 창 이외에 칸막이 스크린으로 사용할 수 있다.

① 롤 블라인드
② 로만 블라인드
③ 버티컬 블라인드
④ 베네시안 블라인드

해설

롤 블라인드
쉐이드라고도 하며 천을 감아 올려 높이 조절이 가능하며 칸막이나 스크린의 효과도 얻을 수 있다.

06 장식물의 선정과 배치상의 주의사항으로 옳지 않은 것은?

① 좋고 귀한 것은 돋보일 수 있도록 많이 진열한다.
② 여러 장식품들이 서로 조화를 이루도록 배치한다.
③ 계절에 따른 변화를 시도할 수 있는 여지를 남긴다.
④ 형태, 스타일, 색상 등이 실내공간과 어울리도록 한다.

해설

좋고 귀한 것은 돋보일 수 있도록 많이 진열하지 않으며, 주변 물건들과의 조화 등을 고려하여 선택한다.

07 다음 중 황금비율로 가장 알맞은 것은?

① 1 : 0.632
② 1 : 1.414
③ 1 : 1.618
④ 1 : 3.141

해설

황금비율
고대 그리스인들이 발명해낸 기하학적 분할방법으로 작은 부분과 큰 부분의 비율이 큰 부분과 전체에 대한 비율과 동일하게 되는 분할방식으로 1 : 1.618의 비율이다.

08 촉각 또는 시각으로 지각할 수 있는 어떤 물체 표면상의 특징을 의미하는 것은?

① 모듈
② 패턴
③ 스케일
④ 질감

해설

질감
촉각 또는 시각으로 지각할 수 있는 어떤 물체 표면상의 특징을 말하며 질감의 선택에서 스케일, 빛의 반사와 흡수, 촉감 등이 중요하며 효과적인 질감 표현을 위해서는 색채와 조명을 동시에 고려해야 한다.

09 디자인의 요소 중 선에 관한 아래의 그림이 의미하는 것은?

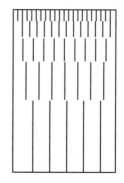

① 선을 포개면 패턴을 얻을 수 있다.
② 선을 끊음으로써 점을 느낀다.
③ 조밀성의 변화로 깊이를 느낀다.
④ 양감의 효과를 얻는다.

해설

선
여러 개의 선을 이용하여 움직임, 속도감, 방향을 시각적으로 표현할 수 있다.

10 실내공간 구성요소에 관한 설명으로 옳지 않은 것은?

① 천장의 높이는 실내공간의 사용목적과 깊은 관계가 있다.

② 바닥을 높이거나 낮게 함으로서 공간영역을 구분, 분리할 수 있다.

③ 여닫이문은 밖으로 여닫는 것이 원칙이나 비상문의 경우 안여닫이로 한다.

④ 벽의 높이가 가슴 정도이면 주변공간에 시각적 연속성을 주면서도 특정 공간을 감싸주는 느낌을 준다.

[해설]

비상문은 밖여닫이로 해야 한다. 문화 · 집회시설, 종교시설, 장례식장 등 건축물에 바깥쪽으로 출구로 쓰이는 문은 안여닫이로 해서는 안된다.

11 다음 중 소파에 대한 설명으로 옳지 않은 것은?

① 체스터필드는 소파의 골격에 쿠션성이 좋도록 솜, 스펀지 등의 속을 많이 채워 넣고 천으로 감싼 소파이다.

② 세티는 동일한 두 개의 의자를 나란히 합해 2인이 앉을 수 있도록 한 것이다.

③ 2인용 소파는 암체어라고 하며 3인용 이상은 미팅시트라 한다.

④ 카우치는 고대 로마시대 음식물을 먹거나 잠을 자기 위해 사용했던 긴 의자이다.

[해설]

암체어
쿠션감을 높인 안감과 팔걸이가 있는 안락한 1인용 의자이다. 2인용 소파는 세티라고 한다

12 주택 계획에서 LDK(Living Dining Kitchen)형에 관한 설명으로 옳지 않은 것은?

① 주부의 동선이 단축된다.

② 이상적인 식사공간 분위기 조성이 어렵다.

③ 소요면적이 많아 소규모 주택에서는 도입이 어렵다.

④ 거실, 식탁, 부엌을 개방된 하나의 공간에 배치한 것이다.

[해설]

LDK(Living Dining Kitchen)형
거실과 부엌, 식탁을 한 공간에 집중시킨 경우로 소규모 주거공간에서 사용된다. 최대한 면적을 줄일 수 있고 공간의 활용도가 높다.

13 거실의 가구 배치 형식에서 서로 직각이 되도록 연결 배치하여 시선이 마주치지 않아 안정감이 있게 하는 배치 형태는?

① 대면형 ② 코너형
③ U자형 ④ 복합형

[해설]

코너형
가구를 두 벽면을 연결시켜 배치하는 형식으로 시선이 마주치지 않아 안정감이 있으며, 비교적 적은 면적을 차지하기 때문에 공간 활용이 높고, 동선이 자연스럽게 이루어지는 장점이 있다.

14 상점의 매장계획에 관한 설명으로 옳지 않은 것은?

① 매장의 개성 표현을 위해 바닥에 고저차를 두는 것이 바람직하다.

② 진열대의 배치형식 중 굴절배열형은 대면판매와 측면 판매방식이 조합된 형식이다.

③ 비닥, 벽, 천장은 상품에 대해 배경적 역할을 해야 하며 상품과 석·설한 균형을 이루도록 한다.

④ 상품군의 배치에 있어 중점상품은 주통로에 접하는 부분에 상호연관성을 고려한 상품을 연속시켜 배치한다.

바닥은 고저차를 통해 공간의 영역을 조정할 수 있으나 상업공간에서 바닥에 고저차는 공간의 흐름이 끊겨 공간이 분리되어 보이므로 고저차를 두는 것은 바람직하지 않다.

15 상점 진열창(Show Window)의 눈부심을 방지하기 위한 방법으로 옳지 않은 것은?

① 유리면을 경사지게 한다.
② 외부에 차양을 설치한다.
③ 특수한 곡면유리를 사용한다.
④ 진열창의 내부조도를 외부보다 낮게 한다.

쇼윈도우의 내부 조도를 외부보다 높게 처리한다.

16 사무실의 책상배치 유형 중 대향형에 관한 설명으로 옳지 않은 것은?

① 면적 효율이 좋다.
② 각종 배선의 처리가 용이하다.
③ 커뮤니케이션 형성에 유리하다.
④ 시선에 의해 프라이버시를 침해할 우려가 없다.

대향형
면적효율이 좋고 커뮤니케이션 형성에 유리하며 공동 작업의 형태로 업무에 적합하다. 특히 시선에 의해 프라이버시를 침해할 우려가 있다.

17 특수 전시방법 중 전시내용이 통일된 형식 속에서 규칙 반복되어 나타나는 방법으로, 동일 종류의 전시물을 반복하여 전시할 경우 유리한 전시방법은?

① 디오라마전시   ② 파노라마전시
③ 아일랜드전시   ④ 하모니카전시

하모니카전시
하모니카의 흡입구와 같은 모양으로 동일 종류의 전시물을 연속하여 배치하는 방법이다.

18 공간의 레이아웃(Lay – out)과정에서 고려하지 않아도 좋은 것은?

① 공간별 그룹핑
② 동선
③ 가구의 크기와 점유면적
④ 재료의 마감과 색채계획

공간의 레이아웃
공간을 형성하는 부분과 설치되는 물체의 평면상의 계획으로 공간별 그룹핑, 동선, 가구의 크기와 점유면적을 고려해야 한다.

19 실내디자인의 계획조건 중 외부적 조건에 속하지 않는 것은?

① 계획대상에 대한 교통수단
② 기둥, 보, 벽 등의 위치와 간격치수
③ 소화설비의 위치와 방화구획
④ 실의 규모에 대한 사용자의 요구사항

실내디자인 계획조건
• 외부적 조건 : 입지적 조건, 건축적 조건, 설비적 조건
• 내부적 조건 : 계획의 목적, 분위기, 실의 개수와 규모, 의뢰인의 요구사항과 사용자의 행위 및 성격, 개성, 경제적 예산

20 다음 중 마르셀 브로이어(Marcel Breuer)가 디자인한 의자는?

① 바르셀로나 의자   ② 바레트 의자
③ 바실리 의자   ④ 판톤 의자

정답   **15** ④   **16** ④   **17** ④   **18** ④   **19** ④   **20** ③

마르셀 브로이어
미국 건축가 및 가구디자이너이며 강철파이프를 휘어 골조를 만들고 가죽으로 좌판, 등받이, 팔걸이를 만든 의자로 모더니즘 상징과 같은 존재이다.
※ 바르셀로나 의자 – 미스 반 데어 로에

2과목 색채 및 인간공학

21 인간 – 기계 시스템을 인간에 의한 제어의 정도에 따라 수동 시스템, 기계화 시스템, 자동화 시스템으로 분류할 때, 다음 중 자동화 시스템에 관한 설명으로 틀린 것은?

① 기계는 동력원을 제공한다
② 인간은 감시, 정비유지 등을 담당한다.
③ 표시장치로부터 정보를 얻어 인간이 조종장치를 통해 기계를 통제한다.
④ 기계는 감지, 정보처리, 의사결정 등을 프로그램에 의해 수행한다.

해설

자동화 시스템
모든 작업공정이 자동화되어 감지, 정보, 처리 및 의사결정 행동기능을 기계가 수용하여 인간의 개입이 최소화하는 방식이다.

22 다음 중 인체측정에 대한 설명으로 틀린 것은?

① 인체측정자료는 크게 '구조적 인체지수'와 '기능적 인체지수'로 구분된다.
② 인체측정 시에는 마틴식 인체계측기를 이용하여 3차원계측을 실시한다.
③ 그네줄의 인장강도는 인체측정자료 중 최대치를 이용하여 설계한다.

④ 인체부분의 각 길이는 신장에 대한 비율로 나타낼 수 있으며, 이를 통해 실제로 측정하지 않은 부분의 길이를 추정할 수 있다.

해설

인체측정 시 동적 측정은 마틴식 인체계측기로는 측정이 불가능하며 사진 및 시네마 필름을 이용한 3차원 계측 시스템이 요구되며 마틴식 측정법은 1차원 측정법이다.

23 다음 중 실내의 추천반사율이 가장 낮은 것은?

① 창문　　　　② 벽
③ 바닥　　　　④ 천장

해설

실내표면 추천 반사율
• 바닥 : 20~40%
• 벽, 창문 : 40~60%
• 천장 : 80~90%
• 가구 : 25~45%

24 다음 그림과 같이 (a)와 (b) 각각의 중앙부 각도는 같으나 (b)의 각도가 (a)의 각도보다 작게 보이는 착시현상을 무엇이라 하는가?

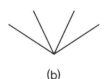

(a)　　　　　　(b)

① 분할의 착시　　② 방향의 착시
③ 대비의 착시　　④ 동화의 착시

해설

대비의 착시
동일한 두 요소가 주변상황에 따라 상반된 느낌을 갖게 하며 선의 길이 등으로 인해 과대, 과소하게 보이는 착시현상이다.

25 다음 중 신체반응의 측정에 있어 국부적 근육활동의 척도가 되는 것은?

① EEG   ② EMG

③ ECG   ④ EOG

> **해설**
>
> **근전도(EMG)**
> 국부적인 근육활동의 척도에 근전도가 있으며 근육활동의 전 위치를 기록한 것이다.

26 다음 중 시력에 관한 설명으로 틀린 것은?

① 정상 시각에서는 원점은 시각이 600분일 때 최대이다.

② 가장 많이 사용하는 시력의 척도는 최소분간시력이다.

③ 눈이 초점을 맞출 수 없는 가장 먼 거리를 원점이라 한다.

④ 눈이 초점을 맞출 수 없는 가장 가까운 거리를 근점이라 한다.

> **해설**
>
> 눈이 초점을 맞출 수 없는 가장 먼거리를 원점이라 하는데 정상시각에서는 원점이 거의 무한하다.

27 다음 중 광원으로부터의 직사휘광에 대한 조치방법으로 적절하지 않은 것은?

① 광원을 시선에서 멀리 위치시킨다.

② 광원의 휘도를 줄이고 광원의 수를 늘린다.

③ 가리개(Shield), 갓(Hood), 차양(Visor) 등을 사용한다.

④ 휘광원 주위를 어둡게 하고, 휘도비를 높인다.

> **해설**
>
> 휘광원 주위를 밝게 하고 휘도비를 줄인다.

28 다음 중 같은 시간을 작업할 경우 신체활동에 따르는 에너지소비량(kal/min)이 가장 큰 작업은?

①    ②

③   ④

> **해설**
>
> ① 4kcal/분   ② 8kcal/분
> ③ 6.8kcal/분   ④ 10.2kcal/분
>
> **신체활동에 따른 에너지 소비량**
> • 수면 : 1.3kcal/분   • 앉은 자세 : 1.6kcal/분
> • 선 자세 : 2.25kcal/분   • 평지 걷기 : 2.1kcal/분 등

29 근육운동의 시작 시 서서히 증가한 산소소비량은 운동이 종료된 후에도 일정 기간 산소를 더 필요하게 되는데 이를 무엇이라 하는가?

① 기초대사   ② 산소부채

③ 산소지속성량   ④ 최대산소소비능력

> **해설**
>
> **산소부채**
> 운동 후 휴식수준보다 추가로 더 섭취하는 산소량을 의미한다.

정답   **25** ②   **26** ①   **27** ④   **28** ④   **29** ②

30 다음 중 원형 눈금 표시장치에 비해 계수형 표시장치의 특징으로 적절하지 않은 것은?

① 판독 시간이 길다.

② 판독 오차가 적다.

③ 변화와 추세를 알기 어렵다.

④ 변수의 상태나 조건의 관련 범위를 파악하기 어렵다.

[해설]

계수형 표시장치

판독 오차는 원형 표시 장치보다 적을 뿐 아니라 판독 평균반응 시간도 짧다(계수형 : 0.94초, 원형 : 3.54초).

31 무대에서 연극을 할 때 조명의 효과가 크게 작용한다. 색의 혼합 중 어떤 것을 이용하여 효과를 높이는가?

① 병치혼합　　　　② 감산혼합

③ 중간혼합　　　　④ 가산혼합

[해설]

가산혼합(가법혼합, 색광혼합)

빛의 혼합으로 빨강(Red), 초록(Green), 파랑(Blue) 3종의 색광을 혼합했을 때 원래의 색광보다 밝아지는 혼합이다.

32 조화배색에 관한 설명 중 틀린 것은?

① 대비조화는 다이나믹한 느낌을 준다.

② 동일 · 유사조화는 강렬한 느낌을 준다.

③ 차이가 애매한 색끼리의 배색에서는 그 사이에 가는 띠를 넣어서 애매함을 해소할 수 있다.

④ 보색배색은 대비조화를 가져온다.

[해설]

동일 · 유사조화는 시각적 안정성 느낌을 준다.

33 색채의 중량감에 대한 설명으로 틀린 것은?

① 중량감은 사용색에 따라 가볍게 느끼기도 하고 무겁게 느끼기도 하는 것이다.

② 중량감은 적절히 활용하면 작업 능률을 높일 수 있다.

③ 중량감은 색상보다 명도의 영향이 큰 편이다.

④ 중량감은 채도와 관련이 있어 일반적으로 채도가 낮은 색이 가볍게 느껴진다.

[해설]

색의 중량감은 명도에 의해 좌우된다.

34 먼셀 색입체에 관한 설명 중 옳지 않은 것은?

① 먼셀의 색입체를 Color Tree라고도 부른다.

② 물체색의 색감각 3속성으로 색상(H), 명도(V), 채도(C)로 나눈다.

③ 무채색을 중심으로 등색상 삼각형이 배열되어 복원추체 색입체가 구성된다.

④ 세로축에는 명도(V), 주위의 원주상에는 색상(H), 중심의 가로축에서 방사상으로 늘리는 추를 채도(C)로 구성한다.

[해설]

먼셀 색체계의 색입체는 수직으로 절단하면 동일색상면이 나타나고, 수평으로 절단하면 명도의 채도단계를 관찰할 수 있다. 나무의 형태를 닮아 Color Tree라고도 한다.

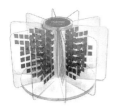

35 오스트발트의 기호 표시법에서 17gc로 표시되었다면 17은 무엇을 의미하는가?

① 명도　　　　② 채도

③ 색상　　　　④ 대비

오스트발트 색체계 기호법

색상번호 : 17, 백색량 : g, 흑색량 : c

기호	a	c	e	g	j	l	n	p
백색량	89	56	35	22	14	8.9	506	3.5
흑색량	11	44	65	78	86	91.9	94.9	96.5

36 색채 동시대비 현상의 명도대비, 채도대비, 보색대비, 색상대비 중 유채색과 무채색을 나란히 배열하였을 때 관련 있는 것은?

① 명도대비 뿐이다.

② 명도대비, 채도대비가 있다.

③ 명도대비, 채도대비, 색상대비가 있다.

④ 명도대비, 채도대비, 보색대비, 색상대비가 있다.

해설

- 명도대비 : 흰색 바탕에 검은색 정방향을 일정 간격으로 나열하면 격자의 교차되는 지점에 회색잔상이 보이는 현상으로 명도대비에 의한 착시라고 한다.
- 채도대비 : 채도가 다른 두 색이 배색되어 있을 때 채도가 높은 색은 더욱 선명해 보이고 채도가 낮은 색은 흐리게 보이는 현상이다.

37 CIE LAB 모형에서 L이 의미하는 것은?

① 명도　　　　　② 채도

③ 색상　　　　　④ 순도

해설

CIE LAB

L(명도), a(빨강/녹색), b(노랑/파랑)를 나타낸다.

38 작은 점들이 무수히 많이 있는 그림을 멀리서 보면 색이 혼색되어 보이는 현상은?

① 가법 혼색　　　　② 감법 혼색

③ 병치 혼색　　　　④ 제시 혼색

해설

병치혼합

색이 조밀하게 병치되어 있어 서로 혼합되어 보이는 현상으로 점묘파 화가인 쇠라(G.P Seurat)와 시냐크(P. Si-gnac) 등이 이 혼색의 법칙을 사용하여 빛이 강한 작품을 많이 남기고 있는 것을 볼 수 있다.

39 잔상 현상에 관한 다음 기술 중 잘못된 것은?

① 잔상이란 자극 제거 후에도 감각 경험을 일으키는 것이다.

② 부(Negative)의 잔상과 정(Positive)의 잔상이 있다.

③ 잔상 현상을 이용하여 영화를 만들게 되었다.

④ 부의 잔상은 매우 짧은 시간동안 강한 자극이 작용할 때 많이 생긴다.

해설

- 부의 잔상(음성 잔상) : 일반적인 빛의 자극을 장시간 받았을 때 일어나는 잔상으로 자극되는 빛의 보색이 잔상으로 남는 것을 의미한다.
- 정의잔상(양성잔상) : 비교적 큰 빛의 자극을 단시간 받으면 생기는 잔상으로 자극되는 빛과 같은 빛이 잔상으로 남는 것을 의미한다.

40 의사가 수술도중 시선을 벽면으로 옮길 때 생기는 피의 잔상을 막기 위한 벽면 색으로 가장 적합한 것은?

① 주황색　　　　　② 보라색

③ 청록색　　　　　④ 빨강색

해설

수술실을 녹색계통으로 하는 이유는 눈의 피로와 빨간색과의 보색 등을 고려, 잔상을 없애기 위해서이다. 여기서 녹색은 진정색이기도 하고 수술실의 분위기를 차분하게 만드는데 적절한 색이다.

41 콘크리트 슬럼프용 시험기구에 해당되지 않는 것은?

① 수밀평판　　　② 슬럼프콘
③ 압력계　　　　④ 다짐봉

해설

슬럼프 시험
콘크리트의 반죽질기를 측정하여 시공연도를 판단하는 기준으로 사용되는 시험으로서, 슬럼프콘, 수밀평판(슬럼프판), 다짐막대(다짐봉), 측정용 자 등이 기구로 사용된다.

42 시멘트를 저장할 때의 주의사항으로 옳지 않은 것은?

① 장기간 저장 시에는 7포 이상 쌓지 않는다.
② 통풍이 원활하도록 한다.
③ 저장소는 방습처리에 유의한다.
④ 3개월 이상 된 것은 재시험하여 사용한다.

해설

통풍이 원활할 경우 풍화의 발생 가능성이 높아진다.

43 합성수지도료에 관한 설명으로 옳지 않은 것은?

① 일반적으로 유성 페인트보다 가격이 매우 저렴하여 널리 사용된다.
② 유성 페인트보다 건조시간이 빠르고 도막이 단단하다.
③ 유성 페인트보다 내산, 내알칼리성이 우수하다.
④ 유성 페인트보다 방화성이 우수하다.

해설

합성수지도료는 유성 페인트에 비해 성능면에서는 우수하나 상대적으로 가격이 고가이다.

44 스트레이트 아스팔트(A)와 블론 아스팔트(B)의 성질을 비교한 것으로 옳지 않은 것은?

① 신도는 A가 B보다 크다.
② 연화점은 B가 A보다 크다.
③ 감온성은 A가 B보다 크다.
④ 접착성은 B가 A보다 크다.

해설

스트레이트 아스팔트는 블론 아스팔트에 비해 접착성은 우수하나 내구력이 떨어져 옥외적용이 어렵기 때문에 주로 지하실 방수용으로 적용한다.

45 내화벽돌은 최소 얼마 이상의 내화도를 가져야 하는가?

① SK(제게르 콘) 26 이상
② SK(제게르 콘) 21 이상
③ SK(제게르 콘) 15 이상
④ SK(제게르 콘) 10 이상

46 다음 중 방청도료에 해당되지 않는 것은?

① 광명단조합페인트　② 클리어 래커
③ 에칭프라이머　　　④ 징크로메이트 도료

해설

클리어 래커
래커의 한 종류로서 목재면의 투명도장 시 사용된다.

47 도막 방수재료의 특징으로 옳지 않은 것은?

① 복잡한 부위의 시공성이 좋다.
② 누수 시 결함 발견이 어렵고, 국부적으로 보수가 어렵다.
③ 신속한 작업 및 접착성이 좋다.
④ 바탕면의 미세한 균열에 대한 저항성이 있다.

누수 시 결함 발견이 용이하며, 도장을 통해 국부적 보수가 상대적으로 다른 공법들에 비해 어렵지 않다.

48 침엽수에 관한 설명으로 옳지 않은 것은?

① 수고가 높으며 통직형이 많다.

② 비교적 경량이며 가공이 용이하다.

③ 건조가 어려우며 결함발생 확률이 높다.

④ 병충해에 약한 편이다.

침엽수는 건조가 용이하며, 결함발생 확률이 낮다.

49 목재 방부제에 요구되는 성질에 관한 설명으로 옳지 않은 것은?

① 목재의 인화성, 흡수성 증가가 없을 것

② 방부처리 후 표면에 페인트칠을 할 수 있을 것

③ 목재에 접촉되는 금속이나 인체에 피해가 없을 것

④ 목재에 침투가 되지 않고 전기전도율을 감소시킬 것

목재에 침투가 잘 되어야 방부효과를 얻을 수 있다.

50 콘크리트의 배합설계 시 표준이 되는 골재의 상태는?

① 절대건조상태

② 기건상태

③ 표면건조 내부포화상태

④ 습윤상태

콘크리트 배합설계 시에는 표면건조 내부포화상태인 골재를 표준으로 한다.

51 투명도가 높으므로 유기유리라는 명칭이 있고 착색이 자유로워 채광판, 도어판, 칸막이판 등에 이용되는 것은?

① 아크릴수지

② 알키드수지

③ 멜라민수지

④ 폴리에스테르수지

아크릴수지
- 투명도가 85~90% 정도로 좋고, 무색투명하므로 착색이 자유롭다.
- 내충격강도는 유리의 10배 정도 크며 절단, 가공성, 내후성, 내약품성, 전기절연성이 좋다.
- 평판 성형되어 글라스와 같이 이용되는 경우가 많아 유기글라스라고도 한다.
- 각종 성형품, 채광판, 시멘트 혼화재료 등에 사용한다.

52 콘크리트 $1m^3$를 제작하는 데 소요되는 각 재료의 양을 질량(kg)으로 표시한 배합은?

① 질량배합

② 용적배합

③ 현장배합

④ 계획배합

질량배합
콘크리트 $1m^3$를 제작하는 데 소요되는 각 재료의 양을 질량(kg)으로 표시한 배합이다.

53 한국산업표준에 따른 보통 포틀랜드시멘트가 물과 혼합한 후 응결이 시작되는 시간(초결)으로 옳은 것은?

① 30분 후

② 1시간 후

③ 1시간 30분 후

④ 2시간 후

시멘트의 응결시간은 실제 공사에 영향을 미치므로 응결개시와 종결시간을 측정할 필요가 있다. 일반적으로 온도 20±3℃, 습도 80% 이상 상태에서 시험하며, 일반적인 응결시간은 1(초결)~10(종결)시간 정도이다.

정답   48 ③   49 ④   50 ③   51 ①   52 ①   53 ②

54 타일의 제조공법에 관한 설명으로 옳지 않은 것은?

① 건식 제법에는 가압성형과정이 포함된다.

② 건식 제법이라 하더라도 제작과정 중에 함수하는 과정이 있다.

③ 습식 제법은 건식 제법에 비해 제조능률과 치수·정밀도가 우수하다.

④ 습식 제법은 복잡한 형상의 제품제작이 가능하다.

해설
건식 제법이 습식 제법에 비해 제조능률과 치수·정밀도가 우수하다.

55 차음재료의 요구성능에 관한 설명으로 옳은 것은?

① 비중이 작을 것

② 음의 투과손실이 클 것

③ 밀도가 작을 것

④ 다공질 또는 섬유질이어야 할 것

해설
차음재료의 사용목적은 음을 투과시키지 않는 것이므로, 투과가 잘 안 되는 정도인 투과손실이 커야 한다.

56 혼화제 중 AE제의 특징으로 옳지 않은 것은?

① 굳지 않은 콘크리트의 워커빌리티를 개선시킨다.

② 블리딩을 감소시킨다.

③ 동결융해작용에 의한 파괴나 마모에 대한 저항성을 증대시킨다.

④ 콘크리트의 압축강도는 감소하나, 휨강도와 탄성계수는 증가한다.

해설
AE제를 적용할 때 적정량을 넘어서게 되면 압축강도가 감소하고, 동시에 휨강도와 탄성계수가 감소할 수 있어 이에 대한 주의가 필요하다.

57 목재의 작은 조각을 합성수지 접착제와 같은 유기질의 접착제를 사용하여 가열 압축해 만든 목재 제품을 무엇이라고 하는가?

① 집성목재　　　② 파티클보드

③ 섬유판　　　　④ 합판

해설
파티클보드(칩보드)
• 목재 또는 폐재, 부산물 등을 절삭 또는 파쇄 후 소편(나뭇조각)으로 하여 충분히 건조시킨 다음 합성수지 접착제와 같은 유기질 접착제를 첨가하여 열압 제판한 목재제품이다.
• 섬유 방향에 따른 강도 차이는 없다.
• 두께는 비교적 자유롭게 선택할 수 있다.
• 흡음성과 열의 차단성이 좋으며, 표면이 평활하고 경도가 크다.

58 표면에 청록색을 띠고 있으며, 건축장식철물 또는 미술공예품으로 이용되는 금속은?

① 니켈　　　　　② 청동

③ 황동　　　　　④ 주석

해설
청동
• 구리와 주석의 합금이다.
• 황동보다 내식성이 크고 주조가 쉽다.
• 특유의 아름다운 청록색 광택을 띤다.
• 장식철물, 공예재료 등에 사용한다.

59 금속 가공제품에 관한 설명으로 옳은 것은?

① 조이너는 얇은 판에 여러 가지 모양으로 도려낸 철물로서 환기구·라디에이터 커버 등에 이용된다.

② 펀칭메탈은 계단의 디딤판 끝에 대어 오르내릴 때 미끄러지지 않게 하는 철물이다.

③ 코너비드는 벽·기둥 등의 모서리 부분의 미장바름을 보호하기 위하여 사용한다.

④ 논슬립은 천장·벽 등에 보드류를 붙이고 그 이음새를 감추고 누르는 데 쓰이는 것이다.

해설

①은 펀칭메탈, ②는 논슬립, ④는 조이너에 대한 설명이다.

60 파손 방지, 도난 방지 또는 진동이 심한 장소에 적합한 망입(網入)유리의 제조 시 사용되지 않는 금속선은?

① 철선(철사)
② 황동선
③ 청동선
④ 알루미늄선

해설

망입유리 제조에 쓰는 금속선은 주로 철과 알루미늄, 황동이 적용되고 있으며, 구리와 주석의 합금인 청동은 쓰이지 않고 있다.

4과목 건축일반

61 건축허가 등을 할 때 미리 소방본부장 또는 소방서장의 동의를 받아야 하는 건축물의 연면적 기준으로 옳은 것은?

① 200m² 이상
② 300m² 이상
③ 400m² 이상
④ 500m² 이상

해설

건축허가 등의 동의대상물의 범위(소방시설 설치 및 관리에 관한 법률 시행령 제7조)
건축허가 등을 할 때 미리 소방본부장 또는 소방서장의 동의를 받아야 하는 건축물은 특정 용도를 제외하고 연면적이 400m² 이상인 건축물이다.

62 다음은 건축물에 사용되는 60분 방화문의 구조 기준이다. ( ) 안에 들어갈 내용으로 옳은 것은?

비차열(非遮熱) ( ) 이상

① 2시간
② 1시간
③ 50분
④ 30분

해설

60분 방화문
비차열 1시간 이상인 방화문을 의미한다.

63 41층의 업무시설을 건축하는 경우에 6층 이상의 거실면적 합계가 30,000m²이다. 15인승 승용승강기를 설치하는 경우에 최소 몇 대가 필요한가?

① 11대
② 12대
③ 14대
④ 15대

해설

업무시설 승용승강기 설치대수

$$설치대수 = 1 + \frac{A - 3,000m^2}{2,000m^2} = 1 + \frac{30,000 - 3,000m^2}{2,000m^2} = 14.5$$

∴ 15대

64 급수·배수 등의 용도를 위하여 건축물에 설치하는 배관설비의 설치 및 구조에 관한 기준으로 옳지 않은 것은?

① 배관설비의 오수에 접하는 부분은 내수재료를 사용할 것
② 지하실 등 공공하수도로 자연배수를 할 수 없는 곳에는 배수용량에 맞는 강제배수시설을 설치할 것
③ 우수관과 오수관은 통합하여 배관할 것
④ 콘크리트구조체를 관통할 경우에는 구조체에 덧관을 미리 매설하는 등 배관의 부식을 방지하고 그 수선 및 교체가 용이하도록 할 것

해설

우수관과 오수관이 통합될 경우 비가 많이 오게 되면 오수가 역류될 수 있어, 우수관과 오수관은 별도 설치하여야 한다.

정답　60 ③　61 ③　62 ②　63 ④　64 ③

65 다음 중 광속의 단위로 옳은 것은?

① cd
② lx
③ lm
④ cd/m²

해설

광속

복사에너지를 눈으로 보아 빛으로 느끼는 크기를 나타낸 것으로서, 광원으로부터 발산되는 빛의 양이며, 단위는 루멘(lm)이다.

66 다음 중 방염 대상물품에 해당되지 않는 것은?

① 암막
② 무대용 합판
③ 종이벽지
④ 창문에 설치하는 커튼류

해설

두께가 2mm 미만인 벽지류가 포함되나, 벽지류 중 종이벽지는 제외한다.

67 다음은 피난층 또는 지상으로 통하는 직통계단을 특별피난계단으로 설치하여야 하는 층에 관한 법령 사항이다. ( ) 안에 들어갈 내용으로 옳은 것은?

건축물(갓복도식 공동주택은 제외한다)의 (A)[공동주택의 경우에는 (B)] 이상인 층(바닥면적이 400m² 미만인 층은 제외한다)으로부터 피난층 또는 지상으로 통하는 직통 계단은 제1항에도 불구하고 특별피난계단으로 설치하여야 한다.

① A : 8층, B : 11층
② A : 8층, B : 16층
③ A : 11층, B : 12층
④ A : 11층, B : 16층

해설

특별피난계단 설치 대상

대상	예외
11층(공동주택은 16층) 이상이 층으로부터 피난층 또는 지상으로 통하는 직통계단	• 갓복도식 공동주택 • 해당 층의 바닥 면적이 400m² 미만인 층
지하 3층 이하인 층으로부터 피난층 또는 지상으로 통하는 직통계단	

68 환기에 관한 설명으로 옳지 않은 것은?

① 실내환경의 쾌적성을 유지하기 위한 외기량을 필요환기량이라 한다.
② 1인당 차지하는 공간체적이 클수록 필요환기량은 증가한다.
③ 실내가 실외에 비해 온도가 높을 경우 실내의 공기밀도는 실외보다 낮다.
④ 중력환기는 실내외 온도차에 의한 공기의 밀도차에 의하여 발생한다.

해설

1인당 차지하는 공간체적이 크다는 것은 실내의 재실자 밀도가 낮다는 것(공간의 크기 대비 인원이 적다는 것)을 의미하므로 필요환기량은 감소한다.

69 바닥면적이 100m²인 의료시설의 병실에서 채광을 위하여 설치하여야 하는 창문 등의 최소면적은?

① 5m²
② 10m²
③ 20m²
④ 30m²

해설

의료시설의 채광을 위한 기준은 거실 바닥면적의 1/10 이상이므로, 거실면적이 100m²일 경우 채광을 위하여 설치하여야 하는 창문 등의 최소면적은 10m²이다.

70 목재의 이음에 관한 설명으로 옳지 않은 것은?

① 엇걸이 산지이음은 옆에서 산지치기로 하고, 중간은 빗물리게 한다.
② 턱솔이음은 서로 경사지게 잘라 이은 것으로 목질 또는 풀드 핌으로 한다.
③ 빗이음은 띠상, 장선이음 등에 사용한다.
④ 겹침이음은 2개의 부재를 단순히 겹쳐대고 큰 못·볼트 등으로 보강한다.

71 건축관계법규에서 규정하는 방화구조가 되기 위한 철망모르타르의 최소 바름두께는?

① 1.0cm
② 2.0cm
③ 2.7cm
④ 3.0cm

해설

방화구조

구조 부분	구조 기준
철망모르타르	그 바름 두께가 2cm 이상
• 석고판 위에 시멘트모르타르 또는 회반죽을 바른 것 • 시멘트모르타르 위에 타일을 붙인 것	두께의 합계가 2.5cm 이상
심벽에 흙으로 맞벽치기 한 것	—
산업표준화법에 따른 한국산업표준이 정하는 바에 따라 시험한 결과 방화 2급 이상	—

72 문화 및 집회시설(전시장 및 동ㆍ식물원은 제외)의 용도로 쓰이는 건축물의 관람실 또는 집회실의 반자의 높이는 최소 얼마 이상이어야 하는가?(단, 관람실 또는 집회실로서 그 바닥면적이 200m² 이상인 경우)

① 2.1m
② 2.3m
③ 3m
④ 4m

해설

거실의 반자높이(건축물의 피난ㆍ방화구조 등의 기준에 관한 규칙 제16조)
• 거실의 반자는 그 높이를 2.1미터 이상으로 하여야 한다.
• 문화 및 집회시설(전시장 및 동ㆍ식물원은 제외), 종교시설, 장례식장 또는 위락시설 중 유흥주점의 용도에 쓰이는 건축물의 관람실 또는 집회실로서 그 바닥면적이 200제곱미터 이상인 것의 반자의 높이는 위의 규정에 불구하고 4미터(노대의 아랫부분의 높이는 2.7미터) 이상이어야 한다. 다만, 기계환기장치를 설치하는 경우에는 그러하지 아니하다.

73 연면적 1,000m² 이상인 건축물에 설치하는 방화벽의 구조기준으로 옳지 않은 것은?

① 내화구조로서 홀로 설 수 있는 구조일 것
② 방화벽의 양쪽 끝과 위쪽 끝을 건축물의 외벽면 및 지붕면으로부터 0.5m 이상 튀어나오게 할 것
③ 방화벽에 설치하는 출입문의 너비 및 높이는 각각 1.8m 이하로 할 것
④ 방화벽에 설치하는 출입문에는 60+방화문 또는 60분 방화문을 설치할 것

해설

방화벽에 설치하는 출입문의 너비 및 높이는 각각 2.5m 이하로 하여야 한다.

74 채광을 위하여 거실에 설치하는 창문 등의 면적확보와 관련하여 이를 대체할 수 있는 조명 장치를 설치하고자 할 때 거실의 용도가 집회용도의 회의기능일 경우 조도기준으로 옳은 것은?(단, 조도는 바닥에서 85cm의 높이에 있는 수평면의 조도임)

① 100lux 이상
② 200lux 이상
③ 300lux 이상
④ 400lux 이상

해설

거실 용도에 따른 조도기준(건축물의 피난ㆍ방화구조 등의 기준에 관한 규칙 별표 1의3)

거실의 용도구분	조도구분	바닥에서 85센티미터의 높이에 있는 수평면의 조도(lux)
1. 거주	독서ㆍ식사ㆍ조리 기타	150 70
2. 집무	설계ㆍ제도ㆍ계산 일반사무 기타	700 300 150
3. 작업	검사ㆍ시험ㆍ정밀검사ㆍ수술 일반작업ㆍ제조ㆍ판매 포장ㆍ세척 기타	700 300 150 70
4. 집회	회의 집회 공연ㆍ관람	300 150 70

정답　71 ②　72 ④　73 ③　74 ③

거실의 용도구분	조도구분	바닥에서 85센티미터의 높이에 있는 수평면의 조도(lux)
5. 오락	오락일반	150
	기타	30
6. 기타		1란 내지 5란 중 가장 유사한 용도에 관한 기준을 적용한다.

75 옥내소화전 설비를 설치해야 하는 특정소방대상물의 종류 기준과 관련하여, 지하가 중 터널은 길이가 최소 얼마 이상인 것을 기준대상으로 하는가?

① 1,000m 이상
② 2,000m 이상
③ 3,000m 이상
④ 4,000m 이상

해설
지하가 중 터널로서 길이가 1천 m 이상인 터널은 옥내소화전설비를 설치하여야 하는 특정소방대상물에 해당한다.

76 소방시설의 종류 중 경보설비에 속하지 않는 것은?

① 비상방송설비
② 비상벨설비
③ 가스누설경보기
④ 무선통신보조설비

해설
무선통신보조설비는 소화활동설비에 해당한다.

77 다음 중 주택의 소유자가 대통령령으로 정하는 소방시설을 설치하여야 하는 주택의 종류에 해당하지 않는 것은?

① 단독주택
② 기숙사
③ 연립주택
④ 다세대주택

해설
주택용 소방시설(소방시설 설치 및 관리에 관한 법률 시행령 제10조)
소화기 및 단독경보형 감지기의 소화설비를 설치해야 하는 주택대상은 단독주택, 공동주택(아파트 및 기숙사는 제외)이다.

78 상업지역 및 주거지역에서 건축물에 설치하는 냉방시설 및 환기시설의 배기구는 도로면으로부터 몇 m 이상의 높이에 설치해야 하는가?

① 1.8m 이상
② 2m 이상
③ 3m 이상
④ 4.5m 이상

해설
상업지역 및 주거지역에서 건축물에 설치하는 냉방시설 및 환기시설의 배기구와 배기장치의 설치기준
• 배기구는 도로면으로부터 2m 이상의 높이에 설치할 것
• 배기장치에서 나오는 열기가 인근 건축물의 거주자나 보행자에게 직접 닿지 아니하도록 할 것

79 문화 및 집회시설(동·식물원 제외)로서 지하층 무대부의 면적이 최소 몇 m^2 이상일 때 모든 층에 스프링클러설비를 설치해야 하는가?

① 100m^2
② 200m^2
③ 300m^2
④ 500m^2

해설
무대부가 지하층·무창층 또는 4층 이상의 층에 있는 경우에는 무대부의 면적이 300m^2 이상인 곳, 그 외의 경우에는 무대부의 면적이 500m^2 이상인 곳에 설치하여 한다. 문제에서 지하층을 물었으므로 정답은 300m^2가 된다.

80 대통령령으로 정하는 특정소방대상물(신축하는 것만 해당)에 소방시설을 설치하려는 자는 그 용도, 위치, 구조, 수용인원, 가연물(可燃物)의 종류 및 양 등을 고려하여 설계하여야 하는데 이와 같은 설계를 무엇이라 하는가?

① 소방시설 특수설계
② 최적화설계
③ 성능위주설계
④ 소방시설 정밀설계

해설
성능위주설계(소방시설 설치 및 관리에 관한 법률 제2조)
"성능위주설계"란 건축물 등의 재료, 공간, 이용자, 화재 특성 등을 종합적으로 고려하여 공학적 방법으로 화재 위험성을 평가하고 그 결과에 따라 화재안전성능이 확보될 수 있도록 특정소방대상물을 설계하는 것을 말한다.

정답 75 ① 76 ④ 77 ② 78 ② 79 ③ 80 ③

1과목 실내디자인론

01 다음 중 실내디자인에 관한 설명으로 가장 알맞은 것은?

① 일반 사용자를 위한 기능적 공간의 완성보다는 예술적 공간의 창조에 더 많은 가치를 둔다.

② 사용자의 심미적이고 심리적인 면을 충족시키기 위하여 디자이너의 독창성과 개성은 디자인에 표현되어서는 안된다.

③ 실내공간의 기능적 · 미적 · 정서적 측면을 다루는 분야로 환경적 · 기술적인 부분은 제외된다.

④ 실내공간을 사용목적에 따라 편리하고 쾌적한 분위기가 되도록 설계하는 것이다.

해설

실내디자인
· 생활공간을 쾌적성 추구가 최대의 목표로 가장 우선시 되어야 하는 것은 기능적인 면이다.
· 공간구성이 합리적이고 각 공간의 기능이 최대로 발휘되어야 하며 물리적, 환경적, 기술적인 부분도 포함된다.

02 실내공간을 구성하는 기본요소에 관한 설명으로 옳지 않은 것은?

① 바닥은 고저차로 공간의 영역을 조정할 수 있다.

② 천장을 높이면 영역의 구분이 가능하며 친근하고 아늑한 공간이 된다.

③ 다른 요소들이 시대와 양식에 의한 변화가 현저한데 비해 바닥은 매우 고정적이다.

④ 벽은 공간을 에워싸는 수직적 요소로 수평 방향을 차단하여 공간을 형성하는 기능을 한다.

해설

천장의 일부를 높이거나 낮추는 것을 통해 공간의 영역을 한정할 수 있다.

03 균형의 원리에 관한 설명으로 옳지 않은 것은?

① 어두운 색이 밝은 색보다 무겁게 느껴진다.

② 차가운 색이 따뜻한 색보다 무겁게 느껴진다.

③ 기하학적인 형태가 불규칙적인 형태보다 무겁게 느껴진다.

④ 복잡하고 거친 질감이 단순하고 부드러운 것보다 무겁게 느껴진다.

해설

기하학적인 형태는 불규칙한 형태보다 가볍게 느껴진다.

04 점과 선에 관한 설명으로 옳지 않은 것은?

① 점은 선과 선이 교차될 때 발생한다.

② 선은 기하학적 관점에서 폭은 있으나 방향성이 없다.

③ 하나의 점은 관찰자의 시선을 화면 안의 특정한 위치로 이끈다.

④ 점이 이동한 궤적에 의해 생성된 선을 포지티브선이라고도 한다.

해설

선
길이와 방향은 있으나 높이, 깊이 넓이, 폭의 개념은 없다.

정답 **01** ④ **02** ② **03** ③ **04** ②

05 고딕건축에서 엄숙함, 위엄 등의 느낌을 주기 위해 사용한 디자인 요소는?

① 곡선 ② 사선

③ 수평선 ④ 수직선

해설

수직선
구조적 높이감을 주며 심리적 강한 의지의 느낌을 준다.

06 실내계획에 있어 모듈(Module)시스템에 대한 설명 중 적합하지 못한 것은?

① 재료 절감과 경제적 시공

② 시공기간의 연장

③ 대량생산의 가능

④ 설계작업의 단순화

해설

모듈시스템
시공기간이 단축되며 설계작업이 단순하고 용이하며 건축구성재의 대량생산이 가능하고 경제적이다.

07 다음과 같은 방향의 착시 현상과 가장 관계가 깊은 것은?

> 사선이 2개 이상의 평생선으로 중단되면 서로 어긋나 보인다.

① 분트 도형 ② 폰초 도형

③ 쾨니히의 목걸이 ④ 포겐도르프 도형

해설

포겐도르프 도형(방향의 착시)
사선이 2개 이상이 평행선으로 시선이 어긋나 모인다.

08 조명의 배광방식에 의한 분류에 대한 설명 중 옳지 않은 것은?

① 직접조명 – 눈부심이 일어나기 쉽고 균등한 조도분포를 얻기 힘들다.

② 반직접조명 – 60~90% 광량이 직접 표면을 향하여 아래로 비추고 적은 양의 빛이 위쪽의 천장면으로 향한다.

③ 간접조명 – 조명의 효율이 적고 보수유지가 어려워 비경제적이다.

④ 반간접조명 – 직접조명과 간접조명을 함께 사용하는 것으로 조명이 모든 방향으로 균등하게 배분된다.

해설

• 반간접조명 : 빛의 60~90%를 반사면에 투사시킨 반사광과 함께 나머지를 직접 조명분으로 조명하는 방식으로 조도가 균일하고 은은하며 부드러워 눈부심현상도 거의 생기지 않는다.
• 전반확산조명 : 직접조명과 간접조명방식을 병용하여 위아래로 향하는 빛으로 모든 방향으로 균등하게 배분된다.

09 다음의 주택의 실구성 형식에 대한 설명 중 옳지 않은 것은?

① DK형은 이상적인 식사공간 분위기 조성이 비교적 어렵다.

② LD형은 식사도중 거실의 고유 기능과의 분리가 어렵다.

③ LDK형은 공간을 효율적으로 활용할 수 있어서 소규모 주택에 주로 이용된다.

④ LDK형은 거실, 식탁, 부엌 각 실의 독립적인 안정성 확보에 유리하다.

해설

리빙 다이닝 치킨(Living dining kitchen) LDK 형식
거실과 부엌, 식탁을 한 공간에 집중시킨 경우로 소규모 주거공간에서 사용된다. 최대한 면적을 줄일 수 있고 공간의 활용도가 높다.

10 쇼윈도우 전면의 눈부심에 의해 상품 전시효과가 적어지는 것을 방지하기 위한 방법으로 옳지 않은 것은?

① 외부에 차양을 설치한다.

② 쇼윈도우의 내부조도를 높게 한다.

③ 쇼윈도우의 유리가 수직이 되도록 한다.

④ 곡면유리를 사용한다.

[해설]

쇼윈도우(Show Window)
쇼윈도우의 유리를 수직으로 할 경우 눈부심이 일어나기 쉽기 때문에 경사지게 처리하여 눈부심이 적고 시선 · 동선을 자연스럽게 유도한다.

---

11 상품의 유효진열범위에서 고객의 시선이 자연스럽게 머물고, 손으로 잡기에도 편한 높이인 골든 스페이스(Golden Space)의 범위는?

① 500~850mm
② 850~1,250mm
③ 1,250~1,400mm
④ 1,450~1,600mm

[해설]

골든 스페이스(Gold Space)
손에 잡기에도 가장 편안한 높이는 850~1,250mm이다.

---

12 사무소 건축의 거대화는 상대적으로 공적공간의 확대를 도모하게 되고 이로 인해 특별한 공간적 표현이 가능하게 되었다. 이러한 거대한 공간적 인상에 자연을 도입하여 여러 환경적 이점을 갖게 하는 공간구성은?

① 포티코(Portico)

② 콜로네이드(Colonnade)

③ 아케이드(Arcade)

④ 아트리움(Atrium)

[해설]

아트리움(Atrium)
사무소 아트리움 공간은 내외부 공간의 중간영역으로서 개방감을 확보하고 외부의 자연 요소를 실내로 도입할 수 있도록 계획한다. 특히 아트리움은 휴게공간으로 중앙홀을 활용하여 휴식 및 소통의 공간으로 활용한다.

---

13 다음 설명에 알맞은 사무공간의 책상배치 유형은?

- 대향형과 동향형의 양쪽 특성을 절충한 형태이다.
- 조직관리자면에서 조직의 융합을 꾀하기 쉽고 정보처리나 집무동작의 효율이 좋다.
- 배치에 따른 면적 손실이 크며 커뮤니케이션의 형성에 불리하다.

① 좌우대향형
② 십자형
③ 자유형
④ 삼각형

[해설]

사무소 – 책상배치유형
- 책상배치 유형 : 동향형, 대향형, 좌우대향형, 십자형, 자유형
- 좌우대향형 : 조직의 관리가 용이하며 정보처리 등 독립성이 있는 데이터 처리업무에 적합하며 비교적 면적손실이 크고 커뮤니케이션 형성이 어렵다.

---

14 디오라마 전시방법에 대한 설명으로 가장 알맞은 것은?

① 연속적인 주제를 시간적인 연속성을 가지고 선형으로 연출하는 전시 방법이다.

② 천장과 벽면을 따라 전시하지 않고 주로 전시물의 입체물을 중심으로 독립된 전시공간에 배치하는 방법이다.

③ 전시물을 동일한 크기의 공간에 규칙적으로 반복하여 배치하는 방법이다.

④ 일정한 공간 속에서 배경 스크린과 실물의 종합 전시를 동시에 연출하여 현장감을 살리는 방법이다.

[해설]

① 파노라마전시
② 아일랜드 전시
③ 하모니카전시

디오라마 전시
현장감을 실감나게 표현하는 방법으로 하나의 사실 또는 주제의 시간 상황을 고정시켜 연출하는 방법이다.

정답   **10** ③ **11** ② **12** ④ **13** ① **14** ④

15 규모 및 치수계획에 대한 설명으로 옳지 않은 것은?

① 동작영역의 크기는 인체치수를 기본으로 결정되며 동적인 인체치수가 곧 동작치수이다.

② 규모 및 치수계획의 궁극적 목표는 물품, 공간 또는 세부부분에 필요한 적정치수를 결정하기 위함이다.

③ 적정치수의 결정 방법 중 목표치 $\pm\alpha$ 방법은 설계자나 사용자의 판단으로 어느 목표치를 설정하고 그 효과를 타진하면서 치수를 조정하는 방법이다.

④ 천장고는 인체치수를 고려한 절대적인 치수로 취급되어야 한다.

해설

천장고는 해당 층 바닥마감에서 해당 층 천장마감면까지 높이를 말하며, 인체치수를 고려한 절대적인 치수로 취급되어서는 안된다.

16 다음과 가장 관계가 깊은 사람은?

- "Less is more"
- 인테리어의 엄격한 단순성
- 바르셀로나 파빌리온

① 루이스 설리번　　② 르 꼬르뷔지에

③ 미스 반 데어 로에　　④ 프랭크 로이드 라이트

해설

미스 반 데어 로에

포스터모더니즘을 대표하는 건축가로 "Less is more"(단순한 것)와 "Universal space"(보편적 공간)이라는 개념을 주장하였다. 대표적인 건축물로 바르셀로나 파빌리온이 있다.

17 소파의 골격에 쿠션성이 좋도록 솜, 스펀지 등의 속을 많이 채워 넣고 천으로 감싼 소파로, 구소, 형태상뿐만 아니라 사용상 안락성이 매우 큰 것은?

① 체스터필드　　② 카우치

③ 풀업체어　　④ 스툴

해설

- 체스터필드 : 사용상 안락성이 매우 크고 비교적 크기가 크다.
- 풀업 체어 : 필요에 따라 이동시켜 사용할 수 있는 간이 의자이다.
- 스툴 : 등받이와 팔걸이가 없는 형태의 보조의자이다.
- 카우치 : 침대와 소파의 기능을 겸한 것으로 몸을 기댈 수 있도록 좌면의 한쪽 끝이 올라간 형태이다.

18 다음 설명에 알맞은 전통가구는?

- 책이나 완성품을 진열할 수 있도록 여러 층을 층널이 있다.
- 사랑방에서 쓰인 문방가구로 선반이 정방형에 가깝다.

① 서안　　② 경축장

③ 반닫이　　④ 사방탁자

해설

- 사방탁자 : 각 층의 넓은 판재(층널)를 가는 기둥만으로 연결하여 사방이 트이게 만든 가구로 책이나 문방용품 등을 올려놓거나 장식하는 기능을 하였다.
- 서안 : 책을 보거나 글씨를 쓰는데 필요한 사랑방용의 평좌식 책상이다.
- 반닫이 : 앞면의 반만 여닫도록 만든 수납용 목가구이다.
- 경축장 : 서책 및 문서를 보관하는 단층장이다.

19 건축물의 노후화를 억제하거나 기능 향상을 위하여 대수선하거나 일부 증축하는 행위를 의미하는 것은?

① 리빌딩(Rebuilding)

② 리모델링(Remodeling)

③ LCC(Life Cycle Cost)

④ 재개발(Redevelopment)

해설

리모델링

기존의 낡고 불편한 건축물을 증축, 개축, 대수선 등을 통하여 건축물의 기능 향상 및 수명연장으로 부동산의 경제효과를 높이는 것을 말한다.

20 다음 중 입면도에 속하지 않는 것은?

① 정면도　　② 측면도

③ 배면도　　④ 단면도

정답　　15 ④　16 ③　17 ①　18 ④　19 ②　20 ④

건축도면에서 입면도는 정면도, 측면도, 배면도에 속한다.

2과목 색채 및 인간공학

21 인간 – 기계시스템(Man – machine System)을 설계할 때 특히 주의해야 할 점은?

① 정적(Static)으로 측정한 인간공학적 측정 결과를 동적 움직임을 고려하지 않고 적용하는 것
② 진동상태를 고려해서 인간의 시력을 측정하는 것
③ 사무작업자의 호흡능력을 고려해서 적성배치를 하는 것
④ 자동차의 진동과 차의 속도 관계를 고려하는 것

해설

정적으로 측정한 인간공학적 측정 결과를 동적 움직임을 고려하며 적용해야 한다.

22 다음 중 인간의 제어기능의 향상을 위해 고려해야 할 양립성(Compatibility)의 종류에 해당하지 않는 것은?

① 공감적 양립성
② 운동 양립성
③ 개념적 양립성
④ 시각적 양립성

해설

양립성의 종류
공간 양립성, 운동 양립성, 개념 양립성, 양식 양립성

23 표시 장치로 나타내는 정보의 유형에서 연속적으로 변하는 변수의 대략적인 값이나 변화의 추세, 변화율 등을 알고자 할 때 사용되는 정보는?

① 정량적 정보
② 정성적 정보
③ 묘사적 정보
④ 시차적 정보

해설

정성적 정보
온도, 압력 속도와 같이 연속적으로 변하는 변수의 대략적인 값이나 추세, 비율, 상태 점검 등이 정상상태인지 여부를 판정하거나 정해진 범위 내에서 변수의 조건이나 상태를 표시할 때 사용한다.

24 작업장에서 그림자와 눈부심(Glare)을 해결하기 위한 가장 이상적인 조명방법은?

① 자연광
② 직접조명
③ 확산조명
④ 간접조명

해설

간접조명
빛을 반사시켜 조명하는 방법으로 눈부심이 적지만 설치가 복잡하며 실내의 입체감이 적어진다.

25 관절운동에 관계된 용어설명으로 옳은 것은?

① 굴곡 – 신체부분을 좁게 구부리거나 각도를 좁히는 동작
② 신전 – 신체의 중앙쪽으로 회전하는 동작
③ 내전 – 신체의 중앙이나 신체의 부분이 붙어있는 부분에서 멀어지는 방향으로 움직이는 동작
④ 외전 – 신체의 부분이나 부분의 조합이 신체의 중앙이나 그것이 붙어있는 방향으로 움직이는 동작

해설

• 신전 : 관절에서의(부위 간) 각도가 증가하는 동작
• 내전 : 몸(신체)의 중심선으로 향하는 이동 동작
• 외전 : 몸(신체)의 중심선으로부터 멀어지는 이동 동작

정답 **21** ① **22** ④ **23** ② **24** ④ **25** ①

26 청각에 해당되지 않는 것은?

① 음의 밀도　　　② 음의 시간적 간격
③ 음의 균일성　　④ 음의 높이

[해설]
청각에서 음의 구성요소
음의 밀도, 음의 높이(음정), 음의 시간적 간격

27 다음 손의 그림과 같이 손바닥 방향으로 꺾이는 관절 운동은?

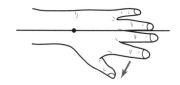

① 배굴　　　② 외향
③ 내향　　　④ 굴곡

[해설]
굴곡
몸(신체) 또는 손바닥이 위로 향하는 회전

28 인간이 기계보다 우수한 내용으로 맞는 것은?

① 큰 힘과 에너지를 낸다.
② 상당한 기간동안 일할 수 있다.
③ 새로운 해결책을 찾아낸다.
④ 반복적인 작업에 대해 신뢰성이 높다.

[해설]
①, ②, ④는 기계의 능력에 대한 설명이다.
인간은 예기치 못하는 자극을 탐지하여 새로운 해결책을 찾아낸다.

29 다음 중 인간의 오류(Human Error)와 관련된 설명이다. 거리가 가장 먼 것은?

① 인간이 오류를 범하여도 시스템이 안전하도록 설계하는 Fail Safe, Fool Proof 개념을 도입하여 작업장을 설계한다.
② 오류의 근원적인 원인을 찾아내서 제거하는 것이 가장 바람직하다.
③ 교육, 훈련의 효과가 가장 직접적이므로, 적절한 보상과 함께 실시한다.
④ 컴퓨터 시뮬레이션 등을 통하여 사전에 작업내용을 숙지시키면 큰 효과가 있다.

[해설]
교육 및 훈련의 효과를 통해 위험요인을 점검하며, 적절한 보상과는 관계가 없다.

30 기온이 너무 낮을 경우 일어나는 반응 중 잘못된 것은?

① 몸이 떨린다.
② 관절과 근육이 딱딱해진다.
③ 인체의 열을 주위의 공기에 방산하지 못한다.
④ 저속도의 기류에도 바람의 느낌을 호소한다.

[해설]
기온이 낮을 경우 인체는 열을 빠르게 잃어버리게 되어 주위의 공기에 방산하지 못하게 된다.

31 색채 조절을 실시할 때 나타나는 효과와 가장 관계가 먼 것은?

① 눈의 긴장과 피로가 감소된다.
② 보다 빨리 판단할 수 있다.
③ 색채에 대한 지식이 높아진다.
④ 사고나 재해를 감소시킨다.

색채 조절효과
• 안전색채를 사용하므로 안전이 유지되고 사고가 줄어든다 .
• 일에 대한 집중력을 높일 수 있어 실수가 적어진다.
• 신체의 피로를 줄이고 눈의 피로를 막아주는 역할을 한다.
• 깨끗한 환경을 제공하므로 정리정돈 및 청소가 쉬워진다.
• 벽, 천장의 색채계획을 밝게 하여 조명의 효율을 높인다.
• 건물의 내외를 보호하고 유지하는데 효과적이다.

32 간상체는 전혀 없고 색상을 감지하는 세포인 추상체만이 분포하여 망막과 뇌로 연결된 시신경이 접하는 곳으로 안구로 들어온 빛이 상으로 맺히는 지점은?

① 맹점
② 중심와
③ 수정체
④ 각막

중심와(황반)
시세포가 밀집해 있어 가장 선명한 상이 맺히는 부분(추상체가 밀집)이다.

33 오스트발트 표색계에 대한 설명 중 틀린 것은?

① 등색상 삼각형에서 무채색축과 평행선상에 있는 색들은 순색 혼량이 같은 색계열이다.
② 무채색에 포함되는 백에서 흑까지의 비율은 백이 증가하는 방법을 등비급수적으로 선택하고 있다.
③ 헤링의 4원색설을 기본으로 하여 색상 분할을 원주의 4등분이 서로 보색이 되도록 하였다.
④ 오스트발트의 색입체는 원통형의 모양이 된다.

오스트발트의 색입체 모양은 삼각형을 회전시켜 만든 복원추체(마름모형)이다.

34 영화관에 들어갔을 때 한참 후에야 주위 환경을 지각하게 되는 시지각 현상은?

① 명순응
② 색순응
③ 암순응
④ 시순응

암순응
밝은 곳에서 어두운 곳으로 들어가면 앞이 제대로 보이지 않고, 시간이 흘러야 주위의 물체를 식별할 수 있는 현상이다.

35 한국의 전통적인 오방색에 해당하는 것은?

① 적, 황, 녹, 청, 자
② 적, 황, 청, 백, 흑
③ 적, 황, 녹, 청, 백
④ 적, 황, 백, 자, 흑

오방색
한국의 전통색 오방색은 적, 황, 청, 백, 흑의 5가지 색을 말한다.

36 ( ) 안에 들어갈 용어를 순서대로 짝지은 것은?

> 일반적으로 모니터상에서 ( )형식으로 색채를 구현하고, ( )에 의해 색채를 혼합한다.

① RGB – 가법혼색
② CMY – 가법혼색
③ Lab – 감법혼색
④ CMY – 감법혼색

RGB
컴퓨터 모니터와 스크린 같은 빛의 원리로 컬러를 구현하는 장치에서 사용하며 색광을 혼합해 이루어져 2차색은 원색보다 밝아지므로 가법혼색으로 표현하는 방법이다.

37 다음 중 항상성에 관한 설명으로 옳은 것은?

① 시야가 좁거나 관찰시간이 짧으면 항상성이 약하다.
② 조명이 단색광이고, 가까이 있으면 항상성이 강하다.

정답 **32** ② **33** ④ **34** ③ **35** ② **36** ① **37** ①

③ 밝기의 항상성은 밝은 물건쪽이 약하고, 어두운 물건쪽은 강하게 된다.

④ 색의 항상성의 방향은 고유색에 멀어진다는 설과 조명색의 보색에 멀어진다는 설이 있다.

[해설]

항상성
광원이나 조명이 되는 빛의 강도와 조건이 달라져도 색의 본래의 모습 그대로 지각하는 현상으로 밝거나 어두운 물체에 강하며, 시야가 좁거나 관찰시간이 짧으면 약해진다.

38 먼셀(Munsell) 색상환에서 GY는 어느 색인가?

① 자주　　　　　② 연두
③ 노랑　　　　　④ 하늘색

[해설]

자주(P), 연두(GY), 노랑(Y)

39 상품의 색채기획단계에서 고려해야 할 사항으로 옳은 것은?

① 가공, 재료 특성보다는 시장성과 심미성을 고려해야 한다.

② 재현성에 얽매이지 말고 색상관리를 해야 한다.

③ 유사제품과 연계제품의 색채와의 관계성은 기획단계에서 고려되지 않는다.

④ 색료를 선택할 때 내광, 내후성을 고려해야 한다.

[해설]

① 가공, 재료 특성과 시장성과 심미성을 고려해야 한다.
② 재현성을 고려하며 색상관리를 해야 한다.
③ 유사제품과 연계제품의 색채와의 관계성은 기획단계에서 고려되지 않는나.

40 색채계획에 관한 내용으로 적합한 것은?

① 사용 대상자의 유형은 고려하지 않는다.

② 색채 정보 분석 과정에서는 시장 정보, 소비자 정보 등을 고려한다.

③ 색채계획에서는 경제적 환경 변화는 고려하지 않는다.

④ 재료나 기능보다는 심미성이 중요하다

[해설]

① 사용자 대상자의 유형을 고려해야 한다.
③ 색채계획에서는 경제적 환경 변화를 고려해야 한다.
④ 심미성보다는 재료 및 기능성이 중요하다.

3과목　건축재료

41 석고보드에 관한 설명으로 옳지 않은 것은?

① 방수, 방화 등 용도별 성능을 가지도록 제작할 수 있다.

② 벽, 천장, 칸막이 등에 합판 대용으로 주로 사용된다.

③ 내수성, 내충격성은 매우 강하나 단열성, 차음성이 부족하다.

④ 주원료인 소석고에 혼화제를 넣고 물로 반죽한 후 2장의 강인한 보드용 원지 사이에 채워 넣어 만든다.

[해설]

석고보드는 내수성과 내충격성, 탄력성, 방수성이 약한 특성을 가지고 있으나, 단열성, 방화성이 강한 특징을 나타낸다.

42 목재의 구성요소 중 세포 내의 세포내강이나 세포 간극과 같은 빈 공간에 목재조직과 결합되지 않은 상태로 존재하는 수분을 무엇이라 하는가?

① 세포수　　　　② 혼합수
③ 결합수　　　　④ 자유수

해설

목재 중의 수분은 세포내강이나 세포간극 등과 같은 빈 틈새에 존재하는 자유수(Free Water)와 세포벽에 흡착되어 있는 결합수(Bound Water)로 구성된다.

43 석탄산과 포르말린의 축합반응에 의하여 얻어지는 합성수지로서 전기절연성, 내수성이 우수하여 덕트, 파이프, 접착제, 배전판 등에 사용되는 열경화성 합성수지는?

① 페놀수지 ② 염화비닐수지

③ 아크릴수지 ④ 불소수지

해설

페놀수지(베이클라이트)
• 전기절연성, 내후성, 접착성이 크고 내열성이 0~60℃ 정도, 석면혼합품은 125℃이다.
• 내수합판의 접착제, 화장판류 도료 등으로 사용한다.

44 용융하기 쉽고, 산에는 강하나 알칼리에 약한 특성이 있으며 건축 일반용 창호유리, 병유리에 자주 사용되는 유리는?

① 소다 석회유리 ② 칼륨 석회유리

③ 보헤미아유리 ④ 납유리

해설

소다 석회유리
• 용융되기 쉬우며 산에 강하고 알칼리에 약하다.
• 풍화되기 쉬우며, 비교적 팽창률 및 강도가 크다.
• 일반 건축용 창유리, 일반 병 종류 등에 적용한다.

45 금속면의 보호와 금속의 부식방지를 목적으로 사용되는 도료는?

① 방화도료 ② 발광도료

③ 방청도료 ④ 내화도료

해설

방청도료(녹막이 페인트)
• 철재와의 부착성을 높이기 위해 사용되며 철강재, 경금속재 바탕에 산화되어 녹이 나는 것을 방지한다.
• 에칭 프라이머, 아연분말 프라이머, 알루미늄도료, 징크로메이트도료, 아스팔트(역청질)도료, 광명단 조합페인트 등이 속한다.

46 온도에 따른 탄소강의 기계적 성질에 관한 설명으로 옳지 않은 것은?

① 연신율은 200~300℃에서 최소로 된다.

② 인장강도는 500℃ 정도에서 상온 강도의 약 1/2로 된다.

③ 인장강도는 100℃ 정도에서 최대로 된다.

④ 항복점과 탄성한계는 온도가 상승함에 따라 감소한다.

해설

인장강도는 100℃ 이상이 되면 강도가 증가하여 250℃에서 최대가 된다.

47 단열재가 갖추어야 할 조건으로 옳지 않은 것은?

① 열전도율이 낮을 것 ② 비중이 클 것

③ 흡수율이 낮을 것 ④ 내화성이 좋을 것

해설

비중이 작은 다공질 형태를 통해 열전도율을 낮출 수 있다.

48 회반죽의 주요 배합재료로 옳은 것은?

① 생석회, 해초풀, 여물, 수염

② 소석회, 모래, 해초풀, 여물

③ 소석회, 돌가루, 해초풀, 생석회

④ 돌가루, 모래, 해초풀, 여물

정답 **43** ① **44** ① **45** ③ **46** ③ **47** ② **48** ②

49 합성수지의 일반적인 특성에 관한 설명으로 옳지 않은 것은?

① 경량이면서 강도가 큰 편이다.

② 연성이 크고 광택이 있다.

③ 내열성이 우수하고, 화재 시 유독가스의 발생이 없다.

④ 탄력성이 크고 마모가 적다.

해설

합성수지는 내화, 내열성이 작고 비교적 저온에서 연화되는 특징이 있다.

50 아래 설명에 해당하는 유리를 무엇이라고 하는가?

2장 또는 그 이상의 판유리 사이에 유연성 있는 강하고 투명한 플라스틱필름을 넣고 판유리 사이에 있는 공기를 완전히 제거한 진공상태에서 고열로 강하게 접착하여 파손되더라도 그 파편이 접착제로부터 떨어지지 않도록 만든 유리이다.

① 연마판유리

② 복층유리

③ 강화유리

④ 접합유리

해설

접합유리에 대한 설명이며, 접합유리 적용의 주목적은 파손 시 파편의 비산방지에 있다.

51 재료의 열팽창계수에 관한 설명으로 옳지 않은 것은?

① 온도의 변화에 따라 물체가 팽창·수축하는 비율을 말한다.

② 길이에 관한 비율인 선팽창계수와 용적에 관한 체적팽창계수가 있다.

③ 일반적으로 체적팽창계수는 선팽창계수의 3배이다.

④ 체적팽창계수의 단위는 $W/m \cdot K$이다.

해설

선팽창계수의 단위는 $m/m \cdot K$, 체적팽창계수의 단위는 $m^3/m^3 \cdot K$ 이다.

52 금속의 부식방지를 위한 관리대책으로 옳지 않은 것은?

① 가능한 한 이종금속을 인접 또는 접촉시켜 사용할 것

② 큰 변형을 준 것은 가능한 한 풀림하여 사용할 것

③ 표면을 평활하고 깨끗이 하며, 가능한 한 건조상태를 유지할 것

④ 부분적으로 녹이 발생하면 즉시 제거할 것

해설

이종금속을 인접 또는 접촉시킬 경우 갈바닉 부식(금속 간 이온화 경향 차이에 따른 부식)이 발생할 수 있다.

53 휘발유 등의 용제에 아스팔트를 희석시켜 만든 유액으로서 방수층에 이용되는 아스팔트 제품은?

① 아스팔트 루핑

② 아스팔트 프라이머

③ 아스팔트 싱글

④ 아스팔트 펠트

해설

아스팔트 프라이머
솔, 롤러 등으로 용이하게 도포할 수 있도록 블론 아스팔트를 휘발성 용제에 희석한 흑갈색의 저점도 액체로서, 방수 시공의 첫 번째 공정에 쓰이는 바탕처리재이다.

54 콘크리트 슬래브의 거푸집 패널 또는 바닥판 등으로 사용하는 것은?

① 코너 비드
② 데크 플레이트
③ 익스펜디드 메탈
④ 퍼린

해설

데크 플레이트
얇은 강판 구조로서 슬래브 부분에 거푸집 대용으로 적용하여 콘크리트와 일체화되어 바닥판을 구성하는 재료이다.

55 목재의 인화에 있어 불꽃이 없어도 자체 발화하는 온도는 대략 몇 ℃ 이상인가?

① 100℃
② 150℃
③ 250℃
④ 450℃

해설

불꽃이 없어도 자체 발화하는 온도는 발화점 온도를 의미하며, 목재에서는 약 400~490℃ 정도이다.

56 다음 중 지하 방수나 아스팔트 펠트 삼투용(滲透用)으로 쓰이는 것은?

① 스트레이트 아스팔트
② 블론 아스팔트
③ 아스팔트 컴파운드
④ 콜타르

해설

스트레이트 아스팔트
신축성이 우수하고 교착력도 좋지만 연화점이 낮고, 내구력이 떨어져 옥외 적용이 어려우며 주로 지하실 방수용으로 사용된다.

57 클링커 타일(Clinker Tile)이 주로 사용되는 장소에 해당하는 곳은?

① 침실의 내벽
② 화장실의 내벽
③ 테라스의 바닥
④ 화학실험실의 바닥

해설

클링커 타일
고온으로 소성한 석기질 타일로서 타일면에 홈줄을 새겨 넣어 테라스 바닥 등의 타일로 사용한다.

58 점토제품 중 흡수율이 가장 작은 것은?

① 자기
② 도기
③ 석기
④ 토기

해설

점토의 종류에 따른 흡수성

종류	흡수성	제품
토기	20~30%	붉은 벽돌, 토관, 기와
도기	15~20%	내장타일
석기	8% 이하	클링거타일
자기	1% 이하	외장타일, 바닥타일, 모자이크타일

59 방수공사에서 아스팔트 품질 결정요소와 가장 거리가 먼 것은?

① 침입도
② 신도
③ 연화점
④ 마모도

해설

아스팔트 특성 표기

구분	내용
신도	• 아스팔트의 연성을 나타내는 것 • 규정된 모양으로 한 시료의 양끝을 규정한 온도, 규정한 속도로 인장했을 때까지 늘어나는 길이를 cm로 표시
인화점	시료를 가열하여 불꽃을 가까이했을 때 공기와 혼합된 기름 증기에 인화된 최저온도
연화점	유리, 내화물, 플라스틱, 아스팔트, 타르 따위의 고형(固形) 물질이 열에 의하여 변형되어 연화를 일으키기 시작하는 온도
침입도	• 아스팔트의 경도를 표시하는 것 • 규정된 침이 시료 중에 수직으로 진입된 길이를 나타내며, 단위는 0.1mm를 1로 함

60 방사선 차단용으로 사용되는 시멘트 모르타르로 옳은 것은?

① 질석 모르타르
② 아스팔트 모르타르
③ 바라이트 모르타르
④ 활석면 모르타르

해설

바라이트 모르타르
시멘트, 모래, 바라이트(중정석)를 주재료로 한 모르타르로서 비중이 큰 바라이트 성분 때문에 방사선 차단용으로 사용하고 있다.

4과목 건축일반

61 실내음향의 상태를 표현하는 요소와 가장 거리가 먼 것은?

① 명료도
② 잔향시간
③ 음압 분포
④ 투과손실

해설

투과손실은 차음과 관련된 것으로서 실내의 음이 밖으로 빠져나가는 정도에 대한 사항이며, 실내의 음향상태를 나타내는 것과는 거리가 멀다.

62 공장의 용도로 쓰는 건축물로서 그 용도로 쓰는 바닥면적의 합계가 최소 얼마 이상인 경우 주요 구조부를 내화구조로 하여야 하는가?(단, 화재의 위험이 적은 공장으로서 국토교통부령으로 정하는 공장은 제외한다)

① 200m²
② 500m²
③ 1,000m²
④ 2,000m²

해설

공장(화재의 위험이 적은 공장으로서 주요 구조부가 불연재료로 되어 있는 2층 이하의 공장은 제외)의 경우 바닥면적 합계가 2,000m² 이상일 경우 주요 구조부를 내화구조로 하여야 한다.

63 다음은 건축물의 피난 · 방화구조 등의 기준에 관한 규칙에 따른 계단의 설치기준이다. (   ) 안에 들어갈 내용으로 옳은 것은?

> 높이가 (   )를 넘는 계단 및 계단참의 양옆에는 난간(벽 또는 이에 대치되는 것을 포함한다)을 설치할 것

① 1m
② 1.2m
③ 1.5m
④ 2m

해설

계단의 설치기준(건축물의 피난 · 방화구조 등의 기준에 관한 규칙 제15조)
높이가 1미터를 넘는 계단 및 계단참의 양옆에는 난간(벽 또는 이에 대치되는 것을 포함한다)을 설치할 것

64 건축물의 내부에 설치하는 피난계단의 구조에 관한 기준으로 옳지 않은 것은?

① 계단실은 창문 · 출입구 기타 개구부를 제외한 당해 건축물의 다른 부분과 내화구조의 벽으로 구획할 것
② 계단실에는 예비전원에 의한 조명설비를 할 것
③ 계단실의 바깥쪽과 접하는 창문 등은 당해 건축물의 다른 부분에 설치하는 창문 등으로부터 2m 이상의 거리를 두고 설치할 것
④ 계단실의 실내에 접하는 부분의 마감은 난연재료로 할 것

해설

계단실의 실내에 접하는 부분(바닥 및 반자 등 실내에 면한 모든 부분을 말한다)의 마감(마감을 위한 바탕을 포함한다)은 불연재료로 해야 한다.

65 벽이나 바닥, 지붕 등 건축물의 특정부위에 단열이 연속되지 않은 부분이 있어 이 부위를 통한 열의 이동이 많아지는 현상을 무엇이라 하는가?

① 결로현상
② 열획득현상
③ 대류현상
④ 열교현상

열교(Heat Bridge)현상
- 건축물을 구성하는 부위 중에서 단면의 열관류 저항이 국부적으로 작은 부분에 발생하는 현상을 말한다.
- 열의 손실이라는 측면에서 냉교라고도 한다.
- 중공벽 내의 연결 철물이 통과하는 구조체에서 발생하기 쉽다.
- 내단열 공법 시 슬래브가 외벽과 만나는 곳에서 발생하기 쉽다.

66 목구조의 장점에 해당되지 않는 것은?

① 재료의 강도, 강성에 대한 편차가 작고 균일하기 때문에 안전율을 매우 작게 설정할 수 있다.
② 경량이며, 중량에 비해 강도가 일반적으로 큰 편이다.
③ 외관이 미려하고 감촉이 좋다.
④ 증·개축이 용이하다.

해설

재료의 강도, 강성에 대한 편차가 크고, 균일하지 않기 때문에 안전율을 크게 설정해야 한다.

67 다음 중 경보설비에 포함되지 않는 것은?

① 자동화재속보설비
② 비상조명등
③ 비상방송설비
④ 누전경보기

해설

비상조명등은 피난설비에 해당한다.

68 물체 표면 간의 복사열전달량을 계산함에 있어 이와 가장 밀접한 재료의 성질은?

① 방사율
② 신장률
③ 투과율
④ 굴절률

해설

방사율
방사율은 복사열의 흡수와 반사에 관련된 수치이다. 방사율이 높은 재료는 복사열을 흡수하려는 성질이 크고, 방사율이 낮은 재료는 복사열을 반사하려는 특성이 크게 나타난다.

69 문화 및 집회시설 중 공연장 개별관람실의 각 출구의 유효너비 최소 기준은?(단, 바닥면적이 300m² 이상인 경우)

① 1.2m 이상
② 1.5m 이상
③ 1.8m 이상
④ 2.1m 이상

해설

문화 및 집회시설 중 공연장의 개별 관람실(바닥면적이 300제곱미터 이상인 것에 한한다)의 출구는 다음의 기준에 적합하게 설치하여야 한다.
- 관람실별로 2개소 이상 설치할 것
- 각 출구의 유효너비는 1.5미터 이상일 것
- 개별 관람실 출구의 유효너비의 합계는 개별 관람실의 바닥면적 100제곱미터마다 0.6미터의 비율로 산정한 너비 이상으로 할 것

70 소방시설법령에서 규정하고 있는 비상콘센트설비를 설치하여야 하는 특정소방대상물의 기준으로 옳은 것은?

① 층수가 7층 이상인 특정소방대상물의 경우에는 7층 이상의 층
② 층수가 8층 이상인 특정소방대상물의 경우에는 8층 이상의 층
③ 층수가 10층 이상인 특정소방대상물의 경우에는 10층 이상의 층
④ 층수가 11층 이상인 특정소방대상물의 경우에는 11층 이상의 층

해설

비상콘센트설비를 설치해야 하는 특정소방대상물(소방시설 설치 및 관리에 관한 법률 시행령 [별표 4])
층수가 11층 이상인 특정소방대상물의 경우에는 11층 이상의 층에 비상콘센트를 설치하여야 한다.

71 피난설비 중 객석유도등을 설치하여야 할 특정소방대상물은?

① 숙박시설
② 종교시설
③ 창고시설
④ 방송통신시설

정답　66 ①　67 ②　68 ①　69 ②　70 ④　71 ②

객석유도등을 설치해야 할 특정소방대상물
- 유흥주점영업시설(유흥주점영업 중 손님이 춤을 출 수 있는 무대가 설치된 카바레, 나이트클럽 또는 그 밖에 이와 비슷한 영업시설만 해당한다)
- 문화 및 집회시설
- 종교시설
- 운동시설

72 소방관서장이 실시하는 화재안전조사의 항목으로 적절치 않은 것은?

① 화재의 예방조치 등에 관한 사항
② 소방안전관리 업무 수행에 관한 사항
③ 피난계획의 수립 및 시행에 관한 사항
④ 소방안전관리자의 선임에 관한 사항

화재안전조사의 항목(화재의 예방 및 안전관리에 관한 법률 시행령 제 7조)
- 화재의 예방조치 등에 관한 사항
- 소방안전관리 업무 수행에 관한 사항
- 피난계획의 수립 및 시행에 관한 사항
- 소화 · 통보 · 피난 등의 훈련 및 소방안전관리에 필요한 교육(소방훈련 · 교육)에 관한 사항
- 소방자동차 전용구역의 설치에 관한 사항
- 감리원의 배치에 관한 사항
- 소방시설의 설치 및 관리에 관한 사항
- 건설현장 임시소방시설의 설치 및 관리에 관한 사항
- 피난시설, 방화구획(防火區劃) 및 방화시설의 관리에 관한 사항
- 방염(防炎)에 관한 사항
- 소방시설 등의 자체점검에 관한 사항
- (다중이용업소) 안전관리에 관한 사항
- 위험물 안전관리에 관한 사항
- 초고층 및 지하연계 복합건축물의 안전관리에 관한 사항
- 그 밖에 소방대상물에 화재의 발생 위험이 있는지 등을 확인하기 위해 소방관서장이 화재안전조사가 필요하다고 인정하는 사항

73 다음은 피난 용도의 옥상광장을 설치하기 위한 건축법령이다. (   ) 안에 들어갈 내용으로 옳은 것은?

> (   ) 이상인 층이 문화 및 집회시설(전시장 및 동 · 식물원은 제외한다), 종교시설, 판매시설, 위락시설 중 주점영업 또는 장례시설의 용도로 쓰는 경우에는 피난 용도로 쓸 수 있는 광장을 옥상에 설치하여야 한다.

① 5층
② 6층
③ 7층
④ 11층

옥상광장 설치대상
5층 이상의 층이 다음 용도의 시설에는 피난 용도로 쓸 수 있는 광장을 옥상에 설치하여야 한다.
- 제2종 근린생활시설 중 공연장 · 종교집회장 · 인터넷컴퓨터게임시설제공 업소(해당 용도로 쓰는 바닥면적의 합계가 각각 300m² 이상)
- 문화 및 집회시설(전시장 및 동 · 식물원은 제외)
- 종교시설
- 판매시설
- 위락시설 중 주점영업
- 장례시설

74 목재의 이음에 사용되는 듀벨(Dubel)이 저항하는 힘의 종류는?

① 인장력
② 전단력
③ 압축력
④ 수평력

듀벨은 목재와 목재 사이에 끼워서 전단력을 보강하는 철물이다.

75 방염성능기준 이상의 실내장식물 등을 설치하여야 하는 특정소방대상물에 해당되지 않는 것은?

① 근린생활시설 중 체력단련장
② 의료시설 중 종합병원
③ 층수가 15층인 아파트
④ 숙박이 가능한 수련시설

방염성능기준 이상의 실내장식물 등을 설치하여야 하는 특정소방대상물에서 아파트는 제외된다.

76 물 0.5kg을 15℃에서 70℃로 가열하는 데 필요한 열량은 얼마인가?(단, 물의 비열은 4.2kJ/kg℃이다)

① 27.5kJ
② 57.75kJ
③ 115.5kJ
④ 231.5kJ

q(가열량)$= m$(질량)$\times C$(비열)$\times \Delta T$(온도차)
$q = 0.5kg \times 4.2kJ/kgK \times (70-15) = 115.5kJ$

77 소방시설 설치 및 관리에 관한 법률에 따른 용어의 정의 중 아래 설명에 해당하는 것은?

> 소방시설 등을 구성하거나 소방용으로 사용되는 제품 또는 기기로서 대통령령으로 정하는 것을 말한다.

① 특정소방대상물
② 소방용품
③ 피난구조설비
④ 소화활동설비

소방용품은 소방제품 또는 기기를 포함하고 있다.

78 다음은 건축물의 지하층과 피난층 사이의 개방공간 설치에 관한 법령 사항이다. ( ) 안에 알맞은 것은?

> 바닥면적의 합계가 ( )m² 이상인 공연장 · 집회장 · 관람장 또는 전시장을 지하층에 설치하는 경우에는 각 실에 있는 자가 지하층 각 층에서 건축물 밖으로 피난하여 옥외 계단 또는 경사로 등을 이용하여 피난층으로 대피할 수 있도록 천장이 개방된 외부 공간을 설치하여야 한다.

① 1,500
② 2,000
③ 3,000
④ 4,000

지하층과 피난층 사이의 개방공간 설치(건축법 시행령 제37조)
바닥면적의 합계가 3천 제곱미터 이상인 공연장 · 집회장 · 관람장 또는 전시장을 지하층에 설치하는 경우에는 각 실에 있는 자가 지하층 각 층에서 건축물 밖으로 피난하여 옥외 계단 또는 경사로 등을 이용하여 피난층으로 대피할 수 있도록 천장이 개방된 외부 공간을 설치하여야 한다.

79 건축물의 구조기준 등에 관한 규칙에 따라 조적식 구조인 경계벽의 두께는 최소 얼마 이상으로 해야 하는가?(단, 경계벽이란 내력벽이 아닌 그 밖의 벽을 포함한다)

① 9cm
② 12cm
③ 15cm
④ 20cm

경계벽 등의 두께(건축물의 구조기준 등에 관한 규칙 제33조)
조적식 구조인 경계벽(내력벽이 아닌 그 밖의 벽을 포함)의 두께는 90밀리미터(9cm) 이상으로 하여야 한다.

80 피난용승강기 승강장의 구조에 관한 기준으로 옳지 않은 것은?

① 승강장의 출입구를 제외한 부분은 해당 건축물의 다른 부분과 내화구조의 바닥 및 벽으로 구획할 것
② 승강장은 각 층의 내부와 연결될 수 있도록 하되, 그 출입구에는 60 + 방화문 또는 60분 방화문을 설치할 것. 이 경우 방화문은 언제나 닫힌 상태를 유지할 수 있는 구조이어야 한다.
③ 배연설비를 설치할 것
④ 실내에 접하는 부분(바닥 및 반자 등 실내에 면한 모든 부분을 말한다)의 마감(마감을 위한 바탕을 포함한다)은 난연재료로 할 것

실내에 접하는 부분(바닥 및 반자 등 실내에 면한 모든 부분)의 마감(마감을 위한 바탕을 포함)은 불연재료로 한다.

1과목 실내디자인 계획

01 주택에서 부엌과 식당을 겸용하는 다이닝 키친 (Dining Kitchen)의 가장 큰 장점은?

① 평면계획이 자유롭다.

② 이상적인 식사 공간 분위기 조성이 용이하다.

③ 공사비가 절약된다.

④ 주부의 동선이 단축된다.

> 해설

다이닝키친(DK)
부엌의 일부에 식탁을 설치한 형태로 주부의 동선을 단축하여 가사 노동력을 경감할 수 있다.

02 디자인 원리 중 조화에 관한 설명으로 옳지 않은 것은?

① 단순조화는 대체적으로 온화하며 부드럽고 안정감이 있다.

② 복합조화는 다양한 주제와 이미지들이 요구될 때 주로 사용된다.

③ 대비조화에서 대비를 많이 사용할수록 뚜렷하고 선명한 이미지를 준다.

④ 유사조화는 형식적, 외형적으로 시각적인 동일 요소의 조합을 통하여 성립한다.

> 해설

대비조화에서 대비를 많이 사용하게 되면 뚜렷하고 선명한 이미지를 주기 어렵다. 또한 지나친 사용은 난잡하고, 혼란스러우며 통일성을 방해한다.

03 사무실의 책상배치 유형 중 면적효율이 좋고 커뮤니케이션(Communication) 형성에 유리하여 공동작업의 형태로 업무가 이루어지는 사무실에 적합한 유형은?

① 동향형 ② 대향형

③ 자유형 ④ 좌우대칭형

> 해설

대향형
면적 효율이 좋고 커뮤니케이션 형성에 유리하며 공동작업으로 자료 처리하는 영업관리에 적합하다.

04 연속적인 주제를 시간적인 연속성을 가지고 선형으로 연출하는 특수전시기법은?

① 알코브 벽면 전시 ② 아일랜드 전시

③ 하모니카 전시 ④ 파노라마 전시

> 해설

파노라마 전시
연속적인 주제를 표현하기 위해 선형으로 연출되는 전시기법으로 전시물의 전경으로 펼쳐 전시하는 방법이다.

05 균형의 원리에 관한 설명으로 옳지 않은 것은?

① 수직선이 수평선보다 시각적 중량감이 크다.

② 크기가 큰 것이 작은 것보다 시각적 중량감이 크다.

③ 불규칙적인 형태가 기하학적 형태보다 시각적 중량감이 크다.

④ 복잡하고 거친 질감이 단순하고 부드러운 것보다 시각적 중량감이 크다.

> 해설

균형의 원리
수평선이 수직선보다 시각적 중량감이 크다.

정답 01 ④ 02 ③ 03 ② 04 ④ 05 ①

06 상업공간의 동선계획에 대한 설명으로 옳지 않은 것은?

① 고객동선을 가능한 길게 배치하는 것이 좋다.
② 판매동선은 고객동선과 일치해야 하며 길고 자연스러워야 한다.
③ 상업공간 계획 시 가장 우선순위는 고객의 동선을 원활히 처리하는 것이다.
④ 관리동선은 사무실을 중심으로 매장, 창고, 작업장 등이 최단거리로 연결되는 것이 이상적이다.

해설
판매동선은 고객동선과 교차하지 않도록 하며 짧게 구성한다.

07 부엌에서 작업순서를 고려한 효율적인 작업대의 배치 순서로 알맞은 것은?

① 준비대 → 조리대 → 가열대 → 개수대 → 배선대
② 개수대 → 분비대 → 가열대 → 조리대 → 배선대
③ 준비대 → 개수대 → 조리대 → 가열대 → 배선대
④ 개수대 → 조리대 → 준비대 → 가열대 → 배선대

해설
부엌의 작업순서
준비대 – 개수대 – 조리대 – 가열대 – 배선대 순서로 배치

08 전시실의 순회유형 중 연속순회형식에 대한 설명으로 옳은 것은?

① 뉴욕의 근대미술관, 뉴욕의 구겐하임 미술관이 대표적이다.
② 동선이 단순하고 공간을 절약할 수 있는 장점이 있다.
③ 중심부에 하나의 큰 홀을 두고 그 주위에 각 전시실을 배치한 형식으로 장래의 확장에 유리하다.

④ 각 실에 직접 들어갈 수 있다는 점이 유리하며, 필요시에는 자유로이 독립적으로 폐쇄할 수 있다.

해설
연속순회형식
전실을 연속적으로 관람할 수 있도록 동선이 연결되는 형태로 동선이 단순하고 공간을 절약할 수 있는 장점이 있다. 1실을 폐쇄할 경우 전체 동선이 막히게 되므로 비교적 소규모의 전시실에 적합하다.

09 창의 종류 중 천창에 대한 설명으로 옳지 않은 것은?

① 벽면을 개구부에 상관없이 다양하게 활용할 수 있다.
② 측창에 비해 채광량은 적으나 반사로 인한 눈부심이 없다.
③ 밀집된 건물에 둘러싸여 있어도 일정량의 채광을 확보할 수 있다.
④ 국부조명처럼 실내의 어느 한 지점을 밝게 비추어 강조할 수 있다.

해설
천창
지붕이나 천장면에 채광 환기를 목적으로 설치하여 측창에 비해 채광량이 많으며 조도분포가 균일하다.

10 색 또는 밝기의 항상성(恒常性 : Constancy)에 대한 설명 중 틀린 것은?

① 밝기의 항상성은 밝은 물건 쪽이 강하다.
② 색의 항상성은 색광시야가 크면 강하다.
③ 관찰시간이 짧으면 항상성이 약하다.
④ 조명이 단색광이고 가까이 있으면 항상성이 강하다.

해설
항상성
조명 및 관측조건이 변화해도 물체색이 변화되어 보이지 않는 현상으로 조명이 단색광이고 가까이 있으면 항상성이 약하다.

정답　　06 ②　07 ③　08 ②　09 ②　10 ④

11 다음 색 중 관용색명과 계통색명의 연결이 틀린 것은?(단, 한국산업표준 KS 기준)

① 커피색 – 탁한 갈색   ② 개나리색 – 선명한 연두
③ 딸기색 – 선명한 빨강   ④ 밤색 – 진한 갈색

해설

연두(Green Yellow)는 KS 기본색명으로 KS계통색명에는 빨간(적), 노랑(황), 초록색(녹), 파란(청), 보랏빛, 자줏빛(자), 분홍빛(자), 길, 흰, 회, 검은(흑)이 있다.
- 관용색명 : 옛날부터 관습적으로 전해 내려오면서 광물, 식물, 동물, 지명, 인명 등의 이름으로 사용하는 색으로 색감의 연상이 즉각적이다.
- 계통색명 : 기본 색명 앞에 색상을 나타내는 수식어와 톤을 나타내는 수식어를 붙여 표현하는 것이다.

12 문(P.Moon)·스펜서(D.E. Spencer)의 색채조화론에 있어서 조화의 종류가 아닌 것은?

① 배색의 조화   ② 동등의 조화
③ 유사의 조화   ④ 대비의 조화

해설

문스펜서의 색채조화론
동등의 조화(동일의 조화), 유사의 조화, 대비의 조화

13 색의 동화작용에 관한 설명 중 옳은 것은?

① 잔상 효과로서 나중에 본 색이 먼저 본 색과 섞여 보이는 현상
② 난색 계열의 색이 더 커 보이는 현상
③ 색들끼리 영향을 주어서 옆의 색과 닮은 색으로 보이는 현상
④ 색점을 섬세하게 나열 배치해 두고 어느 정도 떨어진 거리에서 보면 쉽게 혼색되어 보이는 현상

해설

동화현상
두 색을 서로 인접 배색했을 때 서로의 영향으로 실제보다 인접 색에 가까운 것처럼 지각되는 현상으로 옆에 있는 색이나 주위의 색과 닮아 보인다.

14 가산혼합에 대한 설명으로 틀린 것은?

① 가산혼합의 1차색은 감산혼합의 2차색이다.
② 보색을 섞으면 어두운 회색이 된다.
③ 색은 섞을수록 맑아진다.
④ 기본색은 빨강, 녹색, 파랑이다.

해설

가산혼합
빛의 3원색으로 빨강(R), 초록(G), 파랑(B) 3종의 색광을 혼합했을 때 원래의 색광보다 밝아지는 혼합으로 보색을 섞으면 백색이 된다.

15 건축물의 색채조절의 효과로 관련이 가장 적은 것은?

① 눈의 긴장과 피로가 감소된다.
② 능률이 향상되어 생산력이 높아진다.
③ 유지, 관리의 어려움이 있다.
④ 사고나 재해를 감소시킨다.

해설

색채조절
색채의 생리적·심리적 효과를 적극적으로 활용하여 안전하고 효율적인 작업환경과 쾌적한 생활환경을 조성을 목적으로 유지, 관리가 쉽다.

16 난색계통의 색상에 더욱 흥분감을 주기 위한 명도와 채도의 조치는?

① 고명도, 고채도
② 고명도, 저채도
③ 저명도, 고채도
④ 저명도, 저채도

해설

고명도, 고채도의 색온 선명도가 매우 선명하여 진출해 보이며, 색의 밝기가 밝고, 화려한 느낌을 주어 흥분감을 준다.

17 KS(한국산업표준) 규격에서 정한 노랑의 색상범위는 무엇인가?

① 5R – 10YR
② 2.5Y – 10GY
③ 10YR – 7.5Y
④ 10Y – 2.5GY

해설

- 빨강(Red) : R
- 주황(Yellow Red) : YR
- 노랑(Yellow) : Y
- 연두(Green Yelloow) : GY

18 스툴(Stool)의 종류 중 편안한 휴식을 위해 발을 올려놓는 데 사용되는 것은?

① 세티
② 오토만
③ 카우치
④ 체스터필드

해설

의자의 종류
- 오토만 : 등받이와 팔걸이가 없는 형태의 보조의자로 발을 올려놓는 데 사용된다.
- 세티 : 동일한 두 개의 의자를 나란히 합해 2인이 앉을 수 있도록 한 것이다.
- 카우치 : 침대와 소파의 기능을 겸한 것으로 몸을 기댈 수 있도록 좌면의 한쪽 끝이 올라간 형태이다.
- 체스터필드 : 소파의 쿠션성능을 높이기 위해 솜, 스펀지 등으로 속을 채워 넣은 형태로 사용상 안락성이 매우 크고 비교적 크기가 크다.

19 컴퓨터 화면상의 이미지와 출력된 인쇄물의 색채가 다르게 나타나는 원인으로 거리가 먼 것은?

① 컴퓨터상에서 RGB로 작업했을 경우 CMYK 방식의 잉크로는 표현될 수 없는 색채범위가 발생한다.
② RGB의 색역이 CMYK의 색역보다 좁기 때문이다.
③ 모니터의 캘리브레이션 상태와 인쇄기, 출력용지에 따라서도 변수가 발생한다.
④ RGB 데이터를 CMYK 데이터로 변환하면 색상 손상현상이 나타난다.

해설

CMYK
색료 혼합방식으로 보통 인쇄 및 출력 시 사용되며 특히 잉크를 기본바탕으로 표현되는 색상이라 색역은 RGB가 CMYK의 색역보다 넓다.

20 3차원 모델링 중 물체를 점과 선만으로 표현하는 방식은?

① 목업 모델링(Mock – up Modeling)
② 매핑(Mapping)
③ 와이어프레임 모델링(Wire Frame Modeling)
④ 서피이스 모델링(Surface Modeling)

해설

와이어프레임 모델링(Wire Frame Modeling)
3차원 그래픽에서 시각적으로 꼭짓점들을 연결하는 선으로 물체를 표현하는 방법으로 데이터 구조가 간단하고 처리 속도가 빠르다.

2과목 실내디자인 시공 및 재료

21 다음은 공사현상에서 이루어지는 업무에 관한 설명이다. 이 업무의 명칭으로 옳은 것은?

> 공사내용을 분석하고 공사관리의 목적을 명확히 제시하여 작업의 순서를 반영하며 실내공사의 작업을 세분화하고 집약한다. 공사의 종류에 따라 기술적인 순서와 상호관계를 정리하고 설계도서, 시방서, 물량산출서, 견적서를 기초로 작업에 투여되는 인력, 장비, 자재의 수량을 비교 · 검토한다.

① 실행예산편성
② 공정계획
③ 작업일보작성
④ 입찰참가신청

해설

공정계획(공정관리)
- 건축물을 지정된 공사기간 내에 공사예산에 맞추어 정밀도가 높은 우수한 질의 시공을 위하여 작성하는 계획이다.

- 즉, 우수하게, 값싸게, 빨리, 안전하게 각 건설물을 세부계획에 필요한 시간과 순서, 자재, 노무 및 기계설비 등을 일정한 형식에 의거하여 작성, 관리함을 목적으로 한다.

22 다음 건축공사 관계자에 관한 용어설명 중 옳지 않은 것은?

① 감독자라 함은 공사시공에 있어 설계도서대로 실시되는지의 여부를 확인하고 시공방법을 지도조언하는 자를 말한다.
② 현장대리인이라 함은 건설공사 도급계약 조건에 따라 공사관리 및 기술관리, 기타 공사업무를 시행하는 현장원을 말한다.
③ 시공기사라 함은 현장대리인 또는 그가 고용하여 현장시공을 담당하는 현장원을 말한다.
④ 건축주라 함은 도급공사의 주문자 또는 직영공사의 시행주 자체이고 개인, 법인, 공공단체 또는 정부기관 등이다.

> **해설**
> ①은 공사감리자에 대한 설명이다.

23 다음은 낙하물 방지망에 대한 설명이다. 괄호 안에 들어갈 숫자로 옳게 짝지어진 것은?

바닥, 도로, 통로 및 비계 등에서 자재, 공구 등의 낙하로 인한 피해를 방지하기 위하여 개구부 및 비계 외부에 수평면과 (   )° 이상 (   )° 이하로 설치하는 망

① 10, 20　　　　② 10, 30
③ 20, 30　　　　④ 20, 45

> **해설**
> 낙하물 방지망은 바닥, 도로, 통로 및 비계 등에서 자재, 공구 등의 낙하로 인한 피해를 방지하기 위하여 개구부 및 비계 외부에 수평면과 20° 이상 30° 이하로 설치하는 망을 말한다.

24 미장바탕이 갖추어야 할 조건으로 옳지 않은 것은?

① 바름층과 유해한 화학반응을 하지 않을 것
② 바름층을 지지하는 데 필요한 접착강도를 얻을 수 있을 것
③ 바름층보다 강도, 강성이 크지 않을 것
④ 바름층의 경화, 건조를 방해하지 않을 것

> **해설**
> 바탕층은 바름층에 비해 강도, 강성을 크게 하여 구조체의 균열·거동 등에 대응하여야 한다.

25 금속면의 화학적 표면처리재용 도장재로 가장 적합한 것은?

① 셀락니스　　　　② 에칭 프라이머
③ 크레오소트유　　　④ 캐슈

> **해설**
> **에칭 프라이머**
> 금속표면의 녹방지를 위해 적용되며 일종의 방청도료(녹막이 페인트)이다.

26 합판에 관한 설명으로 옳지 않은 것은?

① 함수율 변화에 의한 신축변형이 크고 방향성이 있다.
② 3장 이상의 홀수의 단판(Veneer)을 접착제로 붙여 만든 것이다.
③ 곡면가공을 하여도 균열이 생기지 않는다.
④ 표면가공법으로 흡음효과를 낼 수가 있고 의장적 효과도 높일 수 있다.

> **해설**
> 함수율 변화에 따른 팽창, 수축이 작으며, 그에 따른 방향성이 없다.

정답　22 ①　23 ③　24 ③　25 ②　26 ①

27 석회석을 $900 \sim 1,200\,℃$로 소성하면 생성되는 것은?

① 돌로마이트 석회

② 생석회

③ 회반죽

④ 소석회

해설

생석회
고온에서 석회석을 장시간 구워서 석회석 원석에 포함된 이산화탄소를 배제시키고 석회성분만 남게 한 후 건조하여 생성한 것을 말한다.

28 금속의 부식방지를 위한 관리대책으로 옳지 않은 것은?

① 가능한 한 이종금속을 인접 또는 접촉시켜 사용할 것

② 큰 변형을 준 것은 가능한 한 풀림하여 사용할 것

③ 표면을 평활하고 깨끗이 하며, 가능한 한 건조상태를 유지할 것

④ 부분적으로 녹이 발생하면 즉시 제거할 것

해설

이종금속을 인접 또는 접촉시킬 경우 갈바닉 부식(금속 간 이온화 경향 차이에 따른 부식)이 발생할 수 있다.

29 모자이크 타일의 소지질로 가장 알맞은 것은?

① 토기질

② 도기질

③ 석기질

④ 자기질

해설

모자이크 타일은 흡수성이 낮아야 하므로, 자기질이 가장 알맞다.

30 발포제로서 보드상으로 성형하여 단열재로 널리 사용되며 천장재, 전기용품 등에도 쓰이는 열가소성 수지는?

① 불포화폴리에스테르수지

② 실리콘수지

③ 아크릴수지

④ 폴리스티렌수지

해설

폴리스티렌수지
• 유기용제에 침해되고 취약하며, 내수, 내화학약품성, 전기절연성, 가공성이 우수하다.
• 건축벽 타일, 천장재, 블라인드, 도료 등에 사용되며, 특히 발포제품은 저온 단열재로 쓰인다.

31 목재의 구성요소 중 세포 내의 세포내강이나 세포 간극과 같은 빈 공간에 목재조직과 결합되지 않은 상태로 존재하는 수분을 무엇이라 하는가?

① 세포수

② 혼합수

③ 결합수

④ 자유수

해설

목재 중의 수분은 세포내강이나 세포간극 등과 같은 빈 틈새에 존재하는 자유수(Free Water)와 세포벽에 흡착되어 있는 결합수(Bound Water)로 구성된다.

32 콘크리트 1m^3를 제작하는 데 소요되는 각 재료의 양을 질량(kg)으로 표시한 배합은?

① 질량배합

② 용적배합

③ 현장배합

④ 계획배합

해설

질량배합
콘크리트 1m^3를 제작하는 데 소요되는 각 재료의 양을 질량(kg)으로 표시한 배합이다.

정답　　27 ②　28 ①　29 ④　30 ④　31 ④　32 ①

33 재료의 일반적 성질 중 재료에 외력을 제거하여도 재료가 원상으로 돌아가지 않고 변형된 그대로의 상태로 남아 있는 성질을 무엇이라고 하는가?

① 탄성
② 소성
③ 점성
④ 인성

[해설]

재료에 외력을 제거하여도 재료가 원상으로 돌아가지 않고 변형된 그대로의 상태로 남아 있는 성질을 소성이라고 하며, 재료의 외력을 제거할 경우 재료가 원상으로 돌아가는 성질을 탄성이라고 한다.

34 목재의 절대건조비중이 0.3일 때 이 목재의 공극률은?

① 약 80.5%
② 약 78.7%
③ 약 58.3%
④ 약 52.6%

[해설]

$$공극률 = (1 - \frac{목재의\ 절건비중}{1.54}) \times 100(\%)$$

$$= (1 - \frac{0.3}{1.54}) \times 100(\%) = 80.5\%$$

35 석재의 성질에 관한 설명으로 옳지 않은 것은?

① 화강암은 온도상승에 의한 강도저하가 심하다.
② 대리석은 산성비에 약해 광택이 쉽게 없어진다.
③ 부석은 비중이 커서 물에 쉽게 가라앉는다.
④ 사암은 함유광물의 성분에 따라 암석의 질, 내구성, 강도에 현저한 차이가 있다.

[해설]

부석은 다공질이며, 비중이 작아 물에 쉽게 가라앉지 않는다.

36 단열 모르타르에 관한 설명으로 옳지 않은 것은?

① 바닥, 벽, 천장 등의 열손실 방지를 목적으로 사용된다.
② 골재는 중량골재를 주재료로 사용한다.
③ 시멘트는 보통 포틀랜드 시멘트, 고로슬래그 시멘트 등이 사용된다.
④ 구성재료를 공장에서 배합하여 만든 기배합 미장재료로서 적당량의 물을 더하여 반죽상태로 사용하는 것이 일반적이다.

[해설]

단열성 확보를 위해 밀도가 낮은 경량골재를 주재료로 사용한다.

37 석고보드에 관한 설명으로 옳지 않은 것은?

① 방수, 방화 등 용도별 성능을 가지도록 제작할 수 있다.
② 벽, 천장, 칸막이 등에 합판 대용으로 주로 사용된다.
③ 내수성, 내충격성은 매우 강하나 단열성, 차음성이 부족하다.
④ 주원료인 소석고에 혼화제를 넣고 물로 반죽한 후 2장의 강인한 보드용 원지 사이에 채워 넣어 만든다.

[해설]

석고보드는 내수성과 내충격성, 탄력성, 방수성이 약한 특성을 가지고 있으나, 단열성, 방화성이 강한 특징을 나타낸다.

38 회반죽의 주요 배합재료로 옳은 것은?

① 생석회, 해초풀, 여물, 수염
② 소석회, 모래, 해초풀, 여물
③ 소석회, 돌가루, 해초풀, 생석회
④ 돌가루, 모래, 해초풀, 여물

[해설]

회반죽
• 소석회 + 모래 + 해초풀 + 여물 등이 배합된 미장재료이다.
• 경화건조에 의한 수축률이 크기 때문에 여물로서 균열을 분산·경감한다.
• 실내용으로 목조 바탕, 콘크리트블록 및 벽돌 바탕 등에 사용한다.

39 ALC(Autoclaved Lightweight Concrete) 제품에 관한 설명으로 옳지 않은 것은?

① 주원료는 백색 포틀랜드 시멘트이다.
② 보통 콘크리트에 비해 다공질이고 열전도율이 낮다.
③ 물에 노출되지 않는 곳에서 사용하도록 한다.
④ 경량재이므로 인력에 의한 취급이 가능하고 현장가공 등 시공성이 우수하다.

> **해설**
> ALC는 플라이애시(Fly Ash) 시멘트 등 특수 시멘트를 사용하여 제조한다.

40 각종 색유리의 작은 조각을 도안에 맞추어 절단하여 조합해서 만든 것으로 성당의 창 등에 사용되는 유리 제품은?

① 내열유리
② 유리타일
③ 샌드블라스트유리
④ 스테인드글라스

> **해설**
> 스테인드글라스
> 다양한 색의 표현이 가능하며 세부적인 디자인은 유색의 에나멜 유약을 써서 표현한다.

3과목 실내디자인 환경

41 주요 구조부를 내화구조로 하여야 하는 대상 건축물의 기준으로 옳지 않은 것은?

① 문화 및 집회시설 중 전시장의 용도로 쓰이는 건축물로서 그 용도로 쓰는 바닥면적의 합계가 500m² 이상인 건축물
② 창고시설의 용도로 쓰는 건축물로서 그 용도로 쓰는 바닥면적의 합계가 500m² 이상인 건축물

③ 공장의 용도로 쓰는 건축물로서 그 용도로 쓰는 바닥면적의 합계가 1,000m² 이상인 건축물
④ 운동시설 중 체육관의 용도로 쓰는 건축물로서 그 용도로 쓰는 바닥면적의 합계가 500m² 이상인 건축물

> **해설**
> 공장의 용도로 쓰는 건축물로서 그 용도로 쓰는 바닥면적의 합계가 2,000m² 이상인 건축물을 내화구조로 하여야 한다.

42 다음 중 빛환경에 있어 현휘의 발생 원인과 가장 거리가 먼 것은?

① 광속발산도가 일정할 때
② 시야 내의 휘도 차이가 큰 경우
③ 반사면으로부터 광원이 눈에 들어올 때
④ 작업대와 작업대 면의 휘도대비가 큰 경우

> **해설**
> 광속발산도(래드럭스, rlx)는 광원의 단위면적으로부터 발산하는 광속으로서 광원 혹은 물체의 밝기를 나타내는 것이다. 그러므로 광속발산도가 클 경우에는 현휘 발생가능성이 높아지지만, 일정할 경우 현휘가 높아진다고는 볼 수 없다.

43 다음은 건축허가 등을 할 때 미리 소방본부장 또는 소방서장의 동의를 받아야 하는 건축물 등의 범위에 관한 내용이다. 빈칸에 들어갈 내용을 순서대로 옳게 나열한 것은?(단, 차고 · 주차장 또는 주차용도로 사용되는 시설)

> 가. 차고 · 주차장으로 사용되는 바닥면적이 ( ) 이상인 층이 있는 건축물이나 주차시설
> 나. 승강기 등 기계장치에 의한 주차시설로서 자동차 ( ) 이상을 주차할 수 있는 시설

① 100m², 20대
② 200m², 20대
③ 100m², 30대
④ 200m², 30대

44 환기에 관한 설명으로 옳지 않은 것은?

① 실내환경의 쾌적성을 유지하기 위한 외기량을 필요 환기량이라 한다.
② 1인당 차지하는 공간체적이 클수록 필요환기량은 증가한다.
③ 실내가 실외에 비해 온도가 높을 경우 실내의 공기밀도는 실외보다 낮다.
④ 중력환기는 실내외 온도차에 의한 공기의 밀도차에 의하여 발생한다.

> **해설**

1인당 차지하는 공간체적이 크다는 것은 실내의 재실자 밀도가 낮다는 것(공간의 크기 대비 인원이 적다는 것)을 의미하므로 필요환기량은 감소한다.

45 거실의 채광 및 환기를 위한 창문 등이나 설비에 관한 기준 내용으로 옳은 것은?

① 채광을 위하여 거실에 설치하는 창문 등의 면적은 그 거실의 바닥면적의 20분의 1 이상이어야 한다.
② 환기를 위하여 거실에 설치하는 창문 등의 면적은 그 거실의 바닥면적의 10분의 1 이상이어야 한다.
③ 오피스텔에 거실 바닥으로부터 높이 1.2m 이하 부분에 여닫을 수 있는 창문을 설치하는 경우에는 높이 1.0m 이상의 난간이나 이와 유사한 추락방지를 위한 안전시설을 설치하여야 한다.

④ 수시로 개방할 수 있는 미닫이로 구획된 2개의 거실은 1개의 거실로 본다.

> **해설**

① 채광을 위하여 거실에 설치하는 창문 등의 면적은 그 거실의 바닥면적의 10분의 1 이상이어야 한다.
② 환기를 위하여 거실에 설치하는 창문 등의 면적은 그 거실의 바닥면적의 20분의 1 이상이어야 한다.
③ 오피스텔에 거실 바닥으로부터 높이 1.2m 이하 부분에 여닫을 수 있는 창문을 설치하는 경우에는 높이 1.2m 이상의 난간이나 이와 유사한 추락방지를 위한 안전시설을 설치하여야 한다.

46 온수난방 배관에서 리버스리턴(Reverse Return) 방식을 사용하는 주된 이유는?

① 배관길이를 짧게 하기 위해
② 배관의 부식을 방지하기 위해
③ 배관의 신축을 흡수하기 위해
④ 온수의 유량분배를 균일하게 하기 위해

> **해설**

리버스리턴(Reverse Return) 방식(역환수방식)
보일러와 가장 가까운 방열기는 공급관이 가장 짧고 환수관은 가장 길게 배관한 것으로 각 방열기의 공급관과 환수관의 합은 각각 동일하게 되며, 동일저항으로 온수가 순환하므로 방열기에 온수를 균등히 공급할 수 있는 방식이다.

47 배수트랩에 관한 설명으로 옳지 않은 것은?

① 트랩은 배수능력을 촉진한다.
② 관트랩에는 P트랩, S트랩, U트랩 등이 있다.
③ 트랩은 기구에 가능한 한 근접하여 설치하는 것이 좋다.
④ 트랩의 유효봉수깊이가 너무 낮으면 봉수가 손실되기 쉽다.

> **해설**

트랩
배수관 내의 악취, 유독가스 및 벌레 등이 실내로 침투하는 것을 방지하기 위해 설치한다.
※ 배수능력을 촉진하는 것은 통기관의 역할이다.

48 굴뚝효과(Stack Effect)의 가장 주된 발생원은?

① 온도차
② 유속차
③ 습도차
④ 풍향차

굴뚝효과(Stack Effect)
중력환기라고도 하며, 실내외 온도차와 실내의 연속된 수직공간에 따라 발생하게 된다.

49 건물 외벽의 열관류 저항값을 높이는 방법으로 옳지 않은 것은?

① 벽체 내에 공기층을 둔다.
② 벽체에 단열재를 사용한다.
③ 열전도율이 낮은 재료를 사용한다.
④ 외벽의 표면열전달률을 크게 유지한다.

열저항은 다음과 같이 산출되며, 표면열전달률이 커지면 작아지는 특성을 갖는다.

$$열저항(R) = \frac{1}{\text{실내 측 표면열전달률}} + \frac{\text{두께(m)}}{\text{열전도율}} + \frac{1}{\text{실외 측 표면열전달률}}$$

50 지하층의 비상탈출구에 관한 기준으로 옳지 않은 것은?

① 비상탈출구의 유효너비는 0.75m 이상으로 하고, 유효높이는 15m 이상으로 할 것
② 비상탈출구의 진입부분 및 피난통로에는 통행에 지장이 있는 물건을 방치하거나 시설물을 설치하지 아니할 것
③ 비상탈출구의 문은 피난 방향으로 열리도록 하고, 실내에서 항상 열 수 있는 구조로 하여야 하며, 내부 및 외부에는 비상탈출구의 표시를 할 것
④ 비상탈출구는 출입구로부터 3m 이내에 설치할 것

비상탈출구는 출입구로부터 3m 이상 떨어진 곳에 설치해야 한다.

51 무창층이란 지상층 중 다음에서 정의하는 개구부 면적의 합계가 해당 층 바닥면적의 얼마 이하가 되는 층으로 규정하는가?

> 개구부란 건축물에서 채광·환기·통풍 또는 출입 등을 위하여 만든 창·출입구이며, 크기 및 위치 등 법령에서 정의하는 세부 요건을 만족

① 1/10
② 1/20
③ 1/30
④ 1/40

무창층의 정의(소방시설 설치 및 관리에 관한 법률 시행령 제2조)
"무창층"(無窓層)이란 지상층 중 다음 각 목의 요건을 모두 갖춘 개구부의 면적의 합계가 해당 층의 바닥면적의 30분의 1 이하가 되는 층을 말한다.
• 크기는 지름 50센티미터 이상의 원이 내접(內接)할 수 있는 크기일 것
• 해당 층의 바닥면으로부터 개구부 밑부분까지의 높이가 1.2미터 이내일 것
• 도로 또는 차량이 진입할 수 있는 빈터를 향할 것
• 화재 시 건축물로부터 쉽게 피난할 수 있도록 창살이나 그 밖의 장애물이 설치되지 아니할 것
• 내부 또는 외부에서 쉽게 부수거나 열 수 있을 것

52 배연설비의 설치기준으로 옳지 않은 것은?

① 건축물이 방화구획으로 구획된 경우에는 그 구획마다 1개소 이상의 배연창을 설치하되, 배연창의 상변과 천장 또는 반자로부터 수직거리가 1.2m 이내일 것
② 배연구는 예비전원에 의하여 열 수 있도록 할 것
③ 배연창 설치에 있어서 반자 높이가 바닥으로부터 3m 이상인 경우에는 배연창의 하변이 바닥으로부터 2.1m 이상의 위치에 놓이도록 설치할 것
④ 배연구는 연기감지기 또는 열감지기에 의하여 자동으로 열 수 있는 구조로 하되, 손으로도 열고 닫을 수 있도록 할 것

정답　**48** ①　**49** ④　**50** ④　**51** ③　**52** ①

해설

건축물이 방화구획으로 구획된 경우에는 그 구획마다 1개소 이상의 배연창을 설치하되, 배연창의 상변과 천장 또는 반자로부터 수직거리가 0.9m 이내이어야 한다.

53 조명설계를 위해 실지수를 계산하고자 한다. 실의 폭 10m, 안 길이 5m, 작업면에서 광원까지의 높이가 2m라면 실지수는 얼마인가?

① 1.10   ② 1.43

③ 1.67   ④ 2.33

해설

실지수

$$= \frac{\text{실의 가로길이(m)} \times \text{실의 세로길이(m)}}{\text{램프의 높이(m)} \times [\text{실의 가로 길이(m)} + \text{실의 세로 길이(m)}]}$$

$$= \frac{10 \times 5}{2 \times (10+5)} = 1.67$$

54 다음은 건축물의 피난 · 방화구조 등의 기준에 관한 규칙에 따른 계단의 설치기준이다. ( ) 안에 들어갈 내용으로 옳은 것은?

> 높이가 ( )를 넘는 계단 및 계단참의 양옆에는 난간(벽 또는 이에 대치되는 것을 포함한다)을 설치할 것

① 1m   ② 1.2m

③ 1.5m   ④ 2m

해설

계단의 설치기준(건축물의 피난 · 방화구조 등의 기준에 관한 규칙 제15조)

높이가 1미터를 넘는 계단 및 계단참의 양옆에는 난간(벽 또는 이에 대치되는 것을 포함한다)을 설치할 것

55 30세대의 공동주택을 신축할 경우 시간당 최소 몇 회 이상의 환기가 이루어질 수 있도록 자연환기설비 또는 기계환기설비를 설치하여야 하는가?

① 0.5회   ② 0.6회

③ 0.7회   ④ 0.8회

해설

30세대 이상의 공동주택을 신축할 경우에는 시간당 최소 0.5회 이상의 환기가 이루어질 수 있도록 환기계획을 수립해야 한다.

56 채광을 위하여 거실에 설치하는 창문 등의 면적확보와 관련하여 이를 대체할 수 있는 조명 장치를 설치하고자 할 때 거실의 용도가 집회용도의 회의기능일 경우 조도기준으로 옳은 것은?(단, 조도는 바닥에서 85cm의 높이에 있는 수평면의 조도임)

① 100lux 이상   ② 200lux 이상

③ 300lux 이상   ④ 400lux 이상

해설

거실 용도에 따른 조도기준(건축물의 피난 · 방화구조 등의 기준에 관한 규칙 별표 1의3)

거실의 용도구분	조도구분	바닥에서 85센티미터의 높이에 있는 수평면의 조도(lux)
1. 거주	독서 · 식사 · 조리	150
	기타	70
2. 집무	설계 · 제도 · 계산	700
	일반사무	300
	기타	150
3. 작업	검사 · 시험 · 정밀검사 · 수술	700
	일반작업 · 제조 · 판매	300
	포장 · 세척	150
	기타	70
4. 집회	회의	300
	집회	150
	공연 · 관람	70
5. 오락	오락일반	150
	기타	30
6. 기타		1란 내지 5란 중 가장 유사한 용도에 관한 기준을 적용한다.

57 다음 설명에 알맞은 공기조화용 송풍기의 종류는?

> • 저속덕트용으로 사용된다.
> • 동일 용량에 대하여 송풍기 용량이 작다.
> • 날개의 끝부분이 회전방향으로 굽은 전곡형이다.

① 익형   ② 다익형
③ 관류형   ④ 방사형

해설

다익형 송풍기
원심형 송풍기의 일종으로서 전곡형 날개를 가지고 있고, 풍량 및 동력의 변화가 크고 서징이 발생할 가능성이 높으며, 주로 공조용(저속덕트)으로 사용된다.

58 비상경보설비를 설치하여야 하는 특정소방대상물의 기준으로 옳지 않은 것은?

① 연면적 400m² 이상인 것
② 지하층 바닥면적이 150m² 이상인 것
③ 지하가 중 터널로서 길이가 500m 이상인 것
④ 30명 이상의 근로자가 작업하는 옥내 작업장

해설

50명 이상의 근로자가 작업하는 옥내 작업장을 기준으로 한다.

59 실내음향의 상태를 표현하는 요소와 가장 거리가 먼 것은?

① 명료도   ② 잔향시간
③ 음압 분포   ④ 투과손실

해설

투과손실은 차음과 관련된 것으로서 실내의 음이 밖으로 빠져나가는 정도에 대한 사항이며, 실내의 음향상태를 나타내는 것과는 거리가 멀다.

60 25층 업무시설로서 6층 이상의 거실면적 합계가 36,000m²인 경우 승용 승강기의 최소 설치 대수는?(단, 16인승 이상의 승강기로 설치한다)

① 7대   ② 8대
③ 9대   ④ 10대

해설

$$승강기 대수 = 1 + \frac{36,000 - 3,000}{2,000} = 17.5대 = 18대$$

∴ 16인승은 1대를 2대로 간주하므로 설치대수는 9대이다.

1과목 실내디자인 계획

01 디자인 원리 중 점이(Gradation)에 관한 설명으로 가장 알맞은 것은?

① 서로 다른 요소들 사이에서 평형을 이루는 상태
② 공간, 형태, 색상 등의 점차적인 변화로 생기는 리듬
③ 이질의 각 구성요소들이 전체로서 동일한 이미지를 갖게 하는 것
④ 시각적 형식이나 한정된 공간 안에서 하나 이상의 형이나 형태 등이 단위로 계속 되풀이 되는 것

해설

① 균형(Balance)
③ 통일(Unity)
④ 반복(Repetition)

점이
형태의 크기, 방향, 질감, 색상 등 단계적인 변화로 나타내는 원리로 반복의 경우보다는 동적이다.

02 실내디자이너나 의뢰인이 공간의 사용목적, 예산 등을 종합적으로 검토하여 설계에 대한 희망, 요구사항을 정하는 작업은 디자인 프로세스 중 어디에 속하는가?

① 설계
② 계획
③ 기획
④ 감리

해설

기획
조건설정의 요소는 고객의 요구사항, 공간이 사용목적, 예산 및 주변환경, 공사의 시기 및 기간을 파악하는 초기 단계로 기본계획을 잡는 기준이다.

03 스테인드 글라스(Stained Glass)에 관한 설명으로 옳지 않은 것은?

① 스테인드 글라스는 빛의 투과광을 주로 이용한다.
② 르네상스 시대에 스테인드 글라스 예술이 대규모로 활성화되었다.
③ 스테인드 글라스의 기원은 로마시대 초기의 교회 건물 내에서 찾아볼 수 있다.
④ 아르누보를 통해 스테인드 글라스 예술이 부활하였으나 곧 근대건축운동에 의해 쇠퇴하였다.

해설

스테인드 글라스
색유리를 이어 붙이거나 유리에 색을 칠하여 무늬나 그림을 나타낸 장식용 판유리로 고딕시대에 활성화되었다.

04 실내디자인 요소에 관한 설명 중 옳지 않은 것은?

① 베이 윈도우(Bay Window)는 바닥부터 천장까지 닿는 커다란 창들을 통칭하는 것이다.
② 블라인드(Blind)는 일조, 조망과 시각차단을 조정하는 기계적인 창가리개이다.
③ 드레이퍼리(Drapery)는 창문에 느슨하게 걸려 있는 무거운 커튼으로 장식적인 목적으로 이용된다.
④ 플러쉬문(Flush Door)은 일반적으로 사용되는 목재문을 말한다.

해설

베이 윈도우
평면이 밖으로 돌출된 창으로 장식품을 두거나 간이 휴식공간을 마련할 수 있는 창이다.

정답   01 ②   02 ③   03 ②   04 ①

05 특정한 사용목적이나 많은 물품을 수납하기 위해 건축화된 가구를 의미하는 것은?

① 유닛가구　　　　② 모듈러가구
③ 붙박이가구　　　④ 수납용가구

> 해설

붙박이가구
건물과 일체화시킨 가구로 공간을 활용, 효율성을 높일 수 있고 특정한 사용 목적이나 많은 물품을 수납하기 위한 건축화된 가구를 의미한다.

06 다음 중 상점의 쇼윈도우(Show Window) 유리면의 반사 방지를 위한 방법으로 틀린 것은?

① 쇼윈도우 외부의 조도를 내부보다 밝게 처리한다.
② 쇼윈도우의 유리를 곡면으로 처리한다.
③ 쇼윈도우의 유리를 경사지게 처리한다.
④ 차양을 설치하여 그림자를 만들어 준다.

> 해설

쇼 윈도우의 내부조도를 외부보다 높게 처리한다.

07 사무소 건축의 평면유형에 관한 설명으로 옳지 않은 것은?

① 2중지역 배치는 중복도식의 형태를 갖는다.
② 3중지역 배치는 저층의 소규모 사무소에 주로 적용된다.
③ 2중지역 배치에서 복도는 동서 방향으로 하는 것이 좋다.
④ 단일지역 배치는 경제성보다는 쾌적한 환경이나 분위기 등이 필요한 곳에 적합한 유형이다.

> 해설

3중지역 배치는 고층사무소건물에 적합하다.

사무소 복도형에 의한 분류
편복도식(단일 지역 배치), 중복도식(2중 지역 배치), 2중 복도식, 중앙 홀식(3중 지역 배치)

08 전시공간에서 천장의 처리에 대한 설명 중 옳지 않은 것은?

① 조명기구, 공조설비, 화재경보기 등 제반 설비물을 설치한다.
② 천장 마감재는 흡음 성능이 높은 것이 요구된다.
③ 시선을 집중시키기 위해 강한 색채를 사용한다.
④ 이동스크린이나 전시물을 매달 수 있는 시설을 설치한다.

> 해설

천장면은 시선이 집중되지 않도록 단일색이나 벽의 색과 동일한 계통으로 처리한다. 또한 메시(Mesh)나 루버(Louver)로 처리하면 설비기기가 눈에 잘 띄이지 않아 시각적으로 편안하다.

09 소파나 의자 옆에 위치하며 손이 쉽게 닿는 범위 내에 전화기, 문구 등 필요한 물품을 올려 놓거나 수납하며 찻잔, 컵 등을 올려놓아 차 탁자의 보조용으로도 사용되는 테이블은?

① 나이트 테이블(Night Table)
② 엔드 테이블(End Table)
③ 티 테이블(Tea Table)
④ 익스텐션 테이블(Extension Table)

> 해설

엔드 테이블(End Table)은 쇼파 옆 보조용 작은테이블이다.

10 전통 한옥의 구조에서 중채 또는 바깥채에 있어 주로 남자가 기거하고 손님을 맞이하는데 쓰이는 방은?

① 안방　　　　　② 건넌방
③ 사랑방　　　　④ 대청

> 해설

• 사랑방 : 전통 한옥의 구조에서 남자의 생활공간이자 손님을 접대하며 담소하거나 취미를 즐기던 공간이다.
• 대청 : 집의 가운데 있는 넓은 마루이다.
• 건넌방 : 대청을 사이로 안방의 맞은 편에 있는 방이다.
• 안방 : 안채의 중심으로서 가장 폐쇄적인 주공간이며, 주택의 제일 안쪽에 위치한다.

정답　　**05** ③　**06** ①　**07** ②　**08** ③　**09** ②　**10** ③

11 다음 기업색채 계획의 순서 중 ( ) 안에 알맞은 내용은?

> 색채환경분석 → ( ) → 색채전달계획 → 디자인의 적용

① 소비계층 선택
② 색채심리분석
③ 생산심리분석
④ 디자인 활동 개시

해설

색채계획의 기본과정
색채환경분석 → 색채심리분석 → 색채전달계획 → 디자인의 적용

12 감법혼색에 대한 설명 중 잘못된 것은?

① 감법혼색의 3원색은 황(Yellow), 청(Cyan), 적자(Magenta)이다.
② 감법혼색이란 주로 색료의 혼합을 의미한다.
③ 3원색을 모두 동등량 혼합하면 백색(백색광)이 된다.
④ 3원색의 비율에 따라 수많은 색을 만들 수 있다.

해설

감법혼색
색료는 물체의 색으로 시안(Cyan), 마젠타(Magenta), 노랑(Yellow)이 기본색이며, 3종의 색료를 혼합하면 명도와 채도가 낮아져 어두워지고 탁해진다.

13 다음 색의 3속성을 설명한 것 중 옳은 것은?

① 색의 강약, 즉 포화도를 명도라고 한다.
② 감각에 따라 식별되는 색의 종류를 채도라 한다.
③ 두 색 중에서 빛의 반사율이 높은 쪽이 밝은색이다.
④ 그레이 스케일(Gray Scale)은 채도의 기준 척도로 사용된다.

해설

두 색 중에 반사율이 높을수록 밝은색이고, 반사를 적게하면 어두운 색으로 느끼게 된다.
① 색의 강약, 즉 포화도를 채도라고 한다.
② 감각에 따라 식별되는 색의 종류를 색상이라고 한다.
④ 그레이 스케일(Gray Scale)은 명도의 기준 척도로 사용된다.

14 다음 중 문·스펜서(P. Moon and D. E. Spencer)의 색채 조화론에 대한 설명으로 옳은 것은?

① 색의 면적 효과에서 작은 면적의 강한 색과 큰 면적의 약한 색과는 잘 조화된다.
② 색상환을 24등분하고 명도단계를 8등분하여 등색상 삼각형을 만들고 이것을 28등분하였다.
③ 미국의 CCA(Container Corporation of America)에서 컬러 하모니 매뉴얼(Color Harmony Manual)을 간행하면서 실제면에 이용되었다.
④ 질서의 원리, 숙지의 원리, 동류의 원리, 비모호성의 원리 등이 있다.

해설

②, ③ 오스트발트의 색채조화론
④ 저드의 색채조화론

문·스펜서의 면적효과
무채색이 중간이 되는 N5(명도5)를 순응점으로 하고 작은 면적의 강한 색과 큰 면적의 약한 색은 잘 어울린다고 생각하여 색의 균형점을 찾았다.

15 오스트발트 색채조화론에 의한 조화법칙 중 틀린 것은?

① 색상이 동일하고 색의 기호가 다르면 두 색은 조화하지 않는다(예 : 5ge – 5ne).
② 색상이 달라도 색의 기호가 동일한 두 색은 조화 한다(예 : 5ne – 8ne).
③ 색의 기호 중 앞의 문자와 동일한 두 색은 조화한다(예 : ga – ge).
④ 색의 기호 중 앞의 문자와 뒤의 문자가 같은 색은 조화하지 않는다(예 : la – pl).

해설

색상이 동일하고 색의 기호가 동일한 두 색은 조화한다.

16 배색방법 중의 하나로 단계적으로 명도, 채도, 색상, 톤의 배열에 따라서 시각적인 자연스러움을 주는 것으로 3색 이상의 다색배색에서 이와 같은 효과를 낼 수 있는 배색방법은?

① 반복배색
② 연속배색
③ 강조배색
④ 트리콜로 배색

해설

연속배색(그라데이션 배색)
한 가지 색이 다른 색으로 옮겨갈 때 진행되는 색의 변조를 뜻하는 것으로 점진적인 변화를 주어 리듬감을 얻는 배색법이다.

17 다음 중 인체지지용 가구가 아닌 것은?

① 소파
② 침대
③ 책상
④ 붙박이의자

해설

인체지지용 가구
인체와 밀접하게 관계되어 가구 자체가 직접 인체를 지지하는 가구이다(의자, 침대, 소파).

18 그림, 사진, 문서 등을 컴퓨터에 입력하기 위한 장치로 반사광, 투과광을 이용, 비트맵 데이터로 전환시키는 입력장치는?

① 디지털 카메라
② 디지타이저
③ 스캐너
④ 디지털 비디오 카메라

해설

스캐너
그림, 사진, 문서 등을 컴퓨터에 입력하기 위한 것으로 방출되거나 반사되는 빛을 측정하여 비트맵 복사본을 생성하는 디지털 입력장치이다.

19 실내디자인 프로세스를 기획, 설계, 시공, 사용 후 평가단계의 4단계로 구분할 때, 디자인의 의도와 고객이 추구하는 방향에 맞추어 대상 공간에 대한 디자인을 도면으로 제시하는 단계는?

① 기획단계
② 설계단계
③ 시공단계
④ 사용 후 평가단계

해설

설계단계
기본계획 대안들의 도면화로 디자인의 의도와 고객이 원하는 방향으로 디자인을 도면으로 제시하는 단계이다.

20 디자인 프레젠테이션에 대한 설명으로 부적합한 것은?

① 프레젠테이션에서 디자이너는 고객에게 디자인적 제안, 정보, 아이디어를 제시하고 설명한다.
② 오늘날의 컴퓨터그래픽과 같이 프레젠테이션 매체와 기술의 변화는 프레젠테이션의 형태에 영향을 미친다.
③ 디자인상의 약점을 감추고 강점을 부각시키기 위해 화려한 프레젠테이션을 준비하는 것이 유리하다.
④ 디자인 프레젠테이션을 통하여 고객과 주요한 디자인 결정을 만들어 나간다.

해설

디자인상의 강점을 부각시키며 가독성이 좋게 한눈에 알 수 있도록 프레젠테이션을 준비한다.

21 혼화제 중 AE제의 특징으로 옳지 않은 것은?

① 굳지 않은 콘크리트의 워커빌리티를 개선시킨다.

② 블리딩을 감소시킨다.

③ 동결융해작용에 의한 파괴나 마모에 대한 저항성을 증대시킨다.

④ 콘크리트의 압축강도는 감소하나, 휨강도와 탄성계수는 증가한다.

해설

AE제를 적용할 때 적정량을 넘어서게 되면 압축강도가 감소하고, 동시에 휨강도와 탄성계수가 감소할 수 있어 이에 대한 주의가 필요하다.

22 공사감리자가 시공의 적정성을 판단하기 위하여 수행하는 업무가 아닌 것은?

① 소방완비대상에 포함될 경우 법에 따른 적합한 설비를 하였는지를 확인하고 시공자가 관할 관청에 점검을 받도록 지도한다.

② 설계도서에 준하여 시공되었는지에 대한 내용으로 체크리스트에 작성하고 이를 활용하여 시공의 적정성을 점검한다.

③ 현장에서 제작 설치되는 제품의 규격과 제작과정, 제작물의 작동 상태 등을 점검한다.

④ 감리자가 직접 준공도서를 작성하고 준공도서에 근거하여 시공 적정성을 파악한다.

해설

감리자가 준공도서에 근거하여 시공 적정성을 파악하는 것은 맞으나, 직접 준공도서를 작성하지는 않는다.

23 스트레이트 아스팔트(A)와 블론 아스팔트(B)의 성질을 비교한 것으로 옳지 않은 것은?

① 신도는 A가 B보다 크다.

② 연화점은 B가 A보다 크다.

③ 감온성은 A가 B보다 크다.

④ 접착성은 B가 A보다 크다.

해설

스트레이트 아스팔트는 블론 아스팔트에 비해 접착성은 우수하나 내구력이 떨어져 옥외적용이 어렵기 때문에 주로 지하실 방수용으로 적용한다.

24 건축공사의 시공속도에 관한 설명 중 옳지 않은 것은?

① 공사속도를 빠르게 할수록 직접비는 감소된다.

② 급작공사를 강행할수록 공사의 질은 조잡해진다.

③ 매일 공사량은 손익분기점 이상의 공사량을 실시하는 것이 채산되는 시공속도이다.

④ 시공속도는 간접비와 직접비의 합계가 최소로 되도록 하는 것이 가장 경제적이다.

해설

공사속도를 빠르게 할수록 직접비는 증가하게 된다.

25 중밀도 섬유판을 의미하는 것으로 목섬유(Wood Fiber)에 액상의 합성수지 접착제, 방부제 등을 첨가·결합시켜 성형·열압하여 만든 것은?

① 파티클보드   ② MDF

③ 플로어링보드   ④ 집성목재

해설

중밀도 섬유판(MDF)
• 목섬유(Wood Fiber)에 액상의 합성수지 접착제, 방부제 등을 첨가·결합시켜 성형·열압하여 만든 인조목재판이다.
• 내수성이 작고 팽창이 심하며, 재질도 약하고 습도에 의한 신축이 크다는 결점이 있으나, 비교적 값이 싸서 많이 사용되고 있다.

26 건축공사표준시방서에 기재하는 사항으로 가장 거리가 먼 것은?

① 사용 재료
② 공법, 공사 순서
③ 공사비
④ 시공 기계 · 기구

해설

건축공사표준시방서 기재사항
적용범위, 사전준비 필요사항, 사용재료에 관한 사항, 시공방법 및 순서, 적용장비(기계, 기구)에 관한 사항, 기타 관련사항

27 수경성 미장재료로 경화 · 건조 시 치수안정성이 우수한 것은?

① 회사벽
② 회반죽
③ 돌로마이트 플라스터
④ 석고 플라스터

해설

석고 플라스터(수경성 재료)
• 다른 미장재료보다 응고가 빠르며 팽창한다.
• 미장재료 중 점성이 가장 많아 해초풀을 사용할 필요가 없다.
• 약산성이므로 유성 페인트 마감을 할 수 없다.
• 경화, 건조 시 치수안정성과 내화성이 뛰어나다.
• 경석고 플라스터는 고온 소성의 무수석고에 특별한 화학처리를 한 것으로 경화 후 아주 단단해진다.
• 반수석고는 가수 후 20~30분에서 급속 경화하지만, 무수석고는 경화가 늦기 때문에 경화촉진제를 필요로 한다.

28 널의 옆물림을 위하여 한쪽 옆에는 혀를 내고 다른 옆은 홈을 파서 물린 형태로 보행의 진동이 있는 마루 널깔기에 적합한 쪽매는?

① 제혀쪽매
② 맞댄쪽매
③ 반턱쪽매
④ 틈막이쪽매

해설

제혀쪽매
널 한쪽에 홈을 파고 다른 쪽에는 혀를 내어 물리게 한 것을 말한다.

29 플라스틱 재료의 열적 성질에 관한 설명으로 옳지 않은 것은?

① 내열온도는 일반적으로 열경화성 수지가 열가소성 수지보다 크다.
② 열에 의한 팽창 및 수축이 크다.
③ 실리콘수지는 열변형온도가 150℃ 정도이며, 내열성이 낮다.
④ 가열을 심하게 하면 분자 간의 재결합이 불가능하여 강도가 현저하게 저하되는 현상이 발생한다.

해설

실리콘수지
내열성이 우수하고 −60~260℃까지 탄성이 유지되며, 270℃에서도 수 시간 이용이 가능하다.

30 외부에 노출되는 마감용 벽돌로서 벽돌면의 색깔, 형태, 표면의 질감 등의 효과를 얻기 위한 것은?

① 광재벽돌
② 내화벽돌
③ 치장벽돌
④ 포도벽돌

해설

치장벽돌
외부 노출 마감용으로서 입면을 구성한다.

31 시멘트의 조성 화합물 중 수화작용이 가장 빠르며 수화열이 가장 높고 경화과정에서 수축률도 높은 것은?

① 규산 3석회
② 규산 2석회
③ 알루민산 3석회
④ 알루민산철 4석회

해설

수화열, 조기강도 및 수축률 크기
알루민산 3석회>규산 3석회>규산 2석회

※ 알루민산철 4석회는 색상과 관계된 성분이다.

정답   26 ③   27 ④   28 ①   29 ③   30 ③   31 ③

32 포졸란을 사용한 콘크리트의 특징이 아닌 것은?

① 수밀성이 크다.

② 해수 등에 대한 화학저항성이 크다.

③ 발열량이 크다.

④ 강도의 증진이 느리나 장기강도는 크다.

> **해설**
>
> 포졸란은 장기강도 증진을 위한 것으로 초기 발열량이 상대적으로 작은 것이 특징이다.

33 금속재에 관한 설명으로 옳지 않은 것은?

① 알루미늄은 경량이지만 강도가 커서 구조재료로도 이용된다.

② 두랄루민은 알루미늄 합금의 일종으로 구리, 마그네슘, 망간, 아연 등을 혼합한다.

③ 납은 내식성이 우수하나 방사선 차단 효과가 작다.

④ 주석은 단독으로 사용하는 경우는 드물고, 철판에 도금을 할 때 사용된다.

> **해설**
>
> 납은 내산성으로서 알칼리에 침식되는 특징을 가지고 있으며, 방사선 차폐효과가 일반 콘크리트에 비해 100배 정도로 좋다.

34 2장 이상의 판유리 사이에 강한 플라스틱 필름을 삽입하고 고열·고압으로 처리한 유리는?

① 강화유리   ② 복층유리

③ 망입유리   ④ 접합유리

> **해설**
>
> 접합유리에 대한 설명이며, 접합유리 적용의 주목적은 파손 시 파편의 비산방지에 있다.

35 강재의 인장시험 시 탄성에서 소성으로 변하는 경계는?

① 비례한계점   ② 변형경화점

③ 항복점   ④ 인장강도점

> **해설**
>
> 탄성의 성질을 잃어버리고 소성의 성질로 바뀌는 경계를 항복점이라고 하며 어떠한 재료의 항복점에서의 강도를 항복강도라고 한다.

36 타일에 관한 설명으로 옳지 않은 것은?

① 일반적으로 모자이크 타일 및 내장 타일은 건식법, 외장타일은 습식법에 의해 제조된다.

② 바닥 타일, 외부 타일로는 주로 도기질 타일이 사용된다.

③ 내부벽용 타일은 흡수성과 마모저항성이 조금 떨어지더라도 미려하고 위생적인 것을 선택한다.

④ 타일은 일반적으로 내화적이며, 형상과 색조의 표현이 자유로운 특성이 있다.

> **해설**
>
> 바닥 타일, 외부 타일로는 주로 자기질 타일이 사용된다.

37 열가소성 수지에 관한 설명으로 옳지 않은 것은?

① 축합반응으로부터 얻어진다.

② 유기용제로 녹일 수 있다.

③ 1차원적인 선상구조를 갖는다.

④ 가열하면 분자결합이 감소하며 부드러워지고 냉각하면 단단해진다.

> **해설**
>
> 열가소성 수지는 첨가중합반응으로 생성되고, 열경화성 수지는 축합중합반응으로 생성된다.

정답   32 ③   33 ③   34 ④   35 ③   36 ②   37 ①

38 석재의 장점으로 옳지 않은 것은?

① 외관이 장중하고, 치밀하다.
② 장대재를 얻기 쉬워 구조용으로 적합하다.
③ 내수성, 내구성, 내화학성이 풍부하다.
④ 다양한 외관과 색조의 표현이 가능하다.

해설

석재는 자연재료로서 장대재를 얻기 어렵고 그에 따라 구조용으로 적용하는 것이 난해하다.

39 도로나 바닥에 깔기 위해 만든 두꺼운 벽돌로서 원료로 연화토, 도토 등을 사용하여 만들며 경질이고 흡습성이 작은 특징이 있는 것은?

① 이형벽돌   ② 포도벽돌
③ 치장벽돌   ④ 내화벽돌

해설

포도벽돌
• 아연토, 도토 등을 사용한다.
• 식염유를 시유 · 소성하여 성형한 벽돌이다.
• 마멸이나 충격에 강하며 흡수율은 작다.
• 내구성이 좋고 내화력이 강하다.
• 도로 포장용, 건물 옥상 포장용 및 공장 바닥용으로 사용한다.

40 다음 중 유기재료에 속하는 것은?

① 목재   ② 알루미늄
③ 석재   ④ 콘크리트

해설

목재는 나무라는 생명체로부터 얻는 것이며, 탄소를 함유하고 있으므로 유기재료에 속한다.

41 숙박시설의 객실 간 경계벽의 구조 및 설치 기준으로 옳지 않은 것은?

① 내화구조로 하여야 한다.
② 지붕 밑 또는 바로 위층의 바닥판까지 닿게 한다.
③ 철근콘크리트조의 경우에는 그 두께가 10cm 이상이어야 한다.
④ 콘크리트블록조의 경우에는 그 두께가 15cm 이상이어야 한다.

해설

콘크리트블록조의 경우에는 그 두께가 19cm 이상이어야 한다.

42 급수방식에 관한 설명으로 옳지 않은 것은?

① 고가수조방식은 급수압력이 일정하다.
② 수도직결방식은 위생성 측면에서 바람직한 방식이다.
③ 압력수조방식은 단수 시에 일정량의 급수가 가능하다.
④ 펌프직송방식은 일반적으로 하향급수 배관방식으로 배관이 구성된다.

해설

펌프직송방식
저층부(일반적으로 지하층) 기계실 등에 설치된 부스터 펌프를 통해 상부층으로 급수를 전달하여 급수하는 상향급수 배관방식으로 배관이 구성된다.

43 일사에 관한 설명으로 옳지 않은 것은?

① 차폐계수가 낮은 유리일수록 차폐효과가 크다.
② 일사에 의한 벽면의 수열량은 방위에 따라 차이가 있다.
③ 창면에서의 일사조절방법으로 추녀와 차양 등이 있다.
④ 벽면의 흡수율이 크면 벽체내부로 전달되는 일사량은 적어진다.

벽면의 흡수율이 클 경우 일사열이 벽체 내부로 열이 전도되어 실내로 전달되므로 실질적인 일사량 전달량은 늘어난다.

44 방염성능기준 이상의 실내장식물 등을 설치하여야 하는 특정소방대상물에 해당하는 것은?

① 12층인 아파트
② 건축물의 옥내에 있는 운동시설 중 수영장
③ 옥외 운동시설
④ 방송통신시설 중 방송국

해설

방염성능기준 이상의 실내장식물 등을 설치해야 하는 특정소방대상물
(소방시설 설치 및 관리에 관한 법률 시행령 제30조)
㉠ 근린생활시설 중 의원, 조산원, 산후조리원, 체력단련장, 공연장 및 종교집회장
㉡ 건축물의 옥내에 있는 다음의 시설
  • 문화 및 집회시설
  • 종교시설
  • 운동시설(수영장은 제외한다)
㉢ 의료시설
㉣ 교육연구시설 중 합숙소
㉤ 노유자 시설
㉥ 숙박이 가능한 수련시설
㉦ 숙박시설
㉧ 방송통신시설 중 방송국 및 촬영소
㉨ 「다중이용업소의 안전관리에 관한 특별법」 제2조제1항제1호에 따른 다중이용업의 영업소(이하 "다중이용업소"라 한다)
㉩ ㉠부터 ㉨까지의 시설에 해당하지 않는 것으로서 층수가 11층 이상인 것(아파트 등은 제외한다)

45 공기조화방식 중 전공기방식에 관한 설명으로 옳지 않은 것은?

① 덕트 스페이스가 필요 없다.
② 중간기에 외기냉방이 가능하다.
③ 실내 유효 스페이스를 넓힐 수 있다.
④ 실내에 배관으로 인한 누수의 염려가 없다.

해설

전공기방식
공기를 열매로 쓰는 공조방식으로서, 열매인 공기는 덕트를 통해 실내로 반송(이동)된다.

46 결로에 관한 설명으로 옳지 않은 것은?

① 실내공기의 노점온도보다 벽체표면온도가 높을 경우 외부결로가 발생할 수 있다.
② 여름철의 결로는 단열성이 높은 건물에서 고온다습한 공기가 유입될 경우 많이 발생한다.
③ 일반적으로 외단열 시공이 내단열 시공에 비하여 결로 방지기능이 우수하다.
④ 결로방지를 위하여 환기를 통하여 실내의 절대습도를 낮게 한다.

해설

실내공기의 노점온도보다 벽체표면온도가 낮을 경우 외부결로(표면결로)가 발생할 수 있다.

47 공동주택과 오피스텔의 난방설비를 개별난방방식으로 할 경우 설치기준으로 옳지 않은 것은?

① 보일러실과 거실 사이의 출입구는 그 출입구가 닫힌 경우에도 보일러 가스가 거실에 들어갈 수 없는 구조로 할 것
② 보일러실의 윗부분에는 그 면적이 0.5m 이상인 환기창을 설치하고, 보일러실의 윗부분과 아랫부분에는 각각 지름이 10cm 이상의 공기 흡입구 및 배기구를 항상 열려 있는 상태로 바깥 공기에 접하도록 설치할 것(단, 전기보일러실의 경우에는 예외)
③ 보일러는 거실 외의 곳에 설치하며 보일러를 설치하는 곳과 거실 사이의 경계벽은 출입구를 포함하여 내화구조로 구획할 것
④ 기름보일러를 설치하는 경우에는 기름저장소를 보일러실 외의 다른 곳에 설치할 것

48 음의 물리적 특성에 대한 설명으로 옳지 않은 것은?

① 음이 1초 동안에 진동하는 횟수를 주파수라고 한다.
② 인간의 귀로 들을 수 있는 주파수 범위를 가청주파수라고 한다.
③ 기온이 높아지면 공기 중에 전파되는 음의 속도도 증가한다.
④ 공기 중으로 전달되는 음파의 전파속도는 주파수와 비례한다.

해설

음파의 전파속도는 매질에 따라 달라지는 것으로 주파수의 크기와는 관계없다.

49 초등학교에 계단을 설치하는 경우 계단참의 유효 너비는 최소 얼마 이상으로 하여야 하는가?

① 120cm
② 150cm
③ 160cm
④ 170cm

해설

용도별 계단치수

용도구분		계단 및 계단참 너비 (옥내계단에 한함)	단 너비	단 높이
초등학교		150cm 이상	26cm 이상	16cm 이하
중·고등학교		150cm 이상	26cm 이상	18cm 이하
• 문화 및 집회시설 : 공연장, 집회장, 관람장 • 판매시설 : 도·소매시장, 상점 • 바로 위층의 바닥면적 합계가 200m² 이상 거실바닥면적 합계가 100m² 이상인 지하층		120cm 이상	–	–

용도구분		계단 및 계단참 너비 (옥내계단에 한함)	단 너비	단 높이
준초고층 건축물	공동주택	120cm 이상	–	–
	공동주택 외	120cm 이상	–	–
기타 계단		60cm 이상	–	–

50 벽이나 바닥, 지붕 등 건축물의 특정부위에 단열이 연속되지 않은 부분이 있어 이 부위를 통한 열의 이동이 많아지는 현상을 무엇이라 하는가?

① 결로현상
② 열획득현상
③ 대류현상
④ 열교현상

해설

열교(Heat Bridge)현상
• 건축물을 구성하는 부위 중에서 단면의 열관류 저항이 국부적으로 작은 부분에 발생하는 현상을 말한다.
• 열의 손실이라는 측면에서 냉교라고도 한다.
• 중공벽 내의 연결 철물이 통과하는 구조체에서 발생하기 쉽다.
• 내단열 공법 시 슬래브가 외벽과 만나는 곳에서 발생하기 쉽다.

51 복사난방에 관한 설명으로 옳은 것은?

① 천장이 높은 방의 난방은 불가능하다.
② 실내의 쾌감도가 다른 방식에 비하여 가장 낮다.
③ 외기 침입이 있는 곳에서는 난방감을 얻을 수 없다.
④ 열용량이 크기 때문에 방열량 조절에 시간이 걸린다.

해설

① 수직적인 온도차가 작으므로 천장이 높은 방의 난방에 효과적이다.
② 실내의 쾌감도가 다른 방식에 비하여 가장 높다.
③ 대류방식이 아닌 복사방식을 활용하므로 외기 침입이 있는 곳에서도 난방감을 얻을 수 있다.

52 다음 중 통기관의 설치목적과 가장 거리가 먼 것은?

① 배수계통 내의 배수 및 공기의 흐름을 원활히 한다.
② 모세관현상에 의해 트랩 봉수가 파괴되는 것을 방지한다.
③ 사이펀작용에 의해 트랩 봉수가 파괴되는 것을 방지한다.
④ 배수관 계통의 환기를 도모하여 관 내를 청결하게 유지한다.

해설

모세관현상
머리카락 등이 트랩에 끼고, 머리카락 틈을 통해 봉수가 빠져나가 봉수가 파괴되는 현상이다.

53 유효온도에 고려되지 않는 요소는?

① 기온
② 습도
③ 기류
④ 복사열

해설

유효온도 고려요소
유효온도는 기온, 습도, 기류의 3요소로 온열환경을 평가한다.

54 방화구획의 설치기준으로 옳지 않은 것은?

① 10층 이하의 층은 바닥면적 1,000m² 이내마다 구획할 것
② 10층 이하의 층은 스프링클러 기타 이와 유사한 자동식 소화설비를 설치한 경우에는 바닥면적 3,000m² 이내마다 구획할 것
③ 지하층은 바닥면적 200m² 이내마다 구획할 것
④ 11층 이상의 층은 바닥면적 200m² 이내마다 구획할 것

해설

3층 이상의 층과 지하층은 층마다 구획한다.

55 다음 설명에 알맞은 환기방식은?

> • 실내가 부압이 된다.
> • 화장실, 욕실 등의 환기에 적합하다.

① 중력환기(자연급기와 자연배기의 조합)
② 제1종 환기(급기팬과 배기팬의 조합)
③ 제2종 환기(급기팬과 자연배기의 조합)
④ 제3종 환기(자연급기와 배기팬의 조합)

해설

제3종 환기(자연급기와 배기팬의 조합)
해당 실의 압력을 외기의 압력보다 낮게 하는 것으로서, 해당 실의 냄새 등이 다른 곳으로 전파되지 않는 특성을 갖고 있어 욕실, 화장실 등에 적용되고 있다.

56 일반적인 방염대상물품의 방염성능기준에서 버너의 불꽃을 제거한 때부터 불꽃을 올리며 연소하는 상태가 그칠 때까지의 시간은 얼마 이내이어야 하는가?

① 10초
② 15초
③ 20초
④ 30초

해설

방염대상물품 및 방염성능기준(소방시설 설치 및 관리에 관한 법률 시행령 제31조)
방염성능기준은 다음의 기준을 따른다.
• 버너의 불꽃을 제거한 때부터 불꽃을 올리며 연소하는 상태가 그칠 때까지 시간은 20초 이내일 것
• 버너의 불꽃을 제거한 때부터 불꽃을 올리지 않고 연소하는 상태가 그칠 때까지 시간은 30초 이내일 것
• 탄화(炭化)한 면적은 50제곱센티미터 이내, 탄화한 길이는 20센티미터 이내일 것
• 불꽃에 의하여 완전히 녹을 때까지 불꽃의 접촉 횟수는 3회 이상일 것
• 소방청장이 정하여 고시한 방법으로 발연량(發煙量)을 측정하는 경우 최대연기밀도는 400 이하일 것

57 급수배관의 설계 및 시공상의 주의점에 관한 설명으로 옳지 않은 것은?

① 수평배관에는 공기나 오물이 정체하지 않도록 한다.
② 수평주관은 기울기를 주지 않고, 가능한 한 수평이 되도록 배관한다.
③ 주배관에는 적당한 위치에 플랜지이음을 하여 보수점검을 용이하게 한다.
④ 음료용 급수관과 다른 용도의 배관이 크로스 커넥션(Cross Connection) 되지 않도록 한다.

[해설]
급수배관 설계 시 적절한 수평주관의 기울기를 두어 급수가 원활하게 흐르도록 해야 한다.

58 제연설비를 설치해야 할 특정소방대상물이 아닌 것은?

① 특정소방대상물(갓복도형 아파트 등은 제외한다)에 부설된 특별피난계단 또는 비상용 승강기의 승강장
② 지하가(터널은 제외한다)로서 연면적이 500m²인 것
③ 문화 및 집회시설로서 무대부의 바닥면적이 300m²인 것
④ 지하가 중 예상 교통량, 경사도 등 터널의 특성을 고려하여 행정안전부령으로 정하는 터널

[해설]
지하가(터널은 제외한다)로서 연면적 1천m² 이상인 것이 해당한다.

59 20층의 아파트를 건축하는 경우 6층 이상 거실 바닥면적의 합계가 12,000m²일 경우에 승용승강기 최소 설치대수는?(단, 15인승 이하 승용승강기임)

① 2대
② 3대
③ 4대
④ 5대

[해설]

$$비상용\ 승강기\ 대수 = 1 + \frac{12,000 - 3,000}{3,000} = 4$$

∴ 4대

60 소방관서장이 실시하는 화재안전조사의 항목으로 적절치 않은 것은?

① 화재의 예방조치 등에 관한 사항
② 소방안전관리 업무 수행에 관한 사항
③ 피난계획의 수립 및 시행에 관한 사항
④ 소방안전관리자의 선임에 관한 사항

[해설]
화재안전조사의 항목(화재의 예방 및 안전관리에 관한 법률 시행령 제7조)
• 화재의 예방조치 등에 관한 사항
• 소방안전관리 업무 수행에 관한 사항
• 피난계획의 수립 및 시행에 관한 사항
• 소화 · 통보 · 피난 등의 훈련 및 소방안전관리에 필요한 교육(소방훈련 · 교육)에 관한 사항
• 소방자동차 전용구역의 설치에 관한 사항
• 감리원의 배치에 관한 사항
• 소방시설의 설치 및 관리에 관한 사항
• 건설현장 임시소방시설의 설치 및 관리에 관한 사항
• 피난시설, 방화구획(防火區劃) 및 방화시설의 관리에 관한 사항
• 방염(防炎)에 관한 사항
• 소방시설 등의 자체점검에 관한 사항
• (다중이용업소) 안전관리에 관한 사항
• 위험물 안전관리에 관한 사항
• 초고층 및 지하연계 복합건축물의 안전관리에 관한 사항
• 그 밖에 소방대상물에 화재의 발생 위험이 있는지 등을 확인하기 위해 소방관서장이 화재안전조사가 필요하다고 인정하는 사항

1과목 실내디자인 계획

01 주택의 각 실 계획에 관한 다음 설명 중 가장 부적절한 것은?

① 부엌은 작업 공간이므로 밝게 처리하였다.
② 현관은 좁은 공간이므로 신발장에 거울을 붙였다.
③ 침실은 충분한 수면을 취해야 하므로 창을 내지 않는다.
④ 거실은 가족 단란을 위한 공간이므로 온화한 베이지색을 사용하였다.

[해설]
침실은 충분한 수면을 취해야 하므로 창에 커텐을 설치한다. 창은 내부의 탁한 공기를 배출하고 외부의 신선한 공기를 받아들이는 환기 기능과 채광 기능도 갖고 있다.

02 사무소 건축의 거대화는 상대적으로 공적 공간의 확대를 도모하게 되고 이로 인해 특별한 공간적 표현이 가능하게 되었다. 이러한 거대한 공간적 인상에 자연을 도입하여 여러 환경적 이점을 갖게 하는 공간구성은?

① 포티코(Portico)
② 콜로네이드(Colonnade)
③ 아케이드(Arcade)
④ 아트리움(Atrium)

[해설]
아트리움
고대 로마 건축의 실내에 설치된 넓은 마당 또는 주위에 건물이 둘러있는 안마당을 뜻하며 현대 건축에서는 이를 실내화시킨 것으로 자연요소의 도입이 근무자의 정서를 돕는다.

03 실내 마감 재료의 질감은 시각적으로 변화를 주는 중요한 요소이다. 다음 중 재료의 질감을 바르게 활용하지 못한 것은?

① 창이 작은 실내는 거친 질감을 사용하여 안정감을 준다.
② 좁은 실내는 곱고 매끄러운 재료를 사용한다.
③ 차갑고 딱딱한 대리석 위에 부드러운 카펫을 사용하여 질감 대비를 주는 것이 좋다.
④ 넓은 실내는 거친 재료를 사용하여 무겁고 안정감을 느끼도록 한다.

[해설]
작은 실내는 매끄러운 질감을 사용하여 넓게 느껴지도록 한다.

매끄러운 재료
빛을 많이 반사하므로 가볍고 환한 느낌을 주며 주위를 집중시키고 같은 색채라도 강하게 느낀다.

04 디자인의 원리 중 강조에 관한 설명으로 가장 알맞은 것은?

① 서로 다른 요소들 사이에서 평형을 이루는 상태이다.
② 규칙적인 요소들의 반복으로 디자인에 시각적인 질서를 부여한다.
③ 이질의 각 구성 요소들이 전체로서 동일한 이미지를 갖게 하는 것이다.
④ 최소한의 표현으로 최대의 가치를 표현하고 미의 상승효과를 가져오게 한다.

[해설]
강조
힘의 강약에 단계를 주어 변화를 의도적으로 조성하여 흥미롭게 만들며, 최소한의 표현으로 최대의 가치를 만드는데 가장 효과적이다.

정답 **01** ③ **02** ④ **03** ① **04** ④

05 장식물의 선정과 배치상의 주의사항으로 옳지 않은 것은?

① 좋고 귀한 것은 돋보일 수 있도록 많이 진열한다.
② 여러 장식품들이 서로 조화를 이루도록 배치한다.
③ 계절에 따른 변화를 시도할 수 있는 여지를 남긴다.
④ 형태, 스타일, 색상 등이 실내공간과 어울리도록 한다.

┌─ 해설 ─
좋은 장식물이라고 해서 많이 진열하지 않는다.

장식물
전체 공간에 있어 포인트나 부수적인 악센트를 강조하며 통일된 분위기와 예술적 세련미를 주어 개성의 표현, 미적 충족, 극적인 효과를 끌어내는 역할을 한다.

06 단위 공간 사용자의 특성, 사용목적, 사용기간, 사용빈도 등을 고려하여 전체 공간을 몇 개의 생활권으로 구분하는 실내디자인의 과정은?

① 치수계획   ② 조닝계획
③ 규모계획   ④ 재료계획

┌─ 해설 ─
조닝계획(Zoning)
행동의 목적, 사용시간, 사용빈도, 사용목적, 사용자의 범위, 사용자의 특성에 따른 분류로 구분하여 조닝한다.

07 디자인의 기본 원리 중 척도(Scale)와 비례에 관한 설명으로 옳지 않은 것은?

① 비례는 인간과 물체와의 관계이며, 척도는 물체와 물체 상호 간의 관계를 갖는다.
② 비례는 물리적 크기를 선으로 측정하는 기하학적인 개념이다.
③ 공간 내의 비례 관계는 평면, 입면, 단면에 있어서 입체적으로 평가되어야 한다.
④ 비례는 대소의 분량, 장단의 차이, 부분과 부분 또는

부분과 전체와의 수량적 관계를 비율로써 표현 가능한 것이다.

┌─ 해설 ─
척도는 인간과 물체와의 관계이며, 비례는 물체와 물체 상호 간의 관계를 갖는다.

08 점과 선에 관한 설명으로 옳지 않은 것은?

① 선은 면의 한계, 면들의 교차에서 나타난다.
② 크기가 같은 두 개의 점에는 주의력이 균등하게 작용한다.
③ 곡선은 약동감, 생동감 넘치는 에너지와 속도감을 준다.
④ 배경의 중심에 있는 하나의 점은 시선을 집중시키는 효과가 있다.

┌─ 해설 ─
• 곡선 : 우아하고, 유연함, 부드러움, 여성적인 섬세함을 준다.
• 사선 : 약동감, 생동감 넘치는 에너지와 속도감을 준다.

09 상점 건축의 파사드(Facade)와 숍 프론트(Shop Front) 디자인에 요구되는 조건으로 옳지 않은 것은?

① 대중성을 배재할 것
② 개성적이고 인상적일 것
③ 상품 이미지가 반영될 것
④ 상점 내로 유도하는 효과를 고려할 것

┌─ 해설 ─
상점 건축 파사드와 숍프론트 디자인 요구조건
대중성, 인상적이고 개성적인 디자인, 상점 내로의 유인성

정답   **05** ①   **06** ②   **07** ①   **08** ③   **09** ①

10 색채조절(Color Conditioning)에 관한 설명 중 가장 부적합한 것은?

① 미국의 기업체에서 먼저 개발했고 기능 배색이라고도 한다.
② 환경색이나 안전색 등으로 나누어 활용한다.
③ 색채가 지닌 기능과 효과를 최대로 살리는 것이다.
④ 기업체 이외의 공공건물이나 장소에는 부적당하다.

해설
공공건물(공장, 학교, 병원) 등의 효율적이고 쾌적한 생활환경의 조성을 목적으로 색채조절이 필요하다.

11 다음에 제시된 A, B 두 배색의 공통점은?

- A : 분홍, 선명한 빨강, 연한 분홍, 어두운 빨강, 탁한 빨강
- B : 명도 5회색, 파랑, 어두운 파랑, 연한 하늘색, 회색 띤 파랑

① 다색 배색으로 색상 차이가 동일한 유사색배색이다.
② 동일한 색상에 톤의 변화를 준 톤온톤배색이다.
③ 빨간색의 동일 채도배색이다.
④ 파란색과 무채색을 이용한 강조배색이다.

해설
톤온톤
동일 색상으로 두 가지 톤의 명도차를 비교적 크게 잡은 배색이다.

12 다음 중 가구배치 시 유의할 사항과 거리가 가장 먼 것은?

① 가구는 실의 중심부에 배치하여 돋보이도록 한다.
② 사용 목적과 행위에 맞는 가구배치를 해야 한다.
③ 전체 공간의 스케일과 시각적·심리적 균형을 이루도록 한다.
④ 문이나 창문이 있을 때 높이를 고려한다.

해설
가구는 실의 사용목적과 행위에 적합한 가구배치를 한다.

13 색의 동화작용에 관한 설명 중 옳은 것은?

① 진상 효과로서 나중에 본 색이 먼저 본 색과 섞여 보이는 현상
② 난색계열의 색이 더 커 보이는 현상
③ 색들끼리 영향을 주어서 옆의 색과 닮은 색으로 보이는 현상
④ 색점을 섬세하게 나열하여 배치해 두고 어느 정도 떨어진 거리에서 보면 혼색되어 보이는 현상

해설
동화현상
두 색을 서로 인접 배색했을 때 서로의 영향으로 실제보다 인접 색에 가까운 것처럼 지각되는 현상이다.

14 유닛가구(Unit Furniture)에 관한 설명으로 옳지 않은 것은?

① 고정적이면서 이동적인 성격을 갖는다.
② 필요에 따라 가구의 형태를 변화시킬 수 있다.
③ 규격화된 단일 가구를 원하는 형태로 조합하여 사용할 수 있다.
④ 특정한 사용 목적이나 많은 물품을 수납하기 위해 건축화된 가구이다.

해설
- 유닛가구 : 고정적이며 이동적인 성격을 갖는다. 공간의 조건에 맞도록 원하는 형태로 조합하여 공간의 효율을 높여준다.
- 붙박이가구 : 특정한 사용 목적이나 많은 물품을 수납하기 위해 건축화된 가구이다.

정답 **10** ④ **11** ② **12** ① **13** ③ **14** ④

15 감법혼색의 설명 중 틀린 것은?

① 색을 더할수록 밝기가 감소하는 색혼합으로 어두워지는 혼색을 말한다.

② 감법혼색의 원리는 컬러 슬라이드 필름에 응용되고 있다.

③ 인쇄 시 색료의 3원색인 C, M, Y로 순수한 검은색을 얻지 못하므로 추가적으로 검은색을 사용하며 K로 표기한다.

④ 2가지 이상의 색자극을 반복시키는 계시 혼합의 원리에 의해 색이 혼합되어 보이는 것이다.

> **해설**
>
> • 감법혼색 : 3원색은 시안(C), 마젠타(M), 노랑(Y)이 기본색으로 3종의 색료를 혼합하면 명도와 채도가 낮아져 어두워지고 탁해진다.
> • 병치가법혼색 : 2종류 이상의 색자극이 눈으로 구별될 수 없을 정도 선이나 점이 조밀하게 병치되어 인접 색과 혼합하는 방법으로 컬러 TV, 컬러모니터 등이 여기에 속한다.

16 나뭇잎이 녹색으로 보이는 이유를 색채 지각적 원리로 옳게 설명한 것은?

① 녹색의 빛은 투과하고 그 밖의 빛은 흡수하기 때문이다.

② 녹색의 빛은 산란하고 그 밖의 빛은 반사하기 때문이다.

③ 녹색의 빛은 반사하고 그 밖의 빛은 흡수하기 때문이다.

④ 녹색의 빛은 흡수하고 그 밖의 빛은 반사하기 때문이다.

> **해설**
>
> 나뭇잎이 녹색으로 보이는 이유는 햇빛에 자외선보다 가시광선이 훨씬 많은데, 가시광선 중 녹색 가시광선이 물체에 흡수되지 않고 반사되기 때문이다.

17 상품의 색채기획 단계에서 고려해야 할 사항을 옳은 것은?

① 가공, 재료 특성보다는 시장성과 심미성을 고려해야 한다.

② 재현성에 얽매이지 말고 색상관리를 해야 한다.

③ 유사제품과 연계제품의 색채와의 관계성은 기획단계에서 고려되지 않는다.

④ 색료를 선택할 때 내광성, 내후성을 고려해야 한다.

> **해설**
>
> 색료를 선택할 때 착색비용, 작업공정의 가능성, 내광성, 내후성 등을 고려해야 한다.
>
> ① 가공, 재료 특성 및 시장성과 심미성을 고려한다.
> ② 재현성을 고려하며 색상관리를 해야 한다.
> ③ 유사제품과 연계제품의 색채와의 관계성은 기획단계에서 고려한다.

18 알바 알토가 디자인한 의자로 자작나무 합판을 성형하여 만들었으며, 목재가 지닌 재료의 단순성을 최대한 살린 것은?

① 바실리 의자   ② 파이미오 의자

③ 레드 블루 의자   ④ 바르셀로나 의자

> **해설**
>
> **파이미오 의자**
> 핀란드 건축가인 알바알토가 디자인 하였고, 자작나무 합판을 성형하여 접합부위가 없고 목재의 재료특성을 최대한 살린 의자이다.
>
> ① 바실리 의자 : 마르셀 브로이어
> ③ 레드 블루 의자 : 게릿트 리트벨트
> ④ 바르셀로나 의자 : 미스 반 데어 로에

19 슈브뢸(M. E. Chevreul)의 색채조화원리가 아닌 것은?

① 분리효과   ② 도미넌트컬러

③ 등간격 2색의 조화   ④ 보색배색의 조화

> **해설**
>
> **슈브뢸의 색채조화론**
> 동시대비의 원리, 도미넌트 컬러조화, 세퍼레이션(분리) 컬러조화, 보색배색의 조화

정답   **15** ④ **16** ③ **17** ④ **18** ② **19** ③

20 선에 용도에 대한 설명 중 틀린 것은?

① 파단선은 긴 기둥을 도중에서 자를 때 사용하며, 굵은 선으로 그린다.

② 단면선은 단면의 윤곽을 나타내는 선으로써, 굵은 선으로 그린다.

③ 가상선은 움직이는 물체의 위치를 나타내며, 일점쇄선으로 그린다.

④ 입면선은 물체의 외관을 나타내며, 가는 선으로 그린다.

해설

가상선은 인접한 부분을 참고로 표시를 나타내며 이점쇄선으로 그린다.

2과목 · 실내디자인 시공 및 재료

21 공사원가계산서에 표기되는 비목 중 순공사원가에 해당되지 않는 것은?

① 직접재료비   ② 노무비

③ 경비   ④ 일반관리비

해설

공사원가계산서 구성요소

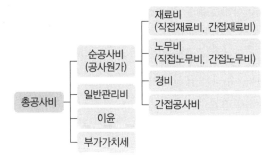

22 가설계획의 입안에 있어서 자재, 기계, 시설의 선택 시에 유의할 사항이 아닌 것은?

① 가설시설의 설계

② 안전 양생 계획

③ 운반 및 양중

④ 본 건물의 공정계획

해설

④는 가설이 아닌 본공사에서 고려되어야 할 사항이다.

23 다음 중 횡선식 공정표에 대한 설명으로 옳지 않은 것은?

① 횡선에 의해 진도관리가 되고, 공사 착수 및 완료일이 시각적으로 명확하다.

② 전체 공정시기가 일목요연하고 경험이 적은 사람도 이용하기 쉽다.

③ 공기에 영향을 주는 작업의 발견이 용이하다.

④ 작업 상호 간에 관계가 불분명하다.

해설

작업 상호 간의 관계가 불명확하여 공기에 영향을 주는 작업의 발견이 어렵다.

24 건축물의 피난 · 방화구조 등의 기준에 관한 규칙에 따른 30분 방화문의 비차열 성능기준으로 옳은 것은?

① 비차열 30분 이상의 성능 확보

② 비차열 40분 이상의 성능 확보

③ 비차열 50분 이상의 성능 확보

④ 비차열 1시간 이상의 성능 확보

해설

30분 방화문은 열은 막지 못하고, 화염을 30분 이상 막을 수 있는 성능(비차열 30분 이상)을 보유하여야 한다.

정답   **20** ③   **21** ④   **22** ④   **23** ③   **24** ①

25 시멘트의 수화열을 저감시킬 목적으로 제조한 시멘트로 매스콘크리트용으로 사용되며, 건조수축이 작고 화학저항성이 일반적으로 큰 것은?

① 조강 포틀랜드 시멘트

② 중용열 포틀랜드 시멘트

③ 실리카 시멘트

④ 알루미나 시멘트

해설

중용열 포틀랜드 시멘트의 특징
• 초기 수화반응속도가 느리다.
• 수화열이 작다.
• 건조수축이 작다.

26 건축용 접착제로서 요구되는 성능에 해당되지 않는 것은?

① 진동, 충격의 반복에 잘 견딜 것

② 장기부하에 의한 크리프가 클 것

③ 취급이 용이하고 독성이 없을 것

④ 고화 시 체적수축 등에 의한 내부변형을 일으키지 않을 것

해설

크리프가 커진다는 것은 지속적인 변형이 발생한다는 것을 의미하므로 옳지 않다.

27 콘크리트의 내구성에 관한 설명으로 옳지 않은 것은?

① 콘크리트 동해에 의한 피해를 최소화하기 위해서는 흡수성이 큰 골재를 사용해야 한다.

② 콘크리트 중성화는 표면에서 내부로 진행하며 페놀프탈레인 용액을 분무하여 판단한다.

③ 콘크리트가 열을 받으면 골재는 팽창하므로 팽창균열이 생긴다.

④ 콘크리트에 포함되는 기준치 이상의 염화물은 철근부식을 촉진시킨다.

해설

흡수성이 큰 골재의 경우 물을 많이 흡수하고 해당 물이 얼어 동해를 일으킬 수 있으므로 콘크리트 동해에 의한 피해를 최소화하기 위해서는 흡수성이 작은 골재를 사용해야 한다.

28 다음 중 아스팔트의 물리적 성질에 있어 아스팔트의 견고성 정도를 평가한 것은?

① 신도   ② 침입도

③ 내후성   ④ 인화점

해설

침입도
• 아스팔트의 경도를 표시하는 것이다.
• 규정된 침이 시료 중에 수직으로 진입된 길이를 나타내며, 단위는 0.1mm를 1로 한다.

29 각종 유리의 성질에 관한 설명으로 옳지 않은 것은?

① 유리블록은 실내의 냉·난방에 효과가 있으며 보통 유리창보다 균일한 확산광을 얻을 수 있다.

② 열선반사유리는 단열유리라고도 불리며 태양광선 중 장파부분을 흡수한다.

③ 자외선차단유리는 자외선의 화학작용을 방지할 목적으로 의류품의 진열창, 식품이나 약품의 창고 등에 쓴다.

④ 내열유리는 규산분이 많은 유리로서 성분은 석영유리에 가깝다.

해설

②는 열선흡수유리에 대한 설명이다.

30 보강블록구조에서 내력벽의 벽량은 얼마 이상으로 하여야 하는가?

① 15cm/m²
② 20cm/m²
③ 25cm/m²
④ 30cm/m²

해설

보강블록조 벽량
• 내력벽 길이의 합계를 그 층의 바닥면적으로 나눈 값이다.
• 최소 벽량을 15cm/m² 이상으로 한다.

31 경질섬유판의 성질에 관한 설명으로 옳지 않은 것은?

① 가로 · 세로의 신축이 거의 같으므로 비틀림이 적다.
② 표면이 평활하고 비중이 0.5 이하이며 경도가 작다.
③ 구멍 뚫기, 본뜨기, 구부림 등의 2차 가공이 가능하다.
④ 펄프를 접착제로 제판하여 양면을 열압건조시킨 것이다.

해설

경질섬유판은 경도가 높고, 연질섬유판은 상대적으로 경도가 낮다.

32 콘크리트 슬럼프용 시험기구에 해당되지 않는 것은?

① 수밀평판
② 슬럼프콘
③ 압력계
④ 다짐봉

해설

슬럼프 시험
콘크리트의 반죽질기를 측정하여 시공연도를 판단하는 기준으로 사용되는 시험으로서, 슬럼프콘, 수밀평판(슬럼프판), 다짐막대(다짐봉), 측정용 자 등이 기구로 사용된다.

33 클링커 타일(Clinker Tile)이 주로 사용되는 장소에 해당하는 곳은?

① 침실의 내벽
② 화장실의 내벽
③ 테라스의 바닥
④ 화학실험실의 바닥

해설

클링커 타일
고온으로 소성한 석기질 타일로서 타일면에 홈줄을 새겨 넣어 테라스 바닥 등의 타일로 사용한다.

34 멜라민수지에 관한 설명으로 옳지 않은 것은?

① 열가소성 수지이다.
② 내수성, 내약품성, 내용제성이 좋다.
③ 무색투명하며 착색이 자유롭다.
④ 내열성과 전기적 성질이 요소수지보다 우수하다.

해설

멜라민수지는 열경화성 수지이다.

35 투명도가 높으므로 유기유리라는 명칭이 있고 착색이 자유로워 채광판, 도어판, 칸막이판 등에 이용되는 것은?

① 아크릴수지
② 알키드수지
③ 멜라민수지
④ 폴리에스테르수지

해설

아크릴수지
• 투명도가 85~90% 정도로 좋고, 무색투명하므로 착색이 자유롭다.
• 내충격강도는 유리의 10배 정도 크며 절단, 가공성, 내후성, 내약품성, 전기절연성이 좋다.
• 평판 성형되어 글리스와 같이 이용되는 경우가 많아 유기글라스라고도 한다.
• 각종 성형품, 채광판, 시멘트 혼화재료 등에 사용한다.

36 강화유리에 관한 설명으로 옳지 않은 것은?

① 판유리를 600℃ 이상의 연화점까지 가열한 후 급랭시켜 만든다.

② 파괴 시 파편이 예리하여 위험하다.

③ 강도는 보통 유리의 3~5배 정도이다.

④ 제조 후 현장가공이 불가하다.

> 해설
>
> 파괴 시 둔각으로 파편이 형성되어 날카로움이 덜하다.

37 인조석이나 테라초바름에 쓰이는 종석이 아닌 것은?

① 화강석　　　　② 사문암

③ 대리석　　　　④ 샤모트

> 해설
>
> • 인조석은 대리석, 사문암 등의 아름다운 쇄석(종석)과 백색 시멘트, 안료, 돌가루 등을 혼합하여 물로 반죽해 만든 것이다.
> • 샤모트는 인조석의 종석이 아닌 점토 등에 배합하여 가소성을 조절하는 역할을 하는 재료이다.

38 유리의 표면을 초고성능 조각기로 특수가공 처리하여 만든 유리로서 5mm 이상의 후판유리에 그림이나 글 등을 새겨 넣은 유리는?

① 에칭유리　　　　② 강화유리

③ 망입유리　　　　④ 로이유리

> 해설
>
> **에칭유리(Etching Glass)**
> 화학적인 부식작용을 이용한 가공법으로 만든 이용한 유리로서 5mm 이상의 후판유리에 그림이나 글 등을 새겨 넣은 유리이다.

39 목재 방부제에 요구되는 성질에 관한 설명으로 옳지 않은 것은?

① 목재의 인화성, 흡수성 증가가 없을 것

② 방부처리 후 표면에 페인트칠을 할 수 있을 것

③ 목재에 접촉되는 금속이나 인체에 피해가 없을 것

④ 목재에 침투가 되지 않고 전기전도율을 감소시킬 것

> 해설
>
> 목재에 침투가 잘 되어야 방부효과를 얻을 수 있다.

40 차음재료의 요구성능에 관한 설명으로 옳은 것은?

① 비중이 작을 것

② 음의 투과손실이 클 것

③ 밀도가 작을 것

④ 다공질 또는 섬유질이어야 할 것

> 해설
>
> 차음재료의 사용목적은 음을 투과시키지 않는 것이므로, 투과가 잘 안되는 정도인 투과손실이 커야 한다.

3과목 실내디자인 환경

41 천창채광에 관한 설명으로 옳은 것은?

① 측창채광에 비해 채광량이 적다.

② 시공이 용이하며 비막이에 유리하다.

③ 측창채광에 비해 조도분포가 불균일하다.

④ 근린의 상황에 따라 채광을 방해받는 경우가 적다.

> 해설
>
> ① 측창채광에 비해 채광량이 많다.
> ② 천창 부분이라 시공이 난해하며 비막이, 누수 등에 취약할 수 있다.
> ③ 측창채광에 비해 균일한 조도분포를 갖는다.

42 다음 중 방염대상물품에 해당하지 않는 것은?

① 종이벽지

② 전시용 합판

③ 카펫

④ 창문에 설치하는 블라인드

[해설]

방염대상물품에 두께가 2mm 미만인 벽지류는 해당되나, 벽지 중 종이벽지는 제외된다.

43 인체의 열적 쾌적감에 영향을 미치는 물리적 온열요소에 속하지 않는 것은?

① 기류

② 기온

③ 복사열

④ 공기의 밀도

[해설]

물리적 온열요소
기온, 습도, 기류, 복사열

44 건축물의 신축·증축·개축 등에 대한 행정기관의 동의 요구를 받은 소방본부장 또는 소방서장은 건축허가 등의 동의요구서류를 접수한 날부터 얼마 이내에 동의 여부를 회신하여야 하는가?(단, 특급 소방안전관리대상물이 아닌 경우)

① 3일 이내

② 4일 이내

③ 5일 이내

④ 6일 이내

[해설]

건축허가 등의 동의요구(소방시설 설치 및 관리에 관한 법률 시행규칙 제3조)
동의요구를 받은 소방본부장 또는 소방서장은 건축허가 등의 동의요구서류를 접수한 날부터 6일 이내에 건축허가 등의 동의 여부를 회신하여야 한다.

45 다음의 설명에 알맞은 급수방식은?

- 설치비가 저렴하다.
- 수질오염의 염려가 적다.
- 수도관 내의 수압을 이용하여 필요기기까지 급수하는 방식이다.

① 고가탱크방식

② 수도직결방식

③ 압력탱크방식

④ 펌프직송방식

[해설]

수도직결방식
도로 밑의 수도 본관에서 분기하여 건물 내에 직접 급수하는 방식으로서 수질오염의 염려가 가장 적은 급수방식이다.

46 다음 중 광속의 단위로 옳은 것은?

① cd

② lx

③ lm

④ cd/m²

[해설]

광속
복사에너지를 눈으로 보아 빛으로 느끼는 크기를 나타낸 것으로서, 광원으로부터 발산되는 빛의 양이며, 단위는 루멘(lm)이다.

47 소방시설법령에서 정의한 무창층에 해당하는 기준으로 옳은 것은?

- A : 무창층과 관련된 일정요건을 갖춘 개구부 면적의 합계
- B : 해당 층 바닥면적

① $A/B \leq 1/10$

② $A/B \leq 1/20$

③ $A/B \leq 1/30$

④ $A/B \leq 1/40$

[해설]

무창층(無窓層)
지상층 중 특정 요건을 모두 갖춘 개구부의 면적의 합계가 해당 층의 바닥면적의 30분의 1 이하가 되는 층을 말한다.

48 물 0.5kg을 15℃에서 70℃로 가열하는 데 필요한 열량은 얼마인가?(단, 물의 비열은 4.2kJ/kg℃이다)

① 27.5kJ   ② 57.75kJ

③ 115.5kJ   ④ 231.5kJ

해설

q(가열량) = m(질량) × C(비열) × ΔT(온도차)
$q = 0.5kg × 4.2kJ/kgK × (70-15) = 115.5kJ$

49 열전달방식에 포함되지 않는 것은?

① 복사   ② 대류

③ 관류   ④ 전도

해설

열전달방식
전도(고체), 대류(유체), 복사(매질 없음)의 방식으로 구분된다.

50 사무공간의 소음 방지대책으로 옳지 않은 것은?

① 개인공간이나 회의실의 구역을 한정한다.

② 낮은 칸막이, 식물 등의 흡음체를 적당히 배치한다.

③ 바닥, 벽에는 흡음재를, 천장에는 음의 반사재를 사용한다.

④ 소음원을 일반 사무공간으로부터 가능한 멀리 떼어 놓는다.

해설

사무공간은 바닥, 벽, 천장 흡음재를 사용하여 소음을 방지한다. 반사재는 형태와 소리가 효과적으로 반사되도록 해주기 때문에 무대 및 콘서트 홀 등에 적합하다.

51 다음은 건축물의 최하층에 있는 거실(바닥이 목조인 경우)의 방습조치에 관한 규정이다. ( ) 안에 들어갈 내용으로 옳은 것은?

건축물의 최하층에 있는 거실 바닥의 높이는 지표면으로부터 ( ) 이상으로 하여야 한다. 다만, 지표면을 콘크리트 바닥으로 설치하는 등 방습을 위한 조치를 하는 경우에는 그러하지 아니하다.

① 30cm   ② 45cm

③ 60cm   ④ 75cm

해설

거실 등의 방습(건축물의 피난·방화구조 등의 기준에 관한 규칙 제18조)
건축물의 최하층에 있는 거실바닥의 높이는 지표면으로부터 45센티미터 이상으로 하여야 한다. 다만, 지표면을 콘크리트바닥으로 설치하는 등 방습을 위한 조치를 하는 경우에는 그러하지 아니하다.

52 다음 설명에 알맞은 환기법은?

• 실내의 압력이 외부보다 높아지고 공기가 실외에서 유입되는 경우가 적다.
• 병원의 수술실과 같이 외부의 오염공기 침입을 피하는 실에 이용된다.

① 급기팬과 배기팬의 조합

② 급기팬과 자연배기의 조합

③ 자연급기와 배기팬의 조합

④ 자연급기와 자연배기의 조합

해설

클린룸, 수술실 등과 같이 오염공기의 실내 유입이 방지되어야 하는 공간에는 실내가 양압(+)이 형성되는 2종 환기[급기팬(강제) 급기, 배기구(자연) 배기]를 하여야 한다.

53 건축물에 설치하는 굴뚝에 관한 기준으로 옳지 않은 것은?

① 굴뚝의 옥상 돌출부는 지붕면으로부터의 수직거리를 1m 이상으로 할 것

② 굴뚝의 상단으로부터 수평거리 1m 이내에 다른 건축물이 있는 경우에는 그 건축물의 처마보다 1.5m 이상 높게 할 것

③ 금속제 굴뚝으로서 건축물의 지붕 속 · 반자 위 및 가장 아래 바닥 밑에 있는 굴뚝의 부분은 금속 외의 불연재료로 덮을 것

④ 금속제 굴뚝은 목재 기타 가연재료로부터 15cm 이상 떨어져서 설치할 것

해설

건축물에 설치하는 굴뚝(건축물의 피난 · 방화구조 등의 기준에 관한 규칙 제20조)
굴뚝의 상단으로부터 수평거리 1미터 이내에 다른 건축물이 있는 경우에는 그 건축물의 처마보다 1미터 이상 높게 할 것

54 다음 중 실내의 조명설계 순서에서 가장 먼저 고려하여야 할 사항은?

① 조명기구 배치
② 소요조도 결정
③ 조명방식 결정
④ 소요전등수 결정

해설

조명설계 순서
소요조도 결정 → 조명방식 결정 → 광원 선정 → 조명기구 선정 → 조명기구 배치 → 최종 검토

55 두께 10cm의 경량콘크리트벽체의 열관류율은? (단, 경량콘크리트벽체의 열전도율은 $0.17W/m \cdot K$, 실내 측 표면 열전달률은 $9.28W/m^2 \cdot K$, 실외 측 표면 열전달률은 $23.2W/m^2 \cdot K$이다)

① $0.85W/m^2 \cdot K$
② $1.35W/m^2 \cdot K$
③ $1.85W/m^2 \cdot K$
④ $2.15W/m^2 \cdot K$

해설

열관류율$(K) = 1/R$

$$R = \frac{1}{\text{실내 측 표면열전달률}} + \frac{\text{두께(m)}}{\text{열전도율}} + \frac{1}{\text{실외 측 표면열전달률}}$$

$$= \frac{1}{9.28} + \frac{0.1}{0.17} + \frac{1}{23.2} = 0.739$$

열관류율$(K) = 1/R = 1/0.739 = 1.35W/m^2 \cdot K$

56 다음 중 축동력이 가장 적게 소요되는 송풍기 풍량 제어방법은?

① 회전수 제어
② 토출댐퍼 제어
③ 흡입댐퍼 제어
④ 흡입베인 제어

해설

송풍기 축동력 소모량
토출댐퍼 제어 > 흡입댐퍼 제어 > 흡입베인 제어 > 가변익축류 제어 > 회전수 제어

57 특정소방대상물에서 사용하는 방염대상물품의 방염성능검사를 실시하는 자는?(단, 대통령령으로 정하는 방염대상물품의 경우는 고려하지 않는다)

① 행정안전부장관
② 소방서장
③ 소방본부장
④ 소방청장

해설

방염성능의 검사(소방시설 설치 및 관리에 관한 법률 제21조)
특정소방대상물에서 사용하는 방염대상물품은 소방청장(대통령령으로 정하는 방염대상물품의 경우에는 시 · 도지사)이 실시하는 방염성능검사를 받은 것이어야 한다.

58 자동화재탐지설비를 설치해야 하는 특정 소방대상물이 되기 위한 근린생활시설(목욕장은 제외)의 연면적 기준으로 옳은 것은?

① 600m² 이상인 것
② 800m² 이상인 것
③ 1,000m² 이상인 것
④ 1,200m² 이상인 것

해설

근린생활시설(목욕장은 제외), 의료시설(정신의료기관 또는 요양병원은 제외), 숙박시설, 위락시설, 장례식장 및 복합건축물의 경우 연면적 600m² 이상인 것이 해당된다.

정답 **54** ② **55** ② **56** ① **57** ④ **58** ①

59 다음은 피난층 또는 지상으로 통하는 직통계단을 특별피난계단으로 설치하여야 하는 층에 관한 법령 사항이다. ( ) 안에 들어갈 내용으로 옳은 것은?

> 건축물(갓복도식 공동주택은 제외한다)의 (A)[공동주택의 경우에는 (B)] 이상인 층(바닥면적이 400m² 미만인 층은 제외한다)으로부터 피난층 또는 지상으로 통하는 직통 계단은 제1항에도 불구하고 특별피난계단으로 설치하여야 한다.

① A : 8층, B : 11층   ② A : 8층, B : 16층

③ A : 11층, B : 12층   ④ A : 11층, B : 16층

[해설]

특별피난계단 설치 대상

대상	예외
11층(공동주택은 16층) 이상의 층으로부터 피난층 또는 지상으로 통하는 직통계단	• 갓복도식 공동주택 • 해당 층의 바닥 면적이 400m² 미만인 층
지하 3층 이하인 층으로부터 피난층 또는 지상으로 통하는 직통계단	

60 다음 ( ) 안에 적합한 것은?

> 「지진 · 화산재해대책법」 제14조제1항 각 호의 시설 중 대통령령으로 정하는 특정소방대상물에 대통령령으로 정하는 소방시설을 설치하려는 자는 지진이 발생할 경우 소방시설이 정상적으로 작동될 수 있도록 ( )이 정하는 내진설계기준에 맞게 소방시설을 설치하여야 한다.

① 국토교통부장관   ② 소방서장

③ 소방청장   ④ 행정안전부장관

[해설]

소방시설의 내진설계기준(소방시설 설치 및 관리에 관한 법률 제7조)
「지진 · 화산재해대책법」 제14조제1항 각 호의 시설 중 대통령령으로 정하는 특정소방대상물에 대통령령으로 정하는 소방시설을 설치하려는 자는 지진이 발생할 경우 소방시설이 정상적으로 작동될 수 있도록 소방청장이 정하는 내진설계기준에 맞게 소방시설을 설치하여야 한다.

01 리듬에 관한 설명으로 가장 알맞은 것은?

① 모든 조형에 대한 미의 근원이 된다.

② 서로 다른 요소들 사이에서 평형을 이루는 상태이다.

③ 음악적 감각인 청각적 원리를 촉각적으로 표현한 것이다.

④ 규칙적인 요소들의 반복으로 디자인에 시각적인 질서를 부여하는 통제된 운동감각을 말한다.

해설

리듬

규칙적인 요소들의 반복에 의해 나타나는 통제된 운동감으로 청각의 원리가 시각적으로 표현된 것이라 할 수 있다.

02 단독주택의 부엌 계획에 관한 설명으로 옳지 않은 것은?

① 가사 작업은 인체의 활동 범위를 고려하여야 한다.

② 부엌은 넓으면 넓을수록 동선이 길어지기 때문에 편리하다.

③ 부엌은 작업대를 중심으로 구성하되 충분한 작업대의 면적이 필요하다.

④ 부엌의 크기는 식생활 양식, 부엌 내에서의 가사 작업 내용, 작업대의 종류, 각종 수납공간의 크기 등에 영향을 받는다.

해설

부엌이 넓으면 동선이 길어지고 피로도가 높아진다.

03 다음 중 실내디자인의 레이아웃(Layout) 단계에서 고려해야 할 내용과 거리가 먼 것은?

① 출입 형식 및 동선 체계

② 인체 공학적 치수와 가구의 크기

③ 바닥, 벽, 천장의 치수 및 색채 선정

④ 공간 간의 상호 연계성

해설

레이아웃

공간을 형성하는 부분과 설치되는 물체의 평면상의 계획으로 공간 상호 간의 연계성, 출입형식 및 동선계획, 인체 공학적 치수와 가구 크기를 고려해야 한다.

04 다음과 같은 특징을 갖는 사무소 건축의 코어 형식은?

- 유효율이 높은 계획이 가능하다.
- 코어 프레임이 내력벽 및 내진 구조가 가능하므로 구조적으로 바람직한 유형이다.

① 중심코어   ② 편심코어

③ 양단코어   ④ 독립코어

해설

중심코어

유효율이 높은 계획이 가능한 형식으로 내진구조가 가증함으로서 구조적으로 바람직한 형식이다.

05 다음 그림과 같이 '동일한 것이 군화(群化)한다.'라는 지각 체제화의 원리와 가장 관련이 있는 것은?

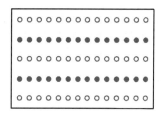

① 대칭성의 원리　　② 유사성의 원리
③ 간소화의 원리　　④ 폐쇄성의 원리

> 해설

유사성
형태, 규모, 색채, 질감, 명암, 패턴 등 비슷한 성질의 요소들이 떨어져 있더라도 동일한 집단으로 그룹화되어 지각하려는 경향을 말한다.

06 실내공간을 형성하는 기본 요소 중 바닥에 관한 설명으로 옳지 않은 것은?

① 바닥은 모든 공간의 기초가 되므로 항상 수평면이어야 한다.
② 하강된 바닥면은 내향적이며 주변의 공간에 대해 아늑한 은신처로 인식된다.
③ 다른 요소들이 시대와 양식에 의한 변화가 현저한데 비해 바닥은 매우 고정적이다.
④ 상승된 바닥면은 공간의 흐름이나 동선을 차단하지만 주변의 공간과는 다른 중요한 공간으로 인식된다.

> 해설

바닥
실내공간을 구성하는 수평적 요소로 바닥의 고저차가 가능하여 필요에 따라 공간의 영역을 조정할 수 있다.

07 다음의 공간을 구획하는 요소들에 대한 설명 중 옳지 않은 것은?

① 블라인드와 커튼은 시각적 연결감을 주면서 프라이버시를 확보할 수 있다.
② 낮은 칸막이는 영역을 구분하는 역할을 하며 특히 시선의 높이 정도에 따라 구획 정도가 달라진다.
③ 식물은 전체의 분위기를 흐트리지 않고 자연스럽게 공간을 구획할 수 있다.
④ 가구는 공간 구획을 쉽게 할 수 있는 방법으로 특히 고정시키지 아니한 가구는 보다 쉽게 공간을 변화시킬 수 있다.

> 해설

블라인드와 커튼은 시각적 연결감을 차단하고 프라이버시를 확보할 수 있다.

08 배색 방법의 하나로, 단계적으로 명도, 채도, 색상, 톤의 배열에 따라서 시각적인 자연스러움을 주는 것으로 3색 이상의 다색배색에서 이와 같은 효과를 낼 수 있는 배색 방법은?

① 반복배색
② 강조배색
③ 연속배색
④ 트리콜로배색

> 해설

연속배색(그라데이션배색)
3가지 이상의 다색배색에서 이러한 점진적 변화의 기법을 사용한 배색으로 색상이나 명도, 채도, 톤의 변화를 통해 배색을 할 수 있으며 차분하고 서정적인 이미지를 준다.

09 색채의 시인성에 가장 영향력을 미치는 것은?

① 배경색과 대상 색의 색상차가 중요하다.

② 배경색과 대상 색의 명도차가 중요하다.

③ 노란색에 흰색을 배합하면 명도차가 커서 시인성이 높아진다.

④ 배경색과 대상 색의 색상 차이는 크게 하고, 명도차는 두지 않아도 된다.

> **해설**
>
> **명시성(시인성)**
> 대상의 존재나 형상이 보이기 쉬운 정도를 말하며 멀리서도 잘 보이는 성질이다. 특히 명시성에 영향을 주는 순서는 명도−채도−색상 순이며 보색에 가까운 색상 차가 있는 배색일수록 시인성이 높아진다.

10 한국의 전통가구에 대한 설명 중 옳은 것은?

① 한국의 전통가구로서 유물이 현존하는 것은 조선시대 초기 이후이다.

② 한국의 전통가구는 대부분 수납가구가 주류를 이루고 있다.

③ 한국의 전통가구는 서양가구와 같이 종류도 많고 그 크기나 모양, 장식 등이 매우 다양하다.

④ 한국의 전통가구는 현대에 와서 전혀 쓰이고 있지 못하다.

> **해설**
>
> **한국의 전통가구**
> 의복 및 이불을 개고 접어두는 평면적인 수납을 기초로 한 수납가구가 발달했으며 식사 때 이동이 가능한 식탁 등 가변성 있는 가구도 발달하였다.

11 오스트발트 색채계에 관한 설명 중 틀린 것은?

① 색상은 Yellow, Ultramarine Blue, Red, Sea Green을 기본으로 하였다.

② 색상환은 4원색의 중간색 4색을 합한 8색을 각각 3등분하여 24색상으로 한다.

③ 무채색은 백색량+흑색량=100%가 되게 하였다.

④ 색표시는 색상기호, 흑색량, 백색량의 순으로 한다.

> **해설**
>
> **오스트발트 색표시**
> 색상번호, 백색량, 흑색량의 순으로 한다.

12 컬러 TV의 화면이나 인상파 화가의 점묘법, 직물 등에서 발견되는 색의 혼색 방법은?

① 동시 감법혼색   ② 계시 가법혼색

③ 병치 가법혼색   ④ 감법혼색

> **해설**
>
> **병치 가법혼색**
> 2종류 이상의 색자극이 눈으로 구별할 수 없을 정도 선이나 점이 조밀하게 병치되어 인접 색과 혼합하는 방법으로 컬러 TV, 컬러모니터 등이 여기에 속한다.

13 상품에 있어서 색의 역할과 가장 거리가 먼 것은?

① 사람의 시선을 끌고 손님을 정착시키는 데 큰 역할을 한다.

② 상품에 대한 이미지를 전달한다.

③ 소비자에게 상품을 기호에 따라 쉽게 선택할 수 있게 한다.

④ 분산효과를 주어 부드러운 분위기를 높인다.

> **해설**
>
> 비슷한 톤의 배색은 부드러운 분위기를 높인다.

14 다음 ( ) 안에 들어갈 내용을 순서대로 맞게 짝지은 것은?

> 컴퓨터 그래픽 소프트웨어를 활용하여 인쇄물을 제작할 경우 모니터 회면에 보이는 색채와 프린터를 통해 만들어진 인쇄물의 색채는 차이가 난다. 이런 색채 차이가 생기는 이유는 모니터는 ( ) 색채 형식을 이용하고 프린터는 ( ) 색채 형식을 이용하기 때문이다.

① HVC - RGB ② RGB - CMYK
③ CMYK - Lab ④ XYZ - Lab

컴퓨터상에서 RGB로 작업했을 경우 CMYK방식의 잉크로는 표현될 수 없는 색채범위가 발생한다.

15 건축물의 투시도에 관한 설명 중 옳지 않은 것은?

① 투시도의 회화적인 효과를 변화시키는 요소에는 건물 평면과 화면과의 각도, 시선의 각도, 시점의 거리 등이 있다.
② 수평선 위에 있는 수평면은 천장 부분이 보이게 되며, 수평선 아래의 수평면은 바닥이 보이게 된다.
③ 3소점 투시도는 실내투시도 또는 기념 건축물과 같은 정적인 건축물의 표현에 가장 효과적이다.
④ 물체의 크기는 화면 가까이 있는 것보다 먼 곳에 있는 것이 작아 보인다.

1소점 투시도는 실내투시도 또는 기념 건축물과 같은 정적인 건축물의 표현에 가장 효과적이다.

16 디자인 요소 중 점에 관한 설명으로 옳은 것은?

① 같은 점이라도 밝은 점은 작고 좁게, 어두운 점은 크고 넓게 보인다.
② 두 점의 크기가 같을 때 주의력은 주 시력의 한 점에만 작용한다.
③ 가까운 거리에 위치하는 두 개의 점은 장력의 작용으로 선이 생긴다.
④ 점은 어떤 형상을 규정하거나 한정하고, 면적을 분할한다.

점
두 점 사이에는 상호 간의 인장력이 발생하여 보이지 않는 선이 생기며, 크기가 다른 두 개의 점에서 작은 점은 큰 점에 흡수되는 것으로 지각한다.

17 다음 설명과 같은 전개의 목적을 가진 상점디자인 기법은?

• 상점과 상품의 이미지를 높인다.
• 타 상점과의 차별화하기 위해 활용한다.
• 즐거운 쇼핑 분위기를 제공한다.
• 고객은 고르기 쉽고 사기 쉬우며, 판매자는 판매하기 쉽고 관리하기 쉬운 매장을 구성한다.

① 토큰 디스플레이 ② 스테이지 디스플레이
③ 슈퍼 그래픽 ④ VMD

VMD
상점 구성의 기본이 되는 상품계획을 시각적으로 구체화시켜 상점이미지를 경영 전략적 차원에서 고객에게 인식시켜 표현하는 디스플레이 기법이다.

18 건축물의 색채조절의 효과로 관련이 가장 적은 것은?

① 유지, 관리의 어려움이 있다.
② 능률이 향상되어 생산력이 높아진다.
③ 눈의 긴장과 피로가 감소된다.
④ 사고나 재해를 감소시킨다.

색채조절
색채의 생리적 · 심리적 효과를 적극적으로 활용하여, 안전하고 효율적인 작업환경과 쾌적한 생활환경을 조성을 목적으로 유지 · 관리가 쉽다.

정답   15 ③   16 ③   17 ④   18 ①

19 사람의 눈에 있는 망막에 대한 설명으로 옳은 것은?

① 시신경으로 통하는 수정체 부분에는 시세포가 분포되어 있다.

② 색을 구별하는 간상체와 명암을 구별하는 추상체가 있다.

③ 시세포 중 간상체는 유채색과 무채색을 모두 지각할 수 있다.

④ 망막의 중심와 부분에는 추상체가 밀집하여 분포되어 있다.

해설

① 시신경으로 통하는 망막 부분에는 시세포가 존재한다.
② 색을 지각하게 하는 추상체, 명암을 지각하는 간상체가 있다.
③ 시세포 중 간상체는 무채색을 지각할 수 있다.

망막
빛에너지가 전기화학적 에너지로 변환되는 곳으로 망막의 가장 중심부에 작은 굴곡을 이루며 위치한 중심와(황반)는 시세포가 밀집해 있어 가장 선명한 상이 맺히는 부분(추상체가 밀집)이다.

20 가구배치에 대한 설명 중 옳은 것은?

① 가구배치 방법은 크게 집중적 배치와 분산적 배치로 분류할 수 있다.

② 평면도에 계획되며 문이나 창이 있는 경우에는 입면계획을 고려하지 않는다.

③ 가구 사용자의 동선에 적당하게 놓으며 타인의 동작을 차단하는 위치가 되도록 한다.

④ 가구는 크고 작은 가구를 적당히 고려하여 실의 중심부에 배치하여 돋보이도록 한다.

해설

가구배치
• 가구의 배치유형은 집중형 배치와 분신적 배지로 분류할 수 있나.
• 평면도와 입면도 계획을 모두 고려해야 한다.
• 사용자의 동선에 알맞게 배치하되 타인의 동작을 방해해서는 안된다.
• 큰가구는 벽체에 붙여 실의 통일감을 갖도록 한다.

2과목 실내디자인 시공 및 재료

21 원가절감을 목적으로 공사계약 후 당해 공사의 현장여건 및 사전조사 등을 분석한 이후 공사수행을 위하여 세부적으로 작성하는 예산은?

① 추경예산   ② 변경예산

③ 실행예산   ④ 도급예산

해설

실행예산
공사현장의 제반조건(자연조건, 공사장 내외 제조건, 측량결과 등)과 공사시공의 제반조건(계약내역서, 설계도, 시방서, 계약조건 등) 등에 대한 조사결과를 검토·분석한 후 계약내역과 별도로 시공사의 경영방침에 입각하여 당해 공사의 완공까지 필요한 실제 소요 공사비를 말한다.

22 다음 중 원가절감 기법으로 많이 쓰이는 VE(Value Engineering)의 적용대상이 아닌 것은?

① 원가절감효과가 큰 것

② 수량이 적은 것

③ 공사의 개선효과가 큰 것

④ 공사비 절감효과가 큰 것

해설

수량이 많고 적용했을 경우 원가절감 효과가 클 것으로 예상되는 것이 적용대상이 된다.

23 다음은 어떠한 품질관리수법에 대한 사항인가?

> 결과에 원인이 어떻게 관계하고 있는가를 한눈에 알아보기 위하여 작성하는 것이다.

① 히스토그램   ② 특성 요인두

③ 파레토도   ④ 체크시트

---

① 히스토그램 : 계량치의 분포(데이터)가 어떠한 분포로 되어 있는지 알아보기 위하여 작성하는 것이다.
③ 파레토도 : 불량, 결점, 고장 등의 발생건수를 분류항목별로 나누어 크기 순서대로 나열해 놓은 것이다.
④ 체크시트 : 계수치의 데이터가 분류항목별 어디에 집중되어 있는가를 알아보기 쉽게 나타낸 것이다.

24 인조석 바름 재료에 관한 설명으로 옳지 않은 것은?

① 주재료는 시멘트, 종석, 돌가루, 안료 등이다.
② 돌가루는 부배합의 시멘트가 건조수축할 때 생기는 균열을 방지하기 위해 혼입한다.
③ 안료는 물에 녹지 않고 내알칼리성이 있는 것을 사용한다.
④ 종석의 알의 크기는 2.5mm 체에 100% 통과하는 것으로 한다.

인조석 바름 재료인 종석의 알의 크기는 2.5mm 체에 50% 정도 통과하는 것으로 한다.

25 벤토나이트 방수재료에 관한 설명으로 옳지 않은 것은?

① 팽윤특성을 지닌 가소성이 높은 광물이다.
② 콘크리트 시공 조인트용 수팽창 지수재로 사용된다.
③ 콘크리트 믹서를 이용하여 혼합한 벤토나이트와 토사를 롤러로 전압하여 연약한 지반을 개량한다.
④ 염분을 포함한 해수에서는 벤토나이트의 팽창반응이 강화되어 차수력이 강해진다.

염분 함량이 2% 이상인 해수와 접촉 시에는 벤토나이트의 팽창성능이 저하되어 차수력이 약해질 수 있다.

26 콘크리트의 건조수축에 관한 설명으로 옳은 것은?

① 골재가 경질이고 탄성계수가 클수록 건조수축은 커진다.
② 물 – 시멘트비가 작을수록 건조수축이 크다.
③ 골재의 크기가 일정할 때 슬럼프값이 클수록 건조수축은 작아진다.
④ 물 – 시멘트비가 같은 경우 건조수축은 단위시멘트량이 클수록 커진다.

① 골재가 경질이고 탄성계수가 클수록 콘크리트의 강성은 커지므로 건조수축은 작아진다.
② 물–시멘트비가 작을수록 건조수축이 작아진다.
③ 골재의 크기가 일정할 때 슬럼프값이 클수록 건조수축은 커진다.

27 건축재료의 요구성능 중 마감재료에서 필요성이 가장 작은 항목은?

① 화학적 성능
② 역학적 성능
③ 내구성능
④ 방화 · 내화 성능

역학적 성능은 마감재료가 아닌 구조재료에서 필요한 성능이다.

28 침엽수에 관한 설명으로 옳은 것은?

① 대표적인 수종은 소나무와 느티나무, 박달나무 등이다.
② 재질에 따라 경재(Hard Wood)로 분류된다.
③ 일반적으로 활엽수에 비하여 직통대재가 많고 가공이 용이하다.
④ 수선세포는 뚜렷하게 아름다운 무늬로 나타난다.

① 소나무는 침엽수이나, 느티나무와 박달나무는 활엽수이다.
② 침엽수는 연재(Soft Wood)로 재질이 연하고, 활엽수는 경재(Hard Wood)로 재질이 강하다.
④ 수선세포가 뚜렷하게 아름다운 무늬로 나타나는 것은 활엽수의 특징이다.

정답 24 ④ 25 ④ 26 ④ 27 ② 28 ③

29 콘크리트용 골재에 요구되는 품질 또는 성질로 옳지 않은 것은?

① 골재의 입형은 가능한 한 편평하거나 세장하지 않을 것
② 골재의 강도는 콘크리트 중의 경화시멘트 페이스트의 강도보다 작을 것
③ 공극률이 작아 시멘트를 절약할 수 있는 것
④ 입도는 조립에서 세립까지 연속적으로 균등히 혼합되어 있을 것

해설
골재는 콘크리트의 강도를 결정하는 주요 요소로서 결합제인 시멘트 페이스트의 강도보다 높아야 한다.

30 각 합성수지와 이를 활용한 제품의 조합으로 옳지 않은 것은?

① 멜라민수지 – 청장판
② 아크릴수지 – 채광판
③ 폴리에스테르수지 – 유리
④ 폴리스티렌수지 – 발포보온판

해설
폴리에스테르수지는 도료, 접착제 등의 제품에 사용한다.

31 유리의 성질에 관한 설명으로 옳지 않은 것은?

① 굴절률은 1.5~1.9 정도이고 납을 함유하면 낮아진다.
② 열전도율 및 열팽창률이 작다.
③ 광선에 대한 성질은 유리의 성분, 두께, 표면의 평활도 등에 따라 다르다.
④ 약한 산에는 침식되지 않지만 염산·황산·질산 등에는 서서히 침식된다.

해설
유리에 산화납 등을 첨가하면 굴절률이 높아지게 된다.

32 합성수지도료에 관한 설명으로 옳지 않은 것은?

① 일반적으로 유성 페인트보다 가격이 매우 저렴하여 널리 사용된다.
② 유성 페인트보다 건조시간이 빠르고 도막이 단단하다.
③ 유성 페인트보다 내산, 내알칼리성이 우수하다.
④ 유성 페인트보다 방화성이 우수하다.

해설
합성수지도료는 유성 페인트에 비해 성능면에서는 우수하나 상대적으로 가격이 고가이다.

33 점토벽돌에 관한 설명으로 옳지 않은 것은?

① 적색 또는 적갈색을 띠고 있는 것은 점토 내에 포함되어 있는 산화철분에 의한 것이다.
② 1종 점토벽돌의 압축강도 기준은 14.70MPa 이상이다.
③ KS표준에 의한 점토벽돌의 모양에 따른 구분은 일반형과 유공형으로 나뉜다.
④ 2종 점토벽돌의 흡수율 기준은 15.0% 이하이다.

해설
1종 점토벽돌의 압축강도 기준은 24.50MPa 이상이다.

34 점토벽돌(KS L 4201)의 시험방법과 관련된 항목이 아닌 것은?

① 겉모양　　　　　② 압축강도
③ 내충격성　　　　④ 흡수율

해설
점토벽돌의 경우 외관과 물리적 성질인 압축강도 및 흡수율을 시험하여 품질을 검사한다.

35 단열재에 관한 설명으로 옳지 않은 것은?

① 유리면 – 유리섬유를 이용하여 만든 제품으로서 유리솜 또는 글라스울이라고도 한다.

② 암면 – 상온에서 열전도율이 낮은 장점을 가지고 있으며 철골 내화피복재로서 많이 이용된다.

③ 석면 – 불연성·보온성이 우수하고 습기에서 강하여 사용이 적극 권장되고 있다.

④ 펄라이트는 보온재 – 경량이며 수분 침투에 대한 저항성이 있어 배관용의 단열재로 사용된다.

〔해설〕
석면은 불연성이면서 보온성이 우수하나, 발암성 물질로 지정되어 현재는 사용이 금지된 상태이다.

36 알루미늄의 성질에 관한 설명으로 옳지 않은 것은?

① 융점이 낮기 때문에 용해주조도는 좋으나 내화성이 부족하다.

② 열·전기 전도성이 크고 반사율이 높다.

③ 알칼리나 해수에는 부식이 쉽게 일어나지 않지만 대기 중에서는 쉽게 침식된다.

④ 비중이 철의 1/3 정도로 경량이다.

〔해설〕
알루미늄
대기 중에서는 표면에 산화피막이 생겨 내부를 보호하지만, 해수, 산, 알칼리에는 침식되며 콘크리트에 부식된다.

37 내화벽돌은 최소 얼마 이상의 내화도를 가져야 하는가?

① SK(제게르 콘) 26 이상

② SK(제게르 콘) 21 이상

③ SK(제게르 콘) 15 이상

④ SK(제게르 콘) 10 이상

38 재료의 열팽창계수에 관한 설명으로 옳지 않은 것은?

① 온도의 변화에 따라 물체가 팽창·수축하는 비율을 말한다.

② 길이에 관한 비율인 선팽창계수와 용적에 관한 체적팽창계수가 있다.

③ 일반적으로 체적팽창계수는 선팽창계수의 3배이다.

④ 체적팽창계수의 단위는 W/m·K이다.

〔해설〕
선팽창계수의 단위는 m/m·K, 체적팽창계수의 단위는 m^3/m^3·K이다.

39 목재의 흠의 종류 중 가지가 줄기의 조직에 말려 들어가 나이테가 밀집되고 수지가 많아 단단하게 된 것은?

① 옹이   ② 지선

③ 할렬   ④ 잔적

〔해설〕
옹이(목재의 결함)
• 수목이 성장하는 도중 줄기에서 가지가 생기면 세포가 변형을 일으켜 발생한다.
• 죽은 옹이가 산 옹이보다 압축강도가 떨어진다.
• 옹이의 지름이 클수록 압축강도가 감소한다.

40 목재 접합 시 주의사항이 아닌 것은?

① 접합은 응력이 작은 곳에서 만들 것

② 목재는 될 수 있는 한 적게 깎아내어 약하게 되지 않게 할 것

③ 접합의 단면은 응력방향과 평행으로 할 것

④ 공작이 간단한 것을 쓰고 모양에 치중하지 말 것

〔해설〕
목재 접합의 단면은 응력방향과 직각이 되게 해야 한다.

정답   **35** ③ **36** ③ **37** ① **38** ④ **39** ① **40** ③

41 다음과 같은 조건을 가진 실의 잔향시간은?

- 실의 용적 : 10,000m³
- 실내 총표면적 : 3,000m³
- 실내 평균흡음률 : 0.35
- Sabine의 잔향시간 계산식 이용

① 약 1초　　　　② 약 1.5초
③ 약 2초　　　　④ 약 2.5초

해설

Sabine의 잔향식

$$잔향시간(T) = 0.16\frac{V}{A} = 0.16 \times \frac{10,000}{3,000 \times 0.35} = 1.5초$$

여기서, V : 실의 체적
A : 실의 흡음면적(실내 총표면적×실내 평균흡음률)

42 소방시설 설치 및 관리에 관한 법률에 따른 용어의 정의 중 아래 설명에 해당하는 것은?

소방시설 등을 구성하거나 소방용으로 사용되는 제품 또는 기기로서 대통령령으로 정하는 것을 말한다.

① 특정소방대상물　　② 소방용품
③ 피난구조설비　　　④ 소화활동설비

해설

소방용품은 소방제품 또는 기기를 포함하고 있다.

43 가로 9m, 세로 9m, 높이가 3.3m인 교실이 있다. 여기에 광속이 3,200lm인 형광등을 설치하여 평균 조도 500lx를 얻고자 할 때 필요한 램프의 개수는?(단, 보수율은 0.8, 조명률은 0.6이다)

① 20개　　　　② 27개
③ 35개　　　　④ 42개

해설

$$F = \frac{E \times A \times D}{N \times U} = \frac{E \times A}{N \times U \times M} (\text{lm})$$

여기서, F : 램프 1개당의 전광속(lm)
E : 요구하는 조도(lx)
A : 조명하는 실내의 면적(m²)
D : 감광보상률$\left(= \dfrac{1}{M}\right)$
N : 필요한 램프 개수
U : 실내에서 기구의 조명률
M : 램프감광과 오손에 대한 보수율(유지율)

$$N = \frac{EA}{FUM} = \frac{500 \times (9 \times 9)}{3,200 \times 0.6 \times 0.8} = 26.37$$

∴ 필요한 램프의 개수는 27개

44 간접가열식 급탕방법에 관한 설명으로 옳지 않은 것은?

① 열효율은 직접가열식에 비해 낮다.
② 가열보일러로 저압보일러의 사용이 가능하다.
③ 가열보일러는 난방용 보일러와 겸용할 수 없다.
④ 저탕조는 가열코일을 내장하는 등 구조가 약간 복잡하다.

해설

간접가열식 급탕가열보일러는 난방용 보일러와 겸용하여 사용할 수 있다.

45 벽체의 차음성을 높이기 위한 방법으로 옳지 않은 것은?

① 벽체의 기밀성을 높인다.
② 벽체의 투과손실을 작게 한다.
③ 벽체는 되도록 무거운 재료를 사용한다.
④ 공명효과 및 일치효과가 발생되지 않도록 벽체를 설계한다.

해설

벽체의 투과손실을 크게 하여 투과가 되지 않게 한다.

46 다음 중 자외선의 주된 작용에 속하지 않는 것은?

① 살균작용
② 화학적 작용
③ 생물의 생육작용
④ 일사에 의한 난방작용

해설

일사에 의한 난방작용은 적외선의 주된 작용이다.

47 수용장소의 총전기설비 용량에 대한 최대수용전력의 비율을 백분율로 나타낸 것은?

① 부하율
② 부등률
③ 수용률
④ 감광보상률

해설

수용률(수요율)
수용률이란 설비기기의 전 용량에 대하여 실제 사용하고 있는 부하의 최대전력비율을 나타낸 계수로서 설비용량을 이용하여 최대수요전력을 결정할 때 사용한다.

$$수용률 = \frac{최대수요전력[kW]}{부하설비용량[kW]} \times 100\%$$

48 소방시설법령에서 규정하고 있는 비상콘센트설비를 설치하여야 하는 특정소방대상물의 기준으로 옳은 것은?

① 층수가 7층 이상인 특정소방대상물의 경우에는 7층 이상의 층
② 층수가 8층 이상인 특정소방대상물의 경우에는 8층 이상의 층
③ 층수가 10층 이상인 특정소방대상물의 경우에는 10층 이상의 층
④ 층수가 11층 이상인 특정소방대상물의 경우에는 11층 이상의 층

해설

비상콘센트설비를 설치해야 하는 특정소방대상물(소방시설 설치 및 관리에 관한 법률 시행령 [별표 4])
층수가 11층 이상인 특정소방대상물의 경우에는 11층 이상의 층에 비상콘센트를 설치하여야 한다.

49 겨울철 생활이 이루어지는 공간의 실내 측 표면에 발생하는 결로를 억제하기 위한 효과적인 조치방법 중 가장 거리가 먼 것은?

① 환기
② 난방
③ 구조체 단열
④ 방습층 설치

해설

방습층의 설치는 벽체 내부에서 발생하는 내부결로에 효과적인 방안이다.

50 구조체의 열용량에 관한 설명으로 옳지 않은 것은?

① 건물의 창면적비가 클수록 구조체의 열용량은 크다.
② 건물의 열용량이 클수록 외기의 영향이 작다.
③ 건물의 열용량이 클수록 실온의 상승 및 하강 폭이 작다.
④ 건물의 열용량이 클수록 외기온도에 대한 실내온도 변화의 시간지연이 있다.

해설

벽체에 비해 창의 열용량이 작기 때문에 건물의 창면적비가 커질수록 구조체 전체 열용량은 작아지게 된다.

51 스프링클러설비를 설치하여야 하는 특정소방대상물에 대한 기준으로 옳은 것은?

① 창고시설(물류터미널은 제외한다)로서 바닥면적 합계가 3,000m² 이상인 경우에는 모든 층
② 판매시설, 운수시설 및 창고시설(물류터미널에 한정한다)로서 바닥면적의 합계가 3,000m² 이상이거나 수용인원이 300명 이상인 경우에는 모든 층
③ 숙박이 가능한 수련시설로서 해당용도로 사용되는 바닥면적의 합계가 600m² 이상인 경우 모든 층
④ 종교시설(주요 구조부가 목조인 것은 제외)의 경우 수용인원이 50명 이상인 경우 모든 층

해설

① 창고시설(물류터미널은 제외한다)로서 바닥면적 합계가 5,000m² 이상인 경우에는 모든 층
② 판매시설, 운수시설 및 창고시설(물류터미널에 한정한다)로서 바닥면적의 합계가 5,000m² 이상이거나 수용인원이 500명 이상인 경우에는 모든 층
④ 종교시설(주요 구조부가 목조인 것은 제외)의 경우 수용인원이 100명 이상인 경우 모든 층

52 전기사업법령에 따른 저압의 범위로 옳은 것은?

① 직류 500V 이하, 교류 1,000V 이하
② 직류 1,000V 이하, 교류 500V 이하
③ 직류 600V 이하, 교류 750V 이하
④ 직류 1,500V 이하, 교류 1,000V 이하

해설

전기사업법령에 따른 전압의 분류

구분	직류	교류
저압	1,500V 이하	1,000V 이하
고압	1,500V 초과 7,000V 이하	1,000V 초과 7,000V 이하
특고압	7,000V 초과	7,000V 초과

53 표면결로의 발생 방지방법에 관한 설명으로 옳지 않은 것은?

① 단열 강화에 의해 실내 측 표면온도를 상승시킨다.
② 직접가열이나 기류촉진에 의해 표면온도를 상승시킨다.
③ 수증기 발생이 많은 부엌이나 화장실에 배기구나 배기팬을 설치한다.
④ 높은 온도로 난방시간을 짧게 하는 것이 낮은 온도로 난방시간을 길게 하는 것보다 결로 발생 방지에 효과적이다.

해설

낮은 온도로 난방시간을 길게 하는 것이 높은 온도로 난방시간을 짧게 하는 것보다 결로 발생 방지에 효과적이다.

54 간이스프링클러설비를 설치하여야 하는 특정소방대상물이 다음과 같을 때 최소 연면적 기준으로 옳은 것은?

교육연구시설 내 합숙소

① 100m² 이상 ② 150m² 이상
③ 200m² 이상 ④ 300m² 이상

해설

특정소방대상물의 관계인이 특정소방대상물에 설치·관리해야 하는 소방시설의 종류(소방시설 설치 및 관리에 관한 법률 시행령 [별표 4])
간이스프링클러설비를 설치하여야 하는 특정소방대상물 : 교육연구시설 내에 합숙소로서 연면적 100m² 이상인 것

55 주관적 온열요소 중 착의상태의 단위는?

① met ② m/s
③ clo ④ %

해설

clo
의복의 열저항치를 나타낸 것으로 1clo의 보온력이란 온도 21.2℃, 습도 50% 이하, 기류 0.1m/s의 실내에서 의자에 앉아 안정하고 있는 성인남자가 쾌적하면서 평균 피부온도를 33℃로 유지할 수 있는 착의의 보온력을 말한다.

56 다음 설명에 알맞은 보일러의 출력은?

연속해서 운전할 수 있는 보일러의 능력으로서 난방부하, 급탕부하, 배관부하, 예열부하의 합이며, 일반적으로 보일러 선정 시에 기준이 된다.

① 상용출력 ② 정격출력
③ 정미출력 ④ 과부하출력

해설

보일러의 출력
• 정미출력 : 난방부하＋급탕부하
• 상용출력 : 난방부하＋급탕부하＋배관부하
• 정격출력 : 난방부하＋급탕부하＋배관부하＋예열부하

정답 **52** ④ **53** ④ **54** ① **55** ③ **56** ②

57 바닥면적이 100m²인 의료시설의 병실에서 채광을 위하여 설치하여야 하는 창문 등의 최소면적은?

① 5m² 　　② 10m²

③ 20m² 　　④ 30m²

해설

의료시설의 채광을 위한 기준은 거실 바닥면적의 1/10 이상이므로, 거실면적이 100m²일 경우 채광을 위하여 설치하여야 하는 창문 등의 최소면적은 10m²이다.

58 소방안전관리보조자를 두어야 하는 특정소방대상물에 포함되는 아파트는 최소 몇 세대 이상의 조건을 갖추어야 하는가?

① 200세대 이상 　　② 300세대 이상

③ 400세대 이상 　　④ 500세대 이상

해설

소방안전관리자 및 소방안전관리보조자를 두어야 하는 특정소방대상물(화재의 예방 및 안전관리에 관한 법률 시행령 제25조 [별표 5]) 아파트의 경우 300세대 이상이 해당된다.

59 건축물에 설치하는 계단 및 계단참의 유효너비 최소기준을 120cm 이상으로 적용하여야 하는 용도의 건축물이 아닌 것은?

① 문화 및 집회시설 중 공연장

② 고등학교

③ 판매시설

④ 문화 및 집회시설 중 집회장

해설

고등학교는 계단 및 계단참의 유효너비 최소기준을 150cm 이상으로 적용하여야 한다.

60 단독주택의 거실에 있어 거실 바닥면적에 대한 채광면적(채광을 위하여 거실에 설치하는 창문 등의 면적)의 비율로서 옳은 것은?

① 1/7 이상 　　② 1/10 이상

③ 1/15 이상 　　④ 1/20 이상

해설

거실의 채광 및 환기 기준(건축물의 피난 · 방화구조 등의 기준에 관한 규칙 제17조)

채광 및 환기 시설의 적용대상	창문 등의 면적	제외
• 주택(단독, 공동)의 거실 • 학교의 교실 • 의료시설의 병실 • 숙박시설의 객실	채광시설 : 거실 바닥면적의 1/10 이상	기준 조도 이상의 조명장치 설치 시
	환기시설 : 거실 바닥면적의 1/20 이상	기계환기장치 및 중앙 관리방식의 공기조화 설비 설치 시

01 바탕과 도형의 관계에서 도형이 되기 쉬운 조건에 관한 설명으로 옳지 않은 것은?

① 규칙적인 것은 도형으로 되기 쉽다.
② 바탕 위에 무리로 된 것은 도형으로 되기 쉽다.
③ 명도가 높은 것보다 낮은 것이 도형으로 되기 쉽다.
④ 이미 도형으로서 체험한 것은 도형으로 되기 쉽다.

해설

명도가 낮은 것보다 높은 것이 도형으로 되기 쉽다.

02 실내를 구성하는 기본요소 중 바닥에 관한 설명으로 옳지 않은 것은?

① 외부로부터 추위와 습기를 차단한다.
② 수평 방향을 차단하여 공간을 형성한다.
③ 고저차에 의해 공간의 영역을 조정할 수 있다.
④ 인간의 감각 중 촉각적 요소와 관계가 밀접하다.

해설

바닥
벽이나 천장에 비해 변형이 쉽지 않고 제약을 많이 받아 고정적이지만 바닥면의 높이 차이를 두어 변화시킬 수 있다.

03 단위 공간 사용자의 특징, 사용 목적, 사용 시간, 사용 빈도 등을 고려하여 전체 공간을 몇 개의 생활권으로 구분하는 실내디자인의 과정은?

① 치수계획
② 조닝계획
③ 규모계획
④ 재료계획

해설

조닝계획(Zoning)
행동의 목적, 사용시간, 사용빈도, 사용목적, 사용자의 범위, 사용자의 특성에 따른 분류로 구분하여 조닝한다.

04 상품의 유효 진열 범위에서 고객의 시선이 자연스럽게 머물고, 손으로 잡기에 편한 높이인 골든 스페이스(Golden Space)의 범위는?

① 450~850mm
② 850~1,250mm
③ 1,300~1,500mm
④ 1,500~1,700mm

해설

골든 스페이스(Gold Space)
손에 잡기에도 가장 편안한 높이는 850~1,250mm이다.

05 사방에서 감상해야 할 필요가 있는 조각물이나 모형을 전시하기 위해 벽면에서 띄어놓아 전시하는 방법은?

① 아일랜드 전시
② 하모니카 전시
③ 파노라마 전시
④ 디오라마 전시

해설

아일랜드 전시
벽이나 바닥을 이용하지 않고 섬형으로 바닥에 배치하는 형태로 대형 전시물, 소형 전시물의 경우 배치하는 전시방법이다.

06 상점 구성의 기본이 되는 상품 계획을 시각적으로 구체화함으로 상점 이미지를 경영 전략적 차원에서 고객에서 인식시키는 표현 전략은?

① VMD
② 슈퍼그래픽
③ 토큰 디스플레이
④ 스테이지 디스플레이

정답 **01** ③ **02** ② **03** ② **04** ② **05** ① **06** ①

VMD

상점 구성의 기본이 되는 상품계획을 시각적으로 구체화시켜 상점 이미지를 경영 전략적 차원에서 고객에게 인식시켜 표현하는 디스플레이 기법이다.

07 2인용 침대인 더블베드(Double Bed)의 크기로 가장 적당한 것은?

① 1,000×2,000mm
② 1,150×2,000mm
③ 1,350×2,000mm
④ 1,600×2,000mm

침대의 규격

싱글 베드(Single Bed)	1,000mm×2,000mm
더블 베드(Double Bed)	1,350~1,400mm×2,000mm
퀸 베드(Queen Bed)	1,500mm×2,000mm
킹 베드(King Bed)	2,000mm×2,000mm

08 먼셀의 색채조화 이론의 핵심인 균형 원리에서 각 색이 가장 조화로운 배색을 이루는 평균 명도는?

① N4
② N3
③ N5
④ N2

먼셀

무채색의 명도단계는 평균 명도 N5, 저명도 N1~N3, 중명도 N4~N6, 고명도 N7~N9를 사용하고 있다.

09 소파나 의자 옆에 위치하며 손이 쉽게 닿는 범위 내에 전화기, 문구 등 필요한 물품을 올려 놓거나 수납하고 찻잔, 컵을 올려 놓기도 하여 차 탁자의 보조용으로 사용되는 테이블은?

① 티 테이블
② 엔드 테이블
③ 나이트 테이블
④ 익스텐션 테이블

엔드 테이블(End Table)은 쇼파 옆 보조용 작은테이블이다.

10 공동주택의 평면형식 중 계단실형(홀형)에 관한 설명으로 옳은 것은?

① 통행부의 면적이 작아 건물의 이용도가 높다.
② 1대의 엘리베이터에 대한 이용 가능한 세대수가 가장 많다.
③ 각 층에 있는 공용 복도를 통해 각 세대로 출입하는 형식이다.
④ 대지의 이용률이 높아 도심지 내의 독신자용 공동주택에 주로 이용된다.

계단실형(홀형)

계단실이나 엘리베이터홀에서 직접 각세대로 출입하는 형식이다.
• 장점 : 독립성이 좋아 프라이버시 확보가 용이하고 통행부 면적이 감소하여 건물의 이용도가 높다.
• 단점 : 계단실마다 엘리베이터를 설치하므로 시설비가 많이 든다.

11 다음 설명에 알맞은 디자인 요소는?

> • 균형이 잡힌 후에 나타내는 선, 색, 형태 등의 규칙적 요소들이 반복으로 통일된 원리의 하나인 통제된 운동감이다.
> • 청각적 원리를 시각적으로 표현한 것이다.

① 균형
② 대칭
③ 조화
④ 리듬

리듬

규칙적인 요소들을 반복에 의해 통제된 운동감으로 디자인에 시각적인 질서를 부여하되, 청각적 요소를 시각화를 꾀한다.

12 디자인 요소 중 점의 조형 효과로 옳지 않은 것은?

① 공간에 한 점은 집중 효과가 생긴다.

② 다수의 점을 근접시키면 면으로 지각된다.

③ 같은 점이라도 밝은 점은 크고 넓게, 어두운 점은 작고 좁게 보인다.

④ 평면에 있는 두 점 사이에는 거리가 가까울수록 네거티브 라인은 가늘게 나타난다.

┌ 해설
• 점 : 두 점 사이에는 상호 간의 인장력이 발생하여 보이지 않는 선이 생기며, 크기가 다른 두 개의 점에서 작은 점은 큰 점에 흡수되는 것으로 지각한다.
• 선 : 점이 이동한 궤적에 의한 선을 포지티브선(Positive Line), 면의 한계 또는 면들의 교차에 의한 선을 네거티브선(Negative Line)으로 구분하기도 한다.

13 다음에서 설명하고 있는 공동주택으로 옳은 것은?

> 지하층의 바닥 면적을 제외한 1개 동의 바닥 면적의 합계 660m² 이하, 층수가 4개 층 이하인 주택이다.

① 다가구주택　　② 다세대주택
③ 연립주택　　　④ 다중주택

┌ 해설
• 다세대주택 : 주택으로 1개 동의 바닥 면적의 합계 660m² 이하, 층수가 4개 층 이하인 주택이다.
• 연립주택 : 주택으로 쓰는 1개 동의 바닥 면적의 합이 660m² 초과, 층수가 4개 층 이하인 주택이다.
• 다가구주택 : 1개 동의 바닥 면적의 합이 660m² 이하, 주택으로 쓰는 층수가 3개 층 이하일 것

14 아일랜드형 부엌에 대한 설명으로 옳지 않은 것은?

① 부엌의 작업내가 식당이나 거실 등으로 개방된 형태의 부엌이다.

② 가족 구성원 모두가 부엌일에 참여하는 것을 유도할 수 있다.

③ 부엌의 크기와 관계없이 적용할 수 있다.

④ 개방성이 큰 만큼 부엌의 청결과 유지관리가 중요하다.

┌ 해설
아일랜드형 부엌
독립된 작업대가 설치되어 주위를 돌아가며 작업할 수 있게 한 형식으로 부엌의 크기를 고려하여 적용할 수 있다.

15 천장, 벽의 구조체에 의해 광원의 빛이 천장 또는 벽면에 가려지게 하여 반사광으로 간접 조명하는 건축화 조명은?

① 코브조명　　　② 밸런스조명
③ 코니스조명　　④ 캐노피조명

┌ 해설
• 코브조명 : 천장 면을 사각형이나 원형으로 파내고 내부에 조명 기구를 매립하는 방식이다(천장을 비추는 간접조명 방식).
• 밸런스조명 : 창이나 벽의 상부에 설치하는 방식으로 상향일 경우 천장에 반사하는 간접조명의 효과가 있다.
• 코니스조명 : 벽면의 상부에 위치하여 모든 빛이 아래로 직사하도록 하는 조명방식이다.
• 캐노피조명 : 사용자의 얼굴에 적당한 조도를 분배하기 위해 벽이나 천장면의 일부를 돌출시켜 조명을 설치하고 아래로 비춘다.

16 전통 한옥의 구조에서 중채 또는 바깥채에 있어 주로 남자가 기거하고 손님을 맞이하는 데 쓰이던 곳은?

① 안방　　　　　② 대청
③ 사랑방　　　　④ 건넌방

┌ 해설
• 사랑방 : 전통 한옥의 구조에서 남자의 생활공간이자 손님을 접대하며 담소하거나 취미를 즐기던 공간이다.
• 대청 : 집의 가운데 있는 넓은 마루이다.
• 건넌방 : 대청을 사이로 안방의 맞은편에 있는 방이다.
• 안방 : 안채의 중심으로서 가장 폐쇄적인 주공간이며, 주택의 제일 안쪽에 위치한다.

정답　**12** ④　**13** ②　**14** ③　**15** ①　**16** ③

17 색의 연상에 대한 설명으로 틀린 것은?

① 개인의 경험, 기억, 사상, 의견 등이 색의 이미지에 반영된다.
② 유채색은 연상이 강하며, 무채색은 추상적인 연상이 나타난다.
③ 빨강, 파랑, 노랑 등 원색과 같은 해맑은 톤일수록 연상 언어가 많다.
④ 색을 보았을 때 시각적인 표면색을 의미한다.

해설
• 표면색 : 물체 표면에 빛이 반사하여 나타나는 색이다.
• 평면색 : 순수하게 색 자체만 끝없이 보이는 색이다.

18 업무 공간 계획 중 오픈 오피스(Open Office)의 단점으로 옳은 것은?

① 공간을 절약할 수 있다.
② 밀접한 팀워크가 필요할 때 유리하다.
③ 청각에 대한 프라이버시의 확보가 어렵다.
④ 작업 패턴의 변화에 따른 조절이 가능하다.

해설
오픈 오피스(개방 시스템)
소음 및 프라이버시의 확보가 떨어지며 인공조명이 필요하다.

19 축척에 대한 설명으로 옳지 않은 것은?

① 건축 도면은 축척을 사용한다.
② 그림의 형태가 비례하지 않은 도면은 "DS"로 표기한다.
③ 배척은 2/1, 5/1이다.
④ 축척의 종류에는 배척, 실척, 축척이 있다.

해설
그림의 형태가 비례하지 않을 때 NS(None Sccale)로 표시한다.

20 계단에 대한 설명으로 옳지 않은 것은?

① 작은 공간에서 큰 공간으로 내려가는 계단은 안정감을 준다.
② 계단의 위가 보이지 않으면 불안감을 준다.
③ 계단을 몇 개 내려가면 공간은 분리감을 준다.
④ 계단은 머무르는 공간이므로 가구 배치에 유의하여야 한다.

해설
계단은 수직적으로 공간을 연결하는 상하 통행공간으로 통행자의 밀도, 빈도, 연령에 따라 고려해야 한다.

2과목 실내디자인 시공 및 재료

21 실내건축공사 공정별 내역서에서 각 품목에 따라 확인할 수 있는 정보로 옳지 않은 것은?

① 품명   ② 규격
③ 제조일자   ④ 단가

해설
내역서에는 품명, 규격, 수량, 단가(재료, 노무, 경비)가 기재되어 있고, 제조일자까지는 표기되어 있지 않다.

22 다음 중 QC활동의 도구가 아닌 것은?

① 특성요인도   ② 파레토그램
③ 층별   ④ 기능계통도

해설
QC(품질관리)활동 도구
히스토그램, 특성요인도, 파레토도, 체크시트, 그래프, 산점도, 층별

---

23 직종별 전문업자 또는 하도급자에게 고용되어 있고, 직종자에게 고용되는 전문기능노무자로서 출역일수에 따라 임금을 받는 노무자는?

① 직용노무자
② 정용노무자
③ 임시고용노무자
④ 날품노무자

> 해설

정용노무자에 대한 설명이다.

※ 직용노무자는 원도급자에게 직접 고용된 노무자이며, 임시고용노무자는 날품노무자, 보조노무자 등을 포함하는 임시로 고용된 노무자를 의미한다.

24 철골보와 콘크리트 바닥판을 일체화시키기 위한 목적으로 활용되는 것은?

① 시어 커넥터
② 사이드 앵글
③ 필러 플레이트
④ 리브 플레이트

> 해설

시어 커넥터(Shear Connector)
철골보와 콘크리트 바닥판을 일체화시켜 전단력에 대응하는 역할을 한다.

25 인서트(Insert)의 재질로 가장 적합한 것은?

① 주철
② 알루미늄
③ 목재
④ 구리

> 해설

인서트(Insert)
슬래브(구조체) 부분과 천장마감재 등을 연결해 주는 부재로서 강성이 큰 주철을 많이 적용한다.

26 금속 가공제품에 관한 설명으로 옳은 것은?

① 조이너는 얇은 판에 여러 가지 모양으로 도려낸 철물로서 환기구 · 라디에이터 커버 등에 이용된다.

② 펀칭메탈은 계단의 디딤판 끝에 대어 오르내릴 때 미끄러지지 않게 하는 철물이다.

③ 코너비드는 벽 · 기둥 등의 모서리부분의 미장바름을 보호하기 위하여 사용한다.

④ 논슬립은 천장 · 벽 등에 보드류를 붙이고 그 이음새를 감추고 누르는 데 쓰이는 것이다.

> 해설

①은 펀칭메탈, ②는 논슬립, ④는 조이너에 대한 설명이다.

27 시멘트의 발열량을 저감시킬 목적으로 제조한 시멘트로 매스콘크리트용으로 사용되며, 건조수축이 작고 화학저항성이 큰 것은?

① 중용열 포틀랜드 시멘트
② 조강 포틀랜드 시멘트
③ 실리카 시멘트
④ 알루미나 시멘트

> 해설

중용열 포틀랜드 시멘트
• 초기 수화반응속도가 느리다.
• 수화열이 작다.
• 건조수축이 작다.

28 감람석이 변질된 것으로 색조는 암녹색 바탕에 흑백색의 아름다운 무늬가 있고 경질이나 풍화성이 있어 외벽보다는 실내장식용으로 사용되는 것은?

① 현무암
② 점판암
③ 응회암
④ 사문암

29 다음 유리 중 결로현상의 발생이 가장 적은 것은?

① 보통유리
② 후판유리
③ 복층유리
④ 형판유리

복층유리

유리와 유리 사이에 공기층을 두어 단열성능을 높인 유리로서 결로현상 저감에 효과적이다.

30 시멘트에 관한 설명으로 옳지 않은 것은?

① 시멘트의 밀도는 3.15g/cm³ 정도이다.

② 시멘트의 분말도는 비표면적으로 표시한다.

③ 강열감량은 시멘트의 소성반응의 완전 여부를 알아내는 척도가 된다.

④ 시멘트의 수화열은 균열발생의 원인이 된다.

강열감량

일정 열을 가하여 시멘트성분 중 휘발성 및 열분해성 성분이 제거되고 불연의 성분만 남았을 때의 질량을 측정하여 활용하는 것으로서 소성반응의 완전 여부를 파악하는 것과는 거리가 멀다.

31 콘크리트 타설 후 양생 시 유의사항으로 옳지 않은 것은?

① 침강수축과 건조수축을 동시에 고려한다.

② 레이턴스의 경우 인장력 작용 부위는 제거하되, 압축력 작용 부위는 지장이 없으므로 제거하지 않는다.

③ 콘크리트 표면의 물 증발속도가 블리딩 속도보다 빠르지 않게 유지한다.

④ 굵은 골재나 수평철근 아래에는 수막이나 공극이 생기기 쉬우므로 유의하여야 한다.

콘크리트의 주요 역할은 압축력에 대응하는 것이므로 압축력이 작용하는 부위의 레이턴스는 반드시 제거하고, 인장력이 작용하는 부위도 가급적 제거해야 한다.

32 점토제품 중에서 흡수성이 가장 큰 것은?

① 토기　　　　　　② 도기

③ 석기　　　　　　④ 자기

타일의 종류에 따른 흡수성

종류	흡수성	제품
토기	20~30%	붉은 벽돌, 토관, 기와
도기	15~20%	내장타일
석기	8% 이하	클링거 타일
자기	1% 이하	외장타일, 바닥타일, 모자이크 타일

33 다음 중 방수성이 가장 우수한 수지는?

① 푸란수지　　　　② 실리콘수지

③ 멜라민수지　　　④ 알키드수지

실리콘수지

• 내열성이 우수하고 −60~260℃까지 탄성이 유지되며, 270℃에서도 수 시간 이용이 가능하다.

• 탄력성, 내수성이 좋아 방수용 재료, 접착제 등으로 사용한다.

34 용융하기 쉽고, 산에는 강하나 알칼리에 약한 특성이 있으며 건축 일반용 창호유리, 병유리에 자주 사용되는 유리는?

① 소다 석회유리　　② 칼륨 석회유리

③ 보헤미아유리　　　④ 납유리

소다 석회유리

• 용융되기 쉬우며 산에 강하고 알칼리에 약하다.

• 풍화되기 쉬우며, 비교적 팽창률 및 강도가 크다.

• 일반 건축용 창유리, 일반 병 종류 등에 적용한다.

35 목재의 성질에 관한 설명으로 옳은 것은?

① 목재의 진비중은 수종, 수령에 따라 현저하게 다르다.
② 목재의 강도는 함수율이 증가하면 할수록 증대된다.
③ 일반적으로 인장강도는 응력의 방향이 섬유방향에 평행한 경우가 수직인 경우보다 크다.
④ 목재의 인화점은 400~490℃ 정도이다.

> **해설**
>
> ① 목재의 진비중은 공극을 함유하지 않는 실제 부분의 비중을 의미하며, 수종, 수령에 따라 크게 다르지 않고, 1.44~1.56의 값을 가지며 일반적으로 1.54의 값을 적용하고 있다.
> ② 목재의 강도는 섬유포화점 이상에서는 일정하나, 섬유포화점 미만에서는 함수율이 감소할수록 강도는 증가한다.
> ④ 목재의 인화점 온도는 약 225~260℃, 착화점 온도는 230~280℃, 발화점 온도는 400~490℃이다.

36 실외 조적공사 시 조적조의 백화현상 방지법으로 옳지 않은 것은?

① 우천 시에는 조적을 금지한다.
② 가용성 염류가 포함되어 있는 해사를 사용한다.
③ 줄눈용 모르타르에 방수제를 섞어서 사용하거나, 흡수율이 작은 벽돌을 선택한다.
④ 내벽과 외벽 사이 조적 하단부와 상단부에 통풍구를 만들어 통풍을 통한 건조상태를 유지한다.

> **해설**
>
> 가용성 염류가 포함되어 있는 해사를 사용할 경우 백화현상뿐만 아니라, 염해 등 다른 하자의 원인이 될 수 있다.

37 유성 페인트에 관한 설명으로 옳은 것은?

① 보일유에 안료를 혼합시킨 도료이다.
② 안료를 적은 양의 물로 용해하여 수용성 교착제와 혼합한 분말상태의 도료이다.

③ 천연수지 또는 합성수지 등을 건성유와 같이 가열·융합시켜 건조제를 넣고 용제로 녹인 도료이다.
④ 니트로셀룰로오스와 같은 용제에 용해시킨 섬유계 유도체를 주성분으로 하여 여기에 합성수지, 가소제와 안료를 첨가한 도료이다.

> **해설**
>
> **유성 페인트**
> • 안료와 건조성 지방유를 주원료로 하는 것이다(안료＋보일드유＋희석제).
> • 지방유가 건조되어 피막을 형성하게 된다.
> • 붓바름 작업성 및 내후성이 우수하며, 건조시간이 길다.
> • 내알칼리성이 약하므로 콘크리트 바탕면에 사용하지 않는다.

38 목재 섬유포화점에서의 함수율은 약 몇 %인가?

① 20%
② 40%
③ 30%
④ 50%

> **해설**
>
> 목재는 섬유포화점(30%) 이상에서는 강도가 일정하며, 섬유포화점 이하에서는 함수율의 감소에 따라 강도가 증대된다.

39 플라스틱 재료의 일반적인 성질에 관한 설명으로 옳지 않은 것은?

① 플라스틱의 강도는 목재보다 크며 인장강도가 압축강도보다 매우 크다.
② 플라스틱은 상호 간 접착이나 금속, 콘크리트, 목재, 유리 등 다른 재료에도 부착이 잘되는 편이다.
③ 플라스틱은 일반적으로 전기절연성이 양호하다.
④ 플라스틱은 열에 의한 팽창 및 수축이 크다.

> **해설**
>
> 플라스틱은 일반적으로 목재보다 강도가 작으며 또한 압축강도가 인장강도보다 큰 물리적 특성을 갖는다.

40 타일의 제조공법에 관한 설명으로 옳지 않은 것은?

① 건식 제법에는 가압성형과정이 포함된다.
② 건식 제법이라 하더라도 제작과정 중에 함수하는 과정이 있다.
③ 습식 제법은 건식 제법에 비해 제조능률과 치수·정밀도가 우수하다.
④ 습식 제법은 복잡한 형상의 제품제작이 가능하다.

> **해설**
> 건식 제법이 습식 제법에 비해 제조능률과 치수·정밀도가 우수하다.

3과목 실내디자인 환경

41 전기사업법령에 따른 저압의 범위로 옳은 것은?

① 직류 500V 이하, 교류 1,000V 이하
② 직류 1,000V 이하, 교류 500V 이하
③ 직류 600V 이하, 교류 750V 이하
④ 직류 1,500V 이하, 교류 1,000V 이하

> **해설**
>
> **전기사업법령에 따른 전압의 분류**
>
> | 구분 | 직류 | 교류 |
> |---|---|---|
> | 저압 | 1,500V 이하 | 1,000V 이하 |
> | 고압 | 1,500V 초과 7,000V 이하 | 1,000V 초과 7,000V 이하 |
> | 특고압 | 7,000V 초과 | 7,000V 초과 |

42 건축물의 거실(피난층의 거실은 제외)에 국토교통부령으로 정하는 기준에 따라 배연설비를 하여야 하는 건축물의 용도가 아닌 것은?(단, 6층 이상인 건축물)

① 문화 및 집회시설
② 종교시설
③ 요양병원
④ 숙박시설

> **해설**
> 의료시설이 포함되나, 의료시설 중 요양병원 및 정신병원은 제외한다.

43 광원의 연색성에 관한 설명으로 옳지 않은 것은?

① 연색성을 수치로 나타낸 것을 연색평가수라고 한다.
② 고압수은램프의 평균 연색평가수(Ra)는 100이다.
③ 평균 연색평가수(Ra)가 100에 가까울수록 연색성이 좋다.
④ 물체가 광원에 의하여 조명될 때, 그 물체의 색의 보임을 정하는 광원의 성질을 말한다.

> **해설**
> 평균 연색평가수(Ra)가 100이라는 것은 태양광의 색을 완전히 구현하는 것을 의미하며 가장 높은 연색성 지수를 나타낸다. 반면 고압 수은램프는 연색성이 상대적으로 좋지 않은 조명이다.

44 연면적 $1,000m^2$ 이상인 건축물에 설치하는 방화벽의 구조기준으로 옳지 않은 것은?

① 내화구조로서 홀로 설 수 있는 구조일 것
② 방화벽의 양쪽 끝과 위쪽 끝을 건축물의 외벽면 및 지붕면으로부터 0.5m 이상 튀어나오게 할 것
③ 방화벽에 설치하는 출입문의 너비 및 높이는 각각 1.8m 이하로 할 것
④ 방화벽에 설치하는 출입문에는 60+방화문 또는 60분 방화문을 설치할 것

> **해설**
> 방화벽에 설치하는 출입문의 너비 및 높이는 각각 2.5m 이하로 하여야 한다.

45 다음의 건물 급수방식 중 수질오염의 가능성이 가장 큰 것은?

① 수도직결방식   ② 압력탱크방식

③ 고가탱크방식   ④ 펌프직송방식

해설

고가탱크방식

건물 옥상 부분에 물을 채워 놓기 때문에 해당 물탱크에 이물의 유입 등이 일어날 수 있어 급수방식 중 수질오염 가능성이 가장 크다.

46 피난층 또는 지상으로 통하는 직통계단을 2개소 이상 설치해야 하는 용도가 아닌 것은?(단, 피난층 외의 층으로써 해당 용도로 쓰는 바닥면적의 합계가 500m²일 경우)

① 단독주택 중 다가구주택

② 문화 및 집회시설 중 전시장

③ 제2종 근린생활시설 중 공연장

④ 교육연구시설 중 학원

해설

문화 및 집회시설 중 전시장 및 동·식물원은 피난층 또는 지상으로 통하는 직통계단을 2개소 이상 설치해야 하는 용도에 해당되지 않는다.

47 잔향시간에 관한 설명으로 옳지 않은 것은?

① 잔향시간은 실용적에 비례한다.

② 잔향시간이 너무 길면 음의 명료도가 저하된다.

③ 잔향시간은 실내가 확산음장이라고 가정하여 구해진 개념이다.

④ 음악감상을 주로 하는 실은 대화를 주로 하는 실보다 짧은 잔향시간이 요구된다.

해설

대화를 주로 하는 실이 음악감상을 주로 하는 실보다 짧은 잔향시간이 요구된다.

48 다음 중 승용승강기의 설치기준과 직접적으로 관련된 것은?

① 대지 안의 공지

② 건축물의 용도

③ 6층 이하의 거실면적의 합계

④ 승강기의 속도

해설

승용승강기는 6층 이상의 거실면적과 건축물의 용도에 따라 대수가 정해진다.

49 광원으로부터 발산되는 광속의 입체각 밀도를 뜻하는 것은?

① 광도   ② 조도

③ 광속발산도   ④ 휘도

해설

광도(단위 : cd, candela)

광원으로부터 발산되는 광속의 입체각 밀도를 말하며, 빛의 밝기를 나타낸다.

50 호텔 각 실의 재료 중 방염성능 기준 이상의 물품으로 시공하지 않아도 되는 것은?

① 지하 1층 연회장의 무대용 합판

② 최상층 식당의 창문에 설치하는 커튼류

③ 지상 1층 라운지의 전시용 합판

④ 지상 3층 객실의 화장대

해설

방염대상물품

제조 또는 가공 공정에서 방염 처리를 한 물품	• 창문에 설치하는 커튼류(블라인드 포함) • 카펫 • 벽지류(두께가 2밀리미터 미만인 종이벽지는 제외) • 전시용 합판·목재 또는 섬유판, 무대용 합판·목재 또는 섬유판(합판·목재류의 경우 불가피하게 설치 현장에서 방염처리한 것을 포함)

정답   **45** ③   **46** ②   **47** ④   **48** ②   **49** ①   **50** ④

제조 또는 가공 공정에서 방염 처리를 한 물품	• 암막·무대막(영화상영관에 설치하는 스크린과 가상체험 체육시설업에 설치하는 스크린 포함) • 섬유류 또는 합성수지류 등을 원료로 하여 제작된 소파·의자(단란주점영업, 유흥주점영업 및 노래연습장업의 영업장에 설치하는 것으로 한정)
건축물 내부의 천장이나 벽에 부착하거나 설치하는 것(다만, 가구류와 너비 10센티미터 이하인 반자 돌림대 등과 내부 마감재료는 제외)	• 종이류(두께 2밀리미터 이상인 것)·합성수지류 또는 섬유류를 주원료로 한 물품 • 합판이나 목재 • 공간을 구획하기 위하여 설치하는 간이 칸막이(접이식 등 이동 가능한 벽체나 천장 또는 반자가 실내에 접하는 부분까지 구획하지 않는 벽체) • 흡음(吸音)을 위하여 설치하는 흡음재(흡음용 커튼을 포함) • 방음(防音)을 위하여 설치하는 방음재(방음용 커튼을 포함)

51 건축물에서 자연 채광을 위하여 거실에 설치하는 창문 등의 면적은 얼마 이상으로 하여야 하는가?

① 거실 바닥면적의 5분의 1
② 거실 바닥면적의 10분의 1
③ 거실 바닥면적의 15분의 1
④ 거실 바닥면적의 20분의 1

52 다음 중 주광률을 가장 올바르게 설명한 것은?

① 복사로서 전파하는 에너지의 시간적 비율
② 시야 내에 휘도의 고르지 못한 정도를 나타내는 값
③ 실내의 조도가 옥외의 조도 몇 %에 해당하는가를 나타내는 값
④ 빛을 발산하는 면을 어느 방향에서 보았을 때 그 밝기를 나타내는 정도

[해설]

$$주광률(DF) = \frac{실내(작업면)의 \ 수평면 \ 조도}{실외(전천공)의 \ 수평면 \ 조도} \times 100(\%)$$

53 기계적 에너지가 아닌 열에너지에 의해 냉동효과를 얻는 냉동기는?

① 터보식 냉동기
② 흡수식 냉동기
③ 스크루식 냉동기
④ 왕복동식 냉동기

[해설]

흡수식 냉동기는 열에너지를 통해 냉동효과를 얻으며, 나머지 보기의 냉동기는 압축(기계적) 에너지를 통해 냉동효과를 얻는다.

54 상업지역 및 주거지역에서 건축물에 설치하는 냉방시설 및 환기시설의 배기구는 도로면으로부터 최소 얼마 이상의 높이에 설치하여야 하는가?

① 1m
② 2m
③ 3m
④ 4m

[해설]

상업지역 및 주거지역에서 건축물에 설치하는 냉방시설 및 환기시설의 배기구와 배기장치의 설치기준
• 배기구는 도로면으로부터 2m 이상의 높이에 설치할 것
• 배기장치에서 나오는 열기가 인근 건축물의 거주자나 보행자에게 직접 닿지 아니하도록 할 것

55 급탕량의 산정방식에 속하지 않는 것은?

① 급탕단위에 의한 방법
② 사용 기구수로부터 산정하는 방법
③ 사용 인원수로부터 산정하는 방법
④ 저탕조의 용량으로부터 산정하는 방법

[해설]

저탕조는 급탕을 담아두는 역할을 하는 것이므로 급탕량 산정과는 관계없고 오히려 급탕량에 따라 저탕조 용량이 결정된다.

정답   **51** ② **52** ③ **53** ② **54** ② **55** ④

56 변전실의 위치 결정 시 고려할 사항으로 옳지 않은 것은?

① 부하의 중심위치에서 멀 것
② 외부로부터 전원의 인입이 편리할 것
③ 발전기실, 축전지실과 인접한 장소일 것
④ 기기를 반입, 반출하는 데 지장이 없을 것

해설

변전실은 부하의 중심위치에서 가깝게 설치하는 것이 좋다.

57 다음 설명에 알맞은 음과 관련된 현상은?

> • 서로 다른 음원에서의 음이 중첩되면 합성되어 음은 쌍방의 상황에 따라 강해진다든지, 약해진다든지 한다.
> • 2개의 스피커에서 같은 음을 발생시키면 음이 크게 들리는 곳과 작게 들리는 곳이 생긴다.

① 음의 간섭
② 음의 굴절
③ 음의 반사
④ 음의 회절

해설

간섭
서로 다른 음원 사이에서 중첩·합성되어 음의 쌍방 조건에 따라 강해지고 약해지는 현상이다.

58 다음은 건축법령에 따른 차면시설 설치에 관한 조항이다. ( ) 안에 들어갈 내용으로 옳은 것은?

> 인접 대지경계선으로부터 직선거리 ( ) 이내에 이웃 주택의 내부가 보이는 창문 등을 설치하는 경우에는 차면시설(遮面施設)을 설치하여야 한다.

① 1.5m
② 2m
③ 3m
④ 4m

해설

창문 등의 차면시설(건축법 시행령 제55조)
인접 대지경계선으로부터 직선거리 2미터 이내에 이웃 주택의 내부가 보이는 창문 등을 설치하는 경우에는 차면시설(遮面施設)을 설치하여야 한다.

59 물체 표면 간의 복사열전달량을 계산함에 있어 이와 가장 밀접한 재료의 성질은?

① 방사율
② 신장률
③ 투과율
④ 굴절률

해설

방사율
방사율은 복사열의 흡수와 반사에 관련된 수치이다. 방사율이 높은 재료는 복사열을 흡수하려는 성질이 크고, 방사율이 낮은 재료는 복사열을 반사하려는 특성이 크게 나타난다.

60 건축허가 등을 할 때 미리 소방본부장 또는 소방서장의 동의를 받아야 하는 대상 건축물의 범위에 관한 기준으로 옳지 않은 것은?

① 연면적 400m² 이상인 건축물
② 항공기 격납고
③ 방송용 송수신탑
④ 승강기 등 기계장치에 의한 주차시설로서 자동차 10대 이상을 주차할 수 있는 시설

해설

건축허가 등의 동의대상물의 범위 등(소방시설 설치 및 관리에 관한 법률 시행령 제7조)
차고·주차장 또는 주차용도로 사용되는 시설로서 다음 각 어느 하나에 해당하는 것은 건축허가 등을 할 때 미리 소방본부장 또는 소방서장의 동의를 받아야 한다.
• 차고·주차장으로 사용되는 바닥면적이 200제곱미터 이상인 층이 있는 건축물이니 주차시설
• 승강기 등 기계장치에 의한 주차시설로서 자동차 20대 이상을 주차할 수 있는 시설

1과목 실내디자인 계획

01 디자인 요소 중 선에 관한 설명으로 옳지 않은 것은?

① 선은 면이 이동한 궤적이다.

② 선을 포개면 패턴을 얻을 수 있다.

③ 많은 선을 나란히 놓으면 면을 느낀다.

④ 선은 어떤 형상을 규정하거나 한정한다.

해설

선은 점이 이동한 궤적이다.

02 다음 설명에 알맞은 디자인 원리는?

- 디자인 대상의 전체에 미적 질서를 주는 기본 원리이다.
- 변화와 함께 조형에 대한 미의 근원이 된다.

① 리듬　　　　② 통일

③ 균형　　　　④ 대비

해설

통일
디자인 대상의 전체에 미적 질서를 부여하는 것으로 모든 형식의 출발점이며 구심점이다.

03 노인 침실계획에 관한 설명으로 옳지 않은 것은?

① 일조량이 충분하도록 남향에 배치한다.

② 식당이나 화장실, 욕실 등에 가깝게 배치한다.

③ 바닥에 단차이를 두어 공간에 변화를 주는 것이 바람직하다.

④ 소외감을 갖지 않도록 가족 공동 공간과의 연결성에 주의한다.

해설

노인침실은 휠체어 이동 및 안전사고를 대비하여 바닥에 단차이를 두지 않아야 한다.

04 부엌 작업대의 배치 유형에 관한 설명 중 옳은 것은?

① 일렬형은 부엌의 폭이 넓은 경우에 주로 사용된다.

② 병렬형은 작업대가 마주 보고 있어 동선이 짧아 가사 노동 경감에 효과적이다.

③ ㄱ자형은 인접한 세 벽면에 작업대를 붙여 배치한 형태로 비교적 규모가 큰 공간에 적합하다.

④ ㄷ자형은 식당과 부엌이 개방되지 않고 외부로 통하는 출입구가 필요한 경우에 적합하다.

해설

① 일렬형은 부엌의 폭이 좁은 경우에 주로 사용된다.
③ ㄷ자형은 인접한 세 벽면에 작업대를 붙여 배치한 형태로 비교적 규모가 큰 공간에 적합하다.
④ 병렬형은 식당과 부엌이 개방되지 않고 외부로 통하는 출입구가 필요한 경우에 적합하다.

05 쇼룸(Showroom)에 관한 설명으로 옳지 않은 것은?

① 일반적으로 PR보다는 판매를 위주로 한다.

② 일반 매장과는 다르게 공간적으로 여유가 있다.

③ 쇼룸의 연출은 되도록 개념, 대상물, 효과라는 3단계가 종합적으로 디자인되어야 한다.

④ 상업적 쇼룸에는 필요한 경우 사용이나 작동을 위한 테스팅 룸(Testing Room)을 배치한다.

정답　01 ①　02 ②　03 ③　04 ②　05 ①

해설
쇼룸(Showroom)
일정기간 판매촉진을 목적으로 상품 등을 전시해서 소비자의 이해를 돕고 구매의욕을 촉진시킨다.

06 주거공간을 행동 반사에 따라 정적 공간과 동적 공간으로 구분할 수 있다. 다음 중 정적 공간에 속하는 것은?

① 서재
② 식당
③ 거실
④ 부엌

해설
• 정적공간 : 침실, 서재, 노인실 등
• 동적공간 : 거실, 부엌, 식당, 현관 등

07 자연 형태에 관한 설명으로 옳지 않은 것은?

① 현실적 형태이다.
② 조형의 원형으로서 작용하며 기능과 구조의 모델이 되기도 한다.
③ 단순한 부정형의 형태를 취하기도 하지만 경우에 따라서는 체계적인 기하학적인 특징을 갖는다.
④ 디자인에 있어서 형태는 대부분이 자연 형태이므로 착시 현상으로 일어나는 형태의 오류를 수정해야 한다.

해설
• 자연 형태 : 자연계에 존재하는 모든 것으로부터 보이는 형태를 말한다.
• 인위 형태 : 디자인에 있어서 대부분은 인위 형태로 인간에 의해 인위적으로 만들어진 모든 사물, 구조체에서 볼 수 있는 형태이다.

08 실내공간의 구성 요소인 벽에 관한 설명으로 옳지 않은 것은?

① 벽면의 형태는 동선을 유도하는 역할을 담당하기도 한다.

② 벽체는 공간의 폐쇄성과 개방성을 조절하여 공간감을 형성한다.
③ 비내력벽은 건물이 하중을 지지하며 공간과 공간을 분리하는 칸막이 역할을 한다.
④ 낮은 벽은 영역과 영역을 구분하고 높은 벽은 공간의 폐쇄성이 요구되는 곳에 사용된다.

해설
비내력벽
벽 자체만의 하중만 받는 벽체이기 때문에 공간과 공간을 분리하는 칸막이 역할을 한다.

09 동선계획에 관한 설명으로 옳은 것은?

① 동선의 속도가 빠른 경우 단차이를 두거나 계단을 만들어 준다.
② 동선의 빈도가 높은 경우 동선 거리를 연장하고 곡선으로 처리한다.
③ 동선의 하중이 큰 경우 통로의 폭을 좁게 하고 쉽게 식별할 수 있도록 한다.
④ 동선이 복잡해질 경우 별도의 통로 공간을 두어 동선을 독립시킨다.

해설
① 동선의 속도가 빠른 경우 안전을 위해 단차이 및 계단을 없도록 해야 한다.
② 동선의 빈도가 높은 경우 동선 거리를 가능한 짧고 직선이 되도록 해야 한다.
③ 동선의 하중이 큰 경우 통로의 폭을 넓게 한다.

10 다음과 같은 특징을 갖는 사무소 건축의 코어 형식은?

• 유효율이 높은 계획이 가능하다.
• 코어 프레임이 내력벽 및 내진 구조가 가능하므로 구조적으로 바람직한 유형이다.

① 중심코어   ② 편심코어

③ 양단코어   ④ 독립코어

중심코어형
코어가 중앙에 위치한 형태로 구조적으로 바람직한 형식이다. 고층, 초고층의 대규모 사무소 건축에주로 사용된다.

---

11 한국의 전통가구에 대한 설명 중 옳지 않은 것은?

① 사방탁자는 다과, 책, 가벼운 화병 등을 올려놓는 네모반듯한 탁자이다.

② 서안과 경상은 안방 가구의 하나로 각종 문방용품과 문서 등을 보관하기 위한 가구이다.

③ 함은 뚜껑에 경첩을 달아 여닫도록 만든 상자이다.

④ 머릿장은 머리맡에 두고 손쉽게 사용하는 소품 등을 넣어두는 장이다.

서안과 경상은 책을 보거나 글씨를 쓰는데 필요한 사랑방용의 평좌식 책상이다.

---

12 상점의 광고 요소로써 AIDMA 법칙의 구성에 속하지 않는 것은?

① Attention   ② Interest

③ Development   ④ Memory

상점의 광고요소(AIDMA 법칙)
A(Attention, 주의), I(Interest, 흥미), D(Desire, 욕망), M(Memory, 기억), A(Action, 행동)

---

13 미스 반 데어 로에에 의하여 디자인된 의자로, X자로 된 강철 파이프 다리 및 가죽으로 된 등받이와 좌석으로 구성되어 있는 것은?

① 바실리 의자   ② 체스카 의자

③ 파이미오 의자   ④ 바르셀로나 의자

• 바르셀로나 의자 : 미스 반 데어 로에
• 바실리 의자, 체스카 의자 : 마르셀 브로이어
• 파이미오 의자 : 알바알토

---

14 VMD(visual merchandising)의 구성에 속하지 않는 것은?

① VP   ② PP

③ IP   ④ POP

VMD의 요소
IP(Item Presentation), PP(Point of Sale Presentation), VP(Visual Presentation)

④ POP(Point Of Purchase) : 매장 내 전시 상품을 보조하는 부분으로 새로운 상품 소개 및 브랜드에 대한 정보를 제공하고 상품의 사용법, 특성, 가격 등을 안내한다.

---

15 다음 색 명도가 가장 낮은 색은?

① 2R 8/4   ② 5Y 6/6

③ 75G 4/2   ④ 10B 2/2

• 2R 8/4(색상 : Red 명도 : 8, 채도 : 4)
• 5Y 6/6(색상 : Yellow 명도 : 6, 채도 : 6)
• 7,8G 4/2(색상 : Green 명도 : 4, 채도 : 2)
• 10B 2/2(색상 : Blue 명도 : 2, 채도 : 2)

---

16 수평 블라인드로 날개의 각도, 승강으로 일광, 조망, 시각의 차단 정도를 조절할 수 있는 것은?

① 롤 블라인드   ② 로만 블라인드

③ 베니션 블라인드   ④ 버티컬 블라인드

베니션(Venetian) 블라인드
수평 블라인드로 날개 각도를 조절하여 일광, 조망 그리고 시각의 차단 정도를 조정할 수 있지만 날개 사이에 먼지가 쌓이기 쉽다.

정답   **11** ②   **12** ③   **13** ④   **14** ④   **15** ④   **16** ③

17 공동주택으로 주거 형태가 공동의 토지 위에 상하 좌우로 연속 계획되는 형태인 아파트는 몇 층 이상인가?

① 6층 ② 5층
③ 4층 ④ 3층

> **해설**
>
> **아파트**
> 주택으로 쓰는 층수가 5개 층 이상인 주택을 말한다.

18 건축 도면에서 문의 재료 표시 기호로 옳지 않은 것은?

① 목재 : T ② 강철 : S
③ 알루미늄 합금 : A ④ 합성수지 : P

> **해설**
>
> 목재 : W(Wood)

19 명시도가 가장 높은 배색은?

① 빨강 – 파랑 ② 흰색 – 노랑
③ 보라 – 파랑 ④ 검정 – 노랑

> **해설**
>
> **명시성(시인성)**
> 대상의 존재나 형상이 보이기 쉬운 정도를 말하며 멀리서도 잘 보이는 성질로 흑색 바탕에는 황색>백색>주황색>적색순으로 명시도가 높다.

20 감법혼합의 결과로 옳지 않은 것은?

① 자주(M) + 노랑(Y) = 빨강(R)
② 자주(M) + 노랑(Y) + 청록(C) = 흰색(W)
③ 노랑(Y) + 청록(C) = 녹색(G)
④ 자수(M) + 청록(C) = 파랑(B)

> **해설**
>
> **감법혼색 : 색료의 3원색**
> • 노랑(Y) + 시안(C) = 초록(G)
> • 노랑(Y) + 마젠타(M) = 빨강(R)
> • 시안(C) + 마젠타(M) = 파랑(B)
> • 시안(C) + 마젠타(M) + 노랑(Y) = 검정(B)

2과목 실내디자인 시공 및 재료

21 안전관리 총괄책임자의 직무에 해당하지 않는 것은?

① 작업 진행상황을 관찰하고 세부 기술에 관한 지도 및 조언을 한다.
② 안전관리계획서의 작성·제출 및 안전관리를 총괄한다.
③ 안전관리 관계자의 직무를 감독한다.
④ 안전관리비의 편성과 집행내용을 확인한다.

> **해설**
>
> ①은 안전관리와 거리가 먼 사항이다.

22 다음 중 공사감리업무와 가장 거리가 먼 항목은?

① 설계도서의 적정성 검토
② 시공상의 안전관리 지도
③ 공사 실행예산의 편성
④ 사용자재와 설계도서와의 일치 여부 검토

> **해설**
>
> 공사 실행예산은 시공사가 실제 공사를 위해 필요한 예산을 작성한 것으로서, 시공자가 작성하는 것이다.

23 아래 공종 중 건설현장의 공사비 절감을 위해 집중 분석해야 하는 공종이 아닌 것은?

> A. 공사비 금액이 큰 공종
> B. 단가가 높은 공종
> C. 시행실적이 많은 공종
> D. 지하공사 등 어려움이 많은 공종

① A
② B
③ C
④ D

〔해설〕

시행실적이 많은 공정의 경우, 많은 시행(경험)을 통해 공사비 절감에 대한 요소가 이미 충분히 고려되어 있으므로 추가로 공사비 절감을 할 여지가 크지 않다.

24 건축물에 설치하는 배연설비의 기준으로 옳지 않은 것은?

① 건축물이 방화구획으로 구획된 경우에는 그 구획마다 1개소 이상의 배연창을 설치한다.
② 배연창의 상변과 천장 또는 반자로부터 수직거리를 0.9m 이내로 한다.
③ 배연구는 연기감지기 또는 열감지기에 의하여 자동으로 열 수 있는 구조로 하고, 손으로는 열고 닫을 수 없도록 한다.
④ 배연구는 예비전원에 의하여 열 수 있도록 한다.

〔해설〕

배연구는 연기감지기 또는 열감지기에 의하여 자동으로 열 수 있는 구조로 하되, 자동으로 작동하지 않을 경우 및 유지관리를 위해서 손으로도 열고 닫을 수 있도록 해야 한다.

25 목재의 부패조건에 관한 설명으로 옳은 것은?

① 목재에 부패균이 번식하기에 가장 최적의 온도조건은 35~45℃로서 부패균은 70℃까지 대다수 생존한다.
② 부패균류가 발육 가능한 최저습도는 65% 정도이다.

③ 하등생물인 부패균은 산소가 없으면 생육이 불가능하므로, 지하수면 아래에 박힌 나무말뚝도 부식되지 않는다.
④ 변재는 심재에 비해 고무, 수지, 휘발성 유지 등의 성분을 포함하고 있어 내식성이 크고, 부패되기 어렵다.

〔해설〕

하등생물인 부패균은 산소가 없어도 생육이 가능하므로, 지하수면 아래에 박힌 나무말뚝에서도 부식이 발생하게 된다.

26 주로 수량의 다소에 의해 좌우되는 굳지 않은 콘크리트의 변형 또는 유동에 대한 저항성을 무엇이라 하는가?

① 컨시스턴시
② 피니셔빌리티
③ 워커빌리티
④ 펌퍼빌리티

〔해설〕

컨시스턴시
주로 수량의 다소에 따라 반죽이 질고 된 정도를 나타내는 콘크리트의 성질로 유동성의 정도를 나타낸다.

27 다음 중 열가소성 수지가 아닌 것은?

① 아크릴수지
② 염화비닐수지
③ 폴리스티렌수지
④ 페놀수지

〔해설〕

페놀수지는 열경화성 수지이다.

28 표준형 점토벽돌의 치수로 옳은 것은?

① 210×90×57mm
② 210×110×60mm
③ 190×100×60mm
④ 190×90×57mm

〔해설〕

벽돌의 규격
• 기본형(재래식) 벽돌 : 210×100×60mm
• 표준형 벽돌 : 190×90×57mm

정답   **23** ③   **24** ③   **25** ③   **26** ①   **27** ④   **28** ④

29 미장재료의 응결시간을 단축시킬 목적으로 첨가하는 촉진제의 종류로 옳은 것은?

① 옥시카르본산　　② 폴리알코올류
③ 마그네시아염　　④ 염화칼슘

해설
염화칼슘을 첨가할 경우 미장재료의 응결시간을 단축할 수 있다.

30 도막 방수재료의 특징으로 옳지 않은 것은?

① 복잡한 부위의 시공성이 좋다.
② 누수 시 결함 발견이 어렵고, 국부적으로 보수가 어렵다.
③ 신속한 작업 및 접착성이 좋다.
④ 바탕면의 미세한 균열에 대한 저항성이 있다.

해설
누수 시 결함 발견이 용이하며, 도장을 통해 국부적 보수가 상대적으로 다른 공법들에 비해 어렵지 않다.

31 석재 갈기의 공정 중 일반적으로 광택기구를 사용하여 광내기를 처리하는 공정은?

① 거친갈기　　② 물갈기
③ 본갈기　　④ 정갈기

해설
정갈기
연마제를 사용하여 광내기를 처리하는 공정이다.

32 아스팔트 방수공사에서 솔, 롤러 등으로 용이하게 도포할 수 있도록 아스팔트를 휘발성 용제에 용해한 비교적 저점도의 액체로서 방수시공이 첫 번째 공정에 사용되는 바탕처리재는?

① 아스팔트 컴파운드　　② 아스팔트 루핑
③ 아스팔트 펠트　　④ 아스팔트 프라이머

해설
아스팔트 프라이머
솔, 롤러 등으로 용이하게 도포할 수 있도록 블론 아스팔트를 휘발성 용제에 희석한 흑갈색의 저점도액체로서, 방수시공의 첫 번째 공정에 쓰이는 바탕처리재이다.

33 한 면 또는 양면에 각종 무늬를 돋운 것으로 만든 반투명판유리로서 모양에 따라 줄무늬형, 바둑판 무늬형, 다이아몬드형 등으로 구분하는 것은?

① 망입유리　　② 접합유리
③ 형판유리　　④ 강화유리

해설
형판유리를 패턴유리라고도 한다.

34 금속면의 보호와 금속의 부식방지를 목적으로 사용되는 도료는?

① 방화도료　　② 발광도료
③ 방청도료　　④ 내화도료

해설
방청도료(녹막이 페인트)
• 철재와의 부착성을 높이기 위해 사용되며 철강재, 경금속재 바탕에 산화되어 녹이 나는 것을 방지한다.
• 에칭 프라이머, 아연분말 프라이머, 알루미늄도료, 징크로메이트도료, 아스팔트(역청질)도료, 광명단 조합페인트 등이 속한다.

35 석탄산과 포르말린의 축합반응에 의하여 얻어지는 합성수지로서 전기절연성, 내수성이 우수하여 덕트, 파이프, 접착제, 배전판 등에 사용되는 열경화성 합성수지는?

① 페놀수지　　② 염화비닐수지
③ 아크릴수지　　④ 불소수지

페놀수지(베이클라이트)
- 전기절연성, 내후성, 접착성이 크고 내열성이 0~60℃ 정도, 석면혼 합품은 125℃이다.
- 내수합판의 접착제, 화장판류 도료 등으로 사용한다.

36 다음 중 지하 방수나 아스팔트 펠트 삼투용(渗透用)으로 쓰이는 것은?

① 스트레이트 아스팔트

② 블론 아스팔트

③ 아스팔트 컴파운드

④ 콜타르

스트레이트 아스팔트
신축성이 우수하고 교착력도 좋지만 연화점이 낮고, 내구력이 떨어져 옥외 적용이 어려우며 주로 지하실 방수용으로 사용된다.

37 점토의 물리적 성질에 관한 설명으로 옳지 않은 것은?

① 비중은 불순한 점토일수록 낮다.

② 점토입자가 미세할수록 가소성은 좋아진다.

③ 인장강도는 압축강도의 약 10배이다.

④ 비중은 약 2.5~2.6 정도이다.

③ 점토의 주 강도는 압축강도이며, 압축강도가 인장강도의 5배 정도 이다.

38 철골 부재 간 접합방식 중 마찰접합 또는 인장접합 등을 이용한 것은?

① 메탈터치   ② 컬럼쇼트닝

③ 필릿용접접합   ④ 고력볼트접합

고력볼트접합
접합시키는 양쪽 재료에 압력을 주고, 양쪽 재료 간의 마찰력에 의하여 응력이 전달되도록 하는 방법이다(마찰, 인장, 지압력 작용).

39 단열재가 갖추어야 할 조건으로 옳지 않은 것은?

① 열전도율이 낮을 것   ② 비중이 클 것

③ 흡수율이 낮을 것   ④ 내화성이 좋을 것

비중이 작은 다공질 형태를 통해 열전도율을 낮출 수 있다.

40 다음 중 시멘트의 안정성 측정 시험법은?

① 오토클레이브 팽창도시험

② 브레인법

③ 표준체법

④ 슬럼프시험

시멘트의 성능시험

구분	시험방법
비중시험	르샤틀리에 비중병
분말도시험	체가름시험, 비표면적시험(마노미터, 브레인장치)
안정성시험	오토클레이브(Auto Clave) 팽창도 시험
강도시험	표준모래를 사용하여 휨시험, 압축강도시험
응결시험	길모아 바늘, 비카 바늘에 의한 이상응결시험

41 전열에 관한 설명으로 옳은 것은?

① 벽체의 관류열량은 벽 양측 공기의 온도차에 반비례한다.

② 벽이 결로 등에 의해 습기를 포함하면 열관류저항이 커진다.

③ 유리의 열관류저항은 그 양측 표면 열전달저항의 합의 2배 값과 거의 같다.

④ 벽과 같은 고체를 통하여 유체(공기)에서 유체(공기)로 열이 전해지는 현상을 열관류라고 한다.

> 해설
>
> ① 벽체의 관류열량은 벽 양측 공기의 온도차에 비례한다.
> ② 벽이 결로 등에 의해 습기를 포함하면 열관류저항이 작아진다.
> ③ 유리는 얇은 두께의 부재이기 때문에 유리 자체의 열저항이 미미하여 유리의 열관류저항은 그 양측 표면 열전달저항의 합과 거의 같다.

42 옥내소화전 설비를 설치해야 하는 특정소방대상물의 종류 기준과 관련하여, 지하가 중 터널은 길이가 최소 얼마 이상인 것을 기준대상으로 하는가?

① 1,000m 이상

② 2,000m 이상

③ 3,000m 이상

④ 4,000m 이상

> 해설
>
> 지하가 중 터널로서 길이가 1천 m 이상인 터널은 옥내소화전설비를 설치하여야 하는 특정소방대상물에 해당한다.

43 공기조화방식 중 팬코일유닛방식(FCU)에 관한 설명으로 옳지 않은 것은?

① 각 유닛마다 개별조절이 가능하다.

② 각 실에 배관으로 인한 누수의 우려가 없다.

③ 덕트방식에 비해 유닛의 위치 변경이 쉽다.

④ 덕트 샤프트나 스페이스가 필요 없거나 작아도 된다.

> 해설
>
> 팬코일유닛방식은 각 실에 수배관으로 인한 누수의 우려가 있다.

44 특정소방대상물에서 피난기구를 설치하여야 하는 층에 해당하는 것은?

① 층수가 11층 이상인 층

② 피난층

③ 지상 2층

④ 지상 3층

> 해설
>
> **피난구조설비(소방시설 설치 및 관리에 관한 법률 시행령 [별표 4])**
> 피난기구는 특정소방대상물의 모든 층에 화재안전기준에 적합한 것으로 설치해야 한다. 다만, 피난층, 지상 1층, 지상 2층(노유자시설 중 피난층이 아닌 지상 1층과 피난층이 아닌 지상 2층은 제외), 층수가 11층 이상인 층과 위험물 저장 및 처리시설 중 가스시설, 지하가 중 터널 또는 지하구의 경우에는 그렇지 않다.

45 개별급탕방식에 관한 설명으로 옳지 않은 것은?

① 배관의 열손실이 적다.

② 시설비가 비교적 싸다.

③ 규모가 큰 건축물에 유리하다.

④ 높은 온도의 물을 수시로 얻을 수 있다.

> 해설
>
> 규모가 큰 건축물에는 중앙식 급탕방식이 유리하다.

정답 41 ④ 42 ① 43 ② 44 ④ 45 ③

46 소방시설법령에서 정의하는 무창층이 되기 위한 개구부 면적의 합계 기준은?(단, 개구부란 아래 요건을 충족한다)

> 가. 크기는 지름 50cm 이상의 원이 내접할 수 있는 크기일 것
> 나. 해당 층의 바닥면으로부터 개구부 밑부분까지의 높이가 1.2m 이내일 것
> 다. 도로 또는 차량이 진입할 수 있는 빈터를 향할 것
> 라. 화재 시 건축물로부터 쉽게 피난할 수 있도록 창살이나 그 밖의 장애물이 설치되지 아니할 것
> 마. 내부 또는 외부에서 쉽게 부수거나 열 수 있을 것

① 해당 층의 바닥면적의 1/20 이하
② 해당 층의 바닥면적의 1/25 이하
③ 해당 층의 바닥면적의 1/30 이하
④ 해당 층의 바닥면적의 1/35 이하

〔해설〕

무창층(無窓層)
지상층 중 위 보기의 요건을 모두 갖춘 개구부 면적의 합계가 해당 층의 바닥면적의 30분의 1 이하가 되는 층을 말한다.

47 자연환기에 관한 설명으로 옳지 않은 것은?

① 정확히 계획된 환기량을 유지하기가 곤란하다.
② 환기횟수란 실내면적을 소요공기량으로 나눈 값이다.
③ 실내에 바람이 없을 때 실내외의 온도차가 클수록 환기량은 많아진다.
④ 실내온도가 실외온도보다 낮으면 실의 상부에서는 실외공기가 유입되고 하부에서는 실내공기가 유출된다.

〔해설〕

환기횟수
소요공기량(m^3)을 실내체적(m^3)으로 나눈 값이다.

48 건축물의 피난시설과 관련하여 건축물 바깥쪽으로 나가는 출구를 설치하는 경우 관람실의 바닥면적의 합계가 300m^2 이상인 집회장 또는 공연장에 있어서는 주된 출구 외에 보조출구 또는 비상구를 몇 개소 이상 설치하여야 하는가?

① 1개소 이상
② 2개소 이상
③ 3개소 이상
④ 4개소 이상

〔해설〕

건축물의 바깥쪽으로의 출구의 설치기준(건축물의 피난·방화구조 등의 기준에 관한 규칙 제11조)
건축물의 바깥쪽으로 나가는 출구를 설치하는 경우 관람실의 바닥면적의 합계가 300m^2 이상인 집회장 또는 공연장은 주된 출구 외에 보조출구 또는 비상구를 2개소 이상 설치하여야 한다.

49 실내공간에 서 있는 사람의 경우 주변 환경과 지속적으로 열을 주고받는다. 인체와 주변 환경과의 열전달 현상 중 그 영향이 가장 적은 것은?

① 전도
② 대류
③ 복사
④ 증발

〔해설〕

인체와 주변환경과의 열전달(손실) 정도
복사>대류>증발>전도

50 건축물의 피난·방화구조 등의 기준에 관한 규칙에서 규정한 방화구조에 해당하지 않는 것은?

① 시멘트모르타르 위에 타일을 붙인 것으로서 그 두께의 합계가 2cm인 것
② 철망모르타르로서 그 바름두께가 2.5cm인 것
③ 석고판 위에 시멘트모르타르를 바른 것으로서 그 두께의 합계가 3cm인 것
④ 심벽에 흙으로 맞벽치기 한 것

〔해설〕

시멘트모르타르 위에 타일을 붙인 것으로서 그 두께의 합계가 2.5cm 이상이어야 한다.

51 급수 · 배수 등의 용도를 위하여 건축물에 설치하는 배관설비의 설치 및 구조에 관한 기준으로 옳지 않은 것은?

① 배관설비의 오수에 접하는 부분은 내수재료를 사용할 것
② 지하실 등 공공하수도로 자연배수를 할 수 없는 곳에는 배수용량에 맞는 강제배수시설을 설치할 것
③ 우수관과 오수관은 통합하여 배관할 것
④ 콘크리트구조체를 관통할 경우에는 구조체에 덧관을 미리 매설하는 등 배관의 부식을 방지하고 그 수선 및 교체가 용이하도록 할 것

해설

우수관과 오수관이 통합될 경우 비가 많이 오게 되면 오수가 역류될 수 있어, 우수관과 오수관은 별도 설치하여야 한다.

52 높이 31m를 넘는 각 층의 바닥면적 중 최대 바닥면적이 6,000m²인 건축물에 설치해야 하는 비상용승강기의 최소설치 대수는?(단, 8인승 승강기이다)

① 2대　　　　　　② 3대
③ 4대　　　　　　④ 5대

해설

비상용 승강기 대수 $= 1 + \dfrac{6,000 - 1,500}{3,000} = 2.5$

∴ 3대

53 펜던트 조명에 관한 설명으로 옳지 않은 것은?

① 천장에 매달려 조명하는 조명방식이다.
② 조명기구 자체가 빛을 발하는 액세서리 역한을 한다.
③ 노출 펜던트형은 전체 조명이나 작업 조명으로 주로 사용된다.
④ 시야 내에 조명이 위치하면 눈부심이 일어나므로 조명기구에 의해 휘도를 조절하는 것이 좋다.

해설

노출 펜던트형은 부분조명이나 작업조명에 주로 사용된다.

펜던트(Pendant) 조명
노출 펜던트형은 일정한 장소에 높은 조도로 집중적인 조명효과를 주는 방법으로 하나의 실에서 영역을 구획하거나, 물품을 강조하기 위한 악센트조명(국부조명)으로 구분된다.

54 비상경보설비를 설치하여야 하는 특정소방대상물의 기준으로 옳지 않은 것은?

① 연면적 400m²(지하가 중 터널 또는 사람이 거주하지 않거나 벽이 없는 축사 등 동 · 식물 관련시설은 제외한다) 이상인 것
② 지하가 중 터널로서 길이가 500m 이상인 것
③ 50명 이상의 근로자가 작업하는 옥내 작업장
④ 지하층 또는 무창층의 바닥면적이 400m²(공연장의 경우 200m²) 이상인 것

해설

비상경보설비를 설치하여야 할 특정소방대상물
· 연면적 400m²(지하가 중 터널 또는 사람이 거주하지 않거나 벽이 없는 축사 등 동 · 식물 관련시설은 제외) 이상이거나 지하층 또는 무창층의 바닥면적이 150m²(공연장의 경우 100m²) 이상인 것
· 지하가 중 터널로서 길이가 500m 이상인 것
· 50명 이상의 근로자가 작업하는 옥내 작업장

55 다음 중 습공기선도의 구성에 속하지 않는 것은?

① 비열　　　　　　② 절대습도
③ 습구온도　　　　④ 상대습도

해설

습공기선도의 구성
절대습도, 상대습도, 건구온도, 습구온도, 노점온도, 엔탈피, 현열비, 열수분비, 비체적, 수증기 분압 등으로 구성된다.

56 임의 주파수에서 벽체를 통해 입사 음에너지의 1%가 투과하였을 때 이 주파수에서 벽체의 음향투과손실은?

① 10dB
② 20dB
③ 30dB
④ 40dB

해설

TL(투과손실, dB)$= 10\log \dfrac{1}{투과율}$[dB]

$$= 10\log \dfrac{1}{0.01} = 20\text{dB}$$

57 공기조화방식 중 이중덕트방식에 관한 설명으로 옳지 않은 것은?

① 전공기방식이다.
② 부하특성이 다른 다수의 실이나 존에도 적용할 수 있다.
③ 덕트 샤프트나 덕트 스페이스가 필요 없거나 작아도 된다.
④ 냉·온풍의 혼합으로 인한 혼합손실이 있어서 에너지 소비량이 많다.

해설

이중덕트방식은 온덕트와 냉덕트를 동시에 구성해야 하므로 덕트 스페이스가 크다.

58 온수난방방식에 관한 설명으로 옳지 않은 것은?

① 증기난방에 비해 예열시간이 짧다.
② 온수의 현열을 이용하여 난방하는 방식이다.
③ 한랭지에서는 운전정지 중에 동결의 위험이 있다.
④ 보일러 정지 후에는 여열이 남아 있어 실내난방이 어느 정도 지속된다.

해설

온수는 증기에 비해 열용량이 커서 예열시간이 길게 소요된다.

59 다음 중 배수트랩의 봉수파괴 원인과 가장 거리가 먼 것은?

① 수격작용
② 증발현상
③ 모세관현상
④ 자기사이펀 작용

해설

수격작용은 밸브의 급격한 폐쇄 등에 의해 발생하는 물의 충격파 발생현상이므로 배수트랩의 봉수파괴 원인과는 관계없다.

60 건축허가 등을 할 때 미리 소방본부장 또는 소방서장의 동의를 받아야 하는 건축물의 연면적 기준으로 옳은 것은?

① 200m² 이상
② 300m² 이상
③ 400m² 이상
④ 500m² 이상

해설

건축허가 등의 동의대상물의 범위(소방시설 설치 및 관리에 관한 법률 시행령 제7조)
건축허가 등을 할 때 미리 소방본부장 또는 소방서장의 동의를 받아야 하는 건축물은 특정 용도를 제외하고 연면적이 400m² 이상인 건축물이다.

정답   56 ② 57 ③ 58 ① 59 ① 60 ③

2024년 1회 실내건축산업기사

1과목 실내디자인 계획

01 실내디자인의 정의에 해당되지 않는 사항은?

① 실내디자인은 건축의 내부공간을 생활목적에 맞게 계획하는 것이다.
② 실내공간은 안전하고 편리하며 쾌적해야 한다.
③ 실내공간은 추상적이며 개념적일 때 더욱 개성적이 된다.
④ 실내디자인은 실내공간을 구성하는 전반적인 내용을 포함한다.

실내디자인
인간이 거주하는 공간을 보다 능률적이고 쾌적하게 계획하는 작업으로 추상적인 개념이 아닌 인간 생활을 위한 물리적, 환경적, 기능적, 심미적, 경제적 조건 등을 고려하여 공간을 창출해내는 창조적인 전문분야이다

02 다음 중 실내디자인을 평가하는 기준과 가장 관계가 먼 것은?

① 기능성　　② 경제성
③ 주관성　　④ 심미성

실내디자인
인간 생활과 밀접한 관계가 있으므로 1차적인 해결 대상은 기능에 있으며, 이와 더불어 심미성, 경제성 모두 충족되어야 한다.

03 게슈탈트 심리학에서 인간의 지각원리와 관련하여 설명한 그룹핑의 법칙에 속하지 않는 것은?

① 유사성　　② 폐쇄성
③ 단순성　　④ 연속성

게슈탈트의 법칙의 지각원리
근접성, 유사성, 연속성, 폐쇄성, 단순성, 공동 운명성, 대칭성의 법칙

04 아일랜드형 부엌에 관한 설명으로 옳지 않은 것은?

① 부엌의 크기에 관계없이 적용 가능하다.
② 개방성이 큰 만큼 부엌의 청결과 유지관리가 중요하다.
③ 가족 구성원 모두가 부엌일에 참여하는 것을 유도할 수 있다.
④ 부엌의 작업대가 식당이나 거실 등으로 개방된 형태의 부엌이다.

아일랜드형 부엌
작업대를 부엌 중앙공간에 설치한 것으로 주로 대규모 부엌 및 개방된 공간의 오픈 시스템이다.

05 주택의 거실에 대한 설명이 잘못된 것은?

① 다목적 기능을 가진 공간이다.
② 전체 평면의 중앙에 배치하여 각 실로 통하는 통로로서의 기능을 부여한다.
③ 거실의 면적은 가족수와 가속의 구성 형태 및 거주자의 사회적 지위니 손님의 방문 빈도와 수 능을 고려하여 계획한다.
④ 가족들의 단란의 장소로서 공동사용공간이다.

거실

다목적, 다기능의 공간으로 생활공간의 중심이 되며 실과 실을 연결해 준다. 또한 가족의 단란한 장소이며 휴식, 접객, 독서, 사교 등이 이루어지는 장소이다.

06 문과 창에 대한 설명 중 잘못된 것은?

① 문은 공간과 인접공간을 연결시켜 준다.
② 문과 창의 위치는 가구배치와 동선에 영향을 준다.
③ 문은 외부의 모든 요소를 받아들이면서 채광, 환기, 통풍, 조망 등의 역할을 한다.
④ 창에는 프라이버시를 위한 가림처리를 하는 것이 좋다.

- 문 : 사람과 물건이 실내외로 출입을 하기 위한 개구부로 사용목적, 공간의 계획에 따라 결정된다.
- 창문 : 채광, 통풍, 환기, 전망을 주목적으로 설치한다.

07 백화점의 엘리베이터 계획에 관한 설명으로 옳지 않은 것은?

① 교통동선의 중심에 설치하여 보행거리가 짧도록 배치한다.
② 여러 대의 엘리베이터를 설치하는 경우, 그룹별 배치와 군 관리 운전 방식으로 한다.
③ 일렬 배치는 6대를 한도로 하고, 엘리베이터 중심간 거리는 8m 이하가 되도록 한다.
④ 엘리베이터 홀은 엘리베이터 정원 합계의 50% 정도를 수용할 수 있어야 하며, 1인당 점유면적은 $0.5 \sim 0.8m^2$로 계산한다.

일렬배치는 4대를 한도로 하고, 엘리베이터 중심간 거리는 8m 이하가 되도록 한다.

08 다음 그림이 나타내는 특수전시기법은?

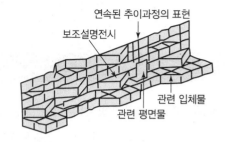

연속된 추이과정의 표현
보조설명전시
관련 입체물
관련 평면물

① 디오라마 전시
② 아일랜드 전시
③ 파노라마 전시
④ 하모니카 전시

파노라마 전시

벽면전시와 입체전시가 병행되는 것으로 연속적인 주제를 표현하기 위해 선형으로 연출되는 전시기법이다.

09 사무소 건축의 실단위 계획 중 개방식 배치에 관한 설명으로 옳지 않은 것은?

① 소음의 우려가 있다.
② 프라이버시의 확보가 용이하다.
③ 모든 면적을 유용하게 이용할 수 있다.
④ 방의 길이나 깊이에 변화를 줄 수 있다.

개방식 배치

전면적을 유효하게 이용할 수 있고 방의 길이나 깊이에 변화를 줄 수 있다. 하지만 개인의 프라이버시가 결여되기 쉽다.

10 다음 설명과 가장 관련이 깊은 형태의 지각심리는?

> 여러 종류의 형들이 모두 일정한 규모, 색채, 질감, 명암, 윤곽선을 갖고 모양만 다를 경우에는 모양에 따라 그룹화되어 지각된다.

① 유사성
② 근접성
③ 연속성
④ 폐쇄성

유사성

모양이나 크기와 같은 시각적인 요소가 유사한 것끼리 하나의 모양으로 보이는 법칙으로 어떤 대상들이 서로 유사한 요소를 갖고 있다면 하나의 덩어리로 인지하려는 특징을 말한다.

11 해상도에 대한 설명으로 틀린 것은?

① 한 화면을 구성하고 있는 화소의 수를 해상도라고 한다.
② 화면에 디스플레이된 색채 영상의 선명도는 해상도와 모니터의 크기에 좌우된다.
③ 해상도의 표현방법은 가로 화소 수와 세로 화소 수로 나타낸다.
④ 동일한 해상도에서 모니터가 커질수록 해상도는 높아져 더 선명해진다.

동일한 해상도에서는 크기가 적은 모니터에서 더 선명하고, 큰 모니터로 갈수록 선명도가 떨어진다. 왜냐하면 면적이 더 크면서도 같은 개수의 픽셀이 분포되어 있기 때문이다.

12 다음 중 중간혼합에 해당하지 않는 것은?

① 회전혼색
② 병치혼색
③ 감법혼색
④ 점묘화

중간혼합

실제로 색이 혼합되는게 아니라 착시를 일으켜 색이 혼합된 것처럼 보이는 현상으로 회전혼색, 병치혼색, 점묘화법이 속한다.

13 다음 중 진출색이 지니는 조건이 아닌 것은?

① 따뜻한 색이 차가운 색보다 더 진출하는 느낌을 준다.
② 어두운색이 밝은색보다 더 진출하는 느낌을 준다.
③ 채도가 높은 색이 낮은 색보다 더 진출하는 느낌을 준다.
④ 유채색이 무채색보다 더 진출하는 느낌을 준다.

밝은색이 어두운색보다 더 진출하는 느낌을 준다.

14 디지털 이미지에서 색채 단위 수가 몇 이상이면 풀컬러(Full Color)를 구현한다고 할 수 있는가?

① 4비트 컬러
② 8비트 컬러
③ 16비트 컬러
④ 24비트 컬러

24비트(bit) 컬러

사람의 육안으로 볼 수 있는 전체 컬러를 망라하지는 못하지만 거의 그에 가깝게 표현할 수 있다.

비트(Bit)와 표현색상

1비트	2색(검정, 흰색)
2비트	4색(검정, 흰색, 회색 2단계)
8비트	256색(Index Color)
16비트	6만 5천 색(High Color)
24비트	1,677만 7천 색(True Color)

15 오스트발트 색체계의 설명이 아닌 것은?

① '조화는 질서와 같다'는 오스트발트의 생각대로 대칭으로 구성되어 있다.
② 색의 3속성을 시각적으로 고른 색채단계가 되도록 구성하였다.
③ 등색상 삼각형 W, B와 평행선상에 있는 색으로 순색의 혼량이 같은 계열을 등순색 계열이라고 한다.
④ 현실에 존재하지 않는 이상적인 3가지 요소(B, W, C)를 가정하여 물체의 색을 체계화하였다.

오스트발트 색상환

헤링의 4원색설을 기초로 빨강, 노랑, 파랑, 초록 기본으로 중간에 주황, 청록, 자주(Purple), 황록을 배치하였으며 8색의 주요 색상을 3등분하여 24색상을 만들었다.

정답   **11** ④   **12** ③   **13** ②   **14** ④   **15** ②

16 빨강, 파랑, 노랑과 같이 색지각 또는 색감각의 성질을 갖는 색의 속성은?

① 색상　　　　　　② 명도
③ 채도　　　　　　④ 색조

색상
색은 빛의 파장에 의해 식별되는 빨강, 주황, 노랑, 초록, 파랑, 남색, 보라처럼 색을 구별하는 명칭이다.

17 우리나라 KS표준 색표이며 색채 교육용으로 채택된 표색계는?

① 먼셀 표색계
② 오스트 발트 표색계
③ 문·스펜서 표색계
④ 쟈드 표색계

먼셀 색체계
한국 공업규격으로 1965년 한국산업표준 KS규격(KS A 0062)으로 채택하고 있고, 교육용으로는 교육부 고시 312호로 지정해 사용되고 있다.

18 색의 진출·후퇴에 관한 일반적인 성질 중 가장 관계가 먼 것은?

① 난색계는 한색계보다 진출성이 있다.
② 배경색의 채도가 낮은 것에 대하여 높은 색은 진출한다.
③ 배경색과의 명도차가 큰 밝은색은 진출한다.
④ 배경색이 무채색일 때 가장 진출성이 크다.

배경이 무채색일 때 가장 후퇴성이 있다.

19 다음 중 마르셀 브로이어(Marcel Breuer)가 디자인한 의자는?

① 바르셀로나 의자
② 바레트 의자
③ 바실리 의자
④ 판톤 의자

미국 건축가 및 가구디자이너인 마르셀 브로이어가 강철파이프를 휘어 골조를 만들고 가죽으로 좌판, 등받이, 팔걸이를 만든 의자로 모더니즘 상징과 같은 존재이다.
※ 바르셀로나 의자 – 미스 반 데어 로에

20 다음 중 렌더링(Rendering)의 의미로 가장 알맞은 것은?

① 아이디어 스케치
② 설계도
③ 완성 예상도
④ 연구모형

렌더링
3차원 오브젝트를 모델링한 후 색상, 음영, 질감을 입혀 사실감 있는 물체로 표현하는 것으로 완성예상도 또는 최종디자인을 결정하려는 표현전달의 단계이다.

2과목　실내디자인 시공 및 재료

21 다음 중 회반죽에 여물을 넣는 가장 주된 이유는?

① 균열을 방지하기 위하여
② 강도를 높이기 위하여
③ 경화속도를 높이기 위하여
④ 경도를 높이기 위하여

정답　　**16** ①　**17** ①　**18** ④　**19** ③　**20** ③　**21** ①

회반죽
- 소석회＋모래＋해초풀＋여물 등이 배합된 미장 재료이다.
- 경화건조에 의한 수축률이 크기 때문에 여물로서 균열을 분산·경감시킨다.
- 실내용으로 목조 바탕, 콘크리트블록 및 벽돌 바탕 등에 사용한다.

22 재료의 일반적 성질 중 재료에 외력을 제거하여도 재료가 원상으로 돌아가지 않고 변형된 그대로의 상태로 남아 있는 성질을 무엇이라고 하는가?

① 탄성　　　　　　② 소성
③ 점성　　　　　　④ 인성

재료의 일반적 성질
- 소성 : 재료에 외력을 제거하여도 재료가 원상으로 돌아가지 않고 변형된 그대로의 상태로 남아 있는 성질이다.
- 탄성 : 재료의 외력을 제거할 경우 재료가 원상으로 돌아가는 성질이다.

23 트래버틴(Travertine)에 관한 설명으로 옳지 않은 것은?

① 석질이 불균일하고 다공질이다.
② 변성암으로 황갈색의 반문이 있다.
③ 탄산석회를 포함한 물에서 침전, 생성된 것이다.
④ 특수 외장용 장식재로서 주로 사용된다.

트래버틴(Travertine)
대리석의 한 종류로 다공질이고, 석질이 균질하지 못하며 암갈색 무늬가 있으며, 특수한 실내장식재로 이용된다.

24 클링커 타일(Clinker Tile)이 주로 사용되는 장소에 해당하는 곳은?

① 침실의 내벽
② 화장실의 내벽
③ 테라스의 바닥
④ 화학실험실의 바닥

클링커 타일
고온으로 소성한 석기질 타일로서 타일면에 홈줄을 새겨넣어 테라스 바닥 등 타일로 사용한다.

25 목재의 흠의 종류 중 가지가 줄기의 조직에 말려 들어가 나이테가 밀집되고 수지가 많아 단단하게 된 것은?

① 옹이　　　　　　② 지선
③ 할렬　　　　　　④ 잔적

옹이(목재의 결함)
- 수목이 성장하는 도중 줄기에서 가지가 생기면 세포가 변형을 일으켜 발생한다.
- 죽은 옹이가 산 옹이보다 압축강도가 떨어진다.
- 옹이의 지름이 클수록 압축강도가 감소한다.

26 스트레이트 아스팔트(A)와 블론 아스팔트(B)의 성질을 비교한 것으로 옳지 않은 것은?

① 신도는 A가 B보다 크다.
② 연화점은 B가 A보다 크다.
③ 감온성은 A가 B보다 크다.
④ 접착성은 B가 A보다 크다.

스트레이트 아스팔트는 블론 아스팔트에 비해 접착성은 우수하나 내구력이 떨어져 옥외적용이 어렵기 때문에 주로 지하실 방수용으로 적용한다.

27 합판에 관한 설명으로 옳지 않은 것은?

① 함수율 변화에 의한 신축변형이 크고 방향성이 있다.
② 3장 이상의 홀수의 단판(Veneer)을 접착제로 붙여 만든 것이다.
③ 곡면가공을 하여도 균열이 생기지 않는다.
④ 표면가공법으로 흡음효과를 낼 수가 있고 의장적 효과도 높일 수 있다.

[해설]

합판은 함수율 변화에 따른 팽창, 수축이 작으며, 그에 따른 방향성이 없는 특징을 갖고 있다.

28 조적벽 40m²를 쌓는 데 필요한 벽돌량은?(단, 표준형벽돌 0.5B 쌓기, 할증은 고려하지 않는다)

① 2,850장   ② 3,000장
③ 3,150장   ④ 3,500장

[해설]

0.5B 쌓기 시 1m²당 75장의 벽돌이 필요하다.
∴ 40×75 = 3,000장

29 스테인리스강(Stainless Steel)은 어떤 성분의 금속이 많이 포함되어 있는 금속재료인가?

① 망간(Mn)   ② 규소(Si)
③ 크롬(Cr)   ④ 인(P)

[해설]

스테인리스강(Stainless Steel)
• 스테인리스강 표면에는 눈에는 보이지 않지만 치밀한 보호막이 형성되어 있으며 이 피막을 부동태피막이라고 한다.
• 이 피막은 아주 얇은 피막이며 크롬산화물로 구성되어 있다(크롬양이 약 12% 이상이 되면 현저하게 부식속도가 떨어지게 된다).

30 점토제품 시공 후 발생하는 백화에 관한 설명으로 옳지 않은 것은?

① 타일 등의 시유·소성한 제품은 시멘트 중의 경화체가 백화의 주된 요인이 된다.
② 작업성이 나쁠수록 모르타르의 수밀성이 저하되어 투수성이 커지게 되고, 투수성이 커지면 백화 발생이 커지게 된다.
③ 점토제품의 흡수율이 크면 모르타르 중의 함유수를 흡수하여 백화 발생을 억제한다.
④ 모르타르의 물시멘트비가 크게 되면 잉여수가 증대되고, 이 잉여수가 증발할 때 가용성분의 용출을 발생시켜 백화 발생의 원인이 된다.

[해설]

점토제품의 흡수율이 커지면 수분을 많이 흡수하게 되고, 이러한 수분과 점토제품과 접해 있는 모르타르의 석회 간의 반응에 의해 백화 발생이 촉진될 수 있다.

31 유리에 관한 설명으로 옳지 않은 것은?

① 망입유리는 화재 시 개구부에서의 연소를 방지하는 효과가 있으며, 유리파편이 거의 튀지 않는다.
② 복층유리는 단판유리보다 단열효과가 우수하므로 냉, 난방 부하를 경감시킬 수 있다.
③ 강화유리는 파손 시 파편이 작기 때문에 파편에 의한 손상사고를 줄일 수 있다.
④ 열선흡수유리는 유리 한 면에 열선반사막을 입힌 판유리로서, 가시광선의 투과율이 30% 정도 낮아 외부로부터 시선을 차단할 수 있다.

[해설]

④는 열선반사유리에 대한 설명이다.

※ **열선흡수유리**
  단열유리라고도 불리며 태양광선 중 장파부분을 흡수하는 유리를 말한다.

32 원가 절감을 목적으로 공사계약 후 당해 공사의 현장여건 및 사전조사 등을 분석한 이후 공사수행을 위하여 세부적으로 작성하는 예산은?

① 추경예산　　　② 변경예산
③ 실행예산　　　④ 도급예산

[해설]
실행예산
공사현장의 제반조건(자연조건, 공사장 내외 제 조건, 측량결과 등)과 공사시공의 제반조건(계약내역서, 설계도, 시방서, 계약조건 등) 등에 대한 조사결과를 검토, 분석한 후 계약내역과 별도로 시공사의 경영방침에 입각하여 당해 공사의 완공까지 필요한 실제 소요공사비를 말한다.

33 콘크리트용 혼화제에 관한 설명으로 옳은 것은?

① 지연제는 굳지 않은 콘크리트의 운송시간에 따른 콜드 조인트 발생을 억제하기 위하여 사용된다.
② AE제는 콘크리트의 워커빌리티를 개선하지만 동결융해에 대한 저항성을 저하시키는 단점이 있다.
③ 급결제는 초미립자로 구성되며 이를 사용한 콘크리트의 초기강도는 작으나, 장기강도는 일반적으로 높다.
④ 감수제는 계면활성제의 일종으로 굳지 않은 콘크리트의 단위수량을 감소시키는 효과가 있으나 골재분리 및 블리딩 현상을 유발하는 단점이 있다.

[해설]
② AE제는 콘크리트의 워커빌리티 개선뿐만 아니라 동결융해에 대한 저항성을 높게 하는 역할을 한다.
③ 급결제는 초미립자로 구성되며 콘크리트의 초기강도를 높이기 위해 사용한다.
④ 감수제는 계면활성제의 일종으로 굳지 않은 콘크리트의 단위수량을 감소시켜, 골재분리 및 블리딩 현상을 최소화하는 장점이 있다.

34 목재의 이음에 사용되는 듀벨(Dubel)이 저항하는 힘의 종류는?

① 인장력　　　② 전단력
③ 압축력　　　④ 수평력

[해설]
듀벨
목재와 목재 사이에 끼워서 전단력을 보강하는 철물이다.

35 FRP, 욕조, 물탱크 등에 사용되는 내후성과 내약품성이 뛰어난 열경화성 수지는?

① 불소수지
② 불포화 폴리에스테르수지
③ 초산비닐수지
④ 폴리우레탄수지

[해설]
불포화 폴리에스테르수지
• 기계적 강도와 비항장력이 강과 비등한 값으로 100~150℃에서 −90℃의 온도 범위에서 이용 가능하며, 내수성이 우수하다.
• 주요 성형품으로 유리섬유로 보강한 섬유강화 플라스틱(FRP) 등이 있다.
• 강도와 신도를 제조공정상에서 조절할 수 있다.
• 영계수가 커서 주름이 생기지 않는다.
• 다른 섬유와 혼방성이 풍부하다.
• 항공기, 선박, 차량재, 건축의 천장, 루버, 아케이드, 파티션접착제 등의 구조재로 쓰이며, 도료로도 사용된다.

36 전건(全乾) 목재의 비중이 0.4일 때, 이 전건(全乾) 목재의 공극률은? 회원

① 26%　　　② 36%
③ 64%　　　④ 74%

[해설]
공극률(%)
$$= \left(1 - \frac{\text{목재의 절건비중}}{1.54}\right) \times 100\%$$
$$= \left(1 - \frac{0.4}{1.54}\right) \times 100(\%) = 74\%$$

정답　**32** ③　**33** ①　**34** ②　**35** ②　**36** ④

37 점토기와 중 훈소와(燻燒瓦)에 해당하는 설명은?

① 소소와에 유약을 발라 재소성한 기와

② 기와 소성이 끝날 무렵에 식염줄기를 충만시켜 유약 피막을 형성시킨 기와

③ 저급점토를 원료로 900~1,000℃로 소소하여 만든 것으로 흡수율이 큰 기와

④ 건조제품을 가마에 넣고 연료로 장작이나 솔잎 등을 써서 검은 연기로 그을려 만든 기와

해설

훈소와
검은 연기로 그을려 만든 기와로서 방수성과 강도가 좋다.

38 관리 사이클의 단계를 바르게 나열한 것은?

① Plan − Check − Do − Action

② Plan − Do − Check − Action

③ Plan − Do − Action − Check

④ Plan − Action − Do − Check

해설

관리 사이클의 단계
계획(Plan) → 실시(Do) → 계측(Check) → 시정(Action)

39 안전관리 총괄책임자의 직무에 해당하지 않는 것은?

① 작업진행상황을 관찰하고 세부기술에 관한 지도 및 조언을 한다.

② 안전관리계획서의 작성·제출 및 안전관리를 총괄한다.

③ 안전관리관계자의 직무를 감독한다.

④ 안전관리비의 편성과 집행 내용을 확인한다.

해설

기술지도에 관한 사항으로, 안전관리에 대한 직무와는 거리가 멀다.

40 멤브레인(Membrane)방수층에 포함되지 않는 것은?

① 아스팔트방수층

② 스테인리스 시트방수층

③ 합성고분자계 시트방수층

④ 도막방수층

해설

멤브레인(Membrane)방수공법
아스팔트 루핑, 시트 등의 각종 루핑류를 방수바탕에 접착시켜 막모양의 방수층을 형성시키는 공법이다(합성고분자계 시트방수층, 도막방수층, 아스팔트방수층 등).

3과목 실내디자인 환경

41 건축물의 에너지 절약을 위한 단열계획으로 옳지 않은 것은?

① 외벽 부위는 외단열로 시공한다.

② 외피의 모서리 부분은 열교가 발생하지 않도록 단열재를 연속적으로 설치한다.

③ 건물의 창호는 가능한 한 작게 설계하되, 열손실이 적은 북측의 창면적은 가능한 한 크게 한다.

④ 창호면적이 큰 건물에는 단열성이 우수한 로이(Low −E) 복층창이나 삼중창 이상의 단열성능을 갖는 창호를 설치한다.

해설

건물의 창호는 가능한 한 작게 설계하고, 열손실이 큰 북측의 창면적은 최소화한다.

정답   37 ④ 38 ② 39 ① 40 ② 41 ③

42 건축물의 피난층 또는 피난층의 승강장으로부터 건축물의 바깥쪽에 이르는 통로에 경사로를 설치하여야 하는 판매시설의 연면적 기준은?

① 1,000m² 미만

② 2,000m² 미만

③ 3,000m² 이상

④ 5,000m² 이상

해설

판매시설은 연면적이 5,000m² 이상인 경우 건축물의 피난층 또는 피난층의 승강장으로부터 건축물의 바깥쪽에 이르는 통로에 경사로를 설치하여야 한다.

43 물 0.5kg을 15℃에서 70℃로 가열하는 데 필요한 열량은 얼마인가?(단, 물의 비열은 4.2kJ/kg℃이다.)

① 27.5kJ

② 57.75kJ

③ 115.5kJ

④ 231.5kJ

해설

q(가열량) $= m$(질량)$\times C$(비열)$\times \Delta T$(온도차)

$q = 0.5$kg$\times 4.2$kJ/kgK$\times (70-15) = 115.5$kJ

44 겨울철 생활이 이루어지는 공간의 실내 측 표면에 발생하는 결로를 억제하기 위한 효과적인 조치방법 중 가장 거리가 먼 것은?

① 환기

② 난방

③ 구조체 단열

④ 방습층 설치

해설

방습층의 설치는 벽체 내부에서 발생하는 내부결로에 효과적인 방안이다.

45 옥상광장 또는 2층 이상인 층에 있는 노대의 주위에 설치하여야 하는 난간의 최소 높이 기준은?

① 1.0m 이상

② 1.1m 이상

③ 1.2m 이상

④ 1.5m 이상

해설

옥상광장 또는 2층 이상인 층에 있는 노대 주위의 난간은 노대 등에 출입할 수 없는 경우를 제외하고 높이 1.2m 이상으로 설치하여야 한다.

46 다음은 건축법령에 따른 차면시설 설치에 관한 조항이다. ( ) 안에 들어갈 내용으로 옳은 것은?

인접 대지경계선으로부터 직선거리 ( ) 이내에 이웃 주택의 내부가 보이는 창문 등을 설치하는 경우에는 차면시설(遮面施設)을 설치하여야 한다.

① 1.5m

② 2m

③ 3m

④ 4m

해설

창문 등의 차면시설(건축법 시행령 제55조)
인접 대지경계선으로부터 직선거리 2미터 이내에 이웃 주택의 내부가 보이는 창문 등을 설치하는 경우에는 차면시설(遮面施設)을 설치하여야 한다.

47 사무공간의 소음 방지대책으로 옳지 않은 것은?

① 개인공간이나 회의실의 구역을 한정한다.

② 낮은 칸막이, 식물 등의 흡음체를 적당히 배치한다.

③ 바닥, 벽에는 흡음재를, 천장에는 음의 반사재를 사용한다.

④ 소음원을 일반 사무공간으로부터 가능한 멀리 떼어 놓는다.

해설

사무공간은 바닥, 벽, 천장 흡음재를 사용하여 소음을 방지한다. 그러나 반사재는 형태와 소리가 효과적으로 반사되도록 해주기 때문에 무대 및 콘서트 홀 등에 적합하다.

정답 **42** ④ **43** ③ **44** ④ **45** ③ **46** ② **47** ③

48 인체의 열쾌적에 영향을 미치는 물리적 온열 4요소가 옳게 나열된 것은?

① 기온, 기류, 습도, 복사열
② 기온, 기류, 습도, 활동량
③ 기온, 습도, 복사열, 활동량
④ 기온, 기류, 복사열, 착의량

> 해설
>
> **물리적 온열요소**
> 기온, 기류, 습도, 복사열

49 무창층의 정의와 관련한 아래 내용에서 밑줄 친 부분에 해당하는 기준 내용이 틀린 것은?

> "무창층"이란 지상층 중 <u>다음 각 목의 요건을 모두 갖춘 개구부의 면적의 합계가 해당 층의 바닥 면적의 30분의 1 이하가 되는 층</u>을 말한다.

① 크기는 지름 50cm 이상의 원이 내접할 수 있는 크기일 것
② 해당 층의 바닥면으로부터 개구부 밑부분까지의 높이가 1.2m 이내일 것
③ 도로 또는 차량이 진입할 수 있는 빈터를 향할 것
④ 내부 또는 외부에서 쉽게 부수거나 열 수 없는 고정창일 것

> 해설
>
> 무창층의 개구부는 내부 또는 외부에서 쉽게 부수거나 열 수 있어야 한다.

50 급수 · 배수 등의 용도를 위하여 건축물에 설치하는 배관설비의 설치 및 구조에 관한 기준으로 옳지 않은 것은?

① 배관설비의 오수에 접하는 부분은 내수재료를 사용할 것

② 지하실 등 공공하수도로 자연배수를 할 수 없는 곳에는 배수용량에 맞는 강제배수시설을 설치할 것
③ 우수관과 오수관은 통합하여 배관할 것
④ 콘크리트구조체를 관통할 경우에는 구조체에 덧관을 미리 매설하는 등 배관의 부식을 방지하고 그 수선 및 교체가 용이하도록 할 것

> 해설
>
> 우수관과 오수관이 통합될 경우 비가 많이 오게 되면 오수가 역류될 수 있어, 우수관과 오수관은 별도 설치하여야 한다.

51 건축물의 바깥쪽으로의 출구로 쓰이는 문을 안여닫이로 해서는 안 되는 건축물에 속하지 않는 것은?

① 장례식장
② 종교시설
③ 문화 및 집회시설 중 전시장
④ 문화 및 집회시설 중 공연장

> 해설
>
> 문화 및 집회시설 중 전시장 및 동 · 식물원은 제외한다.

52 건축물의 설계자가 건축구조기술사의 협력을 받아 건축물에 대한 구조의 안전을 확인하여야 하는 대상 건축물 기준에 해당하지 않는 것은?(단, 국토교통부령으로 따로 정하는 건축물의 경우는 고려하지 않는다)

① 기둥과 기둥 사이의 거리가 10m인 건축물
② 지상층수가 20층인 건축물
③ 다중이용 건축물
④ 6층인 필로티형식 건축물

> 해설
>
> 기둥과 기둥 사이의 거리가 20m 이상인 건축물이 해당된다.

53 점광원으로부터 일정 거리 떨어진 수평면이 조도에 관한 설명으로 옳지 않은 것은?

① 광원의 광도에 비례한다.

② cos(입사각)에 비례한다.

③ 거리의 제곱에 반비례한다.

④ 측정점의 반사율에 비례한다.

해설

측정점의 반사율은 표면밝기의 척도인 휘도와 연관되어 있으며, 조도와는 관계없다.

54 건축관계법규에서 규정하는 방화구조가 되기 위한 철망모르타르의 최소 바름두께는?

① 1.0cm   ② 2.0cm

③ 2.7cm   ④ 3.0cm

해설

방화구조

구조 부분	구조 기준
철망모르타르	그 바름 두께가 2cm 이상
• 석고판 위에 시멘트모르타르 또는 회반죽을 바른 것 • 시멘트모르타르 위에 타일을 붙인 것	두께의 합계가 2.5cm 이상
심벽에 흙으로 맞벽치기 한 것	–
산업표준화법에 따른 한국산업표준이 정하는 바에 따라 시험한 결과 방화 2급 이상	–

55 대수선의 범위에 관한 기준으로 옳지 않은 것은?

① 내력벽을 증설 또는 해체하거나 그 벽면적을 30m² 이상 수선 또는 변경하는 것

② 기둥을 증설 또는 해체하거나 세 개 이상 수선 또는 변경하는 것

③ 보를 증설 또는 해체하거나 두 개 이상 수선 또는 변경하는 것

④ 방화벽 또는 방화구획을 위한 바닥 또는 벽을 증설 또는 해체하거나 수선 또는 변경하는 것

해설

보를 증설 또는 해체하거나 세 개 이상 수선 또는 변경하는 것이 해당된다.

56 다음 설명에 알맞은 건축화조명방식은?

• 벽면 전체 또는 일부분을 광원화하는 방식이다.
• 광원을 넓은 벽면에 매입함으로써 비스타(Vista)적인 효과를 낼 수 있으며 시선의 배경으로 작용할 수 있다.

① 코브조명   ② 광창조명

③ 코퍼조명   ④ 코니스조명

해설

광창조명
• 광원을 넓은 벽면에 매입하는 방식이다.
• 벽면 전체 또는 일부분을 광원화하는 방식이다.
• 비스타(Vista)적인 효과를 연출한다.

57 열전도율에 관한 설명으로 옳은 것은?

① 열전도율의 단위는 W/m²K이다.

② 열전도율의 역수를 열전도 비저항이라고 한다.

③ 액체는 고체보다 열전도율이 크고, 기체는 더욱더 크다.

④ 열전도율이란 두께 1cm 판의 양면에 1℃의 온도차가 있을 때 1cm의 표면적을 통해 흐르는 열량을 나타낸 것이다.

해설

① 열전도율의 단위는 W/mK이다.
③ 열전도율의 크기 순서는 고체＞액체＞기체이다.
④ 열전도율이란 두께 1m 판의 양면에 1℃의 온도차가 있을 때 1m의 표면적을 통해 흐르는 열량을 나타낸 것이다.

58 공기조화방식 중 팬코일유닛방식에 관한 설명으로 옳지 않은 것은?

① 덕트 샤프트나 스페이스가 필요 없거나 작아도 된다.

② 전공기방식이므로 수배관으로 인한 누수의 우려가 없다.

③ 유닛을 창문 밑에 설치하면 콜드 드래프트를 줄일 수 있다.

④ 각 실의 유닛은 수동으로도 제어할 수 있고, 개별 제어가 쉽다.

[해설]

팬코일유닛방식은 전수방식으로서 수배관으로 인한 누수의 우려가 있다.

59 단독주택의 거실에 있어 거실 바닥면적에 대한 채광면적(채광을 위하여 거실에 설치하는 창문 등의 면적)의 비율로서 옳은 것은?

① 1/7 이상　　　② 1/10 이상

③ 1/15 이상　　　④ 1/20 이상

[해설]

거실의 채광 및 환기 기준(건축물의 피난·방화구조 등의 기준에 관한 규칙 제17조)

채광 및 환기시설의 적용대상	창문 등의 면적	제외
• 주택(단독, 공동)의 거실 • 학교의 교실 • 의료시설의 병실 • 숙박시설의 객실	채광시설 : 거실 바닥 면적의 1/10 이상	기준 조도 이상의 조명 장치 설치 시
	환기시설 : 거실 바닥 면적의 1/20 이상	기계환기장치 및 중앙 관리방식의 공기조화 설비 설치 시

60 다음은 피난층 또는 지상으로 통하는 직통계단을 특별피난계단으로 설치하여야 하는 층에 관한 법령 사항이다. ( ) 안에 들어갈 내용으로 옳은 것은?

> 건축물(갓복도식 공동주택은 제외한다)의 (A)[공동주택의 경우에는 (B)] 이상인 층(바닥면적이 400m² 미만인 층은 제외한다)으로부터 피난층 또는 지상으로 통하는 직통 계단은 제1항에도 불구하고 특별피난계단으로 설치하여야 한다.

① A : 8층, B : 11층　　② A : 8층, B : 16층

③ A : 11층, B : 12층　　④ A : 11층, B : 16층

[해설]

특별피난계단 설치 대상

대상	예외
11층(공동주택은 16층) 이상의 층으로부터 피난층 또는 지상으로 통하는 직통계단	• 갓복도식 공동주택 • 해당 층의 바닥 면적이 400m² 미만인 층
지하 3층 이하인 층으로부터 피난층 또는 지상으로 통하는 직통계단	

1과목 실내디자인 계획

01 실내디자인에 대한 설명으로 올바르지 않은 것은?

① 실내디자인은 이용자 특성에 대한 제약을 벗어나 공간 예술 창조의 자유가 보장되어야 한다.
② 효율적인 공간창출을 위하여 제반요소에 대한 분석작업이 우선되어야 한다.
③ 인간의 활동을 도와주며, 동시에 미적인 만족을 주는 환경을 창조한다.
④ 건축 및 환경과의 상호성을 고려하여 계획하여야 한다.

해설

실내디자인은 이용자 특성을 고려하여 사용자에게 가장 바람직한 생활공간을 창출하는 디자인 활동이다.

02 다음 중 실내 디자인의 레이아웃(Layout) 단계에서 고려해야 할 내용과 가장 거리가 먼 것은?

① 출입형식 및 동선 체계
② 인체공학적 치수와 가구의 크기
③ 바닥, 벽, 천장의 치수 및 색채 선정
④ 공간 간의 상호 연계성

해설

레이아웃(Lay-out) 고려사항
공간 상호 간의 연계성, 출입형식 및 동선체계, 인체공학적 치수, 가구의 크기 및 면적

03 디자인의 원리 중 균형에 대한 설명으로 가장 적당한 것은?

① 자유로운 형태와 변화를 가지고 있으면서 전체로서 조화와 힘의 안정을 유지하고 있는 상태
② 순차적으로 조금씩 변화해 가는 현상
③ 성질이나 질량이 전혀 다른 둘 이상의 것이 동일한 공간에 배열될 때 서로의 특징을 한층 돋보이게 하는 현상
④ 두 요소가 서로 조화되지 않고 경쟁관계에 있으면서 항상 갈등의 상태에 있는 것

해설

균형
중량을 갖고 있는 두 개의 요소가 나누어져 하나의 지점에서 지탱되었을 때 역학적으로 평형을 이루는 상태를 말한다. 평형감, 안정감을 주는 균형에는 대칭적 균형과 비대칭적 균형, 방사성 균형, 비정형 균형 등이 있다.

04 다음 중 조화에 대한 설명으로 가장 알맞은 것은?

① 전체 성질이 다른 요소를 동시 공간에 배열하는 것이다.
② 전체적인 조립 방법이 모순 없이 질서를 잡는 것이다.
③ 규칙적인 요소들의 반복으로 디자인에 시각적인 질서를 부여하는 통제된 운동감각을 의미한다.
④ 어떠한 요소가 일정한 간격으로 되풀이 되는 현상을 말하는 것이다.

해설

질서
둘 이상의 요소들이 상호 관련성에 의해 어울림을 느끼게 되는 상태로 전체적인 구성 방법이 질적·양적으로 모순 없이 질서를 이루는 것이다.

05 실내디자인의 내부마감 중 표면처리에 대한 설명으로 옳지 않은 것은?

① 표면이 가치를 향상시킨다.
② 시각적 아름다움을 더하기 위한 것이다.
③ 3차원적인 공간 장식이다.
④ 재료, 형태, 모양과 조화되어야 한다.

〔해설〕

실내디자인의 내부마감에서 표면처리는 2차원적인 공간 장식이다.

06 다음 중 주택의 거실에 대한 설명으로 옳지 않은 것은?

① 거실의 기능은 각 가족의 생활주기와 생활양식에 따라, 또는 주택의 규모나 방의 수에 따라 다르다.
② 거실은 실내의 다른 공간과 유기적으로 연결될 수 있도록 하되 거실이 통로화 되지 않도록 주의해야 한다.
③ 거실의 평면은 정사각형보다 한 변이 너무 짧지 않은 직사각형이 가구배치와 TV 시청에 효과적이다.
④ 거실의 면적은 일률적으로 규정하기 어려우나 일반적으로 가족 1인당 1~2m² 정도로 계획하는 것이 가장 바람직하다.

〔해설〕

거실의 면적은 가족 1인당 4~6m² 정도로 계획하는 것이 바람직하다.

07 부엌 작업대의 배치유형 중 일렬형에 대한 설명으로 옳지 않은 것은?

① 부엌의 폭이 좁거나 공간의 여유가 없는 소규모 주택에 적합하다.
② 작업대가 길어지면, 작업 동선이 길게 되어 비효율적이 된다.

③ 작업대 전체의 길이는 3,500~4,000mm 정도가 가장 적당하다.
④ 작업대를 벽면에 한 줄로 붙여 배치하는 유형이다.

〔해설〕

일렬형
좁은 면적 이용에 효과적이므로 소규모 부엌에 주로 이용되는 형식이다. 전체의 길이가 3,000mm 이상 되지 않도록 한다.

08 다음 중 두 공간을 상징적으로 분리·구분하는 상징적 경계를 나타내는 것은?

① 60cm 높이의 벽이나 담장
② 120cm 높이의 벽이나 담장
③ 150cm 높이의 벽이나 담장
④ 180cm 높이의 벽이나 담장

〔해설〕

상징적 벽체
벽의 높이가 600mm 이하의 낮은 벽, 담장으로 두 공간을 상징적으로 분리하여 구분한다.

09 다음 중 전시공간의 규모 설정에 영향을 주는 요인과 가장 거리가 먼 것은?

① 전시방법   ② 전시의 목적
③ 전시공간 평면형태   ④ 전시자료의 크기와 수량

〔해설〕

전시공간의 규모설정에 영향을 주는 요인
전시방법, 전시의 목적, 전시자료의 크기와 수량 등이 있다.

10 호텔의 중심기능으로 모든 동선체계의 시작이 되는 공간은?

① 린넨실   ② 연회장
③ 로비   ④ 객실

> **해설**
> • 로비 : 호텔의 중심기능으로 모든 동선체계의 시작이며 호텔의 첫인상을 좌우하는 동시에 처음으로 접촉하게 되는 공간이다.
> • 린넨실 : 객실 내부에서 사용하는 물건 등을 보관하는 실이다.

11 오스트발트 색채조화론에 의한 조화법칙 중 틀린 것은?

① 색상이 동일하고 색의 기호가 다르면 두 색은 조화하지 않는다(예 : 5ge − 5ne).
② 색상이 달라도 색의 기호가 동일한 두 색은 조화한다 (예 : 5ne − 8ne).
③ 색의 기호 중 앞의 문자가 동일한 두 색은 조화한다 (예 : ga − ge).
④ 색의 기호 중 앞의 문자와 뒤의 문자가 같은 색은 조화한다(예 : la − pl).

> **해설**
> 색상이 동일하고 색의 기호가 동일한 두 색은 조화한다.

12 우리에게 잘 알려진 배색으로서 저녁 노을, 가을의 붉은 단풍잎, 동물과 곤충 등의 색들이 조화된다는 색채조화의 원리는?

① 질서성의 원리
② 친근성의 원리
③ 명료성의 원리
④ 보색의 원리

> **해설**
> **친근성의 원리**
> 빛의 명암 또는 자연에서 느껴지는 익숙한 색의 배색은 조화롭다는 원리이다.

13 "M = O/C"는 문스펜서의 미도를 나타내는 공식이다 "O"는 무엇을 나타내는가?

① 환경의 요소
② 복잡성의 요소
③ 구성의 요소
④ 질서의 요소

> **해설**
> $$미도(M) = \frac{질서의\ 요소(O)}{복잡성의\ 요소(C)}$$

14 디지털 색채 체계에 대한 설명 중 옳은 것은?

① RGB 색공간에서 각 색의 값은 0~100%로 표기한다.
② RGB 색공간에서 모든 원색을 혼합하면 검정색이 된다.
③ L*a*b* 색공간에서 L*은 명도를, a*는 빨강과 초록을, b*는 노랑과 파랑을 나타낸다.
④ CMYK 색공간은 RGB 색공간보다 컬러의 범위가 넓어 RGB 데이터를 CMYK 데이터로 변환하면 컬러가 밝아진다.

> **해설**
> ① RGB 색공간에서 각 색의 값은 0~255까지 256단계를 갖는다.
> ② RGB 색공간에서 모든 원색을 혼합하면 흰색이 된다.
> ④ CMYK 색공간은 RGB 색공간보다 컬러의 범위가 작아서 RGB 데이터를 CMYK 데이터로 변환하면 컬러가 어두워진다.
>
> **CIE L*a*b*색체계**
> • Lab 컬러모드 : 헤링의 4원색설에 기초로 L*(명도), a*(빨강/녹색), b*(노랑/파랑)으로 다른 환경에서도 최대한 색상을 유지 시켜주기 위한 디지털 색채체계이다.

15 관용색명에 대한 설명이 아닌 것은?

① 고대색명과 현대색명으로 나눌 수 있다.
② 계통색명을 말한다.
③ 동물이나 식물 등에서 따온 색명을 말한다.
④ 옛날부터 관습상 사용하는 색명을 말한다.

정답 **11** ① **12** ② **13** ④ **14** ③ **15** ②

16 파일을 관리하고 운용하기 위한 내용 중 틀린 것은?

① 1,200dpi에서 행해진 스캔과 더 높은 해상도인 2,400dpi 사이의 시각적 차이는 크다.

② 스캐닝 해상도들이 전통적인 스크린 방식과 일치할 때 확률통계학적 스크리닝 품질은 전통적인 스크리닝과 양립할 수 있다.

③ 색역이 일정한 출력 도구들은 일반적으로 스캐닝 해상도가 출력 도구의 해상도와 같을 때 최상의 결과물을 제공한다.

④ 파일의 크기는 입력과 출력의 크기보다 해상도에 의해 조정된다.

17 색각에 대한 학설 중 3원색설을 주장한 사람은?

① 헤링   ② 영 · 헬름홀츠

③ 맥니콜   ④ 먼셀

18 색채관리에 대한 설명으로 거리가 먼 것은?

① 기업운영의 중요한 기술이라 할 수 있다.

② 디자인과 색채를 통일하여 좋은 기업상을 만들 수 있다.

③ 제품의 생산단계에서부터 도입하여 색채관리를 한다.

④ 소비자가 구매충동을 일으킬 수 있는 색채관리가 필요하다.

19 다음 색체계 중 혼색계를 나타내는 것은?

① 먼셀 체계

② NCS 체계

③ CIE 체계

④ DIN 체계

20 현대 상품의 색채 마케팅 특징은 일반적으로 어디에 많은 비중을 두는가?

① 물리적 기능보다 심리적 기능

② 물리적 기능보다 생리적 기능

③ 심리적 기능보다 물리적 기능

④ 심리적 기능보다 생리적 기능

2과목 실내디자인 시공 및 재료

21 조강 포틀랜드 시멘트를 사용하기에 가장 부적절한 것은?

① 긴급공사
② 프리스트레스트 콘크리트
③ 매스 콘크리트
④ 동절기공사

> 해설

매스 콘크리트
80cm 이상의 두께를 가진 콘크리트로서 내부와 외부의 온도 차이가 커 온도균열이 발생할 우려가 있다. 이에 이 온도 차이를 최소화하기 위해 경화속도가 상대적으로 느린 중용열 포틀랜드 시멘트를 적용하고 있다.

※ 조강 포틀랜드 시멘트는 경화 속도가 빨라 긴급공사 등에 적용한다.

22 다음 그림과 같은 보강블록조의 평면도에서 x축 방향의 벽량을 구하면?(단, 벽체두께는 150mm이며, 그림의 모든 단위는 mm이다)

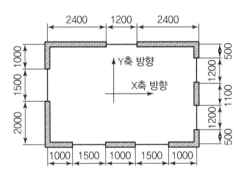

① 23.9cm/m²
② 28.9cm/m²
③ 31.9cm/m²
④ 34.9cm/m²

> 해설

X축 방향의 벽량이므로, X축의 벽길이(개구부 제외)를 실의 면적으로 나눠서 산정해 준다.
- X축의 벽길이(cm) : 2,400+2,400+1,000+1,000+1,000
  =7,800mm=780cm

- 실의 면적(m²) : (2.4+1.2+2.4)×(1+1.5+2.0)=27m²
  ∴ X축 방향의 벽량=780cm/27m²=28.9cm/m²

23 휘발유 등의 용제에 아스팔트를 희석시켜 만든 유액으로서 방수층에 이용되는 아스팔트제품은?

① 아스팔트 루핑
② 아스팔트 프라이머
③ 아스팔트 싱글
④ 아스팔트 펠트

> 해설

아스팔트 프라이머
솔, 롤러 등으로 용이하게 도포할 수 있도록 블론 아스팔트를 휘발성 용제에 희석한 흑갈색의 저점도액체로서, 방수시공의 첫 번째 공정에 쓰이는 바탕처리재이다.

24 벤토나이트 방수재료에 관한 설명으로 옳지 않은 것은?

① 팽윤 특성을 지닌 가소성이 높은 광물이다.
② 콘크리트 시공 조인트용 수팽창 지수재로 사용된다.
③ 콘크리트 믹서를 이용하여 혼합한 벤토나이트와 토사를 롤러로 전압하여 연약한 지반을 개량한다.
④ 염분을 포함한 해수에서는 벤토나이트의 팽창반응이 강화되어 차수력이 강해진다.

> 해설

염분 함량이 2% 이상인 해수와 접촉 시에는 벤토나이트의 팽창성능이 저하되어 차수력이 약해질 수 있다.

25 1종 점토벽돌의 압축강도는 최소 얼마 이상인가?

① 8.87MPa
② 10.78MPa
③ 20.59MPa
④ 24.50MPa

26 단열재가 갖추어야 할 조건으로 옳지 않은 것은?

① 열전도율이 낮을 것

② 비중이 클 것

③ 흡수율이 낮을 것

④ 내화성이 좋을 것

> [해설]
>
> 비중이 작은 다공질 형태를 통해 열전도율을 낮출 수 있다.

27 철골보와 콘크리트 바닥판을 일체화시키기 위한 목적으로 활용되는 것은?

① 시어 커넥터

② 사이드 앵글

③ 필러플레이트

④ 리브플레이트

> [해설]
>
> **시어 커넥터(Shear Connector)**
>
> 철골보와 콘크리트 바닥판을 일체화시켜 전단력에 대응하는 역할을 한다.

28 금속가공제품에 관한 설명으로 옳은 것은?

① 조이너는 얇은 판에 여러 가지 모양으로 도려낸 철물로서 환기구 · 라디에이터 커버 등에 이용된다.

② 펀칭 메탈은 계단의 디딤판 끝에 대어 오르내릴 때 미끄러지지 않게 하는 철물이다.

③ 코너 비드는 벽 · 기둥 등의 모서리부분의 미장바름을 보호하기 위하여 사용한다.

④ 논슬립은 천장 · 벽 등에 보드류를 붙이고 그 이음새를 감추고 누르는 데 쓰이는 것이다.

> [해설]
>
> ①은 펀칭 메탈, ②는 논슬립, ④는 조이너에 대한 설명이다.

29 질이 단단하고 내구성 및 강도가 크며 외관이 수려하나 함유광물의 열팽창계수가 달라 내화성이 약한 석재로 외장, 내장, 구조재, 도로포장재, 콘크리트 골재 등에 사용되는 것은?

① 응회암

② 화강암

③ 화산암

④ 대리석

> [해설]
>
> **화강암**
>
> • 질이 단단하고 내구성 및 강도가 크고 외관이 수려하다.
>
> • 견고하고 절리의 거리가 비교적 커서 대형재의 생산이 가능하다.
>
> • 바탕색과 반점이 미려하여 구조재, 내외장재의 생산이 가능하다.
>
> • 내화도가 낮아 고열을 받는 곳에는 적당하지 않다(600℃ 정도에서 강도 저하).
>
> • 세밀한 가공이 난해하다.

30 미장재료 중 고온소성의 무수석고를 특별하게 화학처리한 것으로 킨즈 시멘트라고도 불리는 것은?

① 경석고 플라스터

② 혼합석고 플라스터

③ 보드용 플라스터

④ 돌로마이트 플라스터

> [해설]
>
> **경석고 플라스터(킨즈 시멘트)**
>
> • 고온소성의 무수석고를 특별하게 화학처리한 것이다.
>
> • 응결과 경화의 속도가 소석고에 비하여 매우 늦어 경화촉진제로 화학처리하여 사용하며 경화 후 강도와 경도가 높고 광택을 갖는 미장재료이다.

31 다음 중 시멘트의 안정성 측정시험법은?

① 오토클레이브 팽창도시험

② 브레인법

③ 표준체법

④ 슬럼프시험

정답　26 ②　27 ①　28 ③　29 ②　30 ①　31 ①

32 그림과 같은 나무의 무게가 14kg이다. 이 나무의 함수율은?(단, 나무의 절건비중은 0.5이다)

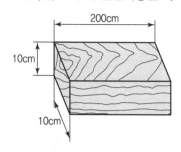

① 30%
② 40%
③ 50%
④ 60%

 해설
함수율

$$= \frac{함유된 수분의 중량}{절건중량} \times 100\%$$

$$= \frac{전체중량 - 절건중량}{절건중량} \times 100\%$$

$$= \frac{14kg - \{(2 \times 0.1 \times 0.1) \times 500kg/m^3\}}{(2 \times 0.1 \times 0.1) \times 500kg/m^3} \times 100\%$$

$$= 0.4 \times 100 = 40\%$$

33 합성섬유 중 폴리에스테르섬유의 특징에 관한 설명으로 옳지 않은 것은?

① 강도와 신도를 제조공정상에서 조절할 수 있다.
② 영계수가 커서 주름이 생기지 않는다.
③ 다른 섬유와 혼방성이 풍부하다.
④ 유연하고 울에 가까운 감촉이다.

 해설
폴리에스테르섬유(불포화 폴리에스테르수지)
섬유보강 플라스틱, 건축의 천장 등의 재료에 쓰이는 비교적 강성재료로서 유연하고 울에 가까운 감촉을 띠지는 않는다.

34 건축공사의 공사원가 계산방법으로 옳지 않은 것은?

① 재료비 = 재료량 × 단위당 가격
② 경비 = 소요(소비)량 × 단위당 가격
③ 고용보험료 = 재료비 × 고용보험요율(%)
④ 일반관리비 = 공사원가 × 일반관리비율(%)

 해설
고용보험료 = 인건비 × 고용보험요율(%)

35 목섬유(Wood Fiber)에 합성수지 접착제, 방부제 등을 첨가·결합하여 만든 것으로 밀도가 균일하기 때문에 측면의 가공성이 매우 좋으나, 습기에 약하여 부스러지기 쉬운 것은?

① MDF
② 파티클 보드
③ 침엽수 제재목
④ 합판

 해설
중밀도 섬유판(MDF)
• 목섬유(Wood Fiber)에 액상의 합성수지 접착제, 방부제 등을 첨가·결합시켜 성형·열압하여 만든 인조 목재판이다.
• 내수성이 작고 팽창이 심하며, 재질도 약하고, 습도에 의한 신축이 큰 결점이 있으나, 비교적 값이 싸서 많이 사용된다.

36 건설공사에서 도급계약 서류에 포함되어야 할 서류가 아닌 것은?

① 공사계약서
② 시방서
③ 설계도
④ 실행내역서

 해설
실행내역서는 도급을 받은(도급계약을 완료한) 건설사에서 실제 건설에 필요한 물량 및 단가로 내역을 작성한 것으로서 도급계약서류에는 포함되지 않는다.

37 수지를 지방유와 가열융합하고, 건조제를 첨가한 다음 용제를 사용하여 희석하여 만든 도료는?

① 래커　　　　　　② 유성 바니시
③ 유성 페인트　　　④ 내열도료

〔해설〕

유성 바니시(유성 니스)
• 수지류 또는 섬유소를 건성유, 휘발성 용제로 용해한 도료이다.
• 무색 또는 담갈색 투명 도료로서, 목재부의 도장에 사용한다.
• 목재를 착색하려면 스테인 또는 염료를 넣어 마감한다.

38 다음은 공사현상에서 이루어지는 업무에 관한 설명이다. 이 업무의 명칭으로 옳은 것은?

> 공사내용을 분석하고 공사관리의 목적을 명확히 제시하여 작업의 순서를 반영하며 실내공사의 작업을 세분화하고 집약시킨다. 공사의 종류에 따라 기술적인 순서와 상호관계를 정리하고 설계도서, 시방서, 물량산출서, 견적서를 기초로 작업에 투여되는 인력, 장비, 자재의 수량을 비교·검토한다.

① 실행예산 편성　　② 공정계획
③ 작업일보 작성　　④ 입찰참가 신청

〔해설〕

공정계획(공정관리)
• 공정관리(공정계획)란 건축물을 지정된 공사기간 내에 공사예산에 맞추어 정밀도가 높은 우수한 질의 시공을 위하여 작성하는 계획이다.
• 즉, 우수하게, 값싸게, 빨리, 안전하게 각 건설물을 세부계획에 필요한 시간과 순서, 자재, 노무 및 기계설비 등을 일정한 형식에 따라 작성, 관리함을 목적으로 한다.

39 한국의 목조건축에서 기둥 밑에 놓아 수직재인 기둥을 고정하는 것은?

① 인방　　　　　　② 주두
③ 초석　　　　　　④ 부연

〔해설〕

초석
기둥 밑에서 기초의 역할을 하는 돌을 의미한다.

40 다음 설명에 해당하는 유리는?

> 열적외선을 반사하는 은(銀)소재 도막으로 코팅하여 방사율과 열관류율을 낮추고 가시광선 투과율을 높인 유리

① 강화유리　　　　② 접합유리
③ 로이유리　　　　④ 배강도유리

〔해설〕

로이유리(Low-E Glass)
유리 표면에 금속 또는 금속산화물을 얇게 코팅한 것으로 열의 이동을 최소화해주는 에너지 절약형 유리이며 저방사유리라고도 한다.

3과목 ─ 실내디자인 환경

41 다음의 조명에 관한 설명 중 ( ) 안에 알맞은 용어는?

> 실내 전체를 거의 똑같이 조명하는 경우를 (㉠)이라 하고, 어느 부분만을 강하게 조명하는 방법을 (㉡)이라 한다.

① ㉠ 직접조명, ㉡ 국부조명
② ㉠ 직접조명, ㉡ 간접조명
③ ㉠ 전반조명, ㉡ 국부조명
④ ㉠ 상시조명, ㉡ 간접조명

〔해설〕

실내 전체를 거의 똑같이 조명하는 경우를 전반조명이라 하고, 어느 부분만을 강하게 조명하는 방법을 국부조명이라 한다.

42 인체의 열적 쾌적감에 영향을 미치는 물리적 온열 4요소에 속하는 것은?

① 관류열　　　　　　② 복사열
③ 열용량　　　　　　④ 대사량

물리적 온열요소
기온, 습도, 기류, 복사열

43 높이 31m를 넘는 각 층의 바닥면적 중 최대 바닥면적이 6,000m²인 건축물에 설치해야 하는 비상용 승강기의 최소설치 대수는?(단, 8인승 승강기임)

① 2대　　　　　　② 3대
③ 4대　　　　　　④ 5대

비상용 승강기 대수 $= 1 + \dfrac{6,000 - 1,500}{3,000} = 2.5 \rightarrow$ 3대

44 경보설비의 종류가 아닌 것은?

① 누전경보기　　　　② 자동화재탐지설비
③ 비상방송설비　　　④ 무선통신보조설비

무선통신보조설비는 소화활동설비에 속한다.

45 크기가 2m×0.8m, 두께는 40mm, 열전도율이 0.14W/m·K인 목재문의 내측 표면온도가 15℃, 외측 표면온도가 5℃일 때, 이 문을 통하여 1시간 동안에 흐르는 전도열량은?

① 0.056W　　　　　② 0.56W
③ 5.6W　　　　　　④ 56W

전도열량
$= K$(열관류율, W/m²K) $\times A$(면적, m²) $\times \Delta t$(온도 차, ℃)

$= \dfrac{\lambda \text{(열전도율, W/mK)}}{d \text{(두께, m)}} \times A$(면적, m²) $\times \Delta t$(온도차, ℃)

$= \dfrac{0.14}{0.04} \times (2 \times 0.8) \times (15 - 5)$

$= 56W$

46 온수난방 배관에서 리버스리턴(Reverse Return) 방식을 사용하는 주된 이유는?

① 배관길이를 짧게 하기 위해
② 배관의 부식을 방지하기 위해
③ 배관의 신축을 흡수하기 위해
④ 온수의 유량분배를 균일하게 하기 위해

리버스리턴(Reverse Return) 방식(역환수방식)
보일러와 가장 가까운 방열기는 공급관이 가장 짧고 환수관은 가장 길게 배관한 것으로 각 방열기의 공급관과 환수관의 합은 각각 동일하게 되며, 동일저항으로 온수가 순환하므로 방열기에 온수를 균등히 공급할 수 있는 방식이다.

47 변전실의 위치 결정 시 고려할 사항으로 옳지 않은 것은?

① 부하의 중심위치에서 멀 것
② 외부로부터 전원의 인입이 편리할 것
③ 발전기실, 축전지실과 인접한 장소일 것
④ 기기를 반입, 반출하는 데 지장이 없을 것

변전실은 부하의 중심위치에서 가깝게 설치하는 것이 좋다.

정답　42 ②　43 ②　44 ④　45 ④　46 ④　47 ①

48 바닥면적이 100m²인 의료시설의 병실에서 채광을 위하여 설치하여야 하는 창문 등의 최소면적은?

① 5m²
② 10m²
③ 20m²
④ 30m²

[해설]

의료시설의 채광을 위한 기준은 거실 바닥면적의 1/10 이상이므로, 거실면적이 100m²일 경우 채광을 위하여 설치하여야 하는 창문 등의 최소면적은 10m²이다.

49 건축물의 바깥쪽에 설치하는 피난계단의 구조에 관한 기준 내용으로 옳지 않은 것은?

① 계단의 유효너비는 0.9m 이상으로 할 것
② 계단실에는 예비전원에 의한 조명설비를 할 것
③ 계단은 내화구조로 하고 지상까지 직접 연결되도록 할 것
④ 건축물의 내부에서 계단으로 통하는 출입구에는 60+ 방화문 또는 60분 방화문을 설치할 것

[해설]

건축물의 바깥쪽에 설치하는 피난계단의 경우 계단실에 예비전원에 의한 조명설비를 설치하는 것이 의무사항은 아니다. 다만, 건축물 내부에 설치하는 피난계단의 계단실에는 예비전원에 의한 조명설비를 의무적으로 설치하여야 한다.

50 다음은 건축허가 등을 할 때 미리 소방본부장 또는 소방서장의 동의를 받아야 하는 건축물 등의 범위에 관한 내용이다. 빈칸에 들어갈 내용을 순서대로 옳게 나열한 것은?(단, 차고 · 주차장 또는 주차용도로 사용되는 시설)

> 가. 차고 · 주차장으로 사용되는 바닥면적이 (   ) 이상인 층이 있는 건축물이나 주차시설
> 나. 승강기 등 기계장치에 의한 주차시설로서 자동차 (   ) 이상을 주차할 수 있는 시설

① 100m², 20대
② 200m², 20대
③ 100m², 30대
④ 200m², 30대

[해설]

건축허가 등의 동의대상물의 범위 등(소방시설 설치 및 관리에 관한 법률 시행령 제7조)

차고 · 주차장 또는 주차용도로 사용되는 시설로서 다음 각 어느 하나에 해당하는 것은 건축허가 등을 할 때 미리 소방본부장 또는 소방서장의 동의를 받아야 한다.

- 차고 · 주차장으로 사용되는 바닥면적이 200제곱미터 이상인 층이 있는 건축물이나 주차시설
- 승강기 등 기계장치에 의한 주차시설로서 자동차 20대 이상을 주차할 수 있는 시설

51 특정소방대상물에 사용하는 실내장식물 중 방염대상물품에 속하지 않는 것은?

① 창문에 설치하는 커튼류
② 두께가 2mm 미만인 종이벽지
③ 전시용 섬유판
④ 전시용 합판

[해설]

두께가 2mm 미만인 벽지류가 포함되나, 벽지류 중 종이벽지는 제외한다.

52 건축물에 설치하는 배연설비의 기준으로 옳지 않은 것은?

① 건축물이 방화구획으로 구획된 경우에는 그 구획마다 1개소 이상의 배연창을 설치한다.
② 배연창의 상변과 천장 또는 반자로부터 수직거리를 0.9m 이내로 한다.
③ 배연구는 연기감지기 또는 열감지기에 의하여 자동으로 열 수 있는 구조로 하고, 손으로는 열고 닫을 수 없도록 한다.
④ 배연구는 예비전원에 의하여 열 수 있도록 한다.

정답   **48** ② **49** ② **50** ② **51** ② **52** ③

배연구는 연기감지기 또는 열감지기에 의하여 자동으로 열 수 있는 구조로 하되, 자동으로 작동하지 않을 경우 및 유지관리를 위해서 손으로도 열고 닫을 수 있도록 해야 한다.

53 스프링클러설비를 설치하여야 하는 특정소방대상물에 대한 기준으로 옳은 것은?

① 창고시설(물류터미널은 제외한다)로서 바닥면적 합계가 3,000m² 이상인 경우에는 모든 층
② 판매시설, 운수시설 및 창고시설(물류터미널에 한정한다)로서 바닥면적의 합계가 3,000m² 이상이거나 수용인원이 300명 이상인 경우에는 모든 층
③ 숙박이 가능한 수련시설로서 해당용도로 사용되는 바닥면적의 합계가 600m² 이상인 경우 모든 층
④ 종교시설(주요 구조부가 목조인 것은 제외)의 경우 수용인원이 50명 이상인 경우 모든 층

① 창고시설(물류터미널은 제외한다)로서 바닥면적 합계가 5,000m² 이상인 경우에는 모든 층
② 판매시설, 운수시설 및 창고시설(물류터미널에 한정한다)로서 바닥면적의 합계가 5,000m² 이상이거나 수용인원이 500명 이상인 경우에는 모든 층
④ 종교시설(주요 구조부가 목조인 것은 제외)의 경우 수용인원이 100명 이상인 경우 모든 층

54 구조체의 열용량에 관한 설명으로 옳지 않은 것은?

① 건물의 창면적비가 클수록 구조체의 열용량은 크다.
② 건물의 열용량이 클수록 외기의 영향이 작다.
③ 건물의 열용량이 클수록 실온의 상승 및 하강 폭이 작다
④ 건물의 열용량이 클수록 외기온도에 대한 실내온도 변화의 시간지연이 있다.

벽체에 비해 창의 열용량이 작기 때문에 건물의 창면적비가 커질수록 구조체 전체 열용량은 작아지게 된다.

55 환기에 관한 설명으로 옳지 않은 것은?

① 실내환경의 쾌적성을 유지하기 위한 외기량을 필요환기량이라 한다.
② 1인당 차지하는 공간체적이 클수록 필요환기량은 증가한다.
③ 실내가 실외에 비해 온도가 높을 경우 실내의 공기밀도는 실외보다 낮다.
④ 중력환기는 실내외 온도차에 의한 공기의 밀도차에 의하여 발생한다.

1인당 차지하는 공간체적이 크다는 것은 실내의 재실자 밀도가 낮다는 것(공간의 크기 대비 인원이 적다는 것)을 의미하므로 필요환기량은 감소한다.

56 단독주택 및 공동주택의 환기를 위하여 거실에 설치하는 창문 등의 면적은 최소 얼마 이상이어야 하는가? (단, 기계환기장치 및 중앙관리방식의 공기조화설비를 설치하지 않은 경우)

① 거실 바닥면적의 5분의 1
② 거실 바닥면적의 10분의 1
③ 거실 바닥면적의 15분의 1
④ 거실 바닥면적의 20분의 1

거실의 환기를 위한 창문 등의 면적은 거실 바닥면적의 1/20 이상이 필요하다.

57 연면적 1,000m² 이상인 건축물에 설치하는 방화벽의 구조기준으로 옳지 않은 것은?

① 내화구조로서 홀로 설 수 있는 구조일 것
② 방화벽의 양쪽 끝과 위쪽 끝을 건축물의 외벽면 및 지붕면으로부터 0.5m 이상 튀어나오게 할 것
③ 방화벽에 설치하는 출입문의 너비 및 높이는 각각 1.8m 이하로 할 것
④ 방화벽에 설치하는 출입문에는 60＋방화문 또는 60분 방화문)을 설치할 것

> **해설**
> 방화벽에 설치하는 출입문의 너비 및 높이는 각각 2.5m 이하로 하여야 한다.

58 판매시설의 용도에 쓰이는 층의 최대 바닥면적이 500m²일 때 피난층에 설치하는 건축물의 바깥쪽으로의 출구의 유효너비 합계는 최소 얼마 이상으로 하여야 하는가?

① 2.5m
② 3m
③ 3.5m
④ 5m

> **해설**
> 출구의 총유효너비 $=\dfrac{500}{100}\times0.6=3\text{m}$

59 실내공기질관리법령에 따른 신축공동주택의 실내 공기질 측정항목에 속하지 않는 것은?

① 벤젠
② 라돈
③ 자일렌
④ 에틸렌

60 광원의 연색성에 관한 설명으로 옳지 않은 것은?

① 연색성을 수치로 나타낸 것을 연색평가수라고 한다.
② 고압수은램프의 평균 연색평가수(Ra)는 100이다.
③ 평균 연색평가수(Ra)가 100에 가까울수록 연색성이 좋다.
④ 물체가 광원에 의하여 조명될 때, 그 물체의 색의 보임을 정하는 광원의 성질을 말한다.

> **해설**
> 평균 연색평가수(Ra)가 100이라는 것은 태양광의 색을 완전히 구현하는 것을 의미하며 가장 높은 연색성 지수를 나타내는 것이다. 반면 고압수은램프는 연색성이 상대적으로 좋지 않은 조명(약 25 수준)이다.

정답   **57** ③ **58** ② **59** ④ **60** ②

CBT
모의고사

1과목 실내디자인 계획

01 단위공간에서 사용자의 특성, 사용목적, 시간, 행위빈도를 고려하여 전체 공간을 몇 개의 생활권으로 구분하는 계획을 무엇이라고 하는가?

① 동선계획
② 조닝(Zoning)
③ 프레임(Frame)
④ 다이어그램(Diagram)

02 균형(Balance)에 관한 설명으로 옳지 않은 것은?

① 대칭적 균형은 가장 완전한 균형의 상태이다.
② 대칭적 균형은 공간에 질서를 주기가 용이하다.
③ 비대칭적 균형은 시각적 안정성을 가져올 수 없다.
④ 비대칭적 균형은 대칭적 균형보다 자연스러우며 풍부한 개성을 표현할 수 있다.

03 실내공간을 형성하는 주요 기본요소로서, 다른 요소들이 시대와 양식에 의한 변화가 현저한 데 비해 매우 고정적인 것은?

① 벽
② 천장
③ 기둥
④ 바닥

04 다음 중 상점 내에 진열케이스를 배치할 때 가장 우선적으로 고려해야 할 사항은?

① 고객의 동선
② 마감재의 종류
③ 실내의 색채계획
④ 진열케이스의 수량

05 다음 중 단독주택의 현관 위치결정에 가장 주된 영향을 끼치는 것은?

① 건폐율
② 도로의 위치
③ 주택의 규모
④ 거실의 크기

06 사무소 건축의 엘리베이터 계획에 관한 설명으로 옳지 않은 것은?

① 출발 기준층은 2개 층 이상으로 한다.
② 승객의 층별 대기시간은 평균 운전간격 이하가 되게 한다.
③ 군 관리운전의 경우 동일 군내의 서비스 층은 같게 한다.
④ 초고층, 대규모 빌딩인 경우는 서비스 그룹을 분할(조닝)하는 것을 검토한다.

07 의자 및 소파에 관한 설명으로 옳지 않은 것은?

① 소파가 침대를 겸용할 수 있는 것을 소파 베드라 한다.
② 세티는 동일한 두 개의 의자를 나란히 합해 2인이 앉을 수 있도록 한 것이다.
③ 라운지 소파는 편히 누울 수 있도록 쿠션이 좋으며 머리와 어깨 부분을 받칠 수 있도록 한쪽 부분이 경사져 있다.
④ 체스터필드는 고대 로마시대에 음식물을 먹거나 잠을 자기 위해 사용했던 긴 의자로 좌판의 한쪽 끝이 올라간 형태이다.

08 색채를 표시하는 방법 중 인간의 색지각을 기초로 지각적으로 등보성에 근거한 것은?

① 현색계 ② 혼색계
③ 혼합계 ④ 표준계

09 유채색의 경우 보색잔상의 영향으로 먼저 본 색의 보색이 나중에 보는 색에 혼합되어 보이는 현상은?

① 명도대비 ② 계시대비
③ 색상대비 ④ 면적대비

10 색의 온도감을 좌우하는 가장 큰 요소는?

① 색상 ② 명도
③ 채도 ④ 면적

11 다음 그림이 나타내는 특수전시기법은?

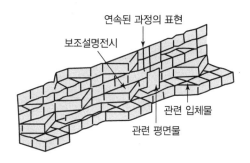

① 디오라마 전시 ② 파노라마 전시
③ 아일랜드 전시 ④ 하모니카 전시

12 베네시안 블라인드에 관한 설명으로 옳지 않은 것은?

① 수평형 블라인드이다.
② 날개 사이에 먼지가 쌓이기 쉽다는 단점이 있다.

③ 셰이드라고도 하며 단순하고 깔끔한 느낌을 준다.
④ 날개의 각도를 조절하여 일광, 조망 및 시각의 차단 정도를 조정하는 장치이다.

13 다음 중 엄숙, 의지, 신앙, 상승 등을 연상하게 하는 선은?

① 수직선 ② 수평선
③ 사선 ④ 곡선

14 시스템가구에 관한 설명으로 옳지 않은 것은?

① 건물, 가구, 인간과의 상호관계를 고려하여 치수를 산출한다.
② 건물의 구조부재, 공간구성 요소들과 함께 표준화되어 가변성이 작다.
③ 한 가구는 여러 유닛으로 구성되어 모든 치수가 규격화, 모듈화된다.
④ 단일가구에 서로 다른 기능을 결합시켜 수납기능을 향상시킬 수 있다.

15 색의 지각과 감정효과에 관한 설명으로 틀린 것은?

① 색의 온도감은 빨강, 주황, 노랑, 연두, 녹색, 파랑, 하양 순으로 파장이 긴 쪽이 따뜻하게 지각된다.
② 난색 계열의 고채도는 심리적 흥분을 유도하나 한색 계열의 저채도는 심리적으로 침정된다.
③ 연두, 녹색, 보라 등은 때로는 차갑게 때로는 따뜻하게 느껴질 수도 있는 중성색이다.
④ 색의 온도감은 색의 삼속성 중 명도의 영향을 많이 받는다.

16 오스트발트(W. Ostwald)의 등색상 삼각형의 흰색(W)에서 순색(C) 방향과 평행한 색상의 계열은?

① 등순계열
② 등흑계열
③ 등백계열
④ 등가색환계열

17 다음의 색의 어떤 성질에 대한 설명인가?

> 흔히 태양광선 아래에서 본 물체와 형광등 아래에서 본 물체는 색이 다르게 보일 수 있는데 이는 광원에 따라 다른 성질을 보인 것이다.

① 조건등색
② 색각이상
③ 베졸트효과
④ 연색성

18 문ㆍ스펜서의 조화론에서 색의 중심이 되는 순응점은?

① N5
② N7
③ N9
④ N10

19 우리나라의 한국산업표준(KS)으로 채택된 표색계는?

① 오스트발트
② 먼셀
③ 헬름홀츠
④ 헤링

20 24비트 컬러 중에서 정해진 256컬러표를 사용하는 단일 채널 이미지는?

① 256 Vector Colors
② Grayscale
③ Bitmap Color
④ Indexed Color

2과목 실내디자인 시공 및 재료

21 석재의 장점으로 옳지 않은 것은?

① 외관이 장중하고, 치밀하다.
② 장대재를 얻기 쉬워 구조용으로 적합하다
③ 내수성, 내구성, 내화학성이 풍부하다.
④ 다양한 외관과 색조의 표현이 가능하다.

22 건축용 각종 금속재료 및 제품에 관한 설명으로 옳지 않은 것은?

① 구리는 화장실 주위와 같이 암모니아가 있는 장소나 시멘트, 콘크리트 등 알칼리에 접하는 경우에는 빨리 부식하기 때문에 주의해야 한다.
② 납은 방사선의 투과도가 낮아 건축에서 방사선 차폐 재료로 사용된다.
③ 알루미늄은 대기 중에서는 부식이 쉽게 일어나지만 알칼리나 해수에는 강하다.
④ 니켈은 전연성이 풍부하고 내식성이 크며 아름다운 청백색 광택이 있어 공기 중 또는 수중에서 색이 거의 변하지 않는다.

23 다음과 같은 목재의 3종의 강도에 대하여 크기의 순서를 옳게 나타낸 것은?

> • A : 섬유 평행방향의 압축강도
> • B : 섬유 평행방향의 인장강도
> • C : 섬유 평행방향의 전단강도

① A > C > B
② B > C > A
③ A > B > C
④ B > A > C

24 FRP, 욕조, 물탱크 등에 사용되는 내후성과 내약품성이 뛰어난 열경화성 수지는?

① 불소수지

② 불포화 폴리에스테르수지

③ 초산비닐수지

④ 폴리우레탄수지

25 표준형 벽돌로 구성한 벽체를 내력벽 2.5B로 할 때 벽두께로 옳은 것은?

① 290mm ② 390mm

③ 490mm ④ 580mm

26 건축공사의 공사원가 계산방법으로 옳지 않은 것은?

① 재료비 = 재료량 × 단위당 가격

② 경비 = 소요(소비)량 × 단위당 가격

③ 고용보험료 = 재료비 × 고용보험요율(%)

④ 일반관리비 = 공사원가 × 일반관리비율(%)

27 점토기와 중 훈소와(燻燒瓦)에 해당하는 설명은?

① 소소와에 유약을 발라 재소성한 기와

② 기와 소성이 끝날 무렵에 식염줄기를 충만시켜 유약피막을 형성시킨 기와

③ 저급점토를 원료로 900~1,000℃로 소소하여 만든 것으로 흡수율이 큰 기와

④ 건조제품을 가마에 넣고 연료로 장작이나 솔잎 등을 써서 검은 연기로 그을려 만든 기와

28 AE제의 역할로 옳지 않은 것은?

① 콘크리트의 워커빌리티 향상

② 물－시멘트비 증가

③ 콘크리트 내구성 향상

④ 동결에 대한 저항성 증대

29 건축공사용 재료의 할증률을 나타낸 것 중 옳지 않은 것은?

① 목재(각재) : 5%

② 단열재 : 10%

③ 이형철근 : 3%

④ 유리 : 3%

30 합판에 관한 설명으로 옳지 않은 것은?

① 함수율 변화에 의한 신축변형이 크고 방향성이 있다.

② 3장 이상의 홀수의 단판(Veneer)을 접착제로 붙여 만든 것이다.

③ 곡면가공을 하여도 균열이 생기지 않는다.

④ 표면가공법으로 흡음효과를 낼 수가 있고 의장적 효과도 높일 수 있다.

31 두께 12cm인 철근콘크리트 슬래브의 바닥면적 1m²에 대한 중량은 일반적으로 얼마인가?

① 236kg ② 288kg

③ 325kg ④ 382kg

32 합성수지도료의 특성에 관한 설명으로 옳지 않은 것은?

① 건조시간이 빠르고 도막이 단단하다.
② 내산성, 내알칼리성이 있어 콘크리트, 모르타르면에 바를 수 있다.
③ 도막은 인화할 염려가 있어 방화성이 작은 단점이 있다.
④ 투명한 합성수지를 사용하면 더욱 선명한 색을 낼 수 있다.

33 목구조 벽체의 수평력에 대한 보강 부재로 가장 유효한 것은?

① 가새   ② 토대
③ 통재기둥   ④ 샛기둥

34 표준형 점토벽돌의 치수로 옳은 것은?

① $210 \times 90 \times 57$mm
② $210 \times 110 \times 60$mm
③ $190 \times 100 \times 60$mm
④ $190 \times 90 \times 57$mm

35 유리의 일반적인 성질에 관한 설명으로 옳지 않은 것은?

① 철분이 많을수록 자외선 투과율이 높아진다.
② 깨끗한 창유리의 흡수율은 2~6% 정도이다.
③ 투과율은 유리의 맑은 정도, 착색, 표면상태에 따라 달라진다.
④ 열전도율은 대리석, 타일보다 작은 편이다.

36 안전관리 총괄책임자의 직무에 해당하지 않는 것은?

① 작업 진행상황을 관찰하고 세부 기술에 관한 지도 및 조언을 한다.
② 안전관리계획서의 작성 제출 및 안전관리를 총괄한다.
③ 안전관리 관계자의 직무를 감독한다.
④ 안전관리비의 편성과 집행 내용을 확인한다.

37 한 켜 안에 길이쌓기와 마구리쌓기를 번갈아 쌓아놓고, 다음 켜는 마구리가 길이의 중심부에 놓이게 쌓는 벽돌쌓기법은?

① 영식 쌓기   ② 불식 쌓기
③ 네덜란드식 쌓기   ④ 미식 쌓기

38 금속의 부식방지를 위한 관리대책으로 옳지 않은 것은?

① 가능한 한 이종금속을 인접 또는 접촉시켜 사용할 것
② 큰 변형을 준 것은 가능한 한 풀림하여 사용할 것
③ 표면을 평활하고 깨끗이 하며, 가능한 한 건조상태를 유지할 것
④ 부분적으로 녹이 발생하면 즉시 제거할 것

39 도장재료인 안료에 관한 설명으로 옳지 않은 것은?

① 안료는 유색의 불투명한 도막을 만듦과 동시에 도막의 기계적 성질을 보완한다.
② 무기안료는 내광성 · 내열성이 크다.
③ 유기안료는 레이크(Lake)라고도 한다.
④ 무기안료는 유기용제에 잘 녹고 색의 선명도에서 유기안료보다 양호하다.

40 목재의 이음에 사용되는 듀벨(Dubel)이 저항하는 힘의 종류는?

① 인장력   ② 전단력

③ 압축력   ④ 수평력

3과목   실내디자인 환경

41 다음 소방시설 중 소화설비가 아닌 것은?

① 누전경보기

② 옥내소화전설비

③ 간이스프링클러설비

④ 옥외소화전설비

42 물 0.5kg을 15℃에서 70℃로 가열하는 데 필요한 열량은 얼마인가?(단, 물의 비열은 4.2kJ/kg℃이다)

① 27.5kJ   ② 57.75kJ

③ 115.5kJ   ④ 231.5kJ

43 차음성이 높은 재료의 특징으로 볼 수 없는 것은?

① 재질이 단단한 것

② 재질이 무거운 것

③ 재질이 치밀한 것

④ 재질이 다공질한 것

44 주관적 온열요소 중 착의상태의 단위는?

① met   ② m/s

③ clo   ④ %

45 급수방식에 관한 설명으로 옳지 않은 것은?

① 압력수조방식은 단수 시에 일정량의 급수가 가능하다.

② 펌프직송방식은 저수조의 수질관리 및 청소가 필요하다.

③ 수도직결방식은 위생성 및 유지·관리 측면에서 바람직한 방식이다.

④ 고가수조방식은 수도 본관의 영향을 그대로 받아 급수압력의 변화가 심하다.

46 급탕설비에 관한 설명으로 옳은 것은?

① 중앙식 급탕방식은 소규모 건물에 유리하다.

② 개별식 급탕방식은 가열기의 설치공간이 필요 없다.

③ 중앙식 급탕방식의 간접가열식은 소규모 건물에 주로 사용된다.

④ 중앙식 급탕방식의 직접가열식은 보일러 안에 스케일 부착의 우려가 있다.

47 clo는 다음 중 어느 것을 나타내는 단위인가?

① 착의량   ② 대사량

③ 복사열량   ④ 수증기량

48 공기조화방식 중 팬코일유닛방식에 관한 설명으로 옳지 않은 것은?

① 덕트 샤프트나 스페이스가 필요 없거나 작아도 된다.

② 전공기방식이므로 수배관으로 인한 누수의 우려가 없다.

③ 유닛을 창문 밑에 설치하면 콜드 드래프트를 줄일 수 있다.

④ 각 실의 유닛은 수동으로도 제어할 수 있고, 개별 제어가 쉽다.

49 겨울철 생활이 이루어지는 공간의 실내 측 표면에 발생하는 결로를 억제하기 위한 효과적인 조치방법 중 가장 거리가 먼 것은?

① 환기
② 난방
③ 구조체 단열
④ 방습층 설치

50 광원으로부터 발산되는 광속의 입체각 밀도를 뜻하는 것은?

① 광도
② 조도
③ 광속발산도
④ 휘도

51 다음 중 평균연색평가수가 가장 낮은 광원은?

① 할로겐램프
② 주광색 형광등
③ 고압나트륨램프
④ 메탈할라이드램프

52 건축허가 등을 할 때 미리 소방본부장 또는 소장서장의 동의를 받아야 하는 건축물 등의 범위 기준에 해당하지 않는 것은?

① 연면적 200m²의 수련시설
② 연면적 200m²의 노유자시설
③ 연면적 300m²의 근린생활시설
④ 연면적 400m²의 의료시설

53 소방시설의 종류 중 경보설비에 속하지 않는 것은?

① 비상방송설비
② 비상벨설비
③ 가스누설경보기
④ 무선통신보조설비

54 건축물의 피난층 또는 피난층의 승강장으로부터 건축물의 바깥쪽에 이르는 통로에 경사로를 설치하여야 하는 판매시설의 연면적 기준은?

① 1,000m² 미만
② 2,000m² 미만
③ 3,000m² 이상
④ 5,000m² 이상

55 특정소방대상물에 사용하는 실내장식물 중 방염대상물품에 속하지 않는 것은?

① 창문에 설치하는 커튼류
② 두께가 2mm 미만인 종이벽지
③ 전시용 섬유판
④ 전시용 합판

56 건축물에 설치하는 금속제 굴뚝은 목재 기타 가연재료로부터 최소 얼마 이상 떨어져서 설치하여야 하는가?(단, 두께 10cm 이상인 금속 외의 불연재료로 덮은 경우는 고려하지 않는다)

① 10cm
② 15cm
③ 20cm
④ 25cm

57 환기 및 채광을 위하여 거실에 설치하는 창문 등의 설비의 설치기준에 관한 설명으로 틀린 것은?

① 채광을 위하여 거실에 설치하는 창문 등의 면적은 그 거실의 바닥면적의 10분의 1 이상이어야 한다.
② 환기를 위하여 거실에 설치하는 창문 등의 면적은 그 거실의 바닥면적의 20분의 1 이상이어야 한다.
③ 거실의 용도에 따라 조도 기준 이상의 조명장치를 설치하는 경우, 채광을 위하여 거실에 설치하는 창문 등의 설치면적을 기준과 달리할 수 있다.
④ 학교 교실의 채광을 위한 창문의 면적은 그 교실의 바닥면적의 5분의 1 이상이어야 한다.

58 건축물의 설계자가 건축구조기술사의 협력을 받아 건축물에 대한 구조의 안전을 확인하여야 하는 대상 건축물 기준에 해당하지 않는 것은?(단, 국토교통부령으로 따로 정하는 건축물의 경우는 고려하지 않는다)

① 기둥과 기둥 사이의 거리가 10m인 건축물

② 지상층수가 20층인 건축물

③ 다중이용 건축물

④ 6층인 필로티형식 건축물

59 판매시설의 용도에 쓰이는 층의 최대 바닥면적이 500m²일 때 피난층에 설치하는 건축물의 바깥쪽으로의 출구의 유효너비 합계는 최소 얼마 이상으로 하여야 하는가?

① 2.5m   ② 3m

③ 3.5m   ④ 5m

60 건축물의 피난 · 방화구조 등의 기준에 관한 규칙에 따라 다음 중 거실의 용도에 따른 조도 기준이 가장 높은 것은?(단, 바닥에서 85cm의 높이에 있는 수평면의 조도를 기준으로 한다)

① 독서   ② 일반 사무

③ 제도   ④ 회의

1과목 실내디자인 계획

01 다음 실내디자인의 제반 기본조건 중 가장 우선시 되는 것은?

① 정서적 조건
② 기능적 조건
③ 심미적 조건
④ 환경적 조건

02 점의 조형효과에 관한 설명으로 옳지 않은 것은?

① 점이 연속되면 선으로 느끼게 한다.
② 두 개의 점이 있을 경우 두 점의 크기가 같을 때 주의력은 균등하게 작용한다.
③ 배경의 중심에 있는 하나의 점은 점에 시선을 집중시키고 역동적인 효과를 느끼게 한다.
④ 배경의 중심에서 벗어난 하나의 점은 점을 둘러싼 영역과의 사이에 시각적 긴장감을 생성한다.

03 디자인의 요소 중 면에 관한 설명으로 옳은 것은?

① 면 자체의 절단에 의해 새로운 면을 얻을 수 있다.
② 면이 이동한 궤적으로 물체가 점유한 공간을 의미한다.
③ 점이 이동한 궤적으로 면의 한계 또는 교차에서 나타난다.
④ 위치만 있고 크기는 없는 것으로 선의 한계 또는 교차에서 나타난다.

04 황금비례에 관한 설명으로 옳지 않은 것은?

① 1 : 1.618의 비례이다.
② 기하학적인 분할방식이다.
③ 고대 이집트인들이 창안하였다.
④ 몬드리안의 작품에서 예를 들 수 있다.

05 백화점의 에스컬레이터에 관한 설명으로 옳지 않은 것은?

① 건축적 점유면적을 가능한 한 작게 배치한다.
② 승객의 보행거리가 가능한 한 길게 되도록 한다.
③ 출발 기준층에서 쉽게 눈에 띄도록 하고 보행 동선 흐름의 중심에 설치한다.
④ 일반적으로 수직 이동 서비스 대상 인원의 70~80% 정도를 부담하도록 계획한다.

06 사무실의 조명방식 중 부분적으로 높은 조도를 얻고자 할 때 극히 제한적으로 사용하는 것은?

① 전반조명방식
② 간접조명방식
③ 국부조명방식
④ 건축화조명방식

07 다음 중 주거공간의 부엌을 계획할 경우 계획 초기에 가장 중점적으로 고려해야 할 사항은?

① 위생적인 급배수 방법
② 실내분위기를 위한 마감재료와 색채
③ 실내 조도 확보를 위한 조명기구의 위치
④ 조리순서에 따른 작업대의 배치 및 배열

08 실내공간을 형성하는 기본 요소 중 천장에 관한 설명으로 옳지 않은 것은?

① 공간을 형성하는 수평적 요소이다.
② 다른 요소에 비해 조형적으로 가장 자유롭다.
③ 천장을 낮추면 친근하고 아늑한 공간이 되고 높이면 확대감을 줄 수 있다.
④ 인간의 동선을 차단하고 공기의 움직임, 소리의 전파, 열의 이동을 제어한다.

09 각종 의자에 관한 설명으로 옳지 않은 것은?

① 스툴은 등받이와 팔걸이가 없는 형태의 보조의자이다.
② 풀업 체어는 필요에 따라 이동시켜 사용할 수 있는 간이 의자이다.
③ 이지 체어는 편안한 휴식을 위해 발을 올려놓는 데 사용되는 스툴의 종류이다.
④ 라운지 체어는 비교적 큰 크기의 의자로 편하게 휴식을 취할 수 있도록 구성되어 있다.

10 쇼윈도의 반사에 따른 눈부심을 방지하기 위한 방법으로 옳지 않은 것은?

① 쇼윈도에 곡면유리를 사용한다.
② 쇼윈도의 유리가 수직이 되도록 한다.
③ 쇼윈도의 내부 조도를 외부보다 높게 처리한다.
④ 차양을 설치하여 쇼윈도 외부에 그늘을 조성한다.

11 먼셀의 색입체 수직 단면도에서 중심축 양쪽에 있는 두 색상의 관계는?

① 인접색
② 보색
③ 유사색
④ 약보색

12 시내버스, 지하철, 기차 등의 색채계획 시 고려할 사항으로 거리가 먼 것은?

① 도장 공정이 간단해야 한다.
② 조색이 용이해야 한다.
③ 쉽게 변색, 퇴색되지 않아야 한다.
④ 프로세스 잉크를 사용한다.

13 색을 지각적으로 고른 감도의 오메가 공간을 만들어 조화시킨 색채 학자는?

① 오스트발트
② 먼셀
③ 문·스펜서
④ 비렌

14 빛이 프리즘을 통과할 때 나타나는 분광현상 중 굴절현상이 제일 큰 색은?

① 보라
② 초록
③ 빨강
④ 노랑

15 희망, 명랑함, 유쾌함과 같이 색에서 느껴지는 심리적·정서적 반응은?

① 구체적 연상
② 추상적 연상
③ 의미적 연상
④ 감성적 연상

16 다음 중 부엌을 칠할 때 요리대 앞면의 벽색으로 가장 적합한 것은?

① 명도 2, 채도 9
② 명도 4, 채도 7
③ 명도 6, 채도 5
④ 명도 8, 채도 2

17 외과병원 수술실 벽면의 색을 밝은 청록색으로 처리한 것은 어떤 현상을 막기 위한 것인가?

① 푸르킨예현상
② 연상작용
③ 동화현상
④ 잔상현상

18 필요에 따라 가구의 형태를 변화시킬 수 있어 고정적이면서 이동적인 성격을 갖는 기구로, 규격화된 단일가구를 원하는 형태로 조합하여 사용할 수 있으므로 다목적으로 사용이 가능한 것은?

① 유닛가구
② 가동가구
③ 원목가구
④ 붙박이가구

19 한국 전통가구 중 수납계 가구에 속하지 않는 것은?

① 농
② 궤
③ 소반
④ 반닫이

20 다음 중 2D 그래픽 제작에서 잘못된 것은?

① 2D 그래픽 컬러링에 사용될 평면도를 선별하여 도면에 각종 해치선들과 치수선, 마감재 표시선 등을 삭제한다.
② 완성된 패널은 출력을 위해 RGB 모드로 변환한다.
③ 도면은 응용 프로그램 도구를 활용해서 컴퓨터 확장자를 EPS로 저장한다.
④ 실제 사용될 바닥 마감재를 선별하여 도면에 적용한다.

2과목 실내디자인 시공 및 재료

21 석재의 일반적인 성질에 관한 설명으로 옳지 않은 것은?

① 석재 중 석회암·대리석 등은 풍화에 약한 편이다.
② 흡수율은 동결과 융해에 대한 내구성이 지표가 된다.
③ 인장강도는 압축강도의 $1/10 \sim 1/30$ 정도이다.
④ 단위용적질량이 클수록 압축강도는 작고, 공극률이 클수록 내화성이 작다.

22 다른 종류의 금속을 접촉시켰을 경우 이온화 경향이 커서 부식의 위험이 가장 큰 것은?

① 구리(Cu)
② 알루미늄(Al)
③ 철(Fe)
④ 은(Ag)

23 널 한쪽에 홈을 파고 다른 한쪽에 혀를 내어 서로 물리게 하는 방법으로 못이 빠져나올 우려가 없어 마루널 쪽매에 이상적인 것은?

① 맞댄쪽매
② 빗댄쪽매
③ 제혀쪽매
④ 딴혀쪽매

24 조적구조에 관한 설명으로 틀린 것은?

① 내화성·내구성 등의 성능을 고루 갖추면서 시공이 용이한 편이다.
② 기초침하 등으로 벽면에 쉽게 균열이 생긴다.
③ 저층의 비교적 소규모 건축물에 널리 쓰인다.
④ 횡력 및 충격에 강하고 습기에 의해 동파되지 않는다.

25 방사선 차단용으로 사용되는 시멘트 모르타르로 옳은 것은?

① 질석 모르타르 ② 바라이트 모르타르
③ 아스팔트 모르타르 ④ 활석면 모르타르

26 원가절감을 목적으로 공사계약 후 당해 공사의 현장 여건 및 사전조사 등을 분석한 이후 공사수행을 위하여 세부적으로 작성하는 예산은?

① 추경예산 ② 변경예산
③ 실행예산 ④ 도급예산

27 미장재료 중 고온소성의 무수석고를 특별하게 화학처리한 것으로 킨즈 시멘트라고도 불리는 것은?

① 경석고 플라스터 ② 혼합석고 플라스터
③ 보드용 플라스터 ④ 돌로마이트 플라스터

28 금속의 부식발생을 제어하기 위해 사용되는 방청도료와 가장 거리가 먼 것은?

① 광명단조합 페인트 ② 에칭 프라이머
③ 징크로메이트 도료 ④ 수성 페인트

29 조적벽 40m²를 쌓는 데 필요한 벽돌량은?(단, 표준형벽돌 0.5B 쌓기, 할증은 고려하지 않는다)

① 2,850장 ② 3,000장
③ 3,150장 ④ 3,500장

30 다음 시멘트 조성광물 중 수축률이 가장 큰 것은?

① 규산 3석회(CS)
② 규산 2석회(C_2S)
③ 알루민산 3석회(C_3A)
④ 알루민산철 4석회(C_4AF)

31 다음 그림과 같은 보강블록조의 평면도에서 x축 방향의 벽량을 구하면?(단, 벽체두께는 150mm이며, 그림의 모든 단위는 mm이다)

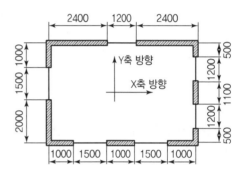

① 23.9cm/m² ② 28.9cm/m²
③ 31.9cm/m² ④ 34.9cm/m²

32 목재의 건조방법 중 천연건조에 관한 설명으로 옳지 않은 것은?

① 비교적 균일한 건조가 가능하다.
② 시설 투자비용 및 작업비용이 적다.
③ 건조 소요시간이 오래 걸린다.
④ 잔적장소가 좁아도 가능하다.

33 콘크리트의 블리딩현상에 의한 성능저하와 가장 거리가 먼 것은?

① 골재와 페이스트의 부착력 저하
② 철근과 페이스트의 부착력 저하
③ 콘크리트의 수밀성 저하
④ 콘크리트의 응결성 저하

34 각종 색유리의 작은 조각을 도안에 맞추어 절단하여 조합해서 만든 것으로 성당의 창 등에 사용되는 유리제품은?

① 내열유리
② 유리타일
③ 샌드블라스트유리
④ 스테인드글라스

35 철강제품 중에서 내식성, 내마모성이 우수하고 강도가 높으며, 장식적으로도 광택이 미려한 Cr – Ni 합금의 비자성 강(鋼)은?

① 스테인리스강
② 탄소강
③ 주철
④ 주강

36 건설공사에서 도급계약 서류에 포함되어야 할 서류가 아닌 것은?

① 공사계약서
② 시방서
③ 설계도
④ 실행내역서

37 표준시방서(KCS)에 따른 블라인드의 종류에 해당되지 않는 것은?

① 가로 당김 블라인드
② 세로 당김 블라인드
③ 두루마리 블라인드
④ 베네시안 블라인드

38 목재제품에 관한 설명으로 옳지 않은 것은?

① 내수합판 제조 시 페놀수지 접착제가 쓰인다.
② 합판을 만들 때 단판(Veneer)을 홀수로 겹쳐 접착한다.
③ 집성목재는 보에 사용할 경우 응력크기에 따라 변단면재를 만들 수 있다.
④ 집성목재 제조 시 목재를 겹칠 때 섬유방향이 상호 직각이 되도록 한다.

39 질이 단단하고 내구성 및 강도가 크며 외관이 수려하나 함유광물의 열팽창계수가 달라 내화성이 약한 석재로 외장, 내장, 구조재, 도로포장재, 콘크리트 골재 등에 사용되는 것은?

① 응회암
② 화강암
③ 화산암
④ 대리석

40 재료의 일반적 성질 중 재료에 외력을 제거하여도 재료가 원상으로 돌아가지 않고 변형된 그대로의 상태로 남아 있는 성질을 무엇이라고 하는가?

① 탄성
② 소성
③ 점성
④ 인성

41 다음 소방시설 중 소화설비에 해당되지 않는 것은?

① 연결살수설비   ② 스프링클러설비

③ 옥외소화전설비   ④ 소화기구

42 벽이나 바닥, 지붕 등 건축물의 특정부위에 단열이 연속되지 않은 부분이 있어 이 부위를 통한 열의 이동이 많아지는 현상을 무엇이라 하는가?

① 결로현상   ② 열획득현상

③ 대류현상   ④ 열교현상

43 구조체의 열용량에 관한 설명으로 옳지 않은 것은?

① 건물의 창면적비가 클수록 구조체의 열용량은 크다.

② 건물의 열용량이 클수록 외기의 영향이 작다.

③ 건물의 열용량이 클수록 실온의 상승 및 하강폭이 작다.

④ 건물의 열용량이 클수록 외기온도에 대한 실내온도 변화의 시간지연이 있다.

44 점광원으로부터 일정 거리 떨어진 수평면이 조도에 관한 설명으로 옳지 않은 것은?

① 광원의 광도에 비례한다.

② cos(입사각)에 비례한다.

③ 거리의 제곱에 반비례한다.

④ 측정점의 반사율에 비례한다.

45 다음 중 배수관에 통기관을 설치하는 목적과 가장 거리가 먼 것은?

① 트랩의 봉수를 보호한다.

② 배수관의 신축을 흡수한다.

③ 배수관 내 기압을 일정하게 유지한다.

④ 배수관 내의 배수흐름을 원활히 한다.

46 복사에 의한 전열에 관한 설명으로 옳은 것은?

① 고체 표면과 유체 사이의 열전달현상이다.

② 일반적으로 흡수율이 작은 표면은 복사율이 크다.

③ 알루미늄과 같은 금속의 연마면은 복사율이 매우 작다.

④ 물체에서 복사되는 열량은 그 표면의 절대온도의 2승에 비례한다.

47 환기에 관한 설명으로 옳지 않은 것은?

① 실내환경의 쾌적성을 유지하기 위한 외기량을 필요환기량이라 한다.

② 1인당 차지하는 공간체적이 클수록 필요환기량은 증가한다.

③ 실내가 실외에 비해 온도가 높을 경우 실내의 공기밀도는 실외보다 낮다.

④ 중력환기는 실내외 온도차에 의한 공기의 밀도차에 의하여 발생한다.

48 공기조화방식 중 이중덕트방식에 관한 설명으로 옳지 않은 것은?

① 전공기방식이다.

② 부하특성이 다른 다수의 실이나 존에도 적용할 수 있다.

③ 덕트 샤프트나 덕트 스페이스가 필요 없거나 작아도 된다.

④ 냉 · 온풍의 혼합으로 인한 혼합손실이 있어서 에너지 소비량이 많다.

49 다음 중 결로 발생의 직접적인 원인과 가장 거리가 먼 것은?

① 환기의 부족

② 실내습기의 과다 발생

③ 실내 측 표면온도 상승

④ 건물 외벽의 단열상태 불량

50 다음 중 실내의 조명설계 순서에서 가장 먼저 고려하여야 할 사항은?

① 조명기구 배치

② 소요조도 결정

③ 조명방식 결정

④ 소요전등수 결정

51 다음 설명에 알맞은 음과 관련된 현상은?

- 매질 중의 음의 속도가 공간적으로 변동함으로써 음이 전파하는 방향이 바뀌는 과정이다.
- 주간에 들리지 않던 소리가 야간에 잘 들린다.

① 반사

② 간섭

③ 회절

④ 굴절

52 판매시설의 용도에 쓰이는 피난층에 설치하는 건축물의 바깥쪽으로의 출구의 유효너비의 합계는 최소 얼마 이상으로 하여야 하는가?(단, 지상 6층인 건축물로서 각 층의 바닥면적은 1층과 2층은 각각 $1,000m^2$, 3층부터 6층까지는 각각 $1,500m^2$이다)

① 6m

② 9m

③ 12m

④ 36m

53 연면적 $1,000m^2$ 이상인 건축물에 설치하는 방화벽의 구조기준으로 옳지 않은 것은?

① 내화구조로서 홀로 설 수 있는 구조일 것

② 방화벽의 양쪽 끝과 위쪽 끝을 건축물의 외벽면 및 지붕면으로부터 0.5m 이상 튀어나오게 할 것

③ 방화벽에 설치하는 출입문의 너비 및 높이는 각각 1.8m 이하로 할 것

④ 방화벽에 설치하는 출입문에는 60 + 방화문 또는 60분 방화문)을 설치할 것

54 건축물에 설치하는 배연설비의 기준으로 옳지 않은 것은?

① 건축물이 방화구획으로 구획된 경우에는 그 구획마다 1개소 이상의 배연창을 설치한다.

② 배연창의 상변과 천장 또는 반자로부터 수직거리를 0.9m 이내로 한다.

③ 배연구는 연기감지기 또는 열감지기에 의하여 자동으로 열 수 있는 구조로 하고, 손으로는 열고 닫을 수 없도록 한다.

④ 배연구는 예비전원에 의하여 열 수 있도록 한다.

55 무창층의 정의와 관련한 아래 내용에서 밑줄 친 부분에 해당하는 기준 내용이 틀린 것은?

> "무창층"이란 지상층 중 <u>다음 각 목의 요건</u>을 모두 갖춘 개구부의 면적의 합계가 해당 층의 바닥 면적의 30분의 1 이하가 되는 층을 말한다.

① 크기는 지름 50cm 이상의 원이 내접할 수 있는 크기일 것
② 해당 층의 바닥면으로부터 개구부 밑부분까지의 높이가 1.2m 이내일 것
③ 도로 또는 차량이 진입할 수 있는 빈터를 향할 것
④ 내부 또는 외부에서 쉽게 부수거나 열 수 없는 고정창일 것

56 건축물의 바깥쪽으로의 출구로 쓰이는 문을 안여닫이로 해서는 안 되는 건축물에 속하지 않는 것은?

① 장례식장
② 종교시설
③ 문화 및 집회시설 중 전시장
④ 문화 및 집회시설 중 공연장

57 대수선의 범위에 관한 기준으로 옳지 않은 것은?

① 내력벽을 증설 또는 해체하거나 그 벽면적을 30m² 이상 수선 또는 변경하는 것
② 기둥을 증설 또는 해체하거나 세 개 이상 수선 또는 변경하는 것
③ 보를 증설 또는 해체하거나 두 개 이상 수선 또는 변경하는 것
④ 방화벽 또는 방화구획을 위한 바닥 또는 벽을 증설 또는 해체하거나 수선 또는 변경하는 것

58 공장의 용도로 쓰는 건축물로서 그 용도로 쓰는 바닥면적의 합계가 최소 얼마 이상인 경우 주요 구조부를 내화구조로 하여야 하는가?(단, 화재의 위험이 적은 공장으로서 국토교통부령으로 정하는 공장은 제외한다)

① 200m²
② 500m²
③ 1,000m²
④ 2,000m²

59 거실의 채광 및 환기를 위한 창문 등이나 설비에 관한 기준 내용으로 옳은 것은?

① 채광을 위하여 거실에 설치하는 창문 등의 면적은 그 거실의 바닥면적의 20분의 1 이상이어야 한다.
② 환기를 위하여 거실에 설치하는 창문 등의 면적은 그 거실의 바닥면적의 10분의 1 이상이어야 한다.
③ 오피스텔에 거실 바닥으로부터 높이 1.2m 이하 부분에 여닫을 수 있는 창문을 설치하는 경우에는 높이 1.0m 이상의 난간이나 이와 유사한 추락방지를 위한 안전시설을 설치하여야 한다.
④ 수시로 개방할 수 있는 미닫이로 구획된 2개의 거실은 1개의 거실로 본다.

60 공동 소방안전관리자 선임대상 특정소방대상물의 층수 기준은?(단, 복합건축물의 경우)

① 3층 이상
② 5층 이상
③ 8층 이상
④ 10층 이상

1과목 실내디자인 계획

01 실내디자인의 개념에 관한 설명으로 옳지 않은 것은?

① 형태와 기능의 통합작업이다.
② 목적물에 관한 이미지의 실체화이다.
③ 어떤 사물에 대해 행해지는 스타일링(Styling)의 총칭이다.
④ 인간생활에 유용한 공간을 만들거나 환경을 조성하는 과정이다.

02 디자인요소 중 선에 관한 설명으로 옳지 않은 것은?

① 선은 면이 이동한 궤적이다.
② 선을 포개면 패턴을 얻을 수 있다.
③ 많은 선을 나란히 놓으면 면을 느낀다.
④ 선은 어떤 형상을 규정하거나 한정한다.

03 다음 설명에 알맞은 디자인 원리는?

• 규칙적인 요소들의 반복에 의해 나타나는 통제된 운동감으로 정의된다.
• 청각의 원리가 시각적으로 표현된 것이라 할 수 있다.

① 리듬 ② 균형
③ 강조 ④ 대비

04 실내디자인 과정 중 공간의 레이아웃(Layout) 단계에서 고려해야 할 사항으로 가장 알맞은 것은?

① 동선계획 ② 설비계획
③ 입면계획 ④ 색채계획

05 다음 설명에 알맞은 전시공간의 특수전시방법은?

사방에서 감상해야 할 필요가 있는 조각물이나 모형을 전시하기 위해 벽면에서 띄어 놓아 전시하는 방법

① 디오라마 전시 ② 파노라마 전시
③ 아일랜드 전시 ④ 하모니카 전시

06 디자인의 원리 중 시각적인 힘의 강약에 단계를 주어 디자인의 일부분에 주어지는 초점이나 흥미를 중심으로 변화를 의도적으로 조성하는 것으로 규칙성을 갖는 단조로움을 극복하기 위해 사용하는 것은?

① 통일 ② 질서
③ 조화 ④ 강조

07 다음의 설명에 알맞은 조명 연출기법은?

강조하고자 하는 물체에 의도적인 광선으로 조사시킴으로써 광선 그 자체가 시각적인 특성을 지니게 하는 기법이다.

① 실루엣기법 ② 월워싱기법
③ 글레이징기법 ④ 빔플레이기법

08 상품의 유효진열범위에서 고객의 시선이 자연스럽게 머물고, 손으로 잡기에도 편한 높이인 골든 스페이스(Golden Space)의 범위는?

① 50~850mm
② 850~1,250mm
③ 1,250~1,400mm
④ 1,450~1,600mm

09 세포형 오피스(Cellular Type Office)에 관한 설명으로 옳지 않은 것은?

① 연구원, 변호사 등 지식집약형 업종에 적합하다.
② 조직구성원 간의 커뮤니케이션에 문제점이 있을 수 있다.
③ 개인별 공간을 확보하여 스스로 작업공간의 연출과 구성이 가능하다.
④ 하나의 평면에서 직제가 명확한 배치로 상하급의 상호감시가 용이하다.

10 개구부에 대한 설명으로 옳지 않은 것은?

① 문, 창문과 같이 벽의 일부분이 오픈된 부분을 총칭하여 이르는 말이다.
② 실내공간의 성격을 규정하는 요소이다.
③ 가구배치와 동선에 영향을 주지 않는다.
④ 프라이버시 확보 역할을 한다.

11 다음 설명에 알맞은 사무공간의 책상배치 유형은?

- 대향형과 동향형의 양쪽 특성을 절충한 형태이다.
- 조직관리자 면에서 조직의 융합을 꾀하기 쉽고 정보처리나 집무동작의 효율이 좋다.
- 배치에 따른 면적 손실이 크며 커뮤니케이션의 형성에 불리하다.

① 십자형
② 자유형
③ 삼각형
④ 좌우대향형

12 상점의 광고요소로서 AIDMA 법칙의 구성에 속하지 않는 것은?

① Attention
② Interest
③ Development
④ Memory

13 주택 식당의 조명계획에 관한 설명으로 옳지 않은 것은?

① 전체조명과 국부조명을 병용한다.
② 한색 계열의 광원으로 깔끔한 분위기를 조성하는 것이 좋다.
③ 조리대 위에 국부조명을 설치하여 필요한 조도를 맞춘다.
④ 식탁에는 조사방향에 주의하여 그림자가 지지 않게 한다.

14 푸르킨예현상에 대한 설명으로 옳은 것은?

① 어떤 조명 아래에서 물체색을 오랫동안 보면 그 색의 감각이 약해지는 현상
② 수면에 뜬 기름이나, 전복껍데기에서 나타나는 색의 현상
③ 어두워질 때 단파장의 색이 잘 보이는 현상
④ 노랑, 빨강, 초록 등 유채색을 느끼는 세포의 지각현상

15 건강, 산, 자연, 산뜻함 등을 상징하는 색상은?

① 보라
② 파랑
③ 초록
④ 흰색

16 인쇄의 혼색과정과 동일한 의미의 혼색을 설명하고 있는 것은?

① 컴퓨터 모니터, TV 브라운관에서 보이는 혼색
② 팽이를 돌렸을 때 보이는 혼색
③ 투명한 색유리를 겹쳐 놓았을 때 보이는 혼색
④ 채도가 높은 빨강의 물체를 응시한 후 녹색의 잔상이 보이는 혼색

17 식욕을 감퇴시키는 효과가 가장 큰 색은?

① 빨간색
② 노란색
③ 갈색
④ 파란색

18 배색에 관한 일반적인 설명으로 옳은 것은?

① 가장 넓은 면적의 부분에 주로 적용되는 색채를 보조색이라고 한다.
② 통일감 있는 색채계획을 위해 보조색은 전체 색채의 30% 이상을 동일한 색채로 사용하여야 한다.
③ 보조색은 항상 무채색을 적용해야 한다.
④ 강조색은 주로 작은 면적에 사용되면서 시선을 집중시키는 효과를 나타낸다.

19 다음 설명에 알맞은 전통가구는?

- 책이나 가벼운 화병을 진열할 수 있도록 여러 층의 층널로만 구성되어 있다.
- 사랑방에서 쓰이는 분방가구로 형태는 정방형이 기본이다.

① 서안
② 경축장
③ 반닫이
④ 사방탁자

20 다음 중 투시도에 관한 설명으로 옳지 않은 것은?

① 투시도란 건축물을 사람의 눈높이에 맞춰서 직접 카메라로 찍은 모습을 그대로 그린 그림을 뜻한다.
② 투시도에서 원근 표현은 가까이 있는 것은 크게 보이고 멀리 있는 것은 작게 보이게 한다.
③ 투시도의 종류에는 1소점, 2소점, 4소점 투시도가 있다.
④ 투시도는 실외뿐만 아니라 실내에도 쓰이며 실내투시도, 실외투시도로 구분한다.

2과목 실내디자인 시공 및 재료

21 골재의 선팽창계수에 의해 영향을 받을 수 있는 콘크리트의 성질은?

① 마모에 대한 저항성
② 습윤건조에 대한 저항성
③ 동결융해에 대한 저항성
④ 온도변화에 대한 저항성

22 벽·기둥 등의 모서리를 보호하기 위하여 미장바름질을 할 때 붙이는 보호용 철물은?

① 논슬립
② 인서트
③ 코너 비드
④ 크레센트

23 다음 중 목재의 건조 목적이 아닌 것은?

① 전기절연성의 감소
② 목재수축에 의한 손상 방지
③ 목재강도의 증가
④ 균류에 의한 부식 방지

24 조적조에서 벽체의 두께를 결정하는 요소와 가장 거리가 먼 것은?

① 벽체의 길이
② 벽체의 높이
③ 벽돌의 제조법
④ 건축물의 높이

25 다음 중 유기질 단열재료가 아닌 것은?

① 연질 섬유판
② 세라믹 파이버
③ 폴리스틸렌 폼
④ 셀룰로오스 섬유판

26 원가절감을 목적으로 공사계약 후 당해 공사의 현장 여건 및 사전조사 등을 분석한 이후 공사수행을 위하여 세부적으로 작성하는 예산은?

① 추경예산
② 변경예산
③ 실행예산
④ 도급예산

27 조강 포틀랜드 시멘트를 사용하기에 가장 부적절한 것은?

① 긴급 공사
② 프리스트레스트 콘크리트
③ 매스 콘크리트
④ 동절기 공사

28 콘크리트용 혼화제 중 AE 감수제의 사용에 따른 효과로 옳지 않은 것은?

① 굳지 않은 콘크리트이 워커빌리티를 개선하고 재료 분리가 방지된다.
② 동결융해에 대한 저항성이 증대된다.
③ 건조수축이 감소된다.
④ 수밀성이 향상되고 투수성이 증가한다.

29 실내건축공사 공정별 내역서에서 각 품목에 따라 확인할 수 있는 정보로 옳지 않은 것은?

① 품명
② 규격
③ 제조일자
④ 단가

30 목재의 일반적 성질에 관한 설명으로 옳지 않은 것은?

① 섬유포화점 이상의 함수상태에서는 함수율의 증감에도 신축을 일으키지 않는다.
② 섬유포화점 이상의 함수상태에서는 함수율이 증가할수록 강도는 감소한다.
③ 기건상태란 통상 대기의 온도 · 습도와 평형을 이룬 목재의 수분 함유 상태를 말한다.
④ 섬유방향에 따라서 전기전도율은 다르다.

31 보통 포틀랜드 시멘트의 품질규정(KS L 5201)에서 비카시험의 초결시간과 종결시간으로 옳은 것은?

① 30분 이상 – 6시간 이하
② 60분 이상 – 6시간 이하
③ 30분 이상 – 10시간 이하
④ 60분 이상 – 10시간 이하

32 단열재가 갖추어야 할 조건으로 옳지 않은 것은?

① 열전도율이 낮을 것
② 비중이 클 것
③ 흡수율이 낮을 것
④ 내화성이 좋을 것

33 목섬유(Wood Fiber)에 합성수지 접착제, 방부제 등을 첨가·결합하여 만든 것으로 밀도가 균일하기 때문에 측면의 가공성이 매우 좋으나, 습기에 약하여 부스러지기 쉬운 것은?

① MDF
② 파티클 보드
③ 침엽수 제재목
④ 합판

34 유리에 관한 설명으로 옳지 않은 것은?

① 망입유리는 화재 시 개구부에서의 연소를 방지하는 효과가 있으며, 유리파편이 거의 튀지 않는다.
② 복층유리는 단판유리보다 단열효과가 우수하므로 냉, 난방 부하를 경감시킬 수 있다.
③ 강화유리는 파손 시 파편이 작기 때문에 파편에 의한 손상사고를 줄일 수 있다.
④ 열선흡수유리는 유리 한 면에 열선반사막을 입힌 판유리로서, 가시광선의 투과율이 30% 정도 낮아 외부로부터 시선을 차단할 수 있다.

35 철근콘크리트보의 늑근에 대한 설명으로 옳은 것은?

① 보의 양단일수록 많이 배근한다.
② 보의 중앙에는 필요하지 않다.
③ 보의 양단일수록 적게 배근한다.
④ 보의 중앙에서 많이 배근한다.

36 관리 사이클의 단계를 바르게 나열한 것은?

① Plan – Check – Do – Action
② Plan – Do – Check – Action
③ Plan – Do – Action – Check
④ Plan – Action – Do – Check

37 도막방수재료의 특징으로 옳지 않은 것은?

① 복잡한 부위의 시공성이 좋다.
② 누수 시 결함 발견이 어렵고, 국부적으로 보수가 어렵다.
③ 신속한 작업 및 접착성이 좋다.
④ 바탕면의 미세한 균열에 대한 저항성이 있다.

38 조적식 구조에 대한 설명으로 틀린 것은?

① 조적식 구조인 내력벽의 기초 중 기초판은 철근콘크리트구조 또는 무근콘크리트구조로 한다.
② 조적식 구조인 내력벽으로 둘러싸인 부분의 바닥면적은 80m²를 넘을 수 없다.
③ 조적식 구조인 내력벽의 길이는 8m를 넘을 수 없다.
④ 조적식 구조인 내력벽의 두께는 바로 위층의 내력벽의 두께 이상이어야 한다.

39 방수재료 중 아스팔트 방수층을 시공할 때 제일 먼저 사용되는 재료는?

① 아스팔트
② 아스팔트 프라이머
③ 아스팔트 루핑
④ 아스팔트 펠트

40 경석고 플라스터에 관한 설명으로 옳지 않은 것은?

① 강도가 크며 수축균열이 작다.
② 알칼리성으로 철의 부식을 방지한다.
③ 무수석고를 화학처리하여 제조한다.
④ 킨즈 시멘트라고도 한다.

41 인체의 열적 쾌적감에 영향을 미치는 물리적 온열 4요소에 속하는 것은?

① 관류열
② 복사열
③ 열용량
④ 대사량

42 다음 설명에 알맞은 건축화조명방식은?

> • 벽면 전체 또는 일부분을 광원화하는 방식이다.
> • 광원을 넓은 벽면에 매입함으로써 비스타(Vista)적인 효과를 낼 수 있으며 시선의 배경으로 작용할 수 있다.

① 코브조명
② 광창조명
③ 코퍼조명
④ 코니스조명

43 흡음재료의 특성에 관한 설명으로 옳은 것은?

① 다공성 흡음재는 저음역에서의 흡음률이 크다.
② 판진동 흡음재는 일반적으로 두꺼울수록 흡음률이 크다.
③ 다공성 흡음재의 흡음성능은 재료의 두께나 공기층 두께에 영향을 받지 않는다.
④ 판진동 흡음재의 경우, 흡음판을 기밀하게 접착하는 것보다 못으로 고정하여 진동하기 쉽게 하는 것이 흡음성능이 우수하다.

44 조명설비의 광원에 관한 설명으로 옳지 않은 것은?

① 형광램프는 섬능장치를 필요로 한다.
② 고압나트륨램프는 할로겐전구에 비해 연색성이 좋다.
③ LED 램프는 수명이 길고 소비전력이 작은 장점이 있다.

④ 고압수은램프는 광속이 큰 것과 수명이 긴 것이 특징이다.

45 배수트랩에 관한 설명으로 옳지 않은 것은?

① 트랩은 배수능력을 촉진한다.
② 관트랩에는 P트랩, S트랩, U트랩 등이 있다.
③ 트랩은 기구에 가능한 한 근접하여 설치하는 것이 좋다.
④ 트랩의 유효봉수 깊이가 너무 낮으면 봉수가 손실되기 쉽다.

46 복사난방에 관한 설명으로 옳지 않은 것은?

① 실내 바닥면적의 이용도가 높다.
② 열용량이 작아 방열량 조절이 용이하다.
③ 천장고가 높은 공간에서도 난방감을 얻을 수 있다.
④ 외기침입이 있는 공간에서도 난방감을 얻을 수 있다.

47 실내공기질 관리법령에 따른 신축 공동주택의 실내공기질 측정항목에 속하지 않는 것은?

① 벤젠
② 라돈
③ 자일렌
④ 에틸렌

48 다음의 공기조화방식 중 부하특성이 다른 여러 개의 실이나 존이 있는 건물에 적용이 가장 곤란한 것은?

① 이중덕트 방식
② 팬코일유닛방식
③ 단일덕트정풍량 방식
④ 단일덕트변풍량 방식

49 일사에 관한 설명으로 옳지 않은 것은?

① 차폐계수가 낮은 유리일수록 차폐효과가 크다.
② 일사에 의한 벽면의 수열량은 방위에 따라 차이가 있다.
③ 창면에서의 일사조절 방법으로 추녀와 차양 등이 있다.
④ 벽면의 흡수율이 크면 벽체내부로 전달되는 일사량은 적어진다.

50 가로 9m, 세로 9m, 높이가 3.3m인 교실이 있다. 여기에 광속이 3,200lm인 형광등을 설치하여 평균 조도 500lx를 얻고자 할 때 필요한 램프의 개수는?(단, 보수율은 0.8, 조명률은 0.6이다)

① 20개   ② 27개
③ 35개   ④ 42개

51 전기설비용 시설공간(실)에 관한 설명으로 옳지 않은 것은?

① 변전실은 부하의 중심에 설치한다.
② 발전기실은 변전실에서 멀리 떨어진 곳에 설치한다.
③ 중앙감시실은 일반적으로 방재센터와 겸하도록 한다.
④ 전기샤프트는 각 층에서 가능한 한 공급 대상의 중심에 위치하도록 한다.

52 다음은 건축법령에 따른 차면시설 설치에 관한 조항이다. ( ) 안에 들어갈 내용으로 옳은 것은?

> 인접 대지경계선으로부터 직선거리 ( ) 이내에 이웃 주택의 내부가 보이는 창문 등을 설치하는 경우에는 차면시설(遮面施設)을 설치하여야 한다.

① 1.5m   ② 2m
③ 3m   ④ 4m

53 제연설비를 설치해야 할 특정소방대상물이 아닌 것은?

① 특정소방대상물(갓복도형 아파트 등은 제외한다)에 부설된 특별피난계단 또는 비상용승강기의 승강장
② 지하가(터널은 제외한다)로서 연면적이 500m²인 것
③ 문화 및 집회시설로서 무대부의 바닥면적이 300m²인 것
④ 지하가 중 예상 교통량, 경사도 등 터널의 특성을 고려하여 행정안전부령으로 정하는 터널

54 다음은 피난층 또는 지상으로 통하는 직통계단을 특별피난계단으로 설치하여야 하는 층에 관한 법령 사항이다. ( ) 안에 들어갈 내용으로 옳은 것은?

> 건축물(갓복도식 공동주택은 제외한다)의 (A)[공동주택의 경우에는 (B)] 이상인 층(바닥면적이 400m² 미만인 층은 제외한다)으로부터 피난층 또는 지상으로 통하는 직통 계단은 제1항에도 불구하고 특별피난계단으로 설치하여야 한다.

① A : 8층, B : 11층   ② A : 8층, B : 16층
③ A : 11층, B : 12층   ④ A : 11층, B : 16층

55 소방시설법령상 1급 소방안전관리 대상물에 해당되지 않는 것은?

① 30층 이하이거나 지상으로부터 높이가 120m 미만인 아파트
② 연면적 15,000m² 이상인 특정소방대상물(아파트는 제외)
③ 연면적 15,000m² 미만인 특정소방대상물로서 층수가 11층 이상인 것(아파트는 제외)
④ 가연성 가스를 1,000톤 이상 저장 · 취급하는 시설

56 문화 및 집회시설(전시장 및 동·식물원은 제외)의 용도로 쓰이는 건축물의 관람실 또는 집회실의 반자의 높이는 최소 얼마 이상이어야 하는가?(단, 관람실 또는 집회실로서 그 바닥면적이 200m² 이상인 경우)

① 2.1m
② 2.3m
③ 3m
④ 4m

57 단독주택 및 공동주택의 환기를 위하여 거실에 설치하는 창문 등의 면적은 최소 얼마 이상이어야 하는가? (단, 기계환기장치 및 중앙관리방식의 공기조화설비를 설치하지 않은 경우)

① 거실 바닥면적의 5분의 1
② 거실 바닥면적의 10분의 1
③ 거실 바닥면적의 15분의 1
④ 거실 바닥면적의 20분의 1

58 건축물에 설치되는 방화벽의 구조 기준으로 옳지 않은 것은?

① 내화구조로서 홀로 설 수 있는 구조일 것
② 방화벽의 양쪽 끝과 윗쪽 끝을 건축물의 외벽면 및 지붕면으로부터 0.5m 이상 튀어나오게 할 것
③ 방화벽에 설치하는 출입문의 너비 및 높이는 각각 3.0m 이하로 할 것
④ 방화벽에 설치하는 출입문에는 60+ 또는 60분 방화문을 설치할 것

59 건축허가 등을 할 때 미리 소방본부장 또는 소방서장의 동의를 받아야 하는 건축물 등의 범위 기준으로 옳지 않은 것은?

① 노유자시설 및 수련시설로서 연면적이 200m² 이상인 것
② 차고·주차장으로 사용되는 바닥면적이 200m² 이상인 층이 있는 건축물이나 주차시설
③ 승강기 등 기계장치에 의한 주차시설로서 자동차 15대 이상을 주차할 수 있는 시설
④ 지하층 또는 무창층이 있는 건축물로서 바닥면적이 150m² 이상인 층이 있는 것

60 높이 31m를 넘는 각 층의 바닥면적 중 최대 바닥면적이 6,000m²인 건축물에 설치해야 하는 비상용 승강기의 최소설치 대수는?(단, 8인승 승강기임)

① 2대
② 3대
③ 4대
④ 5대

01	02	03	04	05	06	07	08	09	10
②	③	④	①	②	①	④	①	②	①
11	12	13	14	15	16	17	18	19	20
②	②	③	④	②	④	②	①	②	④
21	22	23	24	25	26	27	28	29	30
②	③	④	②	③	③	④	②	④	①
31	32	33	34	35	36	37	38	39	40
②	③	①	④	①	①	②	①	④	②
41	42	43	44	45	46	47	48	49	50
①	③	④	③	④	④	①	②	④	①
51	52	53	54	55	56	57	58	59	60
③	③	④	④	②	②	④	①	②	③

01

조닝(Zoning)
- 정의 : 공간의 성격이나 기능이 유사한 것끼리 배치하여 전체 공간을 기능적 공간으로 구분하는 것이다.
- 조닝계획 시 고려사항 : 사용자의 특성, 사용목적, 사용시간, 사용빈도, 행위의 연결 등

02

비대칭적 균형도 시각적 안전성을 이룬다.

균형의 유형
- 균형 : 단순하고 부드러운 질감이 복잡하고 거친 질감보다 시각적 중량감이 작다.
- 비대칭 균형 : 물리적 불균형이나 시각적으로 균형을 이루는 것을 말하며 대칭균형보다는 자연스러우며 풍부한 개성을 표현할 수 있어 능동의 균형, 비정형 균형이라고도 한다.

03

실내디자인 요소
- 바닥 : 벽이나 천장에 비해 변형이 쉽지 않고 제약을 많이 받아 고정적이지만 바닥면의 높이 차이를 두어 변화시킬 수 있다.
- 벽 : 벽의 높이는 시각적·심리적으로 공간을 표현하는 요소이다.
- 천장 : 시각적 흐름이 최종적으로 멈추는 곳으로 내부 공간요소 중 가장 자유롭게 조형적으로 공간의 변화를 줄 수 있다.

04

진열대 배치계획
가장 우선적으로 고객의 동선을 원활하게 해야 하며 자연스러운 상품의 접근, 고객의 움직임에 따른 상품의 유기적인 진열이 될 수 있도록 시선계획도 함께 고려한다.

05

현관 위치의 결정요인
도로의 위치(관계), 경사도, 대지의 형태(방위와는 무관함)

06

출발 기준층은 가급적 1개 층으로 한다.

07

④는 카우치에 대한 설명이다.

※ **체스터필드(Chesterfield)**
소파의 쿠션성능을 높이기 위해 솜, 스펀지 등을 속을 채워 넣은 형태로 안락성이 좋은 소파이다.

08

현색계
인간의 색지각을 기초로 심리적 3속성인 색상, 명도, 채도를 기초로 하며, 현실에서 재현 가능한 물체색을 3차원 공간(색입체)과 같은 형태로 표시한 것이다.

09

계시대비
어떤 색을 보고 난 후 다른 색을 보면 먼저 본 색의 영향으로 다음에 본 색이 다르게 보이는 현상으로 일정한 자극이 사라진 후에도 이전의 자극이 망막에 남아 다음 자극에 영향을 준다.

10

온도감
색상에 따라서 따뜻하고 차갑게 느껴지는 감정효과로 인간의 경험과 심리에 의존하는 경향이 많고 자연현상에 근원을 두며 색상의 영향이 가장 크다.

11

파노라마 전시

연속적인 주제를 표현하기 위해 선형으로 연출되는 전시기법으로 전시물의 전경으로 펼쳐 전시하는 방법이다.

12

③은 롤 블라인드에 대한 설명이다.

블라인드(Blind)의 종류
- 롤 블라인드 : 셰이드 블라인드라고도 하며 천을 감아올려 높이 조절이 가능하며 칸막이나 스크린의 효과도 얻을 수 있다.
- 베네시안 블라인드 : 수평 블라인드로 날개 각도를 조절하여 일광, 조망 그리고 시각의 차단 정도를 조정할 수 있지만 날개 사이에 먼지가 쌓이기 쉽다.

13

② 수평선 : 안정, 균형, 정적, 무한, 확대, 평등, 영원, 안정, 고요, 평화, 넓음
③ 사선 : 생동감, 운동감, 약동감, 불안함, 불안정, 변화, 반항
④ 곡선 : 우아함, 유연함, 부드러움, 여성적인 섬세함

14

②는 붙박이가구에 대한 설명이다.

※ 시스템가구

기능에 따라 여러 가지 형으로 조립 및 해체가 가능하여 공간의 융통성을 꾀할 수 있다.

15

색의 온도감은 색의 삼속성 중 색상의 영향을 많이 받는다.

16

등흑계열

등색상 삼각형에서 순색(C), 흰색(W)과 평행선상에 있는 색으로 검정량이 모두 같은 색의 계열이다.

17

연색성

같은 물체색이나 광원, 광원에 따라 물체의 색이 다르게 보이는 현상으로 물체색이 보이는 상태에 영향을 준다.

18

문·스펜서의 면적효과

무채색의 중간 지점이 되는 N5(명도 5)를 순응점으로 하고 작은 면적의 강한 색과 큰 면적의 약한 색은 잘 어울린다고 생각하여 색의 균형점을 찾았다.

19

먼셀 색체계

한국 공업규격으로 1965년 한국산업표준 KS규격(KS A 0062)으로 채택하고 있고, 교육용으로는 교육부 고시 312호로 지정해 사용되고 있다.

20

디지털 색채
- Index : 24비트 컬러 중에서 정해진 256컬러를 사용하는 컬러 시스템으로 컬러색감을 유지하면서 이미지 용량을 줄일 수 있어 웹게임 그래픽용 이미지를 제작하는 데 많이 사용한다.
- Grayscale : 흑백 이미지를 표현할 때 사용한다.
- Bitmap : 흰색과 검은색으로 이미지를 표현한다.

21

석재는 자연재료로서 장대재를 얻기 어렵고 그에 따라 구조용으로 적용하는 것이 난해하다.

22

알루미늄은 대기 중에서는 표면에 산화막이 생겨 부식을 억제하지만, 산, 알칼리에 침식되며 콘크리트에 부식되는 특징을 갖고 있다.

23

목재 강도의 크기

인장강도 > 휨강도 > 압축강도 > 전단강도

24

불포화 폴리에스테르수지
- 기계적 강도와 비항장력이 강과 비등한 값으로 100~150℃에서 -90℃의 온도 범위에서 이용 가능하며, 내수성이 우수하다.
- 주요 성형품으로 유리섬유로 보강한 섬유강화 플라스틱(FRP) 등이 있다.
- 강도와 신도를 제조공정상에서 조절할 수 있다.
- 영계수가 커서 주름이 생기지 않는다.
- 다른 섬유와 혼방성이 풍부하다.
- 항공기, 선박, 차량재, 건축의 천장, 루버, 아케이드, 파티션 접착제 등의 구조재로 쓰이며, 도료로도 사용된다.

25

$2.5B = 190 + 10 + 190 + 10 + 90 = 490mm$

26

고용보험료 = 인건비 × 고용보험요율(%)

27

훈소와
검은 연기로 그을려 만든 기와로서 방수성과 강도가 좋다.

28

AE제
콘크리트 속에 독립된 미세한 기포를 생성하여 분포시키는 역할을 하는 콘크리트용 표면활성제로서 물 − 시멘트비 증가와는 관계가 없다.

29

재료의 할증률

할증률	재료
1%	유리, 콘크리트(철근배근)
2%	도료, 콘크리트(무근)
3%	이형철근, 붉은 벽돌, 내화벽돌, 점토타일, 일반 합판
4%	시멘트블록
5%	원형 철근, 강관, 소형 형강, 시멘트 벽돌, 수장 합판, 석고보드, 목재(각재)
7%	대형 형강
10%	강판, 단열재, 목재(판재)
20%	졸대

30

합판은 함수율 변화에 따른 팽창, 수축이 작으며, 그에 따른 방향성이 없는 특징을 갖고 있다.

31

철근콘크리트의 비중은 2.4t/m³이다.
∴ 중량 = 0.12m × 1 × 2.4 = 0.288t = 288kg

32

합성수지는 인화할 염려가 적어 방화성이 우수하다.

33

토대, 샛기둥, 통재기둥은 압축력(수직력)에 저항하는 부재이고, 가새는 풍하중 등 수평력에 저항하는 부재이다.

34

벽돌의 규격
• 기본형(재래식) 벽돌 : 210 × 100 × 60mm
• 표준형 벽돌 : 190 × 90 × 57mm

35

철분이 많을수록 자외선, 가시광선 투과율이 낮아진다.

36

①은 안전관리와 거리가 먼 사항이다.

37

불식(프랑스식) 쌓기방식
통줄눈이 발생할 수 있어 내력벽에는 적용이 어려우며, 주로 치장벽 등 비내력벽에 적용되는 방식이다.

38

이종금속을 인접 또는 접속시킬 경우 갈바닉 부식(금속 간 이온화 경향 차이에 따른 부식)이 발생할 수 있다.

39

무기안료는 무기재료로 구성된 안료로서 유기용재에 잘 녹지 않으며, 선명도도 유기안료에 비해 높지 않다.

40

듀벨
목재와 목재 사이에 끼워서 전단력을 보강하는 철물이다.

41

누전경보기는 경보설비에 속한다.

42

q(가열량) $= m$(질량) $\times C$(비열) $\times \Delta T$(온도차)
$q = 0.5kg \times 4.2kJ/kgK \times (70 - 15) = 115.5kJ$

43

재질이 다공질인 재료는 차음성능보다는 흡음성능을 기대할 수 있다.

44

clo

의복의 열저항차를 나타낸 것으로 1clo의 보온력이란 온도 21.2℃, 습도 50% 이하, 기류 0.1m/s의 실내에서 의자에 앉아 안정하고 있는 성인남자가 쾌적하면서 평균피부온도를 33℃로 유지할 수 있는 착의의 보온력을 말한다.

45

④는 수도직결방식에 대한 설명이다.

46

① 중앙식 급탕방식은 대규모 건물에 유리하다.
② 개별식 급탕방식은 가열기의 설치공간이 필요하다.
③ 중앙식 급탕방식의 간접가열식은 대규모 건물에 주로 사용된다.

47

문제 44번 해설 참고

48

팬코일유닛방식은 전수방식으로서 수배관으로 인한 누수의 우려가 있다.

49

방습층의 설치는 벽체 내부에서 발생하는 내부결로에 효과적인 방안이다.

50

광도(단위 : cd, candela)

광원으로부터 발산되는 광속의 입체각 밀도를 말하며, 빛의 밝기를 나타낸다.

51

(고압)나트륨램프

가장 높은 효율을 가지나, 연색성지수가 낮나.

52

근린생활시설은 연면적 400m² 이상일 경우 건축허가 등을 할 때 미리 소방본부장 또는 소장서장의 동의를 받아야 하는 건축물에 해당한다.

53

무선통신보조설비는 소화활동설비에 해당한다.

54

판매시설은 연면적이 5,000m² 이상인 경우 건축물의 피난층 또는 피난층의 승강장으로부터 건축물의 바깥쪽에 이르는 통로에 경사로를 설치하여야 한다.

55

두께가 2mm 미만인 벽지류가 포함되나, 벽지류 중 종이벽지는 제외한다.

56

건축물에 설치하는 굴뚝(건축물의 피난 · 방화구조 등의 기준에 관한 규칙 제20조)

금속제 굴뚝은 목재 기타 가연재료로부터 15센티미터 이상 떨어져서 설치해야 한다.

57

학교 교실의 채광을 위한 창문의 면적은 그 교실의 바닥면적의 10분의 1 이상이어야 한다.

58

기둥과 기둥 사이의 거리가 20m 이상인 건축물이 해당된다.

59

$$출구의\ 총유효너비 = \frac{500}{100} \times 0.6 = 3m$$

60

① 녹서 : 150lux
② 일반 사무 : 300lux
③ 제도 : 700lux
④ 회의 : 300lux

01	02	03	04	05	06	07	08	09	10
②	③	①	③	②	③	④	④	③	②
11	12	13	14	15	16	17	18	19	20
②	④	③	①	②	④	①	④	③	②
21	22	23	24	25	26	27	28	29	30
④	②	③	④	②	③	①	④	②	③
31	32	33	34	35	36	37	38	39	40
②	④	④	④	①	④	②	④	②	②
41	42	43	44	45	46	47	48	49	50
①	④	①	③	②	③	②	③	③	②
51	52	53	54	55	56	57	58	59	60
④	②	③	③	④	③	③	④	④	②

01

실내디자인의 기본조건 중 중요도
기능성＞경제성＞심미성＞유행성

02

배경 중심에 있는 하나의 점은 시선을 집중시키고 정지의 효과를 느끼게 한다.

03

②는 형태, ③은 선, ④는 점에 대한 설명이다.

디자인 요소
• 점 : 위치만 있고 크기는 없다.
• 선 : 점이 이동한 궤적이다.
• 면 : 선이 이동한 궤적이다.
• 형태 : 면이 이동한 궤적이다.

04

황금비례
고대 그리스인들이 발명해낸 기하학적 분할방법으로 작은 부분과 큰 부분의 비율이 큰 부분과 전체에 대한 비율과 동일하게 되는 분할방식이며 1 : 1.618의 비율이다.

05

승객의 보행거리는 가능한 한 짧게 되도록 한다.

※ **백화점 에스컬레이터**
출발 기준층에서 용이하게 눈에 띄도록 동선흐름의 중심에 설치하여 자연스러운 연속적 흐름이 되도록 한다.

06

조명방식의 종류
• 전반조명 : 조명기구를 일정한 높이의 간격으로 배치하여 실 전체를 균등하게 조명하는 방법으로 전체조명이라고도 한다. 대체로 편안하고 온화한 분위기를 조성한다.
• 간접조명 : 천장이나 벽에 투사하여 반사, 확산된 광원을 이용하는 것으로 눈부심이 없고 조도 분포가 균등하다.
• 국부조명 : 일정한 장소에 높은 조도로 집중적인 조명효과를 주는 방법으로 하나의 실에서 영역을 구획하거나 물품을 강조하기 위한 악센트조명으로 구분된다.
• 건축화조명 : 건축구조체의 일부분이나 구조적인 요소를 이용하여 조명하는 방식으로 조명이 건축과 일체가 되고 건축의 일부가 광원화되는 것을 말한다.

07

부엌계획
조리작업의 흐름에 따른 작업대의 배치와 작업자의 동선에 맞게 합리적인 치수와 수납계획이 이루어져야 한다.

08

④는 벽에 대한 설명이다.

09

③은 오토만(Ottoman)에 대한 설명이다.

※ **이지 체어(Easy Chairs)**
라운지 체어보다 작으며 기계적인 장치가 없지만 등받이 각도를 원만하게 하여 가볍게 휴식을 취할 수 있는 의자이다.

10

쇼윈도의 유리를 수직으로 할 경우 눈부심이 일어나기 쉽기 때문에 경사지게 처리하여 눈부심을 작게 하고 시선을 자연스럽게 유도한다.

11

먼셀 색입체의 구조

먼셀의 색입체를 수직으로 절단하면 동일 색상면이 나타나는데, 보색은 중심축을 기준으로 양쪽에 서로 마주 보는 색상이다.

12

시내버스, 지하철, 기차는 폴리우레탄 난연 도료를 사용한다.

※ 프로세스 잉크

회화, 사진 인쇄에 사용하는 고급 잉크이다.

13

오메가 공간

먼셀의 색입체의 개념과 같으며, 조화의 종류를 색상, 명도, 채도에 대하여 각각 동일성의 조화, 유사성의 조화, 반대의 조화로 나누었다.

14

굴절

• 정의 : 하나의 매질로부터 다른 매질로 진입하는 파동이 그 경계면에서 진행하는 방향을 바꾸는 현상이다.
• 특징 : 빛이 프리즘을 통과하면서 파장의 길이에 따라 굴절하는 정도가 다르다. 특히 단파장인 보라색이 가장 크게 굴절하고, 장파장인 붉은색이 가장 작게 굴절하면서 무지개처럼 빛의 분리가 일어난다.

15

색채의 연상

색의 자극으로 생기는 인상 및 감정의 일종으로 사물이나 사건 또는 경험을 떠올리는 느낌을 말하며 구체적 연상, 추상적 연상으로 나뉜다.

구체적 연상	생활을 하면서 구체적인 사물이나 물건들을 연상하여 떠올리며 연결 짓는 것을 말하며, 색체의 지각 및 기억과 매우 밀접하게 관계가 있다(빨강 – 태양, 소방차).
추상적 연상	생활에서 체험하는 구체적인 것들을 심리적인 내용으로 변환하여 보다 추상적인 개념을 떠올리는 것으로 육체적인 개념보다는 정신적인 개념과 관계가 깊다(빨강 – 정열, 애정).

16

부엌에는 밝고 청결한 분위기를 형성하는 색채가 바람직하며 고명도, 저채도를 사용한다.

17

잔상현상

눈에 색자극을 없앤 뒤에도 남는 색감각을 말한다. 수술실을 녹색 계통으로 하는 이유는 눈의 피로와 빨간색과의 보색 등을 고려하여 잔상을 없애기 위해서이다. 녹색은 진정색으로 수술실의 분위기를 차분하게 만드는 데 적절한 색이다.

18

가구의 종류

• 유닛가구 : 고정적이며 이동적인 성격을 가지고 있어 공간의 조건에 맞도록 원하는 형태로 조합하여 공간의 효율을 높여준다.
• 가동가구(이동가구) : 일반적인 형태로 자유로이 움직일 수 있는 단일가구이다.
• 원목가구 : 나무 전체를 통째로 절단하여 그대로 건조한 재질로 만든 가구이다.
• 붙박이가구 : 건물과 일체화한 가구로, 공간을 활용하여 효율성을 높일 수 있다.

19

수납계 가구의 종류

• 농 : 수납용 목가구로 집안의 안주인은 안방에 농을 놓고 옷이나 기타 생활용품을 넣어 보관하였다.
• 궤 : 물건 수납을 위해 만든 상자형의 가구로 의류, 귀중품 등 다양한 물건들을 보관하기 위해 사용되었다.
• 반닫이 : 앞면의 반만 여닫도록 만든 수납용 목가구로, 이불을 얹거나 실내에서 다목적으로 쓰는 집기이다.

※ 소반

"작은 상"이라는 뜻으로 식기를 받쳐 나르거나 음식을 차려 먹을 때 사용하였다.

20

완성된 패널은 출력을 위해 CMYK 모드로 변환한다.

※ 2D 그래픽 도면

2D 그래픽 프로그램을 활용하여 컬러와 마감재를 넣고 도면을 선이 아닌 채워진 도면으로 표현하는 것을 말한다.

21

석재는 단위용적질량이 클수록 압축강도가 크고 공극률이 클수록 내화성이 크다.

22

이온화 경향 크기
Al>Fe>Cu>Ag

23

제혀쪽매
널 한쪽에 홈을 파고 다른 쪽에는 혀를 내어 물리게 한 것을 말한다.

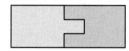

24

조적구조는 횡력 및 충격에 약해 고층 건축물의 구조용으로 적합하지 않으며, 습식 구조로서 겨울철 습기, 동결에 의한 부피팽창으로 동파 가능성이 있다.

25

바라이트 모르타르
시멘트, 모래, 바라이트(중정석)를 주재료로 한 모르타르로서 비중이 큰 바라이트 성분 때문에 방사선 차단용으로 사용하고 있다.

26

실행예산
공사현장의 제반조건(자연조건, 공사장 내외 제 조건, 측량결과 등)과 공사시공의 제반조건(계약 내역서, 설계도, 시방서, 계약조건 등) 등에 대한 조사결과를 검토, 분석한 후 계약내역과 별도로 시공사의 경영방침에 입각하여 당해 공사의 완공까지 필요한 실제 소요 공사비를 말한다.

27

경석고 플라스터(킨즈 시멘트)
• 고온소성의 무수석고를 특별하게 화학처리한 것이다.
• 응결과 경화의 속도가 소석고에 비하여 매우 늦어 경화촉진제로 화학처리하여 사용하며 경화 후 강도와 경도가 높고 광택을 갖는 미장 재료이다.

28

수성 페인트는 아교(접착제), 카세인, 녹말, 안료, 물을 혼합한 페인트로서, 용제형 도료에 비해 냄새가 없어 안전하고 위생적이나 방청능력은 기대하기 어렵다.

29

0.5B 쌓기 시 1m²당 75장의 벽돌이 필요하다.
∴ 40×75=3,000장

30

수화열 및 조기강도 · 수축률 크기
알루민산 3석회>규산 3석회>규산 2석회

※ 알루민산철 4석회는 색상과 관계된 성분이다.

31

X축 방향의 벽량이므로, X축의 벽길이(개구부 제외)를 실의 면적으로 나눠서 산정해 준다.
• X축의 벽길이(cm) : 2,400+2,400+1,000+1,000+1,000
$\qquad$ =7,800mm=780cm
• 실의 면적(m²) : (2.4+1.2+2.4)×(1+1.5+2.0)=27m²
∴ X축 방향의 벽량=780cm/27m²=28.9cm/m²

32

천연건조의 경우 자연적으로 건조하는 방법을 사용하므로 잔적장소(목재의 건조장소)가 커야 한다.

33

블리딩(Bleeding)
콘크리트 타설 후 시멘트와 골재입자 등이 침하함으로써 물이 분리 상승되어 콘크리트 표면에 떠오르는 현상으로서, 골재와 페이스트의 부착력 저하, 철근과 페이스트의 부착력 저하, 콘크리트의 수밀성 저하의 원인이 된다.

34

스테인드글라스
다양한 색의 표현이 가능하며 세부적인 디자인은 유색의 에나멜 유약을 써서 표현한다.

35

스테인리스강(Stainless Steel)
• 스테인리스강 표면에는 눈에는 보이지 않지만 치밀한 보호막이 형성되어 있으며 이 피막을 부동태 피막이라고 한다.
• 이 피막은 아주 얇은 피막이며 크롬산화물로 구성되어 있다(크롬양이 약 12% 이상이 되면 현저하게 부식속도가 떨어지게 된다).

36

실행내역서는 도급을 받은(도급계약을 완료한) 건설사에서 실제 건설에 필요한 물량 및 단가로 내역을 작성한 것으로서 도급계약서류에는 포함되지 않는다.

37

KCS 41 51 06 커튼 및 블라인드공사 블라인드의 종류
- 가로 당김 블라인드
- 두루마리 블라인드
- 베네시안 블라인드

38

집성목재
두께가 1.5~5cm인 단판을 섬유방향이 서로 평행하도록 겹쳐서 접착한 것이다.

39

화강암
- 질이 단단하고 내구성 및 강도가 크고 외관이 수려하다.
- 견고하고 절리의 거리가 비교적 커서 대형재의 생산이 가능하다.
- 바탕색과 반점이 미려하여 구조재, 내외장재로 많이 사용한다.
- 내화도가 낮아 고열을 받는 곳에는 적당하지 않다(600℃ 정도에서 강도 저하).
- 세밀한 가공이 난해하다.

40

재료의 일반적 성질
- 소성 : 재료에 외력을 제거하여도 재료가 원상으로 돌아가지 않고 변형된 그대로의 상태로 남아 있는 성질이다.
- 탄성 : 재료의 외력을 제거할 경우 재료가 원상으로 돌아가는 성질이다.

41

연결살수설비는 소화활동설비이다.

42

열교(Heat Bridge)현상
- 건축물을 구성하는 부위 중에서 단면의 열관류저항이 국부적으로 작은 부분에 발생하는 현상을 말한다.
- 열의 손실이라는 측면에서 냉교라고도 한다.
- 중공벽 내의 연결철물이 통과하는 구조체에서 발생하기 쉽다.
- 내단열 공법 시 슬래브가 외벽과 만나는 곳에서 발생하기 쉽다.

43

벽체에 비해 창의 열용량이 작기 때문에 건물의 창면적비가 커질수록 구조체 전체 열용량은 작아진다.

44

측정점의 반사율은 표면밝기의 척도인 휘도와 연관되어 있으며, 조도와는 관계없다.

45

신축을 흡수하는 것은 통기관이 아닌 신축이음쇠(Expansion Joint)의 역할이다. 단, 배수관에는 특별한 사유가 없는 한 신축이음쇠가 설치되지 않는다. 신축이음쇠는 주로 배관 내 높은 온도의 유체가 흘러갈 때 신축을 흡수하기 위해 사용되므로 급탕이나 온수배관에 주로 적용한다.

46

① 복사는 열매체가 없이 전달되는 전열현상이다.
② 일반적으로 방사율이 작은 표면은 복사율이 크다.
④ 물체에서 복사되는 열량은 그 표면의 절대온도의 4승에 비례한다.

47

1인당 차지하는 공간체적이 크다는 것은 실내의 재실자 밀도가 낮다는 것(공간의 크기 대비 인원이 적다는 것)을 의미하므로 필요환기량은 감소한다.

48

이중덕트방식은 온덕트와 냉덕트를 동시에 구성해야 하므로 덕트 스페이스가 크다.

49

실내 측 표면온도가 상승하여 노점온도보다 커지면 표면결로는 발생하지 않는다.

50

조명설계 순서
소요조도 결정 → 조명방식 결정 → 광원 선정 → 조명기구 선정 → 조명기구 배치 → 최종 검토

51

공간 특성이 바뀔 때 음이 굴절하는 현상에 대한 설명이다.

52

$$출구의\ 총유효너비 = \frac{1,500}{100} \times 0.6 = 9m$$

53

방화벽에 설치하는 출입문의 너비 및 높이는 각각 2.5m 이하로 하여야 한다.

54

배연구는 연기감지기 또는 열감지기에 의하여 자동으로 열 수 있는 구조로 하되, 자동으로 작동하지 않을 경우 및 유지관리를 위해서 손으로도 열고 닫을 수 있도록 해야 한다.

55

무창층의 개구부는 내부 또는 외부에서 쉽게 부수거나 열 수 있어야 한다.

56

문화 및 집회시설 중 전시장 및 동 · 식물원은 제외한다.

57

보를 증설 또는 해체하거나 세 개 이상 수선 또는 변경하는 것이 해당된다.

58

공장(화재의 위험이 적은 공장으로서 주요 구조부가 불연재료로 되어 있는 2층 이하의 공장은 제외)의 경우 바닥면적 합계가 2,000m² 이상일 경우 주요 구조부를 내화구조로 하여야 한다.

59

① 채광을 위하여 거실에 설치하는 창문 등의 면적은 그 거실의 바닥면적의 10분의 1 이상이어야 한다.
② 환기를 위하여 거실에 설치하는 창문 등의 면적은 그 거실의 바닥면적의 20분의 1 이상이어야 한다.
③ 오피스텔에 거실 바닥으로부터 높이 1.2m 이하 부분에 여닫을 수 있는 창문을 설치하는 경우에는 높이 1.2m 이상의 난간이나 이와 유사한 추락방지를 위한 안전시설을 설치하여야 한다.

60

공동 소방안전관리자 선임대상 특정소방대상물(화재의 예방 및 안전관리에 관한 법률 시행령 제25조)
• 복합건축물로서 연면적이 5천제곱미터 이상인 것 또는 층수가 5층 이상인 것
• 판매시설 중 도매시장 및 소매시장
• 특정소방대상물 중 소방본부장 또는 소방서장이 지정하는 것

01	02	03	04	05	06	07	08	09	10
③	①	①	①	③	④	④	②	④	③
11	12	13	14	15	16	17	18	19	20
④	③	②	③	③	③	④	④	④	③
21	22	23	24	25	26	27	28	29	30
④	③	①	③	②	③	③	④	③	②
31	32	33	34	35	36	37	38	39	40
④	②	①	④	①	②	②	③	②	②
41	42	43	44	45	46	47	48	49	50
②	②	④	②	①	②	③	③	④	②
51	52	53	54	55	56	57	58	59	60
②	②	②	④	①	④	④	③	③	②

01

실내디자인

인간이 생활하는 모든 공간을 대상으로 물리적 · 환경적 · 기능적 · 심미적 · 경제적 조건 등을 고려하여 공간을 창출해내는 창조적인 전문분야이다. 인간이 거주하는 공간을 보다 능률적이고 쾌적하게 계획 · 설계하는 작업이다.

02

①은 형태에 관한 설명이다.

디자인 요소
• 점 : 위치만 있고 크기는 없다.
• 선 : 점이 이동한 궤적이다.
• 면 : 선이 이동한 궤적이다.
• 형태 : 면이 이동한 궤적이다.

03

디자인 원리
• 리듬
 −개념 : 규칙적인 요소들의 반복에 의해 통제된 운동감으로 디자인에 시각적인 질서를 부여하며, 청각적 요소의 시각화를 꾀한다. 어떤 공간에 규칙성의 흐름을 주어 경쾌하고 활기 있는 표정을 준다.
 −리듬의 원리 : 반복, 점이, 대립, 변이, 방사

• 균형 : 두 개의 요소가 나누어져 하나의 지점에서 지탱되었을 때 역학적으로 평형을 이루는 상태를 말한다.
• 강조 : 힘의 강약에 단계를 주어 변화를 의도적으로 조성하여 흥미롭게 만드는 데 가장 효과적이다.
• 대비 : 전혀 다른 둘 이상의 요소가 계속적으로 배열될 때 상호의 특징이 한층 강하게 느껴지는 현상을 말한다.

04

레이아웃(Layout) 시 고려사항
공간을 형성하는 부분과 설치되는 물체의 평면상 계획으로, 공간 상호 간의 연계성, 출입형식 및 동선계획, 인체공학적 치수와 가구 크기를 고려해야 한다.

05

전시공간의 특수전시방법
• 디오라마 전시 : 현장감을 실감 나게 표현하는 방법으로 하나의 사실 또는 주제의 시간 상황을 고정하여 연출하는 방법이다.
• 파노라마 전시 : 연속적인 주제를 표현하기 위해 선형으로 연출되는 전시기법으로 전시물의 전경으로 펼쳐 전시하는 방법이다.
• 하모니카 전시 : 하모니카의 흡입구와 같은 모양으로 동일 종류의 전시물을 연속하여 배치하는 방법이다.

06

강조
힘의 강약에 단계를 주어 변화를 의도적으로 조성하여 흥미롭게 만드는 데 가장 효과적이다.

07

조명 연출기법
• 실루엣(Silhouette)기법 : 물체의 형상만을 강조하는 방법이다.
• 월워싱(Wall Washing)기법 : 균일한 조도의 빛을 수직벽면에 빛으로 쓸어내리는 듯하게 비추는 방법이다.
• 글레이징(Glazing)기법 : 빛의 각도를 조절함으로써 마감의 재질감을 강조하는 방법이다.

08

골든 스페이스(Gold Space)는 850~1,250mm이고, 상품 진열장의 유효범위는 600~2,100mm이다.

09

④는 개방식 배치에 대한 설명이다.

세포형 오피스(개실배치)

1~2인을 위한 개실규모는 20~30m² 정도로 소수를 위해 부서별로 개별적인 사무실을 제공한다. 특히, 각 부서나 직원 간의 커뮤니케이션이 불리하며 공간의 가변성이 적어 변화에 대응하기 어렵다.

10

개구부는 가구배치와 동선에 영향을 준다.

개구부

문, 창문같이 벽의 일부분이 오픈된 부분을 말하며 건축물의 표정과 실내공간의 성격을 규정하는 요소로서 프라이버시 확보의 역할을 한다.

11

사무공간 책상배치 유형

- 십자형 : 4개의 책상이 맞물려 십자를 이루도록 배치하는 형태로 팀 작업이 요구되는 전문직 업무에 적용할 수 있다.
- 자유형 : 개개인의 작업을 위하여 독립된 영역이 주어지는 형태로 독립성이 요구되는 형태이다.

12

상점의 광고요소(AIDMA 법칙)

- A(Attention, 주의) : 상품에 대한 관심으로 주의를 갖게 한다.
- I(Interest, 흥미) : 고객의 흥미를 갖게 한다.
- D(Desire, 욕망) : 구매욕구를 일으킨다.
- M(Memory, 기억) : 개성적인 공간으로 기억하게 한다.
- A(Action, 행동) : 구매의 동기를 실행하게 한다.

13

난색 계열의 광원이 음식과 분위기를 돋보이게 한다.

14

푸르킨예현상

명소시에서 암소시로 갑자기 이동할 때 빨간색은 어둡게, 파란색은 밝게 보이는 현상으로 추상체가 반응하지 않고 간상체가 반응하면서 생긴다. 푸르킨예현상이 발생하는 박명시의 최대시감도는 507~555nm이다.

15

색의 상징 및 연상

- 파란색 : 차가움, 시원함, 냉정, 우울, 영원
- 빨간색 : 열정, 흥분, 더위, 분노, 활력
- 초록색 : 평화, 자연, 평범, 피로해소, 안전
- 흰색 : 소박, 신성, 순결, 순수, 청결
- 보라 : 신앙, 고귀, 신비, 우아, 창조

16

감법혼색(감산혼합, 색료혼합)

- 색료 혼합으로 시안(Cyan), 마젠타(Magenta), 노랑(Yellow)이 기본색이다. 3종의 색료를 혼합하면 명도와 채도가 낮아져 어두워지고 탁해진다.
- 광원 앞에 투명한 색유리판을 겹쳐 점점 어두워지는 것과 같은 색채 혼색법이다.
- 컬러인쇄, 컬러사진, 인쇄출력물, 색필터 겹침, 색유리판 겹침 등이 있다.

17

미각

식욕을 돋우는 색은 주황색 같은 난색 계열이고, 식욕을 감퇴시키는 색은 파란색 같은 한색 계열이다.

18

① 가장 넓은 면적의 부분에 주로 적용되는 색채를 주조색이라고 한다.
② 통일감 있는 색채계획을 위해 보조색은 전체 색체의 30% 이하의 색채로 사용하여야 한다.
③ 주조색은 흰색, 회색, 검은색처럼 무채색이나 중성색이 무난하게 많이 적용한다.

※ **강조색**

차지하고 있는 면적으로 보면 가장 작은 면적에 사용되지만, 배색 중에서는 가장 눈에 띄는 악센트를 주는 포인트 역할을 하는 색으로 전체 색조를 집중시키는 효과가 있다.

19

① 서안 : 책을 보거나 글씨를 쓰는 데 필요한 사랑방용의 평좌식 책상이다.
② 경축장 : 서책 및 문서를 보관하는 단층장이다.
③ 반닫이 : 앞면의 반만 여닫도록 만든 수납용 목가구로, 이불을 얹거나 실내에서 다목적으로 쓰는 집기이다.

20

투시도의 종류에는 1소점, 2소점, 3소점 투시도가 있다.

투시도(Perspective)

어떤 시점에서 본 물체의 형태를 평면상에 나타낸 그림으로, 물체를 원근법에 따라 눈에 비친 그대로 그리는 기법이다.

21

선팽창계수는 온도변화대비 팽창의 정도를 수치화한 것이므로 골재의 선팽창계수에 의해 영향을 받을 수 있는 콘크리트의 성질은 온도변화에 대한 저항성이다.

22

코너 비드(Corner Bead)
벽, 기둥 등의 모서리를 보호하기 위하여 미장공사 전에 사용하는 철물로서 아연도금 철제, 스테인리스 철제, 황동제, 플라스틱 등이 있다.

23

건조의 목적(필요성)
강도 증가, 수축 · 균열 · 비틀림 등 변형 방지, 부패균 방지, 경량화

24

벽돌의 제조법과 벽체의 두께는 상관성이 크지 않다.

25

세라믹 파이버는 내열성이 우수한 무기질 단열재이다.

26

실행예산
공사현장의 제반조건(자연조건, 공사장 내외 제 조건, 측량결과 등)과 공사시공의 제반조건(계약내역서, 설계도, 시방서, 계약조건 등) 등에 대한 조사결과를 검토 · 분석한 후 계약내역과 별도로 시공사의 경영방침에 입각하여 당해 공사의 완공까지 필요한 실제 소요 공사비를 말한다.

27

매스 콘크리트는 80cm 이상의 두께를 가진 콘크리트로서 내부와 외부의 온도차이가 커서 온도균열이 발생할 우려가 있다. 이에 이 온도차이를 최소화하기 위해 경화속도가 상대적으로 느린 중용열 포틀랜드 시멘트를 적용하고 있다.

※ 조강 포틀랜드 시멘트는 경화속도가 빨라 긴급공사 등에 적용하는 시멘트이다.

28

AE 감수제 적용 시 콘크리트의 단위수량을 감소시켜 수밀성이 향상되고 투수성이 감소한다.

29

공정별 내역서에는 품명, 규격, 수량, 단가(재료, 노무, 경비)가 기재되어 있고, 제조일자까지는 표현되어 있지 않다.

30

목재는 섬유포화점(30%) 이상에서는 강도가 일정하며, 섬유포화점 이하에서는 함수율의 감소에 따라 강도가 증대된다.

31

KS 규정상 초결 60분(이상)−종결 10시간(이하)으로 규정된다.

32

비중이 작은 다공질 형태를 통해 열전도율을 낮출 수 있다.

33

중밀도 섬유판(MDF)
• 목섬유(Wood Fiber)에 액상의 합성수지 접착제, 방부제 등을 첨가 · 결합시켜 성형 · 열압하여 만든 인조 목재판이다.
• 내수성이 작고 팽창이 심하며, 재질도 약하고, 습도에 의한 신축이 큰 결점이 있으나, 비교적 값이 싸서 많이 사용된다.

34

④는 열선반사유리에 대한 설명이다.

※ **열선흡수유리**
   단열유리라고도 불리며 태양광선 중 장파부분을 흡수하는 유리를 말한다.

35

보의 늑근은 전단력에 대응하는 철근으로서 전단력이 많이 작용하는 양단(측부)에 많이 배근한다.

36

관리 사이클의 단계
계획(Plan) → 실시(Do) → 계측(Check) → 시정(Action)

37

도막방수는 누수 시 결함 발견이 용이하며, 노상을 통해 국부적 보수가 상대적으로 다른 공법들에 비해 어렵지 않다.

38

조적식 구조인 내력벽의 길이는 10m를 넘을 수 없다.

39

아스팔트 프라이머

솔, 롤러 등으로 용이하게 도포할 수 있도록 블론 아스팔트를 휘발성 용제에 희석한 흑갈색의 저점도 액체로서, 방수 시공의 첫 번째 공정에 쓰이는 바탕처리재이다.

40

경석고 플라스터는 약산성으로서 철의 부식을 방지한다.

41

물리적 온열요소

기온, 습도, 기류, 복사열

42

광창조명

• 광원을 넓은 벽면에 매입하는 방식이다.
• 벽면 전체 또는 일부분을 광원화하는 방식이다.
• 비스타(Vista)적인 효과를 연출한다.

43

① 다공성 흡음재는 중고음역에서의 흡음률이 크다.
② 판진동 흡음재는 진동이 잘 일어나야 하므로 일반적으로 얇을수록 흡음률이 크다.
③ 다공성 흡음재는 재료의 두께나 공기층 두께가 두꺼울수록 흡음률이 크다.

44

고압나트륨램프는 효율이 높으나, 연색성지수가 다른 광원에 비해 낮다.

45

트랩

배수관 내의 악취, 유독가스 및 벌레 등이 실내로 침투하는 것을 방지하기 위해 설치한다.

※ 배수능력을 촉진하는 것은 통기관의 역할이다.

46

복사난방은 열용량이 커서 외기 부하의 변화에 즉각적인 대응이 어렵다.

47

신축 공동주택의 실내공기질 권고기준(실내공기질 관리법 시행규칙 [별표 4의2])

• 폼알데하이드 : $210\mu\text{g/m}^3$ 이하
• 벤젠 : $30\mu\text{g/m}^3$ 이하
• 톨루엔 : $1,000\mu\text{g/m}^3$ 이하
• 에틸벤젠 : $360\mu\text{g/m}^3$ 이하
• 자일렌 : $700\mu\text{g/m}^3$ 이하
• 스티렌 : $300\mu\text{g/m}^3$ 이하
• 라돈 : 148Bq/m^3 이하

48

단일덕트 정풍량방식은 부하를 조절하기 위해 동일 풍량을 취출하기 때문에 부하특성이 다른 여러 개의 실이나 존이 있는 건물에 적용이 곤란하다.

49

벽면의 흡수율이 클 경우 일사열이 벽체 내부로 열이 전도되어 실내로 전달되므로 실질적인 일사량 전달량은 늘어나게 된다.

50

$$F = \frac{E \times A \times D}{N \times U} = \frac{E \times A}{N \times U \times M} \, (\text{lm})$$

여기서, F : 램프 1개당의 전광속(lm)
$\quad\quad\quad E$: 요구하는 조도(lx)
$\quad\quad\quad A$: 조명하는 실내의 면적(m^2)
$\quad\quad\quad D$: 감광보상률$\left(=\dfrac{1}{M}\right)$
$\quad\quad\quad N$: 필요로 하는 램프 개수
$\quad\quad\quad U$: 기구의 그 실내에서의 조명률
$\quad\quad\quad M$: 램프감광과 오손에 대한 보수율(유지율)

$$N = \frac{EA}{FUM} = \frac{500 \times (9 \times 9)}{3,200 \times 0.6 \times 0.8} = 26.37$$

∴ 필요한 램프의 개수는 27개

51

발전기실은 가급적 변전실과 가까운 곳에 설치한다.

52

창문 등의 차면시설(건축법 시행령 제55조)

인접 대지경계선으로부터 직선거리 2미터 이내에 이웃 주택의 내부가 보이는 창문 등을 설치하는 경우에는 차면시설(遮面施設)을 설치하여야 한다.

53

지하가(터널은 제외한다)로서 연면적 1천 m² 이상인 것이 해당한다.

54

특별피난계단 설치 대상

대상	예외
11층(공동주택은 16층) 이상의 층으로부터 피난층 또는 지상으로 통하는 직통계단	• 갓복도식 공동주택
지하 3층 이하인 층으로부터 피난층 또는 지상으로 통하는 직통계단	• 해당 층의 바닥 면적이 400m² 미만인 층

55

1급 소방안전관리대상물

㉠ 30층 이상(지하층은 제외한다)이거나 지상으로부터 높이가 120미터 이상인 아파트

㉡ 연면적 1만5천 제곱미터 이상인 특정소방대상물(아파트는 제외)

㉢ ㉡에 해당하지 아니하는 특정소방대상물로서 층수가 11층 이상인 특정소방대상물(아파트는 제외)

㉣ 가연성 가스를 1천 톤 이상 저장·취급하는 시설

56

거실의 반자높이(건축물의 피난·방화구조 등의 기준에 관한 규칙 제16조)

• 거실의 반자는 그 높이를 2.1미터 이상으로 하여야 한다.

• 문화 및 집회시설(전시장 및 동·식물원은 제외), 종교시설, 장례식장 또는 위락시설 중 유흥주점의 용도에 쓰이는 건축물의 관람실 또는 집회실로서 그 바닥면적이 200제곱미터 이상인 것의 반자의 높이는 위의 규정에 불구하고 4미터(노대의 아랫부분의 높이는 2.7미터) 이상이어야 한다. 다만, 기계환기장치를 설치하는 경우에는 그러하지 아니하다.

57

거실의 환기를 위한 창문 등의 면적은 거실 바닥면적의 1/20 이상이 필요하다.

58

방화벽에 설치하는 출입문의 너비 및 높이는 각각 2.5m 이하로 하여야 한다.

59

건축허가 등의 동의대상물의 범위 등(소방시설 설치 및 관리에 관한 법률 시행령 제7조)

차고·주차장 또는 주차용도로 사용되는 시설로서 다음 각 어느 하나에 해당하는 것은 건축허가 등을 할 때 미리 소방본부장 또는 소방서장의 동의를 받아야 한다.

• 차고·주차장으로 사용되는 바닥면적이 200제곱미터 이상인 층이 있는 건축물이나 주차시설

• 승강기 등 기계장치에 의한 주차시설로서 자동차 20대 이상을 주차할 수 있는 시설

60

$$비상용 \ 승강기 \ 대수 = 1 + \frac{6,000 - 1,500}{3,000} = 2.5 \rightarrow 3대$$

콕집
90제

01 점과 선에 관한 설명으로 옳지 않은 것은?

① 선은 면의 한계, 면들의 교차에서 나타난다.

② 크기가 같은 두 개의 점에는 주의력이 균등하게 작용한다.

③ 곡선은 약동감, 생동감 넘치는 에너지와 속도감을 준다.

④ 배경의 중심에 있는 하나의 점은 시선을 집중시키는 효과가 있다.

[해설]

③은 사선에 대한 설명이다.

※ 곡선은 우아하고, 유연함과 부드러움을 나타내며 여성적인 섬세함을 준다.

02 다음 설명에 알맞은 디자인 원리는?

> • 규칙적인 요소들의 반복에 의해 나타나는 통제된 운동감으로 정의된다.
> • 청각의 원리가 시각적으로 표현된 것이라 할 수 있다.

① 리듬

② 균형

③ 강조

④ 대비

[해설]

리듬

규칙적인 요소들의 반복에 의해 통제된 운동감으로 디자인에 시각적인 질서를 부여하며, 청각적 요소가 시각적으로 표현된다. 리듬의 원리에는 반복, 점진, 대립, 변이, 방사가 있다.

03 황금비례에 관한 설명으로 옳지 않는 것은?

① 1 : 1.618의 비례이다.

② 기하학적인 분할방식이다.

③ 고대 이집트인들이 창안하였다.

④ 몬드리안의 작품에서 예를 들 수 있다.

[해설]

황금비례

1 : 1.618의 비율로서 고대 그리스인들이 발명해 낸 기하학적 분할법으로, 선이나 면적을 나눌 때, 작은 부분과 큰 부분의 비율이 큰 부분과 전체에 대한 비율과 동일하게 되는 방식이다.

04 디자인의 원리 중 대비에 관한 설명으로 가장 알맞은 것은?

① 제반 요소를 단순화하여 실내를 조화롭게 하는 것이다.

② 저울의 원리와 같이 중심에서 양측에 물리적 법칙으로 힘의 안정을 구하는 현상이다.

③ 모든 시각적 요소에 대하여 극적 분위기를 주는 상반된 성격의 결합에서 이루어진다.

④ 디자인 대상의 전체에 미적 질서를 부여하는 것으로 모든 형식의 출발점이며 구심점이다.

[해설]

①은 단순조화, ②는 균형, ④는 통일에 대한 설명이다.

대비

모든 시각적 요소에 대하여 극적 분위기를 주는 상반된 성격의 결합에서 극적인 분위기를 연출하는 데 효과적이다.

05 형태를 의미구조에 의해 분류하였을 때, 다음 설명에 해당하는 것은?

> 인간의 지각, 즉 시각과 촉각 등으로 직접 느낄 수 없고 개념적으로만 제시될 수 있는 형태로서 순수형태 혹은 상징적 형태라고도 한다.

① 현실적 형태

② 인위적 형태

③ 이념적 형태

④ 추상적 형태

정답   **01** ③   **02** ①   **03** ③   **04** ③   **05** ③

형태의 종류
- 현실적 형태 : 우리 주위에 실제 존재하는 모든 물상을 말한다.
- 인위적 형태 : 인간이 인위적으로 만들어 낸 사물로서 구조체에서 볼 수 있는 형태이다.
- 이념적 형태 : 인간의 지각, 시각과 촉각 등으로 직접 느낄 수 없고 개념적으로만 제시될 수 있는 형태이다. 기하학적으로 취급한 점, 선, 면, 입체 등이 이에 속한다.
- 추상적 형태 : 구체적 형태를 생략 또는 과장의 과정을 거쳐 재구성된 형태이다.

06 바닥에 관한 설명으로 옳지 않은 것은?

① 공간을 구성하는 수평적 요소이다.

② 고저차로 공간의 영역을 조정할 수 있다.

③ 촉각적으로 만족할 수 있는 조건을 요구한다.

④ 벽, 천장에 비해 시대와 양식에 의한 변화가 현저하다.

다른 요소들이 시대와 양식에 의한 변화가 현저한 데 비해 바닥은 매우 고정적이다.

07 다음의 실내공간 구성요소 중 촉각적 요소보다 시각적 요소가 상대적으로 가장 많은 부분을 차지하는 것은?

① 벽   ② 바닥

③ 천장   ④ 기둥

천장
건물 내부의 상부층 슬래브 아래에 조성되어 있어 천장을 높이거나 낮추는 것을 통해 시각적 요소가 가장 많이 차지한다. 특히, 시각적 흐름이 최종적으로 멈추는 곳으로 내부 공간요소 중 가장 자유롭게 조형적으로 공간의 변화를 줄 수 있다.

08 다음 중 질감(Texture)에 관한 설명으로 옳은 것은?

① 스케일에 영향을 받지 않는다.

② 무게감은 전달할 수 있으나 온도감은 전달할 수 없다.

③ 촉각 또는 시각으로 지각할 수 있는 어떤 물체 표면상의 특징을 말한다.

④ 유리, 빛을 내는 금속류, 거울 같은 재료는 반사율이 낮아 차갑게 느껴진다.

① 질감의 선택에서 스케일, 빛의 반사와 흡수, 촉감 등이 중요하며 효과적인 질감 표현을 위해서는 색채와 조명을 동시에 고려해야 한다.
② 시각적으로 느껴지는 재질감을 통해 무게감과 온도감을 전달한다.
④ 표면이 매끄러울수록 반사율이 높아 가볍고 환한 느낌을 준다.

09 다음 설명에 알맞은 건축화조명방식은?

> 광원의 빛이 천장 또는 벽면으로 가려지게 하여 반사광으로 간접 조명하는 방식이다.

① 코브조명   ② 광창조명

③ 광천장조명   ④ 밸런스조명

코브조명
천장, 벽의 구조체 안에 조명기구를 매입시키고 광원의 빛을 가린 후 반사광으로 간접 조명하는 방식으로 조도가 균일하며 눈부심이 없고 보조조명으로 주로 사용된다.

10 다음 중 단독주택의 현관 위치 결정에 가장 주된 영향을 끼치는 것은?

① 가족 구성   ② 도로의 위치

③ 주택의 층수   ④ 주택의 건폐율

현관 위치의 결정요인
도로의 위치(관계), 경사도, 대지의 형태

정답   **06** ④   **07** ③   **08** ③   **09** ①   **10** ②

11 주거공간을 주 행동에 따라 개인공간, 사회공간, 노동공간 등으로 구분할 경우, 다음 중 사회공간에 속하지 않는 것은?

① 거실
② 식당
③ 서재
④ 응접실

> **해설**
>
> • 개인공간 : 서재, 침실, 자녀방 노인방
> • 작업공간 : 주방, 세탁실, 가사실, 다용도실
> • 사회공간 : 거실, 응접실, 식사실

12 다음 그림과 같은 주택 부엌가구의 배치유형은?

① 일렬형
② ㄷ자형
③ 병렬형
④ 아일랜드형

> **해설**
>
> **병렬형**
> 양쪽 벽면에 작업대를 마주 보도록 배치하는 형식으로 동선을 짧게 처리할 수 있어 효율적인 배치유형이다.

13 상품을 판매하는 매장을 계획할 경우 일반적으로 동선을 길게 구성하는 것은?

① 고객동선
② 관리동선
③ 판매종업원동선
④ 상품 반출입동선

> **해설**
>
> **고객동선**
> 충동구매를 유도하기 위해 길게 배치하는 것이 좋으며, 종업원 동선과 교차되지 않도록 하고 고객을 위한 통로 폭은 900mm 이상으로 한다.

14 VMD(Visual Merchandising)의 구성에 속하지 않는 것은?

① VP
② PP
③ IP
④ POP

> **해설**
>
> **VMD의 요소**
> • IP(Item Presentation) : 상품의 분류정리
> • PP(Point of Sale Presentation) : 한 유닛에서 대표되는 상품진열
> • VP(Visual Presentation) : 상점의 이미지, 패션테마의 종합적인 표현
>
> ※ POP(Point Of Purchase)
>   매장 내 전시 상품을 보조하는 부분으로 새로운 상품 소개 및 브랜드에 대한 정보를 제공하고 상품의 사용법, 특성, 가격 등을 안내한다.

15 사무소 건축의 실단위 계획 중 개방식 배치에 관한 설명으로 옳지 않은 것은?

① 소음의 우려가 있다.
② 프라이버시의 확보가 용이하다.
③ 모든 면적을 유용하게 이용할 수 있다.
④ 방의 길이나 깊이에 변화를 줄 수 있다.

> **해설**
>
> ②는 개실시스템에 대한 설명이다.
>
> **개방식 시스템**
> • 독립성이 떨어져 프라이버시가 불리하여 소음의 우려가 있다.
> • 모든 면적을 유용하게 이용할 수 있어 공간 절약상 유리하다.
> • 공사비 절약이 가능하며 방길이, 깊이에 변화가 가능하다.

16 다음 그림이 나타내는 특수전시기법은?

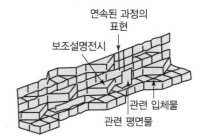

① 디오라마 전시
② 아일랜드 전시
③ 파노라마 전시
④ 하모니카 전시

해설

파노라마 전시
연속적인 주제를 표현하기 위해 선형으로 연출되는 전시기법으로 전시물의 전경으로 펼쳐 전시하는 방법이다.

17 가산혼합에 대한 설명으로 틀린 것은?

① 가산혼합의 1차 색은 감산혼합의 2차 색이다.
② 보색을 섞으면 어두운 회색이 된다.
③ 색은 섞을수록 밝아진다.
④ 기본색은 빨강, 녹색, 파랑이다.

해설

②는 감산혼합에 대한 설명이다.

가법혼색(가산혼합, 색광혼합)
빛의 3원색으로 빨강(R), 초록(G), 파랑(B) 3종의 색광을 혼합했을 때 백색광이 되며 원래의 색광보다 밝아지는 혼합이다.

18 감법혼색에서 모든 파장이 제거될 경우 나타날 수 있는 색은?

① 흰색
② 검정
③ 마젠타
④ 노랑

해설

감법혼색(감산혼합, 색료혼합)
색료 혼합으로 시안(C), 마젠타(M), 노랑(Y) 이 기본색이다. 3종의 색료를 혼합하면 명도와 채도가 낮아져 어두워지고 탁해진다.

19 인접한 색이나 혹은 배경색의 영향으로 먼저 본 색이 원래의 색과 다르게 보이는 현상은?

① 연상작용
② 동화현상
③ 대비현상
④ 색순응

해설

대비현상
색상이 다른 두 개의 색을 대비시켰을 때 인접한 색의 영향을 받아 색이 다르게 보이는 현상이다.

20 우리나라의 한국산업표준(KS)으로 채택된 표색계는?

① 오스트발트
② 먼셀
③ 헬름홀츠
④ 헤링

해설

먼셀 색체계
한국 공업규격으로 1965년 한국산업표준 KS규격으로 채택하고 있고, 교육용으로는 교육부 고시 312호로 지정해 사용되고 있다.

21 먼셀의 색채조화이론 핵심인 균형원리에서 각 색들이 가장 조화로운 배색을 이루는 평균 명도는?

① N4
② N3
③ N5
④ N2

해설

명도(V, Value)
무채색임을 나타내기 위하여 Neutral이 머리글자인 N에 숫자를 붙여 나타낸다. 중간명도의 회색 N5를 균형의 중심점으로 배색을 이루는 각 색의 평균 명도가 N5가 될 때 그 배색은 조화를 이룬다.

22 밝은 곳에서 어두운 곳으로 이동하면 주위의 물체가 잘 보이지 않다가 어두움 속에서 시간이 지나면 식별할 수 있는 현상과 관련 있는 인체의 반응은?

① 항상성
② 색순응
③ 암순응
④ 고유성

해설

암순응

밝은 곳에서 어두운 곳으로 갈 때 순간적으로 보이지 않는 현상으로 어둠에 적응하는 데 30분 정도 걸린다. 특히, 터널의 출입구 부근에 조명이 집중되어 있고 중심부로 갈수록 조명 수를 적게 배치하는 이유는 암순응을 고려한 것이다.

23 문 · 스펜서의 색채조화 이론에서 조화의 내용이 아닌 것은?

① 입체조화
② 동일조화
③ 유사조화
④ 대비조화

해설

문 · 스펜서의 색채조화론

• 동일조화 : 같은 색의 조화
• 유사조화 : 유사한 색의 조화
• 대비조화 : 반대색의 조화

24 "$M = O/C$"는 버크호프(G. D. Birkhoff) 공식이다. 여기서 "O"는 무엇을 나타내는가?

① 환경의 요소
② 복잡성의 요소
③ 구성의 요소
④ 질서의 요소

해설

미도

미의 원리를 수량적으로 표현하기 위해 미도(M)가 0.5를 기준으로 그 이상이 되면 좋은 배색 및 조화를 이룬다.

$$미도(M) = \frac{질서의 요소(O)}{복잡성의 요소(C)}$$

25 색채조화의 원리 중 가장 보편적이며 공통적으로 적용할 수 있는 원리는 저드(D. B. Judd)가 주장하는 정성적 조화론에 속하지 않는 것은?

① 질서의 원리
② 친근성의 원리
③ 명료성의 원리
④ 보색의 원리

해설

저드의 색채조화 4원칙

유사의 원리, 질서의 원리, 비모호성의 원리(명료성의 원리), 친근성의 원리

26 디지털 색채시스템에서 RGB 형식으로 검정을 표현하기에 적절한 수치는?

① R = 255, G = 255, B = 255
② R = 0, G = 0, B = 255
③ R = 0, G = 0, B = 0
④ R = 255, G = 255, B = 0

해설

RGB 색상표현 형식

• 검은색 : R = 0, G = 0, B = 0
• 흰색 : R = 255, G = 255, B = 255

27 컬러 TV의 화면이나 인상파 화가의 점묘법, 직물 등에서 발견되는 색의 혼색방법은?

① 동시감법혼색
② 계시가법혼색
③ 병치가법혼색
④ 감법혼색

해설

병치가법혼색

2종류 이상의 색자극이 눈으로 구별할 수 없을 정도로 선이나 점이 조밀하게 병치되어 인접색과 혼합하는 방법으로 컬러 TV 등이 있다.

28 건축계획 시 함께 계획하여 건축물과 일체화하여 설치되는 가구는?

① 유닛가구　　　　② 붙박이가구
③ 인체계 가구　　　④ 시스템가구

[해설]
붙박이가구
건물과 일체화한 가구로 공간 활용 및 효율성을 높일 수 있다.

29 다음 중 마르셀 브로이어(Marcel Breuer)가 디자인한 의자는?

① 바실리 의자　　　② 파이미오 의자
③ 레드블루 의자　　④ 바르셀로나 의자

[해설]
바실리 의자
미국 건축가 및 가구 디자이너인 마르셀 브로이어(Marcel Breuer)가 강철파이프를 휘어 골조를 만들고 가죽으로 좌판, 등받이, 팔걸이를 만든 의자로, 모더니즘 상징과도 같은 존재이다.

② 파이미오 의자 : 알바 알토
③ 레드블루 의자 : 게리트 리트벨트
④ 바르셀로나 의자 : 미스 반 데어 로에

30 다음 설명에 알맞은 전통가구는?

- 책이나 완성품을 진열할 수 있도록 여러 층의 층널이 있다.
- 사랑방에서 쓰인 문방가구로 선반이 정방형에 가깝다.

① 서안　　　　　　② 경축장
③ 반닫이　　　　　④ 사방탁자

[해설]
전통가구의 종류
- 서안 : 책을 보거나 글씨를 쓰는 데 필요한 사랑방용의 평좌식 책상이다.
- 경축장 : 서책 및 문서를 보관하는 단층장이다.
- 반닫이 : 앞면의 빈만 여닫도록 만든 수납용 목가구로, 이불을 얹거나 실내에서 다목적으로 쓰는 집기이다.

- 사방탁자 : 각 층의 넓은 판재(층널)를 가는 기둥만으로 연결하여 사방이 트이게 만든 가구로 책이나 문방용품, 즐겨 감상하는 물건 등을 올려놓거나 장식하는 기능을 하였다.

31 콘크리트용 혼화제에 관한 설명으로 옳은 것은?

① 지연제는 굳지 않은 콘크리트의 운송시간에 따른 콜드 조인트 발생을 억제하기 위하여 사용된다.
② AE제는 콘크리트의 워커빌리티를 개선하지만 동결융해에 대한 저항성을 저하시키는 단점이 있다.
③ 급결제는 초미립자로 구성되며 이를 사용한 콘크리트의 초기강도는 작으나, 장기강도는 일반적으로 높다.
④ 감수제는 계면활성제의 일종으로 굳지 않은 콘크리트의 단위수량을 감소시키는 효과가 있으나 골재분리 및 블리딩 현상을 유발하는 단점이 있다.

[해설]
② AE제는 콘크리트의 워커빌리티 개선뿐만 아니라 동결융해에 대한 저항성을 높게 하는 역할을 한다.
③ 급결제는 초미립자로 구성되며 콘크리트의 초기강도를 높이기 위해 사용한다.
④ 감수제는 계면활성제의 일종으로 굳지 않은 콘크리트의 단위수량을 감소시켜, 골재분리 및 블리딩 현상을 최소화하는 장점이 있다.

32 시멘트의 수화열을 저감시킬 목적으로 제조한 시멘트로 매스콘크리트용으로 사용되며, 건조수축이 작고 화학저항성이 일반적으로 큰 것은?

① 조강 포틀랜드 시멘트
② 중용열 포틀랜드 시멘트
③ 실리카 시멘트
④ 알루미나 시멘트

[해설]
중용열 포틀랜드 시멘트의 특징
- 초기 수화반응속도가 느리다.
- 수화열이 작다.
- 건조수축이 작다.

정답　**28** ②　**29** ①　**30** ④　**31** ①　**32** ②

33 시멘트 종류에 따른 사용용도를 나타낸 것으로 옳지 않은 것은?

① 조강 포틀랜드 시멘트 – 한중 콘크리트 공사
② 중용열 포틀랜드 시멘트 – 매스 콘크리트 및 댐공사
③ 고로 시멘트 – 타일 줄눈 시공 시
④ 내황산염 포틀랜드 시멘트 – 온천지대나 하수도공사

[해설]
타일 줄눈 시공 시 적용하는 것은 백색 포틀랜드 시멘트이다.

※ **고로 시멘트** : 혼합 시멘트로서 내열성 및 내식성이 우수하고 높은 장기강도 발현이 필요할 때 적용하는 시멘트이다.

34 골재의 함수상태에 관한 식으로 옳지 않은 것은?

① 흡수량 = (표면건조상태의 중량) − (절대건조상태의 중량)
② 유효흡수량 = (표면건조상태의 중량) − (기건상태의 중량)
③ 표면수량 = (습윤상태의 중량) − (표면건조상태의 중량)
④ 전체 함수량 = (습윤상태의 중량) − (기건상태의 중량)

[해설]
전체 함수량은 습윤상태의 중량에서 절대건조상태의 중량을 뺀 값이다.

35 전건(全乾) 목재의 비중이 0.4일 때, 이 전건(全乾) 목재의 공극률은?

① 26%
② 36%
③ 64%
④ 74%

[해설]

$$공극률(\%) = (1 - \frac{목재의\ 절건비중}{1.54}) \times 100\%$$

$$= (1 - \frac{0.4}{1.54}) \times 100\% = 74\%$$

36 방수공사에서 아스팔트 품질 결정요소와 가장 거리가 먼 것은?

① 침입도
② 신도
③ 연화점
④ 마모도

[해설]
아스팔트 특성 표기

구분	내용
신도	• 아스팔트의 연성을 나타내는 것 • 규정된 모양으로 한 시료의 양끝을 규정한 온도, 규정한 속도로 인장했을 때까지 늘어나는 길이를 cm로 표시
인화점	시료를 가열하여 불꽃을 가까이했을 때 공기와 혼합된 기름 증기에 인화된 최저온도
연화점	유리, 내화물, 플라스틱, 아스팔트, 타르 따위의 고형(固形) 물질이 열에 의하여 변형되어 연화를 일으키기 시작하는 온도
침입도	• 아스팔트의 경도를 표시하는 것 • 규정된 침이 시료 중에 수직으로 진입된 길이를 나타내며, 단위는 0.1mm를 1로 함

37 아스팔트 방수재료로서 천연 아스팔트가 아닌 것은?

① 아스팔타이트(Asphaltite)
② 록 아스팔트(Rock Asphalt)
③ 레이크 아스팔트(Lake Asphalt)
④ 블론 아스팔트(Blown Asphalt)

[해설]
블론 아스팔트(Blown Asphalt)는 석유 아스팔트의 한 종류이다.

38 단열재가 갖추어야 할 조건으로 옳지 않은 것은?

① 열전도율이 낮을 것
② 비중이 클 것
③ 흡수율이 낮을 것
④ 내화성이 좋을 것

[해설]
비중이 작은 다공질 형태를 통해 열전도율을 낮출 수 있다.

정답   **33** ③   **34** ④   **35** ④   **36** ④   **37** ④   **38** ②

39 무기질 단열재료 중 규산질 분말과 석회분말을 오토클레이브 중에서 반응시켜 얻은 겔에 보강섬유를 첨가하여 프레스 성형하여 만드는 것은?

① 유리면
② 세라믹 섬유
③ 펄라이트판
④ 규산 칼슘판

해설

규산 칼슘판은 무기질 재료로서 불연성능이 우수하다.

40 목재에 관한 설명으로 옳지 않은 것은?

① 춘재부는 세포막이 얇고 연하나 추재부는 세포막이 두껍고 치밀하다.
② 심재는 목질부 중 수심 부근에 위치하고 일반적으로 변재보다 강도가 크다.
③ 널결은 곧은결에 비해 일반적으로 외관이 아름답고 수축변형이 적다.
④ 4계절 중 벌목의 가장 적당한 시기는 겨울이다.

해설

널결과 곧은결 비교

널결	곧은결
• 목재를 연륜(나이테)에 접선 방향으로 켜면 나타나는 물결모양(곡선모양)의 나뭇결을 말함 • 결이 거칠고 불규칙하게 나타남 • 널결이 나타난 목재를 널결재라고 함	• 목재를 연륜(나이테)에 직각 방향으로 켜면 나타나는 평행선상의 나뭇결을 말함 • 널결에 비해 수축변형이 적으며 마모율도 적음 • 곧은결이 나타난 목재를 곧은결재라고 함

41 다음과 같은 목재 3종의 강도에 대하여 크기의 순서를 옳게 나타낸 것은?

- A : 섬유 평행방향의 압축강도
- B : 섬유 평행방향의 인장강도
- C : 섬유 평행방향의 전단강도

① A > C > B
② B > C > A
③ A > B > C
④ B > A > C

해설

목재의 강도 크기

인장강도 > 휨강도 > 압축강도 > 전단강도

42 목재의 이음에 관한 설명으로 옳지 않은 것은?

① 엇걸이 산지이음은 옆에서 산지치기로 하고, 중간은 빗물리게 한다.
② 턱솔이음은 서로 경사지게 잘라 이은 것으로 목질 또는 볼트 죔으로 한다.
③ 빗이음은 띠장, 장선이음 등에 사용한다.
④ 겹침이음은 2개의 부재를 단순히 겹쳐대고 큰 못 · 볼트 등으로 보강한다.

해설

②는 빗걸이이음에 대한 설명이다.

※ **턱솔이음** : 목재의 이을 부분을 턱이 지게 깎아서 잇는 방법을 말한다.

43 목재의 흠의 종류 중 가지가 줄기의 조직에 말려 들어가 나이테가 밀집되고 수지가 많아 단단하게 된 것은?

① 옹이
② 지선
③ 할렬
④ 잔적

해설

옹이(목재의 결함)
• 수목이 성장하는 도중 줄기에서 가지가 생기면 세포가 변형을 일으켜 발생한다.
• 죽은 옹이가 산 옹이보다 압축강도가 떨어진다.
• 옹이의 지름이 클수록 압축강도가 감소한다.

44 한국의 목조건축에서 기둥 밑에 놓아 수직재인 기둥을 고정하는 것은?

① 인방 ② 주두

③ 초석 ④ 부연

[해설]

초석
기둥 밑에서 기초의 역할을 하는 돌을 의미한다.

45 점토제품 중에서 흡수성이 가장 큰 것은?

① 토기 ② 도기

③ 석기 ④ 자기

[해설]

타일의 종류에 따른 흡수성

종류	흡수성	제품
토기	20~30%	붉은 벽돌, 토관, 기와
도기	15~20%	내장타일
석기	8% 이하	클링커 타일
자기	1% 이하	외장타일, 바닥타일, 모자이크 타일

46 알루미늄의 성질에 관한 설명으로 옳지 않은 것은?

① 융점이 낮기 때문에 용해주조도는 좋으나 내화성이 부족하다.

② 열·전기 전도성이 크고 반사율이 높다.

③ 알칼리나 해수에는 부식이 쉽게 일어나지 않지만 대기 중에서는 쉽게 침식된다.

④ 비중이 철의 1/3 정도로 경량이다.

[해설]

알루미늄
대기 중에서는 표면에 산화피막이 생겨 내부를 보호하지만, 해수, 산, 알칼리에는 침식되며 콘크리트에 부식된다.

47 페어 글라스라고도 불리며 단열성, 차음성이 좋고 결로 방지에 효과적인 유리는?

① 복층유리 ② 강화유리

③ 자외선차단유리 ④ 망입유리

[해설]

복층유리(Pair Glass)
2장 또는 3장의 판유리를 일정한 간격을 두고 금속테두리(간봉)로 기밀하게 접해서 내부를 건조공기로 채운 유리로서 단열성, 차음성이 좋고 결로현상을 예방할 수 있다.

48 용융하기 쉽고, 산에는 강하나 알칼리에 약한 특성이 있으며 건축 일반용 창호유리, 병유리에 자주 사용되는 유리는?

① 소다 석회유리 ② 칼륨 석회유리

③ 보헤미아유리 ④ 납유리

[해설]

소다 석회유리
• 용융되기 쉬우며 산에 강하고 알칼리에 약하다.
• 풍화되기 쉬우며, 비교적 팽창률 및 강도가 크다.
• 일반 건축용 창유리, 일반 병 종류 등에 적용한다.

49 강도, 경도, 비중이 크며 내화적이고 석질이 극히 치밀하여 구조용 석재 또는 장식재로 널리 쓰이는 것은?

① 화강암 ② 응회암

③ 캐스트스톤 ④ 안산암

[해설]

안산암
• 강도, 경도가 크고 내화력이 우수하며 구조용 석재로 사용한다 (1,200℃에서 파괴).
• 조직과 색조가 균일하지 않아 대재를 얻기 어렵다.
• 가공이 용이하여 조각을 필요로 하는 곳에 적합하다.
• 갈아도 광택이 나지 않는다.

50 석재의 성질에 관한 설명으로 옳지 않은 것은?

① 화강암은 온도상승에 의한 강도저하가 심하다.

② 대리석은 산성비에 약해 광택이 쉽게 없어진다.

③ 부석은 비중이 커서 물에 쉽게 가라앉는다.

④ 사암은 함유광물의 성분에 따라 암석의 질, 내구성, 강도에 현저한 차이가 있다.

> 해설
>
> 부석은 다공질이며, 비중이 작아 물에 쉽게 가라앉지 않는다.

51 트래버틴(Travertine)에 관한 설명으로 옳지 않은 것은?

① 석질이 불균일하고 다공질이다.

② 변성암으로 황갈색의 반문이 있다.

③ 탄산석회를 포함한 물에서 침전, 생성된 것이다.

④ 특수 외장용 장식재로서 주로 사용된다.

> 해설
>
> **트래버틴(Travertine)**
> 대리석의 한 종류로 다공질이고, 석질이 균질하지 못하며 암갈색 무늬가 있으며, 특수한 실내장식재로 이용된다.

52 실외 조적공사 시 조적조의 백화현상 방지법으로 옳지 않은 것은?

① 우천 시에는 조적을 금지한다.

② 가용성 염류가 포함되어 있는 해사를 사용한다.

③ 줄눈용 모르타르에 방수제를 섞어서 사용하거나, 흡수율이 작은 벽돌을 선택한다.

④ 내벽과 외벽 사이 조적 하단부와 상단부에 통풍구를 만들어 통풍을 통한 건조상태를 유지한다.

> 해설
>
> 가용성 염류가 포함되어 있는 해사를 사용할 경우 백화현상뿐만 아니라, 염해 등 다른 하자의 원인이 될 수 있다.

53 미장재료의 종류와 특성에 관한 설명으로 옳지 않은 것은?

① 시멘트모르타르는 시멘트 결합재로 하고 모래를 골재로 하여 이를 물과 혼합하여 사용하는 수경성 미장재료이다.

② 테라초 현장바름은 주로 바닥에 쓰이고 벽에는 공장제품 테라초판을 붙인다.

③ 소석회는 돌로마이트 플라스터에 비해 점성이 높고, 작업성이 좋기 때문에 풀을 필요로 하지 않는다.

④ 석고 플라스터는 경화 건조 시 치수안정성이 우수하며 내화성이 높다.

> 해설
>
> 소석회는 돌로마이트 플라스터에 비해 점성이 낮아 작업 시 (해초)풀을 혼합하여 부착력 등의 작업성을 확보하여야 한다.

54 수경성 미장재료로 경화 · 건조 시 치수안정성이 우수한 것은?

① 회사벽

② 회반죽

③ 돌로마이트 플라스터

④ 석고 플라스터

> 해설
>
> **석고 플라스터(수경성 재료)**
> • 다른 미장재료보다 응고가 빠르며 팽창한다.
> • 미장재료 중 점성이 가장 많아 해초풀을 사용할 필요가 없다.
> • 약산성이므로 유성 페인트 마감을 할 수 없다.
> • 경화, 건조 시 치수안정성과 내화성이 뛰어나다.
> • 경석고 플라스터는 고온 소성의 무수석고에 특별한 화학처리를 한 것으로 경화 후 아주 단단해진다.
> • 반수석고는 가수 후 20~30분에서 급속 경화하지만, 무수석고는 경화가 늦기 때문에 경화촉진제를 필요로 한다.

55 다음 철물 중 창호용이 아닌 것은?

① 안장쇠

② 크레센트

③ 도어체인

④ 플로어 힌지

[해설]

안장쇠
목구조에서 큰보와 작은보를 연결하는 연결철물이다.

56 석고보드에 관한 설명으로 옳지 않은 것은?

① 방수, 방화 등 용도별 성능을 가지도록 제작할 수 있다.

② 벽, 천장, 칸막이 등에 합판 대용으로 주로 사용된다.

③ 내수성, 내충격성은 매우 강하나 단열성, 차음성이 부족하다.

④ 주원료인 소석고에 혼화제를 넣고 물로 반죽한 후 2장의 강인한 보드용 원지 사이에 채워 넣어 만든다.

[해설]

석고보드는 내수성과 내충격성, 탄력성, 방수성이 약한 특성을 가지고 있으나, 단열성, 방화성이 강한 특징을 나타낸다.

57 다음 중 열경화성 합성수지에 속하지 않는 것은?

① 페놀수지

② 요소수지

③ 초산비닐수지

④ 멜라민수지

[해설]

초산비닐수지
열가소성 수지로서 무색투명(가시광선 투과율 : 89%)하며, 접착성과 내수성이 양호하고 도료, 접착제 등에 사용한다.

58 FRP, 욕조, 물탱크 등에 사용되는 내후성과 내약품성이 뛰어난 열경화성 수지는?

① 불소수지

② 불포화 폴리에스테르수지

③ 초산비닐수지

④ 폴리우레탄수지

[해설]

불포화 폴리에스테르수지
- 기계적 강도와 비항장력이 강과 비등한 값으로 $100 \sim 150℃$에서 $-90℃$의 온도 범위에서 이용 가능하며, 내수성이 우수하다.
- 주요 성형품으로 유리섬유로 보강한 섬유강화 플라스틱(FRP) 등이 있다.
- 강도와 신도를 제조공정상에서 조절할 수 있다.
- 영계수가 커서 주름이 생기지 않는다.
- 다른 섬유와 혼방성이 풍부하다.
- 항공기, 선박, 차량재, 건축의 천장, 루버, 아케이드, 파티션접착제 등의 구조재로 쓰이며, 도료로도 사용된다.

59 합성수지의 일반적인 특성에 관한 설명으로 옳지 않은 것은?

① 경량이면서 강도가 큰 편이다.

② 연성이 크고 광택이 있다.

③ 내열성이 우수하고, 화재 시 유독가스의 발생이 없다.

④ 탄력성이 크고 마모가 적다.

[해설]

합성수지는 내화, 내열성이 작고 비교적 저온에서 연화되는 특징이 있다.

60 수지를 지방유와 가열융합하고, 건조제를 첨가한 다음 용제를 사용하여 희석하여 만든 도료는?

① 래커
② 유성 바니시
③ 유성 페인트
④ 내열도료

> **해설**

유성 바니시(유성 니스)
• 수지류 또는 섬유소를 건성유, 휘발성 용제로 용해한 도료이다.
• 무색 또는 담갈색 투명 도료로서, 목재부의 도장에 사용한다.
• 목재를 착색하려면 스테인 또는 염료를 넣어 마감한다.

61 열전도율에 관한 설명으로 옳은 것은?

① 열전도율의 단위는 W/m^2K이다.
② 열전도율의 역수를 열전도 비저항이라고 한다.
③ 액체는 고체보다 열전도율이 크고, 기체는 더욱더 크다.
④ 열전도율이란 두께 1cm 판의 양면에 1℃의 온도차가 있을 때 $1cm^2$의 표면적을 통해 흐르는 열량을 나타낸 것이다.

> **해설**

① 열전도율의 단위는 W/mK이다.
③ 열전도율의 크기 순서는 고체>액체>기체이다.
④ 열전도율이란 두께 1m 판의 양면에 1℃의 온도차가 있을 때 양면 사이를 흐르는 열량을 나타낸 것이다.

62 겨울철 생활이 이루어지는 공간의 실내 측 표면에 발생하는 결로를 억제하기 위한 효과적인 조치방법 중 가장 거리가 먼 것은?

① 환기
② 난방
③ 구조체 단열
④ 방습층 설치

> **해설**

방습층의 설치는 벽체 내부에서 발생하는 내부결로에 효과적인 방안이다.

63 음의 물리적 특성에 대한 설명으로 옳지 않은 것은?

① 음이 1초 동안에 진동하는 횟수를 주파수라고 한다.
② 인간의 귀로 들을 수 있는 주파수 범위를 가청주파수라고 한다.
③ 기온이 높아지면 공기 중에 전파되는 음의 속도도 증가한다.
④ 공기 중으로 전달되는 음파의 전파속도는 주파수와 비례한다.

> **해설**

음파의 전파속도는 매질에 따라 달라지는 것으로 주파수의 크기와는 관계없다.

64 실내음향의 상태를 표현하는 요소와 가장 거리가 먼 것은?

① 명료도
② 잔향시간
③ 음압 분포
④ 투과손실

> **해설**

투과손실은 차음과 관련된 것으로서 실내의 음이 밖으로 빠져나가는 정도에 대한 사항이며, 실내의 음향상태를 나타내는 것과는 거리가 멀다.

65 사무공간의 소음 방지대책으로 옳지 않은 것은?

① 개인공간이나 회의실의 구역을 한정한다.
② 낮은 칸막이, 식물 등의 흡음체를 적당히 배치한다.
③ 바닥, 벽에는 흡음재를, 천장에는 음의 반사재를 사용한다.
④ 소음원을 일반 사무공간으로부터 가능한 멀리 떼어 놓는다.

> **해설**

사무공간은 바닥, 벽, 천장 흡음재를 사용하여 소음을 방지한다. 그러나 반사재는 형태와 소리가 효과적으로 반사되도록 해주기 때문에 무대 및 콘서트 홀 등에 적합하다.

정답   **60** ②   **61** ②   **62** ④   **63** ④   **64** ④   **65** ③

66 건축물에서 자연 채광을 위하여 거실에 설치하는 창문 등의 면적은 얼마 이상으로 하여야 하는가?

① 거실 바닥면적의 5분의 1
② 거실 바닥면적의 10분의 1
③ 거실 바닥면적의 15분의 1
④ 거실 바닥면적의 20분의 1

67 환기에 관한 설명으로 옳지 않은 것은?

① 실내환경의 쾌적성을 유지하기 위한 외기량을 필요 환기량이라 한다.
② 1인당 차지하는 공간체적이 클수록 필요환기량은 증가한다.
③ 실내가 실외에 비해 온도가 높을 경우 실내의 공기밀도는 실외보다 낮다.
④ 중력환기는 실내외 온도차에 의한 공기의 밀도차에 의하여 발생한다.

> 해설
>
> 1인당 차지하는 공간체적이 크다는 것은 실내의 재실자 밀도가 낮다는 것(공간의 크기 대비 인원이 적다는 것)을 의미하므로 필요환기량은 감소한다.

68 다음 중 습공기선도의 구성에 속하지 않는 것은?

① 비열
② 절대습도
③ 습구온도
④ 상대습도

> 해설
>
> **습공기선도의 구성**
> 절대습도, 상대습도, 건구온도, 습구온도, 노점온도, 엔탈피, 현열비, 열수분비, 비체적, 수증기 분압 등으로 구성된다.

69 거실의 채광 및 환기를 위한 창문 등이나 설비에 관한 기준 내용으로 옳은 것은?

① 채광을 위하여 거실에 설치하는 창문 등의 면적은 그 거실의 바닥면적의 20분의 1 이상이어야 한다.
② 환기를 위하여 거실에 설치하는 창문 등의 면적은 그 거실의 바닥면적의 10분의 1 이상이어야 한다.
③ 오피스텔에 거실 바닥으로부터 높이 1.2m 이하 부분에 여닫을 수 있는 창문을 설치하는 경우에는 높이 1.0m 이상의 난간이나 이와 유사한 추락방지를 위한 안전시설을 설치하여야 한다.
④ 수시로 개방할 수 있는 미닫이로 구획된 2개의 거실은 1개의 거실로 본다.

> 해설
>
> ① 채광을 위하여 거실에 설치하는 창문 등의 면적은 그 거실의 바닥면적의 10분의 1 이상이어야 한다.
> ② 환기를 위하여 거실에 설치하는 창문 등의 면적은 그 거실의 바닥면적의 20분의 1 이상이어야 한다.
> ③ 오피스텔에 거실 바닥으로부터 높이 1.2m 이하 부분에 여닫을 수 있는 창문을 설치하는 경우에는 높이 1.2m 이상의 난간이나 이와 유사한 추락방지를 위한 안전시설을 설치하여야 한다.

70 온수난방 배관에서 리버스리턴(Reverse Return) 방식을 사용하는 주된 이유는?

① 배관길이를 짧게 하기 위해
② 배관의 부식을 방지하기 위해
③ 배관의 신축을 흡수하기 위해
④ 온수의 유량분배를 균일하게 하기 위해

> 해설
>
> **리버스리턴(Reverse Return) 방식(역환수방식)**
> 보일러와 가장 가까운 방열기는 공급관이 가장 짧고 환수관은 가장 길게 배관한 것으로 각 방열기의 공급관과 환수관의 합은 각각 동일하게 되며, 동일저항으로 온수가 순환하므로 방열기에 온수를 균등히 공급할 수 있는 방식이다.

71 복사난방에 관한 설명으로 옳은 것은?

① 천장이 높은 방의 난방은 불가능하다.

② 실내의 쾌감도가 다른 방식에 비하여 가장 낮다.

③ 외기 침입이 있는 곳에서는 난방감을 얻을 수 없다.

④ 열용량이 크기 때문에 방열량 조절에 시간이 걸린다.

[해설]

① 수직적인 온도차가 작으므로 천장이 높은 방의 난방에 효과적이다.
② 실내의 쾌감도가 다른 방식에 비하여 가장 높다.
③ 대류방식이 아닌 복사방식을 활용하므로 외기 침입이 있는 곳에서도 난방감을 얻을 수 있다.

72 펜던트 조명에 관한 설명으로 옳지 않은 것은?

① 천장에 매달려 조명하는 조명방식이다.

② 조명기구 자체가 빛을 발하는 액세서리 역할을 한다.

③ 노출 펜던트형은 전체 조명이나 작업 조명으로 주로 사용된다.

④ 시야 내에 조명이 위치하면 눈부심이 일어나므로 조명기구에 의해 휘도를 조절하는 것이 좋다.

[해설]

노출 펜던트형은 부분조명이나 작업조명에 주로 사용된다.

펜던트(Pendant) 조명
노출 펜던트형은 일정한 장소에 높은 조도로 집중적인 조명효과를 주는 방법으로 하나의 실에서 영역을 구획하거나, 물품을 강조하기 위한 악센트조명(국부조명)으로 구분된다.

73 급수 · 배수 등의 용도를 위하여 건축물에 설치하는 배관설비의 설치 및 구조에 관한 기준으로 옳지 않은 것은?

① 배관설비의 오수에 접하는 부분은 내수재료를 사용할 것

② 지하실 등 공공하수도로 자연배수를 할 수 없는 곳에는 배수용량에 맞는 강제배수시설을 설치할 것

③ 우수관과 오수관은 통합하여 배관할 것

④ 콘크리트구조체를 관통할 경우에는 구조체에 덧관을 미리 매설하는 등 배관의 부식을 방지하고 그 수선 및 교체가 용이하도록 할 것

[해설]

우수관과 오수관이 통합될 경우 비가 많이 오게 되면 오수가 역류될 수 있어, 우수관과 오수관은 별도 설치하여야 한다.

74 간접가열식 급탕방법에 관한 설명으로 옳지 않은 것은?

① 열효율은 직접가열식에 비해 낮다.

② 가열보일러로 저압보일러의 사용이 가능하다.

③ 가열보일러는 난방용 보일러와 겸용할 수 없다.

④ 저탕조는 가열코일을 내장하는 등 구조가 약간 복잡하다.

[해설]

간접가열식 급탕가열보일러는 난방용 보일러와 겸용하여 사용할 수 있다.

75 전기사업법령에 따른 저압의 범위로 옳은 것은?

① 직류 500V 이하, 교류 1,000V 이하

② 직류 1,000V 이하, 교류 500V 이하

③ 직류 600V 이하, 교류 750V 이하

④ 직류 1,500V 이하, 교류 1,000V 이하

[해설]

전기사업법령에 따른 전압의 분류

구분	직류	교류
저압	1,500V 이하	1,000V 이하
고압	1,500V 초과 7,000V 이하	1,000V 초과 7,000V 이하
특고압	7,000V 초과	7,000V 초과

76 변전실의 위치 결정 시 고려할 사항으로 옳지 않은 것은?

① 부하의 중심위치에서 멀 것
② 외부로부터 전원의 인입이 편리할 것
③ 발전기실, 축전지실과 인접한 장소일 것
④ 기기를 반입, 반출하는 데 지장이 없을 것

변전실은 부하의 중심위치에서 가깝게 설치하는 것이 좋다.

77 실내공기질 관리법령에 따른 신축 공동주택의 실내 공기질 측정항목에 속하지 않는 것은?

① 벤젠
② 라돈
③ 자일렌
④ 에틸렌

신축 공동주택의 실내공기질 권고기준(실내공기질 관리법 시행규칙 [별표 4의2])
• 폼알데하이드 : $210\mu g/m^3$ 이하
• 벤젠 : $30\mu g/m^3$ 이하
• 톨루엔 : $1,000\mu g/m^3$ 이하
• 에틸벤젠 : $360\mu g/m^3$ 이하
• 자일렌 : $700\mu g/m^3$ 이하
• 스티렌 : $300\mu g/m^3$ 이하
• 라돈 : $148Bq/m^3$ 이하

78 단독주택의 거실에 있어 거실 바닥면적에 대한 채광면적(채광을 위하여 거실에 설치하는 창문 등의 면적)의 비율로서 옳은 것은?

① 1/7 이상
② 1/10 이상
③ 1/15 이상
④ 1/20 이상

거실의 채광 및 환기 기준(건축물의 피난 · 방화구조 등의 기준에 관한 규칙 제17조)

채광 및 환기 시설의 적용대상	창문 등의 면적	제외
• 주택(단독, 공동)의 거실	채광시설 : 거실 바닥면적의 1/10 이상	기준 조도 이상의 조명장치 설치 시
• 학교의 교실 • 의료시설의 병실 • 숙박시설의 객실	환기시설 : 거실 바닥면적의 1/20 이상	기계환기장치 및 중앙 관리방식의 공기조화 설비 설치 시

79 문화 및 집회시설(전시장 및 동 · 식물원은 제외)의 용도로 쓰이는 건축물의 관람실 또는 집회실의 반자의 높이는 최소 얼마 이상이어야 하는가?(단, 관람실 또는 집회실로서 그 바닥면적이 $200m^2$ 이상인 경우)

① 2.1m
② 2.3m
③ 3m
④ 4m

거실의 반자높이(건축물의 피난 · 방화구조 등의 기준에 관한 규칙 제16조)
• 거실의 반자는 그 높이를 2.1미터 이상으로 하여야 한다.
• 문화 및 집회시설(전시장 및 동 · 식물원은 제외), 종교시설, 장례식장 또는 위락시설 중 유흥주점의 용도에 쓰이는 건축물의 관람실 또는 집회실로서 그 바닥면적이 200제곱미터 이상인 것의 반자의 높이는 위의 규정에 불구하고 4미터(노대의 아랫부분의 높이는 2.7미터) 이상이어야 한다. 다만, 기계환기장치를 설치하는 경우에는 그러하지 아니하다.

80 높이 31m를 넘는 각 층의 바닥면적 중 최대 바닥면적이 $6,000m^2$인 건축물에 설치해야 하는 비상용승강기의 최소설치 대수는?(단, 8인승 승강기이다)

① 2대
② 3대
③ 4대
④ 5대

$$비상용 승강기 대수 = 1 + \frac{6,000 - 1,500}{3,000} = 2.5 \qquad \therefore 3대$$

81 건축관계법규에서 규정하는 방화구조가 되기 위한 철망모르타르의 최소 바름두께는?

① 1.0cm
② 2.0cm
③ 2.7cm
④ 3.0cm

방화구조

구조 부분	구조 기준
철망모르타르	그 바름 두께가 2cm 이상
• 석고판 위에 시멘트모르타르 또는 회반죽을 바른 것 • 시멘트모르타르 위에 타일을 붙인 것	두께의 합계가 2.5cm 이상
심벽에 흙으로 맞벽치기 한 것	–
산업표준화법에 따른 한국산업표준이 정하는 바에 따라 시험한 결과 방화 2급 이상	–

82 문화 및 집회시설 중 공연장 개별관람실의 각 출구의 유효너비 최소 기준은?(단, 바닥면적이 300m² 이상인 경우)

① 1.2m 이상
② 1.5m 이상
③ 1.8m 이상
④ 2.1m 이상

문화 및 집회시설 중 공연장의 개별 관람실(바닥면적이 300제곱미터 이상인 것에 한한다)의 출구는 다음의 기준에 적합하게 설치하여야 한다.
• 관람실별로 2개소 이상 설치할 것
• 각 출구의 유효너비는 1.5미터 이상일 것
• 개별 관람실 출구의 유효너비의 합계는 개별 관람실의 바닥면적 100제곱미터마다 0.6미터의 비율로 산정한 너비 이상으로 할 것

83 건축물의 피난층 또는 피난층의 승강장으로부터 건축물의 바깥쪽에 이르는 통로에 경사로를 설치하여야 하는 판매시설의 연면적 기준은?

① 1,000m² 미만
② 2,000m² 미만
③ 3,000m² 이상
④ 5,000m² 이상

판매시설은 연면적이 5,000m² 이상인 경우 건축물의 피난층 또는 피난층의 승강장으로부터 건축물의 바깥쪽에 이르는 통로에 경사로를 설치하여야 한다.

84 특별피난계단 및 비상용 승강기의 승강장에 설치하는 배연설비의 구조에 관한 기준으로 옳지 않은 것은?

① 배연구 및 배연풍도는 불연재료로 하고, 화재가 발생한 경우 원활하게 배연시킬 수 있는 규모로서 외기 또는 평상시에 사용하지 아니하는 굴뚝에 연결할 것
② 배연구에 설치하는 수동개방장치 또는 자동개방장치(열감지기 또는 연기감지기에 의한 것을 말한다)는 손으로도 열고 닫을 수 없도록 할 것
③ 배연구는 평상시에는 닫힌 상태를 유지하고, 연 경우에는 배연에 의한 기류로 인하여 닫히지 아니하도록 할 것
④ 배연구가 외기에 접하지 아니하는 경우에는 배연기를 설치할 것

배연구는 연기감지기 또는 열감지기에 의하여 자동으로 열 수 있는 구조로 하되, 손으로도 열고 닫을 수 있도록 해야 한다.

85 소방시설법령에서 정의한 무창층에 해당하는 기준으로 옳은 것은?

• A : 무창층과 관련된 일정요건을 갖춘 개구부 면적의 합계 • B : 해당 층 바닥면적

① A/B ≤ 1/10
② A/B ≤ 1/20
③ A/B ≤ 1/30
④ A/B ≤ 1/40

무창층(無窓層)
지상층 중 특정 요건을 모두 갖춘 개구부의 면적의 합계가 해당 층의 바닥면적의 30분의 1 이하가 되는 층을 말한다.

정답   **81** ②   **82** ②   **83** ④   **84** ②   **85** ③

86 피난설비 중 객석유도등을 설치하여야 할 특정소방대상물은?

① 숙박시설　　　　② 종교시설

③ 창고시설　　　　④ 방송통신시설

┌─────
│해설
└─────

객석유도등을 설치해야 할 특정소방대상물
- 유흥주점영업시설(유흥주점영업 중 손님이 춤을 출 수 있는 무대가 설치된 카바레, 나이트클럽 또는 그 밖에 이와 비슷한 영업시설만 해당한다)
- 문화 및 집회시설
- 종교시설
- 운동시설

87 건축허가 등을 할 때 미리 소방본부장 또는 소방서장의 동의를 받아야 하는 대상 건축물의 범위에 관한 기준으로 옳지 않은 것은?

① 연면적 400m² 이상인 건축물

② 항공기 격납고

③ 방송용 송수신탑

④ 승강기 등 기계장치에 의한 주차시설로서 자동차 10대 이상을 주차할 수 있는 시설

┌─────
│해설
└─────

건축허가 등의 동의대상물의 범위 등(소방시설 설치 및 관리에 관한 법률 시행령 제7조)
차고 · 주차장 또는 주차용도로 사용되는 시설로서 다음 각 어느 하나에 해당하는 것은 건축허가 등을 할 때 미리 소방본부장 또는 소방서장의 동의를 받아야 한다.
- 차고 · 주차장으로 사용되는 바닥면적이 200제곱미터 이상인 층이 있는 건축물이나 주차시설
- 승강기 등 기계장치에 의한 주차시설로서 자동차 20대 이상을 주차할 수 있는 시설

88 옥내소화전 설비를 설치해야 하는 특정소방대상물의 종류 기준과 관련하여, 지하가 중 터널은 길이가 최소 얼마 이상인 것을 기준대상으로 하는가?

① 1,000m 이상　　　　② 2,000m 이상

③ 3,000m 이상　　　　④ 4,000m 이상

┌─────
│해설
└─────

지하가 중 터널로서 길이가 1천 m 이상인 터널은 옥내소화전설비를 설치하여야 하는 특정소방대상물에 해당한다.

89 특정소방대상물에 사용하는 실내장식물 중 방염대상물품에 속하지 않는 것은?

① 창문에 설치하는 커튼류

② 두께가 2mm 미만인 종이벽지

③ 전시용 섬유판

④ 전시용 합판

┌─────
│해설
└─────

방염대상물품에 두께가 2mm 미만인 벽지류가 포함되나, 벽지류 중 종이벽지는 제외한다.

90 방염성능기준 이상의 실내장식물 등을 설치하여야 하는 특정소방대상물에 해당하지 않는 것은?

① 교육연구시설 중 합숙소

② 방송통신시설 중 방송국

③ 건축물의 옥내에 있는 종교시설

④ 건축물의 옥내에 있는 수영장

┌─────
│해설
└─────

방염성능기준 이상의 실내장식물 등을 설치하여야 하는 특정소방대상물에서 운동시설은 포함되나 운동시설 중 수영장은 제외된다.

정답　　**86** ②　**87** ④　**88** ①　**89** ②　**90** ④

실내건축산업기사 필기
이론+문제

발행일 | 2023. 5. 10   초판 발행
2025. 1. 10   개정 1판1쇄

편저자 | 유 희 정 · 이 석 훈
발행인 | 정 용 수
발행처 | 예문사

주 소 | 경기도 파주시 직지길 460(출판도시) 도서출판 예문사
T E L | 031) 955-0550
F A X | 031) 955-0660
등록번호 | 11-76호

정가 : 30,000원

ISBN 978-89-274-5519-6 14540

PART

1

공업통계

01 확률과 확률분포

1. 모집단과 시료

1.1 데이터의 정리방법

(1) 데이터의 척도에 따른 분류

계량치	길이, 무게, 강도, 온도 등과 같이, 연속량으로서 측정되는 품질특성치
계수치	부적합품, 부적합수, 사고건수 등과 같이, 개수로서 세어지는 품질특성치

(2) 집단의 분류

모집단	데이터로부터 정보를 얻어 조처·행동을 취하는 대상전체(모수)
시료(Sample)	모집단으로부터 뽑은 데이터(통계량)

1.2 모집단

모평균 μ	분포의 중심위치를 표시
모분산 σ^2	모집단의 산포(흩어짐)를 표시
모표준편차 σ	모집단의 산포를 표시(분산의 제곱근 개념)

1.3 시료(Sample)

(1) 중심적 경향

산술평균 $\bar{x}$	$\bar{x} = \dfrac{\sum x_i}{n}$
중앙치(중위수, Median) $\tilde{x}$	$\tilde{x} = $ 데이터를 크기순으로 나열할 때 중앙에 위치한 값
범위의 중간(Mid-range) M	$M = \dfrac{x_{max} + x_{min}}{2}$
최빈수(Mode) M_0	$M_0 = $ 도수표에서 도수가 최대인 곳의 대표치
조화평균 $\bar{x}_H$	$\bar{x}_H = \dfrac{1}{\dfrac{1}{n}\sum \dfrac{1}{x_i}} = \dfrac{n}{\sum \dfrac{1}{x_i}}$
기하평균 $\bar{x}_G$	$\bar{x}_G = (x_1 \cdot x_2 \cdot \dots \cdot x_n)^{\frac{1}{n}} = \sqrt[n]{\prod_{i=1}^{n} x_i}$

(2) 산포(흩어짐)의 척도

제곱합 (변동)	$S = \sum x_i^2 - \dfrac{(\sum x_i)^2}{n}$	범위	$R = x_{max} - x_{min}$
시료의 분산	$s^2 = V = \dfrac{S}{n-1}$	변동계수	$CV = \dfrac{s}{\bar{x}} \times 100(\%)$
시료의 표준편차	$s = \sqrt{\dfrac{S}{(n-1)}} = \sqrt{\dfrac{S}{\nu}} = \sqrt{V}$	상대분산	$(CV)^2 = \left(\dfrac{s}{\bar{x}}\right)^2 \times 100(\%)$

(3) 도수분포에서의 수리해석

시료의 평균	$\bar{x} = x_0 + \dfrac{\sum f_i u_i}{\sum f_i} \times h$
제곱합(변동)	$S = \left(\sum f_i u_i^2 - \dfrac{(\sum f_i u_i)^2}{\sum f_i}\right) \times h^2$
시료의 분산	$s^2 = V = \dfrac{S}{n-1} = \dfrac{S}{\nu} = \left(\dfrac{\sum f_i u_i^2 - (\sum f_i u_i)^2 / \sum f_i}{\sum f - 1}\right) \times h^2$
시료의 표준편차	$s = \sqrt{\dfrac{S}{(n-1)}} = \sqrt{\dfrac{S}{\nu}} = h\sqrt{\dfrac{\sum f_i u_i^2 - (\sum f_i u_i)^2 / \sum f_i}{\sum f - 1}}$

	모수	통계량	모수의 추정치
평 균 치	μ	$\bar{x}$	$\hat{\mu} = \bar{x}$
표준편차	σ	s	$\hat{\sigma} = s = \sqrt{S/(n-1)}$
분산	σ^2	s^2 또는 V	$\hat{\sigma^2} = s^2 = V = \dfrac{S}{n-1}$
범위		R	$\hat{\sigma} = \dfrac{\bar{R}}{d_2} = \dfrac{\bar{s}}{c_4}$

2. 확률이론

2.1 확률법칙

- $P(\text{표본공간전체 }\Omega) = 1$
- 조건부 확률 : $P(B \mid A) = \dfrac{P(A \cap B)}{P(A)}$
- $0 \leq P(A) \leq 1$
- $P(A \cup B) = P(A) + P(B) - P(A \cap B)$
- 독립사상 : $P(A \cap B) = P(A) \cdot P(B)$
- 배반사상 : $P(A \cap B) = 0$
- 여사상 : $P(\overline{A}) = 1 - P(A)$

2.2 확률변수

확률변수	이산형	연속형
기본형태	$p(x) \geq 0,\ \Sigma p(x) = 1$	$f(x) \geq 0,\ \int_{-\infty}^{\infty} f(x)dx = 1$
기댓값(평균) $E(x)$	$E(x) = \Sigma x \cdot p(x)$ $E\{g(x)\} = \Sigma g(x) \cdot p(x)$ $E(ax+b) = aE(x) + b$	$E(x) = \int_{-\infty}^{\infty} x \cdot f(x)dx$ $E\{g(x)\} = \int_{-\infty}^{\infty} g(x) \cdot f(x)dx$
분산 $V(X)$	$V(X) = E\{X - E(X)\}^2 = E(X^2) - \{E(X)\}^2 = E(X^2) - \mu^2$ $V(aX+b) = a^2 V(X)$	
표준편차 $D(X)$	$D(X) = \sqrt{V(X)}$	$D(aX+b) = \mid a \mid D(X)$

3. 확률분포

3.1 이산확률분포

이항분포	$P_r(x) = {}_nC_xP^x(1-P)^{n-x}$ $E(x) = n \cdot P,\ E(\hat{p}) = P,\ V(\hat{p}) = \dfrac{P(1-P)}{n}$ (단, $P = \dfrac{x}{n}$) $V(x) = n \cdot P(1-P),\ D(x) = \sqrt{nP(1-P)},\ D(\hat{p}) = \sqrt{\dfrac{P(1-P)}{n}}$
초기하분포	$P_r(x) = \dfrac{\binom{NP}{x}\binom{N(1-P)}{n-x}}{\binom{N}{n}}$ • $E(x) = n \cdot P$ • $V(x) = \left(\dfrac{N-n}{N-1}\right) nP(1-P)$ $\left(\dfrac{N-n}{N-1}\right)$: 유한수정계수
포아송분포	• $P_r(x) = \dfrac{e^{-m} \cdot m^x}{x!}$ • $E(x) = m$ • $V(x) = m$ • $D(x) = \sqrt{m}$

3.2 정규분포

- $x \sim N(\mu,\ \sigma^2)$로 표시 $\left[f(x) = \dfrac{1}{\sigma\sqrt{2\pi}} e^{-\frac{(x-\mu)^2}{2\sigma^2}} \right]$

- $x \sim N(\mu,\ \sigma^2)$의 규준화 식 $u_0 = \dfrac{x-\mu}{\sigma}$

- $\overline{x} \sim N(\mu,\ \sigma^2/n)$의 규준화 식 $u_0 = \dfrac{\overline{x}-\mu}{\sigma/\sqrt{n}}$

3.3 t 분포

- $u_0 = \dfrac{\overline{x} - \mu}{\sigma / \sqrt{n}}$ 에서 σ 대신 s를 사용
- $t_0 = \dfrac{\overline{x} - \mu}{s / \sqrt{n}}$
- $E(t) = 0, \ D(t) = \sqrt{\dfrac{\nu}{\nu - 2}}, \ V(x) = \dfrac{\nu}{\nu - 2}$

3.4 χ^2 분포

- $\chi_0^2 = \dfrac{S}{\sigma^2}$
- $E(x) = \nu$
- $V(x) = 2\nu$

3.5 F 분포

- $F_0 = \dfrac{V_1}{V_2}$
- $F_\alpha(\nu_1, \nu_2) = \dfrac{1}{F_{1-\alpha}(\nu_2, \nu_1)}$

3.6 각 분포와의 관계

- $[u_{1-\alpha/2}]^2 = \chi_{1-\alpha}^2(1), \ u_{1-\alpha/2} = \sqrt{\chi_{1-\alpha}^2(1)}$
- $u_{1-\alpha/2} = t_{1-\alpha/2}(\infty)$
- $\chi_{1-\alpha}^2(\nu) = \nu \times F_{1-\alpha}(\nu, \infty)$
- $[t_{1-\alpha/2}(\nu)]^2 = F_{1-\alpha}(1, \nu), \ t_{1-\alpha/2}(\nu) = \sqrt{F_{1-\alpha}(1, \nu)}$

유의수준	양쪽의 경우	한쪽의 경우	비고
$\alpha = 0.05$	$u_{1-\alpha/2} = u_{0.975} = 1.960$	$u_{1-\alpha} = u_{0.95} = 1.645$	$P(u < u_\alpha) = \alpha$
$\alpha = 0.01$	$u_{1-\alpha/2} = u_{0.995} = 2.576$	$u_{1-\alpha} = u_{0.99} = 2.326$	$P(u > u_\alpha) = 1 - \alpha,$ $P(u_{\alpha/2} < u < u_{1-\alpha/2}) = 1 - \alpha$
$\alpha = 0.10$	$u_{1-\alpha/2} = u_{0.95} = 1.645$	$u_{1-\alpha} = u_{0.90} = 1.282$	$u_\alpha = -u_{1-\alpha}, \ u_{\alpha/2} = -u_{1-\alpha/2}$

Reference 표준편차

① 표준편차란 중심에서 얼마나 흩어졌는가를 수치적으로 표현하는 방법 중 하나로서, 개개의 데이터(x)의 표준편차(σ_x)와 평균($\overline{x}$)의 표준편차($\sigma_{\overline{x}}$)가 서로 다르게 나타난다.

② x의 표준편차 $\sigma_x = \sigma$, $\overline{x}$의 표준편차 $\sigma_{\overline{x}} = \dfrac{\sigma}{\sqrt{n}}$ 가 된다는 것을 반드시 기억하여야 한다.

CHAPTER 02 검정과 추정

1. 검정과 추정의 기초이론

1.1 검정

순서 1	• $H_0 : \mu = \mu_0$ $H_1 : \mu \ne \mu_0$	(양쪽 검정)
	• $H_0 : \mu \ge \mu_0$ $H_1 : \mu < \mu_0$	(한쪽 검정)
	• $H_0 : \mu \le \mu_0$ $H_1 : \mu > \mu_0$	
순서 2	• 유의수준(기각률, 위험률) α, 검정력(검출력) : $1 - \beta$ 결정	
	• 일반적으로 $\alpha = 0.05,\ 0.01$	
	• α : H_0가 성립되고 있음에도 불구하고 이것을 기각하는 과오(제1종 과오)	
	• β : H_0가 성립되지 않음에도 불구하고 이것을 채택하는 과오(제2종 과오)	
	• $1 - \beta$: H_0가 성립되지 않을 때 이것을 기각하는 확률	
순서 3	• 기각역(CR) 설정	
순서 4	• H_0, H_1 중 하나를 채택하는 데 사용되는 통계량(u_0, t_0, χ_0^2, F_0)	
순서 5	• 판정 : 통계량과 기각역을 비교하여 유의성 판정	

1.2 추정

표본(시료)의 정보로부터 모집단의 값인 모수를 추측하는 통계적 절차를 의미하는 것으로 통계적 추정 또는 모수의 추정이라고 한다. 추정량의 결정기준으로는 다음과 같은 것이 있다.

① 불편성 : 추정량의 기대치가 추정할 모수의 실제값과 같을 때
② 유효성(효율성) : 추정량의 분산이 작아야 한다.
③ 일치성 : 시료의 크기가 크면 클수록 추정량이 모수에 일치한다.
④ 충분성(충족성) : 추정량이 모수에 대하여 모든 정보를 제공한다.

 Reference α, β의 특징(α를 증가시키려면)

> β 감소, n 증가, σ 감소, $\Delta\mu = |\mu - \mu_0|$ 증가

2. 모평균의 검정과 추정

2.1 한 개의 모평균에 관한 검·추정

기본가정	귀무가설	대립가설	통계량	기각역
σ^2 기지	$\mu = \mu_0$	$\mu \neq \mu_0$	$u_0 = \dfrac{\bar{x} - \mu_0}{\sigma/\sqrt{n}}$	$u_0 > u_{1-\alpha/2}$ 또는 $u_0 < -u_{1-\alpha/2}$
	$\mu \geq \mu_0$	$\mu < \mu_0$		$u_0 < -u_{1-\alpha}$
	$\mu \leq \mu_0$	$\mu > \mu_0$		$u_0 > u_{1-\alpha}$
σ^2 미지	$\mu = \mu_0$	$\mu \neq \mu_0$	$t_0 = \dfrac{\bar{x} - \mu_0}{s/\sqrt{n}}$	$t_0 > t_{1-\alpha/2}(\nu)$ 또는 $t_0 < -t_{1-\alpha/2}(\nu)$
	$\mu \geq \mu_0$	$\mu < \mu_0$		$t_0 < -t_{1-\alpha}(\nu)$
	$\mu \leq \mu_0$	$\mu > \mu_0$		$t_0 > t_{1-\alpha}(\nu)$

기본가정	대립가설	신뢰구간	비고
σ^2 기지	$\mu \neq \mu_0$	$\bar{x} \pm u_{1-\alpha/2} \dfrac{\sigma}{\sqrt{n}}$ (신뢰상한, 하한)	$u_{0.975} = 1.960$ $u_{0.995} = 2.576$
	$\mu < \mu_0$	$\bar{x} + u_{1-\alpha} \dfrac{\sigma}{\sqrt{n}}$ (신뢰상한)	$u_{0.90} = 1.282$
	$\mu > \mu_0$	$\bar{x} - u_{1-\alpha} \dfrac{\sigma}{\sqrt{n}}$ (신뢰하한)	$u_{0.95} = 1.645$ $u_{0.99} = 2.326$
σ^2 미지	$\mu \neq \mu_0$	$\bar{x} \pm t_{1-\alpha/2}(\nu) \dfrac{s}{\sqrt{n}}$	
	$\mu < \mu_0$	$\bar{x} + t_{1-\alpha}(\nu) \dfrac{s}{\sqrt{n}}$	
	$\mu > \mu_0$	$\bar{x} - t_{1-\alpha}(\nu) \dfrac{s}{\sqrt{n}}$	

2.2 두 개의 모평균 차에 관한 검·추정

기본 가정	귀무 가설	대립 가설	통계량	기각역	비고
$\sigma_1^2,\ \sigma_2^2$ 기지	$\mu_1 = \mu_2$	$\mu_1 \neq \mu_2$	$u_0 = \dfrac{\overline{x_1} - \overline{x_2}}{\sqrt{\dfrac{\sigma_1^2}{n_1} + \dfrac{\sigma_2^2}{n_2}}}$	$u_0 > u_{1-\alpha/2}$ 또는 $u_0 < -u_{1-\alpha/2}$	$n \geq \left(\dfrac{k_{1-\alpha/2} + k_{1-\beta}}{\mu_1 - \mu_2} \right)^2 (\sigma_1^2 + \sigma_2^2)$
	$\mu_1 \geq \mu_2$	$\mu_1 < \mu_2$		$u_0 < -u_{1-\alpha}$	$n \geq \left(\dfrac{k_{1-\alpha} + k_{1-\beta}}{\mu_1 - \mu_2} \right)^2 (\sigma_1^2 + \sigma_2^2)$
	$\mu_1 \leq \mu_2$	$\mu_1 > \mu_2$		$u_0 > u_{1-\alpha}$	
$\sigma_1^2,\ \sigma_2^2$ 미지 $\sigma_1^2 = \sigma_2^2$	$\mu_1 = \mu_2$	$\mu_1 \neq \mu_2$	$t_0 = \dfrac{\overline{x_1} - \overline{x_2}}{\sqrt{s^2 \left(\dfrac{1}{n_1} + \dfrac{1}{n_2} \right)}}$	$t_0 > t_{1-\alpha/2}(\nu)$ 또는 $t_0 < -t_{1-\alpha/2}(\nu)$	$\nu = n_1 + n_2 - 2$
	$\mu_1 \geq \mu_2$	$\mu_1 < \mu_2$		$t_0 < -t_{1-\alpha}(\nu)$	$s^2 = \dfrac{S_1 + S_2}{n_1 + n_2 - 2}$
	$\mu_1 \leq \mu_2$	$\mu_1 > \mu_2$		$t_0 > t_{1-\alpha}(\nu)$	

기본가정		대립가설	신뢰구간
$\sigma_1^2,\ \sigma_2^2$ 기지		$\mu_1 \neq \mu_2$	$(\overline{x_1} - \overline{x_2}) \pm u_{1-\alpha/2} \sqrt{\dfrac{\sigma_1^2}{n_1} + \dfrac{\sigma_2^2}{n_2}}$ (신뢰상한, 하한)
		$\mu_1 < \mu_2$	$(\overline{x_1} - \overline{x_2}) + u_{1-\alpha} \sqrt{\dfrac{\sigma_1^2}{n_1} + \dfrac{\sigma_2^2}{n_2}}$ (신뢰상한)
		$\mu_1 > \mu_2$	$(\overline{x_1} - \overline{x_2}) - u_{1-\alpha} \sqrt{\dfrac{\sigma_1^2}{n_1} + \dfrac{\sigma_2^2}{n_2}}$ (신뢰하한)
$\sigma_1^2,\ \sigma_2^2$ 미지	$\sigma_1^2 = \sigma_2^2$ 가정	$\mu_1 \neq \mu_2$	$(\overline{x_1} - \overline{x_2}) \pm t_{1-\alpha/2}(\nu) \sqrt{s^2 \left(\dfrac{1}{n_1} + \dfrac{1}{n_2} \right)}$
		$\mu_1 < \mu_2$	$(\overline{x_1} - \overline{x_2}) + t_{1-\alpha}(\nu) \sqrt{s^2 \left(\dfrac{1}{n_1} + \dfrac{1}{n_2} \right)}$
		$\mu_1 > \mu_2$	$(\overline{x_1} - \overline{x_2}) - t_{1-\alpha}(\nu) \sqrt{s^2 \left(\dfrac{1}{n_1} + \dfrac{1}{n_2} \right)}$

3. 산포의 검정과 추정

3.1 한 개의 모분산에 관한 검·추정

기본가정	귀무가설	대립가설	통계량	기각역
σ^2 기지	$\sigma^2 = \sigma_0^2$	$\sigma^2 \neq \sigma_0^2$	$\chi_0^2 = \dfrac{S}{\sigma_0^2}$	$\chi_0^2 > \chi_{1-\alpha/2}^2(\nu)$ 또는 $\chi_0^2 < \chi_{\alpha/2}^2(\nu)$
	$\sigma^2 \geq \sigma_0^2$	$\sigma^2 < \sigma_0^2$		$\chi_0^2 < \chi_\alpha^2(\nu)$
	$\sigma^2 \leq \sigma_0^2$	$\sigma^2 > \sigma_0^2$		$\chi_0^2 > \chi_{1-\alpha}^2(\nu)$

기본가정	대립가설	신뢰구간
σ^2 기지	$\sigma^2 \neq \sigma_0^2$	$\dfrac{S}{\chi_{1-\alpha/2}^2(\nu)} \leq \hat{\sigma} \leq \dfrac{S}{\chi_{\alpha/2}^2(\nu)}$

3.2 두 개의 모분산비에 관한 검 · 추정

기본가정	귀무가설	대립가설	통계량	기각역
σ_1^2, σ_2^2 미지	$\sigma_1^2 = \sigma_2^2$	$\sigma_1^2 \neq \sigma_2^2$	$F_0 = \dfrac{V_1}{V_2}$	$F_0 > F_{1-\alpha/2}(\nu_1, \nu_2)$ 또는 $F_0 < F_{\alpha/2}(\nu_1, \nu_2)$
	$\sigma_1^2 \leq \sigma_2^2$	$\sigma_1^2 > \sigma_2^2$		$F_0 > F_{1-\alpha}(\nu_1, \nu_2)$
	$\sigma_1^2 \geq \sigma_2^2$	$\sigma_1^2 < \sigma_2^2$	$F_0 = \dfrac{V_2}{V_1}$	$F_0 < F_{\alpha}(\nu_1, \nu_2)$

4. 계수치 검정과 추정

4.1 모부적합품률에 관한 검 · 추정

기본가정	귀무가설	대립가설	통계량	기각역	비고
$P_0 \leq 0.5$, $nP_0 \geq 5$, $n(1 - P_0) \geq 5$ (정규분포에 근사)	$P = P_0$	$P \neq P_0$	$u_0 = \dfrac{\dfrac{x}{n} - P_0}{\sqrt{P_0(1-P_0)/n}}$	$u_0 > u_{1-\alpha/2}$ 또는 $u_0 < -u_{1-\alpha/2}$	$u_0 = \dfrac{x - nP_0}{\sqrt{nP_0(1-P_0)}}$
	$P \geq P_0$	$P < P_0$		$u_0 < -u_{1-\alpha}$	
	$P \leq P_0$	$P > P_0$		$u_0 > u_{1-\alpha}$	

대립가설	신뢰구간	비고
$P \neq P_0$	$\hat{p} \pm u_{1-\alpha/2}\sqrt{\dfrac{\hat{p}(1-\hat{p})}{n}}$	점추정치 $P = \hat{p} = \dfrac{x}{n}$
$P < P_0$	$P_U = \hat{p} + u_{1-\alpha}\sqrt{\dfrac{\hat{p}(1-\hat{p})}{n}}$	
$P > P_0$	$P_L = \hat{p} - u_{1-\alpha}\sqrt{\dfrac{\hat{p}(1-\hat{p})}{n}}$	

4.2 모부적합품률 차의 검 · 추정

기본가정	귀무가설	대립가설	통계량	기각역	비고
정규분포에 근사	$P_A = P_B$	$P_A \neq P_B$	$u_0 = \dfrac{\widehat{p_A} - \widehat{p_B}}{\sqrt{\hat{p}(1-\hat{p})\left(\dfrac{1}{n_A}+\dfrac{1}{n_B}\right)}}$	$u_0 > u_{1-\alpha/2}$ 또는 $u_0 < -u_{1-\alpha/2}$	$\hat{p} = \dfrac{x_A + x_B}{n_A + n_B}$ $\widehat{p_A} = \dfrac{x_A}{n_A}$ $\widehat{p_B} = \dfrac{x_B}{n_B}$
	$P_A \geq P_B$	$P_A < P_B$		$u_0 < -u_{1-\alpha}$	
	$P_A \leq P_B$	$P_A > P_B$		$u_0 > u_{1-\alpha}$	

대립가설	신뢰구간
$P_A \neq P_B$	$(\widehat{p_A} - \widehat{p_B}) \pm u_{1-\alpha/2}\sqrt{\dfrac{\widehat{p_A}(1-\widehat{p_A})}{n_A} + \dfrac{\widehat{p_B}(1-\widehat{p_B})}{n_B}}$

4.3 모부적합수에 관한 검 · 추정

기본가정	귀무가설	대립가설	통계량	기각역	비고
$m_0 \geq 5$ (정규분포에 근사)	$m = m_0$	$m \neq m_0$	$u_0 = \dfrac{x - m_0}{\sqrt{m_0}}$	$u_0 > u_{1-\alpha/2}$ 또는 $u_0 < -u_{1-\alpha/2}$	$u_0 = \dfrac{\left(\dfrac{x}{n}\right) - u}{\sqrt{\dfrac{u}{n}}}$
	$m \geq m_0$	$m < m_0$		$u_0 < -u_{1-\alpha}$	
	$m \leq m_0$	$m > m_0$		$u_0 > u_{1-\alpha}$	

가설	대립가설	신뢰구간	비고
정규분포에 근사	$m \neq m_0$	$x \pm u_{1-\alpha/2}\sqrt{x}$	점추정치 $\hat{m} = x$
	$m < m_0$	$m_U = x + u_{1-\alpha}\sqrt{x}$	단위당 부적합수 $\hat{U} = \hat{u} = \dfrac{x}{n}$
	$m > m_0$	$m_L = x - u_{1-\alpha}\sqrt{x}$	$\hat{u} \pm u_{1-\alpha/2}\sqrt{\hat{u}/n}$

CHAPTER 03 상관 및 회귀분석

1. 상관계수(r)

- $r_{xy} = \dfrac{S(xy)}{\sqrt{S(xx)S(yy)}}$
- r^2 : 기여율, 관여율, 결정계수
- V_{xy}(공분산)$= \dfrac{S(xy)}{n-1}$

① $-1 \leq r_{xy} \leq 1$
② $r_{xy} = \pm 1$: 완전상관
③ 정상관 : $r_{xy} > 0$
④ 부상관 : $r_{xy} < 0$
⑤ 완전무상관 : $r = 0$인 경우로서 x, y가 서로 관계가 없는 경우

2. 상관에 관한 검·추정

2.1 상관계수 유무검정

가설	$H_0 : \rho = 0 \qquad H_1 : \rho \neq 0$	비고
기각역	$t_0 > t_{1-\alpha/2}(n-2)$ 또는 $t_0 < -t_{1-\alpha/2}(n-2)$	
통계량	$t_0 = \dfrac{r}{\sqrt{\dfrac{1-r^2}{n-2}}} = r \cdot \sqrt{\dfrac{n-2}{1-r^2}}$	r표를 이용하여도 검정이 가능

2.2 모상관계수에 대한 유의성 검정

가설	$H_0 : \rho = \rho_0 \qquad H_1 : \rho \neq \rho_0$	$Z = \dfrac{1}{2}\ln\left(\dfrac{1+r}{1-r}\right) = \tanh^{-1}(r)$
기각역	$Z_0 > u_{1-\alpha/2}$ 또는 $Z_0 < -u_{1-\alpha/2}$	$E(Z) = \dfrac{1}{2}\ln\left(\dfrac{1+\rho_0}{1-\rho_0}\right) = \tanh^{-1}(\rho_0)$
통계량	$Z_0 = \dfrac{\tanh^{-1}(r) - \tanh^{-1}(\rho_0)}{\dfrac{1}{\sqrt{n-3}}}$	$D(Z) = \dfrac{1}{\sqrt{n-3}}$

3. 단순회귀분석

3.1 추정회귀방정식

$$y = A + Bx \ \rightarrow \ y - \bar{y} = B(x - \bar{x}) \quad \left[B = \frac{S(xy)}{S(xx)} \right]$$

3.2 분산분석

요인	SS	DF	MS	F_0	$F_{1-\alpha}$
회귀	$S_R = \dfrac{S(xy)^2}{S(xx)}$	1	V_R	$\dfrac{V_R}{V_c}$	$F_{1-\alpha}(\nu_R, \ \nu_c)$
잔차 (오차)	$S_c = S_{(y/x)} = S(yy) - S_R$	ν_c	V_c		
계	$S_T = S(yy)$	$n - 1$			

Reference 수치변환에 따른 상관계수

> 서로 대응하는 두 개의 변수 (x, y)의 상관계수(r)가 0.7이라고 할 때, 수치변환으로 $X_i = 1.5 \times (x_i + 25)$, $Y_i = 0.9 \times (y_i - 30)$로 되었다면, 수치변환 후의 (X, Y)의 상관계수 (r')는 변화가 없이 0.7이 된다.

기본문제

독립변수를 x, 종속변수를 y라 할 때, $X = (x - 10) \times 10$, $Y = (y - 50) \times 10$으로 수치변환하여 회귀계수 β_1를 구했더니 2.5이었다. x에 대한 y의 회귀직선의 기울기를 구하면?

풀이 $\beta_1 = \dfrac{S_{XY}}{S_{XX}} = \dfrac{(10 \times 10)S_{xy}}{10^2 S_{xx}} = 2.5$

기본문제

어떤 상관표로부터 계산한 결과가 $\bar{x} = 4.855$, $\bar{y} = 63.55$, $S_{xx} = 92.9095$, $S_{xy} = 651.695$이었은 때, x를 독립변수로 하는 회귀직선식은?

풀이 $y - \bar{y} = B(x - \bar{x})$, $B = \dfrac{S(xy)}{S(xx)}$, $y = 29.50 + 7.014x$

memo

CHAPTER

01 관리도의 개요

1. 관리도의 개념

관리도란 공정의 관리상태 유무를 그래프로서 조사하여, 공정을 안정상태로 유지하기 위해 사용하는 통계적 관리기법

해석용 관리도 (기준값 없음)	공정의 상태를 파악하여 어떤 원인에 의해 어떤 산포가 발생하고 있는가를 조사하기 위해서 사용되는 관리도 [관리한계선을 파선(…)으로 기입]
관리용 관리도 (기준값 있음)	작업을 하면서 관리도에 의거, 그 결과를 체크하고 이상이 나타나면 그 원인을 추구하여 이를 제거 및 조처를 취하기 위하여 사용하는 관리도 [관리한계선을 일점쇄선 (—·—·—)으로 기입]
우연원인 (chance cause)	• 생산조건이 엄격하게 관리된 상태하에서 발생되는 어느 정도의 불가피한 변동을 주는 원인 • 불가피 원인 또는 만성적 원인이라고도 한다.
이상원인 (special cause)	• 작업자의 부주의, 불량자재의 사용, 생산설비상의 이상으로 발생하는 원인 • 가피원인, 우발적 원인, 보아 넘기기 어려운 원인이라고도 한다.

2. 관리도의 종류

계량치 관리도	계수치 관리도
① $\bar{x}-R$(평균치와 범위) 관리도 ② $\bar{x}-s$(평균치와 표준편차) 관리도 ③ $\tilde{x}-R$(메디안과 범위) 관리도 ④ $x-R_m$(개개의 측정치와 이동범위) 관리도 ⑤ $H-L$(고저) 관리도	① np(부적합품수) 관리도 ② p(부적합품률) 관리도 ③ c(부적합수) 관리도 ④ u(단위당 부적합수) 관리도

기본문제

규격한계와 관리한계에 대하여 간단히 설명하시오.

풀이 ① 규격한계란 이미 만들어진 제품의 적합·부적합품을 판정하기 위한 것으로 상한규격(U), 하한 규격(L)으로 나타낸다.
② 관리한계는 이상원인을 제거하려는 목적에서 공정에 대한 조처를 지시하는 수단으로 관리도에서 사용하며, 관리상한(U_{CL}), 관리하한(L_{CL})으로 나타낸다.

02 계량값 관리도

1. $\bar{x} - R$ 관리도

적용	• 길이, 무게, 시간, 강도, 성분 등과 같이 데이터가 연속적인 계량치의 경우 • 데이터의 수집 : 군의 수(k)는 20~25, 시료의 크기(n)는 4~5개			
통계량	중심선	U_{CL}	L_{CL}	비고
$\bar{x}$	$\bar{\bar{x}} = \dfrac{\sum \bar{x}}{k}$	$\bar{\bar{x}} + A_2\bar{R}$	$\bar{\bar{x}} - A_2\bar{R}$	$\hat{\sigma} = \dfrac{\bar{R}}{d_2}$, $A_2 = \dfrac{3}{\sqrt{n} \cdot d_2}$
R	$\bar{R} = \dfrac{\sum R}{k}$	$D_4\bar{R}$	$D_3\bar{R}$	$D_3 = 1 - 3\dfrac{d_3}{d_2}$, $D_4 = 1 + 3\dfrac{d_3}{d_2}$

2. $\bar{x} - s$ 관리도

적용	• 군의 크기($n \geq 10$)가 클 때 사용 • s(표준편차)관리도는 R관리도보다 정도 높은 산포관리가 이루어진다.			
통계량	중심선	U_{CL}	L_{CL}	비고
$\bar{x}$	$\bar{\bar{x}} = \dfrac{\sum \bar{x}}{k}$	$\bar{\bar{x}} + A_3\bar{s}$	$\bar{\bar{x}} - A_3\bar{s}$	$\hat{\sigma} = \dfrac{\bar{s}}{c_4}$, $A_3 = \dfrac{3}{\sqrt{n} \cdot c_4}$
s	$\bar{s} = \dfrac{\sum s}{k}$	$B_4\bar{s}$	$B_3\bar{s}$	$B_3 = 1 - 3\dfrac{c_5}{c_4}$, $B_4 = 1 + 3\dfrac{c_5}{c_4}$

3. $x - R$ 관리도

적용	• 데이터를 군으로 나누지 않고 개개의 측정치를 그대로 사용하여 공정을 관리할 경우 • 1로트 또는 배치로부터 1개의 측정치 밖에 얻을 수 없는 경우			
합리적인 군으로 나눌 수 없는 경우				비고
통계량	중심선	U_{CL}	L_{CL}	$\bar{R} = \dfrac{\sum R_i}{(k-1)} = \bar{R}_m$
개개의 값 x	$\bar{x} = \dfrac{\sum x}{k}$	$\bar{x} + 2.66\overline{R_m}$	$\bar{x} - 2.66\overline{R_m}$	$R_i = \lvert i$번째 측정치 $- (i+1)$번째 측정치 $\rvert$ $n = 2$일 때
이동범위 R_m	$\overline{R_m}$	$3.267\overline{R_m}$	$-$	$E_2 = \dfrac{3}{d_2} = \dfrac{3}{1.128} = 2.66$, $D_4 = 3.267$

4. $\tilde{x} - R$ 관리도

적용	• $\overline{x}$를 계산하는 시간과 노력을 줄이기 위해서 $\tilde{x}$(Median, 중앙치)를 사용 • $\overline{x}$ 관리도에 비해 정밀도가 떨어진다.			
통계량	중심선	U_{CL}	L_{CL}	비고
$\tilde{x}$	$\overline{\tilde{x}} = \dfrac{\Sigma \tilde{x}}{k}$	$\overline{\tilde{x}} + A_4 \overline{R}$	$\overline{\tilde{x}} - A_4 \overline{R}$	$\hat{\sigma} = \dfrac{\overline{R}}{d_2}$, $A_4 = \dfrac{3m_3}{\sqrt{n} \cdot d_2} = m_3 A_2$
R	$\overline{R}$	$D_4 \overline{R}$	$D_3 \overline{R}$	

5. $H - L$ 관리도

적용	공정의 극한값에 크게 영향을 받지 않는다.			
통계량	중심선	U_{CL}	L_{CL}	비고
M	$\overline{M} = \dfrac{\overline{H} + \overline{L}}{2}$	$\overline{M} + H_2 \overline{R}$	$\overline{M} - H_2 \overline{R}$	$\overline{H} = \dfrac{\Sigma H}{k}$, $\overline{L} = \dfrac{\Sigma L}{k}$, $\overline{R} = \dfrac{\Sigma R}{k}$

기본문제

$\overline{x} - R$ 관리도로 관리하고 있는 어떤 공정의 [데이터]가 다음과 같을 때, $\overline{x}$ 관리도의 U_{CL}과 L_{CL}은 약 얼마인가?(단, $n = 5$일 때, $A_2 = 0.58$이다.)

[데이터] 군의 크기$(n) = 5$, $\Sigma \overline{x} = 1,245.60$, 군의 수$(k) = 25$, $\Sigma R = 121$

풀이 관리한계선 = $\overline{\overline{x}} \pm A_2 \overline{R} = 49.824 \pm 0.58 \times 4.84$

CHAPTER 03 계수값 관리도

1. np관리도

적용	• 이항분포를 근거로 한다. • n이 반드시 일정하여야 한다. • np가 1~5개 정도 나오도록 샘플링할 것 $\left(n = \dfrac{1}{p} \sim \dfrac{5}{p}\right)$		
통계량	중심선	U_{CL}	L_{CL}
np	$n\bar{p}$	$n\bar{p} + 3\sqrt{n\bar{p}(1-\bar{p})}$	$n\bar{p} - 3\sqrt{n\bar{p}(1-\bar{p})}$
참고 사항	$n\bar{p} = \dfrac{\Sigma np}{k},\ \bar{p} = \dfrac{\Sigma np}{\Sigma n} = \dfrac{\Sigma np}{k \times n}$, L_{CL}이 음(−)인 경우 고려하지 않음 $\left(\begin{matrix} U_{CL} \\ L_{CL} \end{matrix}\right) = E(np) \pm 3D(np) = n\bar{p} \pm 3\sqrt{n\bar{p}(1-\bar{p})}$		

2. p관리도

적용	n이 일정하지 않은 경우에 일반적으로 사용(계단식 관리도)		
통계량	중심선	U_{CL}	L_{CL}
p	$\bar{p}$	$\bar{p} + 3\sqrt{\dfrac{\bar{p}(1-\bar{p})}{n}}$	$\bar{p} - 3\sqrt{\dfrac{\bar{p}(1-\bar{p})}{n}}$
참고 사항	$A = \dfrac{3}{\sqrt{n}},\ \bar{p} = \dfrac{\Sigma np}{\Sigma n}$, L_{CL}이 음(−)인 경우, 고려하지 않음 $\left(\begin{matrix} U_{CL} \\ L_{CL} \end{matrix}\right) = E(p) \pm 3D(p) = \bar{p} \pm 3\sqrt{\dfrac{\bar{p}(1-\bar{p})}{n}} = \bar{p} \pm A\sqrt{\bar{p}(1-\bar{p})}$		

3. c관리도

적용	어느 일정단위 중 나타나는 부적합수의 관리에 사용		
통계량	중심선	U_{CL}	L_{CL}
c	$\bar{c}$	$\bar{c} + 3\sqrt{\bar{c}}$	$\bar{c} - 3\sqrt{\bar{c}}$
참고 사항	$\bar{c} = \dfrac{\Sigma c}{k},\ \left(\begin{matrix} U_{CL} \\ L_{CL} \end{matrix}\right) = E(c) \pm 3D(c) = c_0 \pm 3\sqrt{c_0} = \bar{c} \pm 3\sqrt{\bar{c}}$		

4. u 관리도

적용	n이 일정하지 않은 경우에 일반적으로 사용(계단식 관리도)		
통계량	중심선	U_{CL}	L_{CL}
u	$\bar{u}$	$\bar{u}+3\sqrt{\dfrac{\bar{u}}{n}}$	$\bar{u}-3\sqrt{\dfrac{\bar{u}}{n}}$
참고 사항	$A=\dfrac{3}{\sqrt{n}}$, $\bar{u}=\dfrac{\Sigma c}{\Sigma n}$, L_{CL}이 음(-)인 경우, 고려하지 않음		

공정능력지수	$C_p = \dfrac{U-L}{6\hat{\sigma}} = \dfrac{U-\bar{\bar{x}}}{3\hat{\sigma}} = \dfrac{\bar{\bar{x}}-L}{3\hat{\sigma}}$			
	등 급	기 준	판 정	
판정	0	$PCI > 1.67$	매우 우수 (검사를 간소화한다.)	U : 허용상한
	1	$PCI > 1.33$	우수 (공정능력이 충분하다.)	L : 허용하한
	2	$PCI > 1.00$	보통 (관리에 주의를 요함)	$\hat{\sigma} = \dfrac{\bar{R}}{d_2}$
	3	$PCI > 0.67$	미흡 (공정개선, 선별 필요)	공정능력비 $D_p = \dfrac{1}{C_p} = \dfrac{6\sigma}{T}$
	4	$PCI < 0.67$	매우 미흡 (공정 재검토)	

중심이 벗어났을 때 C_{pk} 사용(공정능력지수의 보조자료로 사용)		
양쪽 규격을 사용	상한 쪽으로 기울어짐	하한 쪽으로 기울어짐
$C_{pk} - (1-k)C_p \quad (0 < k < 1)$ 여기서, $k = \dfrac{\lvert M - \bar{\bar{x}} \rvert}{T/2}$ $= \dfrac{\lvert (U+L)/2 - \bar{\bar{x}} \rvert}{(S_U - S_L)/2}$	$C_{pk} = C_{pkU} = \dfrac{U-\mu}{3\sigma}$	$C_{pk} = C_{pkL} = \dfrac{\mu - L}{3\sigma}$

CHAPTER 04 관리도의 판정 및 공정해석

1. 관리도의 상태판정

관리 상태로 판정	관리 이상상태로 판정
점이 관리한계를 벗어나지 않는다.	• 점의 배열에 습관성이 존재한다.
점의 배열에 아무런 습관성이 존재하지 않는다.	• 길이가 9 이상의 연(Run)이 나타난다. • 경향(Trend)의 길이가 6 이상 발생한다. • 주기성이 나타난다. • 점이 관리한계선에 접근하여 여러 개 나타난다.[주 1]
(주 1)	• 연속 3점 중 2점 이상(중심선 한쪽 기준)

공정의 비관리상태 판정기준
규칙 1. 3σ 이탈점이 1점 이상 나타난다.(관리한계선 이탈)
규칙 2. 9점이 중심선에 대하여 같은 쪽에 있다.(연)
규칙 3. 6점이 연속적으로 증가 또는 감소하고 있다.(경향)
규칙 4. 14점이 교대로 증감하고 있다.(주기성)
규칙 5. 연속하는 3점 중 2점이 중심선 한쪽으로 2σ를 넘는 영역에 있다.
규칙 6. 연속하는 5점 중 4점이 중심선 한쪽으로 1σ를 넘는 영역에 있다.
규칙 7. 연속하는 15점이 ±1σ 영역 내에 있다.
규칙 8. 연속하는 8점이 ±1σ 한계를 넘는 영역에 있다.

2. 관리도의 공정해석

2.1 군내변동(σ_w^2), 군간변동(σ_b^2)

- $\widehat{\sigma_w^2} = \left(\dfrac{\bar{R}}{d_2}\right)^2$
- $\widehat{\sigma_{\bar{x}}^2} = \left(\dfrac{\bar{R}_m}{d_2}\right)^2 = \left(\dfrac{\bar{R}_m}{1.128}\right)^2$ ($n=2$일 때, $d_2 = 1.128$)

- $\sigma_{\bar{x}}^2 = \dfrac{\sigma_w^2}{n} + \sigma_b^2$
- $\sigma_H^2 = \sigma_w^2 + \sigma_b^2$
- $\sigma_H^2 : x$ 개개의 변동

- $\sigma_{\bar{x}}^2 = \dfrac{\sigma_w^2}{n} \Rightarrow n\sigma_{\bar{x}}^2 = \sigma_H^2 = \sigma_w^2$: 완전한 관리상태 ($\sigma_b^2 = 0$)

- $n\sigma_{\bar{x}}^2 > \sigma_H^2 > \sigma_w^2$: 완전한 관리상태가 아닌 경우 ($\sigma_b^2 \neq 0$)

05 관리도의 성능 및 수리

1. $\overline{x} - R$관리도의 평균치 차의 검정

1.1 전제조건

- 두 관리도가 완전한 관리상태에 있을 것
- 두 관리도의 시료군의 크기 n이 같을 것
- k_A, k_B가 충분히 클 것
- $\overline{R_A}$, $\overline{R_B}$ 사이에 유의차가 없을 것
- 본래의 분포상태가 대략적인 정규분포를 하고 있을 것

1.2 검정방법

검정	$\mid \overline{\overline{x}}_A - \overline{\overline{x}}_B \mid > A_2\overline{R}\sqrt{\dfrac{1}{k_A} + \dfrac{1}{k_B}}$	$\overline{\overline{x}}_A$, $\overline{\overline{x}}_B$: 각각의 $\overline{x}$ 관리도의 중심선 k_A, k_B : 각각의 시료군의 수
판정	위의 식이 성립하면 두 관리도의 중심 간에는 차이가 있다고 판정	$\overline{R} = \dfrac{k_A\overline{R_A} + k_B\overline{R_B}}{k_A + k_B}$

2. 관리계수

관리계수	$C_f = \dfrac{\sigma_{\overline{x}}}{\sigma_w}$: 공정의 관리상태 여부를 판정	
판정	$C_f > 1.2$	급간변동이 크다.
	$1.2 \geq C_f \geq 0.8$	대체로 관리상태이다.
	$0.8 > C_f$	군 구분이 나쁘다.

> 📖 **Reference** 검출력$(1 - \beta)$
>
> - 공정에 이상원인이 발생하였을 때 이를 탐지할 확률을 의미한다.
> - 검출력이 좋아지기 위해서는 α는 증가하고 β는 감소하여야 하므로, 기존의 평균과 새롭게 나타난 평균의 차이인 $\Delta\mu = \mid\mu - \mu_0\mid$가 클수록 검출력은 좋아진다.

memo

1. 검사의 종류

1.1 검사가 행해지는 공정(목적)에 의한 분류

① 수입(구입)검사   ② 공정(중간)검사
③ 최종(완성)검사   ④ 출하검사

1.2 검사가 행해지는 장소에 의한 분류

① 정위치검사
② 순회검사
③ 출장(외주)검사

1.3 검사의 성질에 의한 분류

① 파괴검사(반드시 샘플링검사)
② 비파괴검사
③ 관능검사

1.4 검사방법에 의한 분류

① 전수검사   ② 무검사
③ 로트별 샘플링검사   ④ 관리 샘플링검사(체크검사)

1.5 검사항목에 의한 분류

① 수량검사   ② 중량검사
③ 치수검사   ④ 외관검사
⑤ 성능검사

2. 검사의 계획

a	개당 검사비용	b	개당 손실비용	P_b(임계부적합품률)$= \dfrac{a}{b}$
$P_b < P$	전수검사가 유리	$P_b > P$	무검사가 유리	–

3. 샘플링검사의 개념정리

반드시 전수검사	반드시 샘플링검사
• 안전에 중대한 영향을 미치는 경우 　(브레이크 작동시험, 고압용기의 내압시험) • 경제적으로 큰 영향을 미치는 경우(귀금속류) • 부적합품이 다음 공정에 커다란 손실을 줄 경우	• 파괴검사인 경우 • 연속체 또는 대량품인 경우

3.1 샘플링검사가 유리한 경우(전수검사에 비해)

① 다수·다량의 것으로 어느 정도 부적합품의 혼입이 허용되는 겨우
② 검사항목이 많은 경우
③ 불완전한 전수검사에 비해 높은 신뢰성을 얻을 수 있는 경우
④ 생산자에게 품질 향상의 자극을 주고 싶은 경우

3.2 샘플링검사의 조건

① 로트크기는 충분히 클 것
② 제품이 로트로서 처리될 수 있을 것
③ 샘플의 샘플링은 랜덤하게 이루어질 수 있을 것
④ 합격 로트 가운데에도 어느 정도의 부적합품이 섞여 있는 것을 허용할 수 있을 것
⑤ 검사 단위의 품질특성은 계량치로 나타내고, 정규분포를 하고 있는 것으로 간주할 수 있을 것

4. 검사단위의 품질표시방법

(1) 적합품·부적합품에 의한 표시방법

① 치명부적합품　　　　　② 중부적합품
③ 경부적합품　　　　　　④ 미부적합품

(2) 부적합수에 의한 표시방법

① 치명부적합　　　　　　② 중부적합
③ 경부적합　　　　　　　④ 미부적합

(3) 특성치에 의한 표시방법

검사단위의 특성을 측정하여 그 측정치에 따라 품질을 나타내는 방법(계량치)

(4) 로트의 품질표시방법

① 부적합품률(%)   ② 부적합수

③ 평균치   ④ 표준편차

(5) 시료의 품질표시방법

① 부적합품수   ② 평균 부적합수

③ 평균치   ④ 표준편차

⑤ 범위

구분 내용	계수 샘플링검사	계량 샘플링검사
검사방법	① 숙련을 요하지 않는다. ② 검사 소요기간이 짧다. ③ 검사설비가 간단하다. ④ 검사기록이 간단하다.	① 숙련을 요한다. ② 검사 소요시간이 길다. ③ 검사설비가 복잡하다. ④ 검사기록이 복잡하다.
판별능력과 검사 개수	검사개수가 같은 경우에는 계량보다 판별 능력이 낮다.	검사개수가 상대적으로 계수보다 작다.
적용해서 유리한 경우	① 검사비용이 적은 경우 ② 검사의 시간, 설비, 인원이 많이 필요 없는 경우	① 검사비용이 많은 경우 ② 검사의 시간, 설비, 인원이 많이 필요한 경우 ③ 파괴검사의 경우

기본문제

로트의 크기가 1,000인 어떤 제품의 출하검사를 하는데 무검사와 전수검사를 비교하고자 한다. 부적합품률이 2%인 경우 제품 1개당 검사비용은 5원이고, 무검사시 부적합품이 출하되었을 때 부적합품 1개당 100원의 손실비용이 발생한다면?

풀이 $P_b = \dfrac{5}{100} = 0.05$, $P = 0.02$, $P_b < P$: 전수검사가 유리, $P_b > P$: 무검사가 유리하므로, 전수검사가 유리하다.

기본문제

종래 A회사로부터 납품되고 있는 약품의 유황함유율의 산포는 표준편차 0.35%였다. 이번에 납품된 로트의 평균치를 신뢰도 95%, 정도 0.20%로 추정하고 싶다. 샘플을 몇 개 취하면 되겠는가?

풀이 $\beta_{\bar{x}} = \pm u_{1-\alpha/2} \dfrac{\sigma}{\sqrt{n}}$, $0.2 = \pm 1.96 \dfrac{0.35}{\sqrt{n}}$, $n = 11.765 = 12$(개)

CHAPTER 02 각종 샘플링법과 이론

1. 샘플링에서의 용어 정리

오차 (error)	• 참값과 측정치와의 차 $(x_i - \mu)$ • 검토순서 : 신뢰도 → 정밀도 → 정확도
정(밀)도 (precision)	• 산포의 크기 • 평행(반복)정밀도, 재현정밀도로 나눈다.
	표시방법 : σ^2, σ, s^2, s, CV, R, 신뢰구간 등으로 표시
신뢰 구간	$\beta_{\bar{x}} = \pm u_{1-\alpha/2} \dfrac{\sigma}{\sqrt{n}}$
치우침(정확도)	데이터 분포의 평균치와 모집단의 참값과의 차$(\bar{x} - \mu)$

2. 샘플링 종류

2.1 랜덤샘플링

단순랜덤샘플링	$E(\bar{x}) = \mu$, $V(\bar{x}) = \dfrac{\sigma^2}{n}$
계통샘플링	시료를 일정간격으로 샘플링
지그재그샘플링	주기성에 의한 편기가 들어갈 위험성을 방지하도록 한 샘플링검사

2.2 층별샘플링

특징	• 층 내는 균일하게, 층간은 불균일하게 되도록 층별하면 추정 정밀도가 좋아진다. • $V(\bar{x}) = \dfrac{\sigma_w^2}{m\,n}$
층별비례샘플링	각 층의 서브로트가 일정하지 않은 경우, 층의 크기에 비례하여 시료를 샘플링
네이만샘플링 (Neyman Sampling)	각 층의 크기와 표준편차에 비례하여 샘플링
데밍샘플링 (Deming Sampling)	각 층으로부터 샘플링하는 비용까지도 고려하는 방법

2.3 집락샘플링

- 모집단을 몇 개의 층(M)으로 나누어 그 층 중에서 몇 개의 층(m)을 랜덤샘플링하여 취한 층 안을 모두 조사하는 방법
- $V(\overline{x}) = \dfrac{\sigma_b^2}{m}$
- 층간은 균일하게, 층내는 불균일하게 취락을 만들면 추정정밀도가 좋아진다.

2.4 2단계 샘플링

- 정밀도가 층별, 집락 샘플링보다 나쁘다.
- $V(\overline{x}) = \dfrac{\sigma_w^2}{m\,\overline{n}} + \dfrac{\sigma_b^2}{m}$

3. 샘플링 오차(σ_s^2)와 측정오차(σ_M^2)

3.1 단위체의 경우(축분 · 혼합이 행하여지지 않는 경우)

시료를 n개 취하여 각 시료를 k회 측정하여 평균하는 경우

$$V(\overline{x}) = \frac{1}{n}\left(\sigma_s^2 + \frac{\sigma_M^2}{k}\right)$$

3.2 집합체의 경우(축분 · 혼합이 행하여질 때)

시료를 n개 취하여 전부를 혼합하여 혼합시료로 하고 그것을 1회 축분하여 조제한 분석시료를 k회 분석하는 경우

$$V(\overline{x}) = \frac{1}{n}\sigma_s^2 + \sigma_R^2 + \frac{1}{k}\sigma_M^2$$

기본문제

m제품을 $n=5$를 샘플링하여 동일시료를 3회 측정하였다. 샘플링 오차는 5%, 측정오차 1%인 경우 분산은?

풀이 $V(\overline{x}) = \dfrac{0.05^2}{5} + \dfrac{0.01^2}{15} = 0.00005067$

03 샘플링검사와 OC곡선

검사특성곡선(OC곡선)은 로트의 부적합품률 $p(\%)$(계수치), 특성치 m(계량치)를 가로축에, 로트가 합격하는 확률 $L(p)$(계수치), $L(m)$(계량치)를 세로축에 잡아 양자의 관계를 나타낸 그래프이다.

1. $L(p)$를 구하는 방법

초기하분포	$L(p) = \sum_{x=0}^{c} \dfrac{\binom{pN}{x}\binom{N-pN}{n-x}}{\binom{N}{n}}$	x : 부적합품수 $\dfrac{N}{n} < 10$일 때 사용
이항분포	$L(p) = \sum_{x=0}^{c} \binom{n}{x} p^x (1-p)^{n-x}$	–
포아송분포	$L(p) = \sum_{x=0}^{c} e^{-np}(np)^x / x!$	특별한 조건이 없을 때 많이 사용

2. OC곡선의 성질

N이 변하는 경우	• OC곡선에 별로 큰 영향을 미치지 않는다. • N이 클 때는 N의 크기가 작을 때보다 다소 시료의 크기를 크게 해서 좋은 로트가 불합격되는 위험을 적게 하여 행하는 편이 경제적인 경우가 많다.
%샘플링검사	• N으로부터 n, c를 %개념을 도입하여 샘플링하는 경우 • N이 달라지면 품질보증의 정도도 달라지므로 일정한 품질을 보증하기가 곤란하다.(부적절한 샘플링검사)
n이 증가하는 경우 (N, c 일정)	• OC곡선의 기울기가 급해진다. • 생산자 위험(α)은 커지고 소비자 위험(β)은 감소
c가 증가하는 경우 (N, n 일정)	• OC곡선의 기울기가 완만해진다. • α는 감소하고 β는 증가

04 계량값 샘플링검사

1. 계량 규준형 샘플링검사(KS Q 0001) : σ 기지

1.1 로트의 평균치를 보증하는 방법

① 특정치(m)가 높을수록 좋은 경우($\overline{X_L}$ 지정)

합격판정선	$\overline{X_L} = m_0 - K_\alpha \dfrac{\sigma}{\sqrt{n}} = m_0 - G_0\sigma$		$G_0 = \dfrac{K_\alpha}{\sqrt{n}}$
시료의 크기	$n = \left(\dfrac{K_\alpha + K_\beta}{m_0 - m_1}\right)^2 \cdot \sigma^2$	OC곡선	$K_{L(m)} = \dfrac{\sqrt{n}\,(\overline{X_L} - m)}{\sigma}$
판정	• $\overline{x} \geq \overline{X_L}$이면 로트를 합격 • $\overline{x} < \overline{X_L}$이면 로트를 불합격		

② 특성치(m)가 낮을수록 좋은 경우($\overline{X_U}$ 지정)

합격판정선	$\overline{X_U} = m_0 + K_\alpha \dfrac{\sigma}{\sqrt{n}} = m_0 + G_0\sigma$		
시료의 크기	$n = \left(\dfrac{K_\alpha + K_\beta}{m_1 - m_0}\right)^2 \cdot \sigma^2$	OC곡선	$K_{L(m)} = \dfrac{\sqrt{n}\,(m - \overline{X_U})}{\sigma}$
판정	• $\overline{x} \leq \overline{X_U}$이면 로트를 합격 • $\overline{x} > \overline{X_U}$이면 로트를 불합격		

③ $\overline{X_U}$ 및 $\overline{X_L}$ 동시에 구하는 경우

성립조건	$\dfrac{m_0' - m_0''}{\sigma/\sqrt{n}} > 1.7$	합격판 정선	• $\overline{X_U} = m_0' + G_0 \cdot \sigma$ • $\overline{X_L} = m_0'' - G_0 \cdot \sigma$
판정	• $\overline{X_L} \leq \overline{x} \leq \overline{X_U}$이면, 로트합격 • $\overline{x} > \overline{X_U}$ 또는 $\overline{x} < \overline{X_L}$이면, 로트불합격		

1.2 로트의 부적합품률을 보증하는 방법

U가 주어진 경우	합격판정선	$\overline{X_U} = U - k\sigma$
	판정	• $\bar{x} \leq \overline{X_U}$: 로트 합격 • $\bar{x} > \overline{X_U}$: 로트 불합격
L이 주어진 경우	합격판정선	$\overline{X_L} = L + k\sigma$
	판정	• $\bar{x} \geq \overline{X_L}$: 로트 합격 • $\bar{x} < \overline{X_L}$: 로트 불합격
U 및 L이 주어진 경우	성립조건	$U - L > 5\sigma$
	합격판정선	• $\overline{X_U} = U - k\sigma$ • $\overline{X_L} = L + k\sigma$
	판정	• $\overline{X_L} \leq \bar{x} \leq \overline{X_U}$: 로트 합격 • $\bar{x} < \overline{X_U}$ 또는 $\bar{x} > \overline{X_L}$: 로트 불합격
OC곡선		$K_{L(p)} = (K_p - k)\sqrt{n}$

• $n = \left(\dfrac{K_\alpha + K_\beta}{K_{p_0} - K_{p_1}} \right)^2$

• $k = \dfrac{K_{p_0} K_\beta + K_{p_1} K_\alpha}{K_\alpha + K_\beta}$

2. 계량 규준형 샘플링검사(KS Q 0001) : σ 미지

U가 주어진 경우	합격판정선	$\overline{X_U} = U - k' s_e$
	판정	• $\bar{x} + k' s_e \leq U$: 로트 합격 • $\bar{x} + k' s_e > U$: 로트 불합격
L이 주어진 경우	합격판정선	$\overline{X_L} = L + k' s_e$
	판정	• $\bar{x} - k' s_e \geq L$: 로트 합격 • $\bar{x} - k' s_e < L$: 로트 불합격

• $k' = \dfrac{K_{p_0} K_\beta + K_{p_1} K_\alpha}{K_\alpha + K_\beta} = k$

• $n' = \left(1 + \dfrac{K^2}{2} \right) \left(\dfrac{K_\alpha + K_\beta}{K_{p_0} - K_{p_1}} \right)^2$

• σ 미지인 경우의 샘플링검사방식의 합격판정계수 k는 σ기지인 경우와 동일하다.

• n은 σ 기지인 경우보다 $\left(1 + \dfrac{k^2}{2} \right)$ 배로 증가

CHAPTER 05 계수값 샘플링검사

1. 계수값 샘플링검사 서론(KS Q ISO 2859 - 0)

연속의 로트로서 제출된 제품의 검사인 AQL 지표형 샘플링검사(KS Q ISO 2859 - 1), 지정된 AQL보다 품질이 우수한 로트의 검사개수를 줄이는 방법인 스킵로트 샘플링검사(KS Q ISO 2859 - 3), 고립로트의 검사인 LQ 지표형 샘플링검사(KS Q ISO 2859 - 2)가 있다.

용어 정의	
합격품질한계 : AQL (Acceptance Quality Limit)	연속로트의 경우에 AQL은 만족한 프로세스 평균의 상한을 의미
평균출검품질 : AOQ (Average Outgoing Quality)	제품을 연속적으로 산출하는 프로세스에서 다수 로트의 평균 부적합품 퍼센트를 의미하는 것으로 AOQL은 AOQ의 최대값
검사의 종류	보통검사(별 조건이 없는 경우), 까다로운 검사, 수월한 검사
샘플링 형식	1회(n, Ac, Re로 합부판정), 2회, 다회(최대 제5샘플까지 사용), 축차 샘플링검사(검사가 완료될 때까지 검사개수를 모름)로 분류

2. AQL 지표형 샘플링검사(KS Q ISO 2859 - 1)

2.1 적용범위 및 특징

적용 범위	• 연속로트인 계수값 합부판정 샘플링검사로서 품질지표로 AQL을 사용 • 공급자로부터 연속적이고, 대량으로 구입하는 경우 적용 • 로트의 합격·불합격에 공급자의 관심이 큰 경우
특징	① 연속로트검사에 사용되며, 검사의 엄격도전환에 의해 품질향상에 자극을 준다. ② 구입자가 공급자를 선택할 수 있다. ③ 장기적으로 품질을 보증한다. ④ 불합격 로트의 처리방법이 정해져 있다.(일반적으로 소관권한자가 결정) ⑤ 로트크기와 시료크기와의 관계가 분명히 정해져 있다.($N\uparrow : n\uparrow$) ⑥ 로트의 크기에 따라 α가 일정하지 않다.($N\uparrow : \alpha\downarrow$)($\alpha$보다 β의 변화가 큼) ⑦ 3종류의 샘플링 형식이 정해져 있다.(1회, 2회, 다회(5회) 샘플링검사) ⑧ 검사수준이 여러 개 있다.(특별 검사수준 4개, 통상 검사수준 3개) ⑨ AQL과 시료크기에는 등비수열이 채택되어 있다. (R5 : $\sqrt[5]{10}$ 등비수열)

2.2 검사의 엄격도 전환규칙

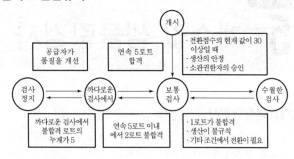

2.3 실시상의 주의사항

AQL 설정 시 주의사항	① 요구품질에 맞추어 정한다. ② 결점의 계급에 따라 정한다. ③ 공정평균에 근거를 둔다. ④ 공급자와 협의한다. ⑤ AQL값의 계속적인 검토
검사수준	① 검사수준은 시료의 상대적인 크기를 의미 ② 일반검사에 대하여는 Ⅰ, Ⅱ, Ⅲ 3종류의 통상검사수준이 있다. 수준 Ⅱ가 표준의 검사수준이며, 특별한 지정이 없으면 수준 Ⅱ가 사용된다. ③ 파괴검사이거나 비용이 많이 드는 검사를 위해서 특별검사수준으로서 S-1부터 S-4까지 4종류의 수준이 있다. ④ 수준 Ⅰ의 샘플크기가 수준 Ⅱ보다 0.4배로 작으나, 수준 Ⅲ은 수준 Ⅱ의 1.6배 정도이다. (0.4 : 1.0 : 1.6)
소관권한자	KS Q ISO 2859-1 시스템의 중립성을 유지하고, 합부판정 샘플링검사 절차가 원활하게 운용할 수 있는 충분한 지식과 능력을 가진 자 • 공급자의 품질 부문(제1자) • 구입자 또는 조달기관(제2자) • 독립적인 검증 또는 인증기관(제3자)
검사의 엄격도 조정	검사의 개시 : 검사의 개시시점에서는 보통검사를 실시한다.

2.4 전환점수

(1) 1회 샘플링 방식

① 합격판정개수가 0 또는 1($Ac \leq 1$)일 때 로트가 합격이면 전환점수에 2를 더하고, 그렇지 않으면 전환점수를 0으로 되돌린다.

② 합격판정개수가 2 이상($Ac \geq 2$)일 때, 로트가 합격이 되고, AQL이 한 단계 엄격한 조건에서 합격이 되면, 전환점수에 3을 더하고, 그렇지 않으면 전환점수를 0으로 되돌린다.

2.5 분수합격판정개수의 1회 샘플링 방식

- 소관권한자가 승인했을 때 사용 가능
- 주 샘플링검사표의 합격판정개수가 0과 1의 중간에 화살표로 된 2개의 난(수월한 검사는 3개의 난) 대신 사용
- 화살표 대신 1/5(수월한 검사에만 적용), 1/3 및 1/2이라는 분수합격판정개수를 사용
- 특별한 규정이 없으면 표준절차에 따른다.

(1) 샘플링방식이 일정하지 않은 경우

합격판정점수(As : Acceptance Score)를 사용하여 합부판정을 결정한다.

① 보통검사, 까다로운 검사, 수월한 검사의 개시시점에서는 합격판정점수를 0으로 되돌린다.

② $Ac = 0$이면 합격판정점수는 바뀌지 않는다.
  - ㉮ $Ac = 1/5$이면 합격판정점수에 2를 가산한다.
  - ㉯ $Ac = 1/3$이면 합격판정점수에 3을 가산한다.
  - ㉰ $Ac = 1/2$이면 합격판정점수에 5를 가산한다.
  - ㉱ $Ac = 1$ 이상이면 합격판정점수에 7을 가산한다.

③ 합격판정점수 ≤ 8이면 $Ac = 0$, 합격판정점수 ≥ 9이면 $Ac = 1$, 만일 주어진 합격판정개수가 정수이면 합격판정개수는 바뀌지 않는다.

④ 만일 샘플 중에 1개 이상의 부적합품(또는 부적합)이 발견된 경우에는(로트의 합부판정 후에) 합부판정점수를 0으로 되돌린다.

3. LQ 지표형 샘플링검사(KS Q ISO 2859 - 2)

3.1 적용범위

① LQ에 따른 계수값 합부판정샘플링검사의 샘플링방식 및 샘플링검사 절차에 대하여 규정

② KS Q ISO 2859-1과 병용이 가능하고, KS Q ISO 2859-1의 전환규칙이 적용되지 않을 때 사용

③ 샘플링방식은 관계품질(LQ)의 표준값을 지표로 한 샘플링 방식을 제시

④ LQ에서의 소비자 위험은 통상 10% 미만이며 나빠도 13% 미만이다.

⑤ LQ는 통상 AQL의 3배 이상으로 단기간 로트의 품질보증방식이다.

3.2 샘플링검사의 절차

절차 A	• 공급자와 소비자 모두가 로트를 고립상태로 간주하는 경우에 적용(특별한 지시가 있는 경우를 제외하고, 절차 A를 사용) • 샘플링방식은 로트크기 및 LQ로부터 구한다.
절차 B	• 공급자는 로트를 연속시리즈의 하나로 간주하고, 소비자는 로트를 고립상태로 받아들이고 있는 경우에 적용 (생산자는 KS Q ISO 2859-1에서와 같은 절차를 유지) • 샘플링 방식은 로트크기, LQ 및 검사수준으로부터 구한다. (특별한 지정이 없으면 검사수준 II를 사용)

4. 스킵로트(Skip - Lot) 샘플링검사(KS Q ISO 2859 - 3)

4.1 적용범위 및 특징

① 제출된 제품에 대한 검사 노력의 감소를 도모하는 샘플링 방식

② 공급자가 모든 면에서 그 품질을 효과적으로 관리하는 능력이 있는 것을 실증하고, 요구조건에 합치하는 로트를 계속적으로 생산하는 경우에 적용

③ KS Q ISO 2859 - 1에 기술된 로트별 계수값 샘플링 방식과 함께 사용하도록 설계되어 있다.

④ 고립로트의 경우에는 사용이 불가능하다. (연속로트에만 적용)

⑤ 검사특성값이 KS Q ISO 2859 - 1에 설정되어 있는 계수값의 경우에만 사용 가능

⑥ KS Q ISO 2859 - 1의 절차가 통상 검사 수준 I, II, III에서 보통 검사, 수월한 검사 혹은 보통검사와 수월한 검사의 조합인 경우에만 실시된다.

⑦ 합격판정개수가 0의 1회 샘플링 방식은 이 규격에서는 사용하지 않도록 한다.

⑧ 수월한 검사는 제품이 로트별 검사 상태에 있을 때 사용할 수 있으나, 스킵로트 검사 또는 스킵로트 중단의 상태에 있을 때에는 사용할 수 없다.

⑨ 스킵로트 샘플링검사는 수월한 검사보다 비용적으로 유리한 경우에는 수월한 검사 대신에 사용할 수 있다.

⑩ 자격심사기간 중 1로트라도 까다로운 검사를 받으면 자격을 상실한다.

⑪ 인원의 안전에 관계하는 제품 특성의 검사에는 스킵로트 절차를 적용하지 않는다.

4.2 스킵로트 절차

공급자 자격심사의 조건에 적합한 공급자에 의하여 제품의 자격심사조건에 적합하여 생산되면 스킵로트검사를 할 수가 있으며, 스킵로트검사의 절차에는 3개의 기본적 상태가 존재하게 된다.

① 상태 1 : 로트별 검사

② 상태 2 : 스킵 로트 검사

③ 상태 3 : 스킵 로트 중단

기본문제

> 500개의 제품이 있다. 이 중 480개는 적합품이고 합격이다. 15개는 각각 하나의 부적합을 가지고, 4개는 각각 2개의 부적합을 가지고, 또 1개는 3개의 부적합을 가지고 있다. 이 로트의 부적합품 퍼센트와 100 아이템당 부적합수를 구하시오.

풀이 ① 부적합품 퍼센트 $p(\%) = 100p = 100\dfrac{D}{N} = 100 \times \dfrac{20}{500}$

② $p(100 \text{ 아이템당}) = 100p = 100\dfrac{d}{N} = 100 \times \dfrac{(15 \times 1) + (4 \times 2) + (1 \times 3)}{500}$

06 축차 샘플링검사

1. 계수값 축차 샘플링검사(KS Q ISO 28591)

축차 샘플링 설계

1) p_A, α, p_R, β로 파라미터 h_A, h_R, g를 구한다.

2) 누계 샘플 사이즈의 중지값 결정

샘플사이즈 n_0를 아는 경우	$n_t = 1.5n_0$ (정수로 끝올림)
샘플사이즈 n_0를 모르는 경우	$n_t = \dfrac{2h_A \cdot h_R}{g(1-g)}$ (정수로 끝올림)

3) 판정법의 선택

- $A = g \times n_{cum} - h_A \Rightarrow Ac$(끝수 버림)
- $R = g \times n_{cum} + h_R \Rightarrow Re$(끝수 올림)
- $A_t = g \times n_t \Rightarrow Ac_t$(끝수 버림)
- $Re_t = Ac_t + 1$

4) 합부 판정

- $D = Ac$이면 로트 합격
- $D = Re$이면 로트 불합격
- $Ac < D < Re$이면 검사속행
- $n_{cum} = n_t$에 도달한 경우 $D = Ac_t$이면 합격, $D = Re_t$이면 불합격

Reference 중지값(n_t) 결정

- 축차샘플링검사에서는 정해진 중지값(n_t)까지만 합·부판정을 위한 검사를 실시하고, 중지값(n_t)까지 합·부판정이 이루어지지 아니하면, 다른 조건으로 합·부판정을 하게 된다.
- 중지값은 다음과 같이 계산한다.
  ① 샘플사이즈 n_0를 아는 경우 : $n_t = 1.5n_0$(정수로 끝올림)
  ② 샘플사이즈 n_0를 모르는 경우 : $n_t = \dfrac{2h_A \cdot h_R}{g(1-g)}$(정수로 끝올림)

memo

PART

4

실험계획법

01 실험계획의 개념

1. 실험계획의 개념 및 기본 원리

1850년대 영국에서 농업의 생산성 향상을 위하여 품종의 개량과 토양에 적합한 비료의 선정 등을 위한 실험에서 출발하였다.(R. A. Fisher)

1.1 실험계획의 순서

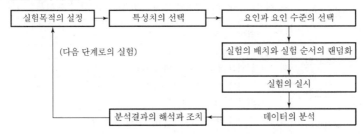

1.2 실험계획의 기본 원리

① 랜덤화의 원리   ② 반복의 원리
③ 블록화의 원리   ④ 직교화의 원리
⑤ 교락의 원리

용어	설명	비고
요인(Factor)	실험을 행할 경우 특성치에 영향이 있는 변동 원인들 중 실험에 채택된 원인으로 표기방법은 알파벳 대문자로 표기(A, B, C)	
요인의 선택	구체적이고 서로 독립적인 요인을 채택하고 서로 요인의 수에 따라 여러 가지 배치로 분류된다.(1요인실험, 2요인실험)	
수준(Level)	채택된 요인을 질적, 양적으로 변화시키는 조건으로서 표기 방법으로는 숫자를 첨자로 표기(A_1, A_2, A_3)	
수준의 선택	수준수는 보통 2~5수준 정도이면 충분하며, 많아도 6수준을 넘지 않도록 하는 것이 좋다.	

2. 실험계획법의 구조모형과 분류

모형의 분류	설명	비고
모수모형	모수요인만으로 구성된 구조모형	–
변량모형	변량요인만으로 구성된 구조모형	–
혼합모형	모수요인과 변량요인이 섞여 있는 구조모형	난괴법

요인의 분류	설명	비고
모수요인	기술적으로 미리 정하여진 수준이 사용되며, 각 수준이 기술적인 의미를 가지고 있는 요인	–
제어요인	수준을 자유로이 제어할 수 있는 요인	모수요인
표시요인	다른 제어요인의 수준을 조절하기 위하여 채택되는 요인 또는 제어요인과 같은 수준을 가지고 있으나 최량의 수준을 선택하는 것이 무의미한 요인으로서 제어요인의 수준을 조절하기 위하여 채택하는 요인	모수요인
신호요인	다구찌 실험계획에서 주로 다루어지는 요인으로 출력을 변화시키기 위한 입력신호를 의미한다.	
변량요인	수준의 선택이 랜덤으로 이루어지며 각 수준이 기술적인 의미를 가지고 있지 못한 요인	–
블록요인	자체의 효과나 또 다른 요인과의 효과도 처리할 수 없으나 실험 값에 영향을 준다고 보는 요인	변량요인
보조요인	실험에는 넣지 않으나 측정만은 해두었다가 결과를 분석할 때는 그 정보를 이용하려고 하는 요인	변량요인

모수요인		변량요인	
수준이 기술적인 의미를 가지며 실험자에 의하여 미리 정하여진다.		수준이 기술적인 의미를 갖지 못하며 수준의 선택이 랜덤으로 이루어진다.	
a_i는 고정된 상수, $E(a_i) = a_i$, $Var(a_i) = 0$		a_i는 확률변수, $E(a_i) = 0$, $Var(a_i) = \sigma_A^2$	
$\sum_{i=1}^{l} a_i = 0$, $\bar{a} = 0$	$\sigma_A^2 = \dfrac{\sum_{i=1}^{l} a_i^2}{(l-1)}$	$\sum_{i=1}^{l} a_i \neq 0$, $\bar{a} \neq 0$	$\sigma_A^2 = \dfrac{\sum_{i=1}^{l} (a_i - \bar{a})^2}{(l-1)}$

오차항(e_{ij})의 특성	
정규성	오차 e_{ij}의 분포는 정규분포를 따른다.
독립성	임의의 e_{ij}와 $e_{i'j'}(i \neq i'$ 또는 $j \neq j')$는 서로 독립이다.
불편성	오차 e_{ij}의 기대치는 0이고 편기는 없다.
등분산성	오차의 e_{ij}분산은 σ_e^2으로 어떤 i, j에 대해서도 일정하다.

02 요인실험

1. 1요인실험(완전 임의배열법)

1.1 적용범위 및 특징

① 특정한 1요인만의 영향을 조사하고자 할 때
② 수준수와 반복수에 별로 제한이 없다.
③ 반복수가 일정하지 않아도 되며, 결측치가 있을 시 그대로 해석 가능

1.2 데이터의 구조 : $x_{ij} = \mu + a_i + e_{ij}$

요인	SS	DF	MS	F_0	$F_{1-\alpha}$	$E(MS)$
A	$S_A = r\sum(\overline{x}_{i.} - \overline{\overline{x}})^2$	$\nu_A = l-1$	$V_A = S_A/\nu_A$	V_A/V_c	$F_{1-\alpha}(\nu_A, \nu_c)$	$\sigma_e^2 + r\sigma_A^2$
E	$S_e = S_T - S_A$	$\nu_c = l(r-1)$	$V_c = S_c/\nu_c$			σ_e^2
T	$S_T = \sum\sum(x_{ij} - \overline{\overline{x}})^2$	$\nu_T = lr-1$				

(1) 계산 방법

CT	$\dfrac{T^2}{lr} = CT$(수정항)	
S_A	$\dfrac{\sum T_{i.}^2}{r} - CT$	$S_A' = S_A - \nu_A V_c$
S_e	$S_T - S_A$	$S_c' = S_T - S_A'$

(2) 분산분석 후의 검·추정

검정	가설		$H_0 : \sigma_A^2 = 0$ $H_1 : \sigma_A^2 > 0$	요인별 분산검정에 따른 가설
	최소유의 차(LSD)		기각역 : $\left\lvert \overline{x}_{i.} - \overline{x'}_{i.} \right\rvert > t_{1-\alpha/2}(\nu_e)\sqrt{\dfrac{2V_e}{r}}$	각 수준의 모평균 차에 의한 가설
추정	모평균	점추정	$\widehat{\mu_i} = \widehat{\mu + a_i} = \overline{x}_{i.}$	$\overline{x}_{i.} = \mu + a_i + \overline{e}_{i.}\,,\ \overline{\overline{x}} = \mu + \overline{\overline{e}}$
		구간추정	$\overline{x}_{i.} \pm t_{1-\alpha/2}(\nu_e)\sqrt{\dfrac{V_e}{r}}$	
	모평 균차	점추정	$\widehat{\mu_i - \mu_i'} = \widehat{a_i - a_i'} = \overline{x}_{i.} - \overline{x}_{i'.}$	—
		구간추정	$(\overline{x}_{i.} - \overline{x}_{i'.}) \pm t_{1-\alpha/2}(\nu_e)\sqrt{\dfrac{2V_e}{r}}$	반복이 일정한 경우
	오차 분산	점추정	$\widehat{\sigma_e^2} = V_e$	
		구간추정	$\dfrac{S_e}{\chi_{1-\alpha/2}^2(\nu_e)} \le \sigma_e^2 \le \dfrac{S_e}{\chi_{\alpha/2}^2(\nu_e)}$	

(3) 반복이 일정하지 않은 경우(일정한 경우와 다른 것들)

S_A	$S_A = \sum \dfrac{T_{i.}^2}{r_i} - CT$
$E(V_A)$	$E(V_A) = \sigma_e^2 + \dfrac{\sum r_i a_i^2}{(l-1)}$
$\hat{\mu}(A_i)$	$\hat{\mu}(A_i) = \overline{x}_{i.} \pm t_{1-\alpha/2}(\nu_e)\sqrt{\dfrac{V_e}{r_i}}$
$\widehat{\mu_i - \mu_i'}$	$\widehat{\mu_i - \mu_i'} = (\overline{x}_{i.} - \overline{x'}_{i.}) \pm t_{1-\alpha/2}(\nu_e)\sqrt{V_e\left(\dfrac{1}{r_i} + \dfrac{1}{r_{i'}}\right)}$

1.3 변량모형

이 경우는 분산분석표의 작성, 검정까지는 반복수가 일정한 모수모형과 같으나 각 수준의 모평균을 추정하는 것은 의미가 없으며, 산포에서만 모수모형과 다르다.

종류	설명	
가설	$H_0 : \sigma_A^2 = 0 \qquad H_1 : \sigma_A^2 > 0$	
$\widehat{\sigma_A^2}$	$\widehat{\sigma_A^2} = \dfrac{V_A - V_e}{r}$ (반복이 일정한 경우)	$\widehat{\sigma_A^2} = \dfrac{V_A - V_e}{(N^2 - \sum r_i^2)/N(l-1)}$ (반복이 일정하지 않은 경우)

2. 반복이 없는 2요인실험(모수모형)

(1) 데이터의 구조 : $x_{ij} = \mu + a_i + b_j + e_{ij}$

요인	SS	DF	MS	F_0	$F_{1-\alpha}$	$E(MS)$
A	S_A	$l-1$	V_A	V_A/V_e	$F_{1-\alpha}(\nu_A,\ \nu_e)$	$\sigma_e^2 + m\sigma_A^2$
B	S_B	$m-1$	V_B	V_B/V_e	$F_{1-\alpha}(\nu_B,\ \nu_e)$	$\sigma_e^2 + l\sigma_B^2$
e	S_e	$(l-1)(m-1)$	V_e			σ_e^2
T	S_T	$lm-1$				

S_A	S_B	S_e
$S_A = \sum \dfrac{T_{i\cdot}^2}{m} - CT$	$S_B = \sum \dfrac{T_{\cdot j}^2}{l} - CT$	$S_e = S_T - S_A - S_B$
순제곱합 S'	$S_A' = S_A - \nu_A V_e,\quad S_B' = S_B - \nu_B V_e,\quad S_e' = S_e + (\nu_A + \nu_B)V_e$	

(2) 분산분석 후의 검·추정

추정	모평균	점추정	$\hat{\mu}(A_i) = \mu + \widehat{a_i} = \overline{x}_{i\cdot}$	
			$\hat{\mu}(B_i) = \mu + \widehat{b_i} = \overline{x}_{\cdot j}$	
		구간추정	$\hat{\mu}(A_i) = \overline{x}_{i\cdot} \pm t_{1-\alpha/2}(\nu_e)\sqrt{\dfrac{V_e}{m}}$	$l : A$의 수준수 $m : B$의 수준수
			$\hat{\mu}(B_j) = \overline{x}_{\cdot j} \pm t_{1-\alpha/2}(\nu_e)\sqrt{\dfrac{V_e}{l}}$	
		점추정	$\hat{\mu}(A_iB_j) = \mu + \widehat{a_i + b_j} = \mu + \widehat{a_i} + \mu + \widehat{b_j} - \hat{\mu}$ $= \overline{x}_{i\cdot} + \overline{x}_{\cdot j} - \overline{\overline{x}}$	$\mu(A_iB_j)$의 추정
		구간추정	$(\overline{x}_{i\cdot} + \overline{x}_{\cdot j} - \overline{\overline{x}}) \pm t_{1-\alpha/2}(\nu_e)\sqrt{\dfrac{V_e}{n_e}}$	$n_e = \dfrac{\text{총실험횟수}}{\text{유의한 요인의 자유도 합}+1}$ $= \dfrac{lm}{\nu_A+\nu_B+1} = \dfrac{lm}{l+m-1}$
	결측치		$y = \dfrac{lT_{i\cdot}' + mT_{\cdot j}' - T'}{(l-1)(m-1)}$	A_iB_j에 결측치 y가 있는 경우

3. 난괴법

3.1 적용범위 및 특징

- 1요인은 모수이고 1요인은 변량인 반복이 없는 2요인실험
- 변량요인은 블록요인 또는 집단요인

3.2 데이터의 구조 : $x_{ij} = \mu + a_i + b_j + e_{ij}$

3.3 분산분석표

데이터의 배열, 분산분석표 작성, 검정까지는 반복이 없는 2요인실험(모수모형)의 경우와 동일하며, 차이점은 요인 B가 변량이므로 요인 B의 모평균의 추정은 전혀 의미가 없으며, σ_B^2의 추정치를 구할 필요가 있다. $\left(\hat{\sigma_B^2} = \dfrac{V_B - V_e}{l} \right)$

4. 반복이 있는 2요인실험(모수모형)

4.1 반복의 이점

- 요인조합의 효과(교호작용)를 분리한 순수한 실험오차 σ_e^2을 구할 수 있다.
- 요인의 주효과에 대한 검출력이 좋아진다.
- 반복한 데이터로부터 실험의 재현성과 관리상태를 검토할 수 있다.
- 수준수가 적더라도 반복의 크기를 적절히 조절하여 검출력을 높일 수 있다.

4.2 데이터의 구조 : $x_{ijk} = \mu + a_i + b_j + (ab)_{ij} + e_{ijk}$

요인	SS	DF	MS	F_0	$F_{1-\alpha}$	$E(MS)$
A	S_A	$l-1$	V_A	V_A/V_e	$F_{1-\alpha}(\nu_A, \ \nu_e)$	$\sigma_e^2 + mr\sigma_A^2$
B	S_B	$m-1$	V_B	V_B/V_e	$F_{1-\alpha}(\nu_B, \ \nu_e)$	$\sigma_e^2 + lr\sigma_B^2$
$A \times B$	$S_{AB} - S_A - S_B$	$(l-1)(m-1)$	$V_{A \times B}$	$V_{A \times B}/V_e$	$F_{1-\alpha}(\nu_{A \times B}, \ \nu_e)$	$\sigma_e^2 + r\sigma_{A \times B}^2$
e	$S_T - S_{AB}$	$lm(r-1)$	V_e			σ_e^2
T	S_T	$lmr-1$				

요인	공식	
$S_{A \times B}$	$S_{A \times B} = S_{AB} - S_A - S_B$	$S_{AB} = \sum_i \sum_j \dfrac{T_{ij.}^2}{r} - CT$
S_e	$S_e = S_T - S_{AB}$	

4.3 분산분석 후의 검·추정

				비고
추정	수준조합의 모평균	점추정	$\hat{\mu}(A_iB_j)=\mu+a_i+\widehat{b_j}+(ab)_{ij}=\bar{x}_{ij\cdot}$	교호작용$(A\times B)$이 무시되지 않는 경우$(A\times B$가 유의한 경우$)$
		구간추정	$\bar{x}_{ij\cdot}\pm t_{1-\alpha/2}(\nu_e)\sqrt{\dfrac{V_e}{r}}$	
		점추정	$\begin{aligned}\hat{\mu}(A_iB_j)&=\mu+\widehat{a_i}+b_i\\&=\mu+\widehat{a_i}+\mu+\widehat{b_j}-\hat{\mu}\\&=\bar{x}_{i\cdot\cdot}+\bar{x}_{\cdot j\cdot}-\bar{\bar{x}}\end{aligned}$	교호작용$(A\times B)$이 무시되는 경우 $(A\times B$가 유의하지 않은 경우$)$
		구간추정	$(\bar{x}_{i\cdot\cdot}+\bar{x}_{\cdot j\cdot}-\bar{\bar{x}})\pm t_{1-\alpha/2}(\nu'_e)\sqrt{\dfrac{V'_e}{n_e}}$	$V'_e=\dfrac{S'_e}{\nu'_e}=\dfrac{S_{A\times B}+S_e}{\nu_{A\times B}+\nu_e}$ $n_e=\dfrac{총실험횟수}{유의한\ 인자의\ 자유도의\ 합+1}$ $=\dfrac{lmr}{l+m-1}$
		결측치	결측치 항의 평균치로 대치한다.	

5. 반복이 있는 2요인실험(혼합모형)

5.1 데이터의 구조(A는 모수, B는 변량요인)

: $x_{ijk}=\mu+a_i+b_j+(ab)_{ij}+e_{ijk}$

요인	SS	DF	MS	F_0	$F_{1-\alpha}$	$E(MS)$
A	S_A	$l-1$	V_A	$V_A/V_{A\times B}$	$F_{1-\alpha}(\nu_A,\ \nu_{A\times B})$	$\sigma_e^2+r\sigma_{A\times B}^2+mr\sigma_A^2$
B	S_B	$m-1$	V_B	V_B/V_e	$F_{1-\alpha}(\nu_B,\ \nu_e)$	$\sigma_e^2+lr\sigma_B^2$
$A\times B$	$S_{A\times B}$	$(l-1)(m-1)$	$V_{A\times B}$	$V_{A\times B}/V_e$	$F_{1-\alpha}(\nu_{A\times B},\ \nu_e)$	$\sigma_e^2+r\sigma_{A\times B}^2$
e	S_e	$lm(r-1)$	V_e			σ_e^2
T	S_T	$lmr-1$				

5.2 분산분석 후의 검·추정

- $\widehat{\sigma_B^2}=\dfrac{V_B-V_e}{lr}$
- $\bar{x}_{ij\cdot}=\mu+a_i+b_j+(ab)_{ij}+\bar{e}_{ij\cdot}$
- $\bar{x}_{\cdot j\cdot}=\mu+b_j+\bar{e}_{\cdot j\cdot}$
- $\widehat{\sigma_{A\times B}^2}=\dfrac{V_{A\times B}-V_e}{r}$
- $\bar{x}_{i\cdot\cdot}=\mu+a_i+\bar{b}+\overline{(ab)}_{i\cdot}+\bar{e}_{i\cdot}$
- $\bar{\bar{x}}=\mu+\bar{b}+\bar{\bar{e}}$
- 교호작용을 오차항에 풀링할 때의 고려사항
  ① 실험의 목적
  ② 기술적·통계적 면
  ③ 제2종 과오

CHAPTER
03 대비와 직교분해

1. 1요인실험 또는 반복이 없는 2요인실험

1.1 선형식 : $L = c_1 x_1 + c_2 x_2 + \cdots + c_n x_n$

1.2 단위수 및 변동

- 단위수 $D = c_1^2 + c_2^2 + \cdots + c_n^2 = \Sigma c_i^2$
- 변동 $L = \dfrac{L^2}{D}$ $(\nu_L = 1)$

2. 반복이 일정한 1요인실험 또는 반복이 없는 2요인실험

- 대비(Contrast) : $c_1 + c_2 + \cdots + c_l = \Sigma c_i^2 = 0$
- 대비의 변동 $L = \dfrac{L^2}{(\Sigma c_i^2) \cdot m}$
- 직교 : $L_1 = c_1 T_1. + c_2 T_2. + \cdots + c_l T_l.$, $L_2 = c_1' T_1. + c_2' T_2. + \cdots + c_l' T_l.$ 에서
  만약 $c_1 c_1' + c_2 c_2' + \cdots + c_l c_l' = 0$이 성립하면 직교한다.

기본문제

한국인 6명, 호주인 4명의 신장을 측정하여 다음과 같은 데이터를 얻었다.

A_1(한국인)	158, 162, 155, 172, 160, 168
A_2(호주인)	186, 172, 176, 180

한국인의 평균신장과 호주인의 평균신장의 차 : $L = \dfrac{T_1}{6} - \dfrac{T_2}{4}$ 에 대한 L의 값을 구하면?

풀이 $L = \dfrac{L^2}{D} = \dfrac{(-16)^2}{\left(\dfrac{1}{6}\right)^2 \times 6 + \left(-\dfrac{1}{4}\right)^2 \times 4} = 614.40$

CHAPTER 04 계수치 데이터 분석

1. 1요인실험

1.1 적용범위

- 계수치의 데이터가 성별(남·여), 불량 여부(양품, 부적합), 신용(좋고, 나쁨) 등과 같이 두 가지 성질로 분류되는 경우에 사용
- 일반적으로 0(데이터수가 많은 것), 1(데이터수가 적은 것)의 계량값으로 대치한다.

1.2 데이터의 구조 : $x_{ij} = \mu + a_i + e_{ij}$

요인	SS	DF	MS	F_0	$F_{1-\alpha}$
A	S_A	$l-1$	V_A	V_A/V_e	$F_{1-\alpha}(\nu_A,\ \nu_e)$
e	S_e	$l(r-1)$	V_e		
T	S_T	$lr-1$			

1.3 계산방법

- $CT = \dfrac{T^2}{\ell r}$

- $S_A = \Sigma \dfrac{T_{i\cdot}^2}{r} - CT$

- $S_e = S_T - S_A$

- $S_T = \Sigma\Sigma x_{ij}^2 - CT = T - CT$

2. 2요인실험

2.1 데이터의 구조 : $x_{ijk} = \mu + a_i + b_j + e_{(1)ij} + e_{(2)ijk}$

요인	SS	DF	MS	F_0	$F_{1-\alpha}$
A	S_A	$l-1$	V_A	V_A/V_{e_1}	$F_{1-\alpha}(\nu_A,\ \nu_{e_1})$
B	S_B	$m-1$	V_B	V_B/V_{e_1}	$F_{1-\alpha}(\nu_B,\ \nu_{e_1})$
$e_1(=A\times B)$	S_{e_1}	$(l-1)(m-1)$	V_{e_1}	V_{e_1}/V_{e_2}	$F_{1-\alpha}(\nu_{e_1},\ \nu_{e_2})$
e_2	S_{e_2}	$lm(r-1)$	V_{e_2}		
T	S_T	$lmr-1$			

2.2 계산방법

- $S_{e_1} = S_{A\times B} = S_{AB} - S_A - S_B$

- $S_{e_2} = S_T - S_{AB}$

- $S_{T_1} = S_{AB} = \Sigma\Sigma \dfrac{T_{ij}^2}{r} - CT$

05 라틴방격법

1. 라틴방격법

1.1 계획의 개념 및 특징

- k개의 숫자 또는 글자를 어느 행, 어느 열에든 하나씩만 있도록 나열하여 종횡 k개씩의 숫자 또는 글자가 4각형이 되도록 한 것 ($k \times k$ 라틴방격)
- $k \times k$ 라틴방격에서의 배열 가능수(총방격수) = (표준라틴방격수) $\times k! \times (k-1)!$
- 표준라틴방격 : 1행, 1열이 자연수 순서로 나열되어 있는 라틴방격
- 표준라틴방격수 : 2×2 라틴방격 및 3×3 라틴방격(1개), 4×4 라틴방격(4개)
- 모수요인만 사용하며, 요인 간의 교호작용이 무시될 수 있을 때 적은 실험횟수로 주효과에 대한 정보를 얻고자 할 때 사용

1.2 데이터의 구조 : $x_{ijl} = \mu + a_i + b_j + c_l + e_{ijl}$

요인	SS	DF	MS	F_0	$F_{1-\alpha}$	$E(MS)$
A	$\sum \dfrac{T_{i..}^2}{k} - CT$	$k-1$	V_A	V_A/V_e		$\sigma_e^2 + k\sigma_A^2$
B	$\sum \dfrac{T_{.j.}^2}{k} - CT$	$k-1$	V_B	V_B/V_e	$F_{1-\alpha}(k-1, \nu_e)$	$\sigma_e^2 + k\sigma_B^2$
C	$\sum \dfrac{T_{..k}^2}{k} - CT$	$k-1$	V_C	V_C/V_e		$\sigma_e^2 + k\sigma_C^2$
e	$S_T - (S_A + S_B + S_C)$	$(k-1)(k-2)$	V_e			σ_e^2
T	$\sum\sum\sum x_{ijk}^2 - CT$	k^2-1				

1.3 계산방법 및 추정

- $\hat{\mu}(A_i) = \overline{x}_{i..} \pm t_{1-\alpha/2}(\nu_e)\sqrt{\dfrac{V_e}{k}}$

- $\hat{\mu}(A_i C_l) = (\overline{x}_{i..} + \overline{x}_{..l} - \overline{\overline{x}}) \pm t_{1-\alpha/2}(\nu_e)\sqrt{\dfrac{V_e}{n_e}}$ 　단, $n_e = \dfrac{k^2}{(2k-1)}$

- $\hat{\mu}(A_i B_j C_l) = (\overline{x}_{i..} + \overline{x}_{.j.} + \overline{x}_{..l} - 2\overline{\overline{x}}) \pm t_{1-\alpha/2}(\nu_e)\sqrt{\dfrac{V_e}{n_e}}$ 　단, $n_e = \dfrac{k^2}{(3k-2)}$

06 직교배열표

개념	요인의 수가 많은 경우에 주효과와 기술적으로 보아 있을 것 같은 요인의 교호 작용을 검출하고, 기술적으로 없으리라고 생각되는 교호작용은 희생시켜 실험 횟수를 적게 할 수 있는 실험계획표이다.
장점	• 기계적인 조작으로 이론을 잘 모르고도 일부 실시법, 분할법, 교락법 등의 배치를 쉽게 할 수 있다. • 실험 데이터로부터 변동 계산이 쉽고 분산분석표의 작성이 수월하다. • 실험의 크기를 증가시키지 않고도 실험에 많은 요인을 짜 넣을 수 있다.

1. 2수준계 직교배열표

1.1 구성

$$L_{2^m}(2^{2^m-1})$$

- L : Latin square(라틴방격법)의 약자
- m : 2 이상의 정수
- 2^m : 실험의 크기
- 2 : 2 수준계를 나타내는 숫자
- 2^m-1 : 열의 수(배치가능한 요인수)
- $L_4(2^3)$: 가장 작은 2수준계 직교배열표

1.2 특징

- 가장 작은 직교배열표 : $L_4(2^3)$
- 어느 열이나 0의 수와 1의 수가 반반씩 나타난다.
- 한 열의 자유도는 1이다.
- 기본표시가 X, Y라면 그 교호작용은 기본표시의 곱 XY가 있는 열에 나타난다.

1.3 배치방법

(1) 기본표시에 의한 방법($L_8 2^7$)

실험 번호	열 번 호							실험 조건	데이터
	1	2	3	4	5	6	7		
1	0	0	0	0	0	0	0	$A_0 B_0 C_0 D_0 = (1)$	9
2	0	0	0	1	1	1	1	$A_0 B_0 C_1 D_1 = cd$	12
3	0	1	1	0	0	1	1	$A_0 B_1 C_0 D_1 = bd$	8
4	0	1	1	1	1	0	0	$A_0 B_1 C_1 D_0 = bc$	15
5	1	0	1	0	1	0	1	$A_1 B_0 C_0 D_0 = ab$	16
6	1	0	1	1	0	1	0	$A_1 B_0 C_1 D_1 = abcd$	20
7	1	1	0	0	1	1	0	$A_1 B_0 C_0 D_1 = ad$	13
8	1	1	0	1	0	0	1	$A_1 B_0 C_1 D_0 = ac$	13
기본 표시	a	b	a b	c	a c	b c	a b c	$T = 106$	
배치	A	$A \times B$	B	C	$A \times C$	D			

- 교호작용 $A \times B$는 요인 A, B의 기본 표시인 a, ab의 곱 b가 있는 열에 배치시킨다.($a^2 = b^2 = c^2 = 1$)
- 주효과 : $(A,\ B,\ C) = \dfrac{1}{4}[(수준1의\ 데이터의\ 합) - (수준0의\ 데이터의\ 합)]$
- 변동 : $(S_A,\ S_B,\ S_C\ S_{A \times B}) = \dfrac{1}{8}[(수준1의\ 데이터의\ 합) - (수준0의\ 데이터의\ 합)]^2$

(2) 선점도에 의한 배치방법
- 점과 점은 각각 하나의 요인을 나타낸다.
- 두 점을 연결하는 선은 그의 교호작용의 관계를 나타내고 있다.
- 선과 점은 다 같이 자유도 1을 갖고 하나의 열에 대응한다.

2. 3수준계 직교배열표

2.1 구성
$L_{3^m}(3^{(3^m - 1)/2})$
- m : 2 이상의 정수 ● 3^m : 실험의 크기 ● $(3^m - 1)/2$: 직교배열표의 열의 수

2.2 특징
- 3수준계의 가장 작은 직교배열표 : $L_9(3^4)$
- 한 열의 자유도는 2이다.
- 2열의 교호작용은 성분이 XY인 열과 XY^2인 열에 나타난다.
  ($a^3 = b^3 = c^3 = \cdots = 1$)

1. 단순회귀분석

1.1 개념

- 독립변수(x)의 값을 지정했을 때 종속변수(y)가 갖는 값을 추정한다.
- 단순회귀분석 : 독립변수 1개, 종속변수 1개로 이들 사이의 관계가 직선관계로 추정되는 경우
- 중회귀분석 : 독립변수 2개 이상, 종속변수 1개로 이들 사이에 1차함수를 가정하는 경우
- 곡선회귀분석 : 독립변수 1개, 종속변수 1개일 때 2차 이상의 고차함수를 가정하는 경우

1.2 직선회귀모형

$$y_i = \beta_0 + \beta_1 x_i + e_i \qquad\qquad e_i \sim N(0, \sigma_e^2)\text{이고 서로 독립}$$

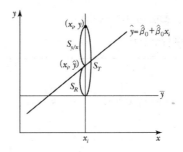

1.3 회귀직선의 추정식

$$\hat{y}_i = \hat{\beta}_0 + \hat{\beta}_1 x_i \left[\beta_0 = \bar{y} - \hat{\beta}_1 \bar{x},\ \hat{\beta}_1 = \frac{S(xy)}{S(xx)}\right]$$

1.4 분산분석표

요인	SS	DF	MS	F_0	$F_{1-\alpha}$
회귀	S_R	1	V_R	$V_R / V_{y \cdot x}$	$F_{1-\alpha}(1, \ n-2)$
잔차	$S_{y \cdot x}$	$n-2$	$V_{y \cdot x}$		
계	$S(yy)$	$n-1$			

- $S(yy) = \underset{\text{(설명이 안되는 변동)}}{S_{(y \cdot x)}} + \underset{\text{(설명이 되는 변동)}}{S_R}$
  총변동

- $S(yy) = \sum (y_i - \bar{y})^2 = \sum y_i^2 - \dfrac{(\sum y_i)^2}{n}$

- S_R(회귀에 의한 변동)$= \sum (\hat{y_i} - \bar{y})^2 = \dfrac{(S(xy))^2}{S(xx)}$

- $S_{(y \cdot x)}$(잔차변동)$= \sum (y_i - \hat{y}_i)^2 = S(yy) - S_R$

- F 검정

  $H_0 : \beta_1 = 0 \quad H_1 : \beta_1 \neq 0$

  $F_0 = \dfrac{V_R}{V_{y \cdot x}} > F_{1-\alpha}(1, \ n-2)$이면 $\quad \beta_1 \neq 0$이므로 회귀 직선이 유의적

- 결정계수 $\quad r^2 = \dfrac{S_R}{S(yy)} = \left(\dfrac{S(xy)}{\sqrt{S(xx)S(yy)}} \right)^2$

2. 1요인실험과 단순회귀

2.1 분산분석표

요인	SS	DF	MS	F_0
직선회귀	S_R	$\nu_R = 1$	V_R	V_R / V_e
나머지(고차회귀)	$S_r = S_A - S_R$	$\nu_r = l-2$	V_r	V_r / V_e
A	S_A	$\nu_A = l-1$	V_A	V_A / V_e
e	$S_e = S_T - S_A$	$\nu_e = l(r-1)$	V_e	
T	$S_T = S(yy)$	$\nu_T = n-1$		

$F_0 = V_r / V_e > F_{1-\alpha}(\nu_r, \ \nu_e)$이면 고차회귀가 필요하며, 그렇지 않으면 단순회귀로서 추정가능하다.

PART

5 생산시스템

01 생산시스템의 발전 및 유형

1. 생산시스템의 개념

1.1 경영과 생산활동

① 생산의 기본적 의의 : 생산요소를 유형, 무형의 경제재로 변환(생산과정)시킴으로써, 효용을 산출하는 과정
② 생산의 기능 : 설계기능, 계획기능, 통제기능으로 나누어진다.

1.2 시스템의 개념과 본질

시스템의 개념	"하나의 전체(복합체)를 구성하는 서로 관련있는 구성요소의 모임"
시스템의 특성	집합성, 관련성, 목적 추구성, 환경적응성
시스템 어프로치	시스템 사고를 행하는 방법으로 보통은 ① 시스템 이론 ② 시스템 분석 ③ 시스템 경영으로 나눈다.
시스템 어프로치의 효과	① 주어진 문제를 전체적인 입장에서 명확히 밝힐 수 있다. ② 구성요소 간의 상호관련성 내지 상호작용을 이해할 수 있다. ③ 관련되는 요인의 원인과 결과(또는 목적과 수단)를 밝힐 수 있다. ④ 문제가 되는 변수와 제약요소와의 상호관계를 밝힐 수 있다. ⑤ 시스템 전체의 성과를 높일 수 있다. ⑥ 환경변화에 적응할 수 있다.

1.3 생산시스템

목표	흔히 생산목표를 Q(Quality : 품질), C(Cost : 원가), D(Delivery : 납기)로 표현하는데 이 경우 D의 납기는 생산량과 시간이 포괄된 개념이다. 따라서 생산시스템을 관리하는 입장에서는 납기 대신 공정을 넣어서 "품질·원가·공정"을 생산관리 목표로 흔히 제시한다.
기능	궁극의 목표는 고객만족 즉 재화나 서비스의 효용창출과 경제적 생산이며, 이를 달성하는 기능을 갖추기 위하여 변환기능과 관리기능으로 나눈다.
구성	투입(Input), 변환과정(Transformation Process), 산출(Output)의 세 부문으로 나누어 생산시스템을 I·O시스템(Input Output System)이라고 한다.

1.4 Taylor & Ford System

제창자 \ 비교 사항	테일러 시스템 F. W. Taylor	포드 시스템 H. Ford
일반 통칭	과업관리	동시관리
적용·목적	주로 개별생산의 공장, 특히 기계 제작 공장에서의 관리기술의 합리화가 목적	연속생산의 능률 향상 및 관리의 합리화가 목적(테일러 시스템의 결점을 보완)
일관된 근본정신	고임금·저노무비의 원칙	저가격·고임금의 원칙
원리(기본 이념)	① 최적 과업 결정 ② 제조건의 표준화 ③ 성공에 대한 우대 ④ 실패시 노동자 손실	최저 생산비로 사회에 봉사한다는 이념

2. 생산시스템의 유형

2.1 판매 형태에 의한 분류

주문생산(폐쇄적 주문생산과 개방적 주문생산), 계획생산으로 분류

2.2 품종과 생산량에 의한 분류

소품종 다량 생산, 다품종 소량 생산으로 분류

2.3 작업 연속성에 의한 분류

단속생산, 연속생산으로 분류

2.4 생산량과 기간에 의한 분류

프로젝트 생산, 개별 생산, Lot(Batch) 생산, 대량생산으로 분류

생산형태의 분류				
생산시기	생산의 반복성	품종과 생산량	생산의 흐름	생산량과 기간
주문생산	개별 생산	다품종 소량생산	단속 생산	프로젝트 생산
	소로트 생산			개별 생산
예측생산	중·대로트 생산	중품종 중량생산		로트(Batch) 생산
	연속 생산	소품종 대량생산	연속 생산	대량 생산

	특수 생산방식들의 형태
GT	다양한 제품에 유사부품을 그룹화하여 생산하는 방식으로, 이는 가공순서에 따라 기계나 설비를 배치한다는 점에서 공정별 배치보다 제품별 배치에 가까운 배치방식이다. 공정별 배치보다 그룹별 배치 이점은 ① 준비시간과 비용절감 ② 기계효율 증대 ③ 운반비용 감소 ④ 공정품 감소 ⑤ 책임소재의 명확화이다.
FMS	다양한 제품의 생산에 유연성이 가미된 생산방식(유연생산시스템)
Cellular 생산방식	GT 공정에서 유연성을 향상시킨 생산방식(GT + FMS)
Modular 생산방식	표준화 부품을 이용하여 다양한 제품을 생산하는 방식

3. 총괄생산계획(Aggregate Production Planning)

3.1 총괄생산계획의 개요

총괄생산계획이란 6개월에서 18개월의 기간을 대상으로 수요의 예측에 따른 생산목표를 효율적으로 달성할 수 있도록 고용수준, 재고수준, 생산능력 및 하청 등의 전반적인 수준을 설정하는 과정으로서 이를 통해 장래의 일정기간 동안 생산하여야 할 제품의 수량과 생산의 시간적 배분에 대한 계획을 수립할 수 있다.

3.2 총괄생산계획의 구성요소

1) 목표

예측된 수요를 충족시켜야 하며, 중기에는 고정되어 있는 생산설비의 능력범위 내에서 이루어져야 하고, 관련 비용이 최소화되도록 수립되어야 한다.

2) 고려요소

생산율, 하청, 고용수준, 재고수준 등을 고려하여야 한다.

3) 결과

생산수량계획, 품종계획, 일정계획 등이 있다.

3.3 총괄생산계획 전략과 의사결정대안

1) 생산전략의 유형

① 순수전략 (pure strategy)생산방안의 개발시 고려하는 여러 변수들 중에서 하나의 변수만을 사용하여 수요 변동을 흡수하는 전략으로서 추종전략(chase Strategy)과 평준화 전략(level Strategy)으로 나누어진다.

	추종전략	평준화 전략
정의	계획대상 동안의 수요변동을 만족시키기 위해 생산율이나 고용수준을 조정하는 전략	계획대상기간 동안에 생산율이나 고용수준을 일정하게 유지하는 전략
특징	예상재고나 단축근무가 사용되지 않는 반면에 고용, 해고, 초과근무, 하청 등의 방법이 사용될 수 있다.	고용수준을 일정하게 유지하고자 할 때 생산율의 증감은 잔업이나 단축근무 이용으로 조정하고, 수요변동은 재고의 증감을 통해 대응하며, 수요를 즉시 만족시킬 수 없을 때에는 하청을 이용할 수 있다.
장점	수요변화에 유동적으로 대응할 수 있고 재고와 주문적체를 줄일 수 있다.	평준화된 생산율과 안정적인 고용수준을 유지함으로써 수요를 만족
단점	모든 계획대상 기간마다 작업자 수의 증감에 따른 비용발생과 종업원 사기저하로 인한 생산성의 감소 및 품질저하를 초래할 수 있다.	재고투자, 단축근무, 잔업 및 주문적체 등에 관련된 비용의 증가를 초래

② 혼합전략(mix strategy)

추종전략과 평준화전략의 요소를 혼합한 것으로 생산방안의 개발시 고려하는 고용수준, 작업시간, 재고수준, 주문적체 및 하청 등의 변수들 중에서 두 가지 이상의 변수를 이용하여 수요변동을 흡수하는 전략이다.

2) 고려해야 할 관리비용

① 정규시간비용　　② 잔업비용　　③ 고용비용
④ 해고비용　　⑤ 재고유지비용　　⑥ 재고부족비용
⑦ 하청비용

3) 의사결정대안

① 반응적 대안(reactive alternatives) : 생산관리자 담당
② 공격적 대안(aggressive alternatives) : 마케팅관리자 담당

4. 생산형태와 설비배치

4.1 제품(라인)별 배치

장점	단점
① 표준품을 양산할 경우 단위당 생산코스트가 공정별 배치보다 훨씬 낮다. ② 운반거리가 단축되고 가공물이 빠르게 흐른다. ③ 재고와 재공품 수량이 적어진다. ④ 재고(재공품)가 차지하는 면적이 적어진다. ⑤ 일정계획이 단순하여 관리가 용이하다. ⑥ 작업이 단순하여 작업자의 훈련 및 감독이 용이하다.	① 다양한 수요변화에 대한 신축성이 적으며 제품의 설계변경시 많은 비용이 소요된다. ② 보다 많은 설비 투자액이 소요된다. ③ 기계고장이나 재료부족 등으로 전체 공정에 영향을 줄 수 있다. ④ 적은 수량을 제조할 때 공정별 배치에 비하여 생산코스트가 높다. ⑤ 작업이 단조로워 직무만족이 떨어진다.

4.2 공정(기능)별 배치

장점	단점
① 변화(수요변동, 제품의 변경, 작업순서의 변경 등)에 대한 유연성이 크다. ② 범용기계이므로 설비투자가 적고 진부화의 위험도 적다. ③ 기계고장, 재료부족, 작업자의 결근 등에도 생산량 유지가 용이하다. ④ 적은 수량을 제조할 때에는 제품별 배치에 비하여 생산코스트가 유리하다. ⑤ 다양한 작업으로 직무만족을 증진시킨다.	① 대량생산의 경우 제품별 배치보다 단위당 생산코스트가 높다. ② 운반거리가 길어 운반능률이 낮다. ③ 물자의 흐름이 더디므로 재고나 재공품이 늘게 되어 이에 대한 투자액이 높다. ④ 재고와 재공품이 차지하는 면적이 높다. ⑤ 주문별 절차계획, 일정계획 등이 달라 관리가 복잡하다.

4.3 위치 고정형(프로젝트) 배치

장점	단점
① 생산물의 이동을 최소화 줄일 수 있다. ② 다양한 제품을 신축성 있게 제조할 수 있다. ③ 크고 복잡한 제품 생산에 적합하다.	① 제조현장까지 자재와 기계설비를 옮기려면 많은 시간과 비용이 소요된다. ② 기계설비의 이용률이 낮다. ③ 고도의 숙련이 필요하다.

4.4 혼합형 배치

장점	단점
① 흐름이 일정하고, 이동거리가 짧아 운반시간 및 비용이 적게 든다. ② 가공물의 흐름이 원활하여 재공품이 적다. ③ 유사품을 모아서 가공할 수 있다. ④ 반복작업에 따른 관리가 용이하다.	① 배치비용이 타 배치에 비해 많이 든다. ② 가공물의 라인균형화가 쉽지 않다. ③ 설비의 특성상 다기능공이 필요하나, 양성 및 관리가 쉽지 않다. ④ 설비이용률이 그다지 높지 않다.

5. SCM(Supply Chain Management)

공급자에서 고객까지의 공급사슬상의 정보, 물자, 현금의 흐름에 대해 총체적 관점에서 인간의 인터페이스를 통합하고 관리함으로써 효율성을 극대화하는 전략적 기법으로, 기존의 전사적 자원계획(ERP : Enterprise Resource Planning)은 기업 내에 국한된 것이지만, SCM은 기업 간 부분까지, 즉 공급자, 자사, 고객을 통합하여 하나의 파이프라인을 연결하는 것이다. 즉, SCM은 기업간 부분까지, 즉 공급자, 자사, 고객을 통합하여 하나의 파이프라인을 연결하는 것이다. SCM의 목적은 공급사슬상에서 자재의 흐름을 효과적, 효율적으로 관리하고 불확실성과 위험을 줄임으로써 재고수준, 리드타임(lead time) 및 고객서비스 수준을 향상시키는 데 있다.

6. 생산전략과 의사결정론

6.1 생산전략

생산전략은 생산에 대한 사명감, 차별적 능력, 생산목표, 생산정책과 같은 4가지의 요소에 의해 구성되어진다. 여기서 생산의 사명감이란 기업전략, 사업전략과 관련하여 생산기능의 목적을 정의하는 것이며, 생산관리의 목표인 품질, 납기, 원가, 유연성 간의 상대적인 우선순위를 명시하게 된다. 또한 생산정책은 생산목표를 어떻게 달성할 것인가에 대한 결정으로서 생산공정, 생산능력, 재고, 노동력, 품질 등 5가지 의사결정 분야별로 수립되어야 한다.

1) 생산전략의 유형

생산전략은 반드시 사업전략이 원가우위전략인가 차별화우위전략인가에 따라서 달라지며, 또한 마케팅전략이나 재무전략과도 연계되어야 올바른 생산전략이 될 수 있다.

	원가우위전략	차별화 우위전략
시장여건	• 판매가격에 민감 • 기존제품 • 다량화 • 표준화 제품	• 제품특성에 민감 • 신제품 • 소량화 • 맞춤형 제품
생산정책 및 차별적 능력	• 우수한 제조기술을 통한 낮은 원가	• 제품개발팀과 유연생산 시스템을 통한 신제품
마케팅 전략	대량유통	선택적 유통
재무전략	낮은 위험성과 낮은 이익	높은 위험성과 높은 이익

2) 서비스업의 생산전략

서비스업은 생산과 소비의 특수성에 의해 명확한 생산과업의 인식이 어려우므로, 서비스업의 생산전략은 원가우위전략의 경우에는 고객서비스의 표준화가 절대적으로 필요하고, 차별화 우위전략으로는 인적자원에 대한 교육·훈련에 절대적으로 필요하다고 할 수 있다.

6.2 의사결정론

생산전략의 결정과정 목록에는 다음과 같은 것들이 있다.
① 경쟁상황 분석
② 회사 자체상황 분석
③ 회사 전략
④ 생산부문이 수행할 임무
⑤ 경제성 분석
⑥ 기술적 사항
⑦ 회사의 능력 평가
⑧ 생산정책 수립
⑨ 생산경영층·관리자의 수행정책 요건
⑩ 생산의 기본시스템 수립
⑪ 생산통제 및 활동
⑫ 결과평가
⑬ 전략에의 피드백
⑭ 생산관리·및 정책에의 피드백

7. 생산정보관리(ERP) 시스템

ERP란 Enterprise Resource Planning의 약어로서, 전사적 자원 관리라고 일반적으로 명명하고 있다. 기업 활동을 위해 쓰이고 있는 기업 내의 모든 인적, 물적 자원을 효율적으로 관리하여 궁극적으로 기업의 경쟁력을 강화시켜 주는 역할을 하게 되는 통합정보시스템이라고 할 수 있다. 기업은 경영 활동의 수행을 위해 여러 시스템 즉 생산, 판매, 인사, 회계, 자금, 원가, 고정 자산 등의 운영 시스템을 갖고 있는데 ERP는 이처럼 전 부문에 걸쳐 있는 경영 자원을 하나의 체계로, '통합적 시스템'을 재 구축함으로써 생산성을 극대화하려는 대표적인 기업 리엔지니어링 기법이다.

1) ERP 흐름

ERP는 MRP(자재소요량관리) MRPII(생산자원관리) MIS(경영정보시스템)등의 자원관리 기법의 발전과정을 거치면서 발전했으며, 지난 90년대 유럽 미국 일본 등 선진기업들이 다국적 회사를 운영하기 위해 종합적인 정보망을 구축하면서 도입됐다.

2) ERP 특징
① Globalization
② Best Practices
③ BPR Enabler
④ 통합 데이터베이스
⑤ 파라미터 설정에 의한 단기간의 도입과 개발
⑥ 오픈 시스템

3) ERP 도입 목적
① 시스템 표준화를 통한 데이터의 일관성 유지
② 개방형 정보시스템 구성으로 자율성, 유연성 극대화
③ 클라이언트서버 컴퓨팅 구현으로 시스템 성능 최적화
④ GUI(graphical user interface)등 신기술 이용, 사용하기 쉬운 정보환경 제공
⑤ 재고관리 능력의 향상
⑥ 업무의 효율화
⑦ 계획생산 체제의 구축 및 생산 실적 관리
⑧ 영업에서 자재, 생산, 원가, 회계에 이르는 정보의 흐름의 일원화
⑨ 데이터의 중복 및 오류배제
⑩ 필요정보의 공유화
⑪ 전산비용의 획기적인 절감
⑫ 시장요구에 전사적으로 대응
⑬ 리엔지니어링의 가시적인 수단

8. 설비배치별 분석

8.1 제품별 배치분석(라인밸런싱)

(1) 피치 다이어그램

라인 밸런싱 : $E_b = \dfrac{\Sigma t_i}{mt_{\max}} \times 100$

(2) 피치타임(Pitch Time)

① 전형적인 흐름작업일 때 : $P = \dfrac{\Sigma t_i}{n} = \dfrac{T}{N}$

② 부적합을 감안할 경우 : $N' = \dfrac{N}{(1-\alpha)}$ $\therefore P = \dfrac{T}{N'} = \dfrac{T(1-\alpha)}{N}$

③ 라인 여유율을 감안할 경우 : $P = \dfrac{T'}{N} = \dfrac{T(1-y_1)}{N}$

④ 부적합품률과 라인 여유율을 모두 감안할 경우 : $P = \dfrac{T(1-y_1)(1-\alpha)}{N}$

(3) 도표법에 의한 L.B(LOB ; Line Of Balance)

1) LOB의 단계

① 목표 도표의 작성

② 프로그램 도표의 작성

③ 진행 도표의 작성

④ LOB의 응용

2) LOB의 불평형률

$P_{ib} = \dfrac{m \cdot t_{\max} - \Sigma t_i}{\Sigma t_i} \times 100$ 합계 손실 공수 $= mt_{\max} - \Sigma t_i$

3) 라인불균형률(Line Balancing Loss) : $L_s = \dfrac{m \cdot t_{\max} - \Sigma t_i}{m \cdot t_{\max}} \times 100 = 1 - E_b$

4) Line Balancing 수법

① 피치 다이어그램

② 피치타임

③ 대기행렬 이론

④ 순열조합 이론

⑤ 시뮬레이션

CHAPTER 02 수요예측과 제품조합

1. 수요예측

1.1 수요예측

정성적(주관적) 예측법(Qualitative Method)	직관력에 의한 예측	Delphi법, 판매원의견 종합법, 경영자 판단
	의견조사에 의한 예측	소비자(시장) 조사법
	유추에 의한 예측	라이프 사이클 유추법, 자료 유추법
	장점	① 예측이 간단하다.　　② 비용이 적게 든다. ③ 고도의 기술을 요하지 않는다.
	단점	① 전문가의 능력, 경험에 따른 예측결과의 차이가 크다. ② 예측의 정확도가 낮다.
정량적(객관적) 예측법	시계열 분석	시계열 자료의 주요 구성요소는 ① 추세변동(T)　　　② 순환변동(C) ③ 계절변동(S)　　　④ 불규칙 변동(I)이 있다.
		가법모델 $\quad Y = T + C + S + I$
		승법모델 $\quad Y = T \times C \times S \times I$
	인과형 예측법	수요변화에 영향을 주는 기업내부 및 환경요인 등을 수요와 관련시켜 인과적 예측모델을 만들어 수요예측 하는 것
		예측방법 $\quad$ 회귀분석, 중회귀 모델, 계량 경제모델법 등

1.2 시계열분석에 의한 수요예측

(1) 최소자승법에 의한 예측 : 추세변동 분석

정의	관측치와 경향치의 편차제곱합이 최소가 되도록 하는 회귀직선을 구하여 추세변동을 예측
공식	연도 x, 판매량 y라 하면 $\hat{y} = a + bx$의 1차식으로 나타내는 회귀선

(2) 이동평균법(Moving Average Method)에 의한 예측 : 계절변동 분석

종류	단순 이동평균법	가중 이동평균법
특징	과거 여러 기간의 실적치에 동일한 가중치를 부여하는 방법	단순 이동평균법에다 추세경향을 고려한 수요예측기법
공식	$F_t = \dfrac{\sum A_{t-i}}{n}$	$\sum w_i = 1$ 일 때 $F_{t+1} = w_t A_t + w_{t-1} A_{t-1} + \cdots + w_{t-N} A_{t-N}$

(3) 지수평활법에 의한 예측 : 단기 불규칙변동 분석

종류		적용범위
윈터식 지수평활법		계절변동, 경향변동이 있는 시계열 제품
브라운식 지수평활법	단순평활법	다른 변동은 없고 우연변동만 존재하는 시계열 제품
	2차평활법	하강경향의 경향변동이 있는 시계열 제품
	3차평활법	상승경향의 경향변동이 있는 시계열 제품

	단순 지수평활법
공식	차기예측치 = 당기예측치 + α(당기실적치 − 당기예측치) $F_t = F_{t-1} + \alpha(A_{t-1} - F_{t-1}) = \alpha A_{t-1} + (1-\alpha)F_{t-1}$ 단 α : 지수평활계수$(0 < \alpha < 1)$

(4) Box – Jenkins법

매개변수 사용, 과거실적이 2년 이상의 것으로 구성되어야 예측이 정확하다.

1.3 예측기법의 적용

(1) 예측오차의 측정

종류	공식
평균제곱오차 : MSE (Mean Square Error)	$MSE = \dfrac{\sum (A_t - F_t)^2}{n}$ 예측오차 = 실적치 − 예측치 = $A_t - F_t$
실내 평균편차(MAD)	$MAD = \dfrac{\sum \|A_t - F_t\|}{n}$ $1MAD \to 0.80$
추적지표 : TS (Tracking Signal)	예측치의 평균이 일정진로를 유지하고 있는지를 나타내는 척도 추적오차(TS) = $\dfrac{RSFE}{MAD} = \dfrac{\sum (A_t - F_t)}{MAD}$ 예측의 정확성이 높을수록 추적지표(TS)의 값은 0에 가깝다.

(2) 제품조합(Product Mix)

손익분기점 분석	평균법, 기준법, 개별법, 절충법	
산출공식1	고정비	고정비=판매가격×한계이익률×생산량
	변동비	기업에서 생산량(판매량)의 증감에 따라 변동하는 비용
산출공식2	$BEP = \dfrac{\text{고정비}(F)}{\text{한계이익률}} = \dfrac{F}{1 - \dfrac{V}{S}} = \dfrac{F}{1 - \text{변동비율}}$	
	$\text{한계이익률} = \dfrac{\text{매상고} - \text{변동비}}{\text{매상고}} = \dfrac{\text{한계이익}}{\text{매상고}}$, $\text{변동비율} = \dfrac{\text{변동비}(V)}{\text{매출액}(S)}$	
	총한계이익=(예상판매가－단위제품의 변동비)×예상 판매량	
선형 계획법 : LP	생산계획에서 수익의 극대화 또는 비용의 최소화를 위한 기계의 능력, 작업자수 등과 같은 여러 변수를 고려하여 최적의 제품조합을 결정하고자 할 때 사용하며, 변수 간의 관계를 직선적 관계로 전제하고 제약조건하의 목적함수를 만족시키는 해를 구하는 기법	
종류	심플렉스 해법에서는 여유변수(Slack Variables) S를 사용한다.	
	도시해법(Graphic Solution Method), 전산법 등이 있다.	

기본문제

각 제품의 매출액과 한계이익률이 표와 같다. 평균 한계이익률을 사용하여 손익분기점을 구하면 얼마인가?(단, 고정비는 800만 원)

제품	매출액	한계이익율
A	500만원	30%
B	300만원	40%
C	400만원	20%

풀이 $BEP = \dfrac{\text{고정비}}{\text{한계이익률}} = \dfrac{800}{\dfrac{150 + 120 + 80}{500 + 300 + 400}} = 2{,}742.85713$

기본문제

생산계획을 위한 제품조합에서 A제품의 가격이 2,000원, 직접재료비 500원, 외주가공비 200원, 동력 및 연료비 50원일 때 한계이익률은?

풀이 $\text{한계이익률} = \dfrac{2{,}000 - (500 + 200 + 50)}{2{,}000} \times 100 = 62.5\,(\%)$

03 자재관리

1. 자재관리의 개요

1.1 자재계획을 수립하는 데 고려해야 할 사항(제반적인 요인)

① 수량적 요인　　　　　　　　② 품질적 요인
③ 시간적 요인　　　　　　　　④ 공간적 요인
⑤ 자본적 요인　　　　　　　　⑥ 원가적 요인

1.2 자재분류의 원칙

① 점진성　　　　　　　　　　② 포괄성
③ 상호배제성　　　　　　　　④ 용이성

1.3 자재관리의 절차

원단위산정 → 사용(소요)계획 → 재고계획 → 구매계획의 순으로 진행

(1) 원단위

제품 또는 반제품의 단위당 기준재료 소모량

(2) 원단위 산정방법의 종류

① 실적치에 의한 방법
② 이론치에 의한 방법 : 화학, 전기 공업에서 많이 이용
③ 시험 분석치에 의한 방법 : 과거의 실적이 정비되어 있지 않을 때 사용

(3) 원단위 산정방법

- 재료의 원단위 $= \dfrac{\text{원료의 투입량}}{\text{제품의 생산량}} \times 100\%$

- X의 원단위 $= \dfrac{X \text{의 소요량}}{Y \text{의 소요량}} \times Y \text{의 원단위}$

2. 적시생산(JIT) 시스템

2.1 JIT 시스템의 핵심구성요소

(1) 간판시스템

① Pull식 생산
② '간판'은 작업지시표 또는 이동표 역할

(2) 생산의 평준화

최종 조립단계에 있는 모든 작업장에 균일한 부하를 부과

(3) 소 Lot 생산

생산. 준비시간의 단축과 소로트화

(4) 설비배치와 다기능공 양성 : 小人化가 가능한 생산시스템 구축

小人化 달성을 위한 전제조건으로
① 수요변동에 유연한 설비배치(U자형 배치),
② 다기능작업자의 육성,
③ 표준작업의 평가·개정이 충족되어야 한다.

2.2 JIT 시스템의 개선활동

(1) 지속적인 개선활동

간판방식, 생산의 평준화, 생산·준비시간의 단축, 설비배치와 다기능공 양성, 작업의 표준화

(2) 자동화의 구체적 수단

소집단활동과 제안제도, '눈으로 보는 관리'방식, '기계별 관리'방식

(3) 7대 낭비

① 불량의 낭비   ② 재고의 낭비
③ 과잉생산의 낭비   ④ 가공의 낭비
⑤ 동작의 낭비   ⑥ 운반의 낭비
⑦ 대기의 낭비

장점	단점
① 수요변화에 신속·유연하게 대응한다. ② 재고수준을 현격히 줄일 수가 있다. ③ 준비시간의 단축과 총생산소요시간 단축이 가능하다. ④ 문제해결에 작업자를 참여시켜 주인의식을 고취한다. ⑤ 설비의 이용효율이 높다.	공급자의 부품조달이 원활하지 않은 경우 생산에 지대한 영향을 미치고, 근로자에게는 과다한 노동을 강요할 수도 있다.

3. 외주 및 구매관리

3.1 외주관리

(1) 외주의 목적 및 효과
① 원가절감
② 자공장의 능력·기술의 보완 가능
③ 작업량 조정가능

(2) 외주기업의 주요 평가기준
① 품질(Q)
② 원가(C)
③ 납기(D)

3.2 구매관리(Purchasing Management)

구매부문의 주요 업무흐름은 구매계획 → 구매수속 → 구매평가의 순서로 진행

• 구매의 5적(5원칙)
  ① 적질 ② 적가 ③ 적기 ④ 적량 ⑤ 적소

	장점	단점
집중 구매	① 가격과 거래조건이 유리 ② 일괄구매에 따른 구매단가가 저렴 ③ 시장조사, 거래처의 조사, 구매효과의 측정 등을 효과적으로 할 수 있다.	① 각 사업장의 재고현황파악이 어렵다. ② 구매의 자주성 결여와 수속도 복잡해진다. ③ 자재의 긴급조달이 어렵다.
분산 구매	① 자주구매가 가능 ② 긴급수요에 유리 ③ 구매수속이 대체로 간단	① 본사 방침과 다른 자재를 구입할 수도 있다. ② 일괄구매에 비해 비용이 비싸다. ③ 적절자재의 구입이 쉽지 않다.

4. 재고관리

(1) A. J. Arrow의 재고보유동기
① 거래동기
② 예방동기
③ 투기동기

(2) 재고관리 시스템의 기본 모형

구분＼시스템	정량발주 시스템 (Q시스템)	정기발주 시스템(P시스템)
개요	재고가 발주점에 이르면 정량발주	정기적으로 부정량을 발주
발주 시기	부정기	정기
발주량	정량(경제적 발주량)	부정량(최대재고량 − 현재고)
재고조사방식	계속실사	정기실사
안전 재고	조달기간 중 수요변화 조사	조달기간 및 발주주기 중 수요변화 대비

4.1 경제적 발주량(EOQ) : 독립수요품의 재고관리

(1) EOQ를 사용하기 위한 가정(F. W. Harris)

① 발주비용은 발주량의 크기와 관계없이 매 주문마다 일정하다.
② 재고유지비는 발주량의 크기와 정비례하여 발생한다.
③ 구입단가는 발주량의 크기와 관계없이 일정하다.
④ 수요량과 조달기간이 일정한 확정적 모델이다.
⑤ 단일품목을 대상으로 한다.

(2) 경제적 발주량(EOQ)의 모형

표준형		
연간 관계 총비용	$TIC = \dfrac{DC_p}{Q} + \dfrac{QP_i}{2}$	$P_i = C_H$
적정경제적 발주량	$Q_o = \sqrt{\dfrac{2DC_p}{P_i}}$	$P_i = C_H$
연간적정발주 횟수	$N_o = \dfrac{D}{Q_o}$	
적정발주주기	$t_o = \dfrac{Q_o}{D} = \dfrac{1}{N_o}$	

(3) 발주점(OP ; Order Point)과 안전재고(Buffer or Safety Stock)의 결정

재발주점. 재주문점이라고도 하며, 발주시점 내지 조달기간(L) 동안의 수요량을 의미

(4) 경제적 생산량(ELS)

경제적 생산량(EPQ)이라고도 하며, 기업 자체 내에서 필요한 자재를 직접 제조하는 경우에 생산량과 생산시기를 결정 · 통제하기 위한 기법으로 재고의 입고가 경제적 발주량(EOQ)은 일시적으로 일어나는 데 비해 ELS는 점차적으로 커지며, 구매비용 대신에 생산준비비(C_p)를 사용하는 차이가 있다.

경제적 생산량 : $Q_0 = EOQ = \sqrt{\dfrac{2DC_p}{P_i(1 - \dfrac{d}{p})}}$

4.2 자재소요계획(MRP) 시스템 : 종속수요품의 재고관리

MRP 시스템의 이점	① 종속수요품 각각에 대하여 수요예측을 별도로 행할 필요가 없다. ② 공정품을 포함한 종속수요품의 평균재고 감소 ③ 부품 및 자재부족 현상의 최소화 ④ 작업의 원활 및 생산소요시간의 단축 ⑤ 상황변화(수요·공급·생산능력의 변화 등)에 따른 생산일정 및 자재계획의 변경용이 ⑥ 적절한 납기이행
MRP 시스템의 주요 기능	① 필요한 물자를 언제, 얼마를 발주할 것인지 알려준다. ② 주문 내지 제조지시를 하기에 앞서 경영자가 계획 등을 사전에 검토할 수 있다. ③ 언제 주문을 독촉하고 늦출 것인지 알려준다. ④ 상황변경에 따라서 주문의 변경이 용이하다. ⑤ 상황의 완료에 따라 우선순위를 조절하여 자재조달 생산작업을 적절히 진행한다. ⑥ 능력계획에 도움이 된다.
MRP 시스템의 구조와 전개	① MRP 시스템의 투입자료 • 대일정계획 또는 기준생산계획 • 자재명세표(BOM ; Bill Of Materials) • 재고기록철 등이 필요하다. ② MRP 시스템의 전개절차 • 제품의 생산일정과 생산량 파악 • 제품분석 • 품목별 재고현황과 조달기간 파악 • MRP 계획표 작성(부품전개)

	JIT 시스템	MRP 시스템
관리시스템	주문에 따른 Pull System	계획안에 따른 Push System
관리목표	최소량의 재고	생산계획 및 통제
관리수단	눈으로 보는 관리	프로그램 관리
생산계획	안정된 MPS(대일정계획)	변경이 잦은 MPS
적용분야	소로트 반복생산	비반복적 생산(업종제한없음)

4.3 ABC 관리방식 : 독립수요품에 해당

등급	내용	전품목에 대한 비율	총사용 금액에 대한 비율	관리비중	발주형태
A	고가치품	10~20%	70~80%	중점관리	정기발주시스템
B	중가치품	20~40%	15~20%	정상관리	정량발주시스템
C	저가치품	40~60%	5~10%	관리체제 간소화	Two-Bin 시스템
Two-Bin 시스템	재고를 2개의 용기(Bin)에 두어 한쪽 용기의 재고가 바닥이 나면 발주와 동시에 다른 용기의 재고를 사용하는 방식(수량이 많고 부피가 작은 저가품의 재고관리시스템)				

기본문제

1회당 발주비용이 20,000원, 1년간 1개 보관하는 경우의 재고유지비용이 1,000원, 연간수요량이 15,000개라면 경제적 발주량은 약 몇 개인가?

풀이 $EOQ = \sqrt{\dfrac{2DC_p}{C_H}} = \sqrt{\dfrac{2 \times 15000 \times 20000}{1000}} = 774.60 = 775$

기본문제

연간 10,000단위 수요가 있으며 생산준비비용이 회당 2,000원, 재고유지비용이 연간 단위당 100원일 때 연간 생산율이 20,000단위라면 경제적 생산량과 1회 생산기간(t_p)은 각각 약 얼마인가?(단, 1년은 365일이다.)

풀이 $EPQ = \sqrt{\dfrac{2DC_p}{P_i\left(1 - \dfrac{d}{p}\right)}} = \sqrt{\dfrac{2 \times 10,000 \times 2,000}{100 \times \left(1 - \dfrac{10,000}{20,000}\right)}} = 894.43$

$t_p = \dfrac{EPQ}{p} = \dfrac{894.43}{\dfrac{20,000}{365}} = 16.23$

04 일정관리

1. 일정관리(계획)(Scheduling & Control)

1.1 일정관리의 개념

① 일정관리는 생산자원을 합리적으로 활용하여 최적의 제품을 정해진 납기에 생산할 수 있도록 공장이나 현장의 생산활동을 계획하고 통제하는 것을 의미한다.
② 개별생산의 일정관리는 공정관리를 의미하는 것으로 원재료나 부분품의 가공 및 조립의 흐름을 계획하고 생산활동이 원활하게 진행되도록 계획하고 통제하는 것

1.2 일정계획의 단계

(1) 대일정계획 (2) 중일정계획 (3) 소일정계획

> * 일정계획 수립에 필요한 사항
> ① 생산기간을 알아야 한다.   ② 각 직장의 기계 부하량을 알아야 한다.
> ③ 납기를 고려하여야 한다.   ④ 일정표를 작성한다.

1.3 일정의 구성

(1) 기준일정의 결정

각 작업을 개시해서 완료될 때까지 소요되는 표준적인 일정 즉, 작업의 생산 기간에 대한 기준을 결정하는 것으로 일정계획의 기초가 된다.

[생산기간의 구성]

(2) 기준일정의 종류

① 개별공정 일정의 기준   ② 부품작업 일정의 기준
③ 조립작업 일정의 기준   ④ 준비작업 일정의 기준

2. 공수계획

2.1 부하 및 능력의 계산

부하	생산능력에 있어서 개별제조공수의 합으로 정의된다.
능력	작업능력＝(작업자수)×(능력환산계수)×(월 실가동시간)×(가동률)
	기계능력＝(월가동일수)×(1일 실가동시간)×(가동률)×(기계대수)
여력	여력＝(능력－부하)/능력 ×100(%)

2.2 작업순서(Job Sequencing)의 결정

절차계획에서 작업의 순서와 각 작업의 표준시간 및 각 작업의 장소를 결정하고 배정하는 것이다.

$$평균처리시간(\overline{T}) = \frac{\sum_{i=1}^{n} T_i}{n}$$

- 일감 i번째의 처리시간 : $T_i = t_i + x_i$
- t_i : 일감 i의 작업시간
- x_i : 일감 i의 대기시간

(1) 작업순서의 우선순위 규칙

1) 선입선출법 *FCFS*
2) 최소작업시간법 *SOT*
3) 최소납기법 *EDD*
4) 최소여유시간법 *S*(Slack Time Remaining)

(여유시간 = 잔여납기일수 － 잔여작업일수)

5) 평균여유시간법 *S/O*(Least Slack Per Remain Operation)

평균여유시간＝$\frac{여유시간}{잔여작업시간}$: 개별생산에 널리 이용. 납기이행 측면에서 가장 우수

6) 긴급률법

$CR = \frac{잔여납기일수}{잔여작업일수}$ (납기관련 평가기준에 가장 우수)

$CR < 1$이면 순위를 빠르게. $CR > 1$이면 순위를 늦게 해도 된다.

(2) Johnson's Rule

n개의 가공물을 2대의 기계로 가공하는 경우 가공시간을 최소화하고 기계의 이용도를 최대화하는 기법으로 가공물의 가공(처리)시간이 가장 짧은 작업을 선택한다. 만일. 최단처리시간이 작업장 1에 속하면. 제일 앞공정으로 처리하고, 작업장 2에 속하면. 가장 뒷공정으로 처리하는 방법이다.

(3) 소진기간법

재고량의 소진기간이 가장 짧은 순서대로 생산을 시행하는 방법으로, 소진기간은 기초재고/주당수요로 계산하게 되며, 계산값이 가장 적은 것부터 작업을 시행하면 된다.

3. Gantt Chart

용도	작업계획, 작업실적기록, 여력통제, 진도통제	
도표	작업자 기계기록도표, 작업부하도표, 작업진도표	
	장점	단점
특징	• 작업일정을 안다. • 이해하기 쉽다. • 질서정연하고, 일목요연하다.	• 작업의 전후관계를 다룰 수가 없다. • 정성적이며, 계획변경에 대한 적응성이 약하다. • 중점관리가 안되고 일정계획의 변경에 융통성이 부족하다. • 사전예측, 진도관리가 잘 안된다.

4. PERT/CPM Network 수법

4.1 PERT/CPM의 개요

(1) 적용분야 : 1회성, 비반복적인 대규모 사업계획에 적합하다.

① 단속적인 생산(비반복적인 대형주문생산)의 공정관리
② 토목·건설공사
③ 설비보존
④ 연구개발 및 제품개발
⑤ 마케팅
⑥ 새로운 시스템(공장시설 및 컴퓨터 등)의 도입

(2) 기대효과

① 업무수행에 따른 문제점을 사전에 예측, 이에 대한 조처를 시전에 취할 수 있다.
② 작업배분 및 진도관리를 보다 정확히 할 수 있다.
③ 계획·자원·일정·비용 등에 대하여 간결·명료하게 의사소통이 가능하다.
④ 최적 계획안의 선택이 가능하며 한정된 자원을 효율적으로 사용할 수 있다.
⑤ 최저의 비용으로 공정단축이 가능하다.
⑥ 주공정(Critical Path)에 관한 정보제공으로 중점적 일정관리가 가능하다.

4.2 네트워크(계획공정도)의 작성

(1) 네트워크의 구성요소

1) 단계(Event or Node) ◯
2) 활동(Activity or Job) ⟶

3) 명목상 활동(Dummy Activity) ·····>

4.3 작업(활동)시간의 추정

1) 낙관시간치 : t_o or a

2) 정상시간치 : t_m or m

3) 비관시간치 : t_p or b

4) 기대시간치 : t_e

- $t_e = \dfrac{a + 4m + b}{6}$

- t_e의 분산 $\sigma^2 = \left(\dfrac{b-a}{6}\right)^2$: β분포에 의거하여 산출

4.4 일정 계산

(1) 단계시간에 의한 일정 계획

1) 가장 이른 예정일(TE) : 전진계산

- 가장 이른 예정일(Earliest Expected Date : TE) $(TE)_j = (TE)_i + (t_e)_{ij}$

2) 가장 늦은 완료일(TL) : 후진계산

- 가장 늦은 완료일(Latest Allowable Date : TL) $(TL)_i = (TL)_j + (t_e)_{ij}$

3) 단계여유(S)

① 단계여유(Slack : S) $S = TL - TE$

② 정여유($TL - TE > 0$), 영여유($TL - TE = 0$), 부여유($TL - TE < 0$)가 있다.

4) 주공정의 발견(애로공정) : CP

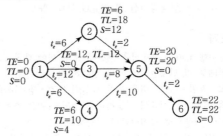

[단계시간에 의한 일정계산]

4.5 자원과 일정의 최적배분

(1) 최소비용 계획법(MCX ; Minimum Cost Expedition)

비용구배 $= \dfrac{\text{특급비용} - \text{정상비용}}{\text{정상시간} - \text{특급시간}}$

CHAPTER

05 작업관리

1. 작업관리의 개요

(1) 작업개선(문제점 해결)의 진행 절차

① 문제점 발견
② 현상분석
③ 개선안 수립
④ 실시
⑤ 평가

(2) 작업개선의 원칙(ECRS 원칙)

① Eliminate
② Combine
③ Rearrange
④ Simplify

(3) 개선의 대상

① P(Production, 생산량)
② Q(Quality, 품질)
③ C(Cost, 원가)
④ D(Delivery, 납기)
⑤ S(Safety, 안전)
⑥ M(Morale, 환경)

(4) 개선의 목표

① 피로의 경감
② 시간의 단축
③ 품질의 향상
④ 경비의 전감

작업관리의 제기법				
구분단위	공정	단위작업	요소작업	동작요소
분석기법	공정분석	작업분석		동작분석

방법연구	공정분석	제품공정분석	단순공정분석(OPC), 세밀공정분석(FPC)
		사무공정분석	
		작업자 공정분석	
		부대분석	기능분석, 제품분석, 부품분석, 수율분석, 경로분석 등
	작업분석	작업분석표	기본형, 시간란 부가, 시간눈금부가, 작업시간분석표
		다중활동분석표	Man-Machine Chart, Gang Process Chart, Man-Multi-Machine Chart, Multi-Man Machine Chart
	동작분석	목시동작분석, 미세동작분석	
작업측정	표준시간결정	스톱워치법, 표준자료법, 워크샘플링, PTS(MTM, WF)	

2. 방법연구

2.1 공정분석

(1) 제품공정분석(Product Process Chart)

의의		원료나 자재가 순차적으로 가공되어 제품화되는 과정을 분석하고 각 공정내용을 가공, 운반, 검사, 정체 및 저장 등 네 종류 기호를 사용하여 도시 기록한 도표
종류	단순공정분석표	세밀분석을 위한 사전조사용으로 사용되며 가공, 검사만의 기호를 사용, 공정도는 작업공정도(OPC)[조립형, 분해형이 있다.
	세밀공정분석표	가공, 검사, 운반, 정체기호를 사용하며, 공정도는 흐름공정도(FPC)[단일형, 조립형, 분해형이 있다.]
세부사항	조립공정표(도)	Gozinto Chart라고도하며, 작업, 검사 두 개의 기호를 사용
	흐름공정도	Flow Process Chart
	흐름선도(FD)	Flow Diagram, 이동경로를 작업장의 배치도상에 기입한 도표로서 String Diagram, Wire Diagram 등이 있다.

〈제품공정분석 기호〉

제품 공정 분석표에 사용되는 도시기호				
공정의 종류	공정 기호	공정의 종류	공정 기호	비고(일반적으로 널리 사용되는 기호)
가공	◯	관리 구분	〜〜〜	△ 원재료 저장
				▽ 반제품 또는 제품의 저장
운반	◯ 또는 ⇨	담당 구분	╬	◇ 질만의 검사
				⬖ 양과 질의 동시검사(양이 주)
				◈ 양과 질의 동시검사(질이 주)
저장 또는 정체	▽ 또는 D	공정 도시 생략	╪	⬡ 양의 검사와 가공(양이 주)
				⬡ 가공과 질의 검사(가공이 주)
검사	□	폐기	⟋⟍	▽ 공정 간에 있어서의 정체
				✡ 작업 중의 정체
작성 요령		가공시간표시		$\dfrac{1개\ 가공시간 \times 로트크기}{1로트의\ 총\ 가공시간}$
		운반거리표시		$\dfrac{1회\ 운반거리 \times 운반횟수}{1로트의\ 총\ 운반거리}$

(2) 작업자 공정분석(Operator Process Chart)

1) 의의

작업자가 어떠한 장소에서 다른 장소로 이동하면서 수행하는 업무의 범위와 경로 등을 계통적으로 조사·기록·검토하는 분석방법으로 운반계·창고계·보전계·감독자 등의 행동분석 등에 사용된다.

2) 종류

① 기본형 작업자 공정분석표
② 시간란을 부가한 작업자 공정분석표
③ 시간 눈금을 부가한 작업자 공정분석표
④ 작업자 공정시간분석표

(3) 사무공정분석(Form Process Chart)

1) 의의

특정한 사무 절차에 필요한 각종 장표와 현품의 관계 등에 대한 정보의 흐름을 조사하여 사무처리의 방법이나 제도조직을 개선하는 기법

(4) 기타 부대 분석(Form Process Chart)

1) 기능분석 : VA/VE

정의	고객이 요구하지 않는 기능 즉, 불필요한 기능을 파악하여 제거하는 기법
계산식	$V = \dfrac{F}{C}$ (V : 가치(사용가치, 매력가치), F : 기능, C : 비용)
분석단계	기능의 정의와 정리 → 기능의 평가 → 대체안 작성

2) 경로분석

종류	$P-Q$ 분석	Product-Quantity 즉 제품-수량분석으로 A 는 소품종다량생산의 형태로 설비는 흐름식 또는 제품별 배치가 적당하며, C 는 다품종소량생산형태로 기능별(공정별)배치 또는 고정형배치가 적당하다.	
	자재흐름 분석	자재흐름을 $P-Q$ 분석에 따라, A, B, C 부류의 제품에 대하여 개별적 분석을 하는 것이다.	
		A 부류	단순공정도(OPC) 및 조립공정표(Assembly Chart)를 사용
		B 부류	다품종공정분석표
		C 부류	유입유출표(From to Chart, Cross Chart, Travel Chart)
	활동상호 관계분석	공장 내에서 생산활동에 기여하는 활동 간의 관계, 근접도, 이유를 파악하기 위하여 사용	
		A (절대인접), E (인접매우중요), I (인접중요), O (보통인접), U (인접과 무관), X (인접해서는 안 됨), XX (인접해서는 절대 안 됨)	

2.2 작업분석

(1) 작업분석표(Operation Process Chart)

1) 의의

한 장소에서 일하는 작업자를 대상으로 하며 그 작업이 어떤 방법으로 진행되고 있는가를 기록하기 위하여 고안된 도시적 모델

2) 종류

① 기본형 작업자 공정분석표
② 시간란을 부가한 작업자 공정분석표
③ 시간 눈금을 부가한 작업자 공정분석표
④ 작업자 공정시간분석표

(2) 다중 활동 분석표(Multi-Activity Chart)

1) 의의

작업자 간의 상호관계 또는 작업자와 기계 사이의 상호관계를 분석함으로써 가장 경제적인 작업조를 편성하거나 작업방법을 개선하여 작업자와 기계설비의 이용도를 높이고 작업자에 대한 이론적 기계 소요 대수를 결정하기 위하여 고안된 분석표

2) 종류

① 작업자 · 기계작업분석표(Man – Machine Chart)
② 작업자 · 복수기계작업분석표(Man – Multi Machine Chart)
③ 복수작업자 분석표(Multi Man Chart, Gang Process Chart) : Aldridge 개발
④ 복수작업자 기계작업분석표(Multi Man – Machine Chart)
⑤ 복수작업자 · 복수기계작업분석표(Multi Man – Multi Machine Chart)

2.3 동작분석

(1) 동작분석의 개요

1) 목적

① 작업동작의 각 요소의 분석과 능률향상
② 작업동작과 인간공학의 관계분석에 의한 동작개선
③ 작업동작의 표준화
④ 최소 동작의 구성

2) 종류

① 목시동작분석 : 서블릭 분석, 동작경제의 원칙
② 미세동작분석 : Film 분석, VTR 분석, Cycle Graph 분석, Chrono Cycle Graph, Strobo 분석, Eye Camera 분석

(2) 서블릭(Therblig) 분석

1) 정의

작업자의 작업을 요소동작으로 나누어 총 18종류의 서블릭기호로 분석하는 방법으로 현재는 찾아냄(F)이 생략되어 17종류를 사용하고 있다.

2) 목적

① 작업을 기본적인 동작요소인 서블릭으로 나눈다.
② 정성적 분석이며, 정량적으로 유효하지는 않다.
③ 간단한 심벌마크, 기호, 색상으로 서블릭을 표시한다.

〈Therblig 기호〉

종류	기호	명칭	종류	기호	명칭
제1류	TE ⌣	빈손이동	제2류	Sh ◠	찾는다.
	G ⋂	잡는다.		St →	선택한다.
	TL ⌣	운반한다.		Pn ⌇	생각한다.
	P ၅	위치를 정한다.		PP ⦚	준비한다.
	A #	조립한다.	제3류	H ⊓	Hold
	U ∪	사용한다.		R ၟ	쉰다.
	DA ⫫	분해한다.		UD ⟋	불가피한 대기
	RL ⌒	놓는다.		AD ⌐	피할 수 있는 대기
	I ◯	검사한다.			

(3) 동작경제의 원칙 : 길브레스가 처음 사용하고, Barnes가 개량·보완

동작경제의 기본원칙	동작경제의 원칙
① 두 손을 동시에 사용할 것 ② 동작요소의 수를 줄일 것 ③ 움직이는 거리를 짧게 할 것 ④ 피로를 줄일 것	① 신체의 사용에 관한 원칙 ② 작업역의 배치에 관한 원칙 ③ 공구류 및 설비의 설계에 관한 원칙

(4) 필름 분석

1) Micro Motion Study

① 의의

인간의 동작을 연구하기 위하여 화면에 측시장치를 삽입한 영화를 매초 16~24 프레임으로 촬영하고 사이모 차트를 작성하여 동작을 연구하는 방법

② 이점

㉮ 객관적인 기록을 얻을 수 있다.

㉯ 목시로서 놓칠 수 있는 것도 기록할 수 있다.

㉰ 분석대상이 복수가 되어도 기록할 수 있다.

㉱ 복잡한 작업, 빠른 작업, 빠르면서 세밀한 작업의 기록도 용이하게 행할 수 있다.

㉲ 관측자가 들어가기 곤란한 장소나 환경하에서도 자동적으로 기록할 수 있다.

⑪ 재현성이 좋다.
⑭ 작업장소의 분위기를 파악할 수 있다.
⑯ 프레임 수보다 정확한 시간치를 얻을 수 있다.
㉒ 교육·훈련용으로 사용할 수 있다.
③ Simo Chart : 작업이 한 작업구역에서 행해질 경우 손. 손가락 또는 다른 신체부위의 복잡한 동작을 영화 또는 필름 분석표를 사용하여 서브릭 기호에 의하여 상세히 기록하는 동작분석표

2) Memo Motion Study

① 의의
촬영속도가 늦은 (1 FPS or 100 FPM) 특수촬영을 하여 작업자의 동작분석, 설비의 가동상태 분석, 운반, 유통 경로분석 등을 행하는 필름분석의 한 수법으로 Mundel이 고안하였다.

② 이점
㉮ 장시간의 작업을 연속적으로 기록하기가 용이하다.
㉯ 촬영이 장시간이므로 작업자의 자연스런 행동을 기록할 수 있다.
㉰ 장사이클의 작업기록에 알맞다.
㉱ 불규칙적인 사이클을 가지고 있는 작업을 기록하는 데 알맞다.
㉲ 불안정 작업을 기록하는 데 편리하다.
㉳ 조작업 또는 사람과 기계와의 연합 작업을 기록하는 데 알맞다.
㉴ 배치나 운반개선을 행하는 데 적합하다.
㉵ WS 방법을 실시할 수도 있다.
㉶ Memo Motion 속도를 촬영한 필름을 보통속도로 영사함으로써 생기는 과장 효과에 의하여 작업 개선점을 쉽게 찾아낼 수 있다.
㉷ 작업개선의 교육용 및 PR용으로 적합하다.

3) 기타 분석방법

종류	정의 및 특징
VTR 분석	즉시성, 확실성, 재현성, 편의성을 가지고, 레이팅의 오차한계가 5% 이내로 신뢰도가 높다.
사이클 그래프 분석	손가락, 손과 신체의 각기 다른 부분에 꼬마전구를 부착하여 동작의 궤적을 촬영하는 방법
크로노 사이클 그래프 분석	일정한 시간간격으로 비대칭인 밝기 광원을 점멸시키면서 동작의 궤적을 촬영하는 방법
스트로보 사진 분석	1초에 몇 회 또는 수십회 개폐하는 스토로보 셔터나 플래시를 사용하여 동작의 궤직을 촬영하는 방법
아이 카메라 분석	눈동자의 움직임을 분석·기록하는 방법

3. 작업측정

작업측정의 제 기법 : 최종적으로는 표준시간을 설정하는 데 그 목적이 있다.	
시간연구법	Stop Watch법, 촬영법
PTS법	MTM법, WF법, BMT법, DMT법, MTA법, HPT법, MCD법
WS법	관측비율로 각 항목의 표준시간을 산정한다.
표준자료법	유사작업을 파악하여 작업조건의 변경에 따른 작업시간 변화를 분석하여 표준시간을 산정한다.

3.1 표준시간(Standard Time)

외경법	여유율 : 정미시간에 대한 비율
	정미시간＝평균관측시간×(1＋정상화계수)
	여유율＝$\dfrac{여유시간의\ 총계}{정미시간의\ 총계}×100$
	표준시간＝정미시간×(1＋여유율)
내경법	여유율 : 실동시간에 대한 비율
	정미시간＝평균관측시간×(1＋정상화계수)
	여유율＝$\dfrac{여유시간의\ 총계}{(정미시간의\ 총계＋여유시간의\ 총계)}×100$
	표준시간＝정미시간×$\dfrac{1}{(1-여유율)}$

3.2 Stop Watch에 의한 시간연구

시간치 측정단위는 1/100분(1DM＝0.6초 : Decimal Minute)을 사용

(1) 관측방법의 분류

① 반복법　　② 계속법　　③ 누적법　　④ 순환법

3.3 정상화 작업(Normalizing, Rating, Leveling)

(1) 속도평가법

정미시간＝관측평균시간×속도평가계수

(2) 객관적 평가법

정미시간 산출 : 정미시간＝관측평균치×속도평가계수×(1＋2차조정계수)

(3) 평준화법

작업속도를 그 주요한 변동요인으로 되는 숙련도, 노력도, 작업조건, 작업의 일관성 등 4가지 측면에서 관측 중에 작업을 평가

$$정미시간 = 관측평균시간 \times (1 + 평준화계수)$$

3.4 WS법

① 상대오차 : $S = \dfrac{u_{1-\alpha/2}}{p}\sqrt{p(1-p)/n}$

② 절대오차 : $Sp = u_{1-\alpha/2}\sqrt{p(1-p)/n}$

③ 신뢰한계 : $\mu \pm u_{1-\alpha/2}\,\sigma = p \pm Sp = p(1 \pm S)$

④ 관측횟수 : $n = \dfrac{4(1-p)}{S^2 p}$ $n = \dfrac{4p(1-p)}{(Sp)^2}$

3.5 표준자료법

(1) 정의

작업요소별 관측된 표준자료(Standard Data)가 존재하는 경우, 이들 작업요소별 표준자료들을 합성하여, 정미시간을 구하고 여유시간을 반영하여 표준시간을 설정하는 방법이다.

(2) 장점

① 레이팅이 필요없다.
② 작업의 표준화가 유지·촉진된다.
③ 누구라도 일관성 있게 표준시간을 산정하기 쉽고, 적용이 간편하다.
④ 제조원가의 사전견적이 가능하며, 현장에서 데이터를 직접 측정하지 않아도 된다.

(3) 단점

① 반복성이 적거나 표준화가 곤란하면 적용이 어렵다.
② 모든 시간의 변동요인을 고려하기 곤란하므로 표준시간의 정도가 떨어진다.
③ 표준자료 작성시 초기비용이 많이 들므로 반복성이 적거나 제품이 큰 경우에는 부적합하다.

3.6 PTS(Predetermined Time Standards)법

(1) PTS법의 특징(장점)

① 표준시간 설정과정에 있어서 현재의 방법을 좀 더 합리적인 방법으로 개선할 수 있다.
② 표준자료의 작성이 용이하고, 그 결과 표준시간 설정의 공수를 대폭 삭감할 수 있다.
③ 동작과 시간의 관계를 현장의 관리자나 작업자에게 보다 잘 인식시킬 수 있다.

④ 작업자에게 최적의 작업방법을 훈련할 수 있다.

⑤ 원가의 견적을 보다 정확하게 할 수 있다.

⑥ 작업방법에 변용이 생겨도 표준시간의 개정을 신속하고도 용이하게 할 수 있다.

⑦ 생산개시 전에 미리 표준시간 설정을 할 수 있다.

⑧ 흐름작업에 있어서 라인 밸런싱을 보다 높은 수준으로 끌어올릴 수 있다.

⑨ 공평하고 정확한 표준설정이 가능하므로 높은 생산성을 기대할 수 있다.

⑩ PTS법 중 MTM, WF, MTA 등이 주로 사용된다.

(2) PTS 도입상의 한계(단점)

① 사이클 타임 중의 수작업 시간에 수분 이상이 소요되면 분석에 소요되는 시간이 다른 방법과 비교해서 상당히 길어지므로 비경제적일 위험이 있다.

② 비 반복작업에는 적용될 수 없다.

③ 자유로운 손의 동작이 제약될 경우에는 적용될 수 없다.

④ PTS의 여러 시스템 중 회사의 실정에 알맞은 것을 선정하는 것 자체가 용이한 일이 아니며 시스템 활동을 위한 교육 및 훈련이 곤란하다.

⑤ PTS법의 작업 속도는 절대적인 것이 아니기 때문에 회사의 작업에 합당하게 조정하는 단계가 필요하다.

WF법과 MTM법의 공통점	WF법과 MTM법의 상이점
① 양자는 다 같이 규칙에 따라 동작을 분석한 후 동작시간표 따라 시간치를 설정한다. ② 양자는 다 같이 규정의 강습을 받고 시험에 합격함으로써 비로소 정규의 자격소유자가 되는 시스템이 되어 있다. ③ 양자는 다 같이 상세법과 간이법이 준비되어 있으며 넓은 적응성을 가지고 있다.	① WF법은 관측 중심주의로 관측을 체득하는데 다소 곤란성이 있으나 관측만 안다면 그리 많은 경험이 없어도 올바른 분석을 할 수 있다. 이에 반하여 MTM법의 관측은 WF법에 비하면 대단히 간단하나 그 대신 다분히 경험과 판단력이 없으면 규칙을 바르게 적용하기가 곤란하다. ② WF 상세법(DWF)의 시간단위는 1/10,000분, MTM법의 시간단위는 1/100,000시간이다. ③ WF법의 시간치는 작업속도가 장려페이스(125%)를 기준으로 하고, MTM법의 시간치는 정상페이스(100%)를 기준으로 하고 있다.

(3) MTM(Method Time Measurement)법

MTM법의 시간치	1 TMU=0.00001시간=0.0006분=0.036초, 1초=27.8TMU 1분=1,666.7TMU, 1시간=100,000TMU
MTM법의 이점	① 레벨링이나 레이팅 등으로 수행도의 평가를 할 필요가 없다. ② 작업연구원으로서는 시간치보다 작업방법에 의식을 집중할 수 있다. ③ 작업방법의 정확한 설명을 필요로 한다. ④ 생산착수 전에 보다 좋은 작업방법을 설정할 수 있다. ⑤ 각 직장, 각 공장에 일관된 표준을 만든다. ⑥ 작업이나 수행도 평가에 대한 불만을 제거할 수 있다.

적용 범위	적용할 수 없는 경우
① 대규모 생산시스템 ② 단사이클의 작업형 ③ 초단사이클의 작업형	① 기계에 의하여 통제되는 작업 ② 정신적 시간 즉, 계획하고 생각하는 시간 ③ 육체적으로 제한된 동작 ④ 주물과 같은 중공업 ⑤ 대단히 복잡하고 절묘한 손으로 다루는 형의 작업 ⑥ 변화가 많은 작업이나 동작

(4) WF법

1) WF법의 특징

① WF 시간치는 정미시간이다.(시간단위로는 1WFU = 1/10,000분을 사용한다.)
② stop watch를 사용하지 않는다.
③ 정확성과 일관성이 증대한다.
④ 동작개선에 기여한다.
⑤ 사전 표준시간의 산출이 가능하다.
⑥ 작업방법 변경시 표준시간의 수정이 용이하다.
⑦ 작업연구의 효과를 증가시킨다.
⑧ 유통공정의 균형유지가 용이하다.
⑨ 기계의 여력계산과 생산관리를 위하여 견실한 기준이 작성된다.

2) WF법의 종류

① Detailed WF법　　　　　② Simplified WF법
③ Abbreviated WF법　　　　④ Ready WF법

WF법에 사용되는 표준요소	1) 이동(Transportation)　　　2) 붙잡기(Grasp) 3) 정치(Preposition)　　　　4) 조립(Assemble) 5) 사용(Use)　　　　　　　6) 분해(Disassemble) 7) 놓기(Release)　　　　　8) 정신과정(Mental Process)
WF법의 주요 변수	1) 사용되는 신체부위 2) 동작거리 3) 중량 또는 저항(Weight, Resistance) 4) 동작의 곤란성(Work-Factors) 　① 일시정지(Definite Stop) 　② 방향조절(Steering) 　③ 주의(Precaution) 　④ 방향변경(Change of Direction)

06 설비보전

1. 설비보전업무

1.1 설비보전방식

① 사후보전 : BM(Breakdown Maintenance)
고장정지 또는 유해한 성능저하를 초래한 뒤 수리하는 보전방법
② 예방보전 : PM-1(Preventive Maintenance)(TBM, CBM으로 분류)
  ㉮ 시간기준 보전 : TBM(Time Based Maintenance)
  ㉯ 상태기준 보전 : CBM(Condition Based Maintenance)
③ 개량보전 : CM(Corrective Maintenance)
④ 예지보전 : PM-2(Predictive Maintenance)
⑤ 보전예방 : MP(Maintenance Prevention)

1.2 보전조직의 형태

① 집중보전 : 보전요원이 특정관리자 밑에 상주하면서 보전활동을 실시
② 지역보전 : 특정지역에 분산배치되어 보전확률을 실시
③ 부문보전 : 각 부서별·부문별로 보전요원을 배치하여 보전활동을 실시
④ 절충식 보전

2. TPM(Total Productive Maintenance)과 설비종합효율

2.1 TPM 개요

(1) TPM의 기본이념

① 돈을 버는 기업체질조성 : 경제성 추구, 재해 Zero, 불량 Zero, 고장 Zero
② 예방철학 : 예방보전(PM), 보전예방(MP), 개량보전(CM)
③ 전원참가 : 참여경영, 인간존중
④ 현장·현물주의 : 바람직한 상태의 설비, 눈으로 보는 관리, 쾌적한 직장조성
⑤ 자동화·무인화 시스템 : 근로자의 안전과 근로시간의 단축

(2) TPM의 기본목적

1) 인간의 체질개선

① 오퍼레이터의 자주보전 능력 향상
② 보전요원의 메카트로닉스(Mechatronics) 설비의 보전능력 향상
③ 생산기술자는 보전이 필요없는 설비계획 능력개발

2) 설비의 체질개선

① 현존 설비의 체질개선에 의한 효율화
② 신설비의 LCC(Life Cycle Cost) 설계와 조기안정화를 도모한다.

(3) TPM의 기본방침

① 전원참가의 활동으로 고장, 불량, 재해 zero를 지향한다.
② 자주보전을 통한 자주보전능력의 향상과 활기찬 현장을 구축한다.
③ 보전기술을 습득하고 설비에 강한 인재를 육성한다.
④ 생산성 높은 설비상태를 유지하고, 설비의 효율화를 꾀한다.

(4) TPM 추진단계

1) 준비단계

① Top의 도입결의 선언   ② TPM의 도입교육 및 홍보
③ 추진조직편성   ④ 기본방침과 목표설정
⑤ TPM 전개의 Master Plan 작성

2) 실시단계

① 생산효율화 체제 구축   ② 보전예방 활동 및 초기관리체제 확립
③ 품질보전체제 확립   ④ 간접부문의 업무효율화
⑤ 안전·위생·환경의 관리체제 확립

3) 정착단계

TPM의 완전실시와 Level-up

2.2 TPM 활동

(1) 5S 활동

5S의 목적	① 코스트 감축 ③ 품질향상 ⑤ 안전보장, 공해방지	② 능률향상 ④ 고장감축 ⑥ 의욕향상
5S 추진단계	① 5S 추진체제 확립 ③ 5S 운동선언 ⑤ 실시	② 5S 추진계획입안 ④ 사내계몽·교육 ⑥ 평가·유지

5S	정의
정리(Seiri)	필요한 것과 불필요한 것을 구분하여, 불필요한 것은 없앨 것
정돈(Seiton)	필요한 것을 언제든지 필요한 때에 끄집어내어 쓸 수 있는 상태로 하는 것
청소(Seisou)	쓰레기와 더러움이 없는 상태로 만드는 것
청결(Seiketsu)	정리, 정돈, 청소의 상태를 유지하는 것
습관화(Shitsuke)	정해진 일을 올바르게 지키는 습관을 생활화하는 것

단계	명칭	자주보전 각 단계의 활동내용
제1단계	초기청소	설비본체를 중심으로 하는 먼지·더러움을 완전히 없앤다.
제2단계	발생원 곤란부위대책수립	먼지·더러움의 발생원 비산의 방지나 청소급유의 곤란부위를 개선하고 청소·급유의 시간단축을 도모한다.
제3단계	청소·급유·점검 기준의 작성	단시간으로 청소·급유·덧조이기를 확실히 할 수 있도록 행동기준을 작성한다.
제4단계	총점검	점검매뉴얼에 의한 점검기능교육과 총점검실시에 의한 설비미흡의 적출과 복원
제5단계	자주점검	자주점검 체크시트의 작성·실시로 오퍼레이션의 신뢰성 향상
제6단계	정리정돈	자주보전의 시스템화 즉, 각종 현장관리항목의 표준화실시, 작업의 효율화, 품질·안전의 확보를 꾀함
제7단계	자주관리의 확립	MTBF 분석기록을 확실하게 해석하여 설비개선을 꾀한다.

3. 설비종합효율

- 시간가동률 $= \dfrac{\text{부하시간} - \text{정지시간}}{\text{부하시간}} \times 100 = \dfrac{\text{가동시간}}{\text{부하시간}} \times 100$

- 성능가동률 $= \dfrac{\text{기준사이클타임} \times \text{가공수량}}{\text{가동시간시간}} \times 100 = \dfrac{\text{정미가동시간}}{\text{가동시간}} \times 100$

- 양품률 $= \dfrac{\text{가공수량} - \text{불량수량}}{\text{가공수량}} \times 100 = \dfrac{\text{가치가동시간}}{\text{정미가동시간}} \times 100$

- 설비종합효율 $=$ 시간가동률 $\times$ 성능가동률 $\times$ 양품률

3.1 설비 효율화 추진을 위한 개별개선

(1) 가공·조립산업의 6대 로스

① 고장정지 로스 ② 작업준비·조정 로스
③ 공전·순간정지 로스 ④ 속도저하 로스
⑤ 불량재가공 로스 ⑥ 초기수율 로스

(2) 장치산업의 8대 로스

① SD(Shut – Down) 로스 ② 생산조정 로스
③ 설비고장 로스 ④ 프로세스고장 로스
⑤ 정상생산 로스 ⑥ 비정상생산 로스
⑦ 품질불량 로스 ⑧ 재가공 로스

01 품질경영

1. 품질경영의 개념과 리더십

1.1 품질경영(Quality Management)의 개념

(1) 품질의 정의

① 생산자관점으로의 정의
- P. B. Crosby : 품질요건에 대한 일치성으로 정의
- H. D. Seghezzi : 품질시방과 일치성으로 정의

② 소비자관점으로의 정의
- J. M. Juran : 품질시방과 용도에 대한 적합성으로 정의
- A. V Feigenbaum : 고객의 기대에 부응하는 특성으로 정의

③ 사회적 관점으로의 정의
- Taguchi : 제품이 출하된 후 사회에서 그로 인해 발생되는 손실로 정의
- ISO 9000 : 2008 : 요구를 만족시키는 특성으로 정의

(2) 품질경영의 정의

① QC : 수요자의 요구에 맞는 품질의 물품 또는 서비스를 경제적으로 만들어내기 위한 수단의 체계로서 품질요구를 만족시키기 위해 사용되는 운용상의 제반적인 기법 및 활동이다.

② QM : 최고경영자의 품질방침(Quality policy) 아래 목표 및 책임을 결정하고, 품질시스템 내에서 품질계획(Quality planning), 품질관리(Quality control), 품질보증(Quality assurance), 품질개선(Quality improvement)과 같은 수난에 의하여 이들을 수행하는 전반적인 경영기능의 모든 활동 즉, QM=QP+QC+QA+QI로 정의된다.

③ TQC : A. V. Feigenbaum이 제창한 용어로서, 소비자가 만족할 수 있는 품질의 제품을 가장 경제적으로 생산 내지 서비스할 수 있도록 사내 각 부문의 품질개발, 유지, 개선의 노력을 종합하기 위한 효과적인 품질시스템을 종합적 품질관리라 한다.

④ TQM : 기업의 경영에 있어 품질을 중심으로 하고, 모든 구성원이 참여와 고객만족을 통한 징기직 성공시향을 기본으로 하여 조직의 구성원과 사회에 이익을 제공하고자 하는 조직의 관리방법을 종합적 품질경영이라 한다. 기업 및 구성원의 사회참여 확대를 목적으로 추진되는 전략경영시스템의 일부분으로 볼 수 있다.

(3) 품질범주 및 품질특성

① 품질범주 : D. A. Garvin은 성능, 특징, 신뢰성, 적합성, 내구성, 서비스, 미관성, 인지품질(지각된 품질) 등으로 품질의 8대 구성요소로 구분하였다.

② 품질특성 : 품질요소에 관하여 품질평가의 대상이 되는 성질·성능으로 정의되며, 이 특성을 수치로 표시한 것을 '품질특성치'라 한다. 또한 품질특성은 참특성과 대용특성으로 나누어지며, 참특성은 고객이 요구하는 품질특성으로 실용특성이라고도 한다. 대용특성은 참특성을 해석한 것 즉, 대용으로 사용하는 다른 품질특성을 말한다.

③ A. V. Feigenbaum은 품질에 영향을 주는 요소로 Man, Machine, Material, Method, Management, Markets, Motivation, Money, 경영정보 등으로 9M을 강조하였다.

④ 품질특성에 영향을 주는 요인으로는 Man, Machine, Material, Measure, Method, Environment 즉, 5M 1E로 나타낸다.

(4) 품질의 분류

① 요구품질(Requirement of Quality) : 사용품질, 시장품질

② 설계품질(Quality of Design)

③ 제조품질 또는 적합품질

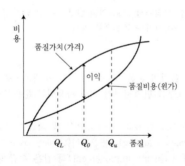

[설계품질의 최적수준]

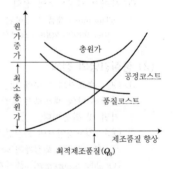

[제조품질의 최적수준]

1.2 관리란 무엇인가

(1) 관리사이클(PDCA 사이클)/Deming 사이클

1) PDCA에 따른 품질관리의 4단계

① 표준설정(P)

② 표준에 대한 적합도의 평가(D)

③ 차이를 줄이기 위한 시정조치(C)

④ 표준에 적합하게 하기 위한 계획과 표준의 개선에 대한 입안(A)

품질관리 4대 기능 = Deming 사이클	
품질의 설계	설계품질 또는 목표품질을 설계한다.
공정의 관리	공정설계에 따른 각 표준을 설정하며, 작업자를 교육·훈련하고 업무를 수행
품질의 보증	목표품질에 따라 각 기능별 점검을 시행한다.
품질의 조사·개선	크레임, A/S 결과 등을 조사하여 Feedback시키고 각 기능들을 개선

(2) 품질관리의 정의

1) 한국산업규격

"수요자의 요구에 맞는 품질의 제품을 경제적으로 만들어내기 위한 모든 수단의 체계"

2) SQC(Statistical Quality Control) : W. E. Deming의 정의

"통계적 품질관리란 가장 유용하고 더욱 시장성이 있는 제품을 가장 경제적으로 생산하기 위하여 생산의 모든 단계에 통계적 원리와 수법을 응용하는 일이다."

(3) 종합적 품질관리(TQC ; Total Quality Control)

1) A. V. Feigenbaum

"종합적 품질관리란 소비자가 충분히 만족하는 제품의 품질을 가장 경제적인 수준으로 생산할 수 있도록 사내의 각 부문이 품질의 개발, 품질의 유지 및 개선의 노력을 통합하는 효과적인 체계이다."

2) J. M. Juran

"품질규격을 설정하고 이것을 달성하기 위해서 이루어야 할 모든 수단이다."

3) 기업에 있어서의 TQC의 역할

① 이익증대 효과
② 생산성향상 효과
③ 기능별 관리에 의한 납기관리
④ 기술의 향상과 기술축적의 효과
⑤ 업무개선의 효과

(4) 품질관리 시스템의 5원칙

① 예방의 원칙
② 전원참가의 원칙
③ 과학적 관리의 원칙
④ 종합·조정의 원칙
⑤ Staff 원조의 원칙

(5) 품질관리 부문의 업무 : Feigenbaum

① 신제품관리
② 수입자재관리
③ 제품관리
④ 특별공정조사

1.3 품질관리의 목적 및 효과

(1) 목적

① 제품을 시방(Specification)에 일치시킴으로써 고객을 만족시킨다.
② 다음 공정에 있어서 작업의 원활화를 꾀한다.
③ 오동작·불량의 재발방지로 폐기, 불량품을 감소시킨다.
④ 요구품질수준과 비교함으로써 공정을 관리한다.
⑤ 현 공정능력(Process Capability)에 대한 적정품질수준을 설정해 설계시방의 지침으로 삼는다.
⑥ 스크랩불량품을 감소시킨다.
⑦ 검사방법을 검토·개선한다.
⑧ 작업자에 대하여, 검사결과 그 원인이 규명되어 있음을 인식시킨다.

(2) 효과

① 불량감소, 클레임발생의 감소   ② 제품의 원가절약
③ 자재의 절약   ④ 생산성 향상
⑤ 기술의 향상   ⑥ 품질의 균일화 및 품질향상
⑦ 작업자의 품질에 대한 책임감과 관심 고취
⑧ 검사비용의 감소   ⑨ 인간관계의 개선
⑩ 합리적 기업활동의 촉진

2. 품질전략

2.1 전략적 품질경영(SQM ; Strategic Quality Management)

(1) SWOT 분석

Strength(강점), Weakness(약점), Opportunity(성장기회), Threats(위협)의 약자로서 전략계획에서 우선적으로 분석

(2) 벤치마킹(Benchmarking)

조직의 업적향상을 위해 최상을 대표하는 것으로 인정되는 경쟁자나 다른 조직의 우수한 경영실무를 지속적으로 추구하여 이를 거울삼아 자사의 조직에 새로운 아이디어를 도입하는 체계적이고 지속적인 과정을 의미하는 것으로 품질경영기법의 하나이다.

 **Reference** 말콤 볼드리지 상(MB상)

1994년도에 한국의 품질경영상의 심사기준이 데밍상 유형에서 MB상 유형으로 바뀌게 됨		
	MB상	데밍상
구성	3개요소와 7개범주로서 평가	3개요소와 10개 범주로서 평가
특징	목표 지향적(What to do)	프로세스 지향적(How to do)

3. 품질관리의 계획, 조직, 운영

3.1 품질관리의 계획단계에서 고려할 점

(1) 품질방침

기업의 경영자가 품질이나 품질관리에 관한 기업의 기본적 사고방식을 명시한 것으로서, 개발단계에서부터 어떤 것을 실현하려고 하는가를 관련부서의 사람들이 잘 이해하고 회사로부터 통일된 견해가 있어야 한다.

(2) 품질관리추진에 있어서 중요항목

① Top Policy의 명확화
② 방침, 목표, 계획의 확립 및 명시
③ 교육의 실시와 Follow-up
④ 관리의식, 품질의식의 철저 등

3.2 조직편성의 목적

① 개인 및 조직단위에 자기직책과 상호관계의 한계를 명시한다.
② 책임과 권한의 소관범위의 중복을 피한다.
③ 조직의 공동목표를 제시하고 협동체제를 부양한다.
④ 업무부문의 원활화와 통제의 용이화를 기한다.
⑤ 자발적 협력환경을 조성한다.

(1) 조직의 원칙

① 조직 상하에 이르는 명확한 권한의 연결이 있어야 한다.
② 명령일원화의 원칙
③ 경영자·관리자의 책임과 권한은 서류상으로 명확하게 규정되지 않으면 안 된다.
④ 권한과 책임의 원칙
⑤ 계층단축화의 원칙
⑥ 예외의 원칙
⑦ 직무할당의 원칙
⑧ 감독범위의 원칙
⑨ 조직은 정세의 변화에 즉시 대응할 수 있도록 탄력적이어야 한다.
⑩ 계층단축화의 원칙

(2) QC조직의 원칙

① 전원참가의 원칙
② 종합조정의 원칙
③ 전문가의 원칙

> • 품질조직에 이용되는 3가지 도구
> ① 직무기술서(Job Description) ② 조직표 ③ 책임분장표(Responsibility Matrix)

(3) 품질관리위원회의 역할
① 품질관리 추진프로그램 결정(교육계획, 표준화 계획)
② 공정의 이상제거에 대한 보고
③ 각 부문의 트러블조정, 클레임처리
④ 중요한 QC문제, 품질표준 및 목표의 심의
⑤ 중점적으로 해석해야 할 품질의 심의
⑥ 기타 QC에 관한 중요항목 심의
⑦ 신제품의 품질목표, 품질수준, 시작검토 등의 문제결정

(4) 품질관리부문의 임무
① 품질관리계획의 입안　　　　　② 품질관리활동의 총합조정
③ 품질관리에 관한 교육지도　　　④ 품질관리의 정보제공

> • 품질관리활동의 피드백사이클 3단계
> ① 품질계획　　② 품질평가　　③ 품질해석

(5) 품질관리 위원회의 심의사항
① 품질방침의 심의·확인
② 품질관리추진 프로그램 결정
③ 각 부문의 트러블 제거 및 클레임 처리
④ 제품의 품질표준 및 품질목표 심의
⑤ 중요한 품질문제 및 중요항목 검토
⑦ 신제품의 품질목표, 품질수준 등의 심의

4. 품질경영시스템

4.1 품질경영시스템의 개념

(1) 품질경영 7 원칙
① 고객중시　　　　　　　② 리더십
③ 인원의 적극참여　　　　④ 프로세스 접근법
⑤ 개선　　　　　　　　　⑥ 증거기반 의사결정
⑦ 관계관리/관계경영

(2) 품질경영시스템의 용어정의

① 예방조치(Preventive Action) : 잠재적인 부적합 또는 기타 바람직하지 않은 잠재적 상황의 원인을 제거하기 위한 조치

② 시정조치(Corrective Action) : 부적합의 원인을 제거하고 재발을 방지하기 위한 조치

③ 시정(Correction) : 발견된 부적합을 제거하기 위한 행위

④ 재등급/등급변경(Regrade) : 최초 요구사항과 다른 요구사항에 적합하도록 부적합 제품 또는 서비스의 등급을 변경하는 것

⑤ 특채(Concession) : 규정된 요구사항에 적합하지 않은 제품을 사용하거나 불출하는 것에 대한 허가

⑥ 불출/출시/해제(Release) : 프로세스의 다음 단계 또는 다음 프로세스로 진행하도록 허가

⑦ 규격완화(Deviation Permit) : 실현되기 전의 제품 또는 서비스가 원래 규정된 요구사항을 벗어나는 것에 대한 허가

⑧ 재작업(Rework) : 부적합 제품 또는 서비스에 대해 요구사항에 적합하도록 하는 조치

⑨ 수리(Repair) : 부적합 제품 또는 서비스에 대해 의도된 용도에 쓰일 수 있도록 하는 조치

⑩ 폐기(Scrap) : 부적합 제품 또는 서비스에 대해 원래의 의도된 용도로 쓰이지 않도록 취하는 조치

용어정의 1	
방침관리 (Policy Management)	기업경영의 방향, 목표, 방책을 위에서부터 말단사원에 이르기까지 전달·전개하고 각 지위의 사람들이 계획에 의거, 활동하여 실시한 결과를 평가, 검토, 피드백해서 PDCA를 계속적으로 지속하여 업적의 향상을 도모하는 것

방침관리와 목표관리의 공통점	차이점(방침관리의 특징)
1) 기업의 번영(업적의 향상, 목적의 달성)을 목표로 한다. 2) 목표설정의 과정에서 아래와 같은 점들을 고려한다.(목표관리의 특징) 　① 자주성 존중, 각 지위 간의 커뮤니케이션 긴밀화를 꾀한다. 　② 상사는 부하에 대해 지도·조언을 한다. 　③ 부하는 창조성을 발휘하고 사기를 높인다. 3) 인재육성능력의 개발향상을 도모한다.	1) 중요문제점의 파악 2) 문제해결방식과 방법의 적용 3) 품질관리의 방식과 수법의 활용 4) 관리추진프로세스의 중시 5) 종합관리체제의 명확화와 방침관리를 주축으로 하는 품질보증체제의 확립

용어정의 2		
품질시스템	A. V. Feigenbaum	지정된 품질표준을 갖는 제품을 생산하여 인도하는 데 필요한 관리 및 기술상 순서의 네트워크
	J. M. Juran	사용 적합성을 달성하기 위한 전체활동(품질기능)의 체계화
품질전개 : QD (Quality Deployment)		소비자의 요구를 대응특성으로 전환시켜 완성품의 설계품질을 정해, 이것을 각 기능부품의 품질, 나아가 개개부품의 품질이나 공정의 요소에 이르기까지, 이들 간의 관련을 계통적으로 전개해나가는 것
품질기능전개 : QFD (Quality Function Deployment)		품질시스템활동을 목적과 수단의 계열에 따라 단계별로 세부구성단위까지 전개해나가는 것(품질기능을 명확히 하기 위한 방법)
QFD의 절차		고객요구의 파악 및 품질의 설정 → 서브시스템, 부품전개 → 공정전개 → QC공정표의 작성
품질의 집 (House Of Quality)		목적(what) - 수단(how) 매트릭스를 이용하여 고객이 요구하는 기술적 요구조건 및 경쟁적 평가를 나타낸 그림
품질설계		소비자가 요구하는 품질(참특성치)을 추리, 번역, 전환에 의해 대용 특성군으로 바꾸는 행위의 전체이다.
설계심사 : DR (Design Review)		아이템의 설계단계에서 성능, 기능, 신뢰성 등 설계에 대해 가격, 납기 등을 고려하면서 심사하여 개선을 꾀하고자 하는 것
DR의 종류		예비설계심사, 중간설계심사, 최종설계심사

5. 품질보증

5.1 품질보증의 개념

① 품질이 소정의 수준에 있음을 보증하는 것이다.(한국산업규격)
② 품질보증은 감사의 기능이다.(J. M. Juran)
③ 한 품목 또는 제품이 설정된 기술요구에 부합되도록 하는 데 필요한 모든 행동이 계획적이고 체계적인 형태이다.(MIL - STD - 109B)
④ 소비자에 있어서 그 품질이 만족하고도 적절하며 신뢰할 수 있고 그러면서도 경제적임을 보증하는 것이다.
⑤ 제품의 품질에 대해 사용자가 안심하고 오래 사용할 수 있다는 것을 보증하는 것이다.
⑥ 생산의 각 단계에 소비자의 요구가 정말로 반영되고 있는가 어떤가를 체크하여 각 단계에서 조치를 취하는 것이다.
⑦ 제품에 대한 소비자와의 약속이며 계약이다.

5.2 품질보증방법

(1) 사전대책

① 시장조사　　　　　　　　② 기술연구
③ 고객에 대한 PR 및 기술지도　④ 품질설계
⑤ 공정능력 파악　　　　　　⑥ 공정관리

(2) 사후대책

① 제품검사　　　　　　　② 클레임처리
③ 애프터, 기술서비스　　　④ 보증기간방법
⑤ 품질감사

5.3 품질감사(Quality Audit)

제품의 품질을 단계별로 객관적으로 평가하고, 품질보증에 필요한 정보를 파악하기 위해서 실시하는 품질관리 활동이다.

> • **방식**
> ① 부서별 방식　② 시스템 요소별 방식　③ 추적방식

6. 제조물 책임(PL ; Product Liability)

6.1 제조물책임 대책

(1) 제품책임예방(PLP ; Product Liability Prevention)

적정사용법 보급, 고도의 QA 체계 확립, 기술지도, 관리점검의 강화, 사용환경 대응, 신뢰성시험, 안전기술확보, 재료, 부품 등의 안전확보 등

(2) 제품책임방어(PLD ; Product Liability Defence)

1) 사전대책

• 책임의 한정(계약서, 보증서, 취급설명서 등), 손실의 분산(PL보험가입)
• 응급체계 구축(창구마련, 정보전달체계 구축, 교육 등)

2) 사후대책

• 초동대책(사실의 파악, 매스컴 및 피해자 대응 등), 손실확대방지(수리, 리콜 등)
• 리콜제도 : 제품의 결함으로 인하여 소비자가 생명·인체상의 위해를 입을 우려가 있을 때 상품의 제조자(수입자)나 판매자가 스스로 또는 정부의 명령에 따라 공개적으로 결함상품 전체를 수거하여 교환, 환불, 수리 등의 조치를 취하는 것을 말한다.

6.2 제조물책임법(PL법)

(1) 적용대상

제조물은 다른 동산이나 부동산의 일부를 구성하는 경우를 포함한 제조 또는 가공된 동산

(2) 배상 책임주체

제조물을 업으로써 제조·가공 또는 수입한 자와 자신을 제조업자로 표시하거나 제조업자로 오인시킬 수 있는 표시를 한 자가 되고, 제조업자를 알 수 없는 경우에는 공급업자도 손해배상 책임주체가 되도록 했다.

(3) 배상책임

① 과실책임   ② 보증책임   ③ 엄격책임

7. Kano의 고객만족

(1) 매력 품질

물리적 충족이 되면 만족을 주지만 충족되지 않더라도 하는 수 없이 받아들이는 품질요소(고객감동의 원천), 이 품질요소는 경쟁사를 따돌리고 고객을 확보할 수 있는 주문획득요인으로서 작용

(2) 일원적 품질 : 종래의 품질인식

(3) 당연 품질 : 불만족 예방요인

(4) 무차별 품질 : 물리적 충족과 상관없이 만족, 불만족도 일으키지 않은 품질

(5) 역 품질 : 물리적으로 충족이 되면 불만족, 충족이 안되면 만족하는 품질

8. 품질 모티베이션(Quality Motivation)

품질모티베이션은 품질에 대한 동기부여, 즉 품질개선에 관한 품질방침과 목표를 정하고 품질 개선활동의 방향과 정도에 대하여 의도적으로 적극적 지원을 함으로써 구성원들이 품질개선 목표를 달성할 수 있도록 품질개선의욕을 불러일으키게 하는 과정을 말한다.

(1) 동기부여형(Motivation Package)

작업자 책임의 불량을 줄이도록 작업자에게 동기를 부여하는 것을 말한다.

(2) 불량예방형

관리자책임의 불량을 줄이도록 작업자가 지원, 협력하도록 동기를 부여하는 것을 말한다.

(3) 품질모티베이션 프로그램

구성원들의 품질개선의욕을 불러일으키는 일련의 과정으로 프로그램에는 품질분임조활

동, Z.D(Zero Defects)운동, 자율경영(작업)팀(Self-directed Work or Self Managing Teams)활동, 제안제도, 품질프로젝트팀, 종업원품질회의(Employee Quality Council), QWL(Quality Work of Life) 등이 있으며, 명확한 동기부여가 되기 위해서는 일선 작업자나 종업원에게 권한을 주어 이니시어티브(Initiative)와 창의력을 실행에 옮길 수 있도록 독려하는 권한부여가 필수적이다.

(4) 허즈버그의 두 요인이론(동기, 위생 이론)

위생요인 (직무환경, 저차적 욕구)	동기유발요인 (직무내용, 고차적 욕구)
① 조직의 정책과 방침 ② 작업조건 ③ 대인관계 ④ 임금, 신분, 지위 ⑤ 감독 등(생산 능력의 향상 불가)	① 직무상의 성취 ② 인정 ③ 성장 또는 발전 ④ 책임의 증대 ⑤ 직무내용 자체(보람된 직무) 등 　(생산 능력 향상 가능)

요인 ＼ 욕구	욕구 충족되지 않을 경우	욕구 충족될 경우
위생 요인(불안 요인)	불만 느낌	만족감 느끼지 못함
동기유발요인(만족요인)	불만 느끼지 않음	만족감 느낌

9. 3차 산업 품질경영

(1) 서비스품질의 특성

① 재현성이 현극히 떨어진다.
② 대화나 대면 등과 같은 정신적 품질이다.
③ 개개인의 인적관계에 의해 품질이 좌우된다.
④ 정량적 평가가 매우 어렵다.

(2) SERVQUAL

서비스 품질 특정도구로서, 서비스기업이 고객의 기대와 평가를 이해하는 데 사용할 수 있는 척도로 서비스 품질 5가지 차원(RATER)은 다음과 같다.
① 신뢰성(Reliability) : 서비스의 믿음과 정확한 수행능력
② 확신성(Assurance) : 종업원의 지식과 예절, 신뢰, 자신감 전달
③ 유형성(Tangibles) : 시설, 장비, 종업원, 커뮤니케이션
④ 공감성(Empathy) : 회사가 고객에게 제공하는 개별적 배려와 관심
⑤ 대응성(Responsiveness) : 고객중심의 신속한 서비스 제공 자세

CHAPTER 02 품질코스트

1. 품질코스트

1.1 품질코스트(Q - Cost)

구분	분류내용	
예방 코스트(Prevention Cost ; P - Cost) 불량의 발생을 예방하기 위한 코스트	• QC 계획코스트 • QC 교육코스트	• QC 기술코스트 • QC 사무코스트
평가 코스트(Appraisal Cost ; A - Cost) 시험 · 검사 등의 품질수준을 유지하기 위해 소비되는 코스트	• 수입검사코스트 • 완성품검사코스트 • PM코스트	• 공정검사코스트 • 실험코스트
실패 코스트(Failure Cost ; F - Cost) 규격에서 벗어난 불량품, 원재료, 제품에 의해 발생되는 여러 가지 손실코스트	• 납품 전의 불량코스트	• 폐기 • 재가공 • 외주불량 • 설계변경
	• 무상서비스코스트	• 현지 서비스 • 지참(Bring Into) • 서비스 • 대품서비스
	• 불량대책코스트(재심코스트를 포함)	

1.2 COPQ(Cost of Poor Quality : 저품질비용)

저품질비용(COPQ)은 모든 활동이 결함이나 문제없이 수행된다면 사라지게 되는 비용으로 주로 고질적이고 만성적인 불량으로부터 초래되는 것으로, 품질비용 중 평가/검사비용(appraisal/inspection cost), 내부실패비용(internal failure cost), 외부실패비용(external failure cost)에 해당되는 비용이 COPQ에 속한다. 또한 COPQ는 6시그마 추진시 다음과 같은 경우에 사용될 수 있다.

① 해결 프로젝트의 우선순위를 정할 때
② Vital few X(핵심 요인)을 선정하고 이를 개선하는데 초점을 맞출 때
③ 프로젝트의 효과를 평가할 때
④ 해결책을 이행 단계에서 개선을 위한 비용과 COPQ 절감비용을 분석할 때

2. 품질코스트의 이용방법(A. V. Feigenbaum)

(1) 측정(평가)의 기준
(2) 공정품질의 해석 기준
(3) 계획을 수립하는 기준
(4) 예산편성의 기초자료

03 표준화

1. 표준화의 개념

1.1 표준화의 정의

(1) 표준화란, 표준을 합리적으로 설정하여 활용하는 조직적인 행위이다.

(2) 규격화란, 원재료, 부품, 제품 등 공작물의 치수, 형상, 재질 등의 기술적 사항에 대한 표준화이다. 규격화는 단능화 또는 단순화, 로봇화라고도 하는데, 부품의 호환성을 촉진하여 생산능률을 높이고 보수나 수리를 용이하게 할 뿐만 아니라 유통단계에서는 제품의 형상, 품질, 균일화와 호환성 부품 등으로 소비자의 요구에 대응할 수 있다.

1.2 표준화의 원리

① 단순화의 원리   ② 관련자 합의의 원리
③ 다수이익의 원리   ④ 고정의 원리
⑤ 개정의 원리   ⑥ 객관성의 원리
⑦ 보편타당성의 원리

1.3 표준화와 표준의 관계

(1) 표준(1) : 관계되는 사람들 사이에서 이익 또는 편의가 공정하게 얻어질 수 있도록 통일화, 단순화를 도모하기 위하여 물체, 성능, 능력, 배치, 상태, 동작순서, 방법, 절차, 책임, 의무, 권한, 사고방식, 개념 등에 대하여 설정한 것으로서 일반적으로 문장, 그림, 표, 견본 등 구체적 표현형식으로 표시한다.

(2) 표준(2) : 공적으로 제정된 측정단위의 기준, 예를 들면 미터, 킬로그램, 초, 암페어와 같은 규정된 기준

(3) 규격 : 표준(1) 중 주로 물건에 직접 또는 간접으로 관계되는 기술적 사항에 관하여 규정된 기준이다

(4) 규정 : 업무의 내용, 순서, 절차, 방법에 관한 사항에 대해 정한 것으로 업무를 위한 표준이다.

(5) 시방 : 재료, 제품 등에 만족하여야 할 일련의 요구사항(형상, 치수, 제조 또는 시험방법)에 대하여 규정한 것

(6) 종류(Class), 등급(Grade), 형식(Type)

① 종류 : 사용자의 편리를 도모하기 위하여 제품의 성능, 성분, 구조, 형상, 치수, 크

기, 제조방법, 사용방법 등의 차이에서 제품을 구분하는 것을 말한다.
② 등급(Grade) : 한 종류에 대하여 제품의 중요한 품질특성에 있어서 요구품질수준의 고저에 따라서 또는 규정하는 품질특성의 항목의 다소에 따라서 다시 구분하는 것을 말한다.
③ 형식(Type) : 제품의 일반목적과 구조는 유사하나 어떤 특정한 용도에 따라 식별할 필요가 있을 경우에는 형식이란 용어를 쓴다. 예를 들어, 전등인 경우 자동차용 전등, 일반용 전등, 도로조명용 전등 등으로 분류된다.

1.4 표준화의 구조(공간)

① 주제(영역) : 표준화의 대상의 속성을 구분하는 분야
② 국면 : 주제가 채워져야 하는 요인 및 조건
③ 수준 : 표준을 제정·사용하는 계층

1.5 표준에서 구비되어야 할 조건

① 구체적인 행동의 기준을 제시할 것
② 임의재량의 여지가 없을 것
③ 사람에 따라 해석이 다르지 않을 것
④ 실정에 알맞은 것일 것
⑤ 불량이나 사고에 대해 사전에 방지할 수 있을 것
⑥ 이상에 대한 조치방법이 제시되어 있을 것
⑦ 성문화된 것일 것

2. 산업표준화

2.1 산업표준화의 정의

광공업품을 제조하거나 사용할 때 모양, 치수, 품질 또는 시험, 검사방법 등을 전국적으로 통일·단순화시킨 국가규격을 제정하고 이를 조직적으로 보급·활용케 하는 의식적인 노력을 일컫는 말로, 단순화, 전문화, 표준화(3S)를 통하여 거래 쌍방 간의 문제에 대하여 규격, 포장, 시방 등을 규정하는 것을 말한다.

2.2 표준화의 효과

(1) 생산기업에 미치는 효과

① 제품의 종류가 감소함에 따른 대량생산이 가능
② 작업방법의 합리화로 종업원의 노동능률과 숙련도를 향상
③ 부분품의 표준화에 의해 분업생산이 용이
④ 생산능률을 증진, 생산비용 절감
⑤ 자사제품의 품질향상과 균일성을 가져오게 하여 판매능력을 증대
⑥ 생산의 합리화를 통한 불합격품 감소, 자재의 절약

(2) 표준화 실시 기업체에 납품하는 공급자에 대한 효과

① 납품물의 다양성이 감소되어 생산, 저장, 운반에 있어 원가나 비용이 절약
② 자사의 표준화 도입이 용이해지기 때문에 비용과 시간상 이익
③ 수급상호 간의 합병이 용이

(3) 소비자에 미치는 효과

① 품종이 단순화되므로 선택을 용이하게 해 주는 이익
② 표준화된 물품은 호환성이 높기 때문에 구입된 물품의 교체수리가 용이
③ 품질이 균일화되고 신뢰성이 높기 때문에 구입가격상의 이익과 사용상의 이익이 동시에 발생
④ 특히 KS같은 보증된 표준화 상품은 구입시에 여러 가지를 검사하지 않고도 안심하고 구입할 수 있다.
⑤ 표준화된 제품은 시장의 확대를 가져와 수요자는 구입 가격상 이익을 받게 된다.

2.3 표준화의 분류

(1) 제정자에 의한 분류

① 회사규격(사내규격)　② 관공서규격
③ 단체규격　④ 국가규격
⑤ 지역규격　⑥ 국제규격

(2) 기능에 따른 분류

① 전달규격(기본규격)　② 방법규격　③ 제품규격

(3) 적용기간에 따른 분류

① 잠정표준　② 시한표준　③ 통상표준

산업표준화 3S		
단순화 (Simplification)	전문화 (Specialization, Specification)	표준화 (Standardization)

2.4 한국산업규격(KS)

(1) 국가규격의 대상

1) 국가규격의 대상이 되는 분야

① 용어, 기호, 코드, 측정방법, 시험방법, 설계기준 등 기술에 관계되는 기초적 사항으로서 특히 전국적으로 통일할 필요가 있는 것
② 재료, 부분품, 측정기구 등 산업의 기초가 되고 또 여러 가지 산업분야에서 광범위하게 사용되는 기초적 자재와 물품으로서 통일이 필요한 것

③ 국제 경쟁력의 강화에 기여하는 제품의 생산, 유통, 사용의 합리화를 촉진시키는 데 필요한 것

④ 중소기업의 기술 향상 및 중소기업에서 높은 생산비율을 차지하는 제품의 생산, 유통, 사용의 합리화를 촉진시키는 데 필요한 것

⑤ 소비자 보호의 견지에서 필요한 것

⑥ 국민의 안전, 위생과 공해 방지에 필요한 것

⑦ 그 밖에도 국민 경제적 입장에서 생산, 유통, 사용의 합리화를 특별히 촉진시킬 필요가 있는 것

⑧ 국제 규격과의 조화를 위하여 전국적으로 통일시켜 둘 필요가 있는 것

2) 우리나라 산업표준화법에 정해진 대상

한국산업규격의 제정목적은 합리적인 산업표준을 제정함으로써, 당 산업제품의 품질개선과 생산 능률의 향상을 기하며 거래의 단순화와 공정화를 도모함을 기본 목적으로 한다.

① 광공업품의 종류, 형상, 치수, 구조, 장비, 품질, 등급, 성분, 성능, 내구도, 안전도 등

② 광공업품의 생산방법, 설계방법, 제조방법, 사용방법, 원단위생산에 관한 작업방법, 안전조건 등

③ 광공업품의 포장종류, 형상, 치수, 구조, 성능, 등급, 포장방법 등

④ 광공업품에 관한 시험, 분석, 감정, 검사, 검정, 측정작업 등

⑤ 광공업의 기술에 관한 용어, 약어, 기호, 부호, 표준수 또는 단위 등

⑥ 구축물 기타 공업제품의 설계, 시공방법 또는 안전조건 등

(2) 한국산업규격의 구성

기본(A)	기계(B)	전기(C)	금속(D)	광산(E)	건설(F)	일용품(G)
식품(H)	환경(I)	생물(J)	섬유(K)	요업(L)	화학(M)	의료(P)
품질경영(Q)	수송기계(R)	서비스(S)	물류(T)	조선(V)	우주항공(W)	정보(X)

(3) 한국산업규격 제정의 4대 원칙

① 산업표준의 통일성 유지

② 산업표준의 조사·심의 과정의 민주적 운영

③ 산업표준의 객관적 타당성 및 합리성의 유지

④ 산업표준의 공중성의 유지

3. 사내표준화

3.1 사내표준(Company Standard)의 구분

1) 규격의 대상에 의한 분류

① 품질규격   ② 방법규격
③ 기본규격(전달규격)   ④ 제품규격

2) 규정과 규격의 구분

① 규격(Standard) : 재료나 부품의 품질 또는 작업방법이나 시험방법 등의 기술적 사항에 대하여 정한 것이다. 특히 규격 안에서 작업의 조건, 순서, 방법 등에 대하여 정한 것을 표준이라고 할 때도 있다.
② 규정(Regulation) : 업무를 원활히 수행하기 위해 그 업무에 관계되는 부문의 책임과 권한, 업무의 절차, 장표류의 양식과 일의 흐름 등에 대해서 정한 표준
③ 비고 : 규정(規定)을 규정(規程)이라고 한 데도 있다.

3.2 사내표준의 종류

(1) 표준화대상의 목적에 따른 분류
① 회사규격   ② 관리표준   ③ 기술표준

(2) 강제력의 정도에 따른 분류
① 강제표준   ② 임의표준

(3) 적용기간에 따른 분류
① 통상표준   ② 시한표준   ③ 잠정표준

(4) 사내규격으로 어느 회사에서나 공통으로 만든 내용
① 구매시방서   ② 제조표준
③ 제품규격   ④ 검사규격

3.3 사내표준화의 역할

사내표준의 요건	① 실행 가능성이 있는 내용일 것 ② 당사자에게 의견을 말할 기회를 주는 방식으로 할 것 ③ 기록내용이 구체적이고 객관적일 것 ④ 작업표준에는 수단 및 행동을 직접 지시할 것 ⑤ 기여도가 큰 것을 채택할 것
	• 중요한 개선이 있을 때 • 숙련공이 교체될 때 • 산포가 클 때 • 통계적 수법을 활용하고 싶을 때 • 기타 공정에 변동이 있을 때
	⑥ 직감적으로 보기 쉬운 표현으로 할 것 ⑦ 적시에 개정·향상시킬 것 ⑧ 장기적 방침 및 체계하에 추진할 것

3.4 시험 장소의 표준상태(KS A 0006)

표준 상태	표준상태의 기압＋온도＋습도(각 1개를 조합시킨 상태로 한다.)	
표준상태 의 온도	(20℃, 23℃, 25℃) ±0.5, 1, 2, 5, 15	온도 15급은 온도 20℃에 대해서만 사용
표준상태 의 습도	(50% 또는 65%) ±2, 5, 10, 20	습도 20급은 상대습도 65%에 대해서만 사용
표준상태 의 기압	86kPa 이상 106kPa 이하	
상온, 상습	상온이란 5~35℃, 상습이란 상대습도 45~85%를 말한다.	

4. 국제표준화

4.1 각국의 국가규격

(1) 국가규격의 역할

① 국가규격의 입안과 제정
② 규격의 채용과 적용의 촉진
③ 제품의 품질 보증과 인증
④ 국가 및 국제규격 양측에 대한 규격과 관련 기술 사항의 정보 보급 수단의 제공

(2) 각국 규격 명칭

국명	규격	국명	규격	국명	규격
영국	BS	프랑스	NF	뉴질랜드	SANZ
독일	DIN	캐나다	CSA	노르웨이	NV
미국	ANSI	인도	IS	포르투칼	DGQ
일본	JIS	스페인	UNE	네덜란드	NNI
호주	AS	덴마크	DS	러시아연방	GOST
아르헨티나	IRAM	스웨덴	SIS	유고	JUST
중국	GB	이탈리아	UNI	브라질	NB
대만	CNS	벨기에	IBN	체코	CSN

4.2 ISO 9000

(1) ISO 9000 인증범위

① 품질경영시스템을 실행함으로써 우위(Advantage)를 추구하는 조직
② 공급자로부터 제품 요구사항이 만족될 것이라는 확신을 추구하는 조직
③ 제품의 사용자
④ 품질경영에서 활용되는 용어의 이해에 관련되는 자(예 : 공급자, 고객, 규제 기관)
⑤ KS Q ISO 9001 요구사항과의 적합성에 대하여 품질경영시스템을 평가 또는 심사하는 조직의 내부 또는 외부 관련자(예 : 심사자, 규제 기관, 인증/등록 기관)
⑥ 조직에 적절한 품질경영시스템에 관하여 자문이나 교육훈련을 제공하는 내부인원 또는 외부인원
⑦ 관련 규격의 개발자

(2) 프로세스 접근방법

프로세스 접근방법의 이점은 프로세스 접근방법이 프로세스의 결합 및 상호작용에 대해서뿐 아니라 프로세스로 구성된 시스템 내에서 개별 프로세스 간의 연결 전반에 걸쳐 진행 중(On Going) 관리를 제공하는 것

(3) 품질경영시스템 내에서 최고경영자의 역할

① 조직의 품질방침 및 품질목표를 수립
② 인식, 동기부여 및 참여를 증대시키기 위해 조직전체에 품질방침 및 품질목표를 촉진
③ 전 조직에 걸쳐 고객 요구사항에 초점을 맞추고 있음을 보장
④ 고객 및 기타 이해관계자의 요구사항이 충족되고 품질목표가 달성될 수 있도록 적절한 프로세스가 실행됨을 보장
⑤ 품질목표를 달성하기 위하여 효과적이고 효율적인 품질경영시스템이 수립, 실행 및 유지됨을 보장
⑥ 필요한 자원의 가용성을 보장
⑦ 품질경영시스템 주기적으로 검토
⑧ 품질방침 및 품질목표에 관련된 활동을 결정
⑨ 품질경영시스템의 개선을 위한 활동을 결정

(4) 지속적 개선

품질경영시스템에 대한 지속적 개선이 목적은 고객과 기타 이해관계자를 만족시키는 가능성을 증가시키는 것으로 개선을 위한 조치는 다음 사항을 포함한다.
① 개선을 위한 분야를 파악하기 위한 현 상황의 분석 및 평가
② 개선을 위한 목표의 수립
③ 목표달성을 위해 가능한 해결방법의 조사
④ 해결방법의 평가 및 선택
⑤ 선택된 해결방법의 실행

⑥ 목표가 충족되었는지 결정하기 위한 실행 결과의 측정. 검증. 분석 및 평가
⑦ 변경사항의 공식화

5. KS 인증 심사기준

KS 인증은 KS 수준 이상의 제품, 가공기술, 서비스를 지속적·안정적으로 생산·제공할 수 있는 능력에 대하여 전사적, 시스템적으로 공장심사, 제품심사(서비스 인증의 경우 사업장심사, 서비스심사)를 실시하고 있다.

제품 · 가공기술 인증	서비스 인증	
① 품질경영관리	사업장심사기준	서비스심사기준
② 자재관리	① 서비스품질경영관리	① 고객이 제공받은 사전 서비스
③ 공정 · 제조 설비관리	② 서비스 운영체제	② 고객이 제공받은 서비스
④ 제품관리	③ 서비스운영	③ 고객이 제공받은 사후 서비스
⑤ 시험 · 검사 설비의 관리	④ 서비스인적자원관리	
⑥ 소비자보호 및 환경 · 자원관리	⑤ 시설 · 장비, 및 안전관리	

5.1 제품인증

① 공장심사 : 제품을 제조하는 공장의 기술적 생산조건이 해당제품의 인증심사기준에 적합한지의 여부를 해당 공장에서 실시하는 심사
② 제품심사 : 해당 제품의 품질이 해당 KS에 적합한지의 여부를 확인하기 위해 해당 공장에서 시료를 채취하여 공인시험기관에서 실시하는 심사

5.2 서비스인증

① 사업장심사 : 서비스를 제공하는 사업장의 서비스 제공 시스템이 해당 인증심사기준에 적합한지의 여부를 해당 서비스 사업장에서 실시하는 심사
② 서비스심사 : 서비스를 직접 제공받는 자 등을 대상으로 해당 인증심사기준에 적합한지 여부를 서비스가 행해지는 장소에서 실시하는 심사

04 규격과 공정능력

1. 규격과 공차

	공차(Tolerance)	허용차
정의	규정된 최대치(규격상한)와 규정된 최소치(규격하한)의 차를 말한다.	규정된 기준치와 규정된 한계치의 차 또는 분석시험 등에서 데이터의 산포가 허용하는 한계를 말한다.
Example	기준치 50mm	① U=50.04mm 혹은 50mm+0.04mm L=49.98mm 혹은 50mm−0.02mm ② U=50.02mm, L=49.98mm 혹은 50mm±0.02mm
	①의 공차 0.04−(−0.02)=0.06	①의 허용차 +0.04 및 −0.02
	②의 공차 0.02−(−0.02)=0.04	②의 허용차 +0.02 및 −0.02

1.1 틈새와 끼워맞춤

(1) 틈새

　1) 최대틈새 : 부품의 구멍 최대한계에서 부품 축의 최소한계를 뺀 값
　2) 최소틈새 : 부품의 구멍 최소한계에서 부품 축의 최대한계를 뺀 값
　3) 평균틈새 : (최대틈새+최소틈새)/2

(2) 끼워맞춤

　1) 헐거운 끼워맞춤 : 항상 틈새가 생기는 끼워맞춤
　2) 억지 끼워맞춤 : 항상 죔새가 생기는 끼워맞춤
　3) 중간 끼워맞춤 : 경우에 따라 틈새와 죔새가 생기는 끼워맞춤

1.2 공차의 통계적 가성성

(1) 합의 법칙

$\overline{x_A}$=부품 A의 치수의 평균치 ⌉
$\overline{x_B}$=부품 B의 치수의 평균치 ⎬라고 하면 조립품 치수 평균치=$\overline{x_A}+\overline{x_B}+\overline{x_C}$
$\overline{x_C}$=부품 C의 치수의 평균치 ⌋

(2) 차의 법칙

$\overline{x_D}$＝부품 D의 치수의 평균치 ⎤
$\overline{x_E}$＝부품 E의 치수의 평균치 ⎦
조립품 치수의 평균치＝$|\overline{x_D}-\overline{x_E}|$

(3) 표준편차 또는 분산의 가성성법칙(겹침공차)

조립품공차＝$\sqrt{(공차A)^2+(공차B)^2+\cdots+(공차N)^2}$
조립품 평균치의 공칭치수＝공칭치수 A＋공칭치수 B＋$\cdots$＋공칭치수 N

2. 공정능력 조사 및 해석

2.1 공정능력(Process Capability)의 정의

- J. M. Juran : 그 공정이 관리상태에 있을 때 각각의 제품의 변동이 어느 정도인가를 나타내는 양이라고 정의
- Western Electric Co. : 통계적 관리상태에 있을 때의 공정의 정상적인 움직임. 즉 외부원인에 방해됨이 없이 조작되었을 때 공정에 의해 만들어진 일련의 예측할 수 있는 결과
- E. G. Kirkpatrick : J. M. Juran과 같이 공정능력과 자연공차를 동의어로 쓰고 의미가 있는 원인이 제거되고 혹은 적어도 최소화된 상황에 있어서의 공정의 최선의 결과를 의미하는 것

(1) 정적공정능력과 동적공정능력

1) 정적공정능력

문제의 대상물이 갖는 잠재능력. 예를 들어 공작기계에서 공정기계의 정밀도를 조사하는 경우

2) 동적공정능력

현실적인 면에서 실현이 되는 현재능력

(2) 단기공정능력과 장기공정능력

1) 단기공정능력

임의의 일정시점에 있어서의 공정의 정상적인 상태로서. 어떤 의미에서는 급내변동을 말한다.

2) 장기공정능력

정상적인 공구마모의 영향. 재료의 배치 간의 미소한 변동 및 유사한 예측할 수 있는 작은 변동 등을 포함한 것으로 어떤 의미에서 급내변동과 급간변동의 합을 나타내는 것이다.

2.2 공정능력의 정량화방법

(1) 공정능력의 계산

1) Histogram에 의한 방법

$$s = h \sqrt{\frac{\sum f_i u_i^2}{(\sum f_i - 1)} - \frac{(\sum f_i u_i)^2}{\sum f_i (\sum f_i - 1)}} \ , \ \text{공정능력치} \ 6\sigma = 6s = \pm 3\sigma$$

2) $\overline{x} - R$ 관리도 : $\hat{\sigma} = \dfrac{\overline{R}}{d_2}$, 공정능력치 $6\sigma = 6\dfrac{\overline{R}}{d_2} = \pm 3\sigma$

3) $x - R_m$ 관리도 : $\hat{\sigma} = \dfrac{\overline{R_s}}{d_2}$, 공정능력치 $6\sigma = 6\dfrac{\overline{R_s}}{d_2} = \pm 3\sigma$

(2) 공정능력의 평가방법

1) 공정능력지수 $PCI = C_p = \dfrac{T}{6\sigma} = \dfrac{U - L}{6\sigma} = \dfrac{S_U - S_L}{6s} = \dfrac{S_U - \mu}{3\sigma} = \dfrac{\mu - S_L}{3\sigma}$

C_p 범위	등급	판정	조치
$C_p > 1.33$	1등급	매우 만족	안정된 상태
$1.33 \geq C_p > 1$	2등급	만족	현상의 유지
$1 \geq C_p > 0.67$	3등급	불만족	작업방법을 변환, 공정능력의 향상 도모
$0.67 \geq C_p$	4등급	매우 불만족	작업방법을 변환, 공정능력의 향상 도모

2) 공정능력비(Process Capability Ratio) : $D_p = \dfrac{6\sigma}{T} = \dfrac{1}{C_p}$

3) 중심이 벗어났을 때 : 치우침도와 $\dfrac{T}{6\sigma}$를 조합한 공정능력지수(C_{pk})로 사용

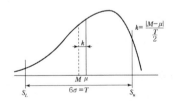

상한쪽으로 기울어졌을 때	하한쪽으로 기울어졌을 때
$C_{pk} = \dfrac{U - \mu}{3\sigma}$	$C_{pk} = \dfrac{\mu - L}{3\sigma}$
$C_{pk} = (1 - k) C_p \quad (0 < k < 1)$	단, $k = \dfrac{\lvert M - \mu \rvert}{\dfrac{T}{2}}$

[중심이 벗어났을 때의 분포와 규격의 관계]

CHAPTER 05 측정시스템

1. 계측기 관리

1.1 계측목적에 의한 분류

① 운전(작업) 계측 : 작업자가 스스로 작업(조정, 운전)의 지침으로 이용하는 계측과 작업결과나 성적에 관한 계측

② 관리계측 : 관리하는 사람이 관리를 목적으로 측정·평가하기 위한 계측
- 자재, 에너지의 계측
- 제품, 중간제품의 계측
- 생산설비의 계측
- 생산능률의 계측
- 환경조건의 계측

③ 시험·연구계측 : 특정문제를 조사하거나 시험·연구를 위해 이용하는 계측
- 연구실험실에서 시험·연구계측
- 작업장에서의 계측

1.2 계측관리 실시상의 유의점

① 필요 이상으로 계측관리를 엄격하게 실시함으로써 생산수량이 계획대로 완성되지 않아 소비자에게 제때에 납품을 못하는 일이 발생되어서는 안 된다.

② 반대로 제품의 납기와 수량에 정신이 팔려 계측관리를 소홀히 함으로써 클레임이 발생하는 것도 경영상 바람직하지 못하다.

③ 부적당한 계측관리를 실시함으로써 제조원가가 높아지면 제품이 팔리지 않는다.

④ 값을 싸게 하는 데 신경을 써 중요한 품질특성을 확인하지 않고 나쁜 품질을 출하하는 것은 바람직하지 않다.

1.3 계량기의 관리

(1) 계측관리체제 정비의 목적

① 제품의 품질과 안전성 유지 및 향상

② 검사, 계측작업의 합리화

③ 관리업무의 효율화

④ 공업표준규격, 해외안전규격, 품질인증 등에 대한 관리체계에 충실

⑤ 계측관리에 관한 종업원의 이해 및 관심의 고취

⑥ 법률면(계량법)에서의 체제강화

(2) 계량기사용의 기본적인 추진방법

1) 기본적인 조건

① 전원참가의 활동으로 되어 있을 것
② 사업장의 특성에 맞는 체계를 가질 것
③ 경영에 공헌할 수 있는 활동이어야 할 것

2) 추진포인트

① 계측·계량관리를 넓은 뜻으로 해석할 것
② 각 부문, 각 직위의 분담을 명확히 하여 조직적으로 추진할 것
③ 개선사례를 널리 축적하여 개선효과를 파악할 것
④ 검사미스, 측정오차의 개선관리, 보통특성과 사용기기의 적절한 선정

1.4 계측기의 특성

(1) 계측(량) 단위

① 기본단위 : 길이(m), 질량(kg), 시간(sec), 온도(캘빈도 : K), 광도(칸델라 : cd), 전
류(A), 물질(몰 : mol)
② 유도단위 : 면적(m^2), 속도(m/sec), 가속도(m/sec^2), 압력(kg/m^2)

(2) 계측특성

① 감도(Sensitivity) : 계측기의 민감한 정도를 표시하는 것으로, 감도(E)는 측정량의
변화(ΔM)에 대한 지시량의 변화(ΔA)의 비로 나타낸다.
② 정확도(Accuracy) : 참값과 측정치의 평균값(모평균)과의 차
③ 정밀도(Precision) : 산포의 크기로 정의되며, 정밀도를 표시하는 방법으로는 분산,
표준편차, 범위 등으로 표시
④ 지시 범위 : 계측기의 눈금상에서 읽을 수 있는 측정량의 범위
⑤ 측정 범위 : 최소 눈금값과 최대 눈금값에 의거하여 표시된 측정량의 범위

(3) 측정오차

• 측정방법 : ① 직접측정　② 비교측정　③ 간접측정

오차의 정의	피측정물의 참값과 측정값과의 차(오차=측정값-참값)
우연오차	원인을 파악할 수 없어 측정자가 보정할 수 없는 오차
계통오차(교정오차)	동일 측정 조건하에서 같은 크기와 부호를 갖는 오차, 측정기를 미리 검사·보정하여 측정값을 수정할 수 있다.
계통오차의 종류	계기오차, 이론오차, 환경오차, 개인오차
되돌림 오차	동일 측정량에 대하여 다른 방향으로부터 접근할 경우의 측정값의 차
정확도결정을 위한 관측횟수	$E = k_{\alpha/2} \cdot \dfrac{\sigma_E}{\sqrt{n}}$　∴$n \geq \left(\dfrac{k_{\alpha/2} \cdot \sigma_E}{E}\right)^2$ 단, E : 오차의 허용한계, σ_E : 측정오차, $k_{\alpha/2}$: 신뢰계수

2. 측정시스템분석(MSA)

2.1 측정시스템(Measurement System)의 개요

측정을 하기 위하여 사용되는 전체공정을 의미하며, 이때 측정치에 영향을 미치는 작업, 절차, 게이지, 기타 장비, 소프트웨어 및 운영자 등과 같은 모든 구성요소의 집합체를 측정시스템이라 하고, 이를 분석하는 것

2.2 측정시스템의 변동

(1) 변동의 종류

① 편기(정확성, 치우침, 편의)
② 반복성
③ 재현성
④ 안정성
⑤ 직선성

(2) 변동의 원인

① 편기 : 계측기의 마모, 부적절한 눈금, 기준값이 틀림, 측정방법의 오류와 미숙지
② 반복성 : 부적절한 계측기, 측정위치의 변동, 측정자의 미숙련
③ 재현성 : 측정자간 측정방법, 사용방법, 눈금 읽는 방법이 서로 다른 경우, 고정장치 이상, 계측기 눈금의 부정확
④ 안정성 : 불규칙한 사용시기, 작동준비(Warmup)상태의 미비, 환경조건의 변화
⑤ 직선성 : 기준값이 틀림, 계측기 상 · 하단부의 눈금부적확, 계측기 설계문제

(3) 측정시스템의 평가지침(gage R & R)

1) 정의 : 반복성(계측기 변동 : E. V) 및 재현성(측정자 변동 : A. V)을 분석

2) 공식 : $R\&R = \sqrt{(E.V)^2 + (A.V)^2}$ $\%R\&R = 100 \times \left(\dfrac{R\&R}{공차(T)}\right)(\%)$

3) % R & R 평가 및 조치

① 10% 미만 : 계측관리가 잘 되어 있음(양호)

② 10~30% : 여러 상황을 고려하여 조치를 취할 것인지를 결정

③ 30% 이상 : 계측기 관리가 미흡한 수준, 반드시 계측기 변동의 원인규명(부적합)

06 품질혁신활동

1. Six Sigma

(1) 6시그마의 추진

최고경영자의 강력한 의지를 바탕으로 경영자가 주도적으로 추진하여야 하며, 명확한 방침과 고객만족을 위한 목표를 설정하고, 올바른 6시그마 기법의 적용과 이해를 바탕으로 실행단계에서 구체적인 CTQ(Critical To Quality)를 도출하게 된다.

조직	역할
Champion	목표설정, 추진방법확정, 6시그마 이념과 신념의 조직 내 확산
MBB ; Master Black Belt	Champion을 보조, BB의 프로젝트 자문과 감독, 직원에게 지도교육
BB ; Black Belt	프로젝트 추진, GB 양성, 문제해결활동
GB ; Green Belt	품질기초기법 활용, 현업 및 개선 프로젝트의 병행

(2) 6시그마 프로젝트 추진

1) DMAIC

6시그마는 제조부문의 경우 Define → Measure → Analyze → Improve → Control 로 크게 5단계로 추진

2) DMAD(O)V

본질적인 6시그마를 달성하기 위해서는 제품의 설계나 개발단계와 같이 초기단계부터 부적합을 예방하기 위한 설계 즉, DFSS(Design For Six Sigma)가 필요하게 되는데, 이때 사용되어지는 추진단계가 DMAD(O)V가 된다.

2. Single PPM

Scope	범위선정	분위기 소성, Master Plan 작성, 교육 및 홍보, 그림구성, CTQ 규명을 통한 적절한 프로젝트 선정
Illumination	현상파악	QFD를 통한 고객요구품질파악 및 프로세스의 구체화(Q-map사용)
Nonconformity Analysis	원인분석	When, Where, How, Why 발생하는지를 통계적 도구를 이용하여 구체적으로 원인을 분석

Goal	목표설정	타사와 비교분석한 데이터를 참고 또는 벤치마킹하여 최고의 품질이 되기 위한 요인을 규명한 후 목표설정
Level Up	개선	N단계에서 나타난 내용을 3차원적인 대책을 수립·실시, 목표달성·평가 후 개선효과의 지속적인 유지를 위한 표준화 실시
Evaluation	평가	개선된 품질수준의 유지방법을 위한 지속적인 모니터링 및 전체 개선프로젝트를 평가하여 Single PPM 추진의 완료여부판정과 동시에 다른 제품을 포함한 전제품의 Single PPM 확산·전개를 꾀한다.

3. 브레인스토밍(Brain Storming) 4가지 법칙

① '좋다', '나쁘다'라는 비판을 하지 않는다.
② 자유분방한 분위기 및 의견을 환영한다.
③ 다량의 아이디어를 구한다.
④ 다른 사람의 아이디어와 결합하여 개선, 편승, 비약을 추구한다.

4. Z. D(Zero Defect)운동

무결점 운동으로 1961년 미국의 항공회사인 Martin사에서 로켓생산에 무결점을 목표로 시작되어 1963년 G. E사가 전 부문을 대상으로 모든 업무를 무결점으로 하자는 운동으로 확대되었다.

5. 품질관리 분임조

[분임조의 기본이념]
① 인간성을 존중하고 활력 있고 명랑한 직장을 만든다.
② 인간의 능력을 발휘하여 무한한 가능성을 창출한다.
③ 기업의 체질개선과 발전에 기여한다.

6. QC의 7가지 수법

층별	체크시트법	Pareto도
특성요인도	Histogram	산점도
각종 그래프(관리도 포함)		

7. 신 QC의 7가지 수법

관련도법	친화도법	계통도법
매트릭스도법	매트릭스 데이터 해석	PDPC법
애로우다이어그램법		